调度自动化系统（设备）提升可靠性实用技术

范　斗　张玉珠　主编

中国电力出版社
CHINA ELECTRIC POWER PRESS

内 容 提 要

本书为电力调度自动化培训系列教材。本书主要从调度自动化主站、厂站、电能量计量、机房及辅助环境、网络及安全防护等方面，详细阐述了提升调度自动化系统运行可靠性的实用技术。书中详细描述了实际生产中系统运行遇到的各种问题，列举了可以采取的有效管理措施与实用技术，并结合现场实际工作剖析了典型案例，综合提出了解决方法和建议。

本书适用于电力调度自动化生产工作者，也适用于相关科研单位和设备厂商，以及新入职从事电力调度自动化相关工作的人员。

图书在版编目（CIP）数据

调度自动化系统（设备）提升可靠性实用技术 / 范斗，张玉珠主编 . — 北京：中国电力出版社，2022.12

ISBN 978-7-5198-7403-2

Ⅰ . ①调…　Ⅱ . ①范…　②张…　Ⅲ . ①电力系统调度—调度自动化系统—技术培训—教材　Ⅳ . ① TM734

中国版本图书馆 CIP 数据核字（2022）第 249201 号

出版发行：中国电力出版社
地　　址：北京市东城区北京站西街 19 号（邮政编码 100005）
网　　址：http：//www.cepp.sgcc.com.cn
责任编辑：肖　敏
责任校对：黄　蓓　王小鹏
装帧设计：郝晓燕
责任印制：石　雷

印　　刷：廊坊市文峰档案印务有限公司
版　　次：2022 年 12 月第一版
印　　次：2022 年 12 月北京第一次印刷
开　　本：787 毫米 ×1092 毫米　16 开本
印　　张：17
字　　数：359 千字
印　　数：0001—2000 册
定　　价：68.00 元

编委会

前　言

电力生产在国民经济和社会生活中占据着重要的地位，电网调度自动化系统是支撑电网安全、稳定运行的重要技术手段。随着国民经济的快速发展，对电力的需求逐年提高，发电侧新能源快速发展、电网侧特高压交直流混联运行、负荷侧电力需求快速增长等都对电力系统的安全、经济、稳定运行提出了更高的要求。为了满足这一要求，进一步加深自动化运维人员对电网调度自动化系统的熟悉与了解，加强自动化设备实操技能，提升电网调度的智能化、自动化、实用化技术水平，作者结合生产实践和应用需求，编写了本书。

本书主要从调度自动化主站、厂站、电能量计量、机房及辅助环境、网络及安全防护等方面，详细阐述了提升调度自动化系统运行可靠性的实用技术。书中详细描述了实际生产中系统运行遇到的各种问题，列举了有效管理措施与实用技术，并结合现场实际工作剖析了典型案例，综合提出了解决方法和建议。

本书有较强的实用性和针对性，对于电力调度自动化生产工作者有很大帮助，可用于新进员工、非专业职工以及相近专业学生培训，对科研单位和设备厂商也具有较强的参考价值。

本书由国网河南省电力公司组织编写，在编委会领导下，经过各位编写人员的不懈努力得以面世。然而学无止境，因为人员、时间和精力等原因，书中难免存在缺陷和不足，欢迎广大读者批评指正。

编　者

2022 年 12 月

目 录

第一章　调控主站可靠性提升实用技术

第一节　调度控制系统运行性能提升

一、调度控制系统与可靠性概述

（一）调度控制系统

智能电网调度控制系统是面向调度生产业务的高度集成的、集约化的能量管理系统（energy management system，EMS），目前已实现“国、网、省、地、县”五级调度控制机构全覆盖，各级调度控制系统数据单独采集和存储，互不影响。地、县级调度控制（简称“主调”）与备用调度控制（简称“备调”）系统互为备用，上下级调度控制机构通过数据网实现远程调阅和数据交互通信等，从硬件、软件及系统架构、运行模式等方面，为电力调度提供安全的、可靠的、稳定的技术支撑，从而有效保障了现有电力生产业务的有序运行。

1. 系统结构与功能

调度控制系统分为硬件层、操作系统层、核心支撑系统层和应用层四个层级：①硬件层的服务器、工作站和网络及安全防护设备的配置均采用国产品牌；②操作系统层由国产B+ 级安全操作系统来构建实现，数据库则由采用具有自有知识产权的数据库系统和数据结构，确保信息系统的安全性；③核心支撑系统层概括划分为数字化监控、信息交互、公共服务以及接口调用四个层面；④应用层主要实现应用功能和应用服务。整个调度控制系统以面向服务的软件体系（SOA）为基础来进行平台架构，提供层次化的功能设计，快速有效的硬件组织资源、数据及软件功能调用模块，为应用功能开发和运行提供软硬件支撑环境，为系统和应用的运行维护提供公共服务支持和管理，并为系统的运行与管理提供全面支持。系统应用如图 1–1 所示。

省级调度控制系统主要包括数据库、数据采集与监视控制系统（SCADA）、前置采集子系统（FES）、自动发电控制（AGC）、自动电压控制（AVC）、高级应用（PAS）、综合智能告警、广域测量系统（wide area measurement system，WAMS）以及安全Ⅲ区 Web 等模块；地市级主调系统主要包括数据库、SCADA 系统、前置采集子系统、AVC、PAS 以及安全Ⅲ区 Web 等模块；地市级备调系统包括数据库、SCADA 系统、前置采集子系统、

AVC、PAS 等模块。各系统应用及其数据逻辑关系如图 1–2 所示。

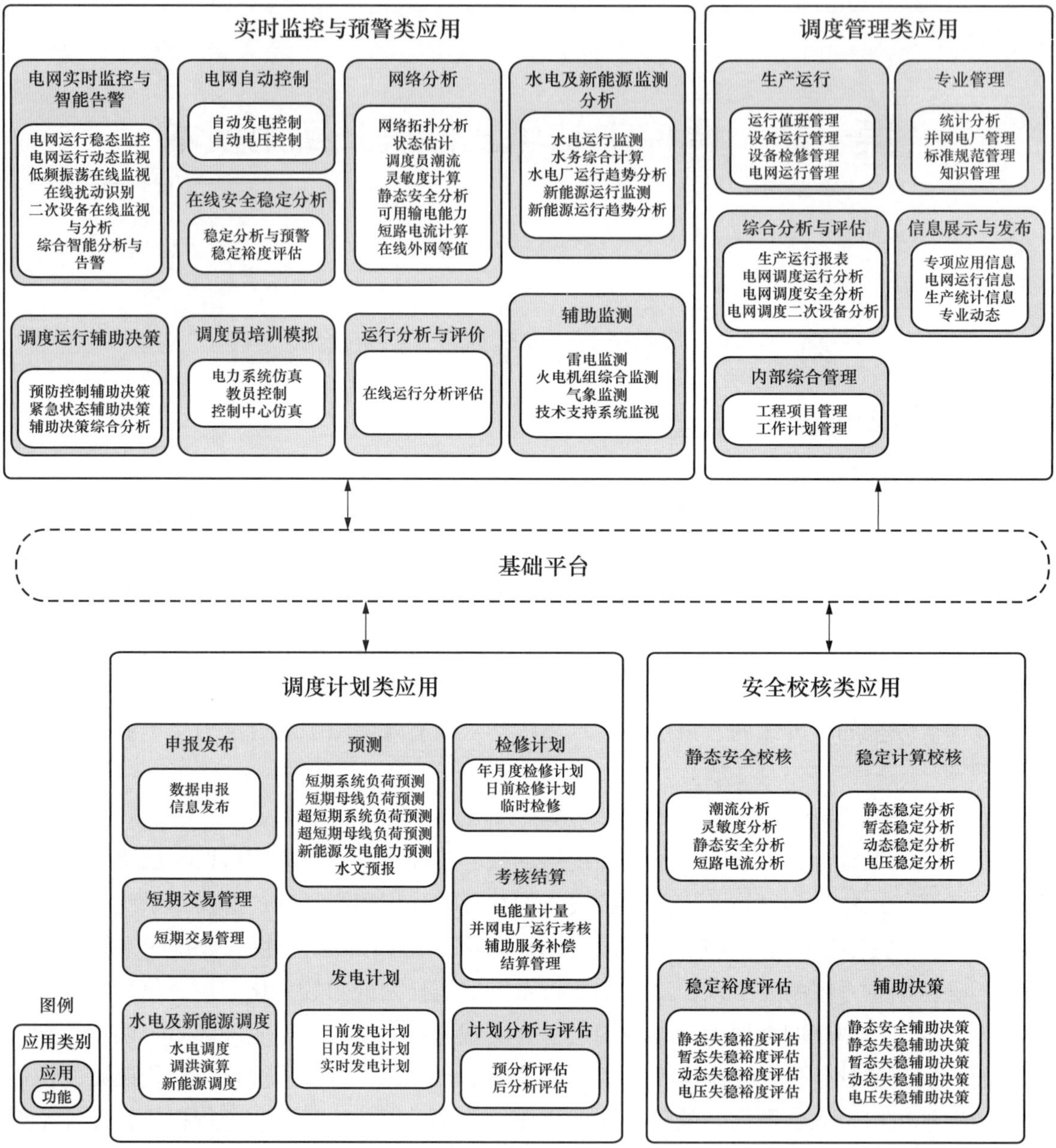

图 1–1　系统应用

调度控制系统采用三级安全区设计，其中：安全Ⅰ区主要负责系统的实时功能，如能量管理系统等原独立系统也集成在安全Ⅰ区中；安全Ⅱ区主要集成了调度计划、安全校核等日前功能；安全Ⅲ区集成了调度管理等具体系统管理功能。调度控制系统集成架构如图 1–3 所示。

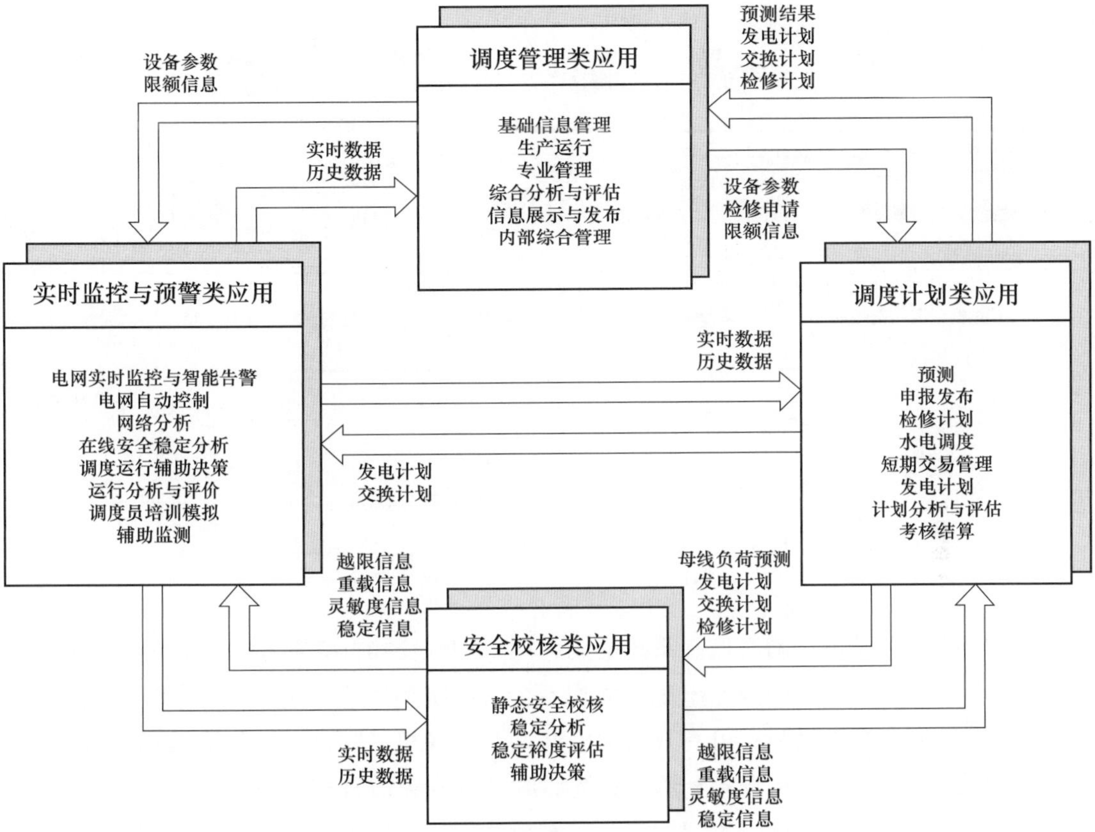

图 1–2　各系统应用间数据逻辑关系

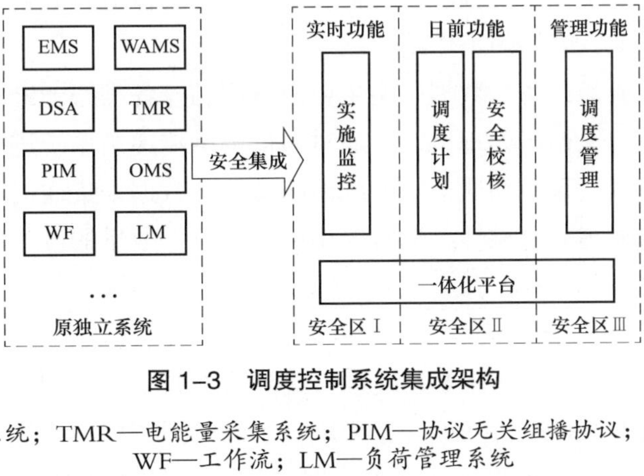

图 1–3　调度控制系统集成架构

DSA—配电站自动化系统；TMR—电能量采集系统；PIM—协议无关组播协议；OMS—调度管理系统；WF—工作流；LM—负荷管理系统

2. 硬件结构

调度控制系统的硬件架构主要分为局域网络设备、服务器、工作站、数据采集与通信设备、数据存储、磁阵等部分，安全Ⅰ区系统网络结构如图 1–4 所示，具体内容如下。

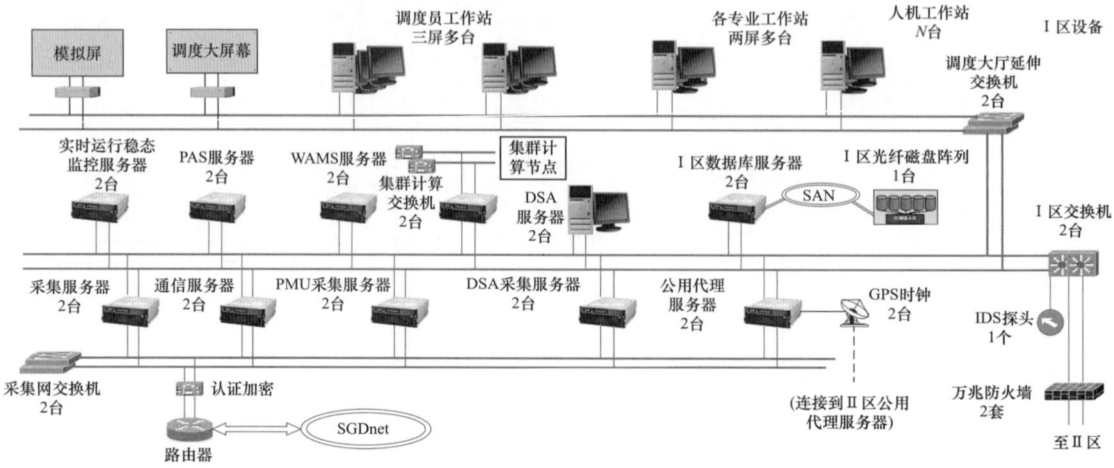

图 1–4　安全 I 区系统网络结构示意图

PMU—同步相量测量装置；GPS—全球定位系统；SAN—单连接节点；
IDS—入侵检测系统；SGDnet—电力调度数据网

（1）局域网络设备。调度控制系统的局域网采用双交换冗余结构，此结构具有以下三个方面特点：局域网中任一网点出现故障均不会对系统整体造成过于严重影响，同时也为后续系统设备更换提供便利；可有效避免安装多台交换机，降低系统安装及运行成本，提高系统的整体运行可靠性和设备利用率；为后续系统升级留有充足空间。

（2）服务器。在系统运行过程中，为了有效处理、传递系统应用程序数据，需要为应用程序配置相应的服务器，提高应用程序运行效率。

（3）工作站。由于工作站的性能会直接影响系统的总体运行效果，所以在配置系统硬件时需要采用性能稳定、可靠的工作站。

（4）数据采集与通信设备。数据采集主要通过厂站端各类智能终端和数字化设备实现的，相关数据在经过本地初步处理后，会通过通信网络传递给系统进行综合分析处理。通常情况下，系统中的数据采集和通信子系统由路由器、数据采集通信服务器等通信设备共同组成，为提高数据采集的可靠性，通常采用两台及以上数量的设备作为功能支持和互为冗余备用。

3. 软件结构

调度控制系统是对传统 SCADA 系统进行拓展升级形成的，其功能核心由数据采集、处理及监控、辅助电网调控支持功能等，完成一系列电网调控一体化工作。此过程中所涉及的数据包括遥信、遥测、遥控、遥调（简称“四遥”）以及电能量数据等：遥信是指电力系统中开关类设备所显示的状态数据；遥测则是指电力系统中智能化设备所采集的监测数据，例如相关设备的电压、电流等基本参数等；遥控则是指电力系统中远程可以控制设备状态改变的控制命令输出；遥调则是指电力系统中远程可以调节设备运行的调节量输出；电能量数据则是指实际电网运行过程中电力交换功率的时间累计量。

4. 系统主要技术特点

（1）标准化。系统充分支持国际和国家先进技术标准，支持 DL/T 890、DL/T 860、DL/T 1080、IEC 62351 等系列标准；推进标准创新，占领技术标准制高点，积极参与国际标准开发。

（2）一体化。

1）电网调度运行控制的一体化。针对一体化的电网特性，扩大建模和信息采集分析范围，实现各级调度一体化的电网实时监视、分析、控制和保护，实现调度计划、调度管理的上下级联动和实时监控分析的有机整合。

2）电网计划编制和分析计算的一体化。需要协调各级电网运行方式、检修计划与新设备投产计划，集中开展电网计算分析、迎峰度夏和迎峰度冬运行方式审查、季度运行方式滚动分析、月度安全校核以及临时方式校核，统筹制定电网运行方式与稳定控制策略。

3）电网调度管理的一体化。要实现各级调度管理应用的有机互联互通，形成一个横向和纵向上广域分布式共享和协调运作的整体。

（3）集成化。集成化实现调度数据的整合，实现数据和应用的标准化，实现相关应用系统的资源整合和数据共享，实现电网调度信息化和管理现代化，从而为实现调度智能化服务。

系统统筹考虑调度控制各应用功能的数据及应用需求，以面向服务的体系结构，按照应用和数据集成的理念，构造统一支撑的数据平台和应用服务总线，实现数据整合和应用功能整合，达到数据共享、数据一致、应用功能增值的目的，并为调度控制系统的运行和开发提供功能强大、方便易用的集成支撑环境。

（4）智能化。调度控制系统是为调度决策服务的，因此要解决调度决策的智能化问题，首先必须充分集成调度决策所必需的全部信息，包括 EMS 信息、同步相量测量装置（synchrophasor phasor measurement unit，SPMU）动态量测信息以及继电保护、安全自动装置、故障录波、环保、气象、水情、新能源等稳态、暂态和动态信息；其次，必须充分利用动态预警、可视化等智能调度技术手段，提高调度运行规范化和科学化水平。通过构建这样一个广域信息的集成数据平台，综合利用包括 SCADA、WAMS、保护动作和事件记录在内的电网静态、动态和暂态信息系统资源，兼具防御功能的实时监测、分析处理和辅助决策功能。实现全网安全稳定实时监视和预警、在线智能辅助决策和预防控制，确保电网的安全稳定运行。

（5）实用性。系统必须针对调度控制特点和调度管理体制，配置符合调度需求的实用性功能软件，充分满足调度控制调度运行要求。所有应用应具有良好的人机功能，系统维护方便、界面友好。

（6）可靠性。系统应提供保证系统稳定可靠运行的措施。重要的设备、软件功能和数据应具有冗余热备份，并为系统故障的隔离和排除提供快捷的技术手段，从而保证整个系统功能的可用性不受单个设备故障的影响，并保证故障恢复过程快速而平稳。构成系统的计算机、通信设备应具备良好的电磁抗干扰能力，符合 IEC 系列标准要求。

（7）开放性。系统应采用开放的体系结构，支持多种硬件平台，提供开放的第三方开发、编辑环境，支持标准的数据库访问接口、标准的网络通信协议、标准的模型和接口，在系统容量和功能上具有良好的可扩展性，能适应电网快速发展过程中产生的新要求。

（8）先进性。系统应充分吸收借鉴国内外相关领域的先进技术和最新研究成果，采用面向服务的体系架构、基于安全分区的体系结构、面向设备的标准模型和统一的可视化界面等国际前沿技术，基础平台和综合智能告警的一些关键技术实现突破性创新，达到国际领先水平。

（9）安全性。系统应具有高度的安全保障能力，在任何情况下，系统的操作失败或系统缺陷不能导致一次系统的事故或二次系统的崩溃。系统应具有保密功能，保证核心业务数据在存储、传输、使用过程中的完整性和可用性。系统应具备完善的安全管理功能，防止内部人员对系统软、硬件资源及数据的越权操作。满足信息技术等级保护要求。

（二）多级调度一体化的可靠运行模式

随着智能特高压电网的发展，“国、网、省、地、县”五级调度关系越来越密切，监管和整合的要求也越来越高。多级调度一体化运行模式是指通过网络拓扑、网络连接关系将各调度控制系统互联，统一其管辖范围内的各级调度控制系统，从而实现各级调度控制系统数据资源互通。

1.省、地、县三级调度一体化运行

通过将系统建立在一个统一的系统支撑平台上，在此平台上构建调度系统的各种核心应用。统一系统支撑平台采用面向对象建模技术，通过构建信息系统模型实现系统支撑平台化。建模工具应具有灵活的对象定义界面，可实现动态建模、动态修改，并可自动生成数据字典；统一系统支撑平台具备统一的建模系统、统一的运行框架、统一的数据交换框架、满足要求的可复用组件库以及完整的二次开发规范，以便对应用系统开发提供全面支撑。统一系统支撑平台应是一个应用层面的业务基础软件平台，能直接面向调度管理业务应用需求进行快速应用构建和功能调整。该平台具有很强的适应性来支持用户需求的不断调整和变化，以使得这种需求变化不至于导致开发工作量的急剧膨胀，并可以通过动态调整和迭代最终趋于一个稳定合理的实现需求。统一系统支撑平台覆盖调度管理的各个专业应用开发，各种应用均通过该平台予以支撑，从而充分利用各种计算资源和数据资源，形成一个整体，有效避免分散开发和信息孤岛的出现。平台具有规范和通用的接口，支持第三方插件的应用和组件的调用，包括数据访问组件、对象管理组件、安全组件、工作流组件、通用报表组件、数据平台、消息组件等。除此之外，统一系统支撑平台还满足二次开发的要求。省地一体化系统结构如图 1–5 所示。

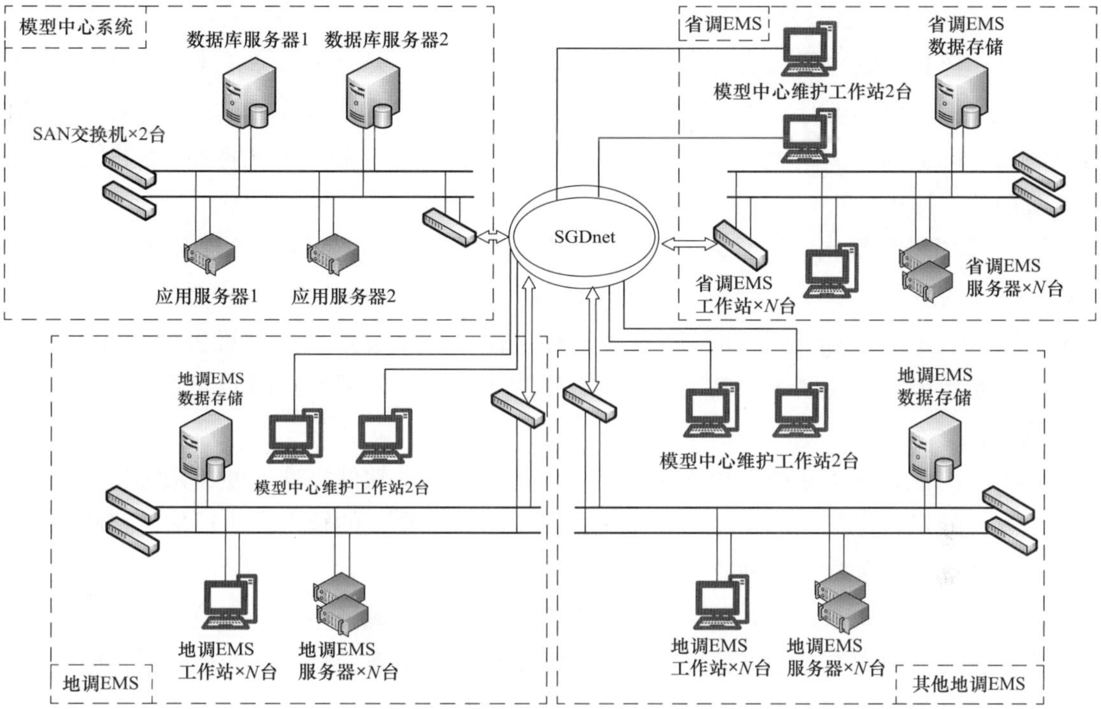

图 1–5　省地一体化系统运行架构图

省调—省级调度控制机构；地调—地级调度控制机构

如某地区省级调度控制系统为省、地、县三级调度一体化运行，并结合统一模型维护系统进行相关模型集中维护，数据集中下发，各子系统并列运行。该系统由一个平台（基础平台）和四大类应用（实时监控与分析类应用、调度计划类应用、安全校核类应用、调度管理类应用）组成，共有 40 套系统，其中模型维护中心系统 1 套，省级调度控制系统 3 套，地市级主调系统 18 套，地市级备调系统 18 套。地县一体化调度控制分布式采集模式县调端子系统 103 套、远程终端模式县调端子系统 4 套。

该地区相关省调、18 个地调及所辖 107 个县级调度控制机构（简称“县调”）所用智能电网调度支持系统，硬件方面均采用全国产设备；软件方面操作系统及平台版本均为 3.0 版本，数据库为国产达梦 6.0 版本。自系统建成以来，三级调控系统及通用人机系统相关硬件、软件、业务方面整体运行平稳。

其中，为保证该地区省、地、县一体化模式正常高效运行，采用模型中心系统统一模型维护模式，实现省、地模型一体化共享以及省、地图形一体化共享。通过制定统一的模型及图形维护规则，实现源端维护、全网共享。该模式既保证了全省图模信息高度统一，也便于维护，极大提高了工作效率，一定程度上保证了电网规范化运行。同时，省、地、县系统一体化运行模式也在一定程度上实现了省、地、县资源共享以及历史数据相互备份，为系统功能深入开发以及成果共享提供了统一的平台。

2. 地县一体化系统

地县一体化系统主要有远程终端模式、广域分布式采集模式和分布式系统模式三种模式。某地区调度控制地县一体化系统采用分布式采集模式的县调端子系统 103 套，采用远程终端模式的县调端子系统 4 套。采用地县一体化运行模式能够进一步保障地县级调度控制系统高效、稳定运行。

（1）远程终端模式。远程终端模式是最基本的访问模式，也是各种其他访问模式的基础。在这种模式下，主系统设置在地调，县调仅配置一些监控的远程终端单元（remote terminal unit，RTU）。根据县调调度员席位和监控人员席位数量，配置多个远程工作站。通过划分系统中的责任区，限制用户只能在远程工作站上处理本县调的信息。远程终端模式结构如图 1–6 所示。

该模式的优点在于系统架构简单明了、硬件投资少、软件实现方便、系统易于操作和维护。这一技术曾广泛应用于变电站集中控制中心。该模式的缺点在于通信线路故障导致县调孤岛运行时，系统无法独立运行。

（2）广域分布式采集模式。与远程终端模式相比，广域分布式采集模式将主系统设置为地调，县调保留原有通信方式，系统的数据采集功能由多个分布在各地的采集服务器完成，每个地区根据就近收集的原则收集所辖的变电站信息。

该模式应用广泛，优点在于通信需求变化小，节省专线成本，能够有效地共享前置任务，减少前置机负担，具有很强的可扩展性。同时，该模式的地县一体化系统具有较高的可靠性，在系统分区脱网运行的情况下，解列部分县调整子系统，其余部分仍根据就近采集原则采集县调管辖区内的厂站。地调主系统利用电力调度数据网络通道实现地调系统和未解列县调的数据采集，确保区域电网调度和生产控制的基本功能不受影响。在每个数据子系统内，服务器处于多机热备用状态。广域分布式采集模式的地县一体化运行架构如图 1–7 所示。

该模式的缺点在于系统结构较为复杂，需要一定的硬件成本投入，对主系统设备性能有较高的要求，并且系统建设具有较大的工作量和软件开发难度。分区管理和维护也相对复杂，需要制定相应的管理和维护标准规范。

（3）分布式系统模式。随着监控设备的数量不断增加，信息规模越来越大，数据量也越来越大。仅一套独立系统承载全部业务，性能上存在很大的隐患，系统容量也会遇到瓶颈。在这种情况下，县调子系统可以配备独立的历史服务器和磁盘阵列，相应的软件和硬件可以配置为能够独立实现基本的 SCADA 功能，且使用各自独立的商用和实时数据库，使其成为一个功能类似的子系统。地县调间通过百兆通信网络实现数据转发。通过计算机及网络技术实现动态共享资源，包括计算、数据、存储等，而无需提前定义和维护需要共享的数据。

该模式的优点在于能够降低系统的负载，保证了系统可靠性，方便软件实施；缺点在于由于县调需求的设备与主系统几乎相同，软硬件投入较大，且人工维护量较大。

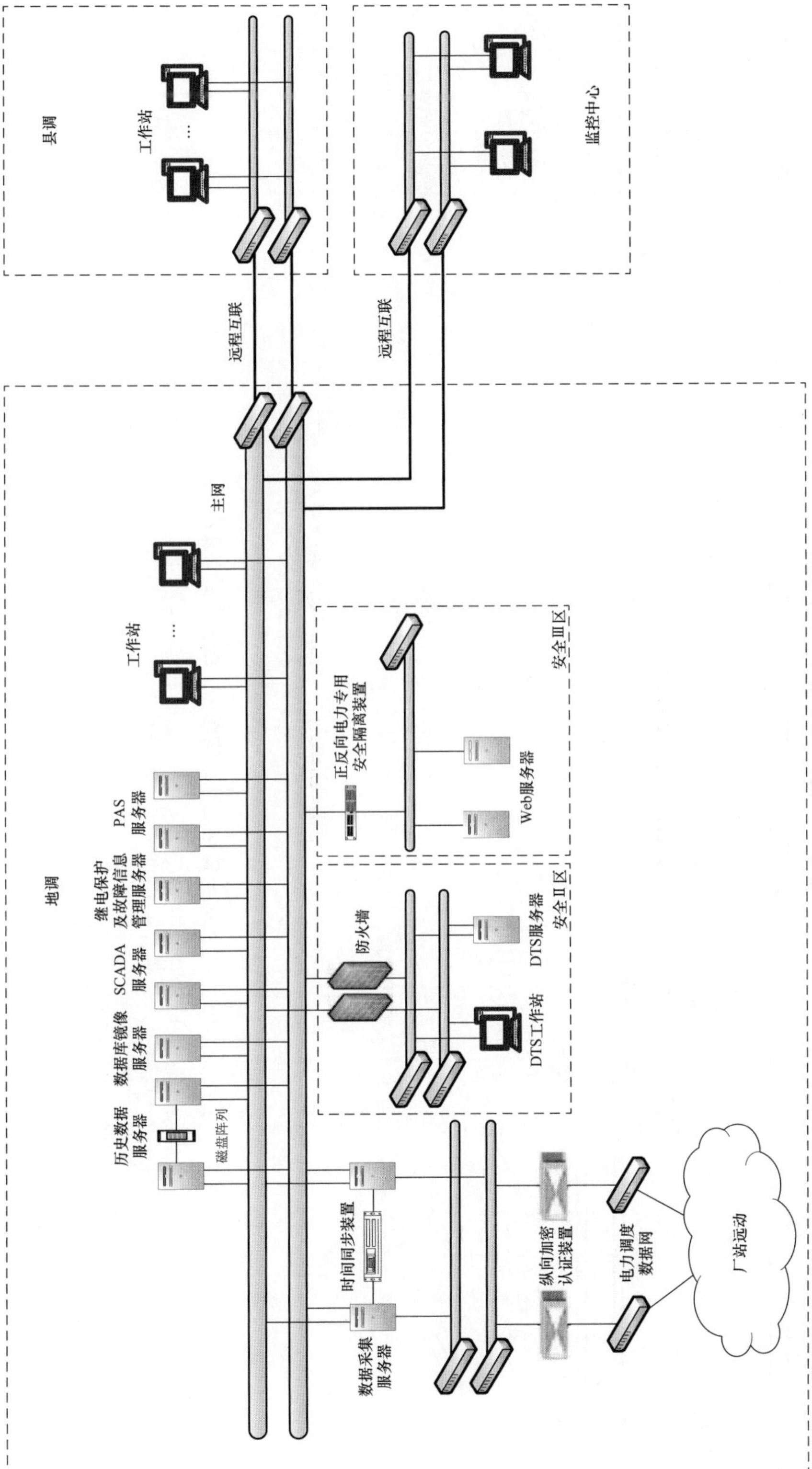

图 1-6　地县一体化运行架构图（远程终端模式）

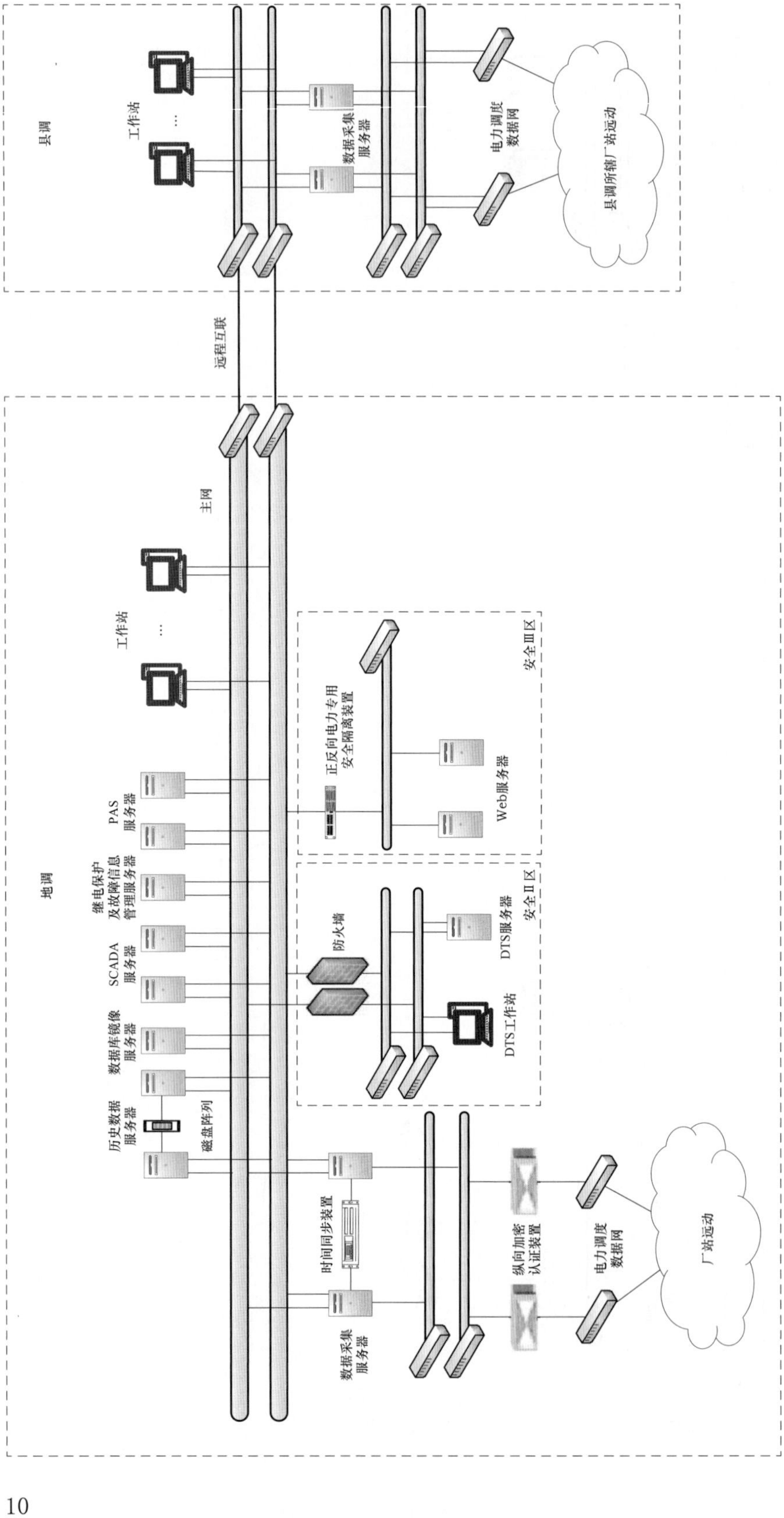

图1-7　地县一体化运行架构图（广域分布式采集模式）

二、调度控制系统可靠性分析

调度控制系统从全局的角度对整个电力系统进行监视和控制，它通过远程通信网络收集电网运行的实时信息，对电网的运行状态进行监视和安全性分析、状态估计、负荷预测、远程调控等，从而保证电网的安全稳定运行，提高电能质量，改善电网运行的经济性。调度控制系统是整个电网的控制核心，其可靠性对电网安全运行至关重要。

（一）影响系统可靠性的主要因素

调度控制系统发生故障或失效时，调度控制机构无法对电网的运行状态作出正确的判断和恰当的处理，无法保证一次系统的安全稳定运行，甚至会引发连锁性事故，导致系统崩溃和大面积停电，造成巨大的经济损失和社会影响。现阶段影响调度控制系统可靠性的主要因素有以下五个方面。

1. 系统硬软件资源

随着电网规模的逐渐扩大，以及对电力系统安全性、稳定性等要求越来越高，对现有智能电网调度控制系统的高效稳定运行提出了更高要求。调度控制系统的硬件配置与软件功能须满足系统长期运行以及优化开发的需求。在硬件配置方面有以下要求：

（1）服务器是调度控制系统功能实现的核心设备，其性能优劣直接影响调度控制系统运行可靠性。处理器、内存、硬盘、网络接口等硬件配置应满足各系统功能正常运行条件，计算能力、存储空间应留有充分的余量，以满足系统长期运行以及新功能模块开发等需求。此外，服务器应具备冗余的电源模块，提高供电可靠性。核心功能相关的服务器应配置双机互为备用。

（2）工作站是调度控制系统与用户交互的媒介，其处理器、内存、硬盘、网络接口等硬件性能配置应与服务器相匹配，能够实现对服务器数据的进一步分析与展示。

（3）存储设备应能够容纳调度控制系统长期运行积累的海量数据，并具备一定的扩展空间，主机光纤接口应能满足与服务器之间数据流畅交互的需求。存储设备同样应具备冗余的电源模块，防止存储设备失电影响相应各系统功能的可靠性。

（4）交换机方面，光纤交换机与主网交换机均应设置充足的网络接口，能够满足现有设备接入以及未来的扩展需求。根据主站双网并列结构配置双网独立的交换机，并具备一定的抗网络风暴能力。交换机也应配置冗余的电源模块，避免设备失电导致主站网络中断。

随着建设及运行周期逐渐拉长，现有调度控制系统不可避免会遇到硬件资源不足的瓶颈。如硬件配置难以满足分析计算、查询统计等业务的更高要求，硬盘容量不足、中央处理器（central processing unit，CPU）占用率较高、内存不足等硬件性能问题日益凸显；部分设备因平台老旧，无法进行硬件扩容升级，对系统运行的可靠性造成一定影响。

软件方面，以某地区省调及地调系统为例，自 2012 年陆续投运以来，相关操作系统及平台版本均为 3.0，多数未进行版本升级工作。随着运行时间增加及电网规模不断扩大，调度控制系统每日新增数据约 100GB，全省历史数据已达 130TB，较上年新增 49.1%。在数据存储以及功能模块扩展、需求延伸方面，已无法实时满足，且针对新程序部署、新需求调整等，兼容性方面也面临严峻考验。

2. 核心设备故障

部分地区调度控制系统已连续运行多年，超过硬件设备正常运行周期，处于高风险运行期。相关核心设备（如数据存储磁盘阵列、核心交换机、数据采集服务器、核心应用服务器等装置）任一设备停止服务，将会直接影响系统的持续稳定运行：① 使系统运行可靠性存在较大隐患，核心硬件故障后易导致整体功能失效，继而影响电网的安全生产；② 关于数据采集、存储、处理、展示等环节，会影响相关数据正常使用；③ 实时信息及历史数据的安全性无法保障，模型数据、历史数据等损坏后无法进行数据恢复；④ 相关磁盘阵列扩容、性能提升等工作缺乏技术支持，难以满足电网规模不断扩大、业务数据量持续快速增长的需要。

此外，由于设备投运时间过早，部分设备厂商已停止相关产品的支持服务，可能导致的问题有：设备故障频率变高、维修困难，且难以进行更换、升级；设备故障后无法进行硬件及软件方面技术支撑服务；历史数据等损坏后无法进行数据恢复等。

3. 系统运行监视不到位

目前，调度控制系统运行监视手段为日常机房设备巡视和定期系统体检。

（1）日常机房设备巡视主要包含对服务器、工作站、磁盘阵列、交换机以及隔离装置等硬件设备的检查；值班人员检查相关硬件面板上的硬盘、网卡、电源灯告警指示灯状态，通过指示灯告警状态判断设备运行状态。设备巡视存在的问题为仅能检查面板所包含的部分显像告警信息，缺乏精确检查手段，无法更深层次检查硬件（如内存、CPU、硬盘等）准确的健康度及运行状态，增加了设备运行的安全风险。

（2）定期巡检以固定的时间节点对调度控制系统进行全面的软件体检，包含 CPU、内存及硬盘使用率，设备对时，文件堆积情况以及系统告警信息、数据库运行状态等；通过应用软件运行信息，分析系统整体运行状态。

4. 缺少主动暴露问题的手段

因某些地县级调度控制系统运行时间较长，部分硬件设备已进入故障高发期。硬件及软件长期不进行主/备机重启及切换，硬件方面易出现设备重启碎片整理耗时较长，导致另一台服务器单机运行；软件方面易出现应用软件长期运行于一台主机，缺少应用软件自动切换主/备机机会，导致另外一台备机无法完全承担热备用角色。若缺乏主/备机软硬件主动轮训切换操作，会减少主动发现软硬件运行过程中潜在故障的概率；易出现实际运行过程中因应用主机故障而又无法正常进行主/备机自动或人为切换，导致该应用模块故障，影响系统正常运行，出现不可控情况。

5. 缺乏核心设备灾备措施

因种种原因，地县级调度控制系统缺乏相关的备品备件管理机制，造成相关硬件无应急备件，核心服务器无灾备设备。当出现机器异常断电或硬件故障导致无法正常运行的情况，相关业务面临单机运行，存在较大安全隐患。若核心业务相关硬件设备故障，将直接导致系统运行异常。对于核心硬件设备、易损坏硬件，目前存在的缺少此类备品备件的问题，对系统的长期安全稳定运行带来一定的不确定因素。

（二）提升调度控制系统可靠性的措施

1. 部署节点备用设备和备用部件

因设备运行周期较长，且目前各厂家备品备件库存越来越少，维修成本较高，与更换新服务器方式相比，后者时间周期更短，且基本没有风险。可购置新设备作为核心节点SCADA、FES、HIS服务器备用节点，提前完成操作系统及平台方面配置；待原有设备故障后，直接更换新的服务器节点，从而快速恢复故障节点。原有故障节点可进行维修，维修正常后，可作为非核心节点备用机器，配置完后做冷备。

2. 常态、定期化体检和巡检

进一步加强巡视力度，定期进行每周、节假日远程体检以及月度现场巡检，并进一步优化体检内容，如定期进行设备软硬件轮训切换测试、定期登录磁盘阵列检查所有硬盘健康度等，以此保证系统应用软件层面安全稳定运行。

注重日常运维及值班参与人员的技能培训以及应急演练工作，制定完善的系统应急演练方案，并定期组织进行主 / 备调切换以及系统模拟故障硬件演练等，切实提高相关生产参与人员技能水平以及系统故障时的问题处置能力。

3. 完善、优化系统自动监视与报警功能

优化配置告警提醒功能；利用现有调度控制系统告警功能，进一步细化系统运行的告警动作，如资源越限、断网、重启、进程退出、应用故障等设置语音告警，结合监控员告警窗，实时反馈系统各硬件及应用软件运行状态。使系统软硬件日常运行监视逐渐转化为常态化监控工作，进一步提升故障、异常等信息发现的实时性以及调度控制系统运行的可靠性。

4. 做好应急处理预案

应针对可能发生的突发事件及危险源，各级调度控制机构制定相应的应急预案，至少应包括调度场所突发事件应急预案、各类调度技术支持系统故障处置方案、通信系统故障处置方案三种。同时应制定备调应急工作预案，明确组织体系、人员配置、工作程序及后勤保障等内容，并定期开展主 / 备调切换测试以及预案演练。

（三）备调系统

1. 备调系统建设与管理要求

为提高调度控制系统的可靠性以及灾备应急能力，各级调度控制机构应按照《调度自动化规划设计技术导则》（Q/GDW 11360—2014）要求建设备调系统，并实现与主调系统之间的业务数据同步、责任分区与信息分流、主备切换等功能。

主、备调人员及技术支持系统应实行同质化运行管理，确保系统同步运行、同步升级改造，确保电网模型和信息一致。设备新投、变动时，主调模型、数据应保证及时同步到备调。发电厂、变电站基建竣工投运时，备调调度技术支持系统数据传输通道应保证同步建成投运。

备调系统应与上级调控系统建立网络通道。备调调度技术支持系统数据传输通道应与主调技术支持系统数据传输通道相对独立。备调应配置专用值班设施，配置备调技术支持系统远程浏览终端及相关通信设施，备调值班设施应采取独立于其他设施的不间断电源（uninterruptible power supply，UPS）单独供电。主、备调值班设施宜互相设置远程浏览终端，以便在主调功能丧失后快速启用备调工作模式。备调调度技术支持系统应建立完备的安全防护体系，制定相应的管理措施，实现“安全分区、网络专用、横向隔离、纵向认证”，满足安全等级保护要求。

2. 地调主 / 备调切换演练

依据《国家电网公司地县级备用调度运行管理工作规定》[国网（调 /4）341—2014]要求，地县调控机构应每年组织一次调控指挥权转移的综合演练。综合演练时，主、备调均应有主调负责人及各专业人员参加。演练应包括技术支持系统切换、人员转移和调控指挥权转移，主调至少应关闭值班场所及 SCADA 功能。地市级备调年度演练至少应通过 24h 以上的连续启用检验，演练期间调控系统有关统计考核指标可申请上级调控机构免考核。

（1）主 / 备调切换准备工作。

1）服务器功能应用切换。主 / 备调切换演练过程中，SCADA、FES、PAS 等服务器功能应用将重新启动。因此，需要提前对各服务器功能进行切换测试，确保调度控制系统主备服务器各项应用正常停启，保证备调系统独立运行后发生单点故障时备用服务器应用功能正常运行。

2）地县一体化功能切换。主调系统正常运行时，县调前置服务器 SCADA 应用功能处于冷备用状态。县调与地调主调系统解列后，自动启用县调前置服务器 SCADA 应用功能，实现对县域变电站的监视控制功能。因此，切换演练前应对各县调地县一体化功能进行测试，确保县调前置服务器 SCADA 应用功能能够在解列后正常启动，县调系统独立运行。

3）排查县域变电站县调网络通道。地县一体化系统解列后，县域变电站通过县调网络进行监视。如果未建立县调网络，县调对该变电站将失去监视功能。

4）排查备调系统网络通道。主调系统功能丧失后，变电站数据通过备调网络通道上传至备调系统。如果未建立备调网络通道，备调对该变电站将失去监视功能。

5）建立备调到省调的 476 链路。由于部分 500kV 变电站未接入地调备调，地调主调系统关闭后，省调可通过 476 链路将 500kV 变电站数据向地调备调系统转发，避免失去监视。此外，低频减载、通道工况运行率等关键数据通过主调系统 476 链路向省调转发，地调主调系统关闭后，可通过备调 476 链路向省调转发，避免数据无法上送。

6）排查远程访问终端运行状态。检查主 / 备调互拉终端运行状态，确保主调系统功能关闭后主调人员能够通过备调终端对电网进行监视，快速完成主 / 备调功能转移。

7）备齐关键服务器、主网交换机备品备件。确保切换演练期间，主 / 备调系统服务器、交换机故障后能及时进行应急处置。

8）主 / 备调自动化辅助系统设备保障。排查主 / 备调机房 UPS 设备、精密空调、动力环境监控系统，确保切换演练期间自动化系统设备运行环境安全、电源供应稳定可靠。

9）网络安全保障。排查备调纵向加密装置隧道策略，按照最小化原则对备调系统纵向加密策略进行整改，确保备调数据传输安全可靠，防止发生网络安全事件。

10）通信保障。关闭主调系统后，对备调系统的关键通信网节点、设备进行保障，确保实战切换期间备调系统通信网络正常运行。

（2）主 / 备调切换演练关键流程。

1）主调系统故障设置。主调系统可以通过人为关闭 SCADA 服务器应用功能或断开主网交换机、前置服务器、骨干网交换机等设备网络连接的方式模拟系统故障，使主调系统丧失监视控制功能。

2）启用备调应急工作模式。主调系统发生故障、丧失监视控制功能后，应汇报上级调度控制机构并启用备调应急工作模式。应急情况下，调控指挥权转移的条件为备调各项功能运转正常，处于对主调的热备用状态，且主调无法正常履行调控职能。

主调 SCADA 功能丧失后，各县调将处于解列模式。对于未接入备调或县调的变电站无法实现监视控制功能，应及时恢复有人值班模式。调度人员可采用前往备调场所或在主调场所利用互拉终端远程访问备调系统的方式，完成主 / 备调功能转移。启用备调应急工作模式后，应与上级调度控制系统核对遥测数据，测试开关遥控功能，确保备调系统各项功能运行正常。

3）主调系统功能恢复，调度控制功能转移至主调。恢复主调系统功能后，应检查各系统、设备运行状态。查看系统 SCADA 模块、FES 模块、PAS 模块、AVC 模块功能是否正常，数据刷新、历史曲线等是否正常。确保各系统运行正常后恢复地县一体化系统，转移调控权限并汇报上级调度控制机构。

三、存储业务中断典型案例分析

（一）故障现象

2020 年 11 月 8 日 23：42：40，× × 备调系统磁盘阵列因坏盘个数太多，导致阵列故障，无法挂载，主 / 备调同步失败。

（二）问题检查

（1）通过查看 var/database_rep/xxbd-his_error/d5000_errorlog.20201113_0230 日志文件，如图 1-8 所示，发现主 / 备调同步已经失败。

（2）2020 年 11 月 9 日 09：10，通过登录到备调历史服务器 his1/2 上输入“crm_mon”后，发现磁盘阵列已经不在挂载状态。

（3）2020 年 11 月 9 日 11：25，技术支持运维人员到达现场，发现阵列上已经有 5 块硬盘损坏。

```
2020-11-8 23:42:21
文件:/home/d5000/xinxiang/var/database_rep/xxbd-his/d5000/out/REP_2020110823/COMMIT1604850146_0000995299_0000012357 第 0 条sql UPDATE graph_info_net SET graph_alias='shangshengbian',graph_type=0,graph_serials=2781,graph_plane_num=1,graph_version=80,graph_split_type=0,graph_row_num=1,graph_col_num=1,graph_save_time=1648555921,graph_save_ip='mod-nywh2',save_person='nywh1',graph_topo_flag=0,graph_fac_id=113997367379755270,graph_af_mask=39295,graph_status_type=0,graph_lock_status=1,graph_lock_time=1668471942,lock_proccess_id=12679,graph_lock_ip='mod-nywh2',graph_lock_person='nywh1' WHERE graph_id=2645864962274l779执>行成功

2020-11-8 23:42:21
本系统删除/home/d5000/xinxiang/var/database_rep/xxbd-his/d5000/out/REP_2020110823/COMMIT1604850146_0000995299_0000012357文件成功

2020-11-8 23:42:30
本系统删除/home/d5000/xinxiang/var/database_rep/xxbd-his/d5000/out/REP_2020110823/COMMIT1604850146_0000995299_0000012357文件成功

2020-11-8 23:42:30
本系统删除/home/d5000/xinxiang/var/database_rep/xxbd-his/d5000/out/REP_2020110823/COMMIT1604850146_0000995299_0000012357目录成功

2020-11-8 23:42:30
文件:/home/d5000/xinxiang/var/database_rep/xxbd-his/d5000/out/REP_2020110823/COMMIT1604850146_0000995299_0000012357 第 0 条sql UPDATE graph_info_net SET graph_alias='shangshengbian',graph_type=0,graph_serials=2781,graph_plane_num=1,graph_version=81,graph_split_type=0,graph_row_num=1,graph_col_num=1,graph_save_time=1668472027,graph_save_ip='mod-nywh2',graph_topo_flag=0,graph_fac_id=113997367379755270,graph_af_mask=39295,graph_status_type=0,graph_lock_status=1,graph_lock_time=1668471942,lock_proccess_id=12679,graph_lock_ip='mod-nywh2',graph_lock_person='nywh1' WHERE graph_id=26458649622741779执行成功

2020-11-8 23:42:30
本系统删除/home/d5000/xinxiang/var/database_rep/xxbd-his/d5000/out/REP_2020110823/COMMIT1604850146_0000995299_0000012357文件成功

2020-11-8 23:42:30    当前目录中有内容 调用getDbSequence获得发送顺序表    看本机是否发送!!!

2020-11-8 23:42:38    同步文件提交耗时: 8.341216.

2020-11-8 23:42:40
本系统删除/home/d5000/xinxiang/var/database_rep/xxbd-his/d5000/out/REP_2020110823/COMMIT1604850146_0000995299_0000012357文件成功

2020-11-8 23:42:40    当前目录中有内容 调用getDbSequence获得发送顺序表    看本机是否发送!!!

2020-11-8 23:42:52    ##### Error: teleServiceRequestSync ret < 0!

2020-11-8 23:43:5     ##### Error: teleServiceRequestSync ret < 0!

2020-11-8 23:43:18    ##### Error: teleServiceRequestSync ret < 0!

2020-11-8 23:43:11    ##### Error: teleServiceRequestSync ret < 0!
```

图 1–8　日志文件

（三）原因分析

通过查看告警日志：截至 2020/6/2 07：35：44，设备已经存在槽位 01 及槽位 11 两个故障硬盘，故障时间分别为 2019/08/12 与 2018/12/19，热备空间已经被占用完。

所以在 2019/10/8 系统检测到槽位 6 硬盘即将发生故障时，系统提前把 6 号硬盘数据拷贝到热备空间失败，热备空间不足。

在 2020/6/2 07：35：44 系统检测到槽位 2 硬盘即将发生故障时，系统提前把 2 号硬盘数据拷贝到热备空间失败，热备空间不足。

在 2020/6/7 23：49：55 系统检测到槽位 5 硬盘即将发生故障时，系统提前把 5 号硬盘数据拷贝到热备空间失败，热备空间不足。

到 2020/11/8 23：39：58 槽位 2 故障，为第三块故障的硬盘，由于无热备空间，导致业务中断。

（四）处理过程

（1）经后台研发评估后，依次更换已经故障的槽位 1、槽位 11、槽位 6 硬盘，等待系统自动为三个新硬盘均衡完数据，腾出热备空间。

（2）重新拔插槽位 2 已经故障硬盘，槽位 2 硬盘暂时处于正常状态。

（3）系统自动利用状态暂时正常的槽位 2 硬盘为 11 月 9 日更换的槽位 5 新硬盘均衡数据。

（4）由于槽位 2 硬盘之前已经故障，存在坏道，所以无法完全还原数据到槽位 5 新硬盘，且在还原过程中直接再次故障，恢复失败。

（5）此时需要恢复完整数据，需要用槽位 5 换下来的旧硬盘中的数据。

（6）把槽位 5 更换下来的旧硬盘插到存储设备硬盘框第一个空闲槽位，由于该盘在

11 月 9 日更换时为即将故障状态，还能提供业务。

（7）插上后，系统自动把该硬盘加入集群，并利用该硬盘旧数据恢复目前槽位 5 的新硬盘数据，恢复成功。

（8）更换槽位 2 故障硬盘，问题解决。

（五）防范措施

（1）由于槽位 5 在 11 月 9 日更换下来的旧硬盘已经被系统判定为即将故障，且为了恢复数据到现在槽位 5 的新盘，再次把旧硬盘插在设备上，并已经被纳入集群提供业务，该硬盘随时会发生故障，为了安全考虑，需要尽快准备一个新硬盘替换，且需要使用相应工具 [如华为技术有限公司（简称“华为”）磁盘阵列软件 SmartKit] 更换。

（2）定期对各个地市的主 / 备调加强现场巡视工作，对已经出现和存在的隐患及时进行沟通处理。在部门内部加强交流学习，提高对系统的风险预判能力，确保此类问题不再发生。

四、硬件老化带来运行风险案例分析

（一）故障现象

2021 年 8 月 14 日 18 时 30 分左右，某地调系统历史服务器 1 宕机，按电源键进行重启，该服务器所连显示器黑屏（无信号输入），且服务器前面板的硬盘指示灯不闪烁，相关调度系统所有历史查询类业务无法进行。

（二）问题检查

首先检查相关磁盘阵列所有电源模块及连接是否正常，确定可正常带电；再检查相关光纤交换机是否正常，保证网络通畅。确认外部环境正常后，再次检查相关历史服务器，重启机器，并观察面板指示灯告警情况。通过多次测试，该服务器主板启动时硬件自检均未成功，主板未正常加电，最终确定为该历史服务器故障，无法正常启动。

该地调服务器为 2012 年投产设备，目前设备维修面临服务过保、备件不足等问题。为保障地调磁盘阵列正常挂载、尽快恢复相关业务，该地调决定启用灾备服务器替换原有历史服务器，以便尽快恢复系统的可靠运行。

（三）原因分析

其中一台历史服务器硬件故障，导致该机宕机无法启动，随即该服务器所承担业务均停止运行。另外一台备用历史服务器因 HA（high available，高可用性，又称双机集群系统或双机热备系统 / 方式）服务异常，导致未及时自动挂载阵列并拉起数据库业务，造成相关的历史查询类业务异常。

（四）处理过程

1. 更改灾备服务器节点名称及其网卡配置

将灾备服务器的节点名称改为被替换的历史服务器名称，同时参考另一台历史服务器，配置灾备服务器的多网卡地址，包括调度系统主网段 bond0 地址和历史服务器 HA 服务配置的心跳地址。

2. 配置本机的 HA 软件

HA 软件为操作系统对应的高可用集群软件，该地调磁盘阵列采用双机挂载的模式，通过 HA 软件监测并挂载磁盘阵列。当某台历史服务器异常时，可通过 HA 软件实现磁盘阵列自动挂载到另一台正常的服务器。为此，需要先给本机安装 HA 软件，如图 1-9 所示。

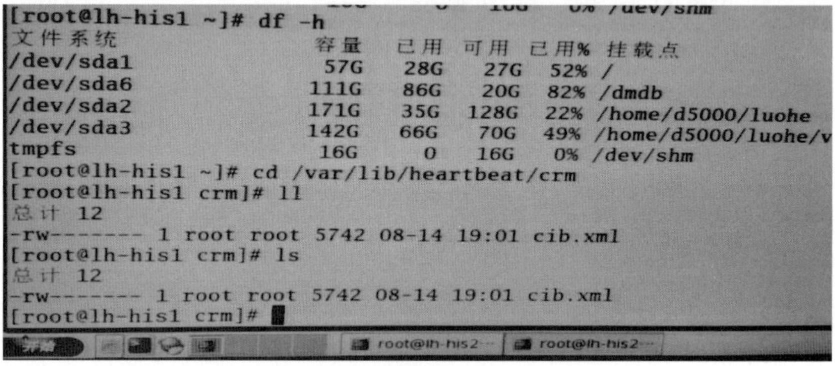

图 1–9　配置本机的 HA 软件

还需根据另一台历史服务器，替换如下文件：

/usr/sbin/deam_db 和 chckgky 文件，/etc/ha.d/.

3. 磁盘阵列中建立对本机的映射

当本机完成 HA 软件安装后，插上原有历史服务器的网线及跳纤，重启服务器，发现并未识别到磁盘阵列的卷组。联系磁盘阵列厂家，得知需要将新的服务器与磁盘阵列建立映射，如图 1-10 所示。

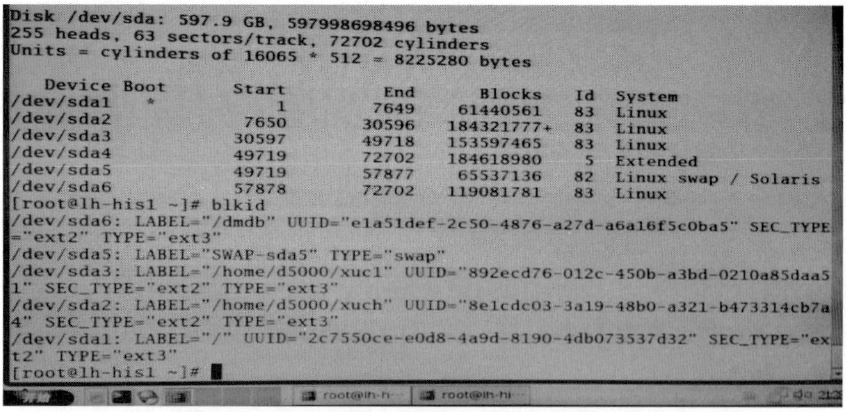

图 1–10　磁盘阵列中建立对本机的映射

按指示安装调试软件，相关处理步骤如下：

（1）插上网线，登录到阵列管理口，用网页登录，地址：http：//192.168.128.101：8088，按指示下载专用调试工具，如图 1-11 所示。

图 1–11　下载专用调试工具

（2）确定新历史服务器的设备标识，如图 1–12 所示。在历史服务器上，右键打开终端查询 cat/sys/class/fc_host/*/port_name 查询标识。

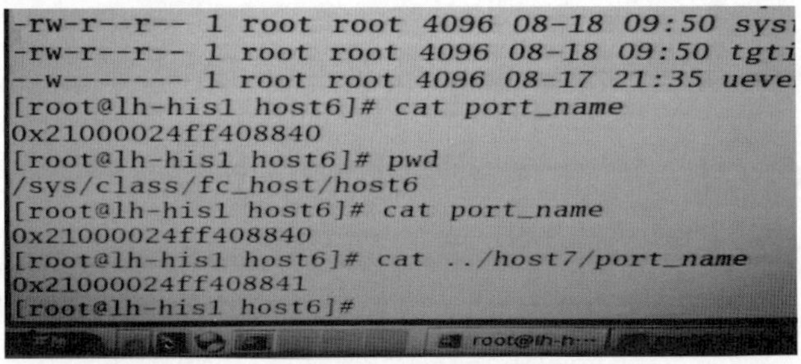

图 1–12　确定新历史服务器的设备标识

（3）输入“dmidecode|grep UUID”，查询本机通用唯一识别码（universally unique identifier, UUID），如图 1–13 所示。

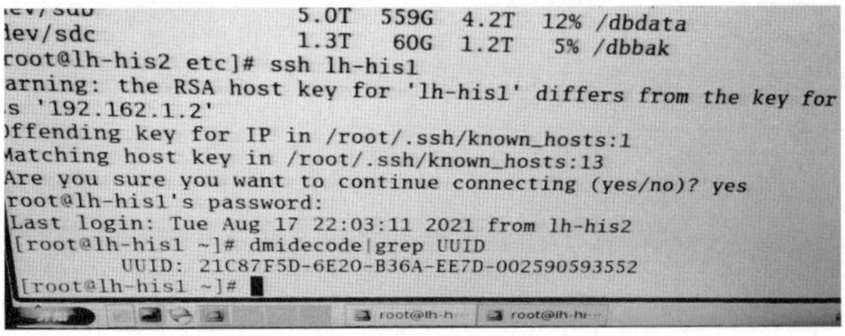

图 1–13　查询本机 UUID

（4）利用工具软件，建立磁盘与服务器之间的映射，如图 1–14 所示。

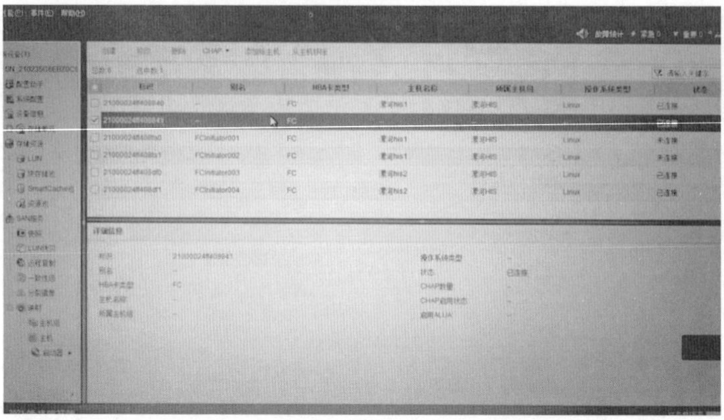

（a）

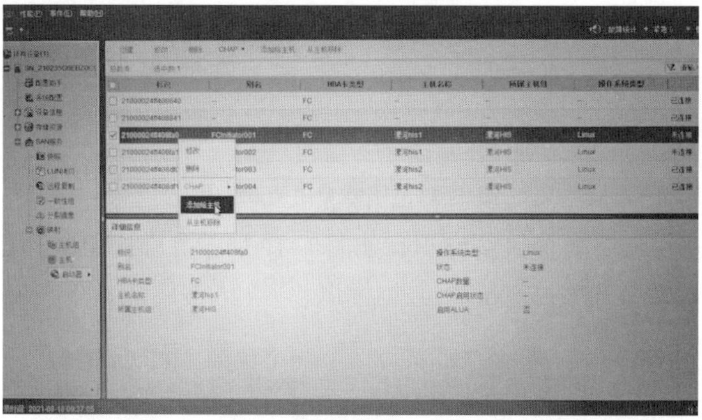

（b）

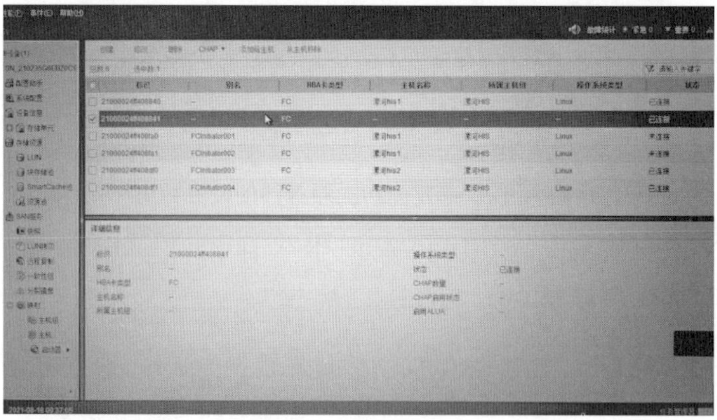

（c）

图 1–14　建立磁盘与服务器之间的映射

（a）选择磁盘；（b）添加主机；（c）查看连接状态

（5）映射建立完成后，重启服务器，阵列不用重启，原有的挂载业务也不需要暂停，只需要重启新增的历史服务器，以便重新识别阵列卷组。在建立映射的过程中，原有故障服务器的映射未删除，待故障服务器维修完成后，又可作为备用服务器，为系统运行提供备件保障。重新识别阵列卷组如图 1–15 所示，新换服务器已识别到阵列卷组。

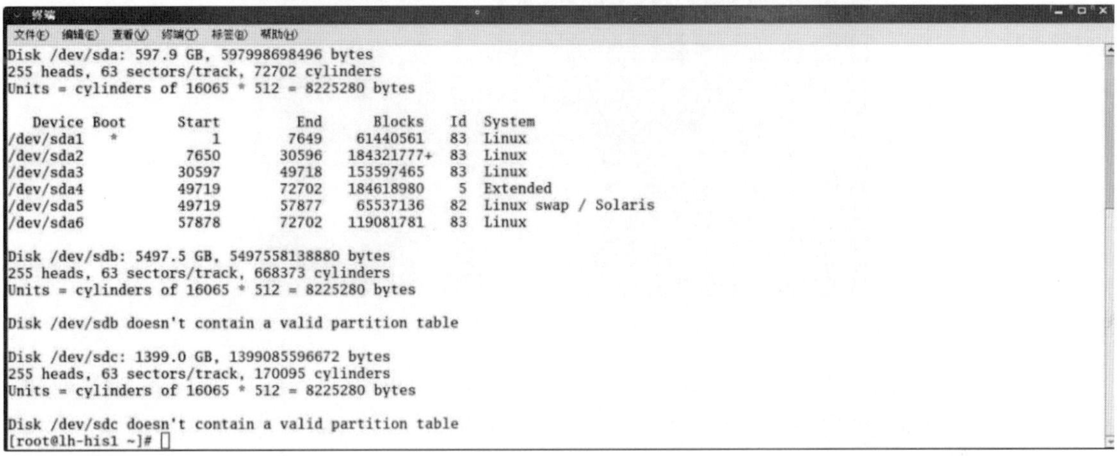


```
Disk /dev/sda: 597.9 GB, 597998698496 bytes
255 heads, 63 sectors/track, 72702 cylinders
Units = cylinders of 16065 * 512 = 8225280 bytes

   Device Boot      Start         End      Blocks   Id  System
/dev/sda1   *           1        7649    61440561   83  Linux
/dev/sda2            7650       30596   184321777+  83  Linux
/dev/sda3           30597       49718   153597465   83  Linux
/dev/sda4           49719       72702   184618980    5  Extended
/dev/sda5           49719       57877    65537136   82  Linux swap / Solaris
/dev/sda6           57878       72702   119081781   83  Linux

Disk /dev/sdb: 5497.5 GB, 5497558138880 bytes
255 heads, 63 sectors/track, 668373 cylinders
Units = cylinders of 16065 * 512 = 8225280 bytes

Disk /dev/sdb doesn't contain a valid partition table

Disk /dev/sdc: 1399.0 GB, 1399085596672 bytes
255 heads, 63 sectors/track, 170095 cylinders
Units = cylinders of 16065 * 512 = 8225280 bytes

Disk /dev/sdc doesn't contain a valid partition table
[root@lh-his1 ~]# 
```

图 1–15　重新识别阵列卷组

（五）防范措施

统计各地市灾备服务器储备情况，并根据实际需求，提前建立好磁盘阵列与灾备服务器的映射；类似情况再出现时，能够更快速、更有效地做出应对，以便能第一时间恢复业务正常运行，保障系统的稳定运行。

五、服务器面板频闪案例分析

（一）故障现象

2019 年 12 月 15 日，某省调运行值班人员在巡查机房过程中，发现自动化机房众多服务器有黄灯告警灯闪烁情况，经查，系统运行正常，业务不受影响。

（二）问题检查

经与软硬件厂家共同分析，确定业务不受影响，主要是该主机主备电源切换后，系统产生告警日志，服务器告警灯闪烁，以提醒运维人员及时消缺处理告警。

（三）原因分析

黄色叹号告警如图 1–16 所示。黄色叹号一直闪烁告警是因为服务器插拔电源后生成了事件日志，所以出现黄色叹号告警，只要将日志文件删除即可。

图 1–16　黄色叹号告警

（四）处理过程

（1）用网线将笔记本计算机连接到服务器的管理口，如图 1–17 所示。服务器后面带小扳手的网口是管理口。

图 1-17　服务器的管理口

（2）调试笔记本计算机配置互联网协议地址（internet protocol address，IP 地址）192.168.0.xx，掩码 255.255.255.0。然后 ping 一下 IP 地址 192.168.0.120，ping 通后再进行下一步。

（3）在浏览器上输入“http：//192.168.0.120/index.html”到登录界面，输入用户名及密码登录，如图 1-18 所示。

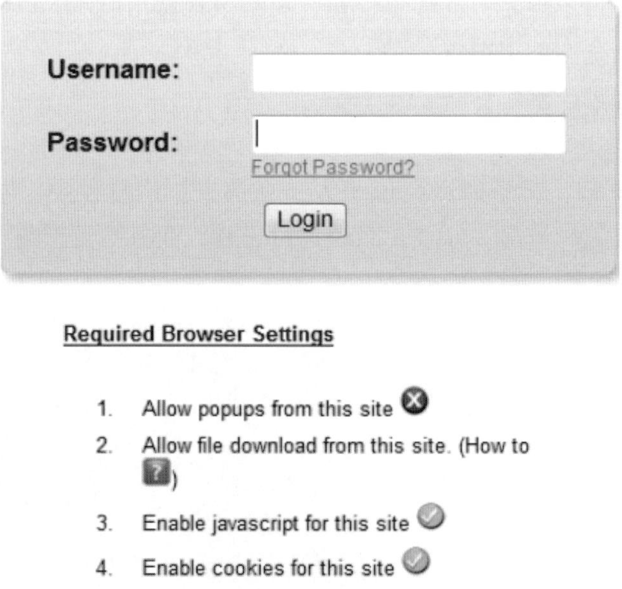

图 1-18　登录界面

（4）登录后点击“Server Health”（服务器健康状况）下的“Event Log”（事件日志）。

（五）防范措施

定期巡检，定期重启系统和清除日志告警。

六、Ⅰ、Ⅲ区系统数据同步异常案例分析

（一）故障现象

10 月 14 日 10：11，相关网络安全服务人员对系统历史数据库 his2 进行安全加固，启

动主机防火墙时，与数据库厂家确认数据状态，反馈数据库状态异常，立即关闭了主机防火墙。随后收到调度管理系统（OMS）值班平台同步监视报出Ⅰ、Ⅲ区同步中断且未恢复，立即联系达梦数据库厂家配合分析处理，于16：00恢复正常。

（二）原因分析

1．Ⅰ、Ⅲ区数据库同步问题分析

省调Ⅰ区数据库存在Ⅰ、Ⅲ区数据同步、主/备调Ⅰ区数据同步，同步机制是DMHS程序对数据库归档进行读取，传送到目的端进行执行来实现数据同步。故障发生时，由于新生成的归档文件损坏导致DMHS程序卡在当前归档无法正常进行数据同步。

2.数据库归档文件损坏原因分析

操作系统日志分析：

（1）his1在10月14日10：11：11监测到his2离开集群，his1即拉起数据库服务，挂载文件系统。

（2）his2在10月14日10：11：11日志报出故障成员退出集群。

此时文件系统处于双挂状态，即同时挂载his1、his2，在数据库启动时写入会造成文件脑裂、损坏。

3. his2退出集群问题分析

由于主机防火墙策略配置不完善，导致his1检测不到his2的ping包，认为his2不再存活，网络心跳收不到。（his2日志显示，10月14日10：11：32由于操作系统或网络故障，Corosync[Totem]Totem无法形成群集。）

（三）处理过程

定位问题后，使用达梦数据库专业修复工具将损坏数据库归档文件移除后，修复故障数据文件，并重启数据库及同步服务，相关数据同步恢复正常。

（四）防范措施

1.主机防火墙策略梳理阶段

（1）与业务维护厂家确定业务访问需求。

（2）对主机流量进行抓包分析，对业务访问需求进一步补充验证。

2.主机防火墙策略启动阶段

（1）要求主机及业务维护厂家必须在现场配合，出现异常情况能够及时配合恢复。

（2）启动主机防火墙策略时，为避免策略配置错误导致业务中断，默认策略首先设置为全部允许；同时，对默认策略匹配的流量进行日志记录分析，不断优化调整，直至确定默认策略匹配的流量全部为非法流量为止，再将默认策略修改为丢弃状态。

七、地调主/备调系统切换演练案例

（一）主/备调切换准备工作

某地调依照《国家电网公司地县级备用调度运行管理工作规定》[国网（调/4）341—2014]要求开展年度主/备调切换演练。演练开始前对主/备调D5000系统与设备、调度数据专网、主/备调自动化辅助系统设备保障、网络安全保障等方面开展了全面的排查测试。排查测试过程中发现的主要问题如下。

1. 未与省调建立网络通道

主调系统关闭后，备调将与省调失去网络连接，实时数据无法上传至省调，500kV 变电站数据也无法通过省调向备调转发。因此在演练开始前，协调省调完成了备调 476 通道的建立。

2. 备调未部署 AVC 系统

主调系统关闭后，备调系统未部署 AVC 功能，系统调压将改由人工进行，对电网调压明确责任部门。同时，调压改由人工进行，对人员承载力进行分析。

主/备调切换当日天气晴间多云，对 AVC 调压、停电检修操作、异常事故处理分析。每日电网调压需 9 ～ 15 次，大部分集中在负荷高峰期。当日计划性检修主电网 3 条、配电网 7 条，停电时间在 8：00 左右，送电时间在 18：00 左右。因故障增加的事故处理配电网仅占 2 条。通过分析判断，人工调压基本在高峰时段，与计划检修送电时段避开，线路故障主要集中在配电网分支，系统调压对运行人员增加的工作量不会影响电网正常业务的开展，系统调压由备调调度员下令至现场进行电容器投退、变压器挡位的调节。AVC 动作分析见表 1–1，线路检修计划分析见表 1–2，月度跳闸分析见表 1–3。

表 1–1　AVC 动作分析

序号	月动作次数	日动作次数	时动作次数	高峰动作时间 11：30 ～ 13：00 20：00 ～ 21：30
1	6480 ～ 10800	216 ～ 360	9 ～ 15	5 ～ 9

表 1–2　线路检修计划分析（条）

序号	29 日主电网检修	29 日配电网检修	月度主电网最大	月度配电网最大
1	3	7	6	7

表 1–3　月度跳闸分析

序号	天气	主电网			配电网				
		接地	跳闸	被迫停运	接地	跳闸（主干）	跳闸（分支）	被迫停运（主干）	被迫停运（分支）
1	晴天	0	1	1	0	0	1	0	2
2	恶劣天气	0	2	2	4	3	5	7	6

3. 备调网络通道覆盖不全面

在前期排查过程中发现部分厂站未接入备调网络通道，在主主调功能关闭后，未接入备调的变电站将失去远程监视控制功能，因此这部分厂站在主/备调切换演练过程中恢复有人值班，针对突发情况进行应急处置。

4. 地县一体化业务通道建设不合理

地区地县一体化业务通信方式为一个光口承载三个县调地县一体化业务，地调侧地县一体化业务中断后，三个县调同时中断，县调之间网络仍互通，县调 SCADA 应用功能无法独立运行。在切换演练时，需提前断开各县调地县一体化系统，不满足应急状态下县调系统独立运行条件。

（二）主/备调切换演练流程

1. 各县调地县一体化系统解列

由于该地区地县一体化系统未能完全实现各县调独立运行，因此在演练开始后首先解列各县调系统，防止主调 SCADA 功能丧失后各县调按照服务器配置表寻找主机；将其他县调的服务器作为主机，无法对本县的厂站进行正常的监视控制。

2. 主调 D5000 系统故障设置

该地市采用关闭主网交换机电源的方式模拟 D5000 系统故障，使主调系统丧失监视控制功能。两台主网交换机关闭后，主调 SCADA 服务器将失去与前置服务器的网络连接。网络连接中断如图 1–19 所示，监控画面数据无法刷新，并弹出告警提示窗口。

```
// jz-fes1:/home/d5000/jiaozuo % date
2022年 04月 29日 星期五 11:14:05 CST
// jz-fes1:/home/d5000/jiaozuo % ps -ef | grep tcp_s
824:d5000     29179 18785  0 11:14 pts/2    00:00:00 grep -n tcp_s
// jz-fes1:/home/d5000/jiaozuo % ps -ef | grep tcp_ser
824:d5000     29734 18785  0 11:14 pts/2    00:00:00 grep -n tcp_ser
// jz-fes1:/home/d5000/jiaozuo % date
2022年 04月 29日 星期五 11:14:56 CST
// jz-fes1:/home/d5000/jiaozuo % ss
--------------------------------------系统管理应用状态信息-----------------------------------------
```

所属态	应用名	优先级	当前状态	节点名	刷新时间	刷新状态	切换状态
测试态	public	1	断网	jz-sca1	9时39分26秒	过期	未锁定
反演态	public	1	断网	jz-sca1	9时39分26秒	过期	未锁定
实时态	public	1	断网	jz-sca1	9时39分26秒	过期	未锁定
实时态	data_srv	1	断网	jz-sca1	9时39分26秒	过期	未锁定
实时态	scada	1	断网	jz-sca1	9时39分26秒	过期	未锁定
实时态	scada_sim	1	断网	jz-sca1	9时39分26秒	过期	未锁定
实时态	scada_sim1	1	断网	jz-sca1	9时39分26秒	过期	未锁定
实时态	scada_sim2	1	断网	jz-sca1	9时39分26秒	过期	未锁定
实时态	scada_sim3	1	断网	jz-sca1	9时39分26秒	过期	未锁定
实时态	scada_sim4	1	断网	jz-sca1	9时39分26秒	过期	未锁定
实时态	scada_sim5	1	断网	jz-sca1	9时39分26秒	过期	未锁定
实时态	scada_relay	1	断网	jz-sca1	9时39分26秒	过期	未锁定
测试态	scada	1	断网	jz-sca1	9时39分26秒	过期	未锁定
反演态	scada	1	断网	jz-sca1	9时39分26秒	过期	未锁定
测试态	public	2	断网	jz-sca2	9时39分26秒	过期	未锁定
反演态	public	2	断网	jz-sca2	9时39分26秒	过期	未锁定
实时态	public	2	断网	jz-sca2	9时39分26秒	过期	未锁定
实时态	data_srv	2	断网	jz-sca2	9时39分26秒	过期	未锁定
实时态	scada	2	断网	jz-sca2	9时39分26秒	过期	未锁定
实时态	scada_sim	2	断网	jz-sca2	9时39分26秒	过期	未锁定
实时态	scada_sim1	2	断网	jz-sca2	9时39分26秒	过期	未锁定
实时态	scada_sim2	2	断网	jz-sca2	9时39分26秒	过期	未锁定
实时态	scada_sim3	2	断网	jz-sca2	9时39分26秒	过期	未锁定
实时态	scada_sim4	2	断网	jz-sca2	9时39分26秒	过期	未锁定
实时态	scada_sim5	2	断网	jz-sca2	9时39分26秒	过期	未锁定
实时态	scada_relay	2	断网	jz-sca2	9时39分26秒	过期	未锁定
测试态	scada	2	断网	jz-sca2	9时39分26秒	过期	未锁定
反演态	scada	2	断网	jz-sca2	9时39分26秒	过期	未锁定
实时态	public	3	断网	jz-fes1	11时14分59秒	刷新	未锁定
实时态	fes	1	断网	jz-fes1	11时14分59秒	刷新	未锁定
实时态	public	4	断网	jz-fes2	9时39分26秒	过期	未锁定
实时态	fes	2	断网	jz-fes2	9时39分26秒	过期	未锁定
实时态	public	5	断网	jz-fes3	9时39分26秒	过期	未锁定
实时态	fes	3	断网	jz-fes3	9时39分26秒	过期	未锁定
实时态	public	6	断网	jz-fes4	9时39分27秒	过期	未锁定
实时态	fes	4	断网	jz-fes4	9时39分27秒	过期	未锁定

图 1–19　网络连接中断

3. 主调系统发生故障，启用备调应急工作模式

主调系统发生故障丧失监视控制功能后，汇报省调并按照应急预案启用备调应急工作模式。调度控制人员前往设置在县公司的备调场所行使调度指挥权。启用备调系统后，对备调系统各项功能进行验证：①选取某变电站，与省调进行数据核对，验证备调系统遥测数据可靠性；②与省调核对网供负荷数据，验证备调系统公式正确性；③根据电网电压波动情况，对变电站电容器开关进行遥控操作，验证备调系统遥信状态正确、遥控功能可用。

4. 主调 D5000 功能恢复，调度控制功能转移至主调

依次开启两台主网交换机电源，恢复主调系统双网连接。网络恢复后，对主调系统对主、备服务器进行应用停启操作。主网交换机启动成功后，为将服务器应用功能异常风险降到最小，依次将备机、主机应用功能进行重启，避免长时间断网导致主备机应用功能存在差异等异常情况。

（1）输入“showservice”查看服务器主备机运行状态，如图 1–20 所示。

（2）停启备机服务器应用。

1）停应用：sys_ctl stop。

2）启应用：sys_ctl start。

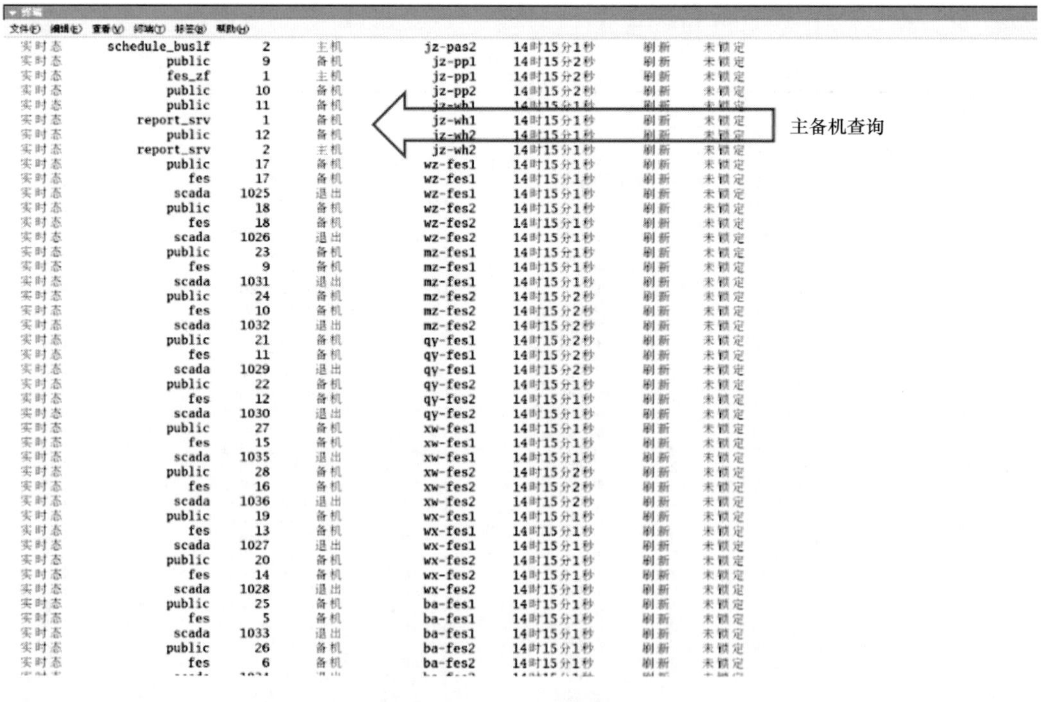

图 1–20 主备机运行状态

（3）备机应用功能停启完成后，输入“seeproc”查看服务器各应用运行状态。以 jz-sca1 为例，应用运行状态如图 1–21 所示。各应用状态为“online”则为正常启动。

```
// jz-scal:/home/d5000/jiaozuo % seeproc

                ---- PROC Shared Memory Monitor (jz-scal)----
--------------------------------------------------------------------------------------
ProcPos    ContextName    AppName      ProcName          Status    Critical
--------------------------------------------------------------------------------------
0          sys            base_srv     logd              Online    Crucial*
1          sys            base_srv     sys_srv           Online    Crucial*
2          sys            base_srv     message_recv      Online    Crucial*
3          sys            base_srv     message_send      Online    Crucial*
4          sys            base_srv     message_fwd       Online    Crucial*
5          sys            base_srv     sys_nicmonitor    Online    Crucial*
6          realtime       data_srv     down_srv          Online    Crucial*
7          realtime       public       rtdb_srv          Online    Crucial*
8          test           public       rtdb_srv          Online    Crucial*
9          pdr            public       rtdb_srv          Online    Crucial*
10         realtime       public       rtdb_pub          Online    Crucial*
11         test           public       rtdb_pub          Online    Crucial*
12         pdr            public       rtdb_pub          Online    Crucial*
13         realtime       public       rtdb_sca          Online    Crucial*
14         test           public       rtdb_sca          Online    Crucial*
15         pdr            public       rtdb_sca          Online    Crucial*
16         realtime       public       rtdbmodi          Online    Crucial*
17         test           public       rtdbmodi          Online    Crucial*
18         realtime       scada        sca_analog        Online    Crucial*
19         pdr            scada        sca_analog        Online    Crucial*
20         realtime       scada        sca_point         Online    Crucial*
21         pdr            scada        sca_point         Online    Crucial*
22         realtime       scada        sca_cal           Online    Crucial*
23         pdr            scada        sca_cal           Online    Crucial*
24         realtime       scada        sca_op            Online    Crucial*
25         pdr            scada        sca_op            Online    Crucial*
26         realtime       scada        sca_manage        Online    Crucial*
27         pdr            scada        sca_manage        Online    Crucial*
28         realtime       public       priv_srv          Online    Crucial*
29         realtime       data_srv     sqlsp_srv         Online    Crucial*
```

状态为 online

图 1-21　应用运行状态

（4）备机功能应用启动后，主备服务器进行实时数据自动同步，因前置总召周期为 15min，等待 15min 观察实时数据有无跳变等异常情况。

（5）将备机功能应用切换为主应用，以 jz-fes2 备机为例，切换 fes2 的 fes 应用为主应用，命令为：app_switch jz-fes2 fes 2（2 为主机模式，3 为备机模式）。注意，应用切换为主应用时需要单个切换。

（6）备机全部切换为主机模式，原主机成为备机后对备机进行应用停启操作。

（7）各主备服务器运行状态检查。完成以上操作对主备服务器进行应用停启操作后，再次输入“showservice”命令检查服务器主备机运行状态，并进一步查看主备服务器运行状态。

1）输入“search_db”，查看 SCADA 服务器数据库运行状态，如图 1-22 所示。

```
// jz-scal:/home/d5000/jiaozuo % search_db
++++sam_service:  g_locator_samservice already exsit:0x16fee870++++
++++sam_service:  g_locator_samservice already exsit:0x16fee870++++
初始化 MasterDbNameSemphore ...OK
初始化 DbNumSemphore ...OK
初始化 DbServiceInfoSemphore ...OK
初始化 FileSemphore ...OK
初始化 RightLoginSemphore ...OK

**************************************************************
 prior = 1, db service = EMS_jz-his
 prior = 1, db service = EMS_jzbd-his
-------------------------------------------------------------


------------------- 000001 ---------------------
               DB_SERVICE  主机
**************************************************
```

图 1-22　SCADA 服务器数据库运行状态

2）输入“ps –ef|grep tcp”，查看前置服务器 TCP 连接状态，如图 1–23 所示。

```
// jz-fes1:/home/d5000/jiaozuo % ps -ef|grep tcp_c
261:d5000     563  4720  0 11:23 ?        00:00:00 tcp_client 192.159.3.20 23 4025 C
262:d5000     567  4720  0 11:23 ?        00:00:00 tcp_client 41.134.103.3 198 2404 C
263:d5000     569  4720  0 11:23 ?        00:00:00 tcp_client 41.101.165.2 204 2404 C
264:d5000     571  4720  0 11:23 ?        00:00:00 tcp_client 41.134.101.3 212 2404 C
265:d5000     576  4720  0 11:23 ?        00:00:00 tcp_client 41.101.169.2 224 2404 C
266:d5000     580  4720  0 11:23 ?        00:00:00 tcp_client 41.134.121.4 258 2404 D
267:d5000     583  4720  0 11:23 ?        00:00:00 tcp_client 41.134.224.2 296 2404 C
270:d5000     662  4720  0 11:23 ?        00:00:00 tcp_client 41.134.235.2 512 2404 C
271:d5000     966  4720  0 11:26 ?        00:00:00 tcp_client 192.159.3.20 570 4003 C
346:d5000    1569  4720  0 11:26 ?        00:00:00 tcp_client 192.159.3.20 556 4004 C
551:d5000    4216  4720  0 11:23 ?        00:00:00 tcp_client 41.134.65.3 187 2404 C
555:d5000    4222  4720  0 11:23 ?        00:00:00 tcp_client 41.101.168.2 191 2405 C
559:d5000    4232  4720  0 11:23 ?        00:00:00 tcp_client 41.134.139.3 281 2404 C
562:d5000    4237  4720  0 11:23 ?        00:00:00 tcp_client 41.134.233.3 299 2404 D
566:d5000    4243  4720  0 11:23 ?        00:00:00 tcp_client 41.133.121.3 311 2404 C
586:d5000    4298  4720  0 11:23 ?        00:00:00 tcp_client 41.135.108.3 485 2404 C
605:d5000    4382  4720  0 11:23 ?        00:00:00 tcp_client 41.134.238.3 697 2404 C
663:d5000    5792  4720  0 11:21 ?        00:00:00 tcp_client 41.101.162.3 1 2404 D
664:d5000    5795  4720  0 11:21 ?        00:00:00 tcp_client 41.134.5.3 3 2404 D
665:d5000    5826  4720  0 11:21 ?        00:00:00 tcp_client 41.134.1.4 7 2404 D
666:d5000    5836  4720  0 11:21 ?        00:00:00 tcp_client 41.134.4.3 9 2404 D
667:d5000    5839  4720  0 11:21 ?        00:00:00 tcp_client 41.134.6.3 11 2404 D
668:d5000    5849  4720  0 11:21 ?        00:00:00 tcp_client 41.134.8.3 13 2404 D
669:d5000    5896  4720  0 11:21 ?        00:00:00 tcp_client 41.134.78.4 209 2404 D
670:d5000    5906  4720  0 11:21 ?        00:00:00 tcp_client 41.134.80.4 215 2404 D
```

图 1–23　前置服务器 TCP 连接状态

3）输入“seeproc”，查看 PP、PAS、SCADA、FES 服务器应用状态，如图 1–24 所示。

```
// jz-sca1:/home/d5000/jiaozuo % seeproc

                 ---- PROC Shared Memory Monitor (jz-sca1)----
------------------------------------------------------------------------------------------
 ProcPos    ContextName    AppName          ProcName                  Status     Critical
------------------------------------------------------------------------------------------
 0          sys            base_srv         logd                      Online     Crucial*
 1          sys            base_srv         sys_srv                   Online     Crucial*
 2          sys            base_srv         message_recv              Online     Crucial*
 3          sys            base_srv         message_send              Online     Crucial*
 4          sys            base_srv         message_fwd               Online     Crucial*
 5          sys            base_srv         sys_nicmonitor            Online     Crucial*
 6          realtime       data_srv         down_srv                  Online     Crucial*
 7          realtime       public           rtdb_srv                  Online     Crucial*
 8          test           public           rtdb_srv                  Online     Crucial*
 9          pdr            public           rtdb_srv                  Online     Crucial*
 10         realtime       public           rtdb_pub                  Online     Crucial*
 11         test           public           rtdb_pub                  Online     Crucial*
 12         pdr            public           rtdb_pub                  Online     Crucial*
 13         realtime       public           rtdb_sca                  Online     Crucial*
 14         test           public           rtdb_sca                  Online     Crucial*
 15         pdr            public           rtdb_sca                  Online     Crucial*
 16         realtime       public           rtdbmodi                  Online     Crucial*
 17         test           public           rtdbmodi                  Online     Crucial*
 18         realtime       scada            sca_analog                Online     Crucial*
 19         pdr            scada            sca_analog                Online     Crucial*
 20         realtime       scada            sca_point                 Online     Crucial*
 21         pdr            scada            sca_point                 Online     Crucial*
 22         realtime       scada            sca_cal                   Online     Crucial*
```

图 1–24　各服务器应用状态

（8）完成各主备服务器运行状态检查后，查看 D5000 系统 SCADA 模块、FES 模块、PAS 模块、AVC 模块功能是否正常，数据刷新、历史曲线等是否正常，并恢复 AVC 自动控制功能，在数据库 AVC_DVC 模块 AVC 控制参数表中将 AVC 自动控制手动改为“是”，如图 1–25 所示。

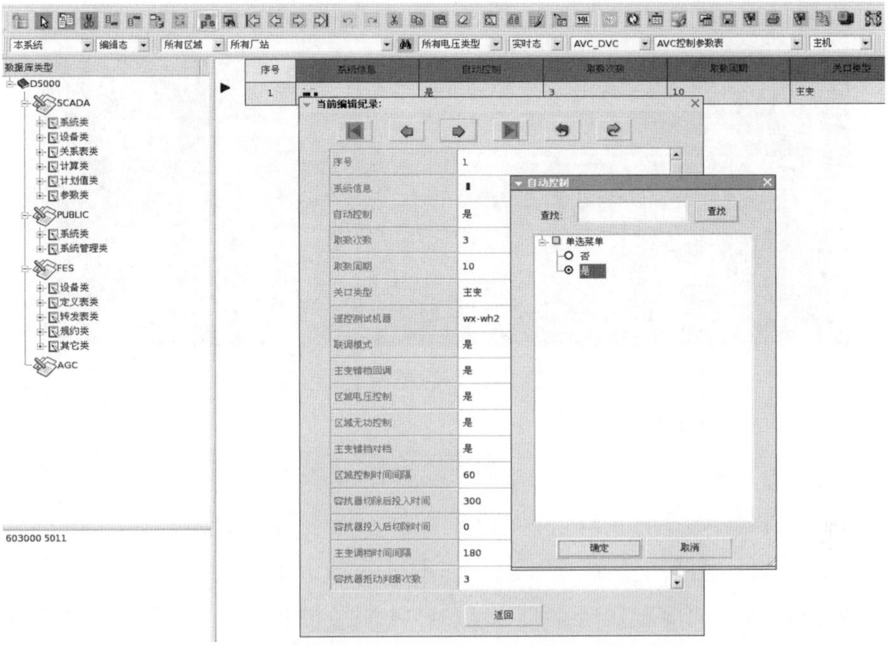

图 1–25　恢复 AVC 自动控制功能

（9）恢复地县一体化功能，输入“showservice”查询县调前置服务器 SCADA 状态为“退出”，如图 1–26 所示。

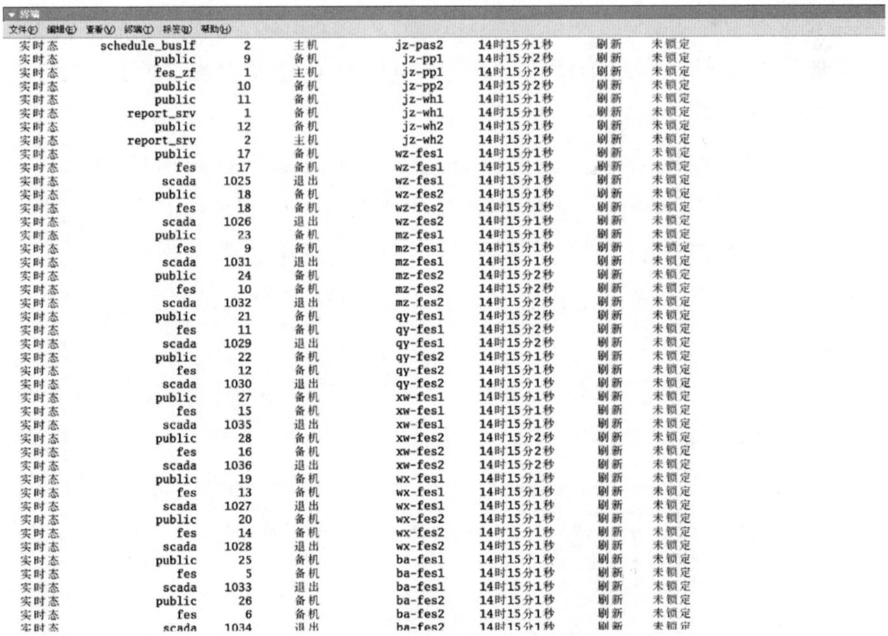

图 1–26　恢复地县一体化功能

（10）最后浏览Ⅲ区 Web 画面，检查历史曲线、实时数据刷新是否正常。确认系统各设备、应用运行正常后，移交调度控制权限，恢复主调功能。数据曲线如图 1–27 所示。

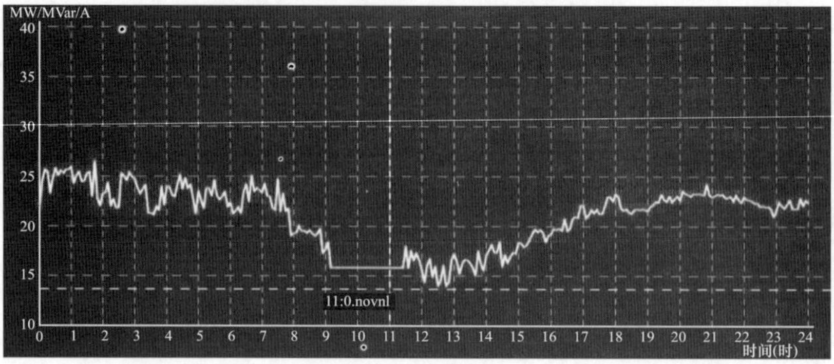

图 1-27　数据曲线

（三）问题与建议措施

1. 故障设置

在 SCADA 服务器、主网交换机、前置服务器、骨干网交换机等主调设备上设置故障，能够测试各种故障对主调系统的影响。其中，骨干网交换机故障不会影响地线一体化系统运行，各县调仍能与主调前置服务器以及 SCADA 服务器连接，不能充分验证各县调应急能力。

2. 地县一体化系统

地县一体化系统网络通道建设不合理将导致各县调可以互联，在地调主调 SCADA 服务器离线后，各县调将按照服务器配置表寻找主机，影响县调对本县的监视控制功能。因此，建议在县调交换机上配置访问控制列表（access control list, ACL）访问控制策略，防止县调访问其他县调主机，实现地调主调 SCADA 服务器离线后各县调独立运行。

3. 备调网络通道覆盖

部分厂站由于投运时间较早，远动设备老旧而无法配置备调地址等原因，未接入备调。因此建议按照《国家电网公司地县级备用调度运行管理工作规定》[国网（调 /4）341—2014] 要求，在厂站设备新投、变动时，同时完成主、备调技术支持系统的接入调试，实现备调网络通道全覆盖，确保在主调出现紧急情况时备调系统监视功能正常。

4. 主 / 备调系统同步

主 / 备调系统模型、数据同步不及时，将导致启用备调应急工作模式时影响备调功能运行。因此，建议按照《国家电网公司地县级备用调度运行管理工作规定》[国网（调 /4）341—2014] 要求，主、备调调度技术支持系统保持同步运行、同步升级改造，确保电网模型和信息一致，并加强备调系统日常维护，确保主调模型、数据及时同步到备调。

5. 远程访问终端

在主、备调场所设置了相互设置远程访问终端，可以满足应急工作模式下调度、监控业务基本需求。然而互拉终端未设置在调度大厅内，不利于应急工作模式下主 / 备调功能快速切换。建议确保互拉终端电源相对独立，加强互拉终端维护，以便主调功能异常后能够利用互拉终端快速启用备调功能。

6. 网络安全信息接入

切换演练过程中发现备调系统服务器、工作站等设备未接入网络安全管理平台，按照《调度自动化规划设计技术导则》（Q/GDW 11360—2014）要求，备调系统应配置网络设备和监控系统安防设备。因此，建议在备调部署网络安全监测装置，及时将备调系统网络安全告警信息接入地调主调网络安全管理平台。

第二节　主站系统局域网性能提升

能源互联网建设的稳步推进和电网规模的不断发展，对调度自动化系统提出了更高要求。通信网络的不可靠因素直接影响所涉及的调度控制业务正常运行，甚至可能导致严重的电网安全事件。为提高主站系统局域网的可靠性，借鉴其他领域的应用实践，调度自动化主站系统采纳了从设备、链路、协议等层面发展起来的冗余技术。

（1）设备层面，网络核心通常配置两台高性能交换机进行级联或堆叠，每台交换机各配置两个主控板和电源模块，应用主机至少配置两个网卡，应用主机直接（或者通过接入交换机间接）接入核心交换机。

（2）链路层面，通过设备之间交叉互联或者链路聚合方式实现冗余互备。

（3）协议层面，通过虚拟路由冗余协议（virtual router redundancy protocol，VRRP）或热备份路由协议（hot standby router protocol，HSRP）实现对外路由的冗余，通过多生成树协议（multiple spanning tree protocol，MSTP）解决冗余链路产生的环路问题，通过协议无关组播协议（protocal independent multicast，PIM）避免相同组播报文的重复发送，通过链路聚合控制协议（link aggregation control protocol，LACP）实现链路动态汇聚，通过双向转发检测（bidirectional forwarding detection，BFD）机制快速检测链路故障，通过网卡绑定实现主机网卡对外通信的冗余。

这些冗余技术虽然可以从功能上实现主备切换、负载分担、故障识别、数据流转移等，但也存在一些安全风险。有文献从生成树拓扑控制机制上分析了生成树拓扑控制存在的安全隐患，并提出了相应的安全防范措施；有文献着重对VRRP协议的网络抖动、负载均衡、初始状态转换机制和生成树协议（spanning tree protocol，STP）的根桥选举机制、收敛速度慢等问题进行分析和改进。在系统层面，存在冗余技术的“木桶效应”，网络的复杂性可能掩盖潜在的非冗余单点故障，过分依赖厂家私有逻辑设备存在未知故障隐患，过于追求交换机端口密度和交换能力可能降低系统的可靠性，不合理的冗余配置可能导致网络风暴和网络阻塞。冗余技术间的配合尚未引起较多关注，缺少系统地测试和分析，致使主站在实际运行过程中存在网络中断风险。

以下对一些常见的网络冗余可靠性提升协议进行简要介绍。

一、网络冗余可靠性提升协议

（一）生成树协议（STP）

在网络的架构中，考虑到链路的备份功能，经常需要对设备进行冗余连接。然而在二层的冗余链路中，因交换机不存在生存时间（time to live, TTL）的概念，因此会出现环路现象。环路是指目的路径不明确而导致网络混乱的现象，一旦网络形成环路后，将产生循环的广播风暴，导致带宽被占用、数据帧无法正常到达的情况，进而影响网络的正常使用并造成交换机的瘫痪。

为了解决二层网络因冗余而造成的环路，IEEE 802.1D 定义了 STP，该协议通过阻断冗余链路，将一个有回路的桥接网络修剪成一个无回路的树形拓扑结构。其工作原理是：逻辑上断开环路，防止广播风暴的产生；当线路出现故障，断开的接口被激活，恢复通信，起备份线路的作用。

1. STP 的几个概念

（1）根网桥（root bridge）：是指交换拓扑信息的网桥，当需要改变拓扑时，在一个生成树执行中带有指定的网桥来通知在网络中的其他所有的网桥。

（2）根端口：是除了根网桥以外的其他交换机到根网桥优先级最高的端口。

（3）指定端口：有最低开销的端口就是指定端口，指定端口被标记为转发端口。

（4）桥协议数据单元（bridge protocol data unit，BPDU）报文：是运行 STP 的交换机之间交换的消息帧。BPDU 内包含了 STP 所需的路径和优先级信息，STP 利用这些信息来确定根桥以及到根桥的路径。

2. STP 端口的五种状态

（1）禁用状态（Disable）。端口处于禁用状态，不参与 STP 计算。

（2）阻塞状态（Locking）。开启端口监听网络前一步，端口将处于阻塞状态，这时端口仅接收 BPDU 报文，不转发数据帧。当网络拓扑变化后，某个端口不再是根端口或指定端口时，将会重新进入阻塞状态。

（3）监听状态（Listening）。该状态可接收或发送 BPDU 报文。

（4）学习状态（Learing）。处于学习状态的端口可接收或发送 BPDU 报文，可学习源介质访问控制地址（media access control address，MAC 地址）。

（5）转发状态（Forwarding）。端口在学习状态时，若当下一次延时时间到了以后，端口自动进入转发状态，这时端口可学习源 MAC 地址，可接收、发送 BPDU 报文，可发送或接收数据帧。

3. STP 的算法及选举步骤

接下来以图 1–28 所示二层环路拓扑为例介绍。

如图 1–28 所示，拓扑中一共有四台交换机，分别为 SW1、SW2、SW3、SW4，因冗余备份的需要，SW1 与 SW2、SW1 与 SW3、SW2 与 SW3、SW3 与 SW4、SW4 与 SW1 之间均以全双工的模式互相连接，且所有路径的带宽均为 100M，开销均为 19。为了避免因环路造成的广播风暴，在这四台交换机上均开启 STP 协议。

步骤一：选举根网桥。首先比较四台交换机的优先级，这四台交换机的优先级均为默认值 32768；再比较背板 MAC 地址，因 SW1 的背板 MAC 地址最小，为 32768.000d.280a.b100，因此选举 SW1 为根网桥。

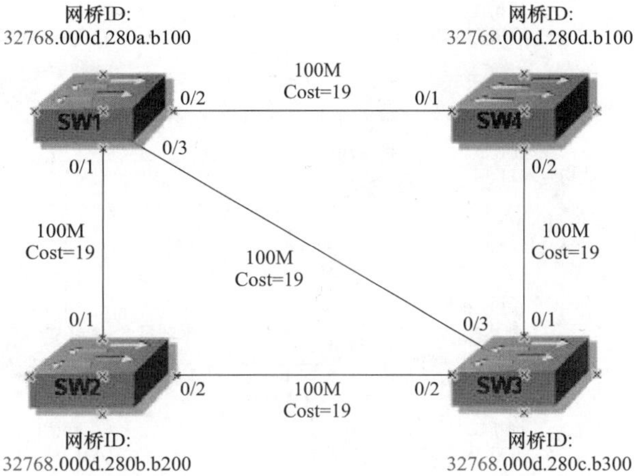

图 1–28　二层环路拓扑

步骤二：选举根端口。

（1）SW2：因为 0/1 端口到根交换机的路径开销为 19，小于 0/2 端口到根交换机的路径开销，因此在 SW2 上选举 0/1 端口为根端口。

（2）SW3：因为 0/3 端口到根交换机的路径开销为 19，小于 0/2、0/1 端口到根交换机的路径开销，因此在 SW3 上选举 0/3 端口为根端口。

（3）SW4：因为 0/1 端口到根交换机的路径开销为 19，小于 0/2 端口到根交换机的路径开销，因此在 SW4 上选举 0/1 端口为根端口。

步骤三：选举指定端口。

（1）SW1—SW2 网段 SW1 上的 0/1 端口的交换机到根交换机的路径开销为零，所以在 SW1—SW2 交换机网段，SW1 交换机的 0/1 端口是指定端口。

（2）SW1—SW3 网段 SW1 上的 0/3 端口的交换机到根交换机的路径开销为零，所以在 SW1—SW3 网段，SW1 交换机的 0/3 端口是指定端口。

（3）SW1—SW4 网段 SW1 上的 0/2 端口的交换机到根交换机的路径开销为零，所以在 SW1—SW4 网段，SW1 交换机的 0/2 端口是指定端口。

（4）SW2—SW3 网段首先比较 SW2 的 0/2 端口和 SW3 的 0/3 端口的路径开销，两者的路径开销值都等于 19；然后再比较两端口的交换机 ID，SW2 交换机的 0/2 端口 ID 值为 32768.000d.280c.b300，SW3 的 0/2 端口 ID 值为 32768.000d.280b.b200，因此在 SW2—SW3 网段选举 SW2 上的 0/2 端口为指定端口。

（5）SW3—SW4 网段，首先比较 SW3 的 0/1 端口和 SW4 的 0/2 端口路径开销，两者的路径开销值都等于 19；然后再比较两端口的交换机 ID，SW3 交换机的 0/1 端口 ID 值为 32768.000d.280d.b100，SW4 交换机的 0/2 端口 ID 值为 32768.000d.280c.b300，因此在 SW3—SW4 网段选举 SW3 的 0/1 端口为指定端口。

步骤四：阻塞端口。所有的非根交换机上，既没有被选举为根端口，也没有被选举为指定端口的端口，都将转换为阻塞端口。因此阻塞端口为 SW3 交换机上的 0/2 端口和 SW4 交换机的 0/2 端口，STP 无环路拓扑如图 1–29 所示。

当网络稳定并正常运行 STP 后，根交换机 SW1 会向网络中以一定的时间间隔发

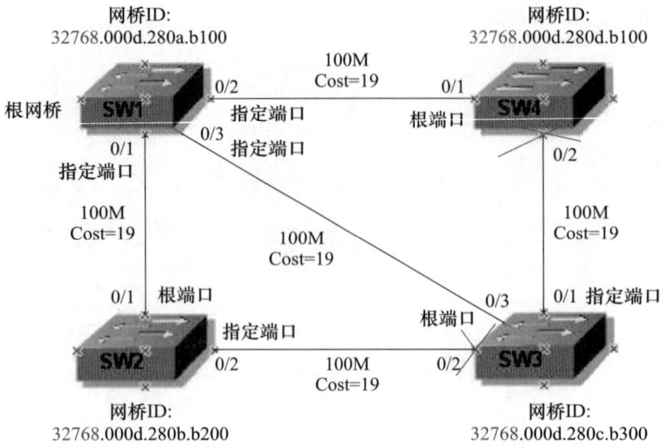

图 1-29 STP 无环路拓扑

送 BPDU 报文；非根交换机收到 BPDU 报文后，将继续通过指定端口向更外部的交换机发送 BPDU 报文。通过这种方式，BPDU 报文将顺利地发送到网络中的每台交换机。

当网络拓扑发生变化时，运行 STP 的交换机会自动重新配置端口以避免环路产生或连接丢失。例如，当 SW3 交换机的外部端口发生拓扑变化时，会通过 0/3 端口向 SW1 发送 TCNBPDU 报文；SW1 收到 TCNBPDU 报文后，将向 SW3 发送一个 TCA，随后向 SW2、SW3、SW4 发送 TCBPDU 报文；接收到 TCBPDU 报文后的交换机将自己的 MAC 地址表老化时间（生存时间）设置为 15s，开始学习新的转发路径，达到网络的稳定。

STP 存在自身的局限性，如果当复杂的网络需频繁的变动拓扑时，该二层网络将停止正常数据帧的转发而终止工作。因此，在复杂且不稳定的网络中，STP 将因为拓扑的不断变化而不断进行选举过程，导致交换机无法正常进行工作，降低网络的性能。除此之外，STP 的根桥选举也可能导致网络性能的降低，因为根网桥的选举仅凭优先级和背板 MAC 的高低来决定，并未有其他的路径开销算法参与，使得网络传输数据的成本加大。

为了缓解 STP 收敛慢、依赖计时器等问题，在 IEEE 802.1W—2001 中提出了快速生成树协议（RSTP），它引入了新的接口角色，其中引入替代接口使交换机在根接口失效时，可以立即获得新的路径到达根桥。引入 P/A 机制，使得指定接口被选举产生后可以快速地进入转发状态，不用像 STP 一样经历转发延迟时间。它还引入了边缘接口概念，使交换机连接终端设备的接口在初始化之后可以立即进入转发状态。

为了解决多个虚拟局域网（virtual local area network，VLAN）只能共用一颗生成树的问题，IEEE 802.1s 定义了多实例生成树协议（MSTP）。该协议兼容 STP 以及 RSTP。该协议不是基于 VLAN，而是基于实例（instance）运行的。实例是一个或多个 VLAN 的集合，可以将一个或多个 VLAN 映射到一个实例，然后 MSTP 基于该实例计算生成树。基于实例计算出的生成树被称为多生成树实例（MSTI），映射到同一个实例的 VLAN 共享一颗生成树。可以针对 MSTI 进行主根桥、次根桥、接口优先级或 cost 等相关配置。MSTP 引入了域的概念，可以将一个大型交换网络划分成多个多生成树域（MST 域）。篇幅原因，暂不赘述。

（二）交换机堆叠

堆叠是指将一台以上的交换机组合起来共同工作，以便在有限的空间内提供尽可能多的端口。部分集线器具有堆叠功能，多台交换机经过堆叠形成一个堆叠单元。可堆叠的交

图 1–30　交换机菊花链堆叠模式物理连接

换机性能指标——最大可堆叠数，是指一个堆叠单元中所能堆叠的最大交换机数，代表一个堆叠单元中所能提供的最大端口密度。交换机堆叠是通过厂家提供的一条专用连接电缆，从一台交换机的 UP 堆叠端口直接连接到另一台交换机的 DOWN 堆叠端口。堆叠模式分为菊花链型和星型，菊花链堆叠模式较多见，其物理连接如图 1–30 所示。

不同厂商的堆叠实现机制不同，如杭州华三通信技术有限公司（简称“华三”）的智能弹性架构（intelligent resilient framework，IRF）、华为公司的智能堆叠（intelligent stack，iStack）和集群交换系统（cluster switch system，CSS）等。接下来以 CSS 为例介绍堆叠原理。

1. 堆叠的建立

两台交换机启动时，通过相互竞争，其中一台成为堆叠主机，另一台成为堆叠备机。竞争的规则如下。

（1）系统的运行状态：已启动并正常运行的交换机优先级高于正在启动的交换机，前者成为 CSS 主机。

（2）堆叠的优先级：如果运行状态相同，则优先级高的交换机成为 CSS 主机。

（3）MAC 地址大小：如果运行状态和堆叠优先级均相同，则 MAC 地址小的交换机成为 CSS 主机。

当两台交换机选出主、备机后，CSS 主机的主用主控板就成为堆叠系统的主板，CSS 备机的主用主控板则成为堆叠系统的备板。在系统主板和备板之间进行高可用性（HA）备份处理，CSS 主机和备机的备用主控板将成为堆叠的候选系统备板。

2. 堆叠的配置和转发

堆叠建立后，可以通过接口板上的业务端口、系统主板上的串口或网管口登录 CSS 系统，进行业务配置和系统管理。CSS 提供四维的接口视图（框 / 槽 / 卡 / 端口），支持对两台设备中的所有端口进行业务相关配置和操作。以框 / 槽为单位对两台设备中的所有单板进行管理，如查询单板信息、对单板进行复位等操作。对于报文内容的处理，在 CSS 环境下与单框环境下没有区别，都需要进行一次上、下行处理。堆叠建立后，对外呈现为一台设备。

3. 堆叠的分裂处理

堆叠建立后，堆叠主机和备机定时发送心跳报文以维持堆叠状态。当两台设备心跳超时后，为了避免 CSS 线缆、CSS 卡和主控板等硬件故障导致两台交换机间没有可用的 CSS 链路，以致失去通信，CSS 系统将再分裂成两台独立交换机。堆叠分裂后，下述情况将引发整个网络出现故障：两台设备均运行正常，且以完全相同的全局配置运行，即以同样的IP和MAC地址与网络中的其他设备通信。因此，CSS分裂后需检测系统是否有两个以相同配置运行的设备（是否存在双主机），并进行相应处理，使整个网络得以正常运行，提升堆叠系统的可用性。

与堆叠相应的是交换机级联。由于交换机端口有限，所以平常会采用级联的方式来增加端口密度。用交叉双绞线把某两个普通端口连起来就可以实现级联，交换机之间的数据交换链路带宽就是级联端口的带宽。级联与堆叠的主要区别对比见表1-4。

表1-4　　级联与堆叠的主要区别对比表

项目	级联	堆叠
设备要求	在任何网络设备和厂家的交换机之间，或者交换机与集线器之间均可完成连接	只支持同一厂家的设备间连接，且具有堆叠功能
连接介质	普通网络线	专用的堆叠模块和堆叠线缆
最大连接数	理论上没有级联数限制	堆叠内的交换机数量有限
管理方式	级联的交换机在逻辑上是各自独立的，必须依次配置和管理每台交换机	堆叠后的多台交换机在逻辑上为一个设备，可进行统一配置和管理
设备间带宽	会产生级联瓶颈，并将导致较大的转发延迟	几乎无带宽瓶颈和转发延迟

（三）网卡绑定

网卡绑定也称为网卡捆绑（bonding），就是将主机中两个或者更多的物理网卡（slave）绑定成一个虚拟网卡，以提供负载均衡或者冗余，并增加网络带宽；当一个网卡坏掉时，不会影响主机对外网络业务。在Linux操作系统的Kernels 2.4.12及以后的版本均供bonding模块，以前的版本可以通过patch实现。Linux网卡绑定模式共有7种（mode0～mode6），其中常用模式是mode1和mode6。接下来对7种网卡绑定模式进行简要说明。

1. mode=0

mode=0即平衡轮询策略（round-robin policy，balance-rr）。传输数据包顺序是依次传输（即第1个包走eth0，下一个包就走eth1…一直循环下去，直到最后一个传输完毕）。此模式提供负载平衡和容错能力；但是如果一个连接或者会话的数据包从不同的接口发出的话，中途再经过不同的链路，在客户端很有可能会出现数据包无序到达的问题，而无序到达的数据包需要重新要求被发送，这样网络的吞吐量就会下降。

2. mode=1

mode=1即主－备份策略（active-backup policy，active-backup）。只有一个设备处于活动状态，当一个宕掉另一个马上由备份转换为主设备。从外面看来，被绑定网卡的MAC地址是唯一的，以避免交换机发生混乱。此模式只提供了容错能力；由此可见此算法的优点是可以提供高网络连接的可用性，但是它的资源利用率较低，只有一个接口处于工作状态，在有 N 个网络接口的情况下，资源利用率为 $1/N$。

3. mode=2

mode=2 即平衡策略（XOR policy，balance-xor），基于指定的传输 HASH 策略传输数据包。缺省的策略为（源 MAC 地址 XOR 目标 MAC 地址）%（slave 数量）。其他的传输策略可以通过 xmit_hash_policy 选项指定。此模式提供负载平衡和容错能力。

4. mode=3

mode=3 即广播策略（broadcast），在每个 slave 接口上传输每个数据包。此模式提供了容错能力。

5. mode=4

mode=4 即动态链接聚合（IEEE 802.3ad dynamic link aggregation，802.3ad），创建一个聚合组，它们共享同样的速率和双工设定。根据 802.3ad 规范将多个 slave 工作在同一个激活的聚合体下。外出流量的 slave 选举是基于传输 hash 策略，该策略可以通过 xmit_hash_policy 选项从缺省的 XOR 策略改变到其他策略。需要注意的是，并不是所有的传输策略都是 802.3ad 适应的。该模式的必要条件有：ethtool 支持获取每个 slave 的速率和双工设定；交换机支持 IEEE 802.3ad 动态链接聚合；大多数交换机需要经过特定配置才能支持 802.3ad 模式。

6. mode=5

mode=5 即适配器传输负载均衡（adaptive transmit load balancing，balance-tlb），不需要任何特别的交换机支持的通道 bonding，在每个 slave 上根据当前的负载（根据速度计算）分配外出流量。如果正在接受数据的 slave 出故障了，另一个 slave 接管失败的 slave 的 MAC 地址。该模式的必要条件为：ethtool 支持获取每个 slave 的速率。

7. mode=6

mode=6 即适配器适应性负载均衡（adaptive load balancing，balance-alb）。该模式包含了 balance-tlb 模式，同时加上针对 IPV4 流量的接收负载均衡，而且不需要任何交换机的支持。接收负载均衡是通过地址解析协议（address resolution protocol，ARP）协商实现的。bonding 驱动截获本机发送的 ARP 应答，并把源硬件地址改写为绑定值中某个 slave 的唯一硬件地址，从而使得不同的对端使用不同的硬件地址进行通信。该模式的必要条件有：ethtool 支持获取每个 slave 的速率；底层驱动支持设置某个设备的硬件地址，从而使得总是有个 slave（curr_active_slave）使用绑定值的硬件地址，同时保证每个绑定值中的 slave 都有一个唯一的硬件地址，以便 curr_active_slave 出故障时它的硬件地址会被新选出来的 curr_active_slave 接管。

（四）并行冗余协议（PRP）/ 高可用无缝环网协议（HSR）

2010 年，国际电工委员会发布了 IEC 62439 高可靠性自动化网络协议。标准中详述了 7 种冗余协议，包括媒介冗余协议（media redundancy protocol，MRP）、交叉冗余协议（cross-network redundancy protocol，CRP）、信标冗余协议（beacon redundancy protocol，

BRP）、分布式冗余协议（distributed redundancy protocol，DRP）、环路冗余协议（ring -based redundancy protocol，RRP）、并行冗余协议（parallel redundancy protocol，PRP）、高可用无缝环网协议（high-availability seamless ring，HSR）。其中，PRP 依赖于两个并列运行的局域网络；HSR 在某一程度上可以看作是 PRP 网络的改进，将 PRP 中 A、B 网处理成不同的传输方向，并将 A、B 网络最终连接在一起，建立了一个简单、无缝的环形网络结构。下面分别介绍 PRP 和 HSR。

1. PRP

PRP 的基本思路是通过支持 PRP 的网络节点（DANP）为系统提供冗余，DANP 节点结构如图 1-31 所示。

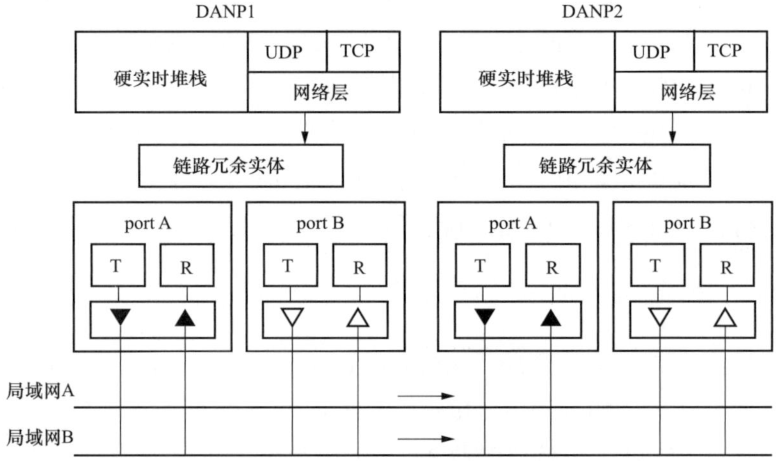

图 1-31　DANP 节点结构示意图

每个 DANP 有两个独立网卡端口 port A 和 port B，这两个网卡端口使用相同 MAC 地址和 IP 地址，并同时连接在链路冗余实体上。当链路冗余实体收到上层协议发送的报文后，将该报文帧复制并同时从两个网卡端口对外发送，先抵达目标 DANP 的帧被链路冗余实体接受并发送给上层协议，后抵达的帧则将被链路冗余实体丢弃，不再到达更上一层。由于这样的机制，PRP 对链路层之上的协议（如智能变电站中广泛应用的 VLAN）具有良好的兼容性。

PRP 网络接入原理如图 1-32 所示。在一个 PRP 网络中，每一个 DANP 节点均同时连接在双套独立网络 LAN_A 和 LAN_B 上，通过这两个网络来传输复制的两组报文。对于不支持 PRP 的单连接节点（singly attached node，SAN），推荐通过冗余代理（redundancy box，RedBox）接入双网，使之具备 PRP 能力，如图 1-5 中 SAN R1/R2。如可靠性较低或不具备接入条件的设备，也可只连接其中一个网络（LAN_A），如 SAN A1/A2，此时仅能实现单网通信。

在这种网络并行冗余之下，即使一个网络出现故障，仍有另一套网络及各设备的冗余端口是正常工作的，系统可无延时自愈。

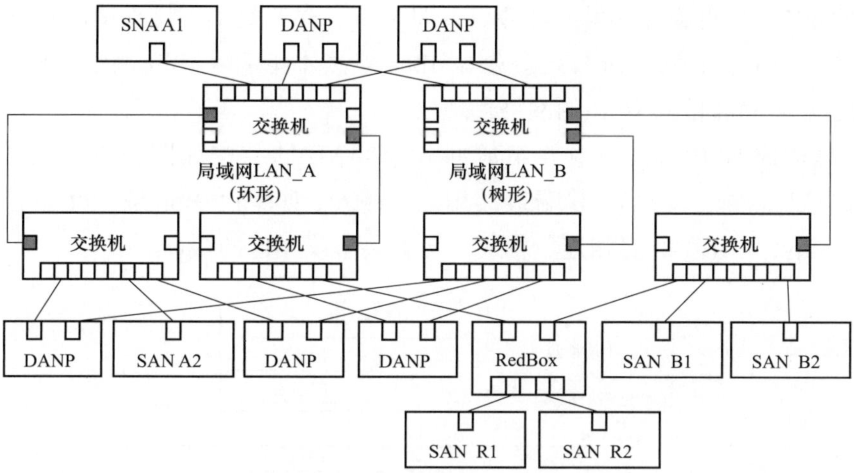

图 1-32 PRP 网络接入原理图

2. HSR

在最新版的 IEC 61850-9-2 中提到：HSR 网络具有优异的故障网络恢复时间和良好的经济性，网络结构简单，满足各种规模的智能化变电站自动化系统的要求。

HSR 局域网结构如图 1-33 所示，由交换节点依次排列构成。其中，节点 E、F、H、I、J、K 是双连接交换节点（doubly attached node with HSR，DANH），每个节点含有两个独立的网络接入端口。节点 E 作为发送源，在发送来自高层协议的报文时（C-frame），首先在数据帧中加入 HSR 标签，然后通过源节点的两个端口同时向网络中不同的两个方向发送（A-frame 和 B-frame）。其余各节点作为目的地址接收报文，其中一个端口必然比另一个端口先接收到报文，节点将对后接收到的重复报文做丢弃处理。

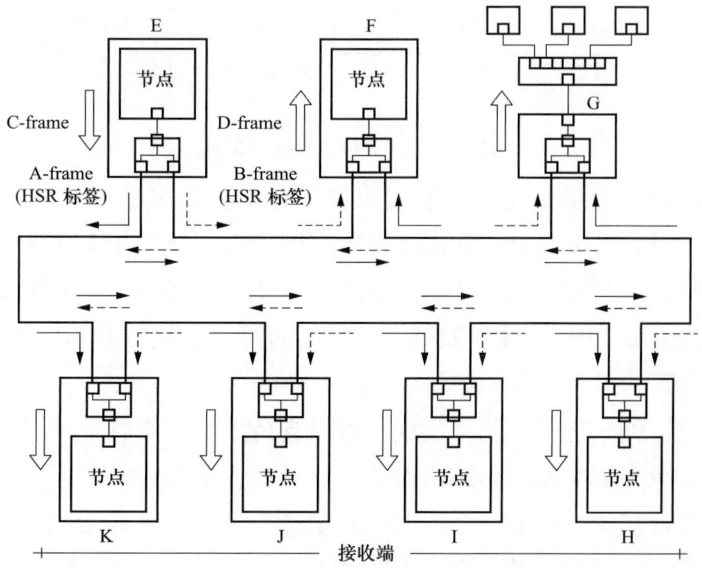

图 1-33 HSR 局域网结构示意图

HSR 网络结构中也会存在另一种节点，即 SAN。SAN 是不支持直接接入 HSR 网络的，如图 1-33 中节点 G，必须通过与冗余盒 RedBox 连接才能接入 HSR 网络。相比于 DANH，RedBox 可理解为 SAN 接入 HSR 的网络代理。

DANH 是构成 HSR 网络的重要组成部分。DANH 的结构如图 1-34 所示。每个都包含 A、B 两个以太网端口，A、B 端口共用一个 MAC 地址和 IP 地址，冗余控制体（link redundancy entity，LRE）与之相连，构成了与上层协议相连的接口。

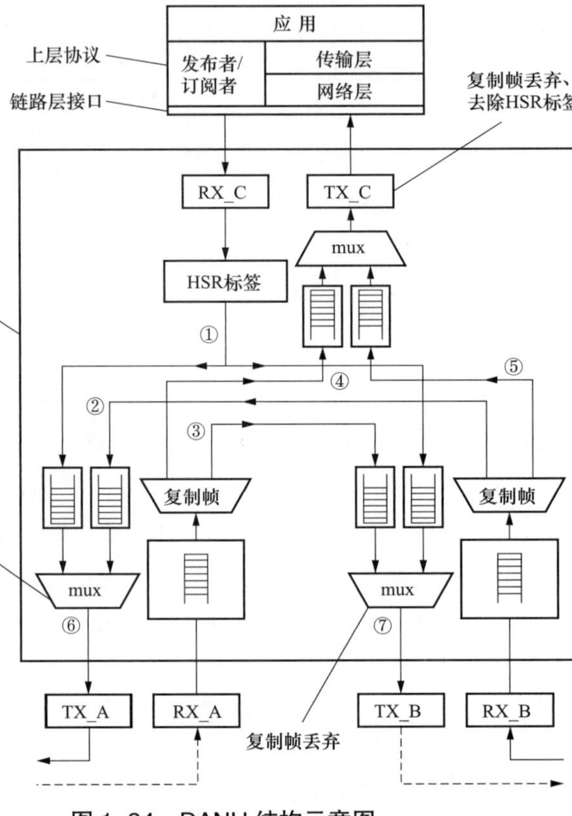

图 1-34　DANH 结构示意图

DANH 作为源节点发送报文时，上层协议将报文发送至链路 LRE，给报文添加 HSR 标签后分别发送至 A、B 两端口，如图 1-34 中线①所示；作为转发节点时，在交换逻辑单元内完成报文从一个端口至另一个端口的转发操作，如图 1-34 中线②、③所示；作为接收节点接收报文时，LRE 接收来自 A、B 端口的报文，把先接收到的报文发往上层协议，并将之后接收到的报文丢弃，如图 1-34 中线④、⑤所示。

值得指出的是，PRP 基于链路层实现，可以支持正常网络管理和 VLAN 等功能，支持一般的数据通信，但需要增加一套网络设备，比较适合单套设备、环形网络的情况；对于设备和网络已经进行冗余的环境，增加网络冗余会导致配置模式变成双设备四重网络，结构复杂、成本很高。HSR 直接将网络集成在网络设备上形成环状网，摒弃了网络交换机，不适用于国内主流的星状网结构，并且环网中的任意通信都会遍历整个环路，结构越大，网络负载越多，因此在设计时需要合理规划环路规模，存在设计和实施复杂、成本高的问题。

（五）虚拟冗余路由协议（VRRP）/热备份路由协议（HSRP）

1．VRRP

VRRP 将处于冗余目的的两台或多台设备虚拟出一个 IP 地址，让外部设备以为正在为自己转发数据的网关地址是由单独一台路由设备所提供。或者说将多台路由设备合并成一台虚拟的路由设备。在这个由两台或多台路由设备组成的备份组中，只能有一台 Master 路由器，其余都称为 Backup 路由器。

正常状态下，Master 路由器负责全部的路由功能，如 ARP 请求、ICMP 消息和数据的转发等。而 Backup 路由器则处于静默状态，除了接收 Master 路由器发送的 VRRP 报文外，不参与任何的路由功能；只有当 Master 路由器处于无法正常路由的状态下，Backup 路由器才会通过选举成为 Master 路由器，而承接之前主路由器全部的路由功能。VRRP 备份组有以下特点：①对外通过虚拟 IP 地址参与路由功能；②对内通过选举产生 Master 路由器；③在某一时刻，只能有一台 Master 对局域网内的数据进行转发。

例如，对 RouterA、RouterB 和 RouterC 进行虚拟绑定，形成一台虚拟的路由器，并为这台虚拟路由器赋予一个 IP 地址。该虚拟路由器的 IP 地址将成为局域网内各主机的网关。在虚拟组中选择 RouterA、RouterB 和 RouterC 这三台路由器中优先级最高的路由器作为网关转发流量，其余两台路由器作为 Backup 路由器。

（1）VRRP 协议的相关术语。

1）VRRP 虚拟路由器：由两台或多台设备以备份组的形式虚拟出来的一台路由设备，该虚拟路由器有一个对外的虚拟 IP 地址，该虚拟 IP 地址可以为管理员设定的虚拟地址，也可以为某台路由设备接口的实地址。在整个网络系统中，所有其他的设备都认为该备份组为一个整体路由器，并不认为该备份组由多台路由器组成。

2）Master 路由器：Master 路由器为备份组里用于实际转发数据的路由器，Master 路由器必须由选举产生。

3）Backup 路由器：备份组里除了唯一的一台 Master 路由器之外，其余均为 Backup 路由器。Backup 路由器不参与数据的数据转发，只接收 Master 路由器发送的 VRRP 报文。

4）优先级：备份组里的所有路由器都有一个唯一的优先级，并且优先级用于 Master 路由器的选举。

5）虚拟 IP 地址：每个备份组拥有一个唯一的虚拟 IP 地址，用于标识这台虚拟路由器。虚拟 IP 地址用于网络层数据转发。

6）虚拟 MAC 地址：每个备份组有唯一的一个虚拟 MAC 地址，用于链路层的数据转发。

7）IP 地址拥有者：当备份组内的某台路由器的接口 IP 地址与虚拟 IP 地址相同，则称该路由器为 IP 地址拥有者。IP 地址拥有者无需参与选举，即默认为 Master 路由器。

8）VRRP 报文：VRRP 报文由 Master 路由器发送，用于通告备份组内的 Backup 路由器当前的工作状态正常。Master 使用 224.0.0.18 组播 IP 地址发送 VRRP 报文。发送时间间隔称之为 VRRP 定时器，默认值为 1s，定时器的大小可由管理员进行配置。

9）抢占方式 / 非抢占方式：当 Master 路由器发生故障而将转发权让给 Backup 路由器后，如果原 Master 路由器又恢复正常，那么会发生什么情况呢？在抢占模式下，原 Master 路由器会重新成为 Master 路由器；而在非抢占方式下，原 Master 路由器将继续保持 Backup 状态，直到现有的主路由器失效后，才有可能成为 Master 路由器。

（2）VRRP 的工作原理和过程。接下来以下图 1–35 为例，介绍 VRRP 的工作原理和过程。

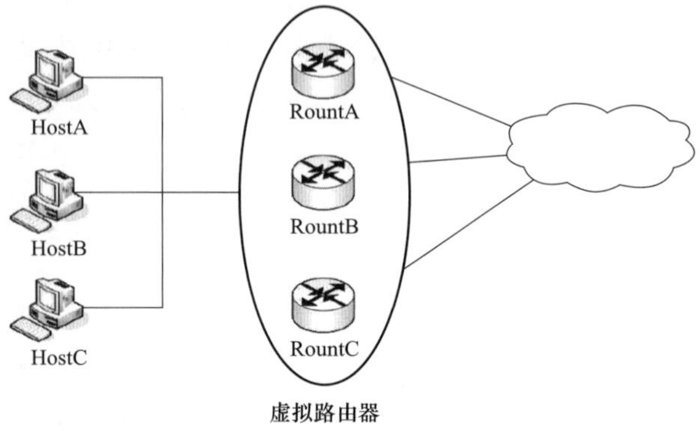

图 1–35　VRRP 工作实例示意图

如图 1–35 所示，在此局域网内有三台主机，分别为 HostA、HostB、HostC；这三台主机处于同一网段中，同时有三台路由器 RouterA、RouterB、RouterC，RouterA 的 IP 地址为 10.10.10.1，RouterB 的 IP 地 址 为 10.10.10.2，RouterC 的 IP 地址为 10.10.10.3。通过 VRRP 协议将 RouterA、RouterB、RouterC 三台路由器放进一个备份组里，虚拟成一台 IP 地址为 10.10.10.10 的虚拟路由器，并且 A、B、C 路由器的 VRRP 优先级分别为 120、110、100。同时，将 HostA、HostB、HostC 的网关均配置为 10.10.10.10。

当三台路由器启动后，因 RouterA 的优先级最高，所以被选举为 Master 路由器，而 RouterB 和 RouterC 则成为 Backup 路由器。当局域网中的主机需要与外部网络进行数据交互时，便将数据包发送至 10.10.10.10 网关，即备份组的虚拟 IP 地址。因为 RouterA 为 Master 路由器，所以 RouterA 便承担起数据转发的功能。当某一时刻，RouterA 路由器失效时，备份组里的 Backup 路由器将重新选举，优先级高的路由器将成为 Master 路由器。因此，RouterB 将顺理成章的成为 Master 路由器，并拥有该虚拟路由器的转发权，用以转发局域网中主机的数据流。

同理，当 RouterB 因意外原因失效且 RouterA 还未恢复的情况下，RouterC 将成为 Master 路由器。那如果在 RouterB 为 Master 路由器时，RouterA 又恢复正常了，情况会如何呢？如果是在抢占模式下，RouterA 会因为优先级高而重新成为 Master 路由器；如果是在非抢占模式下，RouterA 只能继续作为 Backup 路由器，等待 RouterB 失效而重新参与选举。

（3）VRRP 的工作过程。

1）当备份组内的路由器启动后，各路由器会发送包含优先级的 VRRP 报文给其他路由器，每台路由器会通过对比优先级而确定备份组中谁将成为 Master 路由器，谁将成为 Backup 路由器。选举结束后，Master 路由器会在 VRRP 定时器超时后发送一次 VRRP 报文给备份组里的 Backup 路由器，告知其工作状态正常。

2）当备份组内的 Backup 路由器在连续 3 个 VRRP 定时器超时后还未收到 Master 路由器发来的 VRRP 报文，则默认 Master 路由器失效。于是重新进入选举过程，并选出新的 Master 路由器。

3）VRRP 选举过程为当 Backup 路由器等待连续 3 个 VRRP 定时器间隔后还未收到 Master 发送的 VRRP 报文，便自动转入 Master 状态并发送 VRRP 报文给其他 Backup 路由器，同时将收到的 VRRP 报文进行优先级对比，优先级高的路由器将成为 Master 路由器，其余的将成为 Backup 路由器。

（4）VRRP 的状态。VRRP 包含 Initialize（初始状态）、Master（主用状态）、Backup（备份状态）三种不同的状态。

1）设备刚启动时，将进入 Initialize 状态；当收到接口 Startup 的消息，将转入 Backup 或 Master 状态，在此状态时，不会对 VRRP 报文做任何处理。

2）当路由器处于 Master 状态时，它将会做下列工作：

a. 定期发送 VRRP 报文。

b. 当虚拟 IP 地址请求 ARP 时，以虚拟 MAC 地址进行响应。

c. 当目的 MAC 地址与虚拟 MAC 地址相同时，则转发 IP 报文。

d. 当 Master 路由器是虚拟 IP 地址的拥有者，则接收目的 IP 地址为这个虚拟 IP 地址的 IP 报文；否则，丢弃这个 IP 报文。

e. 如果收到的报文中包含的优先级大于自己的优先级时，则将自己的 Master 状态转为 Backup 状态。

f. 如果收到的报文中的优先级和自己的优先级相同时，则比较发送端的 IP 地址，若发送端的 IP 地址大于自己的 IP 地址，则将自己的状态转为 Backup。

g. 当接收到接口的 Shutdown 事件时，转为 Initialize 状态。

3）当路由器处于 Backup 状态时，它将会做下列工作：

a. 接收 Master 路由器的 VRRP 报文，判断 Master 的状态是否正常。

b. 若虚拟 IP 地址做 ARP 请求时，对其不响应。

c. 当目的 MAC 地址与虚拟 MAC 地址相同时，则丢弃该 IP 报文。

d. 当目的 IP 地址与虚拟 IP 地址相同时，则丢弃该 IP 报文。

e. 如果 Backup 路由器收到比自己优先级小的路由器发来的报文时，将该报文丢弃，不对定时器做操作；如果收到优先级和自己相同的报文，则重置定时器。

f. 当 Backup 接收到定时器超时的情况时，才会将自己的 Backup 状态转为 Master 状态。

g. 当接收到接口的 Shutdown 事件时，转为 Initialize 状态。

2. HSRP

与 VRRP 类似，HSRP 也将系统中多台路由器组成一个热备份组（即虚拟路由器），但是它是思科系统公司（Cisco）的私有协议。相比之下，VRRP 的特点在于：它允许参与 VRRP 组的设备间建立认证机制；VRRP 状态机比 HSRP 的要简单（HSRP 有六个状态：初始状态、学习状态、监听状态、对话状态、备份状态）；VRRP 只有一种报文（HSRP 有三种报文：呼叫报文、告辞报文、突变报文）；VRRP 承载在 IP 报文上（HSRP 将报文承载在 UDP 报文上）等。

（六）链路聚合控制协议（LACP）

链路聚合往往用在两个重要网络节点或繁忙网络节点之间，既能增加互联带宽，又提供了连接的可靠性。LACP 是一种基于 IEEE 802.3ad 标准的协议，通过链路聚合控制协议数据单元（link aggregation control protocol data unit，LACPDU）与对端交互信息。

链路聚合主要分为手动负载分担模式、静态 LACP 模式、动态 LACP 模式三类。

（1）手工负载分担模式下，完全由手工来配置建立 Eth-Trunk 接口和加入成员接口，没有链路聚合控制协议的参与；该模式下所有成员接口（selected）都参与数据的转发，分担负载流量，因此称为手工负载分担模式；手工汇聚端口的 LACP 协议为关闭状态，禁止用户使能手工汇聚端口的 LACP 协议。

（2）静态 LACP 模式下，也是由手工来配置建立 Eth-Trunk 接口和加入成员接口，但与手工负载分担模式链路聚合不同的是，该模式下 LACP 协议报文参与活动接口的选择；也就是说，当把一组接口加入 Eth-Trunk 接口后，这些成员接口中哪些接口作为活动接口、哪些接口作为非活动接口还需要经过 LACP 协议报文的协商确定；静态汇聚端口的 LACP 协议为使能状态，当一个静态汇聚组被删除时，其成员端口将形成一个或多个动态 LACP 汇聚，并保持 LACP 使能；禁止用户关闭静态汇聚端口的 LACP 协议。

（3）动态 LACP 模式下，完全由 LACP 协议通过协商完成的 Eth-Trunk 接口的建立和成员接口的加入；这就意味着启用了动态 LACP 协议的两台直连设备上，不需要创建 Eth-Trunk 接口，也不需要指定哪些接口作为聚合组成员接口，两台设备会通过 LACP 协商自动完成链路的聚合操作；动态 LACP 汇聚是一种系统自动创建 / 删除的汇聚，不允许用户增加或删除动态 LACP 汇聚中的成员端口；只有速率和双工属性相同、连接到同一个设备、有相同基本配置的端口才能被动态汇聚在一起；即使只有一个端口也可以创建动态汇聚，此时为单端口汇聚；动态汇聚中，端口的 LACP 协议处于使能状态。

处于动态聚合组中的接口会自动使用 LACP 协议，该接口将通过发送 LACPDU 向对端通告自己的系统 LACP 协议优先级、系统 MAC、端口的 LACP 协议优先级、端口号和操作 key。对端接收到 LACPDU 后，将其中的信息与其他接口所收到的信息进行比较，以选择能够处于 selected 状态的接口，从而双方可以对接口处于 selected 状态达成一致。

采用 LACP 聚合的双方（本端和对端分别称为 Actor 和 Partner）通过 LACPDU 协议报文中的系统优先级、系统 ID、端口操作 key、端口优先级、端口 ID、端口状态等信息，按照一定的选择算法选择合适的链路，控制聚合的状态。被选中的成员链路可以正常转发流量，而未被选中的成员链路将被置为阻塞状态，不能转发任何流量。聚合链路的总带宽等于被选中的成员链路的带宽之和，并且聚合链路上的流量会按照一定的规则分担到各个选中的成员链路上；由于LACPDU是周期性交互，即聚合的双方每隔一段时间便互发一次协议报文，所以当有选中成员链路因为某种原因不能工作时，链路聚合可以很快的感知到，并重设链路状态，置该链路为阻塞，流量被重分配给其他选中成员链路。这样就实现了增加带宽、链路动态备份的功能。

链路聚合技术的使用，使得逻辑链路的带宽增加了大约 $n-1$ 倍（n 为聚合的路数）。另外，聚合后，可靠性大大提高，因为 n 条链路中只要有一条可以正常工作，则这个链路就可以工作。

（七）双向转发检测（BFD）

BFD是一个用于检测两个转发点之间故障的网络协议，在RFC5880有详细的描述。它可以提供毫秒级的快速检测，通过与上层路由协议联动，可以实现路由的快速收敛，确保业务的永续性。

BFD Echo报文采用UDP封装，目的端口号为3784，源端口号在49152到65535的范围内。目的IP地址为发送接口的地址，源IP地址由配置产生（配置的源IP地址要避免产生ICMP重定向）。

网络故障检测方法主要包括硬件检测、慢Hello机制等，它们都存在各自的局限性。硬件检测的优点是可以很快发现故障，但并不是所有介质都能提供硬件检测。路由协议中的Hello报文机制检测到故障所需时间为秒级；对于高速数据传输，例如吉比特速率级，超过1s的检测时间将导致大量数据丢失；对于时延敏感的业务，例如语音业务，超过1s的延迟也是不能接受的；并且，这种机制依赖于路由协议。不同的协议有时会提供专用的检测机制，但在系统间互联互通时，这样的专用检测机制通常难以部署。

BFD可以帮助解决上述问题，它是从基础传输技术中逐步发展而来的，可以检测网络各层的故障，保障以太网、多协议标签交换（MPLS）路径、普通路由封装以及IPSec隧道在内的多种类型的传输正确性。BFD提供了一个标准化的与介质和上层协议无关的快速故障检测机制，BFD具有以下优点：① 它对两个网络节点之间的链路进行双向故障检测，链路可以是物理链路，也可以是逻辑链路（如LSP、隧道等）；② 它可以为不同的上层应用（如MPLS、OSPF、IS–IS等）提供故障检测的服务，并提供相同的故障检测时间；③ BFD的故障检测时间远小于1s，可以更快地加速网络收敛，减少上层应用中断的时间，提高网络的可靠性和服务质量。

BFD能够与相邻系统建立对等关系，然后，每个系统以协商的速率监测来自其他系统的BFD速率，监测速率能够以毫秒级增量设定。当对等系统没有接到预先设定数量的数据包时，它推断BFD保护的软件或硬件基础设施发生故障，不管基础设施是标记交换路径、其他类型的隧道还是交换以太网络。BFD部署在路由器和其他系统的控制平面上，BFD检测到的网络故障可以由转发平面恢复或由控制平面恢复。

BFD 的主要工作过程如下：

（1）BFD 在两个端点之间的一条链路上先建立一个 BFD 会话（依靠上层协议建立，例如 OSPF 的邻居建立时，会将邻居信息告知 BFD，BFD 根据这个信息再建立 BFD 邻居），如果两个端点之间存在多条链路，则可以为每条链路建立一个 BFD 会话。

（2）BFD 在建立会话的两个网络节点之间进行 BFD 检测。如果发现链路故障就拆除 BFD 邻居，并立刻通知上层协议，则上层协议会立刻进行相应的切换。

在 BFD 会话建立时，有主动模式和被动模式两种建立模式。主动模式时，在建立 BFD 会话前不管是否收到对端发来的 BFD 控制报文，都会主动发送 BFD 控制报文。被动模式时，在建立对话前不会主动发送 BFD 控制报文，直到收到对端发送来的 BFD 控制报文。在会话初始化过程中，通信双方至少要有一个运行在主动模式才能成功建立起会话。

BFD 在会话建立后有异步模式和查询模式两种操作模式。异步模式下，网络节点双方会周期性地发送 BFD 控制报文，如果在检测时间内没有收到对端的 BFD 控制报文，则认为对应的链路出现故障。查询模式下，假定每个系统都有一个独立的方法，确认自己连接到其他系统；这样，只要有一个 BFD 会话建立，系统就停止发送 BFD 控制报文，除非某个系统需要显式地验证连接性（如果要显式地验证连接性，系统发送一个短系列的 BFD 控制包，如果在检测时间内没有收到返回的报文，就宣布会话为 Down；如果收到对端的回应报文，协议再次保持沉默）。

在 BFD 中还有一个回声功能，回声功能启动后，会话的一端周期性地发送 BFD 回声报文，对端不对此报文进行处理，而只将此报文转发再发回给发送端。发送端根据是否能收到 BFD 会话报文来检测会话状态。BFD 回声报文只用来检测直连网段的链路状态，而 BFD 控制报文还可以检测非直连网段的链路状态。

BFD 现在越来越多地应用在重要网络或链路上，结合路由、MPLS、VPN、流量工程等技术，可以对重点服务流量提供高可靠性，从而保证服务质量。

二、网络提高可靠性措施方法

（一）局域网冗余可靠性测试方法

需要通过主站系统局域网冗余可靠性测试来发现主站局域网中存在的问题。基于某调度自动化主站局域网中提炼的典型网络拓扑，开展冗余可靠性测试，无环路双核心局域网典型组网结构如图 1–36 所示。

主机 PC1 和 PC2（联想 ThinkStation P720，kylin3.2）使用双网卡绑定模式，可在 mode0 ～ mode6 之间进行切换；主机 PC1 与两台接入交换机（H3C S5100–48P–EI）直连，主机 PC2 与两台核心交换机（H3C S7506）直连，接入交换机与核心交换机之间的链路可以变换；核心交换机之间使用两根光纤实现链路聚合，所有交换机与交换机之间使用 Trunk 口互联；两台核心交换机分别通过两台防火墙（天融信 NGFW4000–U）接入来模拟其他安全区网络的交换机（H3C S2126），两台防火墙间配置双机热备模式；为了模拟在运网络流量，通过网络测试仪（IXIA Optixia XM2）向核心交换机发送 50% 速率的 ARP 广播，并测试网络性能；在主机命令行终端中通过 ping、ARP、ifconfig、netstat、sar 等命令实时监视网络通信状态。网络中统一划分 VLAN，各网络设备的 IP 地址根据需要设置。为保证测试结果更接近生产环境，在测试前对所有交换机进行重置或版本升级。除了搭建上述实验环境进行测试外，也采用 HCL、eNSP 等仿真软件搭建网络测试仿真环境进一步验证测试结果。

局域网冗余技术的可靠性测试项见表 1–5，可依照该表依次开展测试。

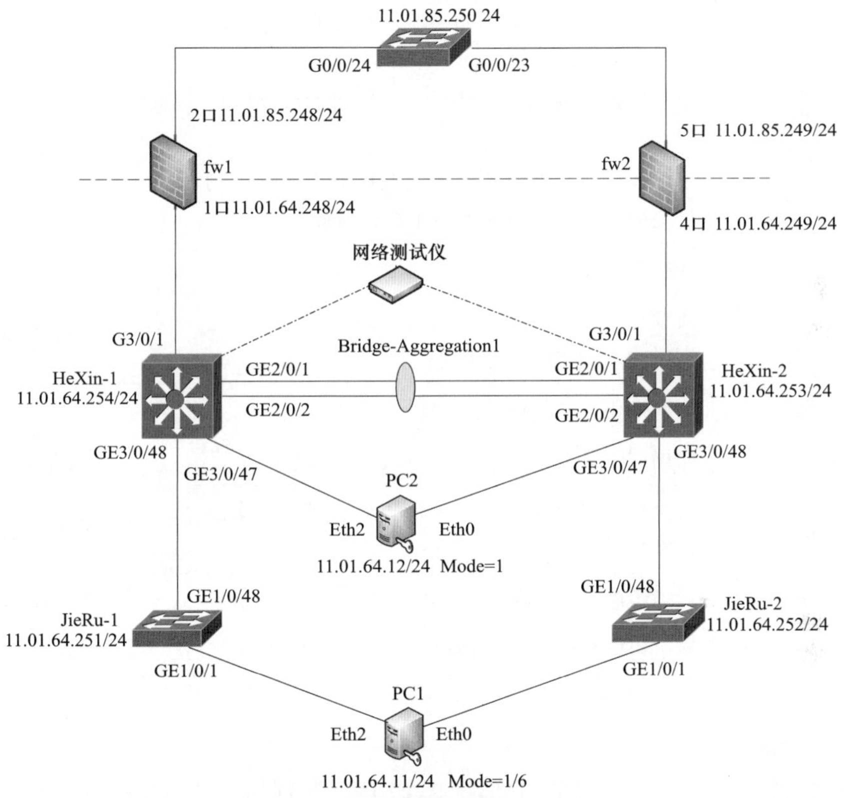

图 1–36　无环路双核心局域网典型组网结构示意图

表 1–5　局域网冗余可靠性测试项

项目	内容	评价
核心节点故障	关闭一台核心交换机	是否切换、切换时间
接入节点故障	关闭一台接入交换机	是否切换、切换时间
中间链路中断	依次拔出各交换机间的连接网线或光纤	是否切换、切换时间
聚合链路部分中断	断开两台核心交换机之间的某一条聚合链路	通信正常否
光纤收发单向	断开光纤收发对的其中一芯	端口状态是否中断
光纤收发自环	单芯光纤在同一光端口收发打环	通信正常否
链路频繁中断	按不同的时间间隔模拟链路时断时续	路径变化、稳定时间
单网口关闭	（1）关闭各交换机的某一在运网口； （2）关闭主机的一个在运网卡	是否切换、切换时间

续表

项目	内容	评价
主控板失效	（1）拔出某交换机的主控板； （2）通过命令实现主控板主备切换	是否切换、切换时间
单电源断电	断开交换机一路电源	交换机是否断电
环路故障（启用或不启用MSTP）	（1）使用一根网线把两台交换机互联，使交换机间形成环路； （2）使用一根网线把同一台交换机的两个网口互联； （3）在核心交换机或接入交换机上再连一台测试交换机，在测试交换机上构建环路	通信正常否、生成树是否生效及其收敛时间
拓扑变化	变换网络拓扑或协议	通信正常否
参数配置	改变影响冗余可靠性的相关参数，如 ARP 轮询时间、VRRP 抢占延时等	参数合理范围
地址冲突	为交换机、主机配合相同的 IP 地址	通信正常否
报文异常	向局域网某交换机注入广播风暴、畸形报文等	通信正常否
路由切换	将担负对外路由功能的一台防火墙或三层交换机断电	与外界通信正常否
关联故障	故障负载转移后单一交换机承载能力	可承载流量极限、关联因素
共因故障	测试可能导致冗余交换机同时失效的因素	共因失效因素

（二）局域网冗余可靠性问题及分析

按照上述测试方法，在底层网卡绑定模式上，分别从网卡主备、负载均衡两个方面开展测试；在顶层核心交换机配置方式上，分别从 VRRP、堆叠两个方面开展测试。从测试结果发现，网络冗余机制多数能发挥作用，在异常工况下网络状态能够自动调整，诸如主机的单网卡故障、冗余交换机中的一台交换机故障、双机热备防火墙中的一台防火墙故障、交换机单主控板故障、交换机单电源故障、部分链路中断等。以下重点对不同网络配置模式在测试过程中发现的主要问题进行分析。

1. 网卡主备模式

网络拓扑如图 1-36 所示，该拓扑配置简单、功能独立、不存在物理环网。在主备模式（mode1）下，将多块网卡绑定成一块逻辑网卡来提高网卡冗余，当主用网卡一侧发生网络异常时，通过主机 ARP 轮询可以侦测到链路中断，立即切换到备用网卡运行。经测试，发现该模式存在如下问题。

（1）主机网卡 ARP 轮询时间设置不合理导致网卡频繁切换或者网络长时间中断。当 ARP 轮询时间过小时，交换机响应不及时，引起网卡频繁切换；当 ARP 轮询时间过大时，主机侦测不及时，导致网络长时间中断。因此，需将 ARP 轮询时间设置在合理范围内，根据测试结果，建议设置为 20 ～ 5000ms。

（2）当备用网卡故障不能被及时发现时，若主网卡故障或主网卡对应链路中断，则网卡切换后，也不能正常通信。因此，故障的备用网卡严重影响网卡冗余可靠性，可以通过网管平台或主机系统监视模块实时监视网卡故障，发现故障及时告警；也可以定期进行主备网卡、主备链路切换测试，以便发现潜在问题。

（3）核心交换机间互联链路中断导致主机至其中一台核心交换机（及其所接主机）的网络中断。每台接入交换机至核心交换机只有一条链路时，每台主机只能与一台核心交换机相连，通过核心交换机间互联链路才能到达另一台核心交换机。添加接入交换机至核心交换机的冗余链路，可部分解决这一问题。应尽量避免核心交换机间互联链路中断。

（4）在不开启 MSTP 的网络中若存在环路，主机间网络时断时续或者持续中断。网络环路会引起广播风暴，导致 ARP 与 MAC 地址表错乱，影响交换机的数据转发。因此，应尽量避免网络产生环路，并在环路网络中开启 MSTP。

（5）MSTP 收敛导致业务短暂中断，频繁收敛导致持续中断。网络拓扑变化触发 MSTP 拓扑收敛，收敛时间为 30s 左右。因此，应尽量保持网络拓扑稳定，避免网口接触不良引起的 MSTP 频繁收敛。

（6）IP 地址冲突导致网络中断。不同设备设置相同的 IP 地址时，产生 IP 地址冲突，影响 ARP 表建立，引起网络异常。因此，应规范 IP 唯一配置，避免 IP 地址冲突。

（7）防火墙主备切换会导致对外路由短暂中断；防火墙配置未保存可能引起网络异常。在配置防火墙的双机热备模式后未保存，重启防火墙会引起热备状态不能自动建立，从而因两防火墙 IP、路由等配置信息相同而引起网络异常。因此，建议选用性能稳定的防火墙，配置防火墙时及时保存，尽量减少防火墙主备切换。

2. 网卡负载均衡模式

网络拓扑如图 1–36 所示。在网卡负载均衡模式（mode6）下，正常情况下主机的多块网卡同时工作，单一网卡故障时其他网卡自动备援。经测试，发现该模式存在如下问题。

（1）负载均衡模式下网卡侦测不到非直连链路中断，继续从中断侧链路转发数据，引起业务中断。例如，接入交换机 2 到核心交换机 2 的链路中断时，PC1 不能侦测到该问题而继续从接入交换机 2 向 PC2 发送数据，导致数据不能到达 PC2；另外，核心交换机间链路中断时，只有同一主机的发送网卡和接收网卡相同且两主机在用网卡在同侧时，才不会引起业务中断。因此，需建立核心交换机和接入交换机间的冗余链路，配置核心交换机间冗余链路聚合，保持网络稳定，避免链路中断。

（2）其他问题与上一条“1. 网卡主备模式”中的问题（4）～（7）相同。

3. VRRP

VRRP 将多个三层网络设备加入到备份组中，形成一台虚拟路由器，为局域网提供路由冗余。两台核心交换机可以配置多个 VRRP 组，形成多台虚拟路由器，常见的配置

VRRP 的双核心局域网典型组网结构如图 1–37 所示。配置两个 VRRP 组：虚拟接口 1 对应 vrid1，虚拟接口 2 对应 vrid2；核心交换机 1 为 vrid1 的 Master，核心交换机 2 为 vrid2 的 Master。配置两个 MSTP 实例：实例 1 对应 VLAN1，实例 2 对应 VLAN2；核心交换机 1 为实例 1 的根，核心交换机 2 为实例 2 的根。经测试，发现 VRRP 存在如下问题。

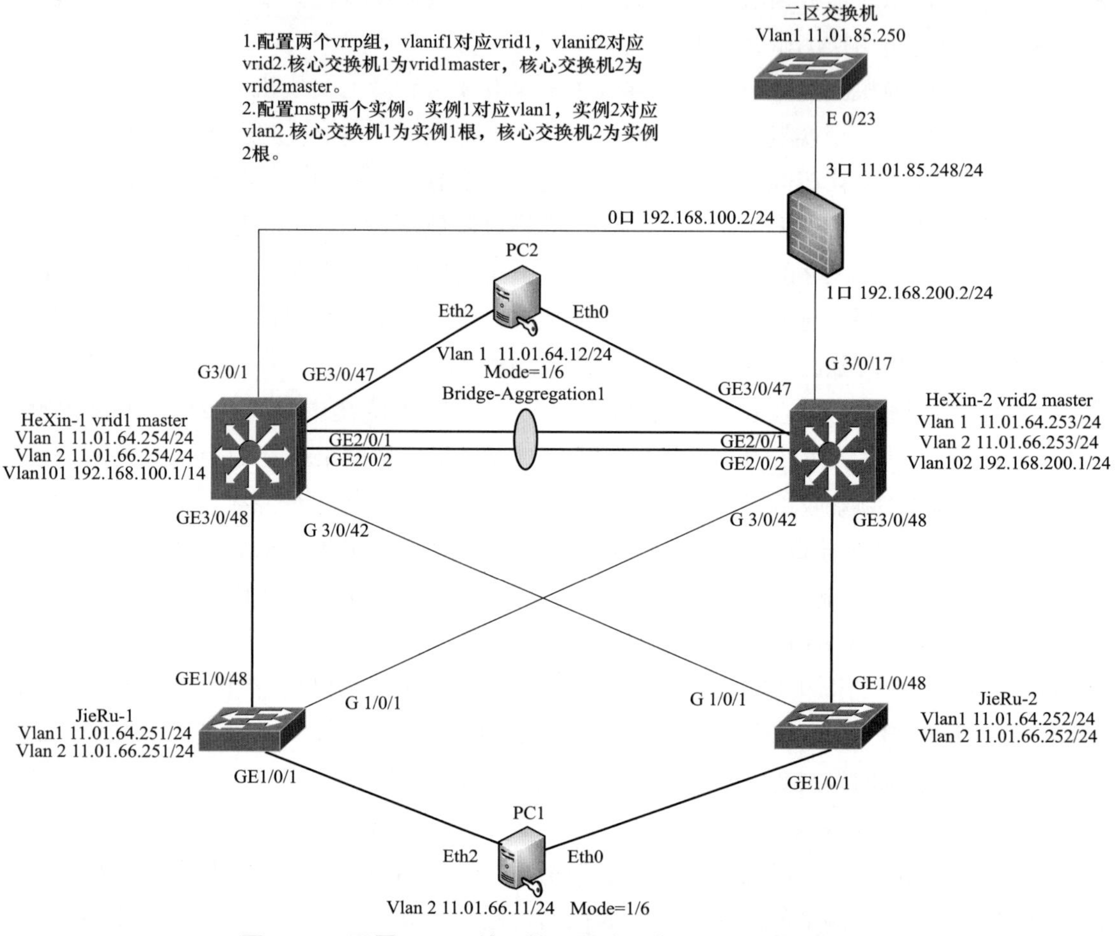

图 1–37　配置 VRRP 的双核心局域网典型组网结构示意图

（1）VRRP 配置参数不合理导致网络中断。

1）优先级（0 ~ 255）决定两台网络设备是否为主路由设备（Master），当 reduce 值设置过小，不能使链路发生中断的交换机降为备路由设备（Backup）时，会使网络持续中断；VRRPMaster 选举的优先顺序依次为：VRRP 组中 IP 拥有者，比较优先级，比较 IP 地址；因此，需合理配置优先级，侦测到故障后三层网络设备优先级自动降低或升高的数值要合理，需使得 VRRP 组中各设备优先级高低顺序发生变化，保证链路故障时能够可靠切换主备。

2）VRRP 抢占延时影响 VRRP 主备切换时间。在性能不稳定的网络中，网络堵塞可能导致 Backup 设备在一定时间内没有收到 Master 设备的报文，Backup 设备则会主动切换为 Master；如果此时原 Master 设备的报文又到达了，新 Master 设备将再次切换回 Backup；

如此则会出现 VRRP 备份组成员状态频繁切换的现象；为了缓解这种现象，可以配置抢占延时，使得抢占前再等待足够的抢占延时（0 ～ 254s）。

（2）VRRP 虚拟地址与本地 IP 一致导致主备切换失败。例如，配置 VRRP 的虚拟 IP 与核心交换机 1 本地 IP 一致时，当断开核心交换机 1 所侦测的上联链路后，核心交换机 1 优先级仍然为 255，主备状态仍然为 Master。因此，不建议将虚拟 IP 设置为与某物理设备的本地 IP 一致。

（3）VRRP 主备频繁切换导致网络时断时续。VRRP 侦测到上联链路中断时会进行主备切换，当该上联链路频繁中断时，会导致 VRRP 主备频繁切换。因此，需保障网络稳定，避免链路中断。

（4）VRRP 主备切换导致业务短暂中断。VRRP 主备切换中断时间受 VRRP 抢占延时、VRRP 通告报文时间等参数影响。因此，需根据业务应用情况合理设置 VRRP 抢占延时、VRRP 通告报文时间。另外，通过 BFD 机制快速检测网络中链路或者路由状况，可以实现主备快速切换。

（5）其他问题与“1. 网卡主备模式”中的问题（4）～（7）相同。

4. 交换机堆叠

为了提高交换机端口密度和背板交换能力，交换机堆叠将多台物理交换机通过专用端口连在一起，在逻辑上作为一台设备进行管理，常见的交换机堆叠配置方式如图 1–38 所示。不同厂商的实现机制不同，如华三公司的 IRF、华为公司的 iStack 和 CSS 等。以 IRF 为例，由多台成员设备形成堆叠，Master 设备负责 IRF 的运行、管理和维护，Slave 设备在作为备用的同时也可以处理业务。一旦 Master 设备故障，系统会迅速自动选举新的 Master，以保证业务不中断；此外，成员设备之间的堆叠链路支持聚合功能，堆叠设备和上、下层设备之间的物理链路也支持聚合功能，多条链路之间可以互为备用也可以进行负载分担。通过多 Active 检测（multi–active detection，MAD）机制实现堆叠分裂检测、冲突处理和故障恢复，尽量降低堆叠分裂对业务的影响，主要有 LACP、BFD 等模式。经测试，发现交换机堆叠存在如下问题。

（1）堆叠链路中断且 MAD 失效引起堆叠分裂，导致网络中多主（active）冲突和网络中断。堆叠分裂且 MAD 失效后，网络中存在两个相同配置的三层网络设备，引起地址冲突，导致故障在网络中扩大。因此，需适当增加堆叠链路聚合的端口数量，确保堆叠正常运行。建议配置冗余 MAD 方式或链路，同时使用 BFD 和 LACP 模式的 MAD，或至少配置两个 LACP 检测链路。另外，接入交换机与堆叠核心交换机间配置链路聚合，可以部分抑制该问题。

（2）BFD 模式 MAD 与 MSTP 功能互斥导致网络中断。堆叠交换机开启 MSTP，且使用 BFD 模式 MAD 时，MSTP 会认为堆叠交换机之间中存在环路，因此堵塞某一 BFD 检测端口，导致 BFD 检测失效；若此时堆叠链路中断，则会引起地址冲突，导致网络中断。因此，需在 BFD 检测端口关闭 MSTP 功能，在不必要的情况下（不存在环路）可不开启 MSTP。

（3）链路频繁中断导致备（standby）交换机频繁重启，引起业务中断。standby 交换机必须重启才可以加入堆叠，频繁中断堆叠链路导致交换机在堆叠组中频繁分裂、加入和重启。另外，频繁中断 MSTP 中的 forwarding 链路导致 MSTP 持续收敛，接入交换机上联链路在 discarding 与 leaning 状态之间不断切换。因此，需保障网络稳定，避免链路中断。另外，可以将接入交换机与堆叠核心交换机间配置链路聚合，取代 MSTP 功能。

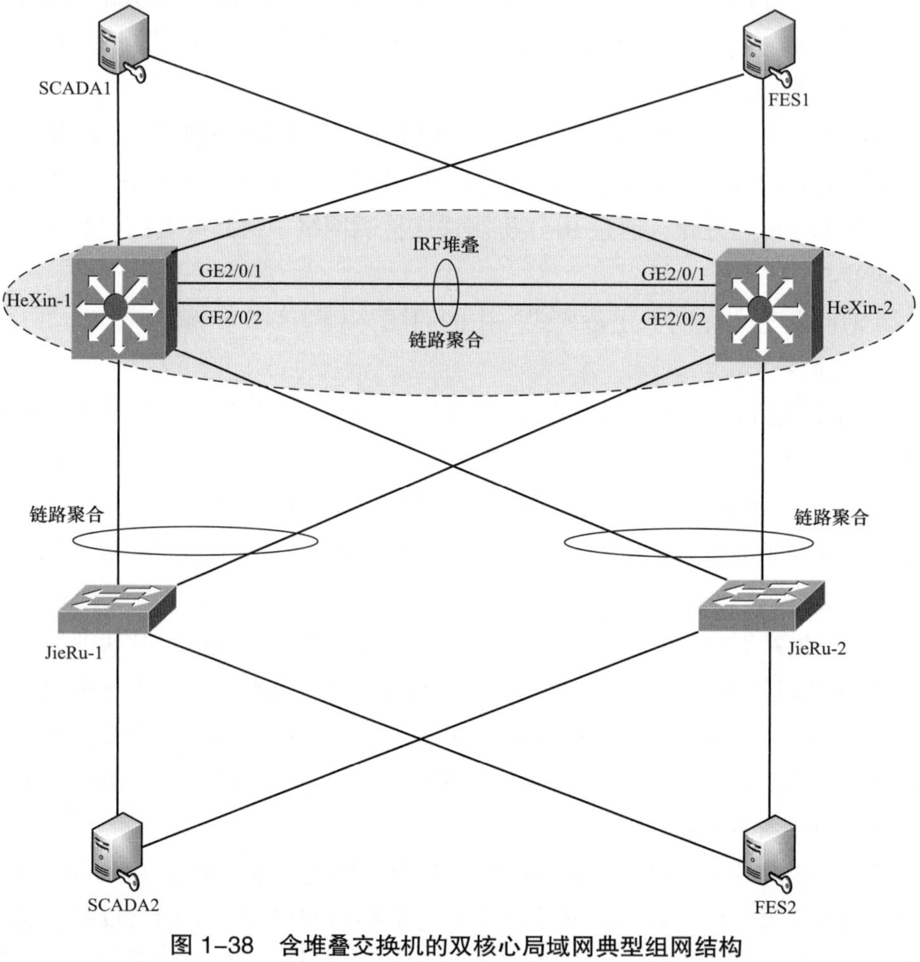

图 1–38　含堆叠交换机的双核心局域网典型组网结构

（4）堆叠 active 主控板硬件故障引发堆叠机制异常，导致网络中断。多个交换机在堆叠后作为一个逻辑设备，相当于增加了一处故障点，这个故障点并无冗余，其可靠性仅由设备厂商私有的堆叠机制来保证；若堆叠本身判定异常，会直接导致逻辑设备不可用。因此，为保证业务的连续性，建议将冗余互备配置的关键业务主机分别接入核心交换机和接入交换机；如图 1–38 所示，将前置服务器 1、SCADA 服务器 1 与核心交换机直连，将前置服务器 2、SCADA 服务器 2 与接入交换机直连（前置服务器 1 与前置服务器 2 冗余互备，SCADA1 与 SCADA2 冗余互备）。

（5）其他问题与“1. 网卡主备模式”中的问题（4）～（6）相同。

三、局域网冗余可靠性推荐方案

对于不同组网方式提出相应的可靠性提升方案，以提高主站局域网的冗余可靠性。

（一）网卡主备模式

（1）采用双核心交换机级联时，核心交换机分别配置局域网地址，主机用 ARP 轮询方式诊断网络状态，作为网卡切换判定条件。

（2）绑定网卡的 ARP 轮询时间宜在 20 ～ 5000ms 范围内，默认 100ms，对性能较差的交换机可适当延长 ARP 轮询时间。

（3）两台核心交换机可以不启用 VRRP，局域网对外通信由不同安全区之间的防火墙实现，防火墙采用双机热备方式；防火墙热备开启后要及时保存配置，避免重启防火墙后热备状态不能自动建立。

（4）除了采用图 1–36 所示的组网方式外，也可以采用如图 1–39 所示的方式：每台接入交换机双上联至两核心交换机，确保在主机只有一个网卡工作时有冗余链路，也避免核心交换机级联线全中断时可能引起的业务异常；但是，该拓扑存在明显的物理环路，需开启 MSTP，存在因网线接触不良引起的业务频繁中断问题。

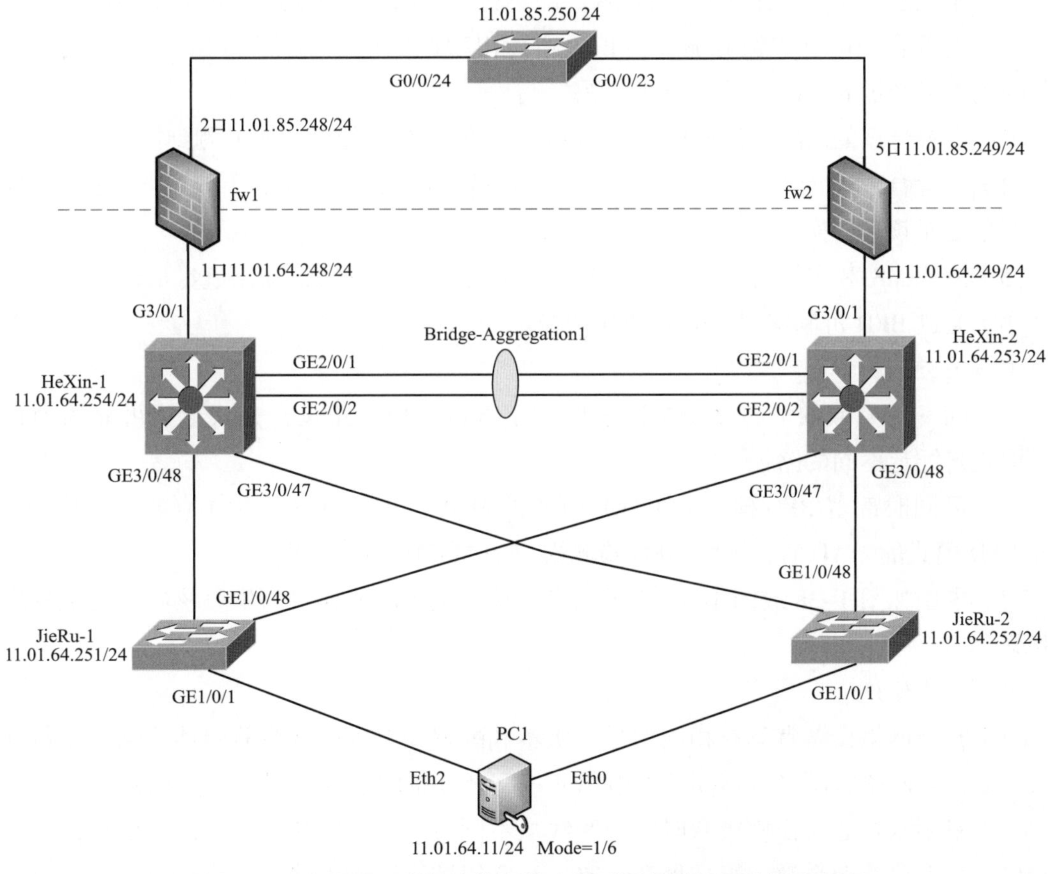

图 1–39 含层间冗余链路的双核心局域网典型组网结构示意图

（二）网卡负载均衡模式

（1）通过合理分配业务主机接入网络或改变交换机端口 cost 值等方式使负载在冗余交换机间均衡，避免所有负载走同一核心交换机。

（2）两台核心交换机可以不启用 VRRP，局域网对外通信由不同安全区之间的防火墙实现，防火墙采用双机热备方式；防火墙热备开启后要及时保存配置，避免重启防火墙后热备状态不能自动建立。

（3）可以采用如图 1–39 所示网络拓扑，配置接入交换机至核心交换机的冗余链路，避免因网卡检测不到非直连链路故障而影响业务；另外，层间不同的链路冗余方式如图 1–40 所示，组网时可根据实际需求而定。图 1–40（a）所示为网络链路不构成环路，可通过主机双网卡绑定方式实现网络冗余；图 1–40（b）所示“口”字形结构组网简单、易于维护、故障收敛较慢，当一台接入交换机故障后，另一台接入交换机的负载加重；图 1–40（c）所示为倒三角式组网，适合对网络延迟较敏感、故障收敛速度要求较高的场景，网络复杂度和维护难度较高；图 1–40（d）所示为全连接方式，一般不推荐使用该方式，过度冗余会增加组网设计的复杂度和排障难度。

（三）VRRP

（1）避免设置 VRRP 组中 IP 拥有者，即不将三层网络设备的 IP 设置为虚拟 IP。

（2）设置合理的优先级和 reduce 值，避免出现两台设备初始优先级一致或其中一台设备的优先级经过 reduce 之后仍不低于另一台。

（3）设置合理的故障侦测间隔（如 300ms），保证在毫秒级就能侦测到链路故障。

（4）设置合理的抢占延时（如 4s）和 VRRP 通告报文时间间隔（如 1s），避免出现因链路不稳定而频繁切换主备。

（5）设置 MSTP 实例的根交换机与 VRRP 中的 Master 一致，确保流量最优路径。

（6）通过 BFD 机制实现 VRRP 快速切换。

（四）交换机堆叠

（1）同一堆叠域的堆叠交换机通过偶数个端口采用链路聚合方式形成可靠的堆叠链路，堆叠光纤走不同的路径。

（2）可同时部署 BFD 模式和 LACP 模式的 MAD，也可部署多组 LACP 模式的 MAD；配置 BFD 模式的 MAD 时，需将 BFD 检测端口的 MSTP 功能关闭。

（3）采用如图 1–38 或图 1–41 所示网络拓扑，接入层交换机与堆叠核心交换机间配置链路聚合。

（五）其他建议

（1）冗余网络设备宜具有相同型号、版本和配置，以确保网络兼容性；网络设备宜配置双电源，且两路电源来自不同的供电单元；冗余互备的设备部署在不同机柜。

（2）采用双核心交换机级联时，级联线从不同板卡的不同端口配置链路聚合；建议用双光口、双电口共四个端口组成聚合链路，级联线按不同物理路径进行敷设，可有效防止板卡、端口及级联线故障情况下级联失败。

（3）所有交换机开启 MSTP，防止产生网络环路；对与主机直连的交换机端口开启 edg-port 功能，使 MSTP 快速收敛。

（4）合理规划 IP 地址和路由，避免出现冲突。

（5）为了避免两台核心交换机同时故障时影响关键业务，将冗余互备配置的关键业务主机分别接入核心交换机和接入交换机。

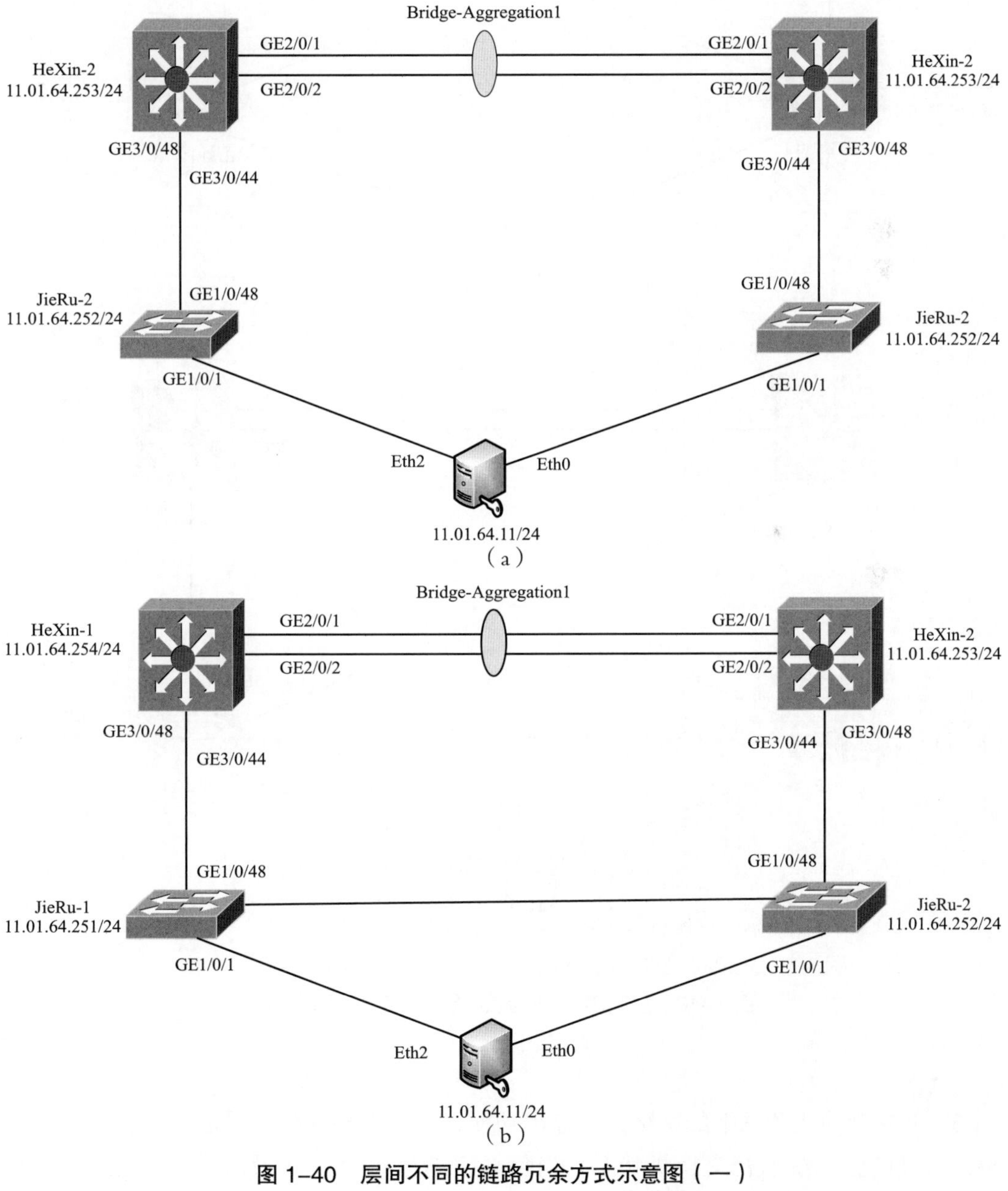

图 1-40　层间不同的链路冗余方式示意图（一）

（a）网络链路不构成环路；（b）“口”字形结构

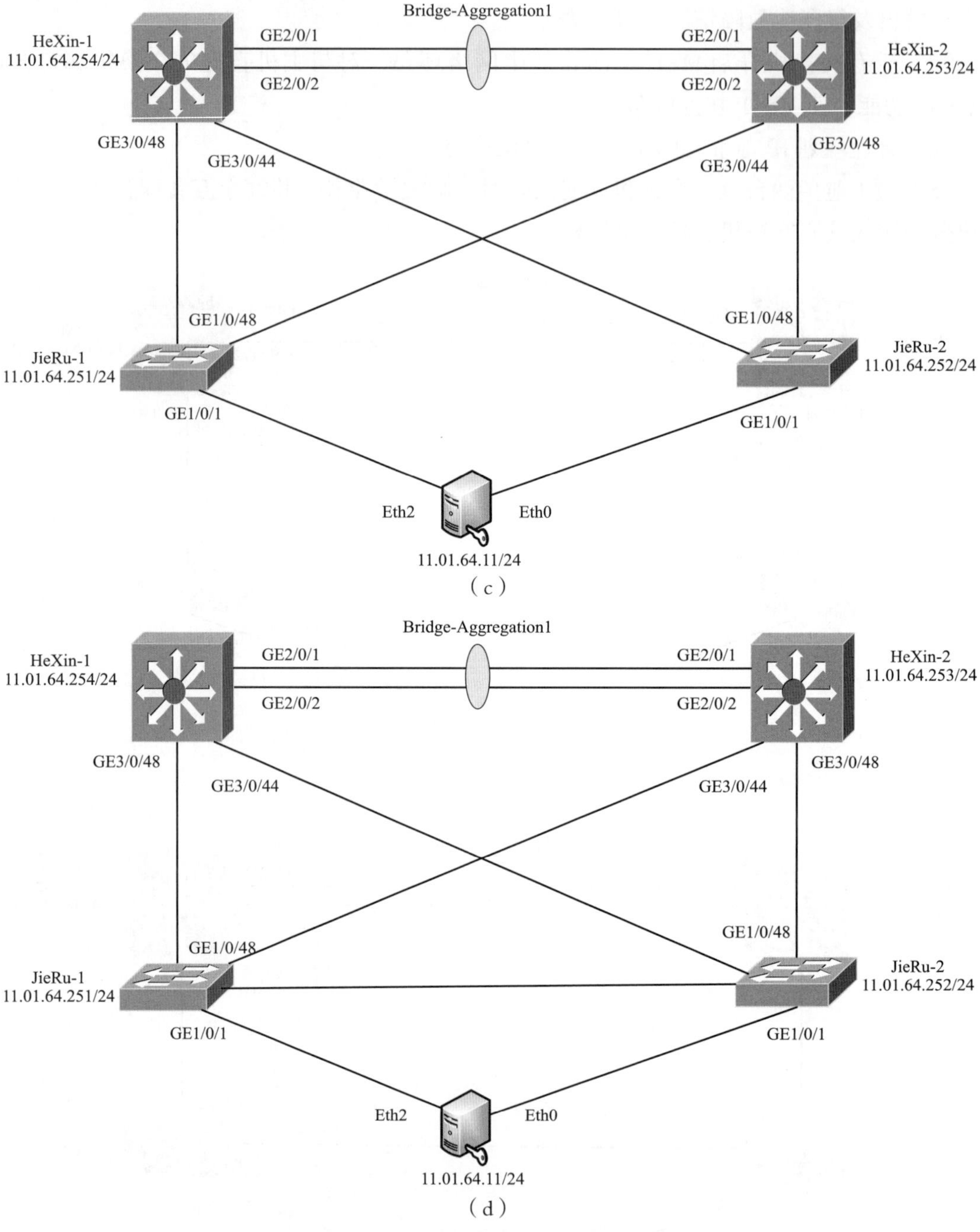

图 1–40　层间不同的链路冗余方式示意图（二）

（c）倒三角式组网；（d）全连接方式

（6）完善交换机和网卡的网络异常监视功能，及时发现故障，采取声音、短信等方式告警；通过网管系统监视交换机状态，当负载率超过 50% 时要及时告警；通过 dbi 数据库、alarm–query 告警查询等方式监视主机网卡状态。

（7）定期进行冗余设备切换测试，发现潜在问题；考虑网络异常情况，编制应急预案。

（8）加强备品备件管理，特别是堆叠交换机对设备硬件要求较高，避免备品备件的缺失影响网络应急处理和业务及时恢复。

（9）消除冗余设备的共因故障，诸如共用电源故障、广播风暴、负载过重、环境恶劣（温度、湿度、灰尘等）等。

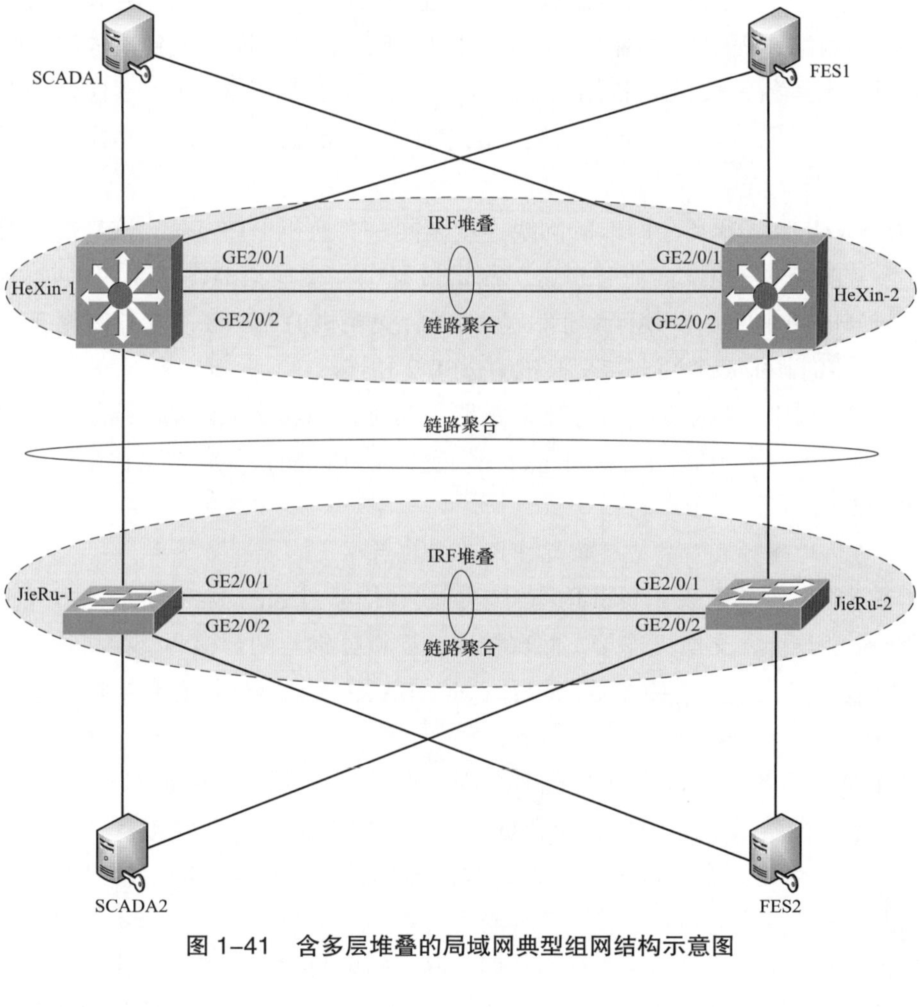

图 1-41　含多层堆叠的局域网典型组网结构示意图

四、典型案例分析

按照上述测试方法，对某调度自动化主站局域网进行在线冗余可靠性测试。为了避免对在运系统造成不必要的影响，并未开展环路故障、地址冲突、报文异常等测试。在线测试不仅能验证上述测试方法的有效性，也能及时发现在运系统存在的隐性问题。下面对两个典型案例进行说明。

（一）备用网卡及其链路失效故障

对在运调度自动化主站系统的96台服务器和工作站进行测试，发现5例主机冗余网卡缺陷，主要包括：（GW2服务器和PLAN2服务器）备用网卡故障、（DTSWeb服务器）冗余网卡网线连接错误、（备用工作站和维护工作站）单网卡上联。这些问题只有在进行冗余可靠性测试时才能被事前主动发现和纠正，否则将大幅延长故障时的问题排查时间和业务恢复时间。

（1）当GW2服务器备用网卡故障时，不能被及时发现，因为主网卡正常工作，业务正常运行。测试过程中将主网卡对应的链路中断，ARP轮询侦测到该链路中断，立即切换到备用网卡运行；又因为备用网卡故障，所以也不能正常通信，引起GW2服务器部分业务中断。发现问题后，立即恢复主网卡链路，业务恢复正常，并检查备用网卡故障原因。

（2）DTSWeb服务器冗余网卡的网线连接至同一交换机DTSSW1，该交换机对应的冗余交换机为DTSSW2，测试前业务正常。测试过程中将交换机DTSSW1关机时，DTSWeb服务器的部分应用中断。发现问题后，立即开启交换机DTSSW1，业务恢复正常，并将DTSWeb服务器的其中一个网卡与交换机DTSSW2相连。

（3）测试过程中，将维护工作站上联链路中断时，发现该工作站网络中断，检查发现该工作站只有一个网卡上联。发现问题后，恢复其上联链路，并将该工作站的另一个网卡接入冗余链路。

（二）负载均衡模式下非直连链路中断至数据异常

两台前置服务器网卡采用负载均衡绑定模式，均通过如图1-36所示的方式上联，上联的双网卡分别与接入交换机连接，两台接入交换机分别与两台核心交换机连接，交换机之间没有物理环路、交叉连接或链路聚合。SCADA服务器通过核心交换机与前置服务器进行业务交互。

测试过程中，将一台核心交换机HeXin 1关停，发现SCADA服务器中的部分量测数据间断性地与前置服务器中的相应数据不一致，状态估计无法收敛。开启核心交换机HeXin1后，业务恢复正常。经分析，在负载均衡模式下，双网卡同时转发数据，只侦测网卡物理状态及其直连链路状态；当关停核心交换机HeXin 1时，网卡不能发现核心交换机与接入交换机之间的链路中断，继续从两个网卡转发数据，但其中一个网卡上传的数据已经无法到达核心交换机，因此SCADA服务器只能通过核心交换机接收到部分数据，引起业务异常。针对此缺陷，将前置服务器双网卡绑定模式修改为主备模式。

第三节　服务器和工作站可靠性提升

一、服务器和工作站概述

在调度自动化系统中，服务器和工作站作为SCADA、PAS、WAMS、AVC、AGC等功能模块的硬件支撑，不仅需要拥有优良的性能，同时还必须具备处理海量应用服务数据、不间断提供服务的能力，这就对调度自动化系统各个功能模块的服务器和工作站的可靠性提出了更高的要求。

目前，调度自动化系统的SCADA、PAS、AVC、AGC、WAMS、Web、稳控系统、数据库等业务模块的服务器和工作站一般都采用了双机或多机冗余配置，如图1-42所示。通过采用冗余配置，可以有效防止服务器和工作站因单点故障而造成的系统停机，但是仍然存在故障监测盲点、故障切换不及时、磁盘发生脑裂等问题，影响系统可靠运行。

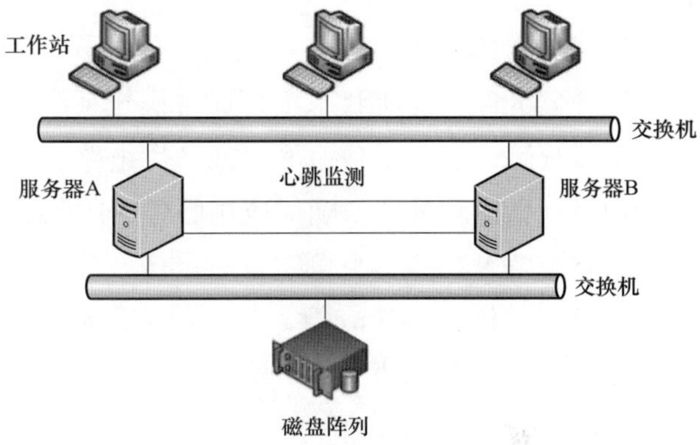

图1-42　服务器和工作站冗余配置示意图

二、提高服务器和工作站可靠性的措施

（一）硬件冗余配置

在规划设计阶段，调度自动化系统服务器和工作站的配置应遵循冗余化配置原则：采用双重化网络结构，承担主要功能的服务器应采用双机热备或多机集群方式，同种类型的冗余设备安装在不同屏柜中；同时，服务器应配置两个或多个独立的电源模块，任意一个电源模块故障时，设备功能应不受影响。

（二）完善故障监测机制

服务器和工作站在满足冗余配置的情况下，还需要对服务器的运行状态进行监测，及时发现故障点。但是由于服务器和工作站应用场景的不同，故障监测仍然存在监测的盲点，需要根据应用的需要不断完善故障监测机制，进一步增强服务器和工作站运行的可靠性。

服务器常见故障有应用程序故障、心跳监测故障、网络故障、电源模块故障等，提高服务器可靠性的一个关键的环节就是对故障的监测，只有快速检测出系统的故障点才可以进行后续的处理修复工作，使故障能够在最短的时间内被消除，保证系统的可靠运行。

1. 应用程序故障监测

系统的应用服务程序，如SCADA、PAS、WAMS、AVC、AGC、DSA等程序，需要把这些程序的关键进程列入到操作系统的关键服务进程中，使操作系统对这些关键服务进程进行实时监测；当应用服务程序的关键进程故障时，操作系统能够及时检测到，以便做出切机等操作，不影响应用服务的正常运行。

2. 心跳故障监测

服务器上需要安装HA程序，服务器间会周期性进行心跳报文的收发，以此检测服务器的工作状态。如果一台服务器中的HA程序故障，会导致服务器间的心跳通信中断，另一台服务器的HA程序无法获取对端服务器的工作状态，会判定对端服务器故障。服务器的HA程序故障，需要与之心跳相连的对端服务器进行监测和判定，并进行故障后的切机和应用业务接管等操作。

3. 网络故障监测

服务器的网络连接状态主要通过操作系统对其进行监测，当操作系统检测到服务器的网络连接故障，会启用备用网卡或备用链路，如果网络仍无法恢复，则会把服务器的应用业务切换到备用服务器，确保应用服务不中断。

4. 电源等硬件故障监测

服务器的硬件模块故障，一方面可以通过服务器的故障灯或告警提示声音进行观察；另一方面，操作系统和D5000平台监测到服务器硬件出现故障会发出告警提示信息，显示具体的硬件故障状态。

（三）优化切换机制

针对检测出的故障，需要对其进行判断，查看其是否满足服务器切换的条件。目前有D5000平台切换机制、网络状态切换机制、心跳监测切换机制三种类型的判定。针对不同的故障类型，合理利用判定切换机制，设计出合适的切换条件和切换时间，并根据应用场景不断进行优化，使服务器在出现故障时，实现服务的无缝切换，确保系统稳定可靠运行。

1. D5000平台切换机制

D5000平台上运行的SCADA、PAS、WAMS、AVC、AGC、DSA模块，由D5000负责对这些应用模块进行监测；当D5000平台检测到这些应用模块程序发生故障时，启动故障切换机制，停止故障的应用模块，并把应用模块的服务切换到备用服务器，使备用服务器提供相应的应用服务，确保应用业务不间断运行。

2. 网络状态切换机制

服务器的网络连接状态出现故障，操作系统检测到网络故障后，会把网络连接切换到备用网卡或备用链路，保证服务器的网络连接不中断。如果切换后网络依然故障，就会启动切机，把网络故障的服务器应用切换到备用服务器，使备用服务器接管应用服务，确保系统业务不间断运行。

3. 心跳监测切换机制

心跳监测是操作系统的一种监测服务程序，所有列入到操作系统关键应用服务程序的进程都会被心跳监测服务程序实时监测，同时也对服务器的运行状态进行监测。当系统的关键应用服务程序故障，操作系统的心跳监测程序应该迅速做出检测，并根据故障程度完成对故障的处理，即重启故障服务程序，或者把应用服务切换到备用服务器，保证应用服务的不间断运行。当服务器运行过程中出现故障或者心跳程序出错，导致备用的服务器无法接收到心跳信号，备用服务器会判定服务器故障，启动切换流程，把应用服务切换到备用服务器，确保应用服务正常运行。

三、调度主站 WAMS 历史服务器故障案例分析

（一）事件分析

某地区调度主站 WAMS 历史服务器主机发生故障，由于服务器采用双机热备冗余配置，正常情况下服务器主备机通过互发心跳报文监视对方的运行状态，当服务器备机检测到主机故障时，系统将立即切换至服务器备机继续对外提供服务，从而保证 WAMS 能够不间断地运行。但在主机发生故障后，备机无法接收到主机的心跳监测报文，系统服务开始切换至备机，备机需要接管资源组；然而主机却没有主动释放其资源组，导致服务器备机无法及时接管资源组，使备机不能正常启动应用服务，主备机都无法正常运行系统服务造成 WAMS 服务数据中断。

（二）暴露的问题

通过 WAMS 服务器故障案例，可以发现服务器的故障检测和服务切换机制存在问题：① 服务器主机发生故障后，故障没有被及时检测出来，导致资源组被占用，服务器备机无法接管资源组；② 心跳检测的周期有待进一步优化，需要等到服务器主机把占用的资源组完全释放后，才能启动服务切换。

（三）整改和防范措施

针对案例中存在的两个问题，首先需要根据服务器的故障类型，从操作系统或应用程序层面完善相关的监测手段，使故障发生后能被及时发现，并根据故障的类型采取下一步的处置措施，确保不影响系统的正常运行；同时需要优化心跳检测周期，根据系统相关应用的资源释放时间以及系统开销，在不增加系统负载的情况下，合理设置心跳检测周期，保证服务器节点故障发生后能够及时被发现，启动相关应用服务切换。

第四节　自动发电控制（AGC）可靠性提升

一、自动发电控制（AGC）概述

自动发电控制（AGC）提供发电的监视、调度和控制，通过控制管辖区域内的发电机组的有功功率满足如下功能：维持电网频率在允许误差范围之内，频率累积误差在限制值之内，超过限值时自动或手动矫正；维持本区域对外区域的净交换功率计划值，偿还由偏差引起的随机电量；在满足电网安全约束、频率和净交换计划的情况下，按最优经济分配原则安排受控机组出力，使区域运行最经济。

广义的 AGC 包括了经济调度控制（economic dispatch control，EDC）与负荷频率控制（load frequency control，LFC），可完成发电计划追踪、区域调节控制等功能。AGC 根据区域控制偏差（aera control error，ACE）的大小对可控机组发出控制命令。不同 AGC 的控制方式下，ACE 的计算方式不同。其中，联络线功率及频率偏差控制（tie-line load frequency bias control，TBC）方式既控制系统频率也兼顾控制联络线功率，可实现功率扰动的就地

平衡，是目前互联电网中广泛采用的一种方式。在采用 TBC 控制方式下，ACE 计算方式为：

$$E_{ACE}=B\Delta f+\Delta P_{tie} \tag{1-1}$$

式中：E_{ACE} 为该控制区域的 ACE 计算值；B 为该控制区域频率响应系数的设定值；$\Delta f=f-f_0$，为控制区域频率偏差值，其中 f 为系统实际频率值，f_0 为系统额定频率值；$\Delta P_{tie}=P_{tie}-P_0$，其中 P_{tie} 为该区域所有联络线的实际交换功率，P_0 为联络线计划交换功率。

AGC 的控制原理如图 1–43 所示。AGC 与电力系统构成了一个闭环反馈控制系统，控制目标为 ACE 为 0。具体的，AGC 系统通过接收和处理 SCADA 或 PMU 上传的频率 f 与联络线功率 P_{tie} 量测获取 ACE，通过一定的控制方式计算功率调整量，结合经济调度给出的机组参与因子和基本功率，确定各发电厂发电功率并通过通信网络下发至各发电厂。图 1–43 中虚线箭头表示依靠通信系统传输的数据。AGC 在运行时基本不需要运行人员的干预，同时 AGC 的数据采集周期为秒级，而系统的静态状态估计的执行周期为分钟级。

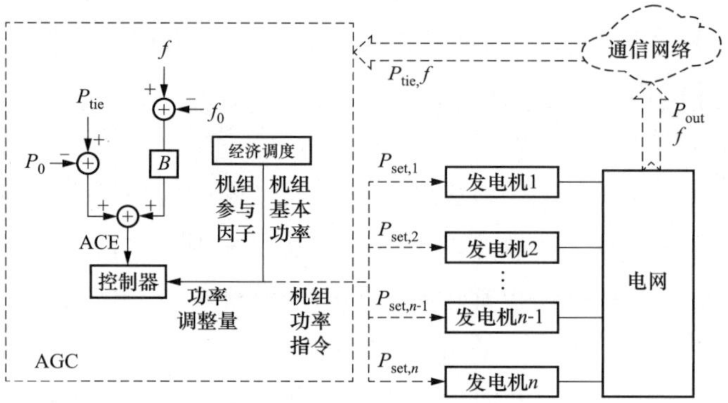

图 1–43　AGC 控制原理图

P_{out}—系统中各支路的功率量测；P_{set}—控制中心下发的机组功率指令

AGC 主站接收到电厂（AGC 子站）上传的遥测数据包括：① 实时调节上限；② 实时调节下限；③ 最大调节幅度；④ AGC 指令反馈值；⑤ 抽水蓄能电站抽水及发电开机台数设定编码指令反馈值；⑥ 抽水蓄能电站允许发电开机台数；⑦ 抽水蓄能电站允许抽水开机台数；⑧ 全厂控制电厂应上送全厂有功总加和出线有功总加。

AGC 主站接收到电厂（AGC 子站）上传的遥信数据包括：① AGC 远方 / 就地状态；②是否处于 AGC 可用状态；③ 各机组遥控允许；④ 频率高有功加闭锁；⑤ 频率低有功减闭锁；⑥ AGC 指令越调节上限，拒绝执行该指令；⑦ AGC 指令越调节下限，拒绝执行该指令；⑧ AGC 指令越最大调节幅度，拒绝执行该指令；⑨ AGC 指令和实际出力不一致，切电网 AGC 远方控制方式不成功；⑩ 抽水蓄能电站处于远方开停机允许 / 禁止状态。

AGC 主站向电厂（AGC 子站）下发的遥调数据包括：① AGC 有功指令；②抽水蓄能电站抽水及发电开机台数设定编码。

AGC 功能指标的主要有可调容量、响应速率、响应延时、AGC 功能可用率、AGC 功能投入率、AGC 控制合格率、AGC 调节精度，各个区域对各指标的具体限值要求不太一致。

主站中 AGC 应用子系统提供丰富的机组控制模式及分组控制策略，可满足不同特性机组之间协调控制的要求；适应多种联络线功率控制标准的 AGC 控制策略，不同类型机组的在线协调控制策略、分组和多原则排序控制策略，利用超短期负荷预报实现 AGC 的超前调节，支路（或断面）有功安全校正控制，实现 AGC 的跨区域多目标控制等。自动发电控制（AGC）主界面如图 1-44 所示。

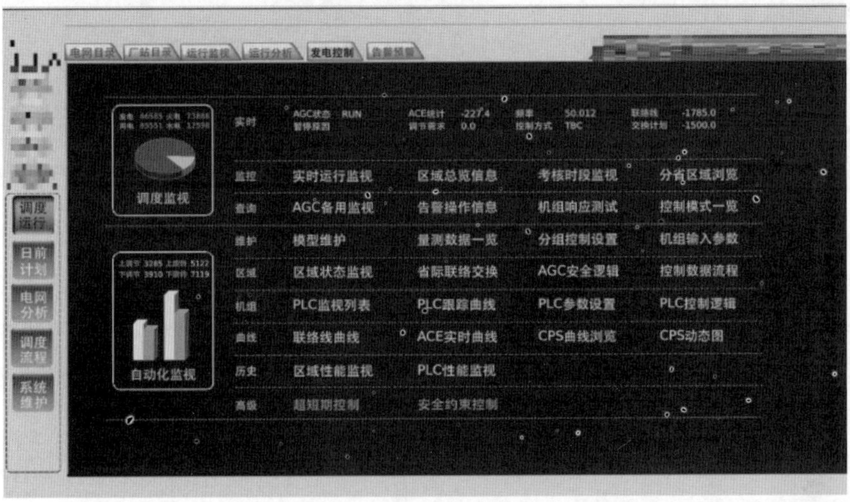

图 1-44　自动发电控制（AGC）主界面

当前区域调节需求（ARR）的计算流程如图 1-45 所示，包括频率滤波、区域控制偏差的计算、时差电量校正、ARR 的各分量计算、滤波等全过程。由图 1-45 可以清晰地看出，在不同的控制模式和控制策略下 ACE 及 ARR 的计算区别。

传统火电厂的 AGC 控制模块一般在分散控制系统（distributed control system，DCS）中实现，经 RTU 接收到 AGC 指令后作为机组有功功率目标值进行控制。传统火电厂的 AGC 控制模式分为全厂模式和分厂（机组）模式：全厂模式指从调控中心收到的 AGC 指令后，将统一控制全厂所有发电机组的有功出力；机组模式指每台发电机组分别获取调控中心下发的 AGC 指令，控制发电机组各自的有功出力。相应地，水电机组分为集中调度模式和厂网协调模式：集中调度模式下，电网直接将 AGC 指令下达至电厂；在厂网协调模式中，集控中心实时接收电网下发的梯级 AGC 指令，综合考虑电网安全运行等因素，根据自身控制目标在梯级电厂间进行负荷优化分配，然后将 AGC 调节指令下达至电厂执行。新能源场站内一般配置有 AGC 控制装置，从主站下发的 AGC 指令经此装置向新能源场站的有功功率控制模块转发。AGC 既要确保电网运行稳定和电厂机组发电安全，还要考虑机组调节稳定性和各种防误措施。

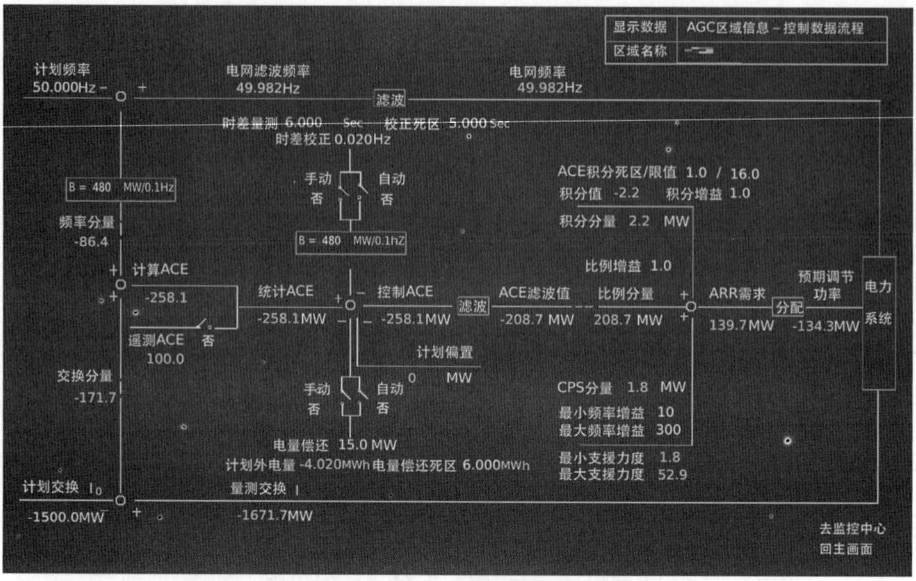

图 1–45　当前区域调节需求（ARR）计算流程图

AGC 虽然能够维持电网频率和联络线功率的稳定，但不完善的 AGC 策略也可能给电网带来其他影响。诸如，异步运行后的南方某电网先后多次出现了由 AGC 超调引起的电网频率波动现象，直接威胁设备与电网安全。经研究发现，机组侧 AGC 调节功率超出系统需求功率和处于 AUTO 模式的机组响应滞后是引起功率振荡的主要原因。

若由于调度自动化系统的不可靠性原因，促使从厂站上传的有功功率值有误，将影响主站 AGC 应用子系统的计算和指令的下发。若由于调度自动化系统的不可靠性原因，促使从主站下发的 AGC 指令有误，将可能影响传统火电机组的正常运行和新能源场站有功功率的错误调节。另外，由于 AGC 的运行依赖于网络通信设施实现系统状态监测与控制指令下发，电力系统网络层与物理层的深度耦合使得电力系统遭受网络攻击的风险不断上升，网络攻击可以改变 AGC 的控制效果，甚至破坏电力系统。

二、提高自动发电控制（AGC）可靠性的措施

（一）主站 AGC 控制系统的安全措施

从纵向指令链条和横向运行环境两个维度来分析 AGC 实时运行中的控制风险。在纵向指令链条上，闭环的四个环节（数据源获取、中间计算过程、下发控制指令、电厂执行）均存在风险。其中，数据源来自 EMS 基础模块，受厂站数据质量影响较大，不确定度最高，风险最大；电厂执行环节无法直接把控，但可对执行结果进行后评估。在横向运行环境中，存在人为和非人为两类风险：人为风险包括参数设置错误风险、AGC 运行模式错误切换风险等；非人为风险包括数据库紊乱风险、主站 AGC 甚至 EMS 程序崩溃风险。对于最后一种程序整体性崩溃风险，主站自身难以防范，需要在电厂 AGC 层面上设置安全控制关口，对主站的指令进行多维度校核。

为了尽可能保证调度控制中心侧 AGC 主站的安全稳定运行，避免上述风险对实时控

制造成影响，基于交叉校验、层级闭锁的安全原则建立主站AGC全过程自动安全策略。主站AGC全过程安全防误策略体系如图1-46所示。

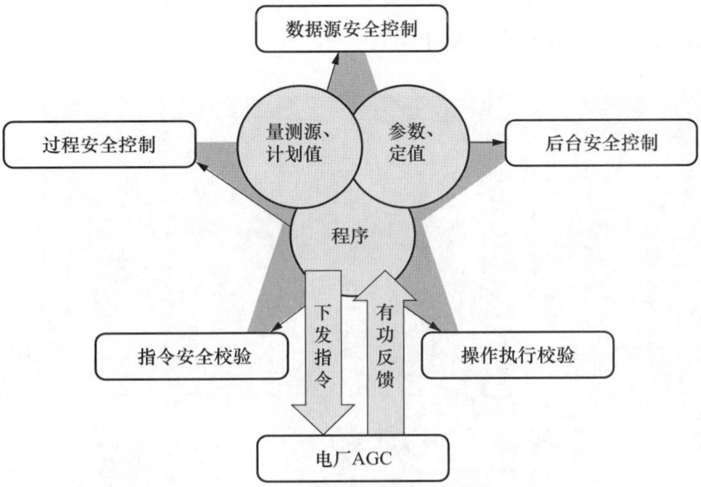

图1-46　主站AGC全过程安全防误策略体系

1. 数据源安全控制

AGC数据源主要包括实测频率、基准频率、关口量测、关口计划、遥测区域控制偏差（ACE）、机组量测、机组计划、电厂本地控制器（PLC）运行上下限、机组振动区等。

从用途上分类，数据源一部分用于计算ACE，另一部分用于计算PLC的目标出力。从来源上分类，多数为单一来源测点，少数为多源测点，具备多个主备测量源，如实测频率、关口量测。

数据源安全策略总体上采用自特性判断、交叉校验相结合的策略。对于单一测量源数据点，系统会根据数据采集与监视控制（SCADA）系统正常的数据变化特性对测量源的正确性进行校验，包括数据刷新校验、数据跳变校验、数据质量标志位校验。同时，为了预防测点状态正常但数值不合理的情况，考虑测点之间的逻辑关系，对测点的合理性进行交叉安全校验，常用策略有：

（1）有功平衡校验。机组有功量测与所在电厂的其他有功量测构成平衡关系；涉及安全稳定断面的线路有功量测与线路对侧有功量测构成平衡关系。

（2）上下限值校验。具有上下限约束的量测点，该量测与上下限三者之间可构成逻辑关系。具体实现中，还需考虑有功波动偏差，对上下限进行局部扩展。如电厂发电计划值或计划调节带宽应与电厂有功上下限存在交集，否则数据存在异常。

（3）偏差校验。相同物理含义或相同计算公式对应的多个数据点间应相等；考虑远动传输和计算速度的延时，两者很难绝对相等，但偏差应很小。如实测频率和基准频率之间不会相差太大，一般以±0.3Hz为偏差限值；由于调节时差的需要，基准频率不一定严格是50Hz，但无论怎样设置，均不会距离50Hz太远，也存在一个偏差限制。

对于具有多个主备测量源的数据点，其中的每个测量源都可进行上述单测点校验，通过校验则为有效测点，否则无效并排除计算，然后对多个有效测点间的偏差进行校验。若无有效测点，或有效测点间偏差过大，均会造成对应数据点无效，进而引发主站 AGC 的暂停或退出。AGC 安全逻辑流程如图 1-47 所示。

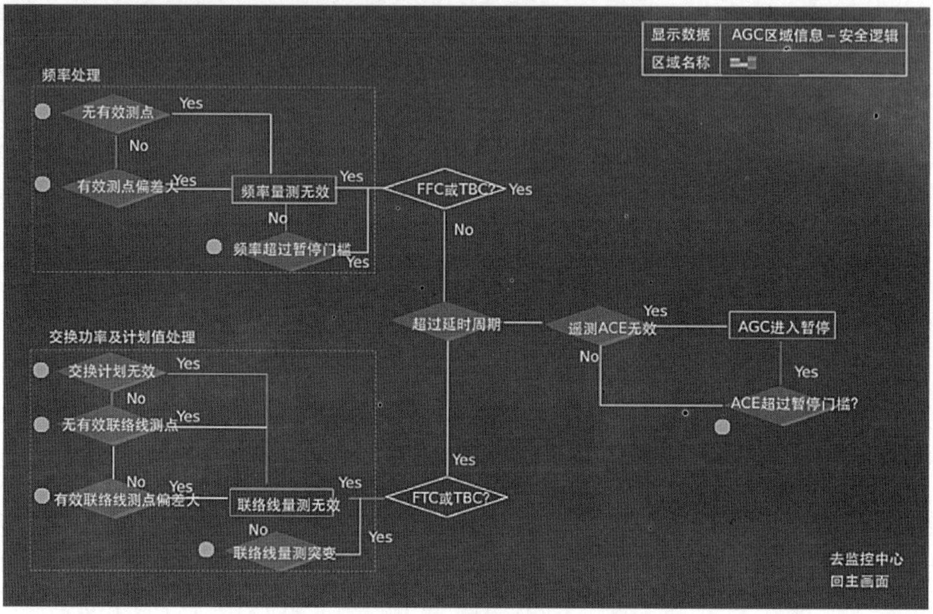

图 1-47　AGC 安全逻辑流程图

图 1-47 显示 AGC 安全逻辑判断中量测信息校验的简要流程，当系统出现暂停或停止的情况时，供自动化和调度人员快速地进行故障排查。画面中提供的信息主要集中在量测方面，包括：① 频率是否无有效测点；② 多频率测点间是否出现大偏差；③ 频率量测是否超过暂停门槛；④ 区域交换计划是否无效；⑤ 区域是否无有效的联络线测点；⑥ 联络线有效测点间是否有较大偏差；⑦ 联络线量测是否有突变；⑧ 区域量测无效的时间是否超过延时周期；⑨ 遥测 ACE 是否有效；⑩ ACE 是否超过暂停门槛值。

当区域发生故障时，相应环节部位的图元会闪烁告警，并辅以文字提示，方便运行维护人员快速定位。

2. 过程安全控制

（1）关键中间变量滤波与校验。关键中间变量主要有频率、关口、ACE。受频率负荷特性影响，同时也受远动通道延时和噪声污染，中间变量常含有高频波动分量，若直接用于控制将造成指令的不稳定或跳变。为此，设计了低通滤波环节，将控制变量平滑连续化，避免高频噪声毛刺对闭环控制产生影响，同时也屏蔽了电网功率振荡（低频振荡或强迫振荡）对 AGC 的影响。

除此之外，对关键中间变量的大小亦有判断，如 ACE 计算结果偏出正常范围则告警，若偏差进一步扩大超过暂停门槛则区域 AGC 暂停。

（2）电网安全稳定策略。

1）安全约束控制方面。近几年，随着电网的快速发展，电网结构进一步加强，主电网输送能力和供电可靠性亦得到提高，但是电网超稳定限额运行现象时有发生。将自动发电控制（AGC）与实时安全约束调度结合进行AGC安全约束控制，实行稳定断面越限的预防与校正控制，是电网调度运行行之有效的重要技术措施。当稳定断面重载时，根据该断面有功功率相对于机组有功出力的灵敏度系数，对机组出力的调节方向加以限制，防止由于AGC的正常调节导致重载程度的进一步加剧（即预防控制）；当稳定断面越限时，由安全约束调度提供校正控制策略，调整机组AGC调节上下限，并在AGC控制下执行，自动解除或缓解稳定断面的越限。这样的双重保护措施有效保证了电力系统的安全稳定运行。安全约束调度的缺点在于复杂多断面约束条件下可能计算发散，因此还需要简单可靠的预防控制功能：根据灵敏度分析，将PLC与若干稳定断面相关联，定义正、负相关性，当关联断面越限时，该PLC禁上或禁下调节，避免恶化越限结果。

2）实时发电计划的闭环控制方面。实际运行中发现，AGC若不考虑实时计划对其调节趋势的指导作用，仅依据ACE事后反馈信息，一旦失去调节能力，控制效果和评价指标将会严重恶化。与日前计划的闭环控制有所不同，实时发电计划闭环的核心是通过组织各类机组实现控制角色和调节容量的优化调控，以保持未来时段综合的最优调节能力，避免机组的频繁调整和爬坡资源的不合理分配。针对上述考虑，AGC已实现参与实时调度机组控制模式的动态转换和调节容量转移，可根据不同工况下AGC容量需求的变化自适应进行调整：在负荷爬坡阶段增加固定基点模式机组，以实现对负荷趋势变化的快速跟踪；在负荷平稳时段多采用浮动基点模式机组，以满足ACE调节和实时控制指标（如C标准）的要求；电网扰动情况下，根据缺失的功率大小和速率要求，释放更多的浮动基点备用容量，以快速恢复频率和平抑功率波动。

3）新能源接入控制支撑方面。在调度主站端控制，针对新能源发电对电网调峰、调频及外送通道断面安全的影响，结合其自身控制特性，提供了最大功率、限值功率、计划跟踪等不同的有功控制模式，以满足风电（光伏）最大限度消纳、电网紧急控制、调峰控制等多种需求；采用AGC实时控制可以平稳控制断面潮流不超过限值，同时又最大限度地利用了风电输送通道容量。在新能源场站端、接入地区控制，为适应抽水蓄能、化学储能系统以及风、光电源联合运行控制的需要，建立了应用于新能源汇集地区场站端的分层控制框架和多源电源联合控制策略；AGC应用支持可灵活组态、无缝切换的风光储联合控制模式和单场站控制模式，可协调储能系统实现多种控制目标（平滑风光、削峰填谷等），通过结合储能荷电状态（SOC）反馈实时优化风光储联合发电系统的运行状态，实现近似常规电源发电品质的功率输出。

（3）机组安全策略。机组的可调范围中可能存在振动区、气蚀区等不可长时间运行区间，同时机组运行也受到现场辅机工况的影响，主站AGC应考虑这些因素。

1）完善振动区跨越策略。考虑实时计划值和调频需求，结合实际出力与振动区范围，既要避免下发落入振动区的指令，又要能够跨越大振动区，同时还需应对功率波动进入振动区、振动区上下遥测限值突变等突发情况。

2）设置反向延时策略，避免机组频繁往复调节。AGC 在发出一个方向的调节指令后，反向延时策略生效。在延时闭锁期间，除非紧急调频情况，否则反向调节量将分配给其他机组。

3）设置机组增、减出力闭锁策略。当电厂出力受限而发出增、减闭锁信号时，AGC 将动态调整相应 PLC 运行范围。在增、减闭锁瞬间下发实际出力作为刹车指令，防止闭锁前指令继续生效。

在主站每台机组的控制单元对应一个 PLC，PLC 参数设置如图 1–48 所示。图 1–48 显示画面由 PLC 基本信息、PLC 控制设置、PLC 统计信息三栏组成，每栏中有关 PLC 的参数意义详见说明书，不一一赘述。

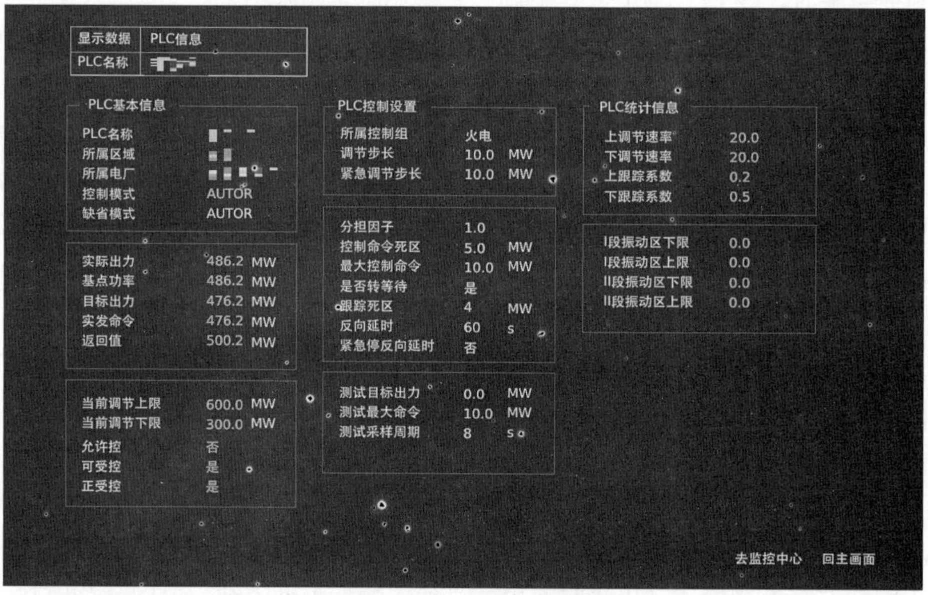

图 1–48 PLC 参数设置

（4）层级闭锁策略。主站 AGC 总体上分两个层级：区域级，负责调管区域 AGC 总调节量的计算；PLC 级，负责各电厂或机组的指令计算。

1）区域级计算代表主站 AGC 的总体运行情况，包含运行（RUN）、暂停（PAUS）、退出（STOP）三种状态。当进入 PAUS 状态，若异常在短时间内消除，AGC 自动返回 RUN 状态；否则自动转入 STOP 状态，需人工手动投入。PAUS、STOP 状态下，该区域内所有机组不再下发任何指令。

2）PLC 级计算代表了电厂或机组的运行情况。当电厂异常时，该厂 PLC 自动进入 PAUS 状态，若异常在短时间内消除，则 PLC 自动返回 RUN 状态；否则告警并退出控制，需人工手动投入。

PLC 安全逻辑判断流程如图 1–49 所示，当系统出现暂停或停止的情况时，供自动化和调度人员快速地进行故障排查。

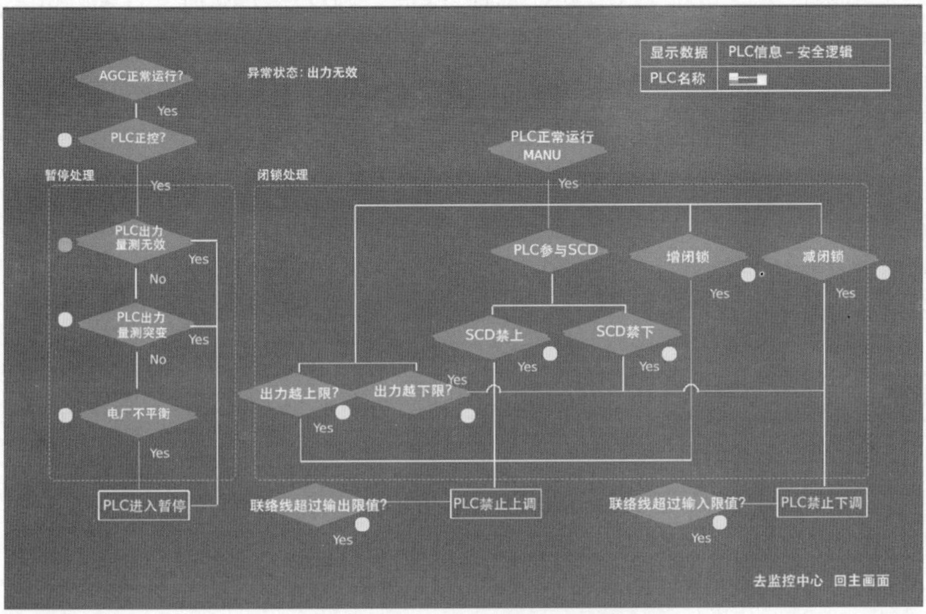

图 1–49　PLC 安全逻辑判断流程图

a. 正受控 PLC 进入暂停的条件具体有：PLC 出力量测无效、PLC 出力量测突变、电厂不平衡。

b. 正受控 PLC 禁上的条件具体有：PLC 禁上、出力越上限、增闭锁、联络线输出越限。

c. 正受控 PLC 禁下的条件具体有：PLC 禁下、出力越下限、减闭锁、联络线输入越限。

当机组出现进入暂停或禁止调节时，运行维护人员可以在图 1–49 所示界面上查看是什么原因所致，快速进行排查。

3. 后台安全控制

为了防止模型维护及参数、定值变更对 AGC 实时闭环运行产生冲击，同时避免手工输入失误对 AGC 调控造成影响，AGC 安全处理机制上特意将模型维护和实时运行相分离，采用双库并列结构，即设计了模型维护库、实时运行库，前者可视为模型参数更新的缓冲区。

当完成 AGC 模型修改或参数、定值重置后，需要在 AGC 服务器上执行模型维护程序才能使操作生效。该过程实际上是针对刚刚的新近操作对底层模型库的一次校验；若校验失败，则说明先前对数据库的修改存在问题，系统禁止将新模型从模型维护库更新至实时运行库，并告警提示出错信息。

4. 指令安全校验

PLC 可调区间是一个动态变化的范围，受电厂复杂工况制约，主站 AGC 采用多重区间交集策略来计算。每个 PLC 有电厂遥测限值、调度人工限值、自动计算限值三个调节限值来源。最终 PLC 可调区间是这三个调节限值的交集，主站 AGC 不会下发超出可调区间的指令。同时，三个限值间设置交叉校验，无交集时，对应 PLC 将暂停并告警。

对于有计划曲线又参与调频的电厂来说，可能出现长时间、大范围偏离计划的情况，影响了合同发电量。为此，系统增设了计划值带宽策略，以实时计划值为中心拓展一个有限调频带宽，迭加在 PLC 可调区间上。该带宽能跟随计划曲线实时调整，从而在发挥机组调频作用的同时大大降低电厂实际发电与计划发电的偏差。

在每轮指令下发环节，AGC 指令还受到调节步长策略的约束。当调节需求与实际出力偏差小于最小步长时，不下发指令；反之，若调节需求很大，一次也只下发以最大步长为偏差的指令。

为保证广义联络线功率与其计划值的偏差在允许范围、断面安全、功率的平滑调节、交易计划的实施，AGC 指令值需要同时满足以下校验条件。

（1）调节死区校验：当目标值与实时出力偏差小于调节死区时，不下发新指令值。

（2）调节步长校验：当目标值与实时出力偏差超过调节步长时，指令值将会限定在当前出力基础上增加 / 减少一个调节步长。

（3）调节限值校验：当目标值超过机组的控制上 / 下限值，指令值限定在控制上 / 下限。

（4）断面安全校验：当目标值的调节方向与断面安全产生冲突时，该指令不下发。

（5）升闭锁校验：当机组目标值向上调节，同时被置上升闭锁时该指令不下发。

（6）降闭锁校验：当机组目标值向下调节，同时被置下降闭锁时该指令不下发。

（7）反向延时校验：当机组指令进行折返调节时，两条指令的时间间隔必须大于反向延时时间。

（8）命令周期校验：上一条指令必须结束才能下发新指令。

5. 操作执行校验

（1）分级操作权限设置。根据不同业务需求，不同使用人员的 AGC 操作权限应区别对待且灵活配置。系统应建立完善的分级操作权限控制功能：一般运维人员不能对 AGC 的状态和参数进行操作；当值调度员具有“AGC 部分置数”权限，能对 AGC 应用的状态以及部分数据进行操作，可置数域在 AGC 调度员操作权限控制表中灵活定义；AGC 运维管理人员可对大部分参数、定值进行设置，但不包括仅由当值调度员负责的 AGC 状态切换部分。

（2）人工置数的安全校验。调度员在日常操作中可能通过调度人工限值来限制机组出力范围，系统在其输入时对数据进行安全校验：若输入上限小于下限，将不予采用并给出告警；若手工输入限值与遥测限值或自动计算限值无交集，将告警并把对应 PLC 转为暂停。

另外，当 PLC 运行在人工设定目标出力的模式时（BASE 模式），调度员输入出错会直接导致误调。因此，系统设置了如下安全校验：每个 PLC 单独设置基点最大偏差门槛值，BASE 模式下的基点功率置数不能偏离实际出力过大，否则置数不生效。

（3）计划值操作校验。调度员经常对计划曲线做临时调整。当 PLC 投入计划模式（SCHE 模式）时，系统自动对计划值进行校验。处理策略如下：若 PLC 对应的机组或所属电厂计划值为零（包括无计划值），则该 PLC 计划无效，禁止转入计划模式。对于缺省为计划模式的机组，当从等待模式（WA I T 模式）转为缺省模式时，若计划无效则退出该 PLC 控制。在人工切换控制模式时，若实际出力与计划值偏差大于给定门槛值，则禁止转入计划模式。

（4）执行效果校验。电厂投入调度 AGC 控制后应紧密跟踪调度指令。本校验策略是从反馈结果中判断指令是否执行到位、有无异常，主要有两个策略：

1）目标指令是否执行到位判断。主站设置了额定调节速率，在分配目标出力时即算出理论调节时间并倒数计时，计时结束或 PLC 实际出力与目标值偏差小于门槛值，均认为执行到位。

2）反调节异常判断。当倒数计时结束，实际出力没有向目标出力靠近，反而偏差大幅增加时，认为出现了异常反向调节；这可能是由于两侧控制模型不一致等原因所致，这时主站将立即退出控制并告警。这个策略能够应对由于远动通道、电厂 AGC 子站、机组调速器等环节发生异常而导致的误调节，与最大调节步长策略配合，可及时制止异常。

（二）电厂侧 AGC 安全策略

由于 AGC 安全策略不合理、安全闭锁逻辑不完善以及人员误操作等问题，造成的电网负荷大幅波动仍时有发生。如某水电厂 AGC 发出错误控制指令，导致全厂有功出力从 2072MW 大幅降至 259MW，高压线路侧有功从 2537MW 迅速升至 3889MW，系统频率降至 49.941Hz。经分析，认定此次异常主要由 AGC 软件控制策略缺陷造成，如实时库过渡状态数据异常、数据访问接口未处理错误返回值、控制功能启用时直接使用历史设定值、控制值未与当前出力校验等。

因水电机组是 AGC 可调机组的主力，下面以某水电厂（站）为例进行详细说明。在该水电站 AGC 正常时投入调度侧控制，各机组有功控制在“可投”状态，调度侧 AGC 下发本水电站总有功设定值，本水电站侧调度网关机（PPDC1/PPDC2）接收后，通过监控主网络下发给 AGC 主机（AGC1/AGC2），AGC 经过计算后将负荷分配至各机组现地控制单元（local control unit，LCU），机组 LCU 下发给调速器执行，同时 AGC 将本站总负荷上送给调度 AGC 系统。接下来从水电厂侧 AGC 运行控制策略、闭锁逻辑、管理措施等方面分析提高 AGC 可靠性的措施。

1. AGC 运行控制策略分析

（1）各控制模式下设置独立的运行方式。AGC 调节权限分为电厂设值权、调度设值权、调度备调设置权，当某一调节权限投入时，AGC 系统将执行对应的设定值。在设置好权限后，根据 AGC 控制方式设置 AGC 开环模式（即 AGC 程序仅给出参加 AGC 机组有功分配指导，但不作为机组设定值，此时机组有功设定值由运行人员给定）和 AGC 半闭环模式（即 AGC 程序给出参加 AGC 机组有功设定值，通过机组 LCU 作用至机组执行，此时机组有功设定值跟踪 AGC 设定值）。两种模式只能投入一种，投入后自动闭锁另一模式。AGC 控制方式又设置了全厂总有功定值方式（即全厂总有功固定值不变，然后根据程序计算后下发至并网机组执行）和 AGC 调度曲线控制方式（由调控中心下发 96 个负荷计划值构成负荷日调节曲线，每 15min 调节一次，AGC 系统根据日调节负荷曲线对机组进行负荷调整）。在并网机组投入 AGC 至厂站侧控制时，可根据实际运行情况选择投入全厂总有功定值方式或者 AGC 调度曲线控制方式；在 AGC 投入调度侧或者备调侧时，只能投入全厂总有功定值方式，执行上级调度下达的总有功指令。

（2）设置全厂 AGC 成组控制投入条件。AGC 投入和机组自动开停机一样，必须设置相应的投入条件，才能保证并网机组投入 AGC 控制后安全稳定运行，同时保证不影响电网的安全。因此，对机组投入 AGC 控制设置了以下 8 个条件：① AGC 控制单元与机组 LCU 通信正常；② 机组有功测量正常；③ 机组无事故；④ AGC 主机 1 或 AGC 主机 2 正常；⑤ 与两套调度网关机（PPDC1\PPDC2）通信正常（投省调设值权时）；⑥ 与调度通信正常（投调度设值权时）；⑦ 至少有 1 台机组投入 AGC 闭环。

（3）机组 AGC 优先级与安控装置切机顺序一致。一般情况下，在水轮发电机组效率不同时，通过设置并网机组在 AGC 中的优先级，让效率高的机组优先发电，从而提高水能利用效率。另外，在一些特定情况下，由于电网原因导致机组频繁跨越振动区时，设置机组优先级，还可以选择不同的机组进行跨越振动区，避免同一台机组的频繁跨越。由于该水电站站安控系统按照电网要求进行升级改造后，安控装置切机顺序由原来的优先级一致变成了根据机组优先级进行切机，为保证机组切机正常，同时避免因机组负荷造成过切，并网机组 AGC 优先级设置与安控装置机组切机顺序保持一致。

（4）设置单机循环负荷步长。水电厂一般作为电网的调频厂，负荷调节频繁。当负荷调整变化量不大时，如果 AGC 对全厂机组进行重新分配，可能导致机组所分配的负荷变化量在机组调速器的调节死区，而无法执行。通过设置单机循环负荷步长，可避免此类情况，即在 AGC 程序设定循环负荷步长（如 30MW），通过机组优先级设置，按阶梯进行负荷调整。当调整负荷时，每次循环由优先级最高或最低的机组优先调整负荷，步长最大为 30MW，小于 30MW 则由该台机组承担，超过部分由次优先级的机组进行承担。依次类推，如所有机组投入 AGC 控制的机组均进行了一次分配，则开始下次循环。

（5）AGC 负荷分配策略。负荷分配是 AGC 最重要的一部分，制定 AGC 策略时要根据电厂机组具体情况编写相应算法，同时要兼顾电厂设备安全和运行效率，避免机组频繁跨越振动区对机组产生损害。

特大型机组 AGC 调节策略注重负荷调节的平稳性，所以宜采用设定步长循环分配、机组轮流调整的控制方式，并尽可能地减少调节机组台数，以减少产生的负荷波动和机组跨越振动区的次数；合理设置机组调节优先级、调节步长和有功调节死区；需要单机负荷补偿（可手动调节）时，投入该功能，机组切为单机状态，AGC 将监视该单机机组 PLC 命令区中的负荷设定值变化，若有变化，AGC 将该机组负荷变化量反向调节给其他 AGC 成组机组。

中小型机组 AGC 对响应速度和调节精度要求较高，电厂各机组的容量又往往有所不同，等容量分配是比较行之有效的分配方式。为了同时保证电厂负荷分配的经济性和机组运行的安全性，可采用考虑电网安全、振动区、调节速率、机组启停等约束的多种策略进行修正。

2. AGC 安全闭锁逻辑

为保证电站 AGC 可靠运行和电厂设备安全运转，正常情况下，AGC 能够根据调度下发的有功目标值或者电厂设定值进行发电。但由于电站 AGC 控制策略、机组运转特性、运行操作等问题，可能会致全厂出力在很短时间内出现大幅波动，对电厂和电网的安全运行造成很大影响和冲击。因此，必须对 AGC 安全闭锁策略进行完善。根据电网调度要求，AGC 安全闭锁逻辑设置如下。

（1）调度要求厂站 AGC 策略。

1）为避免发电厂 / 机组 AGC 在控制权切换时发电厂 / 机组有功出力波动，当控制权切换后，应采用当前全厂 / 机组有功实际出力覆盖命令给定值。

2）不同通信协议（IEC 104、IEC 101）之间的切换不应对发电厂 / 机组 AGC 系统造成干扰。

3）发电厂 / 机组 AGC 应对全厂 / 机组负荷给定值进行合理性（包括不在可调范围内、超差等）判断，对不合理的给定值不得采用和保留。

4）连续多次收到不合理的全厂 / 机组负荷给定值时，应执行相应的安全闭锁逻辑。

5）发电厂 / 机组 AGC 在进行超差判断和负荷分配时应采用全厂 / 机组负荷给定值与全厂 / 机组有功实际出力比较的方式进行计算。

6）监控系统数据库状态异常时，AGC 程序应执行相应的安全闭锁逻辑。

7）发电厂 / 机组 AGC 应读取当前的全厂 / 机组负荷给定值来执行分配计算，不应采用历史数据参与计算。

（2）有功下发 / 设定值变幅与上下限限制。设置有功下发 / 设定值最大变幅（如 200MW）限制，在有功设定值变幅超过设定值时，AGC 拒绝执行，仍按原设定值发电并给出报警，提醒电厂运行人员，由运行人员根据情况进行处理。可避免由于接收到的调度 AGC 主站下发的错误设定值或者由于人员错误输入的设定值等造成的出力大幅波动情况。有功的最大变幅应根据当地系统情况，由调度部门确认。设置上下限限制，可避免设定值超出当前 AGC 控制的所有机组最大、最小出力，导致负荷无法调整到位的情况。

（3）机组有功调节监视。当有 AGC 与机组 LCU 通信中断、或者机组 LCU 故障等情况将导致机组无法按 AGC 设定值进行发电。因此需对机组有功调节进行监视。

1）应确保机组 LCU 正确接收 AGC 下发值。当 AGC 向机组 LCU 下发设定值后，机组 LCU 把接收到的值返回到监控系统或者 AGC，并判断两者是否一致；如不一致，或者长时间未返回，则退出全厂机组 AGC 控制，并报警。

2）当机组 LCU 接到设定值时，如果机组在 40s 内没有调节或者在一定的时间范围内（如 3min），机组实发值与最终设定值之间的偏差大于最大有功调节设定偏差，则发出有功调节失败报警。

3）当投入 AGC 控制的机组有功测量值故障，无法检测到机组有功出力时，则退出全厂机组 AGC 控制，负荷保持不变。

4）因避免机组频繁跨越振动区而造成的新设定值与原设定值之间的有功差额，应能及时报警，提醒运行人员。

（4）GIS 保护动作退出全厂 AGC 控制。安稳装置或线路保护动作跳闸时，自动退出全厂机组 AGC 控制，转为独立手动控制，保持负荷不变。为了防止安稳装置及线路保护等在检修和试验时误将 AGC 退出，监控系统上可设置相对应的“闭锁安稳装置 / 线路保护动作退 AGC 功能”按钮，当装置检修或试验时应投入其闭锁按钮。

（5）AGC 系统增加全厂总有功和线路总有功差值保护。当机组总有功与线路总有功差值的绝对值大于电厂设定的门槛值时，电厂 AGC 功能退出运行。在监控 AGC 画面上增加一个按钮，具备“机组线路总有功差值保护退 AGC 闭锁投入命令”“机组线路总有功差值保护退 AGC 闭锁退出命令”功能。在退全厂 AGC 条件中增加“机组线路总有功差值保护退 AGC”。

（6）关键信号容错优化。机组有功功率等关键信号要足够可靠，不能因为单一传感器故障造成误调、误退，也不能因为切换错误造成扰动，更不能造成来回切换造成电网功率振荡，这些问题在国内多个电网和电站间曾经出现过的。因此宜配置多重采样传感器，判断其差值越限则报警，通道质量故障则切换使用正常的信号，必要时可人工选择某一信号作为控制标准，保障 AGC 运行的可靠性和面对特发事件的容错性。

（7）功率反调控制的优化处理。水电机组的有一个特别的调节特性，就是由于水锤作用产生功率调整初期的反调作用，如图 1–50 所示，大型水电机组上尤为显著。在多个试验中，观察某 600MW 的机组反调作用达到 16 ～ 20MW，这个值甚至可能超过了全厂 AGC 的死区值，在设定了“ACE（区域控制偏差）越限退全厂 AGC”策略的厂站，这设置会导致 AGC 功能退出，AGC 功能的可靠性则无从提起。经综合分析、测试和调整，将 ACE 越限指令进行 2 ～ 5s 延时，能顺利躲过反调造成 ACE 越限，避免了误退出。

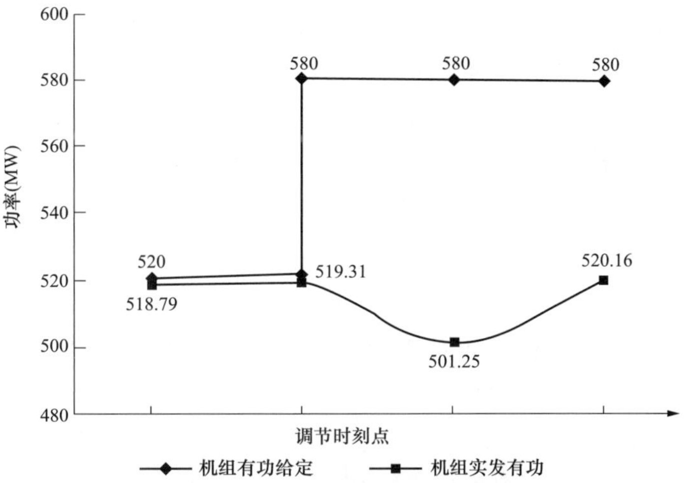

图 1-50　水电机组的反调作用示意图

（8）控制权限切换。业内有多种切换闭锁的做法，经测试，推荐做法为：调度全厂有功给定值和厂站给定值按两个变量配置，调度控制时，厂站给定值跟踪厂站实发总有功；厂站控制时，调度给定值跟踪全厂实发总有功。该方法可基本实现无扰切换，出现异常时还可以通过 ACE 进行闭锁和报警。电厂侧不得接收对应调度机构之外的遥调指令。接收调控中心备调控制的子站应区分主 / 备调指令，不得同时执行。

3. 系统软件功能优化

从软件工程的角度来讲，就是降低 AGC 系统内函数的复杂性，提高模块化程度，做到高内聚、低耦合，那么软件的可维护性、可复用性以及可靠性就得到有效的保障。

（1）for 循环和 if 判断、赋值等式层次的优化。如非必要，存在 for 循环时，其内部不宜设置过多的 if 判断和赋值等式，以免增加程序计算量，不利于缩短调节延时时间。可以结合实际，研究将 if 函数和赋值等式挪至 for 循环外侧，在 AGC 这种计算密集型的程序中往往能起到可观的优化效果。

（2）界面设计的优化。有些 AGC 的管理界面存在各种不足之处。诸如，操作区和监视区数据排布混乱、层次不明，关键数据掺杂在普通数据中难以查找，闭锁界面未设置或者设置信息不完整，元素排列不齐等，这些给后期运维工作造成了一定程度的障碍。小范围测试表明，优秀的界面能够缩短 30% ～ 90% 的阅读时间，这在发生异常时，对于快速诊断故障原因并做出处理措施是有极大的帮助的。

（3）程序运行方式的优化。设置程序连接池、配置异步通信方式，均能有效降低硬件性能需求，提高稳定性。

（4）报文管理优化。部分厂商的报文数据有限，在设备选型时也选择了无盘式通信服务器，这些都将潜在性地影响运维质量。

（5）增加 AGC 控制指标的统计功能。不少厂站在设计时都没有 AGC 控制指标的分析统计功能，鉴于 AGC 程序自身的隐秘性和技术难度，后期运维几乎无从下手。

（6）注意服务器选型和性能优化。由于监控系统自身数据量庞大、计算密集，因此在运维过程中应密切关注 CPU 负荷率、内存占用率等基础数据。部分厂商的 AGC 程序在不同 CPU 构架下稳定性差异很大，不同操作系统也可能影响 AGC 以及远动通信的运行稳定性。不仅要提高服务器性能，也要进一步简化逻辑层次，减少不必要的功能和引用库文件。

4. 电厂侧 AGC 退出运行的原因分析

影响电厂侧 AGC 实际运行的因素很多，除了电网调度中心因为功率调整的需要而退出 AGC 的情况外，AGC 成组控制功能常常还会被迫退出运行。分析统计机组多年运行状况，较常见的影响主要有以下几类。

（1）因工作需要退出 AGC 成组控制。因工作需要退出 AGC 成组控制主要有三种情况：① 由于某些特定工作，需要维持机组在一定出力下运行，避免负荷调整以平衡下泄流量，比如配合水文站进行测流、防汛演习期间保证下游搭建浮桥等；② 因监控系统或者远动装置维护，如在 LCU 上进行调度自动化程序数据测试工作、模拟监控系统异常来查找故障原因、远动装置通道检查维护等，需要将 AGC 成组控制退出，以避免对电网负荷调节产生影响；③ 出于水电协调运行的考虑，例如当水电站全天下泄流量基本满足时，要考虑停机或者退出 AGC 维持机组最低负荷，以防止全天流量超越标准上限。

（2）AGC 功能自身异常。由于 AGC 成组控制系统自身异常而导致 AGC 功能无法实现，是最频繁也是最主要的原因。以往出现较多的异常有：AGC 主机程序出错、死机，LCU 内部功能模板故障停运，投入 AGC 运行机组不跟踪电网调度中心设定值，调度一方的 AGC 控制系统出错，LCU 控制单元通信接口故障，监控系统（PRK–A、PRK–B）主机死机，投入 AGC 成组控制的机组间负荷分配不均。

（3）机组及相关通信设备异常。与前两类情况不同，由于运行机组不稳定或通信设备设施故障而影响 AGC 功能的情况有：水轮机调速器抽动导致机组有功、无功大幅波动，影响投入 AGC 的机组稳定运行，使其被迫退出 AGC 调节；调速器出现超调、动圈阀卡塞等现象，影响机组调节品质而退出 AGC；调速器的导叶开度设定值与实际值偏差过大，造成机组有功跟踪跟不上设定值而退出 AGC 功能；调速器转速传感器故障导致机组跟踪 AGC 负荷出现缓慢、停顿现象；投 AGC 的机组由于负荷调节过于频繁，导致压油装置油泵不断启停，造成油槽温度升高，严重时出现高油温闭锁油泵启动，进而有导致事故低油压停机的危险，所以为防止事故停机而退出 AGC；远动装置数据采集板异常导致 AGC 调节缓慢；机组 LCU 功率采集板故障，导致有功功率无效而造成 AGC 自动退出。

（4）其他影响 AGC 功能的因素。相对而言，由其他因素导致 AGC 退出所占的比例很小，如统计碰到的有监控系统上位机操作界面显示 AGC 投退状态与实际不符；电网调度中心设定的负荷值变化幅度过大，已超出电厂或机组 AGC 调节范围，导致 AGC 调节异常等。

5. 运维管理措施

AGC 除需要全面考虑各种可能出现的运行情况，并设计相应的安全闭锁条件外，在实际运行中运行人员必须把好运行操作关，工作中应配合采取相应的管理措施：

（1）运行人员需了解 AGC 逻辑体系和策略，对相应报警和故障，应能做出正确的处理。在 AGC 投入前，运行人员必须根据定值表核对 AGC 参数。

（2）在投入 / 退出 AGC 控制时，运行人员必须检查设定值与实发值是否一致，确保不发生负荷的大幅变化。

（3）加强巡检力度，及时掌握发电设备状况。加强巡检力度，避免有设备缺陷的机组投入 AGC 成组控制。如发现投入 AGC 的机组相关设备出现异常，应及时消除设备缺陷，保证机组运行可靠性，必要时可换投其他机组。做好 AGC 投退记录，统计 AGC 投运率。

（4）做好监控系统电源丢失的事故预想。掌握现地控制机组调节的方法。对可能影响 AGC 正常运行的工作，应提前做好安全防范措施，必要时退出 AGC，手动控制。

（5）将电厂侧 AGC 运行参数告知相关调度人员。积极完善双方程序端（如某电厂 AGC 程序限制投入 AGC 运行的机组每次单机调整负荷不能超过 100MW），避免省调设定负荷值范围过大而导致机组实际值跟踪不上。

（6）合理分配投入 AGC 成组控制的机组的运行时间，避免同一台机组长时间处于 AGC 控制下频繁调整负荷。机组投入 AGC，调节频率过快时，要及时换投其他运行机组的 AGC，减少对压油泵频繁启停的影响。应密切注意负荷变化情况，掌握现地手动启动压油泵的方法，保证油压在正常范围内，并适时启动循环油泵降油温。

（7）加强设备定期维护和管理。对设备异常做好预控。对于运行时间长而导致的 LCU 内部模板发热，要及时采取措施进行散热。注意上位机监控信号，有涉及 LCU 模板故障时，及时通知维护人员处理，并向调度申请换投其他机组 AGC。

（8）做好设备的更新换代。采用更加可靠的硬件设备，进一步减少因为设备硬件原因而导致的 AGC 异常。进行监控系统的升级改造，提高计算机软、硬件设施的性能。

（9）严格做好监控网络与其他网络以及监控通信线与其他电力电缆线的隔离措施，防止因为通信原因导致的异常情况发生。定期对远动设备进行检查维护，保证数据下行和上传均正常可靠。

（10）加强对监控系统电源的维护管理，配置可靠冗余电源，保证监控系统电源正常，防止因电源丢失造成上位机监控瘫痪。

（11）水电机组可能出现调速系统导叶接力器抽动的情形，此时必然会被迫退出 AGC 运行，严重时甚至造成机组的被迫停运。究其原因为：① 电液转换器因油污造成的活塞杆磨损；② 调速器综合放大环节（VCA1 卡）比例电位器调节偏大；③ 高压油系统的油质不够清洁。为避免调速器抽动带来的影响，需定期对高压油系统进行滤油，并定期切换高压油过滤器，保证油质干净；定期检查调速器动圈阀并做清洗，调整调速器（VCA1 卡），防止出现零点漂移。

（12）在运维检修期间，AGC厂商到场服务的人员素质差异极大，很多厂商提供的AGC程序往往在多个网公司框架下使用，由于涉及的规范和现场需求存在差异，不少功能都需要现场人员调试，在一些场合下现场变更的程序会使得原有的程序失去应有的严谨性、可维护性。因此，宜进行程序审计和严密测试。

（三）电厂侧AGC系统常见问题

在发电厂开展AGC系统现场验收测试过程中，发现了一些典型问题，并进行了分析，具体如下。

1. 不同AGC系统主机显示数据不一致

给远动装置输入数据，在不同的AGC主机上查看装置数据，发现火电厂内部不同位置的AGC主机显示数据不一致，可能导致电厂值班员误操作。

分析问题发现，厂家在调试过程中，只更新了某一AGC主机的程序和配置文件，未对其他主机进行实时更新，这就要求厂家在调试完成后，对所有服务器的程序和配置文件进行更新，使所有服务器上的数据及画面保持一致。

2. 调度侧数据与电厂侧数据不一致

调度控制模式下，将电厂与调度间通信的光纤拔出，模拟通信中断，发现120s后，调度监控系统显示调节权由调度切换为电厂。但是，电厂监控系统始终显示调节权在调度，无切换过程。调度监控系统显示与电厂监控系统显示不一致。机组控制权归属混乱会导致电厂值班员和调度值班员均不下发调节指令，发电过程无负荷调节。

分析问题发现，调度侧配置参数与电厂侧配置参数不一致，检验工程师应和调度确认实测点的配置参数，确保电厂侧和调度侧配置参数一致。

3. 机组就地功能失效

在电厂控制模式下，某火电厂将1号机组切为就地模式（1号机组退出AGC系统）。此时，在模拟远程主站AGC系统下发1号机组调节指令，这一指令被执行（1号机组切为就地模式，不应执行调节指令）。就地控制的时候，若远方有合闸指令，机组会继续合闸，造成人员伤亡。

分析问题发现，火电厂1号机组接线错误，导致不能实现就地控制。

4. 监控系统显示保护动作信号错误

测试条件：模拟1、2号机组AGC系统产生低周波闭锁减信号。AGC系统监控画面中“1、2号机组AGC低周波闭锁减”信号光字牌文字描述为“1、2号机组AGC高周波闭锁增”。电厂值班人员无法得知低周波告警，给AGC系统下发减负荷指令，因机组不执行，认为AGC系统失效。

分析问题发现，AGC系统厂家在做监控画面的时候，保护告警信号关联错误。

综上可见，在开展发电厂侧AGC系统相关的组态和调试工作过程中，一定要核实画面、接线、关联等的正确性。在发电厂并网前，需规范检验测试流程，开展专业的验收测试，在本地AGC联动调试过程中及时消除电厂侧的AGC本地控制功能缺陷，避免在并网后影响全网的负荷控制调度。

5. AGC 系统现场验收测试

（1）电厂 AGC 试验项目。

1）AGC 保护功能试验。主要包括：① 调节上下限保护试验、调节幅度保护试验；② 母线平衡超差保护试验；③ 高低频率加减出力闭锁保护试验；④ 稳控切机保护试验。

2）运行安全性试验。检验在下列过程中，电厂 AGC 在运行异常时是否能保持原指令、是否能给出告警、是否正常退出并保持电厂出力不变、是否出现溜负荷等情况：① RTU、LCU 掉电 / 复位（或通信网线中断）；② 电厂监控系统复位（重启）；③ 机组量测为坏数据；④ 机组遥信为坏数据；⑤ 机组遥信与遥测冲突（如开关显示为分，但机组出力非零）；⑥ 监控系统与水情等与 AGC 有关的其他系统通信中断。

3）AGC 控制模式远方 / 就地切换功能试验。

4）指令接收与正确性校验试验。

5）阶跃响应试验。

6）1h 连续调节试验。

7）24h 试运行。

（2）水电厂 AGC 还应进行下列试验：

1）机组穿越振动区试验。

2）影响电厂或机组出力变化的电厂运行方式改变试验（多机组优先加 / 减、合 / 分母等运行方式改变）。

3）根据电厂运行需求的其他试验。在各种试验中，如发生机组间的负荷转移，电厂应维持总出力不变。

（3）抽水蓄能电站还应进行下列试验：

1）编码指令收发与校验。

2）远方自动开停机 / 泵试验。

（四）自动发电控制网络攻击与防御

1. AGC 的网络攻击

针对 AGC 的网络攻击方式有改变系统输入的虚假数据注入（false data injection，FDI）攻击、拒绝服务（denial of service，DoS）攻击、系统通信通道攻击和改变系统传递函数的时间延迟（time-delay，TD）攻击。大部分攻击旨在降低系统的频率控制效果，危害更为严重的攻击可使系统的频率快速进入不安全区域，从而触发安全稳定控制装置动作，切除负荷或发电机，甚至引起系统解列。另外，部分攻击从电力经济方面开展，通过攻击使得一个控制子区域的发电机出力或区域间功率交换量偏离计划值，从而获取不正当的经济利益。具体来说，主要的 AGC 网络攻击方式如下：

（1）FDI 攻击。FDI 攻击是一种破坏电力系统数据完整性的攻击，攻击者可根据当前系统的配置状况通过一定的技术手段注入虚假的量测数据，且不会被现有的测量检测技术发现。

在针对 AGC 的攻击中，FDI 攻击是主要的攻击手段，相关研究成果较多。在 FDI 攻击中，攻击者通过篡改 AGC 系统使用的遥测频率和功率数据，使 AGC 系统对于区域功率不平衡产生错误的估计或迫使 AGC 系统超调引发频率波动，改变 AGC 的控制效果甚至使频率越界，触发安全稳定控制装置动作。值得注意的是，AGC 系统中频率量测除主量测外可能存在备用量测，导致针对频率的攻击隐蔽性差，被检测风险较大。此外，有文献提出了直接对 ACE 攻击的方法，该类攻击可绕过遥测数据检测环节；但 ACE 信号作为 AGC 系统最为重要的数据之一，往往受到了很好的隔离保护。另外，其在 AGC 主站（调控中心）计算生成，相比于攻击功率、频率量测的上传链路，攻入 AGC 主站系统则需要更多攻击资源，攻击难度较大。

在攻击模型方面，可以从简单的攻击模型出发，提出跳变攻击、斜坡攻击、噪声注入攻击、过补偿攻击等模型。进一步，为提升攻击效果，可以通过监听系统响应获取 AGC 系统的参数配置，生成频率快速越限的优化攻击策略。有文献提出了共振攻击（resonance attack）策略，可快速破坏系统稳定性。在该类攻击中，攻击者可通过改变系统中的负荷需求信息，造成系统功率失衡，根据频率变化率改变功率不平衡量，造成系统频率振荡失稳，单一区域 AGC 共振攻击响应曲线如图 1-51 所示。同时，在多区域系统中，亦可对联络线功率实施共振攻击，使系统失稳。

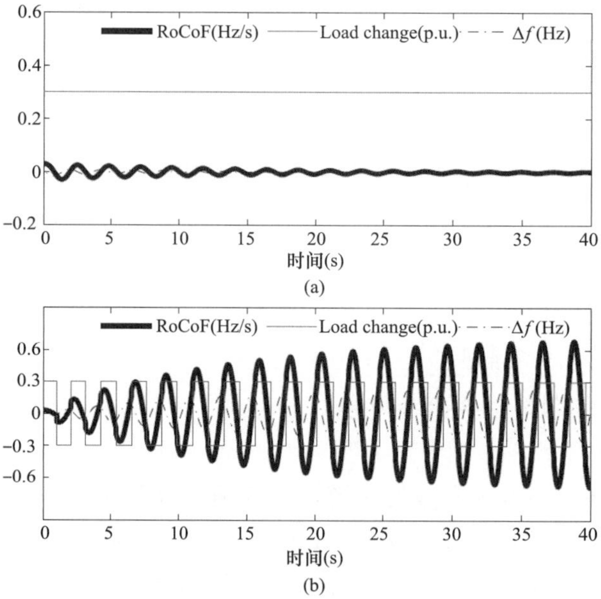

图 1-51　单一区域 AGC 共振攻击系统频率响应曲线

（a）a 区域系统频率响应曲线；（b）b 区域系统频率响应曲线
RoCoF—增加频率变化率；Load change—负载变化；Δ*f*—频率变化

（2）DoS 攻击。DoS 攻击是一种破坏网络通信系统可用性的攻击。DoS 攻击通过阻塞传输信道或阻塞传输节点，可在一定时间内干扰系统正常的通信，造成量测数据以及控制命令丢包的现象，降低了 AGC 系统的控制性能。丢包可导致 AGC 的功率或频率量测量为零，在未采取补偿措施的情况下，AGC 的控制效果将受到严重影响。可以从控制策略的角度将 DoS 造成影响等效为控制信号的丢失。在系统稳态的情况下，DoS 攻击导致的量测数据丢包可使用丢包前的功率数据或额定频率进行替代，缓解攻击带来的影响。因此，在系统发生功率扰动、故障等系统状态发生较大变化的情况下，DoS 攻击的效果更为明显。相较于 FDI 攻击，DoS 攻击较难形成明确的攻击导向，引导 AGC 系统向某一预期状态偏离。

（3）TD 攻击。在 TD 攻击中，攻击者可对量测装置上传的信号或 AGC 系统下发的控制信号过程增加延迟。与 DoS 攻击类似，TD 攻击可能是由于阻塞通信通道、攻击设备并阻止它们发送数据、攻击路由协议而引起的。TD 攻击是一种较为简单的网络攻击方式。值得注意的是，在正常工作状态下，AGC 采集量测数据与下发指令也存在较小的延时，TD 攻击可增大延时，使 AGC 的控制效果下降。与 DoS 攻击类似，TD 攻击在系统状态发生较大变化时，攻击效果较为明显。如在系统发生功率扰动时，较长的 TD 攻击可使系统出现振荡现象。此外，高转动惯量和调频能力的系统对 TD 攻击的耐受能力更强。在攻击效果方面，TD 攻击与 DoS 攻击相同，较难形成明确的攻击导向。

2. AGC 的网络防御

对于防御者而言，若想抵御攻击、缓解攻击带来的危害，通常从系统异常输入或中间数据着手，对系统输入或中间量（如 ACE）异常变化进行检测。进一步，尝试估计攻击者对系统输入的改变量进行补偿或估计预测系统中间量（ACE）进行防控。另外，防御者可从优化系统控制方式（即改变系统传递函数）着手，在自身系统基础上设计鲁棒控制方式，使其能够容忍攻击者对系统进行的攻击。在网络攻击防御方面，可从规划建设日常运维、网络攻击初步检测以及针对性检测与防御三个方面进行讨论分析。

（1）规划建设日常运维。在电力设施的规划建设阶段，应加强对网络安全的重视程度。对于重要量测量，增设备用量测，增加量测冗余度。对通信数据采取加密认证校验等措施。此外，对于重要的通信链路采取一定的网络隔离（如使用通信专网、虚拟专网等）措施。在日常运行过程中，应注意网络通信设施的运行维护，确保通信网络的可用性、机密性和完整性。应注重培训调控中心人员的网络安全意识，避免因人为因素导致的网络漏洞与系统参数泄露（获取系统参数有助于攻击者制定针对性的攻击策略）。

（2）网络攻击初步检测。在 AGC 系统的设置上，应严格按照技术规范进行攻击的初步防范：对主站 AGC 使用的遥测数据需要进行多源校核、不刷新校验、范围校验、数据突变校验等一系列的校验；除主量测点外，还应从不同的量测点获取一个或多个后备量测量，在主量测失效时，立即切换为后备量测。

（3）针对性检测与防御。在 AGC 网络攻击深度检测防御方面，应结合主站控制系统的情况，设计开发针对 AGC 网络攻击的实时检测与预防模块，并开发针对 DoS 与 TD 攻击的检测模块及控制策略。当检测到 AGC 采集量测量受到攻击时，可切换为备用量测进行代替，此外还可结合负荷预测信息预测 ACE 进行频率控制。另外，若检测预防模块可识别估计攻击类型与参数，则可在控制策略中进行一定的补偿，消除攻击的影响。

对于实行分层分区控制的电力系统，AGC 网络攻击的防御亦可从本地、区域、系统三个层级建立各层配合的 AGC 防御框架。

（1）本地层级的发电机和变电站负责验证并执行下发控制指令，对通信环境校验，采集、检验量测数据并加密上传。若检验到数据或通信异常，及时上送预警信息。

（2）作为上传下达的中间层，区域层级的区域控制中心的主要任务有三点：① 对于局部上报的异常量测信息，可在本级进行预处理，同时综合不同局部上报信息，形成综合信息上报上级中心，等待区域处理或协调系统调控中心协同处理；② 执行区域动态状态估计，并执行异常数据检测与修正，为系统级主站防御提前进行异常数据筛选修复等预处理工作；③接收上级指令，执行区域内部控制策略和攻击缓解措施，向本地层级发送防控指令。

（3）作为 AGC 系统的最高层，系统层级的系统调控中心主站的任务为：① 结合各区域上报的异常状态信息，进行整体动态状态估计，尝试修复异常数据；② 综合研判攻击范围、类型，指导局部区域针对特定攻击采取不同的控制策略，执行攻击缓解措施或直接向底层设备发送防控指令。

3. AGC 的攻击检测及防御研究

结合现有异常数据检测、状态估计等技术，可以进一步开展攻击检测及防御研究，提高攻击防范的可靠性与实用性，具体体现在如下方面。

（1）量测数据异常检测与修复。目前，已有大量的 PMU 和 SCADA 等量测数据的攻击（异常）数据检测与修正工作见诸报道。对于 FDI 攻击篡改数据或量测坏数据，结合 AGC 数据特点，可考虑针对功率与频率量测数据的异常检测与修正的防御措施。对于 DoS 攻击造成的数据丢包，如何结合现有数据恢复技术缓解 DoS 攻击带来的数据丢包影响仍然需要进一步研究。

（2）结合快速直流状态估计的数据检测机制。目前，AGC 多使用未经状态估计处理的遥测数据，缺少考虑系统关联关系的数据检测机制。值得注意的是，直流状态估计针对有功功率估计且估计速度快，有功功率是 AGC 的调控对象，同时有功功率量测亦为 AGC 重要的输入数据之一。AGC 与直流状态估计的结合将进一步提高数据质量，剔除不良数据，防范攻击。此外，SCADA 或 PMU 频率、功率量测数据的检测修复与系统级直流状态估计数据检测相互配合，可大大提高 FDI 攻击躲避检测的难度。

（3）融合卫星授时信号的通信延时检测。卫星信号授时已在电力系统 WAMS 中广泛应用。导航卫星授时具有精度高的特点，如北斗卫星导航系统（BeiDou navigation satellite system，BDS）的授时精度可达 10ns。对于 AGC 系统中的重要数据量测，后续可考虑结合导航卫星授时信号实现对 TD 攻击的检测与补偿。

（4）结合 ACE 和系统频率发展趋势短期预测的异常事件检测。ACE 是 AGC 调节量计算的重要指标，系统频率是 AGC 调控效果的重要指标，同时也是 AGC 的重要输入数据。基于已知系统模型、系统历史运行数据、发电计划、短期负荷预测等，结合回归模型、神经网络、统计分析等技术，对 ACE 及系统频率短期发展趋势进行预测，实现系统受到不同攻击方式下的不正常 ACE 或频率偏移事件检测。同时，在量测受到攻击导致系统部分区域无法观测的情况下，结合 ACE 及系统频率发展趋势预测有助于提高 AGC 的控制性能。

三、因磁盘 I/O 过大导致 SCADA 断网影响 AGC 功能案例分析

（一）故障现象

8 月 28 日 10：38 ～ 9 月 1 日 15：34，某调控中心 D5000 平台告警频繁报出 SCADA 等节点断网问题会造成应用主机切机，影响实时业务运行。SCADA 主机切机过程中 AGC 应用无法从 SCADA 应用主机获取数据，短时间影响 AGC 调节功能。

（二）分析处理过程

经分析，节点断网告警源为 sys_appstatus 进程。定位告警源后查看 sys_appstatus 程序源码，分析原因为该程序在磁盘 I/O 压力过大时，在判断周期内写系统日志（var/log/messages）时阻塞造成判断周期间隔超时，误报断网。修改程序源码，将源码中多个写系统日志操作去掉。在测试系统中将修改后的程序与原程序在同样 I/O 压力下进行对比测试，测试结果显示修改后的程序不再报断网。经与研发单位核实，程序修改对原有正常功能无影响。随后在正式环境中投放更改后的 sys_appstatus 程序，问题消除。

四、因水电厂调速器传感器导致功率振荡案例分析

（一）事件过程

2021 年 7 月 15 日 20：46，某水电厂运行人员发现 3 号机组有功功率由 48MW 降至 37MW，3 号机组有功调节退出。重新投入 3 号机组有功调节，上位机将 3 号机组有功功率设为 45MW，负荷未增加，有功调节再次自动退出。反复试验，均无法正常调节有功功率。

20：56 将 3 号机组调速器切手动运行，在调速器就地手动将 3 号机组负荷缓慢调至 47MW 后，20：57 将调速器切自动，3 号机组负荷自动减至 37MW。21：00 将 3 号机组调速器切手动，在调速器旁将 3 号机组有功功率减至 30MW，发现 3 号机组有功功率迅速减到 10MW 并有继续下降的趋势，随之发现有功功率降为负值，监控历史曲线显示最低到－12MW。随后手动将 3 号机组有功增至 30MW。经检查试验后判断为 3 号机组调速器故障，21：04 左右向中调申请将 3 号机组停机。

21：05：00，上位机启动执行 3 号机组空载操作。21：05：15，发电机有功功率为 39MW，导叶开度 58%。21：05：24，发电机有功功率为－3.8MW，导叶开度为 1.8%。上位机执行自动减负荷，9s 内导叶直接减至空载开度以下到全关，有功负荷降为负值。3 号机组有功功率迅速下降过零点至－10MW，其后有功负荷在－21 ～ 0MW 之间来回摆动，因逻辑判断负荷无法下降，停机流程自动退出。

21：08：50 手动断开 3 号机组出口开关解列，有功功率波动停止。停机后检查发现，3 号机组调速器导叶位移传感器 1 传动杆在万向节处脱落，对其进行了处理，并对其他机组调速器传感器进行位移传感器专项检查紧固。

7 月 16 日 01：42，3 号机组重新并网，运行正常。

水电厂 3 号机组停机过程功率波动曲线如图 1–52 所示。

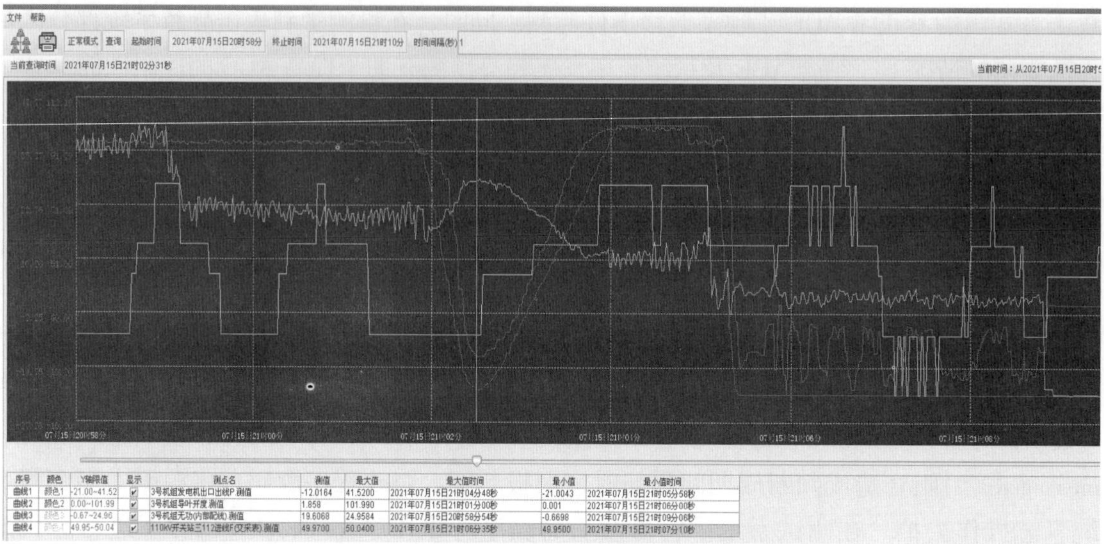

图 1-52　水电厂 3 号机组停机过程功率波动曲线

（二）事件分析

水电厂 3 号机组调速器曲线如图 1-53 所示。调速器曲线显示 7 月 15 日 20 时 43 分 39 秒调速器导叶传感器拉杆脱开，导叶开度由 84% 左右突变至 70% 左右（因导叶传感器拉杆脱开，导叶开度值一直为 70%），轮叶协联输出由 78% 左右减少为 37%，轮叶随动至目标值，机组有功负荷出现减少。

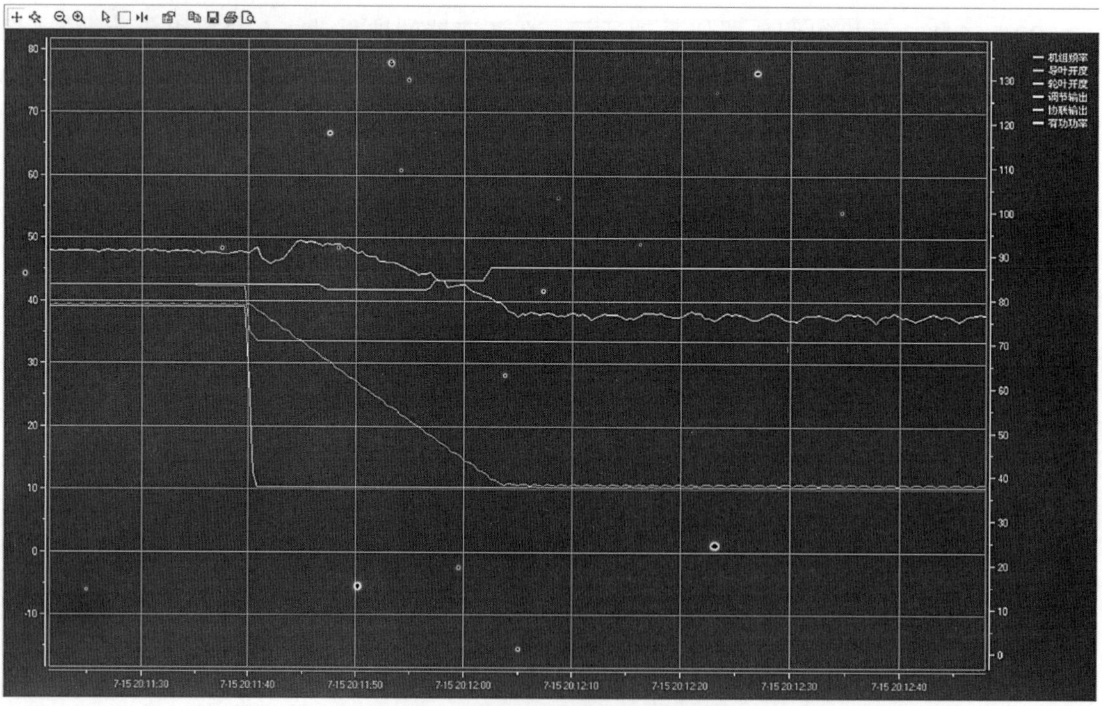

图 1-53　水电厂 3 号机组调速器曲线

调速系统和监控系统所用的导叶开度信号来自不同的传感器，用于调节的导叶开度传感器和用于监控系统的导叶开度传感器分别传输到调速器和监控系统。调速器导叶开度传感器故障，开度反馈信号异常，但监控系统导叶开度反馈信号正常。监控给增功令，调速器导叶反馈无变化，实际监控系统导叶开度已开至100%全开，因为调速器协联未发生变化，调速器在自动状态下无法增负荷。

21：05：49，3号机组执行自动停机流程，21：05：58发电机有功功率为－21MW，导叶开度降为零。因为调速器系统无导叶真实反馈，逻辑判断机组导叶未关闭，开度仍为70%，不能自动断开出口开关，3号机组处于电动机状态，逆功率运行，有功功率频繁波动。手动断开3号机组出口开关，机组解列后功率波动停止。

（三）综合分析

（1）3号机组调速器导叶位移传感器1传动杆在万向节处脱落，功率自动控制逻辑中导叶开度一直为70%，导致机组功率自动调节失效。

（2）3号机组自动停机过程中，逻辑中仍然采用的是故障传感器的导叶开度信号。在导叶已完全关闭的情况下，错误的开度信号致使自动跳开关停机不能执行，进而导致3号机组在逆功率的电动机状态持续运行，形成功率波动。

（四）暴露的问题

（1）机组关键传感器日常维护不到位、传感器脱落失效是引起此次事件的根本原因。

（2）机组导叶位置传感器有两个，其中一个传感器信号错误导致多个控制逻辑不能正常运行，机组逻辑有待完善。

（五）整改和防范措施

对3号机组调速器导叶位移传感器1进行处理，并对其他机组调速器传感器进行位移传感器专项检查紧固。进一步检查机组调速器导叶位移传感器和其他关键传感器状态，防止类似事件的发生。

五、AGC遭受攻击案例分析

相关文献中对FDI攻击的最优攻击策略生成案例进行了介绍分析。该文献选择对系统中的功率量测发动FDI攻击，结合观测获得的系统频率模型生成最优攻击策略，从而破坏AGC的控制效果。

具体来说，在功率量测FDI攻击中该文献考虑了攻击资源约束（可攻击功率传感器的数量）与攻击幅值大小约束（取决于系统坏数据检测机制）。该文献将AGC系统看作一个以负荷变化 Δp 和FDI攻击相量 $\boldsymbol{a}$ 为输入，以系统频率偏差 $\Delta\omega$ 为输出的开环系统。令 $\Delta\omega(k)$，Δpk，ak 分别代表第 k 个AGC周期下系统的频率偏移、负荷变化相量和攻击相量，通过回归分析可构建系统频率模型为：

$$\Delta\omega\left(k\right)=\sum_{h=0}^{H-1}\left(u_h^{\mathrm{T}}\Delta p_{k-h}+v_h^{\mathrm{T}}Ta_{k-h}\right) \tag{1-2}$$

式中：H 为回归的边界；T 为观测系统的节点－支路关联矩阵；$\boldsymbol{Ta}_{k-h}$ 表示在攻击作用下系统线路的虚假功率量测变化相量；u_h 和 v_h 为系统配置的系数，可通过被动监测与主动注入扰动监测获取。

进一步，利用式（1-2），结合负荷变化预测与未来设定的攻击相量可实现攻击作用下频率偏差估计。以频率最快越上下限为搜索目标，获得最优攻击相量。

以三区域 37 节点系统为例，当攻击者对系统中全部功率量测（写入攻击的数据数量 $|W|=81$ 个）有数据写入权时，发动最优攻击，B1 部分节点功率 $a(i)$ 量测曲线如图 1-54 所示，B2 攻击作用下的虚假联络线功率如图 1-55 所示，系统频率偏差变化如图 1-56（a）所示（图中横坐标为时间）。当攻击者对系统中部分攻击量测（写入攻击的数据数量 $|W|=66$ 个）有数据写入权时，发动最优攻击，系统频率偏差变化如图 1-56（b）所示。

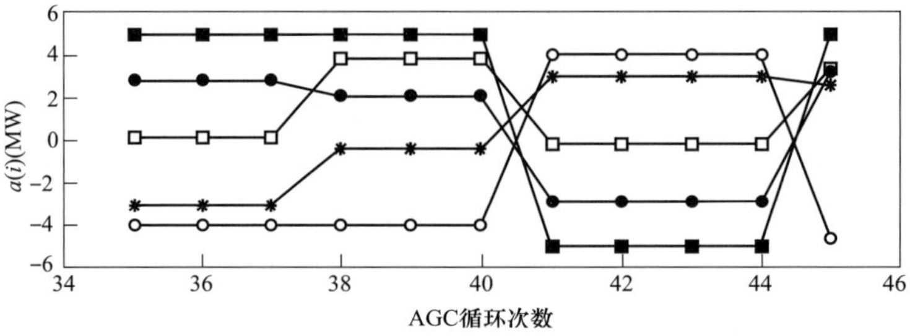

图 1-54　B1 部分节点功率 a（i）量测曲线

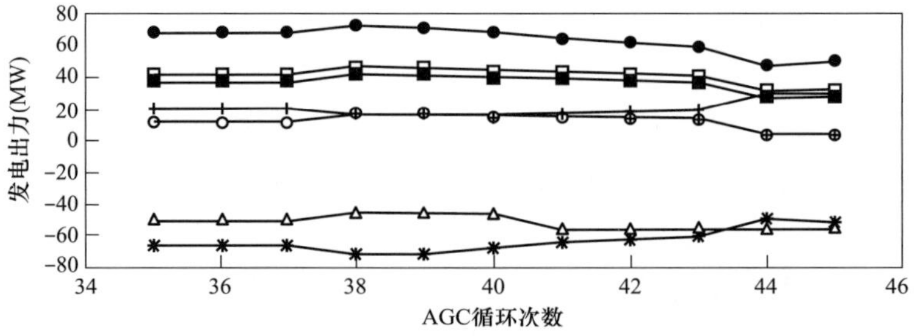

图 1-55　B2 攻击作用下的虚假联络线功率

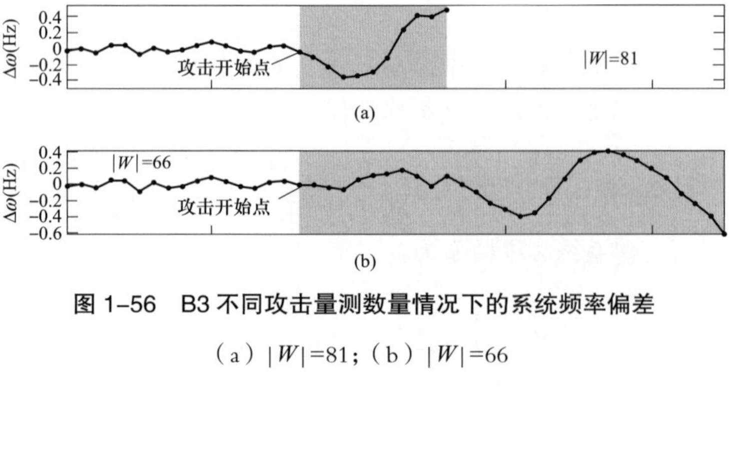

图 1-56　B3 不同攻击量测数量情况下的系统频率偏差

（a）$|W|=81$；（b）$|W|=66$

图 1-54 表明，攻击相量随时间变化，为躲避检测，攻击相量大小在 ±5MW 之内。图 1-56（a）表明，最优攻击序列首先诱导系统降低电网频率，然后利用系统对频率降低的响应进行超调，从而突破安全区域（－0.5 ～ 0.5Hz）。图 1-56（b）表明，由于可以篡改的量测数量变少，攻击者需要更长的时间来使频率越限。此外，通过多次测试发现最优攻击往往利用系统的响应，诱导系统振荡并利用超调使得频率越限。

在上述攻击案例中，攻击者需要一定的攻击资源实现系统中功率量测的 FDI。在攻击策略生成方面，攻击者首先需要对系统模型参数配置进行学习，通过被动监测与主动注入扰动监测结合回归分析学习获得系统频率模型。此外，攻击者还需掌握负荷预测信息，该系统的坏数据（攻击）检测约束才能隐蔽地实施最优 FDI 攻击。

第五节　自动电压控制（AVC）系统可靠性提升

一、AVC 系统概况

（一）主要功能和意义

AVC 系统的主要功能是在确保电网安全稳定运行前提下，保证电压和关口功率因数合格，尽可能减少线路无功功率传输，降低电网因不必要无功潮流引起的有功功率损耗。

AVC 系统对全网无功电压状态进行集中监视和分析计算，从全局的角度对广域分散的电网无功装置进行协调优化控制，是保持系统电压稳定、提升电网电压品质和整个系统经济运行水平、提高无功电压管理水平的重要技术手段。

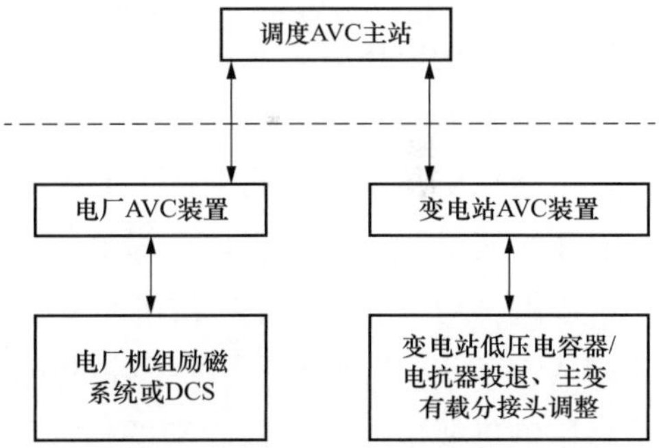

图 1-57　电网 AVC 系统控制示意图

（二）主要工作过程

AVC 系统的主要控制对象是发电机、变压器和无功补偿装置，如图 1-57 所示。

发电机的励磁、变电站和用户无功补偿装置的出力以及变压器的分接头在自动装置的作用和给定电压约束条件下，按电网调控中心下发的指令自动进行闭环调整，使其注入电网的无功功率逐渐接近电网要求的最优值，使全网有接近最优的无功电压潮流。

（三）系统结构

按照控制范围的不同，电力系统的 AVC 体系可分为省级电网 AVC 和地区电网 AVC，省级电网 AVC 控制省调管辖的重要电厂、500kV 及以上变电站，地区电网 AVC 控制 220kV 及以下电压等级变电站，如图 1-58 所示。

地区电网 AVC 控制范围是地调所管辖的 220kV 变电站及以下电网，控制对象主要为有载调压主变压器（简称“主变”）分接头、容抗器开关。地区电网 AVC 以 220kV 变电站为中心进行动态分区。

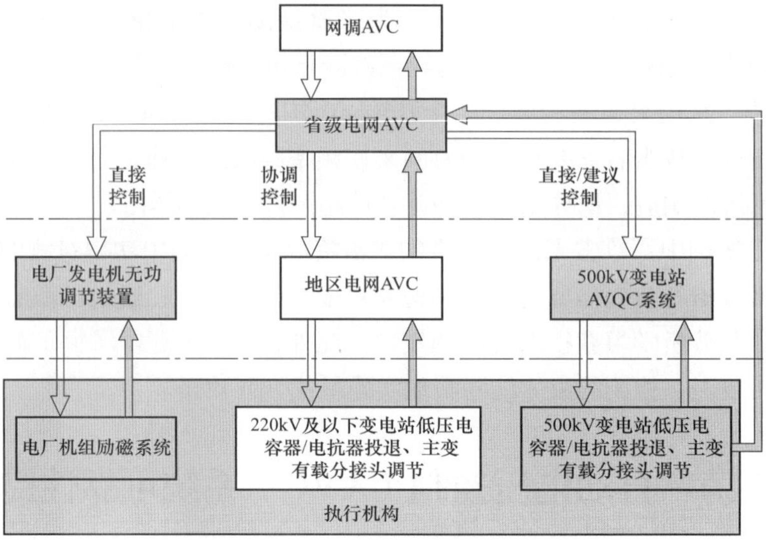

图 1–58　AVC 系统结构示意图

除了 500kV 及以上变电站，省级电网 AVC 控制范围还包括省调管辖的重要电厂。

地区电网 AVC 系统主要控制目标包括：保证电压和关口功率因数合格；尽可能减少线路无功传输，降低电网因不必要无功潮流引起的有功损耗；对电网内各变电站有载调压装置和无功补偿设备进行集中监视、统一管理和在线控制，提高效率，减轻调压劳动强度，提高无功电压管理水平；确保电网安全稳定运行。

省级电网 AVC 系统负责全网无功优化分布，下达电压曲线供省调电厂、变电站执行，对各中枢点电压实时进行监测和调整，使其符合电能质量标准。督促直调电厂严格按电压计划曲线接带无功，监管地调做好 220kV 变电站电压和无功界面管理。

地调 AVC 将所辖每个 220kV 变电站下属电网可增或可减无功容量上传至省调 AVC；地调 AVC 调节控制范围内的可控的电压或无功调节设备满足省调 AVC 下发的 220kV 变电站高压侧母线电压和关口无功的目标指令，同时提出所希望的关口电压范围。

省调 AVC 实时计算地调 220kV 变电站与省调的交换无功，在正常情况下尽量维持各变电站 220kV 主变无功就地平衡；在 200kV 电网电压越限且电厂失去调节能力情况下，充分外利用地区电网的无功调节能力参与主电网调压；同时，对地调 AVC 下发变电站高压侧母线电压和关口无功的目标指令。

（四）省级电网 AVC 系统的应用程序

省级电网 AVC 系统目前多采用集成于智能电网调度控制平台（D5000）的第三方 AVC 模块，按照 D5000 系统“横向集成、纵向贯通”的设计理念，在同一平台上完成网络建模、稳态监控 SCADA 应用和 AVC 控制。AVC 模块从 PAS 网络建模获取控制模型、从 SCADA 获取实时采集数据并进行在线分析和计算，对电网内各变电站有载调压装置和无功补偿设备进行集中监视、统一管理和在线控制，实现全网无功电压优化控制闭环运行，如图 1–59 所示。

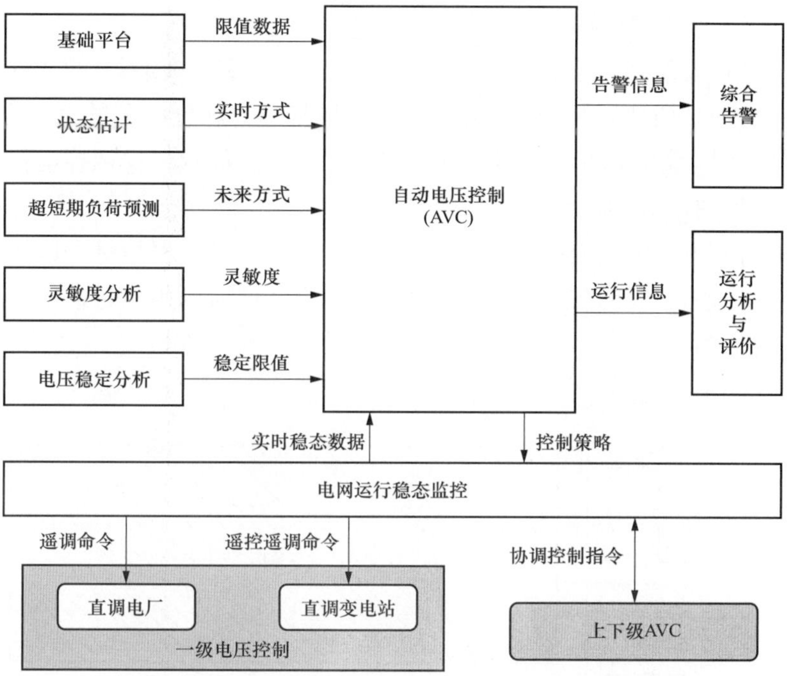

图 1-59　AVC 应用模块与 D5000 系统的数据流

1. D5000 中 AVC 子系统的控制过程

AVC 应用主要由自动电压调整程序（AVC_MAIN）、遥控程序（DO_CTLS）和报警程序（AVC_ALM）三个模块构成。

（1）自动电压调整程序从 SCADA 获得电网的实时运行状态，根据分区调压原则，对电网电压进行监视，发现电压异常时提出相应的调节措施。当系统处于自动控制状态时，将调节措施交给遥控程序，执行变压器挡位的升降和电容器的投切。

（2）遥控程序是 AVC 应用的关键环节，AVC 应用闭环运行是否成功在很大程度上取决于电网基础自动化状况。

（3）报警程序负责显示自动电压调整程序提出的调压建议和遥控程序所做的自动调压措施。

AVC 信息流向如图 1-60 所示。

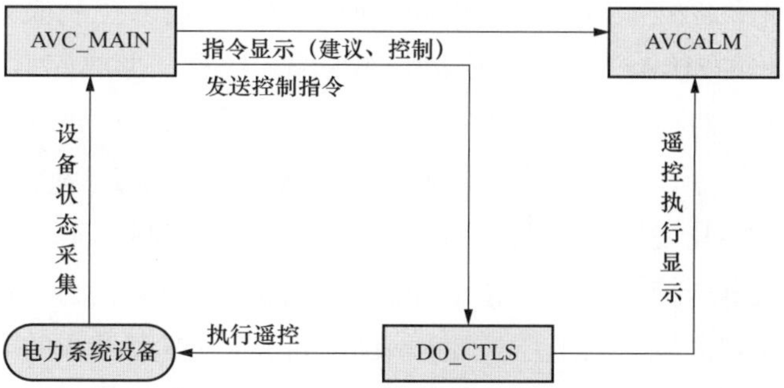

图 1-60　AVC 信息流向示意图

2. 省级电网 AVC 系统的控制方案

省级电网 AVC 系统目前多采用模块化嵌入 D5000 系统（第三方的 AVC 模块），实现了 AVC 系统的集成。省级电网 AVC 系统采用的是基于“软分区”的三级电压控制模式，可根据系统建立的模型与采集的实时数据进行分区计算、展示，供调控运行人员及时掌握相关运行数据。如图 1-61 所示。

运行在调度控制中心的三级电压控制作为最高层级，其主要目标是以协调全网安全性和经济性为主，并通过优化计算进行统一决策，给出各区域的中枢母线电压设定值，供二级电压控制运行使用。

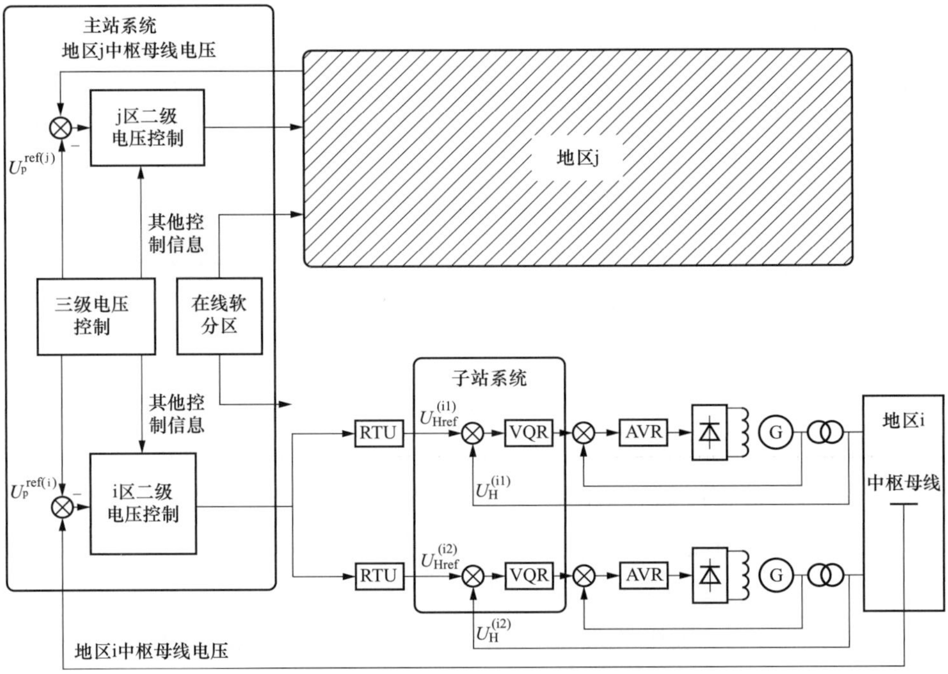

图 1-61　省级电网 AVC 系统结构示意图

VQR—电压质量调节器（voltage quality conditioner）；AVR—自动电压调节器（automatic voltage regulator）

运行在二级区域控制中心的二级电压控制，其主要任务是在兼顾区域内无功均衡的情况下，尽可能地保证系统的运行接近于由调度控制中心下达的控制决策目标；同时收集少量区域内的量测数据，提供给二级电压控制器作为输入信息，形成控制策略完成闭环控制。

运行在厂站内的一级电压控制作为本地控制，则直接执行由二级区域控制中心二级电压控制器发出的控制指令，在采集本地量测信息的基础上，通过调整发电机无功出力、调节有载调压变压器分接开关挡位及无功补偿装置的投切等控制，实现电压自动调整。

主站系统的三级电压控制模块是整个控制系统的核心环节，它在按周期进行优化计算的基础上，向每个控制区域二级电压控制模块提供相应中枢点母线的电压设定值。针对每个控制区域，二级电压控制模块通过比较中枢母线电压的设定值和实时电压量测值之间的差值关系，进行模型求解并给出控制策略，使中枢母线电压跟随设定值变化。

针对发电厂的电压控制，为了提高控制的可靠性，保证当主站与子站之间的通道异常时，子站系统仍能够根据人工预设的默认曲线完成本地控制，二级电压控制模块向发电厂子站系统下发发电机控制母线电压设定值，子站系统再对其求解后实现发电机无功功率调整的闭环控制。

基于“软分区”的三级电压控制模式有以下特点：

（1）不需要另外建立专门的区域控制中心，三级电压控制和二级电压控制都可以在调度控制中心实现。

（2）在线软分区模块运行在主站系统，可按照当前系统的实时运行情况和拓扑结构，在线将电力网络划分为含有发电机和中枢母线的若干个控制区域，并且可以在线跟踪实时变化的电网结构。正是由于在线软分区模块能够及时反映实时的电网电压无功解耦特性，因此称为“软分区”。

（3）为了体现控制设备的准稳态无功电压外特性，保证控制决策的精度，在二级电压控制模块中可进行在线计算准稳态控制灵敏度。

（4）为了保证将中枢母线电压控制在设定值附近的同时，使发电机运行在无功功率出力更均匀、裕度更大的状态下，可以通过软件应用实现每个控制区域的协调二级电压控制。

（五）变电站 AVC 控制

AVC 厂站接入流程如图 1-62 所示。变电站接入 AVC 控制需要进行生成网络模型、生成 AVC 模型、测试投运等几个步骤，只有当参数录入完毕、形成可用网络模型，且遥测、遥信正确，遥控通道正常，主变分接头、容抗器开关遥控正常的情况下才可进入投运测试，试运行正常后可投入闭环控制运行。地调 AVC 控制界面如图 1-63 所示，省调 AVC 控制界面如图 1-64 所示，省调 AVC 功能导航界面如图 1-65 所示。

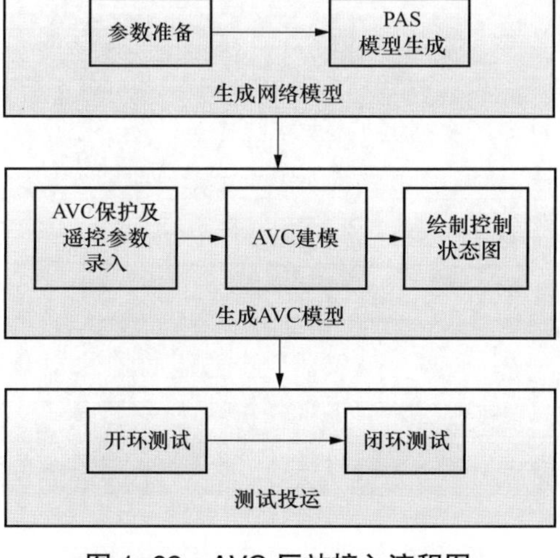

图 1-62　AVC 厂站接入流程图

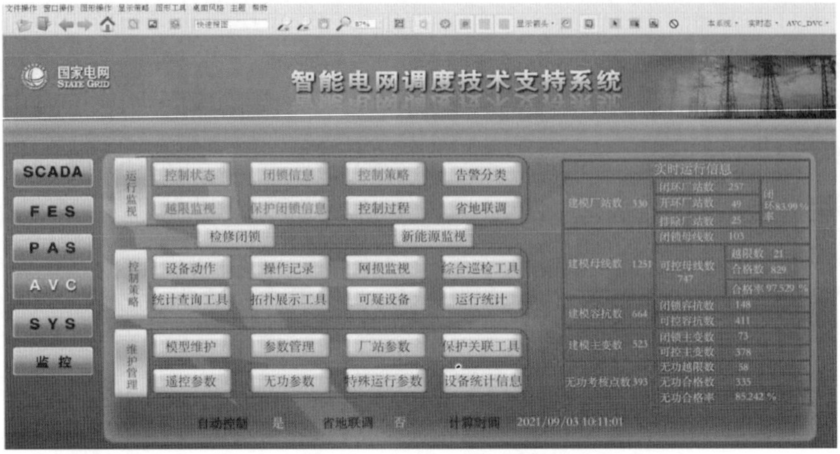

图 1–63　地调 AVC 控制界面

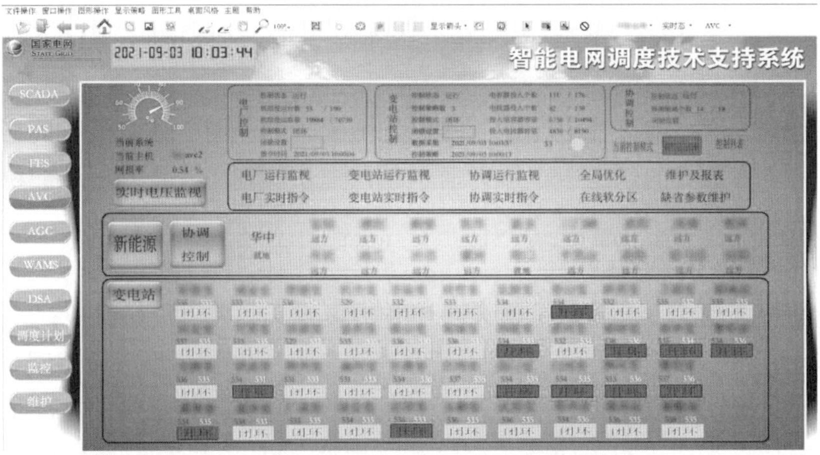

图 1–64　省调 AVC 控制界面

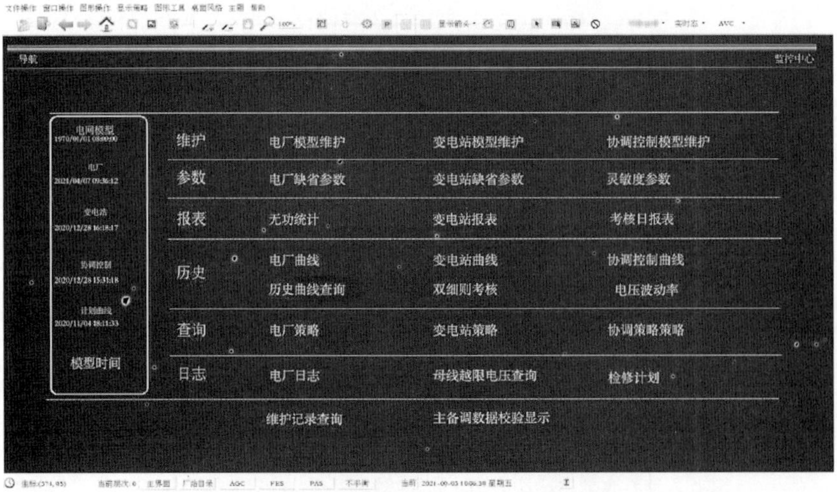

图 1–65　省调 AVC 功能导航界面

单个变电站的基本控制策略为“九区图”控制策略，如图 1–66 所示。该策略既需要满足电压条件，又需要满足无功需求，它是基于变电站运行中电压和无功的三种运行状态（正常、偏高、偏低）而将二维坐标平面分为九个区域。变压器低压绕组侧母线电压用 U 表示，变压器高压绕组侧无功功率用 Q 表示。Q 比最小值还小表示无功过补偿，Q 比最大值还大表示无功欠补偿，Q 最大、最小值之差应不小于 1 组容抗器容量。调节主变分接头挡位及投退容抗器组基本规律为：主变分接头挡位上调（或下调）后，电压 U 升高（或减小），进线功率因数 $\cos\varphi$ 较小（或升高），一般调节主变分接头挡位无功影响较小；投入（或退出）容抗器后，Q 减小（或升高），电压 U 升高（或减小），$\cos\varphi$ 升高（或减小）。

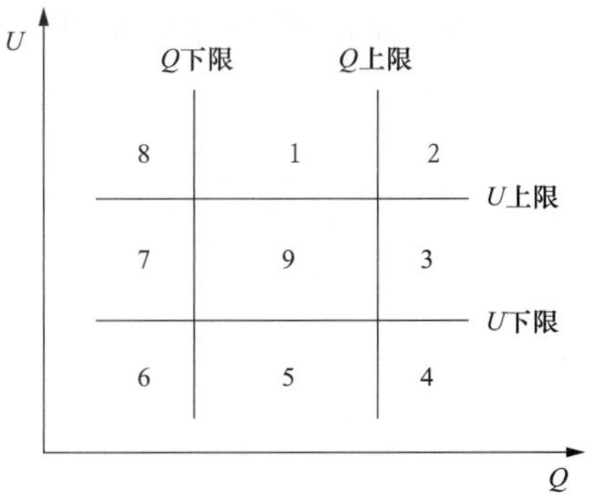

图 1–66　“九区图”控制策略

基本控制策略如下。

1 区：投入容抗器，如果容抗器已投入，上调有载变压器分接头挡位。

2 区：投入容抗器，如果容抗器已投入，则不动作。

3 区：下调有载变压器分接头挡位，如果已到最低挡则退出容抗器。

4 区：下调有载变压器分接头挡位，如果已到最低挡则退出容抗器。

5 区：退出容抗器。如果容抗器已退出，下调有载变压器分接头挡位。

6 区：退出容抗器。如果容抗器已退出，则不动作。

7 区：上调有载变压器分接头挡位，如果挡位到达限值，则投入容抗器。

8 区：上调有载变压器分接头挡位，如果挡位到达限值，则投入容抗器。

9 区：电压无功正常，不进行操作。

作为相对独立的控制主站，地区电网 AVC 会根据电网电压无功空间分布状态自动选择控制模式并使各种控制模式自适应协调配合，实现全网优化电压调节。优先顺序是区域电压控制 > 电压校正控制 > 区域无功控制。区域电压偏低（高）时采用区域电压控制，快速校正或优化群体电压水平；越限状态下采用电压校正控制，保证节点电压合格；全网电压合格时考虑经济运行，采用区域无功控制。

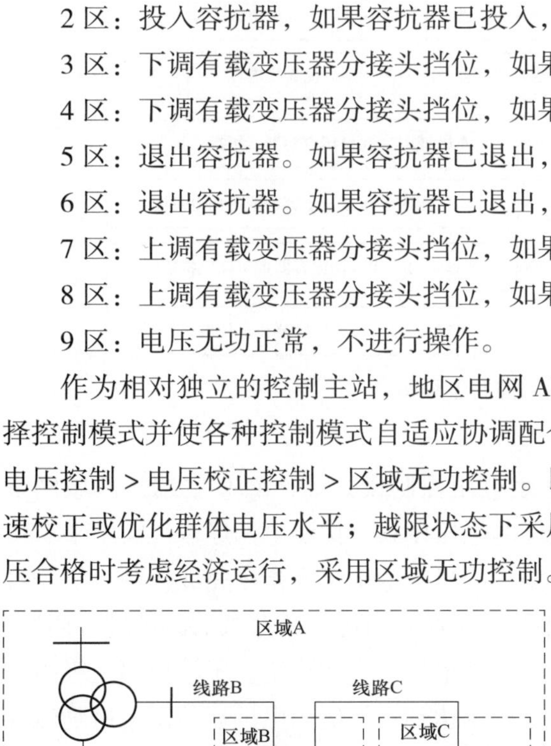

图 1–67　自动软分区示意图

AVC 中的区域是动态的概念，最小区域为一个厂站，最大区域则为全网。AVC 分区支持自适应区域嵌套划分，自动软分区如图 1–67 所示。图 1–67 中可划分出 A、B、C、BC、AB、ABC 五个区域。AVC 控制仅仅使地区电网无功功率在关口满足功率因数要求，达到平衡是远远不够的。为优化无功平衡状态，必须在尽可能小的区域范围内使无功就地平衡。AVC 自动拓扑分区支持自适应区域嵌套划分，首先尽量使小区域无功功率就地平衡；如果该区域无功功率就地平衡无法得到满足，则将该区域范围扩大到相邻厂站，在此扩大区域内使无功功率得到就地平衡。

区域电网的控制流程如图 1–68 所示。

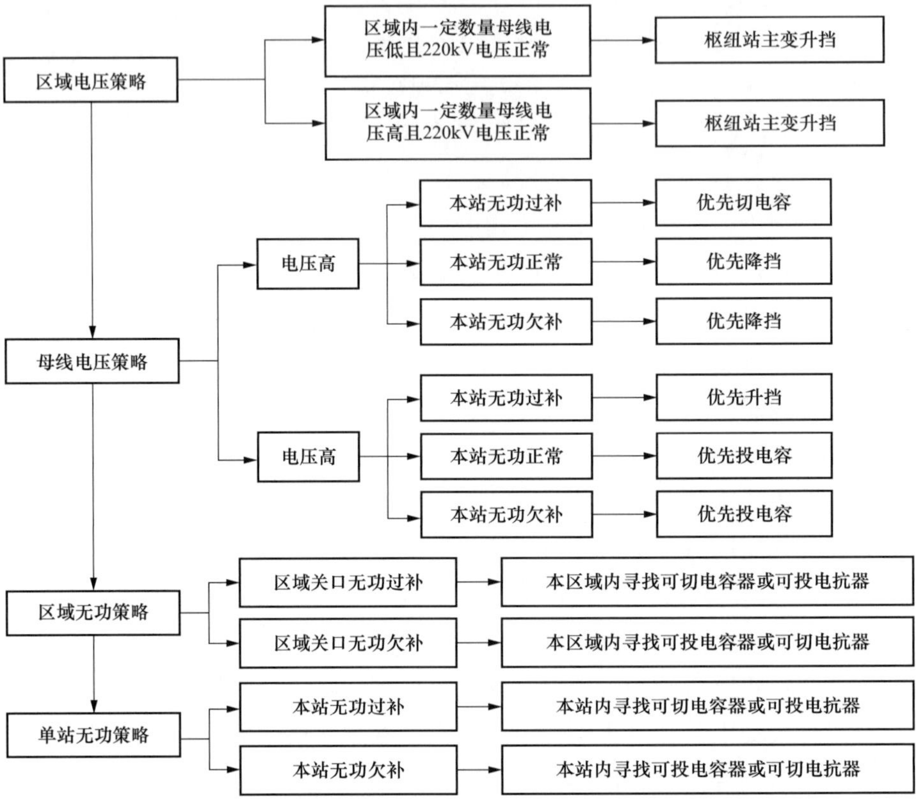

图 1–68　区域电网控制流程图

（六）发电厂 AVC 控制

发电厂的 AVC 控制如图 1–69 所示。在三级电压控制模式下，AVC 主站是区域网络的单机控制单元，在控制电压的过程中选择最优的电压模式，按照电网经济性需求来对区域内的电压进行分析与计算的同时，利用计算得到的目标值来下发指令完成控制，指令将传递到二级电压控制系统，即电厂侧的 AVC 系统。子站针对电厂所荷载的区域进行调控，保证区域内的电压稳定和经济化运行，并确保电厂机组的安全和稳定。子站按照上级指令执行对现场的无功装置进行控制，保证中枢节点电压达到目标值。电厂端的发电机励磁控制系统是一级控制系统，接到二级指令后，即通过自动控制装置对励磁系统进行调整，实现对发电机的无功出力以及电压的闭环控制。

三级控制模式中的各个环节内都有电压控制的设定值，即在目标范围内控制电压波动范围，上层的控制信息作为下级的空制目标，下层接受指令后按照管辖范围进行控制和调整。其中一、二级是电厂侧范围，按照控制策略和调整方案计算得到最佳的调整值，对本地的发电机的励磁调节器进行控制，从而保证整个 AVC 系统稳定且可控。

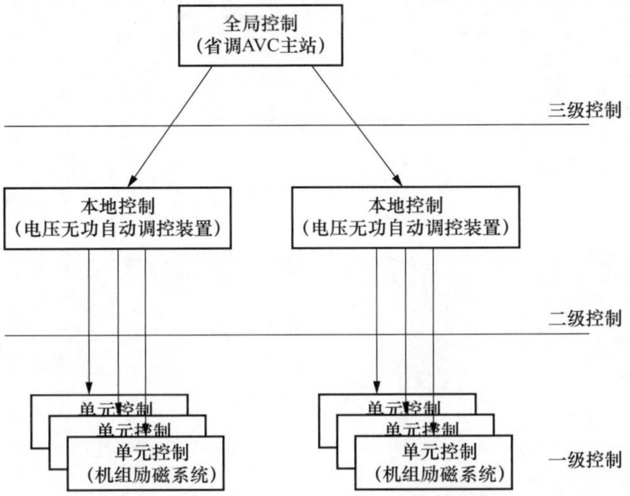

图 1–69　发电厂的 AVC 控制示意图

（1）一级电压控制为单元控制。控制器为发电机励磁调节器，控制时间常数一般为毫秒～秒级，其作用是保证机端电压等于给定值。

（2）二级电压控制为厂级控制，时间常数约为秒～分钟级，控制器为电压无功自动调控装置，控制的主要目的是保证母线电压或全厂总无功功率等于设定值。

（3）三级电压控制是系统级控制，时间常数约为分钟～小时级，它以全系统的安全、经济运行为优化目标，给出各厂站的优化结果，并下达给二级控制器，作为二级控制器的跟踪目标。

省调 AVC 电厂控制界面如图 1–70 所示，电厂 AVC 子站有在线控制和离线控制两种方式。

（1）在线控制也是闭环控制，就是电厂 AVC 子站接收调度 AVC 主站的母线电压控制目标，或者单机的无功目标。如果 AVC 子站的上位机接收到电压控制的总目标值，则按照 AVC 控制策略进行计算，通过计算模块的分析形成总厂无功功率，并根据机组情况对无功功率进行分配。如果电厂 AVC 子系统接到单机无功值，则将目标直接下达下位机，下位机通过 DCS 来完成对励磁调节器的控制，增加或者减少无功出力。

（2）离线控制则是一种开环模式，就是电厂的 AVC 子站系统接到的调度指令母线电压的曲线，按照这个曲线 AVC 进计算和分析，然后对机组进行电压调整，按照曲线的范围和发展方向适应性调整。这个方式在长时间没有主站指令后执行，即在一段时间内主站没反馈指令，则子站 AVC 从在线控制转为离线控制，控制目标按照曲线为准。

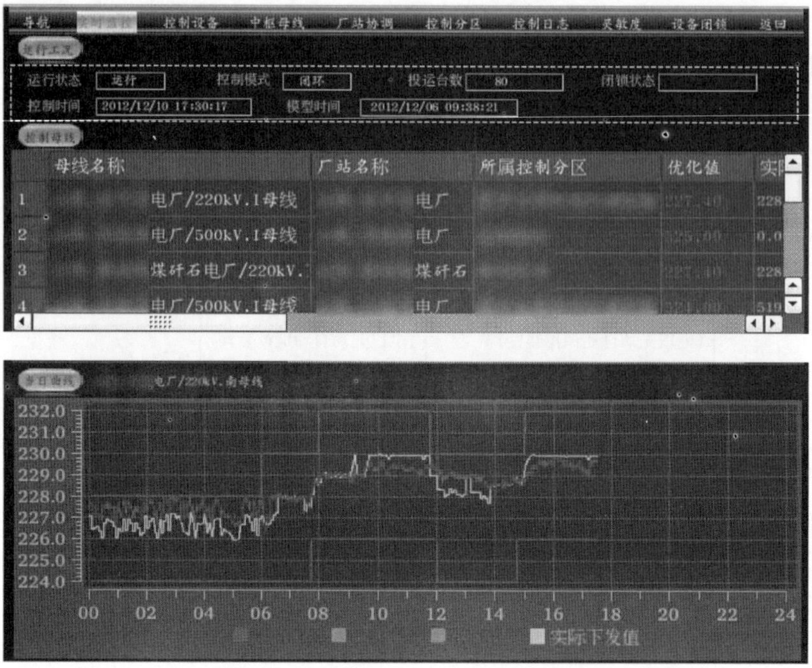

图 1–70　省调 AVC 电厂控制界面

二、提升 AVC（主站）可靠性的措施

（一）设备方面

电容器开关和主变分接头是 AVC 系统的末端执行设备，连续 2 次（可设置）自动控制失败时，判为主变 / 容抗器拒动，闭锁该设备，必须由人工解锁。设备拒动的原因多为测控装置配置有误、控制回路有缺陷等，可以针对成功率低的设备进行排查，按照缺陷处理流程进行处理。

动作次数频繁的电容器及主变分接头和长时间未动作的电容器及主变分接头安全风险较高，在《国家电网有限公司关于印发十八项电网重大反事故措施（修订版）的通知》（国家电网设备〔2018〕979 号）中（10.2.3.3），对投切均衡、次数、时间都做出了相应规定，越限均会造成闭锁；若由监控人员发现闭锁信息后再通过缺陷流程反馈运维人员进行查验检修，往往存在时间上的滞后，若因保电等其他特殊情况无法及时查验检修，将会造成更长时间的设备不可用。监控人员若能够定时对所辖电容器、变压器动作情况进行评估，对接近限值的设备提出预警，提前发出检修建议，并形成检修计划，适时消除闭锁隐患，便可避免设备原因产生的“空窗期”。

遥测数据刷新慢也会造成 AVC 控制异常。AVC 系统发出指令后电压变化数据上送较慢，电压反馈超时后 AVC 系统可能再次发出调压指令，同方向连续调挡，进而造成电压越限和后续的反方向调挡指令。对于遥测数据刷新周期长的厂站，需要从测控装置和通道质量方面进行排查。

电厂 AVC 系统通过自动调节发电机组、逆变器 / 风机、SVC/SVG 的无功出力，控制低压电抗器（电容器）的投退、调整主变和可控高压电抗器的挡位，从而自动跟踪调整系统运行电压，确保电压满足要求。AVC 子站正常应投入自动控制方式运行。

新能源厂站方面，随着新能源电源广泛接入电网，系统短路容量降低、动态无功储备减少、电压调节特性恶化等问题突显。新能源场站在建设运营过程中应具备无功功率调节设备和 AVC 功能，参与调压并保持其运行的稳定性，以改善新能源场站等电力电子设备电压耐受能力不足、容易大量脱网的问题。

（二）配置和策略方面

动作次数时段、电压、无功限值等参数都具备全局运行参数和特殊配置，如全局参数无法满足某厂站的实际需求，可以根据该厂站的特殊需求进行分析，如有优化参数可以进行独立配置。如电铁或电炉导致电压、无功剧烈波动，可将电压限值即无功限值放宽，单独设置该站的灵敏度及修改 AVC 厂站表中的采样次数。

调控机构应制定合理的电压控制曲线和控制策略。根据电网结构、运行方式以及负荷特性确定电网电压控制曲线、AVC 系统控制策，完善监测、监督职能。

各级调度机构保证正常方式下电网电压合格率和电压波动率符合相关导则要求，事故方式下应尽快将电网电压调整至合理范围。

电厂应按调度部门下达的无功出力或电压曲线，严格控制高压母线电压。电厂人员负责监视厂内及高压母线运行电压，执行调度控制机构下发的电压（或无功）电力曲线。做好厂站 AVC 子站的运行、维护工作，确保机组 AVC 功能投运率及 AVC 调节合格率满足相关规定要求，发现异常情况应及时上报调度控制机构。

（三）模型质量方面

正确建模是形成正常网络模型的基础，如有拓扑结构改变应及时节点入库，使系统拓扑与实际拓扑一致，并对主变的分接头类型 ID、电容器的额定容量以及厂站进线的长度和线路类型参数进行更新核对，对关联的闭锁保护信号等认真核对，确保 AVC 系统正常运行。

（四）运行方式方面

正确的网络拓扑是 AVC 系统正常工作的前提条件，一些特殊的运行方式会造成拓扑异常，进而使 AVC 系统无法识别退出控制。在方式调整时应充分考虑对 AVC 系统的影响，在方式的灵活性和 AVC 自动控制方面做出权衡。

造成拓扑异常的情况有很多，如线路工程施工时的站内跳接等对状态估计和 AVC 拓扑都有影响，一方面是施工方案在设计时应对调度自动化系统做出优化考虑，尽可能缩短特殊方式的存在时间；另一方面，建议 AVC 系统研发人员增强系统对常见特殊方式的识别，或对某些拓扑异常的排除功能。

电网调度计划阶段应合理安排发电机、调相机无功出力，为确保电力系统运行的稳定性，维持电网频率、电压的正常水平，系统应有足够的静态稳定储备和有功、无功备用容量。备用容量应分配合理，并有必要的调节手段。在正常负荷波动和调整有功、无功潮流时，均不应发生自发振荡。

在电网运行阶段，应在计划出力的基础上根据电网实际运行情况及时调整发电机、调相机无功出力。电网运行电压超出规定值时，应采取调整发电机、调相机无功出力、投退电容器（电抗器）、调整可控高压电抗器、SVC 容量等措施解决。局部（地区、站）电网电压的下降或升高，可采取改变有功与无功电力潮流的重新分配、改变运行方式、调整主变变比或改变网络参数等措施加以解决。在电压水平影响到电网安全时，调度控制机构有权采取限制负荷和解列机组、线路等措施。

（五）通信方面

通信通道的可靠性决定着 AVC 系统的遥控命令能否正确、及时地得到执行。目前，所有变电站均通过调度数据专网的 104 网络通道接入调度主站，部分未接入二平面通道的厂站也在加紧改造调试当中，通道质量得到了大幅改善；但同时也对调度数据网的网络设备运维提出了更高要求，接入调试和日常运维中都应该严格按照相关标准流程，发现问题及时排查原因并做相应处理。

遥控命令的正确下发和执行是 AVC 系统正常工作的前提条件，在增加新的通信通道时应进行完善的测试程序；对于部分厂站的部分远动装置可能出现预置成功但仍遥控失败的现象，站端遥控配置可能存在的缺陷，需要进一步排查原因；若能够在新通道接入调试时就进行遥控实传验证，就可以将可能存在的问题暴露在投运之前，避免后期出现问题后返工处理对 AVC 系统和通道可靠性造成的不良影响。

在二平面通道接入后应正确配置通道优先级和主、备状态。若县调 104 和地调 104 通道在“是否备用”域使用缺省值“否”，则会造成两个值班通道同时发出两条遥控指令，在站端造成异常解析，出现遥控失败。在通道配置中，同时只允许有一个值班通道，应当把其中一个通道“是否备用”域改为“是”，并根据际情况配置“所备系统”，为 AVC 系统指令的正确下发和执行提供畅通的通信通道。

（六）人员和运维方面

加强监控和自动化运维人员 AVC 相关原理、操作技巧的学习培训。

在日常巡视过程中，定期巡视“越限监视”AVC 闭环厂站电压是否存在电压越限 AVC 无调节措施的情况，是否由于设备被闭锁导致，是否因为母线闭锁导致。

定期巡视“闭锁信息”中告警闭锁信息和保护闭锁信息；特别是“人工解锁”类闭锁信息，及时处理和确认恢复正常后及时解锁，才能重新投入 AVC 控制。

对于自动解锁类的告警信号，虽然不用解锁，但从长远角度考虑，应该想办法提高厂站量测的正确性，及时消除设备缺陷。这样在电压越限或无功越限的时候才能让 AVC 有充分的选择余地，只有有足够的设备，AVC 才能发出最优策略。

假如存在通道工况退出、SCADA 量测完全不可信等情况，虽然此类情况 AVC 也能自动检测到自动闭锁设备，但为安全起见应将该厂站退出 AVC 控制，等恢复正常后再重新投入 AVC 闭环运行。

主变、电容器、母线设备有故障应及时挂牌，也可以在 AVC 控制状态图上将该设备

“人工闭锁”并输入备注，起到双重保险的作用。

当AVC在控厂站有检修，特别是AVC所控设备检修时，应当将该设备“人工闭锁”并添加备注；或者直接将该厂站退出AVC闭环，等检修结束后再投入AVC闭环控制。

三、多个变电站电容器闭锁案例分析

（一）故障现象

某地多个变电站出现电容器自动闭锁，查看闭锁信息有的提示“动作次数越检修限”，有的提示“连续长时间未动作”，监控人员无法解锁，造成部分变电站电容器不可控。

（二）故障分析

按照国家电网有限公司（简称“国网公司”）相关要求，电容器组半年内（180天）未投切或近一个年度内投切次数达到1000次时，AVC系统需要自动闭锁该设备。动作次数到达1000次的电容器，要求连同其断路器应及时检查及试验，确认设备状态完好后应及时解锁。

此要求对于变压器挡位调节同样适用。变压器半年内未投切或累计动作次数达到2000次时，AVC系统需要自动闭锁该设备。累计动作次数到达2000次的变压器，要求连同其断路器应及时检查及试验，确认设备状态完好后应及时解锁。

注意：设备“长时间未动作”闭锁包括监控员手动闭锁超过“连续未动作天数限值”的情况，应注意区分。

AVC控制参数表，新增“检修动作次数限值”“连续未动作天数限值（180天）”，用于设置告警限值。

（1）AVC完成统计后，自动检测“ntnum”“近一年动作次数”（电容器）或“hisnum”“历史动作次数”（变压器）超过设定限值闭锁，系统发“动作次数越检修限”闭锁告警，可界面查看或上告警窗，解锁为自动解锁。需要设置清零时间，AVC自动清零重新统计，也可以手动将相关次数清零，AVC会立即自动解锁。在AVC_DVC应用下，AVC电容器表中手动将“近一年动作次数”改为“0”，等待5min，检查“动作次数越检修限”告警自动解除。

（2）AVC完成统计后，自动检测“noactday”“连续未动天数”超过“连续未动作天数限值”自动闭锁设备，系统发设备“长时间未动作”闭锁告警，可界面查看或上告警窗，解锁为自动解锁。在完成试验后确认设备无异常，需要手动将“连续未动天数”清零，AVC会自动解锁。在AVC_DVC应用下，AVC电容器表中手动将“连续未动作次数”改为“0”，等待5min，检查“连续未动作”告警自动解除。

（三）经验总结

按照国网公司相关要求，电容器、变压器动作次数越限或不动作天数越限均会造成闭锁，若由监控人员发现闭锁信息后再通过缺陷流程反馈运维人员进行查验检修，往往存在时间上的滞后；若因保电等其他特殊情况无法及时查验检修，将会造成更长时间的设备不可用。

监控人员可以定时对所辖电容器、变压器动作情况进行评估，对接近限值的设备提出预警，提前发出检修建议，并形成检修计划，避免设备闭锁后产生的“空窗期”。

建议程序研发人员加入“接近动作次数限值”告警提示信息，在接近限值 80%、90% 等特定数值时产生提示性告警，给运维人员留出足够的缺陷处理时间。

要求 AVC 系统实现控制多组容抗器投切策略时，应保持各组投切次数均衡，避免反复投切一组设备而其他设备长时间闲置。目前 AVC 系统在设备未闭锁的情况下，按照设备月动作次数进行排序，轮流动作，已具备设备投切均衡的功能。

四、同一母线上两组电容器动作不均衡案例分析

（一）故障现象

某变电站同一母线上具有 A、B 两组电容器，在对电容器动作次数统计时发现 A 电容器近期动作次数为 2，B 电容器近期动作次数为 162，动作次数差异较大，不符合各组投切次数均衡的要求。

（二）故障分析

国网公司《电力安全工作规程》的相关规定要求 AVC 多组容抗器投切控制策略应保持各组投切次数均衡，避免反复投切一组设备而其他设备长时间闲置。目前 AVC 系统具备设备投切均衡的功能，在设备未闭锁的情况下，可按照设备月动作次数进行排序，轮流动作。

经查询，该变电站 AVC 遥控关系表维护正确，AVC 电容器表状态正常，A 电容器最后一次动作控制策略正常，切除后未再投入。控制状态图出现黄色闭锁状态，查看相关信息提示，最后一次动作后由调度员人工闭锁，并挂了冷备用标志牌，后超出长期未动作时间自动闭锁。

人工闭锁和挂牌闭锁可由监控人员根据实际状态解除，造成长期未动作时间自动闭锁后还需要进行现场检修，确认状态正常后才能解锁。

（三）经验总结

AVC 系统具备设备投切均衡的功能，但仍需要避免人工闭锁的误操作才能实现。监控人员应加强设备巡视，在控制状态图中发现红色（自动闭锁）、灰色（人工闭锁）、黄色（人工闭锁 + 自动闭锁）及时查看原因，若具备条件可以及时解锁，避免因遗忘造成长期未动作时间自动闭锁而进一步增加设备不可用时间。个别设备不可用还加重了相邻设备的负荷加重，故障风险增加。

监控人员应加强业务管理，对挂牌等造成设备闭锁的操作进行记录，避免遗忘。如挂牌时间跨多个值班周期，还应在交接班时进行说明，杜绝人为原因造成的设备长时间不可用。

五、变电站电容器长期投入未切除案例分析

（一）故障现象

某 110kV 甲变电站 10kV 东母电压在 10.3 ～ 10.4kV 之间时，无功过补偿（1 ～ 3），

电容器在前期电压越低限投入后一直未切除，造成电容器长期不动作。

（二）故障分析

经排查，该电容器模型维护正确，控制状态正常，未闭锁，近期控制策略均为“无功过补偿，未启动组合策略，无调节措施”。

AVC 区域无功策略控制的无功设备范围是本区域的所有容抗器，当 220 关口无功欠补时，是否切除本区域的无功设备需要进行分析，分析判断的标准是根据经济压差原理的 $Q \times X$（其中，Q 为线路上流动或穿过主变的无功，X 为线路或主变阻抗，Q=0 时线路无功分点恰好位于中点，此时 ΔU 称为经济压差）进行如下逻辑判断：

（1）从区域根结点 220kV A 站开始扫描，将当前区域注入无功与考核标准进行比较，当偏差大于设定时，启动区域无功切除策略。

（2）将任意节点（A 站、B 站、C 站均有可能）下属子区域已投入电容器放进切除队列，并按电气指标 $Q \times X$ 进行升序排列。

（3）当选择某站（如 A 站）电容器切除时，计算切除前后电气指标 $Q \times X$。若切除后 $Q \times X$ 变小，说明切除该电容器不会使网损增加，确实应该切除；否则，选择队列中的下一个电容器。

（4）切除电容器时对电压进行预判，如果切除后电压可能越下限，则上调挡位后再切除该电容器（组合策略）。若上调挡位不成功，则选择下一个电容器。

案例中的电容器虽然本站无功过补偿，但若切除可能造成 220 关口无功欠补，故策略预判判不通过，放弃切除。

（三）经验总结

通过对无功分布进行分析，发现该电容器无功最终返送至相邻串带 110kV 乙变电站，而所带变电站电容器均未投入，这种状态违背了无功就地平衡的原则。

针对这种情况可由调控人员人工切除甲站电容器，打破 AVC 对该电容器的“左右为难”，之后乙站电容器投入，形成新的无功平衡。

对于某些特殊情形可以设置特定变电站不参与“区域无功优化”，只考虑本站自身的无功状况。设置方法：（只能设置在 110kV 及以下等级厂站）可以在界面上的“无功参数”—“单站控制模式”中设置，选“是”代表本站不参与区域无功优化，或者直接在 AVC 厂站表“单站控制模式”中设置；需要重新参与区域无功优化时，需要用“橡皮擦”工具将该域清除。

六、变电站新增数据专网通道后 AVC 控制成功率较低案例分析

（一）故障现象

某 110kV 变电站近来电容器和主变压器调挡功率较低，告警信息频繁出现遥控拒动，人工遥控仍存在拒动情况，成功率不足 50%。

（二）故障分析

经排查，自动化运维人员和监控人员在不同时段的遥控测试预置命令成功率差异

较大，部分时段可100%成功，部分时段不足50%，由运维人员到站内进行后台遥控可100%成功。

进一步查看通道和报文情况，发现遥控失败多发生在县调104通道作为值班通道期间；人工封锁县调104通道作为值班通道，进行遥控预置，可以100%成功，但实际发出遥控命令时却反馈遥控失败。该变电站地网二平面接入后遥控传动仅进行了遥控预置，未做实际遥控测试，站端遥控配置可能存在缺陷。将值班通道封锁到地调104通道后遥控正常，AVC未再出现拒动告警提示。

（三）经验总结

遥控命令的正确下发和执行是AVC系统正常工作的前提条件，在增加新的通信通道时应进行完善的测试程序。对于部分厂站的部分远动装置可能出现预置成功但仍遥控失败的现象，站端遥控配置可能存在缺陷，需要进一步排查原因。若能够在新通道接入调试时就进行遥控实传验证，就可以将可能存在的问题暴露在投运之前，避免后期出现问题后返工处理对AVC系统和通道可靠性造成的不良影响。

在二平面通道接入后，应正确配置通道优先级和主、备状态。若县调104和地调104通道在“是否备用”域使用缺省值“否”，则会造成两个值班通道同时发出两条遥控指令，在站端造成异常解析，出现遥控失败。在通道配置中，同时只允许有一个值班通道，应当把其中一个通道“是否备用”域改为“是”，并根据际情况配置“所备系统”，为AVC系统指令的正确下发和执行提供畅通的通信通道。

七、变电站拓扑异常导致电容器未动作案例分析

（一）故障现象

监控人员发现某35kV变电站电容器处于投入状态，母线电压升高时AVC也未发出切除命令，且控制状态图中电容器开关显示分位，与实际位置不符。

（二）故障分析

查看电容器AVC状态信息发现提示“拓扑异常闭锁”，查看该站运行方式发现主变冷备，10kV低压侧母线由相邻110kV站10kV联络线供电，相当于该站10kV低压侧母线作为开关站使用。AVC相关模型配置正确，但电容器开关未获取遥控点号。

对于这种特殊运行方式，AVC系统无法识别，主变冷备会使AVC系统判断低压侧母线不带电，进而判定拓扑异常，不再进行AVC控制，也不再获取电容器开关状态，默认显示断开，造成控制状态图中显示遥信不对位。在拓扑失电情况下，控制状态图中不仅遥信会显示为分位，遥测值也会显示为零，在拓扑正常后会自动恢复。

对于一些特殊运行方式，在AVC系统未能达到识别该特殊方式的情况下应加强人工监控，熟知相关现象和应对方法。

（三）经验总结

正确的网络拓扑是AVC系统正常工作的前提条件。一些特殊的运行方式会造成拓扑异常，进而使AVC系统无法识别推出控制，在方式调整时应充分考虑对AVC系统的影

响，在方式的灵活性和 AVC 自动控制方面做出权衡。

造成拓扑异常的情况有很多，如线路工程时的站内跳接等，对状态估计和 AVC 拓扑都有影响。一方面，在设计施工方案时应对调度自动化系统做出优化考虑，尽可能缩短特殊方式的存在时间；另一方面，建议 AVC 系统研发人员增强系统对常见特殊方式的识别，或对某些拓扑异常的排除功能。

八、相邻风电场无功不均衡、无功环流现象案例分析

某地多个风电场已接入当地 AVC 系统，AVC 子站下达电压调节指令，风电场 AVC 子站将电压调节指令根据灵敏度系数转换为无功调节指令后下达给场内无功补偿设置。在风电大发工况下，相邻的风电场出现无功不均衡、无功环流现象。

（一）故障现象

该地区风电大发工况下，连接于同一条线路上的风电场之间出现无功功率方向不一致的情况，例如风电场 A 发出 9Mvar 无功，而同母线上相邻的风电场 B 则吸收 7Mvar 无功。

（二）故障分析

（1）风电汇集区域无功功率分布不合理。风电场通过改变站内无功补偿装置出力实现电压调节，当相邻风电场电力联系较强且无功调节能力有较大偏差时，可能出现无功不均衡现象，使运行点偏离网损最小运行点，甚至出现无功环流。

（2）风电场无功出力安排不合理。各风电场的无功出力应合理安排，以实现无功备用容量合理分布，并保有必要的调节手段，保证系统扰动时具备足够的动态无功支撑能力。

（三）经验总结

对于多个新能源电厂组成的区域电源集群，在电压无功自动控制方面应统筹考虑，适当选取控制区域，并优化控制策略，不宜将单个电厂进行独立控制。电网监控人员也应加强潮流分布监视，发现异常情况及时人工干预。

第六节　调度管理系统（OMS）可靠性提升

一、调度管理系统（OMS）概况

调度管理系统（OMS）是实现电网调度规范化、流程化和一体化管理的技术保障，主要实现以下功能：电网调度基础信息的统一维护和管理；主要生产业务的规范化、流程化管理；调度专业和并网电厂的综合管理；电网安全、运行、计划、二次设备等信息的综合分析评估和多视角展示与发布；调度机构内部综合管理等。调度管理系统应用架构如图 1–71 所示。

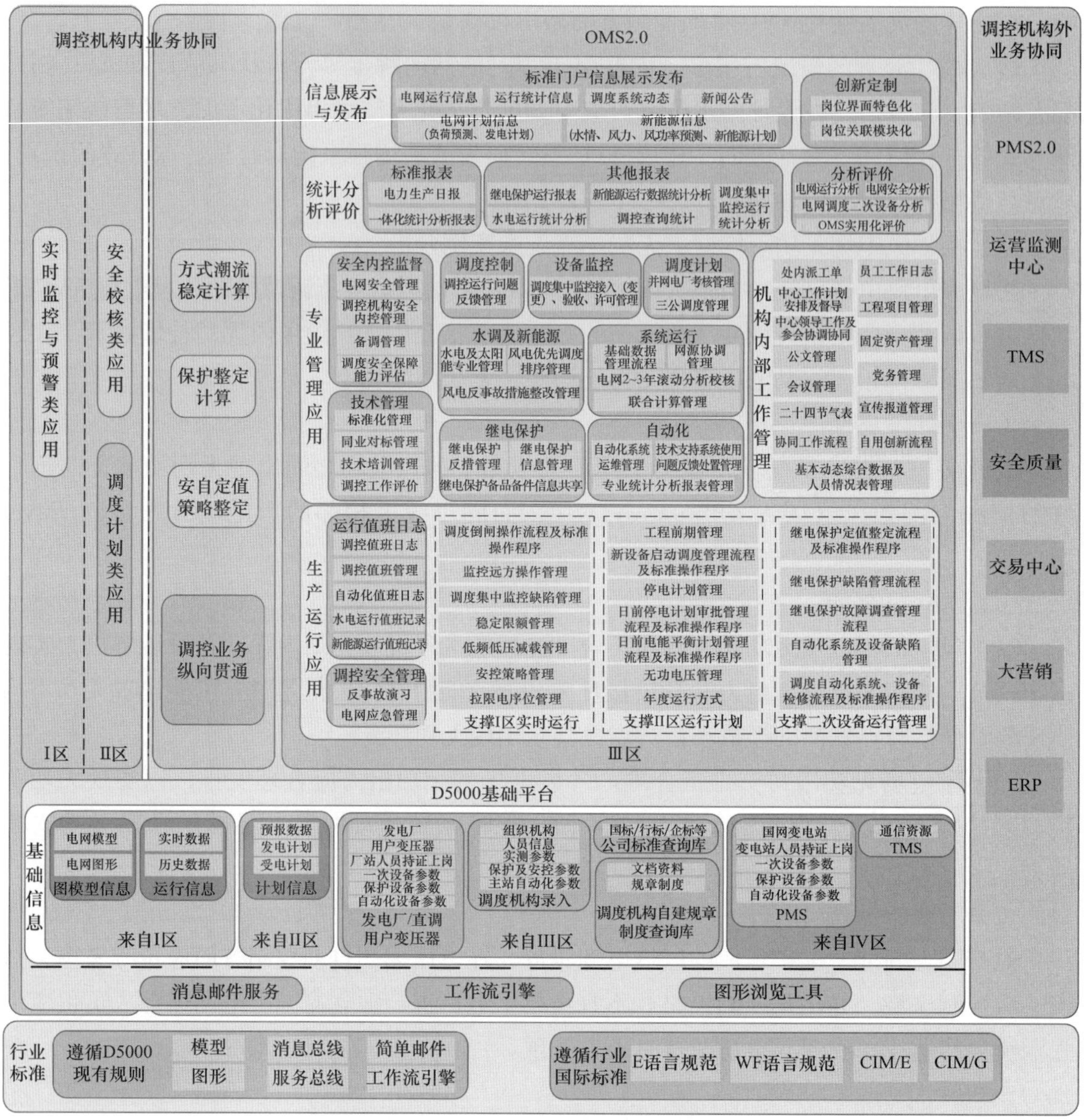

图 1–71　调度管理系统应用架构

调度管理系统（OMS）部署在调度安全Ⅲ区，作为数据支撑平台实现与内外部系统的数据共享与业务协同。调度管理系统拓扑如图 1–72 所示。

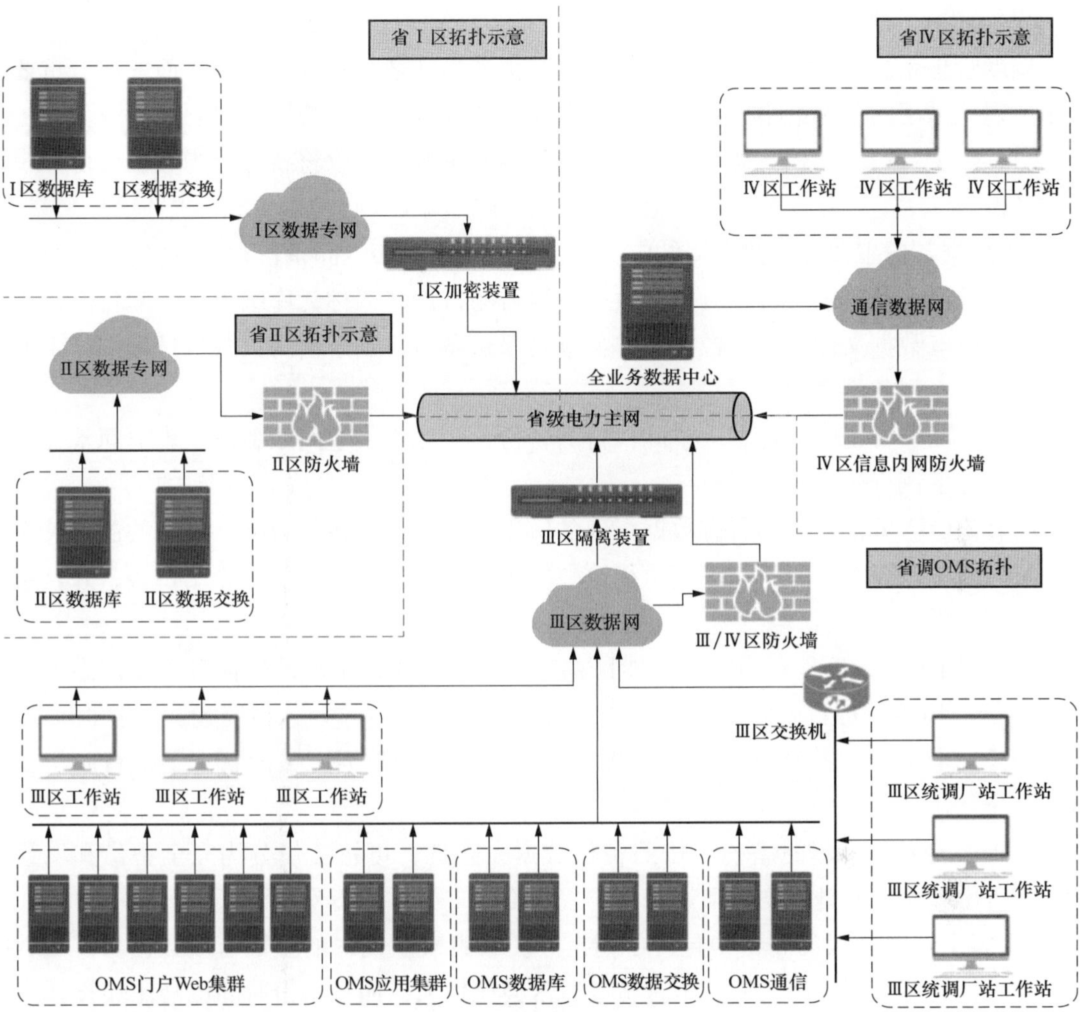

图 1–72　调度管理系统拓扑图

二、提高调度管理系统（OMS）可靠性的措施

经过近 10 年的建设，调度管理系统已逐步积累了应对处理各种风险的保障措施，如备份、高可用、容灾系统等；同时结合日常维护工作中发现的问题，进行了细化归类，形成了全方位风险场景和应对措施。通过在此基础上进一步建立完善信息化系统的应急保障体系和相关指标要求，可更敏捷、高效地应对各类突发事件挑战，提高信息化系统的抗风险和业务连续性能力。

（一）数据备份保障

数据备份保障作为最基本的系统保障手段之一，通过定期或不定期的备份增加核心数据的安全性。调度管理系统建立了涵盖关键业务数据库、关键主机操作系统、重要历史数据、核心应用程序等在内的备份恢复措施来保障系统数据安全。由于数据量大，磁盘恢复时间较长（一般在小时级），其应用范围主要是提供最基础的数据恢复手段。

1. 数据库数据备份

调度管理系统采用达梦数据库。数据库数据备份在数据库安全管理方面发挥着重要的作用，系统采用的备份策略为每天进行一次表空间备份，每周进行一次全量备份。

（1）数据备份和归档日志备份。按照备份内容不同，可以将备份分为数据备份和归档日志备份。

1）数据备份主要针对数据文件内容，包括库备份、表空间备份和表备份。

a. 库备份，顾名思义就是对整个数据库执行的备份，又称为库级备份。库备份会拷贝数据库中所有数据文件的有效数据页，如果是联机备份，则还会拷贝备份过程中产生的归档日志，写入到备份集中。

b. 表空间备份是针对特定表空间执行的备份，又称为表空间级备份。表空间备份只能在联机状态下执行。

c. 表备份拷贝指定表的所有数据页到备份集中，并记录各个数据页之间的逻辑关系用以恢复。表备份只能在联机状态下执行，一次表备份操作只能备份一张用户表，并且不支持增量表备份。

2）归档日志备份是专门针对归档日志文件进行操作，不涉及任何数据文件内容。归档日志备份扫描归档目录收集归档日志文件，并将归档日志写入到备份集中。既可以在数据库运行状态下，执行联机归档日志备份；也可以在数据库关闭状态下执行脱机归档日志备份。

（2）完全备份和增量备份。按照备份数据完整性，可将备份分为完全备份和增量备份。库备份和表空间备份支持增量备份，表备份不支持增量备份。

1）完全备份生成的备份集包含了指定库（或者表空间）的全部有效数据页。当数据规模比较大的情况下，生成的完全备份集通常会比较大，而且备份时间也会比较长。

2）增量备份是在某个特定备份集的基础上，收集数据库新修改的数据页进行备份，可以有效减少备份集的空间占用、提高备份速度。这个特定的、已经存在的备份集称为增量备份的基备份，根据对基备份的要求不同，达梦数据库的增量备份分为以下两种：

a. 差异增量备份。差异增量备份的基备份既可以是一个完全备份集，也可以是一个增量备份集。利用增量备份进行还原操作时，要求其基备份必须是完整的；如果差异增量备份的基备份本身也是一个增量备份，那么同样要求其基备份是完整的；任何一个增量备份，最终都是以一个完全备份作为其基备份。因此，完全备份是增量备份的基础。

b. 累积增量备份。累积增量备份的基备份只能是完全备份集，而不能是增量备份集。

增量备份的基备份集既可以是脱机备份生成的，也可以是联机备份生成的，脱机增量备份的基备份集可以是联机备份生成的，联机增量备份的基备份集也可以是脱机备份生成的。

（3）数据库设置操作示例。

1）设置达梦数据库归档状态。

a. 停服务：停掉达梦 7 数据库实例服务。

b. 改参数：将配置文件 dm.ini 中 arch_ini 参数改为 1。

c. 增文件：在 dm.ini 同级目录新增 dmarch.ini 配置文件，文件具体内容如下。

```
[ARCHIVE_LOCAL1]
ARCH_TYPE            =LOCAL
ARCH_DEST            =F：\eOMP\SDAP\arch
ARCH_FILE_SIZE       =512
ARCH_SPACE_LIMIT     =1024
```

注：归档文件大小根据数据库大小自行设定，归档文件存放路径需保证足够空间，详情参照达梦 DM7_DBA.pdf 官方文档。

d. 起服务：重启实例库，如遇报错，请查看实例库日志。

2）设置定时自动备份。

a. 代理 – 新建作业，填写“作业名”及“作业描述”（见图 1–73）。

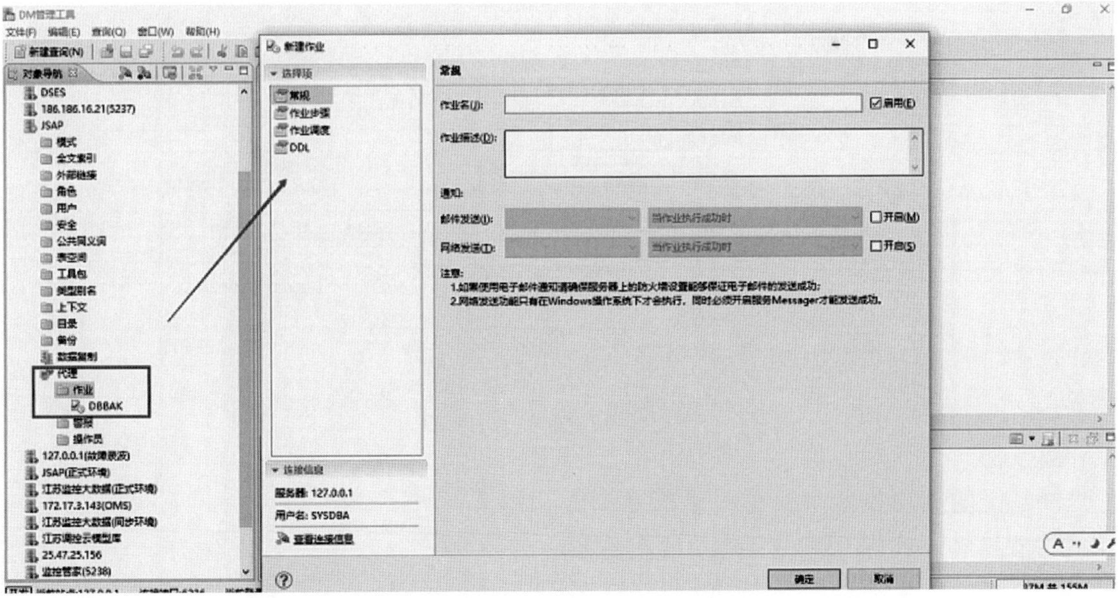

图 1–73 填写“作业名”及“作业描述”

b. 作业步骤 – 添加操作（见图 1–74）。

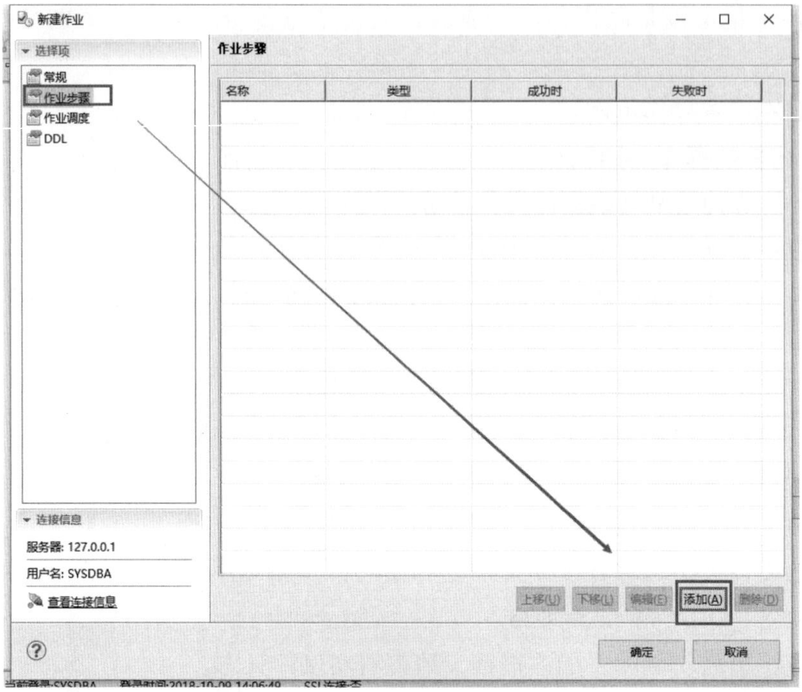

图 1–74　添加操作

c. 添加备份操作（见图 1–75）。

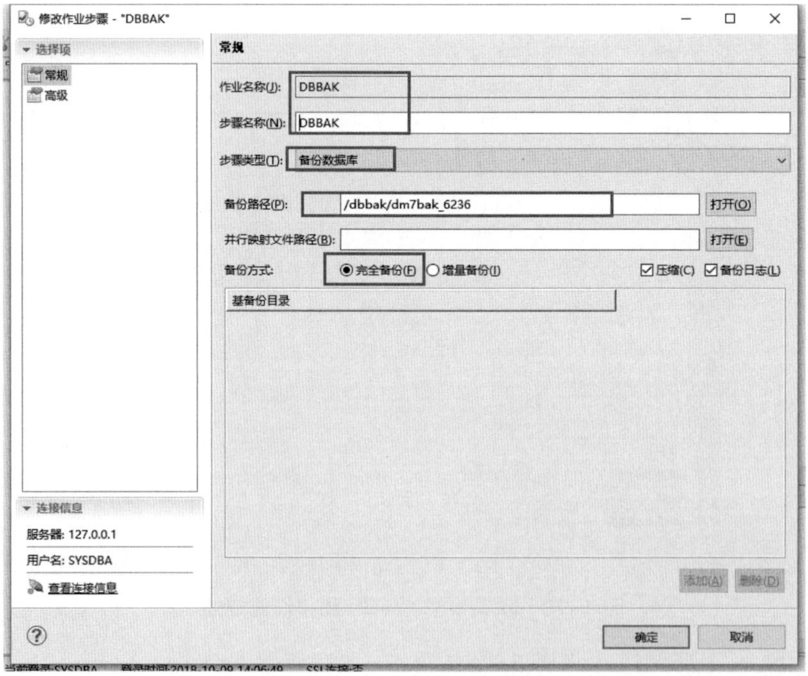

图 1–75　添加备份操作

d. 添加删除备份文件操作。

2. 磁盘阵列数据备份

磁盘阵列数据备份原理又称双机热备原理，即当一台服务器在工作时（称为主机），另一台服务器作备用状态（称为备机）。当主机因为某种原因出现故障（如死机、主机断电、病毒发作、硬盘损坏等）不能继续提供服务时，备机能够在规定的时间内接替主机继续提供服务，从而达到不停机的服务。主备机均连接在磁盘阵列上，达到数据共享的目的。

某省调磁盘阵列型号为华为公司 5300v3，光纤交换机采用单电源模块，接线方式为多路径负载均衡模式。调度管理系统磁盘阵列接线如图 1–76 所示。

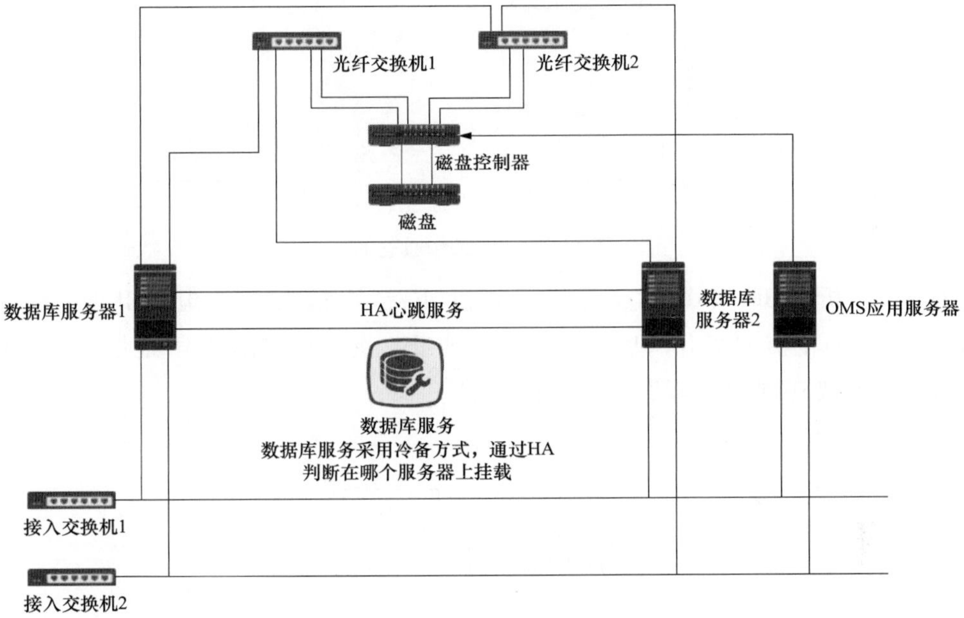

图 1–76　调度管理系统磁盘阵列接线示意图

（二）本地高可用保障

本地高可用保障主要是针对生产中心内单点故障的应对措施，如采用双机热备应用自动接管、磁盘镜像、节点集群、双网卡绑定等相关技术。根据采用的技术不同，业务的影响时间也不同，例如采用集群技术、双网卡绑定等，发生故障时影响业务时间在秒级；而双机热备接管技术由于还需要进行应用接管，影响业务时间一般在分钟级。调度管理系统采用的高可用保障主要包括 HA 心跳服务、数据库同步（DMHS）服务和应用负载均衡服务。

1. HA 心跳服务

（1）心跳工作过程。心跳联通如图 1–77 所示。通过 IP 做心跳检测时，主备机会通过此心跳路径周期性地发出相互检测的测试包；如果此时主机出现故障，备机在连续丢失设定数目的检测包后会认为主机出现故障，这时备机会自动检测设置中是否有

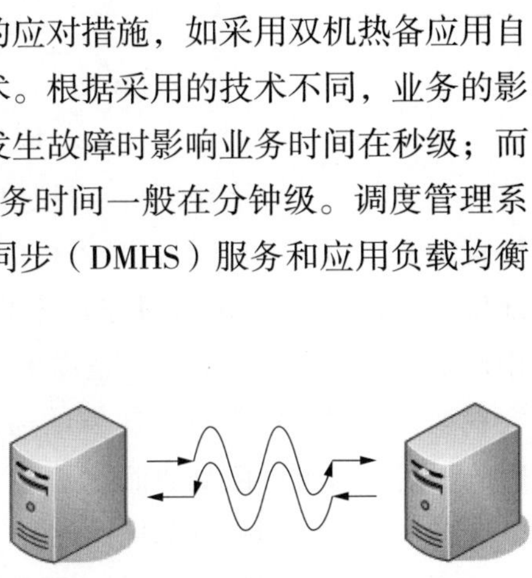

图 1–77　心跳联通图

第二种心跳；如果没有第二种心跳的话，备机则根据已设定的规则启动备机的相关服务，完成双机热备的切换。

（2）IP 工作过程。IP 地址使用虚拟 IP 地址的方法来实现，IP 工作原理如图 1–78 所示。

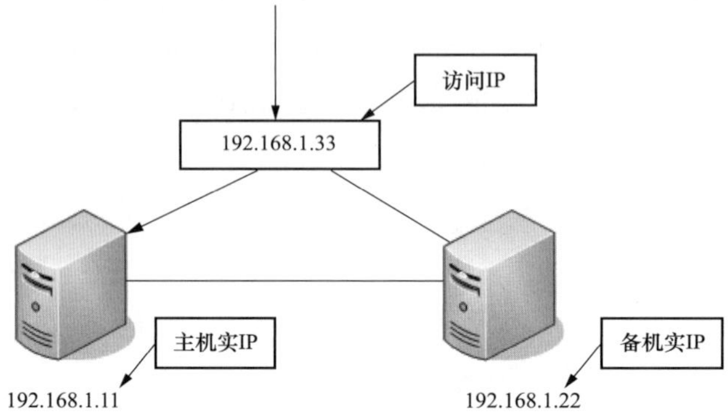

图 1–78　IP 工作原理图

IP 地址解析原理如图 1–79 所示。主机正常的情况下，虚拟 IP 地址(即访问 IP192.168.1.33）向主机的实 IP（192.168.1.11）地址，用户通过虚拟 IP 地址访问主机，这时 HA 软件将虚拟 IP 地址解析到主机实 IP 地址。

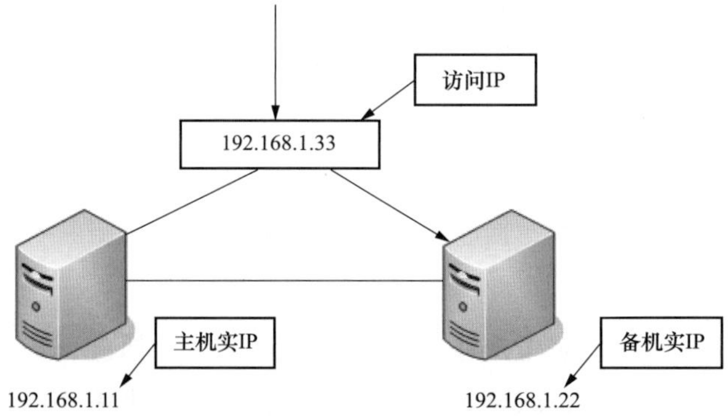

图 1–79　IP 地址解析原理图

当进行服务器切换时，虚拟 IP（即访问 IP192.168.1.33）地址通过 PlusWell 热备份软件自动将虚拟 IP 地址解析到备机的实 IP（192.168.1.22）地址上，这时虚拟 IP 地址指向备机的实 IP 地址。但对用户来说，用户访问的仍然是虚拟 IP 地址。所以用户只会在切换的过程中发现有短暂的通信中断，经过一个短暂的时间，就可以恢复通信。

（3）应用及网络故障切换过程。

1）切换原理图 1，如图 1–80 所示。可以检测到操作系统的故障并及时将服务切到备用服务器。

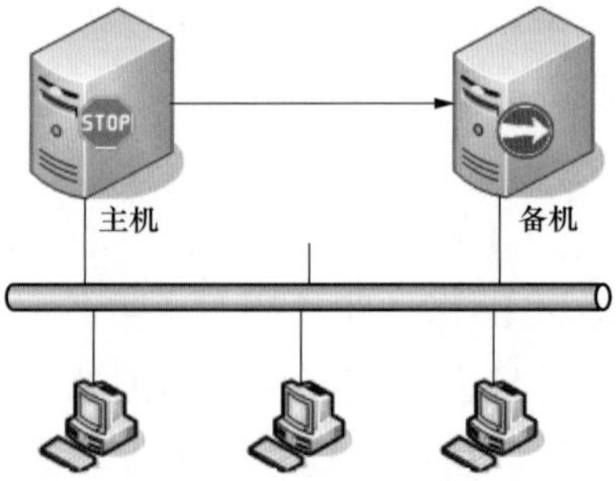

图 1–80　切换原理图 1

2）切换原理图2，如图1-81所示。当操作系统正常的情况下，数据库系统出现意外故障，这时双机容错软件可以及时发现并将其切到备用服务器，使服务不至于停止。

3）切换原理图3，如图1-82所示。当操作系统和数据库系统全都正常的情况下，服务器网络出现故障，这时双机热备软件，可以将系统切到正常的备用服务器上。

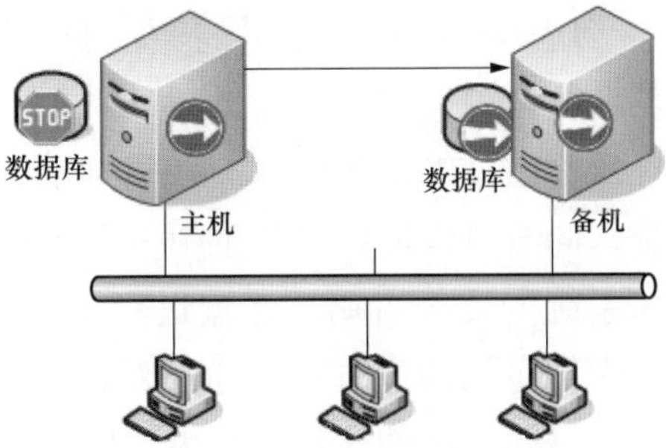

图1-81　切换原理图2

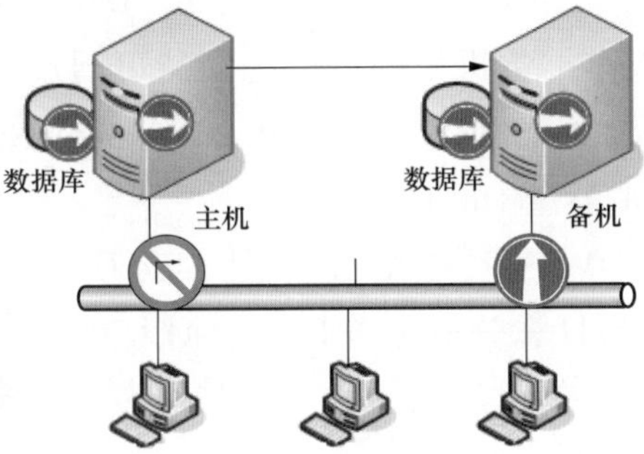

图1-82　切换原理图3

2. DMHS服务

调度管理系统通过达梦数据实时同步软件DMHS进行数据库级别的数据同步备份工作。通过秒级数据实时同步，可以有效避免传统备份系统导致的无法完全满足企业对于信息系统不中断服务的问题；通过变化日志捕捉，可以有效降低传统ETL工具因创建触发器、影子表等对业务系统带来的性能影响；通过可读写的备机数据库系统，可以解决传统备机系统仅作为后备而无法对外提供数据服务的问题。DMHS简易实现原理如图1-83所示。

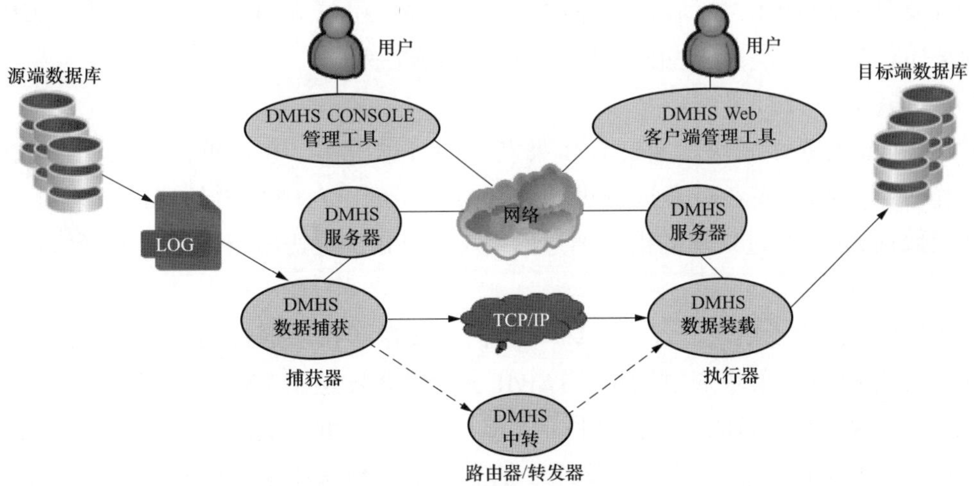

图1-83　DMHS简易实现原理图

DMHS 的实时数据同步复制采用并行处理体系，能够实时读取主机源数据库日志，以较低的资源占用实现大批量的数据实时复制。在源端，DMHS 采用优化的日志扫描算法实现目标数据的快速抽取。在目标端，DMHS 使用数据库本地 ODBC 接口访问备机数据库系统，同时可以通过事务重组、分批加载等技术加快数据装载的速度和效率，降低备机数据库系统的资源占用。传输过程中，DMHS 直接通过 TCP/IP 进行网络传输，无需依赖于数据库自身的传递方式，通过对传输的数据进行筛选和压缩，还可以进一步降低带宽需求。面对日趋复杂的计算机环境，DMHS 具有极好的适应性，能够在目前流行的各种软硬件平台和数据库环境下传输数据，在同一解决方案架构下，实现企业不同平台上的多个信息系统的统一复制的支持。目前，主机源数据库支持 DM6、DM7、MYSQL、PostgreSQL、DB2、SQLServer 和 Oracle9i 以上版本；备机目的数据库支持可通过 ODBC 接口连接的各种主流关系数据库管理系统，包括 DM6、DM7、MYSQL、PostgreSQL、DB2、SQLServer、Oracle、GBASE 和 HIVE 以及 KAFKA 消息中间件。

（1）DMHS 系统组成。DMHS 系统组成如图 1-84 所示，DMHS 同步服务主要分为日志分析（CPT）、数据入库（EXEC）和数据传输（NET）三大模块，这三个模块统一由管理模块（MGR）进行调度执行。

管理模块（MGR）是 DMHS 同步服务的启动框架，根据配置文件加载并启动以下三个具体的功能模块。

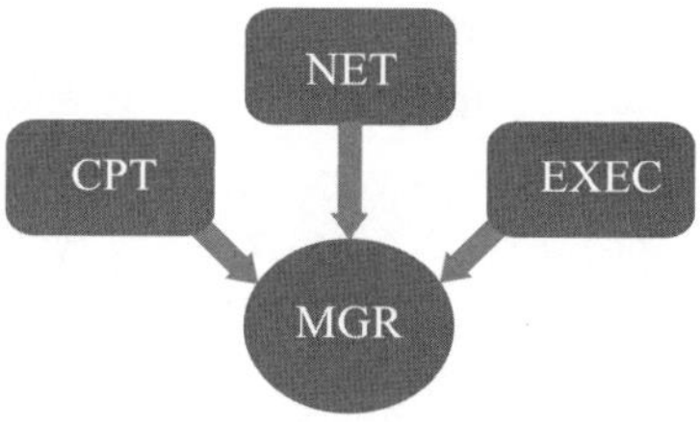

图 1-84 DMHS 系统组成示意图

1）日志分析（CPT）。CPT 负责对源数据库日志进行解析，联合字典信息提取其中数据的变化，如插入（INSERT）、删除（DELETE）、修改（UPDATE）和对象操作（DDL），这些操作经过包装后投递给数据传输（NET）模块。

CPT 分析日志时，需要从数据库中查询表的字典信息以及日志文件，发生切换时需要访问日志文件信息；也就是说，日志分析过程中 CPT 会和源数据库建立连接进行交互。如果需要支持同步 DDL，还需要在源数据库（DM6、DM7 和 ORACLE）上建立事件触发器，用来捕获 DDL 操作，这些配置需要在搭建同步时完成。

2）数据传输（NET）。

a.NET 消息发送子模块。经过 CPT 捕获到的日志操作，在这里进行分发，分发前可以对操作进行过滤，或者对表进行过滤和映射，还可以对消息中的列进行映射（改名、剔除和函数计算）。经过处理的消息通过网络（TCP/IP）发送给下一级，或者保存到本地文件。

b.NET 消息接收子模块。经上一级 NET 消息发送子模块通过网络传输的消息，在这里由 NET 消息接收子模块通过网络（TCP/IP）接收并发送给 EXEC 模块。而上一级 NET 消息发送子模块保存消息的本地文件目录，既可以是一般的本地文件目录，也可以是提供 FTP 服务的 FTP 文件目录。当上一级 NET 消息发送子模块将消息保存在一般本地文件目录时，NET 消息接收子模块读取本地文件并发送给 EXEC 模块；当上一级 NET 消息发送子模块将消息保存在 FTP 文件目录时，NET 消息接收子模块可通过 FTP 服务器下载数据，并发送给 EXEC 模块。

除了作为 CPT 模块和 EXEC 模块的传输媒介外，NET 模块还能够单独实现转发和路由功能，这两个功能需要在配置文件中独立配置，通过转发和路由功能实现多对多、一对多、文件中转和 FTP 中转的高级功能，具体配置方式和功能介绍请参阅相关章节。

3）数据入库（EXEC）。EXEC 模块接收到 NET 接受子模块发来的消息，把这些消息按事务分类：如果某个事务上收到了提交消息，则构造相应的结构化查询语言（structured query language，SQL），使用 ODBC 驱动接口对这些数据进行入库；如果某个事务在源端回滚，则直接丢弃不执行。同步中如果使用了中文表名或者字段名，要使用支持中文字符集的 unixODBC，否则描述表会出错。

EXEC 模块在运行过程中需要不断地刷新检查点，以便推进入库的 LSN。

（2）DMHS 功能划分。为适应不同的应用场景，DMHS 提供的功能可以细分为捕获器功能、执行器功能、路由器功能、转发器功能。

1）捕获器。捕获器将源端数据库日志读取解析后发送出去，它必须与源端数据库在同一台机器上。捕获器由 MGR 模块、CPT 模块、NET 发送子模块组成，XML 配置文件中对应元素为 base、cpt、send。NET 发送子模块不能单独存在，必须由 CPT 模块调用；在 XML 配置文件中也是一样的，send 元素为 cpt 元素的子元素。

捕获器中包含日志分析模块 CPT，由于日志分析需要用到数据库中的表信息，所以捕获器在首次启动时，要进行初始化加载需要同步的表的字典信息，把这些信息存放到本地。即使源数据库中断了服务，也不会影响日志分析。因此需要在捕获器中配置源数据库连接相关的信息，包括连接数据库的用户名和口令。

2）执行器。执行器将接收到的数据入库执行，它可以与目标端数据库处于不同机器。执行器由 MGR 模块、EXEC 模块、NET 接收子模块组成，XML 配置文件中对应元素为 base、exec、recv。NET 接收子模块不能单独存在，必须由 EXEC 模块调用；在 XML 配置文件中也是一样的，recv 元素为 exec 元素的子元素。

执行器中的主要模块 EXEC 模块主要用来进行数据入库，为了兼容大多数的数据库，它采用了标准的 ODBC 驱动接口和符合 SQL92 标准的 SQL 语句来访问数据库。此处，需要配置的参数有数据库连接信息、事务缓存信息以及事务入库的方式等。数据入库往往是 DMHS 数据同步的性能瓶颈所在，所以这块参数配置非常的重要，需要结合实际的运行环境、源端应用事务的特点来针对性地配置，实现入库性能的最大化。

3）路由器。路由器一般配置在第三台机器上，对捕获器中的 CPT 模块和执行器中的 EXEC 模块进行映射，从而实现跨网关同步，并且一个路由服务可以实现 N 对 N 的映射。路由器由 MGR 模块、NET 接收子模块、NET 发送子模块组成，XML 配置文件中对应元素为 base、route、recv、send。NET 接收子模块和 NET 发送子模块由 MGR 模块调度，从而实现路由功能；在 XML 配置文件中，recv 元素和 send 元素均为 route 元素的子元素。

路由器适用于捕获器和执行器被网关隔断，捕获器中的 CPT 模块和执行器中的 EXEC 模块无法通过 NET（捕获器的 NET 发送子模块及执行器的 NET 接收子模块）实现网络直连，需要经过第三台机器中转的情况。

4）转发器。转发器将接收到的数据通过网络进行转发或是直接落地成本地文件。网络转发可以实现异步的一对多的需求，而落地成本地文件可以实现 FTP 的同步模式或者穿透网闸的需求。转发器由 MGR 模块、NET 接收子模块、NET 发送子模块组成，XML 配置文件中对应元素为 base、transfer、recv、send。NET 接收子模块和 NET 发送子模块由 MGR 模块调度，从而实现转发功能；在 XML 配置文件中，recv 元素和 send 元素均为 transfer 元素的子元素。

转发器适用于一个捕获器需要对应多个执行器，或者捕获器和执行器之间存在物理隔离网闸，无法通过网络直连，需要通过文件中转的情况。

转发和路由的不同在于，路由是 N 对 N 网络链路的映射，它不能对链路中的数据进行修改，而转发功能则可以针对每个下一级配置不同的过滤和映射。

（3）系统特性。DMHS 同步服务器具有以下技术优势。

1）高可扩展性。DMHS 的开放式体系结构使其能够适应各种异构数据平台。系统安装部署简单但功能强大，可以根据用户需求采用非常灵活的方式配置出各种拓扑结构，包括一对一同步、一对多广播型同步、多对一聚合型同步、多对多同步以及级联同步等多种数据同步形式，满足用户的各种复杂数据同步需求。

2）高可用性。DMHS 采用基于日志的结构化数据同步技术，实时数据同步不依赖主机上源数据库的触发器或者规则，对主机源数据库系统几乎无影响。DMHS 提供业务连续性支持，备机数据库系统始终处于活动状态。在非计划性停机导致主机业务系统无法工作时，可在 DMHS 的备机数据库系统上及时接管业务，实现业务系统快速切换和恢复，保持业务连续并使数据损失最小化。

3）实时同步。DMHS 采用并行处理体系，能够实时读取主机源数据库日志，以较低的资源占用实现大批量的数据实时同步。在 DMHS 同步源，DMHS 采用优化的日志扫描算法实现目标数据的快速抽取。在 DMHS 目标端，DMHS 使用数据库本地 ODBC 接口访问备机数据库系统，同时可以通过事务重组、分批加载等技术加快数据装载的速度和效率，降低备机数据库系统的资源占用。传输过程中，DMHS 直接通过 TCP/IP 进行网络传输，无需依赖于数据库自身的传递方式，通过传输对数据进行筛选和压缩，还可以进一步降低带宽需求。

4）高可靠性。DMHS 的数据同步以源数据库的事务为单位，严格按照主机业务系统事务顺序实施数据同步，保障备机数据库与主机数据库的事务级完整性和一致性，确保备机数据库符合主机业务系统事务逻辑。通过这种事务级粒度的数据一致性维护，使得备机数据库系统分担主机数据库系统上的业务负载成为可能。数据在传输过程中可能因为网络故障而导致传输中止。为保障数据传输无丢失，DMHS 使用检查点机制实现断点续传。断点包括两个部分，即 DMHS 前置的变化数据捕捉模块数据抽取位置检查点和 DMHS 主程序的数据装载模块的已装载位置检查点。DMHS 的前置模块与主程序模块采取完备的消息应答机制来保障数据传输的可靠性和数据完整性。前置模块只有在得到确认消息后才认为数据传输完成，否则将自动重新传输数据。

5）备机可读写。与传统仅作为后备而无法对外提供数据服务的备机系统不同，DMHS 的备机数据库系统是一套独立的可读写数据库系统。通过高可靠的数据传输，DMHS 备机数据库系统中的数据可以在业务处理逻辑上与主机系统完全保持一致。通过简单配置，应用系统就可以使用 DMHS 的备机系统分担主机业务系统上的负载，提高业务系统效率。同时，根据实际业务需要，通过 DMHS 的备机系统还可以实现生产型业务与分析型业务的完全隔离双业务中心，提高应用系统整体性能。

6）同步内容可定制。DMHS 支持同步数据可筛选、数据过滤和简单的数据转换，实现满足业务需求的按需同步，有效降低网络通信代价和存储成本。DMHS 数据筛选通过用户在需要同步的表上定义过滤和转换规则来实现。未来 DMHS 还将和 DMETL 结合，实现更为复杂的数据清洗。DMHS 还支持传输数据压缩和加密，在进一步降低网络传输代价的同时，提高传输安全性，防止数据库数据在传输过程中被非法窃取。

7）快捷部署。DMHS 采用轻量级框架设计，能够方便项目实施人员快速部署并极大地减少系统管理员工作压力和负担。同时，DMHS 支持初次数据装载全同步功能，能够在不中断业务的情况下，将主机数据库中的当前数据平滑地装载到备机数据库中。

8）跨平台。面对日趋复杂的计算机环境，DMHS 具有极好的适应性，能够在目前流行的各种软硬件平台和数据库环境下传输数据，在同一解决方案架构下，实现企业不同平台上的多个信息系统的统一同步的支持。目前，主机源数据库支持 DM6、DM7、Oracle9i、Oracle10g、Oracle11g、DB2、MySQL、PostgreSQL、SQLServer；备机目的数据库支持可通过 ODBC 接口连接的各种主流关系数据库管理系统。

3. 负载均衡服务

某省调调度管理系统提供全省省调 +18 个地调 +108 个县调的用户在线访问量，处理大量的访问数必须用到负载均衡来提高系统的稳定性，因此系统采用了 A10 的硬件负载均衡器。

负载均衡（load balance）原理是建立在现有网络结构之上，提供一种廉价、有效、透明的方法扩展网络设备和服务器的带宽、增加吞吐量、加强网络数据处理能力、提高网络的灵活性和可用性。负载均衡有两方面的含义：首先，大量的并发访问或数据流量分担到多台节点设备上分别处理，减少用户等待响应的时间；其次，单个重负载的运算分担到多台节点设备上做并行处理，每个节点设备处理结束后，将结果汇总，返回给用户，系统处理能力得到大幅度提高。负载均衡工作原理如图 1-85 所示。

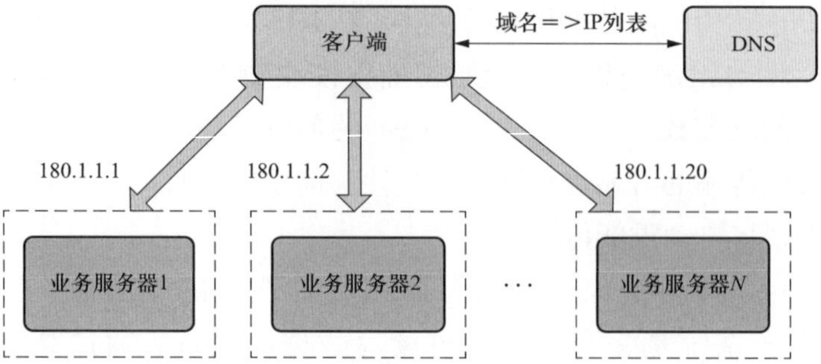

图 1–85　负载均衡工作原理图

A10 负载均衡器如图 1–86 所示。借助高性能、可扩展型应用配送平台，A10 Networks AX 系列应用加速交换机帮助企业和网络服务提供商实现应用可用性的最大化。由于具有多系统支持，依据市场标准，AX 高级核心操作系统（ACOS）架构属于一项革命性的创新技术，包括优化的全新多 CPU 架构，在性能、扩展性和可靠性方面都具有领先优势。

图 1–86　A10 负载均衡器

A10 设备支持本地服务器的负载均衡功能，包括 Web 服务、DNS 服务、Radius 服务、FTP 服务、Email 服务、流媒体服务、ERP 服务、CRM 服务等。

A10 负载均衡设备基础配置过程：

（1）建立管理接口。

（2）建立 VLAN 添加端口。

（3）建立用于互联外网路由器与内网服务器交换机的 VLAN 三层接口。

（4）增加缺省路由。

（5）建立 Real Server。

（6）创建 ServerFrame，并添加 RealServer。

（7）创建 virtual-server（类似 Cisco ACE VIP）。

（8）源地址会话保持。

（三）容灾系统保障

2020 年，某省调建成“同城双中心 + 异地灾备”应急调度体系，调度管理系统作为智能电网技术支持系统的一部分，实现了东区主用、中区备用和西区应急模式，确保在任何情况下系统应用不间断，有效提升了电网抵御自然灾害和应对各类突发事件能力，切实保障了调度管理系统的可用性。“同城双中心 + 异地灾备”应急调度模式如图 1–87 所示。

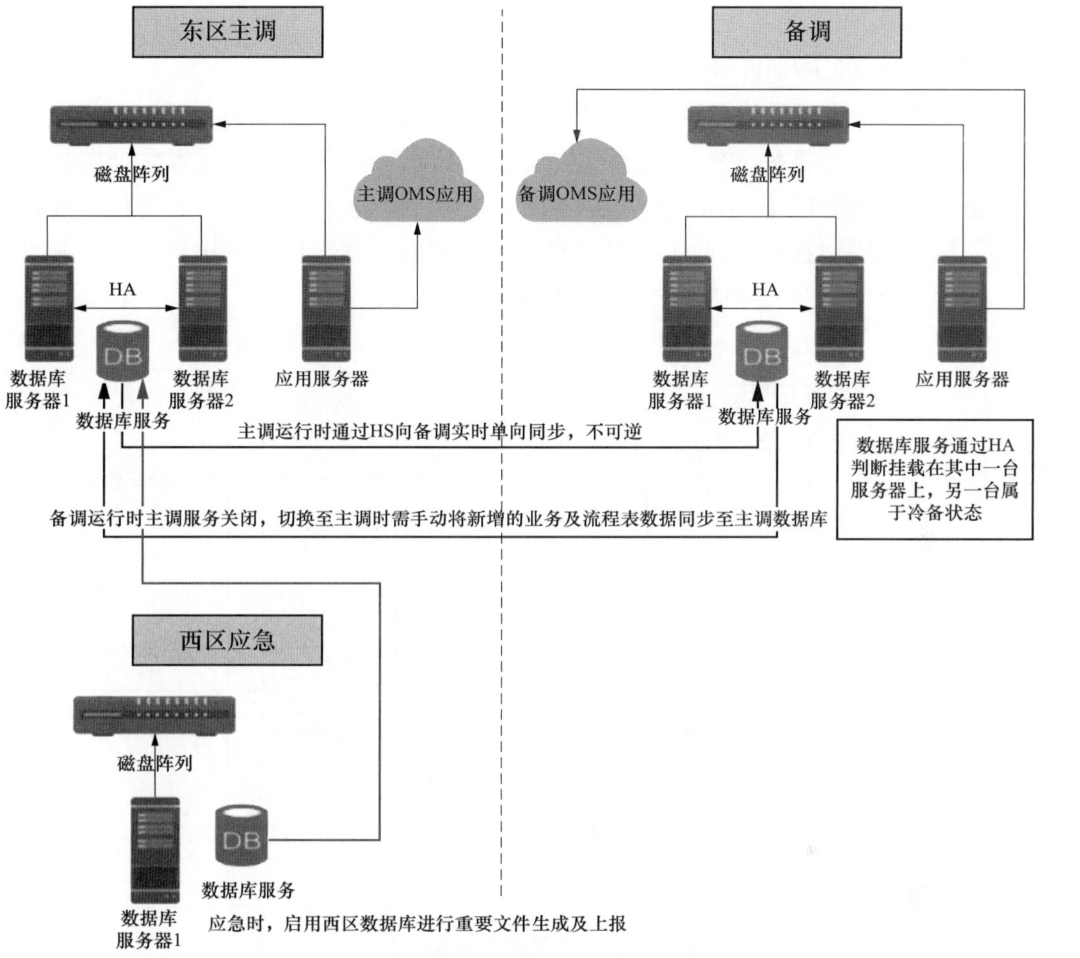

图 1–87 “同城双中心 + 异地灾备”应急调度模式

（四）对外接口保障

调度管理系统对外提供数据一般通过消息邮件、ftp、kafka、kettle、webservice 等方式进行数据交互，对外接口的稳定性决定了数据是否能稳定、准确的对外提供。对外接口保障措施一般采用主备模式，包括主备程序及主备通道。

调度管理系统与 PMS 系统实现数据交换采用的接口为消息邮件，PO 互联的整体架构如图 1–88 所示。

1. 建立握手机制

提供发送邮件反馈回执功能，建立握手机制，即当接收端接到新邮件后，会产生回执信息反馈给发送端，通知发送端邮件已到达接收端。

（1）新协议。将从本地客户端接收的邮件发送给远端，并阻塞等待远端邮件接收状态信息。邮件发送和邮件状态信息回执共用一条连接，将邮件发送和邮件状态获取两个阶段合二为一，从而完成消息邮件服务间邮件的握手机制。

（2）新接口。PO 互联的邮件发送过程如图 1–89 所示。在新协议下，开发“发送邮件”“是否成功接收”的新接口 SendDmailAndIsSuc。邮件发送方调用新接口，将邮件发送后阻塞等待对端发来的邮件接收状态回执信息。

邮件发送方根据发送信息生成头文件；然后，登录消息邮件服务器，对用户信息进行验证；通过验证后，将头文件发送给“发送方消息邮件服务”；通过配置验证接收端的消息邮件服务是否为新版本，如果是则连接并发送给“接收方消息邮件”，等待“接收方消息邮件”接收状态回执；“接收方消息邮件”服务将邮件状态信息发送给“接收方消息邮件”，“接收方消息邮件”将邮件状态信息转发给应用。

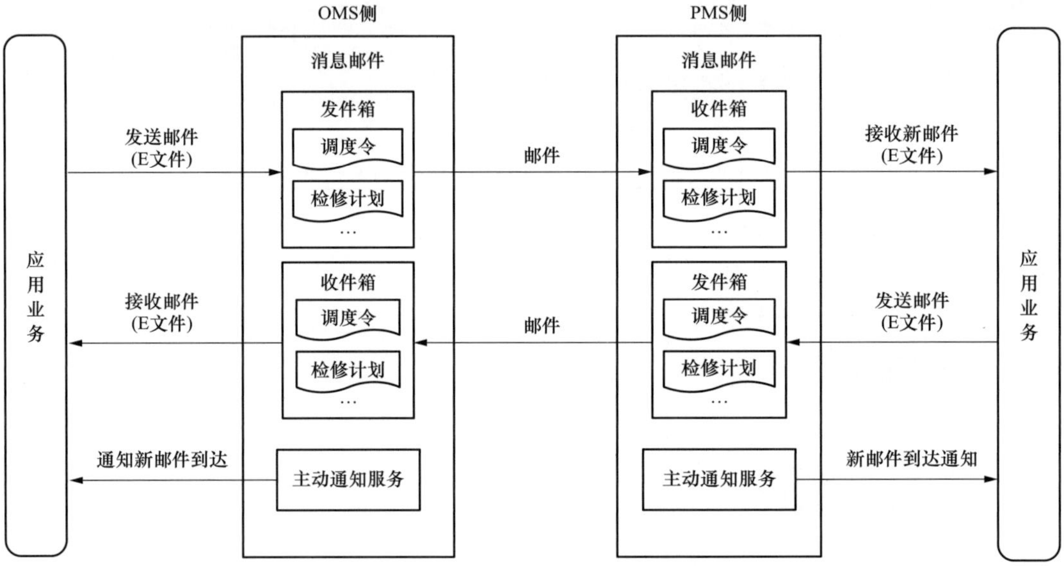

图 1-88　PO 互联整体架构示意图

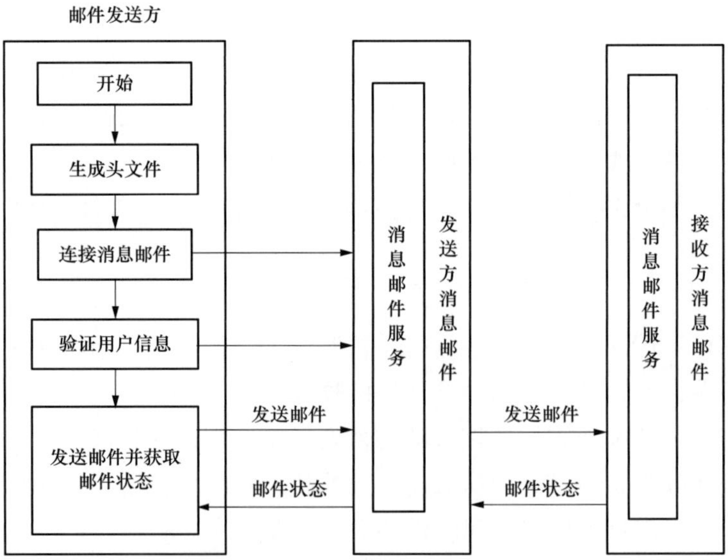

图 1-89　PO 互联的邮件发送过程示意图

2. 主动通知服务

PO 互联的邮件接收过程如图 1–90 所示。当新邮件到达时，调用 PMS2.0/OMS 系统的接口应用程序，实现邮件主动通知功能，PMS2.0/OMS 系统根据自身实际业务按需获取并解析新邮件。

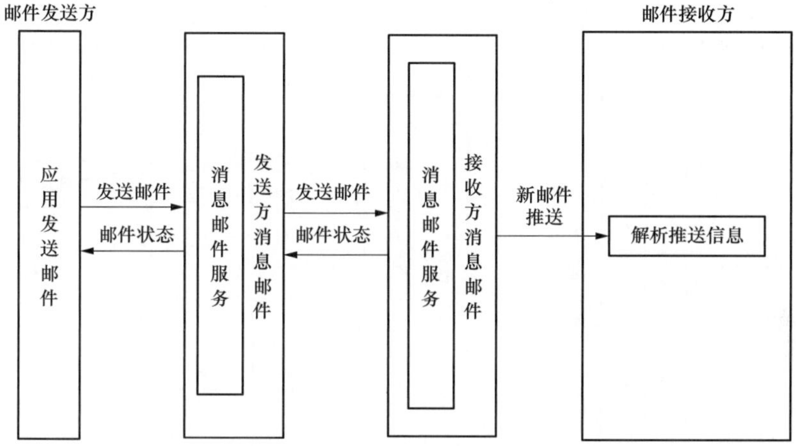

图 1–90　PO 互联的邮件接收过程示意图

消息邮件的主动通知服务将消息交互方式分为三类：①主动通知最新 eh 文件名信息；②主动通知 eh 文件名及其附件信息；③新邮件不通知 PMS2.0/OMS 系统，由其主动获取。

（1）发送方将邮件发给本地消息邮件服务，并由其发送给远端消息邮件服务。

（2）远端消息邮件接收到新邮件后，主动调用 PMS2.0/OMS 系统端编写的 webservice 对外接口，将新邮件推送给应用程序，由应用程序进行解析处理，实现新邮件主动通知功能。

3. 重复发送机制

如果消息邮件主动通知 PMS2.0/OMS 系统失败，则消息邮件自动再次进行重发通知功能。

新版消息邮件提供 SendDmailAndIsSuc 接口，用于判断在消息邮件发送和远端接受时是否成功，并生成该邮件的回执信息。具体分为以下四种情况：

（1）返回 1，表示对方已经成功接收该邮件，且设置了接收类型（推送 eh 文件名；推送 eh 文件名和附件名及内容），也成功推送回执消息。

（2）返回 2，表示远端消息邮件为老版本，需要调用邮件是否发送成功接口（IsMailSent）进行查询邮件的情况。

（3）返回 3，表示对方已经成功接收该邮件，但是推送回执消息时失败。

（4）返回小于 0，表示发送失败，可通过 Message.getErrorMsg 接口得到失败信息，需要发送方再次发送该邮件。自动重发累计三次且每次发送时打印 log 日志信息，日志信息包括接口名等关键信息，便于现场定位分析处理问题。如果三次均发送失败，则将信息提示给用户或记录异常日志，以便分析定位问题原因。

4. 分邮箱收发邮件

新版消息邮件提供根据不同的用户配置分邮箱收发邮件的功能，用于不同用户间的邮件收发，避免了多个用户使用同一个收件箱 / 发件箱进行收发邮件。分邮件实现过程如图 1–91 所示。

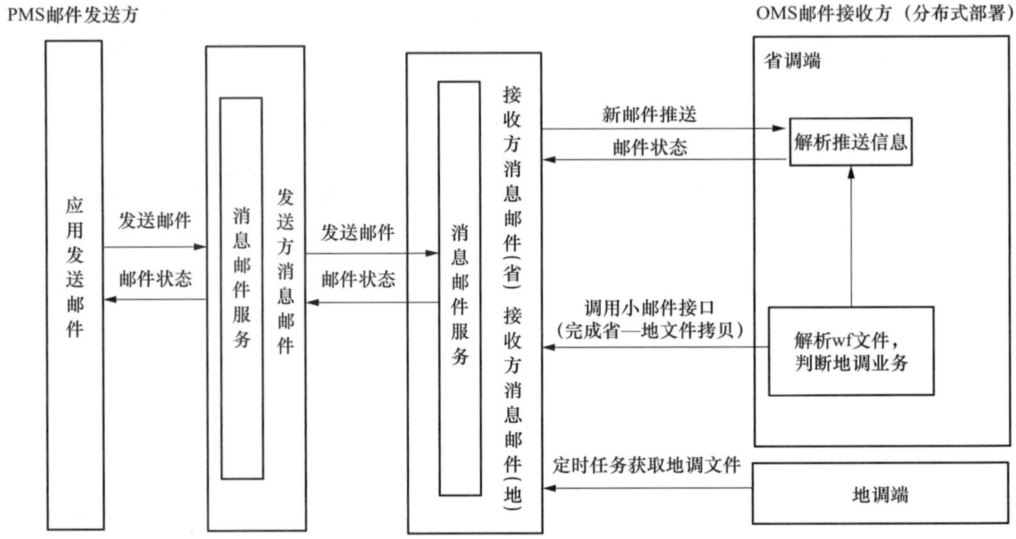

图 1–91　分邮件实现过程示意图

（1）消息邮件调用 webservice 接口推送 eh 文件名给 OMS 系统，OMS 系统将所有文件存到本地服务器。

（2）由 OMS 系统负责解析 wf 文件，判断此文件是需要发给“省调用户”还是“地调用户”。

（3）文件解析后，“接收单位”如果为省调用户，则本地服务器直接处理；如果为地调用户，则需要将文件放回消息邮件服务器提供的文件夹，由地调在接收文件夹去获取文件。

除上述四种保障机制外，OMS 系统数据生成推送应用程序也进行了容灾部署，当消息邮件接口发生通道终端或服务宕机等问题时，OMS 系统还可通过 kettle 服务直接将数据文件推送至 PMS 系统 FTP 路径下，达到数据稳定推送的目的。

（五）定期巡视保障

1. 硬件巡视

硬件巡视包括机房巡视和远程巡视。远程巡视是通过远程命令查看服务器的 CPU、硬盘、内存使用率及网口等情况。

2. 软件巡视

软件巡视包括数据库软件巡视、应用服务进程及中间件容器巡视。

（1）数据库软件巡视。

1）数据库服务 CPU 使用率。通过 top 命令查看，正常情况下最大 CPU 使用率不长期停留在 400% 以上。CPU 使用率正常跳动。

2）数据库服务内存使用率。通过 top 命令，查看 dmserver 进程，ps–ef|grep dmserver，检查返回结果的 VIRT 和 RES 两项。

3）是否存在死锁连接。执行 SQL 语句：

Select*from v$session where trx_id in（select trx_id from v$lock）

如果返回结果集内容多次执行没有发生变化，且 dmserver 所占的 CPU 较高，则可能有死锁连接发生。

4）数据库最大连接数。检查数据库 12345 端口最大连接数，一般不超过 500 个。执行命令 netstat –pnt|grep：12345|wc–l。

5）代理检查。作业执行情况检查，主要检查自动备份是否成功，通过进入备份路径下查看带日期的备份文件是否存在，注意检查 BAK 和 DMP 备份是否成功备份。

6）日志检查。查看数据文件目录下的 log 文件，检查：① 单个在线日志文件要不大于 2GB；② 各库回滚文件均正常；③ 数据库临时库 tmp 文件最大不应超 2TB 大小。

7）数据文件磁盘使用率。通过命令 df–h 查看，如果返回有乱码，先执行 export LANG=zh_CN，记录相应磁盘使用率。当数据库数据目录已使用率超过 85%，应当进行告警，准备磁盘阵列扩容第二数据目录添加。

（2）应用服务进程及中间件容器巡视。

1）top 系统状态、CPU 情况。

2）free–m 服务器内存占用情况。

3）ps–ef|grep java/dmserver 查看进程。

4）netstat–anp|grep 端口号查看进程。

5）kill–9 杀进程。

6）crm_mon–i1 阵列挂载情况。

7）starthnoms.sh/stophnoms.sh 系统重启脚本。

8）tail–nf nohup.out 查看日志输出。

第二章　调度厂站系统可靠性提升实用技术

第一节　测控装置可靠性提升

一、测控装置概述

（一）概况

随着我国电网容量的不断增加，运行管理变得更加复杂。为了保证供电的质量和电力系统运行的可靠性和经济性，系统的调度中心必须及时而准确地掌握整个系统的运行情况，随时进行分析，做出正确的判断和决策，必要时采取相应的措施，及时处理事故和异常情况，以保证电力系统安全、经济、可靠地运行。要实现电网调度自动化，首先需要采集和处理大量实时运行参数和状态信号。变电站自动化系统是采用微处理机、测量、控制及通信等技术对变电站进行微机化自动管理的技术，其目的是利用计算机技术提高电力系统运行可靠性并实现无人值班，以提高电力企业本身的经济效益。

在变电站综合自动化系统中，测控装置承担着开关量输入信号采集、交流量采集及处理，对断路器、隔离开关等进行控制，与总控单元或与智能设备接口进行通信等任务。变电站综合自动化系统中的站控层的计算机监控系统或调度端通过测控装置获取现场数据信息，进行各种分析及处理，同时计算机监控系统或调度端可通过测控装置对断路器、隔离开关、放电回路等设备进行操作。利用测控装置还可对有载调压变压器调压，当开关量变位时能够按照设定值发告警信号，向后台传送电笛标志或电铃标志。测控装置是面向间隔层设计的，当通过测控装置对断路器、隔离开关等进行操作时，可实现面向间隔层的防误闭锁操作判断。

测控装置是间隔层中最基本同时也是最重要的装置，它提供了具有智能集成一体化功能的面向工业测控系统的应用开发平台。现场测控系统数量多，要求各不相同，每一套单元测控系统不仅现场测控信息多，而且对系统的可靠性和实时性有很高的要求。

（二）测控装置的设计原则

（1）作为电网调度最为重要的部分之一，电力系统的测控装置应该配合电网调度的其他功能进行设计，包括其设备布置应该本着运行安全、经济、便捷的原则，实现信息的传递和共享。

（2）为提高电网安全经济运行水平，充分运用先进的计算机技术，加大功能集成程度和自动化程度，满足系统正常运行的情况下节约成本。

（3）在系统设计过程中，按照要求预留电力通信网络接口，保证系统能够满足 ISO 开放系统的要求；系统的通信协议和编码格式等与电网调度系统保持一致，确保能够实现多种通信方式，满足电力发展的需求。

（4）对信息的处理具有时效性，可考虑使用实时多任务操作系统，有效提高系统的安全性和信息时效性。

二、测控装置的维护和检修

测控装置的性能及功能直接关系到运行人员对设备的操作及检修人员对设备的维护，故测控装置的性能检测、功能试验对变电站的安全稳定运行起着至关重要的作用。

（一）常规检查

测控装置到达现场后要先进行一些常规检查，主要包含以下三个方面。

（1）工程图纸的审查，主要审查配线图与原理图、端子排图与原理图是否保持一致，以及各装置检验记录单是否齐全等项目。

（2）要对测控装置的外观进行检查，主要包括屏体检查、装置及元件型号检查、规格检查、安装工艺检查、连接片检查、铭牌检查、标签检查和键盘及操作附件检查等。

（3）要对测控装置的绝缘性能进行检查，检查中应注意将各装置中除交流插件外的其他插件拔出（拔出 CPU、通信插件、采保插件上的端子，以免高电压对其绝缘介质造成危害），完成各绝缘检查后再恢复。使用手摇式绝缘电阻表测量绝缘电阻时，若停止摇动手柄时指针反偏，说明被测回路中有电容元件，应缓慢加速手摇。在摇测绝缘前，应检查回路是否和电压回路有联系，如果有，应解掉连线后进行检查；如果没有，则把该端子上的所有线去掉，然后逐一检查。

（二）装置上电检查

装置上电后运行正常、无异常告警，检查版本号及 CRC 校验正常。调试人员开始进行装置调试。

开入检查：开入检查时，试验仪输出空触点一端加入 +110V 电压，另一端接入到装置的开入，触点闭合时间可调。同时接两开入（假设开入 1 为合位、开入 2 为跳位）实现双点遥信的模拟。

双点遥信的消抖判断如图 2-1 所示，装置消抖时间可定值调整。

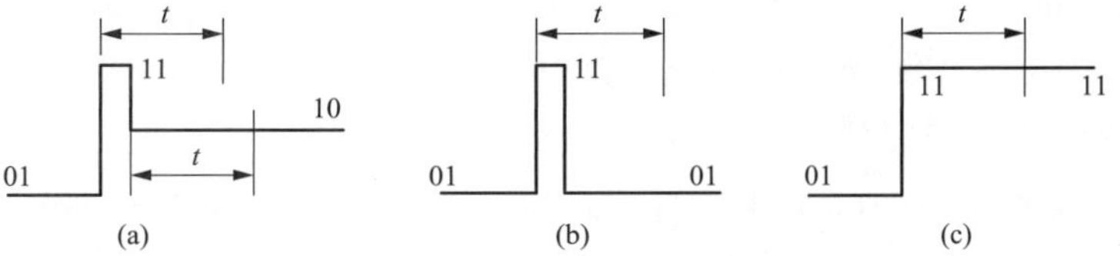

图 2-1 双点遥信的消抖判断示意图

（a）正常变位；（b）扰动；（c）无效状态

t—消抖时间

图 2–1（a）体现了从合位状态经过一个短暂的过渡状态进入稳定的分位状态的过程；图 2–1（b）体现了消抖功能对扰动的屏蔽作用；图 2–1（c）是当双点遥信组合中某一个开入出现异常时发生的情况，此时装置会向监控后台发出异常信息的提示。由于消抖时间的引入，有效解决了过去一次设备在运行时抖动所产生的频繁告警，大大减少了维护工作量。

1. 遥信检测

测控装置的遥信数据交换主要有以下两种机制：

（1）装置主动召唤本装置的闭锁逻辑所需要的其他间隔层装置的遥信数据。

（2）参与逻辑互锁的遥信变位后，由直接采集它的间隔层装置主动发送给需要该遥信的其他装置。

当远方 / 就地手柄在远方状态时，只有远方遥控命令有效；当远方 / 就地手柄在就地状态时，只有就地的控制操作有效。然后判断联锁 / 解锁手柄的位置状态，确定是否需要进行逻辑闭锁，只有不需要逻辑闭锁或者满足闭锁逻辑的出口条件时，才允许完成控制命令，从而有效地实现逻辑闭锁功能。现场工程人员及厂家调试人员设计公用测控装置的遥信为闭锁开入，厂家编辑好逻辑后，当联锁连接片处于投入位置后，只有在开入量置位时控制命令才能执行，互锁性没有问题。在高电压等级变电站，有更高的防误操作要求；除了站控级“五防”，还要求具备间隔层“五防”功能，所以必须要解决好测控装置之间实时通信和自协调问题，可代替“五防”的闭锁逻辑，而不需要站控层参与。

2. 遥测检测

遥测检验相对简单，但目前大部分的测控装置只能保证在额定电流附近电流和功率的测量精度；在小电流下，电流和功率的测量精度不能满足要求，不能够精确地反映一次系统的潮流状态。工程人员以小电流的测量为检验原则，在调好精度后，主要从 IEC 104 报文分析其精度，这样可以更好地分析其精度。

三、提高测控装置可靠性的方法

（一）设计阶段

1. 应用光电隔离提高测控系统的硬件电路抗干扰能力

为提高测控装置的抗干扰能力，要求信号在传输过程中把干扰源和易干扰的电路部分隔离开来，光电隔离能够使测控装置的信号传输与后级不发生电联系。可见光电隔离应用在输入输出接口中可达到测控装置的抗干扰目的。

2. 应用滤波电路提高硬件电路的抗干扰能力

为了消除传感器通道中的干扰信息，在硬件上常采用有源和无源的 *RLC* 网络构成模拟滤波器对信号实现频率滤波。通常会通过在硬件电路中附加串联或并联 *RC* 阻容滤波电路来提高硬件电路抗干扰能力。

由于电容器的充电和放电电压曲线是按照指数规律变化的，电容器上的电压要经过

3τ 时间后才能够反映输入电压的变化，不会发生突变，RC 阻容滤波电容能够利用电容电压的非突变性来抑制噪声干扰。对模拟信号来说，采用 RC 阻容滤波电路可以实现低通滤波；在数字电路的接口部分采用 RC 阻容滤波电路，对幅值大、脉冲宽度窄的尖脉冲噪声能够有效抑制；利用 RC 的延时作用还可以控制对脉冲噪声的响应。

3. 应用数字滤波技术、容错技术和信息保护技术提高软件可靠性

（1）测控装置可靠性对测控软件的要求。测控软件最重要的指标之一就是可靠性，它要求软件在运行、参数环境发生变化时，构件能够可靠运行并给出正确结果，即要求软件具有自适应能力。另外，软件必须保证在严重干扰环境下也能够可靠运行。

（2）软件设计应用数字滤波技术、容错技术提高装置可靠性。数字量输入过程中如果出现干扰，干扰就会作用在模拟信号上，使测量到的结果偏离实际值。在软件编制过程中对被采集点的数据变化规律进行了设置，在采集数字信号时，通过对采样点数据连续多次采集，运用 CPU 的运算，采取程序判读比较取舍法、算术平均值法、数字低通滤波法等方法，将采集的系列数据与设置采集点的数据变化规律进行比较，自动将干扰引起偏离规律的数据除去。通过软件自动完成这些类似模拟滤波器完成的功能，实现数字滤波、适当容错，从而提高了软件的可靠性。

（3）信息保护技术提高系统可靠性。为防止突然干扰对测控装置冲击造成系统信息丢失，在软件中设置了对装置等重要信息保护的措施。同时，设置监测单元对装置的当前有效状态、系统时间予以监控，将控制过程分解为若干步骤或若干时间段，执行完一步或每运行一个时间段则对监测单元置为高级容许值，不同的任务或任务的不同阶段有不同的值。若装置正在进行测控任务或执行某时间段，则将监测单元置为非正常关机值，装置复位后立即利用备份 RAM 对重要参数区进行自我检验和恢复，从而保护 RAM 中的数据。这样，装置复位后可据此单元判别装置原来的一些状态，并跳到出错处理程序中自动恢复系统运行状态。

（二）运行阶段

一般来说，测控装置都分有几个插件，分别是管理插件、采样插件、开入插件、通信插件、电源插件等，它们各自起到不同的作用。总体而言，应用故障树的设备检修分析方法来研究测控装置故障问题。

1. 管理插件

管理插件也称 CPU 插件，起到的作用是总管整个测控装置。管理插件故障损坏的原因有：①供电可能出问题，如果从电源插件来的电源出问题，例如电压过高或者过低都会导致插件损坏；②电压过低则会使 CPU 供电不足，同样影响正常运行使用；③最常见的是元器件老化问题，每个设备都有寿命，长期运行的设备始终会遇到元器件老化的问题，最后会导致管理插件的故障。

2. 采样插件

采样插件起到为测控装置采集数据的作用。采样插件故障的最常见情况就是采样元

件故障。采样元件是指采样插件里面的小型电流互感器或者是小型电压互感器。在长期通过交流电流和交流电压的情况下，小型电流互感器或小型电压互感器存在故障老化的可能性，有的时候则是小型电流互感器或小型电压互感器里面的做工有问题。在小型电流互感器或者是小型电压互感器内部有故障的情况下，出来的采样值自然不会准确，更有甚者会使加入的电压或者电流短路，影响二次回路，造成恶劣的事故。

另外一个故障原因就是灰尘多了。当这种精细的元器件进入了灰尘之后，就很容易导致短路或者是元器件的损坏，影响采样的正确性。

3. 开入插件

开入插件是测控装置采集外部开入的插件，采集的就是具体的信号。开入插件故障的原因同样有电压过高。另外一个故障的可能性就是光隔损坏，这也是最常见的。因为采样插件的原理是要通过一个公共端输出正电，然后通过电缆去其他装置需要采集的信号量的触点，再从其他装置的触点兜回来具体的开入触点；当其他装置的某个信号动作时，会使触点闭合，就能令正电通导到具体的开入触点，测控装置就能采集到这个信号了。而公共端和开入触点都是通过光隔供电的，光隔是通过测控的电源转换而成的，如果光隔出现问题，自然会影响信号量的采集。

还有一个常见的故障情况是开入插件和测控装置相连接的插针损坏，如果在插件的插拔过程中稍微碰到这些插针，或者是插拔过程用力不均匀，都会出现插针被人力弄弯曲甚至折断的情况；弯曲或折断的插针自然不能正常采集信号量，也是插件故障的其中一个原因。

4. 通信插件

通信插件顾名思义就是测控装置和站内站控层通信的插件。通信插件故障的一个比较常见的故障原因是通信插件里面的网络插头损坏。网络插头是指通信插件和外部来的通信线的连接部位。不同的通信线都会通过网络插头接入到通信插件中。有的情况下，如果通信插件只接收一种通信线形式，则需要转换头转换通信线的形式。只要网络插头出现老化或者是损坏，就会影响测控装置与外部的通信通道。还有就是网卡坏的情况，网卡直接影响通信地址和通信质量，网卡损坏自然直接影响通信插件的功能。

5. 电源插件

电源插件是给测控装置各个插件乃至测控装置本身供电的插件。如果从直流屏过来的电源本身就存在过压或者欠压的情况，即电压插件的输入电压异常，就会直接导致电源插件功能受影响；因为电源插件是设计在额定电压稳定供应的情况下运行的，输入电压超过了额定电压设计的范围就会使电源插件运行脱离正常情况。

另外一个可能的故障原因是内部的元器件烧坏。而元器件烧坏有两个基本原因，一个是内部短路，一个是内部灰尘多。内部短路是电压插件经常出现的故障情况之一，常常把电源插件拔下来就发现整个插件非常烫手，个别元器件已经短路烧黑；这是由于电源插件内部的元器件长期都是带有额定电压，容易有短路现象出现。灰尘多容易造成内部的电子回路异常，影响电源插件正常供电。

对于各个插件的维护，要做到定期进行检查、更换，保证测控装置的稳定、可靠运行。

四、公用测控装置电源空气开关跳闸事故案例分析

（一）事故过程

某500kV变电站在2017年发生了一起公用测控装置电源空气开关（简称“空开”）跳闸事故，故障位置位于继电器室主控公用屏。

维修人员到达现场，对闸门进行了试合，试合失败后，对公用测控装置内部的各个插件进行了检查，最终确定为电源插件故障。

（二）原因分析及处理过程

该变电站使用的是直流逆变电源插件，这种插件在实际运行中主要利用逆变原理，将输入经抗干扰滤波回路内部的220V或110V直流电压转变为可以在实际运行中应用的直流电压（如5、12V以及24V）。需要注意的是，这种自动化装置电压均不共地，采用的是浮地方式，也不会同外壳相连。

在故障发生后的第一时间，检修人员就在现场展开了全面的检查分析。经过细致检查后发现，除了跳闸位置外，测控装置电源模块的其余位置均正常。检修人员更换了携带的测控装置专用电源模块，重新试合。但在合上遥信电源空开和测控装置电源空开后，再次出现了电源冒烟烧毁问题。初步排除了电源模块问题后，工作人员立即对装置和线路进行检查，拆除测控装置背板遥信端子排后，更换了装置电源接线端子排，在此基础上，重新连接电路，装置可以正常运行；但在恢复遥信端子排后，电源又一次出现了冒烟问题。综合来看，造成本次故障的原因在于装置内部存在短路故障。

综合所得到的信息，排除了一些常见的故障，针对反复多次的试合，怀疑是测控装置本身存在问题（如遥测、遥信输入问题）。检修人员准备了全套的测控装置及备用电源模块，按照以下流程进行了新一轮检测：首先，检查断开遥信电源、测控电源、电压互感器的空开情况，同时更换新的电源插件；其次，检查测控装置内部的各个插件，查看是否存在放电情况，重点检查后台信号接入情况，特别是遥测电流、电压情况（测控装置后台涉及的方面较多，包括自动化、交直流、通信、安防、火灾告警、运行专业等）；最后，检查端子排状态，避免出现内部短路问题导致电流回路被封锁。

从实际情况来看，遥测输入电压的空开已经分开，电流回路被隔离。考虑到遥信板的性能问题，在更换新遥信插件后，输入了220V直流电压，并且合上电源空开。从实际运行情况来看，装置正常，由此证明装置硬件并没有损坏。进一步合上站用变压器电压互感器、拆除电流封线，此时整体运行数据正常、电流正常、遥测插件正常。但在合上遥信电源空开后的3min内重新出现了电源冒烟问题，检查装置设备后发现是直流接地故障。为了保证每一条线路问题都得到解决，检测人员展开了逐一排除法。在实际测量过程中先对地测量空开下口电压，正负极对地分别为1.5V和–228V；同时发现，正极对地属于死

接地，由此判断，遥信电源回路正极存在问题。为了确定 J701 某回路中的具体故障线路，对外侧及内侧每一个接线都进行了测试，最终排查到了两根接地线，分别为外侧一根和内侧一根，而且两根属于同一电缆。将两根接地线拆除干净后，重新封装电缆线头，恢复所有的设备，实现电压的正常运行。一般情况下，遥信空开上口对地电压直流应该为 +110、−110V，而正常空开下口对地均为 0V；基于这一原理能够判断出具体的故障线路。在进行了相应的处理后，所有的故障都得到消除，系统可以正常运行，而且后台信号以及遥测量恢复到了正常状态。再次检测设备运行发现，问题已经得到了妥善处理，设备也可正常运行。

（三）整改措施

（1）全面落实信息管理工作，工作人员就可以按照信息数据提供的内容，展开高效快捷的处理，降低故障带来的负面影响。

（2）切实加强装置预防处理工作，将测控装置的遥信电源和装置电源进行隔离。这种方式可以将故障范围控制在一定的区域内，同时进一步简化故障处理和优化建设情况。

（3）积极开展软硬件维修工作。

第二节　厂站时间同步可靠性提升

一、厂站时间同步概述

随着我国电力系统的快速发展，各类业务和数据对时间同步的要求日益迫切，需要准确、安全、可靠、统一的时钟源，为电力系统各类运行设备和系统提供精确的时间基准。

在变电站和发电厂内，时间同步系统能够为各类设备，如同步相量测量装置（PMU）、合并单位、测控装置、继电保护装置、电能量采集装置等自动化、保护设备提供统一的时间基准，确保实时数据采集时间的一致性，提高相量和功角动态监测、线路故障测距、电量数据等的准确性，从而提高电网事故分析和稳定控制的水平，提高电网运行效率和可靠性。

（一）时间同步网和时间同步系统

1. 时间同步网的组成

电力系统时间同步网由设在各级电网的调度机构、变电站（发电厂）等的时间同步系统组成。在满足技术要求的条件下，网内的时间同步系统可通过通信网络接收上一级时间同步系统发出的有线时间基准信号，也能对下一级时间同步系统提供有线时间基准信号，从而实现全网范围内有关设备的时间同步。目前由于精度原因，电力系统中上下级调度主站与厂站间并没有应用有线时间基准信号。时间同步网的组成如图 2–2 所示。

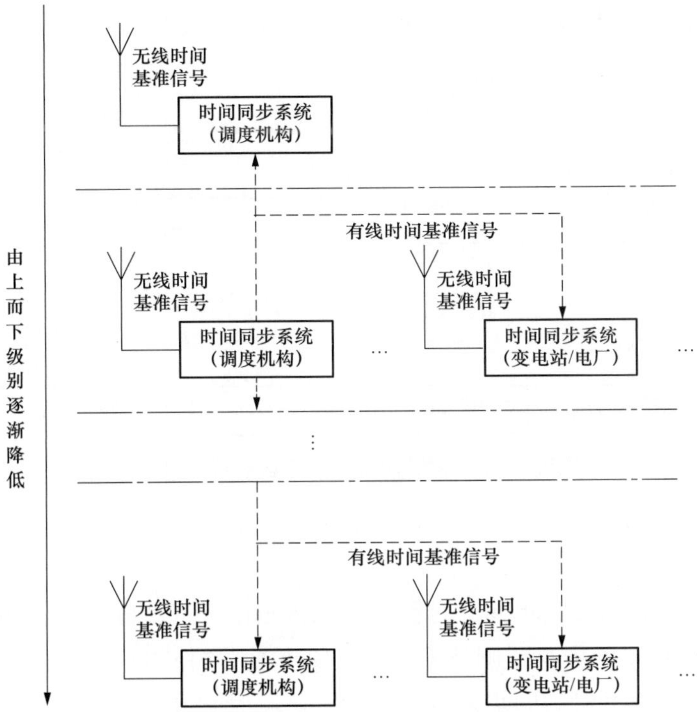

图 2-2　时间同步网组成示意图

2. 时间同步系统的组成

时间同步系统有多种组成方式，其典型方式有单主钟、双主钟两种。

（1）单主钟时间同步系统由一台主时钟、多台从时钟和信号传输介质组成，为被授时设备或系统对时，主时钟可设置接收上一级时间同步系统下发的有线时间基准信号。单主钟时间同步系统组成如图 2-3 所示。

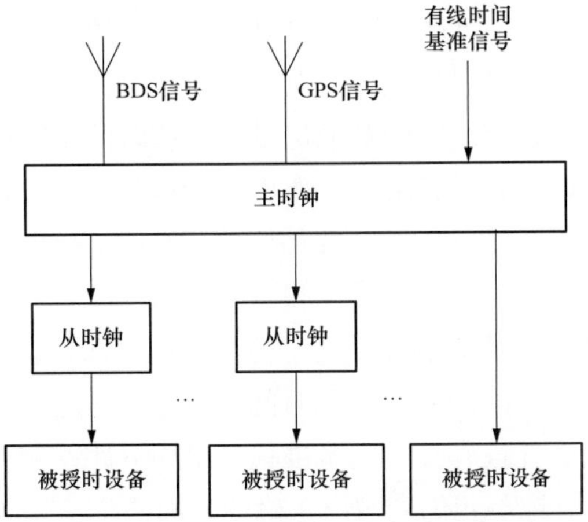

图 2-3　单主钟时间同步系统组成示意图

（2）双主钟时间同步系统由两台主时钟、多台从时钟和信号传输介质组成，为被授时设备或系统对时。双主钟时间同步系统组成如图 2–4 所示。

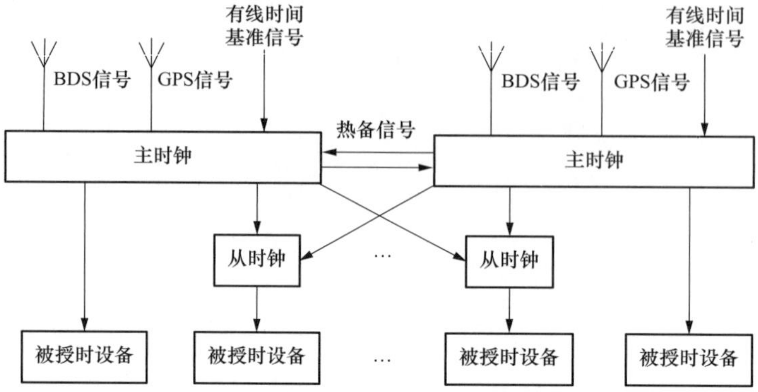

图 2–4　双主钟时间同步系统组成示意图

（二）时间同步装置

1. 时间同步装置的构成

时间同步装置主要由接收单元、时钟单元和输出单元三部分组成，如图 2–5 所示。国网公司《电力系统时间同步及监测技术规范》（Q/GDW 11539—2016）中另外加入了监测单元，要求应采用独立的时间同步监测模块用于监测时间同步装置及被授时设备的时间同步状态。

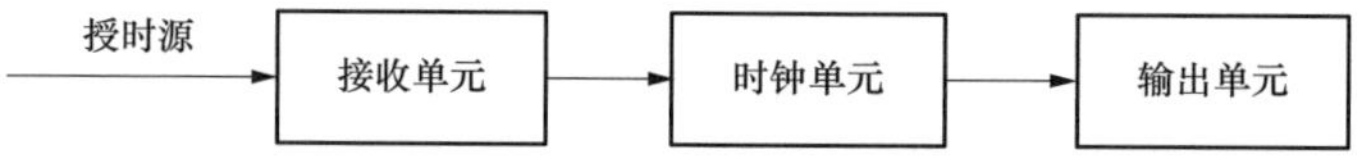

图 2–5　时间同步装置组成示意图

时间同步装置的接收单元以接收的无线时间基准信号作为外部时间基准，主时钟的接收单元由天线、馈线、低噪声放大器（可选）、防雷保护器（可选）和接收器等组成，从时钟的接收单元由输入接口和时间编码（如 IRIG–B 码）的解码器组成。主时钟的接收单元能同时接收至少两种外部时间基准信号，其中一种应为无线时间基准信号。从时钟的接收单元只接收两种或一种两路有线时间基准信号，这些时间基准信号互为热备用。

接收单元接收到外部时间基准信号后，时钟单元按优先顺序选择外部时间基准信号作为同步源，将时钟牵引入跟踪锁定状态，并补偿传输延时。这时，时钟受外部时间基准信号的控制，并输出与其同步的时间同步信号和时间信息。

如接收单元失去外部时间基准信号，则时钟进入守时保持状态。这时，时钟仍能保持一定的时间准确度，并输出时间同步信号和时间信息。外部时间基准信号恢复后，时钟单元自动结束守时保持状态，并被外部时间基准信号牵引入跟踪锁定状态，牵引时间一般小于 0.5s。在牵引过程中，时钟单元仍能输出正确的时间同步信号和时间信息。

时钟单元的频率源可根据时间准确度的要求，选用温度补偿石英晶体振荡器、恒温控制晶体振荡器或原子频标等。

输出单元输出各类时间同步信号和时间信息、状态信号和告警信号，也可以显示时间、状态和告警信号。

根据国网公司针对自动化装置“四统一、四规范”的要求，制定了《电力系统时间同步及监测技术规范》（Q/GDW 11539—2016），通过统一时间同步装置外观接口、统一信息模型、统一通信服务、规范参数配置、规范版本管理、规范质量控制，达到实现变电站自动化设备标准化、时间同步装置功能规范化、运行检修维护效率最大化，装置的功能和性能大幅度提升，进一步引领智能变电站自动化技术发展方向。

主要变化是统一了外观和结构、面板布局、面板指示信息、菜单配置、信息模型、版本管理要求等内容，进一步完善了多时源选择及切换逻辑，明确了闰秒处理的方法，增加了监测功能和位置信息解析功能等。其中，位置信息解析功能主要规定如下内容：

（1）时间同步装置初始化完成之前，不应有输出，且位置信息初始化为零。

（2）当时间同步装置至少锁定 5 颗星时，开始解析位置信息；若锁定卫星颗数不足 5 颗，不进行位置信息解析。

（3）当时间同步装置连续解析位置信息 20min 后（保持锁定至少 5 颗星），按照时源选择的结果选择定位方式，即当时源选择结果为 BDS 时源时，采用 BDS 定位的位置信息作为当前位置的定位结果；当时源选择结果为全球定位系统（global positioning system，GPS）时源时，采用 GPS 定位的位置信息作为当前位置的定位结果。

（4）记录并存储定位结果的经度、维度、高度信息作为当前位置信息，同时记录并存储位置信息的定位方式，后续不再对存储的当前位置信息进行更改。

（5）每次装置重启后，装置应重新初始化位置信息。

2. 时间信号与接口类型

（1）脉冲信号。分为秒脉冲、分脉冲和时脉冲。

1）秒脉冲（pulse per second，PPS）：一种时间基准信号，每秒一个脉冲。

2）分脉冲（pulse per minute，PPM）：一种时间基准信号，每分一个脉冲。

3）时脉冲（pulse per hour，PPH）：一种时间基准信号，每小时一个脉冲。

4）主要技术参数如下。

a. 脉冲宽度：10 ～ 200ms。

b. TTL 电平。

a）准时沿：上升沿，上升时间不大于 100ns。

b）上升沿的时间准确度：优于 1μs。

c. RS-422，RS-485。

a）准时沿：上升沿，上升时间不大于 100ns。

b）上升沿的时间准确度：优于 1μs。

d. 光纤：使用光纤传导时，亮对应高电平，灭对应低电平，由灭转亮的跳变对应准时沿。

a. 秒准时沿：上升沿，上升时间不大于 100ns。

b. 上升沿的时间准确度：优于 1μs。

（2）IRIG-B 信号。IRIG（inter-range instrumentation group）是美国靶场司令部委员会的下属机构靶场仪器组的简称。IRIG 串行时间码共有六种格式，即 A、B、D、E、G、H，其中 IRIG-B 码应用最为广泛。IRIG-B 码的时帧速率为 1 帧 /s，包含 100 位信息，分别表示 BCD 时间信息和控制功能信息，同时也可从串行时间码中提取 1Hz、10Hz 和 100Hz 脉冲信号。

目前电力系统常用的 IRIG-B 码为 IRIG Standard 200-04 标准格式遍码，帧长为 1s，共包含 100 个码元。它采用脉宽调制方式编码，共有三种宽度的码元，分别表示逻辑“0”“1”“P”，其中“P”为标志位。码元的总宽度为 10ms，逻辑“0”的脉宽为 2ms；逻辑“1”的脉宽为 5ms；逻辑“P”的脉宽为 8ms。IRIG-B 码波形如图 2-6 所示。

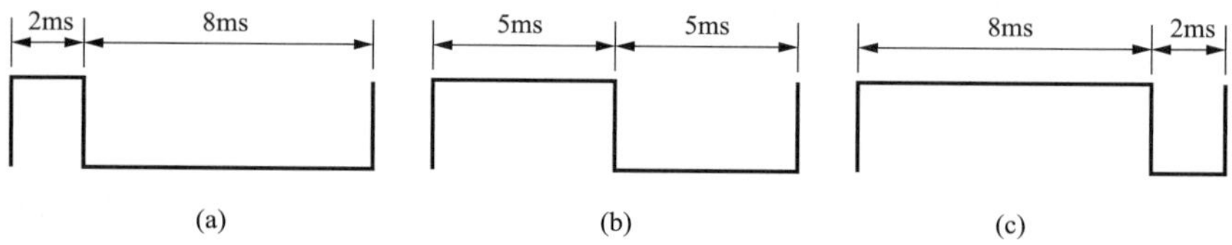

图 2-6　IRIG-B 码波形图

（a）码元“0”；（b）码元“1”；（c）码元“P”

IRIG-B 码又分为 DC 和 AC 两类，电力一般使用 IRIG-B（DC）码，两类时间精度分别如下。

1）IRIG-B（DC）码。

a. 每秒 1 帧，包含 100 个码元，每个码元 10ms。

b. 脉冲上升时间：不大于 100ns。

c. 抖动时间：不大于 200ns。

d. 秒准时沿的时间准确度：优于 1μs。

e. 接口类型：TTL 电平、RS-422、RS-485 或光纤。

2）IRIG-B（AC）码。

a. 载波频率：1kHz。

b. 频率抖动：不大于载波频率的 1%。

c. 信号幅值（峰峰值）：高幅值为 3 ～ 12V 可调，典型值为 10V；低幅值符合 3∶1 ～ 6∶1 调制比要求，典型调制比为 3∶1。

d. 输出阻抗：600Ω（变压器隔离输出）。

e. 秒准时沿的时间准确度：优于 20μs。

（3）NTP/SNTP 信号。网络时间协议（network time protocol，NTP）是用于互联网中时间同步的标准互联网协议。授时设备与被授时设备间进行带有时间戳的 NTP 网络报文交互，并利用时间戳来计算网络延迟，消除授时信号的传输延时。目前常用的 NTP 网络协议为 NTPv3 RFC 1305 版。简单网络时间协议（simple network time protocol，SNTP）为 NTP 的简化版。NTP 授时精度在局域网中要求优于 10ms，在广域网中要求优于 500ms。

（4）PTP 信号。精确时间协议（precision time protocol，PTP）是一种基于数据包的双向通信协议，可实现网络分布式系统中设备实时时钟的精确同步，通常应用在以太网网络上。PTP 协议定义了普通时钟（ordinary clock，OC）、边界时钟（boundary clock，BC）和透明时钟（transparent clock，TC）三种时钟类型。

系统的时间同步依靠 PTP 报文完成。PTP 报文包含事件报文和通用报文，其中事件报文是计时的报文，在时间戳发送和接收时产生，并需要设备物理层硬件支持。PTP 授时精度可达 1μs 内。

（5）串口报文授时信号。串口报文授时信号是一种串行发送的报文授时信号，发送的报文多为标准 ASCII 码。由于串口报文多为 CPU 软件发送，授时准确度较低，目前变电站使用较少。

报文发送时刻，每秒输出 1 帧。帧头为 #，与秒脉冲（1PPS）的前沿对齐，偏差小于 5ms；串行口时间报文格式见《电力系统的时间同步系统 第 1 部分：技术规范》（DL/T 1100.1—2018）。串口报文信号波形如图 2-7 所示。

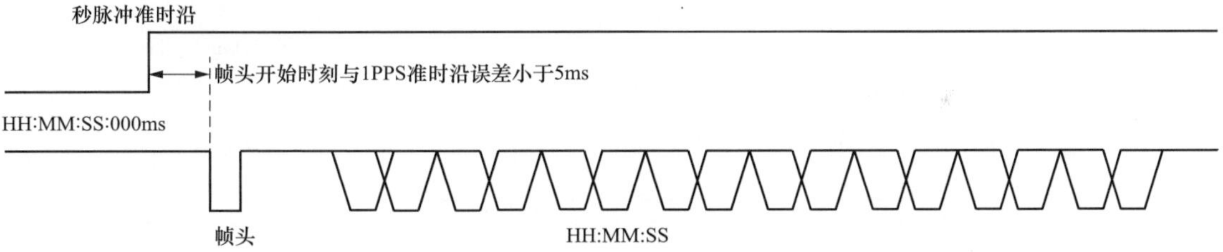

图 2-7 串口报文信号波形图

相应地，时钟装置自身具备各类硬件接口，输出不同种类的时间信号，主要有以下几种。

1）光纤接口：光纤常用于传送脉冲信号、直流 IRIG-B 码等信号；光纤通信具有稳定可靠、传输距离远、不用隔离等特点，在电力系统中应用广泛。

2）RS-485 接口：通用的串行数据通信标准，采用平衡方式传送，即两根传输导线都是信号线。接收设备取两根信号线的差值（所以也称差分方式），在传输过程中遇到干扰，两根信号线的点位差不变，可以长距离传输。如果不考虑线长的延时因素，RS-485 的传输距离可达 1000m。

3）RS-232 接口：通用的串行数据通信标准，最常用于计算机之间的通信。采用非平衡方式传送，即两根传输导线一根是地线、一根是信号。信号在传输过程中遇到干扰，地线是零，干扰信号只影响信号线，如果传输距离过长会导致通信失败。

4）TTL 接口：TTL 电平叫法是由 TTL 器件使用的逻辑电平而来，为 5V，绝大部分数字电路运算、转换、传输都使用这一标准电平。由于 TTL 电平的电压为 5V，抗干扰性能较差，在发电厂、变电站这种电磁环境比较恶劣的环境中传送信息时，传输距离受到一定限制。

5）空触点接口：在授时信号的传递过程中，收发双方对脉冲的电平要有一个约定，这类似于前面提到的报文授时信号的报文格式要约定一样。不同厂家的设备脉冲电平要求不同，电压等级不同、准时沿不同，在使用中同样会有诸多不便。采用无源触点（空触点、干触点）传输方式，发送端等效为一个开关，在要求的时刻闭合，电源由接收设备自身提供，这样接收设备使用的电平等级、准时沿用上升沿还是下降沿就与设备无关了。

综上，为保证时间同步的准确度及信号传输的质量，被授时设备或系统可按照表 2-1 选用不同信号接口。时间同步准确度要求优于 1μs 时，传输电缆长度应控制在 15m 以内。

表 2-1　　时间同步信号、接口类型与时间同步准确度对照表

接口类型	光纤	RS-422，RS-485	静态空触点	TTL	AC	RS-232C	以太网
1PPS	1μs	1μs	3μs	1μs	—	—	—
1PPM	1μs	1μs	3μs	1μs	—	—	—
1PPH	1μs	1μs	3μs	1μs	—	—	—
串口时间报文	10ms	10ms	—	—	—	10ms 左右	—
IRIG-B（DC）	1μs	1μs	—	1μs	—	—	—
IRIG-B（AC）	—	—	—	—	20 μs	—	—
NTP	—	—	—	—	—	—	10ms
PTP	—	—	—	—	—	—	1μs

注　“—”表示不适用。

（三）电力时间同步系统的应用

1. 电力应用系统及设备对时需求

电力系统的常用设备和系统均需接收时间同步系统提供的授时信号以完成自身时间的同步，满足相应的业务需求。

依据相关规范，各类常用设备和系统对时准确度的要求见表 2-2。其中，线路行波故障测距装置、PMU、合并单元及雷电定位系统对时间同步准确度的要求均优于 1 μs，故此四类装置目前多用 IRIG-B 码对时。其他系统与装置均可对照表 2-1 选用合适的接口与输出信号类型。

表 2-2　　电力系统的常用设备和系统对时间同步准确度要求表

电力系统常用设备或系统	时间同步准确度
线路行波故障测距装置	优于 1μs
PMU	优于 1μs
合并单元	优于 1μs
雷电定位系统	优于 1μs
故障录波器	优于 1ms
电气测控单元、远方终端、保护测控一体化装置	优于 1ms
微机保护装置	优于 10ms
安全自动装置	优于 10ms
配电网终端装置	优于 100ms
电能量采集装置	优于 1s
负荷 / 用电监控终端装置	优于 1s
电气设备在线状态检测终端装置或自动记录仪	优于 1s
集控中心 / 调度机构数字显示时钟	优于 1s
火电厂、水电厂、变电站计算机监控系统主站	优于 1s
电能量计费、保护信息管理、电力市场技术支持等系统的主站	优于 1s
负荷监控、用电管理系统主站	优于 1s
配电网自动化 / 管理系统主站	优于 1s
调度生产和企业管理系统	优于 1s
电子挂钟	优于 1s

2. 电力时间同步系统的应用方式

以一般的 220kV 智能变电站为例，变电站常用授时方式如图 2-8 所示。

（1）站控层授时：主时钟通过 NTP 信号为监控主机等接收 NTP 信号的设备进行授时，通过 IRIG-B 信号为网关机等接收 IRIG-B 信号的设备进行授时。

（2）间隔层和过程层授时：从时钟通过电口 / 光口 IRIG-B 信号为测控装置、合并单元等设备进行授时。

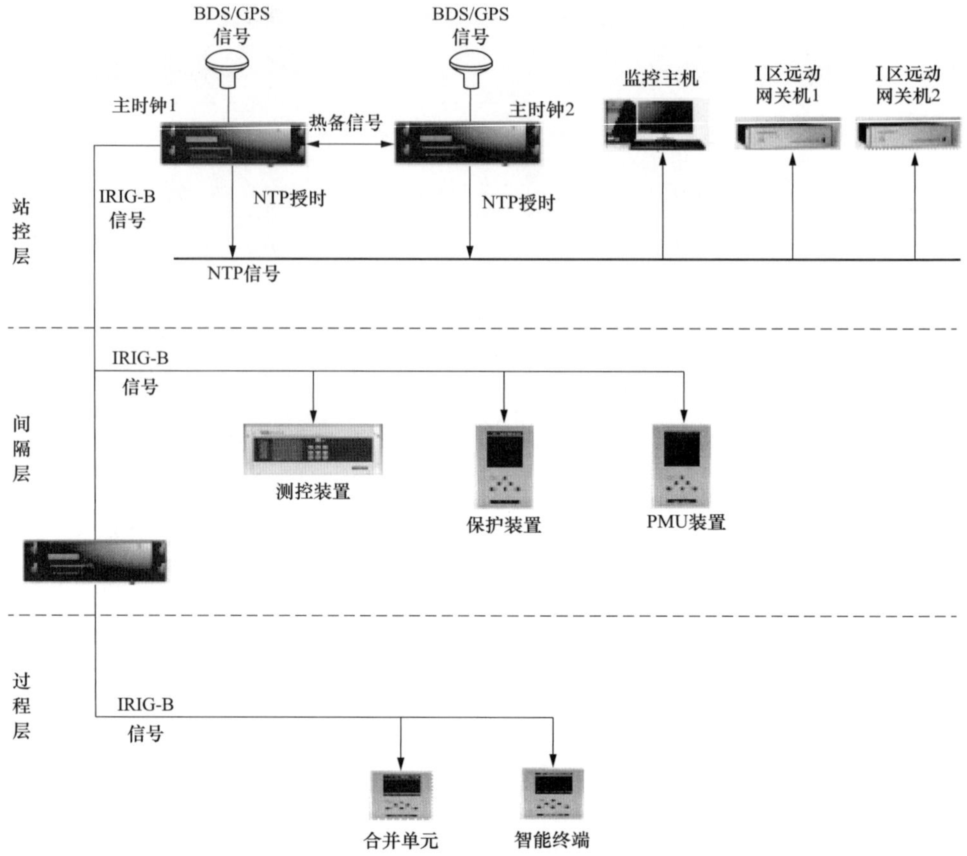

图 2-8　变电站常用授时方式示意图

3. 变电站时间同步监测

根据国网公司《国调中心关于强化电力系统时间同步监测管理工作的通知》（调自〔2014〕53 号）的要求，电力系统时间同步监测遵循分级管理的原则。

间隔层由测控装置作为时间同步管理端，实现对过程层设备对时状态及对时偏差的监测；站控层由监控主机作为时间同步管理端，实现对间隔层和过程层设备的监测。具体实现逻辑如下。

（1）监测方式：主时钟监测模块采用 NTP 方式，按照设定的轮询周期定期轮询主时钟、从时钟及站控层被授时设备的对时偏差；当轮询到某装置一次监测值越限时，应以 1s/ 次的周期连续监测 5 次，并对 5 次的结果去掉极值后取其平均值作为此次监测的结果，若平均值越限则产生越限告警信息。

（2）告警信息上送：当时间同步装置监测模块发现被监测设备时间同步异常时，应产生告警，并将告警信息上送给监控系统；若在监测过程中没有发现对时异常的装置，则按照设定的周期定时发送时间同步装置时间同步监测工作状态正常和所有被监测装置时间偏差监测正常两个信号至监控系统，表示站内时间同步装置和被授时设备时间同步状态正常。

二、厂站时间同步可靠性及其提高

随着电力系统自动化、智能化水平不断提高，对时间信号准确性、可靠性的要求也越来越高。统一精确的时间，能够保障变电站、电厂各系统在统一时间基准下的运行监控和事故后的故障分析，也可以通过各开关动作、调整的顺序及准确时间来分析事故的原因及过程，是保证电力系统安全运行、提高运行水平的一个重要措施。

（一）时钟源可靠性

目前暂无国标或行标明确规定各电压等级厂站的时间同步系统组成方式，《电力系统的时间同步系统　第 1 部分：技术规范》（DL/T 1100.1—2018）中要求：各级调度机构、110kV 及以上变电站、大型发电厂及其他有条件的场合宜采用双主钟方式时间同步系统。

对于各种组成方式的时间同步系统，主时钟能否接收到稳定的时源是授时的关键之一。由前文介绍可知，时间同步系统的时钟源主要有两类，即有线时间基准信号和无线时间基准信号。但就现状而言，绝大多数厂站并没有接收图 2-2 中上一级调度下发的有线时间基准信号，而是仅利用无线时间基准信号。对于配置单个主时钟的厂站，部分投运较早的主时钟信号源只有单 GPS 信号，部分主时钟能够分别接收 GPS、BDS 信号；配置双主时钟的厂站，其信号源为双 GPS 或主时钟 1、2 分别接收 GPS、BDS 信号。

在时钟源的可靠性上，可从增加主时钟信号源数量、保障信号源稳定、守时稳定性以及高精度授时协议的应用等方面进行提高。

1. 增加主时钟信号源数量

（1）对于仅配置单主钟且仅具备 GPS 接收功能的厂站，在信号有干扰或其接收模块出故障时，直接会失去稳定信号源，只能依靠自身守时功能进行全站时间同步，产生较大误差；故对于有条件的厂站，可以配置双主钟时间同步系统，实现互备。对于规模较小的厂站，可以只更换主时钟，选择双接收模块的主时钟，能够同时接收 GPS 和 BDS 信号，从而实现单台设备信号源的互备。单主钟双模块互备如图 2-9 所示。

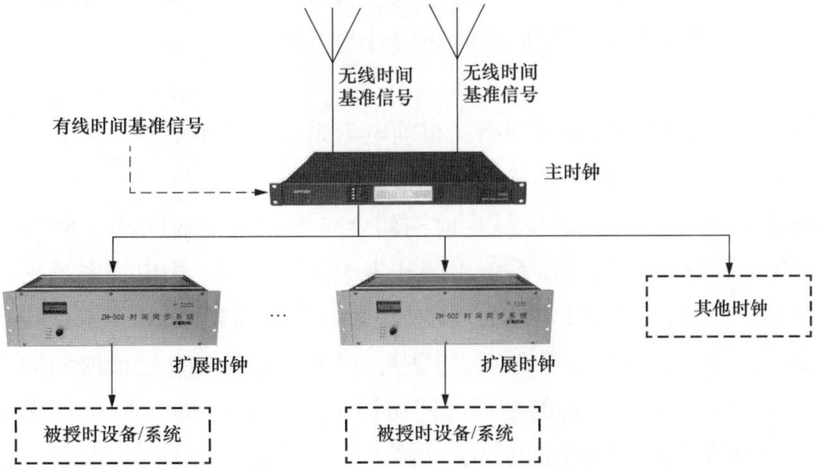

图 2-9　单主钟双模块互备示意图

（2）对于部分配置双主钟但仅能接收 GPS 的厂站，可以考虑增加 BDS 信号的接收功能。我国的北斗卫星导航系统于 2012 年 12 月 27 日起提供连续导航定位与授时服务，故部分投运较早、未升级改造的变电站和发电厂时钟装置不具备 BDS 信号的接收处理功能。考虑到时源信号的冗余可靠性，具备条件的厂站应增加 BDS 信号的接收功能，使其具备高可靠性。

2. 保障信号源稳定

鉴于目前厂站都是利用天线接收到的无线时间基准信号，故天线和装置自身接收模块是时间信号稳定的关键。在厂站放置外接天线时，需尽量保障天线周围的环境利用接收信号，如无金属遮挡、防风、防雷电等措施。

由于 GPS 属于美国政府控制，美国政府从未对 GPS 信号的质量及使用期限给予任何的承诺和保证，而且美国政府还具有对特定地区 GPS 信号进行严重降质、关闭处理的能力。而我国北斗卫星导航系统的理论授时精度和定位精度均高于 GPS，故从保障信号源稳定的角度出发，对于仅能接收 GPS 信号的厂站，建议站内主时钟至少有一台升级改造为 BDS 授时。

3. 守时稳定性

时间同步系统的正常授时需要自守时技术作为重要保障。当遭遇外部恶劣条件（如天气等因素）影响，时间同步系统可能会丢失外部参考时间信号或获取的时间信号偏差较大，这要求时间同步系统此时可以进行自守时。在自守时状态下，时间同步系统不借助外部信号，能够对区域内需要授时的设备完成一定精度的时间同步并输出相对可靠的时间信息和信号，这就需要对本地的频率源漂移进行控制，保持一定的守时精度。

目前，较高等级的调度机构都是通过主时钟内置的铷钟或铯钟等原子钟进行自守时；但由于高精度原子钟价格过于昂贵，厂站和地县调难以配置。晶振成本低，但是长期稳定性较差，无法维持长期的高精度，需要应用一定的技术来解决其精度问题；可以通过恒温晶振结合软硬件完成守时功能，基于外部标准频率信号的锁相环来对晶振进行频率控制，保持已达到的时间同步精度，提高同步时间信号的可靠性。

4. 技术展望

（1）构建一体化时间同步系统网络。目前电力系统时间不能够达到完全统一，缺少统一“省－地－厂站”的时间同步系统网络。

采用 BDS 双向对时功能，简单易行地构建全省电力系统时间同步网络，实现对全省发电、输电、配电网络的时间同步系统组网和集中监测维护，为电力系统提供安全、可靠的统一时间基准。同时，还可以与地面同步数字体系（synchronous digital hierarchy，SDH）时钟进行互备，形成“天地互备”方案。其中，可考虑优先建立地面时间同步系统，通过 SDH 方式接收来自上一级主时钟的精确时间协议（precision time protocol，PTP）时间信息以构建整个区域内的地面时间同步网络，并给下一级的变电站的远动装置、保护设备等系统提供 PTP、NTP、B 码、脉冲或频率等方式授时服务，提供给厂站一路稳定的有线时间基准信号。“天地互备”全网时间同步网络如图 2-10 所示。

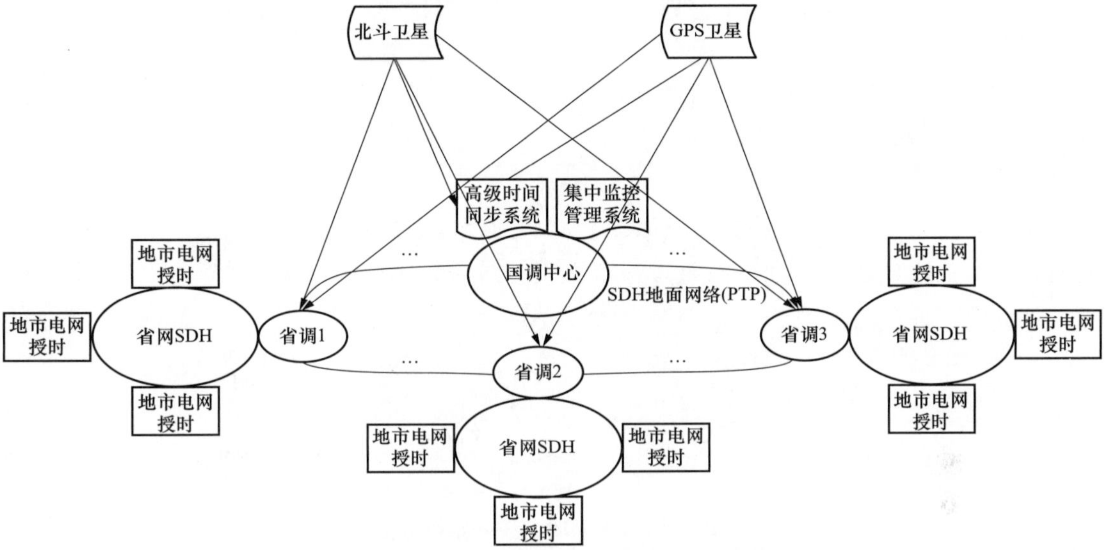

图 2-10　“天地互备”全网时间同步网络示意图

构建地面时间同步系统，主要有以下两项关键技术：①需要对传输网元时钟特性和光缆传输延时特性进行分析，建立长距离、多节点传输地面授时的传输模型，从而提高时码恢复、跟踪和守时性能；②需要克服传输设备处理、路由切换时引起的时延变化，以及时钟漂移和光缆温漂引入的时延变化。

另外一种电网时间统一系统方案如图 2-11 所示。该系统分空间授时和地面网络两大部分，空间授时直接利用卫星授时系统，在各个时间接收点设立卫星授时接收机，直接取得参考时间。地面系统以区域时间中心为界，区域中心以上称为中心层，区域中心以下称为授时网络层，区域时间中心是两层之间的连接点。各个区域中心负责统一本区域内的时间，区域中心的时间是区域电网的自主时间，可以作为独立时间运行，也可以溯源到更高一级的时间。在各个变电站配置时间接收点设备（时统设备），接收空间和地面传递来的时间；为了保证时间应用精度，接收点还配置了相应的时间配送系统，将时间信号直接送到各种用户终端设备。为了保证电网时间的可靠性、可用率，系统在每个环节上都提供了冗余方案，包括时间基准源冗余、传递网络冗余、时间中心冗余、时间同步网络冗余、通信系统冗余、授时方式冗余。

（2）高精度授时协议的应用。随着智能变电站技术的发展，时钟授时装置在变电站系统中的作用更加重要，合并单元、PMU 等装置对时间精度的要求越来越高。目前，变电站时间同步系统提供的对时精度在 1μs 以内的对时方式主要有 IRIG-B 码、秒脉冲（1PPS）等方式：秒脉冲授时方式必须结合串口对时报文或简单网络时间协议（SNTP）报文才能获得绝对时间；IRIG-B 码方式基于实时硬脉冲信号实现对时，包含时间信息较为全面，是目前应用最广泛和成熟的方式。

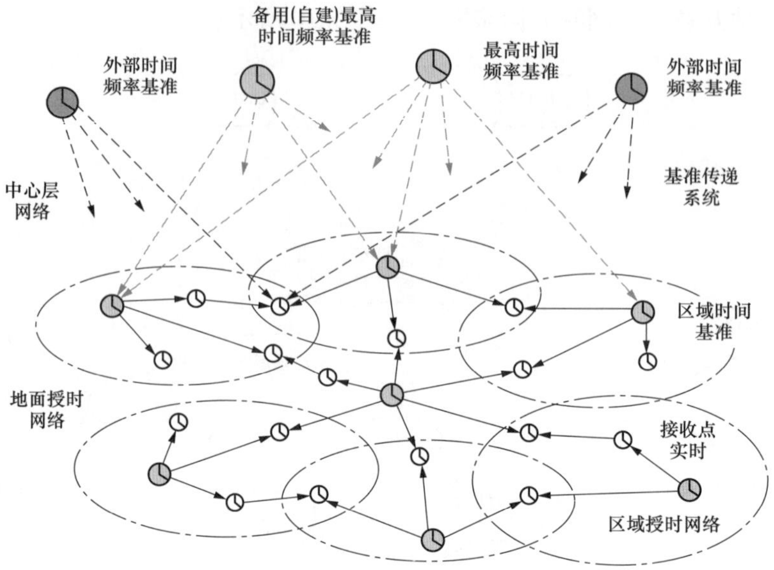

图 2-11　电网时间统一系统方案

IEEE 1588 标准（网络测量和控制系统的精密时间同步协议标准），定义了一种网络协议——PTP 协议。PTP 协议对时方式是一种更加精准且能够实现全站时间同步的方式，成为智能变电站时间同步技术发展的新趋势，但在电力系统中的应用尚处于起步阶段。IEEE 1588 协议提出了延时响应机制，其发布使得以太网时间同步精度由之前 NTP 协议的毫秒级提升到了纳秒级，且完善的通信模型和 BMC 算法也减少了人工干预，提高了时间同步网络的自动化程度；相较于卫星授时，IEEE 1588 成本低、精度高，符合电力系统时间同步要求。

在目前的智能变电站自动化系统中，站控层大多采用基于 SNTP 的网络时间同步方式，而间隔层、过程层设备采用电口或光口 IRIG-B 码对时。基于高精度授时协议 PTP 的时间同步系统在电力系统中的典型应用如图 2-12 所示。

采用 PTP 协议使分布式的通信网络能够严格地时间同步，从而显著改善整个网络的时间同步指标，直接提升站内二次设备的授时精度。因此，基于 PTP 网络时间同步将在智能电网的发展中起到重要的作用。

（二）系统组成与配合方式可靠性

时间同步系统组成方式主要有单主钟和双主钟，采用冗余设计的双主钟结构可靠性较高。目前，在运的各级调度机构、大型发电厂、500kV 及以上变电站配置的时间同步系统均采取双主钟，220kV 部分采取双主钟、部分采用单主钟，110kV 及以下厂站以单主钟为主。因此，在系统组成方式上，可从以下几个方面进行提高，即优化系统组成方式、提高设备可靠性以及优化时钟信号逻辑。

1. 提高设备可靠性

（1）主时钟装置可靠性。时钟设备硬件主要有卫星信号接收模块、时间频率同步模块以及电源模块。

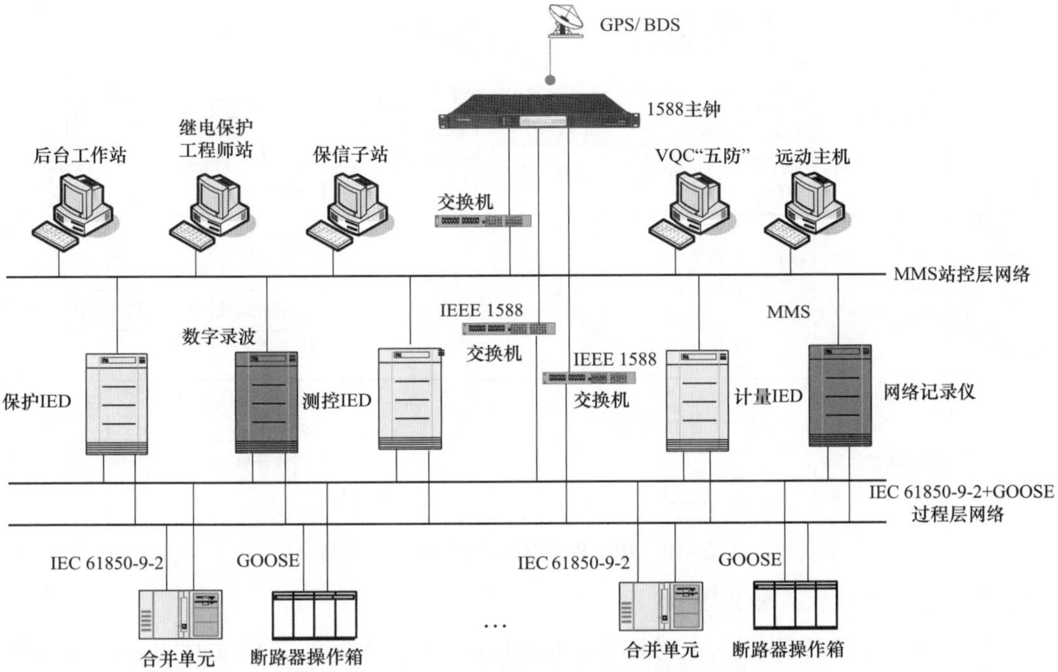

图 2-12　基于 PTP 的时间同步系统典型应用图

VQC—电压无功控制（voltage quality control）；IED—智能电子设备（intelligent electronic device）；
GOOSE—面向通用对象的变电站事件（generic object oriented substation event）
MMS—制造报文规范（manufacturing message specification）

卫星时间同步已经发展多年，技术十分成熟。时间频率同步模块较为复杂，其需要接收来自卫星接收模块的 1PPS、ToD 等时间信号，获得时间基准后，结合软、硬件实现各种精度的时间同步需求。在该模块中，时间同步的完成主要依托“FPGA+ARM”的硬件框架，搭配多种芯片、电路完成各种时间同步方式。设备硬件芯片、电源等级较多，合理的电源模块设计对电路版的性能及时间同步精度至关重要。故在装置硬件方面，设备搭载高质量的处理芯片和配置冗余电源设计，是提升可靠性的技术措施。

（2）主从时间同步可靠性。大型场站中，由于从时钟较多且可能距离较远，可能存在从时钟精度误差较大的问题，可通过对主、从时钟的检测测试保障主从时钟之间时间的同步可靠性。电力时间同步系统检测架构如图 2-13 所示。

图 2-13 中，主时钟 1、主时钟 2 和从时钟组成时间同步系统，由主时钟 1 和主时钟 2 负责监测，站控层和间隔层通过 NTP 乒乓方式完成对时偏差监测，过程层通过 GOOSE 乒乓方式完成对时偏差监测，主时钟监测值通过 MMS（DL/T 860）报文上送至监控主机和网关机，网关机通过告警直传的方式上送调度主站。利用时间同步系统测试仪测量时间同步系统输出时间同步信号的精度，并模拟 NTP 乒乓服务器端和 GOOSE 乒乓服务器端进行对时偏差准确度检测。同时，时间同步系统测试仪可模拟 DL/T 860 协议客户端，对主时钟

上送的自检信息及监测信息进行检测。

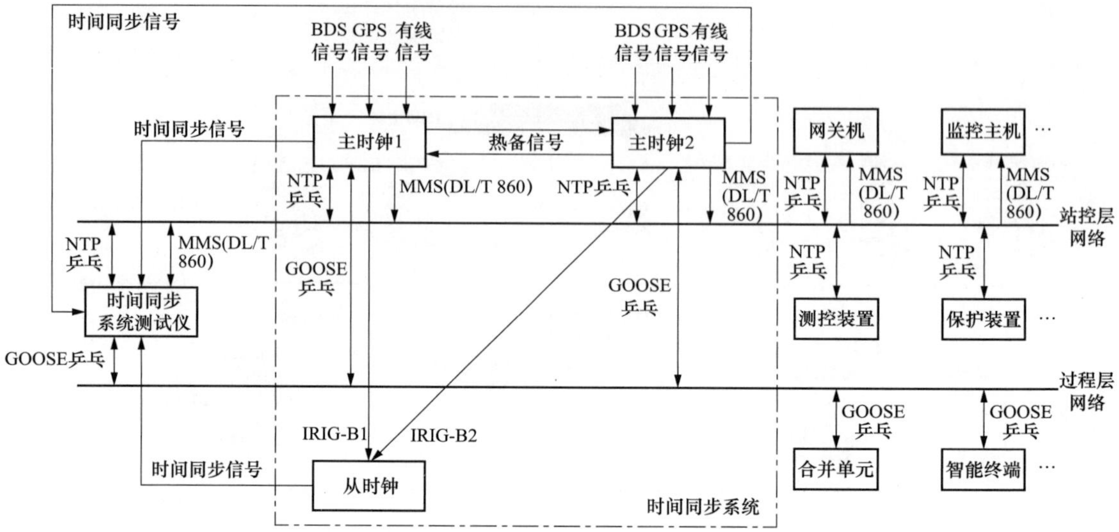

图 2-13　电力时间同步系统检测架构图

2. 优化时钟信号输入输出逻辑

（1）多时间源选择逻辑。主时钟多时间源选择主要依据外部独立时间源的信号状态及钟差，从外部独立时间源中选择出最为准确可靠的时间源，参与判断的典型时间源包括本地时钟、BDS 时间源、GPS 时间源、地面有线、热备信号。国网公司《电力系统时间同步及监测技术规范》（Q/GDW 11539—2016）推荐的多时间源选择流程如图 2-14 所示，该规范同时规定了初始化及守时恢复多源选择逻辑和运行状态多源选择逻辑，具体见表 2-3、表 2-4。

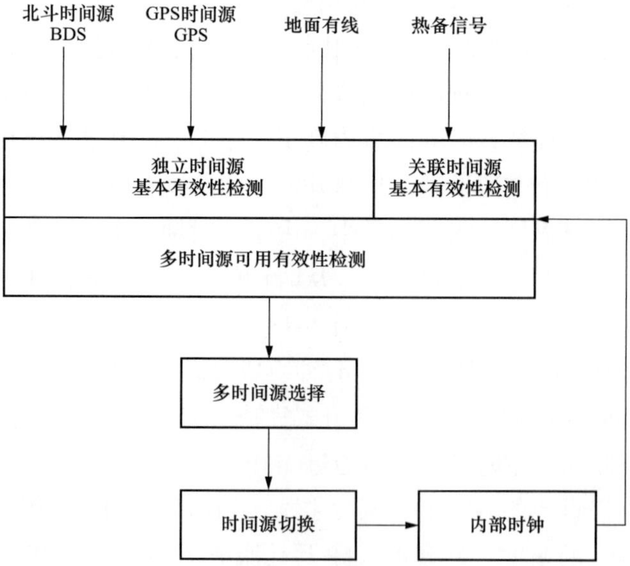

图 2-14　多时间源选择流程图

表 2–3　　主时钟开机初始化及守时恢复多源选择逻辑表

BDS 信号	GPS 信号	有线时间基准信号	BDS 信号与 GPS 信号的时间差	BDS 信号与有线时间基准信号的时间差	GPS 信号与有线时间基准信号的时间差	基准信号选择
有效	有效	有效	＜ 5μs	无要求	无要求	选择 BDS 信号
			＞ 5μs	＜ 5μs	无要求	选择 BDS 信号
			＞ 5μs	＞ 5μs	＜ 5μs	选择 GPS 信号
			＞ 5μs	＞ 5μs	＞ 5μs	连续进行不少于 20min 的有效性判断后，若保持当前条件不变则选择 BDS 信号
有效	有效	无效	＜ 5μs	—	—	选择 BDS 信号
			＞ 5μs	—	—	连续进行不少于 20min 的有效性判断后，若保持当前条件不变则选择 BDS 信号
有效	有效	有效	—	＜ 5μs	—	选择 BDS 信号
			—	＞ 5μs	—	连续进行不少于 20min 的有效性判断后，若保持当前条件不变则选择 BDS 信号
无效	有效	有效	—	—	＜ 5μs	选择 GPS 信号
			—	—	＞ 5μs	连续进行不少于 20min 的有效性判断后，若保持当前条件不变则选择 GPS 信号
有效	无效	无效	—	—	—	连续进行不少于 20min 的有效性判断后，若保持当前条件不变则选择 BDS 信号
无效	有效	无效	—	—	—	连续进行不少于 20min 的有效性判断后，若保持当前条件不变则选择 GPS 信号

续表

BDS信号	GPS信号	有线时间基准信号	BDS信号与GPS信号的时间差	BDS信号与有线时间基准信号的时间差	GPS信号与有线时间基准信号的时间差	基准信号选择
无效	无效	有效	—	—	—	连续进行不少于20min的有效性判断后，若保持当前条件不变则选择有线时间基准信号
无效	无效	无效	—	—	—	保持初始化状态或守时

注 连续进行不少于20min的有效性判断内，满足表中其他条件时，按照所满足条件的逻辑选择出基准时源。

表2-4　　主时钟运行状态多源选择逻辑表

有效独立外部时源路数	时源钟差区间分布比例（每5μs为1个区间）	热备信号	基准信号选择
3	4：0	无要求	从数量为4的区间中按照优先级选出基准信号
	3：1	无要求	从数量为3的区间中按照优先级选出基准信号
	2：2	无要求	选择BDS信号
	2：1：1	无要求	从数量为2的区间中按照优先级选出基准信号
	1：1：1：1	无要求	连续进行不少于20min的有效性判断后，选择BDS信号
2	3：0	无要求	从数量为3的区间中按照优先级选出基准信号
	2：1	无要求	从数量为2的区间中按照优先级选出基准信号
	1：1：1	无要求	连续进行不少于20min的有效性判断后，按照优先级选出基准信号
1	2：0	无要求	从数量为2的区间中按照优先级选出基准信号
	1：1	无要求	连续进行不少于20min的有效性判断后，按照优先级选出基准信号
0	—	有效	选择热备信号作为基准信号
	—	无效	无选择结果，进入守时

注 1. 本地时间源计入时间源总数。

2. 阈值区间为±5μs，即两两间钟差的差值都（与关系）小于±5μs的时间源，则认为这些时间源在一个区间内。

3. 选择热备信号作为基准信号时，本地时钟输出时间信号的时间质量码应在热备信号的时间源质量码基础上增加2。

（2）主时钟的工作方式。根据《电力系统的时间同步系统 第1部分：技术规范》（DL/T 1100.1—2018）的要求，主时钟的输入时间源信号主要包括独立时间源基准信号（GPS、BDS、地面有线）和关联时间源基准信号（另一台主时钟发来的有线时间基准信号），主时钟的工作方式见表2-5。

表2-5 主时钟的工作方式

独立时间源基准信号	关联时间源基准信号	初始化阶段的同步方式	正常工作阶段的同步方式	输出信号的时间质量标识	时钟告警
独立时间源选择有结果	正常	与独立时间源选择结果的基准信号同步	与独立时间源选择结果的基准信号同步	同步正常	无
独立时间源选择有结果	异常	与独立时间源选择结果的基准信号同步	与独立时间源选择结果的基准信号同步	同步正常	有
独立时间源选择无结果	正常	与关联时间源基准信号同步	与关联时间源基准信号同步	关联时间源时间质量加2	有
独立时间源选择无结果	异常	无法完成初始化，无输出	守时	同步异常	有

注 表中的“正常”指时间信号能被正确接收，且同步状态标识为正常；“异常”指“正常”之外的所有状态。

（3）从时钟的工作方式。根据《电力系统的时间同步系统 第1部分：技术规范》（DL/T 1100.1—2018）的要求，设从时钟的两路输入分别是来自主时钟A发送的有线时间基准信号（简称“A基准信号”）和主时钟B发送的有线时间基准信号（简称“B基准信号”），从时钟的工作方式见表2-6。

表2-6 从时钟的工作方式

A基准信号	B基准信号	初始化阶段的同步方式	正常工作阶段的同步方式	输出信号的时间质量标识	时钟告警
正常	正常	与A时间基准信号同步	与A时间基准信号同步	同步正常	无
正常	异常	与A时间基准信号同步	与A时间基准信号同步	同步正常	有

续表

A基准信号	B基准信号	初始化阶段的同步方式	正常工作阶段的同步方式	输出信号的时间质量标识	时钟告警
异常	正常	与B时间基准信号同步	与B时间基准信号同步	同步正常	有
秒准时沿接收正常同步状态异常	秒准时沿接收正常同步状态异常	与A时间基准信号同步	守时	同步异常	有
秒准时沿接收正常同步状态异常	秒准时沿接收异常	与A时间基准信号同步	守时	同步异常	有
秒准时沿接收异常	秒准时沿接收正常同步状态异常	与B时间基准信号同步	守时	同步异常	有
秒准时沿接收异常	秒准时沿接收异常	无法完成初始化，无输出	守时	同步异常	有

3. 补偿时钟误差

在时钟信号逐级传递的过程中，随着传输距离的不断增加，时钟信号将出现更加明显的误差，误差大小与时钟信号的协议类型、通信接口、传输距离都有一定的关系，可通过PPS推后补偿、高精度串行时间同步、智能输出判断、时间闭环反馈等技术，解决时间系统同步的精确性与稳定性等技术难题。

（1）主时钟补偿原理。时间同步系统一般采用本地卫星时间源，利用GPS/BDS的时间同步信息来校准本地区域性时钟系统。利用卫星的秒脉冲（PPS）信号把主时钟的毫秒单元中的时间数据进行清零，达到主时钟与卫星信号输出时间同步，其具体同步过程为：卫星的PPS信号上升沿触发主时钟的微控制单元（MCU）中的时间计时中断程序，使微控制单元（MCU）进入该中断程序，此程序记录整个中断过程的时间 Δt，然后把主时钟毫秒单元中的时间数据进行清零处理。主时钟在下一轮次输出标准时间信号时，在卫星标准时间信号的基础上加上中断延时时间 Δt，以补偿中断延时，确保主时钟与卫星标准时间信号输出的标准时间保持一致，达到主时钟与卫星标准时间信号同步的目的。

（2）NTP信号补偿原理。网络时间传输原理如图2-15所示。NTP与主时钟时间同步以后，经过MCU把标准时间信号转换成符合NTP协议的网络时间信号，用于局域网内各系统及网络子钟的校时。在客户方发送时间查询请求时，发送时间信号时仍需考虑网络延时的问题，并在授时时对网络延迟进行相应的补偿。

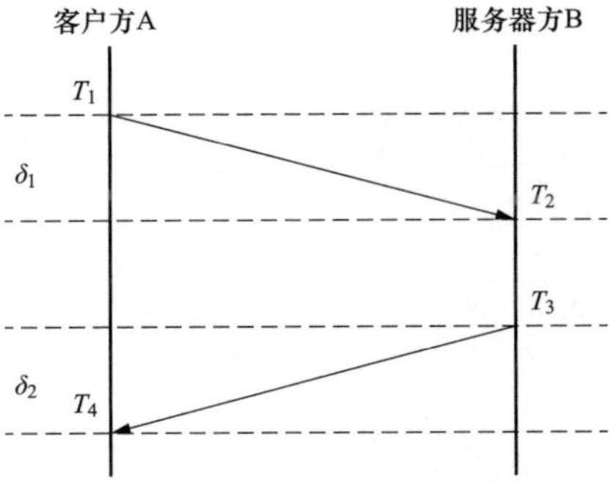

图 2–15 网络时间传输原理图

T_1—A 发送查询请求时间（参照为 A 时间系统）；T_2—B 收到查询请求时间（参照为 B 时间系统）；T_3—B 回复时间信息包时间（参照为 B 时间系统）；T_4—A 收到时间信息包时间（参照为 A 时间系统）；δ_1—A 请求信息在网络传播上所消耗的时间；δ_2—B 回复信息在网络传播上所消耗的时间

1）已知 T_1、T_2、T_3、T_4 时刻，希望求得 θ 以调整 A 时钟有：

$$\begin{cases} T_2 = T_1 + \theta + \delta_1 \\ T_4 = T_3 + \theta + \delta_2 \\ \delta = \delta_1 + \delta_2 \end{cases} \tag{2-1}$$

2）网络环境相同情况下，请求和回复信息在网络传播上的时间相同，即 $\delta_1 = \delta_2$，则可解得：

$$\begin{cases} \theta = \dfrac{(T_2 - T_1) - (T_4 - T_3)}{2} \\ \delta = (T_2 - T_1) + (T_4 - T_3) \end{cases} \tag{2-2}$$

据此，θ、δ 只与 $T_2 - T_1$、$T_4 - T_3$ 差值相关，与 T_2、T_3 差值无关，即与服务器处理请求所需的时间无关。可通过计算出时差 θ 去调整本地时钟。

（3）串行信号补偿原理。主时钟通过标准串行 RS–422/485 接口，从每秒的零毫秒时刻开始以 9600 波特率连续发送 21 个含有年、月、日、星期、时、分、秒、毫秒的时间字符，并且包含起始位、结束位、校验位、卫星校时等字符信息。标准时间的接收设备可在接收到结束符后可直接用接收到的时间信息来替换自身设备的豪秒计时；然后再依次校准分、时、日、月、年、星期等计时单元。串行信号的补偿原理如图 2–16 所示。

图 2–16 中，横轴 T 代表时间，单位 t 为发送或接收 1 个字节的时间，波特率为 9600 位 /s 的情况下（每个字节占用 8 位），$1t$ 约等于 1ms；纵轴 A 代表事件，A1 代表发送方发送的数据，A0 代表接收方接收的数据。

串行数据传输、发送和接收时序均由硬件自动实现，移位传输时发送和接收同时进行，因此，在实际传输中，发送方发送一个字节数据的同时接收方也完成了接收一个字节数据，即发送方完成 21 个毫秒级标准时间的同时，接收方亦完成接受 21 个毫秒级标准时间；即发送方发送标准时间所花费的时间 $21t$ 也就是接受方接受标准时间所需要的时间 $21t$。

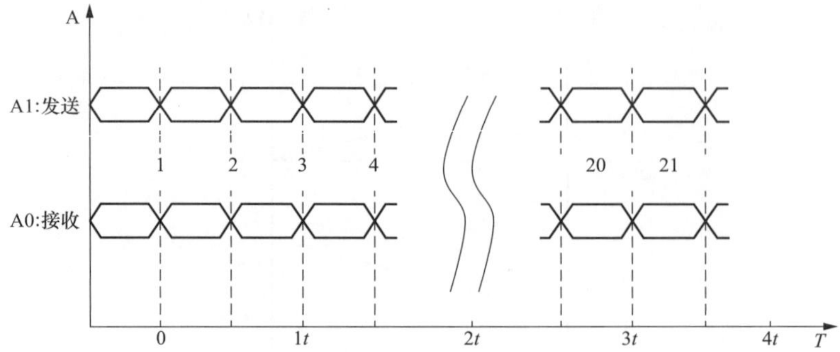

图 2-16 串行信号补偿原理示意图

（4）时间系统误差补偿原理。时间数据系统误差 T，主要由串行通信延迟时间 T_1 和传输延迟时间 T_2 组成。21 个字符的串行通信时间 T_1，可根据波特率和传输方式计算得：

$$T_1=\{[(8+1+1+1)\times 21]/9600\}\times 1000=24\text{ms}$$

传输通道延迟时间 T_2 主要与传输延迟特性有关，并且存在不同时段的不确定性。需要每次发送时间信号前，主时钟先给客户端发送数据进行测定传输延迟，得到 T_2。在发送标准时间信号时总的延时时间为：

$$T=T_1+T_2=24\text{ms}+T_2$$

主时钟发送的标准时间信号数据中包含延时时间 T，其他系统设备接收的标准时间信号为实时的时间信息。其他系统设备在接收到结束符后，直接利用接收到的补偿后标准时间数据校准自身的时间，然后再校准各显示单元，即可实现标准时间的同步功能。

4. 技术展望

图 2-4 所示的双主钟时间同步系统基本能够满足大部分厂站的时间同步要求，但需要根据具体厂站情况进行更具体的方案设计：一种应用于远距离授时的时钟同步系统如图 2-17 所示。对于远距离的电力系统，系统内各自动化的装置对于时钟同步的精度要求各不相同，既要满足系统内各个装置的时钟同步精度，又要避免因为各个子系统间的距离因素而导致同步精度的下降。

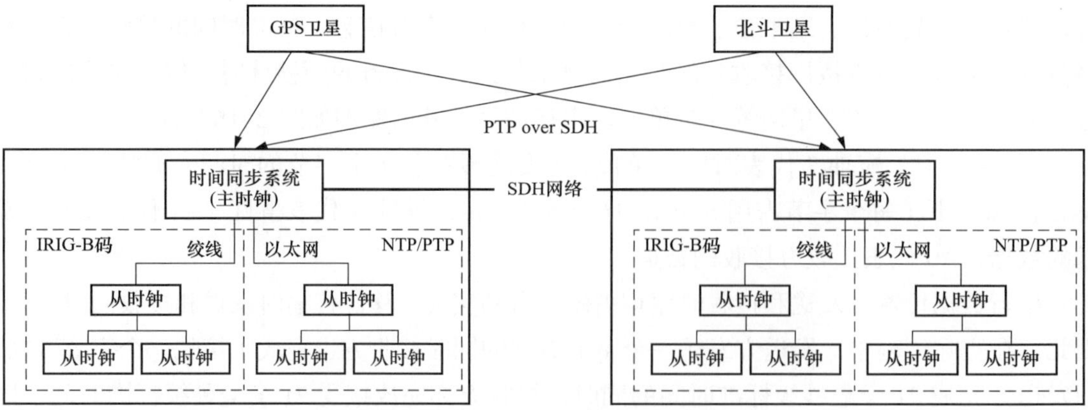

图 2-17 远距离授时时钟同步系统组成方式

其基本结构特点主要如下：

（1）主从时钟同步系统：时钟同步主时钟设备接收来自 GPS/BD 的标准时间信息（包括 1PPS、ToD 时间信号等），再通过各种同步方式与子系统的各个从时钟、需要时钟同步的装置进行时钟同步。

（2）电力系统的标准时钟源获取：基于 GPS/BD 的卫星时钟同步方式，采用授时模块与 UTC 进行同步。

（3）通过获取的卫星时间信号提取时间信息，多种本地时钟同步方式完成主从时钟系统的同步：PTP over SDH、编码对时（IRIG–B 码对时）、网络对时（基于精度可采用 NTP 协议，SNTP 协议或者 PTP 协议）。

（4）卫星时钟非正常工作时，通过恒温晶振结合软硬件完成守时功能，保持已达到的时钟同步精度。

其中，PTP over SDH 的高精度、远距离时钟同步实现方式为利用在电力系统中大范围覆盖的 SDH 光通信网络，将 PTP 协议作为传输协议标准，实现双向对时的高同步精度的特征，同时继承 SDH 网络抗干扰性强的优点。

三、故障案例分析

（一）特高压直流换流站时间同步系统故障

2010 年 9 月 11 日，某 ±800kV 特高压直流输电工程换流站时钟同步系统发生故障，导致站内所有保护、测控等装置发生时间同步故障。

1. 概况

时钟屏柜内时钟同步设备接线如图 2–18 所示。该换流站时钟同步系统是冗余配置的，包含两个单独的时钟，定义为主用时钟和备用时钟，分别为 SICLOCK1（主时钟 1）和 SICLOCK2（主时钟 2）。每个时钟包含一个 GPS 天线、一个 GPS 接收器、解码器 GPS1000 和用于分配信号的 SICLOCKTC400；脉冲转换器 PCON 分配同步电信号到阀厅内的设备；光电脉冲转换器 EOPC 把同步电信号（分脉冲和 DCF77 信号）转换成光信号并冗余分配信号到继保室和辅控楼；继保室光电脉冲转换器 EOPC 把同步光信号转换成电信号并冗余分配。在阀厅以及继保室，DCF77 信号和 DCF77/IRIG–B 转换器产生 IRIG–B 信号。

2. 故障描述与分析

在故障发生前时钟模块的设置如下。

时钟 1：从 GPS 天线接收时间信号，如果接收不到时间信号则停止向下层系统发送对时信号。

时钟 2：从时钟 1 接收时间信号，如果接收不到时间信号则改为从 GPS 天线接收时间信号，如果仍接收不到时间信号则停止向下层系统发送时间信号。

故障发生的过程是 GPS 天线受到干扰，导致时钟模块时钟 1 接收不到时间信号，因而停止下发时间信号。同时，时钟 2 既接收不到时钟 1 发出的时间信号，也接收不到 GPS

天线发出的时间信号，因而也停止了下发时间信号，这就导致了下层系统接收不到任何时间信号。

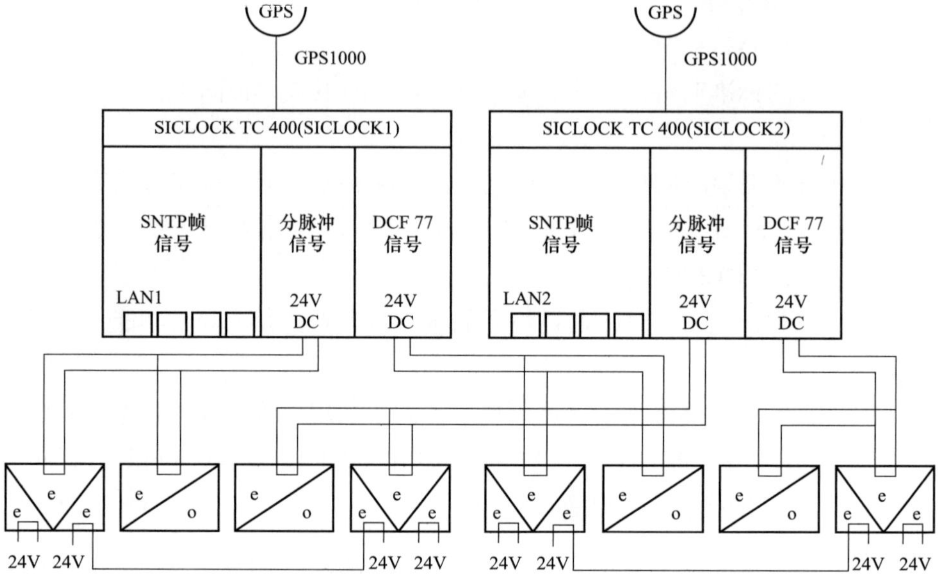

图 2–18　时钟屏柜内时间同步设备接线示意图

而当 GPS 天线的干扰消失后，时钟 1 接收到 GPS 天线发出的时间信号后，开始下发时间信号。同时，时钟 2 也开始下发时间信号。但此时由于时钟 2 和时钟 1 之前失去了时间同步，且两者的时间有 2s 差异。DCFF 信号接线如图 2–19 所示，时钟 1 和时钟 2 下发的 DCF77 信号是并联在一起的。由于两者的时间不一致，导致线路上的 DCF77 信号紊乱，使得下层设备接收不到正确的时间信号，从而导致时间同步故障。

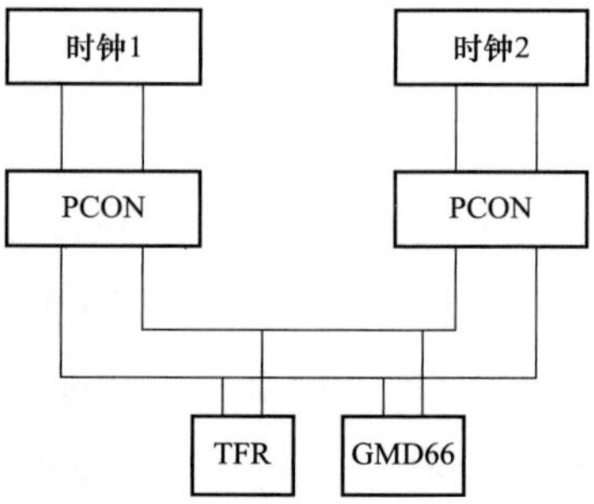

图 2–19　DCFF 信号接线示意图

由以上故障过程分析可知，该换流站的时间同步系统尽管也采用冗余设计，但由于输出的对时信号并行连接，一旦时钟 1 或时钟 2 下发的对时信号受到噪声干扰或下发的时间信号不同步，将会导致对时信号出现紊乱，设备时间同步出现故障。该设计不但没有提高时间同步系统的稳定性和可靠性，反而还降低了其稳定性和可靠性。

3. 解决方案

根据以上分析，故障的发生是因为时间信号输入输出逻辑配合不合理，导致了两个主时钟守时恢复且时间不同步时的故障，则可以参考前述守时恢复多源选择逻辑进行改进。

按照表 2–4 信号优先的设计思路，GPS 信号恢复后，从时钟 / 扩展装置应优先采用一路信号，这里选择主时钟 1 的信号，当时钟 1 不可用时，再采用时钟 2 的时间信号。时间同步设备接线改进方案如图 2–20 所示。

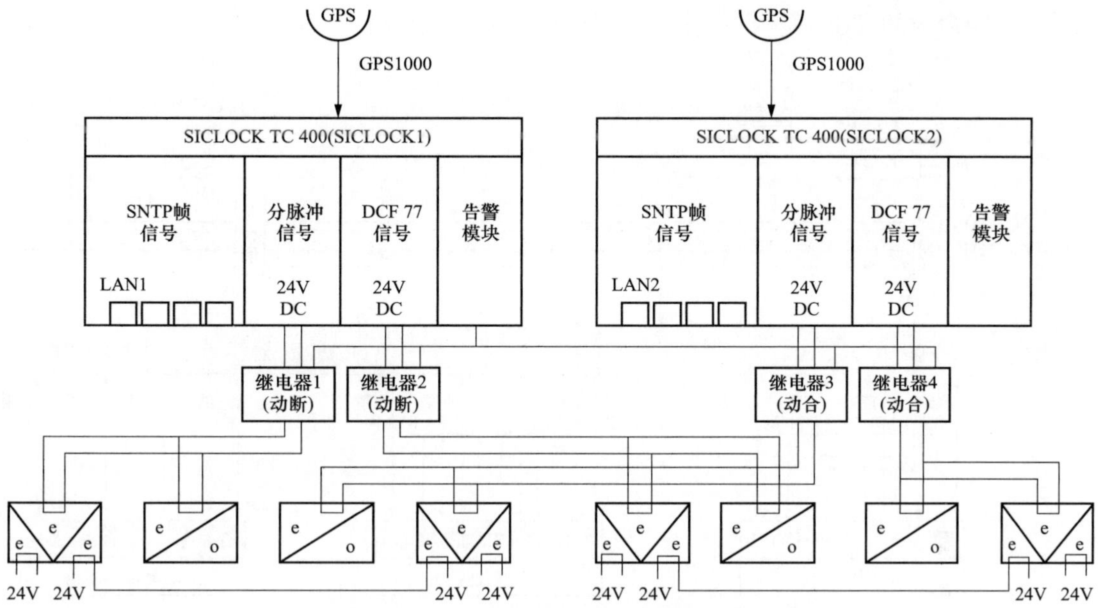

图 2-20 时间同步设备接线改进方案

对时钟 1、时钟 2 分脉冲和 DCF77 对时信号输出端分别加继电器 1、继电器 2 和继电器 3、继电器 4。正常情况下继电器 1、继电器 2 为动断状态，继电器 3 和继电器 4 为动合状态，所有继电器的动作都由时钟 1 的告警输出统一控制。

改进后的换流站时钟同步系统的工作方式为：当时钟 1 正常工作时，时钟 2 的对时信号输出是从线路上断开的，即需要对时的设备接收不到时钟 2 下发的对时信号；而当时钟 1 发生故障时，时钟 1 有告警输出，此时继电器 1、继电器 2 由动断状态转为动合状态，将时钟 1 下发的对时信号分脉冲和 DCF77 信号从线路上断开；而继电器 3、继电器 4 由动合状态转为动断状态，将时钟 2 下发的对时信号分脉冲和 DCF77 信号接入线路上。这样的改进使时钟 1 和时钟 2 下发的对时信号输出不会并联在一起，从而避免了对时信号回路上时钟 1 和时钟 2 下发的对时信号相互干扰的情况发生，使时间同步系统的稳定性和可靠性明显提升。

（二）变电站扩展时钟输出异常

1. 概况

某 500kV 智能变电站自动化系统采用三层两网结构，全站分为站控层、间隔层和过程层，站控层 MMS、GOOSE、SNTP 三网合一；500kV 过程层 SV、GOOSE 网络分网传输，220kV 过程层 SV、GOOSE 共网传输。500kV 变电站网络构架如图 2-21 所示。

2. 故障描述与分析

变电站 1 号保护小室扩展时钟 B 输出异常，造成 500kV 所有线路 B 套电流合并单元 GOOSE 发布数据集中的“同步信号异常”“失步状态”以及 B 套智能终端“对时异常”等信号变位，同一时刻，大量 GOOSE 变位报文或稳定之后的心跳报文在过程层网络中传播，造成四方保护 GOOSE 板卡处理不过来，导致保护装置报“GOOSE 断链”，严重威胁故障时出口跳闸命令的发出。

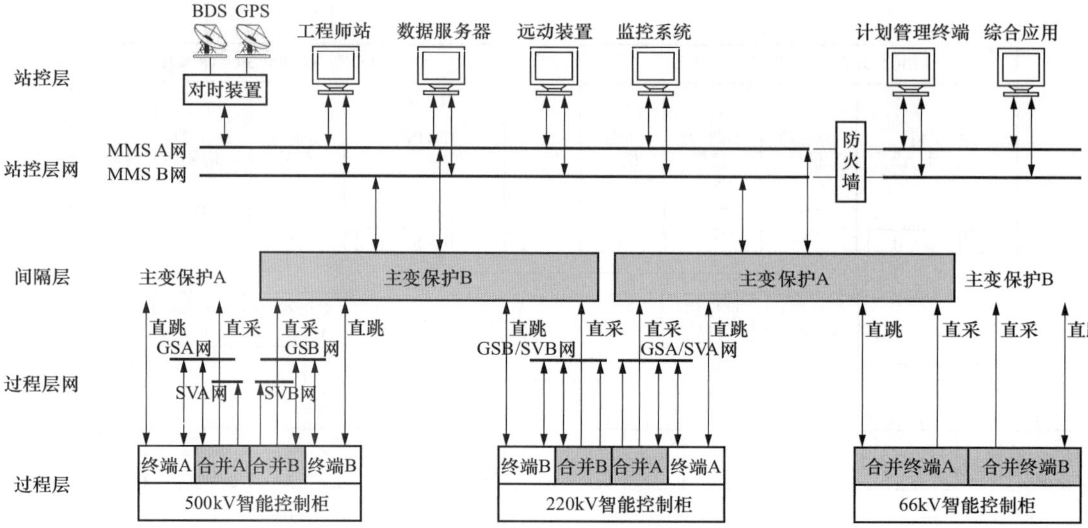

图 2-21　某 500kV 变电站网络架构图（以主变间隔为例）

故障发生的过程是当 GPS 异常时，合并单元的 GOOSE 发布数据集中的“同步信号异常”“失步状态”变位，合并单元守时精度高，几乎所有的合并单元的 GOOSE 报文都集中在同一时间段内发出，时间偏差在 0.05ms 以内。如果全站 GOOSE 信号只划分一个 VLAN，小室内每台保护装置在短时间内会收到所有的合并单元发出的 GOOSE 报文；当超出装置接受处理限制范围时，为保证装置自身正常运行，就出现装置报“GOOSE 断链”的现象。

3. 解决方案

从以下几个方面提出解决方案。

（1）授时精度。由于合并单元对时间精度要求高，其具有依据外部时钟信号修正自身实时时钟且不受外部时钟信号的抖动、失真等异常信号的影响的特点。故当 GPS 信号异常时，该变电站的时间同步系统（对于合并单元来说为扩展装置）输出的信号与合并单元守时时间信号误差超过合并单元的限值，故合并单元报出“同步信号异常”“失步状态”。

主时钟系统一般采用原子钟进行守时，其守时性能应该优于合并单元基于晶振的守时性能，故理论误差主要来自扩展装置的授时输出。故可考虑基于 PTP 协议的时间同步系统，使全站的合并单元、保护等装置保持用高精度的原子钟守时，在最大限度内保证不出现时间信号告警。

（2）避免出现“GOOSE 断链”告警。合并单元虽然出现，但自身能够进行守时，故可以继续运行，但保护装置出现 GOOSE 断链，将会影响装置正常工作；故需要在 GPS 信号异常时，保证不出现 GOOSE 断链。

GOOSE 断链是由于小室内每台保护装置在短时间内会收到所有的合并单元发出的告警 GOOSE 报文，当超出装置接受处理限制范围时，就出现装置报“GOOSE 断链”的现象；故可以从避免短时间内所有合并单元的告警 GOOSE 报文同时向保护装置传输，或者更换保护装置 GOOSE 插件，增加 GOOSE 报文处理限制范围。

本案例以避免短时间内所有合并单元的告警 GOOSE 报文同时向保护装置传输为例具体说明。VLAN 是一种将局域网（LAN）内的设备从逻辑上划分成一个个网段，从而实现虚拟工作组的技术，即在不改变物理连接的条件下，对网络做逻辑分组。它是根据 IEEE 802.1Q 标准，把一个物理上的局域网划分为多个逻辑上的局域网，每个 VLAN 就是一个独立的广播域。同一个 VLAN 内的装置采用传统的以太网通信方式进行报文的交互，而不同 VLAN 内的装置之间在逻辑上相互隔离。故可以通过划分 VLAN 进行报文流量限制，需对合并单元 GOOSE 控制块重新划分 VLAN，对应的交换机端口重新划分 VLAN，保证保护测控装置端口收到的合并单元 GOOSE 控制块不大于一定数量，在此案例中该数量为 17 个。

综上，考虑到具体工程实施的工作量和成本，在本案例中较为简便的做法是重新划分 VLAN，其次是更换保护测控装置的 GOOSE 板卡，应用高精度授时协议系统涉及新加装置、设备调试等，成本和工作量最多，更适用于扩建或新建站。

第三节　电厂远动装置可靠性提升

一、电厂远动装置概述

（一）概况

电力自动化系统的基本组成部分是 SCADA 系统（数据采集和监控系统），SCADA 系统的基础是远动系统。远动系统是应用远程通信技术对远方的运行设备进行监视和控制，以实现四遥功能和数据传输等功能。远动系统的一侧称为调度端、监控端或者主站，另一侧称为厂站端、被监控端或者从站，两者之间通过 IEC 101 或 IEC 104 协议进行传输。厂站端远动装置、通信系统和调度端前置服务器、应用服务器一起组成远动系统。

远动装置综合了计算机、测量、通信和自动化的专业技术，通过对输变电线路、主变、发电机组等设备的交流电压、电流的数据采集，自行计算出功率、电量、功率因数、频率等参数，是构成 SCADA 系统的核心装置，承担各种远动信息的传达工作，是电力系统实现远方数据采集与监控的重要设备。

变电站二次系统中与调度通信的远动装置已经从 RTU，经历常规变电站综合自动化系统，发展到智能变电站的数字通信网关机。电厂的情况有所不同，目前 RTU 仍较多存在于常规电厂的调度自动化系统中。数字通信网关机介绍，请参考本书变电站远动部分。

电厂远动装置有单机模式和双机模式，通过四遥功能实现厂站端信息与调度端信息的传达，包括电压、电流、功率、开关位置等，并实时接收与反馈 AVC、AGC 信息。

（二）RTU 的主要功能

现代 RTU 除包括以往常规远动装置的功能外（例如四遥等基本功能），由于智能化 RTU 的优越性，通常还具有以下功能。

1. 遥信的变位传送

虽然调度主站需要采集大量的遥信信息，例如开关位置状态信息、继电保护与自动装置动作状态信息等，但是这些信息都是随机发生的，很可能在一天中没有发生几次变化；但是有些循环传送方式的 RTU 却不断将这些没有或很少变化的信息向主站传送，可以说很多情况下是毫无意义的。因此，在问答式 RTU 内采用了当状态变化时才发送遥信的方式，这可以有效地减轻通道负载。

2. 遥测的变化上送

虽然大多数的被测量在不断变化，但电网处于稳定运行状态时，大部分被测值基本不变或变化缓慢。为了降低通道负载，采用了被测量变化超过一定数值时才送遥测的方式，这种方式称为对遥测的变化上送。例如变化率为 0.25% 时实现遥测，可滤掉 90% 的通道负载，而 0.25% 的变化率已在测量误差的范围以内。为避开被测量在某一值附近的小波动，防止在波动时多次发送遥测，有时也采用累加变化量超过某一定值时才发送遥测的方式。

除了上述两种方式在电网正常运行情况下可以有效地减轻通道负担，为了避免数据长时间不上送，主子站间常使用定时总召方式上传全数据（包括遥信）。

3. 事件顺序记录

事件顺序记录是自动记录事件状态变化的时间，这一功能对分析事故很有用处，时间的分辨率可达到毫秒级。为比较不同厂站之间的事件顺序，各站时钟必须同步。厂站端安装时钟同步系统，接受天文台发布的标准时间，校准各自时钟的时间。

4. 通道监视和切换

对于有主备通道的 RTU，可经常监视通道的运行状况。若主通道失效（其表现是当主站向某 RTU 询问若干次没有回答时，则认为是通道失效），则可自动切换到备用通道上继续运行。

（三）远动通信方式

微机 RTU 目前主要有两种通信制式，即循环式（CDT）和问答式（Polling）。

1. 循环式 RTU

由发送端循环不断地将遥测、遥信信息发往接收端，即数据与信息位必须一位接一位，没有间隔、间断，不能重叠；在采集一定数据的情况下，传送速度较快；一台 RTU 要占用一条通道，在实现遥调、遥控等下行信号时，需占用两个通道。其优点是易于实现一发多收。

2. 问答式 RTU

由主站端依次查询每台 RTU 有无信息发送：如无，即查询下一台 RTU；如有，则待该 RTU 信息送完，主站再查询下一台 RTU。问答式 RTU 的优点是节省通道，且连入通道的方式灵活，包括几台 RTU 可共用一个通道，容易实现各 RTU 间的时间同步。目前常用的 IEC 101、IEC 104 协议都属于问答式协议。

RTU 的通道可采用专用有线信道、电力载波信道、微波信道、光纤信道、无线电信道和卫星通信（特殊微波）：专用有线信道物理介质是架空线和专用电缆，缺点是距离近、损耗大；电力载波信道物理介质是高压电力线路；微波信道是无线传播，频带宽（相同时间传输信号多）、方向性强、保密性好；光纤信道利用光缆传播，带宽宽、衰减小、抗干扰能力强、误码率低；无线电信道不需要线路，节省材料，减少维护量；卫星通信（特殊微波）频带宽，传输容量大，通信距离长，不易受干扰。目前主要使用的是基于光纤信道的调度数据网络实现主子站通信。

二、提高远动装置可靠性的方法

远动装置是电力系统实现远方数据采集与监控的重要设备，远动装置的可靠性对电网安全稳定的监视和控制非常重要。远动系统故障会造成整站通道中断，调度失去对并网电厂的监控，也可能会造成数据跳变、不刷新等异常，需要采取各种措施，尽量减少故障的发生和对电网调度的影响，保障电网运行的稳定可靠。

（一）冗余配置

RTU 包含单主机运行模式、双机冷备用运行模式、双机热备用运行模式和双主机运行模式。

1. 单主机运行模式

单主机运行方式结构简单，最开始的远动模式都是这种单主机运行方式。在维护下装程序时，或者设备故障时维修时间长，如果没有备件的情况下，远动系统长时间无法上送数据，势必会造成同上级调度的通信中断，影响电网调控运行，电厂也会因此受到考核。根据《电力系统调度自动化设计规程》（DL/T 5003—2017）要求，属于生产控制大区的 RTU 应冗余配置。

2. 双机冷备用运行模式

冷备用模式是在单主机模式的基础上发展改进而来，比单主机的运行模式提高了产品的可靠性和运行效率。一台主机运行时，另一台主机为备用模式，如果一台出现硬件故障则可以自动切换到备用主机，也可运行一段时间手动切换到备用主机，这样提高了设备的可靠性。在主机出现问题后，有备用主机运行，这给运行维护人员提供了足够的时间维修和整改。

RTU 冷备用模式中，主系统承担正常功能，备用系统处于带电暖机状态，但不直接采集数据。两台主机有一个互联的通信串口一直通信，监控相互的通信状态，并以一定的时间间隔更新备用机的实时数据库。当运行主机出现硬件故障，包括主板故障、内存板故障、电源低于正常运行电压，都会自动切机。在主机故障发生自动切换后，备机系统才运行全部软件而取代主机。有些厂家的备件切为主机时先重新启动。

冷备用方式存在的缺点：不是主机所有故障都能切换，如与主站网络中断时不切换，会造成与调度双通道中断；部分进程故障时，存在不切换的情况。

正常工作时，远动装置只有一台主远动主机采集电厂信息，并与调度通信。由于运行时主站系统不能动态监测 RTU 备机运行状态及时发现缺陷，如备用主机发生故障没有及时发现并消除，在工作主机故障时，就会将 RTU 切换至故障的备用主机上，最终导致整站数据中断。这种工作方式不能充分利用调度数据网络双平面资源，无法完全满足对电厂自动化设备的冗余配置及考核要求。

冷备用模式中，备机不采集前端数据，部分设备切换时需要备机重新启动，所有程序开始初始化运行，切换时间长。如果切换软件设计不好或切换时序不当，会产生跳变。主机切换后，若当前主机与主站通信早于当前主机与采集模块通信时，会将带质量位、标志位异常的信息上送主站，若主站将此信息入库，可能会出现数据跳变的问题。

3. 双机热备用运行模式

热备用是指主备系统同时运运行，工作的主系统全面承担正常工作；备用系统虽运转，但未接收采集数据，并对主系统全面监视而处于准备状态。当系统发生切换时，不需进行硬件切换，因而自动切换的时间较短且可靠性较高。

两台主机同时在工作状态，备机未直接采集远动数据且端口处于关闭状态，主站只能与当前运行主机进行通信。当前运行主机出现故障时，远动备机自动切换为主机运行。主机切换后，若当前主机与主站通信早于当前主机与采集模块通信时，会将带质量位标志位异常的信息上送主站，若主站将此信息入库，可能会出现数据跳变的问题（备机向下开着，向上关闭）。

4. 双主机运行模式

双主机运行是指远动双主机同时采集远动数据，主站决定与哪台主机通信；主站可以选择与任一主机建立通信链接，也可以同时与两台主机通信；一个主机出现问题后，也不会中断数据的传输，保证数据的安全稳定上送。双主机运行模式是最可靠的运行方式，是现场与调度通信方式的首选。

（二）RTU 配置冗余电源模块

根据《电力系统调度自动化设计规程》（DL/T 5003—2017）要求，RTU 主机冗余电源模块工作，确保主机不因单个电源模块故障退出运行，提高供电可靠性。同时需提供智能检测接口，实现对电源模块的 5V/12V 输出电压、电流实时监测，发生异常触发报警，提前处理防患于未然。具备双电源模块的设备，应由不同电源供电。为了提高整体可靠性，和 RTU 配套的网络设备、协议转换器、光电转换器等也应支持双电源供电。

（三）加强告警监视

（1）对 RTU 通道进行监视，包括与各调度主站的链路通道。

（2）对双主机运行状态进行监视。

（3）对双路电源和各电源模块进行监视。

（4）对装置所在柜体内温度进行监视。

（5）当监视信号异常时，应能触发告警输出并存储记录。

（四）定期检测

定期对远动设备进行电源电压检测，尽量保证设备在未出现问题前消缺。某品牌

RTU 相关电源检查标准见表 2–7（仅供参考，不同品牌应咨询厂家）。

表 2–7 RTU 电源（DC）检查标准（V）

0 ～ 5V 输出值	+12V 输出值	–12V 输出值	24V（I/O）辅助电源
5 ～ 5.2	11.8 ～ 12.5	–11.5 ～ –12.5	24 ～ 26

对于主板有电池的应定期对电池进行检测，电源低于额定电压时应及时更换。

（五）做好备件管理

对于易耗的电源模块、主板电池、I/O 模块、光电转换器等应做好备件储备，故障时能第一时间进行更换。

（六）设备改造

对于运行超过 12 年的设备进行评估，如果老化严重、故障较多，应及时制定改造计划，对设备进行改造。

三、故障案例分析

（一）RTU 直流 5V 电源电压低造成双通道中断

1. 基本情况

某电厂 RTU 于 2007 年 10 月投入运行，为单 RTU，型号为 GD200，省调实时、非实时网络正常接入系统。

2. 问题现象及影响范围

2021 年 6 月 10 日中午，电厂值班人员接到省调通知，电厂省网一、二平面不通，经判断为 RTU 的 +5V 电压偏低（+4.92V），处于临界状态，RTU 频繁启停。联系技术人员把 +5V 电压输出调整到 +5.1V 后，RTU 运行正常，电厂省网一、二平面通信正常。

3. 原因分析及处理过程

根据 RTU 的 +5V 电压降低情况，联系厂家技术人员进行分析，技术人员判断为 RTU 的 +5V 电压的输出功率已不能满足负载的要求，造成 RTU 的频繁启停，省调数据专网断网。

4. 整改措施

（1）厂里技术人员定期对 RTU 的 +5V 电源进行检测，及时调整电压在正常范围。

（2）加强远动设备状态巡视，确保运行状态良好。

（3）加强 RTU 备品、备件的管理。

（4）制定改造计划，改造为双 RTU、双主机运行模式。

（二）双机冷备用模式主机网络电源电压低造成双通道中断

1. 基本情况

2021 年 1 月 5 日 4 时 23 分，接省调自动化值班员电话通知：500kV 某厂远动 104 双通道退出，省调、网调通道退出，接到通知后，相关人员立即赶往现场查明原因。

2. 问题现象

现场检查发现该厂 500kV 升压站网控室远动 RTU 设备 B 主机网卡异常，判断为网卡故障导致省、网远动 104 双通道中断。

查明原因后，立即与省调自动化值班员联系，封锁该厂 3、4 号机组远动数据进行切机，由远动 B 主机（运行主机）切至远动 A 主机（备机）运行。切机后，该厂省、网远动 104 双通道恢复，数据传输正常。

该故障主机为 D200 型远动主机，于 2008 年 8 月投运，已运行 13 年。

另外，该厂立即紧急采购维修所需的网卡、5V DC 电源及 12V DC 电源插件。

备件到货后，向省、网调申报检修工作票，工作票获得批复后，开工前向省调、网调自动化值班员申请检修工作开工，待省调、网调自动化值班员批准，封锁远动数据后，开始更换故障的 12V DC 电源插件工作。更换新备件后，远动 B 主机双通道恢复正常。

3. 故障分析

该厂采用的是远动 RTU 双机冷备用运行方式，根据当时对现场运行的远动 B 主机的检查，发现网卡运行指示灯全灭，5V DC 电源及 12V DC 电源插件运行指示灯正常。后经过测量输出电压值，发现 5V DC 电源插件输出为 5.1V（为 RTU 主机主板供电），12V DC 电源插件输出电压为 11.58V（为 RTU 主机网卡供电），判定网卡因供电电压不足停运（输出电压值标准为 12V DC），该故障未能引起切换板动作，未能将故障的远动 B 主机切换至备用的远动 A 主机运行，导致该厂远动 104 双通道中断。

4. 整改措施

（1）排查远动 RTU 设备易发生故障的模件（如 5V DC 电源、12V DC 电源、总电源模块、光电转换器等），做好备件的采购存放工作，以备故障发生时及时进行更换，缩短故障时间。

（2）加快 3、4 号机组远动 RTU 主机双机热备用改造项目，由单主机运行方式改为双主机运行方式，同时将投运时间已长达 13 年的远动 B 主机更换为新主机。

（3）对于厂内远动 104 光通道使用的光电转换器的单电源问题，采购双电源光电转换器模块机架，由双电源模块机架给光电转换器提供双路电源，解决由单电源失电导致光电转换器停运引起的通道中断问题。

第四节　变电站运动装置可靠性提升

一、变电站运动装置概述

（一）基本情况

变电站运动装置又称数据通信网关机，主要指变电站综合自动化系统的通信装置部分，实现变电站与调度、生产等主站系统之间的通信，为主站系统实现变电站监视控制、信息查询和远程浏览等功能提供数据、模型和图形的传输服务，通常简称为远动装置。

远动装置通过采集变电站内间隔层保护装置、测控装置和智能设备的实时数据，以以太网通信方式接入多个不同级别的调度主站，按照不同主站对数据配置的要求向主站传输筛选后的实时数据，并负责实现主站对间隔层装置遥控、遥调和保护操作等命令的正确执行和返回。

（二）主要功能

作为调度自动化系统的关键设备，远动装置应具有完备的功能，以满足变电站和调度主站间各项数据通信要求。具体包括以下七项主要功能。

1. 数据采集

（1）采集电网运行的稳态及保护录波等数据。

（2）采集一、二次设备和辅助设备等运行状态数据。

（3）直采数据的时间标记（简称“时标”）取自数据源，数据源未带时标时，采用数据通信网关机接收到数据的时间作为时标。

（4）遵循 DL/T 860 系列标准，根据业务数据重要性与实时性要求，支持设置间隔层设备运行数据的周期性上送、数据变化上送、品质变化上送及总召等方式。

（5）支持站控层双网冗余连接方式，冗余连接应使用同一个报告实例号。

2. 数据处理

数据处理能够进行逻辑运算与算术运算，支持时标和品质的运算处理、通信中断品质处理，具体功能如下：

（1）遥信信号的与、或、非等运算。

（2）遥测信号的加、减、乘、除等运算。

（3）计算模式支持周期和触发两种方式。

（4）运算的数据源可重复使用，运算结果可作为其他运算的数据源。

（5）合成信号的时标为触发变化的信息点所带的时标。

（6）断路器、隔离开关位置类双点遥信参与合成计算时，参与量有不定态（00 或 11）则合成结果为不定态。

3. 数据远传

（1）向主站传输站内调控实时数据、保护信息、一二次设备状态监测信息、图模信息、转发点表等各类数据。

（2）周期、突变或者响应总召的方式上送主站。

（3）断路器、隔离开关等位置信息的单点遥信和双点遥信上送，双点遥信上送时能正确反映位置不定状态。

4. 控制功能

（1）实现主站遥控、遥调和设点、定值操作等远方控制，断路器和隔离开关分合闸、保护信号复归、软连接片投退、变压器挡位调节、保护定值区切换、保护定值修改等功能。

（2）支持单点遥控、双点遥控等遥控类型，支持直接遥控、选择遥控等遥控方式。

（3）对于来自调控主站的遥控操作，将其下发的遥控选择命令转发至相应间隔层设备，返回确认信息源应来自该间隔层 IED 装置。

（4）具备远方控制操作全过程的日志记录功能。

（5）具备远方顺序控制命令转发、操作票调阅传输及异常信息传输功能。

（6）支持远方顺序控制操作。

5. 时间同步

时间同步功能包括对时功能与时间同步状态在线监测功能，具体功能如下：

（1）能够接受主站端和变电站内的授时信号。

（2）支持 IRIG–B 码或 SNTP 对时方式。

（3）支持时间同步在线监测功能，支持基于 NTP 协议实现时间同步管理功能。

（4）支持时间同步管理状态自检信息输出功能，自检信息应包括对时信号状态、对时服务状态和时间跳变侦测状态。

6. 告警直传

能将监控系统的告警信息采用告警直传的方式上送主站。

7. 远程浏览

能将监控系统的画面通过通信转发方式上送主站，支持历史曲线调阅。

二、提高远动装置可靠性的措施

作为变电站和调度主站系统之间的通信枢纽，远动装置一般采用双机冗余配置，当一台远动装置故障时，通道能切换至另一台远动装置，保证主站系统和变电站的数据交互不中断。

目前，虽然远动装置配备了双主机，但是仍然存在双主机运行方式不合理、应用程序缺陷、电源故障等问题，造成通道中断、遥测数据异常等，需要根据不同的故障类型制定不同的处理措施，及时消除故障缺陷，确保调度自动化系统可靠运行。

（一）优化运行方式

变电站的远动装置应配置双主机，常见的运行方式有双主机、双机热备用、双机冷备用等。主备机冷备运行方式下，只有一台主机与调度主站系统通信，主机故障后，需要手动切换至备用机，造成远动通道暂时中断，可靠性较低。目前，常用的运行方式是双主机和双机热备用。

1. 双主机运行方式

双主机运行方式如图 2–22 所示，远动 A 和远动 B 无主备机概念，两台机为平行模式，均可响应主站链接并上送数据，具体通过哪条链路上送数据取决于主站与哪台机建立链接。调度主站可自主选择和远动 A 或远动 B 建立链接，远动装置均可正常响应主站链接，但同一时刻只有一条链路上送数据报文。双机之间是否进行数据同步由配置决定：当配置为双机数据同步时，调度主站通道切换时不会重复上送数据；当未配置双机数据同步时，可以在新建连接时清除缓存数据，保证通道切换时不会重复上送数据。

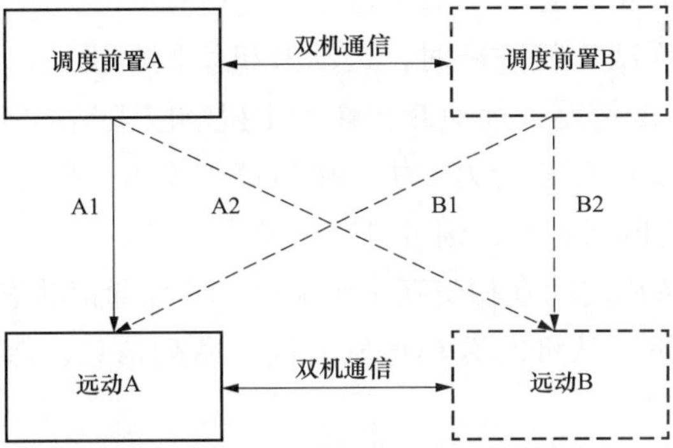

图 2-22　双主机运行方式示意图

（1）通道切换。对网络通道（104），主站可自主进行通道切换，选择连接远动 A 机或者远动 B 机，通道切换时，远动装置不会重复上送数据。对于串口通道（101），远动装置自主选择使用哪一个通道上送数据，主站无法主动进行通道切换。当值班通道中断时，备用通道可升为值班通道进行通信。当值班通道所在远动装置故障时，备用通道可升为值班通道进行通信。

（2）数据同步。双机之间互相交互本机端口、监控通信状态，保证本机可获取另外一台机的运行工况；双机之间交互遥控互斥标志，保证同一时刻只支持一个遥控操作任务；双机之间按通道进行 COS（变位遥信，不带时标）/SOE（事件顺序记录）队列同步，值班通道发送 COS/SOE 同步队列，备用通道则进行数据同步，保证通道切换时不会重复上送数据。

2. 双机热备用运行方式

双机热备用运行方式如图 2-23 所示，主站前置和变电站远动装置之间共有 4 条冗余连接（A1、A2、B1、B2），正常运行时，只有 1 条连接处于正常通信状态，其他连接均处于备用状态。

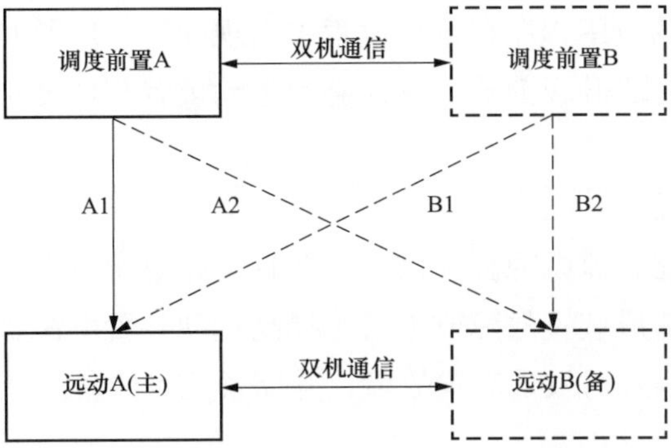

图 2-23　双机热备用运行方式示意图

双机热备用运行方式下，只有远动主机响应主站链接，因此只有A1或A2链路保持通信，其他链路都处于中断的状态，远动A机上送给主站的数据会同步给远动B机，保证B机切为主机后不再重复上送。

（1）双机切换。当远动A机故障时，远动B机切换为主机，远动A机切为备机，则调度前置会将连接切至A2链路，远动B机作为主机响应主站的链接，其他链接断开。当主站前置机切机时，调度前置B切为主机，则链路切至B1或B2通道。远动主机对上网络通信中断，而备机对上网络正常，则可自动切换为主机。

（2）数据同步。主备机之间互相交互本机端口、监控通信状态，保证本机可获取另外一台机的运行工况；主机向从机发送COS/SOE同步队列信息，保证备机不会重复上送主机已上送的数据。

双主机运行方式和双机热备用运行方式都是当前变电站远动装置普遍使用的运行方式，但二者也有区别：在双主机运行方式下与主站可连接的通道为4条，双机热备用模式下与主站连接的通道为2条；双主机模式下主站可灵活选择通道，而双机热备用模式下只有一条通道故障时才切换至另一条通道。通过对比，远动装置在双主机运行方式下与主站可连接的通道多，且通道选择灵活，是一种可靠性较高的运行方式。变电站宜采用双主机运行方式，提高与调度主站通信的可靠性。

（二）应用程序完善

远动装置的内置应用程序，由于出厂时的设计缺陷，会造成远动装置在运行过程中出现通道中断、遥测数据不刷新等问题；远动装置在配置过程中，由于配置操作不规范导致远动参数配置错误，也会造成远动通道通信故障、遥测数据异常等问题。针对上述影响远动装置可靠运行的问题，应从以下三个方面采取措施，消除故障隐患，完善应用程序，提高远动装置运行的可靠性。

（1）在装置选型时，应用程序版本应经过检测验证，或该版本号的装置已经在变电站持续可靠运行。

（2）远动装置在配置过程中，要根据需求对相应参数进行修改，不能随意修改重要的运行参数，并在配置前做好备份。

（3）如果远动装置的应用程序在运行过程中出现问题，应及时排查同版本号的装置在变电站中的数量，及时完成升级消缺工作，避免远动装置与调度主站出现通信中断、遥测数据异常等问题。

（三）电源冗余配置

远动装置应采用双路直流电源独立供电，并且两路电源取自于不同的直流电源点，以确保任一回电源中断不造成装置故障或重启，提高远动装置电源供电的可靠性。同时应加强远动装置的日常巡视，及时发现装置故障，并储备充足的备品备件。

三、故障案例分析

（一）远动装置应用程序版本缺陷造成通道中断

1. 基本情况

某地区 220kV 变电站重启纵向加密装置后，远动装置与调度主站的 104 通道中断。远动装置型号为 PSX 600U。

2. 故障分析

（1）现场日志分析。查看远动装置日志，发现有大量与调度主站地址连接的日志，大概 2min 连接一次，两台远动装置现象一致，PSX 600U 日志部分截图如图 2–24 所示。

```
2020 年 5 月 4 日  01:06:24.667 → iec104:与 10.41.0.4 连接
2020 年 5 月 4 日  01:04:10.948 → iec104:与 10.41.0.4 连接
2020 年 5 月 4 日  01:01:56.951 → iec104:与 10.41.0.4 连接
2020 年 5 月 4 日  00:59:43.144 → iec104:与 10.41.0.4 连接
2020 年 5 月 4 日  00:57:29.287 → iec104:与 10.41.0.4 连接
2020 年 5 月 4 日  00:55:15.218 → iec104:与 10.41.0.4 连接
2020 年 5 月 4 日  00:53:01.258 → iec104:与 10.41.0.4 连接
2020 年 5 月 4 日  00:50:47.449 → iec104:与 10.41.0.4 连接
2020 年 5 月 4 日  00:48:33.694 → iec104:与 10.41.0.4 连接
2020 年 5 月 4 日  00:46:20.026 → iec104:与 10.41.0.4 连接
2020 年 5 月 4 日  00:44:06.196 → iec104:与 10.41.0.4 连接
2020 年 5 月 4 日  00:41:52.142 → iec104:与 10.41.0.4 连接
2020 年 5 月 4 日  00:39:38.297 → iec104:与 10.41.0.4 连接
2020 年 5 月 4 日  00:37:24.581 → iec104:与 10.41.0.4 连接
2020 年 5 月 4 日  00:35:12.814 → iec104:与 10.41.0.4 连接
```

图 2–24　PSX 600U 日志部分截图

（2）现场测试。为了复现问题方便查找原因，提前做好抓包准备，申请第一次重启纵向加密装置，省调所有通道正常，没有出现中断不再连接情况，日志中也没有出现与调度主站多次连接情况。再次申请重启纵向加密装置，远动日志中出现了与调度主站多次连接的情况，查看 CPU 负荷为 99%，与调度主站通道中断，问题现象已复现。

（3）报文分析。根据上述现象复现时的报文分析，在第一次关闭纵向加密装置后出现远动装置多次重发报文。关闭纵向加密装置时报文如图 2–25 所示。

15145	2020-05-13 10:42:09.483927000	10.41.0.4	41.100.5.2	TCP	66	57131→2404 [ACK] Seq=891 Ack=87802 Win=8064 Len=0 T
15155	2020-05-13 10:42:09.783877000	41.100.5.2	10.41.0.4	104asd	163	-> I (1129,2) ASDU=223 M_ME_ND_1 Spont IOA[17]=16
15159	2020-05-13 10:42:09.994662000	41.100.5.2	10.41.0.4	104asd	163	[TCP Retransmission] | -> I (1129,2) ASDU=223 M_ME
15163	2020-05-13 10:42:10.413690000	41.100.5.2	10.41.0.4	104asd	163	[TCP Retransmission] | -> I (1129,2) ASDU=223 M_ME
15167	2020-05-13 10:42:11.253715000	41.100.5.2	10.41.0.4	104asd	163	[TCP Retransmission] | -> I (1129,2) ASDU=223 M_ME
15171	2020-05-13 10:42:12.933792000	41.100.5.2	10.41.0.4	104asd	163	[TCP Retransmission] | -> I (1129,2) ASDU=223 M_ME
15176	2020-05-13 10:42:16.293857000	41.100.5.2	10.41.0.4	104asd	163	[TCP Retransmission] | -> I (1129,2) ASDU=223 M_ME
15186	2020-05-13 10:42:23.013975000	41.100.5.2	10.41.0.4	104asd	163	[TCP Retransmission] | -> I (1129,2) ASDU=223 M_ME
15198	2020-05-13 10:42:36.454220000	41.100.5.2	10.41.0.4	104asd	163	[TCP Retransmission] | -> I (1129,2) ASDU=223 M_ME
15365	2020-05-13 10:42:55.582656000	10.41.0.4	41.100.5.2	TCP	74	57644→2404 [SYN] Seq=0 Win=5840 Len=0 MSS=1460 SACK
15366	2020-05-13 10:42:55.582707000	41.100.5.2	10.41.0.4	TCP	74	2404→57644 [SYN, ACK] Seq=0 Ack=1 Win=5792 Len=0 MS
15367	2020-05-13 10:42:55.593452000	10.41.0.4	41.100.5.2	TCP	66	57644→2404 [ACK] Seq=1 Ack=1 Win=5888 Len=0 TSval=3
15368	2020-05-13 10:42:55.614738000	41.100.5.2	10.41.0.4	104asd	148	-> I (1282,2) ASDU=223 M_ME_ND_1 Spont IOA[14]=16

图 2–25　关闭纵向加密装置时报文

大概 27s 之后，主站重新握手，重新建立连接，通信恢复正常。在关闭加密装置 54s 后，又重发一次关闭加密装置之前的报文，如图 2–26 所示。

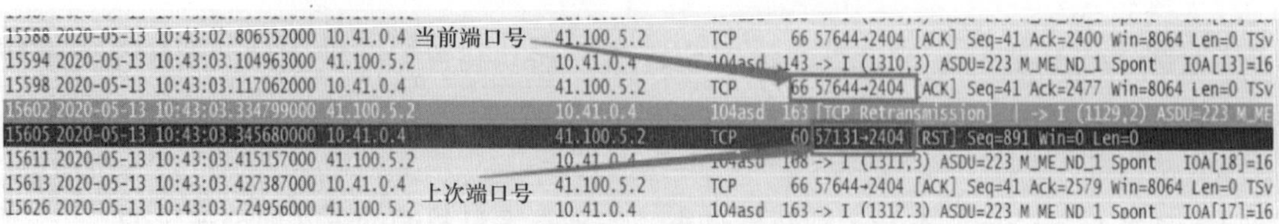

图 2–26　重发关闭加密装置之前的报文

这说明在关闭加密装置、重新建立新的连接后，之前的连接并有释放，在重启加密装置过程中会出现两次重新连接，多个 104 通道存在多个连接没有释放，导致远动装置 CPU 负荷到 99%。再次重启加密装置时，报文中出现主站连续发启动 104 报文，但远动装置已经无法响应，造成通道中断。

（4）故障原因分析。通过现场测试和报文分析，纵向加密装置重启后 104 通道中断，老连接没有释放的情况下又建立了新连接，多次反复之后 CPU 资源耗尽，不再响应新的连接。综合分析，现场远动装置的应用程序远动版存在问题。

3. 整改措施

针对远动装置应用程序版本存在的问题，首先要求远动装置厂家升级优化应用程序，解决连接不释放问题，并进行验证测试，确定升级后的应用程序版本缺陷已处理，再下装到远动装置；同时，排查变电站中同型号、同版本号的远动装置，及时完成版本的升级优化，确保远动通道运行可靠。

（二）远动装置 CPU 板故障造成双通道中断

1. 基本情况

某地区 220kV 变电站双通道中断，运行人员到现场后将远动装置主机重启，备机切为主机后，通道恢复正常。

2. 故障分析

该变电站远动装置为双机热备用运行方式，远动主机通过 104 通道与主站通信，远动备机不响应主站 104 通信连接。

现场通过组态软件连接远动装置查看远动装置，发现数据刷新正常，查看远动主机的网络连接状态均正常，如图 2–27 所示；查看用于监视双机切换的网络和串口两种通道报文均正常，如图 2–28 所示，其中通道 1 为网络 104 监视报文，通道 2 为串口 DISA 监视报文，正常情况下优先采用通道 2 的 DISA 监视报文。通过 telnet 分别登录主、备远动装置 CPU 板查看远动装置运行任务，查看远动装置重启记录。

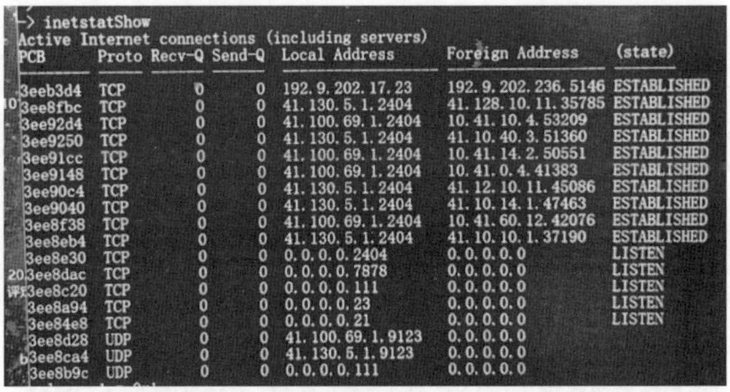

图 2–27　远动装置主机网络连接状态

双机通道监视报文

通道[1]
D7 09 88 88 09 47 67 64 64 AA AA AA 01 DC E4 0F 00 2B 74 AB 06 94 42 BB 06 94 42 BB 06 09 74 AB 06 AA 68 26 01 00 00 00 00 00 74 19
通道[2]
EB 90 88 05 05 06 48 67 64 64 AA AA AA 01 EC 16 00 00 AF 42 BB 06 94 42 BB 06 94 42 BB 06 09 74 AB 06 AA 68 26 01 AA 68 26 01 00 00 00 00 00 16 18

图 2–28　远动装置双机切换网络通道报文

根据故障现象分析，在远动装置主机总控 104 通道退出时，主机与备机的双机交换报文还在正常交换，因此远动装置没有进行主、备机切换。综合分析判断，通道中断是由于该站远动装置主机为厂家的早期产品，且已经投运 10 年，其硬件内存资源有限；随着调度对厂站远动装置数据刷新率、通道接入数量及其他计算数据量等要求的提高，CPU 运行任务较重，长时间高负载运行后发生故障，导致无法与主站建立 104 通道连接（网卡未发生故障，能正常与备机通信），不能正常切机，最终导致变电站与调度主站双通道中断。

3. 整改措施

更换远动装置 CPU 板，避免硬件故障导致调度通道中断及切机问题；将现场远动装置运行方式修改为双主机方式，避免一台远动装置故障后无法自动切换到另一台远动装置的问题。

第五节　同步相量测量装置（PMU）可靠性提升

一、PMU 概述

（一）概况

随着大电网互联以及智能电网建设的不断发展，由电网互联而产生的电网稳定运行等问题也日益突出，欧美等发达国家相继发生了多起大停电事故，而 SCADA 提供的稳态数据对低频振荡和故障分析等工作几乎没有帮助，WAMS 应运而生。基于 PMU 构建的广域相量测量系统将大大提升电力系统动态安全稳定的监测与控制能力，是国内外公认的最新的电网监测与控制手段之一。

1993 年，美国弗吉尼来大学率先研制出第一台基于 GPS 的 PMU，可实现正序电压、电流的相量计算以及有功、无功功率的计算。近年来，电力系统同步相量测量技术在国内外得到了迅速发展，成为大电网运行监视的重要支撑技术。WAMS 得以广泛建立和发展，与 SCADA、故障录波器一起为电力系统提供了全面的动态监测和分析能力。

（二）WAMS 系统结构

WAMS 系统结构如图 2–29 所示。WAMS 又称为实时动态监测系统，是利用 PMU 数据对电力系统动态过程进行监测和分析的应用系统。WAMS 由 PMU、同步相量数据集中器（phasor data concentrator，PDC）、厂站、主站和实时动态监测系统五部分组成，其中 PMU 是 WAMS 的基础，提供高精度的实时同步相量数据。PMU 的核心特征包括基于标准时钟信号的同步相量测量、失去标准时钟信号的守时能力和与主站按标准协议实时通信能力。

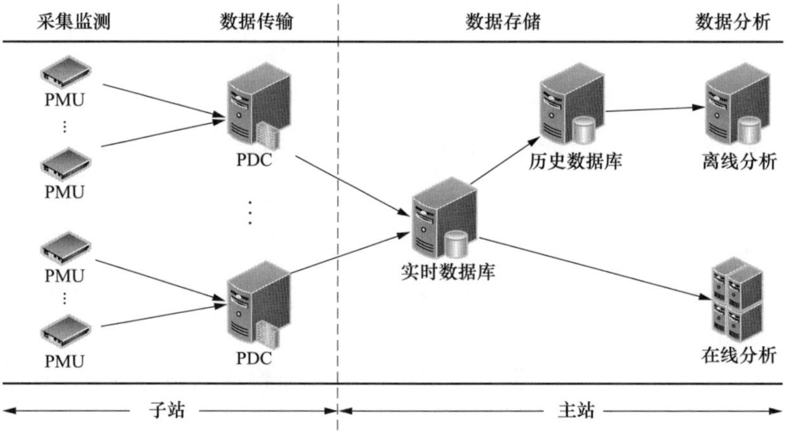

图 2–29　WAMS 系统结构示意图

（三）PMU 的功能

作为广域同步相量测量系统的基本单元，PMU 不但可以检测电力系统的实时运行状态，而且能够记录系统运行中出现的各种干扰和故障。PMU 的基本工作流程就是利用 BDS/GPS 的同步时钟信号作为基准时间，对全网各个关键测点的相量进行同步采集，把时标信息和数据同时存储并实时发往主站；主站通过对各 PMU 的同步相量测量数据进行分析和处理，从而获知当前电网的动态运行数据，对电网进行实时监测，并可以此为依据配合相关控制或调节。同时，PMU 可用来进行电网故障分析和特性评价。

PMU 具备以下基本功能。

1. 同步测量

PMU 可同步测量三相基波电流相量、三相基波电压相量、基波正序电流相量、基波正序电压相量、系统的有无功功率、系统的频率以及各开关量状态。

模拟信号 $u(t)=\sqrt{2}\,U\cos(\omega t+\varphi)$ 对应相量形式为 $U\angle\varphi$。当 $u(t)$ 的最大值出现在秒脉冲时，相量的角度为0°。当 $u(t)$ 正向过零点与秒脉冲同步时，相量的角度为−90°。0°相角的定义如图2-30所示。

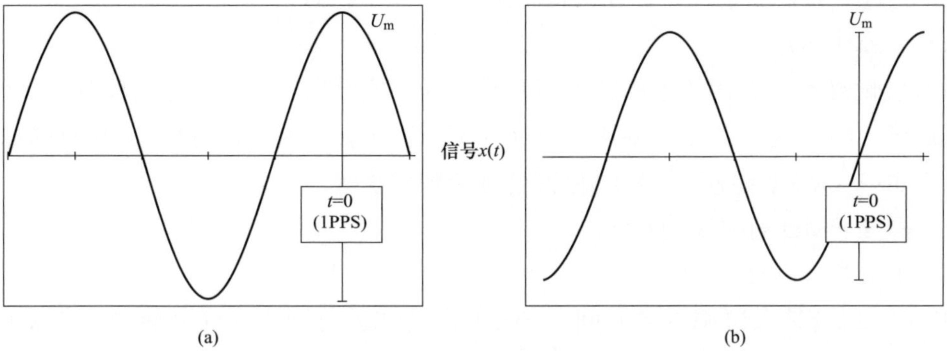

图2-30　0°相角的定义

（a）0°；（b）−90°

对于“四统一、四规范”PMU，增加了实时监测低频振荡、次/超同步振荡监测功能。

2. 实时记录

PMU能连续不间断地实时记录相量测量数据，当装置监测到系统中发生扰动时，能记录扰动录波数据。

对于“四统一、四规范”PMU，增加了连续录波功能。

3. 同步相量数据传输

子站的PDC将采集的数据通过电力调度数据网络实时传输到各级WAMS主站，底层网络传输协议采用TCP协议，应用层协议符合《电力系统实时动态监测系统　第2部分：数据传输协议》（GB/T 26865.2—2011）要求。

PMU子站可以同时与多个WAMS主站建立通信联系和进行实时数据传送，各级主站可以根据各自需求来设定不同的配置文件，选择需要传送的数据内容和数据传送的速率。

4. 就地数据管理及显示

PMU可以实现在装置面板上进行参数整定，同时可以查看实时数据的显示，通过动态文件查看工具，对动态记录文件进行分析。

5. 与当地监控系统交换数据

通过通信接口，PMU装置可以与当地的后台监控系统等系统进行数据交换。

6. 数据存储

PMU装置可以实现大容量的本地数据存储功能，保存至少14天的动态数据、72h的连续录波数据。

7. 装置告警

PMU 装置具有在线自检功能，当出现电源故障、装置异常、时钟失步、通信中断等异常情况时可以发出告警信号；同时装置还提供状态监测开入触点，通过公用测控可以接入变电站当地后台监控系统，实现状态监视。

（四）PMU 的应用

PMU 实时数据主要用于电网的电压和频率动态安全监视、低频振荡监视、故障监视、扰动识别等；PMU 离线数据主要用于电网异常分析（如直流闭锁分析）、并网机组涉网性能分析（如一次调频合格率计算）、电网特性参数辨识等。

二、提高 PMU 可靠性的方法

（一）同步对时可靠性

“同步”相量是以协调世界时间（UTC）为基准进行同步采样并转换而得到的相量，电网同步相量之间的相角关系反映了电网相应交流电气量的实际相角关系。同步相量测量高度依赖于同步时钟，时间误差会对测量结果产生很大的影响，对时间的一致性要求非常高。

对于 50Hz 的信号，相角误差 = 时间误差 /20ms × 360°；时间误差增加 1μs，相角误差增加 0.018°；时间误差增加 1ms，相角误差增加 18°。

1. 装置时间同步性能要求

根据《电力系统实时动态监测系统技术规范》（Q/GDW 10131—2017）要求，装置时间同步性能应满足如下要求：

（1）对时误差应不大于 ±1μs。

（2）当同步时间信号丢失或异常时，装置守时精度为 60min 以内，相角测量误差的改变量不大于 1°（即时间改变量不应大于 56μs）。

2. 保证 PMU 同步时间的精确性和可靠性的措施

早期由于厂站统一时间同步装置尚未普及，PMU 往往自带 GPS 时间接收装置，GPS 的天线安装位置和接头制作工艺比较重要。随着同时支持 BDS、GPS 的统一同步时间装置的普及，新的标准（Q/GDW 10131—2017）要求，PMU 以厂站时间同步装置输出的时间同步信号，作为数据采样的基准时间源。为了确保 PMU 同步时间的精确性和可靠性，应注意以下几个方面：

（1）对时信号应采用 IRIG-B 码，宜采用光纤传输，减少厂站电磁干扰的影响。

（2）应具有守时功能。

（3）在闰秒发生期间，装置不应产生数据错误、数据丢失等异常状况。数据帧中的闰秒标志位应能真实反映闰秒的实际情况。

（4）时间同步装置、PMU 均应具备时间异常告警功能。

（5）时间同步装置应定期检测，确保时间的准确性。

（6）确保天线头可以无障碍看到天空的范围最大化。天线的安装位置如图 2-31 所示。

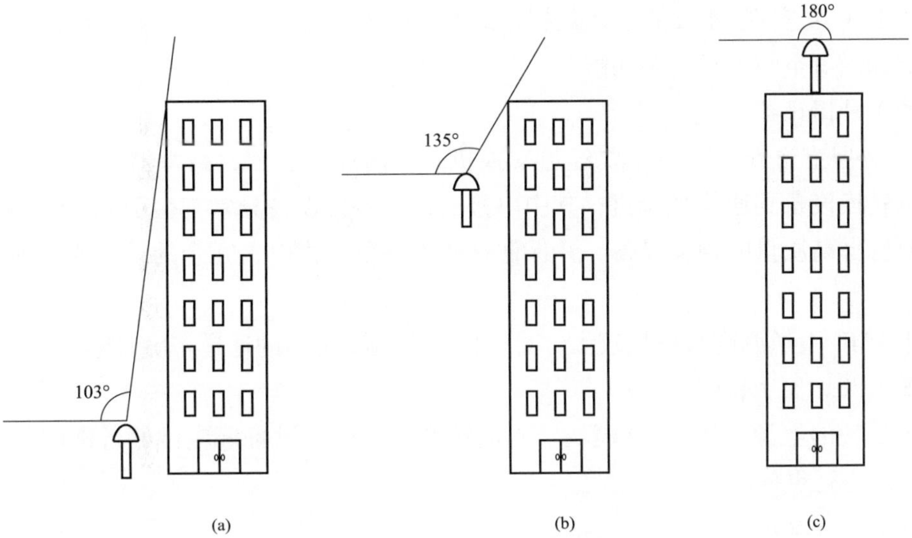

图 2-31 天线的安装位置示意图

(a) 不好位置;(b) 一般位置;(c) 最佳位置

(二) PMU 可靠性

(1) 为保证 PMU 可靠性，PMU 应采用双路电源供电。

(2) 应保证 PMU 运行环境温、湿度满足要求。

(3) 应保证 PMU 设备接地规范可靠，满足设备要求。

(4) 做好 PMU 软件、配置信息和运行记录的备份工作。

(5) 对于智能站 PMU，合并单元数据通过网络送到 PMU，由于 PMU 计算工作量大，单个 PMU 处理的合并单元数量不宜过多，一般在 8 个以内。

(三) PDC 可靠性

目前各级调度数据网已实现双平面通信，站端设备可以通过冗余数据通道网络向调度传输数据。早期现场多配置单台 PDC 与主站通信，为了提高可靠性，现场应配置两台 PDC 实现冗余上送数据，避免单台设备故障及检修导致上送 PMU 数据中断。冗余组网模式如图 2-32 所示。

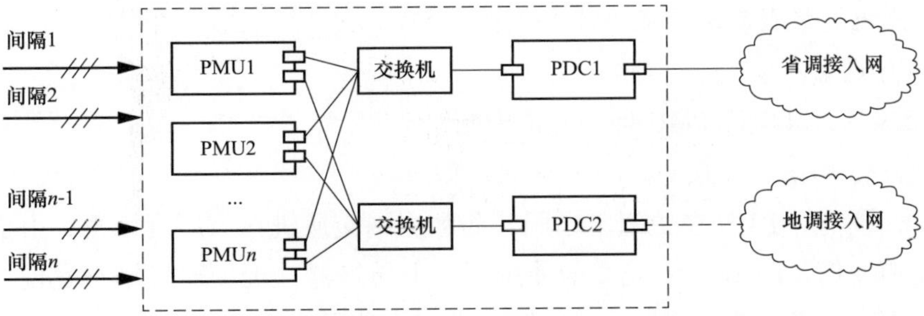

图 2-32 冗余组网模式

由于 PDC 要实现 14 天的动态数据记录及 72h 连续录波的功能，要确保设置磁盘循环删除功能和磁盘空间不足告警功能。

（四）外围设备

PMU 数据上送到调度主站要经过交换机、纵向加密装置、路由器，有些地方还要有一对光电转换设备到通信光端机；其中串接的任何一处设备异常都会引起 PMU 通道中断，因此，要选择高质量的相关设备，并保证这些设备可靠供电，冗余的设备要由不同的电源供电。

由于 PMU 上送调度数据量较大，要确保上送调度主站的通道带宽足够。

（五）做好备件管理

对于易耗的电源模块、I/O 模块、光电转换器、存储设备等应做好备件储备，故障时能第一时间进行更换。

（六）设备改造

对于运行超过 12 年的设备进行评估，如果老化严重、故障较多，应及时制定改造计划，对设备进行改造。

三、故障案例分析

（一）PMU 时钟造成整站数据异常

1. 问题与现象

2019 年 1 月，某省调 WAMS 显示某热电厂 PMU 整站实时数据异常。

2. 分析与处理

在省调 WAMS 上检查该厂 PMU 通道，显示该厂通道正常，有数据向主站上送，但 WAMS 集中动态曲线显示，实时数据为 N/A，无有效实时数据。通过进一步检查，发现该厂 PMU 数据时间比标准时间慢 17s。现场检查后，发现该厂时间同步系统存在问题，时间同步系统处理好后，PMU 数据恢复正常。

3. 总结与建议

PMU 对同步时钟的要求非常高，现场应配置高稳定性的时间同步系统，与 PMU 可靠通信。定期检查时间同步系统，并设置时钟系统异常告警，发现时钟异常及时处理，确保 PMU 数据有效。

（二）光电转换器故障造成 PMU 通道中断

1. 问题与现象

2018 年 3 月，某电厂 PMU 地网通道中断。

2. 分析与处理

经检查，该电厂 PMU 在机组电子间，而数据网交换机在该厂网控楼；由于距离较远，中间使用光缆通信，PMU 接入光缆前使用了光电转换器。现场通过排查发现，从 PMU 到地网交换机之间的光电转换器发生了故障，造成光信号丢失，从而发生地网通道中断的情况。现场更换光电转换器后，通道恢复正常。

3. 总结与建议

现场从采集单元到 PDC 或从 PDC 到数据网交换机之间经常需要使用光电转换器，光电转换器的质量直接影响到通道质量。因此，应选用高质量光电转换器及其配套电源，并做好备件储备，发生问题及时更换。

（三）PMU 采集单元负载过重造成数据中断

1. 问题与现象

2017 年 11 月，某 500kV 变电站 PMU 到主站通道正常，但 40 采集单元数据异常。

2. 分析与处理

该站为智能变电站，40 采集单元由于所接合并单元较多（共 11 个），造成装置负载过重，该采集单元与 PDC 中断。与检修单位沟通后再增加一台采集单元，分担 40 单元所接的合并单元，改造后 40 采集单元恢复正常。

3. 总结与建议

对采集单元所接入量进行合理控制，避免采集单元负荷过重造成数据中断。

第六节　发电厂自动电压控制装置（AVC）可靠性提升

一、AVC 装置应用现状

（一）AVC 装置发展历程

在 AVC 技术出现之前，人们对电压的控制只是进行粗糙、简单的人工调节，缺乏灵活的无功电压调节手段。其主要方法是调度确定适当数量的电压控制点和监测点，按季度核定下发电压曲线，然后各发电厂和供电局根据调度下达的曲线指标进行调控。

法国电力公司的工程师们于 1972 年首次提出在电网全系统开展协调电压控制工作的必要性，并详尽介绍了法国电力公司基于“中枢母线”“控制区域”等概念的电压控制方案的结构；之后，在 1974 年首次就二级电压控制方式进行了相关试验，并在全国范围推广。从 20 世纪 90 年代开始，国内的很多学者也把目光投向了分级电压控制领域的研究，对于电压控制系统的总体设计，清华大学的孙宏斌等人针对中国电网快速发展的特点，创造性地提出了基于“软分区”的分级电压控制方案。近年来，随着电网自动化水平和相关技术的不断成熟和发展，在中国省一级电网福建、河南、安徽等省调以及东北网调也开始了电压控制系统方面的研究。

目前，AVC 系统已在省级、地区级电网中普及。常规的地区级电网中一般只调节电网内的主变分接头、电容器、电抗器等离散设备来进行电压无功控制，其控制目标通常是满足地区电网中的就地电压无功考核要求同时兼顾省地关口的电压或无功目标值；而省级电网调度中，最常用的电压无功控制手段是发电厂的无功出力调节，控制目标则是枢纽点的电压值。

为深入贯彻碳达峰、碳中和的“双碳”战略目标，国网公司明确指出要着力构建以新能源为主体的新型电力系统，新能源在我国电源装机容量中的占比逐年提高。由于风电、光伏能源的自身特点，导致这些新能源厂站的出力不太稳定，同时，这些厂站的电压波动也比较大。为了降低新能源厂站的接入对电网电压稳定性的影响，厂站中配备的 AVC 子站系统对站内快速波动的电压进行调节，以减少对主电网的冲击。因此，随着新能源厂站的接入，地区电网的电压无功控制功能同样需要更新升级，以求能够适应新能源电源的波动性，并通过控制厂站 AVC 子站系统来更好地满足电网安全经济运行对电压无功的要求。

（二）电网调压与无功补偿

电网的无功补偿实行“分层分区、就地平衡”的原则。电网调度机构负责电网无功的平衡和调整，必要时组织制定改进措施，由电网企业和电网使用者组织实施。电网调度机构按调度管辖范围分级负责电网各级电压的调整、控制和管理。接入电网运行的发电厂、变电站等应按电网调度机构确定的电压运行范围进行调节，内容主要包括：确定电压考核点、电压监视点；编制季或月度电压曲线；管理系统无功补偿装置的运行；确定和调整变压器分接头位置；统计电压合格率，并按有关规定进行考核等工作。

随着电力技术的不断发展，电网接入的电力设备已不再局限于常规发电机组和阻感性负载，越来越多的新能源场站和直流特高压工程的接入，使得电网无功与电压之间的关系变得更加耦合。目前，电力系统主要调压方式分为逆调压、常调压和顺调压三种。电网无功电压调整的手段则主要包括：调整发电机无功功率；调整变频器、逆变器无功功率；调整调相机无功功率；调整无功补偿装置；自动低压减负荷；调整电网运行方式；调整变压器分接头位置；直流降压运行等。

（三）AVC 技术相关概念

AVC 是指应用计算机系统、通信网络和可调控设备，根据电网实时运行工况在线计算控制策略，自动闭环控制无功和电压调节设备，以实现合理的无功电压分布。

1. AVC 系统

AVC 系统是指用于实现电网 AVC 功能的系统或软件模块，由主站和子站构成。

2. AVC 主站

AVC 主站是指安装在各级电力调度机构的计算机系统及软件，用于完成 AVC 分析计算和优化，并发出控制调节指令至下级厂站侧，同时接受 AVC 子站的反馈信息。

3. AVC 子站

AVC 子站是指安装在电厂或变电站的就地无功电压控制装置及软件，用于接收 AVC 主站的控制调节指令并执行，也可进行站内无功电压控制决策并完成就地控制，保证节点电压达到目标值，并向 AVC 主站回馈信息。

4. AVC 控制模式

常见的 AVC 控制模式主要包括闭环控制、开环控制、母线电压控制、单机无功控制、无功复合控制等。其中，闭环控制模式也即工程上应用的远方控制模式，开环控制则对应工程上的就地控制模式。

（1）闭环控制（远方控制）：调度主站系统实时向厂站侧 AVC 子站下发电压控制目标，根据该电压目标值，按照一定的控制策略，计算出各调压设备的无功出力目标值；或者 AVC 主站实时向厂站侧 AVC 子站系统直接下发各调压设备的无功出力目标，由 AVC 子站系统直接或通过 DCS 向调压设备发出信号以调节无功出力，形成厂站侧 AVC 子站系统与调度主站系统的闭环控制。

（2）开环控制（就地控制）：调度主站定时向厂站侧 AVC 子站系统下发系统侧母线电压计划曲线，当由于 AVC 主站通信故障使厂站侧 AVC 子站系统退出闭环运行时，将自动跟踪下发的电压计划曲线进行调节。

（3）母线电压控制：厂站侧子站系统接收调度主站系统下发的系统侧母线电压控制目标后，根据电压控制目标值，按照一定的控制策略，通过计算自动得出厂站需要承担的总无功功率，经总无功功率合理分配给对应每台调压设备，AVC 子站直接或通过 DCS 向调压设备发出信号以调节无功出力，使系统侧电压达到控制目标值。

（4）单机无功控制：厂站侧子站系统直接接收调度主站系统下发的每台调压设备的无功出力目标值，AVC 子站系统直接或通过 DCS 向调压设备发出信号以调节无功出力，最终使无功出力达到目标值。

（5）无功复合控制：励磁系统采用“快速电压环＋慢速无功环”相结合的策略，采集机端电压作为电压环控制目标，保证无功的快速调节能力；同时采集机组无功出力作为无功环控制目标，实现稳态下无功的稳定输出。在无功复合控制模式下，AVC 子站可从主站接收指令并经 DCS 设置无功参考值和系统电压参考值。

（四）AVC 系统作用

AVC 系统利用电网优化技术实现电压控制目标，满足电网内各个站点电网最优电压控制效果，其主要意义是使传统分散的电压/无功控制变成协调、统一的控制，从而加强系统的电压稳定性、降低系统运行的损耗，提高电压品质。

由于无功调节是一种动态平衡，无功“就地平衡”即是让电气关联紧密的节点组成的一个网络出现相对的无功平衡。因此，为了避免各个站点因为工况差异、无功资源差异、调节措施差异等带来的问题，AVC 系统并不是单纯地进行无功分配并下达指令完成调节，而是对各站点的无功分量进行计算得到对应的电压，然后再按照设定目标发出指令，调动资源实现无功补偿。

二、AVC 系统结构及工作原理

以下将概述 AVC 系统拓扑结构及其工作原理，介绍三级电压控制方式的控制目标、调节时间，并以常规机组为例阐述 AVC 装置的工作方式。

（一）AVC 系统结构

AVC 系统结构如图 2–33 所示。AVC 主站是区域网络的全局控制单元，在控制电压的过程中选择最优的电压模式，按照电网经济性需求来对区域内的电压进行分析与计算的同时，利用计算得到的目标值来下发指令完成控制，指令将传递到二级电压控制系统，即厂站侧的 AVC 子站系统；子站针对电厂所荷载的区域进行调控，保证区域内的电压稳定和经济化运行，但是其侧重的是机组的安全和稳定，按照上级指令对现场的无功装置进行控制，保证重要节点电压达到目标值。厂站端的机组励磁系统、静止无功补偿装置、容抗器组等调压设备则是一级控制系统，接到二级指令后，即通过自动控制装置对调压设备的无功出力进行调整，实现对电压的闭环控制。

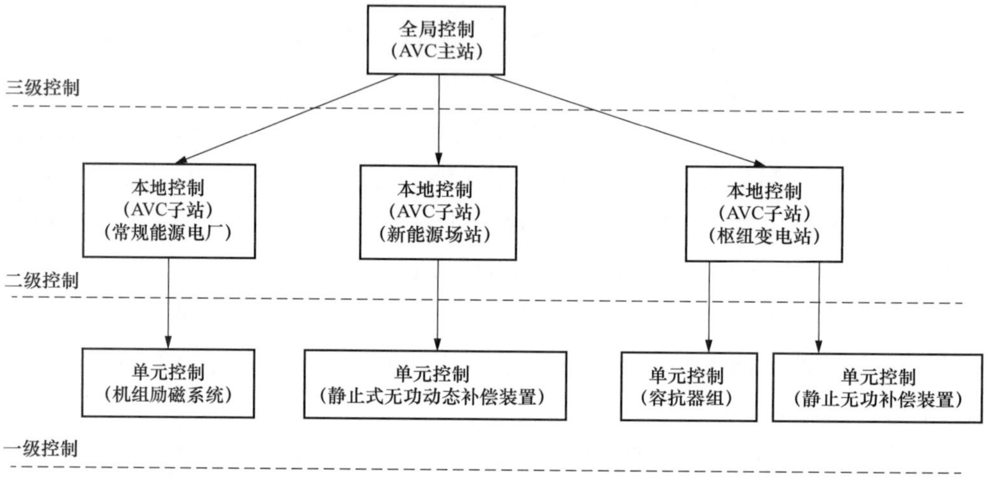

图 2-33　AVC 系统结构示意图

（二）AVC 系统工作原理

三级电压控制将电压无功控制按时间、空间进行解耦控制，可操作性强，是目前各国 AVC 系统普遍采用的控制模式。

（1）一级电压控制也称为就地控制，属于单元控制，其主要控制目标是根据二级子站电压控制的设定值，调节各调压设备单元的输出变量至设定值附近以补偿电压的变化，其调节过程通常只使用本地的相关采集信息。一级电压控制通常由本区域可控发电机的 AVR、静止式无功动态补偿装置（static var generator，SVG）及可投切的容抗器组成，其控制的时间常数多为几秒钟。

（2）二级电压控制属于区域控制，其主要控制目标是保证中枢母线电压接近或等于三次电压控制的设定值，以维持整个区域的电压稳定水平。当中枢母线的电压幅值和目标值出现偏差时，二级电压控制器将按预先设置的控制策略调控所辖的一级电压控制单元的目标值。其调节过程通常会使用到本区域内的采集信息，控制的时间常数通常从几十秒钟至分钟级不等。

（3）三级电压控制是该区域控制的最高层，属于全局控制，这一层面关心的是无功电压的最优分布，以全电网的经济运行作为优化目标，并计及安全稳定性指标。三级电压控制需要充分考虑各协调因素，需要使用整个系统的信息进行优化计算，综合计算出中枢母线电压幅值的目标值，以提供给二级电压控制使用。三级电压控制的控制时间常数从十几分钟到若干小时不等。

（三）AVC 装置工作原理

AVC 子站无功分配策略最终都需要通过电压调节设备保持无功或电压达期望值水平。目前能实现的接口方式有开关量、模拟量和数字通信方式，其中数字通信方式牵涉机组现地控制单元与励磁之间控制方式可靠性问题，没有得到广泛应用，故工程上通常采用开关量和模拟量方式来完成调控任务。下文以发电机组为例来概述 AVC 装置的工作原理。

1. 通过 RTU 实现 AVC 功能

AVC 子站通过 RTU 与中调的通信通道，接受来自调度的“AVC 目标电压指令”和“AVC 投入 / 退出指令”，并在 RTU 中将“目标电压值”转换为 4 ～ 20mA 模拟信号，将“投入 / 退出指令”转换为开关量信号，并送至 DCS。同时，读取 DCS 中发电机组当前的运行参数，如发电机端电压、系统侧母线电压、厂用电侧母线电压、发电机定子电流、转子电流、发电机无功功率、发电机有功功率以及与调节有关的一些约束条件，如机端电压限制、定子电流限制等。当完成所需模拟量数据的采集后，DCS 就进入判断和执行程序，对励磁系统下发控制指令。

2. 通过专用子站实现 AVC 功能

每隔一段时间，调度中心 AVC 主站对网内装设子站的厂站下发母线电压指令或无功功率目标指令，厂站侧 AVC 子站同时接受主站的母线电压指令或无功功率指令和 RTU 采集的实时数据。通过对主站目标指令及终端数据计算，并综合考虑系统及设备故障以及 AVC 各种限制、闭锁条件后，给出当前运行方式下，在发电机调整能力范围内的调节方案，然后经由 DCS（或直接）向励磁调节器发出控制信号，通过增减励磁调节器给定值来改变发电机励磁电流，进而调节发电机无功功率出力，使机组无功功率或母线电压调节至调度中心下达的母线电压或无功功率目标。

3. AVC 子站与 DCS 关系

AVC 子站系统励磁调节信号与发电机励磁系统接口应满足两种方式：① AVC 子站的励磁调节信号可直接输出至发电机的 AVR；② 先输出至电厂 DCS，再由 DCS 通过 AVR 对发电机励磁进行调节。无论是否经 DCS，机组人工手动增、减磁操作等均涉及机组安全，是属于机组运行调控的重要指令。AVC 投运后，不应将运行人员对于机组无功的调节控制权限全部取消，而是应当允许其在一定的前提条件下可以根据机组运行情况直接进行主动干预，共同保障机组安全、经济运行。

4. AVC 子站与变电站

变电站 AVC 子站在正常接收调度主站下发的电压控制目标后，一般会通过主机控制策略将指令值下发至静止式无功动态补偿装置，并由无功补偿装置对电压进行调控；当母线电压仍超过限值时，会再通过容抗器组等调压设备的投切进行再次调节。

5. 风电场站 AVC 子站

风电场 AVC 子站在正常接收调度主站下发的电压控制目标后，一般会综合场站监控系统和全场风机等各种电气信息，综合分析计算出每台风机的目标无功出力，并优先通过调控风机变频器以调节无功；当风机无功出力无法满足电压需求时，再利用静止式无功动态补偿装置 SVG 进行调控。

6. 光伏场站 AVC 子站

光伏 AVC 子站在正常接收调度主站下发的电压控制目标后，一般会优先利用逆变器的无功调节能力来完成电压调节需求；当逆变器无功调节能力无法满足需求时，再利用静止式无功动态补偿装置 SVG 进行调控。

三、AVC 装置的性能与检测要求

作为电网安全稳定运行的重要设备，以下将从设备性能指标和检测试验两方面介绍 AVC 装置的功能要求，阐述保证 AVC 装置可靠、稳定运行的核心指标。

（一）设备性能指标

作为电网电压无功调节的重要组成，为了满足电压和无功动态控制的需求，下文重点从数据采集、通信、传动等方面介绍 AVC 装置的性能要求。

1. AVC 数据采集

（1）模拟量数据采集。

1）AVC 子站必须能够实时获取的运行数据包括厂站高压母线电压、发电机机端电压、发电机定子电流、发电机有功功率、发电机无功功率、厂用电母线电压等。其中，电压类数据要求精度 0.2%，电流类数据要求精度 0.2%，功率类数据要求精度 0.5%。

2）AVC 子站获取的实时运行数据源（交流采样装置或变送器）必须进行专项现场校验。

（2）开关量采集数据。

1）相关机组、设备的断路器、隔离开关信号。

2）各机组励磁系统正常、异常新信号。

3）相关保护动作信号。

4）相关故障告警信号。

（3）采集数据要求。

1）模拟量精度：一般测量信号误差不大于 0.5%，母线电压测量误差不大于 0.2%；开关量分辨率：输入信号不大于 10ms。

2）AVC 子站实时运行数据优先采用 RTU 等系统同步数据，数据通信要求数据源数据变化死区为 0。通信交互数据传输刷新周期应不超过 5s；通信数据应采用归一化值或浮点值传输。

3）对常规机组励磁系统的输出控制指令应采用增减励磁脉冲控制，脉冲周期或脉冲宽度可整定；对新能源发电系统、变电站的输出控制指令应采用受控对象可识别的无功（或调节量）目标指令。

4）能够对 SCADA 数据进行辨识，检查错误量测、开关状态并列表显示，对重要数据错误具备报警功能；具备数字滤波功能，对所生成数据进行数字滤波，保证无功电压控制

数据源的准确性，防止数据突变引起误控。

AVC 子站系统采集的信号量包括遥测量和遥信量，分别从下位机（采集数据）和省调 AVC 主站采集（通过调度数据网）。为了保证 AVC 控制的安全性和可靠性，防止由于量测的原因造成 AVC 子站系统误调节，AVC 子站对用于无功电压控制的厂站侧母线电压和机组无功出力等关键量测必须具备双量测，并进行双量测处理。

2. AVC 人机界面要求

（1）DCS 界面要求。要求在 DCS 中设计安全防护逻辑，并设计相应的操作（AVC 投入 / 退出模块）和报警画面（AVC 总报警信号）。

（2）AVC 界面要求：

1）提供 AVC 系统运行工况监视画面（包括 DCS 送给 AVC 的信号、AVC 自己逻辑产生的信号、各种限值信号等）;

2）提供机组 / 母线运行工况监视画面（包括发电机有功功率、无功功率，机端电压、电流，励磁电流等）;

3）提供界面支持通过软开关投入、退出电厂 AVC 系统功能；

4）提供界面支持进行母线电压控制模式和单机无功控制模式的切换；

5）提供界面支持人工输入高压侧母线电压目标值、各机组无功出力目标值、电压计划曲线进行控制；

6）可以绘制饼图、棒图、实时曲线和趋势曲线等统计分析图。

3. AVC 主站性能要求

AVC 主站可用率应大于 95%，其计算方法为：

$$\text{AVC 主站可用率} = \frac{\text{AVC 主站正常运营时间}}{\text{全年总运营时间}} \times 100\% \qquad (2\text{–}3)$$

AVC 计算周期是指主站 AVC 软件计算间隔时间，AVC 计算周期不大于 120s；AVC 控制周期是指 AVC 控制命令下发间隔时间，AVC 控制周期不大于 300s；AVC 单次计算时间是指 AVC 软件从数据读取到计算结果显示到计算机画面所需要的时间，AVC 单次计算时间不大于 30s。

4. AVC 子站性能要求

各类无功资源控制终端接入 AVC 系统，实时报送被控对象的运行状态和运行信息，使主站能够有效判定设备运行状态和无功调控能力，并可接收主站的统一调节信息和控制命令或在调度整定的策略和方式下控制。

AVC 子站中一般应至少具备远方闭环控制和就地自动控制两种运行模式。在远方闭环控制模式下，厂站侧 AVC 子站可以根据调度 AVC 主站下达的指令，充分考虑安全约束条件，分配控制各调压设备的无功输出，对厂站内调压设备的无功出力进行控制，完成电压调节。厂站侧 AVC 子站应向调度 AVC 主站实时上送厂站是否投入调度 AVC 闭环控制的遥信信号；若 15min 以上收不到调度 AVC 主站的控制指令时，应能够报警并自动切换为子站独立运行的就地自动控制状态。

5. 子站 AVC 投运率与调节合格率

电厂子站机组 AVC 投运率应大于 98%，其计算方法为：

$$电厂子站机组\ AVC\ 投运率 = \frac{机组投入闭环运行时间}{机组出力满足\ AVC\ 运行时间} \times 100\% \qquad (2\text{-}4)$$

电厂子站机组 AVC 调节合格率应大于 96%，其计算方法为：

$$电厂子站机组\ AVC\ 调节合格率 = \frac{子站执行合格点数}{主站下发调节指令次数} \times 100\% \qquad (2\text{-}5)$$

其中，子站跟踪主站下发的电压（无功）指令，在规定时间内到达死区范围内为合格点。

（1）可靠性要求。为了保证 AVC 装置具有较高的可靠性，产品在设计制造时应选用高可靠性组件，且整个装置的平均无故障时间（MTBF）大于 30000h。

（2）控制精度和控制速率。AVC 装置应具有快速响应能力，其控制延迟时间（即从接收到主站指令时起到子站生成控制命令的时间）应小于 10s；电压控制方式下调节速率不低于 0.5kV/min，无功控制方式下调节速率不低于 10Mvar/min。同时为了保证控制精度的需要，高压母线电压的控制偏差不大于 ±0.5kV；对于单机容量 300MW 及以下机组，无功控制偏差小于 ±5Mvar；对于单机容量 300MW 以上机组，无功控制偏差小于 ±10Mvar。

（3）数据存储功能。具备查询子站保存的各种运行数据的功能，应存储的历史信息包括但不限于数据采集、策略运算、数据通信时间、厂站内电压无功值、AVC 控制指令、与主站通信状态和数据等，其历史数据保存周期不应小于 1 年。

（4）安全闭锁功能。当运行参数超出规定的约束条件或相关保护动作时，子站控制功能应自动闭锁，子站自检功能异常时应自动闭锁控制。

（5）数据查询和报表功能。子站应可完整保存主站下发的指令以及子站的控制命令，并能方便查询和生成报表，各异常报警和人工操作记录保存完整。

（二）检测试验

为了保证 AVC 装置的高可靠度，除了在产品设计、制造、安装时就严格把控产品质量之外，后期运行维护过程中同样需要借助定期检测来测试产品的运行状态，并对发现问题及时处理。

1. 本地静态试验

断开控制对象与 AVC 子站控制回路的连接，或使控制对象停止响应子站控制指令，开展子站本地的开环控制试验，以验证子站采集与控制交互数据、基本功能、控制逻辑、防误闭锁的正确性。

（1）数据采集与通信接口试验。

1）检查子站采集的控制对象数据及状态，受控母线电压或无功等是否与实际一致。

2）检查子站与各通信设备接口连接状态，能否正确发出通信故障告警。

（2）基本功能试验。

1）检查控制对象设备离线时，AVC 子站能否正确识别。

2）检查 AVC 子站投退功能。

3）具备远方控制功能，可接收主站下发的母线电压目标值（或调整量）或无功目标值（或调整量）进行控制；具备本地控制功能，可按本地设置的目标进行控制。

4）具备远方 / 本地切换功能，可手动切换，且远方指令错误或中断时可自动切换到本地运行。

5）应能根据选定的优化算法，合理进行控制对象的无功分配指令输出。

6）检查操作权限管理功能，至少具备运行操作和管理维护两级操作权限。

7）配有双主机的 AVC 子站应检查双机输入输出信息一致性，检查能否进行双机无忧切换。

（3）控制逻辑模拟试验。

1）检查 AVC 子站控制投退功能：采集数据与通信正常、具备本地运行条件时，本地预设目标指令投入运行后，可实现子站控制自动投入运行；当操作退出或退出条件满足时，可实现子站控制自动退出运行。

2）检查 AVC 子站死区设置与调节方向：投入运行后，当预设目标指令大于调节死区，需增无功出力时，发出无功控制指令；需减无功出力时，发减无功控制指令。

3）检查 AVC 子站分配策略：投入运行后，对于常规机组，能实现总目标无功在运行机组间以平均、比例、等功率因数、等裕度、无功权系数等多种分配方案的优化设置；对于新能源发电系统，能实现总目标无功在无功补偿设备和风电 / 光伏等发电系统间按给定策略分配；对于变电站，能实现总目标无功在电容器、电抗器、变压器有载分接开关、静止型动态无功补偿（发生）装置等无功控制设备之间按给定策略分配。

4）检查 AVC 子站运行电压、无功等限制功能。

（4）防误控制与闭锁试验。

1）检查 AVC 子站防误功能：当母线电压、无功目标值、各种定值参数或限值误设置时，子站应具备相应的防误措施，同时给出提示。

2）检查 AVC 子站采集异常闭锁功能：出现控制对象设备、采集数据异常等情况时，子站应具备防止误控制策略，自动停止单向或双向输出，并给出提示。

3）检查 AVC 子站通信异常闭锁功能：子站运行时，应自动识别，闭锁输出并退出控制，通信恢复或数据正常后解除闭锁，自动恢复运行控制。

4）检查 AVC 子站反馈失效闭锁：当子站连续调节无功或增减磁指令，无功功率信号仍无变化时，闭锁输出并给出提示。

5）检查 AVC 子站控制对象告警闭锁功能：当接收到来自控制对象的各类告警或限制信号时，子站应退出投运状态，并给出闭锁提示。

6）检查 AVC 子站自动闭锁 / 恢复功能：当状态条件不满足或闭锁条件发生时，子站自动闭锁。当运行条件恢复后，子站自动解除闭锁。

（5）运行监视功能检查。

1）可实时监视采集数据，显示当前各输入信号状态、闭锁状态。

2）具备控制输出、状态输出、报警输出、闭锁输出的状态显示。

3）具备完善的告警、SOE 事件记录、历史事件查询功能。

4）具备历史数据记录、历史曲线浏览、电压无功等数据统计分析功能。

2. 本地动态试验

在本地控制模式下，检查 AVC 子站与控制对象，运行工况正常，恢复 AVC 子站与控制对象的闭环，进行本地动态试验。

（1）本地调控验证试验。

1）预设不超出死区范围的控制目标，验证死区设置。

2）改变预设目标使之超出调节死区范围，观测各设备是否跟踪预设目标进行调节，并验证预设的无功分配策略。

3）如试验时存在多种控制对象组合方式，应进行至少两种组合方式下的本地调控试验。

（2）本地调控性能试验。

1）预设目标使之超出调节死区范围，记录实际母线电压 / 无功达到预设值的时间，计算调节速率。

2）预设目标使之超出调节死区范围，记录调节过程结束后被控母线电压 / 无功的最终值，计算调节精度。

3. 远方联调试验

在远方控制模式下，完成接收远方 AVC 主站目标指令测试。AVC 子站与控制对象闭环，由主站下发控制目标至子站，通过子站完成控制对象的无功调节试验。

（1）模拟数据交互试验。

1）模拟 AVC 子站运行或闭锁状态，测试上传信号是否正确。

2）AVC 主站下发目标指令，测试 AVC 子站接收到的主站指令是否正确，数据偏差是否满足指令控制要求。

3）模拟 AVC 主站下发指令异常，观察远方控制模式是否自动切换到本地控制模式。

（2）远方投退试验。

1）当运行条件满足，切换至远方控制模式，接收远方控制指令目标，检查 AVC 子站是否可以投入运行控制。

2）远方模式退出或接收远方指令超时，AVC 子站应自动切换至本地调节。

（3）远方调控性能试验。

1）远方下发调节指令，使之超出调节死区范围，记录实际母线电压 / 无功达到预设值的时间，计算调节速率。

2）远方下发调节指令，使之超出调节死区范围，记录调节过程结束后被控母线电压/无功的最终值，计算调节精度。

远方联调试验应在控制对象调节能力范围内进行，且试验过程不应造成相关设备电压超过允许偏差。试验中如发生机组、变压器、无功补偿装置等无功功率异常波动，应立即退出 AVC 子站闭环控制功能，中断试验，查明原因后方能继续进行试验。

四、提高 AVC 运行可靠性的措施

以下将介绍 AVC 在生产运行中出现的典型问题，以及检测排查中发现的常见缺陷，结合 AVC 检测技术规范和运行要求，给出处理措施，为保障现场 AVC 装置的高可靠度运行提供经验参考。

（一）AVC 异常响应及处理方法

1. 与调度主站通信中断

远方控制方式下，如 15min 内未收到调度主站下发的设定值命令，判为通信中断，此时应切换为本地控制方式并进行排查。

2. 机组无功单次最大调节量超限

单机控制模式下，当调度主站下发的机组无功设定值与机组当前无功值相比，如大于该阈值判断为非法命令。AVC 子站维持 15min 内调度主站最后一次下发的正常设定值，并返送调度主站；如无 15min 内最后一次下发的正常设定值，应按通信中断处理措施进行处理。

3. 机组无功容许设定的最大值/最小值超限

单机控制模式下，当调度主站下发的机组无功设定值超过容许设定的最大值/最小值时，判断为非法命令。AVC 子站维持 15min 内调度主站最后一次下发的正常设定值，并返送调度主站；如无 15min 内最后一次下发的正常设定值，应按通信中断处理措施进行处理。

4. 母线电压单次最大调节量超限

母线电压控制模式下，当调度主站下发的电压设定值与母线当前电压值相比，如大于该阈值判为非法命令。AVC 子站维持 15min 内调度主站最后一次下发的正常设定值，并返送调度主站；如无 15min 内最后一次下发的正常设定值，按通信中断处理措施进行处理。

5. AVC 装置故障、异常、失电

如发生在下位机，对应机组的 AVC 调节异常信号为异常，对应的机组不再进行电压调节；如发生在上位机，所有机组 AVC 调节异常信号为异常，所有机组不再进行电压调节。

6. AVC 调节无效

当 AVC 对应机组长期（超过 15min）调节无效果时，对应机组 AVC 调节异常信号应为异常，暂停对该机组进行 AVC 控制，同时 AVC 子站应发出报警信号到值班员。

7. 机组 AVR 异常

当机组 AVR 出现异常信号时，对应机组 AVC 调节异常信号应为异常，暂停对该机组

进行 AVC 控制，同时 AVC 子站应发出报警信号到值班员。

8. 异常解除后初始值

当机组 AVC 因异常暂停控制时，该机组设定值取实时值；当该机组异常解除时，取实时值作为其初始设定值。

9. 电压量测量偏差超限

当 AVC 子站检测到合环运行的两段母线电压偏差大，如果两段母线电压量测量均为有效测量，此时处理措施为：暂停 AVC 控制，发出告警信息到值班员，并将上送调度的控制母线状态设为异常；如检查发现为测量装置问题，应将故障量测置为无效测量。

10. 测量环节不刷新

当 AVC 子站因遥测数据不刷新、跳变或同时性较差时，会对闭环运行带来极大隐患，此时处理措施为：排查通信通道、通信协议、死区设置等配置是否异常；如死区设置过大，应结合设备测量精度、遥测灵敏度和通信带宽等因素统筹设置优化。

（二）AVC 性能缺陷及处理措施

1. AVC 调节能力与进相能力受限

AVC 限制设定影响机组进相能力或受进相能力制约限制 AVC 调节性能，致使电压调整范围偏窄；如将无功下限定值整定为 0，限制机组进相和 AVC 的调压范围，削弱了电网电压的调节能力，此时应进行 AVC 参数优化。

2. AVC 调节性能不满足

现场运行厂站常出现 AVC 调节性能未达到标准要求的情况，通常厂站侧人员为了避免出现过调、超调引起电压振荡，调节步长通常设得偏小，这就会导致装置调节速率过慢。为了兼顾调节速率和可能引起的过调，应定期复核 AVC 调节性能。

如出现调节速率太慢，可从脉宽设定值是否合理进行排查；调节范围过窄，可从无功下限、厂用电电压下限、机端电压下限设定值是否合理进行排查。

3. AVC 装置检测信息不完整

工程应用中，AVC 运行年限较长的设备没有及时更新改造，设备接入信号不全，导致部分控制逻辑不能实现；一旦励磁系统故障或保护动作不具备及时闭锁 AVC 功能，将影响机组的安全稳定运行，此时应对 AVC 设备同步进行升级改造。

4. AVC 装置继电器粘连

工程应用中，电气量的调控多通过继电器节点实现相应功能。若 AVC 不具备防继电器粘连功能，电压调整期间增、减磁继电器一旦发生粘连，会造成指令持续输出，会对机组安全存在隐患，厂站应增加防继电器粘连功能。

5. AVC 自动模式与手动模式互锁逻辑缺失

常规能源发电厂常出现 AVC 自动电压调节模式下与 DCS 手动增减磁不具备互锁逻辑功能的情况，若出现沟通不畅或设备意外缺陷时，不利于电网电压的安全稳定调节。从本质安全的设计角度考虑，厂站应在 DCS 逻辑中增设互锁逻辑功能。

6. 冗余配置缺失

实际工程应用中，出于成本或检修需要，很多厂站 AVC 装置不满足双冗余配置要求，一旦出现问题，无可用切换备机，不利于电网的安全稳定运行。为了保证电网电压调节能力的稳定可靠，应尽量保证 AVC 装置处于双冗余配置的工况下运行。

（三）AVC 装置管理措施

1. 加强 AVC 子站的日常维护

AVC 子站运维维护部门应保证设备的正常运行及信息的完整性和正确性，建立设备的台账、运行日志和设备缺陷、测试数据等记录，发现异常情况及时处理、记录并按规定进行上报。

2. 完善 AVC 子站的升级改造

厂站的扩建、改建应同步对 AVC 子站装置进行升级改造，新能源厂站 AVC 子站应根据新能源厂站资源进行适应性改造。

3. 开展 AVC 子站的性能检测

随着新能源场站的大量接入，电网结构发生变化，且厂家技术水平参差不齐，不能完全依据规程标准验证 AVC 设备逻辑、性能、通信等参数是否合格；故应当加强对已投运 AVC 子站调节效果的观察，并对 AVC 子站参数同步开展优化工作，依据统一标准开展对 AVC 系统的定期检验。

五、故障案例分析

（一）AVC 联调异常

某厂站 AVC 联调测试期间，主站能正常接收子站遥信信号（AVC 投 / 退），但不能正常下发遥调量（母线电压目标值），不能接收电压目标反馈值，且 RTU 上传母线电压实时测量值存在刷新慢问题，测量数据长时间不刷新上送新值。

问题 1：主站无法正常下发目标值。

原因分析为主站未与 RTU 通道建立连接。经修改主站遥调类型，改为归一化值，下发电压目标指令正常。

问题 2：主站无法正常反馈电压目标返回值。

原因分析为：子站 AVC 上传遥测数据未与 RTU 通道建立连接，未正常转发数据报文给主站。经抓取主站下发报文，数据分析后，发现遥调类型不一致，后修改子站遥调类型，主站能正常接收到电压目标返回值。

问题 3：RTU 上送母线电压实测值数据刷新慢。

主站下发电压目标指令，子站能够正常接收，主站经过几分钟后能接收到目标返回值，但时间延迟显然过长。经修改通道配置，降低延迟后数据刷新正常。

问题 4：主站重复下发目标指令，主站未能正常接收母线电压实际响应值，主站报电压不刷新，量测数据异常。

原因分析为数据上送死区设置过大。经修改测控上送死区（0.2 → 0.01），测控装置上送数据速度得到显著改善，主站电压量测数据恢复正常。

（二）AVC 联调测试增减磁指令未执行

某电厂 1 号机组 AVC 联调测试，静态联调测试时进行信号接口与逻辑保护功能测试，测试期间未发现问题。开展本地闭环测试时，在投入增减磁连接片后，进行实际指令调整测试，发现有增减磁指令输出，但机组励磁系统未执行指令。

原因分析：经查看 DCS 控制逻辑发现，1 号机励磁改造后，系统 AVC 依旧使用原来的逻辑 DCS 单元，未根据励磁系统改造而重新配置 AVC 在 DCS 中的控制逻辑，故造成控制逻辑条件不满足，励磁系统无响应。

第七节　光电转换器可靠性提升

一、光电转换装置简介

（一）光电转换装置的功能

光电转换器一般指多模光纤收发器（见图 2–34），具备地址过滤、网络分段及智能报警等功能，可提高网络工作效率及网络运行可靠性，可实现最远 5km 无中继计算机数据网的高速远程互连。产品性能稳定可靠，设计方面符合以太网标准，并有防雷击保护措施，特别适用于电力、铁路、军事、水利等各种宽带数据网及高可靠性数据传输。

光电转换器连接光纤需要光纤连接器，光纤连接器的接头结构分为 FC、SC、ST、LC 等，目前站内常用的接头是 ST 结构。

（二）光电转换装置在电力系统中的应用

在电力系统中，光电转换装置主要应用于广域同步相量测量系统，实现同步相量测量单元 PMU 与 PDC、或者 PDC 与调度专网中的交换机之间的远距离通信。目前站内常用的光电转换器如图 2–35 所示。

图 2–34　多模光纤收发器

图 2–35　站内常用的光电转换器

二、提高光电转换器可靠性的措施

为了提高光电转换器的可靠性，一方面，目前变电站的光电转换器均要求双电源接入，保证设备稳定运行；另一方面，通过调度专网的双平面传输，保证数据上送的可靠性。

三、光电转换器异常的典型案例分析

（一）案例基本情况

2021 年 7 月 28 日，某 500kV 变电站自动化设备巡视发现，51 小室相量测量数据集中器显示 IP 地址 192.168.32.42 连接失败（见图 2–36）。

图 2–36　数据集中器显示信息

（二）故障原因分析

根据 PDC 显示的连接异常找到 192.168.32.42 对应的采集单元，查看采集单元运行灯、电源灯等皆显示正常，故排除采集单元设备故障；查看光电装换器，尝试紧固收发接口时，对端的 PDC 显示 192.168.32.42 连接成功，松手后连接中断，频繁地连接成功、失败。判断光电转换器收发接口异常，更换光电转换器后连接成功，观察一段时间，通信正常。

第三章　电能量计量系统可靠性提升实用技术

第一节　电能量计量系统组成及作用

作为电力调度自动化系统工作的重要组成部分，电能量计量系统为电网企业购电、售电、线损等业务开展提供了可靠的电量数据支撑，实现了购电结算和网损计算的自动化，对电力计量数据的准确性、可靠性、有效性的提升有非常积极的推动意义。随着电力系统同期线损工作的进一步推进和云平台、现货交易平台的建设，系统采集到的电量基础数据得到了更为广泛的运用，系统的重要性日益提升，保证系统运行的可靠性以及采集数据的及时性、准确性，提高电量采集工作水平，就成了系统运维管理工作中的首要任务。

电能量计量系统通常由主站端系统（包括主站Ⅱ区系统和Ⅲ区系统）和厂站端系统组成，拓扑图如图 3-1 所示。

一、主站端系统组成及作用

主站端系统由数据采集服务器集群、应用服务器、数据库服务器、磁盘阵列、网络设备、Web 服务器、应用软件等组成。在电能量计量系统运行中，主站的作用是实现变电站电能计量数据的自动采集、存储、分析、计算、管理、监控和 Web 发布，并为系统的数据传输提供各种功能接口，通过 E 文件方式，实现数据中台、云平台等相关系统的数据的共享。主站端系统是电能量计量系统最重要的组成部分，主站端系统软硬件的运行状态，决定了整个系统的运行可靠性；对采集数据存储、计算、分析、管理能力，则决定了整个系统计量数据的准确性、可靠性。

二、厂站端系统组成及作用

厂站端系统由电量采集终端设备、应用软件和电能表等组成。厂站端系统的主要作用是通过电量采集终端设备将电能表中电量数据收集起来，并将数据进行合并处理后，按一定顺序传送至主站系统。厂站端系统虽然不具备过多的功能性，但它是电能量计量系统数据的来源，对整个系统安全、稳定运行以及采集数据的准确、可靠都有着不可忽视的关键作用。

为了保障电能量计量系统数据的准确性和运行的可靠性，下面将以电能量计量系统建设、日常运维、故障处理以及一些典型案例作为研究对象，探讨在电能量计量系统中影响采集准

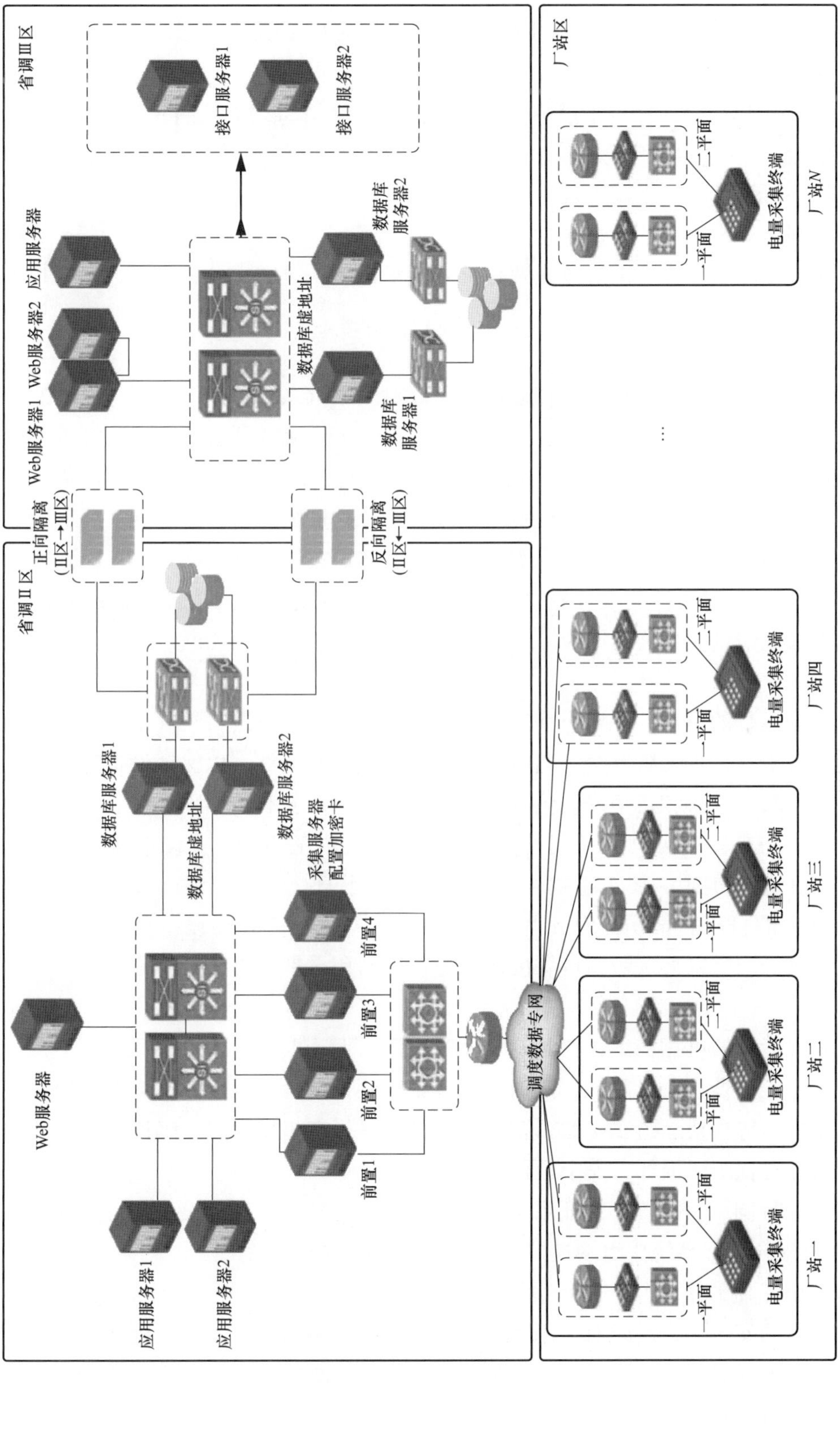

图 3-1　电能量计量系统拓扑图

确性、运行可靠性的各方面因素，以提高数据准确率、设备运行可靠性为主要目的，为省级调度电能量计量系统的数据准确性、运行可靠性提供可参考的实践经验和依据。

第二节　电能量计量主站端系统可靠性提升

一、主站端系统投产前可靠性提升

（一）主站端系统投产前可靠性分析

电能量计量主站端系统投产前阶段主要包括电能量计量系统的设计、安装、调试和试运行阶段。

1. 设计阶段

为了确保系统运行的可靠、稳定，在设计阶段要对主站端系统功能、规模有清晰的了解，并具有前瞻性。主站端采集服务器、应用服务器、数据库服务器、磁盘阵列等重要设备在性能上要满足 10 年的发展要求，服务器应选用低功耗、高效率、高可靠性设备，并且采用双机互备或者集群的模式，提高运行可靠性。系统功能需具备可扩展性，要适应电力建设不断发展的需要，并为新技术、新需求提供应有的可拓展空间。同时，考虑到安全防护方面的要求，对选用的各类服务器要进行安全评估，避免选择有安全隐患的硬件设备，以保证电量数据信息无泄漏的风险。

2. 安装阶段

为了确保系统运行的可靠、稳定，在安装阶段要对每一台设备进行硬件组件、通电性能检查，观察设备组件是否配置齐全、通电启动后报警灯是否变红，以保证设备完整、性能完好。设备安装时，设备和机柜安装位置应符合设计要求，安装应牢固、可靠，设备标牌应清晰、完整，方便运行期间设备巡检和故障定位；屏内的电缆、光缆应排列整齐有序，电缆编号挂牌整齐美观、便于查找；缆线的布放应平直，不得产生扭绞、打圈等现象，不应受到外力的挤压和损伤；服务器、交换机、磁盘阵列等硬件设备金属外壳、机柜、屏蔽线缆外层等均应以最短距离可靠接地，防止静电和雷击造成设备损坏。

3. 调试阶段

为了确保系统运行的可靠稳定，在调试阶段应注意以下几点。

（1）观察每台服务器、磁盘阵列、网络连接设备等硬件的运行状态，检查硬件设备各电源模块、网络接口等模块运行工况是否正常，服务器是否有报警信息，确保系统中硬件设备在运输、安装过程中无损坏，安全运行无异常。

（2）对网络进行调试、配置，保证系统内交换机、安全防护等硬件设备配置正确，各服务器 IP 地址分配合理，系统内组网连接畅通，Ⅱ、Ⅲ区数据传输正常。

（3）对每台服务器的系统软件进行漏洞扫描和防火墙安装，处理系统中的安全漏洞，以保障系统运行后的安全性，同时对应用程序的兼容性进行测试，防止因系统升级、漏洞修补、防毒软件安装等对应用程序正常运行带来的影响，以便提高系统运行的可靠性。

（4）对每台服务器的应用进行测试，保证每台服务器安装的软件无异常，为整套系统试运行奠定基础。

4. 试运行阶段

为了确保系统运行的可靠、稳定，需对电能量计量系统应用功能进行逐项测试，确保系统应用功能达到设计要求；并根据现场实际情况，提出优化建议，完善提升系统功能，优化人机界面展示，方便日后运维人员系统操作、日常运维。同时，对每一台硬件设备的性能都应进行实时监测，对于各类服务器在正常工况下的内存使用情况、功能软件运行情况等加以监测，以保证服务器的性能稳定、达到设计指标要求。对于磁盘阵列（RAID），应有足够的空间，满足当前设计规模以及10年的数据增长需求，并具有足够可扩充裕度。对系统各类设备均应保证双电源供电，并进行电源测试试验，保证任何一路电源失电情况下，不影响系统正常运行。对于双机互备设备，进行双机自动切换测试，保证一台设备故障时，系统自动切换至另一台设备运行。对集群设备进行测试，停集群中任一设备应不影响系统正常运行。

试运行前，系统应该通过测试验收。在验收过程中，不仅要对主站设备质量和应用功能进行验收，还要对系统运行的可靠性进行评估验收。充分考虑在极端情况下，系统能否保持正常或快速恢复，以确保主站端系统能够稳定、可靠投入日常生产运行。

（二）省级电能量计量系统投产前案例分析

电能量计量系统在设计和安装过程中，会因为某些原因存在这一些缺陷和不足之处。在调试过程中，需要注意发现这些缺陷和不足之处，并逐一完善和解决，以保证在正式投入运行后系统的可靠性。

1. 缺陷描述

某省电能量计量系统在设计时因网络安全标准尚未明确，前置服务器中未考虑安装加密设备；设备厂家安装时，调试期电源接线混乱，标牌不清晰，光缆出现扭绞、打圈等现象等。在调试和试运行阶段，发现电能量计量系统所用操作系统版本较低，存在安全漏洞隐患；安装杀毒软件后，杀毒软件进程和应用程序进程冲突；系统功能不够完善等。这些缺陷和不足之处，对会系统投运后的安全性、可靠性有着很大的影响。

2. 缺陷处理

此类缺陷和不足之处，一般都需要在系统正式投运以前加以解决。对于加密设备缺失，系统运维人员在咨询硬件设备厂家后，根据服务器型号选择合适、兼容的加密卡插件。发现接线混乱、未达标准时，运维人员要求厂家对接线进行重新整理，以达到整齐美观、便于查找。系统软件需符合安全标准，对于存在安全隐患的系统，联系操作系统厂家进行系统升级和更新漏洞补丁。运维人员在调试和试运行过程中，发现应用程序和防病毒软件冲突时，监督系统厂家优化程序，避免冲突现象，并发现和提出功能缺陷和不足之处，监督系统厂家进行修改和完善。

3. 提高系统可靠性措施

为了提高系统运行时的可靠性，在投产前要将系统隐患逐一排除，尽可能不将问题带入运行。在投运前，为保证问题能够得到及时、有效的解决，需要做到以下几点：

（1）在系统设计阶段，积极联系系统厂家，根据形势及时更新设计功能要求，防止和减少设计缺陷，减少后期安装和调试工作量，确保系统整体兼容性、可靠性。

（2）在安装阶段，加强日常巡视工作，发现问题及时整改，避免返工，节约时间；保证设备和机柜安装位置符合设计要求，安装牢固、可靠；设备标牌应清晰、完成，方便运行期间设备巡检和故障定位，便于查找。

（3）在调试和试运行过程中，指派运维人员现场跟踪测试，以便及时发现和处理各种功能缺陷，完善系统功能。以使用者的角色，协同系统厂家完善人界交互界面，以方便运行维护，提高系统可靠性。

二、主站端系统主站可靠性提升

（一）主站端系统主站可靠性分析

电能量计量主站端系统由数据采集、数据计算、数据存储、Web 发布、通信连接等多个功能模块共同组成，是整个系统的核心。如何保证主站的安全、可靠运行，一旦出现异常情况，能快速恢复，是主站端系统首要考虑的问题。解决这个问题，最重要的就是对主站端系统中的硬件设备，如服务器、交换机、磁盘阵列等设置安全有效的运行策略和合理的冗余配置，来保证系统运行的可靠性。

（二）提高电能量采集系统主站运行可靠性的方法

电能量采集主站端系统是电力系统实现远方电量数据采集与监控的重要组成部分，主站设备的可靠性对整个系统运行可靠性以及采集数据的及时性、准确性至关重要。主站端系统故障会造成整个采集系统崩溃，数据无法正常采集，数据查询浏览功能异常。所以对于主站端系统，应采取冗余配置，尽量减少故障的发生，保障系统运行的稳定可靠。

（1）主站设备冗余配置运行模式主要是双机备用和集群运行模式。电能量计量系统双机备用采用双机热备用方式，主备系统同时运运行，但运行主系统全面承担正常工作。备用系统虽运转但未接收采集数据，只负责监视主系统运行状态，处于热备状态；当系统发生切换时，可快速投入运行，不需进行硬件初始化和启动过程，因而自动切换的时间较短而且可靠性较高。电能量计量主站端系统应用功能相同的设备组成集群，集群中每台设备平均分配系统任务，当任一设备故障时，此设备中的系统任务自动分配到集群中其他设备上，不影响系统正常运行，提高了系统运行可靠性。

（2）根据《电力系统调度自动化设计规程》（DL/T 5003—2017）要求，主站设备冗余电源模块工作，确保主站设备不会因单个电源模块故障而退出运行，从而提高供电可靠性。同时需提供智能检测接口，实现对电源模块的 5V/12V 输出电压、电流实时监测，发生异常时触发报警，从而可以快速处理。具备双电源模块的设备，应由不同电源供电。为了提高整体可靠性，和主站设备配套的网络设备、安全防护设备等也应支持双电源供电。

（3）电能量计量系统主站采用实时Ⅱ、Ⅲ区同步数据的运行策略进行数据备份。Ⅱ区数据存入数据库的同时，将同一份数据同时传入Ⅲ区，以同样的数据结构存入Ⅲ区数据库，Ⅱ、Ⅲ区数据库互为备用，提高数据可靠性。

（三）省级电能量计量系统主站高可靠性配置案例分析

1.电能量计量系统主站基本情况

电能量计量系统数据采集功能部署在生产控制大区的Ⅱ区，经调度数据网通道与厂站侧电能量采集终端进行通信，实现电能量数据采集。通过Ⅱ、Ⅲ区同步，将采集数据同步到管理信息大区的Ⅲ区，进行数据发布以及提供与外系统的接口。系统主要设备包括各类服务器、工作站和磁盘阵列。

2.电能量计量系统主站Ⅱ区业务部署逻辑

四台前置服务器组成前置集群，实现对现场终端的负载均衡。两台应用服务器组成应用服务集群，可以单独方式或负载均衡方式处理后台任务。两台数据库服务器主备方式提供数据库服务，可实现故障自动切换。

（1）四台前置机分别接入专网一平面和二平面，四台前置机通过前置集群的负载均衡策略采集现场所有终端的电量数据。单台前置机故障后，集群收到消息会将该台前置机分配的采集终端任务自动切换至其他前置机，保证任务继续进行。

（2）两台应用服务器部署后台应用服务集群，可以单独方式或负载均衡方式执行，主要负责数据处理、统计计算、母线平衡分析、智能研判、预插值等。单台应用服务器故障后，可自动将应用程序切换至另一台应用服务器以单机方式运行，不影响系统正常运行。

（3）两台数据库服务器以主备方式提供数据库服务，可实现故障自动切换，单台设备故障不会影响系统正常运行。

3.电能量计量系统主站Ⅲ区业务部署逻辑

（1）两台数据库服务器以主备方式提供数据库服务，可实现故障自动切换，单台设备故障不会影响系统正常运行。

（2）两台接口服务器以主备方式提供对外数据接口，主要包括对外一体化线损接口、电力交易系统接口、海量平台接口等，可实现故障自动切换。

（3）两台Web服务器以主备方式提供对外数据查询展示等功能，可实现故障自动切换。

4.电能量计量系统主站数据存储部署逻辑

Ⅱ、Ⅲ区数据库服务器是双机主备模式部署，使用HA各管理一套联想V7000存储，双机切换时间约2min；数据库间使用达梦的DMHS数据同步服务实现电量数据Ⅱ区到Ⅲ区的自动同步，Ⅱ、Ⅲ区数据存储保持一致、互为备份。

5.电能量计量系统主站高可靠性分析及措施

（1）前置服务器、数据库服务器、应用服务器、接口服务器、Web服务器等都是负载均衡或者主备模式，不存在单节点故障，可靠性高。

（2）Ⅱ区和Ⅲ区磁盘阵列虽然是单台，但Ⅱ区数据和Ⅲ区数据可分别作为异常状态备份，磁盘阵列模式，支持热插拔；一块甚至几块硬盘损坏不会影响正常数据查询、存储等数据应用功能，可靠性较高。

（3）磁盘阵列由双电池模块供电，电池模块支持热插拔。电池模块故障后，磁盘阵列性能会大幅下降，影响数据存储入库速度，长时间故障会导致数据堆积，影响系统运行可靠性。对于此故障，可购入磁盘阵列电池模块作为备品备件，并在日常运行中加强巡视，如磁盘阵列电池模块报警，可迅速更换阵列电池模块，恢复阵列运行性能；在条件允许的情况下，也可以更换四电池模块供电的磁盘阵列，以提高磁盘阵列运行可靠性。

三、主站端系统日常运行可靠性提升

（一）主站端系统日常运行的可靠性分析

在日常运行过程中，主站运维人员的运维水平、采取的运维措施、运维方法及对软硬件系统的故障预防相关措施等，在很大程度上影响着主站系统运行的安全性、可靠性。

（二）提高主站端系统日常运行可靠性的措施

为了提高系统运行的稳定性，需对运维人员进行定期培训，提高技能水平；同时需完善运维管理制度，加强对软硬件系统的运行监视，及时发现系统硬件故障，防止软件程序运行时间过长而引起软件死机，对系统产生影响；并定期采取措施，对可能发生的故障进行预警、预判，制定在异常情况下的相关应急措施等。

1. 加强设备巡视，规范巡视制度

日常运行过程中，加强机房硬件巡视，发现硬件设备故障告警立即通知相关运维人员处理；如设备硬件故障，运维人员无法处理，第一时间联系设备厂商带齐备品备件至现场处理。拥有规范的机房巡视制度，可以第一时间发现、处理故障，防止故障扩大化，杜绝因责任缺失造成的系统运行故障，确保系统运行可靠性。

2. 加强检修管理，定期开展系统巡检

在日常巡视工作的基础上，定期进行系统全面巡检工作。定期对服务器内存使用情况、硬盘空间进行检查，防止服务器因内存、磁盘空间不足引起系统功能异常；定期对磁盘阵列空间情况进行检查，了解磁盘空间占用增长速度，根据结果定期删除冗余 log 等日志文件，确保磁盘阵列存储空间充足。

3. 规范设备运行管理，定期开展系统切换工作

定期进行系统轮转轮换工作。对于双机互备设备，定期进行主备机切换运行，并对备机进行重启；对于集群设备，定期逐一对每台设备进行重启。硬件设备的重启、切换，不仅保证了设备故障情况下，能够快速、安全、可靠切换设备；同时在重启设备过程中，释放因长期运行堆积的内存占用，可以有效防止程序死机等类型故障，确保系统运行可靠性。

4. 完善系统运行监视功能，全面掌控系统运行状态

完善系统软件运行监视功能，监视页面可实时观测各功能模块应用程序运行情况和电能表数据采集情况，一旦发现问题立刻处理。实现各服务器 GPS 自动对时，对各服务器

时间进行监测，防止服务器时间差异造成的系统异常。

（三）电能量计量系统日常运行可靠性案例分析

电能量计量系统日常运行中发生故障，会造成系统功能出现异常，从而影响整个系统运行的可靠性。下面以某软件故障为例，详细阐述故障对系统的影响以及提高系统可靠性的措施。

1. 故障基本情况

某省电能量计量系统因Ⅲ区网络中断而引起的预插空值程序中断，导致采集数据无法入库，实时数据无法正常查询。

2. 故障情况描述

2020 年 8 月，某省级电能量计量系统主站打开“数据查询”功能查看数据，发现部分厂站无底码数据和一次增量数据；手动下发采集任务，报文显示数据采集正常，通过页面查询依然无法查询到数据。发现故障后，初步怀疑是厂站采集故障，首先检查采集通道是否正常。登录前置采集服务器，使用 ping 和 telnet 命令检测网络和端口是否正常，经测试采集通道正常。手动下发采集任务召唤数据，查看采集报文信息，发现数据采集正常。确认采集没有问题之后，判断数据可能没有入库。登录数据库，通过 SQL 语句查询数据存储表，发现数据表没有预插空值。登录应用程序（App）服务器，检查后台 dms 预插服务程序，分析日志发现有“网络通信异常”的报错日志，日志显示网络中断大概 3min。断定故障原因是预插程序预插空值未成功，采集的数据无法正常入库，所以前端 Web 无法查询到数据。

3. 故障对系统可靠性影响

此故障是因为网络中断或者不稳定，导致预插程序与数据库的连接中断，当前的预插任务也会中断，进而导致数据表预插空值失败。数据表没有预插空值，前置服务器采集的数据无法正常入库，从而通过 Web 页面也就无法查询到数据。此故障导致电厂用户无法及时查询到当日电量，影响了系统查询功能的可靠性。同时，因数据库无法正常入库，导致大批采集数据堆积；如数据堆积量过大或堆积时间过长，就会影响其他程序的正常运行，甚至造成其他应用程序宕机，导致系统运行可靠性降低。

4. 故障处理及提高系统可靠性措施

解决此类软件故障的手段相对简单，一般只需要重启相应程序就可以解决。但为了避免类似故障的再次发生，需要从多方面入手，提前发现故障，预防故障、从而减少、避免故障，提高省调电能量采集系统运行稳定性。

（1）完善监视界面，实时监视软件运行状况。为避免类似问题再次发生，系统中完善了监视界面，将预插情况直接显示在监视界面；同时提前 10 天预插空值，这样不仅可以直观发现预插异常，并且有充足的时间处理异常。同时，预插程序增加数据入库判据，数据不入库超过一定数量直接重启预插程序。此外，监视页面可实时观测各功能模块应用程序运行情况、电能表底码数据采集情况、重要厂站 30min 底码采集情况等。实现各服务器

GPS 自动对时，对各服务器时间进行监测，防止服务器时间差异造成的系统异常。电能量系统可视化监视界面如图 3–2 所示。

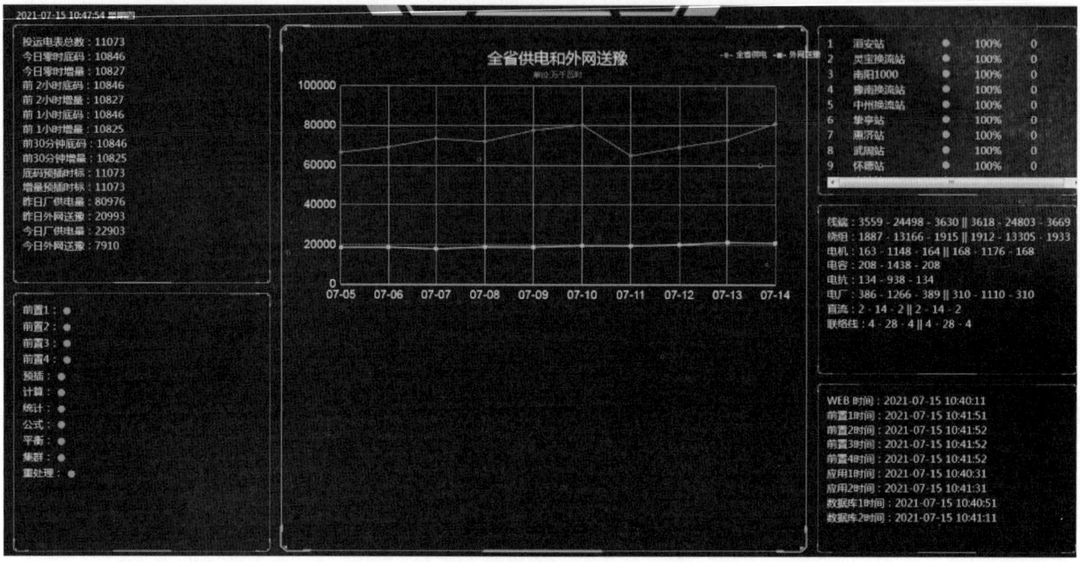

图 3–2　电能量系统可视化监视界面

（2）加强运维管理，做好预防措施。为了提高系统运行可靠性，运维人员加强了对软硬件系统的运行监视。除每日定时对系统运行情况进行常规检查外，全年对系统进行了 8 次全方位的系统巡检，对系统内存使用情况、服务器容量、各功能模块运行情况、计算统计程序等进行了全方位检测；并在 4 月、9 月、12 月分三次进行了数据库、接口服务器、Web 服务器 A、B 机切换和服务器、应用程序重启，以防止软件程序运行时间过长而引起软件死机，对系统产生影响。通过以上措施，系统设备全年运行正常，没有出现硬件故障。系统软件全年仅出现过一起因Ⅲ区网络中断而引起的预插空值程序中断，导致采集数据无法入库的异常，软件系统运行基本稳定正常。系统硬件故障率与同期相比降低了 100%，软件故障率降低了 90%，大大提高了系统的可靠性和稳定性。

四、主站采集数据可靠性提升

（一）主站采集数据基本情况

电能量计量采集系统为电网运行提供可靠的数据来源，电量数据的准确性、可靠性直接影响到电量结算数据的分析和利用。随着电力系统同期线损工作的进一步推进和云平台、现货交易平台的建设，系统采集到的电量基础数据得到了更为广泛的运用，保证系统采集数据的准确性和可靠性，成为系统运维管理工作中的首要任务。

（二）影响主站采集数据可靠性的因素

目前，采集主站通过和厂站端采集终端通信，实现厂站端电能表数据上传至采集主站。系统功能软件负责对上传数据进行处理、统计计算后，存储至数据库中。主站采集到的电能基础数据为电能表中底码数据，系统将底码数据乘以倍率后转换成电量数据。系统中影响电量数据准确性、可靠性的主要是电能表事件和坏数据：电能表事件主要是因为换表、校表、满码等事件造成的底码数据突变；坏数据主要是因为通信故障、采集装置缺陷（BUG）、异常跳变等原因，使底码数据超出了合理的范畴。在实际工作中，将这些异常数据找出来并进行合理的修正，就会大大提高数据的准确性和可靠性。

（三）提高采集数据可靠性的方法

对于电能表事件，必须制定完善的现场工作制度，电能量计量系统囊括多个领域和专业，需要各个专业工作中相互沟通、协调，共同打造可靠的电量数据基础。在换表、校表现场接线工作完成后，需要主动联系主站运维人员，将更换、校验过后的电能表信息及时反馈给主站运维人员，以便运维人员可以及时调整电能表信息，避免电能表更换、校验后因为主站信息未更新造成的数据采集异常、底码突变等异常情况，影响数据的准确性和可靠性。

对于坏数据，一方面要运用各种技术手段，将异常数据筛查出来，进行修正处理，消除这些坏数据对系统数据准确性、可靠性造成的影响；另一方面，对于通信异常频繁、采集器软件存在影响数据准确性、可靠性的 BUG 的厂站设备，及时进行消缺，消除其对系统数据的影响。

（四）电能量计量系统采集数据可靠性案例

为了保证采集数据准确、可用，减少和消除异常数据对系统可靠性的影响，运维人员结合多年系统运维经验，配合开发人员完善系统功能，提高数据筛查、处理能力，确保数据准确、可靠。

（1）在系统功能中完善自动处理异常数据逻辑。结合线路容量，制定合理的限值，每 5min 内电量增量超过限值或者底码变小时系统不予计算；系统自动计算程序在综合增量数据之后，如判断该时段内底码数据均摊电量可恢复到合理区间，则均摊电量，1h 后均摊值仍未恢复至合理区间，则作为异常数据提示需手动介入调整。通过这种方式，可将大部分因通信状态不佳、短时跳变、采集装置 BUG 造成的坏数据进行均摊抹平，消除数据突变的影响，提高数据的准确性和可靠性。示例如下。

1）异常表现：底码突然变 0，然后又跳回正常值。如果按底码计算就会产生很大的跳变电量。底码数据跳变如图 3-3 所示。

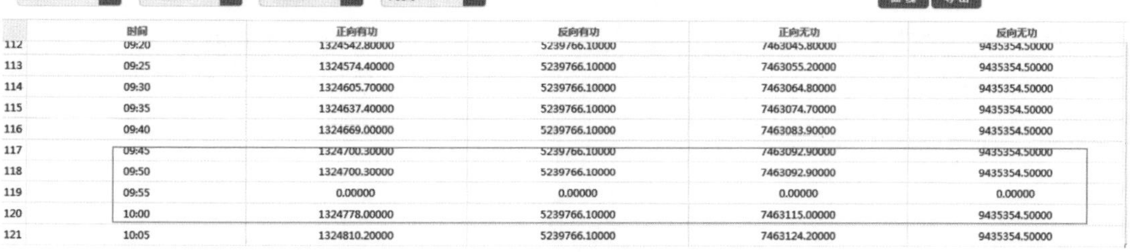

	时间	正向有功	反向有功	正向无功	反向无功
112	09:20	1324542.80000	5239766.10000	7463045.80000	9435354.50000
113	09:25	1324574.40000	5239766.10000	7463055.20000	9435354.50000
114	09:30	1324605.70000	5239766.10000	7463064.80000	9435354.50000
115	09:35	1324637.40000	5239766.10000	7463074.70000	9435354.50000
116	09:40	1324669.00000	5239766.10000	7463083.90000	9435354.50000
117	09:45	1324700.30000	5239766.10000	7463092.90000	9435354.50000
118	09:50	1324700.30000	5239766.10000	7463092.90000	9435354.50000
119	09:55	0.00000	0.00000	0.00000	0.00000
120	10:00	1324778.00000	5239766.10000	7463115.00000	9435354.50000
121	10:05	1324810.20000	5239766.10000	7463124.20000	9435354.50000

图 3-3 底码数据跳变

2）异常处理：将跳变期间的电量均摊计算，就会消除跳变数据的影响。跳变均摊后的均摊电量如图 3–4 所示。

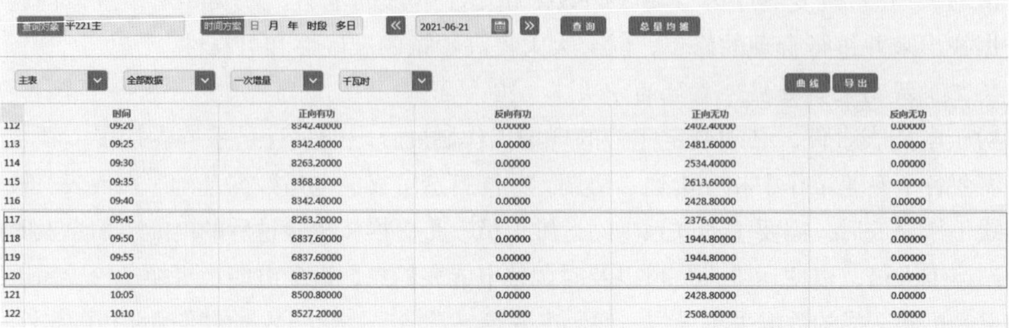

	时间	正向有功	反向有功	正向无功	反向无功
112	09:20	8342.40000	0.00000	2402.40000	0.00000
113	09:25	8342.40000	0.00000	2481.60000	0.00000
114	09:30	8263.20000	0.00000	2534.40000	0.00000
115	09:35	8368.80000	0.00000	2613.60000	0.00000
116	09:40	8342.40000	0.00000	2428.80000	0.00000
117	09:45	8263.20000	0.00000	2376.00000	0.00000
118	09:50	6837.60000	0.00000	1944.80000	0.00000
119	09:55	6837.60000	0.00000	1944.80000	0.00000
120	10:00	6837.60000	0.00000	1944.80000	0.00000
121	10:05	8500.80000	0.00000	2428.80000	0.00000
122	10:10	8527.20000	0.00000	2508.00000	0.00000

图 3–4　跳变均摊后均摊电量

（2）结合现场换表、校表记录，对产生事件的电能表进行逐一处理，消除在换表、校表期间产生的数据突变影响。通过逻辑判断电能表满码事件，自动修正因满码回走产生的突变影响，提高数据的准确性和可靠性。示例如下。

1）异常表现：现场电能表校表后造成系统采集电量底码突变，如果按底码计算就会增加实际运行中产生的电量。校表后底码跳变如图 3–5 所示。

	时间	正向有功	反向有功	正向无功	反向无功
201	16:45	8.20610	7347.29040	48.38220	4975.94520
202	16:50	8.20610	7347.29040	48.38220	4975.94520
203	16:55	8.20610	7347.29040	48.38220	4975.94520
204	17:00	8.20610	7347.29040	48.38220	4975.94520
205	17:05	8.20610	7347.29040	48.38220	4975.94520
206	17:10	8.20610	7347.29040	48.38220	4975.94520
207	17:15	8.20610	7347.29040	48.38220	4975.94520
208	17:20	8.70600	7347.42930	48.84850	4976.06250
209	17:25	8.70600	7347.42930	48.84850	4976.06250
210	17:30	8.70600	7347.42930	48.84850	4976.06250
211	17:35	8.70600	7347.42930	48.84850	4976.06250

图 3–5　校表后底码跳变

2）异常处理：系统告警后，通过人工校表操作，将校表期间产生的电量去掉，就会消除校表事件对电量数据的影响。校表处理后电量如图 3–6 所示。

	时间	正向有功	反向有功	正向无功	反向无功
205	17:05	0.00000	0.00000	0.00000	0.00000
206	17:10	0.00000	0.00000	0.00000	0.00000
207	17:15	0.00000	0.00000	0.00000	0.00000
208	17:20	0.00000	0.00000	0.00000	0.00000
209	17:25	0.00000	0.00000	0.00000	0.00000
210	17:30	0.00000	0.00000	0.00000	0.00000
211	17:35	0.00000	0.00000	0.00000	0.00000
212	17:40	0.00000	0.00000	0.00000	0.00000

图 3–6　校表处理后电量

（3）利用采集的底码数据，以日为单位直接计算出日底码差电量；利用系统每 5min 计算出来的电量数据累加，计算出日统计电量；系统将 D5000 系统功率进行积分，生成日积分电量。通过日差值电量、日累加电量、日积分电量综合比较，可以有效筛查出系统异常数据，完成电量数据 100% 全方位监测，保证数据准确可用。

（4）加强数据巡查，利用系统各项数据对比功能，快速定位故障，及时通知、督促、配合故障处理，督促产品有 BUG 的采集器厂家尽快处理 BUG。

数据对比界面如图 3–7 所示，系统通过底码差电量、功率积分电量、统计电量对比，可以很直观地发现异常电量。根据异常情况，可以基本判断电能表接线极性和数据都不一致，现场设备运维人员可以根据主站的基本判断快速定位故障。

序号	设备	倍率	底码差电量		功率积分		统计电量	
			正向有功	反向有功	正向有功	反向有功	正向有功	反向有功
1	+ 周彦1	5500000	3135000	0	3126483.99	0	3135000	0
2	+ Ⅱ周淮1	5500000	0	0	0	0	0	0
3	+ Ⅰ周淮1	5500000	0	0	0	0	0	0
4	+ 周水1	5500000	2310000	0	2288603.45	0	2310000	0
5	+ Ⅱ周宁1	5500000	2915000	0	2874168.58	0	2915000	0
6	+ 周真1	5500000	2970000	0	2939937	0	2970000	0
7	+ Ⅰ周胡1	5500000	4015000	0	4005320.39	0	4015000	0
8	+ 周郢1	5500000	5115000	0	5107437.75	0	5115000	0
9	+ 周221	5500000	3308250	0	0	8133730.97	3308250	0
10	+ 周223	5500000	0	8473850	0	8486639.25	0	8473850
11	+ 周兆1	5500000	4565000	0	4558433.2	0	4565000	0
12	+ 周222三	5500000	0	8427100	0	8446498.68	0	8427100

图 3–7　数据对比界面

随着系统运维工作的进展，运维团队从多方面着手，完善数据筛查机制，保证异常数据及时得到处理，提高基础数据质量，力争数据更加准确、可靠。

第三节　电能量计量厂站端系统可靠性提升

一、厂站端系统投产前可靠性提升

（一）厂站端系统投产前可靠性分析

电能量计量厂站端系统主要包括电能量计量站端采集终端和电能表，其投产前系统建设阶段主要包括电能量计量系统的设计、安装、调试阶段。

1. 设计阶段

对于采集终端，必须考虑其运行可靠性。采集终端需性能稳定，能够在恶劣环境下保持长时间连续、可靠运行；采集终端需具备高效的数据传输，能够匹配各类电能表传输协议，支持数字式表、传统关口表的采集接入；采集终端必须具有单独数据存储能力，存储时间应满足要求；对于重要厂站，应尽量设计成双机互备模式，增加运行可靠性；采集终端接入电能表上限必须满足厂站规模要求。

设计过程中应根据电网大数据、云平台的发展建设要求，配齐所有设备计量电能表，做到能采尽采、应采尽采。要根据功能和用途，选用相应精度等级的电能表。对于结算和考核关口，应选择主副配置、精度不小于 0.2 级的电能表。电能表传输小数位数应达到 4 位以上，以确保结算、考核数据的准确、可靠。

2. 安装阶段

设备和机柜安装位置应符合设计要求，安装应牢固、可靠。设备标牌应清晰、完整，方便运行期间设备巡检和故障定位；屏内的电缆、通信线应排列整齐有序，电缆编号挂牌整齐美观，便于查找；缆线的布放应平直，不得产生扭绞、打圈等现象，不应受到外力的挤压和损伤；采集终端设备金属外壳、电能表通信屏蔽线缆屏蔽层等均应以最短距离可靠接地，防止静电和雷击造成设备损坏；电压、电流接线端子应牢固、无松动，电能表二次线线径应该达到设计要求，防止因二次线损耗功率及压降影响电能表的精度。

3. 调试阶段

采集终端在和电能表通信的过程中，对于不同功能和用途的电能表，应该配置不同的通信协议。接入信息中电流互感器、电压互感器的变比必须准确无误，当发生变化时要及时通知省调电量计费系统值班人员修改；接入信息中的厂站名称、线路名称必须提供调度名称，且和 D5000 中厂站名称保持一致；电能表接入时极性一定要正确；接入信息中的小数位数必须和现场电能表实际小数位数一致。所有电能表配置完成后，应逐一对采集到的电能表数据进行核查，防止对应关系出错，影响采集可靠性。厂站端配置完成后，应将配置信息上传至主站；主站和采集终端正常通信后，应读取厂站端电能表数据和主站相应电能表模型逐一核对，以保证主站电能表模型和厂站端电能表一一对应，确保数据精确、可靠。

（二）新建变电站电能量采集系统可靠性案例分析

1. 变电站电能量采集系统基本情况

某变电站电压等级为 220kV，设计中电能量计量系统厂站端设备包括一台采集终端设备、53 块电能计量表计，配备双平面网络通道。该变电站包括两个火电厂上网电量结算关口、一个新能源电厂上网电量结算关口、两个主变下网考核关口，结算关口和考核关口电能表均采用主副表配置，精度 0.2 级，支持 4 位小数上传；电能表具备一定负荷曲线存储能力，可以灵活设置需存储的数据类型。考虑到建设成本问题，其他电能表采用 0.5 级电能表，采用 DL/T 645 通信协议，支持 2 位小数上传，无数据存储能力。

2. 变电站电能量采集系统可靠性分析

（1）该变电站设计中配置一台采集终端和双平面网络。当发生单平面网络故障时，另一平面网络依然可以采集数据，不影响主站数据的正常采集，网络可靠性高。但若采集装置发生故障，电能表和主站之间的数据交互将中断，且采集装置故障期间将无法储存数据；当采集装置经处理恢复正常后，故障期间电量数据将无法追补，影响系统采集可靠性。

（2）考虑成本问题，设计中该变电站绝大多数非贸易关口电能表不带数据存储功能，数据采集时标依靠采集装置冻结电能表实时时标，当采集装置异常时，不能有效采集电能表数据；当采集装置恢复后，因电能表无存储功能，无法追补故障期间电能表数据，主站将无法采集到采集设备故障期间此类电能表数据，影响系统采集可靠性。贸易关口电能表具备一定时间的数据存储能力，当采集装置恢复正常后，可以从电能表内追补故障期间的电量数据，不会影响主站系统的历史数据（但采集设备缺陷处理的速度，对数据的及时性有一定的影响），可靠性较高。

（3）电能表的精度和传输小数位，对电能表数据的准确性有一定的影响。目前的新建变电站，设计的计量电流互感器变比较大；2 位小数上传、0.5 级电能表在电流互感器变比较大的情况下，数据偏差较大，极易引起母线不平衡和分线不平衡，数据可靠性较低。

（4）因为是新建变电站，电能量计量系统站端设备较简单，现场接线整齐美观，符合设计标准。110kV 及以上电能表集中组屏安装，和采集终端设备相邻，现场通信线安装、设备调试方便。10kV 部分电能表安装于开关柜小室，设备数量、种类多，且安装分散，和采集终端设备距离远，电能表通过 RS–485 串行总线分组接入电量采集终端。这种模式中电能表通过“手拉手”的方式串接到一起分组接入采集终端中，当接入电能表数量过多时，会造成电能表轮询一遍花费时间过长；如果遇到某块电能表通信异常，往往会花费更长时间，还容易造成某些电能表数据丢失，造成数据缺点现象；且 RS–485 串行总线方式通信距离受限，现场施工布线工作量大，通信网络易遭破坏，故障点不易查找，易受雷击和过电压影响。采集终端和电能表之间通信协议众多，不利于规范化管理，也会影响系统的互操作性。大多数情况下均采用 DL/T 645 通信协议也存在着上传小数位数较少的问题，造成数据精准度不够，影响数据的质量。

（5）调试过程中，因低压电能表设备数量、种类较多，通信线串接工作量烦琐，设备调试人员粗心等因素，造成部分低压电能表通信连接异常；经多次调整后，整站电能表通信接入正常，电能表采集数据准确、可靠。

3. 提升变电站电能量采集系统可靠性建议

（1）随着电力系统同期线损工作的进一步推进和云平台、现货交易平台的建设，系统采集到的电量基础数据得到了更为广泛的运用，对系统运行的可靠性以及采集数据的及时性、准确性要求也越来越高。为了保证厂站端系统的运行安全、可靠，在新建站设计中，可以配置两套采集终端互为备用。随着站内接入的计量设备和数据量的增长，传统的计量表计和通信方式已经很难适应未来智能电网的发展趋势，不能满足实际需求。随着网络、无线通信技术的发展，结合当前电能量计量系统的发展趋势，为了更好地满足电网运营和电力市场发展需求，需要对现行的电能表采集方式进行调整，从 RS–

485串行总线方式更换为网络传输方式，并尽可能设计集中式电能计量表计，减少分散设备数量，提高系统数据传输和处理的速度，降低故障概率，提高系统运行的实时性和可靠性。

（2）随着电能量计量系统重要性的提升，考虑到电能表上传小数位对数据可靠性的影响，建议对于现行的电能表采集协议进行调整；调整上传支持的小数位数，以便提高数据质量，保证数据可靠性。

（3）现有的贸易结算关口表绝大多数为进口电能表，精度高，有一定存储能力，但价格昂贵，考虑到成本问题，非关口电能表一般不采用这种电能表。随着国内电能表厂家的发展，一些品牌的国内电能表的各项指标已接近进口电能表，在价格上更有优势。在条件允许的前提下，兼顾经济性原则，对电压等级较高、数据准确性要求较高的非贸易关口电能表，可以采用一些精度高的国产电能表，可以有效地提高数据质量，保证数据可靠性。

（4）在现场安装阶段，要严把质量关，保证设备和机柜安装位置符合设计要求，安装牢固、可靠；设备标牌应清晰、完成，方便运行期间设备巡检和故障定位，便于查找。在调试阶段，主站人员要认真负责，逐一核对电能表数据，发现问题及时整改，避免返工，节约时间，保证采集数据真实、完整、可靠。

二、厂站端主要设备及常见故障处理可靠性提升

（一）电能量采集终端在系统中的影响

在目前的电能量计量系统中，电能量采集终端是厂站端电能表和主站端系统数据、信息交互的纽带，起着承上启下的作用，是电能量计量系统中最重要的厂站端设备，对整个系统安全、稳定运行以及采集数据的准确、可靠都有着不可忽视的关键作用。

电能量采集终端是一种数据采集、存储、远传的装置。其主要功能是：采集、存储电能表的数据；监测系统运营状况；通过不同的通信方式，按照一定的通信协议与主站系统进行数据传输。电能量采集终端如图3-8所示。

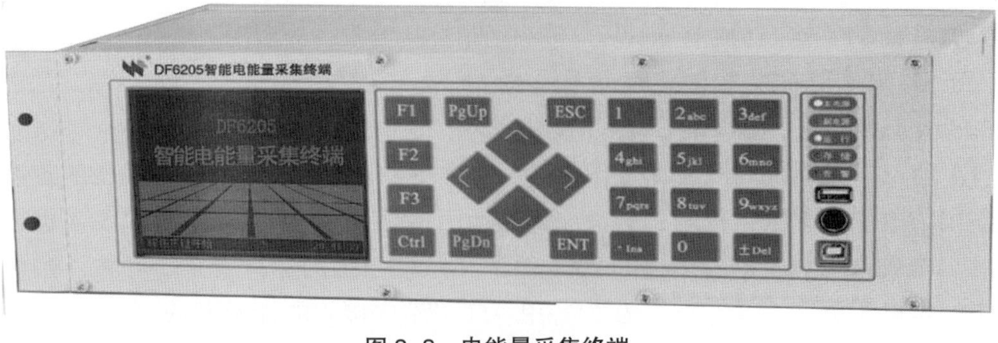

图3-8　电能量采集终端

电能量计量计费系统一般由主站、终端、电能表三部分组成。在电能量计量采集自动化系统中，电能量采集终端是数据的通信中枢，一方面采集、存储表计以串行通信形式输

出的数据，另一方面将采集到的数据通过上行通道传输到电能量计量采集自动化系统。厂站采集终端现场应用如图 3–9 所示。

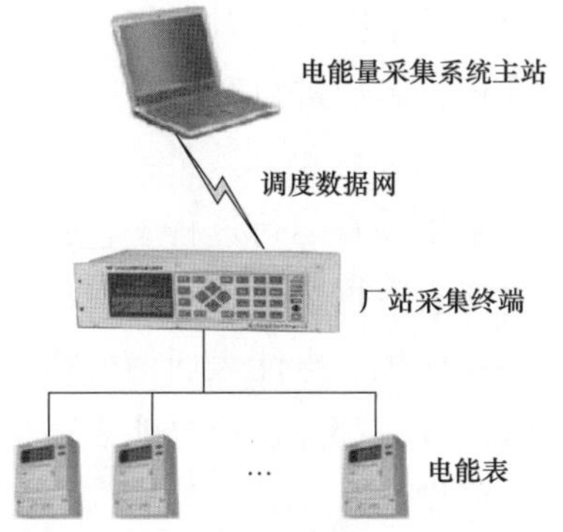

图 3–9 厂站采集终端现场应用示意图

在投运前期的调试工作中，采集终端的配置是厂站端的主要影响因素。采集终端表地址设置错误、协议选择不匹配、通信波特率不正确、485 通信线接线错误，都会对采集终端抄表数据产生影响，从而影响电量计量采集系统运行可靠性。所以在采集终端配置完成、实现终端与电能表通信后，需逐一对现场表计电量数据与终端采集数据进行核对并确认无误，保证采集终端抄表数据准确无误，保证数据可靠性。

（二）常见厂站端故障对可靠性影响及提升可靠性措施

厂站端设备在运行过程中，经常会发生各种故障，这些故障会对整个系统的可靠性造成一定程度的影响。

1. 数据网通道中断故障

在系统运行过程中，主站到采集装置之间的网络设备、安防设备配置错误或者发生故障，或者网线松动等原因造成网络通信中断，将导致采集装置数据无法上传。

（1）此类故障非采集系统本身设备故障，但其对主站和采集终端的传输通道造成了影响，影响了数据的正常传输，对数据的时效性有很大的影响。

（2）此类故障仅影响主站和采集终端的数据传输，并没有影响采集终端和电能表之间的数据传输。因采集终端本身具有一定时间的数据存储能力，故当主站和采集终端通道恢复正常时，可以将通信中断期间的数据从采集终端中追补回来。故此类故障需要快速发现、快速通知处理，以防止处理时间超过采集终端存储能力，造成数据丢失，影响系统数据可靠性。

2. 采集终端故障

采集终端故障是厂站端常见故障。采集终端质量不好或者运行时间长，导致采集终端主板、电源模块、内存卡等主要部件容易发生故障，导致采集终端频繁死机或严重损坏、无法工作。这种异常情况非人为误操作或巡检不到位造成，设备在未出现异常情况时，日常巡检很难发现，且异常的发生也无预兆。一般来说，容易出现采集器故障的设备都是已持续运行 8 年以上的采集设备。采集设备一旦出现老化现象，易导致系统运行不稳定，造成采集器频繁死机。采集器硬件设备更换不及时很容易造成长期缺失数据、报表无法生成，影响厂站电量数据考核和结算，影响系统数据可靠性。

对于此类故障，为提高电量采集系统运行可靠性，减少类似问题对系统可靠性造成的影响，需完善系统功能，快速定位故障；应完善省调电量采集系统值班巡视制度，发现故障厂站及时检测，及时通知相关现场维护人员；应定时梳理现有采集装置服役情况，在资金允许的情况下，对运行时间较长、质量不好、经常出现死机现象的采集终端设备列入改造计划，尽快进行升级改造。

3. 部分电能表采集异常

采集装置运行过程中，会出现部分电能表和采集装置通信异常，不能正常采集到厂站端电能表数据，这也是目前出现的故障中最普遍的一类。出现这种情况的原因很多，光电转换器死机、电能表通信死机、营销换表没有及时沟通、并接通信 485 线、现场电能表接线错误等，都能造成电能表通信异常。此类故障会造成电能表数据采集异常，影响数据准确、可靠性。

针对此类故障，首先在系统运维方面，需完善系统功能，通过数据多层次对比找出采集异常电能表，及时通知现场相关运维人员，排查处理故障。其次，应加强各专业的协调、沟通，不同专业在完成和电能量采集系统有关联的工作后，应及时和电能量计量主站运维人员联系，检查是否对系统运行产生影响，确保系统运行的可靠性。

（三）厂站端设备故障及处理案例

1. 采集装置硬件故障

（1）故障基本情况。某省调电能量计量系统主站采集不到故障站电量数据，手动下发召唤任务，发现主站系统可以正常发送召唤请求，但站内采集器不能正常回答，网络通道通信正常。

（2）处理过程。故障发生后，省调值班员对双网通道用 ping 命令分别进行测试，发现通道通信正常。对故障采集器下发手动召唤任务，观察报文发现召唤请求报文下发正常，故障采集器报文回复异常，无电量数据，初步判断为现场采集器故障。

立即通知相关设备维护人员现场检查设备，发现采集器“运行灯”常亮，查询界面里面所有关口电能表都没有数据，手动采集失败，判断设备故障，导致数据不能正常采集。汇报省调值班员，经同意断开采集器的电源模块电源，对采集器进行了重新启动。重启后，采集器暂时恢复了正常数据采集，但故障并没有彻底解决；几天后，该采集器又出现了类似故障。为了彻底解决故障，相关人员通知厂家现场检查。厂家人员到现场后，对采集装置进行了全面检查，检查结果为采集器运行时间太长，设备老化，维修或软件升级都不能保证设备运行可靠性，建议更换采集器。更换新采集器后，系统恢复正常采集。

（3）故障分析。采集器故障是厂站最常见故障之一，电量采集装置运行时间长后，采集器中 CPU、电源模块、存储设备等部件容易发生严重老化，导致采集器无法正常采集数据。采用断电重启的方法会使系统暂时恢复正常，但以后还会出现，要彻底解决采集器老化问题，就必须对采集器进行更换。采集器故障的最根本原因为硬件设备老化，这种异常情况非人为误操作或巡检不到位造成；设备在未出现异常情况时，日常巡检很难发现，且异常的发生也无预兆。一般来说，容易出现采集器故障的设备都是已持续运行 8 年以上的采集设备。采集设备一旦出现老化现象，易导致系统运行不稳定，造成采集器频繁死机。

因采集器硬件设备更换不及时很容易造成长期缺失数据、报表无法生成，影响厂站电量数据考核和结算。

2. 采集通道故障

（1）故障基本情况。省调电能量计量系统主站采集故障站电量数据时通时断，数据延迟；或故障站电量数据采集中断。手动采集故障站，主站系统可以正常发送召唤请求，但站内采集器不能正常回答，提示网络通道故障。

（2）处理过程。故障发生后，省调值班员对故障采集器下发手动召唤任务，观察报文无响应，数据监测提示通道异常，无电量数据，初步判断故障站采集通道故障。对双网通道用 ping 命令分别进行测试，发现通道中断。联络平台系统影响通道相关运行维护人员，排查通信通道关联设置及加密安全防护开放设置，排除平台设置问题；若通道仍不能恢复，立即通知现场设备维护人员现场检查设备，对网线、端口、终端采集装置逐一排查，对终端采集装置问题，由相关人员通知厂家到现场进行检查。厂家人员到现场后，对采集装置进行全面检查修复；系统恢复正常采集后，对通信异常期间的电量数据再次手动追补，以保持电量数据的连续性。

（3）故障分析。采集通信回路中的设备故障也是常见故障之一。采集系统运行过程中，存在网线损耗 / 损坏、网络接口松动、光端设备故障、平台升级 / 改造、安全装置升级等情况，引起传输通道受损或中断，影响电能量计量系统业务的正常通信，导致数据无法采集。此外，网络设备长期运行后，也有可能宕机，造成通信中断故障。通道故障发生在月底时，则无法采集电量的月末底码，并最终影响厂站的数据考核和结算。

3. 针对厂站端设备故障提高可靠性的措施

为保证厂站端设备运行可靠性，可采取完善电能量计量系统功能，增加各类报警、比对页面，力争第一时间发现异常。

电能量计量系统是非实时系统，数据采集情况和通道状况不能实时直观反应。为了快速发现定位厂站端异常，运维和开发人员结合系统运行状况，完善了系统功能，可针对开发异常厂站和通道监视界面。

判断逻辑如下：

（1）对于厂站数据，如当前 1h 前数据未入库，则判断其采集异常，直接报警。系统运维人员针对报警情况进行测试，如存在故障无法恢复，立刻通知设备运维人员现场处理。

（2）对于电能量计量系统通道，因非实时系统，双通道需要单独进行探测，但探测程序会占用正常采集程序资源。为了解决这个问题，程序中修改了采集逻辑，对双通道厂站进行双通道依次轮换采集，实现在采集的同时测试双通道运行状态。一旦发现通道异常，通知相关通道运维人员处理。

厂站数据和通道监视界面如图 3-10 所示。通过监视界面，系统可以直观监测到数据采集状态和通道运行状态；当发生异常，可以快速发现并处理，缩短故障处理时间，减小设备故障对系统可靠性的影响。

序号	厂站名称	采集状态	通道状态
1	南阳1000	●	● ●
2	洹安站	●	● ●
3	灵宝换流站	●	● ●
4	中州换流站	●	● ●
5	豫南换流站	●	● ●
6	彰德站	●	● ●
7	朝歌站	●	●
8	济源站	●	● ●
9	博爱站	●	● ●
10	竹贤站	●	● ●
11	菊城站	●	● ●
12	祥符站	●	● ●
13	汉都站	●	● ●
14	嘉和站	●	● ●
15	马寺站	●	● ●

图 3–10　厂站数据和通道监视界面

（3）对于站内部分电能表数据传输异常，利用差值电量、积分电量综合比较，可以有效地筛查出系统异常电能表数据，完成电量数据 100% 全方位监测。对筛查出的异常电能表，根据各自异常情况，通知相关运维人员处理。

（4）在加强监视的同时，梳理现有采集装置服役情况。在资金允许的情况下，对运行时间较长、故障发生率高的采集设备列入改造计划，尽快进行升级更换。2018 年，某省电力公司对 120 余个变电站超期运行的采集终端进行了更换，将现场老旧电能量采集终端更换成新的电能量采集终端；设备运行两年多的时间，新更换的设备未出现一例硬件故障，提高了电能量计量采集系统的可靠性。

通过对系统功能的完善，使故障监视更加直观、清晰，大大减少了故障发现时间，从而缩短了故障处理时间，增加了系统的可靠性；对老旧设备的更换，提高了站端设备的运行可靠性，同时也保证了电能量计量采集系统的运行可靠性。

（四）一种快速处理厂站端设备故障、提高系统运行可靠性方案

1. 电能量计量系统现状

目前，厂站端采集设备的运行状态和故障信息并没有有效地上传到主站电能量计量采集系统；一旦发生故障，设备维护人员必须到达现场，通过现场查看设备告警指示进行判断。因不能在达到现场前精准判断故障类型，往往会在现场找出故障原因后，由于准备不足而无法及时处理。在厂站端采集设备故障中，设备老化或长时间运行导致的死机故障占了很大比例，以某省为例，2021 年因采集设备死机造成的全站采集故障占故障总量的 36.6%。这类故障往往可以通过重启设备解决，但目前变电站多为无人值守站，需要设备运维人员到现场进行处理。因受疫情、维护人员数量和空间距离等因素的影响，故障处理时间较长，时间和人员成本较大。

2. 一种快速处理故障、提高系统运行可靠性方法

为了解决上述问题，部分厂站端采集设备可以通过协议将部分设备信息传输到自动化设备监控主站。但这种功能局限性很强，绝大部分故障情况下，厂站端设备和主站端已失去联系，无法建立起有效连接，厂站端设备信息无法上传至自动化设备监控主站，也无法实现设备的远控重启。针对这种情况，为解决现有技术中存在的不足，提出了一种快速判断、处理故障的方法。

在主站端建立自动化设备运维管理平台，通过独立的网络通道对现场设备信息进行统一采集、统一管理。厂站端增加远程监视与重启装置，厂站端自动化设备远程监视与重启装置将厂站端自动化设备运行状态和故障信息上传至自动化设备监控主站，在主站监控台实时显示当前设备运行状态。当有故障告警时，主站监控人员可根据厂站端自动化设备实时运行状态和故障信息，进行远程重启操作，或通知相应系统运维人员配合检查。实时监控站端设备运行状态，当有异常告警时，结合信号采集情况判断故障原因；对于可以通过重启设备恢复正常的部分故障，通过远程控制厂站端自动化设备的供电回路实现设备强制重启，达到快速消除故障的目的，降低成本，缩短故障处理时间，提高系统运行可靠性。

3. 电能量计量系统快速处理故障、提高系统运行可靠性应用举例

电能量计量系统厂站端设备测控系统如图 3-11 所示，厂站端自动化设备远程监视与重启装置的信息采集模块通过硬触点方式采集厂站端电量采集终端的运行状态和故障信息，并通过功能协议和安全协议传送至自动化设备监控主站，便于统一监控管理。

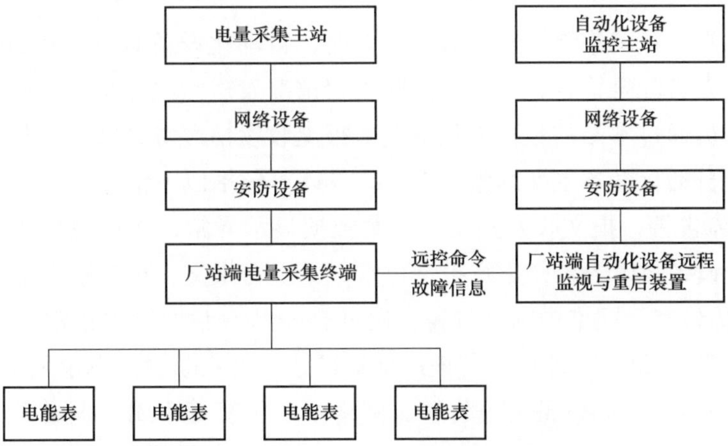

图 3-11 电能量计量系统厂站端设备测控系统示意图

厂站端电量采集终端的业务信息通过 DL/T 719 网络通信协议传送至电量采集主站，用于开展相关业务工作。电能量计量系统故障判断处理流程如图 3-12 所示。

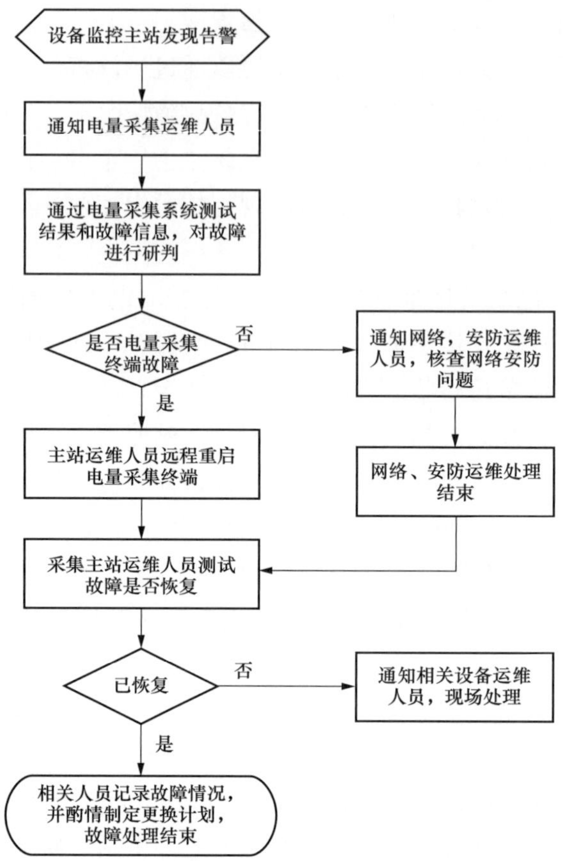

图 3–12　电能量计量系统故障判断处理流程图

（1）当厂站端电量采集终端发生故障告警时，自动化设备监控主站的监控人员通知电量采集主站运维人员配合检查，同时将故障告警情况发送给电量采集主站运维人员。电量采集主站运维人员通过本站的数据采集情况、报文收发情况等，结合故障告警情况做出故障诊断，反馈给自动化设备主站的监控人员。具体可包括以下情况：

1）设备故障告警，报文收发正常，采集数据显示异常，无增量变化，可判断为电量采集终端故障；设备故障告警，下行报文正常，无上行报文，可判断电量采集终端故障。

2）设备故障告警，网络中断无告警，通过 Ping 指令诊断网关正常，通过 Ping 指令诊断厂站端电量采集终端的 IP 地址，若该地址不可达，可判断疑似电量采集终端故障。

3）其他故障告警，如设备失电告警、网络中断告警等不属于电量采集终端自身故障范畴。

（2）如判断为电量采集终端故障，则由自动化设备监控主站下发指令，通过厂站端自动化设备远程监视与重启装置重启该故障设备。设备重启后，查看自动化设备监控主站的故障告警是否恢复，并通知电量采集主站重新测试故障是否消除。

（3）如果判断为非电量采集终端本身故障，可根据告警信息判断是否网络中断、设备失电等原因造成的采集故障。如果是其他告警，如电源故障、网络故障，可通知相关运维人员到现场检查处理。当电源、网络恢复正常后，通知电量采集主站重新测试故障是否消除。

（4）电量采集主站重新测试故障是否消除；如故障已消除，则记录故障处理情况，以便进行统计分析，作为厂站端设备更换计划的一个重要依据，酌情制定更换计划；如故障未消除，可通知相关设备运维人员及设备厂家携带备品备件到现场处理故障。

通过这种方法，设备监控系统和电量采集系统相互配合，精准、快速判断故障原因，在保证不会对自动化系统安全运行造成影响的前提下，可远控重启厂站端电量采集终端，快速消除重启可恢复类故障，准确定位故障原因，减少了人工成本，大大缩减了故障处理时间，提高了系统运行可靠性。

三、厂站端设备日常运行可靠性提升

（一）厂站端设备日常运行的可靠性分析

在日常运行过程中，厂站端设备运维人员的运维水平、采取的运维措施、运维方法及对设备故障预防、处理相关措施等，在很大程度上影响着整个电能量计量系统运行的安全性和可靠性。

（二）提高厂站端设备日常运行可靠性的措施

为了提高厂站端设备运行的稳定性，需对运维人员进行定期培训，提高技能水平；同时需完善运维管理制度，加强对设备的运行监视，并通过各种技术手段，提前预防或及时发现设备异常情况，有效消除或防止故障扩大化，提高设备运行可靠性；建立有效、完整的设备台账，详细记录设备巡检情况、功能试验结果、检修时间结果、故障发生情况等信息，提前制定更换计划，避免设备长期带病运行，对系统可靠性产生影响；定期采取措施，对可能发生的故障进行预警、预判，制定在异常情况下的相关应急措施等。

（1）电能量计量系统的厂站端设备模块精密、构造复杂、技术密度高，因此其工作环境应满足一定的要求，否者就非常容易因为工作运行环境不良而发生数据采集异常。即使是能够适应较为极端工作运行环境的特种厂站端设备，也必须保证运行环境符合其正常运行的要求，以确保设备运行可靠。

（2）为了使终端维护工作更加规范、有序、有重点，预防异常发生，应尝试对终端实施分级预防管理。为此，要对所有终端硬件建立详细台账，并对其按照种类、型号、状态、老旧程度等进行分级，以方便运维和故障处理，并作为设备退役、更换的有力依据，确保在运设备安全可靠。

（3）在厂站端系统的运维中，对异常的分析是非常重要的一个环节，只有正确确定异常原因，才能及时更新异常信息，保证数据采集的准确性，否则便可能引起其他数据采集异常，影响系统可靠性。所以，需要制定安全有效的故障判断流程，快速、准确定位故障，加快处理速度，增强设备运行可靠性。

（4）要确保电能量计量系统站端设备可靠运行，需要提高人员的个人素质和能力，让运维人员保持足够的心理韧性和耐心，避免因为长期的、重复性的工作出现失误问题。

（三）厂站端设备日常运行提高可靠性案例

为了保证电能量计量系统厂站端设备正常运行，减少和消除厂站端设备异常对统可靠性的影响，某市公司运维检修人员结合电能量计量系统设备情况和多年二次设备运维检修经验，合理安排日常运维和检修计划、完善设备台账管理，进行人员培训，有力保证了站端设备的正常、可靠运行。

1.营造良好的通信线运行环境

为了更有效地预防系统发生信号中断，首先便是营造良好的电能表通信线运行环境，排除环境因素可能对电能表通信线运行造成的影响。对电能表通信线运行环境的温度、湿度进行控制，避免高温、高湿导致数据采集线路短路或是加速老化、腐蚀。再者是根据数据采集设备自身的运行环境要求，控制好环境中的灰尘、微粒等，电能表通信线运行活动的周围，不能存在其他的杂物。通过涂刷保护涂料、电镀等方式，为电能表通信线增添一层保护膜，增强其对环境的适应能力。

2.做好有针对性的设备运维

任何电能表通信线经过运行，都会出现一定程度的正常老化、磨损，这是无法完全避免的；而如果不对这些老化、磨损进行及时的维护，就可能会引发异常。为此，针对不同类型的电能量采集系统，制定合理的维护方案，如对于运行时间长、工作强度高、工作环节重要的厂站端设备，适当提高维护频率、缩短维护周期；相反，则可以适当降低维护频率、延长维护周期。更重要的是，在对数据采集设备进行维护的过程当中，根据不同数据采集设备的工作原理、运行机制，对易发生老化和磨损的部位，重点做好维护工作，如定时更换润滑油、及时更新部件等。每次开展维护工作，都做好详尽的记录，明确维护时间、维护内容及责任人，并详细记录入设备台账。

3.对数据采集实施分级预防管理

对运维范围内的所有终端硬件建立详细台账，并对其按照种类、型号、状态、老旧程度等进行分级。将重要终端、维护难度高的终端，交给经验最丰富的运维人员负责，让其能够更加专注于保持这些终端的正常运行，其他终端则可以交由一般的维护管理人员负责。在出现轻微异常或者有故障趋势之时，为了避免引发更大的异常，通过对设备部件的动作程序进行改进、对设备预防性重启等手段来准确处理这些异常，确保设备运行正常。对采集终端设备的异常类型进行分析，再结合现场异常报警指示，精准判断故障点，缩小异常范围，以便快速处理故障，确保整个系统运行可靠性。

4.准确进行异常分析

（1）在具体的异常信息分析和排查上，运维人员根据异常区域、异常表现和自身的经验，综合应用多种方法，确定出异常的真正原因。为防止现场表计更换、调整后电能量采集终端中的表地址无法及时更改或漏改、错改导致电能表通信中断，操作人员按照图 3–13 所示流程进行异常分析。

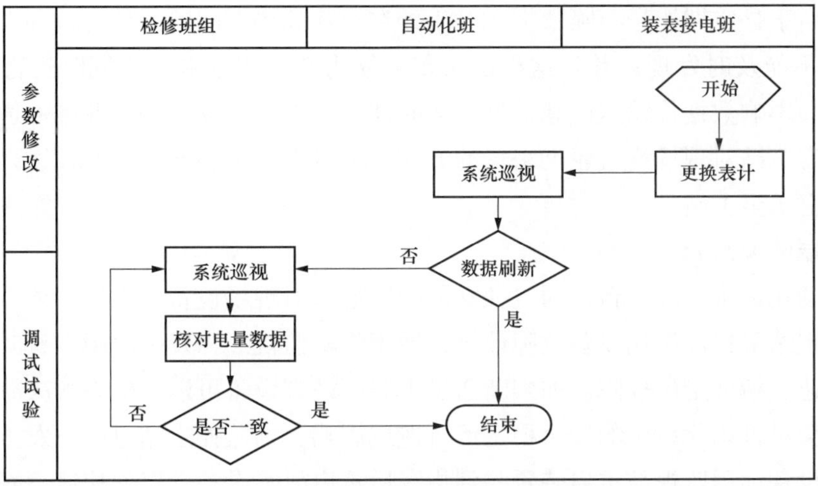

图 3–13　异常信息检查流程图

（2）对发现的异常和确定的异常原因，运维人员根据数据采集设备说明书、运维图纸、运维规程，执行科学的异常处理操作。遵守运维的流程、规定，不论是软件异常还是硬件异常，可以修复的修复，不能修复的应及时更换。如果异常无法排除，则联系生产厂商指导运维；或是由生产商进行运维，保证异常能够被彻底排除。

5. 建立人员培训机制

制定合理的培训计划和培训方案，督促运维人员以严谨端正的态度投入到岗位工作中，将自身能力与实际的厂站端设备运行要求相结合，以此确保设备的可靠运行。结合电能量计量系统的运维要求，制定对应的人员培训目标和培训方案，利用各种不同类型的培训方案提高厂站端运维人员的个人能力和专业素养，让厂站端运维人员正确掌握厂站端设备运维技巧，督促工作人员以认真负责的态度投入到系统运维日常工作中，减少电能量计量系统设备故障和数据异常现象的发生概率，保证电能量计量数据采集的可靠性和准确性。

第四节　提升系统可靠性的建议

一、系统功能方面

目前，电量数据采集和数据质量诊断是后台服务定时执行，无法满足现货交易对电量数据实时性的要求，数据的统计处理分析是在数据采集入库以后线性处理，最终统计数据也有一定的延时。应考虑数据流式处理，数据采集时结合数据状态、终端时间等信息进行智能研判，确保数据入库前完成数据的拟合替代及电量统计，满足时效需求。

二、网络通道方面

目前，采集主站和站端采集终端设备采用《远动设备及系统　第 5 部分　传输规约　第 102 篇　电力系统电能累计量传输配套标准》（DL/T 719—2000）协议；但采用这种方式时，由于是定期拨号召唤数据，对于处在召唤间隔期间的采集终端和表计，出现的异常情况就不能及时发现；并且这种协议传输能力有一定限制，当同时进行的点对点任务过多时，会影响数据传输速度和数据的实时性。可参考调度自动化业务通道长连接的模式，改变现有主站对现场终端轮询采集的方式，电量数据采集通道实时在线，现场电量终端数据主动上送至主站。

三、终端监视方面

建立自动化运维管理平台，通过独立的网络通道对现场设备信息进行统一采集、统一管理。监控主站采集厂站端设备故障信息，便于日常监视。当发生故障告警时，可以配合相关系统快速、精准定位故障。如判断通过重启厂站端设备可以大概率解决故障，并且重启该设备不会对自动化系统的安全稳定运行造成影响，则监控主站可以下发重启指令，厂站端自动化设备远程监视与重启装置收到指令后重启故障设备，以便快速消除故障。重启厂站端自动化设备后如故障未解决，可以作为一项有效判据，分析故障原因和选择合理的处理方案。这样不仅能快速定位故障，还可以快速处理故障，节省多次现场处理的人工成本。

四、工作制度方面

建立健全电力自动化管理制度。电能量计量系统囊括多个领域和专业，若其中任何一个环节、细节出现问题或者与其他环节未有效协调，极易导致整体系统建设出现不协调问题，影响系统可靠性。基于此，需认识到各环节协调配合的重要性，立足于整体的角度，建立健全相关电力自动化工作的管理制度，将员工的行为加以规范，减少失误的出现；并且可以对工作人员的具体职责进行划分，从而保证工作的高效性，大大提高电量采集与数据准确性和可靠性。

第四章　调度主站机房辅助环境及相关设备可靠性提升实用技术

第一节　调度主站机房空调系统运行可靠性提升

一、调度自动化机房空调系统概述

调度自动化机房是承载智能电网调度技术支持系统等运行的重要生产场所，部署有大量的服务器、工作站、网络设备、存储设备等硬件设备，这些设备部署密集、散热量大。随着智能电网的快速发展，对支持系统可靠性的要求更加严格，对机房环境也提出了更高的要求。

空调系统是调度自动化机房运行环境的核心设施，为智能电网调度技术支持系统等提供恒温恒湿的良好运行环境，保证系统能够安全、无故障、连续运行，从而为智能电网安全稳定、经济可靠运行提供技术支持。

调度自动化机房设备散热量大，温度梯度变化也大，通风降温复杂。而空调系统通常使用的是市电，一旦失电停运，空调停止制冷，且空调风机停机导致气流循环也中断，极易造成机房温度迅速上升。据测试，在单机柜 5kW 负载情况下，机房温度会在故障抢修或电源倒换过程中升温 5 ～ 20℃。提高调度自动化机房空调系统稳定性、可用性，保障空调系统可靠运行尤为重要。

以某调度自动化机房精密空调失电停运后温度变化情况为例，可以更直观地感受精密空调对机房运行环境的重要性。某机房精密空调停运后温度变化情况如图 4–1 所示。

该机房建筑面积 260m2，安装 95 面机柜，部署各类硬件设备 280 余台，配置 6 台制冷量 106kW 的精密空调。空调停运时间为 4 月，外部环境温度尚低，且发现空调停运时后，值班人员及时采取轴流风机、冰块等临时降温措施，有效缓解了机房温度上升趋势；即便如此，19min 内机房温度仍上升了 7℃。若空调停运发生在夏季高温时刻，或值班人员不能及时发现处置，机房温度将会进一步上升，极易造成设备高温宕机。

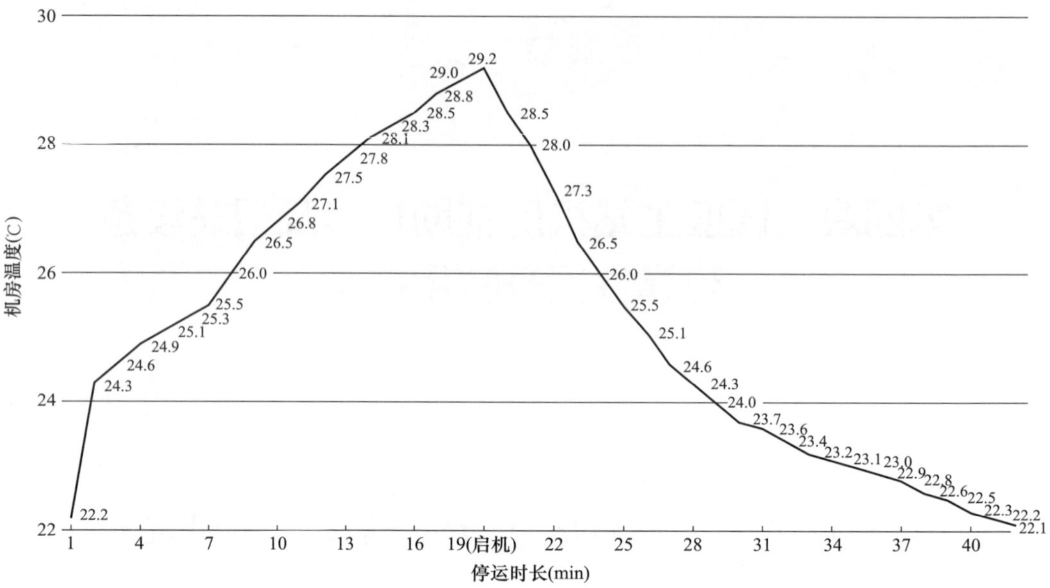

图 4–1　某机房精密空调停运后温度变化情况

二、空调系统技术要求

（一）环境要求

根据《数据中心设计规范》（GB 50174—2017）相关规定，各级数据中心环境要求见表 4–1。

表 4–1　　　　各级数据中心环境要求

项目	A 级	B 级	C 级	备注
冷通道或机柜进风区域的温度	18 ~ 27℃			不得结露
冷通道或机柜进风区域的相对湿度和露点温度	露点温度 5.5 ~ 15℃，同时相对湿度≤ 60%			
主机房环境温度和相对湿度（停机时）	5 ~ 45℃，8% ~ 80%，同时露点温度≤ 27℃			
主机房和辅助区温度变化率	使用磁带驱动时＜ 5℃ /h，使用磁盘驱动时＜ 20℃ /h			
辅助区温度、相对湿度（开机时）	18 ~ 28℃、35% ~ 75%			
辅助区温度、相对湿度（停机时）	5 ~ 35℃、20% ~ 80%			
UPS 系统电池室温度	20 ~ 30℃			
主机房空气粒子浓度	应少于 17600000 粒			每立方米空气中≥ 0.5μm 的悬浮粒子数

（二）负荷计算

根据《数据中心设计规范》（GB 50174—2017）相关规定：电子信息设备和其他设备的散热量应根据设备实际用电量进行计算。

1. 空调系统夏季冷负荷包含内容

（1）数据中心内设备的散热。

（2）建筑围护结构得热。

（3）通过外窗进入的太阳辐射热。

（4）人体散热。

（5）照明装置散热。

（6）新风负荷。

（7）伴随各种散湿过程产生的潜热。

2. 空调系统湿负荷包含内容

（1）人体散湿。

（2）新风湿负荷。

（3）渗漏空气湿负荷。

（4）围护结构散湿。

在确定空调制冷量时，要综合考虑上述因素和调度自动化机房特点。空调制冷量计算公式为：

$$空调制冷量 \geqslant 总发热量 = 面积 \times 单位面积发热量$$

（三）送风方式选择

机房空调系统送风方式主要分为上送风、下送风、水平送风（封闭冷通道）、水平送风（封闭热通道）等方式。上送风和下送风方式统称为房间级精密空调方案，水平送风（封闭冷通道）、水平送风（封闭热通道）方式统称为列间级（或行间级）精密空调方案。

（1）上送风方式：是把空调机组处理过的低温空气通过送风口送到设备上部，带走设备和机房的热量；通过机房下部空间回到空调机组内进行冷却降温处理，再循环使用。

（2）下送风方式：是将空调机组处理过的低温空气，从空调机底部送到活动地板内，利用活动地板形成的空间作为一个静压箱；然后通过设备底部风口地板进入机房和设备内，带走设备和机房的热量；通过机房上部空间回到空调机组内进行冷却降温处理，再循环使用。

（3）水平送风（封闭冷通道）方式：是将机柜面对面布置，机柜正面为冷通道（送风），机柜背面为热通道（回风），空调布置于机柜之间，冷空气被限制在封闭冷通道内，热空气从机柜背面回到空调机组内，冷却降温处理后，再送入冷池内循环使用。

（4）水平送风（封闭热通道）方式：是将机柜背对背布置，机柜正面为冷通道（送风），机柜背面为热通道（回风），空调布置于机柜之间，冷空气从机柜正面送入，热空气被限制在封闭通道内，经空调机组冷却降温处理后，送至封闭通道外循环使用。

以上几种空调常用送风方式优缺点对比见表 4–2。

表 4–2　　空调常用送风方式优缺点对比

送风方式	性能	空间要求	投资成本	运维升级	外观
上送风	能效比稍低，配置不少于 15% ~ 20% 的冷量冗余，可靠性较高；冷热空气有一定混合发生	内机需要独立空调机房；外机体积略大、数量少；地板高度至少 400mm	适中	运维难度适中，升级扩容对空间要求较高	适中，在空调机房内，对机房层高要求略高
下送风	能效比稍低，配置不少于 15%~20% 的冷量冗余，可靠性较高；冷热流动方向与空气特性一致，不会发生冷热空气混合	内机需要独立空调机房；外机体积略大、数量少；地板高度至少 400mm	适中	运维难度适中，升级扩容对空间要求较高	适中，在空调机房内，对机房层高要求略高
水平送风（封闭冷通道）	能效比较高，可以减少空调总配置容量，冷热空气不会发生混合；回风温度较高	内机无需单独空调机房，但需占用一定机柜位置；外机体积略小，数量较多；地板高度 200mm 即可	较高，是上下送风方式的 2 倍左右	运维方便，模块化，升级扩容灵活，对空间要求较低	美观性较好，对机房层高要求略低，机房内温度较高
水平送风（封闭热通道）	能效比较高，可以减少空调总配置容量，冷热空气不会发生混合；回风温度适宜	内机无需单独空调机房，但需占用一定机柜位置；外机体积略小，数量较多；地板高度 200mm 即可	较高，是上下送风方式的 2 倍左右	运维方便，模块化，升级扩容灵活，对空间要求较低	美观性较好，对机房层高要求略低，机房内温度适宜

（四）可靠性要求

调度自动化机房对温度、湿度等具有严格要求，应采用机房专用空调（精密空调），按照 $N+X$（X=1 ~ N）原则配置，以保证在单个机组失效的情况下仍可维持机房内正常的运行环境条件。

调度自动化机房空调配电应有两路进线电源，两路电源须来自不同的低压配电系统，两路电源间应可手动切换或通过自动切换装置（ATS）自动切换。相邻或互为备用的空调主路电源应取自不同的电源，防止一路电源出现异常时，所有空调机组失电停运。

三、空调系统可靠性保障措施

（一）定期开展系统巡检

为保障空调系统安全、稳定运行，设备管理单位应定期组织开展系统巡检，对空调各部分运行状态进行全面检查，深入掌握空调系统运行态势。巡检项目主要有以下内容。

1. 压缩机

（1）检查是否有漏油及油位。

（2）检查压缩机电流。

（3）检查压缩机运转声音和机身温度（运转中）是否正常。

（4）检测压缩机高低压传感器的工作参数。

2. 主风机

（1）检查并调整皮带轮和电机的装配是否牢固和正确。

（2）检查并调整皮带松紧程度和状况。

（3）检查风机皮带轮与风机电机皮带轮是否在一平衡线上。

（4）检查风机轴承是否流畅，是否有噪声和过大的振动。

（5）检查风机电流。

3. 加湿器

（1）检查水盘排水管是否被堵塞。

（2）检查加湿器是否有水垢，必要时除垢或更换加湿器。

（3）检查进水流量是否适当。

（4）检查加湿器电流。

4. 过滤器

（1）检测空气滤网气流是否通畅（报告是否要更换滤网）。

（2）检查过滤器开关是否动作。

5. 风冷凝器

（1）检查风扇绕组，测量风扇电流。

（2）检查风扇是否紧固，轴承工作状态是否正常。

（3）检查清洁状况。

（4）检查调整控制板及温度开关工作状态。

（5）检查风扇电流。

6. 制冷循环部分

（1）检查制冷管路是否有泄漏。

（2）通过视镜，检查系统是否有水汽。

（3）检查及记录吸气压力。

（4）检查及记录排气压力。

（5）检查管道是否有不正常的振动。

（6）检查膨胀阀是否有冰堵。

（7）检查热气旁通。

7. 电气装置

（1）检查所有电器外观和动作情况。

（2）检查和紧固所有导线连接。

（3）检查校验运行状态显示。

上述巡检项目应在不影响空调输出的前提下进行。

另外在恶劣天气或春季杨絮柳絮多发季节，应开展空调系统专项巡检，重点检查空调室外机运行情况，及时清理空调室外机周围积水积雪及滤网附着杂物等；对于水质较硬地区，应注意检查加湿器水垢情况，定期加盐软化。

（二）定期开展冗余性能可靠性测试

机房建设时，空调系统按照 $N+X$（X=1～N）原则配置，空调配电应有两路或以上进线电源。对于冗余备用部分，设备管理单位应定期组织开展冗余性能可靠性测试，全面掌握主备机（电源）运行态势，检验备机（电源）性能及主备机（电源）切换功能，保障备机（电源）随时处于完好可用状态；当主机（电源）出现故障时，备机（电源）能可靠运行，保障冗余备用部分完整可用，可独立承载相关功能。主要测试项目有：

（1）测试空调在单路电源供电情况下能否正常运行（对具备末端电源切换功能的空调开展）。

（2）测试空调主路电源（备路电源）停电后，备路电源（主路电源）能否带全部负荷运行。

（3）测试空调两路电源失去再恢复后，空调能否正常自启动。

（4）测试空调多机联机延时启动功能是否正常（对具备延时启动功能的空调开展，防止瞬时启动大电流冲击）。

（5）测试空调主备电源能否正常切换（手动切换或通过自动切换装置自动切换）。

（6）测试空调在最小化模式下（N 台）运行能否满足机房环境要求。

（三）定期开展应急演练

空调系统一旦出现故障，通常抢修时间紧、工况复杂，且多涉及后勤、物业等其他单位，沟通协调环节较多。设备管理单位应组织编制专项应急方案，并定期开展应急演练。

通过应急演练，模拟空调系统出现故障后的场景，让相关人员可以比较直观、真切地感受空调系统故障应急处置流程；提升相关人员安全生产意识、增强相关人员面对紧急情况时的心理素质，实际验证应急方案合理性；加深相关人员对空调系统结构和运行情况的认知，保障各方配合处置流程通畅；提升各方联合应急处置空调系统故障能力，防止空调系统停运或尽量缩短故障抢修时间。

（四）准备必要的应急设备和备品备件

保障空调系统可靠运行，除保障空调系统本身安全、稳定运行外，还应准备必要的应急设备，如移动空调车、轴流风机、冰柜等，提高应急保障能力；并准备必要的备品备件，做好空调系统日常维修保养，提供故障消缺能力；有条件的单位建议做好机房备用冷源规划。

四、空调系统常见问题及解决措施

（一）电源问题

通过对一系列调度自动化机房空调停运案例的分析发现，停运原因较为突出的是空调电源问题，这其中有先天设计上的不足，也有后期运维上的缺陷。

1. 末端电缆单路径

（1）存在问题：以某调度自动化机房精密空调电源方式为例，该机房精密空调电源上端方式较为可靠，通过引自不同配电变压器（简称“配变”）的双路电源为空调供电，但双电源自动切换装置以下出线部分为单路径，带机房全部空调运行。某次出线开关跳闸，造成机房全部空调失电停运。该机房精密空调电源改造前系统接线如图 4–2 所示。

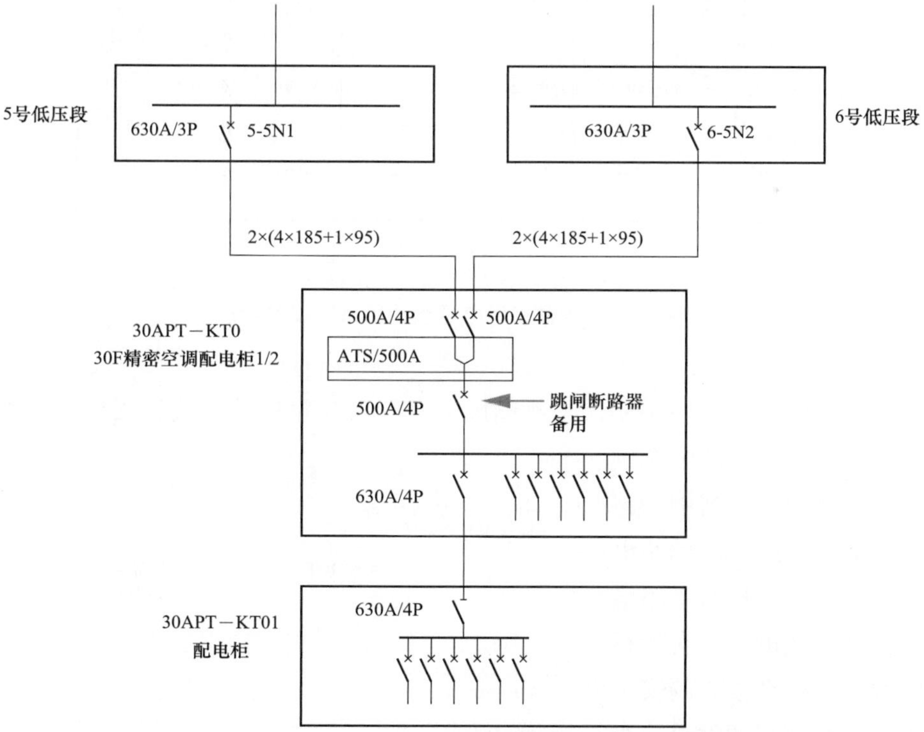

图 4–2 某机房精密空调电源改造前系统接线示意图

（2）解决措施或建议：通过对空调电源系统进行改造，撤除原总双电源自动切换装置，为每台空调分别配置一套独立的双电源自动切换装置，实现每台空调独立双电源运行，消除末端电缆单路径供电隐患。机房精密空调电源改造后系统接线如图 4–3 所示。

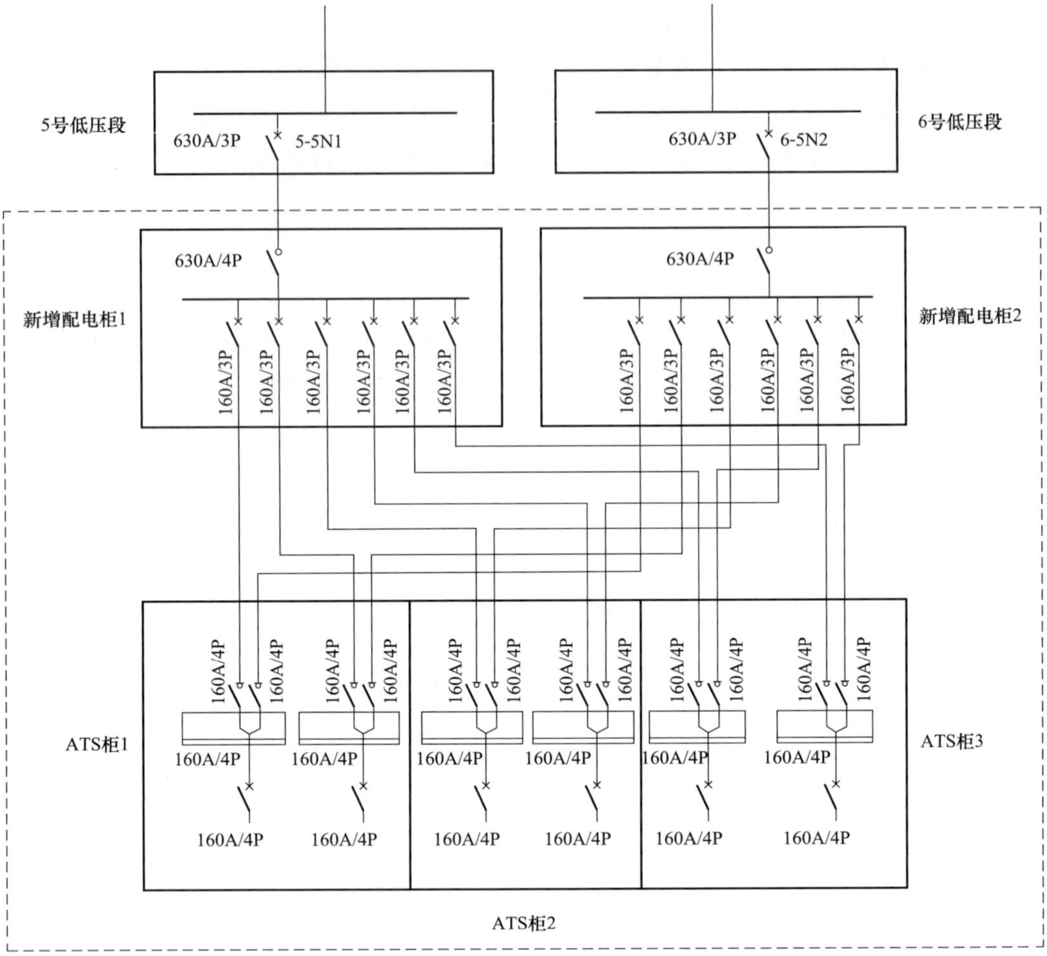

图 4–3　机房精密空调电源改造后系统接线示意图

2. 单路电源供电

（1）存在问题：受环境限制，某些调度自动化机房精密空调在建设时设计为单路电源供电；或虽设计为双路电源供电，但在运行过程中，其中一路供电异常，造成实际上的单路电源供电。如某自动化机房主路电源故障，长期未送电，一直运行在备路电源上，存在极大的安全隐患。该机房精密空调供电隐患如图 4–4 所示。

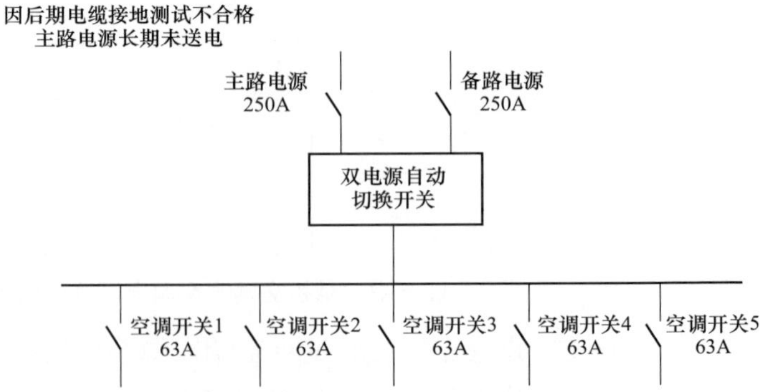

图 4–4　某机房精密空调供电隐患示意图

（2）解决措施或建议：建议在建设时对精密空调进行双路电源供电设计；在运行过程中加强

对精密空调电源巡检，及时发现处置运行隐患。

3. 双电源自动切换装置无法正常切换

（1）存在问题：在精密空调停运故障中，因双电源自动切换装置未能正确切换的原因较多。精密空调电源日常运行时一般较为稳定，实际需要装置切换的机会很少，很多装置从投运后就一直未进行过切换，容易造成对该装置的忽视，往往在紧急情况下需要切换时不能正确切换。

（2）解决措施或建议：定期开展双电源自动切换装置的切换检测，保障装置在紧急情况下可用。

4. 空调控制回路电源问题

（1）存在问题：部分精密空调控制回路与动力回路分别取自不同的电源，同时为了提高运行可靠性，控制回路会配置小型 UPS 等装置；但在实际运行中，运维人员多重空调动力回路的巡检，轻空调控制回路的巡检。

以某自动化机房为例，该机房精密空调配电箱内支路开关为电磁开关，故障前为自动模式，其控制回路通过一套独立的 UPS 进行应急供电。某次因上级供电电压波动，空调动力回路电源通过双电源自动切换装置切至备路运行，但控制回路却断电，造成支路开关脱扣，空调停运。后手动合闸后，空调正常启动。经分析测试，该控制回路 UPS 自投运后，运维人员未进行过相关测试（运行 7 年），蓄电池已失效。

（2）解决措施或建议：定期开展精密空调控制回路电源的巡检测试，保障控制回路电源在紧急情况下可用。

（二）冷却水系统问题

（1）存在问题：调度自动化机房通常位于各级公司办公大楼，受限于大楼整体环境，多与科信、信通、营销等专业机房共用冷却水系统，随着机房设备不断增加，机房散热量不断增大，在夏季高温时段存在冷却能力不足的风险；冷却水系统多为单路设计，投运以后通常无法进行常规检修。冷却水系统一旦出现故障，会导致整个精密空调系统停机，进而影响业务系统运行。

（2）解决措施或建议：机房增设备用冷源或移动空调车、降温冰块等应急措施，供冷却水故障停运、维护检修或制冷能力不足时应急备用，确保机房供冷运行连续可靠，消除运行隐患。

（三）空调多机联动问题

（1）存在问题：调度自动化机房一般会配置多台精密空调，目前新建机房多采用列间空调行级制冷方式，以冷池作为散热单元。在这种情况下，空调多机联动显得尤为必要，若空调无法多级联动，一方面，精密空调断电重启后，多机同时启动，瞬时启动电流过大，易造成上级电源开关脱扣跳闸；另一方面，因冷池内设备并非均匀分布，散热量也非均匀分布，易造成精密空调运行时间不均衡，增加精密空调的故障概率。某机房同一冷池内空调运行时间对比见表 4-3。

表 4-3　　某机房同一冷池内空调运行时间对比（h）

空调名称	运行设备		
	风机	压缩机	加湿器
精密空调 1	2058	1816	0
精密空调 2	187	0	186
精密空调 3	3082	0	28
精密空调 4	3082	878	1
精密空调 5	3083	2207	0

（2）解决措施或建议：同一机房（冷池）内多台精密空调之间进行联动，设置延时启动功能，避免瞬时启动大电流冲击；均衡精密空调运行时间，避免一台或多台精密空调长时间疲劳运行。

（四）动力环境监控系统中精密空调状态监视问题

（1）存在问题：调度自动化机房一般配置有动力环境监控系统，精密空调状态监视是其中一项重要内容。但动力环境监控系统往往重建设、轻运维，且动力环境监控系统、精密空调系统通常由不同单位承建，系统间信号传输通常没有进行过全面的传动测试，信号的全面性、准确性有待提高；或后期运行过程中信号通道出线异常，信号没有正常采集，一般精密空调发生故障，值班人员不能及时发现，延误故障处置时机。

（2）解决措施或建议：在动力环境监控系统建设时进行精密空调状态信号的传动测试，对信号的全面性、准确性进行验证；并在后期运行过程中，结合精密空调巡检，同步检查动力环境监控系统中相关精密空调状态信号是否准备报出。

五、机房精密空调故障案例分析

（一）电源故障

1. 问题与现象

某调度自动化机房全部 6 台精密空调失电停运 19min，机房温度平均上升约 7℃。

2. 分析与处理

机房值班人员发现精密空调失电停运情况后，立即开展如下工作：

（1）向自动化处专责、领导汇报停电情况，启动机房应急预案。

（2）向大楼物业反映停电情况，配合检查失电原因。

（3）协调物业提供移动空调车、轴流风机等设备缓解机房温度上升态势。

（4）密切监视机房设备及系统运行状态，通知各系统运行负责人做应急支持。

自动化处专责、领导到场指导应急处置工作，并在故障排除，精密空调恢复运行后，组织大楼物业人员、配电运维人员等召开现场紧急会，梳理故障处置过程，分析故障发生原因。

次日，自动化处组织大楼物业、配电运维班、设计单位、空调生产厂家等相关单位人员召开专题分析会，综合分析故障原因，探讨后续整改措施。

3. 故障原因

经汇总各方信息，综合分析本次故障原因如下：

（1）大楼配变一路电源引自某 220kV 变电站 10kV Ⅱ段母线 25 板。该站正常方式下 101 断路器带 10kV Ⅰ段母线运行；1022 断路器带 10kV Ⅱ、Ⅲ段母线运行；ⅡⅢ 0 断路器运行；1023 断路器备用；ⅠⅡ 0 断路器备用。该 220kV 变电站主变低压侧接线如图 4-5 所示。

（2）因该站 10kV Ⅲ段母线电压互感器故障，2 号主变低压侧后备保护动作，1022 断路器跳闸，ⅠⅡ 0 断路器备用电源自动投入（简称“备自投”）成功，10kV Ⅱ段母线失压 5s（ⅠⅡ 0 断路器备自投动作定值）。

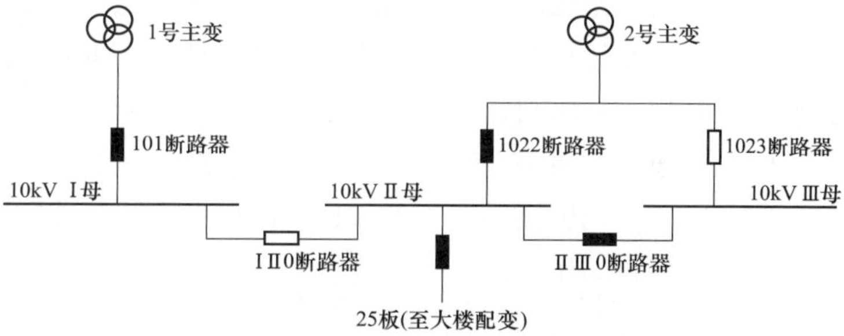

图 4-5 某 220kV 变电站主变低压侧接线示意图

（3）受上述情况影响，大楼 2、4、6 号（精密空调主电源）配变及 8 号变压器短暂失电。

（4）当精密空调主电源失去时，会通过双电源切换开关自动切换至备用电源。在电源切换瞬间，精密空调控制回路控制 6 台精密空调同时启动，瞬时启动电流值超过总开关瞬时脱扣电流值，致总开关跳闸（后期测试数据显示瞬时启动电流是额定电流的 4 ～ 6 倍）。

（5）大楼物业处置时先断开所有精密空调分路开关，再合上总开关，然后依次合上各分路开关，精密空调恢复运行。

（6）后续给精密空调控制回路设置延时启动功能，当供电恢复后，6 台精密空调依次启动。

（7）后期对精密空调电源末端电缆单路径问题进行改造，消除末端电缆单路径供电隐患。

4. 总结与建议

（1）本次精密空调失电停运直接原因为上级 220kV 变电站供电异常，但也暴露了精密空调控制回路设置及精密空调配电柜接线存在的安全隐患。通过整改，从根本上消除了安全隐患，夯实了精密空调运行基础。

（2）通过对故障的综合、深入分析处置，加深了相关人员对精密空调及其电源情况的了解，加强了相关单位的配合协作，形成了节假日前联合开展精密空调等系统巡检、每年定期开展应急联合演练的机制。

（3）精密空调启动时瞬间电流较大，在设计建设时应注意分散负载，设置机组延时启动功能，避免引起电源故障。

（二）冷却水系统故障

1. 问题与现象

某日某调度自动化机房动力环境监控平台报“空调压缩机保护停机”告警。

2. 分析与处理

（1）接告警后，值班人员检查发现精密空调一台冷却水循环泵停运，系统压力短时间内从212kPa降至110kPa，所有精密空调报警停机。

（2）进一步检查发现，精密空调一台冷却水循环泵开关脱扣跳闸，冷却水循环泵失电停运。

（3）精密空调水流开关监测流量不足，导致压缩机保护停机。

（4）冷却水循环泵开关试送成功，监视发现循环泵运行情况及精密空调系统压力恢复正常，并开启直补水阀确保系统水压正常。

（5）对告警的精密空调进行手动复位，机组重新启动，机房温度逐步恢复正常。

（6）精密空调循环系统为单水路，循环水流量不足会导致机房空调板换热不充分，造成高压开关保护动作停机。

3. 总结与建议

（1）冷却水系统是精密空调进行内外部热量交换的重要途径。冷却水系统出现异常，会直接影响精密空调热交换效率，严重的还可能导致精密空调停运。

（2）针对本次停运事件，后续设备管理单位更换了精密空调冷却水循环泵电源开关，增加设备巡视次数，并增加循环泵及变频器备件，保障设备平稳运行。

第二节　不间断电源（UPS）运行可靠性提升

一、UPS概况

（一）调度自动化主站UPS

调度自动化主站的UPS采用的是在线式双变换UPS（double conversion UPS），是一种由整流器、逆变器、旁路静态开关和专用蓄电池组等组成的电源设备。这种电源无论交流输入电源中断与否、电压波形符合供电要求与否，都能保证向负载设备提供符合要求的电源。这种电源设备输出的电压波形是连续的正弦波。

（二）变电站交流UPS

变电站的交流UPS采用的是电力专用UPS（UPS for power system），是一种由整流器、逆变器和旁路静态开关等组成的电源装置，与外接直流电源配合，具备在线式UPS功能。该装置直流输入部分与交流部分应隔离。

二、提高UPS可靠性的措施

（一）UPS系统配置

UPS系统应配置两台UPS，构成双机冗余供电系统；宜采用分列运行方式，但须具备并机功能。

正常情况下，两套 UPS 主机采取分列运行方式，输出母联负荷开关断开，两台主机负荷基本均衡；交流市电正常时，交流电源经过 UPS 主机整流、逆变向交流母线供电；当交流失电时，由直流蓄电池通过 UPS 主机逆变后向负荷供电；负荷无过载时，当一套 UPS 出现故障，逆变器不能正常工作时，通过静态旁路开关给负荷供电，必要时可将母联负荷开关合上，由另一套 UPS 给负荷供电。

（二）UPS 直流输入电源配置

调度自动化主站的每台 UPS 应至少配置一组蓄电池组，每组蓄电池组容量应满足当交流输入电源事故时带该输出母线段全部负载后备时间不小于 2h。UPS 运行时应考虑 UPS 共用蓄电池组的方式，即在一台 UPS 故障或检修时，可以将它的蓄电池切换至另一台 UPS，延长放电时间；应当充分考虑由此而带来的环流，尽量避免由此对蓄电池寿命带来的损害。

变电站的两台 UPS 的直流输入电源应分别取自变电站直流系统不同段直流母线（有硅降压回路的直流系统应取自硅降压回路前端）。

（三）UPS 交流输入电源配置

调度自动化主站 UPS 的交流输入应采用两路来自不同变电站的线路供电，两路电源电缆应敷设于两条完全独立的电缆沟（竖井）。输入配电系统包括交流进线开关、交流出线开关、自动切换装置等，组成 2 面 UPS 交流进线柜。配电柜内各级空开容量、参数设置应满足级差配合要求，电源故障时不应越级跳闸。输入配电系统配置两套自动切换装置，两路进线电源均接入两套自动切换装置。

变电站每台 UPS 的两路交流输入应来自不同段的变电站站用交流母线，两段站用交流母线供电电源应分别取自不同的站用变。

（四）UPS 系统接线方式配置

（1）调度自动化主站 UPS 系统宜采用双机双母线带母联运行接线方式，如图 4–6 所示。

调度自动化主站 UPS 系统的两路三相五线制市电Ⅰ和市电Ⅱ输入，经 UPS 交流电源切换柜内自动切换装置切换后，输出两路交流电源用作 UPS 主机逆变器交流输入。为降低自动切换装置输出切换后母线接地故障对系统造成的影响，两路市电应同时输入两台 UPS 主机静态旁路开关，要求 UPS 静态旁路开关与主机逆变器交流输入取自不同的 UPS 交流进线柜；其中，UPS 主机 1 静态旁路交流输入取自 UPS 交流配电柜 2，UPS 主机 2 静态旁路交流输入取自 UPS 交流配电柜 1。

（2）变电站 UPS 系统宜采用双机双母线带母联运行接线方式，如图 4–7 所示。

变电站每台 UPS 的交流主输入、交流旁路输入电源应取自不同段的站用交流母线，两台 UPS 的交流主输入应取自不同段的站用交流母线，直流输入应取自不同段的直流电源母线。

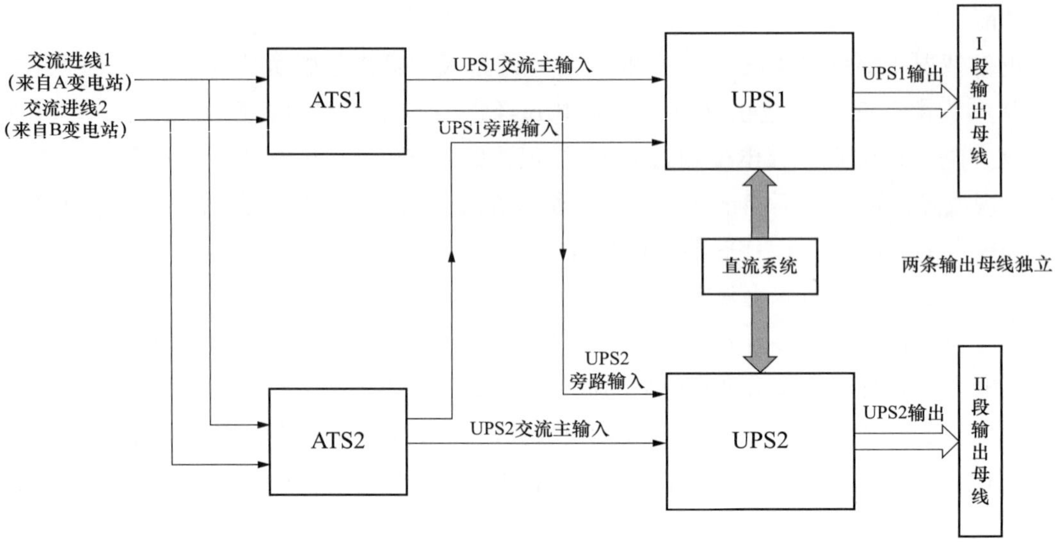

图 4-6　调度自动化主站 UPS 系统接线方式示意图

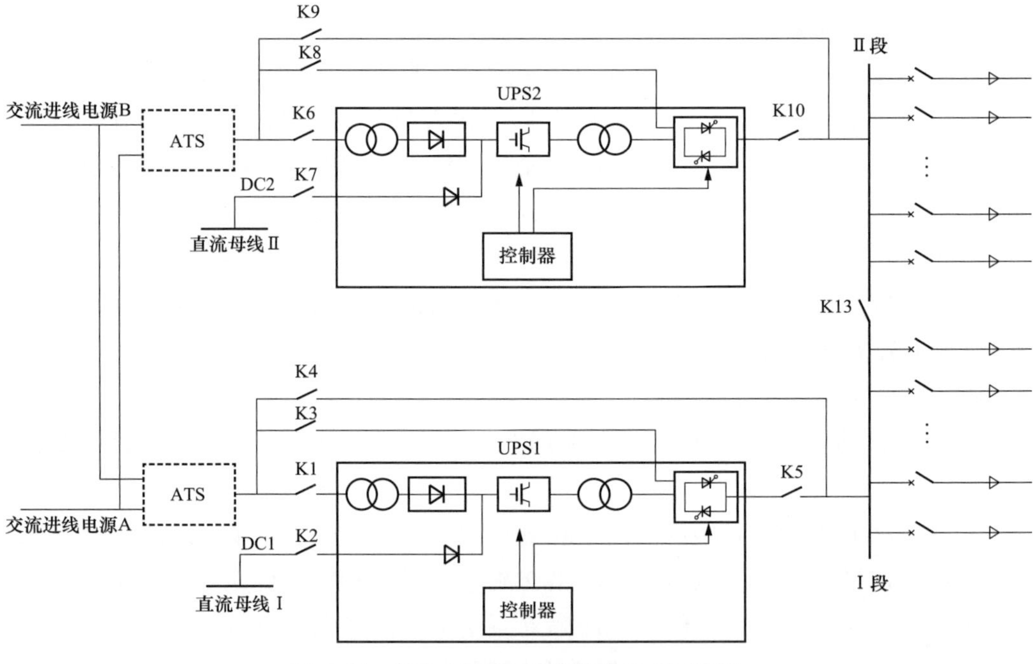

图 4-7　变电站 UPS 系统接线方式示意图

（五）UPS 系统馈线网络配置

UPS 系统交流输出母联开关应具有防止两段母线带电时闭合母联开关的防误操作措施（可采用加锁等方式）。

由 UPS 供电的设备应遵循“负载均分、三相平衡”的原则，将设备分别接入 UPS 系统的两段输出母线。双电源供电设备的两路交流输入电源应分别取自 UPS 系统的两段输出母线；对于单电源供电设备，应在相应屏柜上配置静态转换开关（STS）切换装置，电源取自 STS 切换后电源。UPS 典型馈线接线方式如图 4-8 所示。

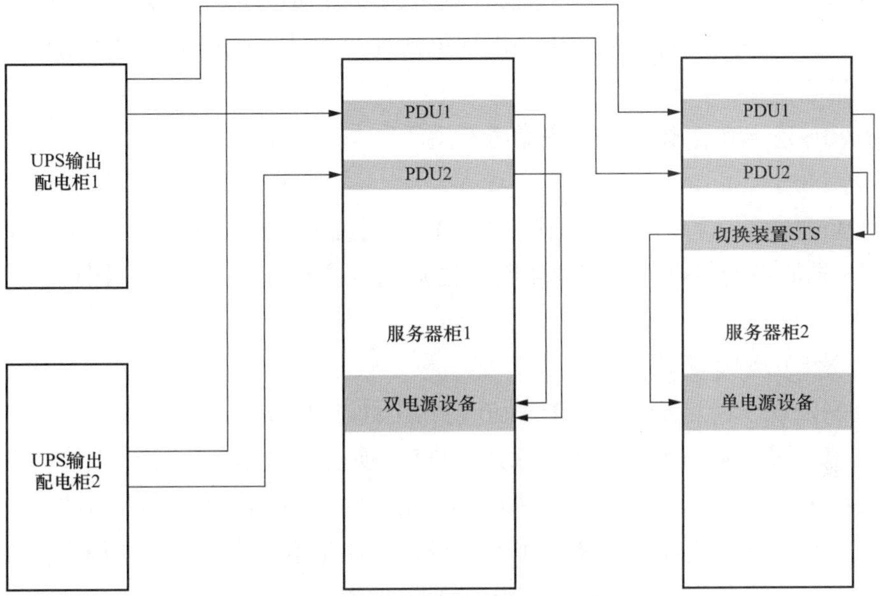

图 4-8　UPS 典型馈线接线方式

PDU—电源获取专业插排

（六）定期切换试验

为确保 UPS 可靠、稳定运行，每季度应进行一次 UPS 主机交流输入切换试验，两路交流输入、直流输入应能正常切换；每年应进行一次旁路切换试验，当退出交直流电源时，UPS 应自动化切换至旁路电源供电，切换时间应与出厂验收指标一致。

三、典型案例分析

（一）自动切换装置故障导致地调主站 UPS 停运

1. 故障现象

某地调自动化机房电源输入屏市电中断，UPS 自动转入电池供电模式，2h50min 后因电池耗尽 UPS 停运，造成 D5000 系统及调度大厅相关设备停运。

2. 原因分析及处理过程

现场检查发现，本次事件的根本原因是冗余配置的 UPS 共用一套自动切换装置，存在单点故障的重大隐患。本次事件的直接原因是屏内自动切换装置部分后盖板（上下有向内约 10mm 的卷边）与自动切换装置 I 路市电输入接线绝缘层距离过近，经多年运行输入导线绝缘层老化，I 路市电输入 A 相导线对后盖板通过机柜对地短路放电，造成 A 相导线烧断、负一楼 3 板第 5 路开关和电源输入屏电源 I 路开关断开；同时，短路放电造成自动切换装置失灵，未能切换至市电 II 路供电是导致此次事件的直接原因。现场手动切换至

Ⅱ路市电位置，电源输入屏供电正常之后逐一启动UPS，暂时恢复自动化系统供电。

3. 经验总结

冗余配置的UPS共用一套自动切换装置是调度自动化主站电源的重大隐患；一旦出现自动切换装置故障未及时发现，极易出现电池耗尽导致系统停运的设备事件，因此要彻底消除该类隐患。

（二）UPS参数配置错误导致异常关机

1. 故障现象

某500kV变电站监控后台先后报出“主UPS交流进线开关断开”“从UPS交流进线失压”“主UPS直流逆变供电”等告警信息，随后监控主机、调度数据专网设备等交流负荷掉电停运。

2. 原因分析及处理过程

现场检查发现，两台型号为ATCDU05/110/1的UPS采用双机主从热备方式运行。站内交流电源出现异常后，两台UPS均切换至直流逆变供电模式。进一步核查发现，两台UPS直流关机电压值均设定为135V（即低于135V时UPS自动关机），而站内直流电压为110V，因此，UPS主机直流低电压保护参数设置错误是本次事件的根本原因。经与厂家核实确认，该定值应设置为85V，修改后设备恢复正常。

3. 经验总结

此次事件暴露出两个突出问题：① UPS主机参数设置不规范，对UPS保护定值缺乏基本的认识；②未定期开展UPS交直流输入切换试验，未能及时发现定值配置错误隐患。

第三节　调度自动化机房防范与应对自然灾害措施

一、概述

我国是世界上自然灾害较为严重的国家之一，灾害种类多、分布地域广、发生频率高、造成损失重。尤其近年来随着全球气候变化，暴雨、台风、冰雹、雷电、沙尘暴等极端天气灾害频发，这些自然灾害都会对调度自动化机房运行产生不利影响，进而威胁调度自动化系统的可靠运行。

在发生重大自然灾害时，调度自动化系统是电网调度指挥抢险救灾和灾后恢复的基础技术保障。作为承载调度自动化系统设备运行的重要生产场所，调度自动化机房对保障调度自动化系统的安全可靠运行作用尤为重要。

相比一般的单台设备故障或单套系统故障而言，自然灾害对机房造成的危害往往是整体性的，处置恢复的难度会更大、时间会更长。这方面的例子并不鲜见，例如，2012年，美国纽约遭受飓风桑迪袭击，受飓风影响造成大面积停电及洪灾，多个机房被洪水淹没，相关网络服务大规模瘫痪；2016年，英国利兹遭受暴雨袭击，洪水淹没了沃达丰公司在当地的机房，使其业务中止运营数天。

为了防范和应对自然灾害对调度自动化机房的潜在危害，在设计建设阶段，应该对机房的选址、周边环境甚至是机房所在整个生产大楼的设计，都要有充分的科学论证，配置必要的防灾减灾措施［《调度自动化机房设计与建设规范》（Q/GDW 11897—2018）中对机房位置选择做了明确要求，见表 4–4］；在运行维护阶段，机房运维管理单位应做好机房自然灾害突发事件应急预案，准备充足的防灾减灾物资，及时关注气象、水务、地震等政府部门发布的预警，评估自然灾害发展趋势和对机房运行产生的威胁，组织做好极端天气下机房的巡检监视，有效应对可能发生的风险。

表 4–4　　　　机房位置选择要求

序号	要求
1	供电应稳定可靠，交通通信便捷，满足 GB 50174 的要求
2	应远离粉尘、油烟、有害气体以及生产或贮存具有腐蚀性、易燃易爆物品的场所
3	应远离水灾、地震等自然灾害隐患区域
4	应远离强振源和强噪声源，避开强电磁干扰。当无法避开强干扰源、强振源或保障信息通信设备安全运行，应采取有效的屏蔽措施
5	自动化机房所在的建筑物应满足防火、防爆等各项安全标准，且经消防机构验收合格。机房所在的建筑物应配置反恐设备，应有良好的控制装置阻止非授权人员出入
6	自动化机房应避免设在建筑物高层、地下室以及用水设备的下方，机房与调度大厅宜在同一建筑物内且在相近楼层
7	机房所在大楼应具备两条及以上完全独立且不同路由的电缆沟（竖井）

下文将通过遭遇自然灾害时机房常见问题，根据有关标准要求，结合实际的案例，对调度自动化机房防范与应对自然灾害的措施进行论述。

二、常见问题及解决措施

（一）洪涝灾害

1. 常见问题

在遭遇强降雨等导致的洪涝灾害时，机房存在受淹浸水风险。例如，园区或室外平台积水会漫灌入机房（尤其对位于大楼一层的机房要特别注意）；防水失效，造成雨水漏入机房（尤其对位于大楼顶层、地下层的机房要特别注意）；雨水可能会通过门窗、电缆桥架、空调桥架、通风口、泄压阀等部位渗入机房等。

2. 解决措施

（1）《数据中心基础设施运行维护标准》（GB/T 51314—2018）中规定：数据中心场地周边的地质灾害、水灾、火灾等隐患应定期进行检查。建议每年定期对调度自动化机房防水情况进行检查，及时发现处置水灾隐患。

（2）《数据中心设计规范》（GB 50174—2017）中规定：数据中心内的给水排水管道应

采取防渗漏和防结露措施。对机房外墙电缆桥架、空调管道等穿墙孔洞处，在常规封堵的基础上，需再进行防渗透处理，尤其是对桥架内部线缆、管道之间缝隙进行处理；对于桥架弯头处进行阻水改造，防止雨水顺桥架导流渗入机房。建议对机房的外围管道采取倾斜设计，可以将水引离建筑物和设备。

（3）对位于建筑物外墙的门窗、通风口、泄压阀等部位，建议安装雨搭、挡水门槛等设施，防止雨水通过上述位置渗入机房。

（4）现行相关标准对机柜内设备布置没有明确要求，建议设备靠近机柜顶部安装，提高设备离地间距。

（5）针对在运主机房及配电室、UPS 室、蓄电池室等辅助场所在地下层、地面一层等情况，建议具备条件的迁移至二楼及以上楼层；不具备迁移条件的，应采取加强排水防涝、防水加固等措施。

（6）机房运维管理单位应密切关注当地降雨预警，尤其是在降雨橙色或以上预警级别时，应安排专门的防汛值班，做好防汛应急准备及设备巡检（需要重点加强机房吊顶上、防静电地板下等隐蔽部分的检查）。

（7）机房运维管理单位应准备充足的防汛沙袋、水泵等专用防汛物资和设备，并定期检查，保障紧急情况下物资完好可用。

（8）在遭遇强降雨时，机房楼顶、室外平台等处易发生积水排出不及时等情况；此时要在保障安全的前提下，布置水泵等排水设备，加速排水。

3. 电缆桥架、空调孔洞防水施工方法

（1）电缆桥架防水施工方法。

1）清理基层，清除电缆桥架、管道周围垃圾。

2）用堵水材料（水不漏）封堵，埋注浆钉孔。

3）从注浆钉孔高压注入注浆液（聚氨酯发泡止水剂），直至桥架内部缝隙全部注满。

4）墙壁周边刷防水涂料（高弹通用型防水涂料）三遍。

5）外墙角回填，浇筑沥青（非固化橡胶沥青）。

6）清理施工垃圾，恢复原状。

（2）空调孔洞防水施工方法。

1）剥除空调管道四周保温层。

2）在管道下方用堵水材料（水不漏）封堵，刷防水涂料（高弹通用型防水涂料），埋注浆钉孔。

3）在管道上方用堵水材料（水不漏）封堵，刷防水涂料（高弹通用型防水涂料）。

4）从注浆钉孔高压注入注浆液（聚氨酯发泡止水剂），直至孔洞内部缝隙全部注满。

5）孔洞四周防水修补浇筑沥青（非固化橡胶沥青）。

6）清理施工垃圾，恢复原状。

（二）火灾

1.常见问题

近年来，随着全球气候变暖，极端高温高热天气频繁突破历史记录，对调度自动化机房运行产生不利影响。除高温高热天气外，其他因素也会造成机房火灾隐患，例如，空调等设备过载导致线缆温度上升存在的火灾隐患；天气干燥，设备运转及运维人员衣服等容易产生积累静电，会损坏设备或导致火情；此外，还有灾害天气时雷击导致的火灾、电气电缆故障短路引起的火灾等。

机房火灾不但会导致巨额的设备财产损失，还会直接威胁人员的生命安全，需要引起高度重视。应按照相关规程要求，定期开展消防系统检验测试和应急演练，保障消防系统功能完整可用、应急流程科学有效；加强高温高热及雷电、大风等恶劣天气下的机房巡检，及时应对可能发生的火情。

2.解决措施

（1）根据《气体灭火系统施工及验收规范》（GB 50263—2007）中相关维护管理要求，定期开展机房消防系统巡视和功能性测试。

1）每日对气体存储装置运行情况、储存装置间的设备运行状态进行检查并记录。

2）每月对灭火剂储存容器及容器阀、单向阀、连接管、集流管、安全泄放装置、选择阀、阀驱动装置、喷嘴、信号反馈装置、检漏装置、减压装置等全部系统组件进行检查：确认无碰撞变形及其他机械性损伤；表面应无锈蚀，保护涂层应完好；铭牌和标志牌应清晰，手动操作装置的防护罩、铅封和安全标志应完整；灭火剂和驱动气体储存压力不得小于设计储存压力的90%。

3）每季度对气体灭火系统进行一次全面检查：检查储存装置间的设备、灭火剂输送管道和支、吊架的固定，应无松动；链接管应无变形、裂纹及老化；各喷嘴孔口应无堵塞。

4）每年对每个防护区进行一次模拟启动试验，进行一次模拟喷气试验。

（2）根据《气瓶安全技术规程》（TSG 23—2021）要求，按照规定时间周期，对储存气体的无缝钢瓶、焊接钢瓶进行符合性验证活动。

1）按照气瓶定期检验周期要求，存放七氟丙烷的无缝钢瓶或焊接钢瓶，每3年检验一次，氮气钢瓶每5年检验一次。

2）按照常用气瓶的设计使用年限，钢质无缝钢瓶和钢制焊接钢瓶均为20年，达到使用年限的钢瓶要根据要求进行报废处理。

通过定期检验核查，保障气瓶及压力的安全有效，保障气体灭火系统实时可用。

（3）《调度自动化机房设计与建设规范》（Q/GDW 11897—2018）中规定：机房所在大楼应具备两条及以上完全独立且不同路由的电缆沟（竖井）。建议调度自动化机房电缆与其他电缆间利用防火隔板等做物理隔离，并做好电缆孔洞处的防火封堵。

（4）定期开展设备线缆巡检，利用热成像技术，检查设备线缆发热情况，对于非正常发热点及时采取措施进行修复或更换。高温高热及雷电、大风等恶劣天气时要加强巡检。

（5）定期对机房防雷接地、防静电设施进行维护和检验。外来人员（包括外来参观人员和管理人员）进入机房必须穿防静电服和防静电鞋；在未经允许和不采取进一步防静电措施（如戴防静电腕带）的情况下，不得触摸和插拔印制电路板组件，也不得触摸其他元器件、备板备件等。

（6）机房内的空气过于干燥时，应使用加湿器以满足湿度的要求。

（7）机房运维管理单位应定期组织开展消防系统应急演练，提高机房运维人员对消防设施操作和应急处置流程的认知。

（三）供电异常

1. 常见问题

《调度自动化机房设计与建设规范》（Q/GDW 11897—2018）中规定：自动化机房的不间断电源系统（UPS）交流输入应采用两路来自不同变电站的线路供电，两路电源电缆应敷设于两条完全独立的电缆沟（竖井）。为了进一步提升供电可靠性，部分机房还采用三路或更多路来自不同变电站的线路供电。日常运行中，其中一路电源出现异常时，其余电源能带机房设备维持正常运行（此时机房供电可靠性减低，失去备用）。

但在遭受重大自然灾害时，有可能导致调度自动化机房交流电源全部失去。例如，冻雨造成线缆覆冰引起的大面积停电；地震造成为机房供电的上级变电站受损引起的大面积停电等；强降雨造成机房配电室、UPS 室等被淹引起的停电等（虽有标准要求自动化机房应避免设在建筑物高层、地下室，但现行建筑行业标准和电力行业标准允许新建建筑物的开关站、配电室等关键配电设施建在地下空间，存在被淹风险）。

2. 解决措施

（1）《数据中心设计规范》（GB 50174—2017）中规定：A 级数据中心应由双重电源供电，并应设置备用电源。备用电源宜采用独立于正常电源的柴油发电机组，也可采用供电网络中独立于正常电源的专用馈电线路。当正常电源发生故障时，备用电源应能承担数据中心正常运行所需要的用电负荷。建议省级及以上调度自动化机房配置专用的柴油发电机组，以便在外供交流电源全部失去时，保障电源系统的有效备用。

（2）未配置柴油发电机组的机房，也可通过调配应急发电车实现应急供电。为了提升应急处置效率，减少应急发电车接入所需时间，建议机房配电系统在设计建设时配置专用的发电车接入柜或预留发电车接入开关。

另外有些单位有多处机房，且机房供电来自不同的配变。考虑在遭受重大自然灾害时应急发电车调配难度和应急发电车自身特性，可能只能保障对某一配变进行应急供电。此时，对于应急发电车接入位置的选择尤为重要，要在保障主要设备的基础上，对机房端也进行必要的改造，比如敷设临时电缆等，保障所有必要设备的应急供电。

（3）建议编制调度自动化设备应急关停方案，在供电异常时，即时切除部分备机设备、非关键业务设备负荷；后续视灾情发展和供电抢险情况，进一步切除一些非必要设备负荷，只保留维持系统最基本运行的重要设备，如 SCADA 服务器、FES 服务器等，最大限度争取故障抢险时间。

（4）建议定期开展蓄电池充放电测试、自动切换装置开关切换测试等预防性测试。日常运行中，机房负载通常在主路电源运行，不便于发现备路电源运行存在的问题或主备电源切换过程中存在的问题。通过相关预防性测试，可全面掌握主备电源运行态势，保障主路电源出现故障时，备路电源正确切换，随时处于完好可用状态。

（四）空调故障

1. 常见问题

重大自然灾害也会导致调度自动化机房空调故障。例如，持续的强降水可能会导致空调室外机进水，影响空调排风，造成空调高压报警；大风扬沙天气及春季柳絮杨絮多发季节，灰尘、柳絮杨絮会附着在空调室外机滤网上，或有其他异物被吹进空调室外机内，导致空调停机；地震等灾害会导致空调管路位移、开裂，影响空调制冷效果等。

2. 解决措施

（1）《数据中心设计规范》（GB 50174—2017）中规定：容错系统中相互备用的设备应布置在不同的物理隔间内，相互备用的管线宜沿不同路径敷设。建议机房设计建设时空调管线沿不同路径敷设，提高空调系统抗灾能力。

（2）建议给空调室外机增加挡雨棚等设施，防止雨水直接浇入空调外机，但要注意挡雨棚顶板与空调外机之间要保持足够的散热距离。

（3）大风扬沙天气及春季柳絮杨絮多发季节，在保障安全的前提下，机房值班人员要加强空调设备特殊巡视，及时清理空调室外机滤网上附着的杂物，保持空调通风正常。

（4）建议机房配置移动空调车、制冷冰块、轴流风机等应急措施。在空调出现故障时，通过上述措施减缓机房问题上升趋势，为后续抢修争取时间。

（五）通信中断

1. 常见问题

在遭受重大自然灾害时，可能会导致调度自动化系统外部通信中断。比如通信系统同样会面临供电异常、机房进水、空调故障等问题；地震、强降雨等灾害会导致光缆涵道塌方、杆塔倒塌等，引起光缆中断；雷暴天气时，电磁干扰强烈，对通信设备运行有较强的影响，会造成通信串音、阻塞、中断等，严重的还会导致通信设备损坏。

2. 解决措施

（1）《数据中心基础设施运行维护标准》（GB/T 51314—2018）中规定：防雷与接地装置的电气连通性应每年进行一次检测。机房运维管理单位应在每年雷雨季节以前对防雷接地系统作相关检测，如有特殊情况，还要进行临时性的检查。特别是对避雷针、避雷器要进行定期校验。

（2）为防止电磁场对布线系统的干扰，机房建议采用屏蔽布线系统、光缆布线系统或采取其他电磁干扰防护措施（如建筑屏蔽）。当采用屏蔽布线系统时，应保证链路或信道的全程屏蔽和屏蔽层可靠接地。

（3）建议机房设计建设时，外联光缆沿不同物理路径敷设，提高机房通信抗灾能力。

（4）建议在遭受重大自然灾害时，加强专业间协同，联系通信专业做好系统巡视及预警预控工作。

三、典型案例分析

（一）强降雨时某调度自动化机房应急保障

1. 案例背景

从2021年7月17日开始，某省西部、中西部地区出现持续性强降雨，某市20日24h降雨量达到624.1mm（其中，20日16～17时，1h降雨量达到201.9mm，超过中国陆地小时降雨量极值）。持续的强降雨造成城市内涝，交通、通信、供水等系统受到严重影响，该市多座变电站因场地受淹等原因经济停运避险。

受上述情况影响，某调度自动化机房供电形势紧张，面临一路或多路电源失去的风险；同时，严重的内涝也让该机房面临进水风险。

2. 应急保障措施

（1）根据降雨预警和汛情发展形势，机房运维管理单位迅速启动防汛应急响应，单位主要负责人员、专责、支撑单位人员组成防汛抢险队伍。

（2）对机房各入口处用防汛沙袋进行封堵加固。

（3）同步对防静电地板下进行检查，发现电缆桥架、空调孔洞处有雨水渗入，迅速用防汛沙袋围挡，防止水势蔓延，并采取排水措施，清除渗入的雨水。

（4）对机房内调度自动化设备、相关辅助设施开展特殊巡视，保障设备运行正常。

（5）经分析汛情对供电造成的影响，机房可能存在一路或多路电源失去风险，为保障机房安全运行，机房运维管理单位迅速申请调配应急发电车。

该处共有两个机房（一个服务器机房、一个工作站机房），电源分别引自不同的配变，但只能调配一辆应急发电车，且应急发电车只能带一台配变运行。根据预先制定的应急方案，应急发电车接入为服务器机房机房供电的1号配变，同时对工作站机房负载进行改接，启用应急供电方式。机房配电系统如图4–9所示，机房应急供电方式如图4–10所示。

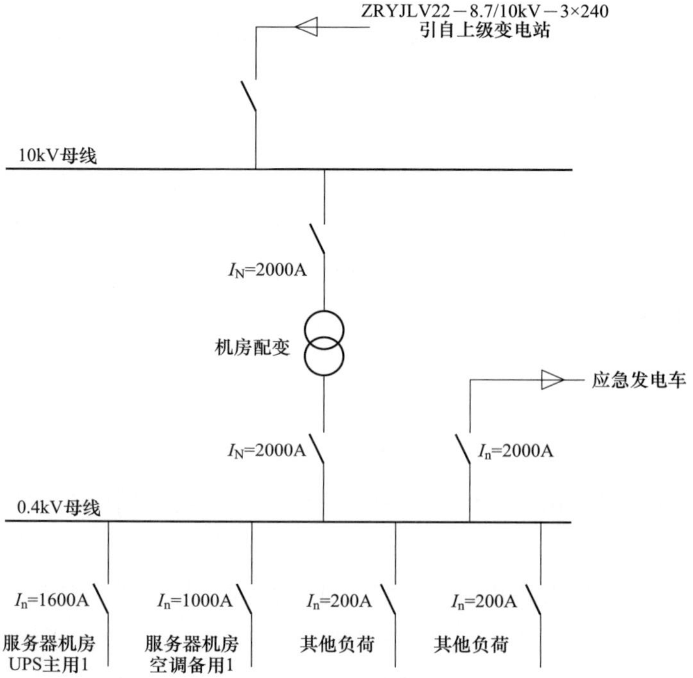

图4–9　机房配电系统示意图

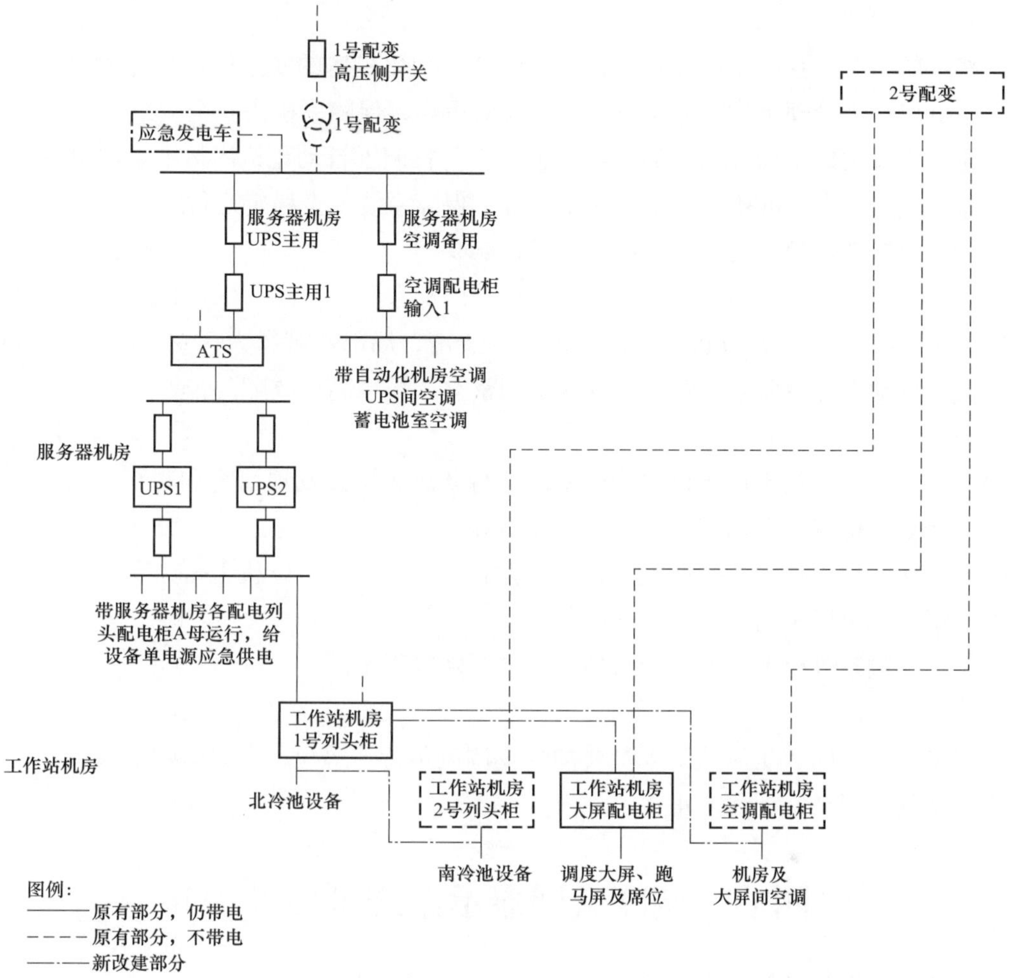

图 4-10　机房应急供电方式

（6）对机房外墙电缆桥架、空调管道等穿墙孔洞处进行防水改造；对桥架管道弯头处、通风口、泄压阀等部位安装雨搭等防雨设施。机房外墙桥架防雨措施如图 4-11 所示，机房外墙通风口防雨措施如图 4-12 所示。

图 4-11　机房外墙桥架防雨措施

图 4-12　机房外墙通风口防雨措施

3. 总结及建议

虽然本轮持续性强降雨历史罕见，对该调度自动化机房的安全稳定运行造成了一定的威胁，但机房运维管理单位整体反应迅速、应对得当，保障了机房安全度汛。

在应对强降雨以及由此引发的洪涝灾害方面，各调度自动化机房运维管理单位要提高认识，做好应急预案，准备好充足的防汛物资，保障系统安全稳定运行。

（二）大风引起的调度自动化机房空调停机故障

1. 案例背景

2018 年春季，中国北方遭受大风扬沙天气袭击，局部地区风力达 10 级以上。某机房值班人员通过动力环境监测平台监视发现某精密空调报“高压故障”告警。

2. 分析与处置

（1）机房值班人员迅速到机房检查空调运行状况，检查发现精密空调面板也报“高压故障”告警。经检查，空调室内机电源、管路等正常。

（2）机房值班人员又对空调室外机进行检查，发现空调室外机上覆盖有大风吹来的杂物，造成室外机出风不畅。

（3）对空调室外机上杂物进行清理后，空调恢复正常。

3. 总结及建议

大风扬沙天气时，机房值班人员要加强空调设备特殊巡视，及时清理空调室外机上可能存在的杂物，保持空调通风正常。

第四节　调度大屏显示系统可靠性提升

一、调度大屏显示系统概述

大屏显示系统通常由视频显示屏系统、传输系统、控制系统（含图像处理及显示软件）及辅助工程系统四个主要部分组成。目前，市场上常见的大屏显示系统类型有 DLP 背投拼接、LCD 液晶拼接、LED 小间距拼接等。

常见大屏显示系统类型及主要特点如图 4–13 所示。

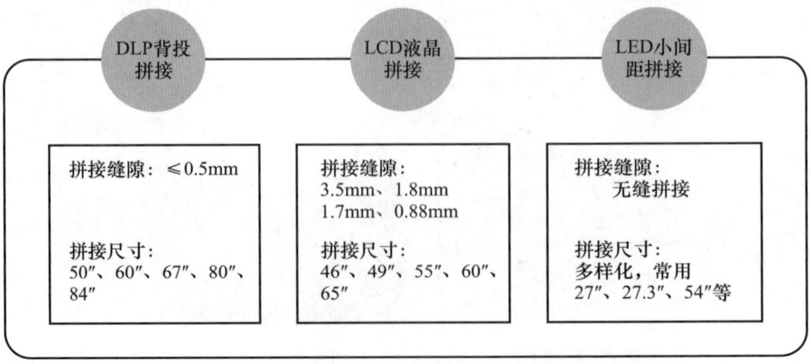

图 4–13　常见大屏显示系统类型及主要特点

作为支撑调度生产运行的重要设施和调度机构形象展示的重要窗口，调度大屏显示系统对运行可靠性提出了更高的要求。下文将结合调度大屏显示系统巡检实例，对调度大屏显示系统可靠性措施进行论述。

二、调度大屏巡检内容

（一）电源巡检

调度大屏显示系统建议由 UPS 提供双路电源（对于单电源设备可通过 STS 实现双路电源接入），提高供电可靠性。

定期对 UPS—配电柜—调度大屏全路径线缆、设备进行全面巡检，重点开展电源冗余性能切换测试、负载情况核查等。

（二）网络及信号传输通道巡检

调度大屏显示系统网络及信号传输通道建议充分考虑冗余备用。以某调度机构调度大屏显示系统为例，该系统具备分布式和集中式两套图像处理和显示模式（见图 4–14），可实现上屏信号的快速无缝切换。

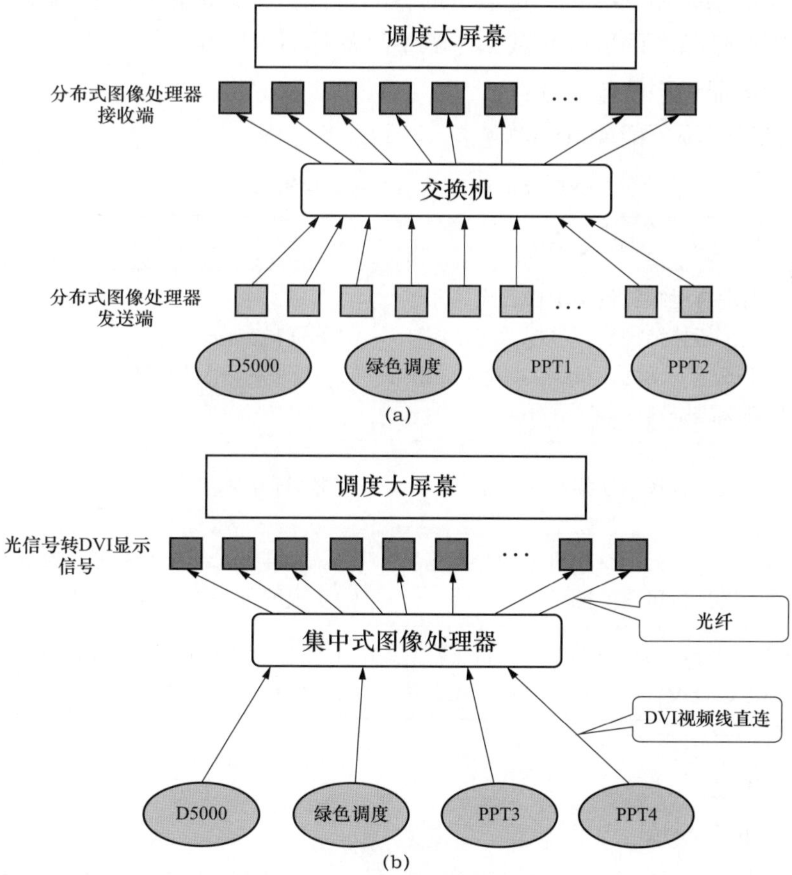

图 4–14　图像处理和显示模式

（a）分布式；（b）集中式

定期对调度大屏显示系统内外部通信网络及信号传输通道进行全面核查，重点开展网络及通道冗余性能切换测试、场景切换测试、带宽占用情况核查等，提升突发情况下上屏信号无缝切换的时效性和准确性。

（三）大屏硬件状态、软件配置巡检

定期核查大屏运行日志、告警信息、配置参数等；校正大屏亮度、色度，保障大屏运行健康度。

（四）大屏保养维护

定期对大屏、跑马屏及相关配件进行断电重启，一方面释放系统长时间运行占用的软硬件资源；一方面在断电后进行清洁除尘等保养作业。

（五）展示界面、数据核查

除调度大屏显示系统本身可靠运行外，建议定期对上屏展示的界面、数据进行核查，保障界面显示的完整性和界面数据的正确性。

（六）备品备件检查测试

调度大屏显示系统建议准备一定数量的备品备件，尤其是关键设备的备品备件，并在实际运行环境下对备品备件进行测试，保障备品备件的可用性。

三、调度大屏显示系统年检项目

调度大屏显示系统年检项目清单见表 4–5。

表 4–5　调度大屏显示系统年检项目清单

年检项目	方法或步骤	检查标准	备注
资料实物对比	根据现有运维资料逐项检查设备安装位置、拓扑结构、标签标示等情况。对于发生变动的，根据实际情况及时更新运维资料	（1）资料实物一致。 （2）标签标示完善准确	
大屏切换场景切换检查	检查大屏各场景切换是否正常	大屏场景切换正常	
大屏、光机等除尘保养	（1）大屏、光纤交换机等除尘保养。 （2）大屏进风口滤网更换	（1）大屏、光纤交换机等已除尘保养。 （2）大屏进风口滤网已更换	
设备小室运行环境检查	（1）检查设备小室温湿度是否正常。 （2）检查设备小室是否整洁，无杂物	（1）设备小室温湿度正常。 （2）设备小室整洁、无杂物	

四、总结及建议

（一）组织应急演练

建议调度大屏显示系统运维单位结合实际情况，定期组织调度大屏显示系统故障处置应急演练。通过应急演练，进一步加深运行维护人员对大屏运行情况的了解，提升各环节支撑人员的协同能力。

（二）开展系统年检

在常规巡检基础上，建议每年度进行调度大屏显示系统年检（参考表 4–5），并对年检中发现的薄弱环节进行补强，全面掌握调度大屏运行态势，提升调度大屏运行可靠性。

（三）强化后台支撑

在迎峰度夏、迎峰度冬、重大活动等关键时段，除在调度大厅安排技术支持人员外，在调度大屏设备间、自动化机房等相关场所均应安排有人员支撑；通过动力环境监控系统、视频监控系统等实时关注大屏运行态势，协同联动，提高应急处置效率。

第五节 动力环境监控系统可靠性提升

一、动力环境监控系统概述

依托动力环境监控系统，运维人员可对机房的动力、环境、视频、门禁等方面进行监测和控制；在环境和设备处于异常情况时，及时告警并通知运维人员解决处理，为机房的管理自动化、运行智能化和决策科学化提供有力的技术支持。某调度机构调度自动化机房动力环境监控系统如图 4–15 所示。

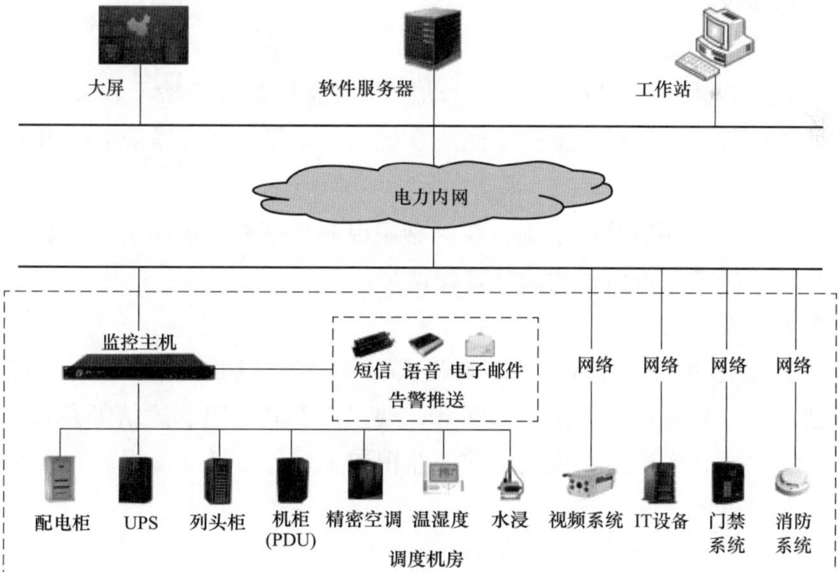

图 4–15 某调度机构调度自动化机房动力环境监控系统图

动力环境监控系统是调度自动化系统运行监视的重要技术手段，也是保障调度自动化系统可靠运行的重要支撑。以下结合动力环境监控系统保障措施，对提升动力环境监测系统可靠性的方法进行论述。

二、动力环境监控系统保障措施

（一）接入信息传动

在动力环境监控系统投运前，要对接入系统的信息进行全面传动验证，尤其是影响机房运行的关键告警信息（如自动切换装置、UPS、精密空调、消防、关键服务器等告警信息），保障接入信息的全面性和准确性。

（二）开展周期分析

以动力环境监控系统长周期统计数据为基础，梳理出设备运行实时状态和变化趋势正常区间。对设备状态异常变化的，及时发出预警。研究指导干预措施，在故障发生前完成隐患处理。

（三）及时开展维护

系统维护单位应根据机房设备、人员等变动情况，及时开展动力环境监控系统设备台账录入、设备建模等维护，保证动力环境监控系统能真实反映机房现状；及时更新人员门禁权限信息，保障机房门禁权限权责一致。

（四）备件备件准备

建议准备一定数量的备品备件，尤其是关键设备的备品备件，并在实际运行环境下对备品备件进行测试，保障备品备件的可用性。

三、总结及建议

（一）开展系统年检

在常规巡检基础上，建议每年度进行动力环境监控系统年检（参考表4–5），并对年检中发现的薄弱环节进行补强，全面掌握控系统运行态势，提升系统运行可靠性。

（二）告警信息验证

对于已投运的动力环境监控系统，建议利用电源、空调、消防等系统检修时机，对信号进行常态验证，保障设备运行状态与告警信息一致。

（三）丰富告警手段

作为调度自动化系统运行状态的“吹哨人”，动力环境监控系统及时、准确报出告警信息尤为重要。建议相关运维单位结合实际，通过声、光、电、短信等方式，丰富动力环境监控系统告警手段，实现监控模式由被动监视向主动告警转变，提高告警时效性。

第五章　电力监控系统网络与安全可靠性提升实用技术

第一节　电力调度数据网可靠性提升

一、电力调度数据网基本情况

（一）调度数据网概况

调度数据网以国网公司通信传输网络为基础，采用 IP over SDH 的技术体制，实现网络节点间的互联互通。调度数据网由骨干网双平面和各级接入网构成，是为电力调度生产服务的专用数据网络，实现各级调度中心之间及调度中心与厂站之间生产数据传输和交换的基础承载设施。调度数据网承载的业务系统大致可分为两类，即以 EMS、广域相量测量系统等为代表的实时监控业务和以电力交易系统、调度日报、TMR 等为代表的调度运行非实时业务，两类业务使用 VPN 进行隔离传输。截至目前，国网公司系统 35kV 及以上厂站已基本实现调度数据网全覆盖。

（二）调度数据网结构

下面以省级调度数据网为例，介绍省调接入网及地调接入网拓扑结构。省调接入网分为核心、汇聚和接入三层：核心节点设置在省调、核心变电站（第二核心节点）；汇聚节点包括各地区枢纽变电站；接入节点为该区域内的上级调度直调厂站及省调直调厂站。接入层中，500kV 厂站节点配置单台路由器，接入省调接入网核心节点；220kV 厂站节点配置单台路由器，接入省调接入网汇聚节点；110kV 电厂节点配置单台路由器，接入省调接入网汇聚节点。汇聚－核心节点之间采用 4×2M 链路，省调核心节点至骨干网双平面采用 GE 链路互联，第二核心节点至骨干网双平面采用 1×155M 链路互联。省调接入网拓扑结构如图 5–1 所示。

地调接入网分为核心、汇聚和接入三层：核心节点为地调、备调；汇聚节点为县调；接入节点为所有地县调厂站（35kV 及以上）和区内省调直调厂站。核心层地调节点配置双路由器，备调节点配置单路由器；汇聚层县调节点配置双路由器，第二汇聚节点配置单路由器；接入层节点配置单路由器。汇聚层县调节点采用 155M 链路分别与地调核心节点互联，县调第二汇聚节点采用两条 155M 链路分别与县调汇聚节点、地调备调节点互联。接入节点中，省调直调 220kV 厂站及地调直调 110、35kV 厂站均采用两条 1×2M 链路接入地调核心节点，县调 110、35kV 厂站均采用两条 1×2M 链路分别接入县调两个汇聚节点。地调接入网与骨干网地调节点采用 GE 链路实现跨域互联。地调接入网拓扑结构如图 5-2 所示。

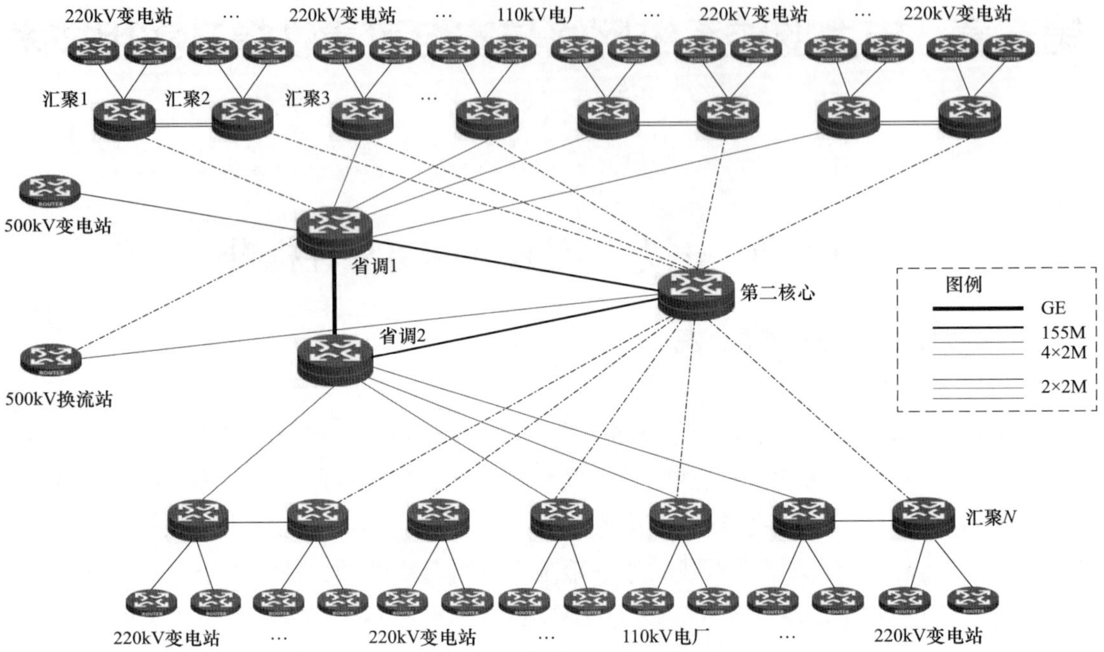

图 5-1　省调接入网拓扑结构

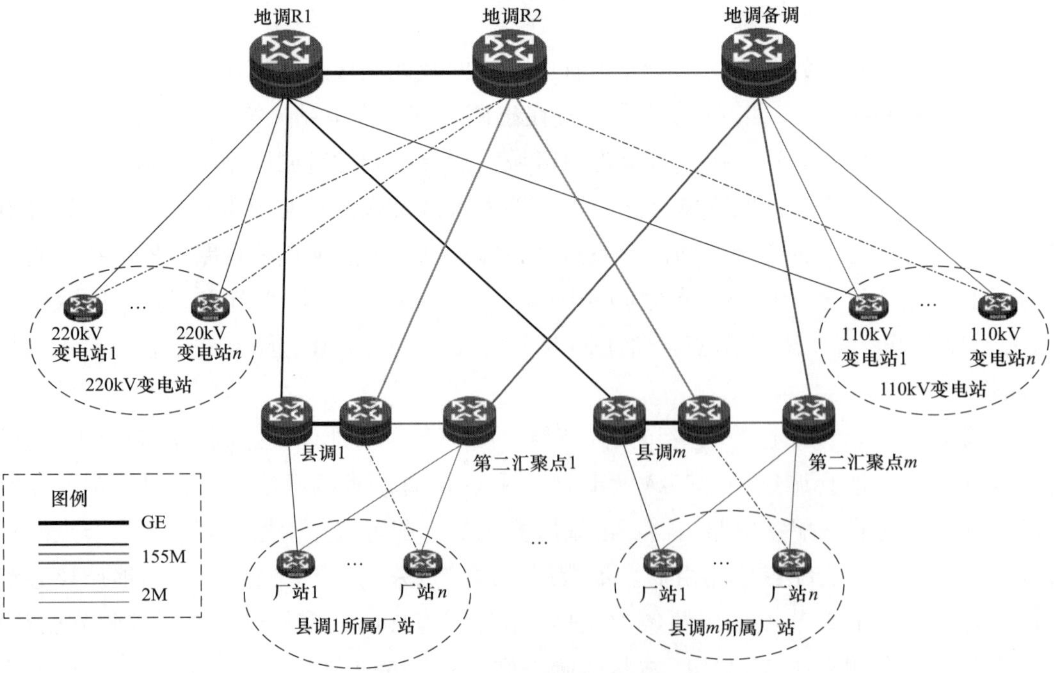

图 5-2　地调接入网拓扑结构

二、电力调度数据网提高可靠性的措施

调度数据网由路由器、交换机设备以及通信通道构成。除了自身因素以外，调度数据网能否稳定可靠运行还取决于诸多外部因素：在数据传输方面依赖物理线路以及传输设备的稳定性，在运行方面依赖机房环境和电源供电的稳定性，在维护方面依赖管理系统的高效性和运维人员的水平。为有效提升调度数据网的可靠性，主要从以下几个方面进行。

（一）硬件方面

（1）路由器：路由器配置两个以上电源模块，并由不同源的电源点供电；接入路由器的以太网板卡、E1 板卡至少配有两块甚至多块，以满足业务接口双冗余需求；骨干、核心、汇聚路由器主控板配置两块，功能模块至少配有两块甚至多块以满足业务接口双冗余需求。根据设备的重要性和在运数量，预备相应的板卡、机框等备品备件。

（2）交换机：交换机配置两个电源模块供电；一般交换机以太网接口不少于 24 个，光口不少于 4 个，包转发率不低于 15Mpps；调度主站交换机以太网接口不少于 48 个，光口不少于 4 个，包转发率不低于 30Mpps。根据设备的重要性和在运数量，预留相应的交换机或交换机模块等备件。

（二）配置方面

（1）路由器：关闭不必要的服务，如 HTTP、FTP、TELNET 等；关闭不使用的接口，如以太网接口、POS 接口、CPOS 接口等；使用 SNMPV3、SSH 等安全系数较高的服务，OSPF 协商使用 MD5 安全认证；使用含数字、字母（大小写）、特殊符号且长度不小于 10 位的字符做密码；接口上使用 QOS 进行流量控制，对实时、非实时业务进行带宽分配。

（2）交换机：关闭不必要的服务，如 HTTP、FTP、TELNET 等；关闭不使用的接口；使用 SNMPV3、SSH 等安全系数较高的服务；使用含数字、字母（大小写）、特殊符号且长度不小于 10 位的字符做密码；交换机上进行 IP 地址与 MAC 地址的绑定，同时关闭接口自动学习 MAC 地址的功能。

（三）软件方面

路由器、交换机设备软件版本需通过国网公司电力科学研究院设备版本验证，避免因版本问题出现的未知异常故障。对于检验未通过的设备版本，可进行升级或打补丁处理；对于未经过检验的设备版本，可进行统计后统一提交国网公司电力科学研究院进行验证。

（四）设计方面

电力调度数据网 IP 地址严格按照《国家电网调度数据网 IP 地址规范（修订版）》进行规划。设计合理的数据流量走向和可靠的备用流量通道，根据业务需求对调度数据网链路进行扩容，依照现有的结构扩大调度数据网覆盖面。针对重要节点，设置双设备或多设备冗余，避免单点设备故障造成大面积厂站通道中断。

（五）传输方面

每个节点应保障至少两个方向出口，厂站侧双接入网设备应接入不同传输设备，汇聚节点双上行链路应接入不同传输设备，实现链路侧传输设备的双冗余。重要节点至少保证

一条链路使用不同传输网进行数据传输，实现传输设备的冗余。

（六）线路方面

调度数据网线路主要包括光缆、尾纤、网线、2M 线等。网线主要用于同机房内设备之间互联，包括跨域互联、同级设备互联、交换机与路由器互联等；使用六类带屏蔽层网线，网线制作应满足相关工艺要求，水晶接头工整美观、固定牢靠。尾纤主要用于骨干节点路由器与传输设备对接，尾纤绑定工整，避免折叠和弯曲半径过小，使用过程中保障接头干净无尘、固定牢靠，备用的尾纤应做好防尘措施。2M 线主要用于厂站侧接入节点路由器与传输设备对接，2M 线固定工整，2M 接头焊接应牢固可靠，避免虚焊，与 ODF 架对接绑扎稳固。所有线缆均需与强电分开敷设，标签标识清楚。2M 端子头的质量取决于制作人员的制作水平，受人员水平限制，2M 端子头质量参差不齐且易受到电磁干扰，使用尾纤或网线替代 2M 线可有效避免以上情况的发生。

（七）机房环境方面

设备安装机柜长、宽应满足需求，避免空间不足导致设备散热不良或机柜门无法正常关闭。机柜接地需符合相关标准，避免静电对设备、线路特别是 2M 端子接头的干扰。外部具备双 UPS 供电的机房设备电源应分别取自两路独立的 UPS，不具备双 UPS 供电的应采取一路直流经专用逆变器加一路 UPS 的供电模式，并保证市电断电情况下 UPS 对设备供电时长不低于 2h。机房需保持干燥整洁，机房温度、湿度符合相关标准。定期对机房和设备进行清洁打理，可有效提升硬件设备的使用年限和运行的稳定性。

（八）人员方面

加强运维人员培训，提升人员运维水平和应急处理反应速度；加强现场施工人员审核，现场施工人员需至少拥有 2 年网络实施经验和网络初级及以上证书，减少人为因素导致的网络故障的发生。

（九）运维方面

强化网络管理水平，使用高效可靠的网管系统；加强对路由器、交换机设备温度、风扇转数、电源模块等运行情况的巡视及监控，发现问题及时处理。实行 7×24h 值班，提升应急反应能力。对老设备替换或新设备接入，需从配置、版本等各方面层层把关，对发现的家族性问题应开展全面筛查。

三、路由器配置错误造成大面积通道中断案例分析

（一）基本情况

2020 年 12 月 11 日 14 时 47 分，某地调接入网出现 BGP 邻居振荡，每隔 31s 左右建立 BGP 邻居，建立成功后瞬时又中断，造成该地区 22 座 220kV 变电站地调接入网通道中断。

（二）故障现象

在网管系统上远程登录到受影响的路由器设备，发现中断的站点邻居设备均收到了接入网核心节点发出的 BGP UPDATE 报文，因无法解析某些网络字段，回应 NOTIFICATION 报文后主动关断 BGP 邻居。相关信息如下：

HBWH-TaiSB.R1 RM/7/RTDBG：bgp_mvpn：peer xx.x.xx.x（Internal AS 2xx11）UPDATE MP_REACH_NLRI RD type error：00 02

HBWH-TaiSB.R1 RM/7/RTDBG：NOTIFICATION sent to xx.x.xx.x（Internal AS 2xx11）：code 3（Update Message Error）subcode 10（bad address/prefix field）data

BGP 邻居中断之后双方重新建立邻居，建立成功后发送路由更新 UPDATE 报文，接入站点邻居设备再次无法解析这些网络字段，发送 NOTIFICATION 报文中断 BGP 邻居，如此反复。

（三）故障分析

根据错误代码查华为产品手册得知，该错误信息为“无效网络字段”。经统计，出现异常的路由器设备型号为华为 AR46-40、华为 AR28-31 以及华三 AR46-40，这批设备均为 2006 ～ 2010 年间投运的老旧设备。无法解析原因为 UPDATE 报文携带的路由属性 RD type 为 2，而该地调接入网部分设备的软件版本不支持 TYPE 为 2 的 RD 值。根据 RFC 2858 规定，当解析的属性有误时，设备可以选择终止 BGP 邻居会话。

经排查发现，该地区当天有一个 10kV 新能源厂站接入调试，接入路由器配置片段如下：

ip vpn-instance vpn-rt

route-distinguisher 22xx11：1

vpn-target 2xx11：1 import-extcommunity

vpn-target 2xx11：1 export-extcommunity

路由器的 RD 值长度为两字节，最大值应不大于 65535。但因现场调试人员多输入了一位“2”（正确配置为 2xx11），RD 值 22xx11 超出了常规的两字节长度，该路由更新信息经汇聚路由器上传到核心路由器并反射到所有 220kV 变电站，从而触发了 BGP 邻居振荡。关闭该路由器上联接口，修正配置后打开上联接口，网络恢复正常。

综上所述，本次地调接入网 BGP 邻居振荡为华为、华三早期投运的设备收到了不支持的 RD type 为 2 的 BGP 路由更新，主动中断邻居导致。

（四）整改措施

1. 全面排查安全隐患

在全省范围内开展排查，统计受影响的华为 AR46-40、华为 AR28-31、华三 AR46-40E 路由器数量及分布情况，并将上述设备列入二次设备租赁项目统一进行更换改造，提升调度数据网设备健康水平。

2. 严格操作人员资质审查

加强外来施工队伍的资质审查，无相应安装调试资质或资质不达标的严禁进场施工，避免因调试人员技术水平能力不足造成网络设备配置不规范、安全配置未满足要求等事件发生。

3. 规范检修工作流程

各级管理部门对路由器关键配置应严格把关，按照《电力调度数据网管理规定》[国网（调 /4）336—2014] 相关要求，规范调度数据网业务接入流程。

第二节　商用密码应用可靠性提升

一、电力监控系统商用密码体系

电力监控系统商用密码体系如图 5-3 所示。作为保护信息安全的有效、可靠、经济的手段，密码技术在身份识别、安全隔离、信息加密、完整性保护和抗抵赖等方面发挥着不可替代的重要作用。电力监控系统商用密码是指电力监控系统中对不属于国家秘密的信息等进行加密保护、安全认证的算法、技术、产品和服务。商用密码在我国经过多年发展，已经形成从算法、技术，到产品、服务的成熟体系。目前，商用密码在电力监控系统中已经得到规模化应用，主要涉及应用和数据安全、网络和通信安全、设备和计算安全、物理和环境安全等场景。因此，针对商用密码在电力监控系统的不同应用场景，有必要深入研究其应用特点，加强应用场景的管理，并逐步进行优化和完善，提升电力监控系统整体信息安全防护能力。

（一）商用密码算法

为了保障商用密码的安全性，我国发布了一系列商用密码算法（见表 5-1），包括 SM2、SM3、SM4、SM9 和祖冲之密码算法（ZUC）等。其中，SM4 和 ZUC 是对称算法；SM2 和 SM9 是非对称算法；SM3 是杂凑算法。

表 5-1　　商用密码算法统计

序号	算法	类型	适用场景
1	SM4	对称算法	数据加密
2	ZUC	对称算法	4G 网络
3	SM2	非对称算法	数字签名、密钥协商和数据加密
4	SM9	非对称算法	数字签名、密钥协商和数据加密
5	SM3	杂凑算法	数字签名、消息认证

（1）SM4 分组密码算法是我国自主设计的分组对称密码算法，用于实现数据的加解密运算，以保证数据和信息的机密性。

（2）ZUC 算法由中国科学院等单位研制，是应用于移动通信 4G 网络中的国际标准密码算法。

（3）SM2 椭圆曲线公钥密码算法包括 SM2-1 椭圆曲线数字签名算法、SM2-2 椭圆曲线密钥交换协议、SM2-3 椭圆曲线公钥加密算法，可用于实现数字签名、密钥协商和数据加密等功能。

（4）SM9 是基于对的标识密码算法，包含总则、数字签名算法、密钥交换协议以及密钥封装机制和公钥加密算法四个部分。SM9 可以实现基于身份的密码体制，也就是公钥与用户的身份信息即标识相关，无需申请、查询、验证和交换数字证书的环节，从而比传统

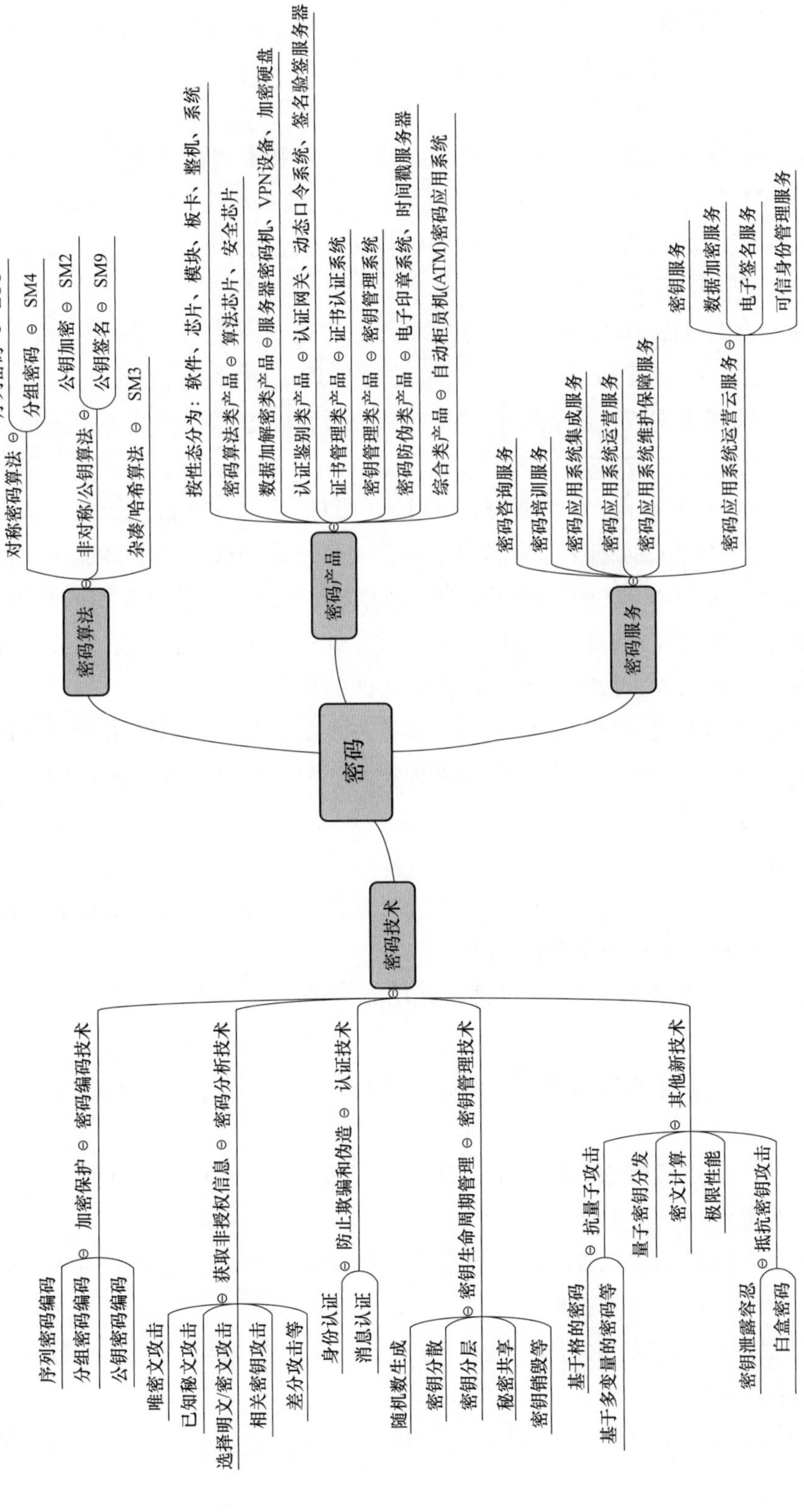

图 5-3　电力监控系统商用密码体系示意图

意义上的公钥密码体制有更多优点，省去了烦琐的证书管理等。

（5）SM3 杂凑算法适用于商用密码应用中的数字签名和验证消息认证码的生成与验证，以及随机数的生成，可满足多种密码应用的安全需求。

（二）商用密码技术

商用密码技术包括密码编码技术、密码分析技术、认证技术和密钥管理技术。

（1）密码编码技术包括序列密码编码技术、分组密码编码技术和公钥密码编码技术，主要任务是解决信息的加密保护问题，手段是利用加密算法在密钥的指示下对明文加密产生密文。

（2）密码分析技术包括序列密码分析技术、分组密码分析技术和公钥密码分析技术，目的是获取非授权的机密信息。密码分析技术主要有唯密文攻击技术、已知明文攻击技术、选择明文攻击技术、选择密文攻击技术、相关密钥攻击技术、穷尽攻击技术、分割攻击技术、相关攻击技术、差分攻击技术等。

（3）认证技术主要包括身份认证技术和消息认证技术，目的是防止欺骗和伪造。身份认证技术是密码通信中进行身份识别和身份验证的技术，主要用来确认访问者是谁和声称的访问者是否真实。消息认证技术是密码通信中用来验证接收到的消息是否真实的技术，主要用来确认消息是否来自可信发送方以及消息在传输或存储过程中是否遭到有意或无意的修改、重放、延迟等。杂凑函数、数字签名等是实现认证的重要工具。

（4）密钥管理技术是密钥生成、分配、使用和销毁等技术的总称，包括随机数生成技术、密钥分配技术、密钥分散管理技术、密钥分层管理技术、秘密共享技术、密钥销毁技术、密钥协议设计与分析技术等。

（三）商用密码产品

电力监控系统商用密码产品按功能可以划分为六类：密码算法类、数据加解密类、认证鉴别类、证书管理类、密钥管理类和密码防伪类。

（1）密码算法类产品主要是指提供基础密码运算功能的产品，如算法芯片、安全芯片等。

（2）数据加解密类产品主要是指提供数据加解密功能的产品，如服务器密码机、VPN 设备、加密硬盘等。

（3）认证鉴别类产品主要是指提供身份鉴别等功能的产品，如纵向加密认证网关、动态口令系统、签名验证服务器等。

（4）证书管理类产品主要是指提供证书产生、分发管理功能的产品，包括电力调度数字证书系统等。

（5）密钥管理类产品主要是指提供密钥产生、分发、更新、归档和回复等功能的产品，包括数字证书密钥管理系统等。

（6）密码防伪类产品主要是指提供密码防伪验证功能的产品，包括电子印章系统、时间戳服务器等。

（四）商用密码服务

电力监控系统商用密码服务主要包括密钥服务、数据加密服务、电子签名服务和可信身份管理服务等。

（1）密钥服务是指基于密码基础设施，涉及密钥全生命周期管理中的一项或者多项保障的活动，如密钥备份服务、密钥生成服务等。

（2）数据加密服务是指基于密码基础设施，提供数据加密支持的活动，如语音通话加密服务、即时通信加密服务等。

（3）电子签名服务是指基于密码技术开展电子印章、时间戳、应用程序等数据电子文件所需可靠签名的活动，如安全日志审计服务、安全电子文件验证服务等。

（4）可信身份管理服务是指基于密码技术，开展网络环境下设备的身份认证、授权管理的活动，如可信接入服务、数字证书管理服务等。

二、电力监控系统中商用密码的应用场景

目前，电力监控系统商用密码应用中包括的设备和系统有电力调度数字证书系统、密钥管理系统、纵向加密认证装置、电力专用横向单向安全隔离装置、网络安全监测装置、加密卡、电力监控系统可信计算模块、D5000 系统登录模块 Ukey 等。商用密码在电力监控系统中主要应用在应用和数据安全、网络和通信安全、设备和计算安全、物理和环境安全四个方面。电力监控系统商用密码应用场景如图 5-4 所示。

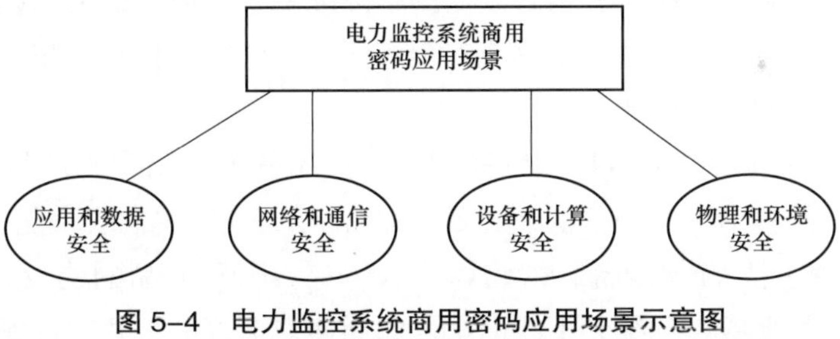

图 5-4　电力监控系统商用密码应用场景示意图

（1）电力监控系统中的应用和数据安全通过采用安全标签等密码认证技术对应用系统、数据库的登录用户进行身份和权限鉴别，确保电力监控系统应用的访问控制信息、重要信息资源安全标记、重要数据在传输和存储过程中的完整性，以及电力监控系统中控制命令、用户口令等重要运行和管理数据在传输和存储过程中的机密性。

（2）电力监控系统中的网络和通信安全通过采用密码认证技术对数据通信网关机、前置服务器等通信实体进行身份鉴别；采用加密隧道、VPN 等技术保证主站与厂站间、各级调控中心间等通信过程中数据的完整性和重要数据的机密性，以及横向、纵向网络边界访问控制信息的完整性。

（3）电力监控系统中的设备和计算安全通过采用智能密码钥匙等产品对登录设备的用户进行身份鉴别；远程访问设备时，采用 SSH 等方式建立安全的信息传输通道；采用密码技术保证系统资源访问控制信息、重要信息资源安全标记和日志记录的完整性。

（4）电力监控系统中的物理和环境安全通过采用密码技术进行物理访问身份鉴别，保证自动化机房、调度大厅等重要区域进入人员身份的真实性，以及自动化机房等区域电子门禁系统进出记录数据和视频监控音像记录数据的存储完整性。

三、商用密码应用管理可靠性提高的措施

电力监控系统中商用密码的应用管理主要包括基础设施管理、密码产品管理、密钥管理、人员管理和应用过程管理。电力监控系统商用密码应用管理如图 5–5 所示。

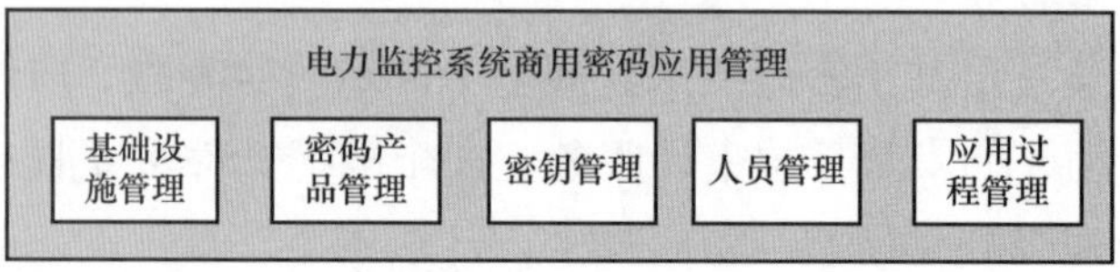

图 5–5　电力监控系统商用密码应用管理示意图

（1）基础设施管理。电力监控系统中商用密码的基础设施主要包括电力调度数字证书系统等，其主要作用是为电力监控系统各业务提供密码服务，需置于电磁屏蔽机房、电磁屏蔽机柜或保险柜中妥善保管，不使用时保持关机状态，所存放的物理环境要符合相应等级的安全防护要求；同时，需在符合安全要求的调度自动化机房对基础设施进行操作，机房门禁应对人员身份和人体特征同时鉴别，使用过程中不能接入任何网络。上下级电力调度数字证书系统通过信任链构成认证体系，各级调度负责签发本级相关人员证书、程序证书和设备证书，数字证书的结构和格式满足国家标准要求。数字证书应设置有效期，到期前需及时办理更新业务；撤销数字证书或安全标签后，应及时将其从相应的电力监控系统删除；不得使用失效的数字证书。

（2）密码产品管理。电力监控系统商用密码产品分为专用密码产品和通用密码产品两类。专用密码产品包括纵向加密认证装置（加密卡）、横向单向安全隔离装置（反向型）等，通用密码产品包括 VPN 设备、密码算法软件等。密码产品的建设、使用、管理者，要做好软硬件选型、上线、运维和下线的全寿命周期安全管理，并签订安全保密协议，明确各自的安全和保密责任与义务。密码产品应通过具备资格的机构检测认证，并获得安全检测证明。密码产品的采购、保管和使用，应严格执行国家相关许可制度和进出口管理规定，在使用、维修、保管、转让、退役和销毁流程中做到安全可控。

（3）密钥管理。电力监控系统商用密码的密钥，在生成、存储、使用、分发、更新、导入与导出、备份与恢复、归档与销毁等环节需要采取严格防护措施，确保密钥全生命周期安全。密钥需在符合国家标准的密码模块内产生；密钥分发时应确保密钥与使用主体的唯一对应，每个密钥使用主体仅分配一个密钥。密钥（除公钥外）不得以明文方式进行存储，未获得授权不得进行任何密钥相关操作。在密钥超过有效期、已泄露或存在泄露风险时应进行更新，采取有效措施保证密钥更新时的安全性。同时，要采取安全机制对公司密码基础设施所产生的密钥进行可靠备份，并保证能完整恢复。

（4）人员管理。电力监控系统商用密码应用的相关从业人员需经过严格的安全背景

审查，并在各自权限范围内开展工作，不得相互借用含有人员身份特征的密码产品；当人员发生调动、离职前，应及时调整相关权限。密码基础设施的角色和权限应遵循最小化原则，设置录入、审核和签发专门岗位，相关岗位应由本单位正式员工担任，不得兼任。密码应用的使用、管理单位应建立完善的人员管理制度，包括岗位责任制度、选拔培训制度、调离保密制度等，定期进行安全岗位人员考核，加强密码管理工作涉及的人员管理。从事密码产品的科研、生产和采购以及使用密码产品的单位和人员，应对所接触和掌握的密码技术承担保密义务。

（5）应用过程管理。电力监控系统商用密码应用方案需结合电力监控系统实际情况进行设计，保证其具有总体性、科学性、完备性和可行性。密码应用相关建设需与电力监控系统同步规划设计、同步建设实施、同步验收投运。建设过程中，需严格按照经管理单位审核通过的密码应用方案进行部署。密码应用建设、运行过程中产生的相关文档，均视为保密文档，应避免扩散，以确保该类信息的保密。同时，密码应用应建立密码安全备份和恢复机制，定期对系统配置、数字证书等关键数据进行可靠备份。

第三节　网络空间安全措施及其告警信息可靠性提升

一、基本概况

（一）网络安全防护体系简介

电力监控系统网络空间覆盖广泛、规模庞大，网络空间的有效管理需要依靠有效的技术手段，实现网络安全风险的预知、预防和预控，实现外部网络威胁和内部网络不安全行为的实时管控。

由“安全分区、网络专用、横向隔离、纵向认证”的边界安全防护和自主可控的系统本体安全防护构成的防护体系，取得了良好的防护效果，已在保障电网安全运行中发挥了重要作用。但是，网络边界安全防护和系统本体安全防护措施的落实对管理依存度较高，需要实时监视和闭环管控的技术手段支撑。

当前，网络攻击手段快速发展，手段隐秘、攻击迅速、破坏性大，原有的安全监测手段不适应电力监控系统的防护需求，迫切需要研发电力监控系统网络安全管理技术，将网络安全防线从网络边界前移到电力监控系统的各类设备，以更简单、更低成本、更直接的方式，以设备自身感知的网络安全事件为抓手，将网络攻击破坏行为控制在网络接触环节，防止网络攻击形成事实危害。

因此，近几年逐步将原来的内网安全监视平台升级为网络安全管理平台，实现“外部侵入有效阻断、外力干扰有效隔离、外部介入有效遏制、安全风险有效管控”的业务目标。网络安全管理平台分为三层，按照“设备自身感知、监测装置分布采集、管理平台统一管控”的原则，构建感知、采集、管控三层架构的网络安全管理系统技术架构。自身感知是由服务器、工作站的操作系统感知用户的各种行为，利用交换机、纵向加密、正/反向隔离等设备来感知各类设备上网络安全操作；然后利用就地部署的网络安全监测装置，实现对本地电力监控系统设备上网络安全事件的采集、处理；同时把处理的结果通过通信手段送到调度机构部署的网络安全管理平台，由网络安全管理平台实现监视、告警、分析和审计，实现网络安全的统一管控。

网络安全监测装置负责采集监测对象的安全信息，控制监测对象执行指定命令，向平台提供安全事件数据、支持相关服务调用。网络安全监测装置分为Ⅰ型和Ⅱ型：Ⅰ型网络安全监测装置可同时接入500个监管对象，主要实现对主站调度机构及国分省级备调内部安全Ⅰ/Ⅱ/Ⅲ区的主机设备、网络设备（内网交换机）、安全设备、数据库进行监测；Ⅱ型网络安全监测装置可同时接入100个监管对象，主要实现对变电站站控层、发电厂涉网部分、县调及地调备调的主机设备、网络设备、安全设备进行监测。网络安全监测装置不仅可以采集与网络安全相关的信息，也可以对采集到的信息进行分析处理，并上传安全告警到主站平台。此外，网络安全监测装置还具有事件处理与服务功能，可以服务代理的形式提供服务，为网络安全管理平台提供调用。

网络安全管理平台实现安全监测对象从专用防护设备向服务器、工作站、网络设备、基础软件的扩展。从安全事件监测角度，实现从跨边界安全监视到对外部安全威胁和内部不安全行为监视的全面覆盖。在网络安全功能上，实现从监视、告警向分析、审计、核查的扩充，总体实现从事前的安全防护策略的静态布防到事前、事中、事后的动态管控的提升。

（二）清朗有序安全网络空间创建活动

网络安全管理平台中的告警信息数量巨大，虽然进行了等级分类处理，但是绝大部分紧急告警事件是由于全面清理网络空间中无用的软件、程序行为和网络连接，有序管理网络报文传输的范围和用户的使用权限，规范现场作业的操作行为等原因引起的，并非真正受到网络安全攻击。同时，真正的网络安全事件可能淹没在大量的告警信息中，从而不容易被网络安全监视人员发现。例如，在网络安全管理平台出现最多也最重要的告警内容为“不符合安全策略的访问”，在网络安全管理平台中只能从告警时间和频次等方面来确定告警信息的重要或紧急程度，并不能直接确定这类告警是否真的因受到网络安全攻击引起。

为提高网络安全监测和管控的效率，切实保障电力监控系统的网络安全，2018年各网省公司全面开展清朗有序安全网络空间创建活动，以网络安全标准化管理和告警信息治理为抓手，全面清理网络空间中无用的软件、程序行为和网络连接，有序管理网络报文传输的范围和用户的使用权限，规范现场作业的操作行为和网络安全保障措施，及时发现并处置网络安全风险及事件，全面营造清朗有序安全的电力监控系统网络空间。

（1）清朗，是指网络空间中的应用服务是必要的，网络连接是逻辑清晰的；在网络空间中，应确保网络资源得到有效利用、网络报文交互行为规范合理、网络应用服务必要合规，遵循最小安装的原则，清朗是维护网络安全的关键基础。维护网络空间清朗以电力监控系统的运行需要为判别标准，全面梳理网络空间内的各类资源，消除其中的垃圾和不良行为，具体包括：排查在运系统和设备，消除不必要的硬件设备、软件程序、日志文件和系统账号；持续监视和分析软件的运行状况，消除软件的各种不良行为；排查账号配置、口令设置和用户使用情况，消除不必要的账号，彻底解决弱口令问题；排查各类设备的网络端口、USB 接口、串口、光驱等，关闭规定禁用和运行不使用的硬件接口；排查系统打开的网络服务和监听端口，关闭规定禁用或运行不使用的服务和端口。

（2）有序，是指网络空间的活动和发展是确定的、有规则的；在网络空间中，应确保网络结构清晰、路由设置合理、安全策略得当、业务配置规范、安防设备可靠，有序是保障网络安全的重要内容。确保网络空间有序以设备作用对象正确、报文传输范围合理、人员作业行为得当为准则，评估和优化网络结构、网络参数、安防策略、用户权限的配置，发现并整改现场运维的不规范行为，具体包括：确保网络连接、路由参数、应用网络参数配置合理，保持局域网与调度数据网之间、调度数据网不同接入网之间的相对独立，保障通信链路的建立正常有序；确保纵向装置（卡）、防火墙等设备的防护策略合理，保障 TCP 连接和报文传输在网络边界的有序管控；确保用户权限配置合理，按照最小化原则分配权限，保障 Windows 无 administrator、Linux/Unix 无 root 用户模式运行；确保现场运维操作规范，严格落实安全措施，保障操作合理、审计严格。

（3）安全，是指网络空间的管理制度健全、责任落实到位、工作流程清晰、网络行为能控、网络安全可控，从而确保以网络空间为基础的电力监控系统及数据是安全的，监控信息在网络上传输时受到机密性、完整性和真实性的保护，避免窃听、冒充、篡改、抵赖等手段访问和破坏相关信息，避免出现后门、病毒、非法存取、拒绝服务和网络资源非法占用和非法控制等威胁；在安全的网络空间中，网络的使用和维护必须遵守国家法律和行业法规，运维人员的行为符合管理制度，设备的配置符合安全要求。保障网络空间安全以网络安全告警合理、响应处置高效、安全管理严格为标准，全面提升网络安全保障能力，具体包括：开展网络告警信息的分析和治理，及时消除无效告警；加强安全管控，有效防范外部网络违规连接内网、外部设备违规接入系统、主机感染病毒（恶意代码）等典型事件；加强运行值班、网络安全等级保护测评、安全评估等工作，强化安全责任落实，建立违规追责问责机制。

二、网络空间安全措施及其告警信息可靠性提高的措施

为了保证网络空间清朗有序安全，提高网络安全监测和管控的效率，需落实清朗有序安全网络空间要求。接下来详细列出一些具体可操作性的内容，可简单总结为“四消除、两关闭、三合理、一规范、一减轻、一提高”。

（一）“四消除”

1. 消除垃圾硬件、软件和文件

具体可操作项目有：

（1）排查在运系统，及时退出没有运行价值的系统及设备。

（2）按最小安装原则，卸载与生产业务工作无关的软件，尤其是具有自动监听端口或

对外发送垃圾网络报文行为的无关软件。

（3）逐一检查持续运行或周期运行的进程，及时消除用于调试、测试等与正常运行无关的进程。

（4）清理保存时间超过1年且无价值的日志文件。

2. 消除不良程序行为

具体可操作项目有：

（1）消除业务系统或功能设计缺陷，取消无价值的程序行为（如部分电量采集终端定期ping网关）。

（2）关闭输入法、防病毒等应用软件的互联网更新服务。

3. 消除缺省用户

具体可操作项目有：

（1）删除或停用操作系统中的缺省账号（如administrator、guest等）以及无效账号。

（2）删除或停用关系数据库中的缺省账号和无效账号。

（3）删除或停用业务系统中的无效账号，及时清理离岗人员账号。

4. 消除弱口令

具体可操作项目有：

（1）操作系统、关系数据库账号应按实名制要求建立，并采用复杂口令。

（2）业务系统账号应按实名制要求建立，并采用复杂口令。

（二）“两关闭”

1. 关闭不必要的硬件接口

具体可操作项目有：

（1）综合采用删除驱动、物理封闭等措施关闭主机USB接口、光驱设备等硬件接口（对于必须使用的鼠标、键盘、USBKEY接口，应删除与存储相关的驱动）。

（2）及时关闭计算机、网络设备、安防设备等设备运行中未使用的网络接口和串口。

（3）禁用移动存储设备的自动播放或自动打开功能。

2. 关闭不必要的网络服务

具体可操作项目有：

（1）主机仅安装和开启必须的服务，禁止与监控系统无关的服务开启，禁用或关闭E-Mail、Web、FTP、telnet、rlogin、NetBIOS、DHCP、SNMPV3以下版本、SMB等通用网络服务或功能。

（2）网络设备、安全防护设备禁用TCPSmallServers、UDPSmallServers、Finger、HTTPServer、BOOTPServer、DNS查询等不必要的公共网络服务或功能。

（3）关闭业务系统不使用的私有的网络监听端口。

（三）“三合理”

1. 网络结构参数合理

具体可操作项目有：

（1）合理设置主机路由，按业务需求配置明细路由，避免使用默认路由。

（2）消除软硬件设计缺陷导致的网络无法隔离、报文传输超出规定的网络接口（如NR1102J通信插件的多个网络接口共用一个物理网卡导致网络报文串网发送）。

（3）避免调度数据网与内部局域网之间、不同调度数据网的接入网之间的交叉互联。

（4）合理配置通信网关机、代理服务器等业务系统的网络参数（如正确配置业务通信链路IP地址及端口、及时删除不使用的通信链路等）。

2. 安全防护策略合理

具体可操作项目有：

（1）加强纵向加密认证装置、防火墙、隔离装置等设备防护策略的管理，建立访问控制策略申请、审核、批准的规范化管理机制，严格落实白名单、最小化等防护要求，结合业务需求，合理、精确地配置策略。

（2）消除纵向加密认证装置中的明通隧道和策略，防止通信链路两端纵向装置的网络安全设置不匹配，提升纵向密通水平。

（3）梳理备调系统、备用节点业务安全策略的配置情况，避免错配、漏配。

3. 用户权限配置合理

具体可操作项目有：

（1）合理配置操作系统账号及相关参数，保障Windows无administrator用户模式运行、Linux/Unix无root用户模式运行。

（2）按最小化原则，严格分配和管理操作系统、关系数据库、业务系统中各类账号的权限。

（3）严格管理关系数据库、业务系统相关功能及参数，切断用户权限自动提升的各种途径。

（四）“一规范”——运维操作行为规范

具体可操作项目有：

（1）运维单位制定网络安全运维工作制度，明确日常设备管理、巡视检查、安全问题处理等工作要求。

（2）运维单位配备专用调试设备（如调试工作站、专用移动介质等），加强外来人员的安全教育、操作监护等措施。

（3）自动化检修票中明确工作涉及的具体设备，落实作业步骤及安全措施，严控运维过程中超级用户的使用。

（4）调试设备（工作站、拨号装置等）在工作完毕后，应及时从运行系统的网络中断开。

（5）利用网络安全管理平台对运维检修工作开展事后安全审计。

（五）“一减轻”——减轻网络安全监视管理的负担

具体可操作项目有：

（1）认真分析网络安全管理平台（内网安全监视平台）发现的告警信息及其产生原因，从源头消除无效告警。

（2）建立网络安全运行情况定期通报机制，常态化发布告警事件、专用防护设备在线率、纵向密通水平等运行指标，促进运行水平提升。

（3）建立网络安全告警分级处置和管理机制，提高告警处置效率和质量。

（六）“一提高”——提高网络安全事件处置的能力

具体可操作项目有：

（1）调控机构制定网络安全运行监视及值班制度，明确值班监视、告警处置、事件报告、网络安保等工作要求。

（2）调控机构和厂站运维单位明确网络安全责任人及其安全职责，编制网络安全责任清单。

（3）按照规定定期开展电力监控系统等保测评及安全评估，并落实发现问题的彻底整改。

（4）制定网络安全事件应急预案，按事件级别建立分级响应措施，提高处置效率，每年开展一次应急演练。

（5）加强网络安全事件管理，下级单位发生紧急告警或网络事件时，应督促事发单位报送告警事件分析处置报告，并按规定对网络安全事件进行问责。

（6）严格防范违规连接外部网络、外部设备违规接入电力监控系统、主机感染病毒（恶意代码）等典型网络安全事件。

三、远动装置触发安全告警案例分析

2020 年 1 月 25 日 10：33 ～ 12：02 和 3 月 1 日 8：45 ～ 10：14，某变电站地网实时加密装置发生两次紧急告警。经多次协同分析，确定原因为远动装置存在默认路由，当远动装置 CPU 板上的内网（A 网）网口故障时，向站内保护、测控通信的 103 协议数据通过默认网关向调度数据网转发，触发安防告警。重启远动装置后暂时恢复正常，于 3 月 4 日更换 CPU 板件并更新配置，之后未再发生告警。

（一）现象分析

2020 年 3 月 1 日，某变电站纵向加密装置报多个 IP 地址“不符合安全策略被拦截”告警，如图 5-6 所示，重启后告警消失。

告警详情 [redacted]96.2)访问(172.20.10.1至172.21.251.5)之间的共93个IP地址不符合安全策略被拦截

告警详情

源IP	目的IP	源端口	目的端口	次数	告警开始时间	告警结束时间
[redacted]96.2	172.20.10.10	32768	1032	148	2020-01-25 10:54:31	2020-01-25 12:21:22
[redacted]96.2	172.21.110.1	32768	1032	148	2020-01-25 10:54:21	2020-01-25 12:21:13
[redacted]96.2	172.21.251.3	32768	1032	148	2020-01-25 10:54:21	2020-01-25 12:21:12
[redacted]96.2	172.21.10.3	32768	1032	147	2020-01-25 10:55:31	2020-01-25 12:21:16
[redacted]96.2	172.21.251.1	32768	1032	147	2020-01-25 10:55:35	2020-01-25 12:21:20
[redacted]96.2	172.21.200.200	32768	1032	147	2020-01-25 10:55:16	2020-01-25 12:21:35
[redacted]96.2	172.21.35.4	32768	1032	147	2020-01-25 10:55:08	2020-01-25 12:21:26
[redacted]96.2	172.21.251.2	32768	1032	146	2020-01-25 10:56:08	2020-01-25 12:21:21
[redacted]96.2	172.21.110.5	32768	1032	146	2020-01-25 10:56:12	2020-01-25 12:21:25
[redacted]96.2	172.20.200.200	32768	1032	146	2020-01-25 10:56:22	2020-01-25 12:21:34
[redacted]96.2	172.21.50.1	32768	1032	146	2020-01-25 10:56:07	2020-01-25 12:21:20

图 5–6 纵向加密装置报警内容截图

该变电站站内通信协议为 103 协议，对调度主站通信协议为 104 协议。根据纵向加密装置报警内容来看，纵向加密装置收到了站内 103 协议通信的报文，具体安全告警信息解释见表 5–2。

表 5–2 安全告警信息解释说明表

序号	告警信息	解释说明
1	源 IP：172.20.20.20	远动装置 NET1 网口的 IP 地址（103 协议 A 网）
2	源 IP：##.##.96.2	远动装置 NET3 网口的 IP 地址（104 协议）
3	目的 IP：172.20.xx.xx	站内保护测控装置的 A 网 IP 地址
4	目的 IP：172.21.xx.xx	站内保护测控装置的 B 网 IP 地址
5	端口：1048	103 协议 TCP 通信端口
6	端口：1032	103 协议 UDP 通信端口

（二）现场检查

2020 年 3 月 3 日，到现场进行检查发现，远动装置运行正常，纵向加密装置也未报警。检查远动装置网线与网络结构，远动装置 NET1 网口连接站内保护装置和测控装置，NET3 网口连接调度数据网，确定网络没有错误互联。现场远动装置 CPU 背板如图 5–7 所示。

现场进行了多次站内 A 网通信中断试验和远动装置重启试验，均没有发现纵向加密装置告警问题。检查路由配置，输入 route 命令发现远动装置配置了默认路由，如图 5–8 所示。默认路由为几个网口间串通报文创造了条件。

（三）现场处理

3 月 4 日，现场实施了以下两个处理方案：① 对远动装置 CPU 主板进行了更换，恢复了原数据库参数；② 设置了路由配置绑定网口功能，删除默认路由，更改配置后的路由表如图 5-9 所示。

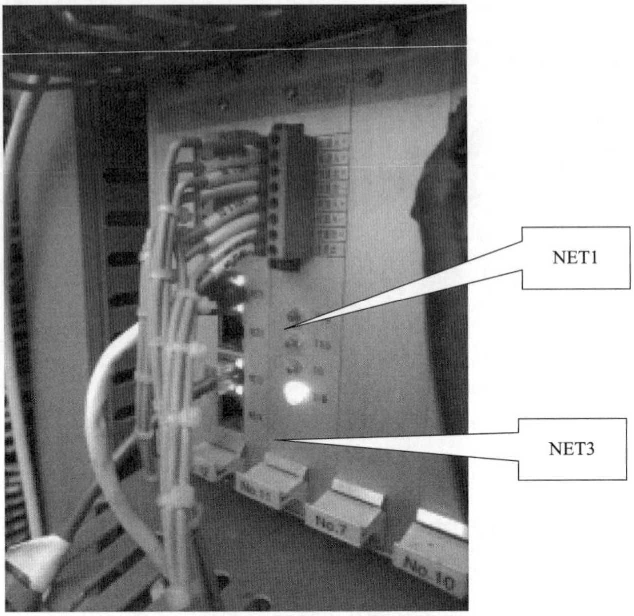

图 5-7　现场远动装置 CPU 背板

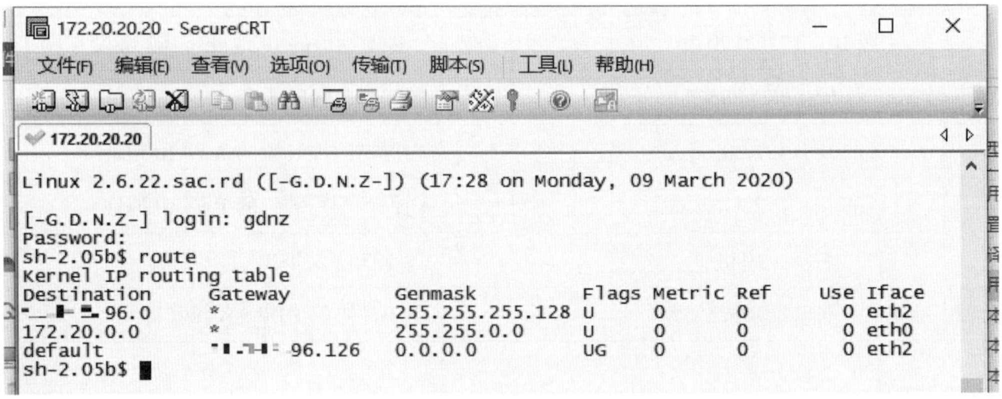

图 5-8　更改配置前路由表截图

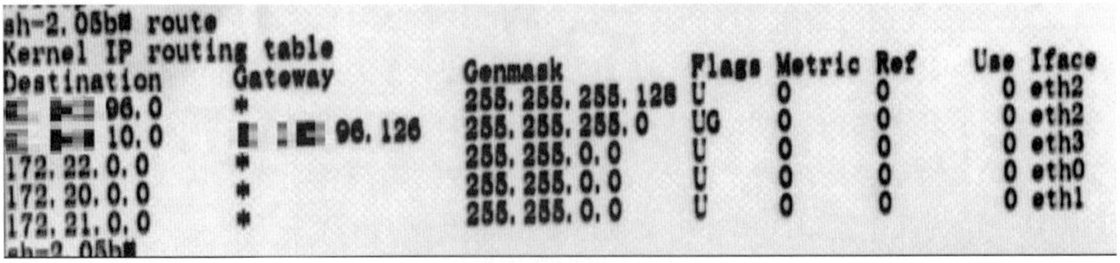

图 5-9　更改配置后路由表截图

（四）实验室测试验证

3 月 9 日，利用现场换下来的 CPU 主板在实验室搭建了测试环境，如图 5–10 所示。

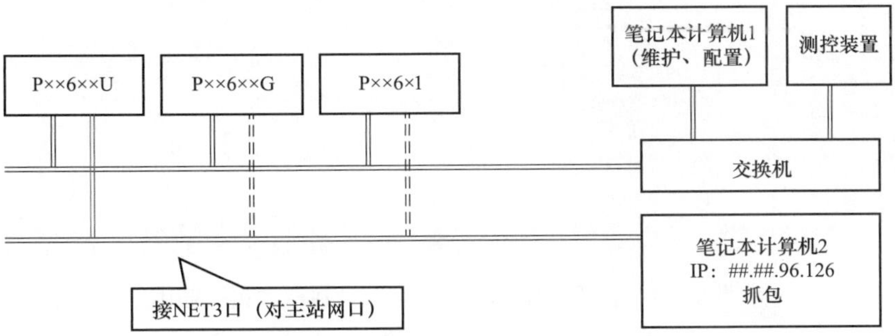

图 5–10　实验室测试环境示意图

实验室测试时，除了现场返回的远动装置（型号 P× ×6× ×U）CPU 主板（软硬件和参数与现场一致），另外增加了两种不同型号（P× ×6× ×G、P× ×6×1）的远动装置一并测试，以发现共性问题。

远动装置的 NET1 网口作为站内以太网 A 网连接保护测控装置，使用一台笔记本计算机接入 A 网交换机，用于 telnet 到远动装置进行监测调试。另一台笔记本计算机接入 B 网，IP 地址设置为网关地址 ##.##.96.126，使用 Wireshark 软件进行抓包。实验室测试内容及测试结果见表 5–3。

表 5–3　　实验室测试内容及测试结果

序号	测试内容	测试结果		
		P× ×6× ×U	P× ×6× ×G	P× ×6×1
1	反复拔插保护测控装置 A 网网线	无异常	无异常	无异常
2	反复重启保护测控装置	无异常	无异常	无异常
3	反复拔插远动装置 A 网网线	无异常	无异常	无异常
4	反复重启远动装置	无异常	无异常	无异常
5	使用 ifdown 命令停掉 A 网网口	抓到 NET1 口的报文	抓到 NET1 口的报文	抓到 NET1 口的报文
6	配置路由绑定网卡，再做 ifdown 命令停掉 A 网网口	无异常	无异常	无异常

在做第 5 项使用 ifdown 命令模拟 A 网网口故障时，在 B 网抓到了与现场一样的报文，如图 5–11 所示。

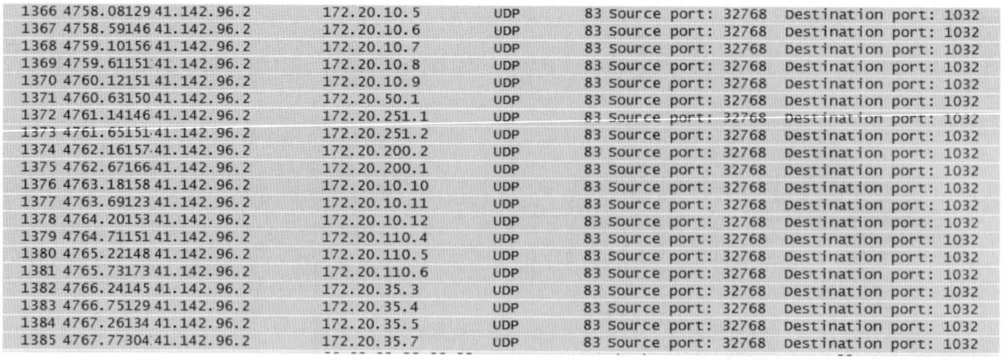

1366	4758.08129	41.142.96.2	172.20.10.5	UDP	83	Source port: 32768 Destination port: 1032
1367	4758.59146	41.142.96.2	172.20.10.6	UDP	83	Source port: 32768 Destination port: 1032
1368	4759.10156	41.142.96.2	172.20.10.7	UDP	83	Source port: 32768 Destination port: 1032
1369	4759.61151	41.142.96.2	172.20.10.8	UDP	83	Source port: 32768 Destination port: 1032
1370	4760.12151	41.142.96.2	172.20.10.9	UDP	83	Source port: 32768 Destination port: 1032
1371	4760.63150	41.142.96.2	172.20.50.1	UDP	83	Source port: 32768 Destination port: 1032
1372	4761.14146	41.142.96.2	172.20.251.1	UDP	83	Source port: 32768 Destination port: 1032
1373	4761.65151	41.142.96.2	172.20.251.2	UDP	83	Source port: 32768 Destination port: 1032
1374	4762.16157	41.142.96.2	172.20.200.2	UDP	83	Source port: 32768 Destination port: 1032
1375	4762.67166	41.142.96.2	172.20.200.1	UDP	83	Source port: 32768 Destination port: 1032
1376	4763.18158	41.142.96.2	172.20.10.10	UDP	83	Source port: 32768 Destination port: 1032
1377	4763.69123	41.142.96.2	172.20.10.11	UDP	83	Source port: 32768 Destination port: 1032
1378	4764.20153	41.142.96.2	172.20.10.12	UDP	83	Source port: 32768 Destination port: 1032
1379	4764.71151	41.142.96.2	172.20.110.4	UDP	83	Source port: 32768 Destination port: 1032
1380	4765.22148	41.142.96.2	172.20.110.5	UDP	83	Source port: 32768 Destination port: 1032
1381	4765.73173	41.142.96.2	172.20.110.6	UDP	83	Source port: 32768 Destination port: 1032
1382	4766.24145	41.142.96.2	172.20.35.3	UDP	83	Source port: 32768 Destination port: 1032
1383	4766.75129	41.142.96.2	172.20.35.4	UDP	83	Source port: 32768 Destination port: 1032
1384	4767.26134	41.142.96.2	172.20.35.5	UDP	83	Source port: 32768 Destination port: 1032
1385	4767.77304	41.142.96.2	172.20.35.7	UDP	83	Source port: 32768 Destination port: 1032

图 5-11　使用 Wireshark 抓包软件抓取的报文截图

通过修改配置，把默认网关改为配置路由绑定网卡，再做 ifdown 命令模拟 A 网网口故障时，NET3 抓取报文无异常。

（五）原因分析

通过以上分析与测试，该站纵向加密装置报警的主要原因是远动装置的 CPU 主板网口硬件不稳定，当 NET1 网口故障时，NET1 网口与站内通信的 103 协议发送数据找不到网卡会把数据发到默认网关，而系统的默认网关设置的 IP 地址为 NET3 网口所连的网关地址，所以纵向加密装置在 NET3 网口拦截到了端口号为 1048、1032 的非法告警。

（六）后续建议

（1）应对远动装置、PMU 等与纵向加密装置相连的设备的网口、IP 地址和路由进行严格限制，禁止设置默认路由。

（2）调试和测试过程中，制定测试表，记录清楚操作步骤和精确时间，以便后期分析。

（3）在发生告警和事故时，要及时保存 104 报文路由表、配置信息、日志，后期采用网络状态、遥测曲线、通道告警等数据辅助进行分析。

（4）主机和装置中不用的网口应从内部配置和外部物理封闭，网络接头应有明确标识；装置设计时，向上、向下网口明显区分，外观上尽量不在相同位置。

（5）排查其他厂站是否存在类似问题，排查存在同型号远动装置的其他厂站，并及时完成整改。

第四节　电力系统远方操作控制可靠性提升

一、背景

（一）电力系统网络安全形式不容乐观

近年来，相继发生乌克兰大面积停电（2015 年）、美国东部互联网服务瘫痪（2016 年）、全球爆发勒索病毒（2017 年）、委内瑞拉网络攻击大停电（2019 年）等事件；电力系统已成为国际网络战的重要攻击目标，电力监控系统安全防护承受巨大压力，需要进一步提升网络安全管理技术手段。2017 年 6 月 1 日颁布执行的《中华人民共和国网络安全法》，对电力调度控制系统安全运行进一步提出了严格要求。国网公司高度重视网络安全工作，将网络安全视为大电网安全的重要组成部分，明确要求建立电力监控系统网络安全的预防预控机制。

在国网公司领导下，全国电力监控系统安全防护已经取得了长足的进步。安全防护方案、十六字安全防护方针（安全分区、网络专用、横向隔离、纵向认证）、纵向加密认证设备、横向隔离装置、调度数据专网的应用，都已大幅降低电力监控系统的安全风险。2019 年部署的网络安全管理平台和监测装置，极大地提升了电力监控网络的预警级别。然而，电力监控系统安全形势依然不容乐观，面对全国数以万计互联厂站的电力监控系统，计算机病毒、网络黑客和木马程序随时可以找到薄弱点，依然存在可能攻入的风险，全网每天仍然有上万条紧急告警、几千条严重告警，网络依然存在被黑客入侵的可能。

（二）电力系统远方操作安全提升迫在眉睫

集中监控、远方控制开关、自动投切电容器和电抗器、实时在线的自动发电控制、AVC 技术的大量应用，为电力生产进步取得极大经济和社会效益。电力系统远方操作控制在带来生产便利的同时，也存在着极大的生产安全风险，存在着类似乌克兰黑客入侵电力监控系统后，丧失控制权的风险。如突遇黑客入侵电网事件，电力监控调度员、电力监控系统技术人员在失去控制权时，完全无能为力，没有任何应急可控手段。因此，需要采取一定的技术措施提高电力系统远方安全控制装置运行的安全可靠性。

二、提升电力系统远方操作控制可靠性目标和需求分析

（一）目标

每年开展的电力生产输电网安全性评价上，明确指出电力调度远方操作和自动控制功能，缺乏应用级安全防护手段，安全控制防范处于真空地带。

落实国网公司建设具有中国特色国际领先的能源互联网企业战略目标，应对电网运行不断累积的控制风险，解决调控业务缺少有效的应用层级远方控制网络安全防护手段的问题，是提升电力系统远方操作控制可靠性根本目标。

（二）需求分析

通过对调度监控远方操作过程的分析发现，通过直接改变接入设备一次控制部分授权方式，能够有效杜绝远方非法动作。提升调度监控远方操作安全性，需包含以下六个方面：

（1）能够有效保证远方动作一次设备的合法性，杜绝针对电力系统的破坏行动。在保证电力系统安全运行同时，避免传统远动设备直接响应调度指令、安全级别低的根本问题。

（2）应有利于系统整合，降低改造成本花销，在不破坏原有的一次设备结构的基础上加装安全装置。

（3）授权方式需要由生物识别特征和密码验证构成，有效地避免非法授权操作。

（4）应通过站端控制回路授权装置，采用纯硬件网络协议和运行裸机程序的方式，避免遭受黑客攻击。

（5）整体架构应最大可能减少对现有系统操作和应用习惯的影响，降低系统操作方式改变和响应速度。

（6）设备应具有原功能保护特点，即在增加装置功能断电失效后，保留原系统操作功能不受影响。

三、提升电力系统远方安全控制装置可靠性的措施

（一）可靠性提升的策略

1.专用保密控制网络

研究基于双网的远方控制自动安全复核验证主站系统控制技术及策略；自动监测复用或独立于电力调度数据网络，用于远方控制功能使能或禁止指令下发。利用已有电力调度数据网络双平面特点，实现远方控制功能禁用与功能使能双网安全校验运行技术。

2.安全控制技术策略

研究基于双网的站端执行机制及安全防护策略；制定遭受攻击时，站端设备独立判定远方操作使能与禁用策略；制定双重人员安全操控策略和制度；主站分级别监护开关操作或遥调功能，具备配置操控人员可控范围、可控级别以及身份认证功能。

3.安全控制设备研究

研究基于双网的远方控制站端设备；研究具备断电闭锁远方操作、就地操控人工使能模式、安全认证锁和告警等实现远方控制功能的三道防线；研究站端安全操控校验策略，结合站端装置，绑定指定调控台操作工作站，有效防护黑客搭网窃取控制权。

涉及的关键技术主要有：基于双网的远方控制自动复核验证主站系统控制技术及策略；基于双网的远方控制站端设备；基于双网的站端执行机制及策略；站端执行通信装置密钥自动更新算法。

（二）可靠性提升的技术路线

（1）建立专用保密控制网络，与电力调度数据网络分开，用于远方控制功能使能或禁止指令下发。考虑目前功能快速部署，可以利用已有电力调度数据网络双平面特点，实现功能应用与功能使能双网分开运行技术。

（2）预定控制使能方案（如动态人脸识别、指纹、数字证书和密码等）。

（3）结合站端装置，绑定指定调控台操作工作站，避免任意黑客搭网窃取控制权。

（4）制定遭受攻击时，站端设备独立判定远方操作使能与禁用策略。

（5）开关操作或遥调功能主站分级别，指定操控人员可控范围、可控级别及身份认证。

（6）研制站端安全控制设备，具备断电闭锁远方操作、就地操控人工使能模式、安全认证锁和告警等实现远方控制功能的三道防线。

（7）制定双重人员操控策略和制度。

（8）站端安全操控校验。

四、电力一次设备操作授权控制系统在地市公司应用案例

（一）系统组成

电力一次设备的操作授权控制系统包括调度端授权服务器、后台验证终端、交换机及多个一次设备控制回路授权装置。后台验证终端与调度端授权服务器相连接，调度端授权服务器基于交换机与每个一次设备控制回路授权装置相连接，每个一次设备控制回路授权装置设置在一次设备控制回路中；后台验证终端获取待动作一次设备的授权请求信息，并发送至调度端授权服务器，调度端授权服务器对授权请求信息进行处理以及加密，并经由交换机将加密处理后的信息发送至目标一次设备控制回路授权装置；目标一次设备控制回路授权装置对接收到的信息进行授权验证，并根据验证结果控制目标一次设备控制回路授权装置所处的一次设备控制回路导通或断开。电力一次设备操作授权控制系统及操作回路如图 5–12 所示。

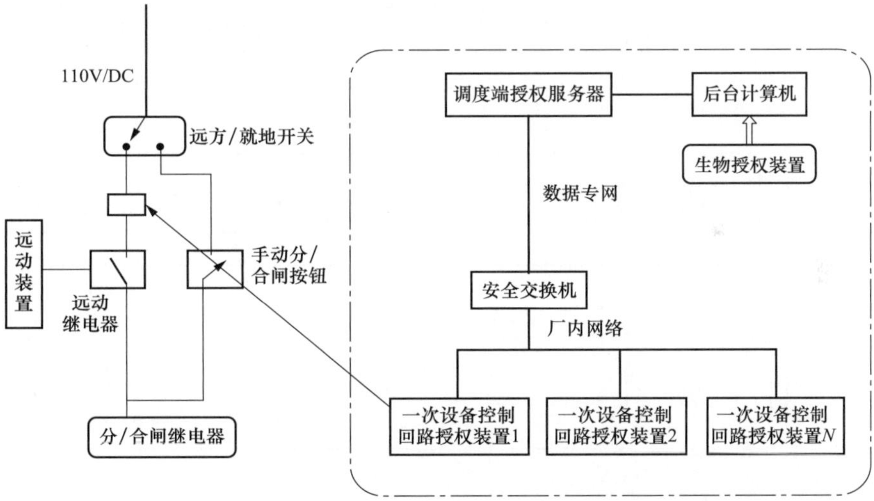

图 5–12 电力一次设备操作授权控制系统及操作回路图

通过将带安全装置的远方 / 就地开关加装在已有的一次设备控制回路中，对来自后台验证终端的授权请求信息进行验证，只有验证通过的才控制一次设备控制回路导通，验证失败则控制一次设备控制回路断开，从而切断非法操作对一次设备的控制能力。其响应级别能在秒级内完成，满足电力调度控制系统对时效性和安全性的需求。另外，在整个过程中还加入了授权人的生物特征信息验证，从源头上杜绝非法授权行为的发生。在工程改造过程中，是在原控制回路内进行加装，保留了原有的远方 / 就地功能开关的作用，工程改动小、成本低，且有利于系统整合。

如图 5–13 所示调度主站端平台逻辑架构，主站端系统主要分为操作图形展示及授权操作、数据库验证及日志记录存储、后台应用监视及加密处理三个部分。三个部分互相依

赖，共同完成主站端实现对远动端下发命令。

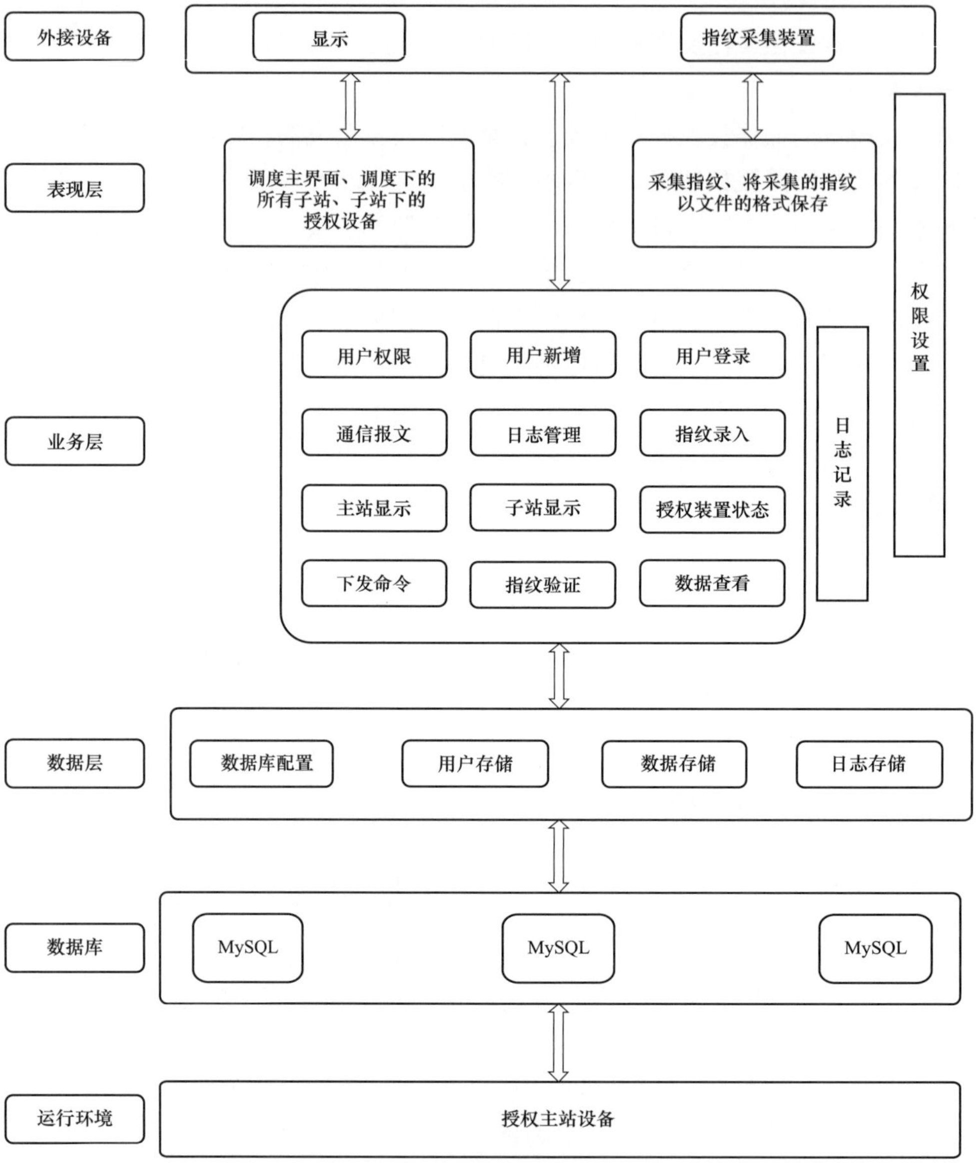

图 5-13　调度主站端平台逻辑架构图

（二）系统的核心技术

（1）核心技术 1：防搭双网安全操控校验技术，有效提升远方操作安全性，填补应用层级遥控遥调防护空白。

1）建立专用保密控制网络，利用已有电力调度数据网络双平面的特点，实现功能应用与功能使能双网复用与分开运行技术。

2）结合站端装置，绑定指定调控台操作工作站，避免黑客搭网窃取控制权。

3）主站具备分级别监护开关操作或遥调功能，具备配置操控人员可控范围和可控级别，以及身份认证功能。

（2）核心技术 2：结合现有厂站设备研发的远方授权校验控制授权终端装置，成本低、性价比高，市场潜力大。

1）制定遭受攻击时，站端设备独立判定远方操作使能与禁用策略。

2）研制站端安全控制设备，具备断电闭锁远方操作、就地操控人工使能模式、安全认证锁和告警等实现远方控制功能的三道防线。

（3）核心技术 3：自主研发的主站端与站端设备安全匹配与校验技术，首先采用基于国产加密算法（SM2 和 SM4）通信加密技术，实现生物、口令的双因子认证。

1）预定控制使能方案，采用高安全等级基于应用层级的加密算法。

2）强制操作人员与审核人员分级管控策略执行功能、站端设备自动安全操控校验功能等。

（三）应用效果分析

基于电力调度控制系统应用层级的电力系统远方安全控制装置，实现受控对象的控前安全闭锁、有效防护。控制对象的自动安全反馈式验证采用高等级安全密钥算法，实现基于应用层的电力系统远方安全控制。系统在保证远方 / 就地操作使用习惯不变的情况下，完成操作授权系统的应用。使用密码与生物特征双重验证、便捷的人机交互、友好的操作界面和安全的操作方式，既保证了操作安全性，又保留了调度操作原有工作的快捷性。

2020 ～ 2021 年，电力系统远方安全控制装置研究成果应用于两个地市供电公司，在运行过程中，主站、子站和终端通过该装置完成通信与授权状态的切换，电力系统远方操作控制在各个方面达到调度操作的要求，实现了提升电力系统调度远方控制的安全性和防止针对电力操作网络攻击的既定目标。

参考文献

[1] 国家能源局．电力系统的时间同步系统　第 1 部分：技术规范：DL/T 1100．1—2018［S］．北京：中国电力出版社，2018．
[2] 国家电网公司．电力系统时间同步及监测技术规范：Q/GDW 11539—2016［S］．北京：中国电力出版社，2016．
[3] 张帆，梁昕．电力全网时间同步系统组网思路探讨［J］．广东电力，2015，28（01）：31-35+57．
[4] 胡春阳，焦群．电网时间统一系统可行性研究［J］．电力系统通信，2011，32（01）：1-5．
[5] 吴玉锋．面向电力系统的时间同步系统关键技术研究［D］．成都：电子科技大学，2020．
[6] 冉承其．北斗卫星导航系统建设与应用［J］．卫星应用，2012（3）：4-7．
[7] 宋昱辰．面向远距离时钟同步的电力系统时钟系统研制［D］．成都：电子科技大学，2020．
[8] 姜雷，郑玉平，艾淑云，等．基于合并单元装置的高精度时间同步技术方案［J］．电力系统自动化，2014，38（14）：90-94．
[9] 朱志俊，阮峻，朱一峰．±800kV 云广特高压直流输电工程时钟同步系统可靠性分析及优化：中国电机工程学会电力通信专业委员会电力通信技术研究及应用会议论文集［C］．北京：人民邮电出版社，2019．
[10] 王瑞环，喻启俊，吴颖俐，等．智能变电站二次设备改造过程层网变动研究［J］．数字通信世界，2016（10）：233-234．
[11] 国家电网公司．智能变电站技术导则：Q/GDW 383—2009［S］．北京：中国电力出版社，2009．
[12] 黄锡伟．虚拟局域网［M］．北京：清华大学出版社，2004．
[13] TAN R，NGUYEN H H，FOO E Y S，et，al．Optimal false data injection attack against automatic generation control in power grids［C］//ACM-IEEE International Conference on Cyber-Physical Systems（ICCPS），April 11-14，2016，Vienna，Austria：10p．
[14] PHADKE A G，THORP J S．广域同步相量测量技术及其应用［M］．毕天姝，译．北京：中国电力出版社，2015．

前　　言

本书是在第2版的基础上，根据教育部高等学校工程图学教学指导委员会最新制订的“普通高等学校工程图学课程教学基本要求”和最新颁布的国家制图标准，同时吸收了近几年教学改革的实践经验和使用院校的反馈意见修订而成。

本书在保持第2版特色和基本架构的基础上，坚持教学内容以应用为目的，基础理论以必须、够用为原则，对教材内容进行更新修订。

（1）修改调整了部分章节内容。第1章正投影法基础，考虑到教学内容的连贯性，把“曲线和曲面的投影”调整至“基本体的投影”中。第4章组合体增加了构型设计内容。

（2）对教材中涉及的制图标准和有关规范进行全面更新。主要有GB/T 50001《房屋建筑制图统一标准》、GB 50010《混凝土结构设计规范》、G101-1《混凝土结构施工图平面整体表示方法制图规则和构造详图（现浇混凝土框架、剪力墙、梁、板）》、SL73.1～SL73.5《水利水电工程制图标准》。按照最新标准和规范，书中对第7章“制图的基本知识和技能”、第8章“房屋施工图”做了较大修改。

（3）第3版教材增加了配套教学课件。

（4）第3版习题集也做了相应的修改和调整，习题集的电子答案可与主编联系获取。

本书由河北水利电力学院王侠担任第一主编。具体编写人员和分工如下：河北水利电力学院王侠编写了第1、4、8、9章，河北水利电力学院孙刚编写了第5、7章，山西水利职业技术学院张若琼编写了第6、10章，河南平顶山工学院潘传姣编写了第2章，河北水利电力学院董成编写了第3章3.1节，河北水利电力学院马文超编写了第3章3.2节。全书由王侠负责统稿。

虽然我们努力想使本教材成为适用性强、难易适中、有利于教学的优秀教材，但由于编者水平有限，书中难免存在缺点和不妥之处，恳请使用本书的教师和学生以及其他读者提出批评指正，如需交流，请联系 hebeiwangxia@163.com。

编　者

2022年5月

第1版前言

为了满足教学的需求，培养高职高专应用型和创新型人才，我们在总结多年教学经验的基础上，编写了全国高职高专工程测量技术专业规划教材《工程制图与识图》。本书以“高等学校工程专科建筑工程制图课程教学基本要求”为依据，参照我国现行最新规范和标准编写。

本书主要有以下特点：

（1）专业特色鲜明。本套教材是针对高职高专工程测量技术专业进行编写的。该专业的培养目标是从事各类工程建设一线测量工作的高技能应用型专门人才，其特点是涉及的工程面较广，要求具备识读各种中小型土建工程施工图的能力。因此，本教材的专业图部分包括房屋施工图、路桥工程图和水利工程图。同时，考虑到工程测量技术专业的特点，在专业图中注重与地形图相结合，以满足该专业在地形测量、工程放样等方面的需要。

（2）实用性强。本书在基础理论知识部分，以必需够用为原则，强化应用，着重培养学生的空间想象力和创新能力。在专业图部分，加大工程图的阅读量，真正培养学生实际识读工程图的能力。考虑到学时数的限制，本书对机械制图、计算机绘图等内容未进行编写。

（3）内容新。在第6章标高投影中，增加了“常见典型地貌的等高线”内容，以便能够识读较复杂的地形图；在第9章的公路路线工程图中增加了平面图的拼接等内容。另外，在第8章房屋施工图中将国家科委和住房和城乡建设部指定推广的《房屋建筑结构施工图平面整体表示方法》工程设计新技术编进了本教材，拓宽了涵盖面。

（4）结构体系合理，利于教学。主要有两点：①“轴测图”内容编排在第2章，加强轴测构图和草图的训练，充分利用轴测图帮助空间想象和空间构思分析。②“制图的基本知识和技能”内容编排在第7章，放在识读专业图之前，增强了知识的连贯性，便于学生学习。

（5）紧密联系工程实际。专业图部分所举实例都来自工程实践，具有时代气息。其结构和复杂程度均以满足教学需要为准。

与教材配套的《工程制图与识图习题集》同时出版。

本书由河北工程技术高等专科学校王侠担任主编。具体编写人员和分工如下：河北工程技术高等专科学校王侠（第1、5、8章）、河南平顶山工学院潘传姣（第2、4、7章）、山西水利职业技术学院张若琼（第3、6、10章）、辽宁交通高等专科学校韩丽馥（第9章）。另外，徐小燕也参与了编写工作，提供了有关房屋工程图。全书由王侠负责统稿。

本书由河北科技大学崔振勇教授、河北工程技术高等专科学校孙世青教授担任主审，他们仔细审阅全书并提出了许多宝贵意见，在此表示衷心感谢。

限于编写时间和编者水平，书中难免存在缺点和不妥之处，恳请使用本书的教师和广大读者给予批评指正。

编　者

第 2 版前言

本书是在第一版的基础上修订而成的。在修订过程中，以教育部高等学校工程图学教学指导委员会2010年制定的《普通高等院校工程图学课程教学基本要求》为依据，严格遵守国家最新颁布的制图标准和设计规范，并吸收了近几年教学改革的实践经验和使用院校的反馈意见。

本次修订总的宗旨是：第一版的内容、结构体系基本保留，更新、调整部分章节的内容和插图。具体修订内容如下：

（1）更新标准并修改相关内容。本书第一版于2009年出版，书中采用的一些制图标准和设计规范现已经废止。自2011年起，有关房屋建筑新的制图标准和设计规范正式实施，与本书相关的主要有《房屋建筑制图统一标准》(GB/T 50001—2010)、《总图制图标准》(GB/T 50103—2010)、《建筑制图标准》(GB/T 50104—2010)、《建筑结构制图标准》(GB/T 50105—2010)、《混凝土结构设计规范》(GB 50010—2010)、《国家建筑标准设计图集》(11G101—1）等。本书在第7章、第8章中进行了相应的修改。

（2）调整、修改部分章节的内容和插图。根据高职院校的需要，尽量降低对制图基础部分的要求，加大工程图识读的力度。修订中，删减了部分应用较少和讲述冗赘的内容，如第1章中删掉了换面法，第4章中删掉了部分过于冗赘的内容和实例，第7章中删掉了针管笔和描图方法等；增加了一些内容，如第7章中增加了计算机绘图中工具和仪器的使用，第8章中增加了针对每种工程图样的识读要点和混凝土结构平法施工图等内容。

与本书配套的《工程制图与识图习题集》也同时进行了修订。

本书由河北工程技术高等专科学校王侠担任主编。具体编写人员和分工如下：河北工程技术高等专科学校王侠编写了第1、5、8章，河南平顶山工学院潘传姣编写了第2、4、7章，山西水利职业技术学院张若琼编写了第3、6、10章，辽宁交通高等专科学校韩丽馥编写了第9章，徐小燕提供了有关房屋工程的施工图纸。全书由王侠负责统稿。

本书由河北科技大学崔振勇教授、河北工程技术高等专科学校孙世青教授担任主审，他们仔细审阅全书并提出了许多宝贵意见，在此表示衷心感谢。

限于编写时间和编者水平，书中难免存在缺点和不妥之处，恳请使用本书的广大读者给予批评指正。

编　者

目　　录

绪　　论

1. 本课程的性质和任务

工程图样是工程设计人员表达设计思想的主要体现，是工程技术人员进行技术交流的重要工具，是工程管理人员进行管理、施工人员进行施工的依据。因此，工程图样被喻为“工程界的技术语言”。熟练读画工程图样是每一个工程技术人员必须具备的职业岗位能力。

本课程是工程测量技术专业及其他土建类相关专业的一门十分重要的专业基础课，主要学习绘制和阅读工程图样的理论和方法，培养图形表达能力和空间想象能力，为学习后续专业课程和完成课程设计打下基础。

本课程的主要任务：

（1）学习投影法（主要是正投影法）的基本理论及应用。

（2）培养学生的空间想象能力、形体表达能力和创新能力。

（3）掌握国家制图标准的有关规定，具有查阅标准和规范的初步能力。

（4）培养绘制和阅读土建工程图的初步能力。

（5）培养严谨细致的工作作风和认真负责的工作态度。

2. 本课程的内容与要求

本课程的内容主要包括投影理论部分和专业制图部分。其具体内容与要求如下：

（1）投影理论部分包括正投影法基础、轴测图、立体的表面交线、组合体、工程物体的表达方法、标高投影等。通过学习，要求掌握用投影法图示空间物体和图解空间几何问题的基本理论和方法，具有绘制和阅读空间物体投影图的能力。

（2）专业制图部分主要包括制图的基本知识和技能、房屋施工图、路桥工程图、水利工程图等。通过学习，要求掌握有关国家制图标准的基本规定和仪器绘图技能，掌握工程图样的主要内容及图示方法，具有绘制和阅读土建工程图的能力。

3. 本课程的特点和学习方法

了解课程的特点，正确掌握课程的学习方法，是学好一门课程的关键。工程制图课程具有理论和实践相结合、逻辑分析和空间想象相结合的特点，在学习过程中应注意以下几点：

（1）培养空间想象力。空间想象力主要体现在正确图示空间物体和准确解读平面图形两方面。在学习本课程的过程中，对空间想象力的培养贯穿始终。学习时运用投影规律，由图到物，由物到图，由浅入深，循序渐进，反复训练，逐步建立二维投影图和三维空间物体之间的对应关系，从而具备良好的空间想象力。

（2）多动手，勤实践。本课程具有很强的实践性，很多学生都有一听就会、一做就错的体会，所以，要想真正掌握所学内容和提高空间想象力，在学习完每节课后，都应及时地独立完成一定数量的作业和习题，以巩固所学内容，为后面的学习打基础。另外，要善于借助外物进行学习。比如，学习点、直线、平面的投影时，要善于利用身边周围的物体，如教室可看作投影体系，橡皮可看作点，铅笔可看作直线，书本可看作平面等；再如，学习立体被截切时，可利用橡皮泥制作模型，帮助想象各种切割体的造型。

（3）培养自学能力。必须学会通过查阅教材和参考书籍解决学习中和习题中的问题，并以此作为今后查阅有关标准、规范等技术资料来解决工程实际问题能力的起步。

（4）养成认真细致的良好习惯。工程图样是施工的依据，图纸上一条线的疏忽或一个数字的差错，都可能造成返工浪费。因此，学习制图课程，从一开始就要严格要求自己，养成认真负责、一丝不苟的工作态度。

第1章　正投影法基础

工程图样是应用投影的方法绘制的。本章主要讲述正投影法的基本原理和作图方法。点、线、面是组成一切物体的最基本的几何元素，任何复杂物体都可分解为若干基本几何体（简称基本体），因此，掌握点、线、面和基本体的投影规律和作图方法是绘制和阅读工程图样的基础。

1.1　投影法

1.1　投影法

1.1.1　投影法及其分类

物体在光线照射下，会在地面、墙面或其他物体表面上投落影子，如图1-1（a）所示；当光源移到无限远时，光线互相平行，如图1-1（b）所示。但是影子只能反映出物体的轮廓，而不能确切表达物体的形状和大小。于是人们对这种自然现象进行了科学的抽象：假设光线能够透过物体，在承影面上把物体所有的内外轮廓线全部表示出来，可见的轮廓线画实线，不可见的轮廓线画虚线，就形成了物体的投影，如图1-1（c）所示。此时光源称为投射中心（通常用 S 表示），光线称为投射线，承影面称为投影面。

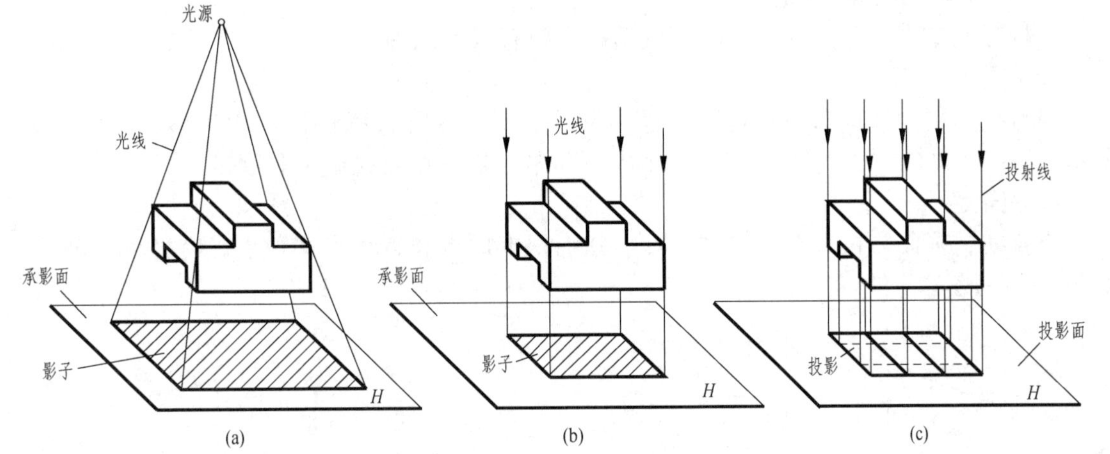

图1-1　影子和投影

这种令投射线通过物体，向选定的投影面投射，并在该投影面上得到投影的方法称为投影法。由空间的三维物体转变为平面上的二维图形就是通过投影法实现的。

投影法分为两大类：中心投影法和平行投影法。

1. 中心投影法

投射中心距投影面有限远，各投射线汇交于投射中心的投影法称为中心投影法，如图1-2所示。在中心投影法下，通过△ABC各顶点的投射线 SA、SB、SC 与投影面 H 的交点 a、b、c 分别是顶点 A、B、C 在 H 面上的投影，△abc 是△ABC 在 H 面上的投影。

规定空间几何元素用大写字母表示，投影用相应的小写字母表示。

2. 平行投影法

投射中心距投影面无限远，各投射线互相平行的投影法称为平行投影法，如图 1 - 1（c）和图 1 - 3 所示。根据投射线与投影面的相对位置，平行投影法又可分为正投影法和斜投影法。当各投射线垂直于投影面时为正投影法，用正投影法得到的投影称为正投影，如图 1 - 3（a）所示；当各投射线倾斜于投影面时为斜投影法，用斜投影法得到的投影称为斜投影，如图 1 - 3（b）所示。

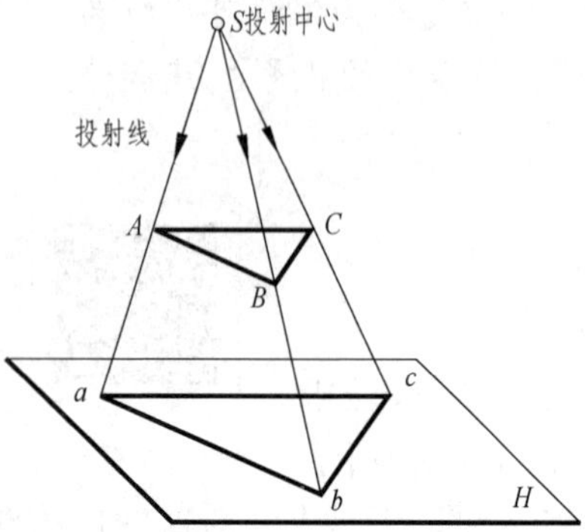

图 1 - 2　中心投影法

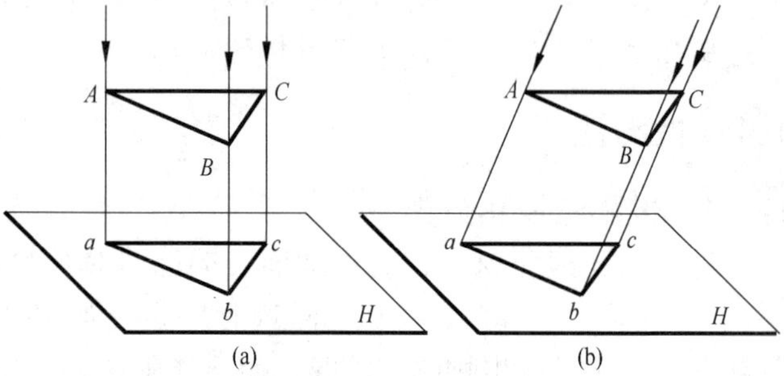

图 1 - 3　平行投影法

（a）正投影法；（b）斜投影法

正投影在工程图样中应用最广泛，本书主要讲述正投影，以下简称投影。

1.1.2　正投影的基本性质

正投影的基本性质是今后作图的依据，主要有以下几种。

1. 实形性

当直线、平面与投影面平行时，投影反映实形，这种投影特性称为实形性。如图 1 - 4 所示，直线 *AB* 的实长和平面 *CDEF* 的实形可从投影图中直接确定和度量。

2. 积聚性

当直线、平面与投影面垂直时，投影分别积聚成点和直线，这种投影特性称为积聚性，如图 1 - 5 所示。

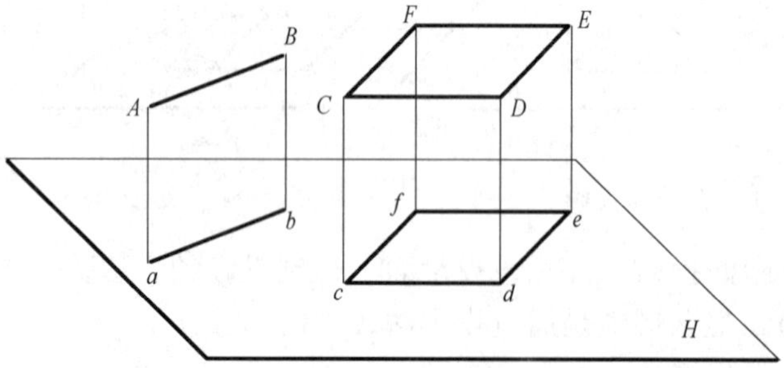

图 1 - 4　实形性

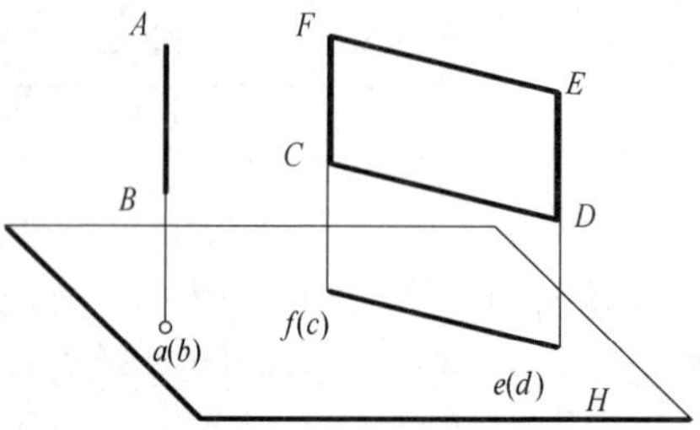

图 1 - 5　积聚性

3. 类似性

当直线、平面与投影面倾斜时，其投影是实形的类似形，这种投影特性称为类似性。如图 1 - 6 所示，直线 *AB* 的投影仍为直线，但是长度缩短；三角形 *DEF* 的投影仍是三角形，但是面积缩小。

4. 平行性

两平行直线的同面投影（同一投影面上的投影）仍互相平行，这种投影特性称为平行性，如图 1-7 所示。

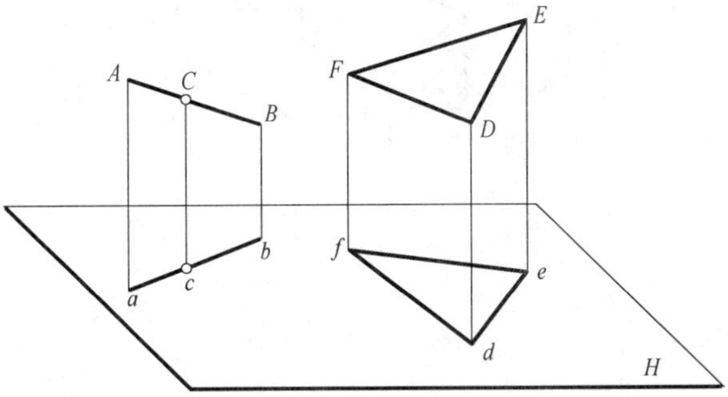

图 1-6　类似性

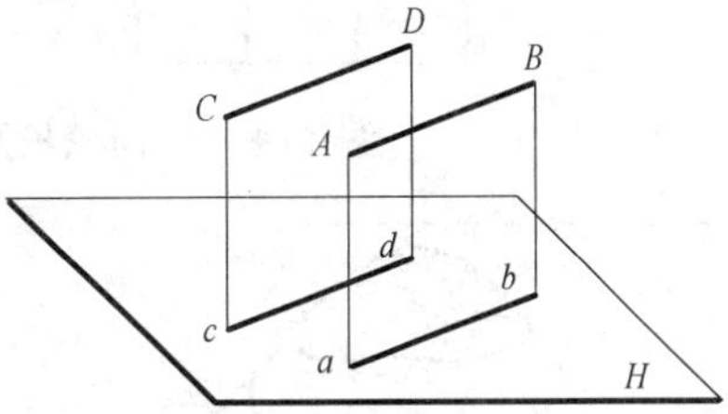

图 1-7　平行性

5. 从属性

点在直线上，则点的投影必定在直线的同面投影上，这种性质称为从属性。如图 1-6 所示，点 C 属于直线 AB，则 C 点的投影 c 必在直线 AB 的同面投影 ab 上。

1.1.3　工程上常用的投影图

工程上常用的投影图主要有多面正投影图、轴测投影图、标高投影图和透视投影图。

1. 多面正投影图

将空间物体用正投影法投射到互相垂直的两个或两个以上投影面上，然后把投影面连同其上的正投影按一定方法展开在同一平面上，从而得到多面正投影图。图 1-8 是物体的三面正投影图。多面正投影图能够正确表达空间物体的真实形状和大小，度量性好，作图简便，所以在工程上应用最广。本书主要讲述多面正投影图。

2. 轴测投影图

用平行投影法将空间物体向单一投影面投射得到的具有立体感的图形称为轴测投影图，简称轴测图。图 1-9 是物体的轴测图，可以看出物体上互相平行的线段，在轴测图上仍平行。轴测图直观性强，但度量性差，工程上常用作辅助图样。在本课程的学习过程中，常借助轴测图进行空间想象。本书第 2 章将详细讲述轴测图的作图原理和方法。

3. 标高投影图

用正投影法将物体向水平的投影面上投射，并在投影中用数字标记物体各部分的高度，所得到的单面正投影图就是标高投影图。标高投影图多用于表达起伏不平的地面，常用来绘制地形图。如图 1-10（a）所示，用一系列平行等距的水平面截切一座小山，将得到的各条等高线向水平的投影面投射，并标注其高度数值，在投影面上得到的就是小山的标高投影图，工程上称之为地形图，如图 1-10（b）所示。本书第 6 章将详细讲述标高投影图的作图原理和方法。

4. 透视投影图

用中心投影法将空间物体向单一投影面投射得到的图形称为透视投影图，简称透视图。图 1-11 为物体的透视图。透视图符合人们的视觉习惯，近大远小，近高远低，形象逼真，但作图复杂且度量性差，不能表达物体的尺寸大小，工程上常用于绘制效果图。关于透视图的画法本教材不作介绍，读者可参阅其他有关书籍。

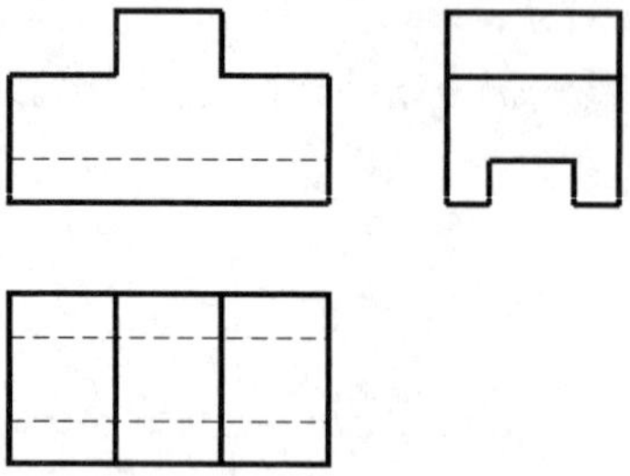

图 1 - 8　三面正投影图

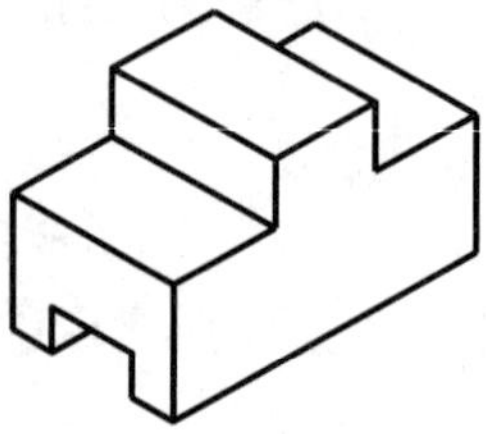

图 1 - 9　轴测图

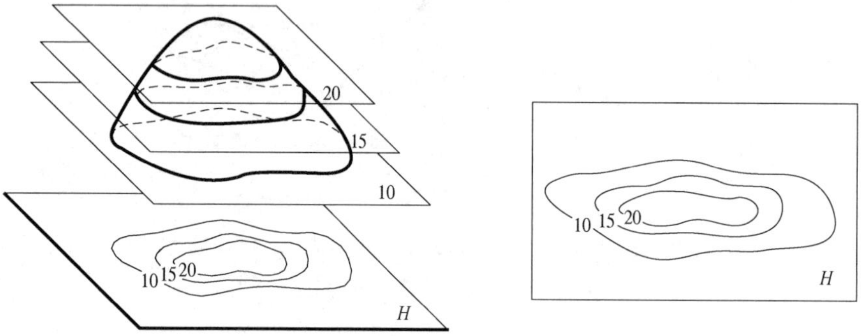

(a)　(b)

图 1 - 10　标高投影图

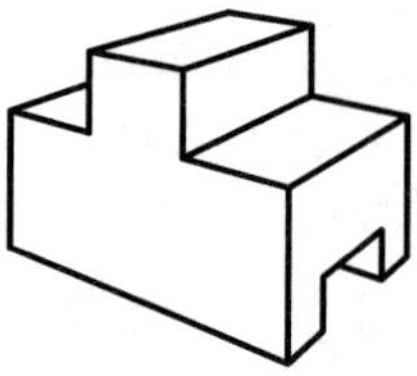

图 1 - 11　透视图

1.1.4　三面投影图的形成及投影规律

为了准确表达物体的空间形状，最基本的方法是用三面投影图。

1. 三投影面体系的建立

建立符合国家标准规定的三投影面体系，如图 1 - 12 所示。三个投影面互相垂直，两两相交，分别称为正立投影面（用 V 表示，简称 V 面），水平投影面（用 H 表示，简称 H 面），侧立投影面（用 W 表示，简称 W 面）。两投影面交线称为投影轴，分别用 OX、OY、OZ 表示。三轴的交点 O 称为原点。

2. 三面投影图的形成

将物体置于三投影面体系中，使物体的各表面尽可能多的平行于投影面，摆放端正后，分别向三个投影面投射，得到物体的三个投影图，如图 1 - 13（a）所示。从上向下投射在 H 面上得到水平投影图，简称水平投影或 H 面投影；从前向后投射在 V 面上得到正立面投影图，简称正面投影或 V 面投影；从左向右投射在 W 面上得到侧立面投影图，简称侧面投影或 W 面投影。

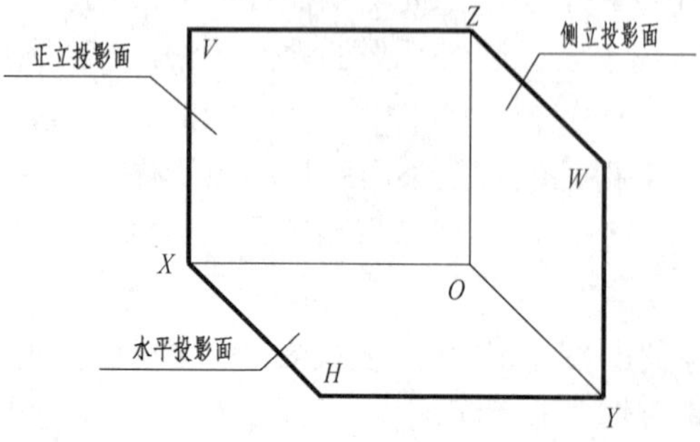

图 1 - 12　三投影面体系

为了得到工程上使用的三面投影图，需将投影体系展开，将处于空间位置的三个投影图摊平在同一平面上。规定 V 面不动，H 面绕 OX 轴向下旋转 90°，W 面绕 OZ 轴向右旋转

90°，使它们展开在同一平面上，如图 1-13（b）所示。在展开的过程中，OY 轴被“一分为二”，随 H 面旋转的标记为 OY_H，随 W 面旋转的标记为 OY_W，摊平后的三个投影图如图1-13（c）所示。实际作图时，不需绘注投影面的名称和边框，在表示物体的三面投影图中，三条投影轴省略不画，如图 1-13（d）所示，这种图称为无轴投影图。

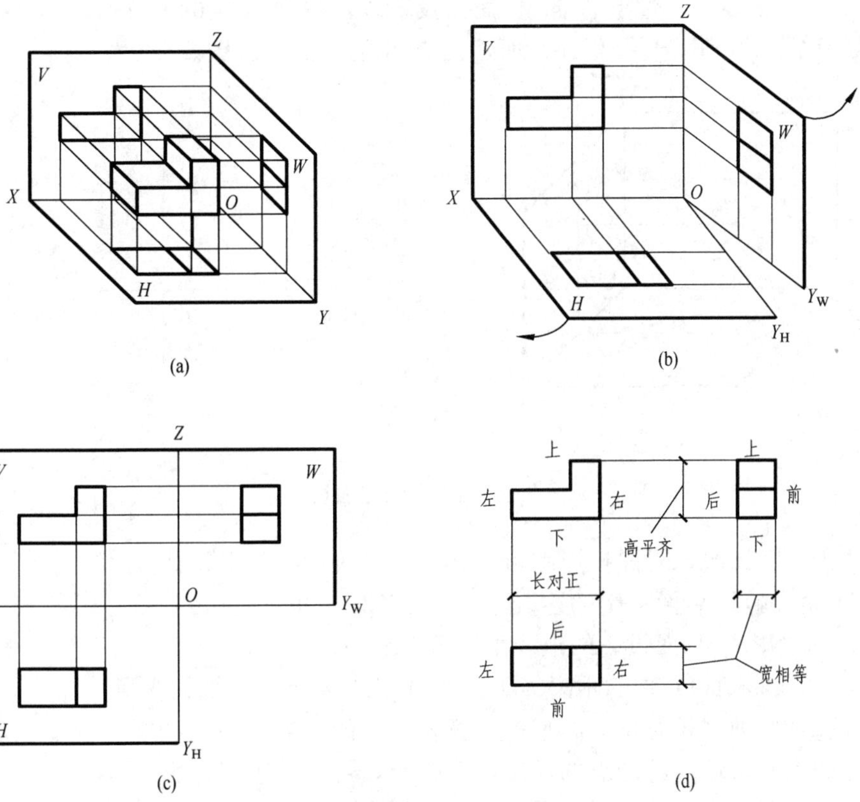

图 1-13　三面投影图的形成及投影规律

3. 三面投影图的投影规律

在三投影面体系中，规定 OX 轴方向为物体的长度方向，表示左、右方位；OY 轴方向为物体的宽度方向，表示前、后方位；OZ 轴方向为物体的高度方向，表示上、下方位。因此，H 投影反映物体的长度、宽度和前后、左右方位；V 投影反映物体的长度、高度和上下、左右方位；W 投影反映物体的宽度、高度和上下、前后方位。同一物体 V、H 投影之间长对正，V、W 投影之间高平齐，H、W 投影之间宽相等，如图 1-13（d）所示。

“长对正，高平齐，宽相等”是三面投影图的投影规律，称作三等规律。三等规律是今后画图和读图的基本规律，对于物体无论是整体还是局部，都必须符合这一规律。

1.2　点、直线和平面的投影

点、直线和平面是构成空间物体的基本几何要素，熟练掌握它们的投影特性和作图方法是对各种立体进行投影分析的基础。

1.2　点、直线和平面的投影

1.2.1 点的投影

1. 点的三面投影和投影特性

将空间点 A 置于三投影面体系中，如图 1-14（a）所示。过点 A 作垂直于 H 面的投射线，得到 A 点的 H 面投影，用相应的小写字母 a 表示；过点 A 向 V 面作投射线，得到 A 点的 V 面投影，用 a'表示；过点 A 向 W 面作投射线，得到 A 点的 W 面投影，用 a''表示。将投影体系展开后，得到图 1-14（b）所示的点 A 的三面投影图。

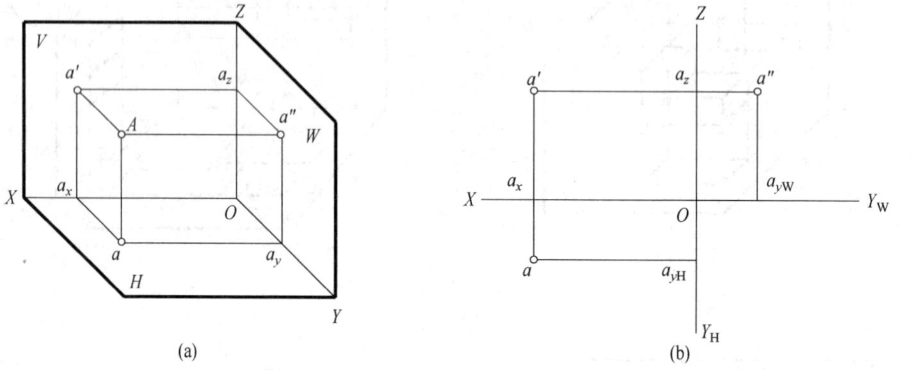

图 1-14　点的三面投影

通过分析空间情况，对照投影图可看出，点的投影有如下特性：

点的 H 面投影和 V 面投影的连线垂直于 OX 轴，即 $aa' \perp OX$；

点的 V 面投影和 W 面投影的连线垂直于 OZ 轴，即 $a'a'' \perp OZ$；

点的 H 面投影到 OX 轴的距离等于点的 W 面投影到 OZ 轴的距离，即 $aa_x = a''a_z$。

上述投影特性即“长对正，高平齐，宽相等”的根据所在。

根据点的投影特性，已知点的任意两个投影，可作其第三投影。

【例 1-1】 已知点 B 的两个投影 b 和 b'，如图 1-15（a）所示，求作第三投影 b''。

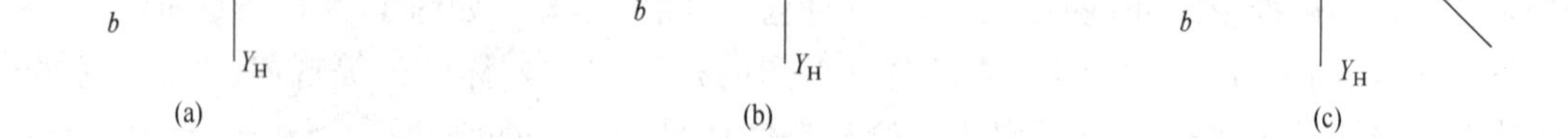

图 1-15　已知点的两个投影求第三投影

分析： 根据点的投影特性可知，$b'b'' \perp OZ$，过 b' 作 OZ 轴的垂线，b''必在此垂线上，又 $bb_x = b''b_z$，可确定 b''。

作图：

方法一：过 b' 作 $b'b_z \perp OZ$，并延长；量取 $bb_x = b''b_z$，求得 b''，如图 1-15（b）所示。

方法二：过 b' 作 $b'b_z \perp OZ$，并延长；过原点 O 向右下方作 45°辅助线，过 b 向右作水平线与 45°线相交，由交点向上作铅垂线，即可交得 b''，如图 1 - 15（c）所示。

2. 点的投影与直角坐标

如果把三投影面体系看作为空间直角坐标系，则 H、V、W 投影面即为坐标面，OX、OY、OZ 投影轴即为坐标轴，O 点即为坐标原点。空间点的位置可由其三维坐标决定，标记为 A（X_A、Y_A、Z_A），点的 X、Y、Z 坐标反映空间点到投影面的距离，如图 1 - 16 所示。

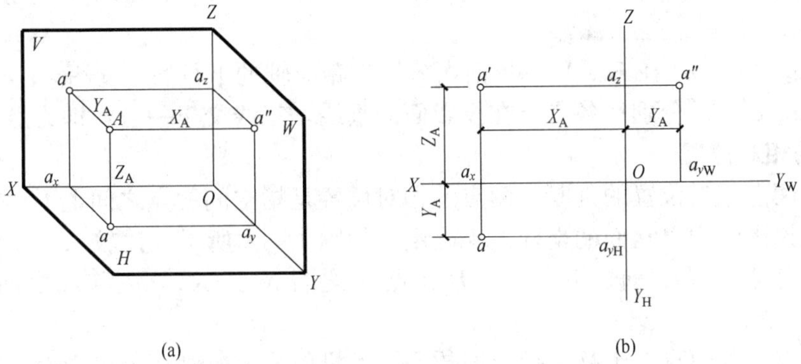

图 1 - 16　点的投影与坐标关系

点 A 的 X 坐标，等于点 A 到 W 面的距离，即 $X_A = Oa_x = aa_y = a'a_z = Aa''$。

点 A 的 Y 坐标，等于点 A 到 V 面的距离，即 $Y_A = Oa_y = aa_x = a''a_z = Aa'$。

点 A 的 Z 坐标，等于点 A 到 H 面的距离，即 $Z_A = Oa_z = a'a_x = a''a_y = Aa$。

则点 A 三个投影的坐标分别为 a（X_A，Y_A），a'（X_A，Z_A），a''（Y_A，Z_A）。

【例 1 - 2】　求作图 1 - 17 所示点 A（15，10，20）（长度单位为 mm）的三面投影和立体图。

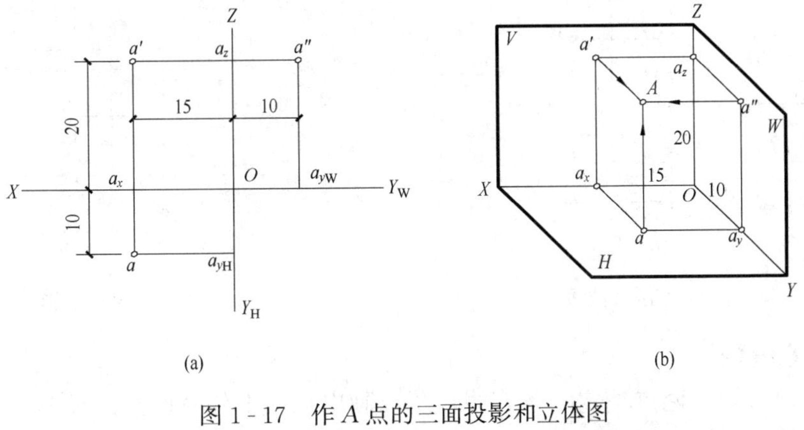

图 1 - 17　作 A 点的三面投影和立体图

分析：根据点的投影特性和点的投影与坐标的关系，即可作出该点的三面投影。作立体图时，OX 轴水平向左，OZ 轴竖直向上，OY 轴与水平方向成 45°向右下倾斜，空间与投影轴平行的直线在立体图上仍平行，且长度按 1∶1 量取。

作图：

作点 A 的三面投影，如图1-17（a）所示：

1）在投影轴 OX、OY_H、OY_W 和 OZ 上，分别从原点 O 量取15mm、10mm、10mm、20mm。

2）自所量各点分别作各自所在轴的垂线，这些垂线的交点，即为 A 点的三面投影 a、a'、a''。

作 A 点的立体图，如图1-17（b）所示：

1）作出三投影面体系的立体图，自 O 点在 OX、OY、OZ 轴上，分别量取15mm、10mm、20mm，得点 a_x、a_y、a_z。

2）由点 a_x、a_y、a_z 在 H、V、W 面内分别作相应轴的平行线，交得 a、a'、a''。

3）过点 a、a'、a''分别作各自所在投影面的垂线，三线交于一点，即为点 A 的立体图。

3. 两点的相对位置

（1）空间两点相对位置的判断。两点的相对位置是指空间两点之间上下、左右、前后的位置关系，在投影图中以它们的坐标差来确定。如图1-18所示，比较 A、B 两点的坐标可看出，点 B 位于点 A 右、前、下方，点 B 在点 A 之右 X_A-X_B、在点 A 之前 Y_B-Y_A、在点 A 之下 Z_A-Z_B。

（2）重影点。若两点位于某一投影面的同一条投射线上，则在该投影面上它们的投影便相互重合，这两点就称为对该投影面的重影点。重影点有两个坐标值相同，一个坐标值不同。在投影图中判断重影点可见性的方法是坐标值大的点为可见点，坐标值小的点为不可见点。对于不可见点的投影，在其投影标记上加括号表示。

如图1-19所示，A、B 两点为对 H 面的重影点，水平投影重合，由于 $Z_A>Z_B$，所以点 A 在点 B 的正上方，点 A 的水平投影可见，点 B 的水平投影不可见，用（b）表示。C、D 两点为对 W 投影面的重影点，请读者自行分析。

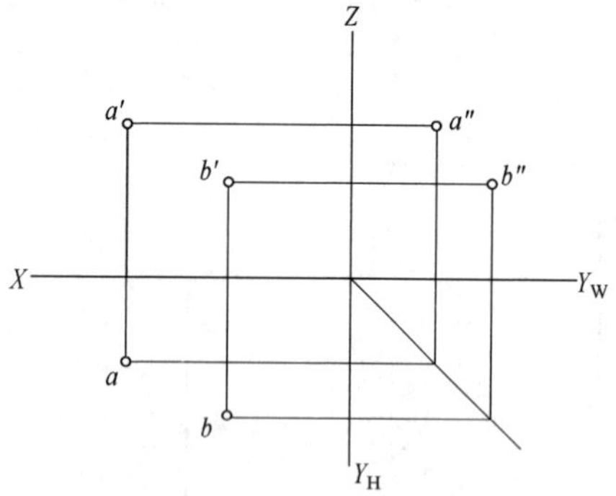

图1-18　两点的相对位置

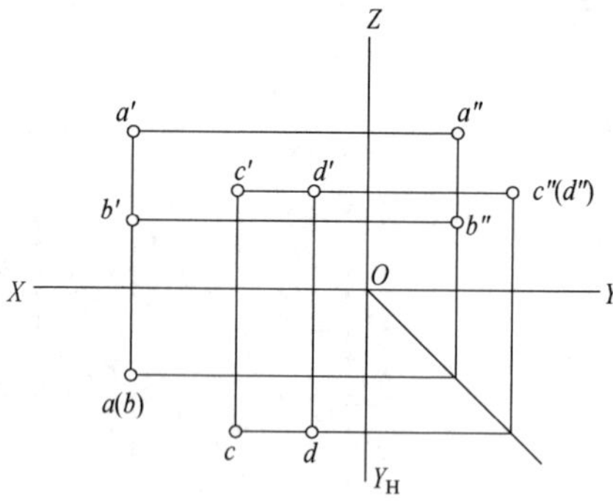

图1-19　重影点

1.2.2　直线的投影

由初等几何可知，两点确定一条直线，所以画出直线上任意两点的投影，连接其同面投影，即可得直线的投影。直线的投影一般仍为直线，如图1-20（a）、（b）所示。

1. 各种位置直线的投影特性

直线按其与投影面的相对位置分为三类：投影面垂直线、投影面平行线和一般位置直线。前两种称为特殊位置直线。直线与投影面 H、V、W 的倾角分别用 α、β、γ 标记。

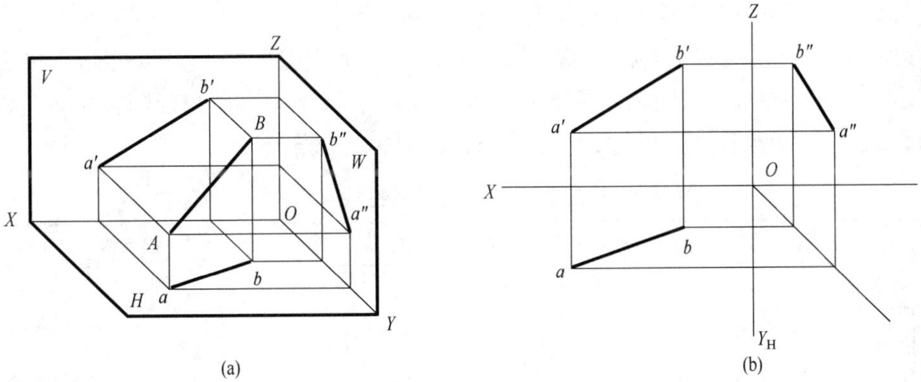

图 1-20　直线的投影

(a) 立体图；(b) 投影图

（1）投影面垂直线。投影面垂直线是指垂直于一个投影面，同时平行于另外两个投影面的直线。共有三种：垂直于 H 面的直线，称为铅垂线；垂直于 V 面的直线，称为正垂线；垂直于 W 面的直线，称为侧垂线。投影面垂直线的投影特性见表 1-1。

表 1-1　　投影面垂直线的投影特性

名称	立　体　图	投　影　图	投影特性
铅垂线	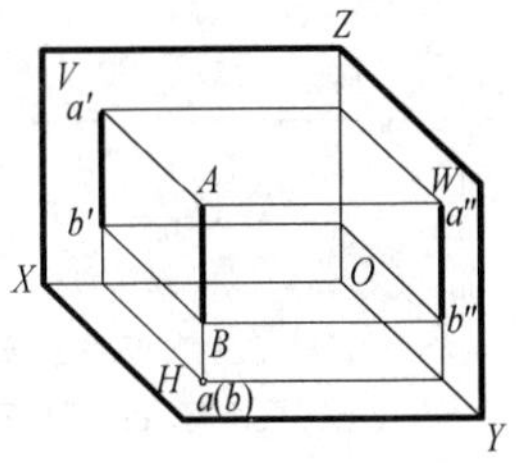	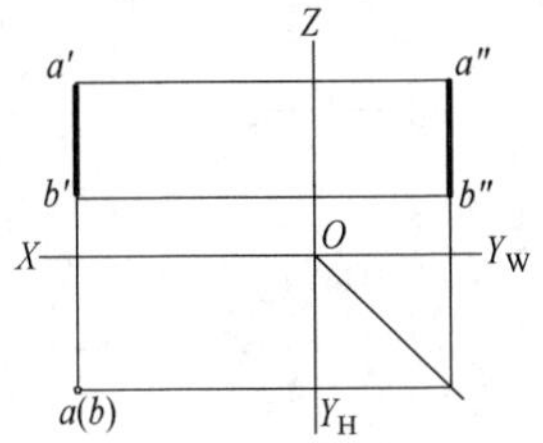	1. ab 积聚为一点 2. $a'b' // OZ$, $a''b'' // OZ$ 3. $a'b' = a''b'' = AB$
正垂线	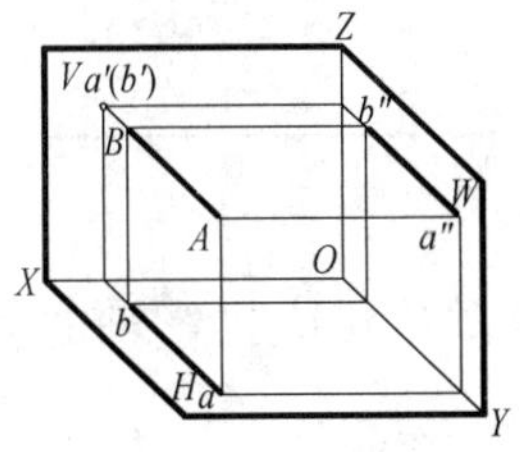	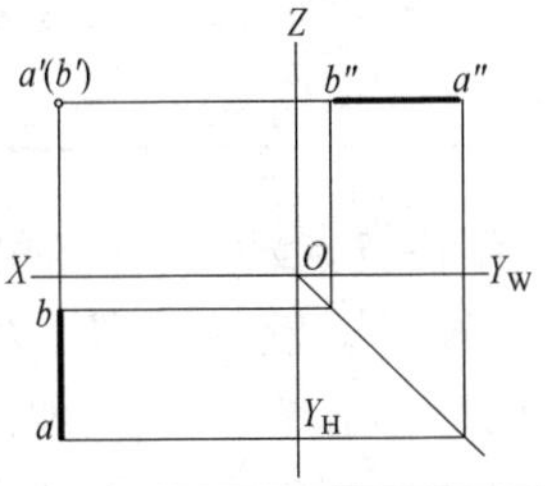	1. $a'b'$ 积聚为一点 2. $ab // OY_H$, $a''b'' // OY_W$ 3. $ab = a''b'' = AB$
侧垂线	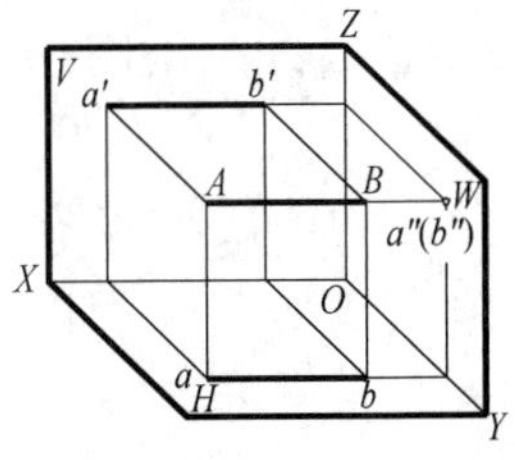	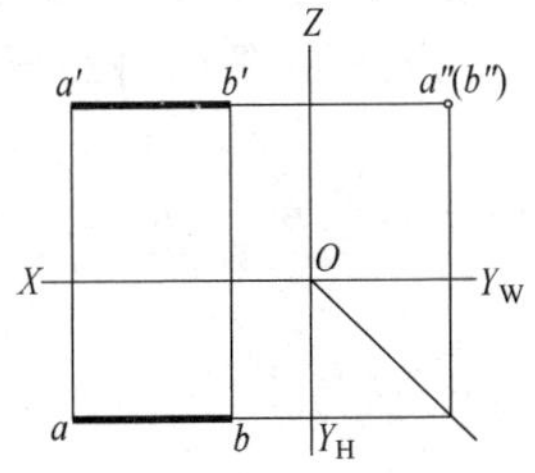	1. $a''b''$ 积聚为一点 2. $ab // OX$, $a'b' // OX$ 3. $ab = a'b' = AB$

由表 1-1 可以概括出投影面垂直线的投影特性：

1）在垂直的投影面上的投影，积聚为一点。

2）另外两个投影平行于同一条投影轴，且反映实长。

（2）投影面平行线。投影面平行线是指只平行于一个投影面，而对另外两个投影面倾斜的直线。共有三种：平行于 H 面的直线称为水平线；平行于 V 面的直线称为正平线；平行于 W 面的直线，称为侧平线。投影面平行线的投影特性见表 1 - 2。

表 1 - 2　　投影面平行线的投影特性

名称	立 体 图	投 影 图	投 影 特 性
水平线	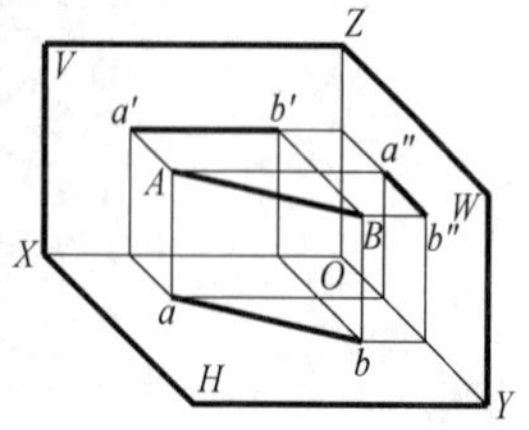	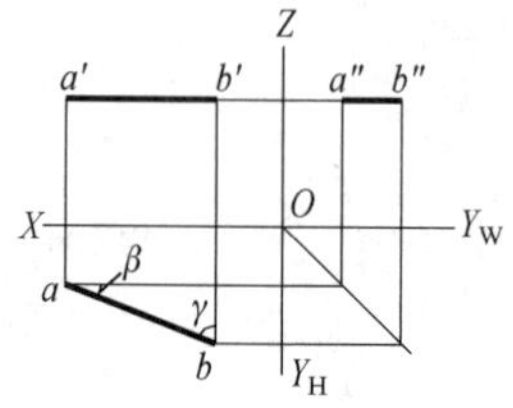	1. $ab=AB$，反映真实倾角 β、γ 2. $a'b'//OX$，$a''b''//OY_W$
正平线	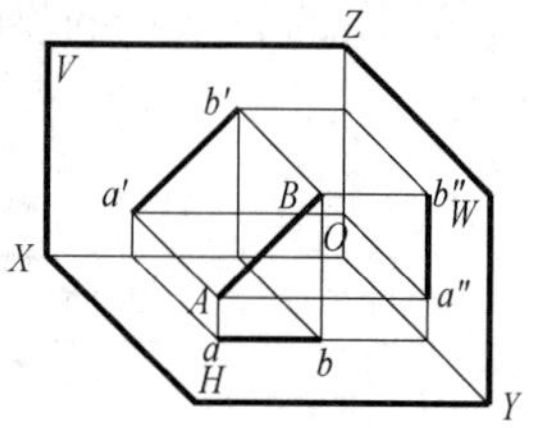	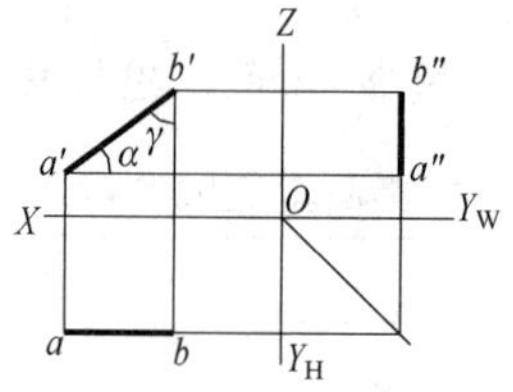	1. $a'b'=AB$，反映真实倾角 α、γ 2. $ab//OX$，$a''b''//OZ$
侧平线	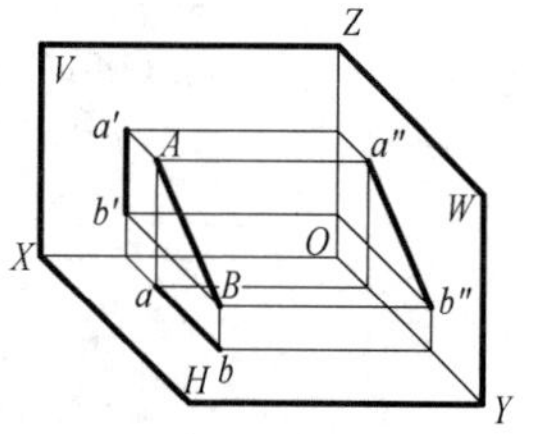	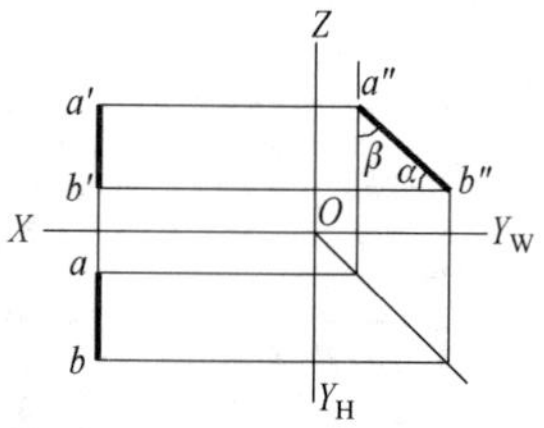	1. $a''b''=AB$，反映真实倾角 α、β 2. $ab//OY_H$，$a'b'//OZ$

由表 1 - 2 可以概括出投影面平行线的投影特性：

1）在所平行的投影面上的投影，反映线段的实长；该投影与相应投影轴的夹角反映直线与另两个投影面的真实倾角。

2）另两个投影平行于相应的投影轴，其长度小于实长。

（3）一般位置直线。与三个投影面都倾斜的直线称为一般位置直线。由图 1 - 20（b）可知一般位置直线的投影特性：

1）直线的三个投影都倾斜于投影轴。投影与投影轴的夹角，均不反映直线与投影面的真实倾角。

2）直线的三个投影长度均小于实长。

2. 直线上的点

如图 1 - 21 所示，点 K 在线段 AB 上，K 点的水平投影 k 在线段 AB 的同面投影 ab 上，由初等几何定理可知，$AK:KB=ak:kb$；同样，正面投影 k' 在 $a'b'$ 上，侧面投影 k'' 在 $a''b''$ 上，且 $AK:KB=ak:kb=a'k':k'b'=a''k'':k''b''$。

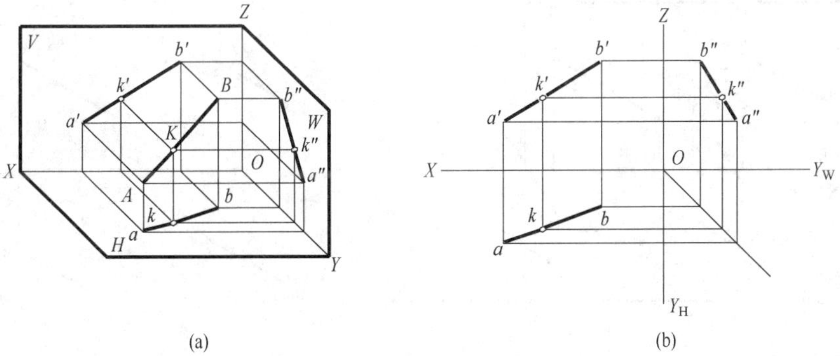

图 1-21 直线上的点的投影特性

(a) 立体图；(b) 投影图

由此可得出直线上的点的投影特性：

1）从属性。直线上点的投影，必在直线的同面投影上，且符合点的投影规律。

2）定比性。直线上的点分割直线的长度比，投影后保持不变。

【例 1-3】 如图 1-22（a）所示，已知直线 AB 的两面投影，试在 AB 上求一点 K，使 $AK:KB=2:3$。

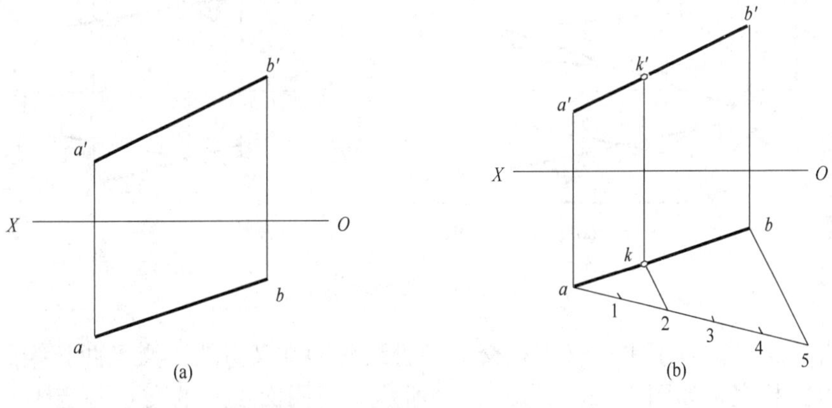

图 1-22 作分割 AB 成 2∶3 的点 K

分析： 所求点 K 的投影必在线段 AB 的同面投影上，且 $ak:kb=a'k':k'b'=2:3$。

作图： 如图 1-22（b）所示。

1）自 a 任作一辅助线，选适当的长度为单位长度，从 a 顺次量取五个单位长度，得点 1、2、3、4、5。

2）连接 5 和 b，过 2 点作 $5b$ 的平行线，与 ab 交于 k。

3）过 k 作 OX 轴的垂线，与 $a'b'$ 交于 k'，k、k' 即为所求 K 点的两面投影。

3. 两直线的相对位置

空间两直线的相对位置有四种情况：平行、相交、交叉和垂直。

（1）两直线平行。若空间两直线平行，则它们的同面投影必相互平行。如图 1-23 所示，已知 $AB/\!/CD$，则 $ab/\!/cd$，$a'b'/\!/c'd'$。反之，若两直线的各同面投影均平行，即可判断空间二直线平行。

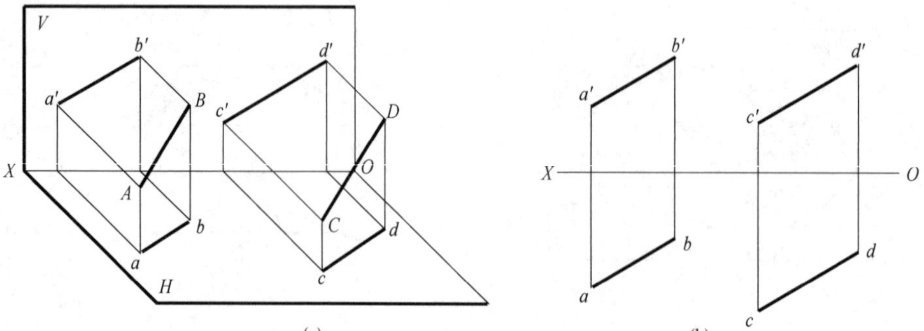

(a)　　(b)

图 1-23　两直线平行

(2) 两直线相交。空间两直线相交，则它们的同面投影必相交，交点符合点的投影特性。

如图 1-24 所示，相交两直线 AB 和 CD，它们的交点为 K。在投影图中，k 为 ab、cd 的交点，k' 为 $a'b'$、$c'd'$ 的交点，k 与 k' 的连线垂直于投影轴。

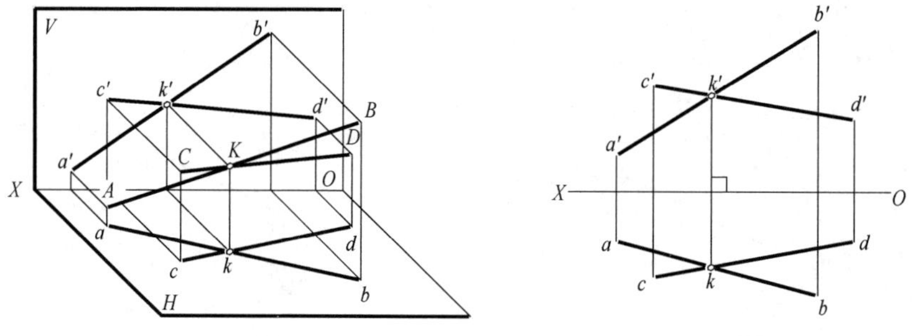

(a)　　(b)

图 1-24　两直线相交

(3) 两直线交叉。既不平行又不相交的两直线称为交叉直线。交叉两直线的同面投影可能平行，也可能相交，如图 1-25（a）、（b）所示。但同面投影的交点一定不符合点的投影特性，而是两直线上不同的两点在同一投影面上的重合投影。

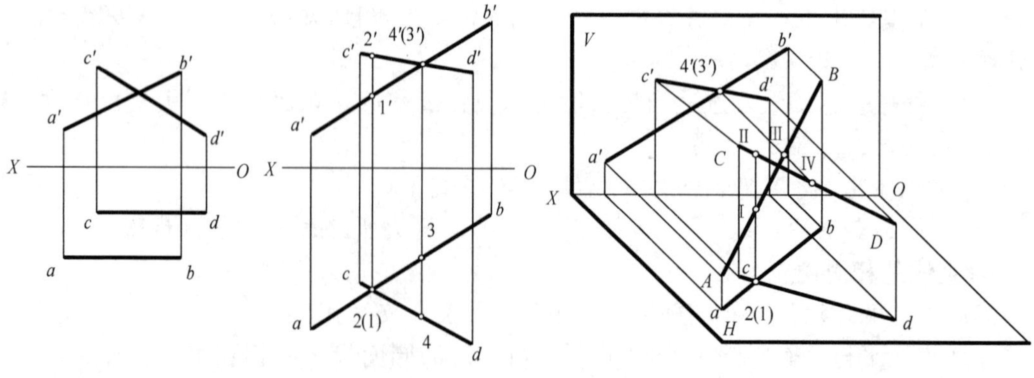

(a)　　(b)　　(c)

图 1-25　两直线交叉

如图1-25（b）所示，直线AB、CD为两交叉直线，ab和cd的交点实际上是AB上的Ⅰ点和CD上的Ⅱ点的重合投影，因为Ⅰ、Ⅱ两点位于同一条投射线上，故Ⅰ、Ⅱ两点是对H面的一对重影点。Ⅰ点在下，Ⅱ点在上，在H面投影中，1不可见，2可见。同理，$a'b'$和$c'd'$的交点是AB上的Ⅲ点与CD上的Ⅳ点的重合投影，Ⅲ、Ⅳ点是对V面的一对重影点，由H面投影可见，Ⅲ点在后，Ⅳ点在前，则$3'$不可见，$4'$可见。立体图如图1-25（c）所示。

（4）两直线垂直。互相垂直的两直线，一般情况下投影均不反映直角。当互相垂直的两直线中有一条平行于某投影面时，则两直线在该投影面上的投影反映直角，这就是直角投影定理。如图1-26（a）所示，空间两直线$AB \perp BC$，其中$AB /\!/ H$面，则它们在H面上的投影$ab \perp bc$，证明如下：因为$AB \perp BC$，且$AB /\!/ H$，则$AB \perp Bb$，所以$AB \perp BCcb$；由于$ab /\!/ AB$，因而$ab \perp BCcb$，所以$ab \perp bc$。其投影图如图1-26（b）所示。

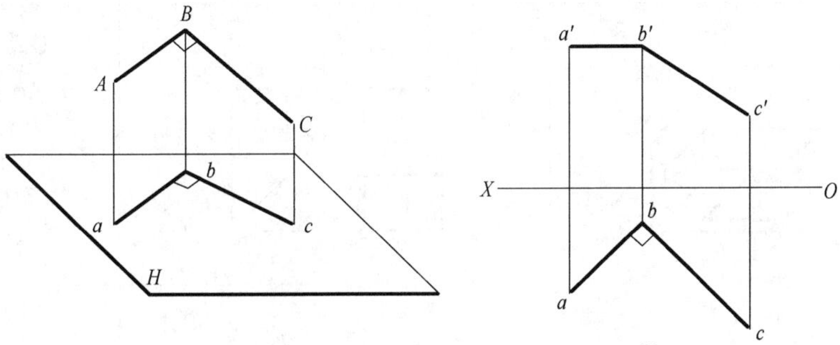

(a)　(b)

图1-26　两直线垂直，其中一条平行于投影面

【例1-4】 过点C作直线CD与正平线AB垂直相交，如图1-27（a）所示。

分析： 因为$AB /\!/ V$面，根据直角投影定理可知$c'd' \perp a'b'$。

作图： 如图1-27（b）所示。

1）过c'作$a'b'$的垂线，与$a'b'$交于d'。

2）由d'作投影连线，与ab交于d，连接cd，cd、$c'd'$即CD的两面投影。

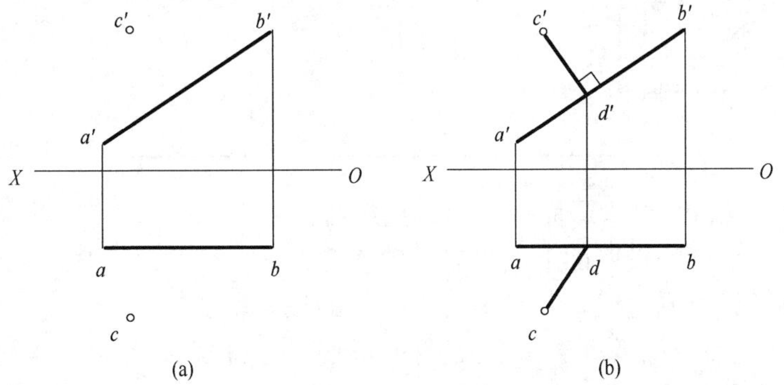

(a)　(b)

图1-27　过C点作AB的垂线

1.2.3　平面的投影

由初等几何可知，不在同一直线上的三点可以确定空间一平面。平面物体由若干个平面

多边形组合而成，因此，平面的投影常用多边形图形表示，如图 1 - 28 所示。

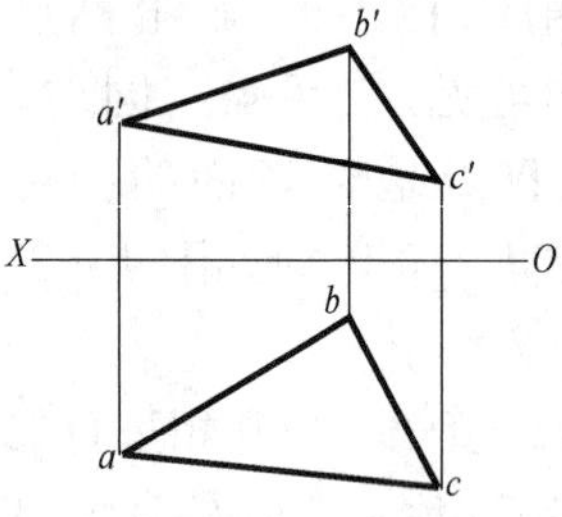

图 1 - 28　平面的表示方法

1. 各种位置平面的投影特性

平面与投影面的相对位置可以分为三种情况：投影面平行面、投影面垂直面和一般位置平面，前面两种称为特殊位置平面。平面与投影面 H、V、W 的倾角，分别用 α、β、γ 表示。

（1）投影面平行面。平行于一个投影面的平面，称为投影面平行面。平行于 H 面的称为水平面；平行于 V 面的称为正平面；平行于 W 面的称为侧平面。它们的空间位置、投影图和投影特性见表 1 - 3。

表 1 - 3　　**投影面平行面的投影特性**

名称	立 体 图	投 影 图	投 影 特 性
水平面	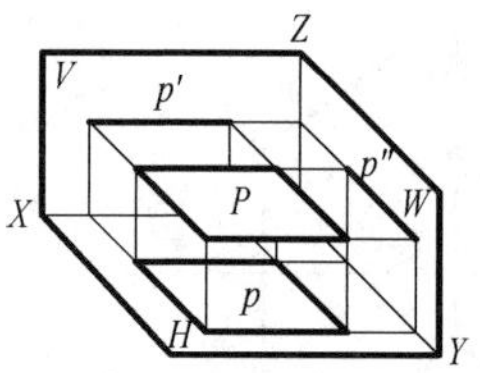	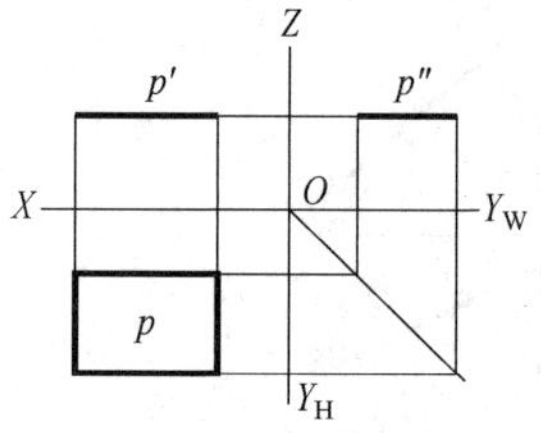	1. H 面投影 p 反映实形 2. V 面投影 p'、W 面投影 p'' 积聚成直线 3. $p'/\!/OX$，$p''/\!/OY_W$
正平面	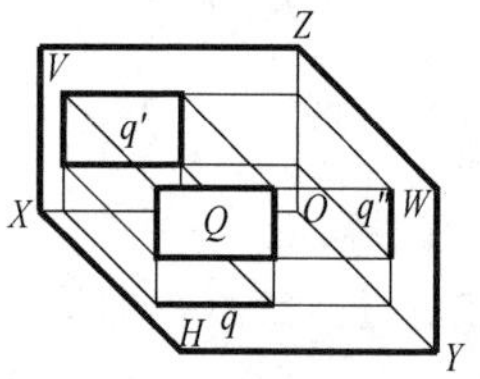	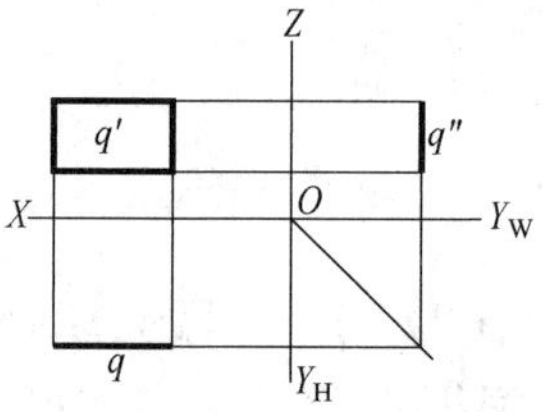	1. V 面投影 q' 反映实形 2. H 面投影 q、W 面投影 q'' 积聚成直线 3. $q/\!/OX$，$q''/\!/OZ$
侧平面	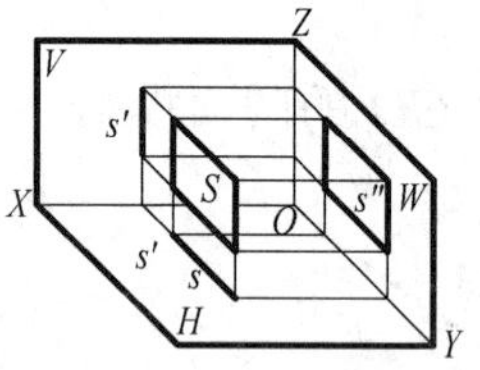	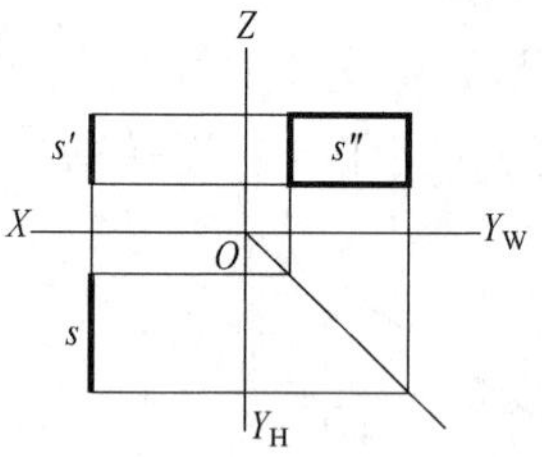	1. W 面投影 s'' 反映实形 2. H 面投影 s、V 面投影 s' 积聚成直线 3. $s/\!/OY_H$，$s'/\!/OZ$

从表 1 - 3 中可以归纳出投影面平行面的投影特性：

1）平面在它所平行的投影面上的投影反映实形。

2）另两个投影积聚成直线，并且平行于相应的投影轴。

（2）投影面垂直面。仅垂直于一个投影面（倾斜于其他两投影面）的平面称为投影面垂直面。仅与 H 面垂直的平面称为铅垂面；仅与 V 面垂直的平面称为正垂面；仅与 W 面垂直的平面称为侧垂面。它们的立体图、投影图和投影特性见表 1 - 4。

从表 1 - 4 中可以归纳出投影面垂直面的投影特性：

1）平面在它垂直的投影面上的投影积聚成直线，该直线与投影轴的夹角反映平面与其他两个投影面的真实倾角。

2）另两个投影为实形的类似形。

表 1-4　　投影面垂直面的投影特性

名称	立体图	投影图	投影特性
铅垂面	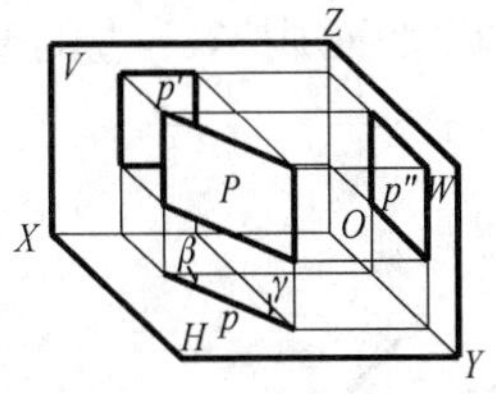	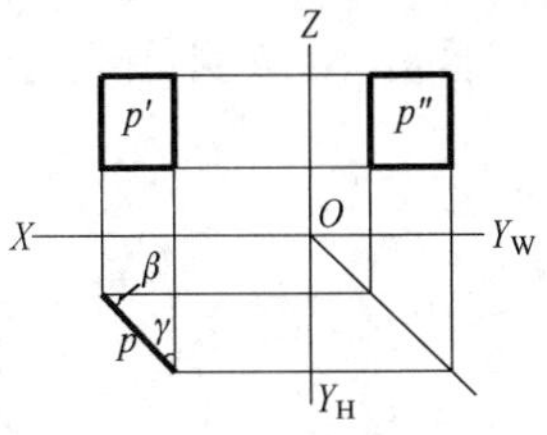	1. H 面投影 p 积聚为一斜线，且反映真实倾角 β、γ 2. V 面投影 p'、W 面投影 p'' 为类似形
正垂面	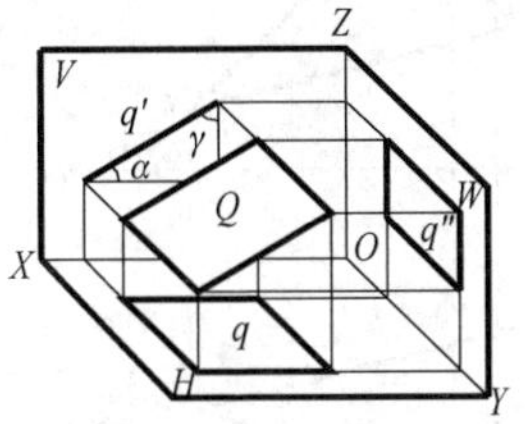	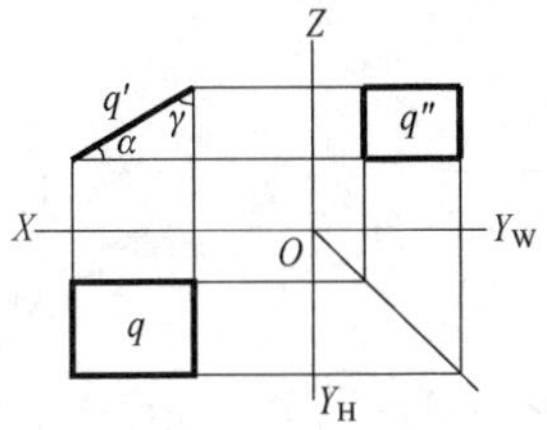	1. V 面投影 q' 积聚为一斜线，且反映真实倾角 α、γ 2. H 面投影 q、W 面投影 q'' 为类似形
侧垂面	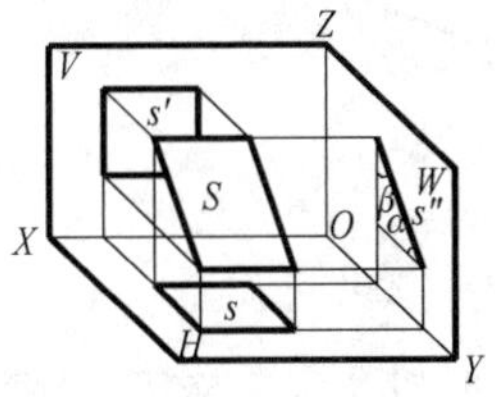	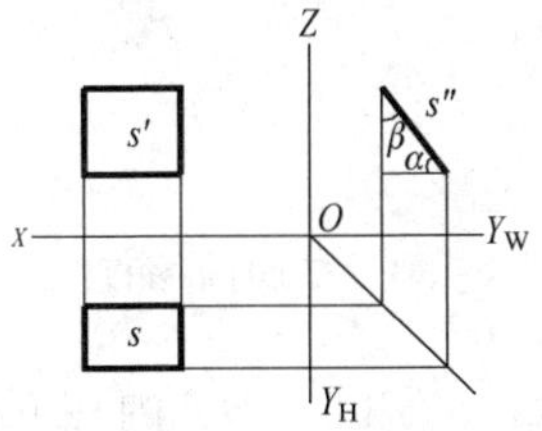	1. W 面投影 s'' 积聚为一斜线，且反映真实倾角 α、β 2. H 面投影 s、V 面投影 s' 为类似形

（3）一般位置平面。与三个投影面都倾斜的平面，称为一般位置平面，如图 1-29 所示。一般位置平面的投影特性是：其三个投影既没有积聚性，也不反映实形，均为空间平面图形的类似形。

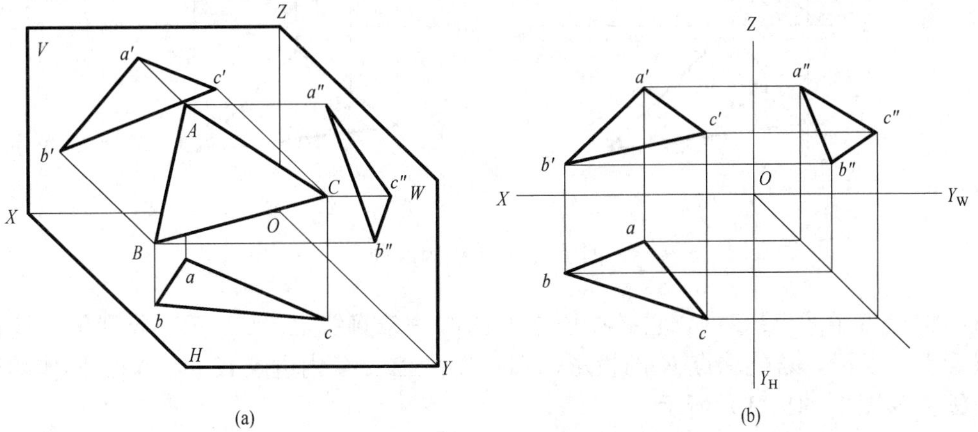

图 1-29　一般位置平面

2. 平面内的点和直线

（1）平面内取点和直线。点在平面内的几何条件是：如果点位于平面内的任一直线上，则此点在该平面内。这是平面内取点的作图依据。

直线在平面内的几何条件必须满足下列两条件之一：

1）通过平面内的两个已知点。如图 1-30（a）所示，M、N 分别为△ABC 平面两个边上的点，连接这两点，所得直线 MN 在△ABC 平面内。

2）通过平面内的一个已知点，且平行于该平面内一已知直线。如图 1-30（b）所示，点 K 是△ABC 平面内 AB 边上的点，通过 K 点且平行于△ABC 平面内 AC 边的直线 KM 必在△ABC 平面内。

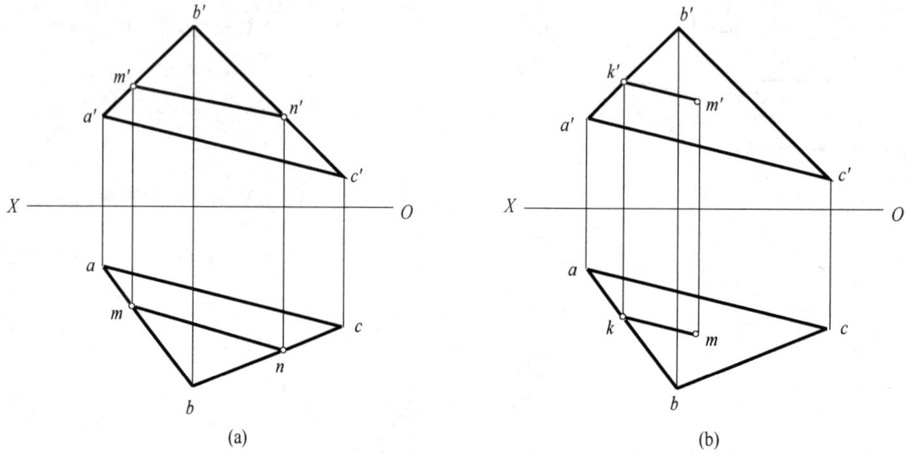

图 1-30　平面内的直线

【例 1-5】 如图 1-31（a）所示，已知△ABC 内点 K 的水平投影 k，求其正面投影 k'。

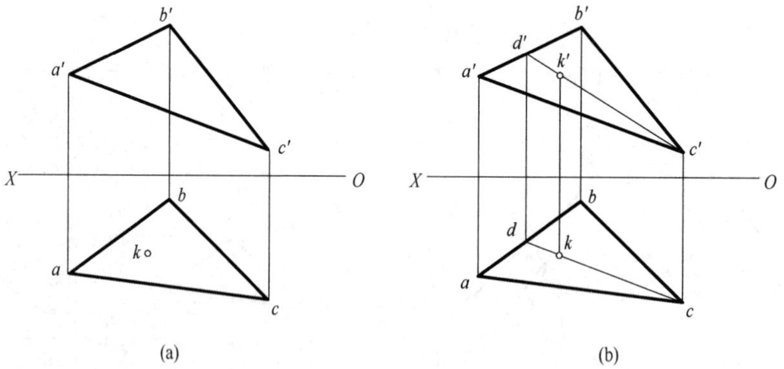

图 1-31　平面内取点

分析： 点 K 在△ABC 内，它必在该平面内的一条直线上。k'、k 应分别位于该直线的同面投影上。所以，若要求点 K 的投影，则必先在△ABC 内过点 K 的已知投影作辅助线。

作图： 如图 1-31（b）所示。

1）先在水平投影上过 k 任作一直线 cd，作为过 K 点的辅助线的水平投影。

2）求出辅助线 CD 的正面投影 $c'd'$。

3）过点 k 作投影连线与 $c'd'$ 相交即得 k'。

注意：作辅助线时，也可以过点 K 作与△ABC 内的一条已知直线平行的辅助线。请读者自行分析。

（2）平面内的投影面平行线。平面内的投影面平行线既应满足直线在平面内的几何条件，又应符合投影面平行线的投影特性。

【例 1-6】 已知△ABC，如图 1-32（a）所示，在△ABC 内作一条距 H 面为 20mm 的水平线 DE。

分析：水平线的 V 面投影平行 OX 轴，与 OX 轴的距离反映水平线到 H 面的距离。

作图：如图 1-32（b）所示。

1）在 V 面投影中，作一距 OX 轴为 20 的直线，与 $a'b'$、$b'c'$ 分别交于 d'、e'，$d'e'$ 即为所求水平线 DE 的正面投影。

2）由 d'、e' 作投影连线，与 ab、bc 交得 d、e，连接 de，即为所求水平线 DE 的水平投影。

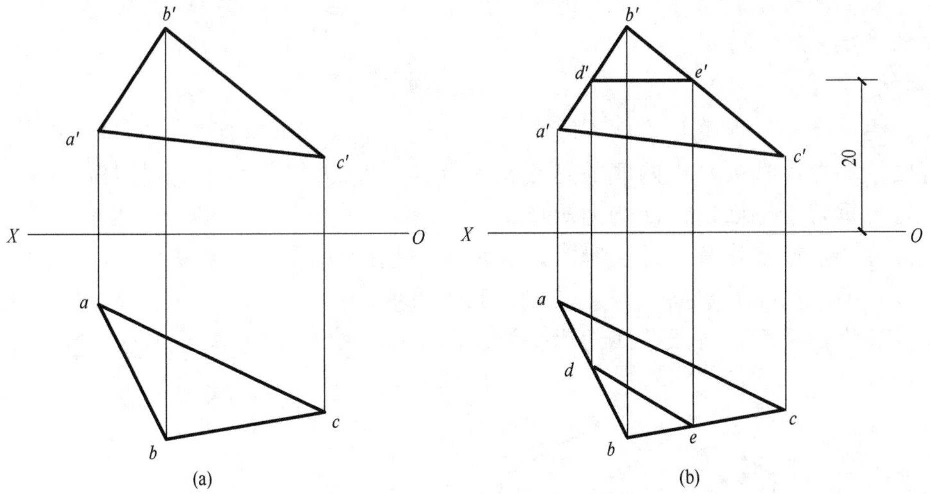

图 1-32　作△ABC 内的水平线

（3）平面内的最大斜度线。平面内垂直于该平面的某一投影面平行线的直线，是平面内对这个投影面的最大斜度线。垂直于平面内水平线的直线，称为对 H 面的最大斜度线；垂直于平面内正平线的直线，称为对 V 面的最大斜度线；垂直于平面内侧平线的直线，称为对 W 面的最大斜度线。

最大斜度线的几何意义是：平面对某一投影面的倾角就是平面内对该投影面的最大斜度线的倾角。在土建工程图中，应用最多的是对 H 面的最大斜度线，又称为坡度线。常应用坡度线表示斜面的坡度。

图 1-33 为作平面△ABC 内对 H 面的最大斜度线的过程：

1）先在平面内作任一条水平线，如 AD

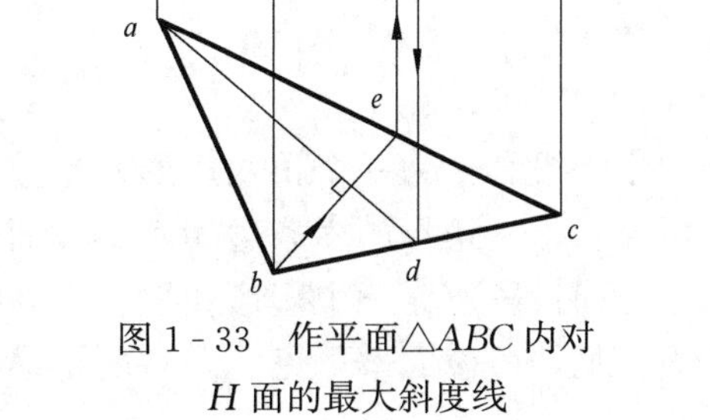

图 1-33　作平面△ABC 内对 H 面的最大斜度线

（$a'd'$、ad）。

2）在$\triangle ABC$内适当位置作一条该水平线的垂线，根据直角投影定理，作 $be \perp ad$，由 be 向上作出$b'e'$，be、$b'e'$即为对 H 面的最大斜度线 BE 的两面投影。

1.3 基本体的投影

1.3 基本体的投影

土建工程中的立体，常可分解为若干基本几何体（简称基本体）。基本体按其表面性质的不同，可分为平面立体和曲面立体两大类。由若干个平面围成的物体称为平面立体，如棱柱、棱锥、棱台等；由曲面或曲面和平面围成的物体称为曲面立体，如圆柱、圆锥、球等。

本节主要讲述各种基本体的投影特征和体表面取点的作图方法。

1.3.1 平面立体的投影及其表面取点

作平面立体的投影就是作围成它的各表面平面的投影。平面立体表面取点的方法就是平面内取点的方法。

1. 棱柱

棱柱分为直棱柱（侧棱与底面垂直）和斜棱柱（侧棱与底面倾斜）两种，本节只介绍直棱柱。直棱柱的形体特征是：两底面是互相平行且全等的多边形，是直棱柱的特征面，各棱线相互平行且垂直于底面，棱面均为矩形。

（1）棱柱的投影。作棱柱的投影时，通常将棱柱的底面和主要棱面平行于投影面放置。图 1-34（a）所示为铅垂放置的正六棱柱，其上下底面为水平面，前后两个棱面为正平面，其余四个棱面为铅垂面，各条棱线为铅垂线。图 1-34（b）为正六棱柱的三面投影图。

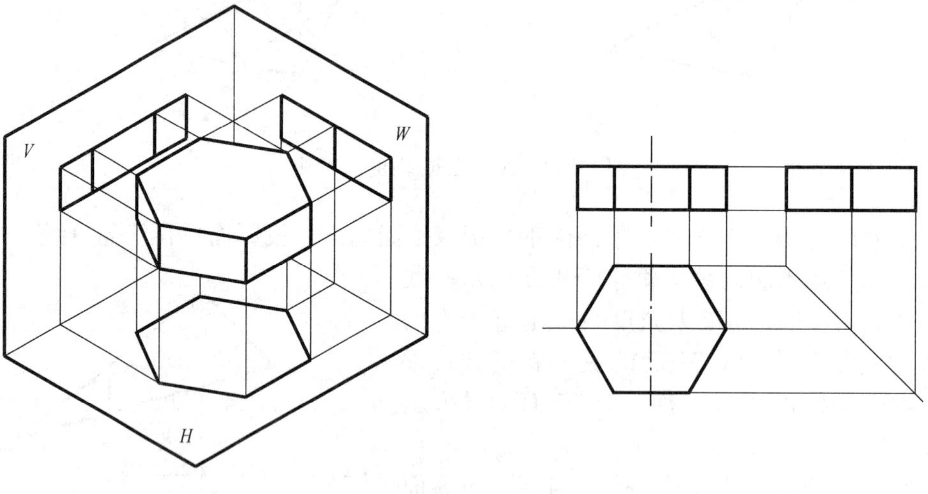

(a)　　(b)

图 1-34　正六棱柱的投影

水平投影：为一个正六边形，是上下底面的重合投影，反映实形，上底面可见，下底面不可见。正六边形的六条边为六个棱面的积聚投影。

正面投影：为三个矩形线框。中间线框是前、后两正平棱面的重合投影，反映实形，前棱面可见，后棱面不可见；左右两矩形线框为四个铅垂棱面的重合投影，是类似形。正面投影中上下边线是两个底面的积聚投影。

侧面投影：为两个矩形线框，是四个铅垂棱面的重合投影，是类似形，左侧的棱面可见，右侧的棱面不可见。侧面投影中上下边线和左右边线分别是两底面和两正平棱面的积聚投影。

画棱柱的投影图时，一般先画出反映棱柱底面实形的特征投影，然后再根据投影关系画出其他投影。在无轴投影图中，三面投影之间仍要符合三等规律，为了确保“宽相等”的关系，作图时仍可利用45°辅助线作图，体表面上任一几何元素（包括点、直线和平面）的 H 面投影和 W 面投影之间的投影连线的交点必在同一条45°直线上，如图1-34（b）所示。

图1-35所示为各直棱柱的三面投影图。

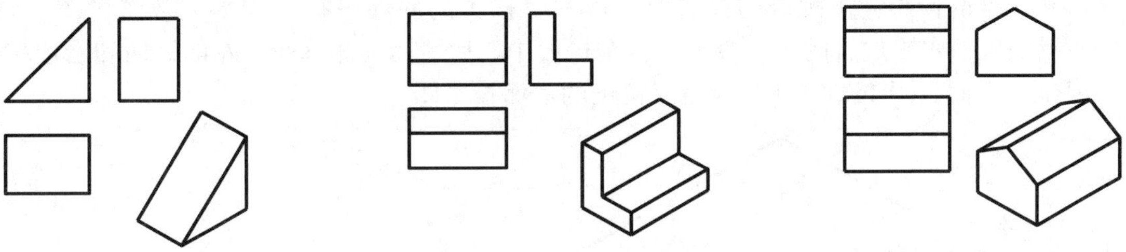

(a)　(b)　(c)

图1-35　直棱柱的三面投影图

（a）三棱柱；（b）“L”形棱柱；（c）五棱柱

由此可归纳出直棱柱的投影特征：一个投影是多边形线框（反映底面实形），另两个投影是矩形线框。

（2）棱柱表面取点。由于直棱柱的表面都处于特殊位置，其投影都有积聚性，所以棱柱表面取点可利用积聚投影直接作图。

【例1-7】 已知正六棱柱表面上点 A、B 的正面投影 a'、(b')，点 C 的水平投影 c，求各点的其余两面投影，如图1-36（a）所示。

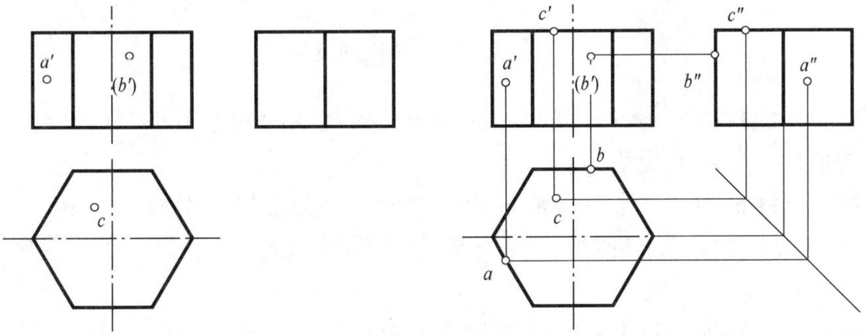

(a)　(b)

图1-36　六棱柱表面取点

分析： 首先判断点的位置。点 A 的正面投影 a' 可见，则点 A 在六棱柱左前方的铅垂棱面上；点 B 的正面投影 b' 不可见，则点 B 在六棱柱后面的正平棱面上；点 C 的水平投影 c 可见，则点 C 在六棱柱的顶面上。然后利用点所在的平面的积聚投影直接作图。注意判别点的投影的可见性，如果点所在的表面的投影可见，则点的投影可见，反之为不可见。

作图：如图 1-36（b）所示。

1）求点 A 的投影。A 点所在棱面的 H 面投影积聚成一斜线，a 在此斜线上。所以先由 a'向下作投影连线，与棱面的积聚投影交于 a，再根据投影规律，求出 a''，a''为可见。

2）同理，求点 B、C 的投影，并判别其投影的可见性。注意：在判别可见性时，若点所在平面的投影有积聚性，则不可见点的同面投影可省略括号。

2. 棱锥

棱锥的形体特征是：底面为多边形，棱面均为三角形，各条棱线汇交于一点即锥顶。

（1）棱锥的投影。作棱锥的投影时，通常将棱锥的底面平行于投影面放置。图 1-37（a）所示为底面水平放置的正三棱锥，三个棱面中，后棱面为侧垂面，左前棱面和右前棱面为一般位置平面。图 1-37（b）为正三棱锥的三面投影图。

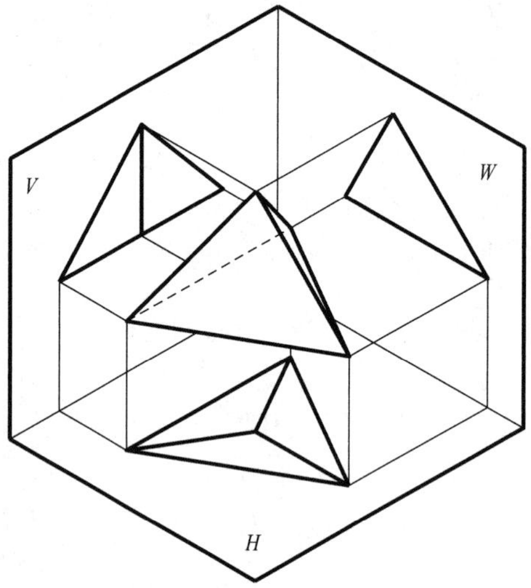

(a)

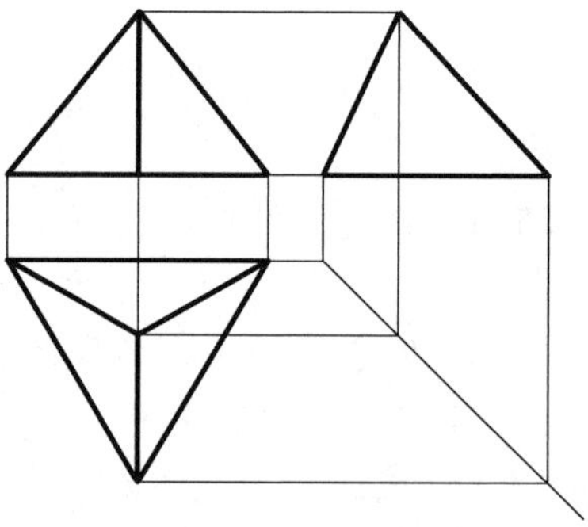
(b)

图 1-37　正三棱锥的投影

水平投影：外线框为三角形，反映底面实形。外线框内的三个小三角形是三个棱面的水平投影，为类似形，与底面投影重合。

正面投影：外线框为三角形，是后棱面的投影，为类似形。里面的两个小三角形是左前棱面和右前棱面的投影，为类似形，与后棱面的投影重合。底面的投影积聚成外线框的底边。

侧面投影：外线框为三角形，是左前棱面和右前棱面的重合投影，为类似形。后棱面和底面的投影积聚成三角形的边线。

画棱锥的投影一般先画锥顶和底面多边形的投影，连接锥顶和底面各顶点即得各棱线的投影。

图 1-38 所示为各直棱锥的三面投影图。图中虚线表示不可见棱线。

由此可归纳出棱锥的投影特征：一个投影是多边形外框（反映底面实形），另两个投影是三角形外框。

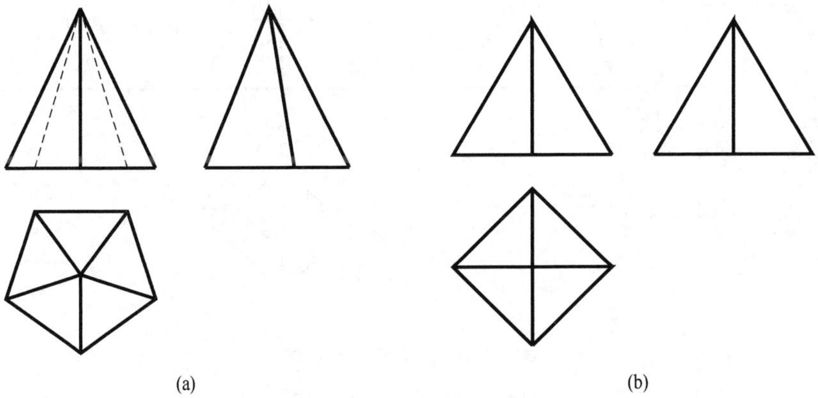

图1-38 棱锥的投影图

（a）五棱锥；（b）四棱锥

（2）棱锥表面取点。当棱锥表面的投影没有积聚性时，表面取点需作辅助线。

【例1-8】 已知三棱锥表面上点 M 的水平投影 m 和点 N 的正面投影 n'，求其他两面投影，如图1-39（a）所示。

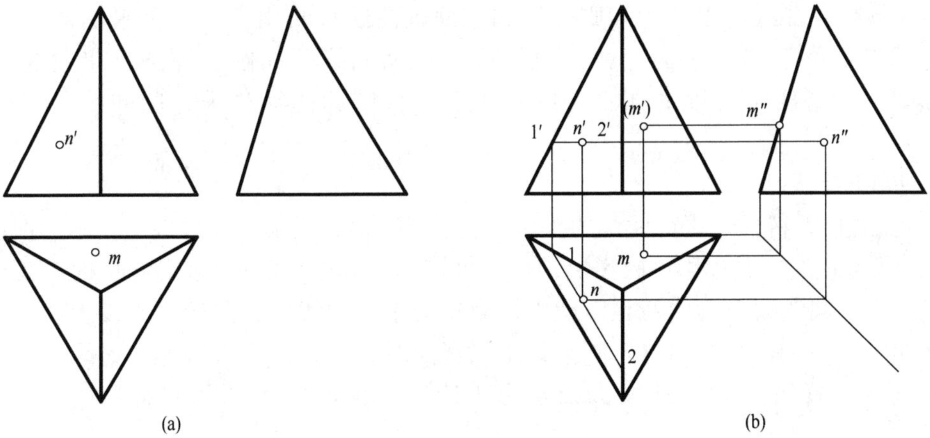

图1-39 三棱锥表面取点

分析： M 点水平投影 m 可见，可判断 M 点在三棱锥的后棱面上，该棱面为侧垂面，所以可利用积聚性直接求作。N 点的正面投影 n' 可见，可判断 N 点在左前棱面上，该棱面为一般位置平面，求 N 点的投影需作辅助线。

作图： 如图1-39（b）所示。

1）求点 M 的投影。由 m 利用45°线作出 m''，再由 m、m'' 作出 m'，m' 不可见，标记为（m'）。

2）求点 N 的投影。选择作图方便的辅助线，在左前棱面内过点 N 作一条平行于底边的水平线ⅠⅡ。于是先在 V 面投影中过 n' 作水平线 $1'2'$，作出其水平投影12，由 n' 向下作投影连线，与12交得 n，再根据投影规律作出 n''，n、n'' 均可见。

图1-40为棱台的投影图，棱台的投影特征和表面取点的方法读者可自行分析。

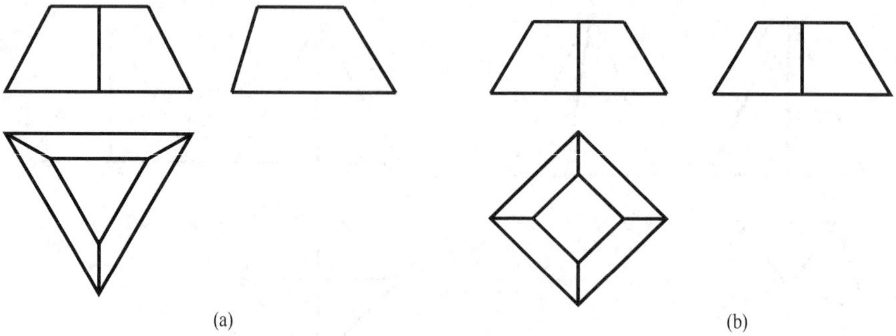

图 1-40　棱台的投影图

（a）三棱台；（b）四棱台

1.3.2　曲线和曲面的投影

工程结构物的表面常见一些曲线和曲面。本节主要介绍这些常用曲线、曲面的形成、投影特征和作图方法。

1. 曲线的投影

（1）曲线的形成和分类。曲线可以看作是不断改变方向的点的连续运动的轨迹。根据点的运动有无规律，曲线可以分为规则曲线和不规则曲线。曲线又可分为平面曲线和空间曲线。所有的点都位于同一平面上的曲线，称为平面曲线，如圆、椭圆、双曲线和抛物线等。若曲线上任意四个连续的点不在同一平面上，则此曲线称为空间曲线，如圆柱螺旋线等。

（2）曲线的投影。

1）曲线的投影特性。平面曲线的投影一般情况下仍为类似平面曲线；当平面曲线所在的平面平行于投影面时，其投影反映实形；当平面曲线所在的平面垂直于投影面时，其投影积聚成一直线。例如圆曲线，圆曲线是工程中最常见的平面曲线，当圆倾斜于投影面时，其投影为椭圆，如图 1-41（a）所示；当圆平行于投影面时，其投影反映实形，如图 1-41（b）所示；当圆垂直于投影面时，其投影积聚为直线段，长度等于圆的直径，如图 1-41（c）所示。

空间曲线的投影是平面曲线，如图 1-41（d）所示。

2）曲线投影的画法。曲线上的点的投影，一定在曲线的同面投影上。所以作出曲线上一系列点的同面投影，并连成光滑曲线，即得该曲线的投影。为了较准确地画出曲线的投影，通常先作出曲线上特殊点（如对称轴上的点、极限位置点等）的投影，以便控制曲线的形状，然后在各特殊点间再选取适当数量的一般点，光滑连线即可，如图 1-41（a）、（d）所示。

2. 曲面的投影

（1）曲面的形成和分类。曲面按形成是否有规律而分为规则曲面和不规则曲面两大类。不规则曲面（如地形面）的投影将在第 6 章讲述，本节主要讨论规则曲面。

规则曲面可看作是直线或曲线运动的轨迹，这条运动的线称为母线，母线的任一位置称为素线，控制母线运动的线或面，分别称为导线或导面。

根据母线形状的不同，曲面可分为直纹面和曲线面。由直母线运动所形成的曲面称为直

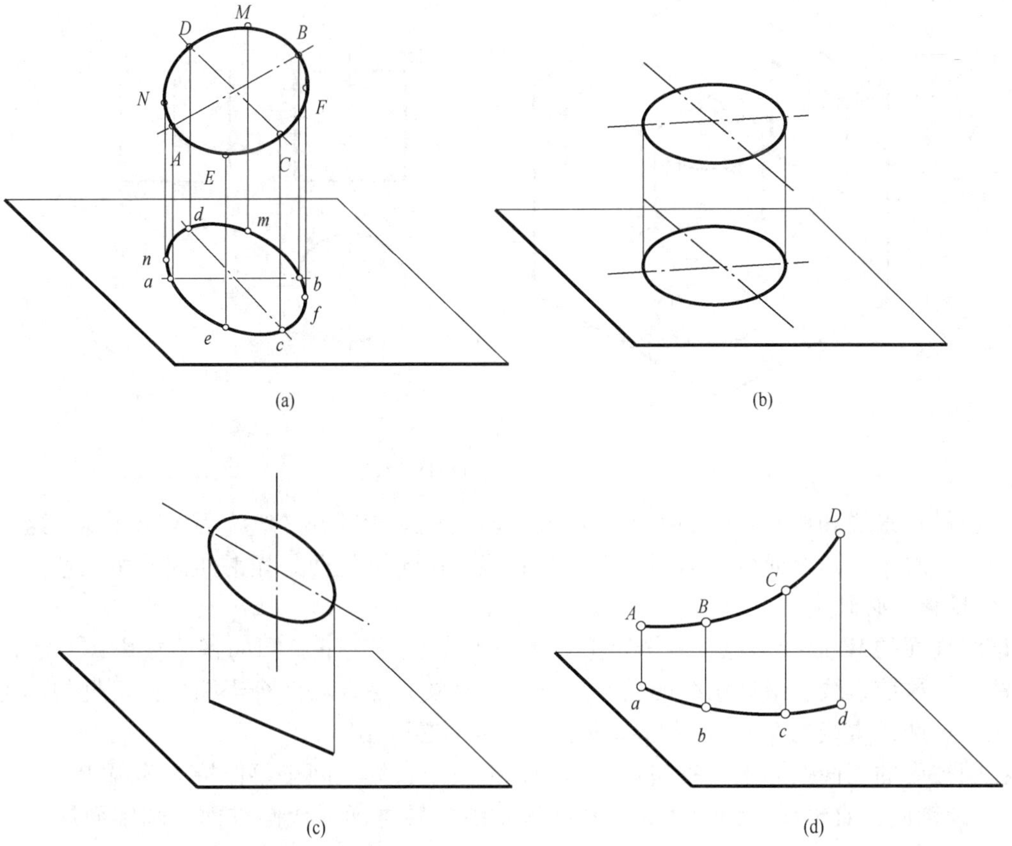

图 1 - 41　曲线的投影

（a）倾斜于投影面的圆；（b）平行于投影面的圆；（c）垂直于投影面的圆；（d）空间曲线

纹面；只能由曲母线运动所形成的曲面称为曲线面。

根据母线运动时有无回转轴，曲面可分为回转面和非回转面。凡可由母线绕轴线旋转而形成的曲面，称为回转面，如圆柱面、圆锥面、球面等；不能由母线旋转而形成的曲面，称为非回转面。

本节主要讲述回转面及其投影。

（2）回转面。回转面的特点是母线上任一点的运动轨迹为垂直于轴线的圆周（称为纬圆）。

1）圆柱面。直母线绕与其平行的轴线旋转，形成圆柱面。圆柱面属于直纹回转面。

图 1 - 42（a）是轴线铅垂位置的圆柱面的三面投影形成的立体图，图 1 - 42（b）是这个圆柱面的三面投影图。

作回转面的投影时，一般先作出轴线的投影。由于轴线为铅垂线，所以其 V、W 面投影为用细点画线画出的铅垂线段，H 面投影就是两条中心线的交点。

该圆柱面的 H 面投影是一个圆：该圆反映上下底圆的实形，也是整个圆柱面的积聚投影，其上所有素线的 H 投影都积聚为圆周上一点。

该圆柱面的 V 面投影是一个矩形：上下两条边是上下底圆的积聚投影；左右两条边是

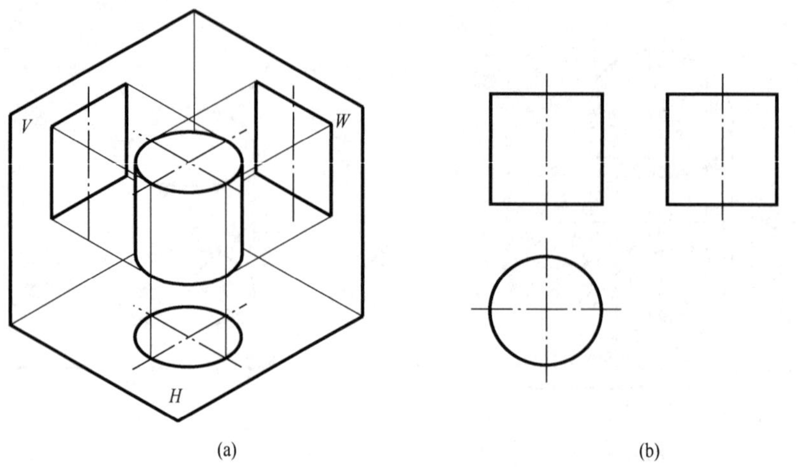

图1-42　圆柱面

圆柱面上最左素线和最右素线的投影，形成回转面投影轮廓的素线称为轮廓素线，这两条素线是前、后两个半圆柱面可见与不可见的分界线。由于圆柱面是光滑曲面，所以这两条素线的 W 面投影不必画出。

该圆柱面的 W 面投影也是一个矩形：上下两条边是上下底圆的积聚投影；左右两条边是圆柱面上最前素线和最后素线的投影，这两条素线是左、右两个半圆柱面可见与不可见的分界线。这两条素线的 V 面投影与轴线重合，也不必画出。

在圆柱面的三面投影图中省略了投影轴，但三个投影之间仍要保持三等规律。

2）圆锥面。直母线与轴线相交，并绕该轴线旋转，即形成圆锥面。圆锥面属于直纹回转面。

图1-43（a）是轴线铅垂位置的圆锥面的三面投影形成的立体图，图1-43（b）是这个圆锥面的三面投影图。

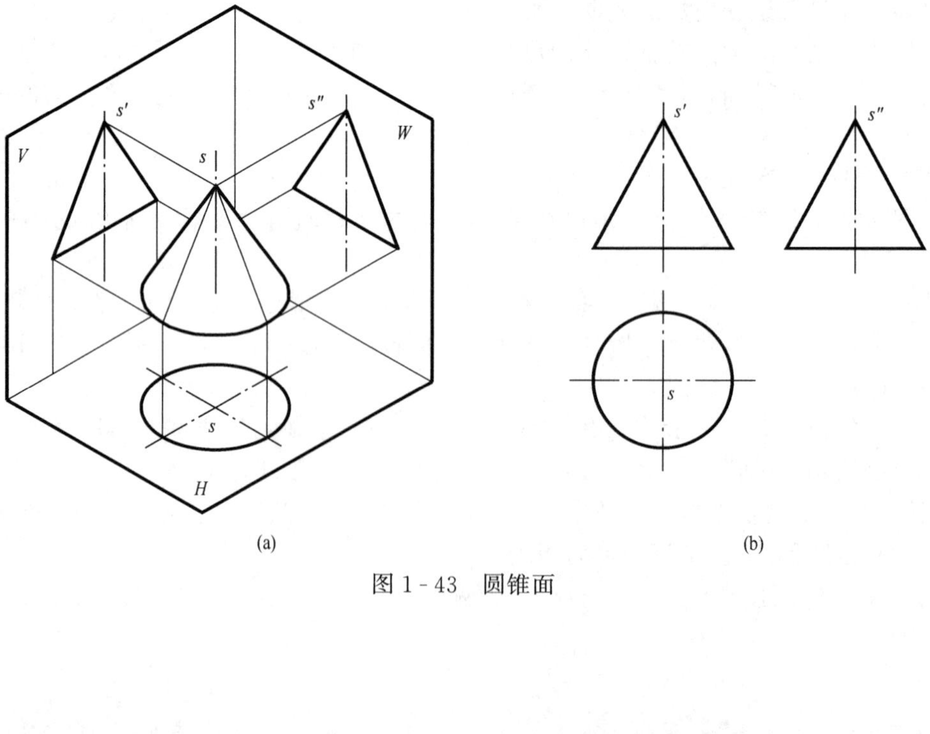

图1-43　圆锥面

该圆锥面的 H 面投影是一个圆周：该圆周反映底圆的实形，圆周以内为圆锥面的投影，锥顶 s 与圆周上任一点连线即为素线的投影。

该圆锥面的 V 面投影是一个等腰三角形：底边是底圆的积聚投影；两腰是圆锥面上最左素线和最右素线的投影，这两条素线是前、后两个半圆锥面可见与不可见的分界线。

该圆锥面的 W 面投影也是一个等腰三角形：底边是底圆的积聚投影；两腰是圆锥面上最前素线和最后素线的投影，这两条素线是左、右两个半圆锥面可见与不可见的分界线。

同圆柱面一样，除轮廓素线外，其他素线的投影均不画出。

3）球面。母线为圆周，以其任一直径为轴旋转而成的曲面称为球面。球面属于非直纹回转面。

图 1-44（a）是球面的三面投影的形成，图 1-44（b）是这个球面的三面投影图。

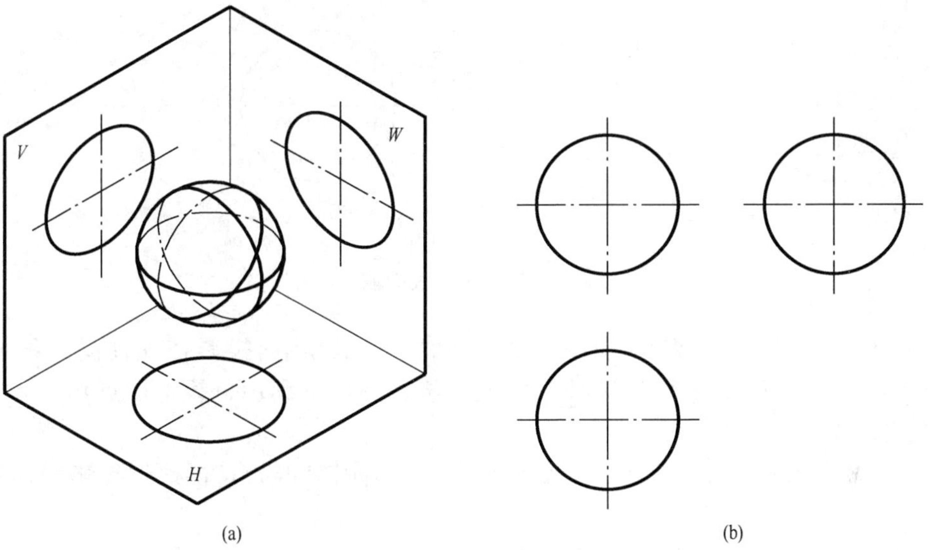

图 1-44　球面

球面的三面投影是大小相同的三个圆周，其直径就是球面的直径。它们分别是球面在三个投影面上的投影轮廓线，也是前后、上下、左右各半球面可见与不可见的分界线。V 面投影是平行于 V 面的最大的圆（位于前后对称面上）的投影，H 面投影是平行于 H 面的最大的圆（位于上下对称面上）的投影，W 面投影是平行于 W 面的最大的圆（位于左右对称面上）的投影。三个投影均需用细点画线画出圆的中心线。

1.3.3　曲面立体的投影及其表面取点

本节主要讲述工程中常用的回转体。回转体是由回转面或回转面和平面围成的立体，常见的有圆柱、圆锥、球等。

1. 圆柱

（1）圆柱的投影。圆柱由圆柱面和顶面、底面所围成，它的投影图就由圆柱面、顶面和底面的投影所组成。作圆柱的投影时，常将圆柱的轴线垂直于投影面放置，图 1-45（a）所示是轴线铅垂位置圆柱的投影图。圆柱三面投影图的投影特征：一个投影是圆，另两个投影是大小相同的矩形线框。

（2）圆柱表面取点。由于圆柱各表面的投影都有积聚性，其面上的点可以利用积聚投影作出，不必作辅助线。

【例1-9】 已知圆柱体表面上点 M 的正面投影 m' 和点 N 的侧面投影（n''），求其他两面投影，如图1-45（a）所示。

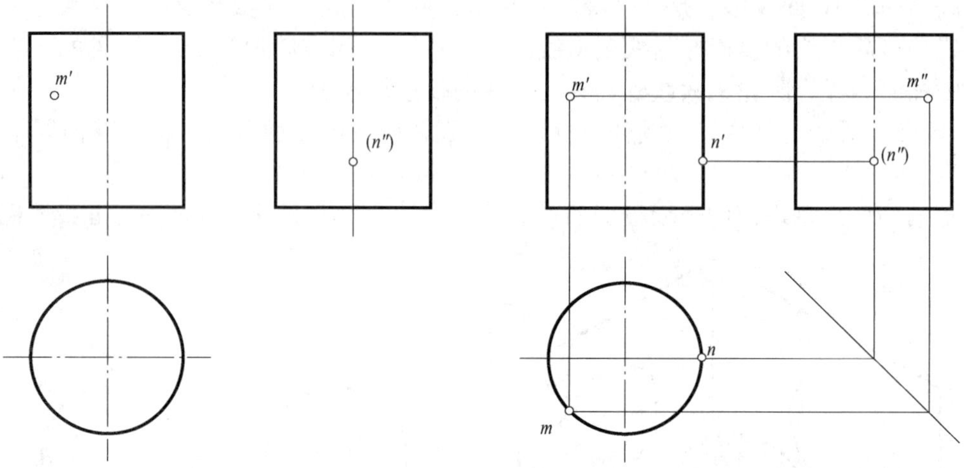

图1-45 圆柱表面取点

分析：由 m' 可判断点 M 在左前方1/4圆柱面上，其 H 面投影在圆柱面的积聚投影圆周上；由（n''）可判断点 N 位于圆柱面的最右素线上，可利用直线上取点作图。

作图：如图1-45（b）所示。

1）作点 M 的投影。由 m' 向下作投影连线，与圆周交得 m，再根据投影规律作出 m''，m'' 为可见。

2）作点 N 的投影。点 N 位于最右素线上，可直接作出 n、n'。

2. 圆锥

（1）圆锥的投影。圆锥由圆锥面和底面所围成，它的投影图就是由圆锥面和底面的投影所组成。作圆锥的投影时，常将圆锥的轴线垂直于投影面放置，图1-46（a）所示是轴线铅垂位置圆锥的投影图。圆锥三面投影图的投影特征：一个投影是圆，另两个投影是大小相同的三角形线框。

（2）圆锥表面取点。由于圆锥面的三面投影都没有积聚性，所以圆锥面上取点需要作辅助线，常应用素线法和纬圆法。

【例1-10】 已知圆锥表面上点 M 的正面投影 m'，求另两个投影，如图1-46（a）所示。

分析：由 m' 可判断点 M 位于右前1/4圆锥面上，可应用圆锥面上的素线或纬圆作辅助线求解。

作图：

方法一：素线法。圆锥面上任一点和锥顶相连即为一条素线。连接 $s'm'$ 延长后交底圆于 $1'$，点 M 位于素线 S Ⅰ 上，作出 $s1$、$s''1''$，然后由 m' 求出 m、m''，m'' 不可见，标记为（m''），如图1-46（b）所示。

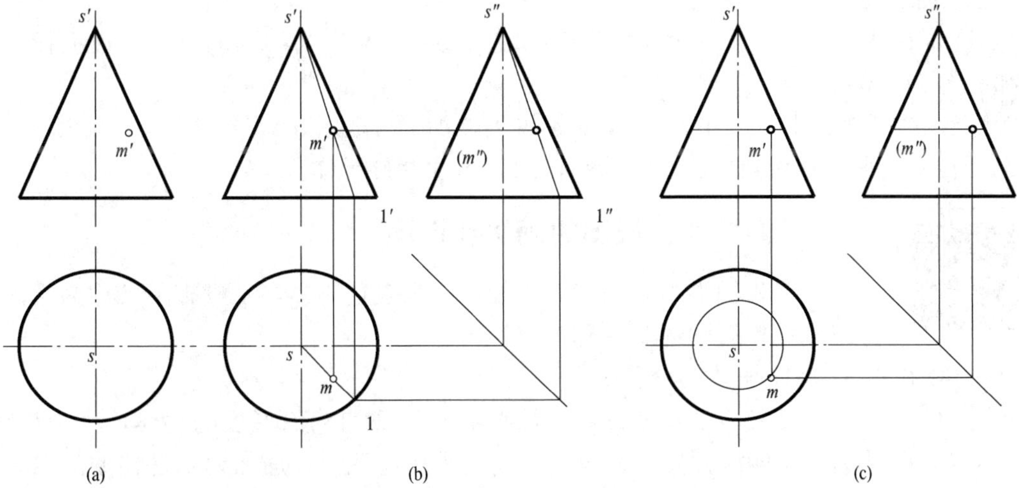

图 1 - 46　圆锥表面取点

方法二：纬圆法。圆锥面上任一点都在和轴线垂直的纬圆上。本例中纬圆都是水平圆，纬圆的水平投影是圆锥底圆的同心圆，正面投影和侧面投影积聚成水平线。在正面投影中过 m' 在圆锥面的轮廓线之间作一段水平线，长度即为纬圆的直径。然后作出该纬圆的 H 面投影，m 在此圆周上，再由 m 求出 m''，如图 1 - 46（c）所示。

3. 球

（1）球的投影。球是球面围成的回转体，它的投影图就是球面的投影图，三个投影均无积聚性。球三面投影图的投影特征：三个投影是大小相同的圆，如图 1 - 47（a）所示。

（2）球表面取点。球面取点用纬圆法。通过球心的直线都可看作球的轴线，为了作图方便，通常选用投影面垂直线作为轴线，使纬圆都能平行于投影面。

【例 1 - 11】 已知球面上点 A 的正面投影 a'，求另两个投影，如图 1 - 47（a）所示。

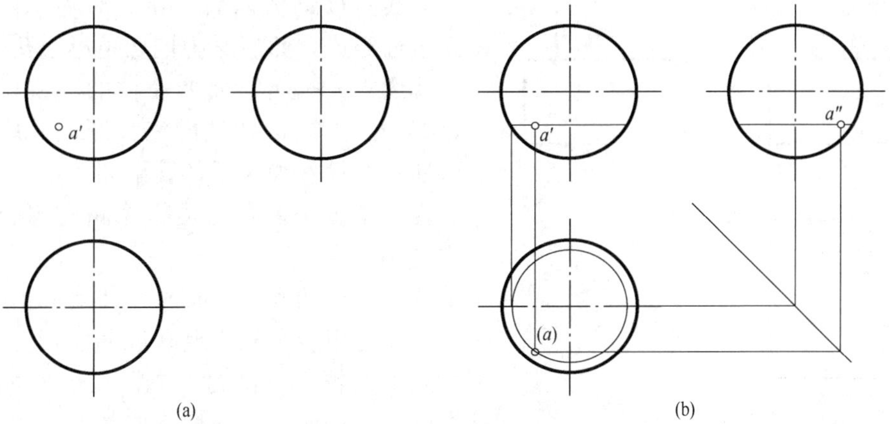

图 1 - 47　球表面取点

分析： 由 a' 可判断点 A 在左、前、下 1/4 球面上。本例选用铅垂轴线作图，则纬圆都是水平圆。

作图：如图1-47（b）所示。

1）过a'在球的正面投影轮廓线之间作一段水平线，长度为纬圆的直径。根据投影规律作出纬圆的H、W投影。

2）点在纬圆上，由a'求出a、a''，a不可见，加括号表示。

也可利用正平位置和侧平位置的纬圆作图，请读者自行分析。

1.4 简单体三视图的画法和识读

1.4 简单体三视图的画法和识读

工程图中多采用三面正投影图来表达物体，正投影图又称为视图，所以三面投影图通常又称为三视图。

1.4.1 形体分析法

由较少的基本体经过简单的叠加或切割而形成的立体，称为简单体。图1-48所示物体为两个四棱柱叠加，再居中挖切矩形通孔。叠加和切割是构型的两种基本方式。

这种将物体看作由基本体通过叠加或切割所形成的分析方法，称为形体分析法。形体分析法是观察物体、认识物体的一种思维方法，是为了理解物体的形状而采用的一种分析手段。形体分析法是今后画图、读图和尺寸标注的基本方法。

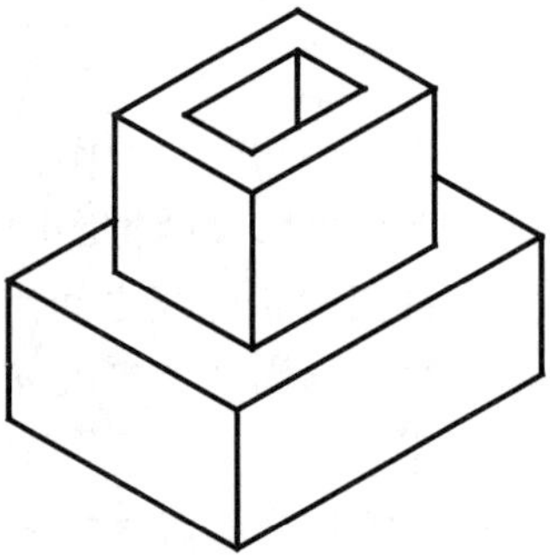

图1-48 简单体的构型

1.4.2 简单体三视图的画法

画图时，首先运用形体分析法分析该物体的构型，如果是叠加而成，先看基本体的个数，再看各基本体的形状及相对位置；如果是切割而成，先看原体形状，再看其上挖切的孔或槽。然后根据三等规律和基本体的投影特征逐个画出各基本体的视图，进而完成简单体的三视图。

【例1-12】 画出图1-48所示物体的三视图。

分析：该物体前后、左右对称，由上、下两个四棱柱组成，然后居中挖切矩形通孔。

作图：先画出下面四棱柱的三视图，准确定位，再画出上面四棱柱的三视图，最后居中挖切矩形通孔，检查加深后，结果如图1-49所示。

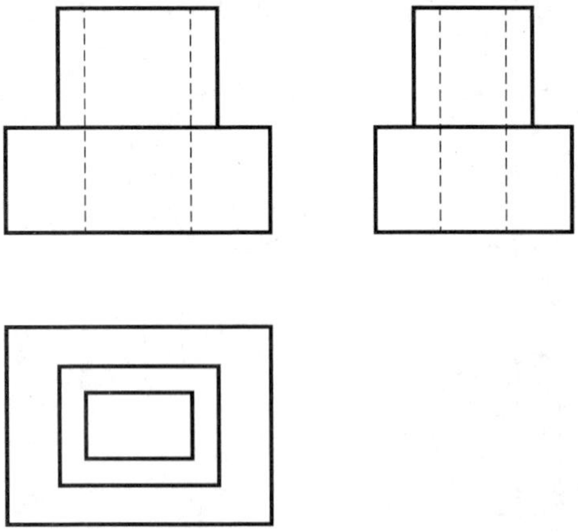

图1-49 简单体的三视图

在简单体中，有一类物体叫作组合柱，在工程中应用较多。如图1-50所示，组合柱也具有两个全等且平行的底面，有与柱体类同的投影特征：一个视图为组合线框（反映底面实形），另两个视图为矩形线框。画图时，先画反映底面实形的特征视图，再按照投影规律完成其他视图。

1.4.3 简单体三视图的识读

读图是根据物体的视图想象其空间形状的思维过程。读图是画图的逆过程。读图时，首先从特征视图入手，运用形体分析法分析该物体的空间构型，根据三等规律和基本体的投影特征确定各部分的形状，分析各部分之间的相对位置，从而想象出整体形状。

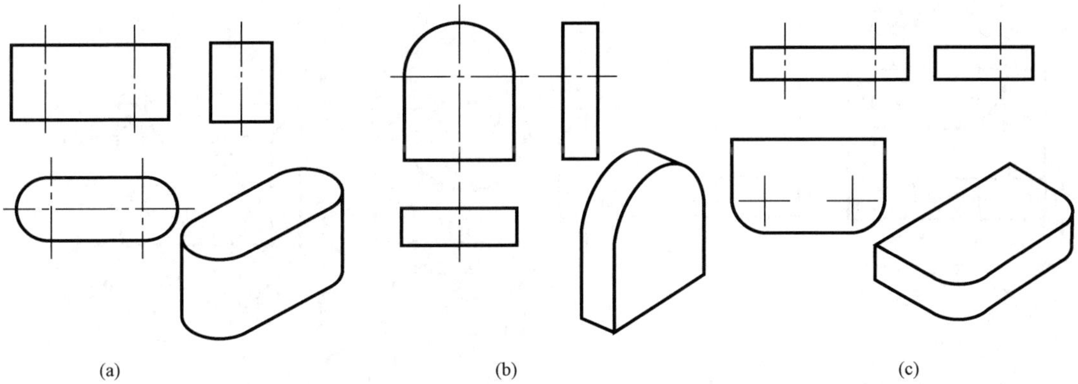

图 1 - 50　组合柱

【例 1 - 13】 识读图 1 - 51（a）所示三视图，想象物体的空间形状。

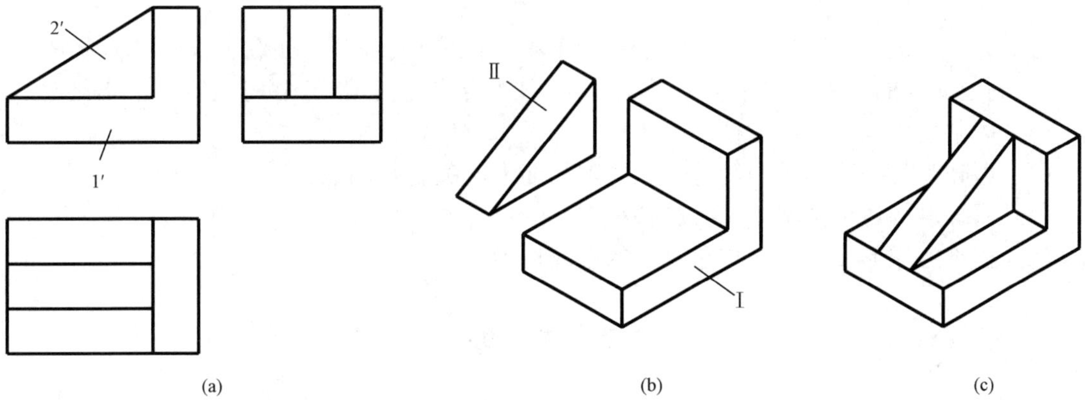

图 1 - 51　简单体三视图识读示例（一）

分析：

1）三视图中正面投影特征明显，由一个“L”形线框和一个三角形线框组成，结合其他视图，可确定该物体由Ⅰ、Ⅱ两部分叠加而成。

2）根据三等规律对照其他视图可知，Ⅰ、Ⅱ两部分的另两个投影都是矩形线框，由基本体的投影特征可确定，Ⅰ部分是正垂的“L”形棱柱，Ⅱ部分是正垂的三棱柱，如图 1 - 51（b）所示。

3）确定各部分间的相对位置，整体想象。三棱柱位于“L”形棱柱之上，前后居中，整体形状如图 1 - 51（c）所示。

【例 1 - 14】 识读图 1 - 52（a）所示三视图，想象物体的空间形状。

分析：

1）三视图中侧面投影切割特征较明显，能够反映原体形状及切割次数。侧面投影由一个“L”形大线框 1″和两个矩形小线框 2″、3″组成，可确定该物体的Ⅰ部分为原体，Ⅱ、Ⅲ部分为切割处。

2）根据三等规律对照其他视图，可确定Ⅰ部分为侧垂的“L”形棱柱，Ⅱ部分为半圆

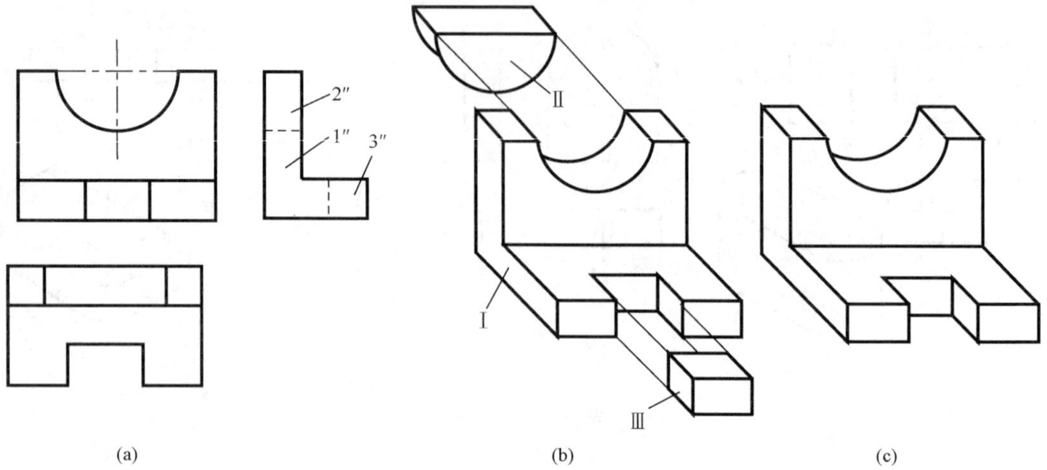

图1-52　简单体三视图识读示例（二）

柱，Ⅲ部分为四棱柱，即在“L”形棱柱上切割掉Ⅱ、Ⅲ两部分，如图1-52（b）所示。

3）确定切割的位置，想象整体形状。在“L”形棱柱上部居中切割掉一个半圆柱，底部正前方居中切割掉一个四棱柱，整体形状如图1-52（c）所示。

由上可知，具备快速读画简单体三视图的能力，关键是两点：

（1）熟练掌握各种基本体的投影特征；

（2）正确运用形体分析法想象物体的空间构型。

思　考　题

1.1　什么是投影法？投影法的分类有哪几种？

1.2　正投影有哪些基本特性？

1.3　试述三面投影图的形成、展开及投影规律。

1.4　试述点的三面投影图的投影特性。

1.5　试述各种位置直线和平面的投影特性。

1.6　直线上的点有哪些投影特性？

1.7　两直线垂直有什么样的投影特性？

1.8　如何在平面内取点和直线？

1.9　平面内的最大斜度线是什么样的直线？

1.10　试述平面曲线的投影特性及画法。

1.11　试述圆柱面、圆锥面和球面的形成及画法。

1.12　平面立体的投影特征是什么？在平面立体表面上怎样取点？

1.13　回转体的投影特征是什么？在回转体表面上怎样取点？

1.14　简述读画简单体三视图的基本方法。

第 2 章　轴　测　图

轴测图是应用轴测投影的方法画出来的富有立体感的图样，在工程上常作为辅助图样帮助空间想象、构思分析和辅助读图。尽快掌握轴测图的画法并充分应用它，是学习工程制图的有效途径。本章主要介绍工程中常用的正等测、斜二测和轴测草图的画法。

2.1　轴测图概述

2.1　轴测图概述

用多面正投影图表达空间物体具有画图简单、投影形状真实、度量方便等优点，因此多面正投影图在工程实际中被广泛应用。但多面正投影图的投射方向总与物体的某一主要方向一致，使得每一个投影只能反映物体上两个方向的尺寸，如图 2 - 1（a）所示，所以多面正投影图缺乏立体感，不够直观，读懂它需要具有专业的读图知识。图 2 - 1（b）是该物体的轴测图，轴测图能在单面投影中同时反映物体的长、宽、高，富于立体感，容易看懂，因而在工程中亦有较多应用，如辅助读图、外观设计等。但轴测图度量性差，不能完全反映物体的真实形状和大小，所以工程中常用作辅助图样。

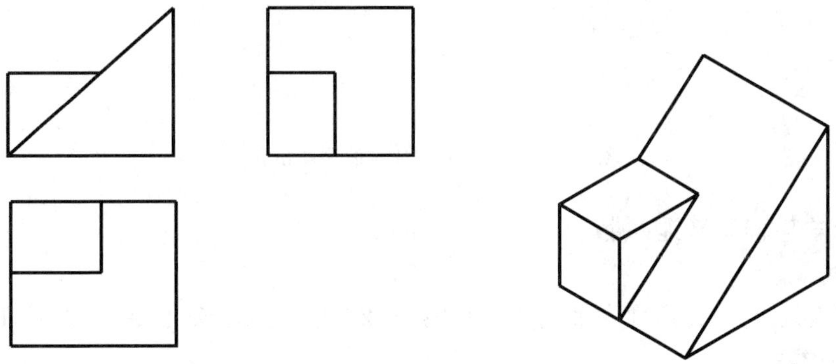

(a)　　(b)

图 2 - 1　物体的多面正投影图与轴测图

2.1.1　轴测图的形成与分类

如图 2 - 2 所示，将物体连同其参考直角坐标系，沿不平行于任一坐标面的方向，用平行投影法将其投射在单一投影面上所得到的图形，称为轴测投影或轴测图。其中，P 平面称为轴测投影面，OX、OY、OZ 分别为直角坐标轴 O_1X_1、O_1Y_1、O_1Z_1 的轴测投影，称为轴测轴。

随着投射方向、空间物体和轴测投影面三者相对位置的变化，可得到无数种轴测图。根据投射方向与轴测投影面的相互关系，轴测图分为以下两类：

（1）正轴测图。投射方向垂直于轴测投影面所得到的轴测图称为正轴测图。如图 2-2（a）所示，使确定物体位置的三个坐标轴 O_1X_1、O_1Y_1、O_1Z_1 都与投影面 P 倾斜，然后用正投影法将物体连同坐标系一起投射到 P 投影面上，即得到此物体的正轴测图。

（2）斜轴测图。投射方向倾斜于轴测投影面所得到的轴测图称为斜轴测图。为了作图方便，通常使物体上两个主要方向的坐标轴平行于轴测投影面。如图 2-2（b）所示，使反映物体长和高的一面（即坐标面 $X_1O_1Z_1$）平行于投影面 P，然后用斜投影法将物体连同坐标系一起投射到 P 投影面上，即得到此物体的斜轴测图。根据需要，在斜轴测投影中也可以使反映物体长和宽的一面（即坐标面 $X_1O_1Y_1$）或宽和高的一面（即坐标面 $Y_1O_1Z_1$）平行于投影面 P。

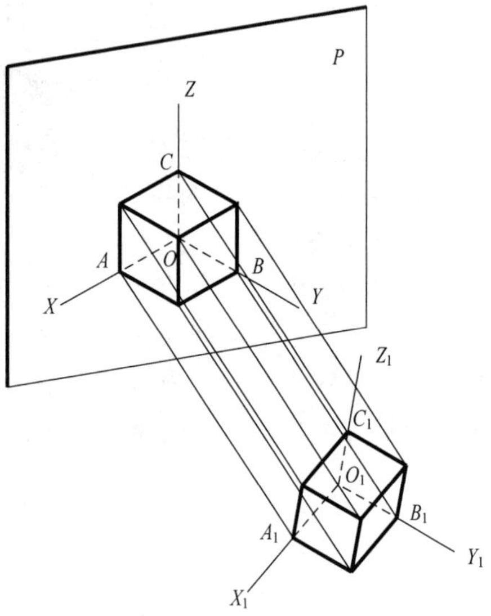

(a)

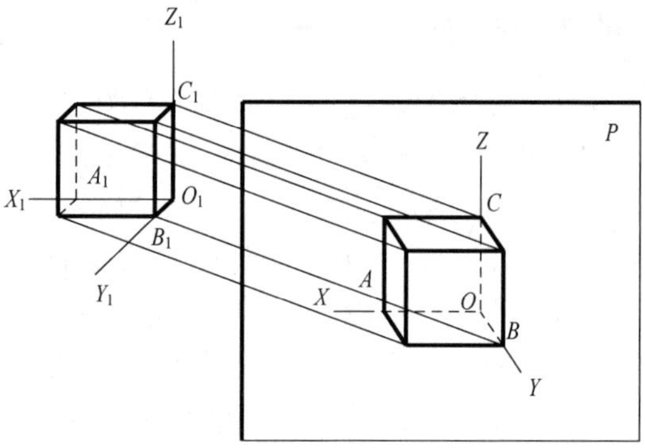

(b)

图 2-2　正轴测图与斜轴测图的形成

2.1.2　轴间角与轴向伸缩系数

1. 轴间角

两根轴测轴之间的夹角称为轴间角，见图 2-2 中的$\angle XOY$、$\angle XOZ$、$\angle YOZ$。

2. 轴向伸缩系数

轴测轴上的线段长度与坐标轴上对应线段长度的比值，称为轴向伸缩系数。OX、OY、OZ 轴的轴向伸缩系数分别用 p_1、q_1、r_1 表示，如图 2-2 所示。即

$$p_1=\frac{OA}{O_1A_1};\ q_1=\frac{OB}{O_1B_1};\ r_1=\frac{OC}{O_1C_1}$$

按三个轴向伸缩系数是否相等，轴测图可分为以下三种：三个轴向伸缩系数都相等，称为“等测”；其中两个轴向伸缩系数相等，称为“二测”；三个轴向伸缩系数都不相等，称为“三测”。由此，正轴测图分为正等轴测图（正等测）、正二轴测图（正二测）和正三轴测图（正三测）。同样，斜轴测图也分为斜等轴测图（斜等测）、斜二轴测图（斜二测）和斜三轴测图（斜三测）。本章主要介绍常用的正等测和斜二测的画法。

轴间角和轴向伸缩系数是绘制轴测图的两个重要参数，种类不同的轴测图其轴间角和轴

向伸缩系数各不相同。

2.1.3　轴测投影的性质

轴测投影属于平行投影，它具有平行投影的性质，即类似性、实形性、积聚性、平行性等。其中平行性是轴测投影最主要的特性，也是画轴测图的主要依据，具体表现为：

(1) 空间相平行的直线，其轴测投影仍相互平行。

(2) 物体上与坐标轴平行的线段，其轴测投影仍平行于相应的轴测轴，且具有和轴相同的轴向伸缩系数。这就是“轴测”二字的由来，即沿轴方向的尺寸可以测量。

由此，由多面正投影图画轴测图时，物体上与轴向平行的线段，在多面正投影图中量取实际尺寸后，乘以相应的轴向伸缩系数即得其轴测投影长度；而与轴向不平行的线段，其投影长度不能在轴测图中直接作出，需定出其两端点后再连出该线段。

2.2　正等轴测图

2.2　正等轴测图

2.2.1　正等测的形成

当投射方向垂直于轴测投影面时，使物体上的三个坐标轴与轴测投影面的倾角相等所得到的投影，称为正等轴测图，简称正等测。其三个轴间角和三个轴向伸缩系数均相等。如图 2-3 所示，轴间角均为 120°，作图时通常使 OZ 轴画成铅垂方向，OX、OY 轴与水平方向成 30°。由空间解析几何可得出轴向伸缩系数 $p_1=q_1=r_1\approx 0.82$，为了作图方便，通常采用简化的轴向伸缩系数 $p=q=r=1$，画图时，凡平行于各坐标轴的线段，可按其实际长度直接量取，虽然作图结果放大了约 1.22 倍，但形状没有改变。

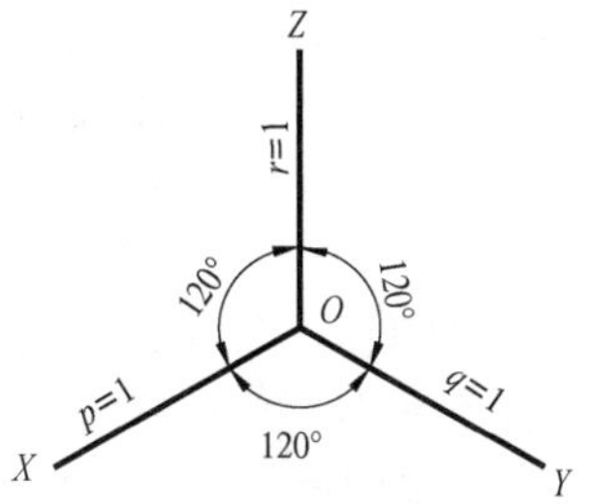

图 2-3　正等测的轴间角和轴向伸缩系数

2.2.2　平面体正等测的画法

画轴测图常用的作图方法有坐标法、特征面法、叠加法和切割法等。其中坐标法是最基本的方法，其他方法都是根据物体的形体特点对坐标法的灵活运用。作复杂物体的轴测图时，还可将几种作图方法综合起来运用。

根据物体的正投影图画轴测图的基本步骤为：

(1) 识读多面正投影图，通过形体分析看懂物体，确定物体的形状尺寸和空间方位，并确定原点和参考直角坐标系的位置。

(2) 确定轴测图种类，作出轴测轴，根据物体的形体特点，选取适当的方法完成轴测图。轴测图上只画可见部分的轮廓线，不可见部分的虚线一般不画。因此，作图时经常先从物体上的某一可见表面开始，在完成每一个表面时，先画和轴平行的线段，再画和轴倾斜的线段。

(3) 检查加深。确定作图结果后，擦去作图线，加深物体上所有可见轮廓线。

下面举例说明各种作图方法的运用。

1. 坐标法

作图时，首先对物体引入参考直角坐标系并确定原点，这样就确定了物体上各点在坐标系中的坐标；然后画出相应的轴测轴，根据物体上各特征点的坐标，沿轴测轴方向进行度量，画出各点的轴测投影；最后依次连接各点，得到该物体的轴测图。这种方法称为坐标法。

【例2-1】 图2-4（a）所示为三棱锥的两面投影，作其正等测。

分析： 设定三棱锥的坐标系 $O_1X_1Y_1Z_1$，从而可确定三棱锥上各点 S、A、B、C 的坐标值。为方便作图，使 $X_1O_1Y_1$ 坐标面与锥底面重合，O_1X_1 轴通过 B 点，O_1Y_1 轴通过 C 点，如图2-4（a）所示。

作图： 如图2-4（b）所示，画出正等测的轴测轴，按照坐标值沿轴向量取尺寸，由此确定各点的位置。连接点 S、A、B、C，并描深可见的棱线和底边，结果如图2-4（c）所示。

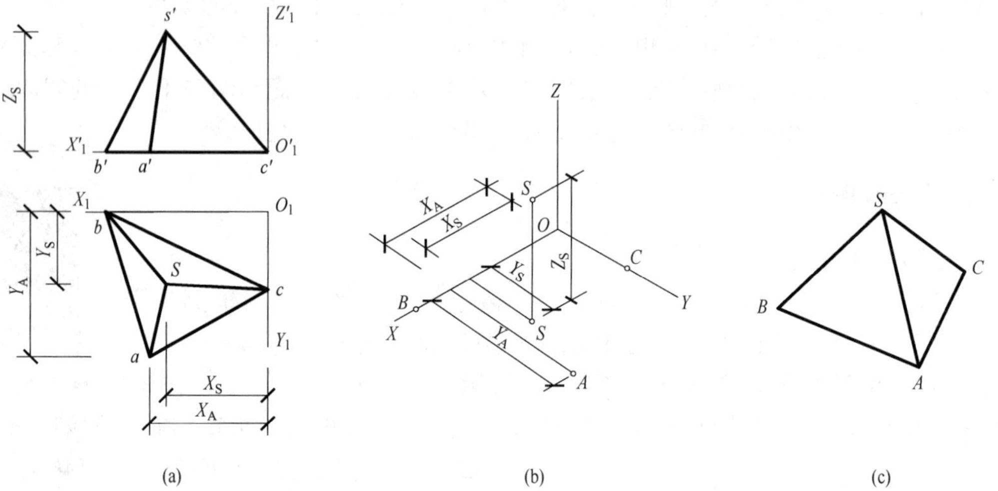

图2-4 坐标法绘制三棱锥的正等测

2. 特征面法

特征面法适用于绘制柱类物体的轴测图。通常是先画出反映柱体特征的一个可见端面，再画出可见的棱线和另一端面的可见边线，完成物体的轴测图。这种方法称为特征面法。

【例2-2】 图2-5（a）所示为铅垂正六棱柱的两面投影，作其正等测。

分析： 该正六棱柱前后、左右对称，为了便于作图，选取顶面中心点为坐标原点，以顶面六边形的中心线为 O_1X_1 轴和 O_1Y_1 轴，如图2-5（a）所示。从可见的顶面开始作图。

作图： 画出正等测的轴测轴，作正六棱柱的顶面，顶点1、3在 OX 轴上，点2、4在 OY 轴上，直接量取可得，分别过点2、4作 OX 轴的平行线，量取顶面上前后两个边的长度，可得5、6、7、8四个顶点，依次连线画出顶面的正等测，如图2-5（b）所示；过顶面各顶点沿 OZ 轴方向画出相平行的可见棱线，在棱线上截取棱柱的高度，得底面各点，如图2-5（c）所示；擦去作图线，描深可见图线，结果如图2-5（d）所示。

3. 叠加法

画由几部分叠加而成的物体时，应该从主到次逐个画出各部分的轴测图，这种完成物体轴测图的方法称为叠加法。作图时确定各部分之间的相对位置是关键。

【例2-3】 图2-6（a）所示为挡土墙的两面投影，完成其正等测。

分析： 该挡土墙可看成由一个正垂“⊥”形棱柱和前后对称的两个三棱柱叠加而成。先画主体“⊥”形棱柱，再逐一将两个三棱柱画出，完成作图。

作图： 画出正等测的轴测轴，用特征面法画“⊥”形棱柱，如图2-6（b）所示；根据尺寸 Y_1 准确定位，以 A 为起画点，用特征面法画前方三棱柱，如图2-6（c）所示；根据

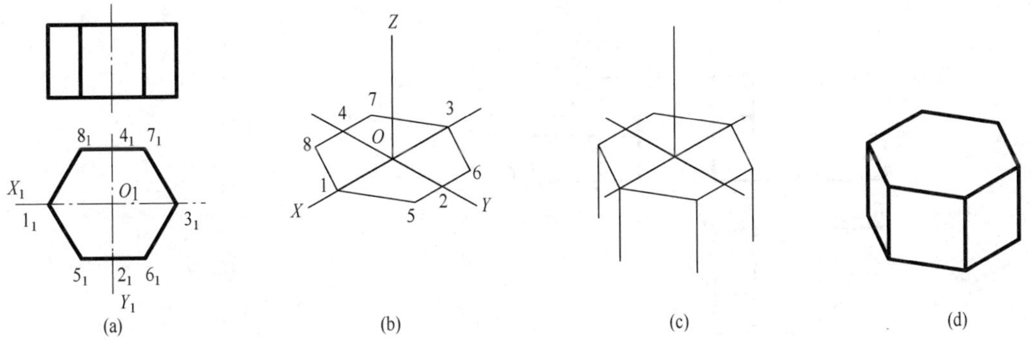

图 2-5　特征面法作正六棱柱的正等测

尺寸 Y_2 准确定位，以 B 为起画点，用特征面法画后方三棱柱，如图 2-6（d）所示；擦去被遮挡的图线，检查加深完成作图，如图 2-6（e）所示。

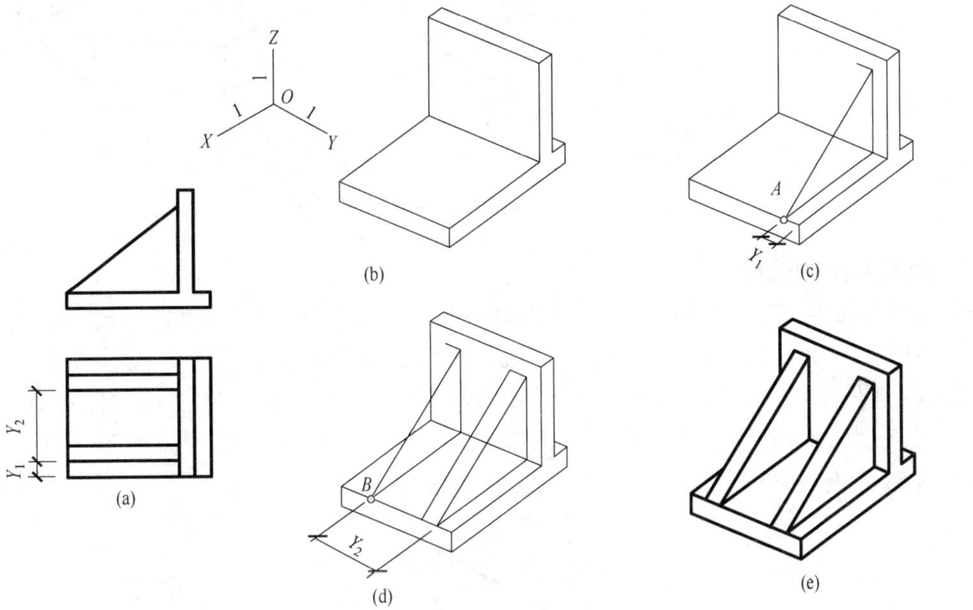

图 2-6　叠加法作挡土墙的正等测

4. 切割法

对于由基本体切割而成的物体，可先画出原体的轴测图，然后分步进行切割，这种完成物体轴测图的方法称为切割法。切割时一定要注意切割位置的确定。

【例 2-4】 图 2-7（a）所示为物体的三面投影，作其正等测。

分析： 该物体可以看成是“L”形棱柱被切割两次，右前上方切掉一个四棱柱，左前方切掉一个三棱柱。画轴测图时，可先画出完整的“L”形棱柱，再逐次进行切割。

作图： 画出正等测的轴测轴，用特征面法作出“L”形棱柱，如图 2-7（b）所示；由投影图量取准确位置，切掉右前上方的小四棱柱，如图 2-7（c）所示；量取准确位置，切去左前方三棱柱，如图 2-7（d）所示；最后擦去作图线，描深可见的图线，结果如图 2-7（e）

所示。

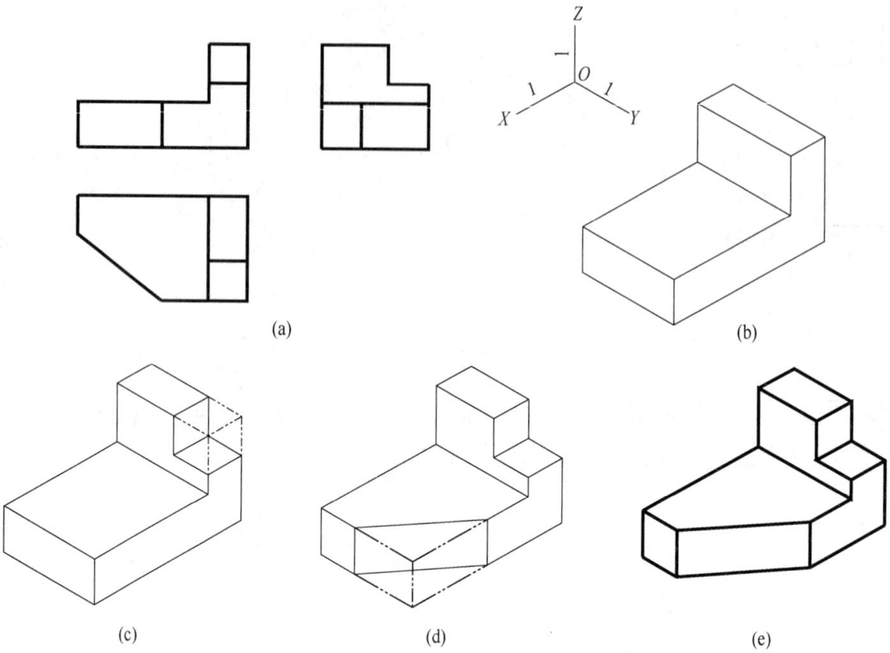

图 2 - 7　切割法作物体的正等测

5. 观看方向的选择

对同一种轴测图，为了把物体表达得更清楚，可根据物体的形状特征选择适当的观看方向，如俯视、仰视、从左看、从右看。图 2 - 8 所示为物体从不同方向观看得到的正等测的不同效果，其中图 2 - 8（a）为从左侧观看的俯视图，图 2 - 8（b）为从右侧观看的俯视图，图 2 - 8（c）为从左侧观看的仰视图，图 2 - 8（d）为从右侧观看的仰视图。对于本例，图 2 - 8（c）最能表现物体各部分的形状，效果最好。

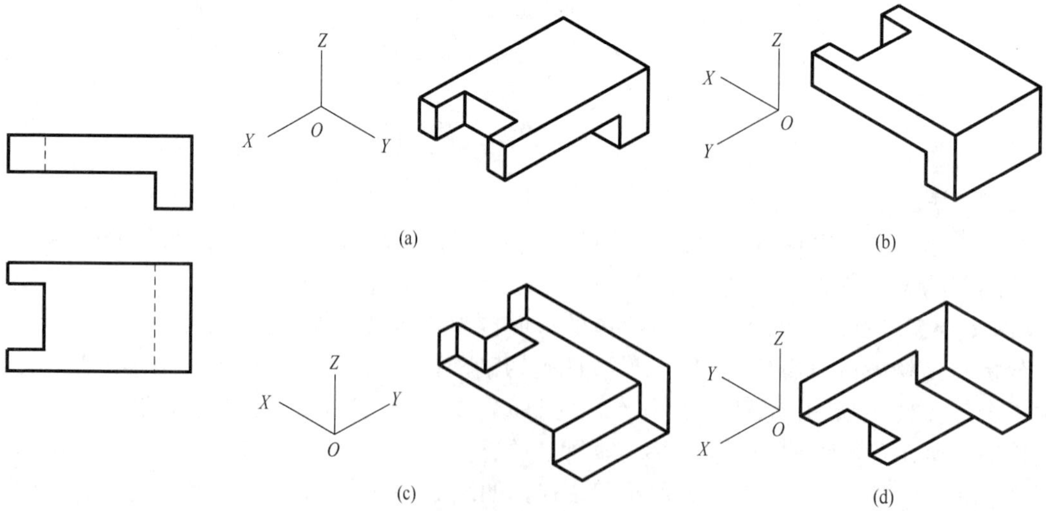

图 2 - 8　选择观看方向

2.2.3 曲面体正等测的画法

曲面体正等测的画法与平面体相同。曲面体正等测作图的关键是掌握物体上平行于坐标面的圆和圆弧的画法。

1. 平行于坐标面的圆的正等测画法

当圆所在的平面平行于轴测投影面时，其投影仍为圆；当圆所在的平面倾斜于轴测投影面时，其投影为椭圆。一般情况下，圆柱、圆锥和圆台等的端面圆都平行于某个坐标面，在正等轴测投影中，各坐标面都倾斜于轴测投影面，且倾角相同，所以平行于不同坐标面的圆，其正等测都是椭圆，如图 2 - 9 所示。可以看出：

（1）圆的中心线的正等测平行于相应坐标面上的两个轴测轴。如水平圆平行于 $X_1O_1Y_1$ 坐标面，其中心线的正等测平行于 OX、OY 两个轴测轴；正平圆平行于 $X_1O_1Z_1$ 坐标面，其中心线的正等测平行于 OX、OZ 轴；侧平圆平行于 $Y_1O_1Z_1$ 坐标面，其中心线的正等测平行于 OY、OZ 轴。

（2）椭圆的长轴方向垂直于相应坐标面之外的轴测轴。如水平圆的正等测，其长轴垂直于 OZ 轴；正平圆的正等测，其长轴垂直于 OY 轴；侧平圆的正等测，其长轴垂直于 OX 轴。

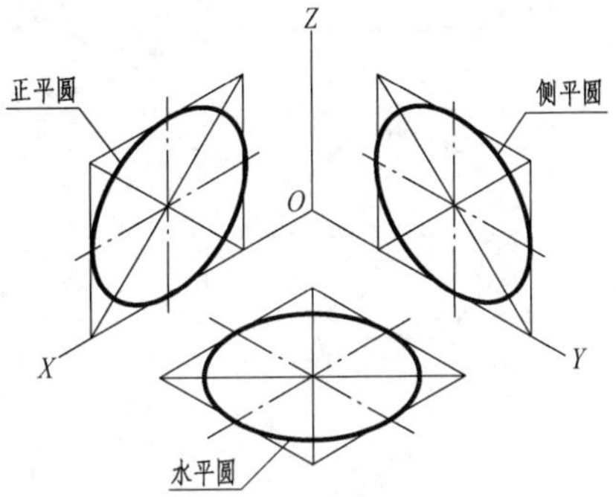

图 2 - 9 平行于坐标面的圆的正等测

平行于坐标面的圆的正等测，常用菱形四心法绘制，即用四段圆弧光滑连接，近似画出椭圆，这种方法仅适用于正等测。下面以作水平圆的正等测为例，具体画法如图 2 - 10 所示，其步骤为：

（1）定原点和坐标轴，作圆的外切正方形，得四个切点 a、b、c、d，如图 2 - 10（a）所示。

（2）作轴测轴和四个切点 A、B、C、D，过四点分别作 OX、OY 轴的平行线，得圆的外切正方形的正等测菱形，如图 2 - 10（b）所示。

（3）分别过四个切点 A、B、C、D 作各自所在边的垂线，得四个交点 1、2、3、4，即为四段圆弧的圆心，其中 3、4 为菱形短对角线的端点，如图 2 - 10（c）所示。

（4）分别以 1、2 为圆心，$1B$ 为半径作圆弧 $\overset{\frown}{AB}$ 和 $\overset{\frown}{CD}$，再分别以 3、4 为圆心，$4B$ 为半径作圆弧 $\overset{\frown}{AD}$ 和 $\overset{\frown}{BC}$，四段圆弧光滑连成椭圆，如图 2 - 10（d）所示。

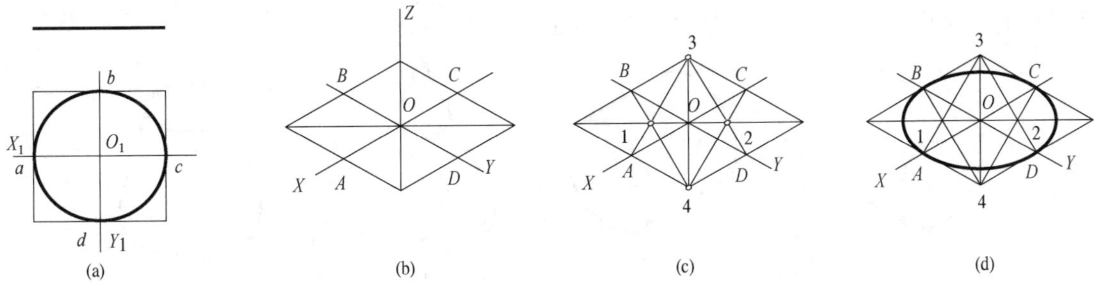

图 2 - 10 菱形四心法作水平圆的正等测

正平圆和侧平圆的正等测请读者自行分析。

2. 曲面体正等测画法

主要介绍圆柱以及带有圆柱曲面的物体的正等测画法。下面举例说明其画法。

【例 2-5】 图 2-11（a）所示为铅垂圆柱的两面投影，作其正等测图。

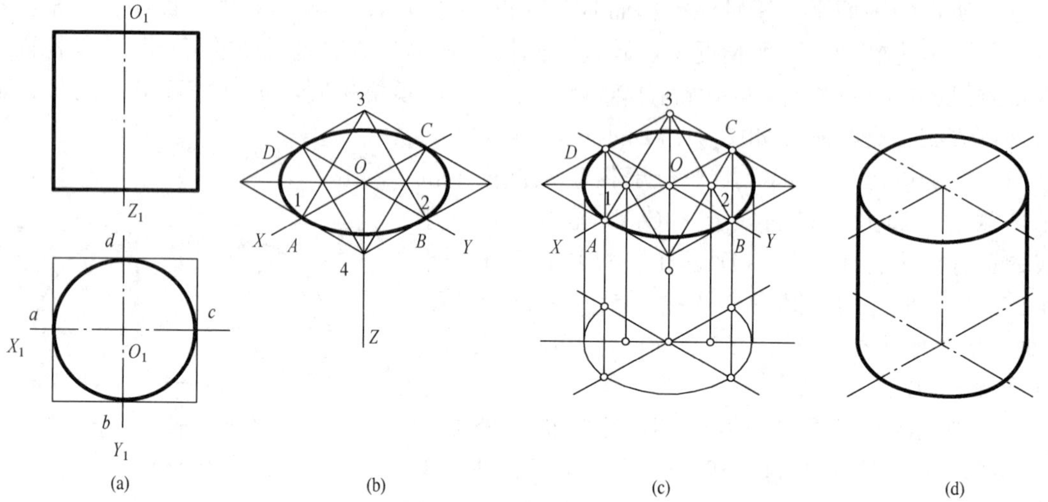

图 2-11　作铅垂圆柱的正等测

分析：该圆柱轴线为铅垂线，顶面圆和底面圆分别位于 $X_1O_1Y_1$ 坐标面及其平行面上，其正等测为形状、大小相同的两个椭圆，以菱形四心法作图，然后作两椭圆的公切线即可。

作图：以顶面圆心为坐标原点，设定坐标轴，并作顶面圆的外切正方形，切点为 a、b、c、d，如图 2-11（a）所示；按照图 2-10 的步骤用菱形四心法作出顶面圆的正等测，如图 2-11（b）所示；为了减少作图，底面圆的正等测只需作三段可见的圆弧，为此，用移心法将顶圆圆心 O、圆弧圆心 1、2、3 和四个切点 A、B、C、D 均沿 OZ 轴下移圆柱的高度，然后用相应的半径画出底圆圆弧，得底圆的正等测，如图 2-11（c）所示；作两椭圆的公切线，擦去作图线，描深可见轮廓线，完成作图，结果如图 2-11（d）所示。

正垂圆柱和侧垂圆柱的正等测画法与铅垂圆柱相同。画圆锥的正等测时，先画底面圆的正等测，再定锥顶，最后由锥顶向底面圆作公切线。圆台的正等测与圆柱基本相同，分别画出两端面圆的正等测，再作它们的公切线，如图 2-12 所示。

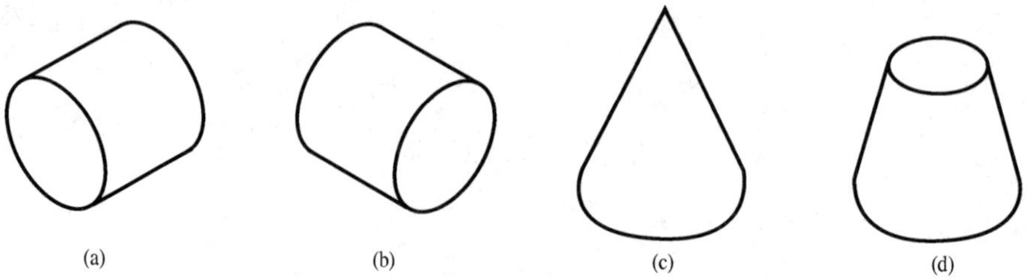

图 2-12　曲面体的正等测实例

（a）侧垂圆柱；（b）正垂圆柱；（c）圆锥；（d）圆台

【例 2-6】 图 2-13（a）所示为曲面体的两面投影，作其正等测。

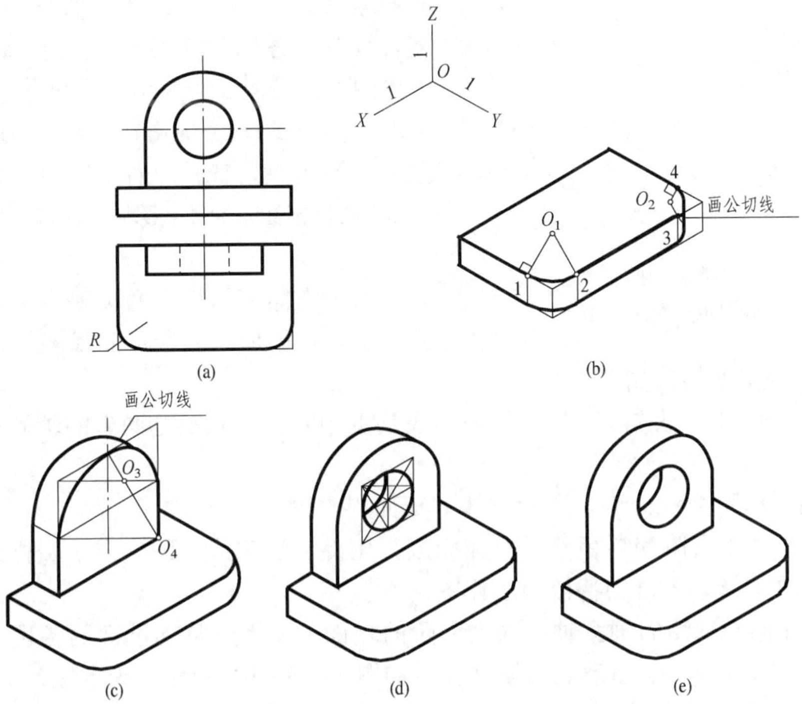

图 2-13　曲面体正等测的画法

分析： 该曲面体由底板和立板两部分组成。底板前方左右两角为 1/4 圆角，需要作 1/4 圆的正等测。带有圆柱通孔的立板上部为半圆柱体，需要作 1/2 圆的正等测。画图时综合运用前述方法。

作图：

1）作底板的正等测。画底板的圆角时，从底板顶面左右两角点沿顶面的两边量取圆角半径，得切点 1、2、3、4，过切点作边线的垂线，交得圆心 O_1、O_2，以圆心到切点的距离为半径画弧，即为圆角正等测，用移心法画底面圆角，注意作出右前角处的公切线，如图 2-13（b）所示。

2）作立板的正等测。立板由四棱柱和半圆柱组成，画半圆柱的正等测时，作出前端面上 1/2 圆的外切正方形的正等测，过切点作边线的垂线，交得圆心 O_3、O_4，以圆心到切点的距离为半径画弧，用移心法画后端面上的半圆，注意作出公切线，如图 2-13（c）所示。

3）作立板上圆柱孔的正等测。圆柱通孔后孔口的轮廓线是否可见取决于板厚，如图 2-13（d）所示。

4）擦去作图线，描深可见轮廓线，完成作图，如图 2-13（e）所示。

2.3　斜二轴测图

2.3.1　正面斜二轴测图

使空间物体的 $X_1O_1Z_1$ 坐标面（即物体上的正立面）平行于轴测投影面，所得到的斜轴测图称为正面斜轴测图。

2.3　斜二轴测图

由于坐标面 $X_1O_1Z_1$ 平行于投影面，故 OZ 轴竖直，OX 轴水平，轴间角 $\angle XOZ=90°$，轴向伸缩系数 $p_1=r_1=1$。OY 轴及其轴向伸缩系数随着投射线方向的改变而变化，各自相对独立，为作图方便，取 $q_1=0.5$，OY 轴与水平成 45°（也可取 30°或 60°），方向可选向右下［图 2 - 14（a）］、左下［图 2 - 14（b）］、右上、左上，这样得到的正面斜轴测图称为正面斜二轴测图，简称正面斜二测。

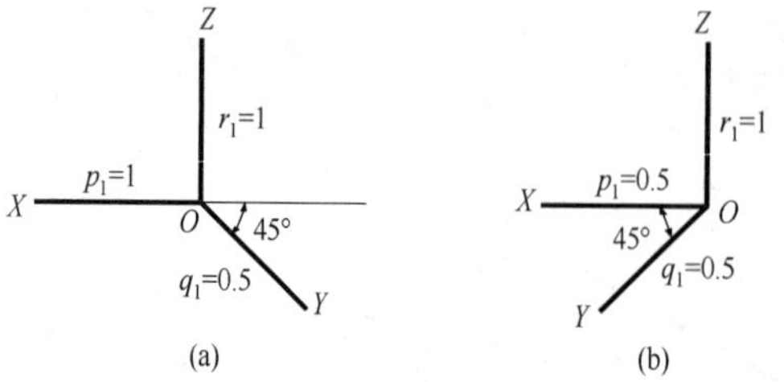

图 2 - 14　正面斜二测的轴间角和轴向伸缩系数

由于物体上的正立面反映实形，所以这种图适用于画正面形状复杂、曲线多的物体。

1. 平面体的正面斜二测

平面体的正面斜二测的画法与正等测画法基本相同，区别只是两者的轴间角和轴向伸缩系数不同。

【例 2 - 7】 作图 2 - 15（a）所示物体的正面斜二测。

分析： 该物体由台阶和栏板前后叠加而成，用叠加法完成作图。台阶和栏板前端面的正面斜二测均反映实形，各自用特征面法作图。

作图： 画正面斜二测的轴测轴，画出台阶前端面的实形，从前端面的各顶点向后拉伸出 OY 方向的平行线，按 $q_1=0.5$ 确定台阶宽度，如图 2 - 15（b）所示；确定位置，同样的方法画出栏板，如图 2 - 15（c）所示；擦去作图线，加深可见轮廓线，完成全图，如图 2 - 15（d）所示。

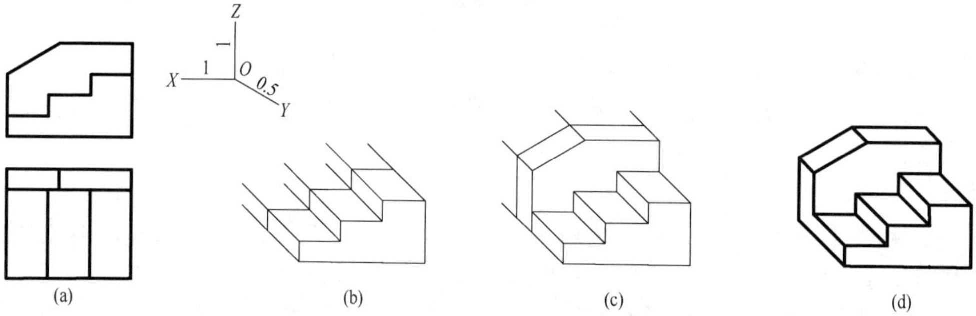

图 2 - 15　台阶的正面斜二测

2. 曲面体的正面斜二测

曲面体的正面斜二测的画法与正等测画法基本相同，只是物体上平行于坐标面的圆的画法不同。

正面斜二测中，平行于坐标面 $X_1O_1Z_1$ 的圆（正平圆）其正面斜二测反映实形，可直接画出，如图 2 - 16 所示；平行于坐标面 $X_1O_1Y_1$ 和 $Y_1O_1Z_1$ 的圆（水平圆和侧平圆）其正面斜二测是椭圆，常用八点法或描点法作图。

八点法作图，以水平圆为例，具体画法如图 2 - 16 所示，作出圆的外切正方形的正面斜二测，得一平行四边形，然后以轴向伸缩系数为 1 的半条边为斜边作等腰直角三角形，将作得的直角边的长度量在这条边中点的两侧，由量得的点作 OY 轴的平行线，与平行四边形的对角线交得四个点，再连同平行四边形的四个中点一起，由八个点连成椭圆。

描点法是通过平行于坐标轴的弦，作出圆周上若干点的轴测图，再光滑连成椭圆，如图 2-16 中侧平圆的正面斜二测所示。

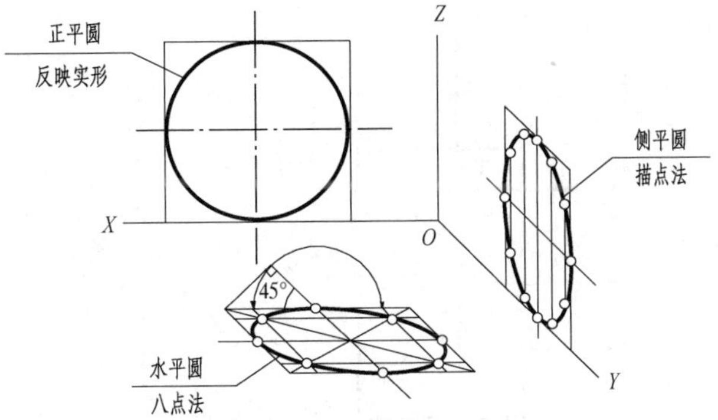

图 2-16 平行于坐标面的圆的正面斜二测

【例 2-8】 作图 2-17（a）所示物体的正面斜二测。

分析：该物体由同轴的大、小两个圆柱叠加而成，用叠加法完成作图。由于大、小两圆柱的前后端面都是正平圆，其正面斜二测反映实形。

作图：作出轴测轴，先作小圆柱的轴测图，注意作前后端面圆的公切线，如图 2-17（b）所示；准确定位，作大圆柱的轴测图，如图 2-17（c）所示；擦去作图线，加深可见轮廓线，完成全图，如图 2-17（d）所示。

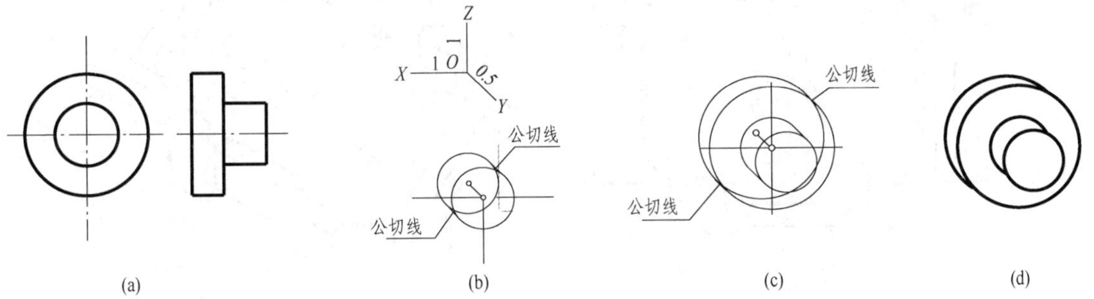

图 2-17 曲面体的正面斜二测画法

2.3.2 水平斜二轴测图

使空间物体的 $X_1O_1Y_1$ 坐标面（即物体上的水平面）平行于轴测投影面，所得到的斜轴测图称为水平斜轴测图。

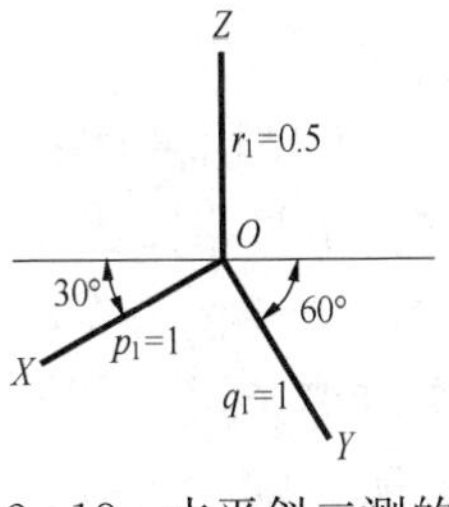

图 2-18 水平斜二测的轴间角和轴向伸缩系数

由于坐标面 $X_1O_1Y_1$ 平行于投影面，故轴间角 $\angle XOY=90°$，轴向伸缩系数 $p_1=q_1=1$。OZ 轴及其轴向伸缩系数随着投射线方向的改变而变化，可任意选择，为作图方便，OZ 轴画成竖直方向，取 $r_1=0.5$，OX 和 OY 分别与水平线成 30°和 60°，这样得到的水平斜轴测图称为水平斜二轴测图，简称水平斜二测，如图 2-18 所示。工程上常用于绘制建筑群的鸟瞰图。

【例 2-9】 画出图 2-19（a）所示建筑物体的水平斜二测。

作图：作出轴测轴，将图 2-19（a）中的水平投影逆时针旋转 30°后画出，如图 2-19（b）所示；再在各转角处沿 OZ 轴方向画线，按照 $r_1=0.5$ 量取高度，最后画出各部分的顶面，完成其水平斜二测，如图 2-19（c）所示。

图 2-20（a）为表达某小区总平面布置的平面图（即水平投影），其鸟瞰图如图 2-20（b）所示。

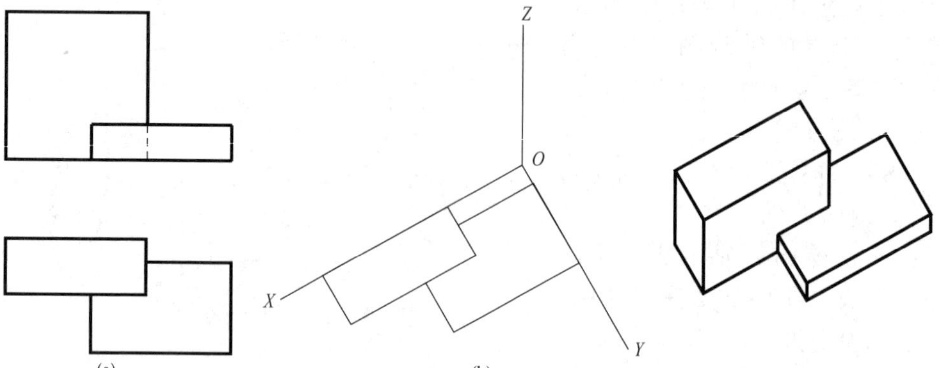

(a)　　(b)　　(c)

图 2 - 19　建筑物体的水平斜二测

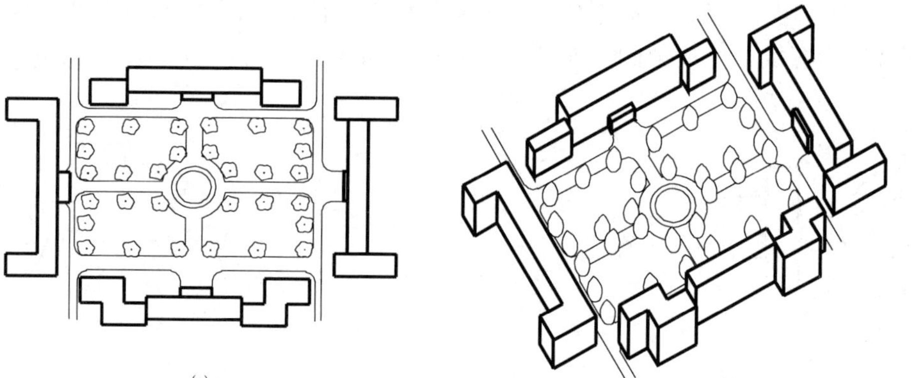

(a)　　(b)

图 2 - 20　某小区的总平面布置

（a）平面图；（b）鸟瞰图

2.4　轴测草图

2.4　轴测草图

2.4.1　草图画法

用绘图仪器画出的图，称为仪器图。不用仪器，徒手作出的图称为草图。徒手画草图也是一种技能，基本要求是快、准、好。快是指画图速度要快；准是指目测比例要准；好是指图形正确，字体工整，图面质量要好。工程技术人员应具备一定的徒手作图技能，以便能迅速表达构思、测绘记录、进行技术交流等。

虽然是徒手绘制，但不能潦草，应尽量使线条光滑、平直、线型分明，同时还应尽可能地保持物体上各部分间的比例关系。画好徒手草图，必须先掌握各种线条的画法。

1. 画直线

画水平线应自左向右画出，笔杆要放平些，如图 2 - 21（a）所示；画竖直线应自上而下画出，笔杆要立直些，如图 2 - 21（b）所示；画斜线时应从上左端开始，如图 2 - 21（c）所示，也可将纸转动，按水平线画出。

画较长直线时，眼睛不要看笔尖，要盯住终点，用较快的速度画出；加深或加粗时，眼睛则要盯着笔尖，用较慢的速度画。

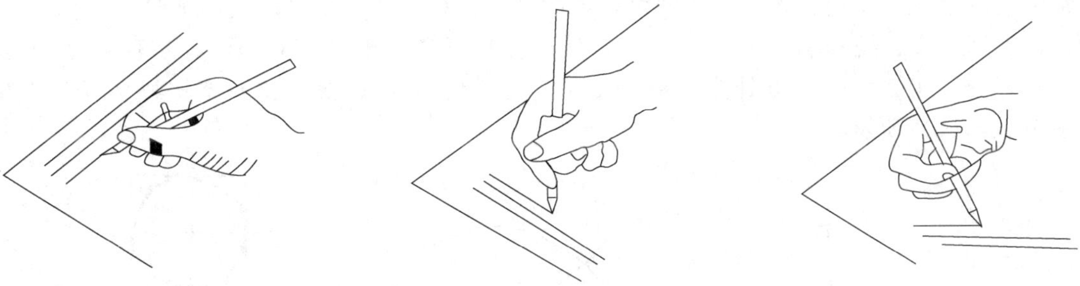

(a)　(b)　(c)

图 2-21　徒手画直线段

2. 等分线段

等分线段是绘图过程中常遇到的问题。根据等分数目，绘图人员应目测出每段长度，一般先将较长线段分为较短部分，然后再细分。图 2-22 即为两种等分的常规方法。

3. 角度及正多边形

绘制常用角度（如 30°、45°、60°等）时，一般根据两直角边的比例关系，定出斜边两端点，连接后即可得到所需角度线，如图 2-23 所示；正多边形可利用画角度线方法及对正多边形的几何理解绘制，示例如图 2-24 所示。

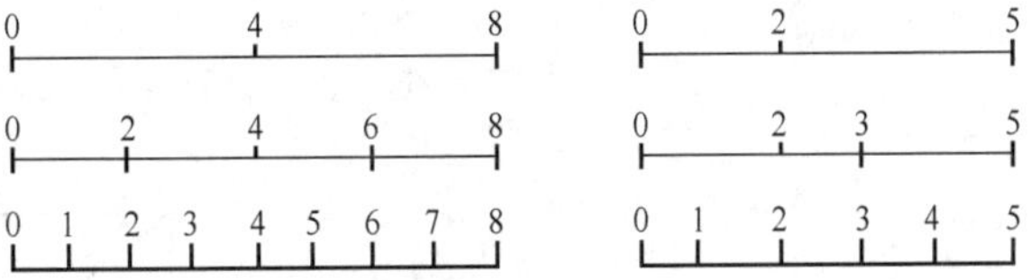

(a)　(b)

图 2-22　两种等分线段的常规方法

（a）八等分；（b）五等分

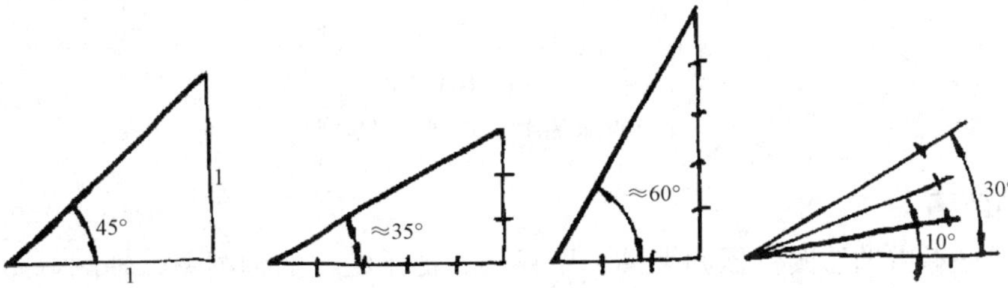

图 2-23　常用角度的徒手画法

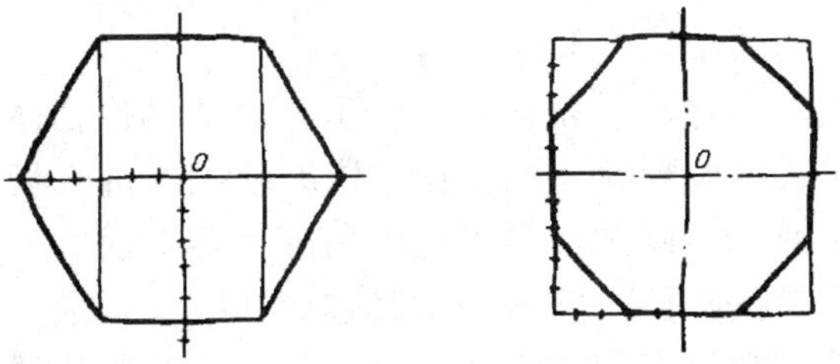

(a)　(b)

图 2-24　正多边形的徒手画法

（a）正六边形画法；（b）正八边形画法

4. 圆

画大圆时，可先画垂直相交的中心线及过圆心的两条 45°直线，并在这些直线上目测确定半径点，然后将各点连成光滑曲线即可，如图 2-25（a）所示；画小圆或圆弧时，可先按直径画其外切正方形，然后将各边中点连成光滑曲线即可，如图 2-25（b）所示。

5. 椭圆

画较小椭圆时，先画出中心线，根据长

短轴确定四个端点，连成光滑曲线即可，如图 2－26（a）所示；画较大椭圆时，先画出中心线，目测确定长、短轴端点 1、3、5、7，然后作出外切矩形及其对角线，将任一对角线的一半三等分，在 2/3 多一点处定出椭圆上的点 2、4、6、8，最后将八个点描成光滑曲线，如图 2－26（b）所示。

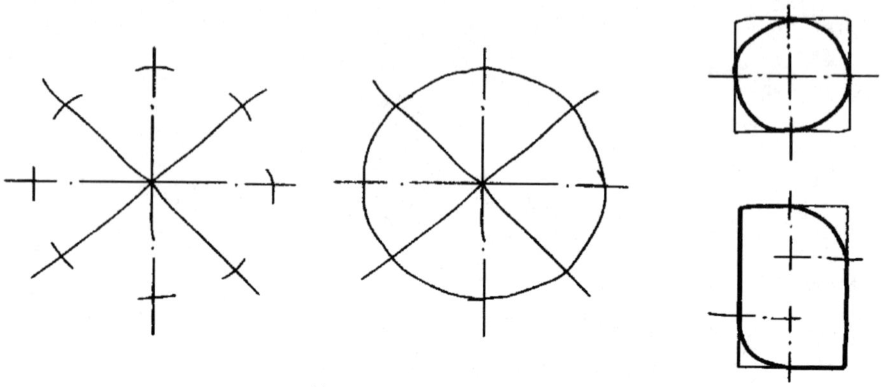

(a) (b)

图 2－25　徒手画大圆、小圆及小圆弧

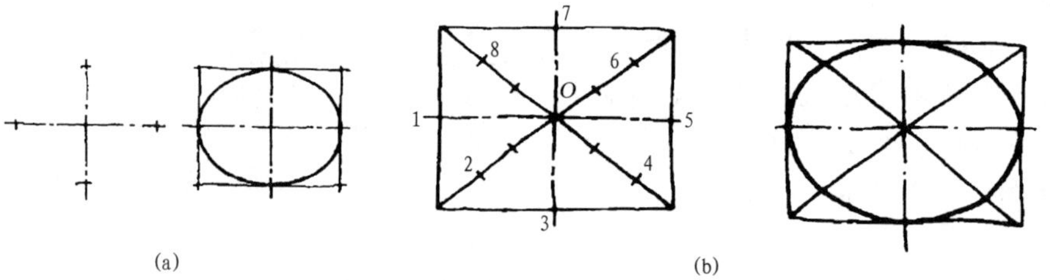

(a) (b)

图 2－26　徒手画椭圆

（a）四点描椭圆；（b）八点描椭圆

2.4.2　轴测草图

轴测草图是不借助绘图仪器和工具，用目测、徒手绘制的轴测图。轴测草图的作图方法与本章前面几节所讲述的轴测图的作图方法基本相同。绘制轴测草图除了要符合草图画法之外，还应注意：

（1）使用徒手绘制角度的方法绘制轴测轴，使轴间角尽量准确。

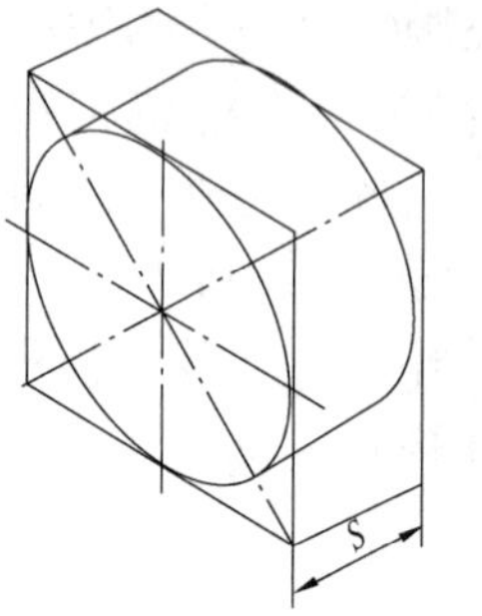

图 2－27　方箱法画圆柱

（2）物体上同方向的图线要平行。

（3）在绘制轴测草图时，常常采用“方箱法”，先画出物体的包容长方体，再绘出其准确形状，即在长方体的基础上进行切割或叠加。如图 2－27 所示，画圆柱时可先画出圆柱前端面圆的投影椭圆的外切菱形；再按圆柱长度 S 画出其包容长方体；最后画出相应椭圆，从而完成圆柱的轴测草图。图 2－28 为绘制物体轴测草图的作图过程。

在今后学习形状更为复杂物体的三视图时，绘制轴测草图是帮助我们进行空间想象从而快速识图的一个有效手段。读图时，

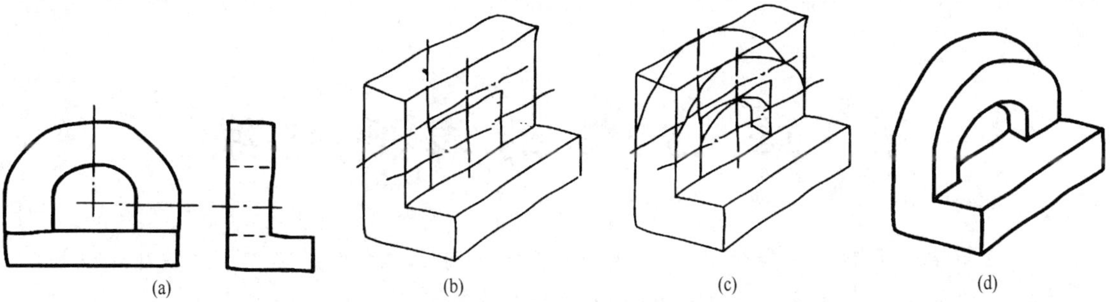

图 2-28　轴测草图实例

要习惯把所思所想用笔描绘出来，在推敲中勾画，在勾画中成形。久而久之，既很好地锻炼了徒手草图的技能，又大大提高了空间想象能力。

思　考　题

2.1　轴测图是怎样形成的？它与多面正投影图的区别是什么？它有哪些特点？

2.2　正轴测图与斜轴测图有什么区别？

2.3　正等测和斜二测的轴间角、轴向伸缩系数各是多少？

2.4　试述轴测图的作图步骤和常用作图方法。

2.5　圆的轴测投影是椭圆时，其常用作图方法有哪几种？

2.6　绘制草图和轴测草图的基本要求是什么？

第3章　立体的表面交线

前面学习了基本体和简单体投影图的绘制与阅读。在生产实际中工程建筑物的形状更为复杂，表面常会产生一些交线，这些交线按其形成分为截交线和相贯线两种，平面截切立体所产生的表面交线称为截交线，两立体相交所产生的表面交线称为相贯线。本章主要介绍这些交线的画法和识读。

3.1　截交线

3.1　截交线

如图 3-1（a）所示，用来截切立体的平面称截平面，截平面与立体表面产生的交线称为截交线，截交线的顶点称为截交点，由截交线围成的平面图形称为断面，立体被平面截切后的剩余部分称为截断体。图 3-1（b）所示为用多个平面截切立体产生的截交线。

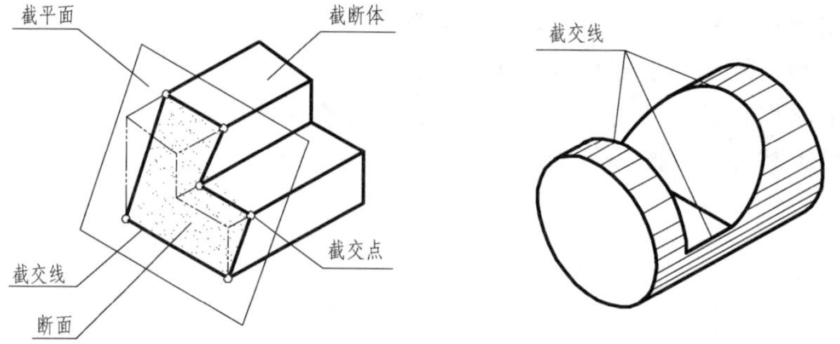

(a)　(b)

图 3-1　截交线的概念

截平面截切不同的立体或截平面与立体的相对位置不同，所产生的截交线形状也不相同。但无论是什么形状，截交线都具有以下性质：

（1）表面性。截交线都位于立体的表面上。

（2）共有性。截交线是截平面与立体表面的共有线。截交线上的每一点都是截平面与立体表面的共有点，这些共有点的连线就是截交线。

（3）封闭性。因为立体是由它的各表面围合而成的封闭空间，所以截交线是封闭的平面图形。

截交线的性质是其作图的重要依据，掌握截交线的画法是解决截切问题的关键。

3.1.1　平面截切平面体

1. 平面体截交线的形状

平面体表面都是平面，被截平面所截而形成的截交线都是直线段，断面应是平面多边形。截交线上的截交点是平面体上参与截交的棱线（或底面边线）与截平面的交点，对单一截平面而言，有几个截交点断面即为几边形，如图 3 - 1（a）所示。

2. 平面体截交线的画法

平面体截交线的作图方法：先作出截交点，然后依次连成截交线。

求平面体截交线的一般步骤为：

（1）空间及投影分析。通过投影图，确定平面体的形状和截平面的数量，分析各截平面与投影面的相对位置，确定各截交线的空间位置；分析各截平面与平面体的相对位置，确定截交点的数量，从而判断出各断面的边数，想象其空间形状。

（2）求作截交线。按照平面体截交线的作图方法，用平面体表面取点的方法求出各截交点，依次连出截交线。连线时应注意判断其可见性。

（3）补全截断体的投影。

【例 3 - 1】 图 3 - 2（a）所示为"L"形棱柱被正垂面截切，求作截交线的投影。

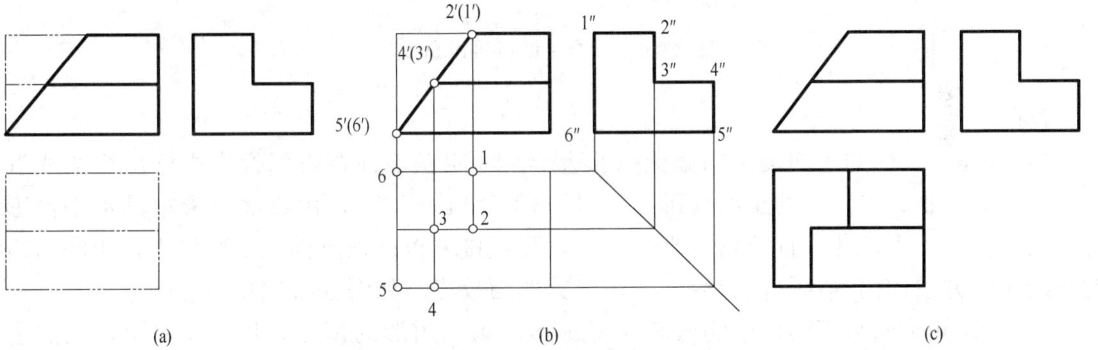

图 3 - 2　求作"L"形棱柱的截交线

分析：本例为用单一平面截切平面体。"L"形棱柱被正垂面截切，截切了体上六条棱线，截交线为六边形，立体图如图 3 - 1（a）所示。由于截交线属于正垂的截平面，所以其正面投影与截平面的积聚投影重合，侧面投影与棱柱的侧面投影六边形重合，均为已知。水平投影应为类似六边形，需要求作。

作图：

1）求作截交点。首先利用积聚性在正面投影上标出各截交点（1′）、2′、（3′）、4′、5′、（6′），再在侧面投影中对应标出 1″、2″、3″、4″、5″、6″，然后根据投影规律，求出截交点的水平投影 1、2、3、4、5、6，如图 3 - 2（b）所示。

2）判别可见性并连线。依次连接各点，即得截交线水平投影。

3）检查加深。擦去棱柱上被切掉的线条，加深截断体的投影，如图 3 - 2（c）所示。

【例 3 - 2】 图 3 - 3（a）所示为一个正四棱锥被截切，已知它的正面投影，试完成其水平和侧面投影。

分析：本例为用多个平面截切平面体，需注意求作相邻截平面之间产生的交线。通过投影分析可知，正四棱锥被一个水平面和一个侧平面同时截切，两截平面的交线为正垂线ⅣⅤ。正四棱锥与水平面产生的截交线与底边平行，为五边形ⅠⅡⅣⅤⅢ，水平投影反映实形，正面投影和侧面投影均积聚为水平线段。正四棱锥与侧平面产生的截交线为三角形ⅣⅤⅥ，正面投影和水平投影积聚为直线段，侧面投影反映实形。

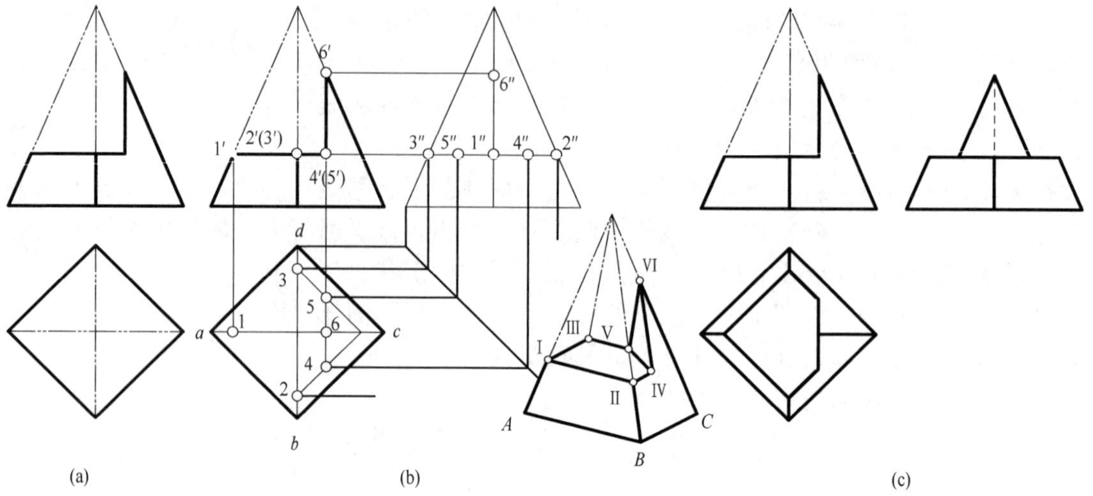

图 3-3　求作正四棱锥的截交线

作图：

1）求作水平面与正四棱锥的截交线五边形。利用积聚性在正面投影中标出截交线五个顶点Ⅰ、Ⅱ、Ⅲ、Ⅳ、Ⅴ的正面投影 1′、2′、(3′)、4′、(5′)，由正面投影求其水平投影和侧面投影。顶点Ⅰ、Ⅱ、Ⅲ分别位于棱线上，可直接求作；顶点Ⅳ、Ⅴ用作平行于底面边线的辅助线的方法作出其水平投影后，再作出其侧面投影，如图 3-3（b）所示。

2）求作侧平面与正四棱锥的截交线三角形。该三角形的顶点为Ⅳ、Ⅴ、Ⅵ，只需求作Ⅵ点。Ⅵ点位于棱线上，利用积聚性在正面投影中标出顶点Ⅵ的投影 6′，作图求得其水平投影和正面投影，如图 3-3（b）所示。

3）判别可见性连出截交线。注意连接截平面交线ⅣⅤ的投影。如图 3-3（c）所示。

4）补全截断体的投影。擦去被切掉的线条，加深截断体的投影，将不可见的棱线以虚线画出，如图 3-3（c）所示。

3. 平面体截交线的识读

读图步骤：

(1) 确定被截切前原体的形状。

(2) 判断截平面的数量及其空间位置。

(3) 想象断面。分析截交点的个数，确定截交线的边数。再根据截平面的空间位置，确定截交线各投影面的投影情况。

(4) 综合想象截断体的空间形状。

【例 3-3】 识读图 3-4（a）所示物体的三视图，想象其空间形状。

读图步骤：

1）根据棱柱的投影特征可知，原体是一个铅垂放置的五棱柱。

2）由正面投影可判断五棱柱顶部被截切，截平面为一个正垂面。

3）从正面投影看出，正垂面切到了三条棱线和顶面上的两条边线，确定截交线的形状为五边形。因为截平面为正垂面，所以断面五边形的三面投影符合正垂面的投影特征，为一倾斜线段和两类似的五边形。

4）综合想象截切后截断体的空间形状，如图 3-4（b）所示。

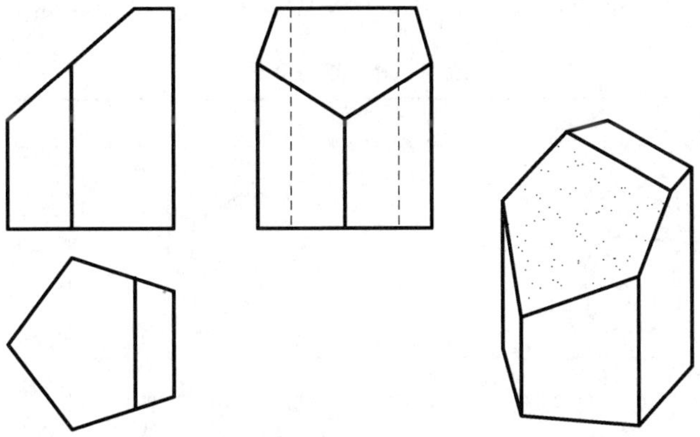

图 3-4 平面体截交线的识读示例（一）

【例 3-4】 识读图 3-5（a）所示物体的三视图，想象其空间形状。

读图步骤：

1）从正面投影看出物体上有一缺口，补全缺口，不难看出原体为铅垂三棱柱。

2）缺口处由两条线段组成，即一条斜线段和一条铅垂线段，由此可判断该缺口是由两个平面截切而成，一个正垂面和一个侧平面。

3）从正面投影看出，正垂面截切的棱数有一条，侧平面截切的顶面边数有两条，两个截平面产生一条正垂位置的交线，从而确定正垂面截切产生的截交线形状为三角形，侧平面截切产生的截交线形状为四边形。三角形断面的三面投影为一斜线段及两类似三角形；四边形断面的三面投影为两直线段及一个实形四边形。

4）综合想象截切后截断体的空间形状，如图 3-5（b）所示。

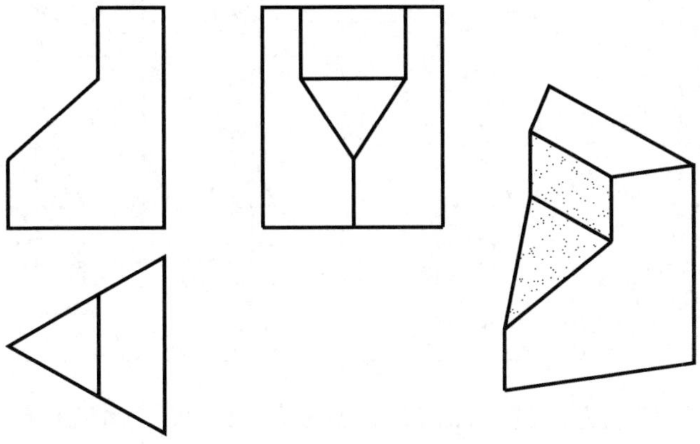

图 3-5 平面体截交线的识读示例（二）

3.1.2 平面截切曲面体

1. 曲面体截交线的形状

曲面体被平面截切，截交线由平面曲线或直线组成。曲面体截交线的形状取决于曲面体的形状及截平面与曲面体的相对位置。

（1）圆柱。圆柱被平面截切有三种情况，对应截交线有三种不同的形状，见表 3-1。

表 3-1　　圆柱的截交线

截平面位置	垂直于轴线	平行于轴线	倾斜于轴线
截交线的空间形状		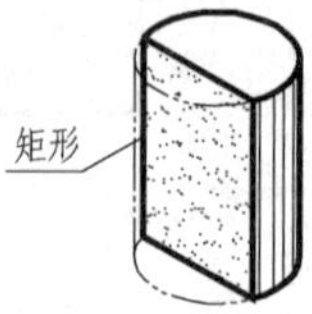	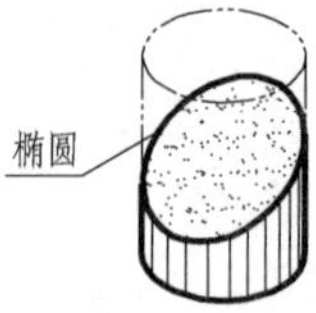
投影图	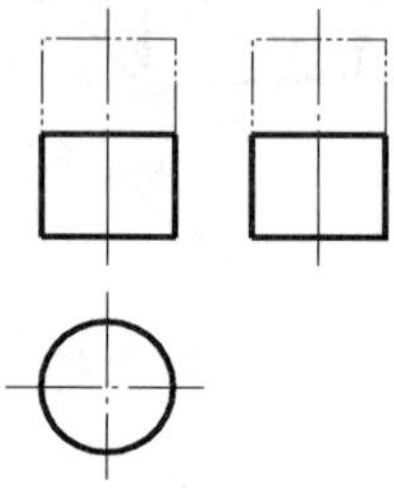	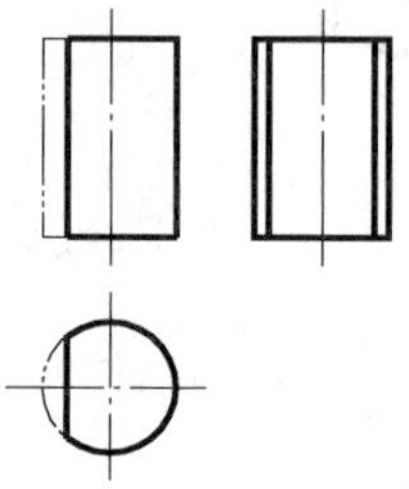	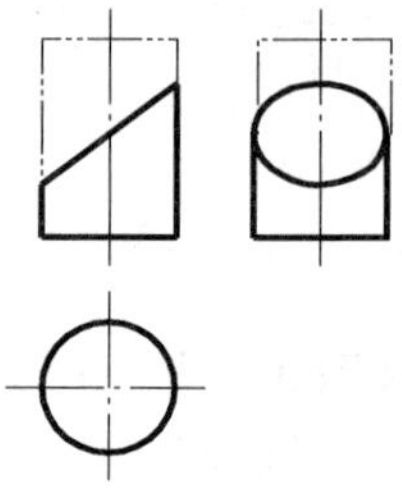

（2）圆锥。圆锥被平面截切有五种情况，对应截交线有五种不同形状，见表 3-2。

表 3-2　　圆锥的截交线

截平面位置	垂直于轴线	倾斜于轴线并与所有素线相交	平行于圆锥面上一条素线	平行于圆锥面上两条素线	截平面通过锥顶
截交线的空间形状				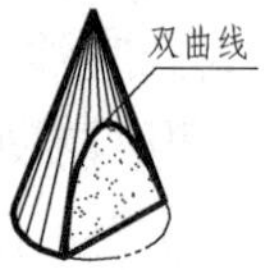	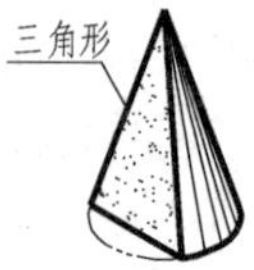
投影图	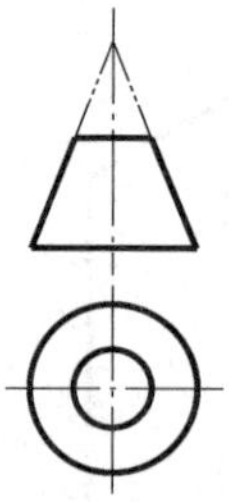	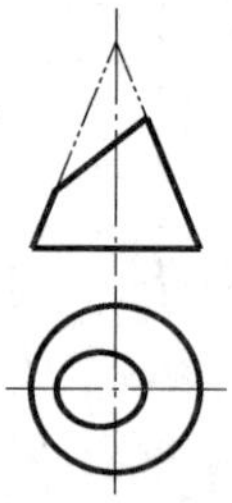	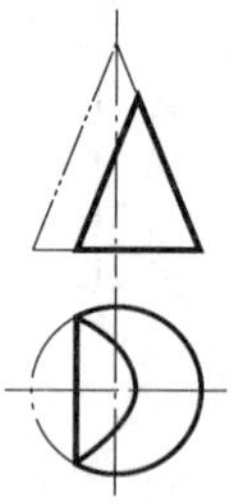	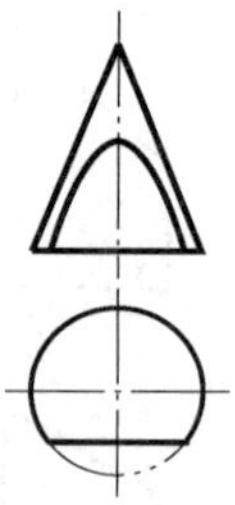	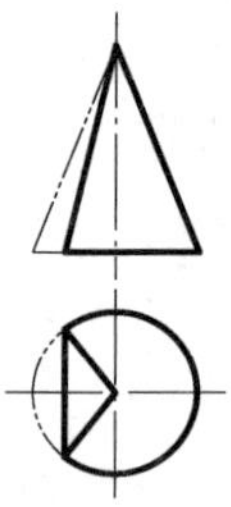

（3）圆球。圆球被任意方向的平面截切，截交线都是圆。当截平面与投影面平行时，截交线圆也平行于相应的投影面。截平面与球心的距离不同时，截交线圆的直径大小也不同。图 3-6 是截平面为水平面时圆球的截交线。

2. 曲面体截交线的画法

求作曲面体截交线投影，分为以下两种情况：

（1）截交线为直线或平行于投影面的圆时，可由已知条件根据投影规律直接作图。

（2）截交线为椭圆、抛物线、双曲线等非圆曲线或不平行于投影面的圆时，需求出截交线上一系列的点，然后连成光滑曲线。为了使所求的截交线形状准确，在求作非圆曲线截交线的投影时，应首先求出截交线上的特殊点，再求作若干一般点（也称中间点）。特殊点包括截交线对称轴上的顶点、截交线与曲面体轮廓素线的交点、截交线上的极限位置点（最高、最低、最左、最右、最前、最后点）等。一般点是在特殊点连点较稀疏处或曲线曲率变化较大处适当选取的点。

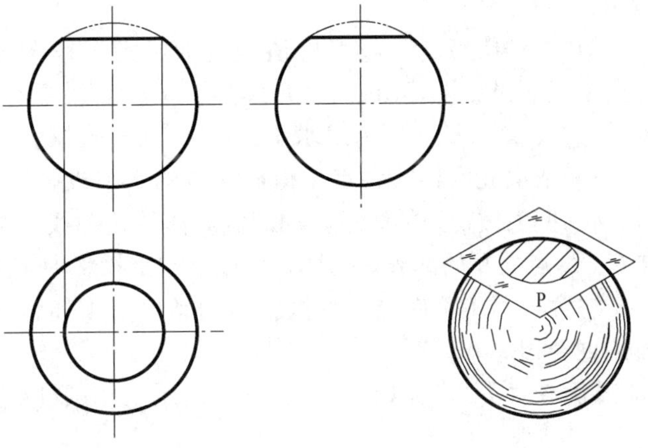

(a)　　(b)

图3-6　圆球的截交线

求曲面体截交线的一般步骤为：

（1）空间及投影分析。通过投影图，确定曲面体的形状和截平面的数量，分析各截平面与投影面的相对位置，确定各截交线的空间位置；分析各截平面与曲面体的相对位置，判断出截交线的形状。

（2）求作截交线。按照曲面体截交线的求作方法，用曲面体表面取点的方法求出各点，依次连出截交线，连线时应注意判断其可见性。

（3）补全截断体的投影。

【例3-5】 图3-7（a）所示圆柱被正垂面截切，求作截交线的投影。

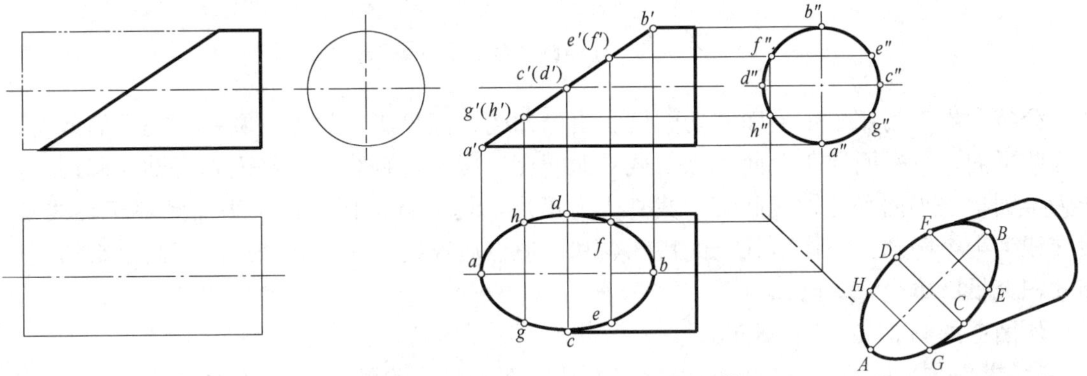

(a)　　(b)

图3-7　圆柱被正垂面截切

分析： 圆柱被倾斜于轴线的正垂面截切，截交线为椭圆。截交线的正面投影与截平面的积聚投影重合，又圆柱面的侧面投影积聚成圆周，所以截交线的侧面投影与圆周重合。截交线的水平投影仍是椭圆，作图时需求作椭圆上一系列的点后连线。

作图： 如图3-7（b）所示。

1）求特殊点。该椭圆截交线上有四个特殊点 A、B、C、D，这四个特殊点是椭圆长短轴端点（长轴 AB 为正平线，短轴 CD 为过 AB 中点的正垂线），也是截平面与圆柱前后左右四条轮廓素线的交点，同时又是截交线上极限位置的点。在正面投影上标出 a'、b'、c'、(d')，再对应在侧面投影上标出 a''、b''、c''、d''，然后根据投影规律求出水平投影 a、b、 c、d。

2）求一般点。一般点可适当选取，为了作图方便，本题选取对称点 E、F 和 G、H。首先在正面投影上标出 e'、(f')、g'、(h')，然后根据圆柱面上取点的方法，先求出侧面投影 e''、f''、g''、h''，再求出水平投影 e、f、g、h。

3）依次光滑连接各点，得截交线的水平投影。

4）擦去被切掉的线条，加深截断体的轮廓线。由正面投影可知，圆柱的最前、最后素线在 C、D 点之左的部分被切掉，所以在水平投影中该两条素线只加深 C、D 点之右的部分。

注意：当正垂面与水平投影面的倾角为 45°时，截交线椭圆的水平投影为一圆，直径和圆柱直径相等。

【例 3 - 6】 求作如图 3 - 8（a）所示切槽圆柱截交线的投影。

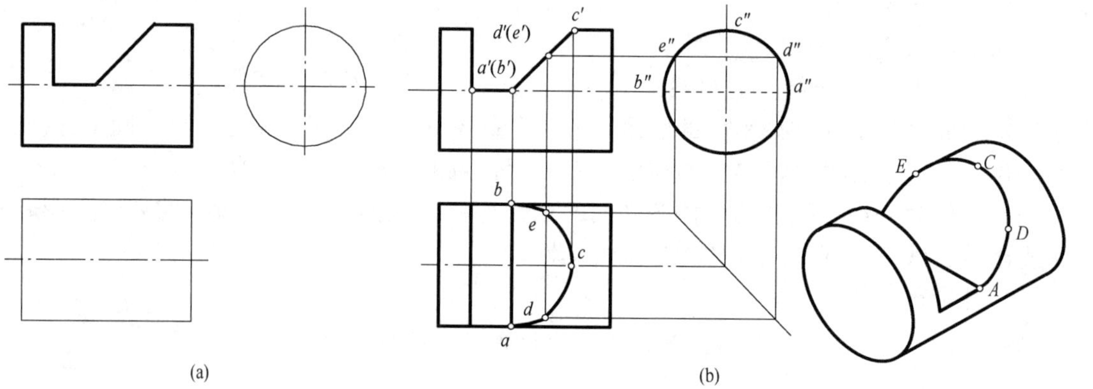

图 3 - 8　切槽圆柱截交线的画法

分析：本例为用多个平面截切圆柱。由已知的正面投影可看出，圆柱被三个面截切，分别为侧平面，水平面和正垂面，三个截平面间交出两条正垂线。侧平面垂直轴线截切，截交线为半圆，水平面平行轴线截切，截交线为矩形，均可直接作出；正垂面倾斜于轴线截切，截交线为半个椭圆，需作出其上的特殊点和一般点后连线。三条截交线的正面投影均与截平面的积聚投影重合，为已知。

作图：如图 3 - 8（b）所示。

1）求作水平面截交线矩形的投影。由其正面投影作出侧面投影，为一条虚线（虚线与中心线重合，应留虚线），然后根据投影规律作出水平投影矩形。

2）求作侧平面截交线半圆的投影。其水平投影为一直线，与矩形截交线的左边线重合，侧面投影与虚线之上的半个圆周重合。

3）求作正垂面截交线椭圆的投影。其侧面投影与虚线之上的半个圆周重合，水平投影为半个椭圆，先求特殊点 A、B、C 的水平投影 a、b、c，然后再求作一般点 D、E 的水平投影 d、e，光滑连接即得椭圆的水平投影。

4）加深切槽圆柱的水平和侧面投影，完成全图。

【例 3 - 7】 图 3 - 9（a）所示圆锥被正垂面截切，求作截交线的投影。

分析：圆锥被正垂面切断所有素线，截交线为椭圆。该椭圆截交线上有六个特殊点 A、B、C、D、E、F，其中点 A、B 是椭圆长轴端点（AB 为正平线），又是截交线的最高、最

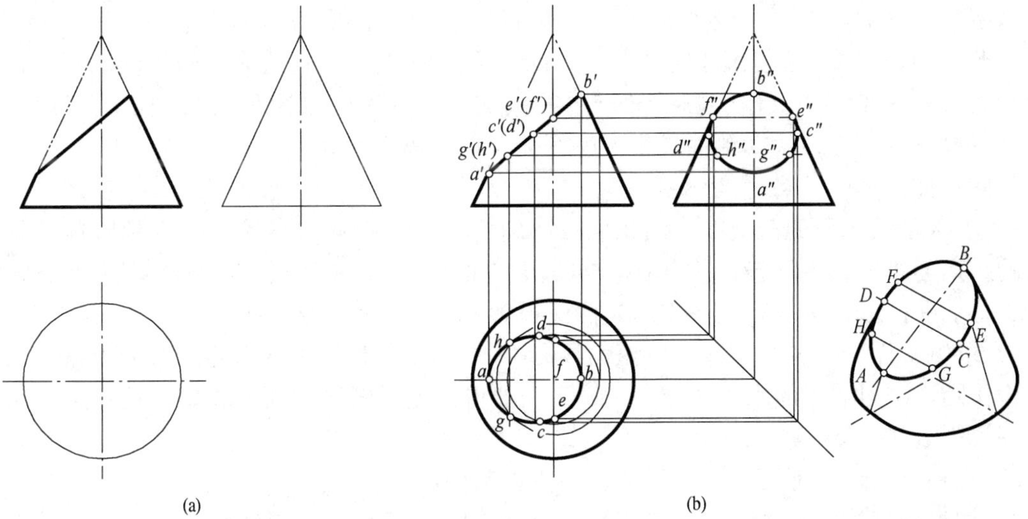

图 3-9　圆锥被正垂面截切

低点，位于圆锥面最左、最右素线上；点 C、D 是椭圆短轴端点（CD 为正垂线），又是截交线的最前、最后点，其正面投影位于截交线积聚投影的中点；点 E、F 位于圆锥面最前、最后素线上。该椭圆的正面投影与截平面的积聚投影重合，为已知；椭圆的水平、侧面投影均为椭圆，需求作。

作图：如图 3-9（b）所示。

1）求特殊点。首先在正面投影上确定六个特殊点的位置，直接利用点在线上，求出圆锥四条轮廓素线与截平面的交点 A、B、E、F 的水平投影和侧面投影；用纬圆法求出点 C、D 的水平投影和侧面投影。

2）求一般点。选取一般点 G、H，用纬圆法求出其水平投影及侧面投影。

3）依次光滑连接各点，作出截交线的水平投影和侧面投影。

4）加深截断体图线，完成作图。注意在侧面投影中圆锥的最前、最后素线只保留 E、F 点以下的部分。

【例 3-8】 图 3-10（a）所示圆球被截切，求作截交线的投影。

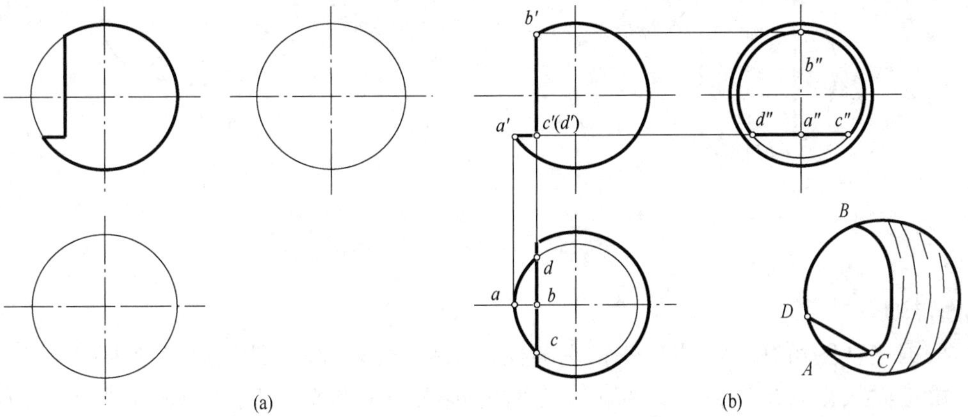

图 3-10　平面截切圆球

分析：圆球被水平面和侧平面截切，截交线均为圆曲线，两截平面交线为正垂线 CD。水平面产生的截交线，其正面投影积聚为一水平线段，为已知；水平投影反映圆弧实形，侧面投影为一直线段，需求作。侧平面产生的截交线，其正面投影积聚为一铅垂线段，为已知；水平投影为一直线段，侧面投影反映圆弧实形，需求作。

作图：如图3-10（b）所示。

1）求水平面产生的截交线。由正面投影确定截交线圆弧的半径，以 a' 到圆球的竖直中心线的距离为半径在水平投影中作圆，与过 $c'd'$ 的竖直线交于 c、d，即得该水平圆弧和交线 CD 的水平投影，按投影关系作出其侧面投影 $c''a''d''$，为一水平线段。

2）求侧平面产生的截交线。以正面投影中 b' 到圆球水平中心线的距离为半径，在侧面投影中作圆，与过 $c'd'$ 的水平线交于 c''、d''，即得该侧平圆弧的侧面投影，按投影关系作出其水平投影 cbd，为一竖直线段。

3）判别可见性，加深各截交线的水平投影和侧面投影。

4）加深截断体的轮廓线。由正面投影可知，圆球的水平投影轮廓线在侧平面之左被切掉，所以在水平投影中只加深侧平面之右的部分，圆球的侧面投影轮廓线完整存在，全部加深。

3. 曲面体截交线的识读

曲面体截交线的识读步骤与平面体截交线的识读步骤类似。首先确定被截切前原体的形状；然后判断截平面的空间位置；再根据截平面与原体的相对位置确定截交线的形状；最后综合想象截切后截断体的空间形状。

【例3-9】 识读图3-11（a）所示物体的三视图，想象其空间形状。

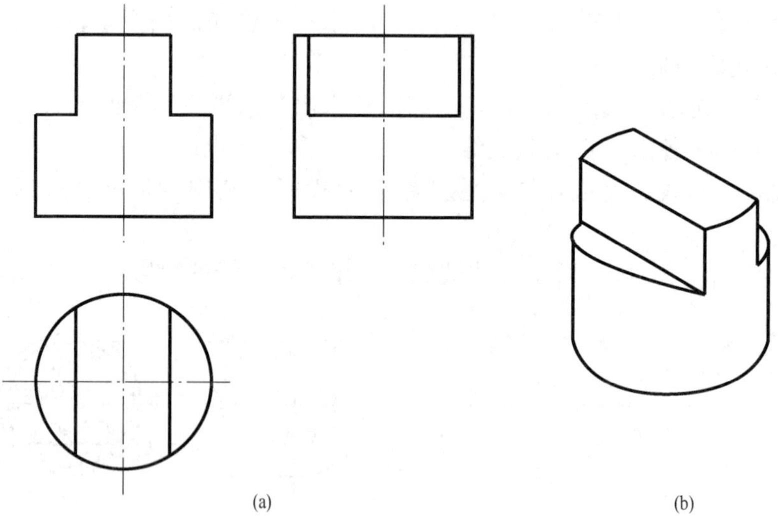

(a) (b)

图3-11 曲面体截交线的识读示例（一）

读图步骤：

1）根据三视图可知，原体是一铅垂圆柱，水平投影为圆，其他两投影为矩形。

2）由正面投影看出，圆柱顶部被左右对称地切掉两部分，截平面分别为水平面和侧平面，截平面间交线为正垂线。

3）水平面垂直圆柱轴线，截交线为左右对称的两段水平圆弧，正面投影和侧面投影积聚为直线，水平投影反映实形。侧平面平行圆柱轴线，截交线为矩形，正面投影和水平投影积聚为直线，侧面投影反映实形。

4）综合想象截切后截断体的空间形状，如图 3-11（b）所示。

【例 3-10】 识读图 3-12（a）所示物体的三视图，想象其空间形状。

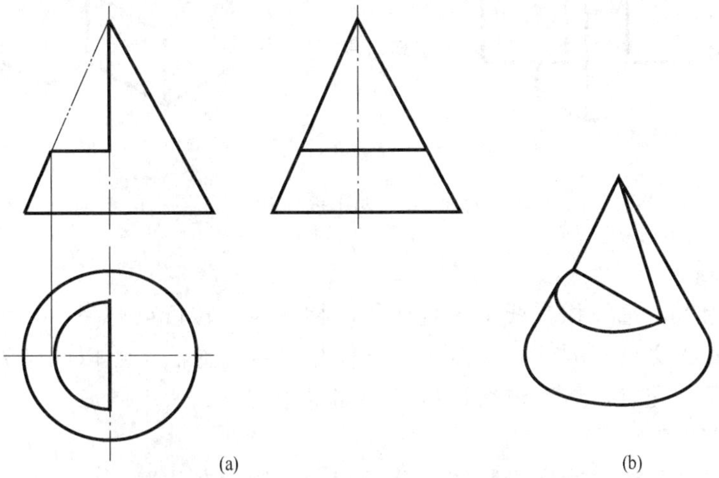

(a)　(b)

图 3-12　曲面体截交线的识读示例（二）

读图步骤：

1）补全缺口，不难看出原体为轴线铅垂位置的圆锥。

2）根据被截切后的正面投影看出截平面分别为水平面和侧平面。

3）水平面垂直圆锥轴线，截交线为半圆，三面投影为两直线及一个半圆实形。侧平的截平面位于左右对称面上，截交线为三角形，三面投影为两直线及一个三角形实形。

4）综合想象截切后截断体的空间形状，如图 3-12（b）所示。

3.2　相贯线

两立体相交称为两立体相贯，这样的立体称为相贯体，其表面交线称为相贯线。

3.2　相贯线

根据两立体表面形状、相对位置的不同，相贯线的形状也各不相同。但无论是什么形状，相贯线都具有以下性质：

(1) 表面性。相贯线都位于立体的表面上。

(2) 共有性。相贯线是两立体表面的共有线，也是两立体的分界线，相贯线上的每一点是两立体表面的共有点。

(3) 封闭性。由于立体都有一定的范围，所以相贯线一般是封闭的。

相贯线的性质是其作图的重要依据，掌握相贯线的画法是解决相贯问题的关键。

3.2.1　两平面体相交

1. 相贯线的形状

平面体与平面体相交所产生的相贯线一般为封闭的空间折线，如图 3-13（a）所示。特殊情况下可以不封闭，如图 3 - 13（b）所示，两个五棱柱底部棱面共面，则这两个棱面之间没有交线，因此相贯线不封闭。

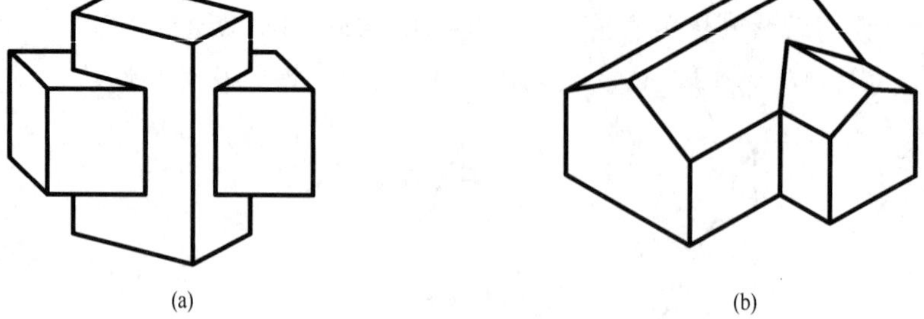

图 3 - 13　两平面体相贯

2. 相贯线的画法

两平面立体相贯，每段相贯线均为直线段，相贯线的转折点均为一个平面体上的棱线与另一个平面体表面的交点。因此，求两平面立体相贯线的方法，可以归结为求参与相交的棱线与另一立体表面的交点，然后依次连接各点即得相贯线。

具体作图步骤如下：

（1）空间及投影分析。读懂投影图，分析两立体的相对位置，确定共产生几组相贯线和每组相贯线上转折点的个数。

（2）求相贯线。先利用平面体表面取点的方法，求两立体上参与相交的棱线与另一立体表面的交点，再连接各点即得相贯线。注意判别可见性。

（3）补全相贯体的投影。相贯体是一个整体，对每一个参与相贯的立体轮廓线只应画到相贯线为止。

【例 3 - 11】 图 3 - 14（a）所示为两个四棱柱相贯，补画相贯线的正面投影并作出相贯体的侧面投影。

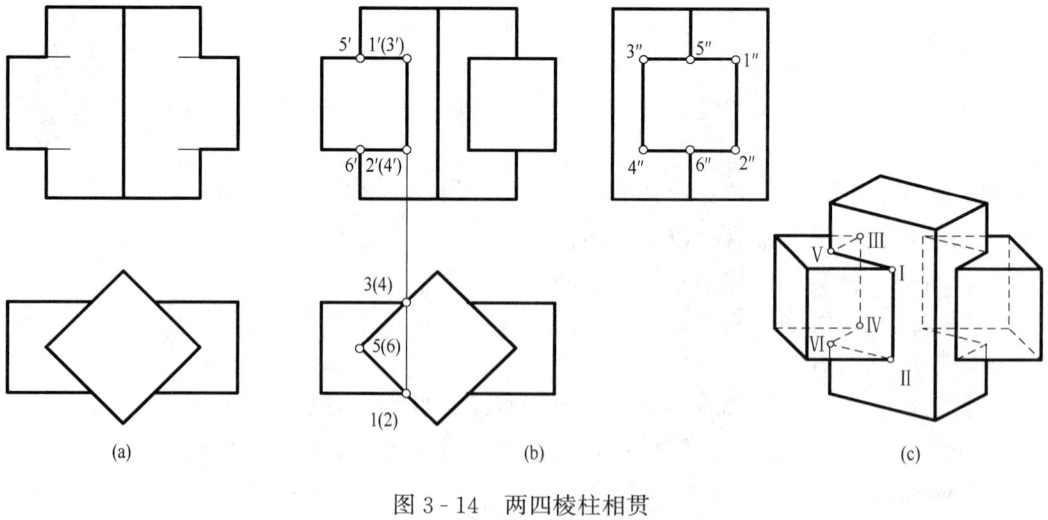

图 3 - 14　两四棱柱相贯

分析： 由图 3 - 14（a）可知，一个侧垂四棱柱从左向右贯穿铅垂四棱柱，整个相贯体前后、左右对称。相贯线分为左右对称的两组，每一组上的转折点为六个，分别是两个四棱柱上参与相交的棱线与另一立体表面的交点，立体图如图3-14（c）所示。铅垂四棱柱各棱面的水平投影有积聚性，因此相贯线的水平投影已知，由水平投影可求作正面投影和侧面投影。

作图：如图3-14（b）所示。

1）补画相贯体的侧面投影。侧垂四棱柱各棱面的侧面投影有积聚性，相贯线的侧面投影与之重合。

2）求相贯线上的转折点。两组相贯线左右对称，求作左边一组，右边一组根据对称性作图即可。利用积聚投影在水平投影上标注各转折点1（2）、3（4）、5（6），在侧面投影上标注1″、2″、3″、4″、5″、6″，由投影关系作出各点的正面投影1′、2′、（3′）、（4′）、5′、6′。

3）连出相贯线。正面投影中前半组相贯线与后半组相贯线投影重合。连线时只有位于同一表面的两点才能相连，只有两个可见表面交得的相贯线才可见。

4）补全相贯体的投影。凡参与相交的棱线只画到与另一立体的交点为止。

【例3-12】 图3-15（a）所示为穿孔三棱柱的两面投影，完成其侧面投影。

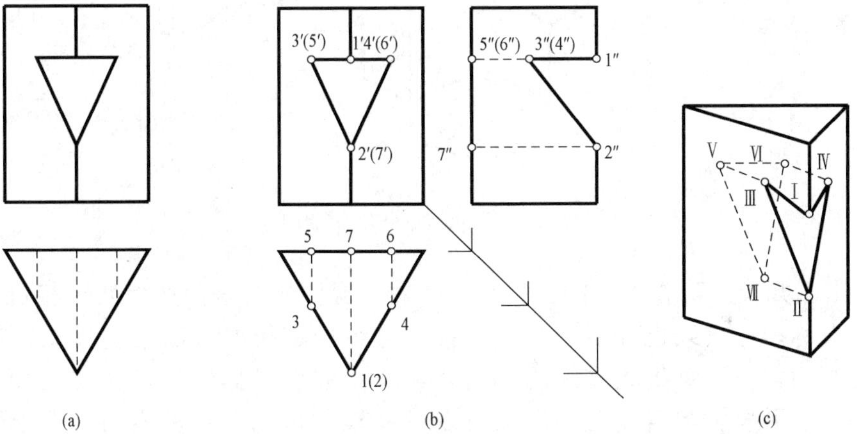

图3-15　穿孔三棱柱

分析：由图3-15（a）可看出，铅垂三棱柱上有一个从前向后的正垂三棱柱通孔。前后两组相贯线形成孔口轮廓线。前面一组相贯线上有Ⅰ、Ⅱ、Ⅲ、Ⅳ四个转折点，后面一组相贯线上有Ⅴ、Ⅵ、Ⅶ三个转折点，立体图如图3-15（c）所示。由投影的积聚性可知，相贯线的正面投影和水平投影已知，由投影规律可求作其侧面投影。

作图：如图3-15（b）所示。

1）作出三棱柱的侧面投影。

2）标出各转折点的水平投影与正面投影，然后根据投影规律求出各点的侧面投影。

3）判别可见性连接各点得相贯线。

4）加深完成全图。注意用虚线画出孔壁交线的投影。

图3-13（b）所示相贯体的作图请读者自行分析。

3.2.2　平面体与曲面体相交

1. 相贯线的形状

平面体与曲面体相交所产生的相贯线是由若干段平面曲线或平面曲线和直线组成。

2. 相贯线的画法

每段相贯线是平面体上某表面平面与曲面体的截交线，相贯线上的转折点是平面体上参与相交的棱线与曲面体表面的交点。因此，求作平面体与曲面体相贯线的方法是先求出各转折点，再按照平面截切曲面体求截交线的方法求出相贯线。

【例 3 - 13】 如图 3 - 16（a）所示四棱柱与圆柱相贯，求作相贯线。

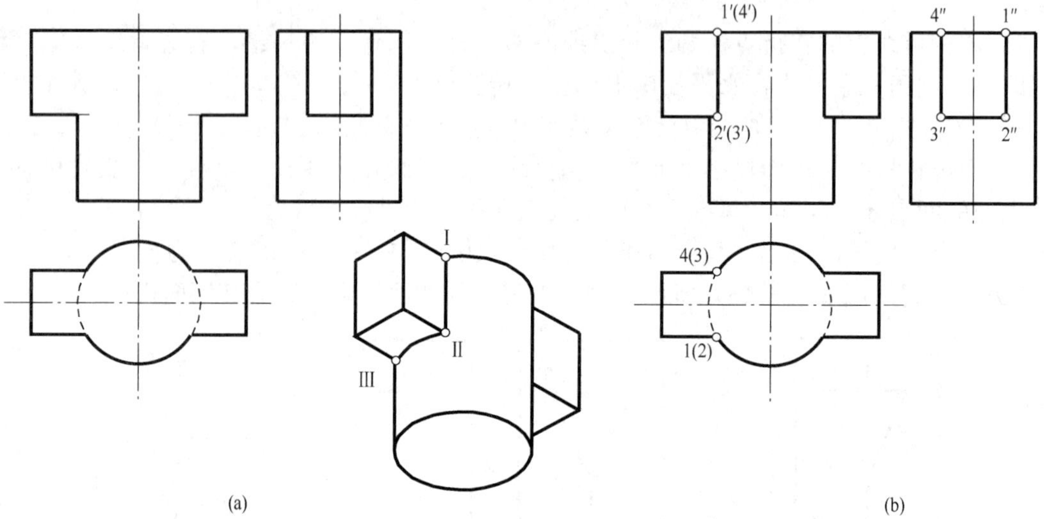

图 3 - 16　四棱柱与圆柱相贯

分析：由已知投影可看出，四棱柱从左向右贯穿圆柱，表面产生两组相贯线。相贯体前后、左右对称，相贯线也前后、左右对称。每组相贯线上有四个转折点，由于四棱柱与圆柱顶面共面，所以每组相贯线均不封闭，均由前后对称的两段直线段和一段圆弧组成。由圆柱的水平投影和四棱柱的侧面投影的积聚性可知，相贯线的水平投影和侧面投影已知，只需求作其正面投影。

作图：如图 3 - 16（b）所示。

1）求作转折点。在水平投影和侧面投影中标记Ⅰ、Ⅱ、Ⅲ、Ⅳ四个转折点的投影，利用投影关系求出正面投影。

2）求作相贯线。ⅠⅡ段和ⅢⅣ段为直线段，投影重合。ⅡⅢ段为水平圆弧，其正面投影为一水平线段。根据对称性作出右边一组相贯线。

3）补全相贯体的投影。相贯体是一个实心的整体，每一立体的轮廓线都只画到相贯线为止。

【例 3 - 14】 图 3 - 17（a）所示圆台与三棱柱相贯，求作相贯线的投影。

分析：由图 3 - 17（a）可知，三棱柱与 1/4 圆台相贯后，两立体的底面和后端面共面，只需求三棱柱侧垂棱面与圆台面产生的一段相贯线，该段相贯线是一段椭圆弧，作图时需求其上若干点后连线。相贯线的侧面投影已知，水平投影和正面投影需求作。

作图：如图 3 - 17（b）所示。

1）求特殊点。求作该段相贯线的两个端点 A、B。在侧面积聚投影中标出 a''、b''，根据投影规律可求出正面投影 a'、b' 和水平投影 a、b。

2）求一般点。在 AB 间取一般点 M。先在侧面投影中确定 m''，利用纬圆法求出 m 和 m'。

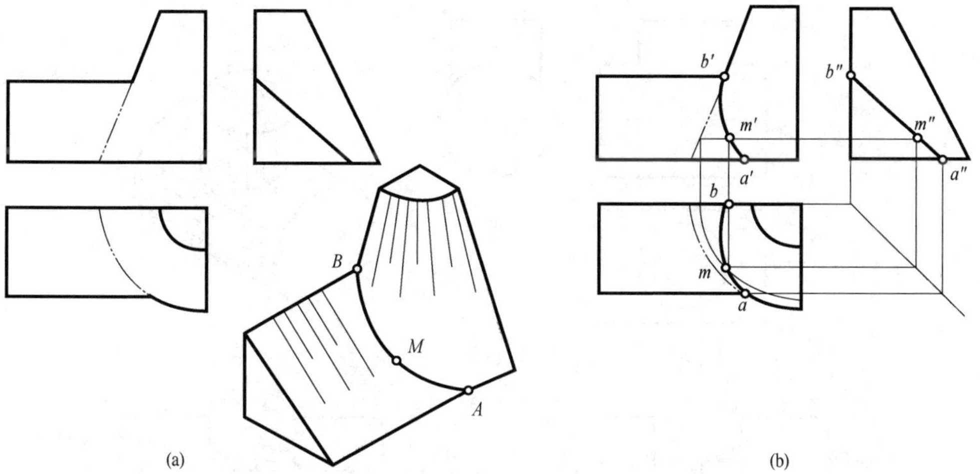

图 3-17　圆台与三棱柱相贯

3）相贯线在正面投影和水平投影中均可见，依次光滑连接各点同面投影即为所求。

3.2.3　两曲面体相交

两曲面体相交，所产生的相贯线一般为封闭的空间曲线，如图 3-18 所示。特殊情况下是平面曲线或直线。相贯线的具体形状取决于两立体的形状和它们的相对位置。

相贯线是两曲面体表面的共有线，线上的点为两曲面体表面的共有点，因此，求作相贯线时，通常先求出一系列的共有点，然后依次光滑连接相邻各点。

本节主要介绍两正交圆柱（即轴线垂直相交）相贯线的画法与识读。

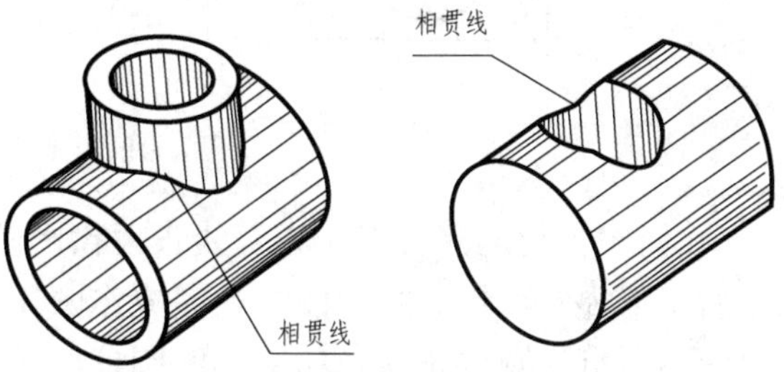

图 3-18　两曲面体相交

1. 两正交圆柱相贯

求两正交圆柱相贯线常用的方法是曲面体表面定点法，即当相交两曲面体表面的某一投影有积聚性时，相贯线的同面投影与其重合为已知，其余投影可利用面上取点的方法求出。取点时应先取特殊点再取一般点。

【例 3-15】 图 3-19（a）所示为两直径不等的圆柱正交，求作相贯线的投影。

分析： 侧垂大圆柱与铅垂小圆柱正交，相贯线是一条前后、左右对称的空间曲线。由于相贯线的共有性，由图 3-19（a）可看出，相贯线的水平投影与小圆柱表面的积聚投影重合，侧面投影与大圆柱表面的积聚投影的上部（大、小圆柱的公共部分）重合，均为已知，只有相贯线的正面投影需求作。

作图：

1）求特殊点。相贯线上有四个特殊点 A、B、C、D，均位于两圆柱面的轮廓素线上，如图 3-19（b）所示。在水平投影和侧面投影中标出 a、b、c、d 及 a''、(b'')、c''、d''，然后根据投影规律求出 a'、b'、c'、(d')，如图 3-19（c）所示。

2）求一般点。取左右对称点 E、F，如图 3-19（b）所示。在水平投影中标出 e、f，由“宽相等”标出侧面投影 e''、(f'')，再根据投影规律求出正面投影 e'、f'，如图 3-19（d）所示。

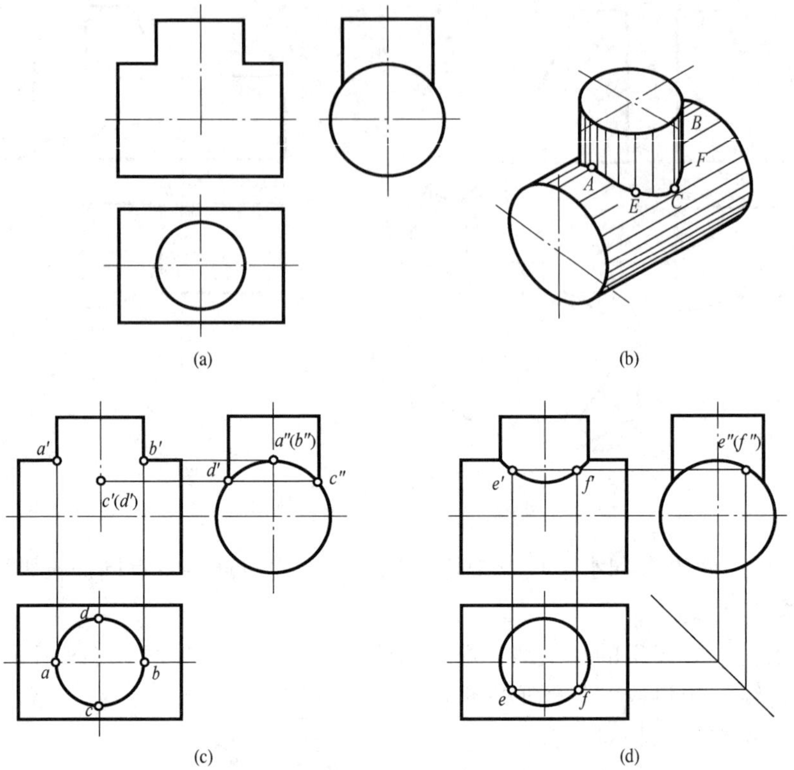

图 3-19　两不等直径圆柱正交

3）依次光滑连接各点，相贯线正面投影的前半部分与后半部分投影重合，前半部为可见，后半部为不可见。加深图线，完成作图，如图 3-19（d）所示。

两不等直径圆柱正交，相交的两圆柱面无论是外表面还是内表面（孔），它们的相贯线形状和作图方法均相同，如图 3-20 所示。图 3-20（a）表示一个小圆柱贯穿一个大圆柱，为两圆柱外表面相贯，相贯线是上下对称的两条封闭的空间曲线。图 3-20（b）表示一个通

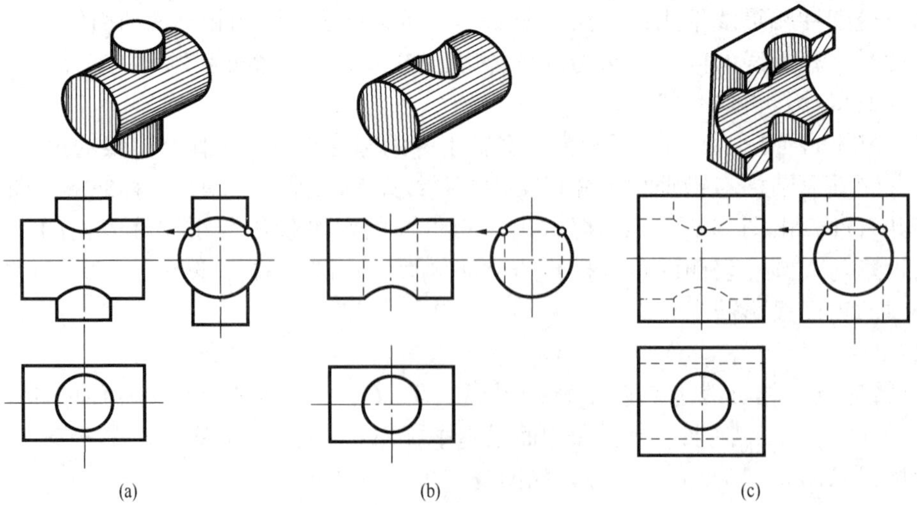

图 3-20　两圆柱正交的识读

（a）两外表面相交；（b）外表面与内表面相交；（c）两内表面相交

孔圆柱，为圆柱的外表面与圆柱的内表面相贯，两条相贯线是上下对称的两条封闭的空间曲线。图 3-20（c）表示一个长方体上穿通两个正交的不等直径的圆柱孔，其相贯线是两个圆柱孔内表面相交产生的，同样是上下对称的两条封闭的空间曲线，但在投影图中不可见，应画成虚线。

在工程中常遇到两个不等直径圆柱正交的作图问题，为了简化画图，其相贯线的非积聚投影可用近似的圆弧代替，画法是：圆弧的圆心在小圆柱的轴线上，半径等于大圆柱的半径，圆弧通过两圆柱轮廓素线的交点并凸向大圆柱轴线，如图 3-21 所示。

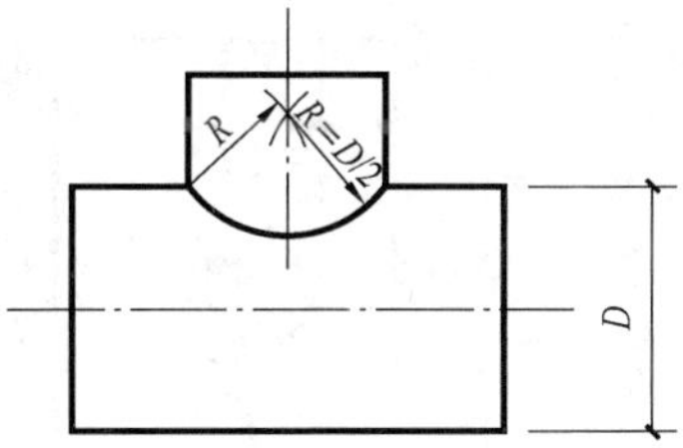

图 3-21　相贯线的简化画法

2. 曲面体相贯线的特殊情况

在特殊情况下，两曲面体的相贯线是平面曲线或直线。常见的特殊相贯线见表 3-3。作图时，如遇到上述特殊情况，可直接画出相贯线。

表 3-3　　**曲面体相贯线的特殊情况**

相贯情况	轴测图	投影图	相贯线及其投影
两圆柱轴线平行		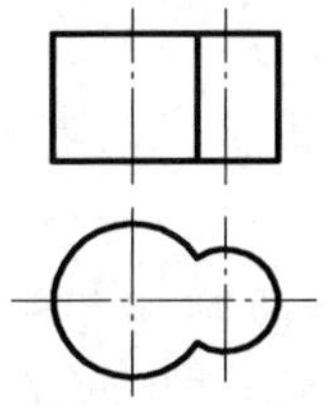	相贯线为圆柱素线
两圆锥共锥顶		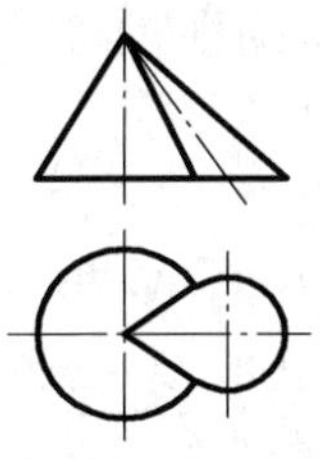	相贯线为圆锥素线
两回转体共轴	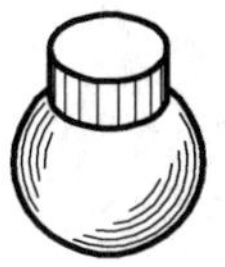	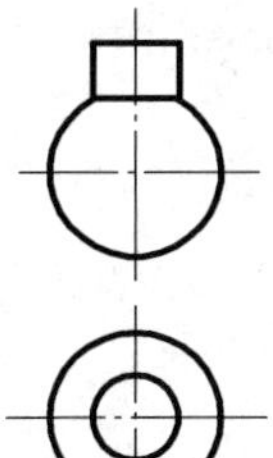	相贯线为垂直于轴线的圆
两等径圆柱正交	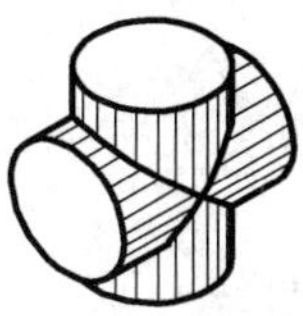	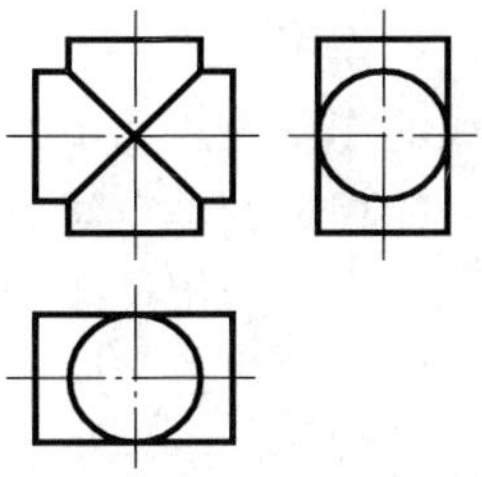	相贯线为两个相等的椭圆，在与轴线平行的投影面上，投影为直线

【例 3 - 16】 图 3 - 22（a）所示为具有正交圆柱孔的铅垂圆柱的两面投影，作出其 W 投影。

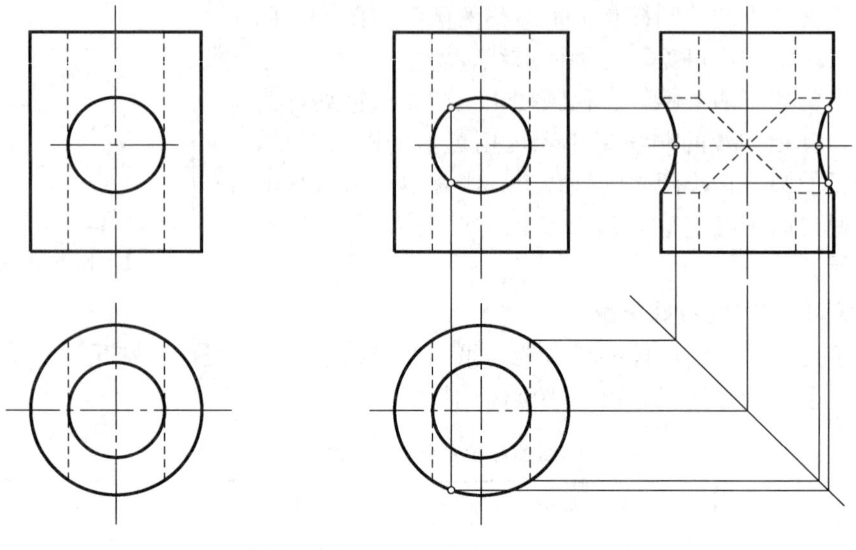

(a) (b)

图 3 - 22 具有正交圆柱孔的铅垂圆柱

分析：

由图 3 - 22（a）可知，铅垂圆柱上有一个从上向下的圆柱通孔和一个从前向后的圆柱通孔，两个圆柱孔内壁等径正交，产生两条相同的椭圆形相贯线，相贯线的 W 投影为两条直线；从前向后的圆柱孔与铅垂圆柱表面正交产生两组相贯线，形成孔口轮廓线。

作图： 如图 3 - 22（b）所示。

1）作出铅垂圆柱的 W 投影。

2）作出从上向下的圆柱孔的 W 投影。

3）作出从前向后的圆柱孔的 W 投影，考虑两个圆柱孔等径正交，按照相贯线的性质，作出相贯线的 W 投影，为两段直线；考虑该圆柱孔与铅垂圆柱表面正交，按照［例 3 - 15］的作图方法作出相贯线的 W 投影。

4）整理加深，完成全图。

思 考 题

3.1 立体表面的交线分哪两大类？各是怎样产生的？

3.2 截交线和相贯线上的点都具有什么特性？

3.3 简述平面体截交线的作图方法和步骤。

3.4 简述曲面体截交线的作图方法和步骤。

3.5 两平面体相交产生的相贯线是空间折线，转折点是如何产生的？

3.6 平面体与曲面体相交产生的相贯线如何求作？

3.7 怎样求作两不等径圆柱轴线正交所产生的相贯线？

3.8 常见的特殊相贯线有哪些情况？相贯线的形状如何？如何在投影图中求作？

第4章　组　合　体

组合体是形状更为复杂的立体，是立体由抽象几何体向实际工程物体的过渡。本章主要讲述组合体三视图的画法、尺寸标注以及识读。通过本章的学习，了解由基本体构造组合体的过程和方法，通过掌握组合体三视图的读画方法来提高形象思维能力和构型设计能力，为专业图的识读奠定空间想象的基础。

4.1　组合体三视图的画法

4.1　组合体三视图的画法

4.1.1　组合体的形体分析

1. 组合体及其组合方式

由多个基本体经过叠加、切割等方式组合而成的物体，称为组合体。组合体的形状一般较为复杂，为了便于认识、把握它们的形状，我们像前面学习简单体一样，运用形体分析法分析它们的组合方式，把它们分解成若干部分，然后分析各部分的形状及相对位置。形体分析法依然是组合体画图、读图和尺寸标注的基本方法。

根据组合方式的不同，组合体可分为叠加型、切割型和综合型三种类型，如图4-1所示。

图4-1（a）所示叠加型组合体，由三部分组成，主体是一个五棱柱，前方有一组合柱与之相贯，顶部有一四棱柱与之相贯。

图4-1（b）所示切割型组合体，可看成由一个长方体经过三次切割而成，先后切掉了两个梯形四棱柱和一个圆柱。

图4-1（c）所示组合体为综合型。综合型是指既有叠加又有切割的组合形式，该物体底部为一切槽四棱柱，上部居中为一切半圆槽的四棱柱，两侧各叠加一个三棱柱。

对于组合体，正确理解其构型是画图和读图的关键所在。在许多情况下，叠加型和切割型并无严格的界限，同一组合体既可按叠加方式分析，也可按切割方式去理解。如图4-1（c）所示物体，也可理解为叠加型组合体，底部为一倒放“凹”形棱柱，上部居中为一带有半圆柱曲面的组合柱，两侧各叠加一个三棱柱。因此，组合体的组合方式应根据具体情况而定，以便于作图和理解为原则。

2. 组合体相邻表面的连接关系

对组合体的分解是为分析物体结构而假设的。在实际中，组合体是整体，要还原组合体的完整性，就要特别注意各基本体叠加后相邻表面的连接关系。组合体中各基本体表面之间按位置关系可分为相交、相切和共面三种。

（1）相交。两基本体的相邻表面相交时，在相交处产生交线（相贯线）。画图时应正确地画出两表面的交线，如图4-2（a）所示。

（2）共面（平齐）。当两基本体表面共面平齐时，在两个面的交界处不存在交线，因此在投影图上不画线，如图4-2（b）所示。

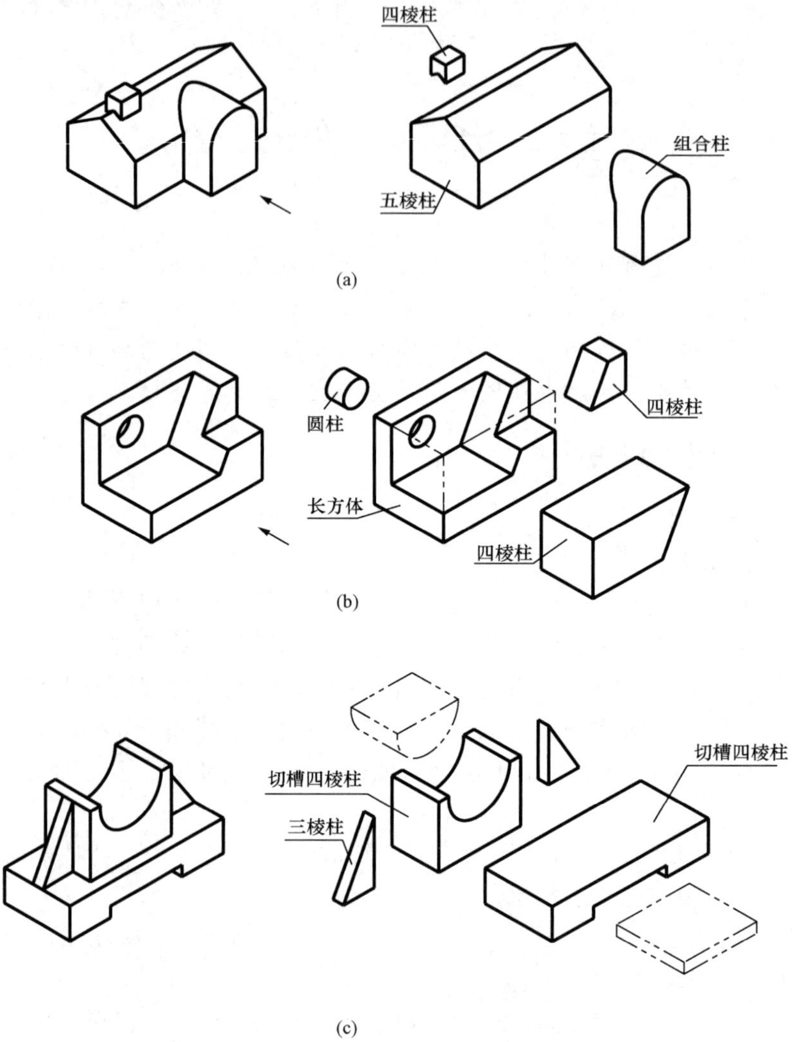

图 4 - 1　组合体的组合方式

（a）叠加型；（b）切割型；（c）综合型

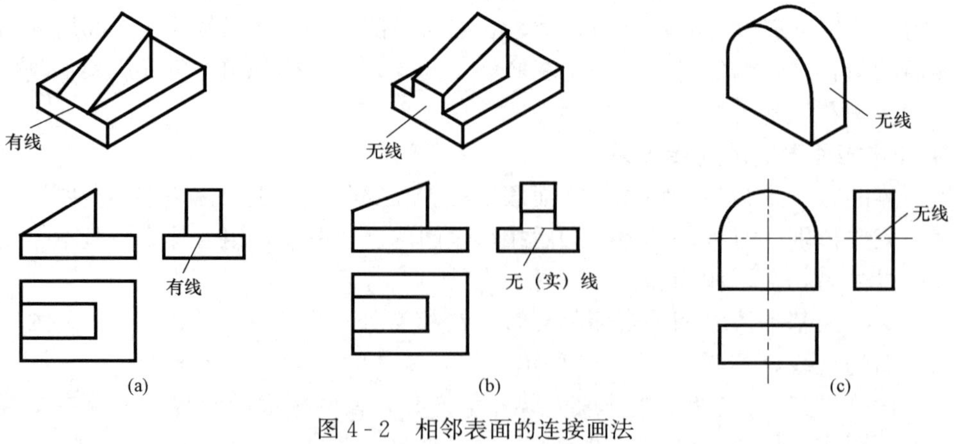

图 4 - 2　相邻表面的连接画法

（a）表面相交，相交处有线；（b）表面共面，连接处无线；（c）表面相切，连接处无线

（3）相切。当两基本体表面相切时，在相切处的特点是由一个物体的表面光滑地过渡到另一物体的表面，过渡处不存在界线。因此在投影图上相切处不画线，切点的位置由投影关系确定，如图 4-2（c）所示。

4.1.2 组合体三视图的画法

1. 画图的基本方法

在绘制组合体的三视图时，常采用形体分析法，有时还辅以线面分析法。线面分析法是在形体分析法的基础上，运用线、面的投影规律，分析物体上线、面的空间关系和形状，从而把握住组合体的细部。

2. 画图步骤

绘制组合体三视图的步骤为：

（1）形体分析。运用形体分析法对组合体进行形体分析，先确定组合体的组合方式，然后弄清各基本体的形状特征，再分析各基本体间的相对位置及相邻表面的连接关系，对组合体的形体特征全面理解。

（2）视图选择。在各视图中，选择正面投影是关键。正面投影确定后，其他各视图也就相应地被确定。选择正面投影主要有以下几个原则：

1）将物体按正常使用位置放置。

2）尽可能使物体上主要表面平行于投影面，以便获得最好的实形性。

3）使正面投影最能反映物体的形体特征，形体特征包括各组成部分的形状特征和位置特征。

4）一般使物体的长度方向平行于正立投影面。

5）使相应的其他视图中的虚线最少。

（3）画三视图。根据组合体中各基本体的投影特征，逐个画出各自的三视图。一般是按先主后次、先大后小、先实（原体）后空（挖切）、先外（整体）后内（细部）的顺序作图。在作每个组成部分的投影时，都要三个投影联系起来一起画，先作最能反映形体特征的投影，然后利用三等规律画出其他两个投影。画图时，先画底稿，再整理加深。

【例 4-1】 画出图 4-1（a）所示叠加型组合体的三视图。

分析：考虑物体的自然位置和形体特征，选取如图 4-1（a）所示的箭头方向作为正面投影方向，按照先主后次的顺序作图。

作图：

1）主体为侧垂五棱柱，先作出五棱柱的三视图，如图 4-3（a）所示。

2）然后作出组合柱的三视图，组合柱与五棱柱相贯，特别注意组合柱的半圆柱面与五棱柱棱面产生的相贯线 H 投影的求作过程，如图 4-3（b）所示。

3）再作出顶部小四棱柱的三视图，小四棱柱与五棱柱相贯，注意相贯线的求作，如图 4-3（c）所示。

4）最后考虑各部分间的相对位置，注意视图中的虚线，整理加深，如图 4-3（d）所示。

【例 4-2】 画出图 4-1（b）所示切割型组合体的三视图。

分析：该物体为一长方体经过三次切割而成，选择图 4-1（b）所示的箭头方向作为正

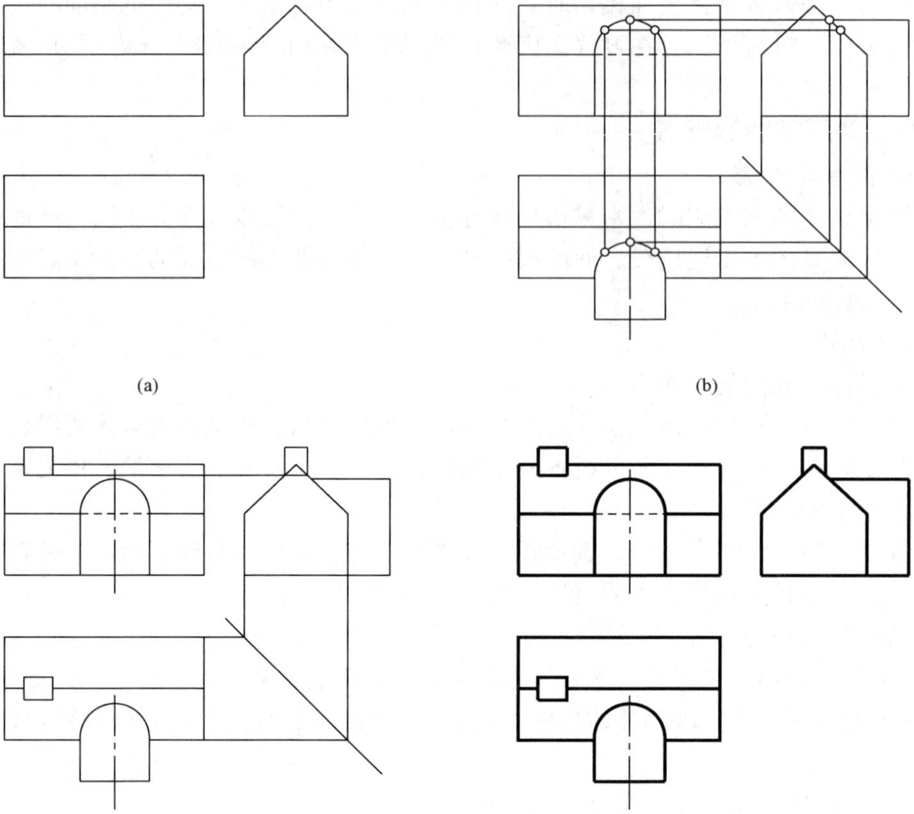

(a)　(b)　(c)　(d)

图 4-3　叠加型组合体三视图的画图步骤

面投影方向，该方向最能表达切割特征。作图时，按照先实后空的顺序逐次切割，每次切割时先作最能反映切割特征的视图。

作图：

1）先画出完整长方体的三视图，如图 4-4（a）所示。

2）首先在长方体的左前方切掉一个梯形四棱柱，先完成最能反映切割特征的正面投影，再按照投影规律画出其他投影，如图 4-4（b）所示。

3）在此基础上，在物体的右前上方又切掉了一个梯形四棱柱，该次切割是由一个水平面和一个正平面共同截切，先作出最反映切割特征的侧面投影，再按照求作截交线的方法作出其他投影，如图 4-4（c）所示。

4）最后，在物体的右后方挖通一个轴线正垂的小圆柱通孔，完成其三视图，整理加深，如图 4-4（d）所示。

图 4-1（c）所示综合型组合体三视图的画法请读者自行分析。

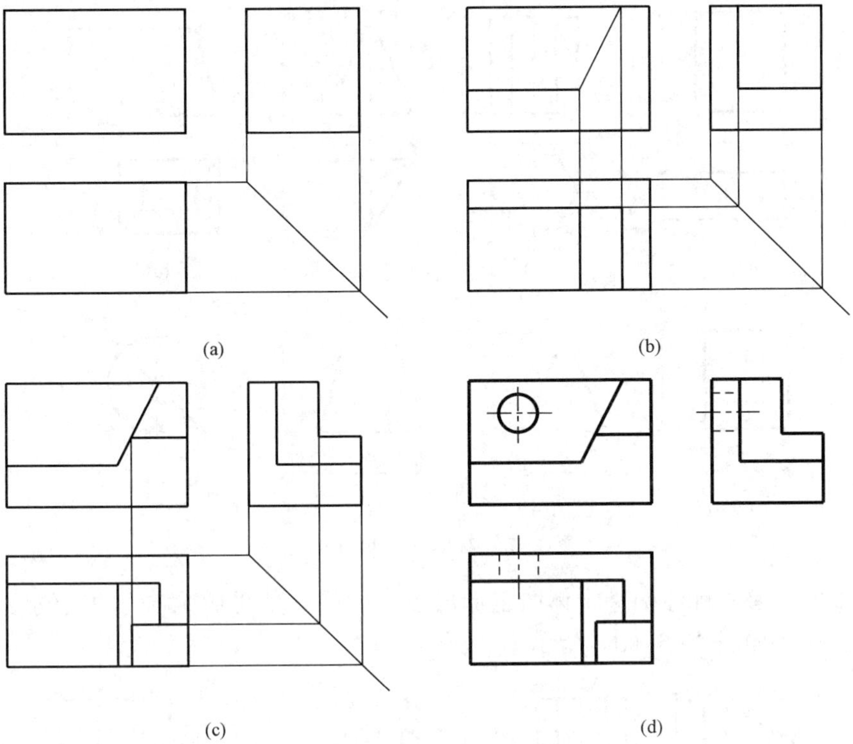

图 4 - 4　切割型组合体三视图的画图步骤

4.2　组合体的尺寸标注

4.2　组合体的尺寸标注

物体的投影图只能表示物体的形状，而物体的大小和各组成部分的相互位置则由投影上标注的尺寸来确定。标注尺寸时应做到：正确、完整、清晰、合理，同时还应遵守有关制图标准的规定，有关制图标准中规定的尺寸注法请参见本教材第 7 章 7.2 节内容。

4.2.1　基本体的尺寸标注

组合体是由基本体组成的，所以要掌握组合体的尺寸标注，必须首先掌握基本体的尺寸标注。

1. 基本体的尺寸标注

常见的基本体有棱柱、棱锥、棱台、圆柱、圆锥、圆台和球等。基本体一般只需标注出长、宽、高三个方向的定形尺寸。图 4 - 5 所示为一些常见的基本体尺寸标注示例。

对于柱体和锥体，应注出确定底面形状的尺寸和高度尺寸。对于棱台和圆台，应注出确定底面和顶面形状的尺寸和锥台的高度尺寸。对于球体规定在标注球的直径“ϕ”之前加注字母“S”。

有些基本体在标注尺寸后可以减少投影的数量。例如球，只需一个投影和标注直径尺寸就可表达清楚。又例如圆柱、圆锥，在正面投影中标注了底面圆直径和高度尺寸，也只用一个投影表达即可。

2. 截切体和相贯体的尺寸标注

对于截切体，除了标注出基本体的定形尺寸外，还需标注出确定截平面位置的定位尺寸。当截平面与立体的位置确定后，截交线随之确定，所以不需标出截交线的尺寸，如图 4 - 6（a）、（b）、（c）所示。

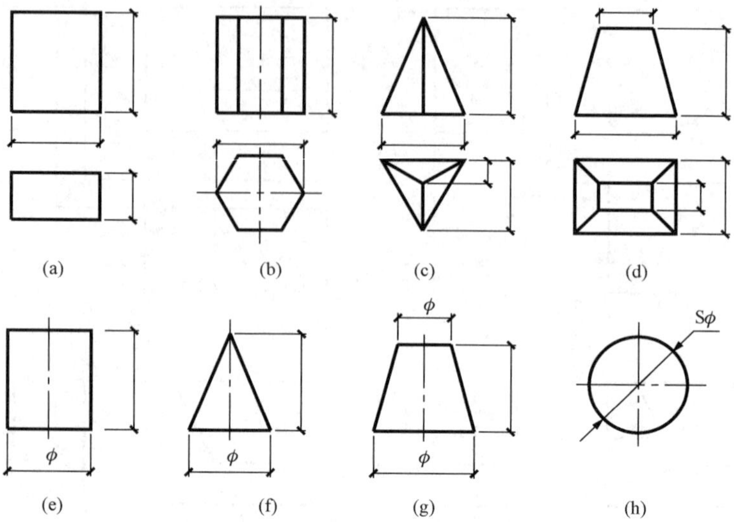

图 4-5　基本体的尺寸标注

对于相贯体，首先标注两基本体的定形尺寸，然后标注两基本体间的定位尺寸，相贯线的尺寸不需标注，如图 4-6（d）所示。

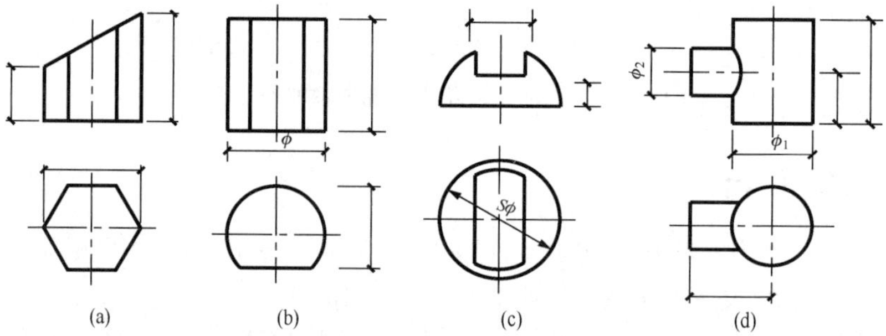

图 4-6　截切立体和相贯体的尺寸标注

4.2.2　组合体的尺寸标注

在标注组合体的尺寸时，首先进行形体分析，然后再合理标注尺寸。

1. 尺寸的种类

（1）尺寸基准。对于组合体，在标注尺寸时，须在长、宽、高三个方向分别选定尺寸基准，即选择一个或几个标注尺寸的起点。通常选择物体上的中心线、主要端面等作为尺寸基准。

（2）尺寸分类。组合体的尺寸分为三类：

1）定形尺寸：确定组合体中各基本体大小（长、宽、高）的尺寸。

2）定位尺寸：确定组合体中各基本体相对位置的尺寸或确定截平面位置的尺寸。

3）总体尺寸：确定组合体的总长、总宽、总高的尺寸。

2. 组合体尺寸标注的原则

（1）尺寸标注正确完整。尺寸标注的正确性和完整性是标注中的基本要求，要求尺寸标注必须符合制图标准的规定，物体的尺寸标注要齐全，各部分尺寸不能互相矛盾，也不可重复。

（2）尺寸标注清晰明了。

1）尺寸应尽量标注在视图轮廓线之外，必要时尺寸可以标注在轮廓线之内。

2）尺寸一般应标注在反映形状特征最明显的视图上，尽量避免在虚线上标注尺寸。

3）尺寸应尽量集中标注在相关的两视图之间。

4）尺寸线尽可能排列整齐。相互平行的尺寸线，小尺寸在内，大尺寸在外，且尺寸线间的距离应相等。同方向尺寸应尽量布置在一条直线上。书写尺寸数字大小要一致。

5）避免尺寸线与其他图线相交重叠。

（3）尺寸标注合理。标注尺寸除应满足上述要求外，对于工程物体的尺寸标注还应满足设计和施工的要求。在土建工程中，通常需从施工生产的角度来标注尺寸，其标注形式要在具备一定的专业知识后才能逐步做到。

3. 组合体尺寸标注示例

【例 4-3】 标注图 4-1（a）所示组合体的尺寸。

具体步骤如下：

1）形体分析。尺寸标注前，先要进行形体分析。本例为叠加型组合体，应先标注各组成部分的定形尺寸，再标注各部分间的定位尺寸，最后标注总尺寸。

2）标注各部分的定形尺寸，如图 4-7（a）所示，五棱柱端面尺寸为 15、9、17，长度为 30；顶部四棱柱的定形尺寸为 4、3；前方组合柱上部为半圆柱，定形尺寸为 $R5$，下部为四棱柱，其宽度为半圆柱的直径，高度与五棱柱的高度尺寸 9 重复，不必标注。

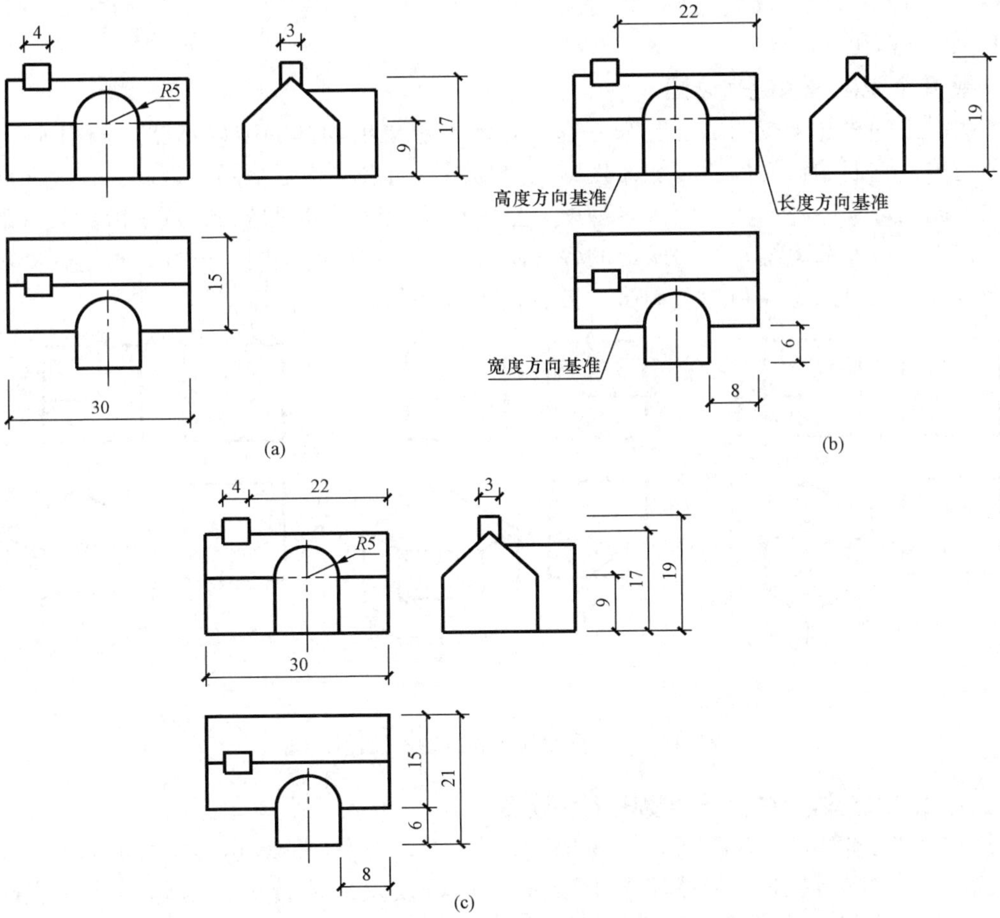

图 4-7　组合体的尺寸标注步骤

3）标注各部分间的定位尺寸，如图 4-7（b）所示。首先选择各方向的尺寸基准，在本例中，以五棱柱的右端面作为长度方向基准，以五棱柱的前棱面作为宽度方向的基准，以该组合体的底面作为高度方向的基准。当两部分在某一方向上中心重合或端面平齐时，不需标注定位尺寸。顶部四棱柱左右方向的定位尺寸为 22，上下方向的定位尺寸为 19，前后方向不需定位尺寸；前方组合柱左右方向定位尺寸为 8，前后方向定位尺寸为 6，上下方向不需定位尺寸。

4）标注总体尺寸。如图 4-7（c）所示，总长为 30，总宽为 21，总高为 19，其中总长、总高与前面已注尺寸重合。

5）按照标注原则对各尺寸进行调整排列，完成全图，如图 4-7（c）所示。

4.3 组合体三视图的识读

4.3 组合体三视图的识读

读图是画图的逆过程。画图是将三维立体投影后用二维平面图形表示，是从体到图的过程。而组合体的读图，则是根据已画出的投影图，运用投影规律，想象物体的空间形状，是从图到体的过程。

读图是对前面所学知识的综合运用。只有熟练掌握读图的基础知识，正确运用读图的基本方法，多读多练，才能具备快速准确的读图能力，从而提高空间想象能力和投影分析能力。

4.3.1 读图基础

1. 将几个视图联系起来读图

读图时必须将几个视图结合起来一起看，才能想象出物体的准确形状。如图 4-8 所示的三个物体，它们的正面投影和侧面投影完全相同，而水平投影不同。因此，仅凭一两个视图往往不能确定物体的形状，而且容易误导空间想象。读图过程是一个从发散到收敛的思维过程。首先进行发散思维，根据所给的各视图想象空间物体的不同可能性，再将这些不同的选择在各视图下对照比较和筛选淘汰，最后收敛为一个确切的物体。

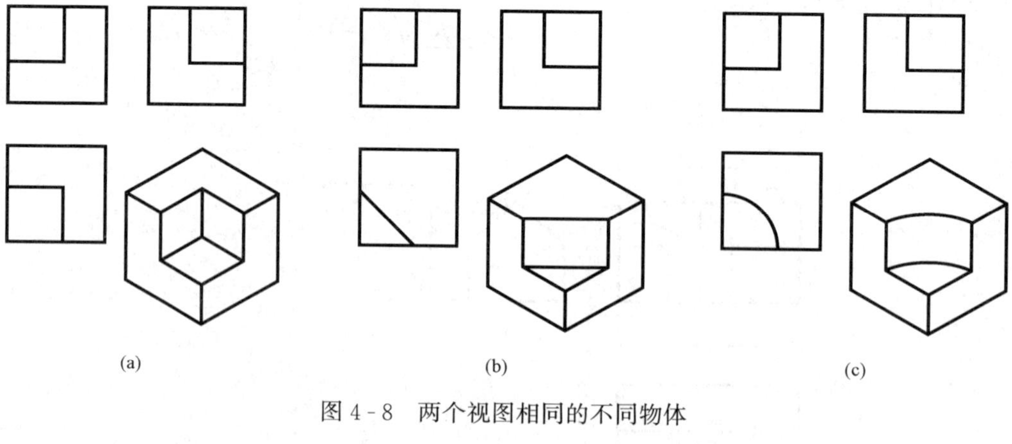

(a) (b) (c)

图 4-8 两个视图相同的不同物体

2. 从反映组合体形体特征的视图入手读图

看组合体视图时，一般情况下先从正面投影入手，因为最能表达形体特征的投影通常是正面投影。但实际看图时，在其他视图上同样可以反映形体特征，因此要善于捕捉特征视图。

如图 4-9（a）、（b）所示，两个组合体的正面投影和水平投影相同，侧面投影不同。读图时，正面投影最能反映各部分的形状特征，而侧面投影最能反映各部分间的位置特征，物体上的凹凸空实关系在侧面投影中一目了然。

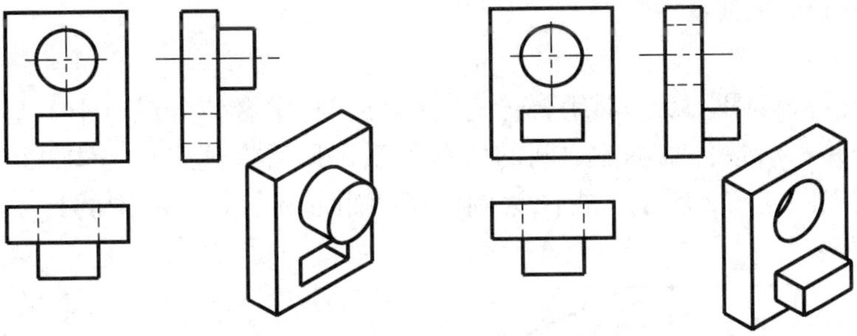

(a)　　(b)

图 4-9　读图时善于抓特征视图

3. 了解视图上线段和线框的含义

视图上线段的含义：①表示平面或曲面的积聚投影；②表示两个面的交线的投影；③表示曲面的外形轮廓素线。如图 4-10 所示，Ⅰ、Ⅱ所指线段是平面和圆柱面的积聚投影，Ⅲ所指线段是两个平面交线的投影，Ⅳ所指线段是圆柱面的外形轮廓素线。

视图上封闭线框的含义：①表示平面或曲面，如图 4-11（a）、（b）所示；②表示基本体或因挖掉实体而形成的孔洞或坑槽。图 4-11（c）中线框Ⅰ表示实体四棱柱，图 4-11（d）中线框Ⅰ表示挖掉四棱柱形成的凹槽，图 4-11（e）中线框Ⅰ表示挖掉四棱柱形成的通孔。

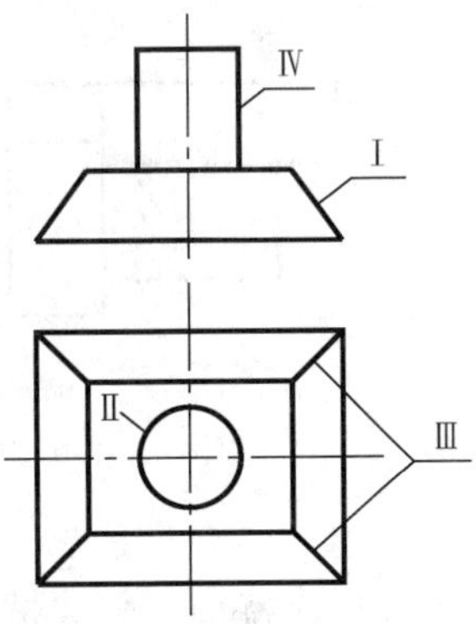

图 4-10　视图中线段的含义

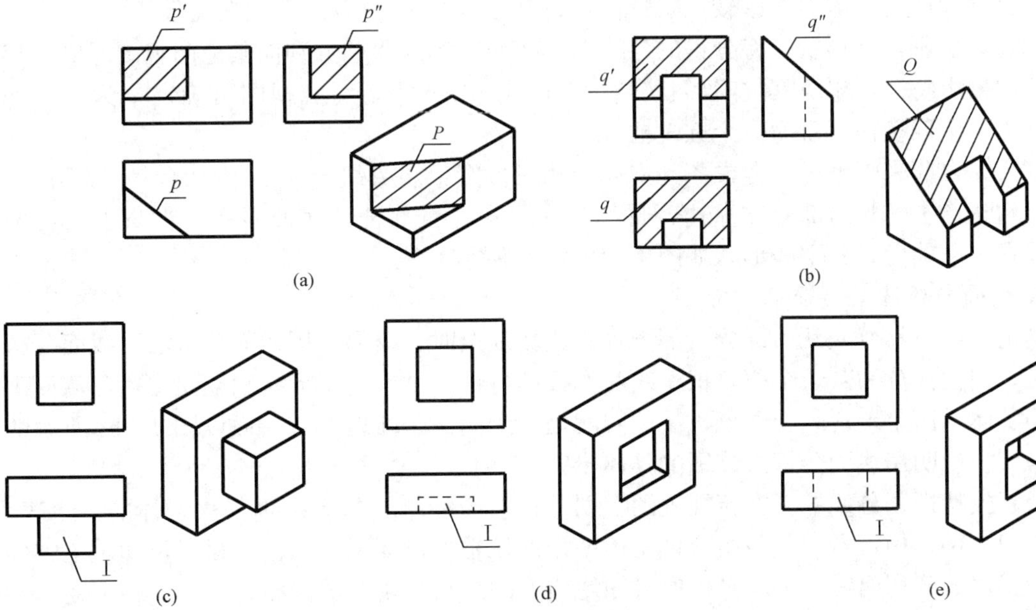

(a)　　(b)

(c)　　(d)　　(e)

图 4-11　视图中线框的含义

4.3.2 读图的基本方法

读图的基本方法与画图相同，采用形体分析法和线面分析法。读图时，通常以形体分析法为主，当遇到组合体中某些部分的形状复杂较难看懂时，需辅之以线面分析法。即形体分析看大概，线面分析看细节。

1. 形体分析法

所谓形体分析法读图，就是对组合体进行拆分，将组合体分成若干个基本体，看懂每个基本体的形状，并搞清楚各基本体之间的位置关系，最后将这些基本体再组合，想象出它的空间形状。下面以图 4 - 12 所示三视图为例，说明用形体分析法读图的具体步骤。

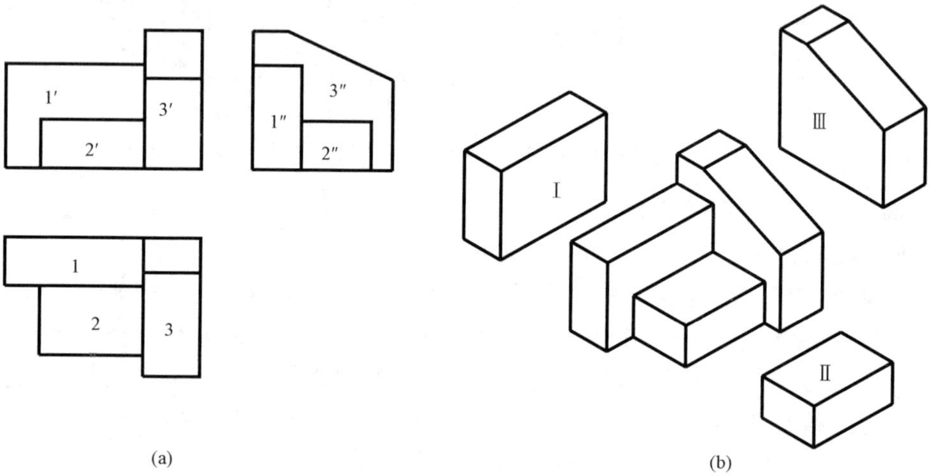

图 4 - 12　形体分析法读图

(1) 找特征，分线框。将组合体分解为若干部分。找到最能反映形状特征和位置特征的视图，将其划分成若干线框，每个线框代表一部分形体。在图 4 - 12（a）中可看出该组合体由三部分叠加而成，侧面投影较反映特征，将其划分为三个线框 1″、2″、3″。

(2) 对投影，定形状。将分得的各线框，按照三等规律，分别向其他两视图对应，根据基本体的投影特征，想象其空间形状。在图 4 - 12（a）中，对照视图可确定Ⅰ为一个四棱柱，Ⅱ为一个四棱柱，Ⅲ为一个五棱柱。

(3) 综合起来想整体。考虑各基本体的相对位置，想象组合体的整体形状。从图 4 - 12（a）可判断，Ⅰ、Ⅱ两部分在左边，Ⅲ部分在右边，三部分的底面平齐，Ⅲ与Ⅰ后端面平齐，Ⅱ在Ⅰ的前面，其空间形状如图 4 - 12（b）所示。

2. 线面分析法

当组合体不易分成几个部分或部分投影比较复杂时，需要运用线面分析法。线面分析法读图时，把物体分为若干个面，根据线面的投影特征逐个确定其形状和空间位置，从而围合成空间整体。简单地说，线面分析法读图就是一个面一条线地看。下面以图 4 - 13 所示的三视图为例，说明用线面分析法读图的具体步骤。

(1) 找特征，分线框。在特征视图上划分出若干线框，每个线框代表物体的一个表面。在图 4 - 13（a）中可看出，该组合体是由一个四棱柱切割而成，由正面投影可知左上方的缺角是用正垂面截切而得，由水平投影可知左前方的缺角是用铅垂面截切而得。整个物体左端的形状较为复杂，侧面投影最能反映该部分形状特征，从中分离出三个线框 1″、2″、3″。

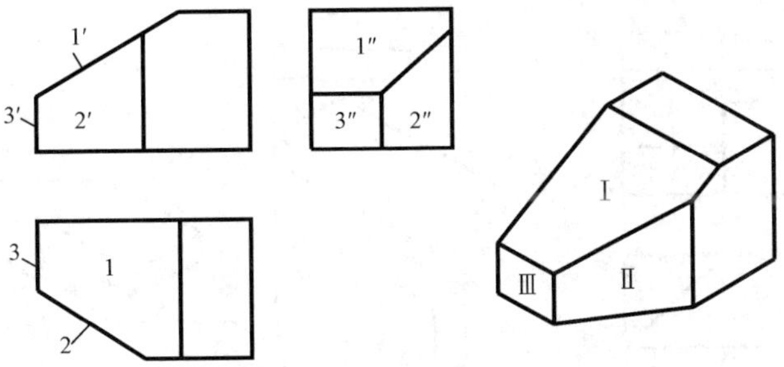

(a)　　(b)

图 4 - 13　线面分析法读图

（2）对投影，定形状。将分得的各线框，按照三等规律，分别向其他两视图对应，根据平面的投影特征，想象出这些表面平面的形状及空间位置。在图 4 - 13（a）中，对照视图可确定Ⅰ为一个正垂的五边形，Ⅱ为一个铅垂的四边形，Ⅲ为一个侧平的矩形。同样的方法，可逐个分析出该物体上的其他各表面。

（3）围合起来想整体。分析各个表面的相对位置，围合出物体的整体形状，如图 4 - 13（b）所示。

4.3.3　读图、画图训练

读图、画图的目的就是为了提高识图能力，提高空间想象力。但这需要不断训练，不断地在二维投影图与三维立体之间转换，使它们建立一一对应的关系。我们可以通过很多方法来训练读图、画图的综合能力，下面介绍几种常用的方法。

1. 根据两视图补画第三视图

根据两个视图补画第三视图，简称“二求三”。“二求三”是训练读画图能力最基本的方法。一般来说，物体的两面投影已具备长、宽、高三个方向的尺度，完全可以补出第三投影，但前面已经探讨过，在特殊的情况下，可以出现多种答案，如图 4 - 8 和图 4 - 9 所示。

【例 4 - 4】 已知物体的水平投影和正面投影，试补画其侧面投影，如图 4 - 14（a）所示。

分析： 由图 4 - 14（a）可看出该组合体由四部分叠加而成，由于水平投影比较明显地反映出各部分的形状特征，所以将它分成四个线框 1、2、3、4，对照正面投影可以看出：由虚线和实线围成的“L”形线框 1 表示的是位于底部的主体“L”形棱柱；矩形线框 2 表示的是四棱柱；三角形线框 3 表示的是三棱柱；半圆线框 4 表示的是半圆柱。四部分间的相对位置分别是：Ⅰ、Ⅱ、Ⅲ三部分上下排列，Ⅰ在最底部，Ⅲ在最上部，三部分的后端面和右端面平齐，另外，Ⅰ、Ⅱ部分的前端面也平齐。Ⅳ部分是一个半圆柱，它的后壁与“L”形棱柱的前壁相叠合，底面与“L”形棱柱的底面共面，圆柱面与“L”形棱柱的表面相切。逐个读懂组合体各基本体的形状和相对位置，想象出这个组合体的整体形状，如图 4 - 14（b）所示。

作图： 利用三等规律，画出Ⅰ部分“L”形棱柱的侧面投影，如图 4 - 14（c）所示；画出Ⅱ部分四棱柱的侧面投影，如图 4 - 14（d）所示；画出Ⅲ部分三棱柱和Ⅳ部分半圆柱的侧面投影，如图 4 - 14（e）所示。考虑组合体相邻表面的连接关系，由于表面相切，擦去侧面投影上半圆柱与“L”形棱柱之间的分界线，加画半圆柱的轴线，检查无误后，加深完成全图，如图 4 - 14（f）所示。

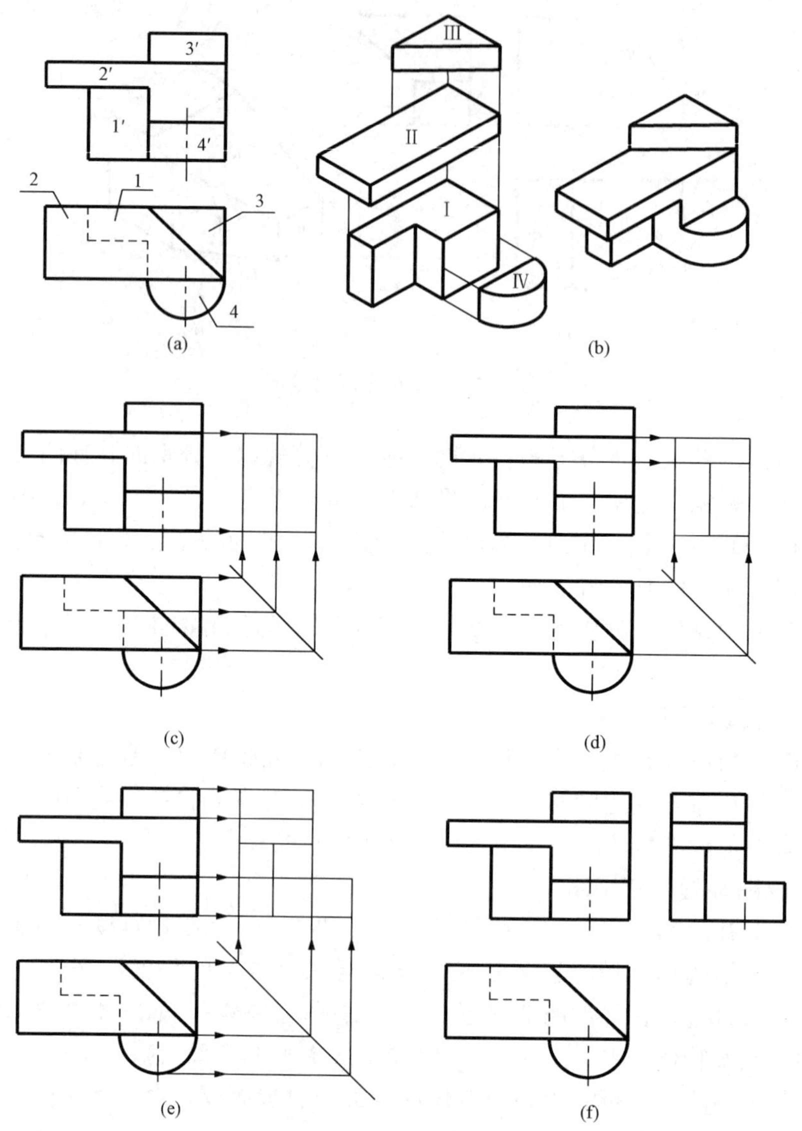

图 4 - 14　补画组合体的侧面投影

【例 4 - 5】　已知物体的正面投影和侧面投影，试补画其水平投影，如图 4 - 15（a）所示。

分析：由图 4 - 15（a）可看出该组合体由三部分叠加而成，正面投影较明显反映各部分的形状特征，所以将它分成Ⅰ、Ⅱ、Ⅲ三部分，对照侧面投影可以看出：Ⅰ部分为一拱形门洞，Ⅱ部分为四棱柱，Ⅲ部分为一正垂“L”形棱柱。三部分间的相对位置分别是：Ⅰ、Ⅱ两部分相贯，二者后表面平齐；Ⅲ部分与Ⅰ部分叠加，二者前表面平齐；Ⅲ部分与Ⅱ部分叠加，二者左端面平齐。该组合体的整体形状如图 4 - 15（b）所示。

作图：利用三等规律，画出Ⅰ部分的水平投影，如图 4 - 15（c）所示；画出Ⅱ部分四棱柱的水平投影，注意作出四棱柱与Ⅰ部分间产生的相贯线，如图 4 - 15（d）所示；画出Ⅲ部分的水平投影，如图 4 - 15（e）所示。检查无误，加深完成全图，如图 4 - 15（f）所示。

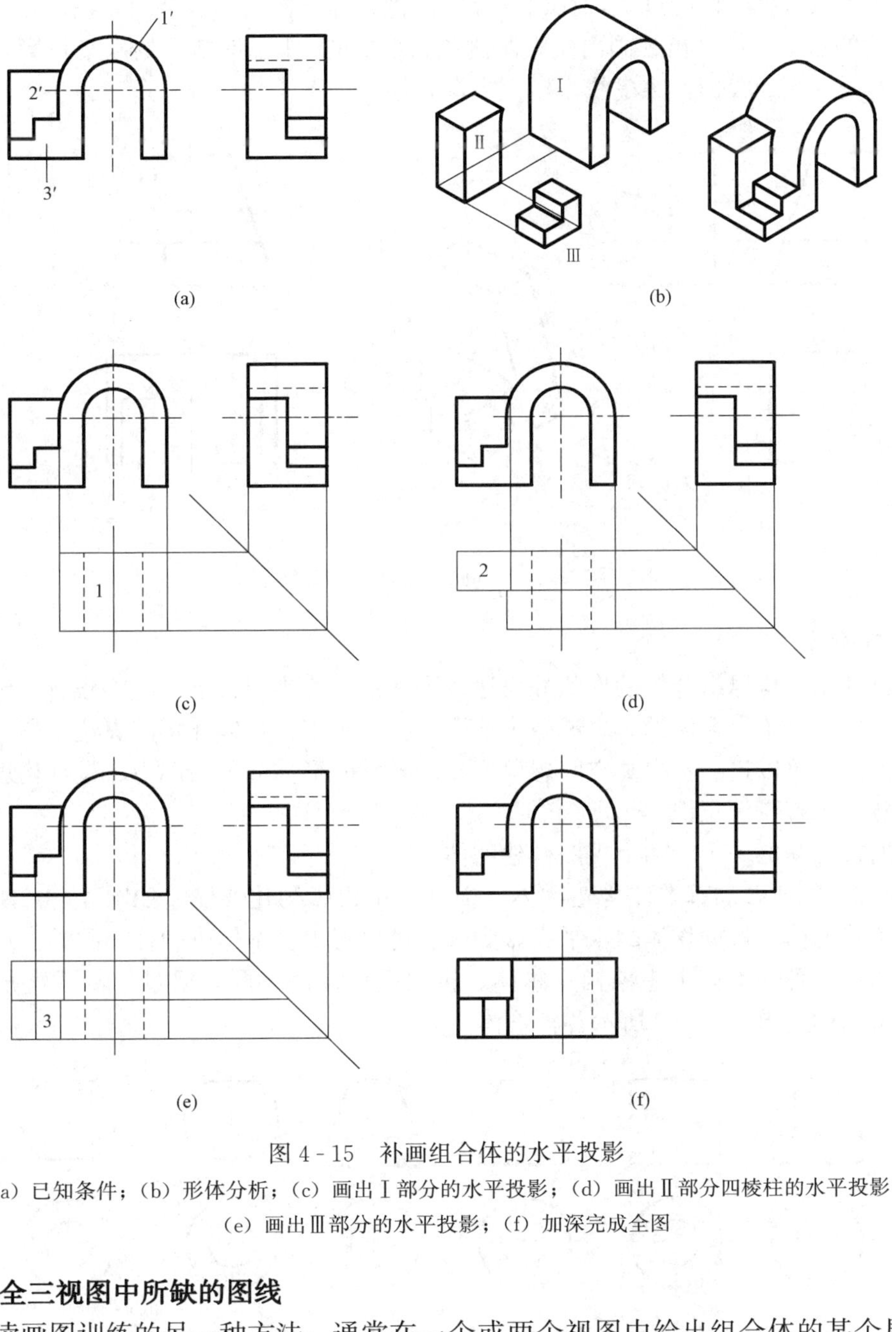

(a) (b) (c) (d) (e) (f)

图 4 - 15 补画组合体的水平投影

(a) 已知条件；(b) 形体分析；(c) 画出Ⅰ部分的水平投影；(d) 画出Ⅱ部分四棱柱的水平投影；(e) 画出Ⅲ部分的水平投影；(f) 加深完成全图

2. 补全三视图中所缺的图线

这是读画图训练的另一种方法。通常在一个或两个视图中给出组合体的某个局部结构，而在其他视图中遗漏。这种练习说明物体上任何局部结构在各视图中都要有所表达，强调了画图时从整体到局部都要三个投影同时配合画，以确保视图内容完整。

【例 4 - 6】 补全图 4 - 16（a）所示组合体中漏缺的图线。

分析： 由形体分析可知，该组合体为切割型。将正面投影左右缺角补齐（图中以双点画线表示），以此与反映形状特征的侧面投影对照，可知原体为一个“L”形棱柱。该棱柱被左右对称的两个正垂面截切，前部居中开矩形槽。其空间形状如图 4 - 16（b）所示。

作图：按照形体分析的过程，利用三等规律将各部分构造逐步补画完整。首先补画原体“L”形棱柱的水平投影，再补画出左右两侧截切形成的“L”形断面的水平投影，最后补画出前部矩形槽的侧面投影，为虚线。整理加深，结果如图 4-16（c）所示。

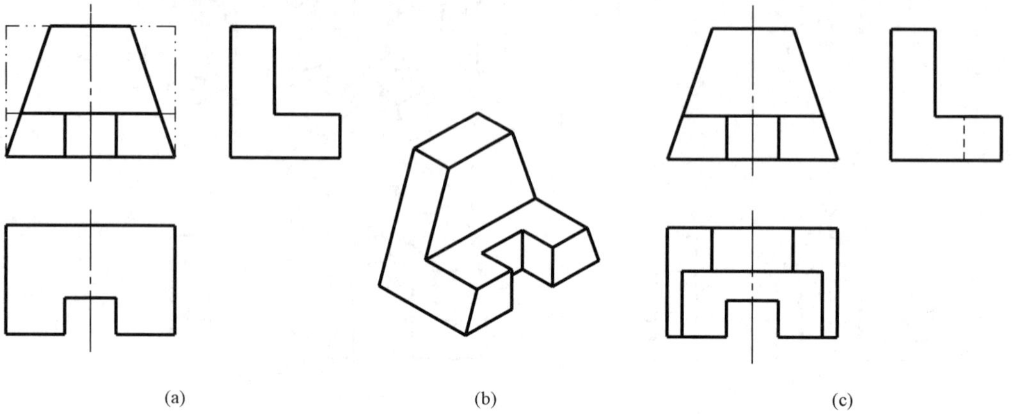

图 4-16　补画三视图中的漏线

3. 构型设计

根据已知条件构思组合体的形状并表达成图的过程称为组合体的构型设计。构型设计的主要方式是根据已给组合体的一个或两个视图，构思出多种物体并将其表达出来。利用构型设计这种方法，可以进一步提高空间想象力，培养空间形体的创新能力、设计构思和表达能力，初步建立工程设计意识。

（1）通过已知的一个或两个视图构建物体。

1）通过切割或叠加基本体构建物体。根据一个投影构建物体。如图 4-17 所示，根据水平投影构建物体。根据物体的水平投影为圆，可以想出基本体中圆柱、圆锥、球的投影为圆，可以从这三种基本体去想象构建物体。再根据里面的小圆，通过切割或叠加圆柱、圆锥、球，可以构建出图 4-17 所示各种物体。

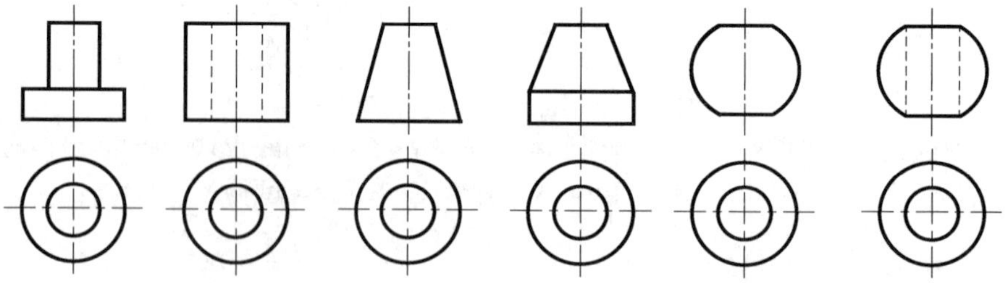

图 4-17　根据水平投影构建不同物体

2）由表面的凹凸、正斜、平曲合理构建物体。根据两个投影构建物体。如图 4-18（a）所示，根据物体的水平投影和正面投影外轮廓线框为矩形，可以构建成棱柱体或圆柱体，在此基础上，由表面的凹凸、正斜、平曲可构造多个不同形状物体，如图 4-18（b）所示。

构建物体时要注意：要使物体保持稳定状态，两个物体组合时不能出现点接触、线接触和面连接，图 4-19 中物体显然不合理。

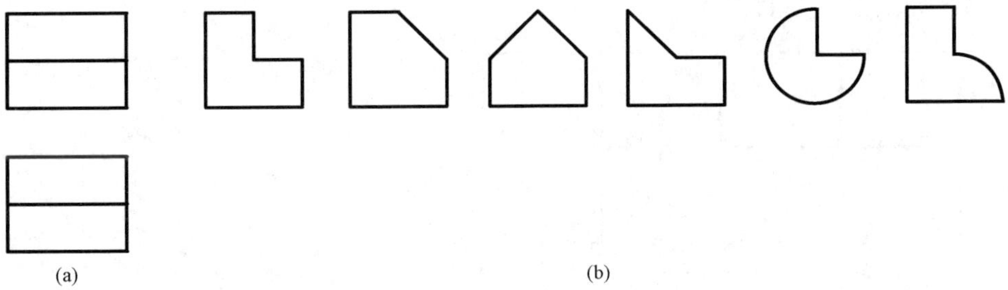

图 4-18 根据两面投影构建物体
(a) 已知投影；(b) 构建不同形状物体的侧面投影

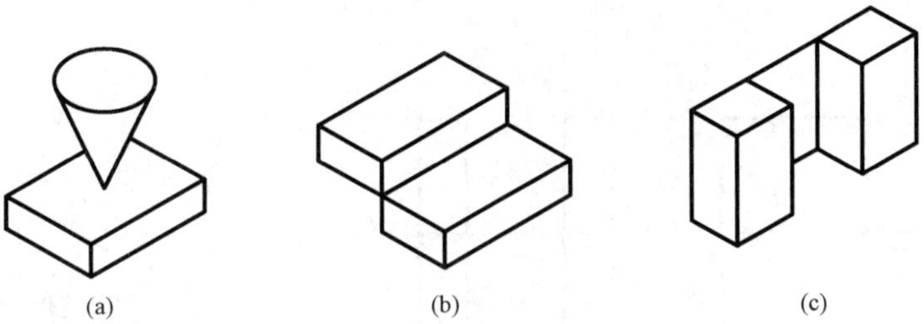

图 4-19 不合理构型方式
(a) 点接触；(b) 线接触；(c) 面连接

(2) 根据已知条件构建物体。构型设计还可以根据给定的已知条件构造物体。如图 4-20 (a) 所示，一块木板上有三个孔（方孔、圆孔、三角孔），设计一个物体，使它能够不留空隙地通过这三个孔。由已知条件可知物体的三个投影必须为三个孔的形状，圆形与三角形组合为圆锥体，另一投影为三角形，不能变为矩形；圆形和矩形组合为圆柱，另一个投影为矩形，经过切割可得到三角形，于是构建出物体为切割圆柱，如图 4-20 (b) 所示。

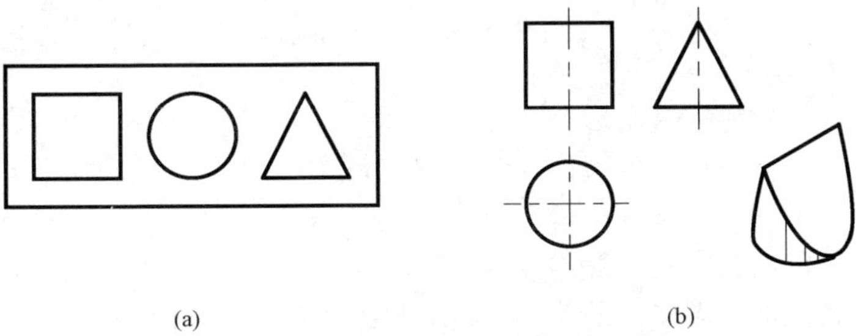

图 4-20 根据已知条件构建物体
(a) 已知条件；(b) 构建的物体

(3) 通过求某一已知物体的补形进行构型设计。已知物体与另一物体能够完全互补成一个完整的立体，结合时没有缝隙。

【例 4-7】 图 4-21 (a) 所示为给出的已知物体，要求设计出一物体，与之互补为完整长方体。

分析：根据物体的已知投影，设计一个物体能与其完全互补，构成一个完整的长方体，构建出的物体如图 4-21（b）所示。

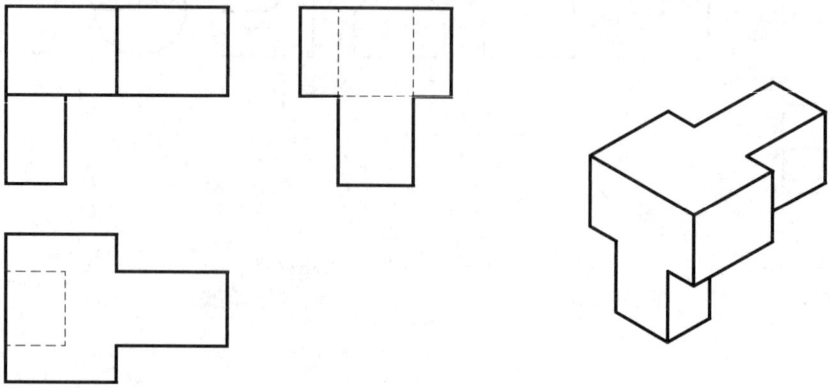

(a)

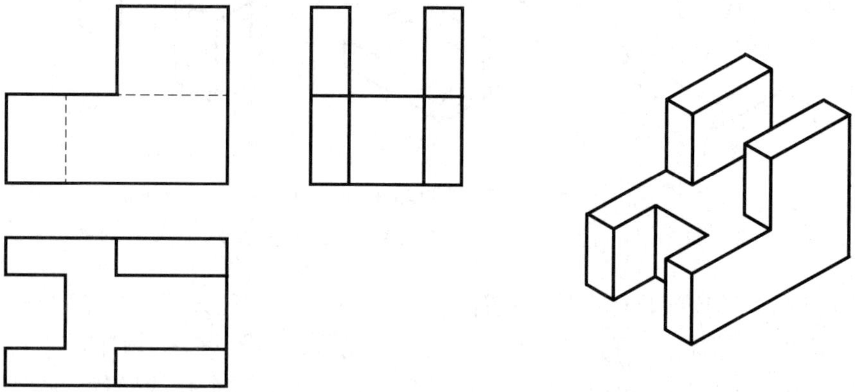

(b)

图 4-21　互为补形的构型设计

（a）已知物体；（b）互补物体

思　考　题

4.1　简述组合体的组合方式和形体分析法。

4.2　组合体三视图的画图步骤是什么？画图时特别需要注意什么？

4.3　组合体的尺寸分为哪些种类？组合体尺寸标注应注意哪些问题？

4.4　举例说明形体分析法和线面分析法读图的具体步骤。

4.5　训练读画组合体三视图能力都有哪些方法？除了教材中提到的以外，你还能想到哪些方法？

第 5 章　工程物体的表达方法

工程物体一般都具有内外部各种结构，形状复杂多变。要想准确、清晰、完整地表达工程物体，用前面所讲的三视图难以满足要求。为此，国家制图标准规定了各种表达方法，画图时可根据物体的具体情况选用。本章介绍土建工程图中常用的几种表达方法。

5.1　视图

5.1　视图

5.1.1　基本视图

基本视图是物体向基本投影面投射所得的视图。制图标准规定用正六面体的六个面作为六个基本投影面，将物体放在其中，分别向六个基本投影面投射，即得到物体的六个基本视图，如图 5-1（a）所示。在土建工程图中，六个基本视图的名称是：

正立面图：自前向后投射所得视图。

平面图：自上向下投射所得视图。

左侧立面图：自左向右投射所得视图。

右侧立面图：自右向左投射所得视图。

底面图：自下向上投射所得视图。

背立面图：自后向前投射所得视图。

六个基本投影面的展开方法如图 5-1（a）所示，正立投影面不动，其余各投影面按图示箭头方向旋转至与正立投影面共面。展开后，六个基本视图的配置关系如图 5-1（b）所示。如果六个基本视图在一张图纸内，并且按图 5-1（b）位置配置时，可不注视图名称。

视图如果不按展开方法配置，则每个视图都应标注图名。其表达方式为：在视图的下方或一侧标注图名，并在图名下画一粗横线，其长度以图名所占长度为准，如图 5-1（c）所示。在工程实践中土建工程图均需标注图样图名。

绘图时六个基本视图根据具体情况选用，在明确表示物体的前提下，使视图的数量为最少。

5.1.2　局部视图

将工程物体的某一部分向基本投影面投射所得到的视图，称为局部视图。如图 5-2（a）为集水井的表达方案，V、H 投影为基本视图，另外采用两个局部视图分别表达物体上左右两处的局部形状，从而简洁明了地表达了集水井的全部构造。图 5-2（b）为其立体图。

画局部视图时注意：

（1）局部视图应该标注。一般在局部视图的上方标注出视图的名称“×”，以大写拉丁字母命名，并在相应基本视图上标注箭头指明投射方向，注上相同字母，见图 5-2（a）中的 A、B。

（2）局部构造断裂处用波浪线绘制，见图 5-2（a）中的局部视图 A。当局部结构完整

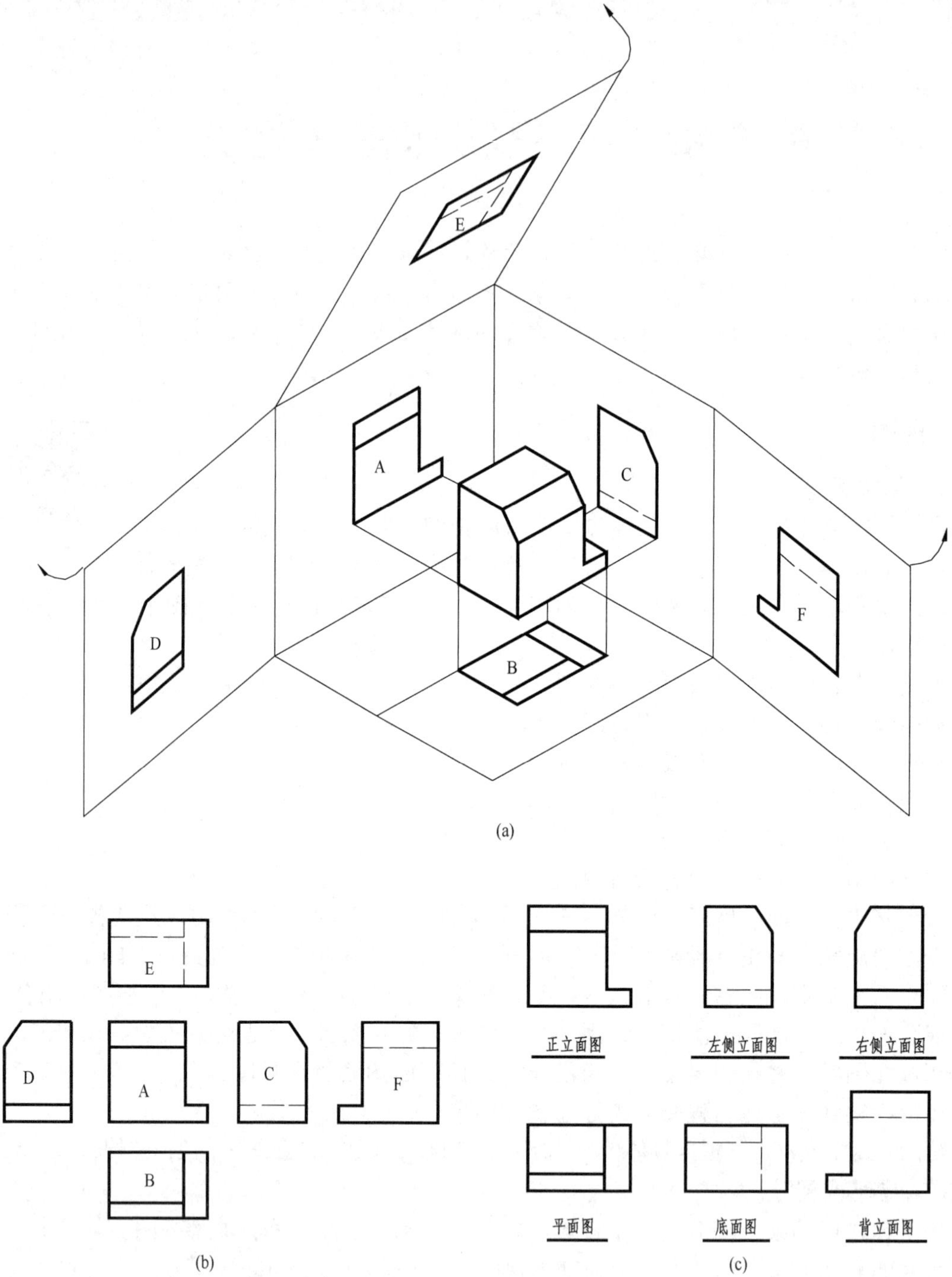

图 5 - 1　基本视图和向视图

且轮廓线封闭时，波浪线可省略不画，见图 5 - 2（a）中的局部视图 B。

（3）局部视图一般按投影关系配置，必要时也可配置在其他适当位置。

土建工程图中的详图就是采用局部视图的表达方法。绘制详图时通常采用较大比例放大画出，将局部构造表达得更详尽。

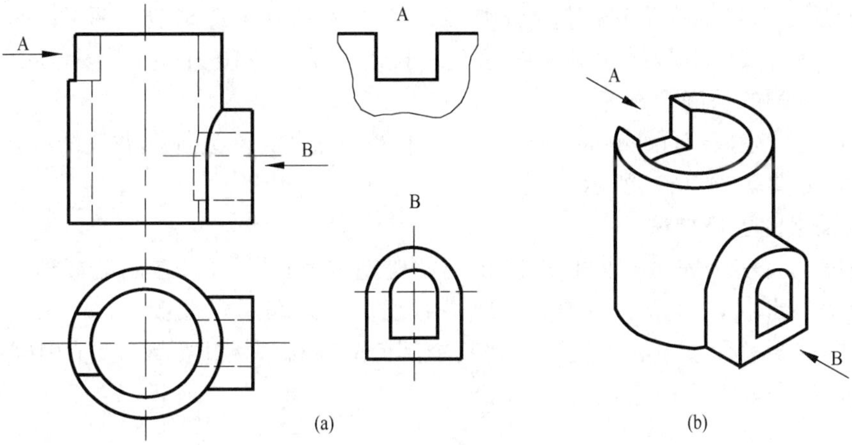

(a)　　(b)

图 5-2　局部视图

5.1.3　展开视图

工程物体上经常会出现立面的某部分与基本投影面不平行，如折线形、圆弧形及曲线形等。画立面图时，可将该部分展至与基本投影面平行，再和其他部分一起向基本投影面投射所得到的视图称为展开视图。展开视图应在图名后加注“展开”两字。

图 5-3 所示房屋模型的正立面图，就是将房屋两侧立面展开至平行于正立投影面后得到的，反映整个正立外墙面的真实形状。

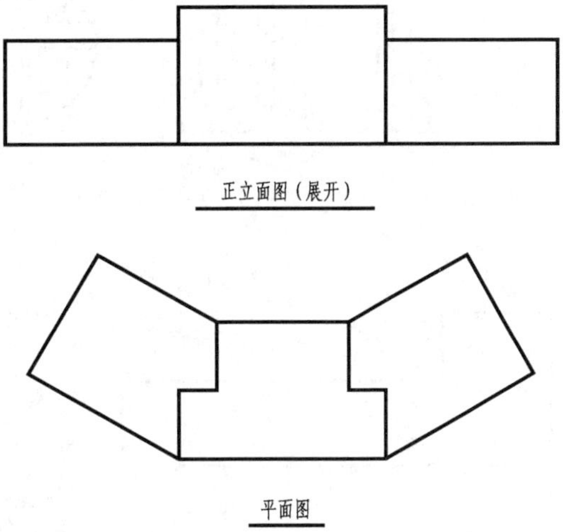

图 5-3　展开视图

5.1.4　简化画法

为了节省图幅和绘图时间，提高工作效率，制图标准允许在必要时采用下列简化画法。

1. 对称图形的简化画法

对称物体的图形，可只画一半（习惯上画左、上半部），并画出对称符号，如图 5-4（a）所示；若对称物体的图形有两条对称线，可只画图形的四分之一，并画出对称符号，如

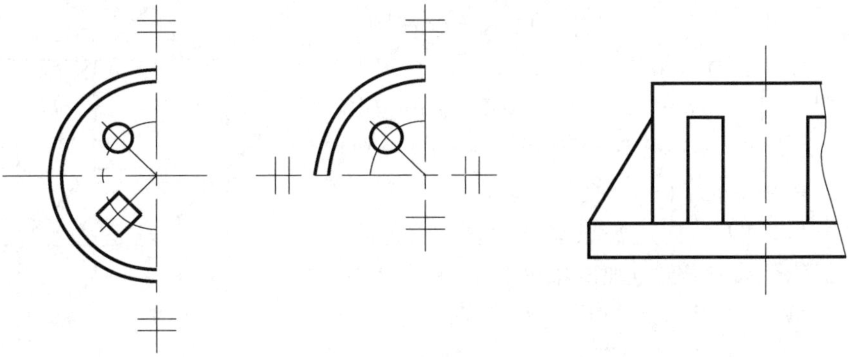

(a)　　(b)　　(c)

图 5-4　对称图形的简化画法

图 5-4（b）所示。标准规定对称符号的画法：在对称线（细点画线）两端，分别画两条垂直于对称线的平行线，平行线用细实线绘制，长度宜为 6～10mm，间距宜为 2～3mm，平行线在对称线两侧的长度应相等。

对称图形也可以超出图形的对称线，画一半多一点儿，然后加上波浪线或折断线，而不画对称符号，如图 5-4（c）所示。

2. 相同要素的省略画法

如果物体上有多个完全相同且连续排列的构造要素时，可只在两端或适当位置画少数几个要素的完整形状，其余的用中心线或中心线交点来表示，如图 5-5（a）、(b）所示。

如相同构造要素少于中心线交点，则其余部分应在相同构造要素位置的中心线交点处用小圆点表示，如图 5-5（c）所示。

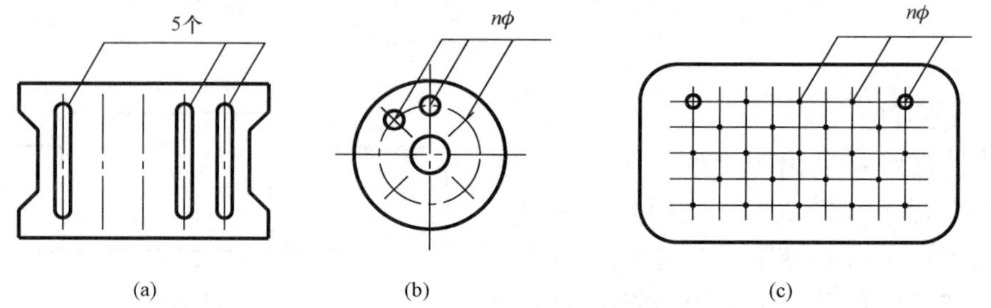

图 5-5　相同要素的省略画法

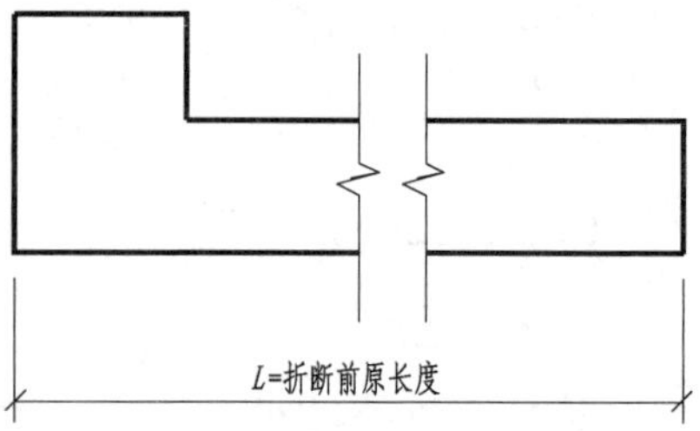

图 5-6　折断省略画法

3. 折断省略画法

当物体较长且沿长度方向的形状相同或按一定规律变化时，可采用折断的办法，将折断的部分省略不画。断开处以折断线表示，折断线两端应超出轮廓线 2～3mm，如图 5-6 所示。需要注意的是尺寸要按折断前原长度标注。

5.1.5　第三角投影简介

相互垂直的三个投影面 V、H、W 将空间划分为八个角，如图 5-7 所示。我国的工程制图采用第一角投影。将物体置于第一分角中，按“观察者→物体→投影面”的顺序向三个投影面投射，得到正立面图、平面图、左侧立面图三个视图。

有些国家则采用第三角投影。如图 5-8（a）所示，将物体置于第三分角中，按“观察者→投影面→物体”的顺序向三个投影面投射，得到正立面图、平面图、右侧立面图三个视图。展开时，仍然是 V 面保持不动，H 面向上旋转，W 面向右旋转，如图 5-8（b）所示，得到的视图配置是：平面图在正立面图的上方，右侧立面图在正立面图的右方，如图 5-8（c）所示。三个视图仍符合三等规律。

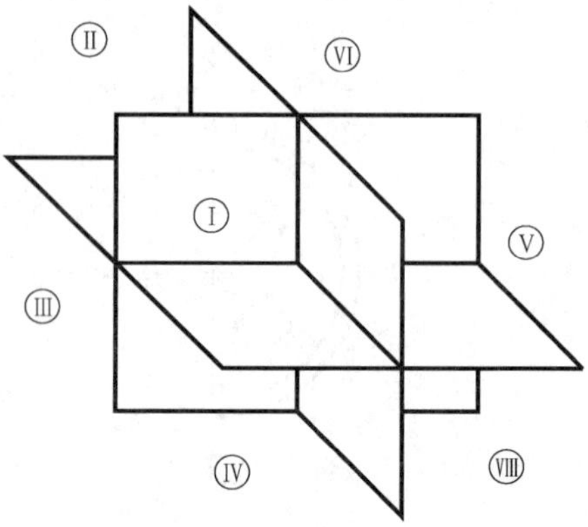

图 5-7　八个分角

由于物体和投影面的相对位置、投影面的展开

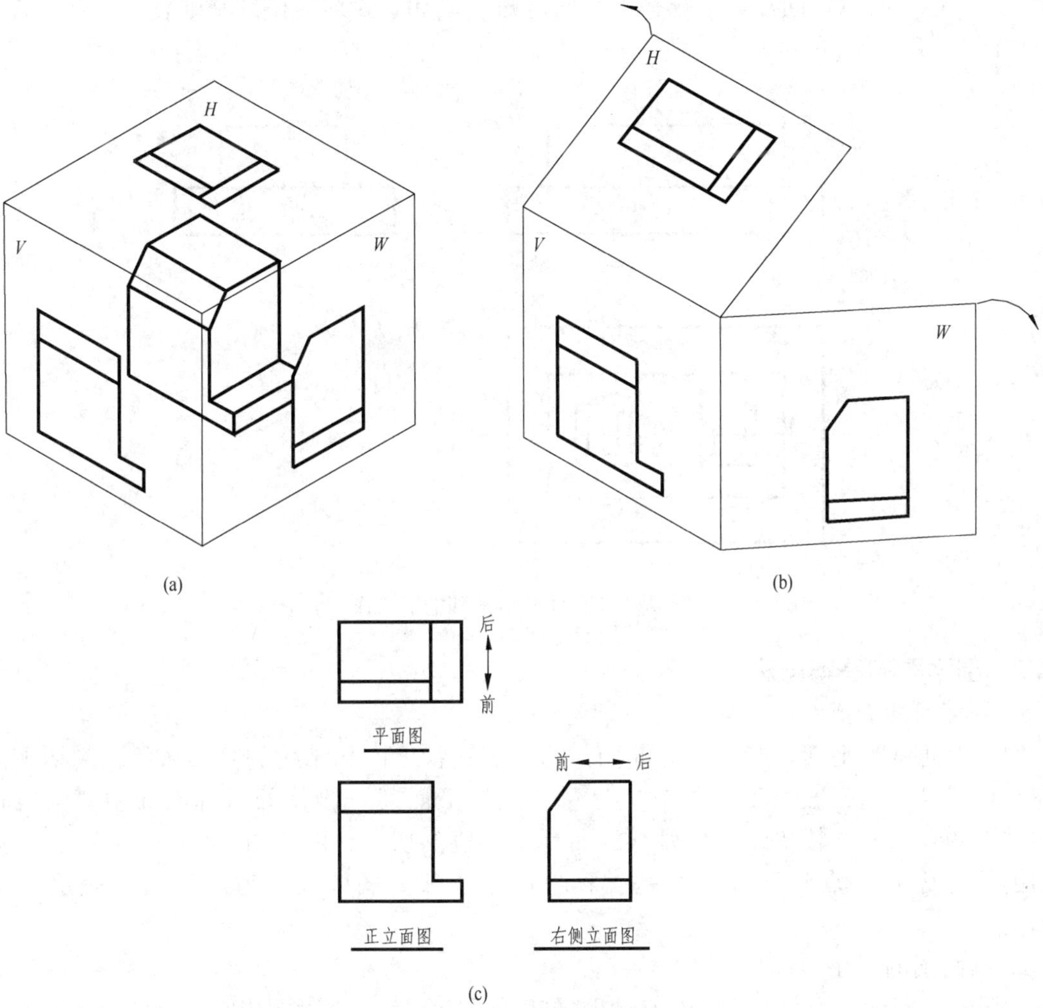

图 5-8　第三角投影

方法不同，所以三视图上反映出来的物体前后位置也不相同。在第一角投影中，平面图和左侧立面图远离正立面图的一侧表示物体的前方；在第三角投影中，平面图和右侧立面图靠近正立面图的一侧表示物体的前方，如图 5-8（c）所示。

5.2　剖面图

5.2.1　剖面图的概念

5.2　剖面图

由于工程物体内外结构都比较复杂，视图中往往有较多的虚线，使得图面虚实线交错，混淆不清，给读图和尺寸标注带来不便。为了清楚地表达物体的内部结构，假想用剖切面剖开物体，把剖切面和观察者之间的部分移去，将剩余部分向投影面投射，所得的图形称为剖面图。剖面图是工程实践中广泛采用的一种图样。

图 5-9 所示为双柱杯形基础的三视图。为表明其内部结构，假想用正平面 P 进行剖切，移去平面 P 前面的部分，将剩余的后半部分向 V 投影面投射，就得到了杯形基础的剖面图，

如图5-10（a）所示。同样，可选择侧平面Q进行剖切，投射后得到基础另一个方向的剖面图，如图5-10（b）所示。

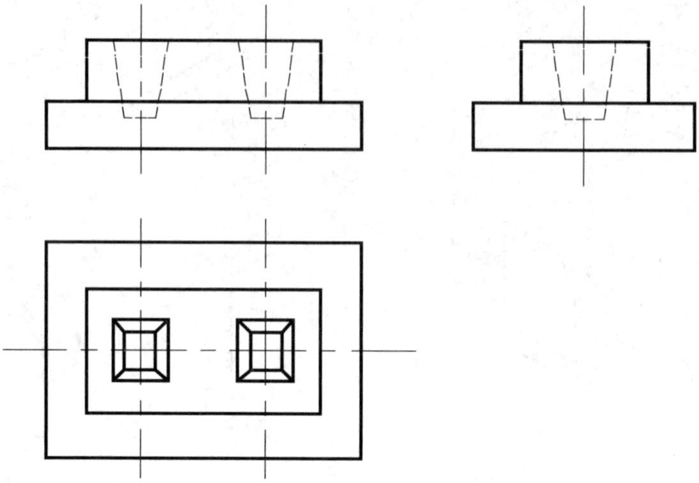

图5-9　双柱杯形基础的三视图

5.2.2　剖面图的基本画法

1. 剖切面的选择

剖切面通常为平面，必要时为曲面。为了表达物体内部结构的真实形状，剖切平面一般应平行于某一基本投影面，同时应尽量使剖切平面通过物体的对称面或主要轴线，以及物体上的孔、洞、槽等结构的轴线或对称中心线剖切。如图5-10所示，正平面P为基础的前后对称面，侧平面Q通过基础杯口的中心线。图5-11为用剖面图表示的杯形基础。

2. 剖面图的标注

为了便于阅读、查找剖面图与其他图样间的对应关系，剖面图应进行标注。

（1）剖面图的剖切符号。剖面图的剖切符号由剖切位置线和投射方向线组成，均以粗实线绘制。

剖切位置线实质上是剖切平面的积聚投影，标准规定用两小段粗实线表示，每段长度宜为6～10mm，如图5-11所示。

投射方向线表明剖面图的投射方向，画在剖切位置线的两端同一侧且与其垂直，长度短于剖切位置线，宜为4～6mm，如图5-11所示。

绘图时，剖切符号应画在与剖面图有明显联系的视图上，且不宜与图面上的图线相接触。

（2）剖切符号的编号及剖面图的图名。剖切符号的编号宜采用阿拉伯数字，并注写在投射方向线的端部，如图5-11所示。

剖面图的图名以剖切符号的编号命名。如剖切符号编号为1，则相应的剖面图命名为“1—1剖面图”，也可简称作“1—1”，如还有其他剖面图，应同样依次进行命名和标注。图名一般标注在剖面图的下方或一侧，并在图名下绘一与图名长度相等的粗横线，如图5-11所示。

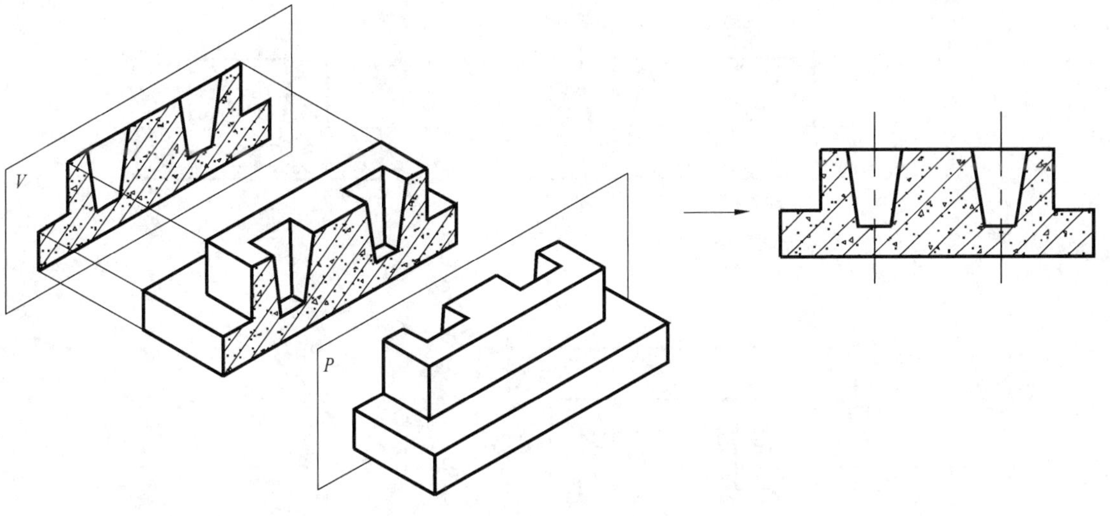

(a)

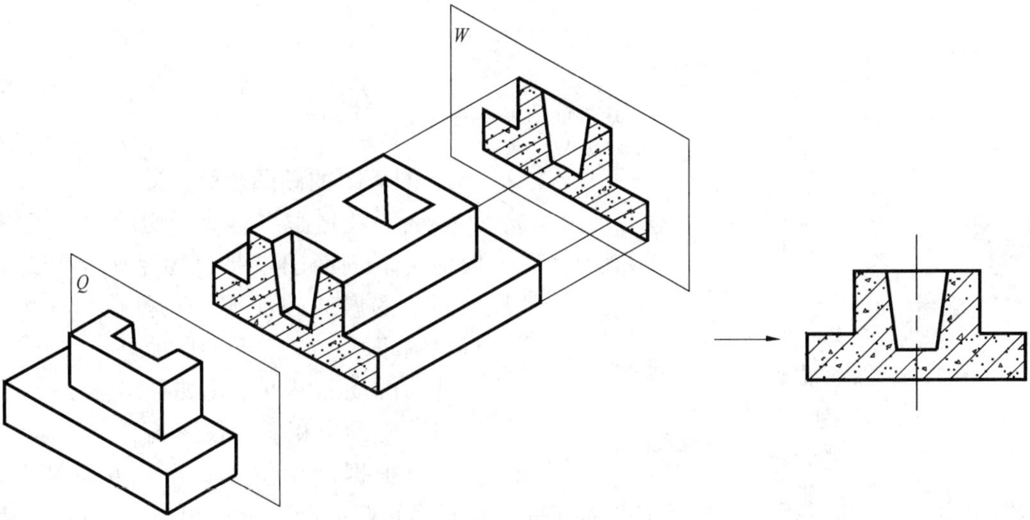

(b)

图 5 - 10　剖面图的形成

（a）用正平面剖切形成的剖面图；（b）用侧平面剖切形成的剖面图

3. 材料图例

在剖面图中，物体被剖切后得到的断面轮廓线用粗实线绘制，并规定要在断面上画出材料图例（图例见表 7 - 5），以区分断面部分和非断面部分，同时表明物体的材料。图 5 - 11 所示断面上画的是钢筋混凝土图例。如果不需要指明材料，可用间隔均匀的 45°细实线表示。

同一物体的各个断面区域内，材料图例的画法应一致，图例线的倾斜方向和间距应相同。相同材料的相邻物体，图例线必须以不同的方向或不同的间隔画出。当断面轮廓很小时，断面的材料图例可用涂黑表示，如图 5 - 12（a）所示；当断面轮廓很大时，可在断面轮廓内沿轮廓线局部表示，如图 5 - 12（b）所示。

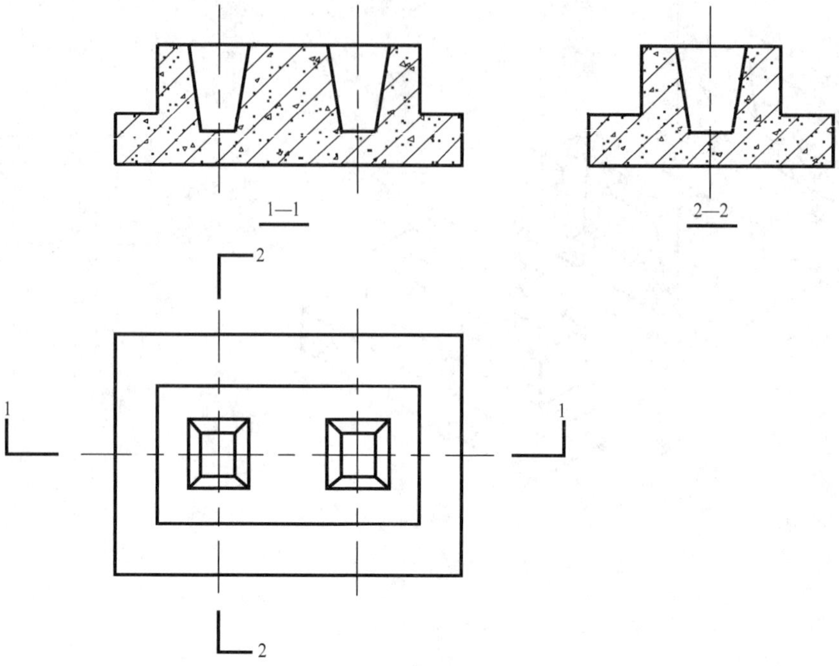

图 5 - 11　用剖面图表示的双柱杯形基础

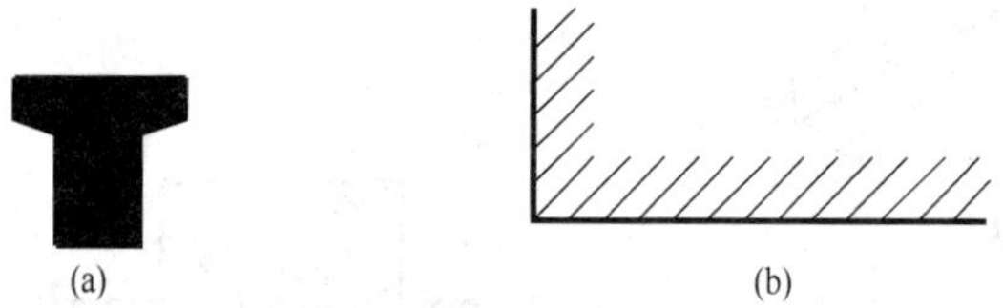

图 5 - 12　断面轮廓过小、过大时材料图例的画法

（a）涂黑图例的画法；（b）局部表示图例

4. 剖面图的画图步骤

剖面图就是作物体被剖切后的正投影图，一般情况下剖面图就是将原来未剖切之前的投影图中的虚线改成实线，再在断面上画出材料图例即可。读者可对比图 5 - 9 和图 5 - 11。鉴于此，画剖面图可采用如下步骤：

（1）先画出相应的投影图。

（2）根据剖切位置和投射方向将投影图改造成剖面图。在此过程中，先确定断面部分，在断面轮廓内画上材料图例；再确定非断面部分，即保留物体上的可见轮廓线，擦除原有投影图中剖切后不存在的图线。

（3）标注剖切符号及图名。

5. 画剖面图应注意的问题

（1）剖切是假想的。只在画剖面图时才假想将物体切去一部分，其他视图仍应完整画出，见图 5 - 11 中的平面图。此外，若一个物体需要进行两次以上剖切，在每次剖切前，都应按整个物体进行考虑。

（2）剖面图中不可见的虚线，当配合其他图形能够表达清楚时，一般省略不画。若因省略虚线而影响读图，则不可省略。

（3）剖面图的位置一般按投影关系配置。必要时也允许配置在其他适宜位置。

5.2.3　剖面图的种类

按剖切范围的大小，可以将剖面图分为全剖面图、半剖面图和局部剖面图三种。

1. 全剖面图

用剖切面完全地剖开物体所得到的剖面图称为全剖面图。全剖面图以表达内部结构为主，常用于外部形状较简单的不对称物体。

(1) 用单一剖切面剖切物体得到的全剖面图。这是一种最简单、最常用的剖切方法。图 5-11 所示 1—1、2—2 即为单一全剖面图。

(2) 用两个或两个以上互相平行的剖切面剖切物体得到的全剖面图。这种剖面图通常称为阶梯剖面图。当物体内部结构层次较多，用一个剖切面不能同时剖切到所要表达的几处内部构造时，常采用阶梯剖面图。如图 5-13 所示，如果用一个正平面剖切物体，则不能同时剖开物体上前后层次不同的孔洞，此时用两个互相平行的正平面分别经过孔洞的中心线剖切，中间转折一次，这样同时剖到两个孔洞满足了要求。

画阶梯剖面图时应注意：

1) 在剖切面的开始、转折和终了处，都要画出剖切符号并注上同一编号，如图 5-13 所示。

2) 剖切是假想的，在剖面图中不需画出剖切平面转折处的分界线。

(3) 用两个相交的剖切平面剖开物体得到的全剖面图。这种剖面图通常称为旋转剖面图（或展开剖面图），多用于有回转轴的工程物体。如图 5-14 所示集水井，两个进水管的轴线斜交，为了表达其内部结构，1—1 剖面图是用相交于铅垂轴线的正平面和铅垂面，沿两个水管的轴线把集水井剖开，将铅垂剖切面剖到的部分，绕铅垂轴旋转到正平面位置，并与左侧用正平面剖切到的构造一起向 V 面投射得到的。

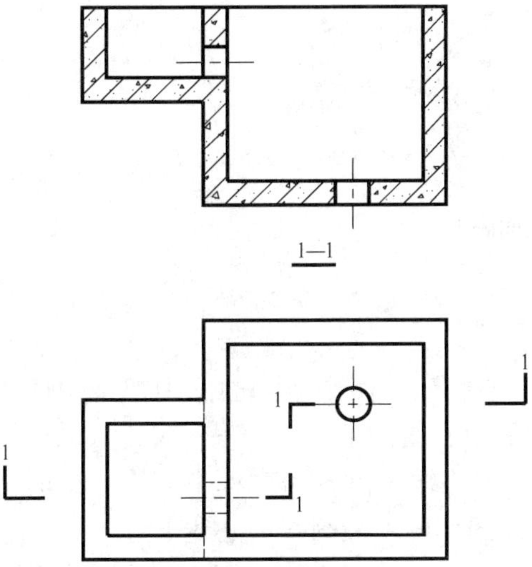

图 5-13　阶梯剖面图

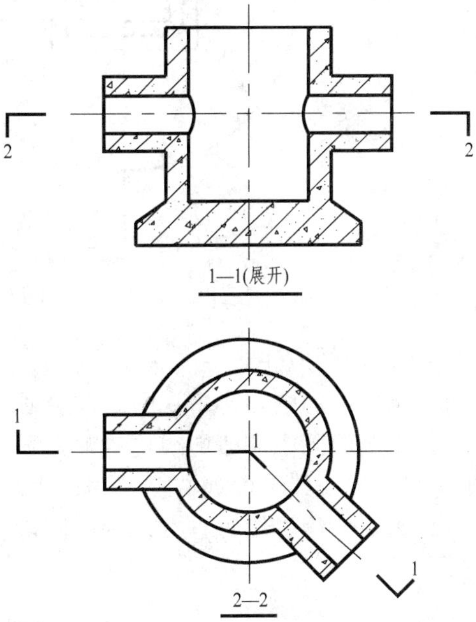

图 5-14　旋转剖面图

画旋转剖面图时应注意：

1) 旋转剖面图的标注与阶梯剖面图基本相同。只是按制图标准的规定，旋转剖面图的图名后加注“展开”字样。

2) 不需画出两剖切平面相交处的分界线。

2. 半剖面图

对于对称物体，作剖面图时，可以对称线为分界线，一半画剖面图表达内部结构，一半画视图表达外部形状，这种剖面图称为半剖面图。它适用于内外形状都较复杂的对称物体。如图 5 - 15 所示，杯形基础前后、左右都对称，正立面图和左侧立面图均画成半剖面图，以表示基础的内部结构和外部形状。由于平面图配合两个半剖面图已能完整、清晰地表达这个基础，所以平面图中不必用虚线画出不可见的轮廓线。

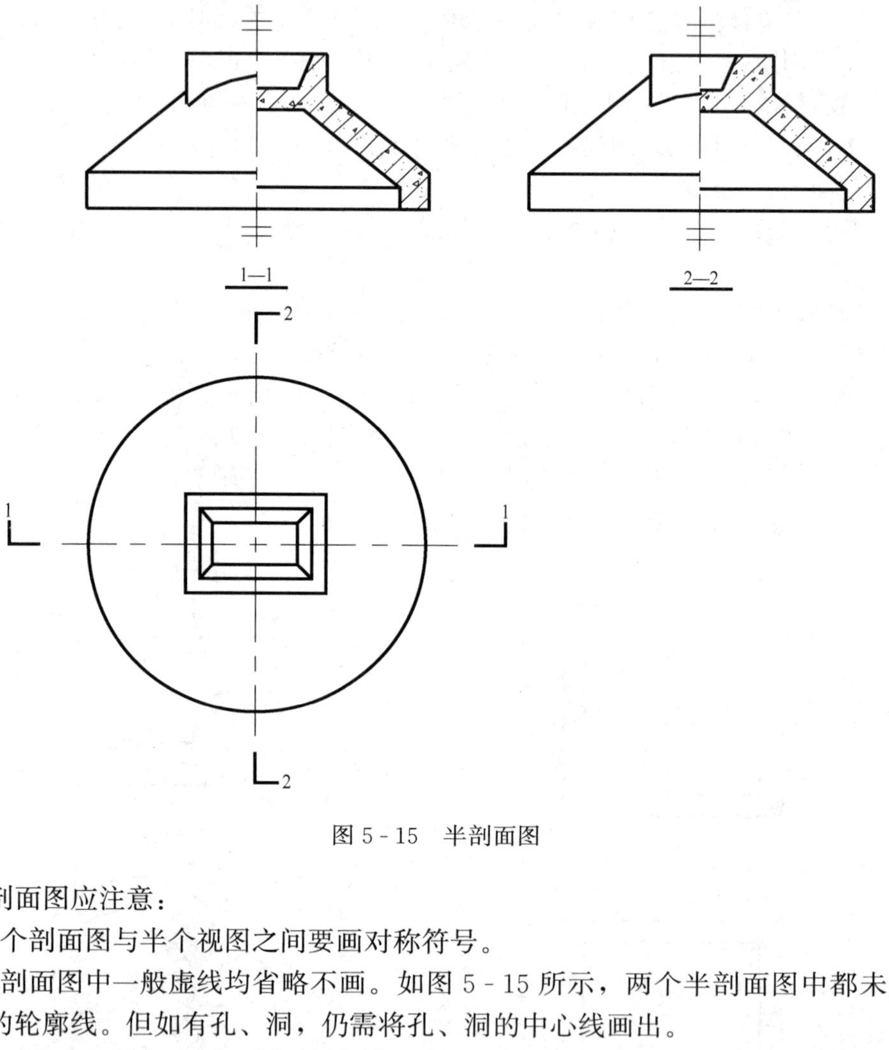

图 5 - 15　半剖面图

画半剖面图应注意：

1）半个剖面图与半个视图之间要画对称符号。

2）半剖面图中一般虚线均省略不画。如图 5 - 15 所示，两个半剖面图中都未用虚线画出不可见的轮廓线。但如有孔、洞，仍需将孔、洞的中心线画出。

3）当对称中心线竖直时，剖面图部分一般画在中心线右侧；当对称中心线水平时，剖面图部分一般画在中心线下方。

4）半剖面图的标注方法同全剖面图。

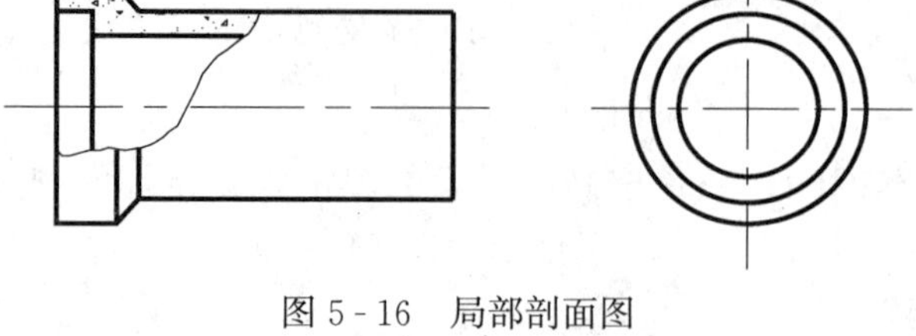

图 5 - 16　局部剖面图

3. 局部剖面图

用剖切平面局部剖开物体后所得的剖面图称为局部剖面图。局部剖面图常用于外部形状比较复杂，仅需要表达某局部内部形状的物体。如图 5 - 16 所示为混凝土管的视图，用局部剖面图表达了接口处内部结构形状。

画局部剖面图应注意：

（1）局部剖面图大部分投影表达外形，局部表达内形，剖开与未剖开处以徒手画的波浪线为界，波浪线可看作断裂痕迹的投影。波浪线不得与图样上的其他图线重合，波浪线只能画在物体表面上，不应画出物体以外或画在空洞之处，如图 5-17 所示。

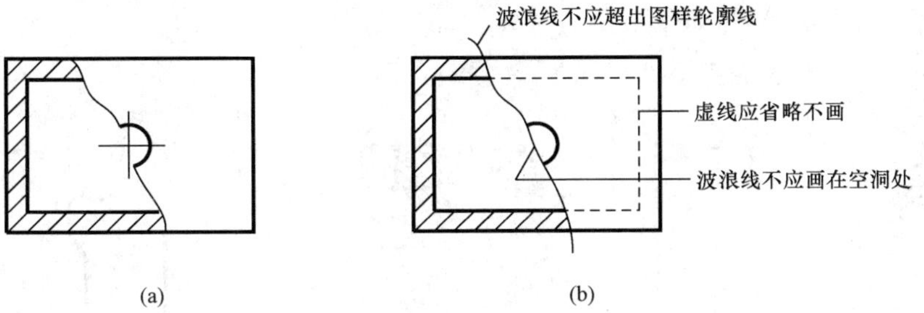

图 5-17　局部剖面图正、误比较

（a）正确画法；（b）错误画法

（2）局部剖面图中表达清楚的内部结构，在视图中虚线一般省略不画，如图 5-16、图 5-17（a）所示。

（3）局部剖面图的剖切位置明显，一般不标注。

对一些具有不同构造层次的建筑物，可按实际需要，用分层局部剖切的方法表示，从而获得分层局部剖面图。图 5-18 为某道路上人行道的分层局部剖面图，各层构造之间以波浪线为界，不需要标注剖切符号。这种方法多用于表示地面、墙面、路面等面层的构造。

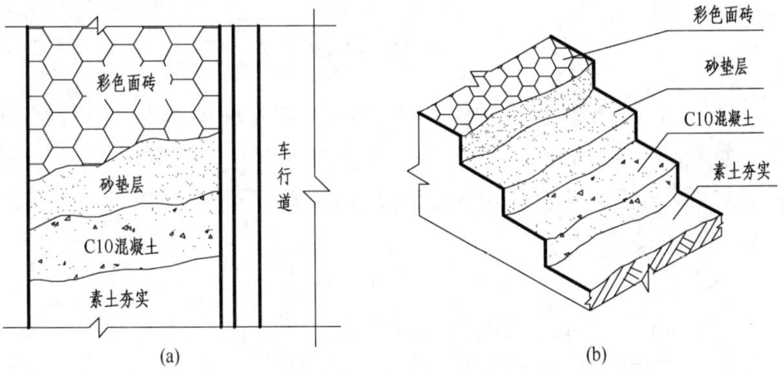

图 5-18　分层局部剖面图

5.2.4　剖面图的尺寸标注

剖面图中的尺寸标注与组合体基本相同，均应遵循制图标准中的有关规定。在对剖面图进行尺寸标注时，还应注意：在半剖面图和局部剖面图上，由于对称部分省去了虚线，注写内部结构尺寸时，只需画出一端的尺寸界线和尺寸起止符号，尺寸线应超过对称线少许，但尺寸数字应注写整个结构的尺寸，见图 5-19 中的 $\phi10$ 和内部尺寸 16。

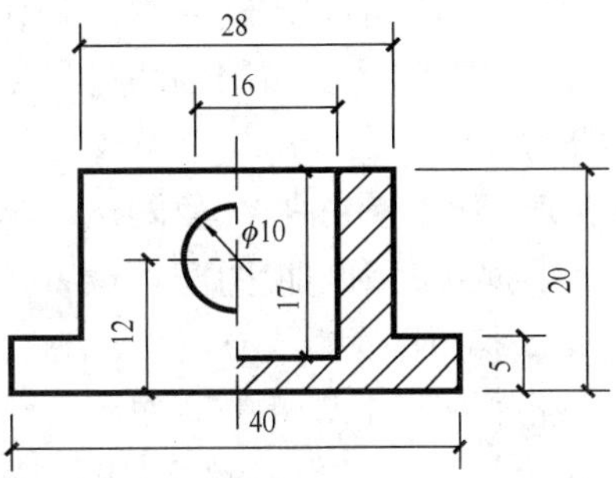

图 5-19　半剖面图尺寸标注

5.3 断面图

5.3 断面图

5.3.1 断面图的基本概念

用一个假想剖切平面剖开物体，将剖得的断面向与其平行的投影面投射，所得的图形称为断面图或断面，如图5-20所示。

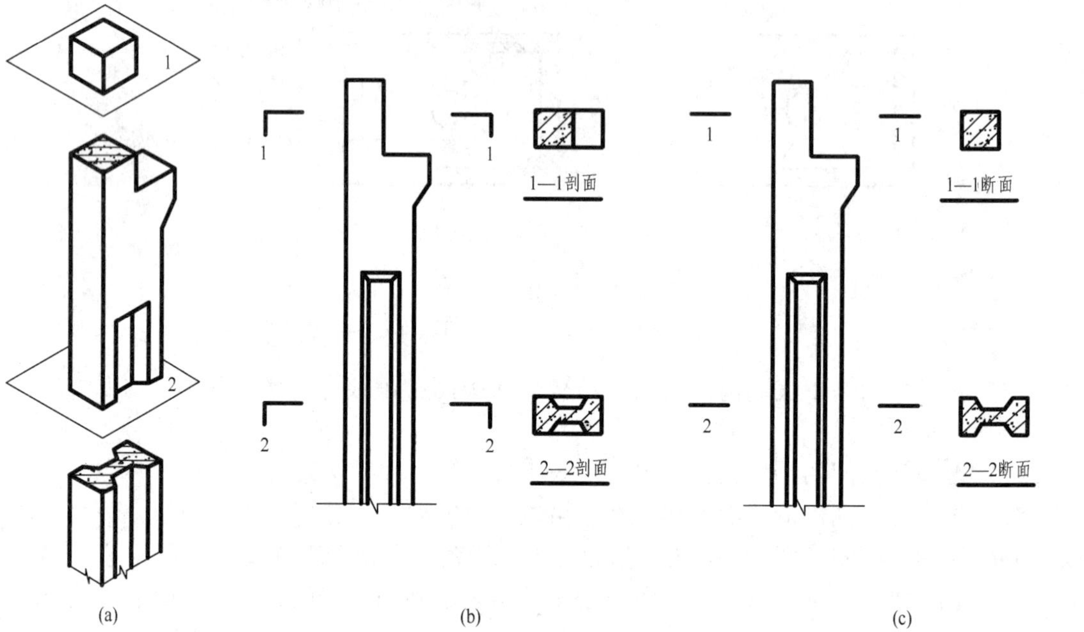

图5-20 断面图的形成

断面图常用于表达工程物体中梁、板、柱等构件某一部位的断面形状，也用于表达工程物体的内部形状。如图5-20所示为一根钢筋混凝土牛腿柱，从图中可见，断面图与剖面图有许多共同之处，如都是用假想的剖切平面剖开物体；断面轮廓线都用粗实线绘制；断面轮廓范围内都画材料图例等。

断面图与剖面图的区别主要有两点：

（1）表达的内容不同。断面图只画出被剖切到的断面的实形，即断面图是平面图形的投影。而剖面图是将被剖切到的断面连同断面后面剩余物体一起画出，是体的投影。实际上，剖面图中包含着断面图，如图5-20（b）、（c）所示。

（2）标注不同。断面图的剖切符号只画剖切位置线，用粗实线绘制，长度为6～10mm，不画投射方向线，而用剖切符号编号的注写位置来表示投射方向，编号所在一侧即为该断面的投射方向。图5-20（c）中1—1断面和2—2断面表示的投射方向都是由上向下。

5.3.2 断面图的种类及画法

根据断面图与视图配置位置的不同，可分为移出断面和重合断面。

1. 移出断面

配置在视图以外的断面图，称为移出断面。如图5-20（c）所示，钢筋混凝土柱按需要采用1—1、2—2两个断面图来表达柱身的形状，这两个断面都是移出断面，当一个物体上需作多个断面图时，应将各断面图按剖切符号的次序依次排列在视图旁边。必要时断面图也可用较大比例画出。

另外，移出断面的配置与标注还有以下两种情况：

（1）当移出断面图是对称图形，其位置紧靠原视图，中间无其他视图隔开时，用剖切线的延长线作为断面图的对称线，画出断面图。可省略剖切符号和编号，如图 5 - 21 所示梁左端的断面图。

（2）对于具有单一截面的较长杆件，其断面可以画在靠近其端部或中断处，如图 5 - 22 所示。这时可不标注，中断处用波浪线或折断线画出。

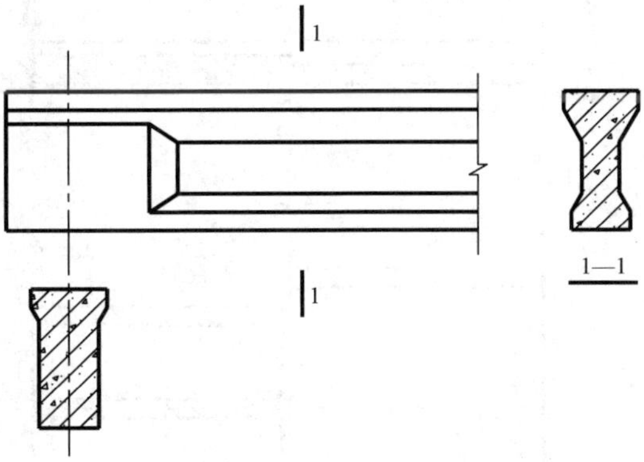

图 5 - 21　钢筋混凝土梁的断面图

2. 重合断面

配置在视图之内的断面图，称为重合断面。如图 5 - 23 所示，表示浇筑在一起的梁与板的断面图直接画在钢筋混凝土结构平面图上。

图 5 - 22　断面画在杆件的中断处

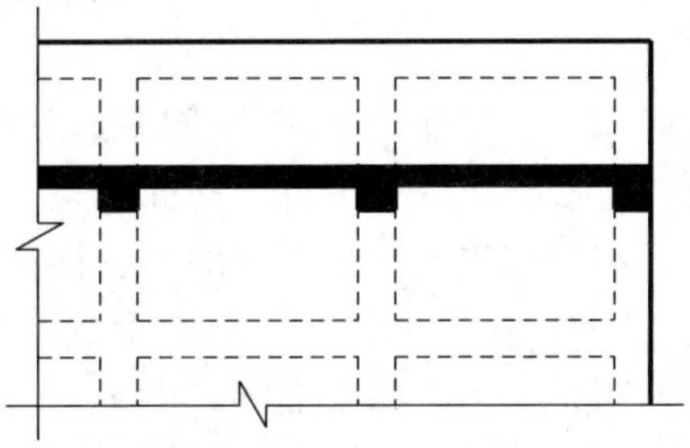
图 5 - 23　梁板结构重合断面

重合断面是将断面旋转 90°后画在剖切处与原视图重合。重合断面的轮廓线用粗实线画出，断面轮廓内画上材料图例，当断面尺寸较小时，可将断面涂黑。重合断面不标注。

5.4　剖面图与断面图的识读

5.4　剖面图与断面图的识读

剖面图、断面图常与前述各种视图互相配合，使工程物体的图样表达得完整、清晰、简明。识读剖面图和断面图的步骤一般为：

（1）分析视图。首先明确物体由哪些视图共同表达，尤其注意剖面图和断面图的种类，根据图名和对应的剖切符号找出与其他视图之间的投影关系。

（2）分部分想形状。运用形体分析法和线面分析法读图，将物体大致分成几个部分，结合剖面图或断面图弄清空实关系，各视图联系起来，读懂各部分的内、外形状。

（3）综合起来想象整体。读懂了物体各组成部分的形状后，再按各视图显示出的前后、左右、上下相对位置，读懂各部分彼此之间的关系，综合想象物体的整体形状。遇到剖面图或断面图时，除了要看懂物体被剖切后的内部形状，还要想象出物体被假想剖去部分的形状。现举例说明识读物体视图的方法与步骤。

【例 5-1】 识读图 5-24（a）所示桥梁上部结构的行车道板的三视图。

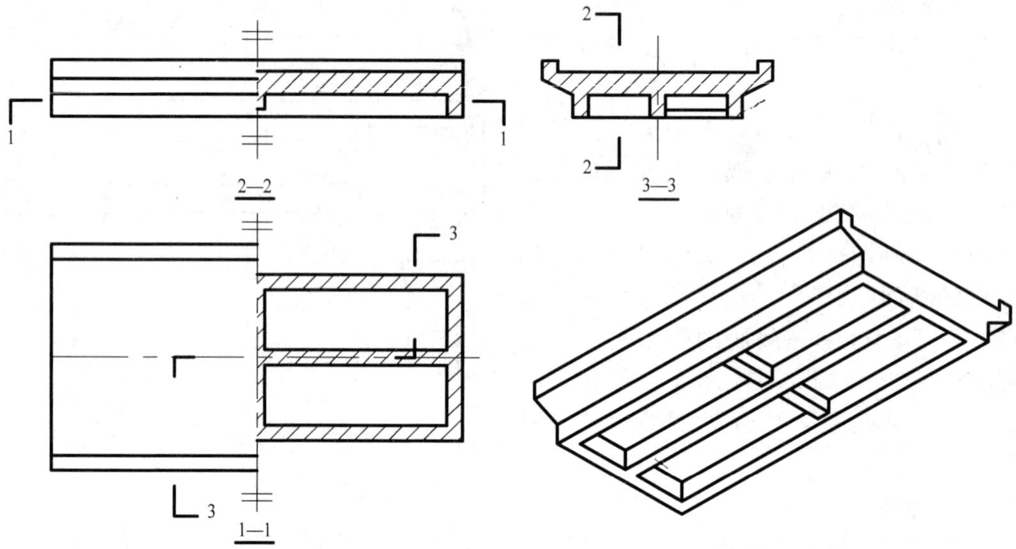

(a)　　(b)

图 5-24　行车道板

（1）分析视图。如图 5-24（a）所示，该行车道板由三个视图共同表达，三个视图均为剖面图，按投影关系配置。平面图是一个半剖面图，由 1—1 剖切符号可看出，剖切面为水平面，剖切位置通过板下面的纵、横梁，投射方向由上向下；正立面图也是一个半剖面图，由 2—2 剖切符号可看出，剖切面为正平面，沿行车道板纵向剖切，投射方向从前向后；左侧立面图是一个阶梯剖面图，由 3—3 剖切符号可看出，用两个相平行的侧平面把行车道板横向剖切，分别剖切跨中和跨端，投射方向为从左向右。

（2）分部分想形状。如图 5-24（a）所示，由三个视图可知该行车道板前后、左右对称，并可看出行车道板由上、下两部分组成。上部为行车道板板面，可看作一个棱柱体，其断面形状见 3—3 剖面。下部为纵、横梁，由 1—1 剖面、3—3 剖面可看出，剖切到的三道纵梁均为矩形截面，尺寸相同；由 1—1 剖面、2—2 剖面可看出，剖切到的横梁均为矩形截面，左右两道横梁截面的高度尺寸与纵梁相同，中心线位置横梁的截面高度尺寸小些。

（3）综合起来想象整体。综合上面的分析可知，在行车道板板面下部布置有纵、横梁，梁格布置前后、左右对称，其中左右两道横梁的外端面分别与行车道板的左右端面平齐。该行车道板的空间形状如图 5-24（b）所示。

【例 5-2】 识读图 5-25（a）所示的钢筋混凝土梁、柱节点的具体构造。

（1）分析视图。由图 5-25（a）可知，该节点构造由一个正立面图和三个断面图共同表达，三个断面图均为移出断面，按投影关系配置，画在杆件断裂处。

（2）分部分想形状。由各视图可知该节点构造由三部分组成。水平方向的为钢筋混凝土梁，由 1—1 断面可知梁的断面形状为“十”字形，俗称“花篮梁”，尺寸见 1—1 断面。竖向位于梁上方的柱子，由 2—2 断面可知其断面形状及尺寸。竖向位于梁下方的柱子，由 3—3断面可知其断面形状及尺寸。

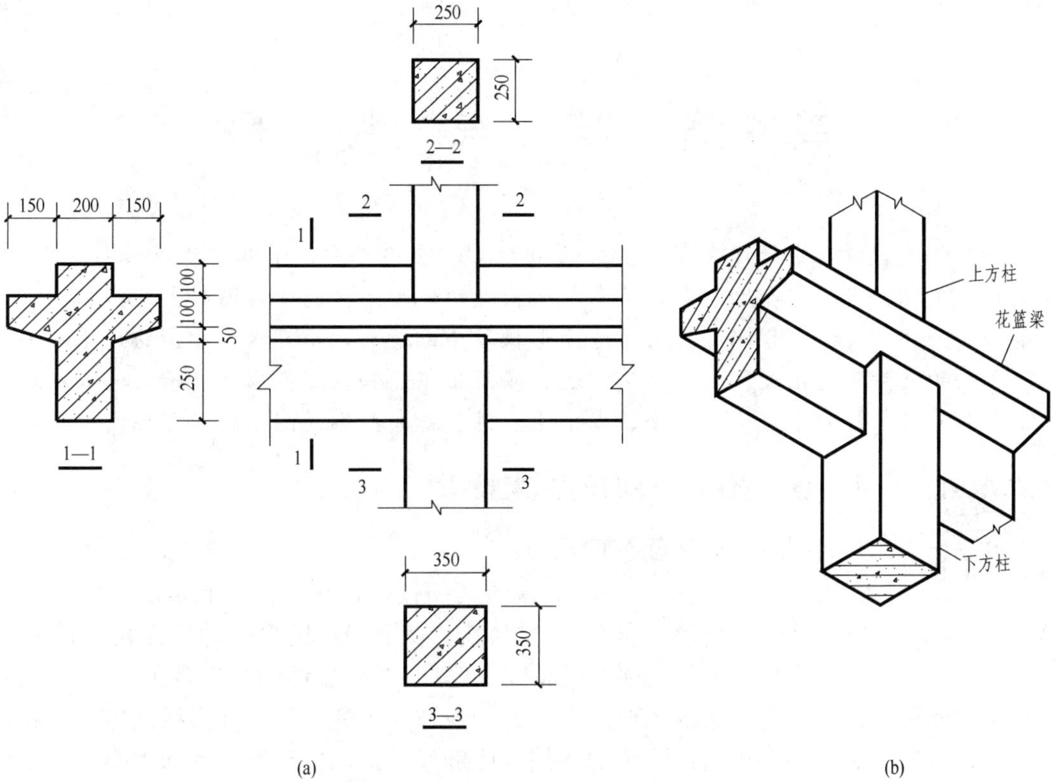

图 5-25　梁、柱节点构造

（3）综合起来想象整体。由各部分形状结合正立面图可看出，断面形状为方形的下方柱由下向上通至花篮梁底部，并与梁底部产生相贯线，从花篮梁的顶部开始向上为断面变小的楼面上方柱。该梁、柱节点构造的空间形状如图 5-25（b）所示。

思　考　题

5.1　基本视图是怎样形成的？如何配置？

5.2　常用的简化画法有哪些？

5.3　剖面图是怎么形成的？基本画法有哪些？

5.4　什么是全剖面图？如何得到全剖面图？画阶梯剖面图和旋转剖面图时有何规定？

5.5　什么是半剖面图？应用于哪种情况？画图时应注意什么？

5.6　什么是局部剖面图？应用于哪种情况？画图时应注意什么？

5.7　断面图是怎么形成的？断面图的种类有哪些？其画法有何规定？

第6章 标 高 投 影

工程建筑物通常修建在高低不平的地面上，在施工中，常需挖掘或填筑土壤。因此，工程上经常需要绘制表示地面起伏状况的地形图，以便在图纸上表示工程建筑物和解决有关的工程问题。由于地面形状复杂无规则，而且水平方向的尺寸与高度方向的尺寸相差很大，不便于用前述的多面正投影和轴测投影来表示，所以在本章中引入标高投影来表达地形面，本章主要讲述标高投影的图示特点和作图方法。

6.1 点、直线、平面的标高投影

6.1 点、直线、平面的标高投影

6.1.1 标高投影的基本概念

图6-1（a）是一个四棱台的两面投影，水平投影确定后，由正面投影提供四棱台的高度。若用标高投影来表示，我们只需画出四棱台的水平投影，然后在其上加注顶面的高度数值2.00和底面的高度数值0.00，以高度数字代替立面图的作用。为了增强图形的立体感，在坡面高的一侧用细实线画出长短相间等距的示坡线，以表示坡面。再给出绘图的比例或比例尺，该四棱台的形状和大小就完全确定了，如图6-1（b）所示。

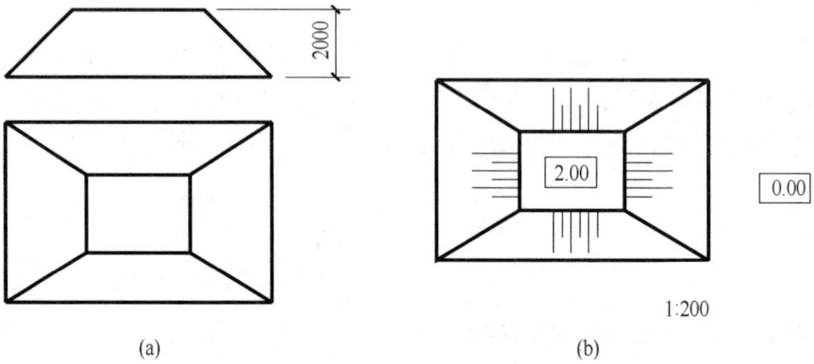

图6-1 两面正投影图和标高投影图

所谓标高投影就是在物体的水平投影上加注某些特征面、线以及控制点的高程数值的单面正投影。标高投影中的高度数值称为高程或标高，高程以米为单位，一般注到小数点后两位，并且不需注写“m”。高程是以某水平面作为计算基准的。基准面以上高程为正，基准面以下高程为负。在实际工作中，通常以我国青岛附近的黄海平均海平面作为基准面，所得的高程称为绝对高程，否则称为相对高程。另外，在标高投影图中必须注明绘图的比例或画出比例尺。

标高投影常用于绘制地形图。此外，在土方工程填方、挖方中求作坡面与坡面、坡面与地面间的交线等，也常用标高投影的方法解决。

6.1.2 点的标高投影

在点的水平投影的右下角标注出该点与基准面的高度距离，即得该点的标高投影。如图

6-2（a）所示，选择水平面 H 作为基准面，其高程为零。设空间有两个点 A、B，点 A 位于 H 面上方5m，点 B 位于 H 面下方4m，分别作出 A、B 两点在 H 面上的正投影 a、b，并在投影的右下角标注各自的高度数值5、－4，即为 A、B 两点的标高投影，如图6-2（b）所示，图中画出了绘图比例尺，比例尺的形式是上细下粗的平行双线，通常以米为单位。

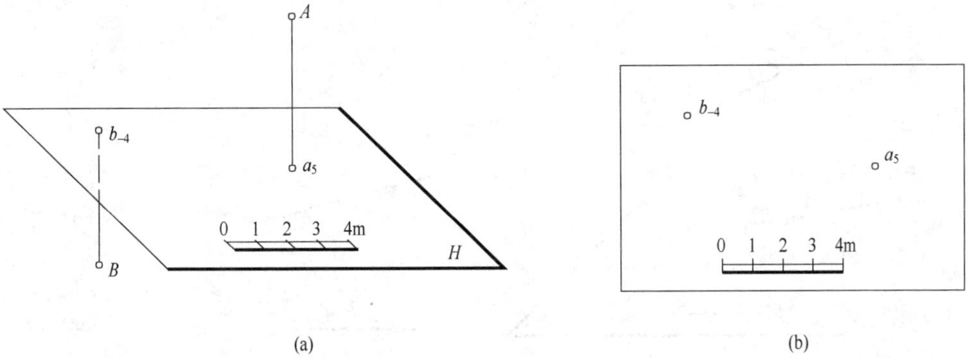

图6-2　点的标高投影

6.1.3　直线的标高投影

1. 直线的坡度和平距

直线上任意两点之间的高度差与水平距离之比称为直线的坡度，用符号 i 表示。在图6-3中，设直线上点 A 和点 B 的高度差为 H，其水平距离为 L，直线对水平面的倾角为 α，则直线的坡度为：

$$i = H/L = \tan\alpha$$

上式表明：直线上两点间的水平距离为一个单位时其高度差即等于坡度。

当直线上两点间的高度差为一个单位时其水平距离称为平距，用符号 l 表示，如图6-3所示，即

$$l = L/H$$

可见直线的坡度和平距互为倒数，即 $i=1/l$。坡度越大，平距越小；反之，坡度越小，平距越大。直线坡度的大小反映直线对水平面倾角的大小。

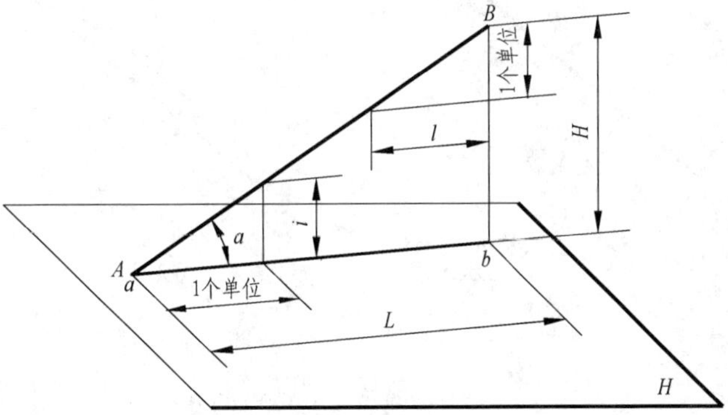

图6-3　直线的坡度和平距

需要指出，平行于基准面的直线，其坡度为零，平距为无限大，直线上各点的高程都相等。

2. 直线的标高投影表示法

空间直线的位置可由直线上两个点或直线上一个点及该直线的方向来确定，因此，在标高投影中，直线的表示法有两种［以图6-4（a）所示直线 AB 为例］：

（1）直线上两个点的标高投影。如图6-4（b）所示，直线 AB 的标高投影由 A、B 两

点的标高投影 a_6、b_4 连接而成。

（2）直线上一个点的标高投影和直线的方向与坡度。如图 6-4（c）所示，直线 AB 的标高投影是用点 A 的标高投影 a_6 和直线的坡度 $i=1:2.5$ 来表示，规定表示直线方向的箭头指向下坡方向。

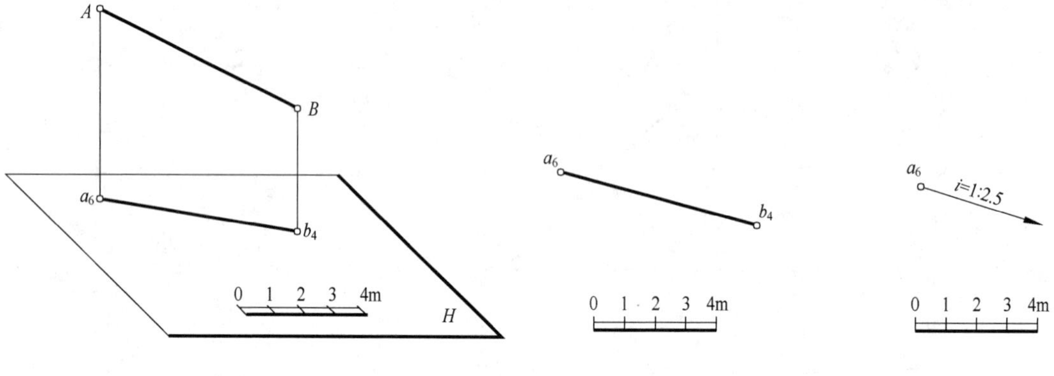

(a) (b) (c)

图 6-4 直线的标高投影

直线确定，则坡度确定。故在已知直线上任取一点可计算出它的高程，或已知直线上任意一点的高程，可确定它的水平投影的位置。

【例 6-1】 已知直线 AB 的标高投影为 $a_{36}b_{12}$，如图 6-5（a）所示，求直线 AB 的坡度与平距，并求直线上 C 点的高程。

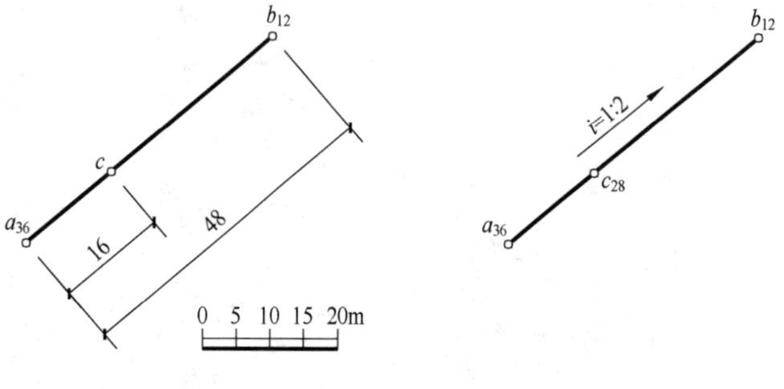

(a) (b)

图 6-5 求直线 AB 上 C 点的高程

分析： 利用直线上 A、B 两点的高度差和水平距离，由 $i=H/L$ 及 $l=1/i$ 可确定直线的坡度与平距。

作图：

1）求坡度。H_{AB} 为 A、B 两点的高度差，$H_{AB}=36m-12m=24m$，L_{AB} 为 A、B 两点的水平距离，由比例尺量得 $L_{AB}=48m$，因此坡度 $i=H/L=24/48=1/2$。

2）求平距。直线 AB 的平距 $l=1/i=2m$。

3）求 C 点的高程。按比例尺量得 A、C 间距离 $L_{AC}=16m$，据 $i=H/L$ 得 $H_{AC}=L_{AC}i=16m\times1/2=8m$，由此求得 C 点的高程应为 $36m-8m=28m$，如图 6-5（b）所示。

3. 直线的整数标高点

在实际工作中，经常需要在直线的标高投影上作出各整数标高点，可利用计算法和图解法求得。

【例 6-2】 已知直线 AB 的标高投影 $a_{3.3}b_{6.8}$，求该直线上的整数标高点，如图 6-6（a）所示。

分析： 直线上 A、B 两点的标高数字并非整数，需要在直线的标高投影上定出各整数标高点。本题中 A、B 两点间的整数标高点是高程分别为 4、5、6m 的 C、D、E 三个点。

作图：

1）计算法。根据已给的比例尺在图 6-6（a）中量得 $L_{AB}=7m$，又 $H_{AB}=6.8m-3.3m=3.5m$，可计算直线的坡度 $i=H_{AB}/L_{AB}=3.5/7=1/2$，平距 $l=1/i=2m$。高程为 4m 的 C 点与高程为 3.3m 的 A 点之间的水平距离 $L_{AC}=H_{AC}/i=(4-3.3)m\times2=1.4m$，按照比例尺在直线上由 $a_{3.3}$ 量取 1.4m，即得高程为 4m 的点 c_4。自 c_4 用平距 2m，依次量得 d_5、e_6，即为所求，如图 6-6（b）所示。

2）图解法。利用作比例线段的方法作出直线 AB 上各整数标高点，作法如图 6-6（c）所示。

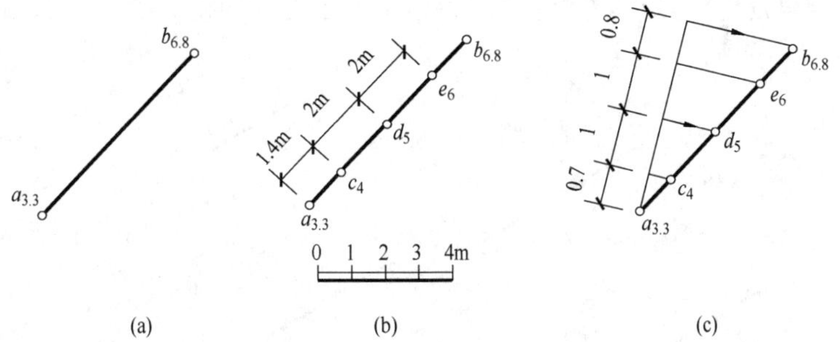

图 6-6　求直线上的整数标高点

（a）已知条件；（b）计算法；（c）图解法

6.1.4　平面的标高投影

1. 平面上的等高线和坡度线

（1）等高线。平面上的水平线称为平面上的等高线，也就是该平面与水平面的交线。水平面间的高差也就是等高线的高差。从图 6-7（a）、（b）中可看出平面上等高线有以下三个特性：

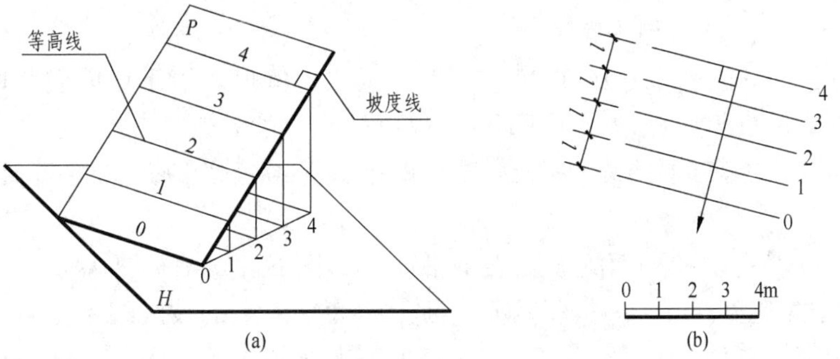

图 6-7　平面上的等高线和坡度线

1）等高线都是直线。

2）等高线互相平行，其标高投影也互相平行。

3）当高差相等时，等高线的水平间距也相等。当相邻两等高线的高差为 1m 时，它们

的水平距离为平距 l。

（2）坡度线。平面上对水平面的最大斜度线，就是平面上的坡度线。如图6-7（a）、（b）所示，平面上的坡度线有下列特性：

1）平面上的坡度线与等高线互相垂直，它们的水平投影也互相垂直。坡度线上应画出指向下坡的箭头。

2）平面上坡度线的坡度代表平面的坡度，坡度线的平距就是平面上等高线的平距。

2. 平面的标高投影表示法及平面上作等高线的方法

（1）用两条等高线表示平面。如图6-8（a）所示，用高程为10、15的两条等高线表示一个平面。若在该平面上求作高程为12、14的等高线，可根据等高线的特性，先在等高线10、15之间作一条坡度线 ab，将 ab 五等分，各等分点 c、d、e、f 即是该平面上高程分别为11、12、13、14的点，过 d、f 点作等高线的平行线，即得高程为12、14的等高线，如图6-8（b）所示。

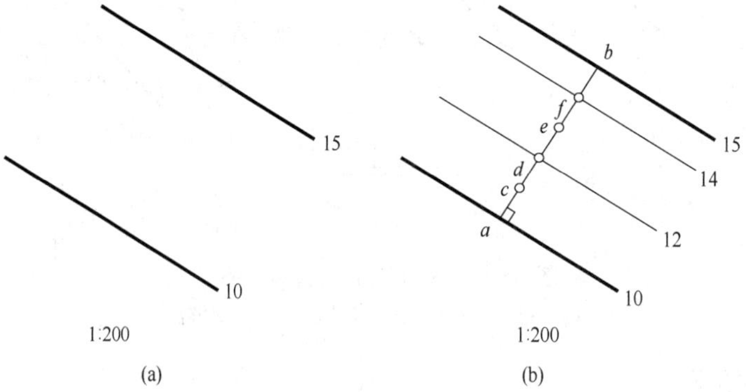

图6-8 用两条等高线表示平面

（2）用一条等高线和一条坡度线表示平面。如图6-9（a）所示，用平面上一条高程为10的等高线和平面的坡度线表示平面，平面的坡度 $i=1:2$。如果求作该平面上整数高程的等高线，如9和11，其作图方法如下：

1）根据坡度 $i=1:2$，得平距 $l=2$。

2）在坡度线上从与等高线10的交点 a 起，按照比例尺，沿下坡方向截取一个平距，得高程为9的 b 点；沿反方向截取一个平距，得高程为11的 c 点。

3）过 b、c 点作等高线10的平行线，即得平面上高程为9、11的等高线，如图6-9（b）所示。

（3）用一条倾斜直线和平面的坡度表示平面。如图6-10（a）所示，用平面上一条倾斜直线 a_4b_0 和平面的坡度 $i=1:0.5$ 来表示平面。因为平面上的坡度线不垂直于该平面上的倾斜直线，所以用带箭头的虚线表示，箭头只表示该平面的大致坡向，指向下坡。其坡度的准确方向待作出平面上的等高线后才能确定。如果求作该平面上整数高程的等高线，如0、1、2、3，其作图方法如下：

1）先求作该平面上高程为0的等高线。该等高线必通过点 b_0，且与 a_4 的水平距离为 $L=H/i=4\text{m}\times0.5=2\text{m}$。因此，以 a_4 为圆心，$R=2\text{m}$ 为半径，向平面的倾斜方向画圆弧，再过点 b_0 作直线与该圆弧相切，切点为 c_0，直线 b_0c_0 即为此平面上高程为零的等高线，

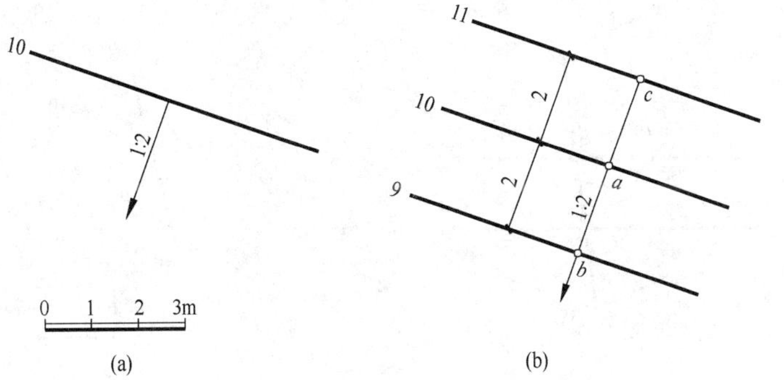

图 6 - 9　用一条等高线和一条坡度线表示平面

c_0a_4 即为平面上的坡度线，且 $c_0a_4 \perp b_0c_0$，如图 6 - 10（b）所示。

上述作图方法也可理解为：以点 A 为锥顶，作一素线坡度为 1∶0.5 的正圆锥，此圆锥与高程为零的基准面交于一圆，其半径为 2m。过直线 AB 作一平面与此圆锥相切，切线 AC 是圆锥面上的一条素线，也是所作平面上的一条坡度线，该平面与高程为零的基准面交于 BC，BC 即为该平面上高程为零的等高线，且 BC 与圆锥底圆相切，如图 6 - 10（c）所示。

2）将 c_0a_4 四等分，过各等分点作 b_0c_0 的平行线，即可得平面上高程分别为 1、2、3 的等高线，如图 6 - 10（b）所示。

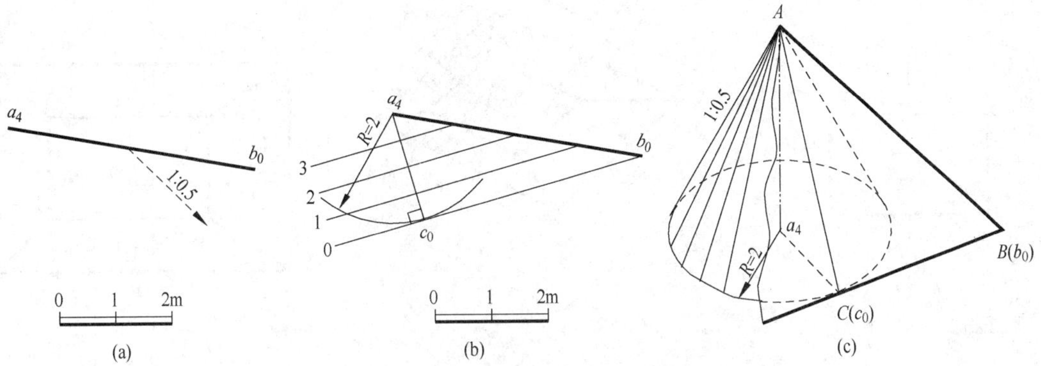

图 6 - 10　用一条倾斜直线和平面的坡度表示平面

（4）水平面高程的标注形式。在标高投影中，水平面高程的标注形式通常是用细实线绘制一矩形线框，在线框内注明高程数值，如图 6 - 1 所示。

6.1.5　平面交线的标高投影

1. 两平面交线的求作方法

在标高投影中，求两平面的交线时，通常采用辅助平面法。即用整数高程的辅助水平面与两已知平面相交，其交线为两条相同高程的等高线，这两条等高线的交点就是两平面的共有点，即两平面交线上的点。如图 6 - 11（a）所示，求 P、Q 两平面的交线，用高程为 5、10 的水平面 H_5、H_{10} 作辅助平面，分别与 P、Q 两平面相交，其交线分别是两平面 P、Q 上高程为 5、10 的两对等高线，两对等高线的交点为 A、B，连接 A、B 即为 P、Q 两平面的交线。两平面交线的标高投影如图 6 - 11（b）所示。

由此可得：两平面上相同高程等高线交点的连线，就是两平面的交线。

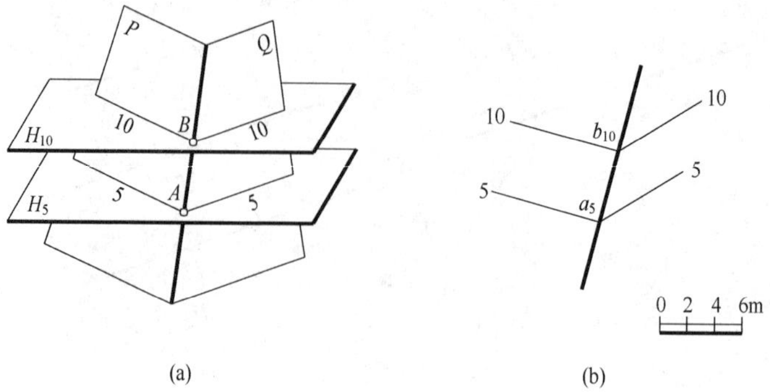

图 6 - 11　两平面交线的求作方法

2. 工程应用

在实际工程中，建筑物上相邻两坡面的交线称为坡面交线。坡面与地面的交线称为坡边线，填方形成的坡面与地面的交线称为填筑坡边线（简称坡脚线），挖方形成的坡面与地面的交线称为开挖坡边线（简称开挖线）。

【例 6 - 3】 已知地面高程为 8m，基坑底面的高程为 3m，坑底的大小和各坡面的坡度如图 6 - 12（a）所示，求作开挖线和坡面交线，并在坡面上画出示坡线。

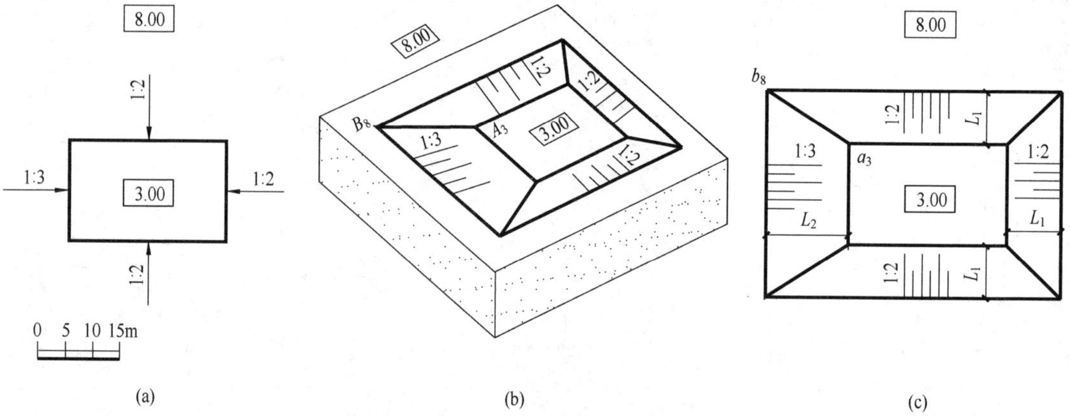

图 6 - 12　作基坑开挖的标高投影

分析：如图 6 - 12（b）所示，此工程为挖方，坑底和地面均为水平面，基坑有四个坡面，需求作四条开挖线和四条坡面交线，均为直线。

作图：如图 6 - 12（c）所示。

1）作开挖线。开挖线即各坡面上高程为 8 的等高线，分别与基坑底面的边线平行。其水平距离可由 $L=H\times l$ 求得，式中高差 $H=5\text{m}$，根据各坡面的坡度，当 $i=1:2$ 时，$L_1=5\text{m}\times 2=10\text{m}$；当 $i=1:3$ 时，$L_2=5\text{m}\times 3=15\text{m}$。然后按照比例尺量取，作基坑底边的平行线，即为开挖线。

2）作坡面交线。运用求交线的方法，连接两坡面上相同高程等高线的交点，如 a_3b_8，即得四条坡面交线。

3）画出各坡面的示坡线。示坡线垂直于等高线，画在坡面上高的一侧，用长短相间的细实线绘制。

【例 6-4】 在高程为 0m 的水平地面上修建一平台，台顶高程为 2m，有一斜坡道通至平台顶面，平台坡面的坡度为 1∶1，斜坡道两侧的坡面坡度为 1∶1.5，斜坡道坡度为 1∶3，如图 6-13（a）所示，求坡脚线和坡面交线。

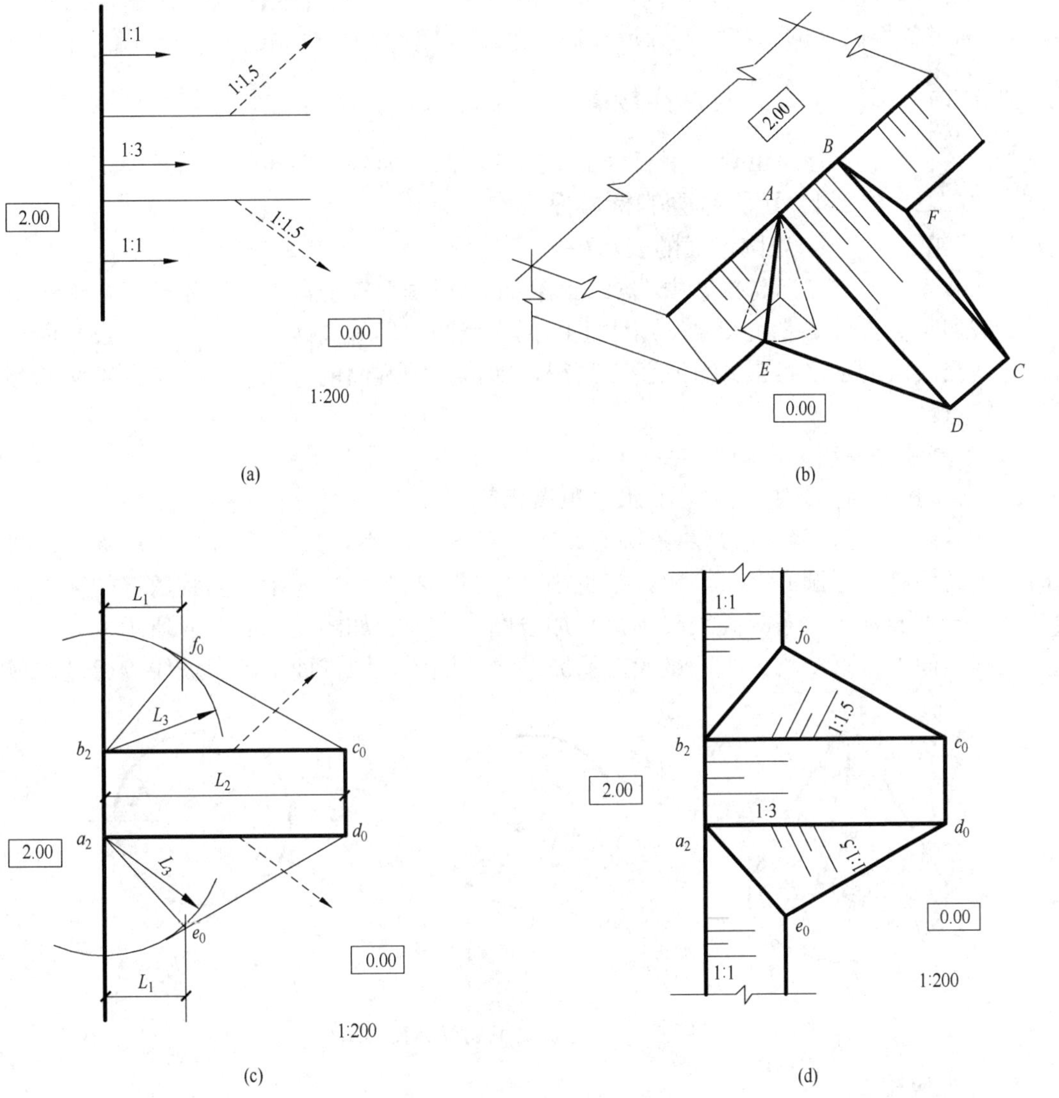

图 6-13 求平台和斜坡道的坡脚线和坡面交线

分析： 如图 6-13（b）所示，地面上修筑平台和斜坡道为填方，需求作平台坡面的坡脚线、斜坡道及两侧坡面的坡脚线，以及它们之间的坡面交线，均为直线。

作图： 如图 6-13（c）所示。

1）求坡脚线。坡脚线是各坡面上高程为 0 的等高线。

平台坡面的坡脚线。该坡面的坡度为 1∶1，其坡脚线与坡面顶边 a_2b_2 平行，水平距离为 $L_1 = H \times l = 2\text{m} \times 1 = 2\text{m}$。根据比例作出平台坡面的坡脚线。

斜坡道坡面的坡脚线与平台坡面的坡脚线作法相同，斜坡道坡度为 1∶3，L_2＝2m×3＝6m。

斜坡道两侧坡面的坡脚线求法与图 6-10 相同：分别以 a_2、b_2 为圆心，以 L_3＝2m×1.5＝3m 为半径画圆弧，再由 c_0、d_0 分别作两圆弧的切线，即为斜坡道两侧坡面的坡脚线。

2）求坡面交线。平台坡面的坡脚线与斜坡道两侧坡面的坡脚线的交点 e_0、f_0 就是平台坡面与斜坡道两侧坡面的共有点，a_2、b_2 也是共有点，连接 a_2e_0、b_2f_0，即为所求的坡面交线。

3）画出各坡面上的示坡线，完成作图，如图 6-13（d）所示。

6.2 曲面的标高投影

6.2 曲面的标高投影

这里主要介绍工程上常用的正圆锥面和地形面的标高投影。

6.2.1 正圆锥面的标高投影

1. 正圆锥面的表示法

在标高投影中，取正圆锥面的轴线垂直于水平面，如果用一组等距离的水平面截切正圆锥面，就可得到一组水平的截交线圆，即等高线，如图 6-14（a）所示。作出这些截交线圆的水平投影并分别注上高程，即得正圆锥面的标高投影。正圆锥面的等高线有如下特点：

1）等高线是一组同心圆。

2）高差相同时，等高线之间的水平距离相等。

3）圆锥正立时，等高线越靠近圆心，其高程数字越大，如图 6-14（b）所示；圆锥倒立时，等高线越靠近圆心，其高程数字越小，如图 6-14（c）所示。高程数字的字头规定朝向高处。圆锥面常用一条等高线（圆弧）加坡度线表示，如图 6-14（a）所示。

正圆锥面上各素线均为正圆锥面上的坡度线，因此，圆锥面上的示坡线应通过锥顶。

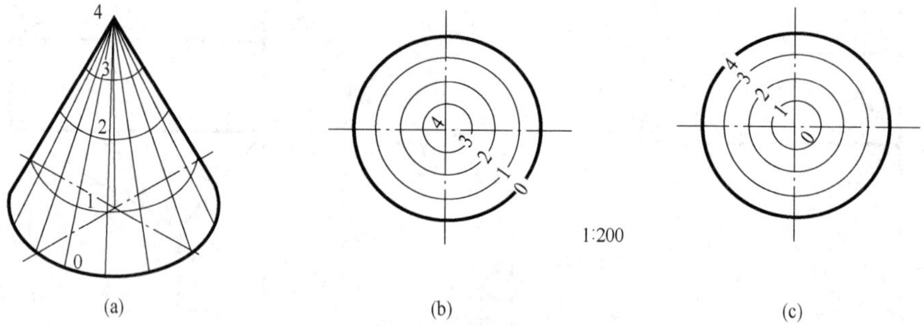

图 6-14 正圆锥面的标高投影图

2. 工程应用

在土石方工程中，常在建筑物两坡面转角处采用与坡面坡度相同的圆锥面过渡，如图 6-15（a）、（b）所示。

【例 6-5】 在高程为 2m 的地面上，修筑一高程为 5m 的平台，台顶形状及各坡面坡度如图 6-16（a）所示，求坡脚线和各坡面交线。

分析： 平台坡面由两侧斜坡面和中部圆锥面组成，如图 6-16（b）所示。坡脚线共有三条，其中斜坡面与地面的交线是直线，圆锥面与地面的交线是圆曲线。坡面交线共有两条，是两侧斜坡面与圆锥面的交线，为非圆曲线，该曲线可由斜坡面与圆锥面上一系列同高程等高线的交点确定。

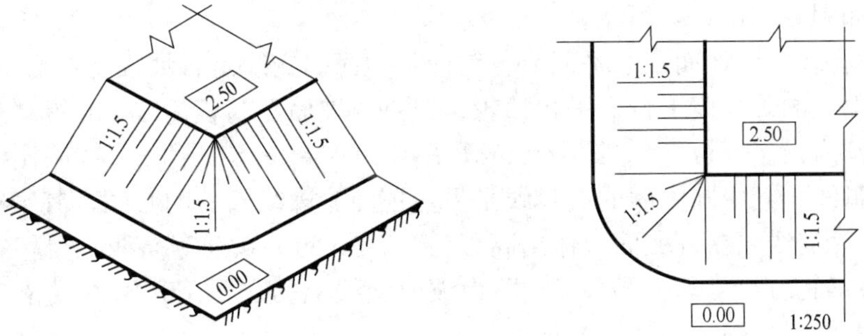

(a)

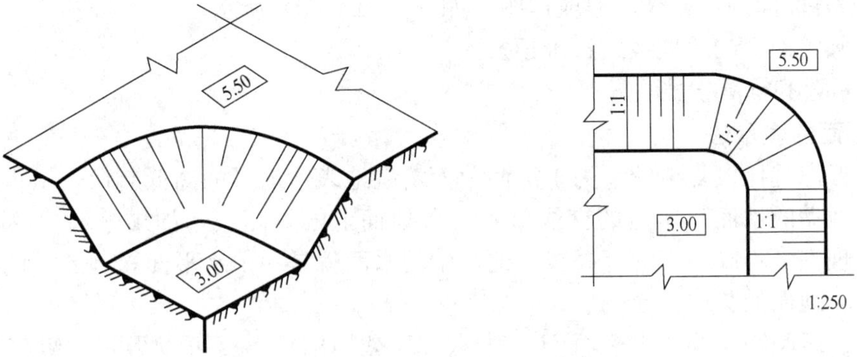

(b)

图 6 - 15　正圆锥面应用实例

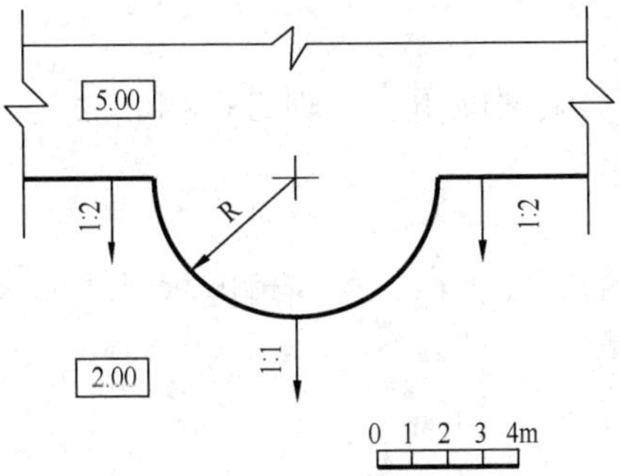

(a)

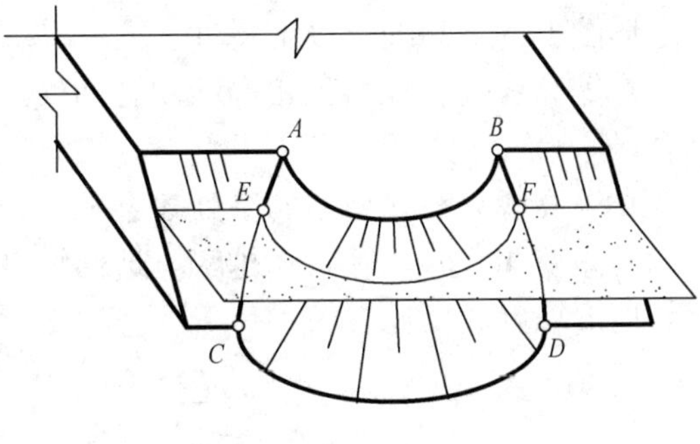

(b)

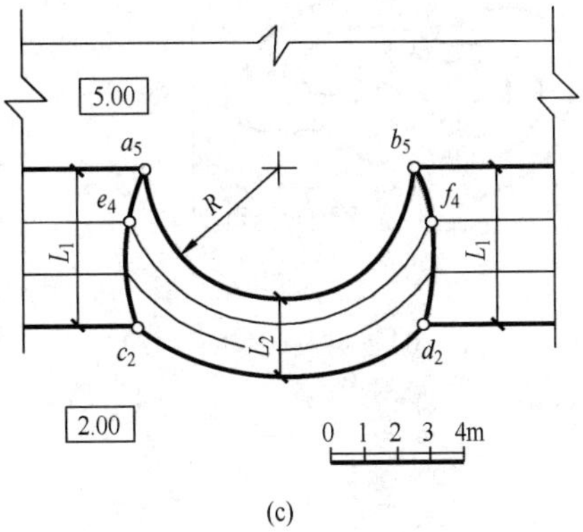

(c)

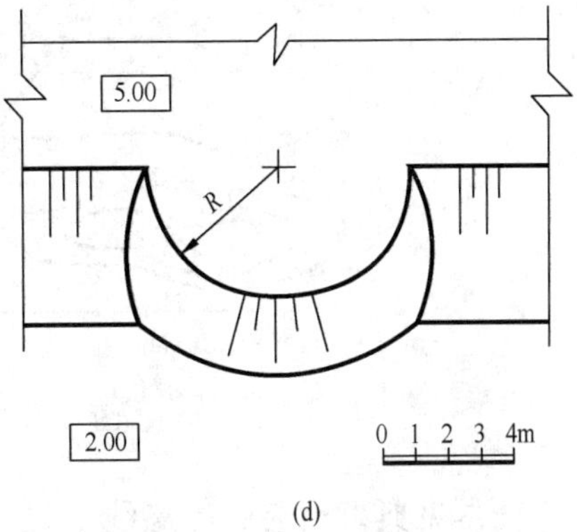

(d)

图 6 - 16　求作平台的标高投影

作图： 如图 6-16（c）所示。

1）求坡脚线。因地面是水平面，各坡面与地面的交线是各坡面上高程为 2m 的等高线，且与同一坡面上的等高线平行。平台顶轮廓线是各坡面上高程为 5m 的等高线，两等高线的水平距离分别为：$L_1=H/i=3\text{m}\times2=6\text{m}$，$L_2=H/i=3\text{m}\times1=3\text{m}$，按照比例尺量取可作出各坡面的坡脚线。其中圆锥面的坡脚线是平台顶面轮廓线圆的同心圆，其半径为 $R+L_2$。

2）求坡面交线。在各坡面上作出高程为 3、4m 的一系列等高线，得相邻坡面上同高程等高线的一系列交点，如 e_4、f_4 等，即为坡面交线上的点，用光滑曲线依次连接各点，即得交线。作图原理如图 6-16（b）所示。

3）画出各坡面的示坡线，完成作图，如图 6-16（d）所示。

注意： 圆锥面上的示坡线通过锥顶。

6.2.2 地形面的标高投影

1. 地形面的表示法

地面的形态是比较复杂的，为了能简单而清楚地表达地形的高低起伏，工程上常用等高线来表示。池塘的水面与岸边的交线就是一条地面上的等高线，如果池塘中的水面不断下降，就会出现许多不同高程的等高线。池塘中的水面就是一个水平面，因此，地形等高线也就是水平面与地面的交线。

假想用一组间距相等的水平面 H_1、H_2、H_3 截切山丘，就可以得到一组高程不同的等高线，如图 6-17（a）所示。画出这些等高线的水平投影并标明它们的高程，再加绘比例尺，即得地形面的标高投影图，工程上称之为地形平面图，简称地形图，如图 6-17（b）所示。地形图是通过测量方法得到的。

地形图上的等高线有以下特性：

（1）等高线是各点高程相等的闭合曲线，如不在本幅图内闭合，则必在相邻的其他图幅内闭合。

（2）等高线只有在悬崖峭壁处才会相交或重合。

（3）高差相等时，等高线越密，地面坡度越陡；等高线越稀，地面坡度越缓。即等高线平距与地形坡度成反比。

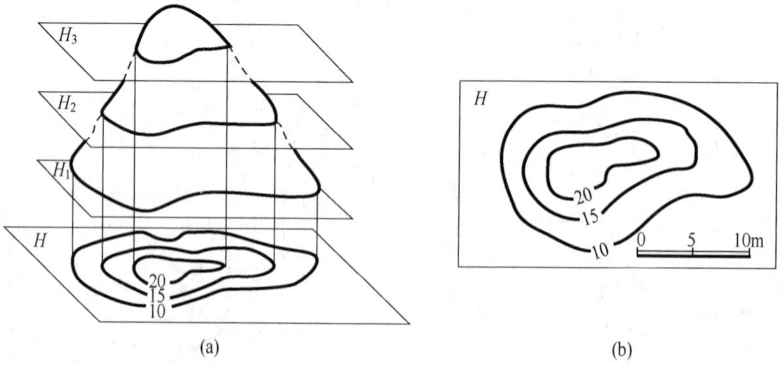

图 6-17　地形面的标高投影

2. 几种常见典型地貌的等高线

了解和熟悉典型地貌的特征，将有助于识读地形图。

（1）山头和洼地。山头的等高线特征是里圈的高程大于外圈的高程，如图 6 - 17（b）所示；洼地的等高线特征是里圈的高程小于外圈的高程。

（2）山脊和山谷。山脊是沿着一个方向延伸的条形脊状凸形地貌，山脊的最高棱线称为山脊线，降落在山脊线上的雨水向此线两侧分流，所以山脊线又称为分水线。山脊的等高线为一组凸向低处的曲线，如图 6 - 18（a）所示。

山谷是沿着一个方向延伸的条状凹形地貌，贯穿山谷最低点的连线称为山谷线，降落在谷坡上的雨水顺着斜坡流下集合于山谷线，所以山谷线又称合水线或集水线。山谷的等高线为一组凸向高处的曲线，如图 6 - 18（b）所示。

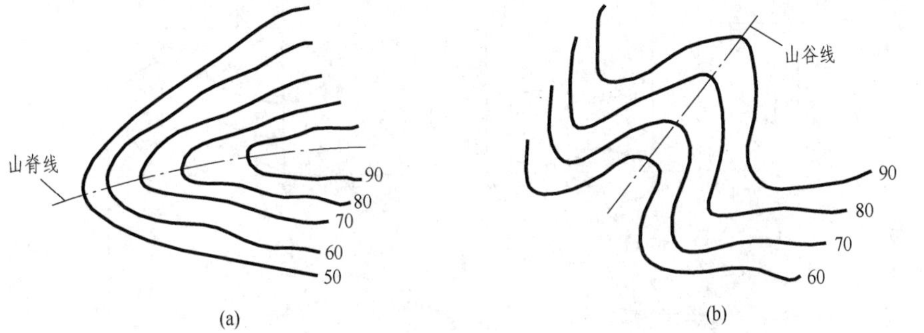

图 6 - 18　山脊和山谷的等高线

（3）鞍部。鞍部是相邻两山头之间呈马鞍形的低凹部位，鞍部的等高线是由两组相对的山脊和山谷等高线组成，即在大的闭合曲线内套有两组小的闭合曲线，如图 6 - 19（a）所示。

（4）陡崖。陡崖是坡度在 70°以上的陡峭崖壁。其等高线特征是多条等高线会合重叠在一处，如图 6 - 19（b）所示。

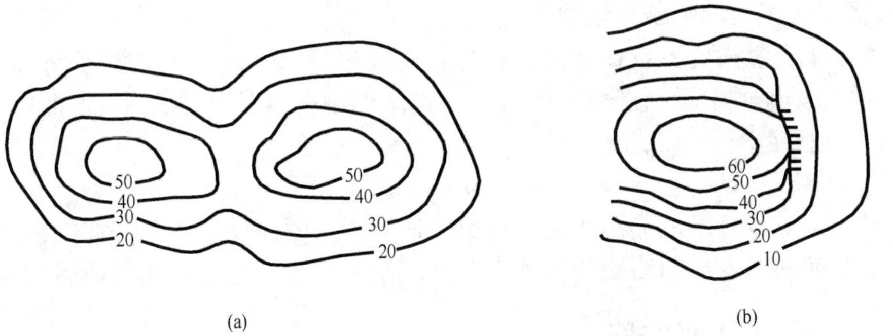

图 6 - 19　鞍部和陡崖的等高线

在图 6 - 20 的地形平面图中可知，两处环状等高线高程数字由外向里逐渐增大，表明这两个地方是山头，两山头之间是鞍部。图中等高线较密集处地势较陡，等高线稀疏处地势平坦。地形图中等高线一般用细实线绘制，对于逢“0”“5”的等高线可用粗实线绘制，称为计曲线，如图中高程为 15 和 20 的等高线。

3. 地形断面图及作法

用一铅垂面剖切地形面，剖切平面与地形面的截交线就是地形断面，画上相应的材料图例，即为地形断面图。断面图可形象地反映断面处地势的起伏变化。

【例 6-6】 已知地形图和铅垂截平面 *A*—*A* 的位置，如图 6-20 所示，作出 *A*—*A* 地形断面图。

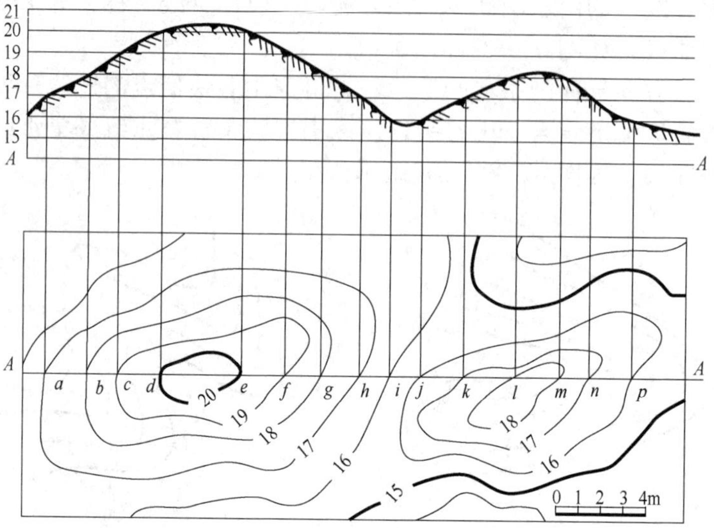

图 6-20　地形平面图和断面图

作图：

1）建立以高程为纵坐标，以 *A*—*A* 剖切面剖到的诸等高线的交点间的水平距离为横坐标的直角坐标系，如图 6-20 所示。

2）按照比例尺在纵坐标轴上标注地形图上各等高线高程。

3）将剖切线 *A*—*A* 与各等高线的交点 *a*、*b*、*c*、…，保持其距离不变，量取到横坐标轴上。具体作图时，可借助纸条来量取各点位置。

4）在横轴上自量得的各点作竖直线，与相应高程的水平线相交，徒手将各交点顺势连接成曲线，再根据地质情况画上相应的材料图例（图中为自然土壤图例），即得 *A*—*A* 断面图，如图 6-20 所示。

注意：

1）有时为了充分显示地形面的起伏情况，地形断面图允许采用不同的纵横比例。

2）地形断面图布置在剖切线的铅垂方向上，便于作图，也可画在其他适当位置。

6.3　工程实例

6.3　工程实例

由于建筑物的表面可能是平面或曲面，地面可能是水平面或不规则曲面，因此，它们的交线也不同，但求解交线的基本方法仍然是用辅助平面法求共有点。若交线为直线，只需求两个共有点相连即得；若交线为曲线，则需求一系列共有点，然后依次光滑连接即得。下面通过几个工程实例说明求交线的方法。

【例 6-7】 如图 6-21（a）所示，某军营在山坡上修筑一水平球场。已知球场的平面图及其高程为 35m，填方边坡为 1∶1.5，挖方边坡为 1∶1，完成球场的标高投影图。

分析： 首先确定填挖分界线。如图 6-21（b）所示，因为球场高程为 35m，所以地面上

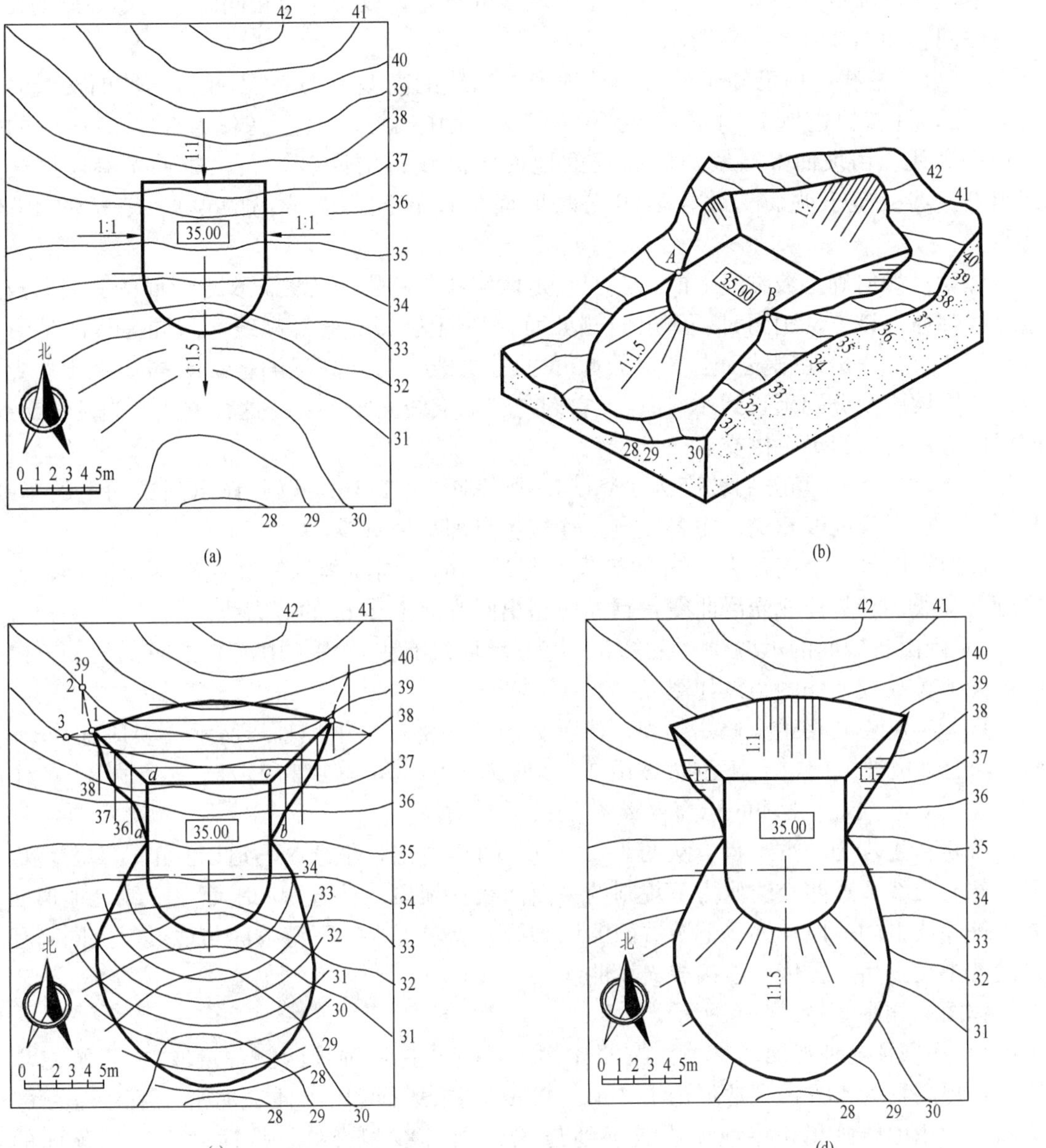

图 6-21　求作球场的标高投影图

高程为 35 的等高线就是挖方和填方的分界线，它与球场轮廓边线的交点 A、B 就是填、挖边界线的分界点。

挖方部分：地形面上比 35m 高的地方是挖方部分，其边坡为三个平面，挖方坡面的等高线为一组平行线。挖方部分有三段开挖线和两段坡面交线。

填方部分：地形面上比 35m 低的地方是填方部分，填方坡面包括半圆锥面和两个与它相切的平面，其等高线分别为同心圆弧和与同心圆弧相切的直线。填方部分只有坡脚线，无坡面交线。

取坡面等高线的高差等于地形图上等高线的高差，以便作出相同高程的等高线的交点。

作图：如图6-21（c）所示。

1）求开挖线。由已知条件可知，地形等高线的高差为1m，因此，作坡面交线时高差也取1m，并根据边坡1∶1得平距l=1m。以此作出各坡面上高程为36、37……的一组平行等高线。由坡面等高线与同高程的地面等高线得出许多交点，徒手光滑连接这些点即得开挖线。至于坡面交线，因相交两坡面坡度相同，由球场的顶点c、d作45°斜线即得。

注意：如何确定坡脚线上的1点？它是西侧和北侧相交两坡面及地形面的三面共点，三条交线都通过该点。画图时，作出西侧坡面上高程为39m的等高线，与同高程的地形等高线交于2点；作出北侧坡面上高程为38m的等高线，与同高程的地形等高线交于3点；把西、北侧坡脚线分别延长到2、3点，它们与坡面交线交于1点。这种方法称为延长交线法。同样的方法可求得另一侧交点。

2）求坡脚线。填方的坡度为1∶1.5，则平距l=1.5m，以此作出圆锥面上的等高线，与同高程地形等高线相交，得各交点。连接各点即得坡脚线。

注意：圆锥面上高程为29m的等高线与地形面上同高程的等高线有两个交点，连线时应顺着交线的趋势连成光滑曲线，且不应超出圆锥面上28m的等高线。

3）画出各坡面的示坡线。注意填、挖方示坡线有别，均须由高处指向低处，方向垂直于坡面上等高线，作图结果如图6-21（d）所示。

【例6-8】 在河道上修一土坝，位置如图6-22（a）中坝轴线所示，坝顶宽6m，高程61m，上游边坡1∶2.5，下游边坡由1∶2变为1∶2.5，马道高程为52m，宽4m，作图比例为1∶1000，试作土坝的标高投影图。

分析：土坝为填方工程。从图6-22（b）可以看出，坝顶、马道以及上、下游坡面与地形面都有交线，这些交线均为不规则的平面曲线。坝顶、马道为水平面，交线是地形面上同高程等高线上的一段；上、下游坡面的坡脚线，需求得上、下游坡面与地形面上同高程等高线的若干交点后，再依次连接成光滑曲线。

作图：如图6-22（c）所示。

1）作坝顶与地形面的交线。按照比例1∶1000在坝轴线两侧各量取3m，画出坝顶边线。坝顶高程为61m，在地形面上60m、62m等高线之间用内插法加密一条高程为61m的等高线，用虚线画出，将坝顶边线画到与61m等高线相交处，从而确定出坝顶面的左右边线。

2）求上游坡面的坡脚线。在上游坡面上作与地形面相应的等高线，根据上游坡面坡度1∶2.5，知平距l=2.5，坡面等高线高差取2m（与地形等高线高差一致），可得坡面等高线水平距离$L=Hl=2\text{m}\times2.5=5\text{m}$，按比例即可作出与地形面相应的等高线60、58、…、50，然后求出上游坡面与地面同高程等高线的交点，顺次连接各点得上游坡面的坡脚线。

3）求下游坡面的坡脚线。下游坡面坡脚线的做法与上游坡面坡脚线相同，只因下游为变坡度坡面，作等高线时不同的坡度要用不同的水平距离。马道以上按1∶2坡度作坡面等高线，等高线间水平距离为$L=2\times2\text{m}=4\text{m}$。当作出坡面上52m等高线时，即得马道内边线，根据马道宽度按比例量取4m，得马道外边线，马道边线画到与地形面上52m等高线相

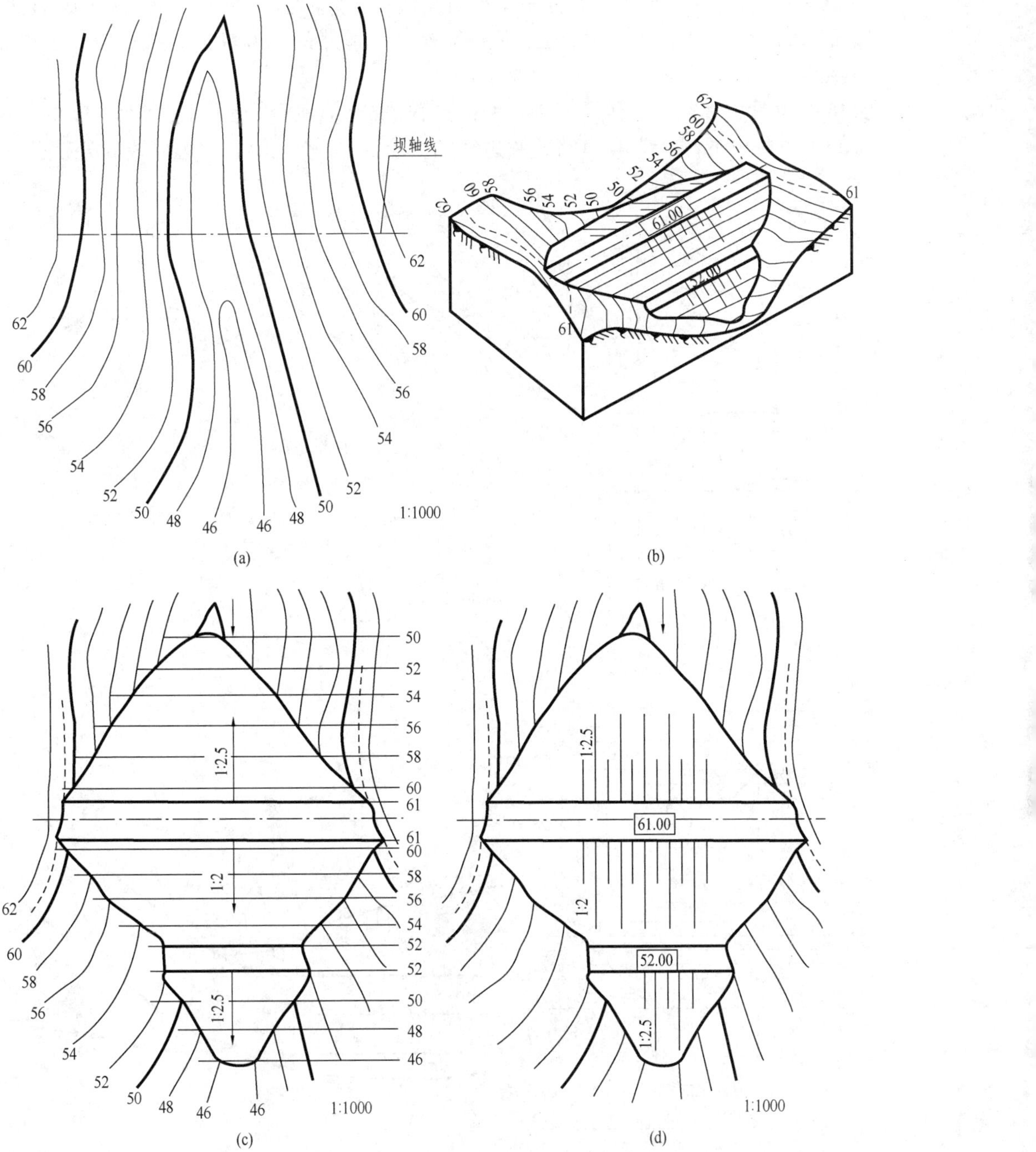

图 6－22　求作土坝的标高投影图

交处。然后再变坡度为 1∶2.5 作坡面等高线，等高线间水平距离为 $L=2\times2.5\text{m}=5\text{m}$。依次连接下游坡面各等高线与地面同高程等高线的一系列交点，即得到下游坡面的坡脚线。注意：河道最低处应顺势连接。

4）画出上、下游坡面上的示坡线并标注坡度，注明坝顶、马道高程，作图结果如图 6－22（d）所示。

【例 6-9】 在图 6-23（a）所示的地形面上修一条水平弯道，两侧开挖坡面的坡度为 1∶1，填筑坡面的坡度为 1∶1.5，已知弯道路面的位置以及道路的标准断面，试作道路坡面的坡脚线和开挖线。

分析： 如图 6-23（a）所示，因为路面高程为 60m，所以地面上高程为 60 的等高线就是挖方和填方的分界线，它与道路轮廓边线的交点 a、b 就是填、挖边界线的分界点。

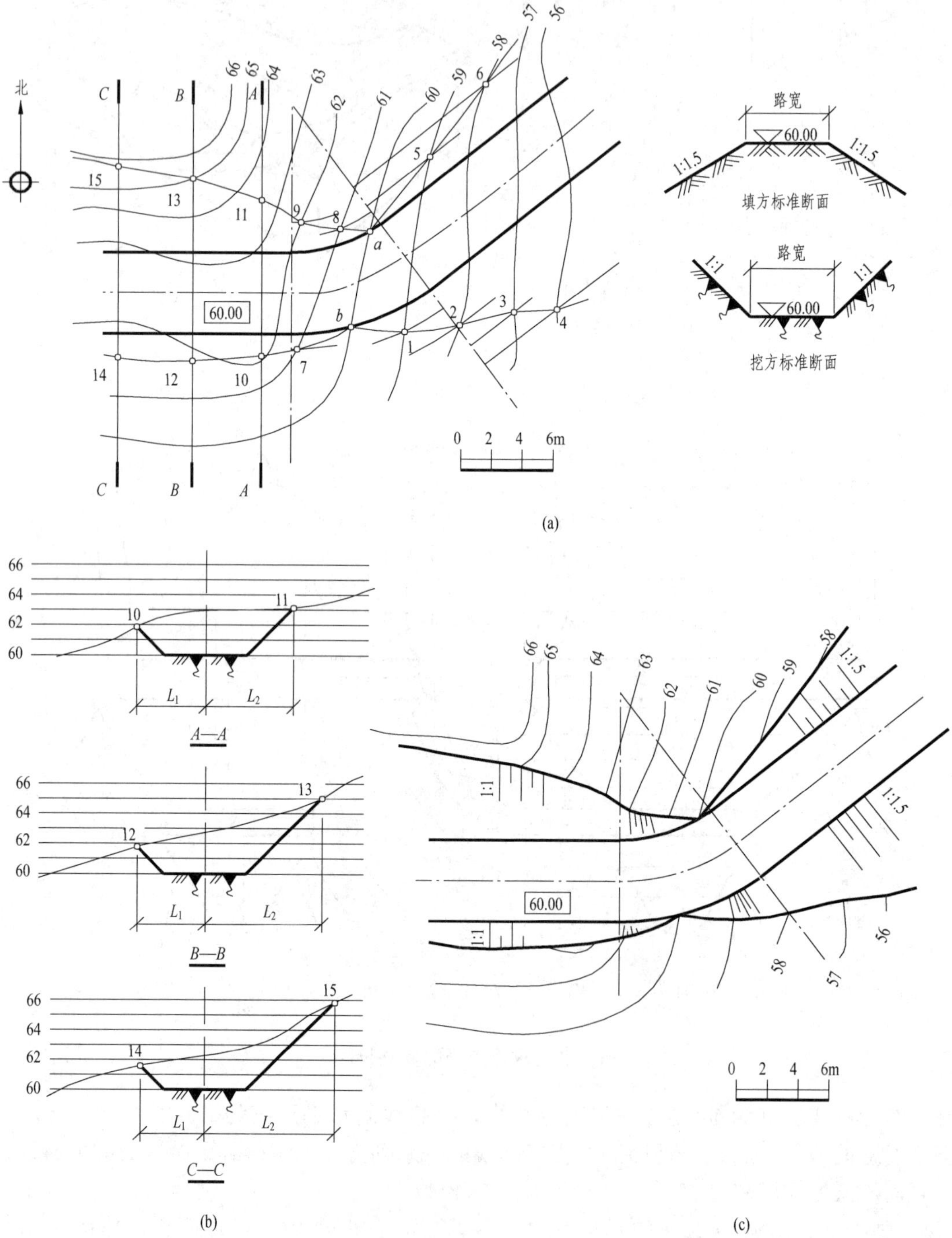

图 6-23 求作道路边坡的坡脚线和开挖线

道路两侧的直线段边坡为平面，中间弯道段边坡为圆锥面，与两侧直线段边坡相切，无坡面交线，各坡面与地面的交线均为不规则曲线，坡脚线和开挖线仍可采用作坡面上等高线的方法求作。需要指出：本例中弯道以西一段道路边坡上的等高线与地面上的部分等高线接近平行，用上述方法不易求出交点，可用地形断面法求作开挖线。

作图：

1）求坡脚线。填方的坡度为1∶1.5，等高线的平距$l=1.5$m，以此作出各坡面上的等高线，与同高程地形等高线相交，得1、2、…、6各交点，连接各点即得坡脚线，如图6-23（a）所示。

2）求开挖线。挖方的坡度为1∶1，等高线的平距$l=1$m。圆锥面部分的开挖线可用作坡面等高线的方法直接求得，如图6-23（a）中求出了开挖线上的7、8、9点。平面部分的开挖线用地形断面法来求，此法是在道路上每隔一定距离作一个与道路中心线垂直的铅垂面，如图6-23（a）中所示断面$A-A$、$B-B$、$C-C$。按照例6-6的方法作出$A-A$、$B-B$、$C-C$三个地形断面图，如图6-23（b）所示，在图样的适当位置用与地形图相同的比例作一组与地面等高线对应的等高线60、61、62、…、66，定出道路中心线，以此为基线画出地形断面图；并按挖方标准断面画出道路和边坡的断面图，二者的交点即为开挖线上的点，将交点到中心线的距离L_1、L_2量取到地形平面图中断面位置线上，即得开挖线上各点的标高投影，如图6-23（a）中所示的10、11、…、15等各点，连点即得开挖线。

3）画出各坡面的示坡线，结果如图6-23（c）所示。

本例也可全部采用地形断面法求作，读者可自行分析。地形断面法作图在工程中应用较广，一则作图原理简单、直观；二则通过已作出的断面可确定断面的面积，根据相邻两断面的间距，可计算出开挖或填筑的体积，即土方工程量。但地形断面法作图较繁，若断面图数量不多，则作图所得的坡面交线不很准确。

思 考 题

6.1 简述标高投影的概念。

6.2 直线、平面标高投影的表示方法各有几种？

6.3 如何确定直线上的整数标高点？

6.4 平面上画等高线的方法有几种？

6.5 简述平面、圆锥面及地形面上等高线的形状和特性。

6.6 平面上示坡线的画法要求是什么？圆锥面上示坡线如何画？

6.7 建筑物上相邻两坡面交线上的点是如何得到的？

6.8 简述地形断面图的画法要点。

6.9 简述用地形断面法求交线上点的步骤。

6.10 为什么要学标高投影？举例说明。

第 7 章　制图的基本知识和技能

工程图样作为工程技术界的语言，必须有统一的标准和规定，对图样的内容、格式和表达方法作出统一要求，以保证图样画法一致，内容明确。每个工程技术人员都要掌握绘制工程图样的基本知识和基本技能。本章主要介绍常用绘图工具和仪器的使用方法、国家制图标准的基本规定以及平面图形的画法等内容。

7.1　绘图工具和仪器的使用方法

7.1　绘图工具和仪器的使用方法

掌握绘图工具和仪器的正确使用方法，是提高绘图质量，加快绘图速度的前提。

7.1.1　手工仪器绘图

1. 图板

图板用来铺放和固定图纸，要求板面平整，板边平直。图板的左侧边作为丁字尺上下移动的导边，如图 7-1 所示。图板有几种规格，如 0 号（900mm×1200mm）、1 号（600mm×900mm）、2 号（450mm×600mm）等，可根据需要选用。

2. 丁字尺

丁字尺由尺头和尺身组成，尺身上有刻度一侧为工作边，如图 7-1 所示，丁字尺用于画水平线。画线时，左手握住尺头，使它紧靠图板的左侧导边，右手扶住尺身，然后上下推动丁字尺，自左向右沿工作边画水平线，如图 7-1 所示。注意尺头不能靠在图板的其他边缘画线。

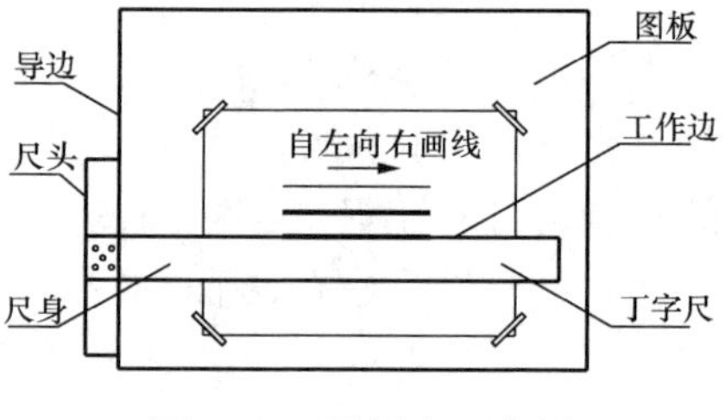

图 7-1　图板和丁字尺

3. 三角板

三角板用于画竖直线和倾斜线。三角板与丁字尺配合使用，由下向上画竖直线，如图 7-2（a）所示。三角板与丁字尺配合使用，可画与水平线成 30°、60°和 45°的倾斜线；两块三角板与丁字尺配合还可画出与水平线成 15°和 75°的倾斜线，如图 7-2（b）所示。

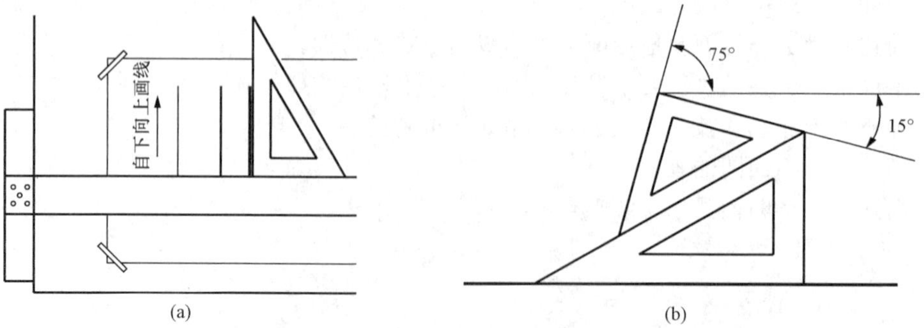

(a)　　(b)

图 7-2　三角板和丁字尺配合画线

（a）画竖直线；（b）画与水平线成 15°、75°的倾斜线

4. 绘图铅笔

绘图铅笔按铅芯的软硬程度分类，“H”表示硬，“B”表示软。“H”或“B”前面的数字越大表示铅芯越硬或越软，HB 表示软硬适中。削铅笔时要保留有硬度符号的一端，以便于识别。画不同粗细的图线时，铅芯磨削的形状也应不同，写字或打底稿用锥状铅芯，如图 7 - 3（a）所示；加深粗线时宜用楔状铅芯，如图 7 - 3（b）所示。

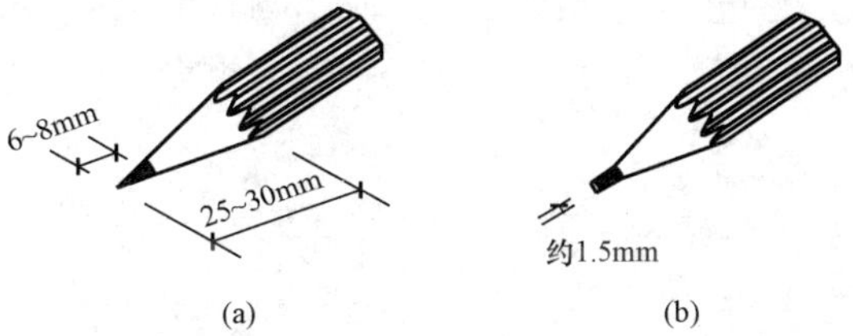

图 7 - 3　铅笔的用法

（a）锥状铅芯；（b）楔状铅芯

5. 圆规

圆规是用来画圆和圆弧的工具。圆规有两条腿，一条腿装有带台肩的钢针，用来固定圆心，另一条腿上可按需要换装铅芯插脚、墨线插脚或钢针插脚。画圆时，铅芯应磨削成 65°的斜面，并使斜面向外，当钢针插入图板后，钢针的台肩应与铅芯尖平齐，如图 7 - 4（a）所示。一般情况下，沿顺时针方向画圆。画大圆时，应使圆规两条腿都与纸面垂直，如图 7 - 4（b）所示。

6. 分规

分规的形状像圆规，但两腿都为钢针。分规是用来截取线段、量取长度或等分线段的工具。分规等分线段时多采用试分法。图 7 - 5 所示为用试分法三等分线段 AB，先凭目测大致使分规两针尖的距离接近 $AB/3$，在线段上从 A 点开始试分，若第三等分点恰好是终点 B，则试分完成；若第三等分点落在线段以内，则调整两针尖距离，目测增加 $3B$ 的 1/3，重新试分；若第三等分点落在线段以外，则调整两针尖距离，目测减小 $3B$ 的 1/3，重新试分。这样反复进行，直至恰好为止。

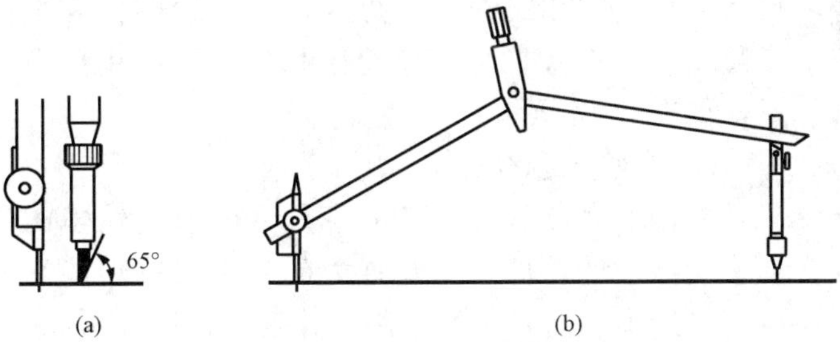

图 7 - 4　圆规的用法

（a）台肩与铅芯尖平齐；（b）画大圆的方法

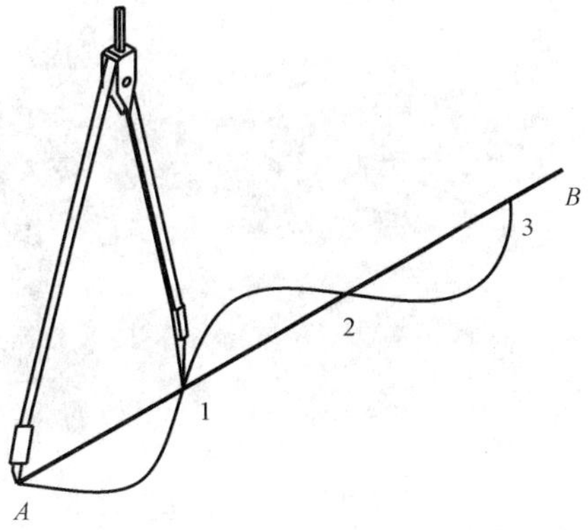

图 7 - 5　用分规等分直线段

7. 曲线板

曲线板是用于画非圆弧曲线的工具。它的使用方法如图 7 - 6 所示：先定出曲线上足够数量的点，用铅笔徒手轻轻连成曲线，如图 7 - 6（a）所示；然后在曲线板上选择形状相同的“曲线”，分成几段把曲线画出，如图 7 - 6（b）～（d）所示。

注意：在曲线板上选取相吻合的曲线段，至少要通过曲线上三至四个点，为使整段曲线光滑连接，前后两段应有一部分重合。

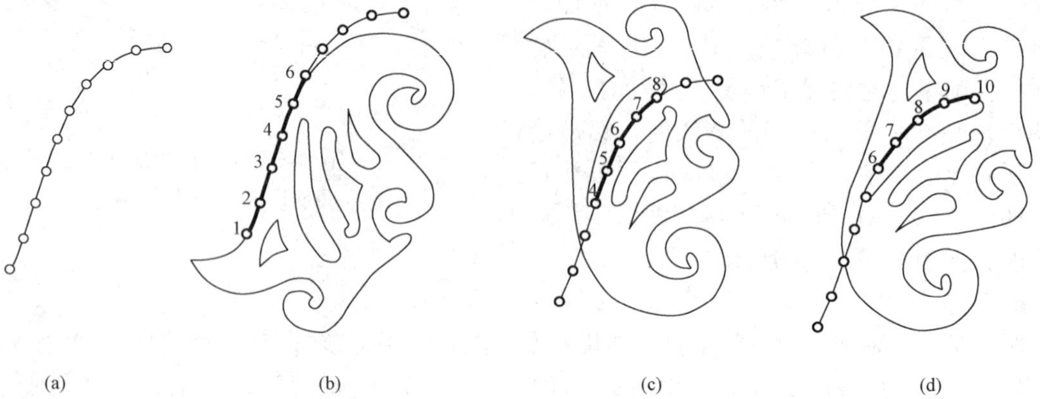

图7-6　曲线板及其使用方法

8. 制图模板

制图模板是一种量画结合的工具，其上刻有各种不同形状的孔洞和比例。利用模板可直接画出各种常用图例和符号，提高绘图的质量和速度。模板种类很多，可适应绘制不同专业工程图的需要。

除上述工具外，绘图时还需备有刀片、橡皮、擦图片、胶带纸、砂纸等工具和用品。

7.1.2　计算机绘图

1. 计算机绘图的硬件设备

（1）计算机主机。

（2）输入设备。常用的输入设备有键盘、鼠标、光笔、扫描仪等。

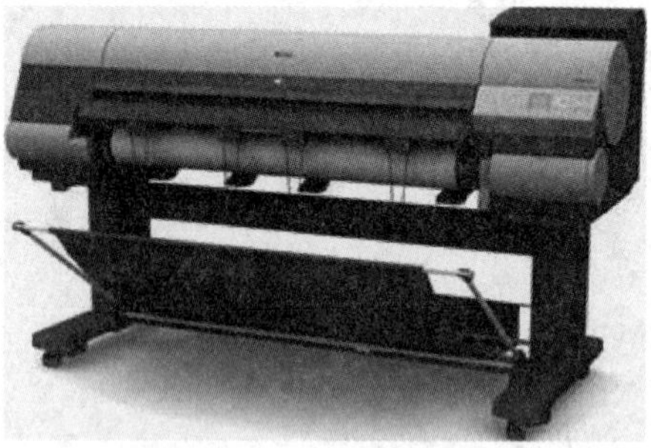

图7-7　平台式绘图仪

（3）输出设备。常用的输出设备有显示器、打印机和绘图仪等。绘图仪是计算机绘图的主要输出设备，按结构和工作原理分为平台式绘图仪和滚筒式绘图仪，平台式绘图仪绘图精度高，应用比较广泛，如图7-7所示。

2. 计算机绘图软件

AutoCAD、Solid Edge等是目前使用较多的计算机辅助设计软件，具有强大的二维绘图功能和三维实体造型功能，广泛应用于建筑、机械等领域。

7.2　制图标准的基本规定

工程图样是工程界的技术语言。为了便于技术交流，满足设计、施工、存档的需要，必须对图样的内容、格式、画法等作出统一规定，这就是制图标准。现行制图标准为住房和城乡建设部发布的《房屋建筑制图统一标准》（GB/T 50001—2017），在绘制建筑工程图样时，应遵照执行。下面介绍GB/T 50001—2017中的部分内容。

7.2　制图标准的基本规定

7.2.1　图纸幅面与格式

1. 图纸幅面与图框

图纸幅面是指图纸本身的大小规格。图框是图纸上所供绘图的范围的边线。图纸的幅面和图框尺寸应符合表 7-1 的规定和图 7-8 的格式。从表 7-1 中可以看出，A1 幅面是 A0 幅面的对裁，A2 幅面是 A1 幅面的对裁，其余类推。表中代号的意义如图 7-8 所示。同一项工程的图纸，不宜多于两种幅面。以短边作垂直边的图纸称为横式幅面，如图 7-8（a）、（b）所示；以短边作水平边的图纸称为立式幅面，如图 7-8（c）、（d）所示。一般 A0～A3 图纸宜用横式。图纸短边不应加长，长边可以加长，但加长的尺寸必须符合国标 GB/T 50001—2017 的规定，见表 7-2。

表 7-1　　**幅面及图框尺寸**　　（mm）

尺寸代号	幅面代号				
	A0	A1	A2	A3	A4
$b\times l$	841×1189	594×841	420×594	297×420	210×297
c	10			5	
a	25				

表 7-2　　**图纸长边加长尺寸**　　（mm）

幅面代号	长边尺寸	长边加长后尺寸
A0	1189	1486、1783、2080、2378
A1	841	1051、1261、1471、1682、1892、2102
A2	594	743、891、1041、1189、1338、1486、1635、1783、1932、2080
A3	420	630、841、1051、1261、1471、1682、1892

注：有特殊需要的图纸，可采用 $b\times l$ 为 841mm×891mm 与 1189mm×1261mm 的幅面。

2. 标题栏与会签栏

图纸的标题栏（简称图标）及装订边的位置应符合国标的规定。标题栏为通栏时，可在图纸下方（或右侧），如图 7-8（a）、（b）所示；A0～A1 图纸横式使用、A0～A2 图纸立式使用时标题栏可在图纸右下角，如图 7-8（c）、（d）所示。

标题栏具体格式如图 7-9（a）、（b）所示（当标题栏在图幅右侧时，其宽度为 40～70mm）。在本课程的学习过程中，制图作业的标题栏建议采用图 7-9（c）所示的格式和尺寸，外框线为粗实线，分格线为细实线，并画在图框线的右下角。

会签栏尺寸应为 100mm×20mm，其位置如图 7-8（c）、（d）所示，栏内应填写会签人员所代表的专业、姓名、日期等。不需会签的图纸可不设会签栏。

7.2.2　图线

1. 线型与线宽

建筑工程图中的各类图线的线型、线宽和用途见表 7-3。

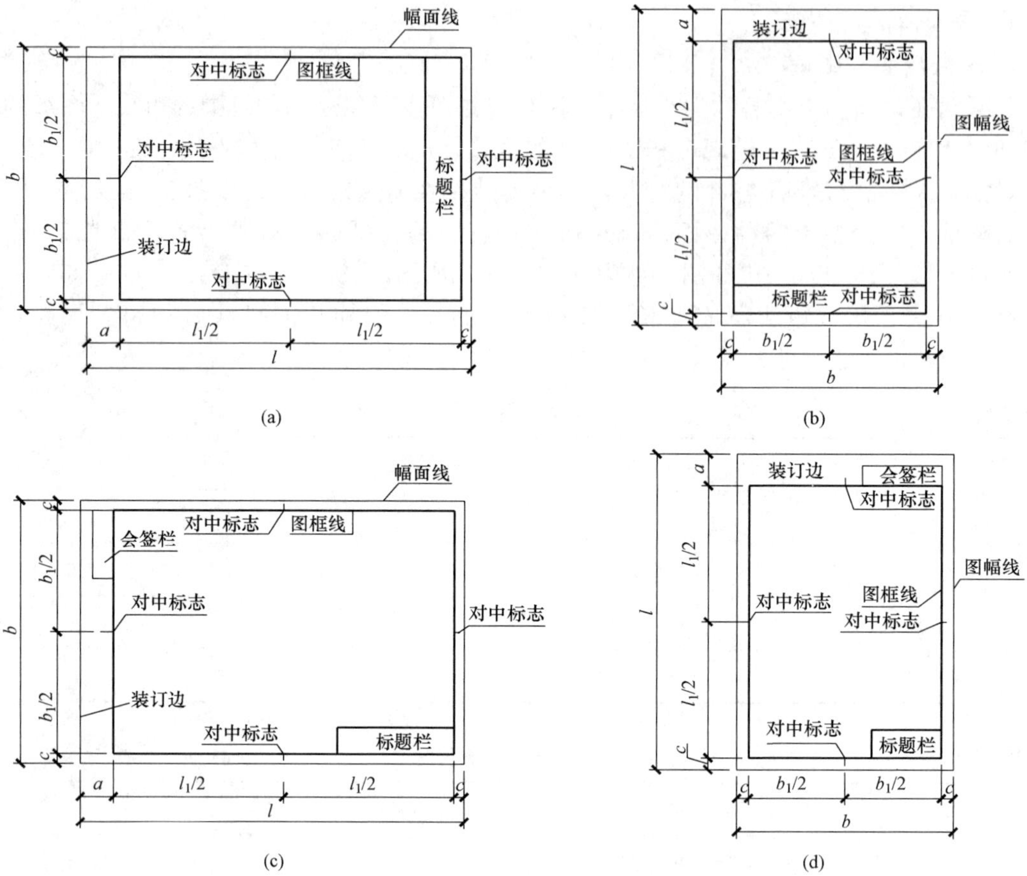

图 7-8　图纸幅面代号与格式

（a）A0～A3横式幅面；（b）A0～A4立式幅面；（c）A0～A1横式幅面；（d）A0～A2立式幅面

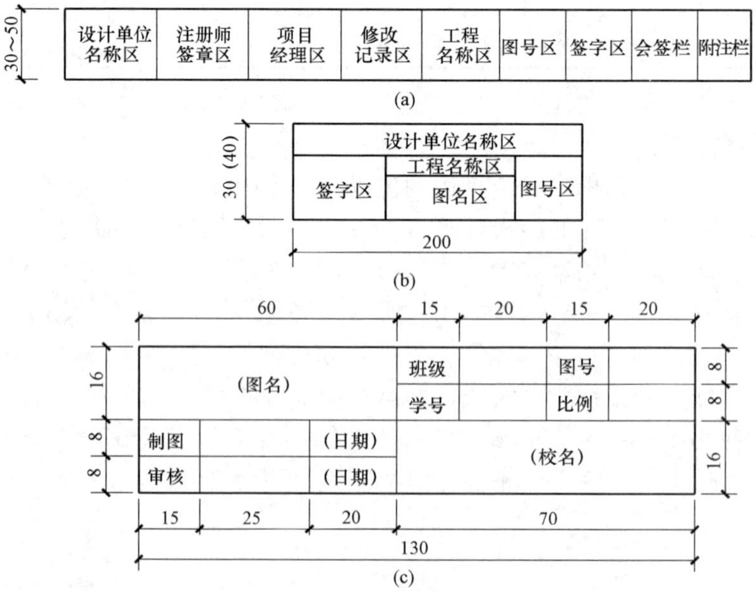

图 7-9　标题栏

（a）标题栏在图纸下方格式；（b）标题栏在图纸右下角格式；（c）制图作业的标题栏

表 7-3　　　　　　图　　线

名称		线型	线宽	用途
实线	粗		b	主要可见轮廓线
	中粗		$0.7b$	可见轮廓线、变更云线
	中		$0.5b$	可见轮廓线、尺寸线
	细		$0.25b$	图例填充线、家具线
虚线	粗		b	见各有关专业制图标准
	中粗		$0.7b$	不可见轮廓
	中		$0.5b$	不可见轮廓线、图例线
	细		$0.25b$	图例填充线、家具线
单点长画线	粗		b	见有关专业制图标准
	中		$0.5b$	见有关专业制图标准
	细		$0.25b$	中心线、对称线、轴线
双点长画线	粗		b	见有关专业制图标准
	中		$0.5b$	见有关专业制图标准
	细		$0.25b$	假想轮廓线、成型前原始轮廓线
折断线			$0.25b$	断开界限
波浪线			$0.25b$	断开界限

表中的线宽 b，应根据图样的复杂程度与比例大小确定。常见的线宽 b（mm）值为 1.4、1.0、0.7、0.5。

2. 图线的画法

图幅内的图框和标题栏线可采用表 7-4 中的线宽。

表 7-4　　　　　　图框和标题栏线的线宽　　　　　　（mm）

幅面代号	图框线	标题栏线	
		外框线	分格线
A0、A1	b	$0.5b$	$0.25b$
A2、A3、A4	b	$0.7b$	$0.35b$

绘制图样时应注意以下几点：

（1）同一张图纸内，相同比例的各图样应选用相同的线宽组。

（2）两条平行线之间的最小间隙，不得小于 0.2mm。

（3）虚线、单点长画线和双点长画线的线段长度及间距应各自保持一致。

（4）图线交接的画法。表 7-5 中列举了各类图线交接的画法以及初学者容易犯的错误。

表 7-5　　各类图线的正误画法示例

图线	图例		画法说明
	正确	错误	
虚线与单点长画线	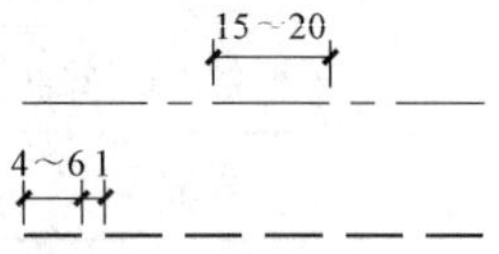	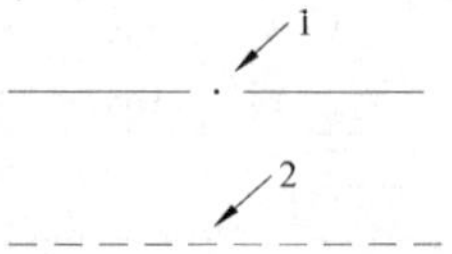	1. 单点长画线中的点应画成很短的短画，而不是画成小黑点。 2. 虚线的线段长度不要画的太短、太密
圆的中心线	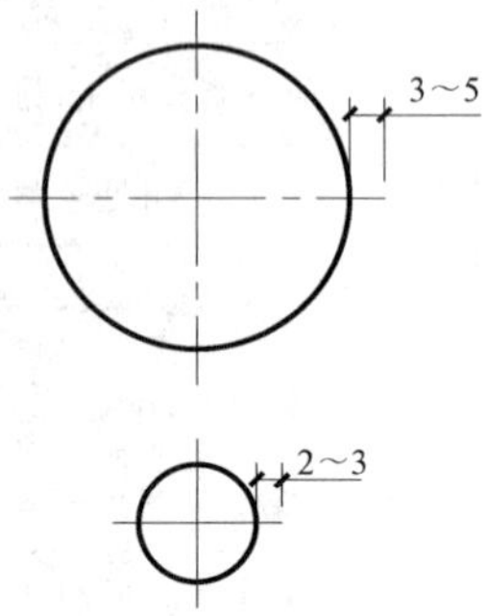	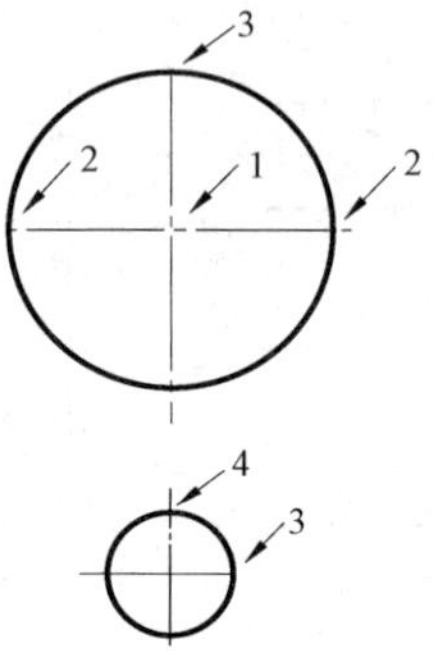	1. 两单点长画线相交，应在线段处相交，单点长画线与其他图线相交，也应在线段处相交。 2. 单点长画线的起始和终止处必须是线段，不是点。 3. 单点长画线应出头 2～5mm。 4. 单点长画线很短时，应用细实线代替
图线的交接	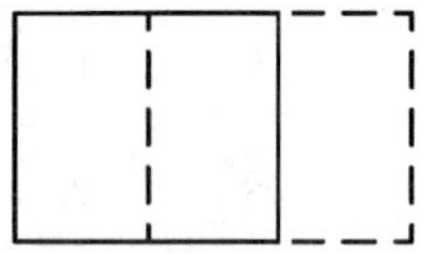	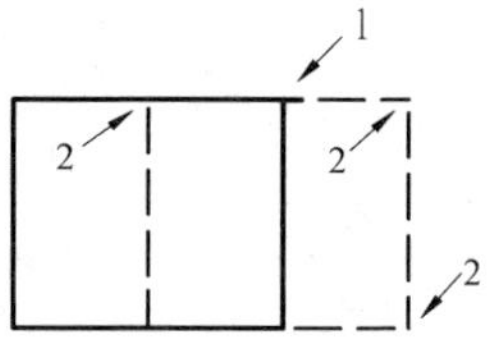	1. 虚线是实线的延长线时，应留有间隙。 2. 两虚线或虚线与实线相交，应线段相交，不要留间隙
折断线与波浪线	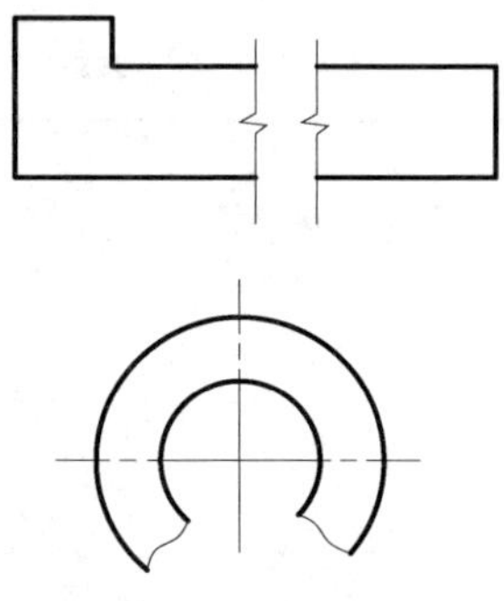	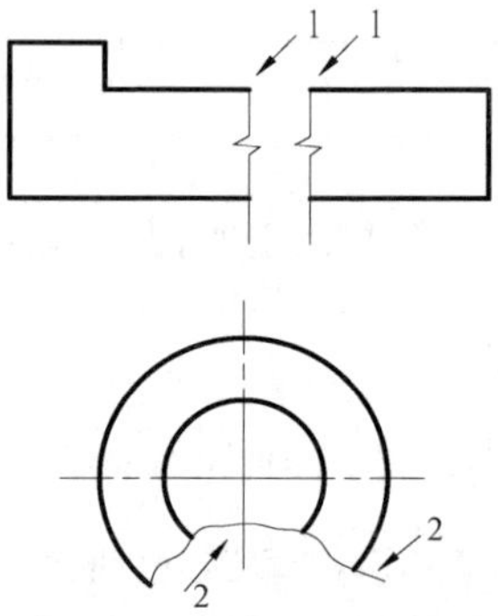	1. 折断线两端应分别超出图形轮廓线。 2. 波浪线画到轮廓线为止，不要超出图形轮廓线

7.2.3　字体

工程图样上的文字、数字或符号均应笔画清晰、字体端正、排列整齐；标点符号应清楚正确。汉字、数字、字母等字体的大小以字号来表示。字号就是字体的高度。图样中字体的大小应根据图纸幅面、比例等情况从国标规定表 7-6 中选用。字高大于 10mm 的文字宜采用 True type 字体（全真字体），当需书写更大的字时，其高度应按$\sqrt{2}$的倍数递增，并取毫米的整数。

表 7-6　　文字的字高　　(mm)

字体种类	汉字矢量字体	True type 字体及非汉字矢量字体
字高	3.5、5、7、10、14、20	3、4、6、8、10、14、20

1. 汉字

图样及说明中的汉字，宜优先采用 True type 字体中的宋体字型，采用矢量字体时应为长仿宋体字型。同一图纸字体种类不应超过两种。长仿宋体的高宽比宜为 0.7 且应符合表 7-7 的规定。长仿宋字的书写要领为横平竖直、起落分明、填满方格、结构匀称，如图 7-10 所示。

表 7-7　　长仿宋字高宽关系　　(mm)

字高	20	14	10	7	5	3.5
字宽	14	10	7	5	3.5	2.5

2. 字母和数字

图样及说明中的字母、数字，宜优先采用 True type 字体中的 Roman 字型。当需要写成斜体字时，其斜度应为从字的底线逆时针向上倾斜 75°。斜体字的高度和宽度应与相应的直体字相等。字母及数字的字高不应小于 2.5mm。各种字母和数字的示例如图 7-11 所示。

图 7-10　长仿宋字示例

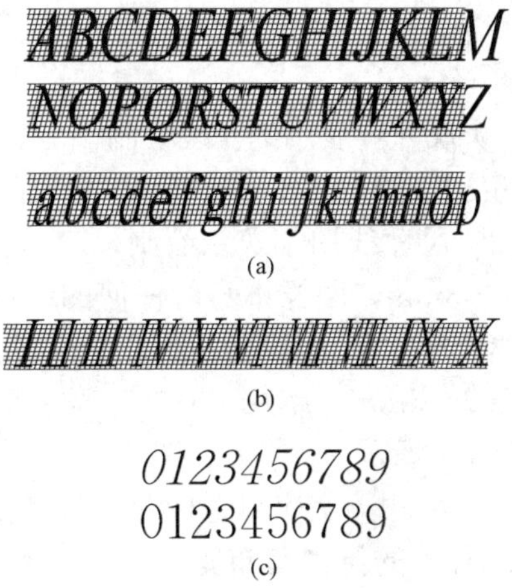

图 7-11　字母和数字示例
(a) 拉丁字母；(b) 罗马字母；(c) 阿拉伯数字

7.2.4　比例

图样中的比例是指图形与实物相对应的线性尺寸之比。绘图所用比例，应根据图样的用途与被绘形体的复杂程度，从表 7-8 中选用，并应优先选用表中常用比例。

表 7-8　　绘图所用的比例

常用比例	1∶1、1∶2、1∶5、1∶10、1∶20、1∶30、1∶50、1∶100、1∶150、1∶200、1∶500、1∶1000、1∶2000
可用比例	1∶3、1∶4、1∶6、1∶15、1∶25、1∶40、1∶60、1∶80、1∶250、1∶300、1∶400、1∶600、1∶5000、1∶10000、1∶20000、1∶50000、1∶100000、1∶200000

比例宜注写在图名的右侧，字的底线应取平，比例的字高应比图名的字高小一号或二号，如图 7-12 所示。

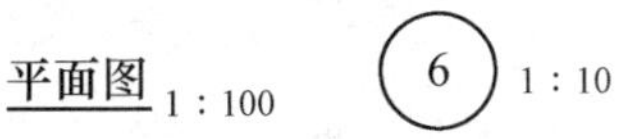

图 7-12　比例的注写

7.2.5　尺寸标注

尺寸是图样的重要组成部分，是施工的依据。因此，标注尺寸必须做到认真细致、注写清楚、完整正确。

图上所注的尺寸数值是形体的真实大小，与画图所用比例无关。除标高及总平面图以米（m）为单位外，其他一律以毫米（mm）为单位，图中不必注写。本书正文和习题集中的数字，如没有特别注明，也按上述规定。

1. 尺寸的组成

尺寸由尺寸线、尺寸界线、尺寸起止符号和尺寸数字四部分组成。如图7-13（a）所示。

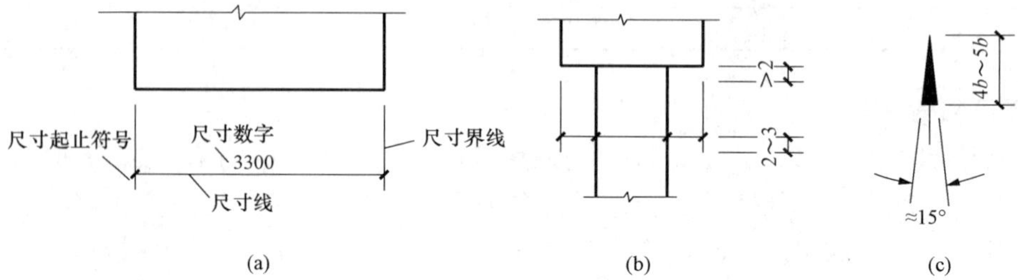

图7-13　尺寸的组成

（a）尺寸的组成；（b）与被注边的距离；（c）箭头的画法

（1）尺寸界线用细实线绘制，一般应与被注边垂直，一端离开图样轮廓线不小于2mm，另一端超出尺寸线2～3mm。轮廓线、轴线和中心线也可用作尺寸界线，如图7-13（b）所示。

（2）尺寸线用细实线绘制，应与被注边平行，两端宜以尺寸界限为边界，也可超出尺寸界线2～3mm，图样本身的任何图线均不得用作尺寸线。

（3）尺寸起止符号一般用中粗斜短划绘制，其倾斜方向应与尺寸界线成顺时针45°角，长度为2～3mm。半径、直径、角度和弧长的尺寸起止符号宜用箭头表示，箭头的画法如图7-13（c）所示。

（4）尺寸数字应尽量标注在尺寸线中部。其注写方向见表7-9 。

2. 尺寸的排列与布置

（1）尺寸宜标注在图样轮廓线以外，不宜与图线、文字及符号等相交，如图7-14（a）所示。

（2）任何图线不得穿过尺寸数字，不可避免时，应将尺寸数字处的图线断开，如图7-14（b）所示。

（3）互相平行的尺寸线，应从被注图样轮廓线由近向远整齐排列，小尺寸在内，大尺寸在外，距轮廓线最近的小尺寸，距离应不小于10mm 。平行排列的尺寸线的间距宜为7～10mm，并应保持一致，如图7-15所示。

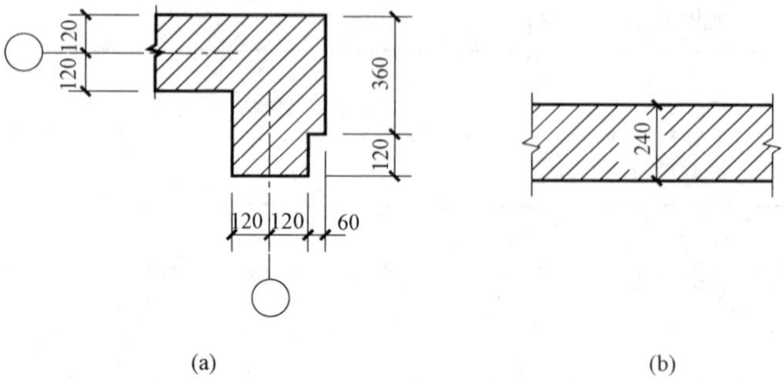

图7-14　尺寸数字的注写

（a）注写在轮廓线外；（b）断开图线注写

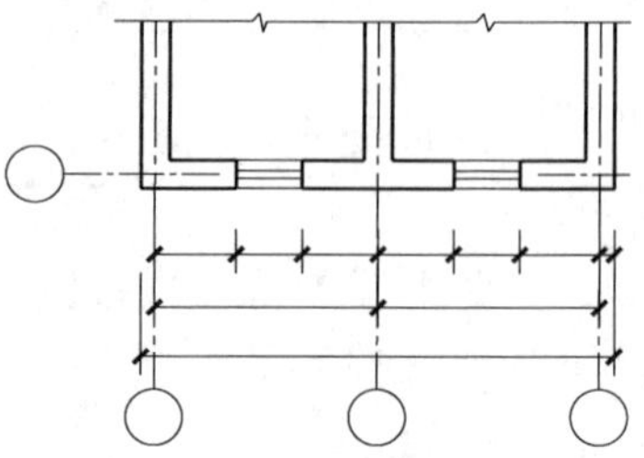

图7-15　尺寸的排列

3. 尺寸的注法

尺寸标注的其他规定，可参阅表 7 - 9 中的示例。

表 7 - 9　　**尺寸注法示例**

项目	注法示例	说明
尺寸数字	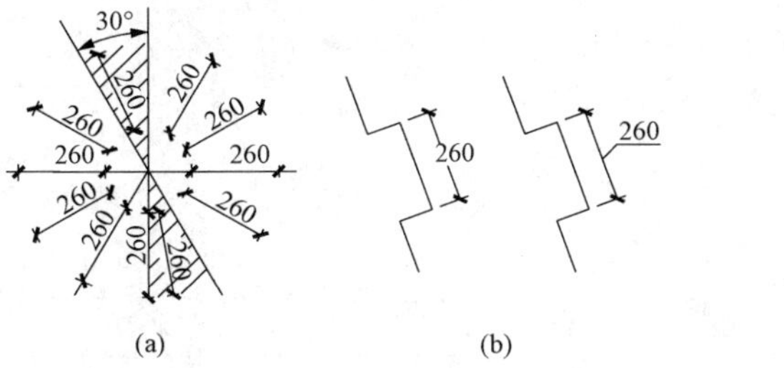	线性尺寸的注写方向如图（a）所示，尽量避免在画有阴影线的30°范围内标注尺寸，必要时按图（b）所示形式标注
尺寸数字的注写位置	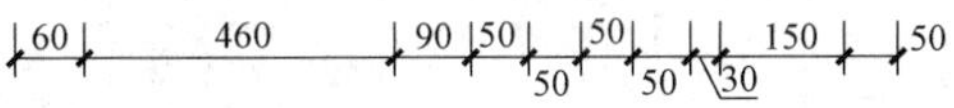	尺寸数字应根据其读数方向注写在靠近尺寸线的上方中部。如没有足够的注写位置。最外边的尺寸数字可注写在尺寸界线的外边，中间相邻的尺寸数字可错开注写，也可引出注写
圆弧的尺寸注法	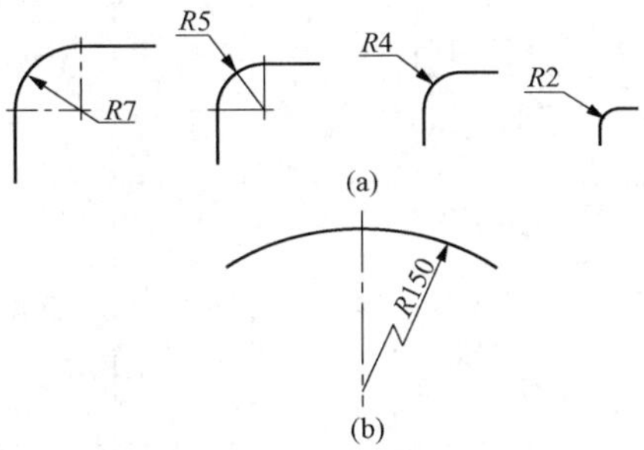	标注半圆或小于半圆的圆弧应标注半径。注在反映圆弧的投影上。尺寸线一端从圆心开始。另一端画箭头指向圆弧，半径尺寸数字前加注符号“*R*”。标注形式如图（a）所示。半径较大的圆弧可按图（b）的形式标注
圆的尺寸注法	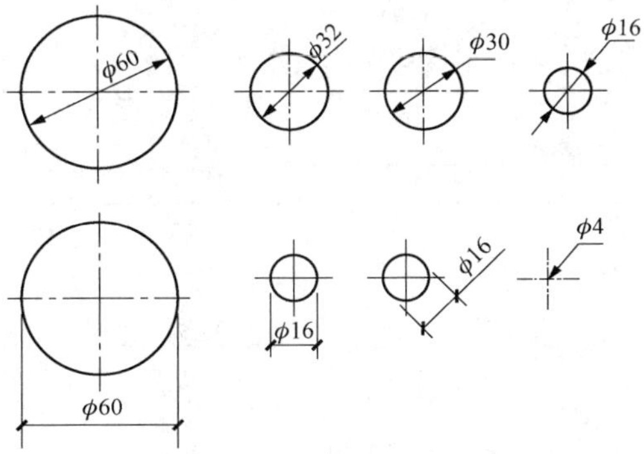	圆及大于半圆的圆弧应标注直径。直径尺寸线应通过圆心，两端指到圆弧。直径数字前加注符号“*ϕ*”，其注写形式如左图所示
球的尺寸注法	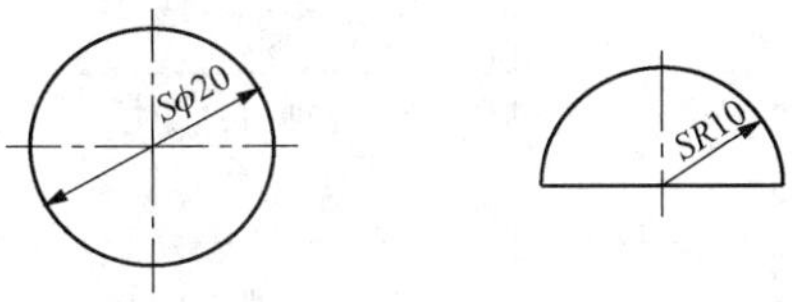	标注球的直径或半径尺寸时，应在尺寸数字前加注“*Sϕ*”或“*SR*”

续表

项目	注法示例	说明
角度、弧度与弦长的尺寸注法	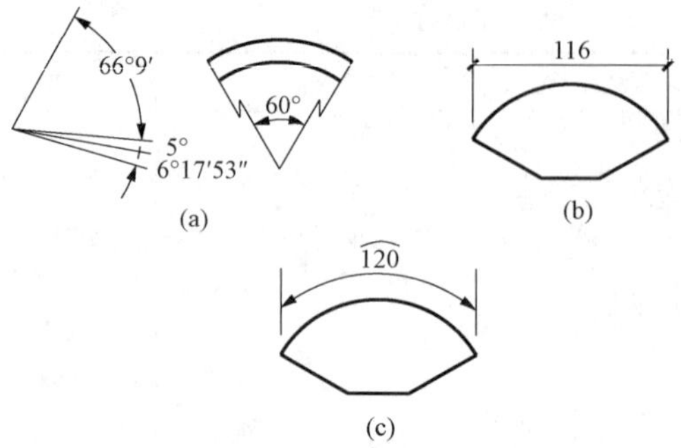	角度的尺寸线是以角顶为圆心的圆弧，角度数字一般水平书写在尺寸线之外。如图（a）所示。 标注弦长或弧长时，尺寸界线应垂直于该圆弧的弦。弦长的尺寸线平行于该弦。弧长的尺寸线是该弧的同心圆，尺寸数字上加注符号“⌒”，如图（b）、（c）所示
坡度的注法	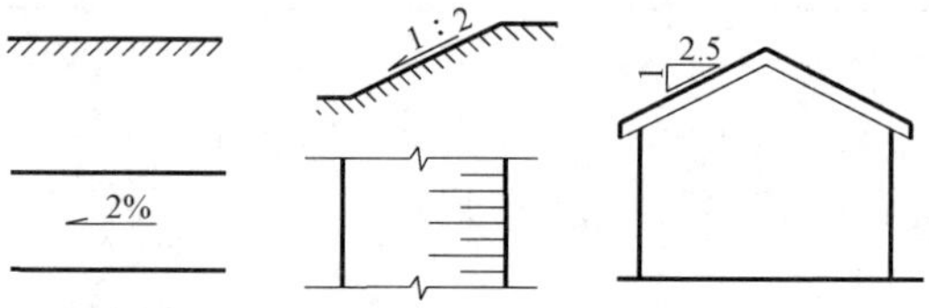	在坡度数字下应加注坡度符号，坡度符号的箭头一般应指向下坡方向，标注形式如例所示
等长尺寸简化注法	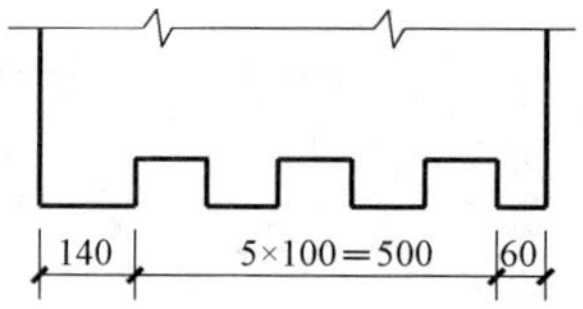	连续排列的等长尺寸，可用“个数×等长＝总长”的形式标注
薄板厚度注法	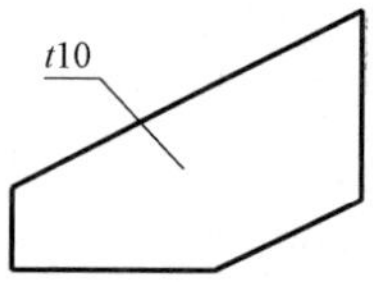	在厚度数字前加注符号“t”
杆件尺寸注法	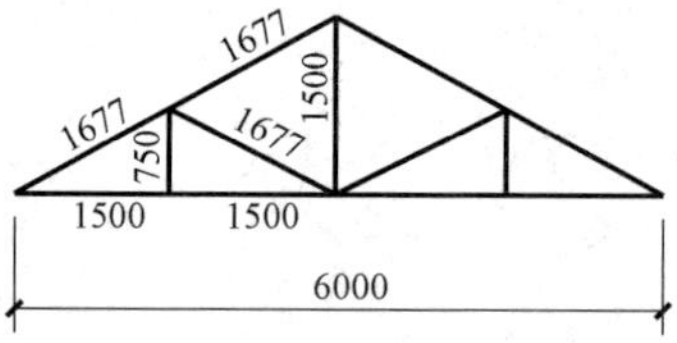	杆件的长度在单线图上，可直接标注，尺寸沿杆件的一侧注写

7.2.6 常用材料图例

为了简化作图，建筑图样中常采用各种图例表示所用的建筑材料，表7-10是建筑工程图中常用的材料图例。

表7-10　　常用建筑材料图例

材料名称	图例	说明
自然土壤		包括各种自然土壤
夯实土壤	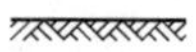	
砂、灰土		靠近轮廓线点较密

续表

材料名称	图例	说明
砂砾石、碎砖三合土	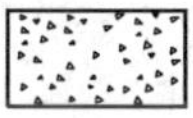	
石材	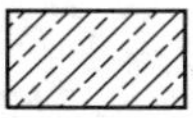	
实心砖、多孔砖	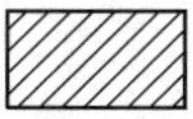	包括普通砖、多孔砖、混凝土砖等砌体
混凝土	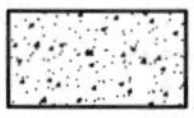	1. 包括各种强度等级、骨料、添加剂的混凝土。 2. 在剖面图上画出钢筋时，不画图例线。 3. 断面较小，不易画出图例线时，可涂黑
钢筋混凝土	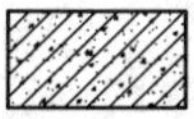	
多孔材料		包括水泥珍珠岩、沥青珍珠岩、泡沫混凝土、软木、蛭石制品等
木材		1. 上图为横断面，左上图为垫木、木砖、木龙骨。 2. 下图为纵断面
金属	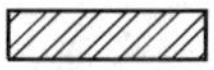	1. 包括各种金属。 2. 图形较小时，可涂黑

7.3　平面图形画法

7.3　平面图形画法

7.3.1　几何作图

工程图样是由几何图形组合而成的。因而在绘图时，经常用到一些几何作图的方法。几何作图是根据已知条件按几何原理及作图方法，利用绘图工具和仪器准确地画出图形。以下介绍一些常用几何作图的方法和步骤。

1. 作正多边形

正多边形常用等分其外接圆圆周的方法作图。正三角形、正方形、正六边形可利用三角板配合丁字尺直接作出，请读者自行思考。

(1) 作正五边形。作图步骤如下：

1) 作外接圆 O，如图 7-16 (a) 所示。

2) 作半径 OF 的中点 M，以 M 为圆心，AM 为半径作圆弧，交直径于 N，如图 7-16 (b) 所示。

3) 以 A 为起点，以 AN 的长度将圆周五等分，顺次连接各等分点 A、B、C、D、E，即得正五边形，如图 7-16 (c) 所示。

(2) 作任意边数的正多边形。以正七边形为例，介绍一种作任意正多边形的近似画法，其作图步骤如下：

1) 作外接圆 O，如图 7-17 (a) 所示。

2) 将铅垂直径 AK 七等分，标记各等分点依次为 1、2、3、4、5、6；以 K 为圆心，KA 为半径作圆弧，交水平直径于 M、N 点，如图 7-17 (b) 所示。

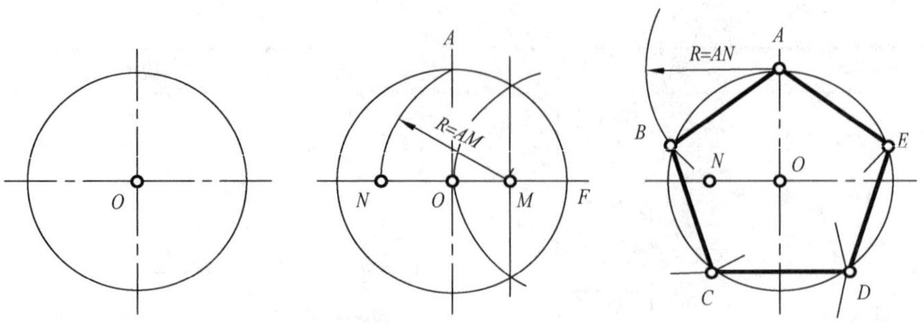

(a) (b) (c)

图 7-16 作正五边形

3）分别由点 M、N 向偶数点 2、4、6 点（或奇数点 1、3、5 点）连线，延长后与圆周交得 G、F、E、D、C、B 点，$ABCDEFG$ 即为内接正七边形，如图 7-17（c）所示。

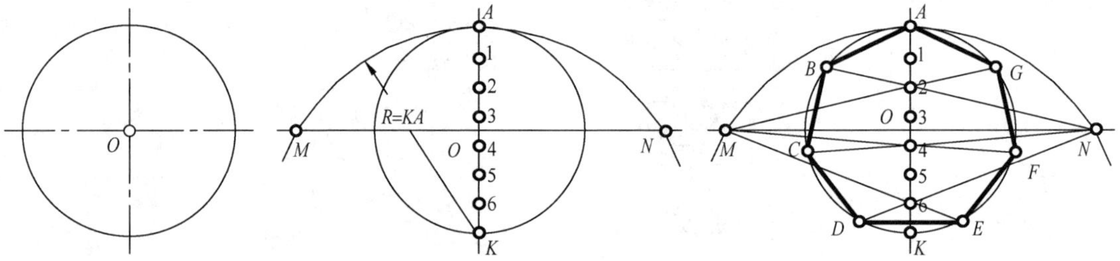

(a) (b) (c)

图 7-17 作正七边形

2. 圆弧连接

在画平面图形时，常遇到圆弧连接的作图问题，即用已知半径的圆弧光滑连接已知的直线或圆弧。这段已知半径的圆弧称为连接弧。为了确保光滑相切，作图时，必须先求出连接弧的圆心和切点的位置。

（1）圆弧连接两相交直线。用半径为 R 的圆弧光滑连接两相交直线 L_1 和 L_2，如图 7-18（a）所示。

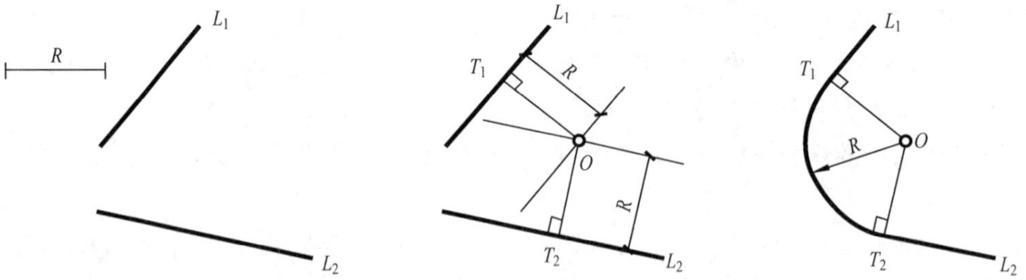

(a) (b) (c)

图 7-18 用半径为 R 的圆弧光滑连接相交两直线 L_1 和 L_2

分析： 连接弧的圆心位于距离直线为 R 的平行线上。

作图：

1）分别作与 L_1、L_2 平行且相距为 R 的两直线，交点 O 即所求圆弧的圆心，如图 7-18（b）

所示。

2）过点 O 分别作 L_1 和 L_2 的垂线，垂足 T_1 和 T_2 即所求的切点，如图 7-18（b）所示。

3）以 O 为圆心，R 为半径，自 T_1 至 T_2 画弧，即为所求，如图 7-18（c）所示。

（2）作圆弧与两已知圆弧外切。用半径为 R 的圆弧光滑连接两已知圆弧，使它们同时外切，如图 7-19（a）所示。

分析： 圆弧和圆弧外切时，圆心距为两圆弧半径之和；内切时，圆心距为两圆弧半径之差。

作图：

1）以 O_1 为圆心，$R+R_1$ 为半径作弧；以 O_2 为圆心，$R+R_2$ 为半径作弧。两弧相交于点 O，如图 7-19（b）所示。

2）分别连接 O、O_1 和 O、O_2，与圆弧交得切点 T_1 和 T_2，如图 7-19（c）所示。

3）以 O 为圆心，R 为半径，自 T_1 至 T_2 画弧，即为所求，如图 7-19（c）所示。

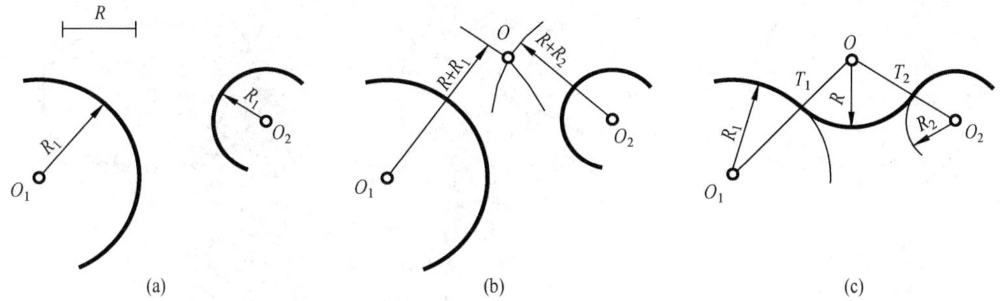

图 7-19　作半径为 R 的圆弧与两已知圆弧外切

（3）作圆弧与两已知圆弧内切。用半径为 R 的圆弧光滑连接两已知圆弧，使它们同时内切，如图 7-20（a）所示。

作图：

1）以 O_1 为圆心，$R-R_1$ 为半径作圆弧；以 O_2 为圆心，$R-R_2$ 为半径作圆弧。两弧相交于点 O，如图 7-20（b）所示。

2）分别连接 O、O_1 和 O、O_2，延长后与圆弧交得切点 T_1 和 T_2，如图 7-20（c）所示。

3）以 O 为圆心，R 为半径，自 T_1 至 T_2 画弧，即为所求，如图 7-20（c）所示。

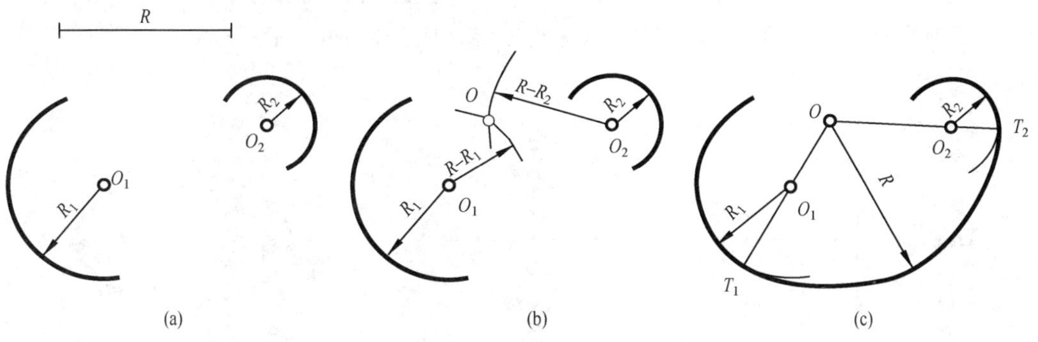

图 7-20　作半径为 R 的圆弧与两已知圆弧内切

用已知半径的圆弧连接一直线和一圆弧的情况，请读者自行分析。

3. 椭圆画法

非圆曲线中，椭圆应用较为广泛。椭圆的画法很多，下面介绍已知椭圆长短轴作椭圆的两种常用方法：同心圆法和四心圆法。

（1）同心圆法。

作图：

1）以 O 为圆心，分别以长轴 AB、短轴 CD 为直径，作两个同心圆，如图 7-21（a）所示。

2）分圆为若干等分（如 12 等分），与两圆周分别交得若干点；过大圆上的等分点作短轴 CD 的平行线，过小圆上对应的等分点作长轴 AB 的平行线，两线相交即得椭圆上的点 1、2、…、8，如图 7-21（b）所示。

3）曲线板顺次光滑连接，即得椭圆，如图 7-21（c）所示。

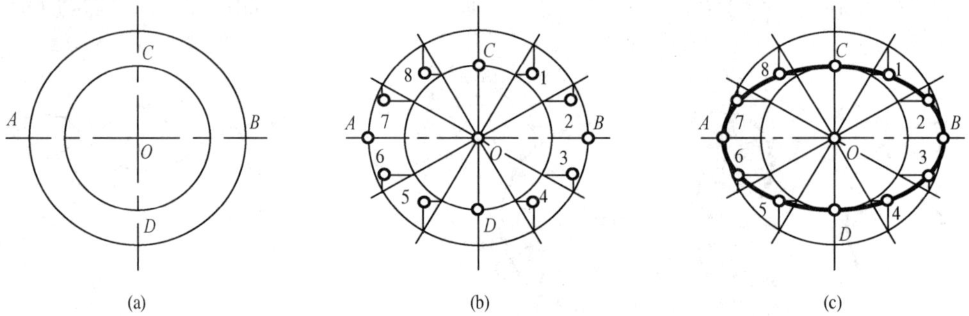

图 7-21　同心圆法画椭圆

（2）四心圆法。

作图：

1）作 $OE=OA$，连接长短轴的端点 AC，并在其上截取 $CF=CE$，如图 7-22（a）所示。

2）作 AF 的垂直平分线，交 OA 于 O_1 点，交 OD 于 O_2 点，再取对称点 O_3、O_4，此即为四段圆弧的圆心，如图 7-22（b）所示。

3）连接 O_1O_2、O_3O_2、O_1O_4、O_3O_4 并延长，四段圆弧的连接点即在该四条连心线上，如图 7-22（c）所示。

4）分别以 O_1、O_3 为圆心，以 O_1A、O_3B 为半径画弧；再分别以 O_2、O_4 为圆心，以 O_2C、O_4D 为半径画弧。四段圆弧在连心线处相接，成为以 T_1、T_2、T_3、T_4 为切点的近似椭圆，如图 7-22（c）所示。

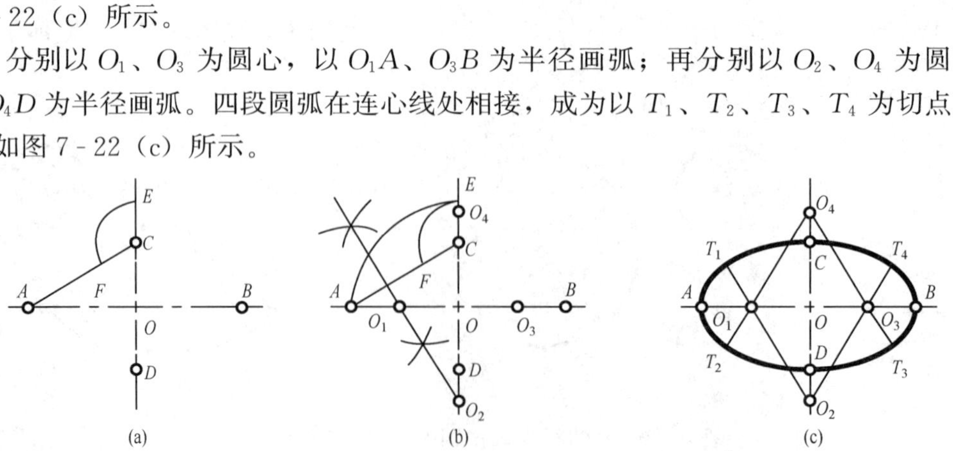

图 7-22　四心圆法画椭圆

7.3.2　平面图形分析与画法

平面图形由若干段线段组成，线段的形状和大小由给定的尺寸确定。构成平面图形的各线段中，有些线段的尺寸是已知的，可直接画出，有些线段的尺寸未直接给出，需用几何作图的方法才能画出。因此，画图前，必须对平面图形的尺寸和线段进行分析，以确定线段的绘制顺序。

1. 平面图形的尺寸分析

根据尺寸在平面图形中所起的作用不同，分为定形尺寸和定位尺寸两类。

（1）尺寸基准。标注尺寸首先确定尺寸基准。在图 7-23 中，长度方向的尺寸基准为 ϕ20 左端面，高度方向的尺寸基准为水平中心线。

（2）定形尺寸。定形尺寸是用来确定图形中几何元素大小的尺寸。如线段的长度，圆及圆弧的半径、直径等尺寸，见图 7-23 中的尺寸 ϕ20、ϕ12、14、8、R8、R30、R50 等。

（3）定位尺寸。定位尺寸是用来确定图形中几何元素之间相对位置的尺寸。对于平面图形应有水平、竖直两个方向的定位尺寸，见图 7-23 中的尺寸 80，是确定 R8 圆弧左右位置的定位尺寸。

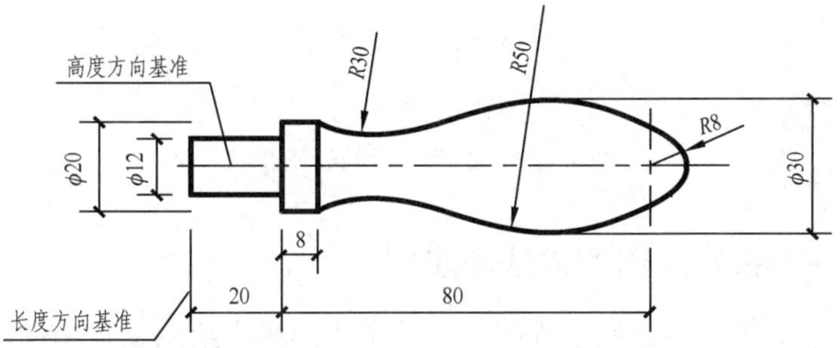

图 7-23　平面图形的尺寸和线段分析

2. 平面图形的线段分析

平面图形中的线段按所给尺寸的齐全与否分为已知线段、中间线段和连接线段三种：

（1）已知线段：定形尺寸和定位尺寸齐全，根据所注尺寸可直接绘制的线段。图 7-23 中左边两个矩形及 R8 圆弧均为已知线段。

（2）中间线段：具有定形尺寸和一个方向的定位尺寸，缺少另一个方向的定位尺寸，需依靠相切或相接的条件才能画出的线段。图 7-23 中的 R50 圆弧，其圆心在与水平中心线相距 35（即 50－15＝35）的水平线上，但缺少圆心水平方向的定位尺寸，故为中间线段。

（3）连接线段：只有定形尺寸没有定位尺寸，需根据两端相切或相接的条件才能画出的线段，如图 7-23 中的 R30 圆弧。

3. 平面图形的画法

由以上分析可知，平面图形的作图顺序一般为：先画基准线和已知线段，再画中间线段，最后画连接线段。具体画图步骤如下：

（1）画基准线和已知线段，如图 7-24（a）所示。

（2）画中间线段 R50 圆弧，它与 R8 圆弧内切，如图 7-24（b）所示。

（3）画连接线段 R30 圆弧，它与 R50 圆弧外切并通过矩形的顶点，如图 7-24（c）所示。

（4）检查描深，标注尺寸，如图 7-23 所示。

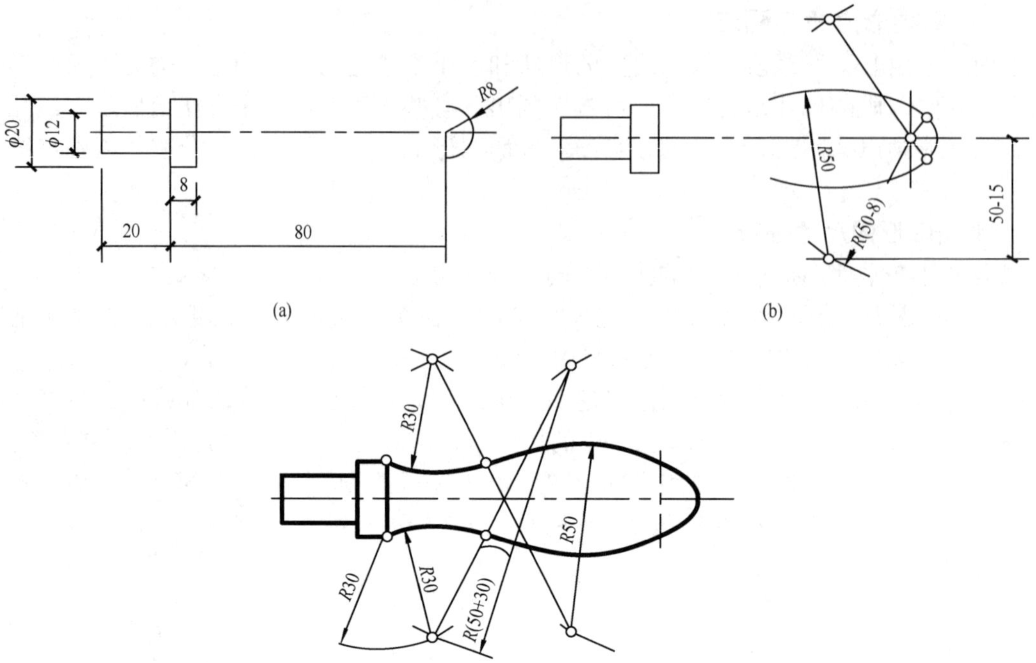

(a) (b) (c)

图 7 - 24　平面图形的绘图步骤

7.4　仪器绘图的方法和步骤

7.4　仪器绘图的方法和步骤

手工仪器绘制工程图样，除了正确使用绘图工具和仪器外，还要掌握正确的绘图方法和步骤。

1. 固定图纸，画图框和标题栏

准备好绘图工具和仪器。将图纸放于图板的左下方，图纸的水平边与丁字尺的工作边平行，图纸底边与图板底边间的距离大于丁字尺尺身的宽度，用胶带纸固定好图纸四角。然后画上图框及标题栏。

2. 画底稿

根据选用的绘图比例来估计图形及注写尺寸需占用的面积，安排好图面。一般用 H 或 2H 的铅笔画底稿。底稿中的图线要轻、要细。画图的一般顺序是：先画基准线，然后画主要轮廓线、细部图形线，最后画尺寸界线、尺寸线。图中的尺寸数字和说明在画底稿时可以不注写，待以后铅笔加深或上墨时直接注写。

仔细校对所画的底稿，改正画错或漏画的图线，擦去多余的线条。

3. 铅笔加深

铅笔加深或上墨的图线线型要粗细分明，符合国家标准的规定。铅笔加深时，一般用 B 或 2B 的铅笔加深图形中的粗线和中粗线，用 HB 的铅笔加深细线并书写字体。在加深圆弧时，圆规的铅芯应比铅笔芯软一号。加深图线时，同类型的图线一次加深，具体步骤是：先加深粗线，再加深细线；先加深曲线，再加深直线；先加深水平线，再加深竖直线；先加深图线，再标注尺寸。

思　考　题

7.1　常用的制图仪器和工具有哪些？试述它们的用法。

7.2　图纸基本幅面有几种？相邻幅面（如 A2 与 A3）的边长关系如何？

7.3　图框格式有几种？尺寸如何规定？

7.4　图线宽度有几种？各种线型主要用途如何？

7.5　虚线和单（双）点长画线绘制时应注意哪些问题？

7.6　长仿宋体汉字的书写要领是什么？

7.7　简述尺寸的组成及注法。

7.8　圆弧连接分几种情况？作图的关键问题是什么？

7.9　如何区分已知线段、中间线段、连接线段？绘制它们时应按怎样顺序画出？

7.10　简述仪器绘图的方法和步骤。

第8章 房屋施工图

房屋施工图是按照正投影的原理和规律绘制的，是指导房屋施工和编制概预算的重要依据。一整套房屋施工图由建筑施工图、结构施工图和设备施工图等几部分组成。本章重点讲解建筑施工图和结构施工图的图示内容、表达方法和识读要点。

8.1 概述

8.1.1 房屋的分类及构造组成

8.1 概述

1. 房屋的分类

（1）按用途分类。

1）民用建筑。

①居住建筑。供人们居住使用的建筑，如住宅、宿舍等。

②公共建筑。供人们进行各种公共活动的建筑，如学校、医院、商场、车站等。

2）工业建筑。工业建筑是指用于从事工业生产的各类生产用建筑，如建筑材料工业的水泥厂、混凝土构件厂、塑钢门窗厂等；钢铁工业的炼铁厂、轧钢厂等。

3）农业建筑。农业建筑是指供农牧业生产和加工用的建筑，如温室、饲养场、粮仓等。

（2）按地上建筑高度或层数进行分类。根据《民用建筑设计统一标准》（GB 50352—2019）的规定，应符合下列规定：

1）建筑高度不大于27.0m的住宅建筑、建筑高度不大于24.0m的公共建筑及建筑高度大于24.0m的单层公共建筑为低层或多层民用建筑；

2）建筑高度大于27.0m的住宅建筑和建筑高度大于24.0m的非单层公共建筑，且高度不大于100.0m的，为高层民用建筑；

3）建筑高度大于100m的民用建筑为超高层建筑。

（3）按建筑设计使用年限分类。根据《民用建筑设计统一标准》（GB 50352—2019）的规定，民用建筑按设计使用年限分为四类：

一类：设计使用年限为5年，适用于临时性建筑。

二类：设计使用年限为25年，适用于易替换结构构件的建筑。

三类：设计使用年限为50年，适用于普通建筑和构筑物。

四类：设计使用年限为100年，适用于纪念性建筑和特别重要的建筑。

（4）按承重结构的材料分类。

1）混合结构。指采用两种或两种以上的材料作为主要承重构件的建筑，如由砖墙、砖柱、木楼板、木屋架构成的砖木结构建筑；由砖墙和钢筋混凝土楼板、梁等构成的砖混结构建筑；由钢屋架和混凝土楼板、梁、柱构成的钢混结构建筑等。

其中，砖混结构在民用建筑中应用广泛。在砖混结构中，其承重体系由砖墙和钢筋混凝土的楼板、屋面板、梁等构件构成。为了增强结构的整体性，在墙体中还可设置钢筋混凝土的圈梁和构造柱。这种结构适合开间进深较小，房间面积较小的低层或多层建筑。

2）钢筋混凝土结构。指以钢筋混凝土作为主要承重构件的建筑，在当今建筑领域中应用最为广泛。在常用的现浇钢筋混凝土结构中，主要有以下几种：

①框架结构。其承重体系由钢筋混凝土的梁、柱、板、基础等构件构成，墙体只起分隔和围护空间的作用。在这种结构中，钢筋混凝土梁和柱形成的框架作为建筑物的骨架，屋面板、楼板上的荷载通过板传递给梁，由梁传递到柱，由柱传递到基础。这种结构整体性好，承载能力和抗震能力较强，门窗开设和房间分隔灵活，适用于多层、中高层的建筑。

②剪力墙结构。其承重体系由钢筋混凝土墙板和楼板构成。在这种结构中，钢筋混凝土墙板代替框架结构中的梁、柱，承担各类荷载引起的内力，并能有效控制结构的水平力。剪力墙结构空间整体性好，房间内不外露梁、柱棱角，便于室内布置，但剪力墙的间距受到楼板构件跨度的限制，在平面布局中较难设置大空间的房间，因而只适用于具有小房间的住宅、旅馆等高层建筑。

③框架剪力墙结构。也称框剪结构，这种结构是在框架结构中布置一定数量的剪力墙，是框架结构和剪力墙结构两种体系的结合。其吸取了各自的长处，既能为建筑平面布置提供灵活自由的使用空间，又具有良好的抗侧力性能，是一种比较好的结构体系，在多层及高层公共建筑中应用广泛。

3）钢结构。指以型钢作为主要承重构件的建筑。这种结构形式多用于高层、大跨度的建筑。

2. 房屋的构造组成

虽然各种建筑物结构造型多种多样，但它们的基本组成部分是相同的。现将房屋各组成部分的名称和作用进行简单介绍，图 8-1 所示为一幢民用建筑的构造组成示意图。

（1）基础。是位于建筑物最下部的承重构件，一般埋在自然地面以下，它承担建筑物的全部荷载，并把荷载传给地基。

（2）墙或柱。墙、柱是房屋的竖向承重构件，它们把屋顶和楼板等构件传来的荷载连同自重一起传给基础。墙体按所处的位置不同可分为外墙和内墙：外墙位于建筑的四周，内墙位于建筑的内部；按布置的方向不同可分为纵墙和横墙：沿建筑物长度方向进行布置的墙称为纵墙，沿建筑物宽度方向进行布置的墙称为横墙；按受力情况还可分为承重墙和非承重墙。

（3）楼板层和地面。楼板层和地面是水平承重构件，同时还具有在竖向划分建筑内部空间的作用。

为满足使用要求，楼板层通常由面层、楼板和顶棚三个部分组成。面层又称楼面，位于楼板层的最上层，起着保护楼板、承受并传递荷载的作用，同时对室内有很重要的清洁及装饰作用；楼板是楼板层的结构层，主要功能是承重；顶棚是楼板层的底层，主要作用是保护楼板、安装灯具、遮挡各种水平管线以及装饰美化室内空间。

（4）屋顶。屋顶是建筑物最上部的围护构件和承重构件，同时有保温、隔热和防水等作用。根据屋面坡度屋顶可分为平屋顶和坡屋顶。平屋顶通常是指屋面坡度小于 5%的屋顶，常用坡度范围为 2%～3%；坡屋顶通常是指屋面坡度大于 10%的屋顶，常用坡度范围为 10%～60%。

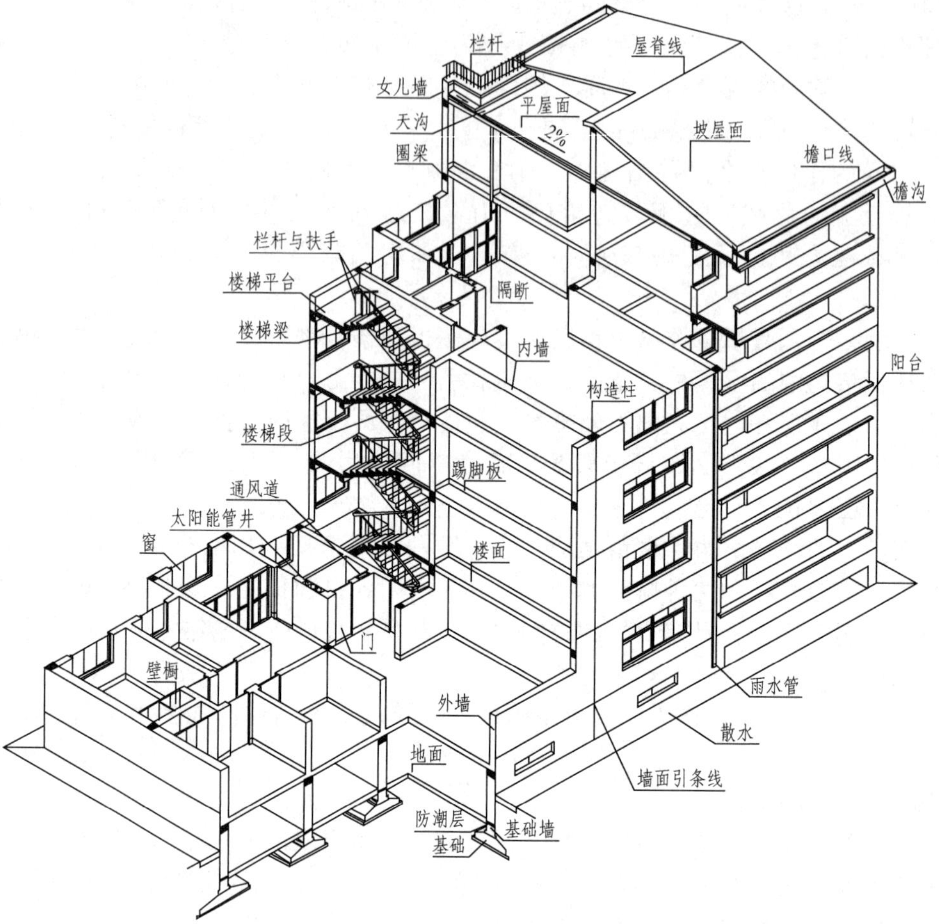

图 8-1　房屋各组成部分示意图

（5）楼梯。楼梯是房屋的竖向交通设施，供人们上下楼和紧急疏散。楼梯一般由楼梯梯段、楼梯梁、楼梯平台、栏杆扶手等组成。高层建筑中，除设置楼梯外还设置电梯。

（6）门窗。门的主要功能是交通出入、分隔联系建筑空间。门按照所在的位置分为外门和内门，按照开启方式分为平开门、弹簧门、推拉门、折叠门、卷帘门等。窗的主要功能是采光通风，窗按照开启方式分为固定窗、平开窗、推拉窗、悬窗等。常用门窗材料有木、钢、铝合金、塑料、玻璃等。

（7）其他。

1）过梁、圈梁和构造柱。过梁是指在门窗洞口上部设置的横梁，其作用是为了支撑洞口上部传来的荷载，并把这些荷载传递给洞口两侧的墙体。圈梁是指沿外墙四周及部分内墙的水平方向设置的连续闭合的梁。在砖混结构中，圈梁的作用是提高建筑物的空间刚度和整体性，防止地基不均匀沉降，并与构造柱一起形成骨架，提高建筑物的抗震能力。构造柱是从抗震角度考虑设置的，一般设置在外墙转角、内外墙交接处、较大洞口两侧及楼、电梯间四角等。

2）勒脚、散水。外墙墙身下部靠近室外地坪的部分称为勒脚，即外墙的墙脚。勒脚的作用是保护外墙面不受雨雪的侵蚀和人为因素的破坏，并美化建筑物外观。散水是沿建筑物外墙根部四周设置的倾斜坡面，又称排水坡或护坡，坡度一般为3%～5%。它的作用是把屋面下落的雨水迅速排到远处，避免外墙和下部砌体受到侵蚀。

此外，一般民用建筑还有阳台、雨篷、女儿墙、天沟、雨水管等构配件。

8.1.2 房屋施工图的产生和分类

1. 房屋施工图的产生

建造房屋是一个复杂的过程，必须遵循一定的设计程序。建筑工程设计一般是按初步设计和施工图设计两阶段进行，称之为两阶段设计。对于技术复杂的工程，还要在初步设计和施工图设计之间增加技术设计阶段，称之为三阶段设计。

(1) 初步设计阶段。设计人员根据建设单位提供的设计任务书、有关的政策文件、地质勘察资料、周围环境、当地气候、文化背景等，明确设计意图，提出设计方案并绘制方案图。一般设计方案不少于两个，报建设单位征求意见，经过多个方案的比较，选定一个最终方案。选定方案经规划、消防等相关部门审批后进入技术设计阶段。

初步设计的内容主要包括：建筑总平面；各层平面及主要立面、剖面图；效果图（鸟瞰图或透视图）；说明书（包括设计方案的主要意图、主要结构方案及构造特点、选用的建筑材料、主要技术经济指标等）；工程概算书等。

(2) 技术设计阶段。在初步设计的基础上，组织建筑、结构、给水排水、采暖通风、电气等各专业的技术人员进行深入设计，进一步解决各专业的有关技术问题，协调各专业之间的矛盾，最终确定房屋建筑各部分的构造做法、主要的构配件、选用的设备等。技术设计通过后进入施工图设计阶段。

对于不太复杂的工程，技术设计阶段可以省略，把这个阶段的一部分工作纳入初步设计阶段，称为扩大初步设计；另一部分工作留待施工图设计阶段进行。

(3) 施工图设计阶段。施工图设计是建筑设计的最后阶段。为了满足施工的具体要求，需要提供一套完整的反映建筑物整体及细部构造的图样。在技术设计的基础上，综合建筑、结构、设备各工种，相互交底，核实核对后，各专业人员分别完整、详细地绘制出相应的施工图。房屋施工图是建造房屋的主要依据，整套图纸应该完整统一、尺寸齐全、明确无误。

2. 房屋施工图的分类

整套房屋施工图按工种分类，分为建筑施工图、结构施工图、设备施工图。

(1) 建筑施工图。建筑施工图简称“建施”，用符号“J”编号，主要表达建筑物的总体布局、外部造型、内部布置、细部构造和做法等。包括首页图（图纸目录、建筑施工总说明等）、总平面图、建筑平面图、建筑立面图、建筑剖面图和建筑详图等。

(2) 结构施工图。结构施工图简称“结施”，用符号“G”编号，主要表达房屋承重结构的类型、构件的布置、材料、尺寸、配筋等。包括结构设计说明、基础图、结构布置平面图和构件详图等。

(3) 设备施工图。设备施工图简称“设施”，包括：给水排水施工图，简称“水施”，用符号“S”编号；采暖通风施工图，简称“暖施”，用符号“N”编号；电气施工图，简称“电施”，用符号“D”编号。设备施工图主要表达室内给水排水、采暖通风、电器照明等设备的布置、线路敷设和安装要求等，包括各种管线的平面布置图、系统图、构造和安装详图等。

3. 房屋施工图的编排顺序

整套图纸的编排顺序一般应为：图纸目录、总图、建筑施工图、结构施工图、给水排水施工图、采暖通风施工图、电气施工图等。各专业施工图的编排顺序是：全局性的在前，局部性的在后；先施工的在前，后施工的在后。

8.1.3 房屋施工图的有关规定

绘制房屋施工图必须严格遵守国家制图标准。在前面第7章7.2节制图标准的基本规定中，已讲述了绘制房屋施工图应遵守的制图标准以及各专业通用部分《房屋建筑制图统一标准》（GB/T 50001—2017）中关于图线、比例、字体、尺寸标注等的基本规定。此外，在绘制各专业施工图时还应遵守各自制图标准，如绘制建筑施工图时，还应遵守《总图制图标准》（GB/T 50103—2010）和《建筑制图标准》（GB/T 50104—2010）；绘制结构施工图时，还应遵守《建筑结构制图标准》（GB/T 50105—2010）等。

图8-2为某房屋的建筑施工图中的建筑平面图，建筑平面图为水平剖面图，其形成如图8-2（a）所示，绘成的施工图样如图8-2（b）所示。下面结合图8-2介绍房屋施工图的有关规定。

1. 图例

由于房屋施工图采用的比例较小，图中很多构造无法按实际投影画出，国标规定采用图例绘制。各专业对于图例都有明确的规定，建筑专业制图采用《建筑制图标准》规定的构造及配件图例，表8-1摘录了其中的一部分。在图8-2中，门窗均采用表8-1中的图例进行绘制。

2. 定位轴线及编号

房屋施工图中的定位轴线是确定房屋各承重构件位置及标注尺寸的基准，是设计和施工中定位放线的重要依据。在建筑物中，主要墙、柱、梁、屋架等重要承重构件处都应画定位轴线并进行编号。通常把平行于房屋长度方向的定位轴线称为纵向定位轴线，把平行于房屋宽度方向的定位轴线称为横向定位轴线。

定位轴线一般用细单点长画线绘制，轴线编号注写在轴线端部细实线绘制的圆内，圆的直径为8mm，在详图中可增加至10mm，圆心应在定位轴线的延长线或延长线的折线上。平面图上定位轴线的编号，宜标注在图样的下方与左侧。横向定位轴线编号用阿拉伯数字，从左至右顺序编写；纵向定位轴线编号用大写拉丁字母（除I、O、Z外）从下至上顺序编写。图8-2中，图样四周均标有定位轴号，横轴有①、②、③轴共3根，纵轴有Ⓐ、Ⓑ、Ⓒ轴共3根。

在标注非承重的分隔墙或次要承重构件时，可添加附加轴线。附加轴线的编号用分数表示，分母表示前一轴线的编号，分子表示附加轴线的编号，编号宜用阿拉伯数字顺序编写，如图8-3（a）所示。

在建筑详图中，如一个详图适用于几根定位轴线时，应同时将各有关轴线的编号注明；对通用详图的定位轴线应只画圆，不注写轴线编号，如图8-3（b）所示。

3. 标高

（1）标高的标注。标高是标注房屋建筑高度的一种尺寸标注形式，由标高符号和标高数字组成。标高符号用细实线绘制的等腰直角三角形表示，具体画法如图8-4（a）所示，如

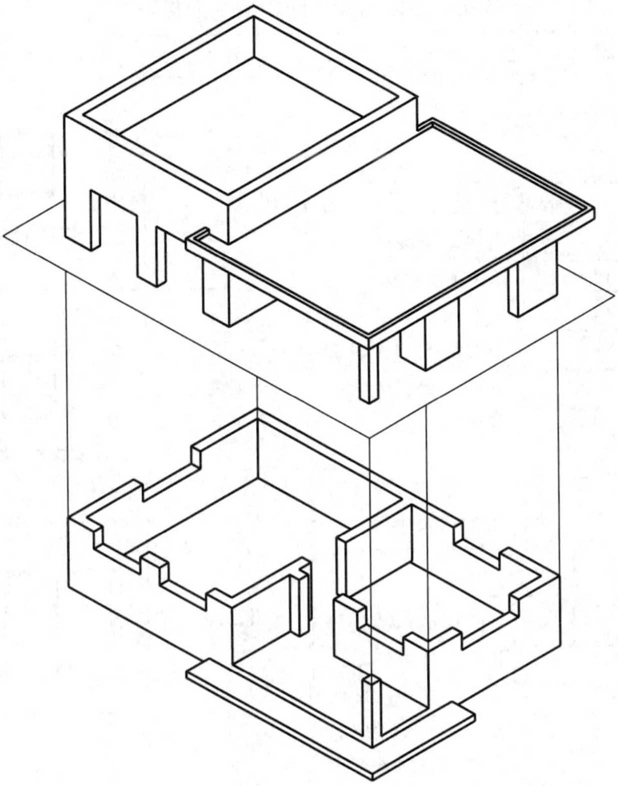

(a)

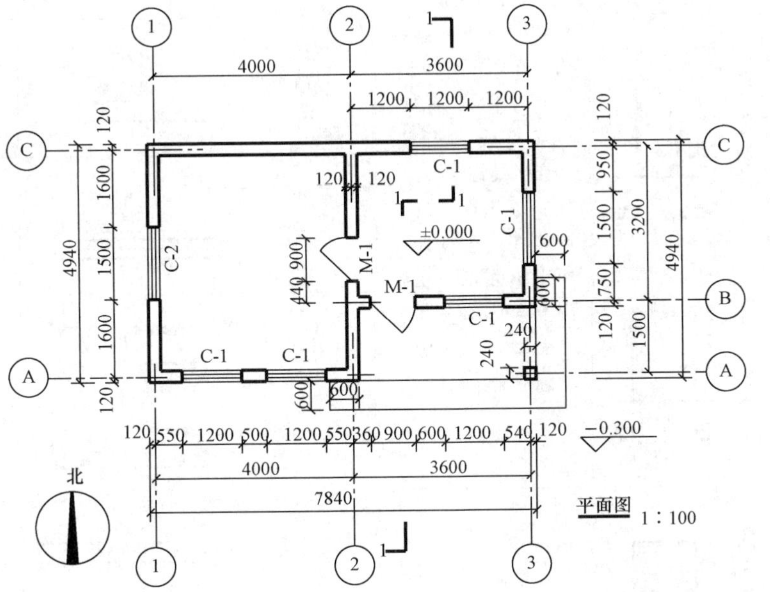
1
2
3
4000
3600
1200
1200
1200
120
C
A
B
1600
1500
4940
120
120
C-2
C-1
M-1
±0.000
950
1500
3200
750
600
240
440
900
120
550
1200
500
1200
550
360
900
600
1200
540
120
−0.300
4000
3600
7840
北
平面图
1：100

(b)

图 8 - 2 建筑平面图

表8-1　　建筑专业制图常用的构造及配件图例

名称	图例	说明
楼　梯	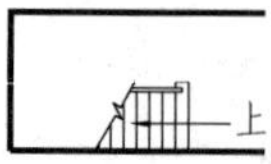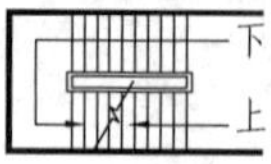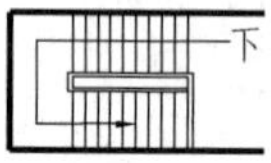	1. 上图为底层楼梯平面，中图为中间层楼梯平面，下图为顶层楼梯平面。 2. 楼梯及栏杆扶手的形式和梯段踏步数应按实际情况绘制
单扇门（包括平开或单面弹簧）	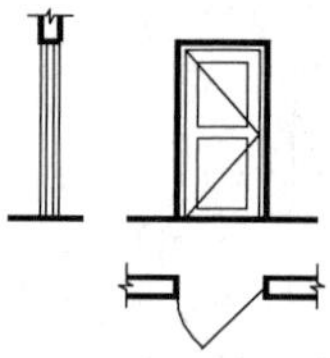	1. 门的名称代号用M。 2. 图例中剖面图左为外、右为内，平面图下为外、上为内。 3. 立面图上开启方向线交角的一侧为安装合页的一侧，实线为外开，虚线为内开。 4. 平面图上门线应按90°或45°开启，开启弧线宜绘出。 5. 立面图上的开启线在一般设计图中可不表示，在详图上应表示。 6. 立面形式应按实际情况绘制
双扇门（包括平开或单面弹簧）	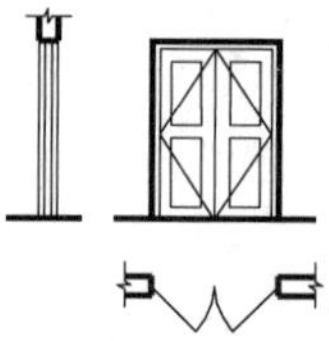	
单扇双面弹簧门	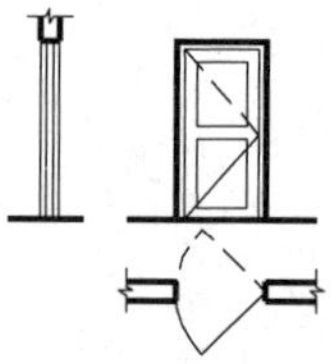	
双扇双面弹簧门	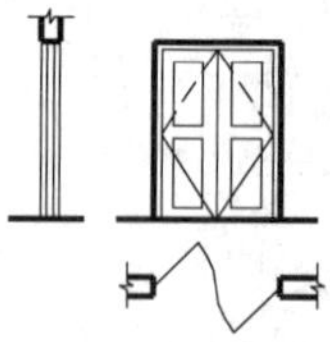	
推拉门	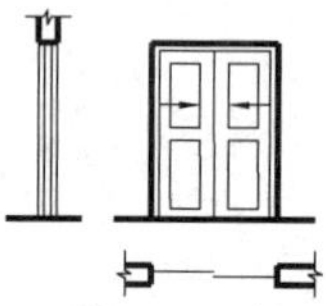	同单扇门说明中的1、2、6
单层外开平开窗	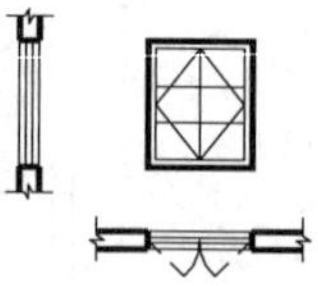	1. 窗的名称代号用C表示。 2. 同单扇门说明中的2。 3. 同单扇门说明中的3。 4. 平面图和剖面图上的虚线仅说明开关方式，在设计图中不需表示。 5. 窗的立面形式应按实际绘制
双层内外开平开窗	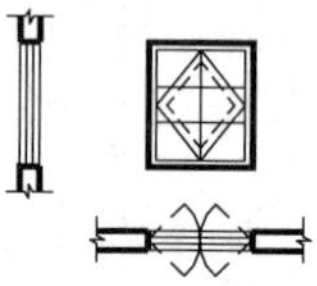	
推拉窗	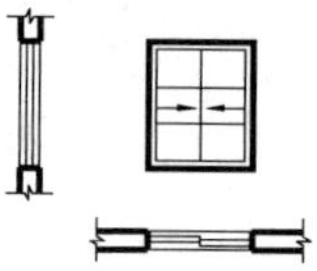	同单层外开平开窗说明中的1、2、5
上推窗	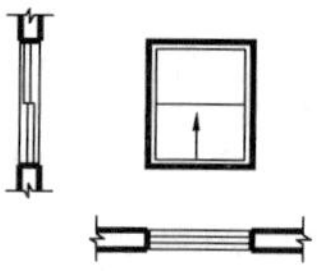	
墙预留洞	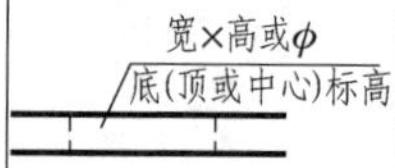	以洞中心或洞边定位
墙预留槽		
孔　洞		
坑　槽		
烟　道		
通风道		

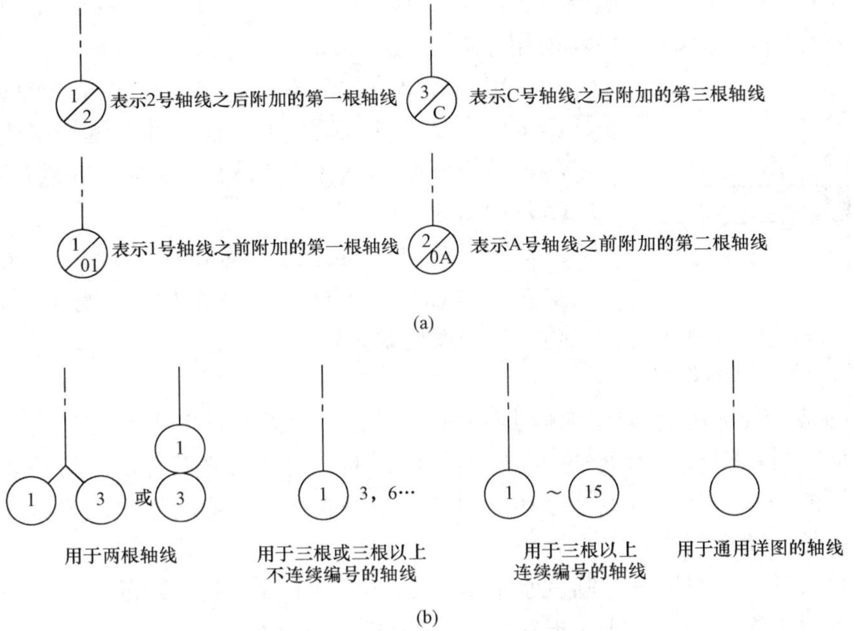

图8-3　定位轴线及其编号

(a) 附加轴线及其编号；(b) 详图的轴线编号

标注位置不够，也可按图8-4（b）所示形式绘制。总平面图中室外地坪的标高符号宜涂黑表示，如图8-4（c）所示。标高符号的尖端应指至被注高度的位置，尖端一般应向下，也可向上。当标高符号指向下时，标高数字注写在左侧或右侧横线的上方；当标高符号指向上时，标高数字注写在左侧或右侧横线的下方，如图8-4（d）所示。

标高数字以米为单位，一般注写到小数点后第三位，在总平面图中可注写到小数点以后第二位。零点标高应注写为±0.000，正数标高不注“+”，负数标高应注“—”，如3.000、—0.600。

若在图样的同一位置需表示几个不同标高时，标高数字可按图8-4（e）的形式注写。

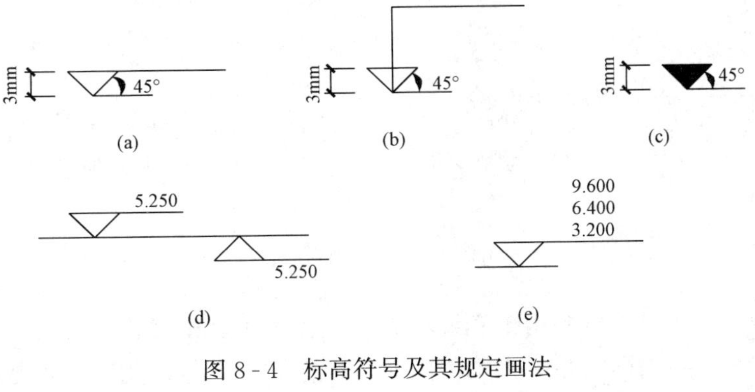

图8-4　标高符号及其规定画法

（2）标高的分类。标高按基准面选取的不同分为绝对标高和相对标高。绝对标高是根据我国的规定，以青岛附近的黄海平均海平面为标高基准面（即零点）；相对标高是根据工程需要自行选定的，一般以房屋底层室内的主要地面为零点。房屋施工图中一般只有建筑总平面图使用绝对标高，其他图样中均使用相对标高。

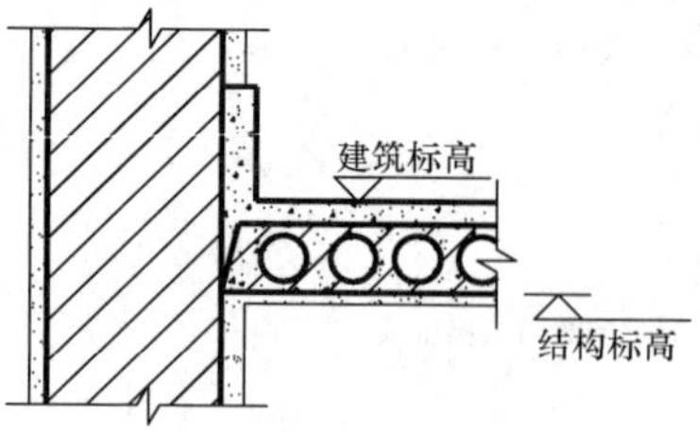

图8-5　建筑标高与结构标高

房屋各部位的标高还有建筑标高和结构标高的区别。建筑标高是构件包括粉饰层在内的、装修完成后的表面标高，结构标高则是不包括构件表面粉饰层厚度的毛面标高，如图8-5所示。

图8-2中标注了两个标高，其中±0.000（零点）为室内地面标高，－0.300为室外地面标高，均为相对标高，且均属建筑标高。

4. 索引符号和详图符号

图样中的某一局部构造需要用详图表示时，应以索引符号注明需要画详图的位置、详图的编号以及详图所在图纸的图纸号。在所画的详图上，用详图符号表示详图的编号和被索引图样所在图纸的编号，并用索引符号和详图符号之间的对应关系，建立详图与被索引图样之间的联系，以便对照查阅。

（1）索引符号。索引符号的圆及水平直径线均以细实线绘制，圆的直径为10mm。索引符号需用引出线引出，且引出线应指在需要另见详图的位置上。

索引出的详图，如与被索引的图样在一张图纸内，应在索引符号的上半圆中用阿拉伯数字注明该详图的编号，并在下半圆中间画一段水平细实线，如图8-6（a）所示。

索引出的详图，如与被索引的图样不在一张图纸内，应在索引符号的上半圆中用阿拉伯数字注明该详图的编号，在下半圆中用阿拉伯数字注明该详图所在图纸的图纸号，如图8-6（b）所示。

索引出的详图，如采用标准图，应在索引符号的引出线上加注该标准图所在图集的编号，如图8-6（c）所示。

当索引出的是剖面详图时，应在被剖切的部位用粗实线绘制剖切位置线，引出线所在的一侧为投射方向，如图8-6（d）所示。

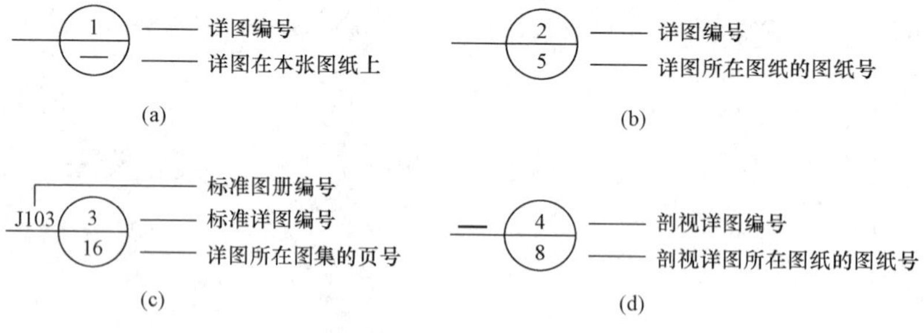

图8-6　索引符号

（2）详图符号。详图符号是用粗实线绘制的直径为14mm的圆。

当详图与被索引的图样同在一张图纸内时，应在详图符号内用阿拉伯数字注明详图的编号，如图8-7（a）所示。

当详图与被索引的图样不在同一张图纸上时，应用细实线在详图符号内画一水平直径，在上半圆中注明详图编号，在下半圆中注明被索引图样所在的图纸号，如图8-7（b）所示。

图 8-7 详图符号

8.1.4 标准图与标准图集

为了加快设计和施工速度，提高设计和施工质量，将各种大量常用的建筑物及其构件、配件，按统一模数、不同规格设计出系列施工图，供设计部门和施工企业选用，这样的图称为标准图。标准图装订成册后，称为标准图集或通用图集。

1. 按适用范围分类

目前我国建筑设计中所使用的标准图集按适用范围分为两类。

一类是经国家部委批准，可在全国范围内使用的标准图集。如国家建筑标准设计图集16G101—1《混凝土结构施工图平面整体表示方法制图规则和构造详图（现浇混凝土框架、剪力墙、梁、板）》、16G101—2《混凝土结构施工图平面整体表示方法制图规则和构造详图（现浇混凝土板式楼梯）》、16G101—3《混凝土结构施工图平面整体表示方法制图规则和构造详图（独立基础、条形基础、筏形基础、桩基础）》等由中华人民共和国住房和城乡建设部批准，由中国建筑标准设计研究院组织编制，可在全国范围内供设计施工人员使用。

另一类是经省、市、自治区有关部门批准，在相应地区范围内使用的标准图集。如《05 系列建筑标准设计图集》，其统一编号为 DBJT03—22—2005，是由河北、天津、山西、内蒙古、河南五省区市联合编制的，供设计、施工、建设、监理、施工图审查机构等单位技术人员使用。该图集按专业分为建筑（05J）、给排水（05S）、采暖通风（05N）、电气（05D）四个专业，共 56 册，基本涵盖了建筑设计的主要内容，在这些地区广泛使用。

2. 按工种分类

在目前大量使用的建筑构配件标准图集中，代号“J”（或“建”）表示建筑专业图集，代号“G”（或“结”）表示结构专业图集，代号“S”（或“水”）表示给水排水专业图集，代号“N”（或“暖”）表示给采暖通风专业图集，代号“D”（或“电”）表示电气专业图集。

8.2 建筑施工图

8.2 建筑施工图

8.2.1 首页图

首页图一般包括图纸目录和施工总说明。

编制图纸目录的目的是为了便于查找图纸。图纸目录列出了全套图纸的类别、各类图纸的数量、每张图纸的图号、图名、图幅大小等。若有些构件采用标准图，应列出它们所在标准图集的名称、标准图的图名和图号或页次。

施工总说明主要用来说明图样的设计依据和施工要求等。作为一个实例，下面摘录了某小区 6 号住宅楼工程的部分施工总说明。

××住宅楼建筑施工总说明

一、工程设计主要依据

1. 建设工程设计合同书。

2. 用地红线图。

3. 国家及地方现行有关设计规范、规程、规定及标准图集。

二、工程概况

本工程为六层砖混结构，首层储藏间层高2.4m，上部为五层住宅，层高3.0m，建筑物总长20.9m，建筑总高19.95m。

三、设计标高

底层室内主要地面设计标高为±0.000，相当于绝对标高4.800m，室内外高差0.150m。

四、工程做法

1. 地面做法

地面一：选用05J1-地2。20mm厚1∶2水泥砂浆压实抹光；刷素水泥浆结合层一道；80mm厚C15混凝土；150mm厚3∶7灰土；素土夯实。适用于首层储藏间。

地面二：选用05J1-地52。适用于首层卫生间。

2. 楼面做法

楼面一：选用05J1-楼37。8～10mm厚地砖楼面，干水泥擦缝；20mm厚1∶2.5水泥砂浆找平；50mm厚C15豆石混凝土填充热水管道间；20mm厚复合铝箔挤塑聚苯乙烯保温板；现浇钢筋混凝土楼板。适用于起居室、餐厅、卧室、主卧室和书房。

楼面二：8～10mm厚地砖楼面，干水泥擦缝；20mm厚1∶2.5水泥砂浆找平；聚氨酯三遍涂膜防水层厚1.5～1.8，防水层周边卷起高150mm；50mm厚C15豆石混凝土填充热水管道间；20mm厚复合铝箔挤塑聚苯乙烯保温板；20mm厚无机铝盐防水砂浆分两次抹面，找平抹光；无机铝盐防水素浆；现浇钢筋混凝土楼板。适用于厨房、卫生间。

3. 屋面做法

屋面一：选用05J1-屋23（B2-80-F14厚度=4mm）。灰蓝色黏土瓦；1∶3水泥砂浆卧瓦层，最薄处20mm（配ϕ6@500×500钢筋网）；20mm厚1∶3水泥砂浆找平层；聚苯乙烯泡沫塑料板80mm厚；SBS柔性防水4mm厚；15mm厚1∶3水泥砂浆找平层，砂浆中掺聚丙烯；钢筋混凝土屋面板。

屋面二：选用05J1-屋13（B2-80-F6厚度=4mm）。适用于不上人平屋顶。

屋面三：选用05J1-屋12（F6厚度=4mm）。适用于首层储藏间屋顶。

4. 外墙做法

选用05J1-外27。外墙表面处理后，满涂专用界面处理砂浆；35mm厚胶粉聚苯颗粒保温层；4～6mm厚抗裂砂浆复合耐碱网布（首层附加一层加强网布）；弹性底涂，柔性腻子；高级外墙涂料。

5. 内墙做法

内墙一：选用05J1-内墙4。15mm厚1∶1∶6水泥石灰砂浆；5mm厚1∶0.5∶3水泥石灰砂浆。适用于起居室、餐厅、卧室、主卧室、书房和阳台。

内墙二：选用05J1-内墙8。15mm厚1∶3水泥砂浆；刷素水泥浆一遍；3～4mm厚

1∶1水泥砂浆加水重20%的建筑胶镶贴；4～5mm厚釉面面砖，白水泥浆擦缝。适用于厨房、卫生间。

内墙三：选用05J1-内墙6。适用于首层储藏间。

内墙四：选用05J1-内墙19，d=20mm。适用于楼梯间。

6. 顶棚做法

顶棚一：选用05J1-顶3。钢筋混凝土板底面清理干净；7mm厚1∶1∶4水泥石灰砂浆；5mm厚1∶0.5∶3水泥石灰砂浆。适用于起居室、餐厅、主卧室、卧室、阳台和书房。

顶棚二：选用05J1-顶32。现浇钢筋混凝土板底面清理干净；ϕ5带尾孔射钉，双向中距500mm；配套专用界面砂浆；85mm厚胶粉聚苯颗粒保温层至少分两次抹面，复合六角钢丝网片与射钉绑扎；5mm厚抗裂砂浆分两次抹面并复合耐碱网格布；弹性底涂，柔性腻子；刷（喷）涂料。适用于首层储藏室顶棚。

顶棚三：选用05J1-顶4。适用于卫生间、厨房。

五、建筑节能

1. 屋面：采用80mm厚聚苯乙烯泡沫塑料板。

2. 地下室顶板抹85mm厚胶粉聚苯颗粒。

3. 门窗为塑钢中空玻璃窗，中空玻璃为5mm+10mm+5mm。

4. 墙体采用空心黏土砖，外墙外抹35mm厚胶粉聚苯颗粒保温浆料。

六、注意事项

1. 本工程选用之通用图集，须结合设计中具体要求协调施工，施工中遵照施工验收规范要求进行。

2. 施工中发现漏、误、不清之处或须变更本设计，需及时与设计部门联系，给予正式通知方可施工，现场不宜擅自处理。

8.2.2 总平面图

1. 总平面图的形成与作用

总平面图是新建房屋在建筑用地范围内的总体布置图，是表达新建房屋的平面形状、层数、位置和朝向，以及周围环境、地形地貌、道路绿化等情况的水平投影图。是新建房屋的施工定位、土方施工，以及设计水、电、暖、煤气等管线平面布置的依据。

2. 总平面图的内容与表达方法

现以图8-8所示某小区的总平面图为例，说明总平面图的内容与表达方法。

（1）比例。总平面图表示的范围比较大，一般采用1∶500、1∶1000、1∶2000的比例绘制。由图8-8可知，该图是新开发的某住宅小区的部分总平面图，里面有8幢新建住宅楼，绘图比例为1∶500。

（2）图例。图中各种地物均采用《总图制图标准》（GB/T 50103—2010）中规定的图例表示，表8-2摘录了部分常用图例。

（3）小区的方位、主导风向。总平面图应按上北下南方向绘制。根据场地形状或布局，可向左或向右偏转，但不宜超过45°。

在总平面图中，通常还画出带有指北方向的风向频率玫瑰图，简称风玫瑰图，用来表示该地区常年的风向频率和房屋的朝向，见图8-8中左上角所绘的图标。风玫瑰图是根据当地平均多年统计的各个方向吹风次数的百分数，按一定比例绘制的，风的方向是从外吹向中

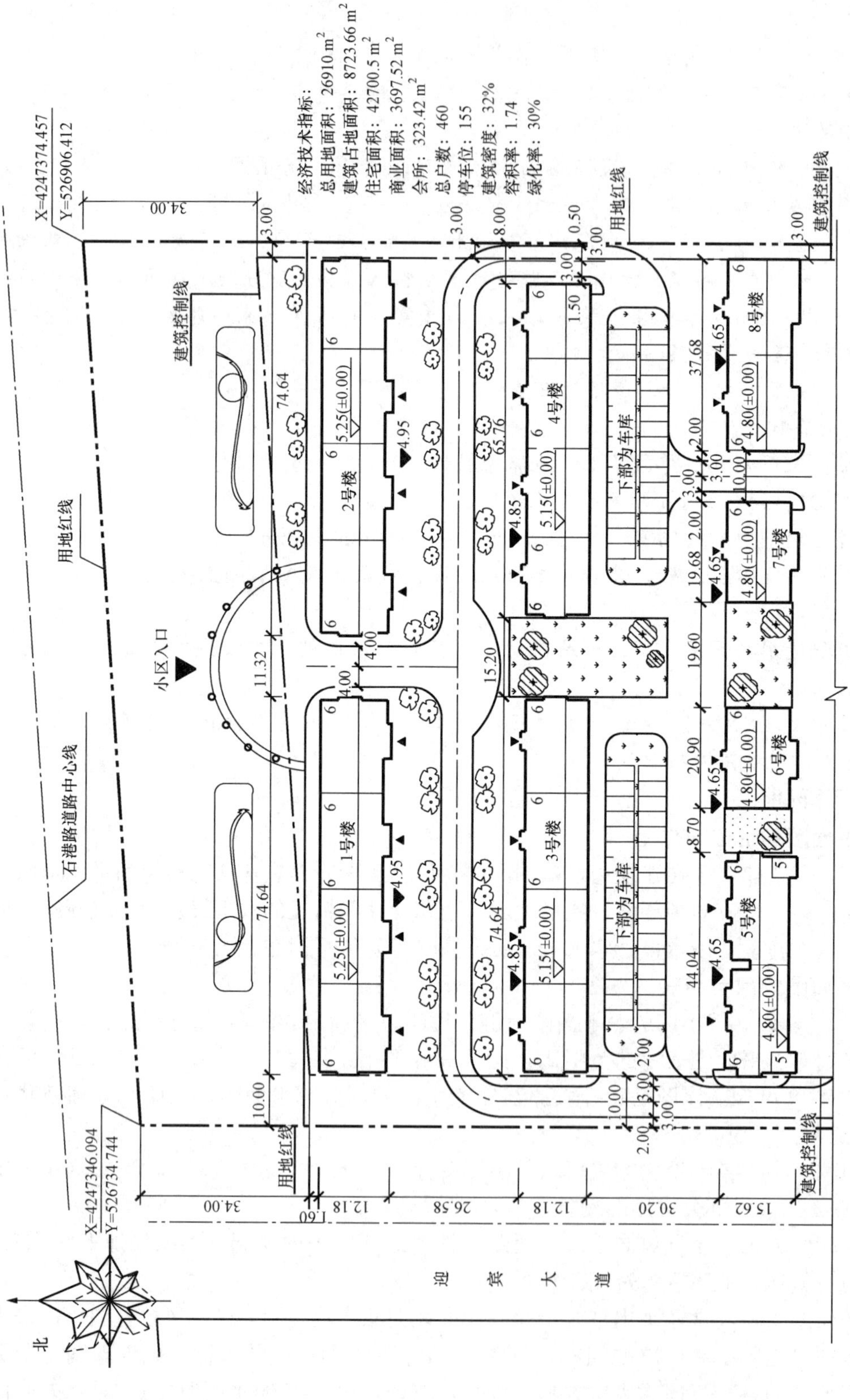

总平面图 1∶500

图 8-8 总平面图

心。实线表示全年风向频率，虚线表示 6、7、8 三个月的夏季风向频率。从图 8 - 8 中所示的风玫瑰图可以看出该小区常年主导风向是北风，夏季主导风向是西北风。由风玫瑰图上的指北针，可知该小区建筑为正南北向。

表 8 - 2　　总平面图常用图例

名称	图例	说明
新建建筑物	 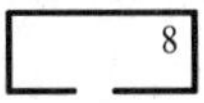	1. 上图为不画出入口的图例，下图为画出入口的图例。 2. 需要时，可用▲表示出入口，可在图形内右上角用点数或数字表示层数。 3. 建筑物外形（一般以±0.00 高度处的外墙定位轴线或外墙面线为准）用粗实线表示
原有建筑物	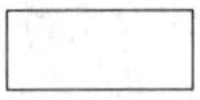	用细实线表示
计划扩建的预留地或建筑物		用中粗虚线表示
拆除的建筑物	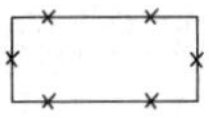	用细实线表示
围墙及大门	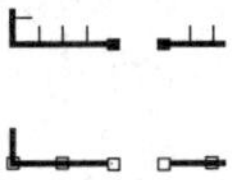	上图为实体性质的围墙，下图为通透性质的围墙，若仅表示围墙时不画大门
坐　　标	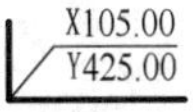 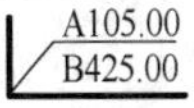	上图表示测量坐标 下图表示施工坐标
填挖边坡		1. 边坡较长时，可在一端或两端局部表示。 2. 下边线为虚线时表示填方
护　　坡		
新建的道路	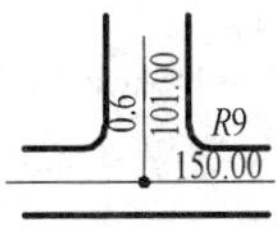	“R9”表示道路转弯半径为 9m，“150.00”为路面中心控制点标高，“0.6”表示 0.6%的纵向坡度，“101.00”表示变坡点间距离

名称	图例	说明
原有的道路	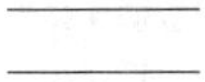	
计划扩建的道路		
拆除的道路	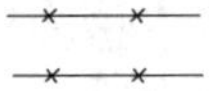	
室内标高	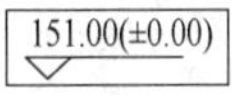	
室外标高	●142.00 ▼142.00	
敞棚或敞廊	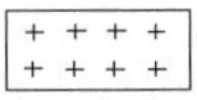	
铺砌场地	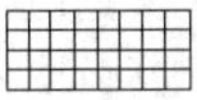	
针叶乔木		
阔叶乔木		
针叶灌木		
阔叶灌木	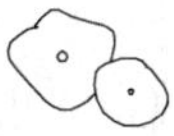	
修剪的树篱	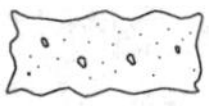	
草　坪	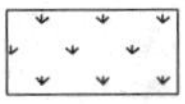	

（4）小区的用地范围。红线一般是指各种用地的边界线。道路红线是指城市道路（含居住区级道路）用地的边界线。用地红线是各类建设工程项目用地的使用权属范围的边界线。图中用粗双点长画线绘出了用地红线，用地红线围成的范围就是该小区的用地范围。

建筑控制线，也称“建筑红线”，规划行政主管部门在道路红线、建设用地边界内另行划定的地面以上建（构）筑物主体不得超出的界线。小区的建筑必须在建筑控制线范围内。在实际建设中常使建筑控制线退于用地红线之后一定距离（退让距离及各类控制管理规定应按当地规划部门的规定执行），以保证建筑物地下基础或地下室施工不致影响城市道路下面各类管线的安全运营，同时确保出入建筑物的人流、车辆不影响道路交通。图中用中粗双点长画线绘出了建筑控制线，并标注了建筑控制线的退红线距离。

（5）新建建筑物的平面形状、层数、尺寸。图中以粗实线画出了新建住宅楼的平面形状，标注了每幢住宅楼的层数和总长、总宽。总平面图中，尺寸以米为单位，注写到小数点后两位数字。如6号住宅楼东西向总长20.90m，南北向总宽15.62m，共六层。

（6）新建建筑物的定位。新建建筑物的定位有两种方法：一种方法是根据与原有建筑物或道路之间的相对位置来定位；另一种是坐标定位，在大范围和地形复杂的总平面图中，为了保证施工放线准确，往往以坐标定位。坐标定位可分为测量坐标定位和施工坐标定位。坐标网格应以细实线绘制，一般画成100m×100m或50m×50m的方格网。测量坐标网应画成交叉十字线，坐标代号宜用“X、Y”表示，X为南北方向轴线，X的增量在X轴线上；Y为东西方向轴线，Y的增量在Y轴线上。施工坐标网应画成网格通线，坐标代号宜用“A、B”表示，A轴相当于测量坐标网中的X轴，B轴相当于Y轴。坐标值为负数时，应注“－”号，为正数时，“＋”号可省略。

从图中可以看出，该小区的用地范围以坐标定位，图中标注了北侧用地红线上两个角点的测量坐标。新建房屋以北侧和西侧的建筑控制线为依据，用尺寸定位。

（7）标高和地形。图中标注了各幢新建房屋室内底层地面和室外地面的绝对标高。如6号住宅楼，它的底层室内地面的绝对标高为4.80m，室外地面的绝对标高为4.65m，室内外高差为0.15m。

在总平面图中，应画出表示地形的等高线，以表明地形的坡度、雨水排除的方向等。因该小区地势平坦，故未画等高线。

（8）新建房屋周围的建筑物、道路和绿化等情况。由图可知，该小区北临石港路，西临迎宾大道，小区在北侧有一个入口。小区内新建住宅的四周都有道路，并标注了道路的宽度。新建住宅的四周还有草坪和阔叶乔木、阔叶灌木等的绿化。在3、4号住宅楼南面设有地上车位和地下车库。

（9）经济技术指标。总平面图中一般给出主要的经济技术指标，表明设计中的合理用地以及生活环境状况等内容，如图8-8所示。

1）基底面积。即底层的建筑面积，建筑物底层外墙勒脚以上外墙皮以内的面积之和。

2）建筑面积。建筑物外墙皮以内的各层面积之和。

3）建筑密度：即建筑覆盖率，在一定用地范围内，建筑物基底面积总和与总用地面积的比率（%）。它是建筑总平面图中一个重要的经济技术指标，反映总平面设计中，用地是否合理紧凑。

4）容积率：是指在一定用地及计容范围内，建筑面积总和与用地面积的比值。附属建筑物也计算在内，但应注明不计算面积的附属建筑物除外。

5）绿地率：是指在一定用地范围内，各类绿地总面积占该用地总面积的比率（%）。

3. 总平面图的识读要点

（1）熟悉各种常用图例。熟练掌握各种图例的规定画法是快速识图的关键之一。

（2）明确绘图比例。根据工程规模的大小总平面图通常会选择不同比例绘制。

（3）识读风玫瑰图。明确工程所处方位。

（4）识读工程的用地范围。找到用地红线即可围出土地的使用范围。

（5）识读新建建筑物。重点识读新建建筑物的形状、层数、尺寸标高以及如何进行施工定位等。

（6）识读新建建筑物周围环境。重点识读周围的地形、建筑物、道路交通和绿化情况等。

8.2.3 建筑平面图

1. 建筑平面图的形成与作用

建筑平面图是房屋的水平剖面图，也就是用一个假想的水平剖切平面，沿门窗洞口位置剖开整幢房屋，将剖切平面以下部分向水平投影面作正投影所得到的图样。

对于多层建筑，原则上应画出每一层的平面图，并在图的下方标注图名，图名通常按层次来命名，例如底层平面图、二层平面图、顶层平面图等。若有两层或更多层的平面布置完全相同，则可用一个平面图表示，图名为×层～×层平面图，也可称为标准层平面图。此外，一般还应画出屋顶平面图，屋顶平面图是房屋顶部按俯视方向在水平投影面上所得到的正投影。

建筑平面图是建筑施工图中最基本的图样之一，它主要用来表示房屋的平面布置情况，详细表达墙、柱、门窗等构配件的位置、尺寸和材料等，在施工中是放线、砌墙、安装门窗、编制预算和施工备料的重要依据。由于建筑平面图能较集中地反映出房屋建筑的功能需要，所以无论是设计制图还是施工读图，一般都从建筑平面图入手。

2. 建筑平面图的内容与表达方法

以前述某小区6号住宅楼的底层平面图为例，如图8-9所示，说明建筑平面图所表达的内容和图示方法。

（1）图名、比例、朝向。图名是底层平面图，说明该图的剖切位置在底层窗台以上、底层通向二层的楼梯平台以下，它反映该住宅底层的平面布置，房间大小等。绘图比例为1∶100。

在底层平面图上用指北针表示房屋的朝向，所指的方向与建筑总平面图一致。指北针用细实线绘制，圆的直径宜为24mm，指针头部指向北，并在指针头部注“北”或“N”字，指针尾部宽度宜为3mm。

（2）定位轴线及编号。由定位轴线及编号，可以了解墙体的位置和数量。从图8-9中可以看到，这幢住宅从左向右按横向编号的有①～⑪共11根定位轴线，从下往上按竖向编号的有Ⓐ～Ⓕ共6根定位轴线，在Ⓕ轴之后有一根附加轴线。

（3）图例和图线。在建筑平面图中，建筑构配件一般都用图例表示，表8-1列出了《建筑制图标准》规定的部分常用构造及配件图例。在不同比例的平面图中，对于墙柱的抹

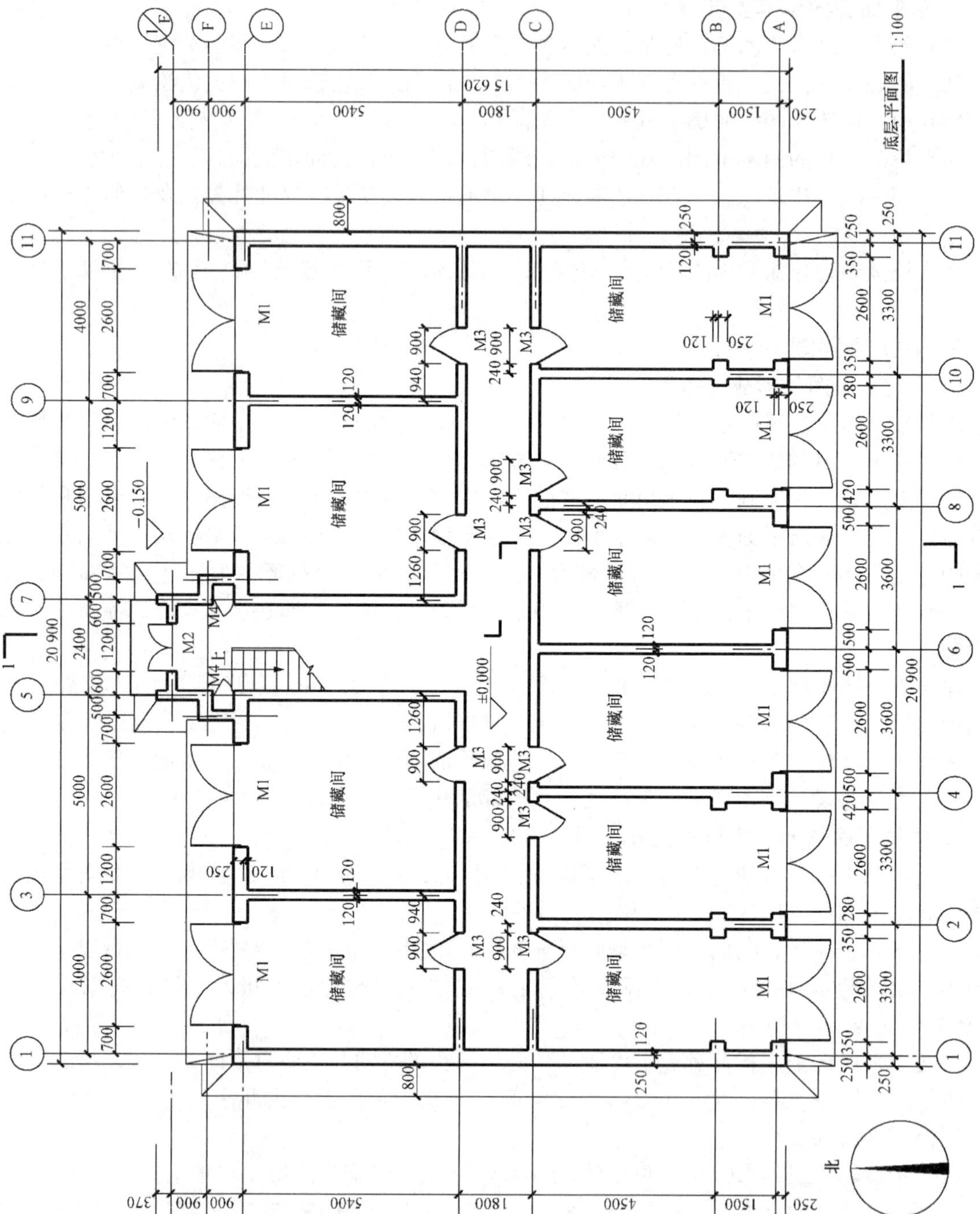

图 8-9 底层平面图

灰层及其断面上的材料图例，当比例大于 1∶50 时，均应画出；当比例等于 1∶50 时，应根据需要确定；当比例小于 1∶50 时，如比例为 1∶100～1∶200 时，不画抹灰层，画简化的材料图例，如砖墙涂红、钢筋混凝土柱涂黑；当比例小于 1∶200 时，均可不画。

建筑平面图中，被剖切到的承重墙、柱等主要建筑构造的轮廓线用粗实线表示；被剖切到的隔墙、门扇等次要建筑构造轮廓线用中粗实线表示；没有剖切到的主要可见建筑构造轮廓线，如窗台、台阶、楼梯等用中粗实线表示；其他可见构造用细实线表示。不可见的构造用虚线表示。需指出，一些位于剖切平面以上的构造，如高窗、屋面检修孔等，应以虚线绘制。

（4）墙柱断面、门窗编号、房间名称。从图 8-9 中可以看到，这幢住宅的底层被墙体分隔成若干个储藏间，每个房间都标注了名称。每个储藏间都设置了两个门，一个连通室内，一个通往室外。该住宅楼的入口设在北面，每个门都标注了代号及编号，如 M1、M2 等。

（5）其他构配件和固定设施。除了墙、柱、门窗外，还应画出其他构配件和固定设施的图例或轮廓形状，如阳台、雨篷、楼梯、通风道、厨房和卫生间的固定设施、卫生器具等。从图 8-9 中可以看出，这幢住宅的底层平面图画出了室外散水和入口处的台阶、坡道以及楼梯间的图例。

（6）尺寸和标高。在建筑平面图中，外墙的外侧应注三道尺寸，称为外部尺寸。离外墙最近的一道尺寸表示外墙的细部尺寸，如门窗洞口及墙、柱的宽度、定位尺寸等；第二道尺寸表示轴线间的距离，它是承重构件的定位尺寸，也是各房间的开间和进深尺寸，其中横墙轴线间的尺寸称为开间尺寸，纵墙轴线间的尺寸称为进深尺寸；最外的一道尺寸表示房屋两端外墙面之间的总尺寸。室内标注的尺寸称为内部尺寸，它用于表示房间的净宽和净深尺寸、墙厚、内墙上门窗洞口的宽度和位置、固定设施的大小和位置等。

此外，在建筑平面图中还应标注室内外地面、楼面、阳台、平台等处的标高，在地面有起伏处，应用细实线画出分界线。

从图 8-9 中可以看出，这幢住宅的总长为 20 900mm，总宽为 15 620mm。外墙厚度 370mm，内墙厚度 240mm。室内地面标高±0.000m，室外地面标高−0.150m。图中标注了各房间的开间和进深尺寸，例如位于横向定位轴线④～⑥之间，竖向定位轴线Ⓐ～Ⓒ之间的房间，其开间为 3600mm，进深为 6000mm，M1 门洞宽 2600mm，距两侧定位轴线均为 500mm，M3 门洞宽 900mm，距④轴 240mm。

（7）有关的符号（如剖切符号、索引符号、详图符号等）。在底层平面图中，除了应画指北针外，在需要绘制建筑剖面图的部位，还需画出剖切符号，图 8-9 中画出了 1—1 剖切符号。

3. 建筑平面图的识读要点

（1）多层房屋建筑的各层平面图，一般应从底层平面图开始阅读（如有地下室时从地下室平面图开始），逐层阅读到屋顶平面图。

（2）查看图名、比例。

（3）查看定位轴网。

（4）查看空间的平面划分，查看各房间名称，确定墙、柱、门窗的平面位置和尺寸。

（5）识读其他细部构造及尺寸，如楼梯间、卫生间、阳台等处。

（6）查看各部位标高。

（7）识读图中各种符号，如剖切符号、索引符号、详图符号等。

（8）识读每一层平面图时，要对照其上、下层平面图，明确联系，识别异同。最后，将各层平面图联系起来综合考虑，想象建筑物的各层构造。

4. 其他建筑平面图的内容与识读

前面详细介绍了底层平面图的有关内容，下面简要介绍一下其他层建筑平面图的内容。它们的表达内容和阅读方法基本上与底层平面图相同。不同的是不必画指北针、剖切符号和底层平面图已表达过的室外地面上的构配件和固定设施，但需要画出该层平面图假想剖切平面以下的、而在下一层平面图中未表达的室外构配件和固定设施，如雨篷、窗顶遮阳板等。

（1）二层平面图。图8-10是这幢住宅的二层平面图。由定位轴线及编号可看出，横向轴线增加了两根附加轴线。由楼梯间从标高为±0.000m的底层地面经一个楼梯段到达标高为2.400m的二层楼面，该层有两户，户型左右对称。每户的起居室和主卧室中都有矩形凸窗，书房外面连通阳台。图中还表达了室外空调板、雨水管以及一层东南角、西南角两个储藏间门洞上方和楼梯间入口上方的雨篷。

（2）标准层平面图。图8-11是这幢住宅的标准层平面图，表达了三、四、五层的平面布置。其内容与二层平面图基本相同，不同之处主要是楼梯图例的画法。对于常见的双跑楼梯而言，中间层楼梯应画出上行梯段的几级踏步，下行梯段的一整段、中间平台及其下面的下行梯段的几级踏步，下行梯段与上行梯段的折断处，共用一条倾斜的折断线，折断线与踢面线倾斜30°。

（3）顶层平面图。图8-12是这幢住宅的顶层平面图，注意顶层楼梯的画法。

（4）屋顶平面图。屋顶平面图主要用来表示屋顶的形状和大小、屋面的排水方向和坡度、檐沟和雨水管的位置以及水箱、烟道、上人孔等的位置和大小。

图8-13是这幢住宅的屋顶平面图。从图中可以看出，屋顶主要由坡屋面组成，局部为平屋面，南、北两边有天沟和挑檐。坡屋面上的雨水先排到天沟，再经雨水管排到地面。平屋面上的雨水沿2%的屋面坡度排到天沟，也经雨水管排到地面。楼梯间顶部局部突出，为平屋面，上面设有检修孔，由索引符号可知，其详图选自标准图集05J5-1。

8.2.4 建筑立面图

1. 建筑立面图的形成与作用

建筑立面图是在与房屋立面相平行的投影面上所作的正投影。它主要表示房屋的体型和外貌、立面装修及立面上构配件的标高和必要的尺寸，也是建筑施工图中最基本的图样之一，在施工过程中主要用于室外装修。

立面图的数量与房屋的平面形状及外墙的复杂程度有关，原则上需要画房屋每一个方向的立面图。有定位轴线的建筑物，宜根据两端定位轴线编号命名，如①～⑪立面图、Ⓐ～Ⓕ立面图等；对于那些简单的无定位轴线的建筑物，则可按房屋立面的朝向命名，如南立面图、东立面图等。

建筑立面图用于表达建筑物在室外地面以上的外貌，主要包括立面上门窗的形式和位置、屋顶构造、墙面的材料和装修做法等，在施工中是室外装修、工程预算和施工备料等的重要依据。

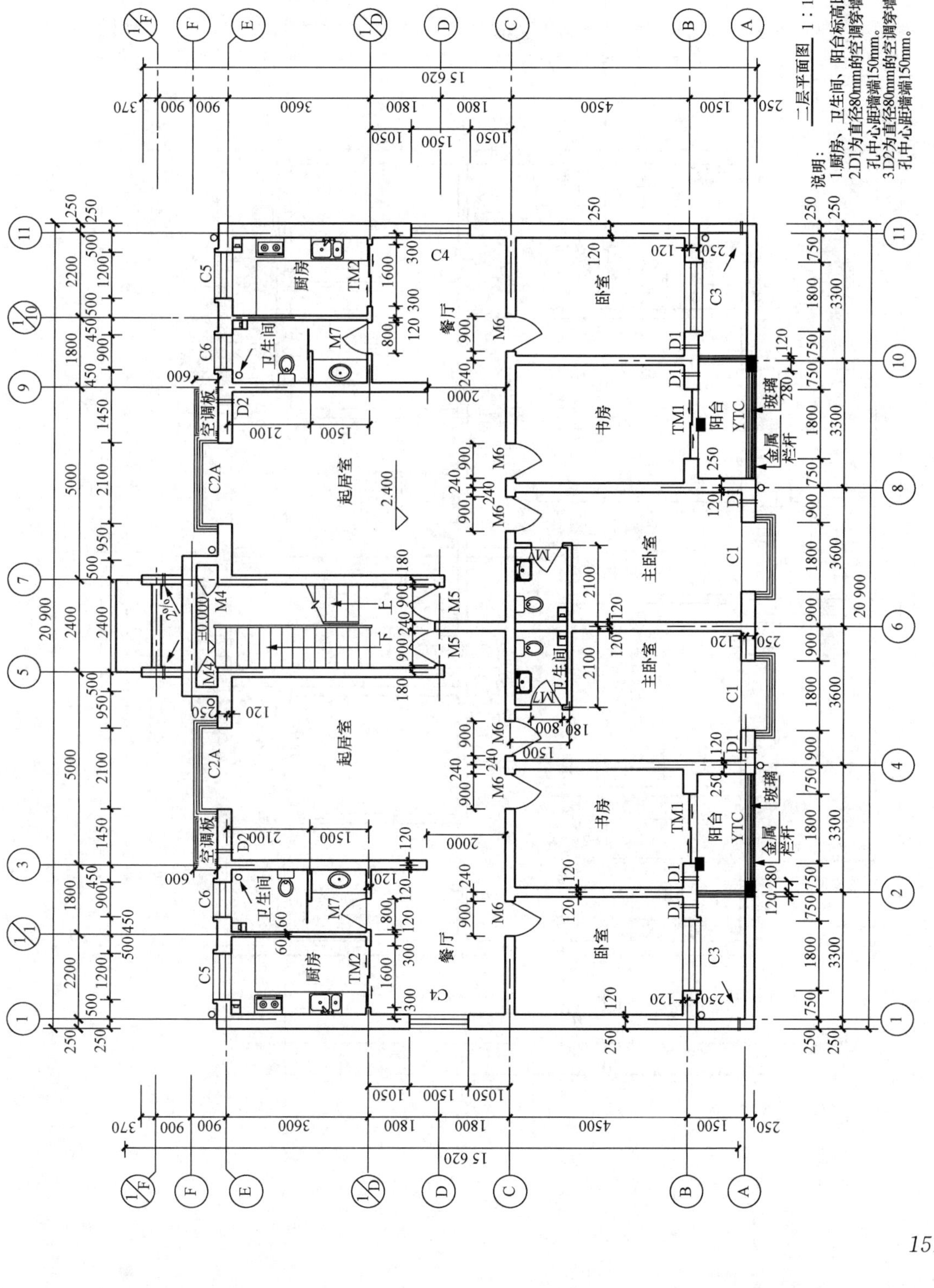
二层平面图　1：100
说明：
1.厨房、卫生间、阳台标高比楼层标高低20mm。
2.D1为直径80mm的空调穿墙孔，孔中心距地2.3m，孔中心距墙端150mm。
3.D2为直径80mm的空调穿墙孔，孔中心距地1.5m，孔中心距墙端150mm。
厨房
卫生间
餐厅
起居室
卧室
书房
主卧室
阳台
空调板
金属栏杆
玻璃
15 620
20 900

图 8-10　二层平面图

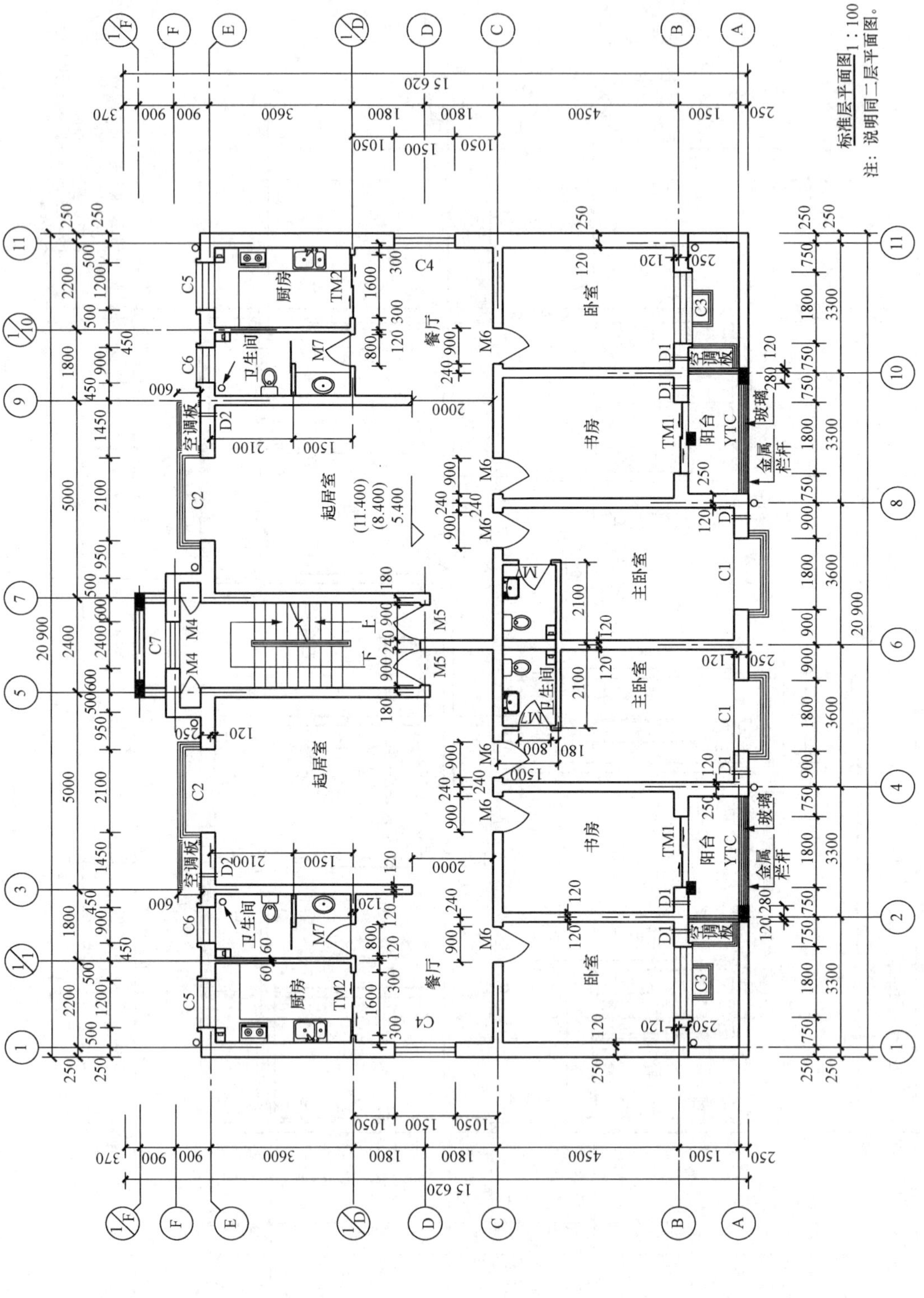
标准层平面图 1∶100
注：说明同二层平面图。
厨房
卫生间
餐厅
起居室
卧室
书房
主卧室
阳台
YTC
空调板
金属
栏杆
玻璃
上
下
(11.400)
(8.400)
5.400
15 620
20 900
C1
C2
C3
C4
C5
C6
C7
M4
M5
M6
M7
TM1
TM2
D1
D2

图 8-11 标准层平面图

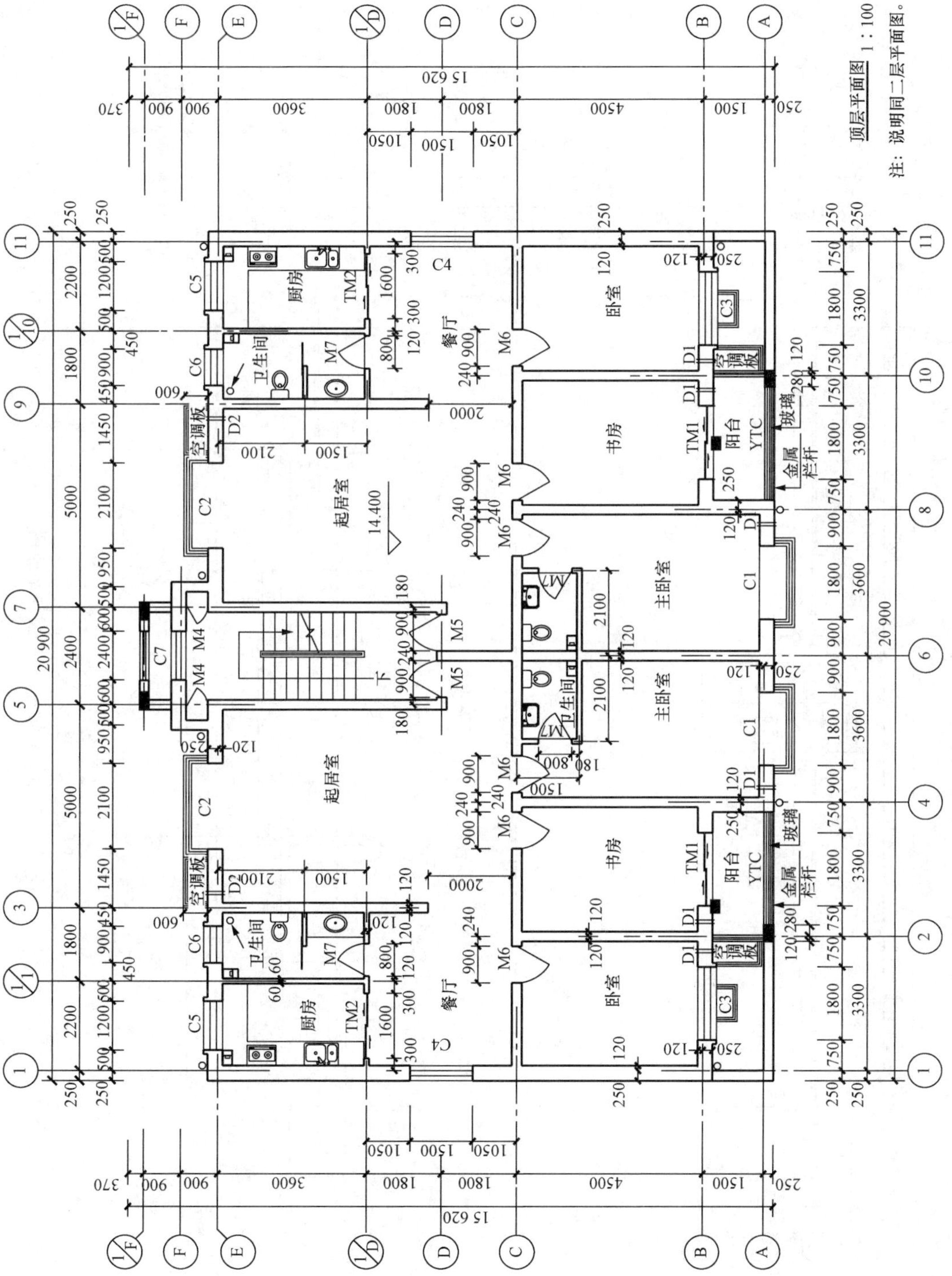
顶层平面图 1:100
注：说明同二层平面图。
厨房
卫生间
餐厅
起居室
卧室
书房
主卧室
阳台
YTC
金属栏杆
玻璃
空调板
14.400
15 620
20 900

图 8-12　顶层平面图

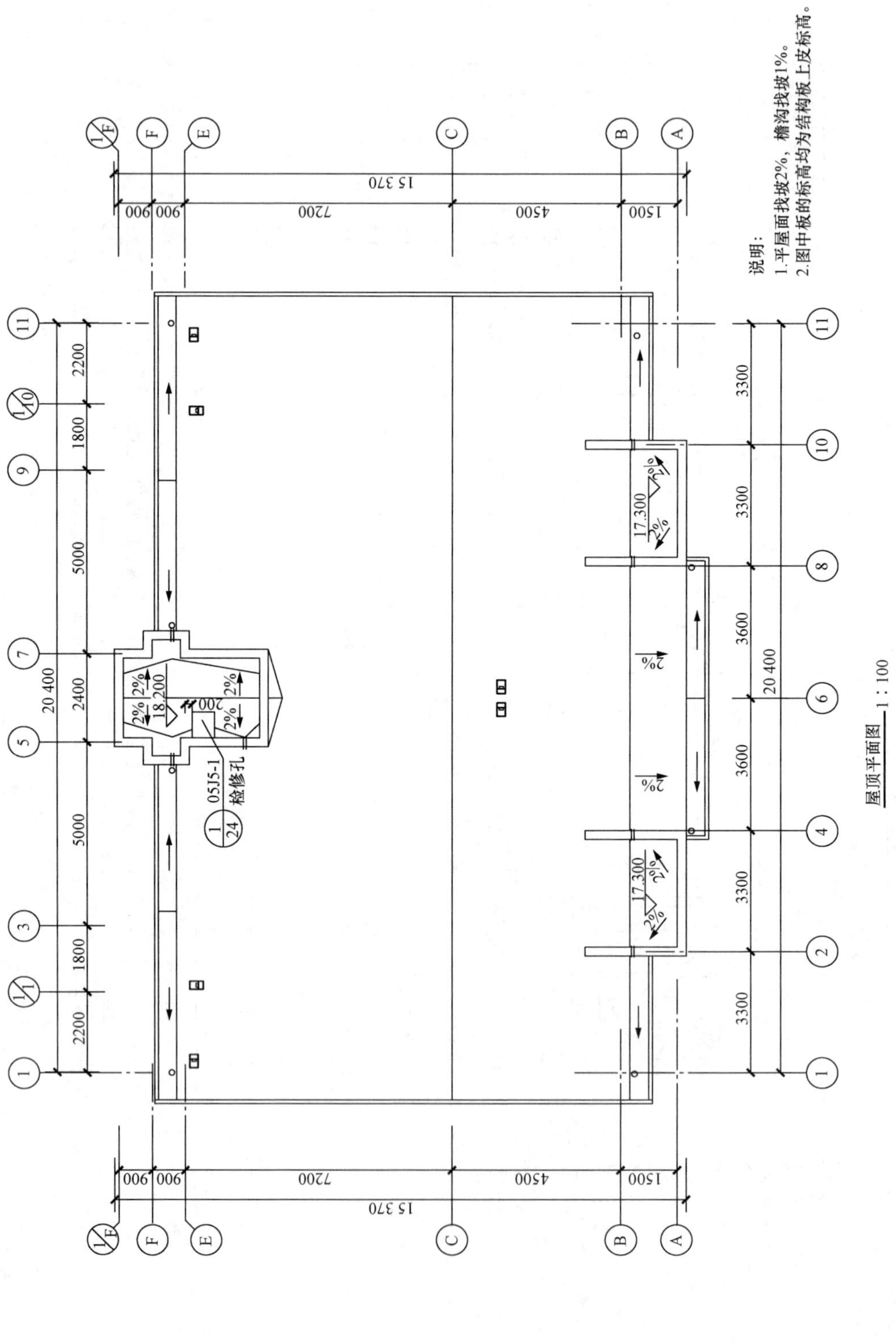
说明：
1.平屋面找坡2%，檐沟找坡1%。
2.图中板的标高均为结构板上皮标高。
15 370
900 900 7200 4500 1500
20 400
2200 1800 5000 2400 5000 1800 2200
3300 3300 3600 3600 3300 3300
17.300
18.200
2%
05J5-1
检修孔
屋顶平面图 1:100

图 8-13 屋顶平面图

2. 建筑立面图的内容与表达方法

现以前述某小区6号住宅楼①～⑪立面图为例，如图8-14所示，说明建筑立面图所表达的内容和图示方法。

（1）图名、比例和定位轴线。由立面图的图名对照这幢住宅的底层平面图（图8-9）可以看出，该图表达的是朝南的立面，也就是将这幢住宅由南向北投射所得的正投影图。

建筑立面图通常采用与建筑平面图相同的比例，该立面图的比例为1∶100。立面图中应标注两端外墙的定位轴线，以便于明确立面图与平面图的联系。

（2）图例和图线。在建筑立面图中，主体外轮廓线用粗实线，室外地面线也可用宽度为1.4b的加粗实线，建筑立面图外轮廓之内的墙面轮廓线以及门窗洞、阳台、雨篷等构配件的轮廓用中实线，一些较小的构配件的轮廓线用细实线，如雨水管、墙面引条线、门窗扇等。

（3）房屋的外貌。建筑立面图反映了房屋立面的造型及构配件的形式、位置。从图中可以看出，这幢住宅共六层，底层是储藏间，二至六层是住宅，且有凸窗和阳台，各层左右两边布局对称，屋顶为双坡屋顶。图中门窗、阳台的立面均按实际情况绘出，底层储藏间大门均为双扇外开平开门，窗均为推拉窗。按照《建筑制图标准》的规定，相同的门窗、阳台可在局部重点表示一两个，绘出其完整图形，其余部分可只画洞口轮廓线。立面图中还画出了空调板的位置以及墙面上与檐沟相连的四根雨水管。

（4）室外装修。在建筑立面图中，外墙面的装修常用指引线作出文字说明。从图中可以看出，该立面主要墙面为浅黄色外墙涂料，阳台立面为砖红色外墙涂料，空调板、窗套、挑檐板为白色外墙涂料，屋面为灰蓝色黏土瓦，阳台和凸窗外栏杆为银白色金属栏杆等。

（5）标高尺寸。在建筑立面图上，宜标注外墙上各主要构配件的标高，如室内外地坪、楼面、台阶、门窗洞、雨篷、阳台、檐口等，也可注相应的高度尺寸。

为方便读图，常将各层相同构造的标高一起注写，排列在同一铅垂线上。如图8-14所示，左侧注写了室内外地面、底层门洞顶面、各层阳台窗洞的底面和顶面、坡屋面的檐口线和屋脊线的标高；右侧主要注写了各层C3窗洞的顶面和底面的标高。

3. 建筑立面图的识读要点

（1）明确立面图与平面图的对应关系，对照各层平面图从底层开始逐层识读。

（2）识读图名、比例。

（3）识读立面上门窗的构造、位置和尺寸标高。

（4）识读屋顶构造及标高。

（5）识读立面上其他构造，如阳台、空调板、勒脚、散水、雨水管等。

（6）识读外墙面装修做法。

（7）立面图结合各层平面图，综合想象建筑物外部造型及外立面上各细部构造。

4. 其他建筑立面图的内容与识读

图8-15、图8-16分别是这幢住宅的⑪～①立面图、Ⓕ～Ⓐ立面图，它们所表达的内容和阅读方法同①～⑪立面图。由于这幢住宅的两个侧立面彼此对称，所以Ⓐ～Ⓕ立面图与Ⓕ～Ⓐ立面图表达的内容相同，只不过在图形中左右相互对调，因此其中一个可以省略不画。在Ⓕ～Ⓐ立面图中，为了清晰表达ⒺⒹ轴外墙上的凸窗构造，ⒺⒹ轴外墙面上的空调板只有二层的画出了护栏，上面各层未画出护栏。请读者自行阅读。

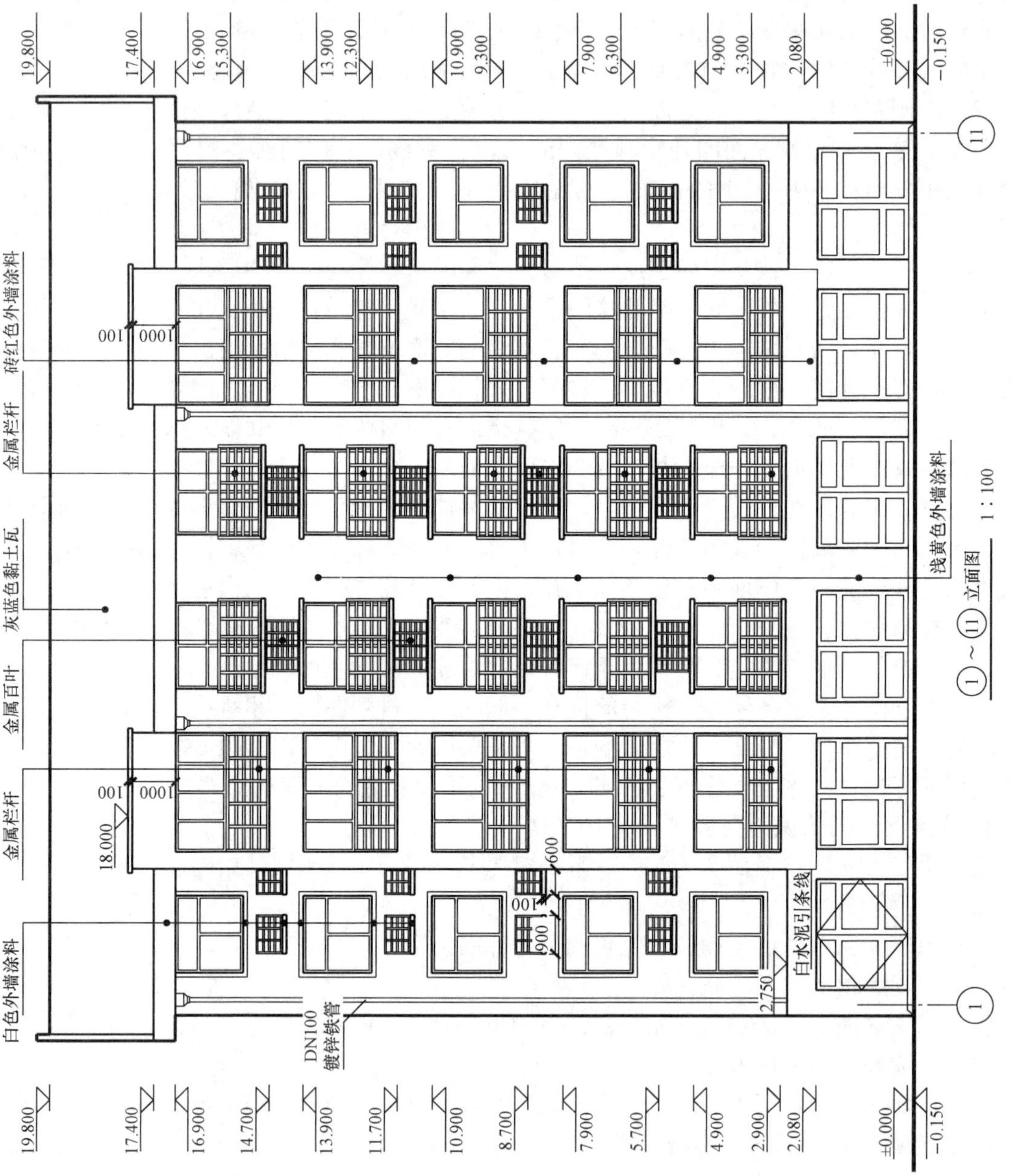
19.800
17.400
16.900
15.300
13.900
12.300
10.900
9.300
7.900
6.300
4.900
3.300
2.080
±0.000
−0.150
14.700
11.700
8.700
5.700
2.900
18.000
2.750
1000
100
600
900
DN100
镀锌铁管
白色外墙涂料
银白色
金属栏杆
咖啡色
金属百叶
灰蓝色黏土瓦
砖红色外墙涂料
浅黄色外墙涂料
白水泥引条线
1
11
①～⑪立面图 1∶100

图 8-14 ①～⑪立面图

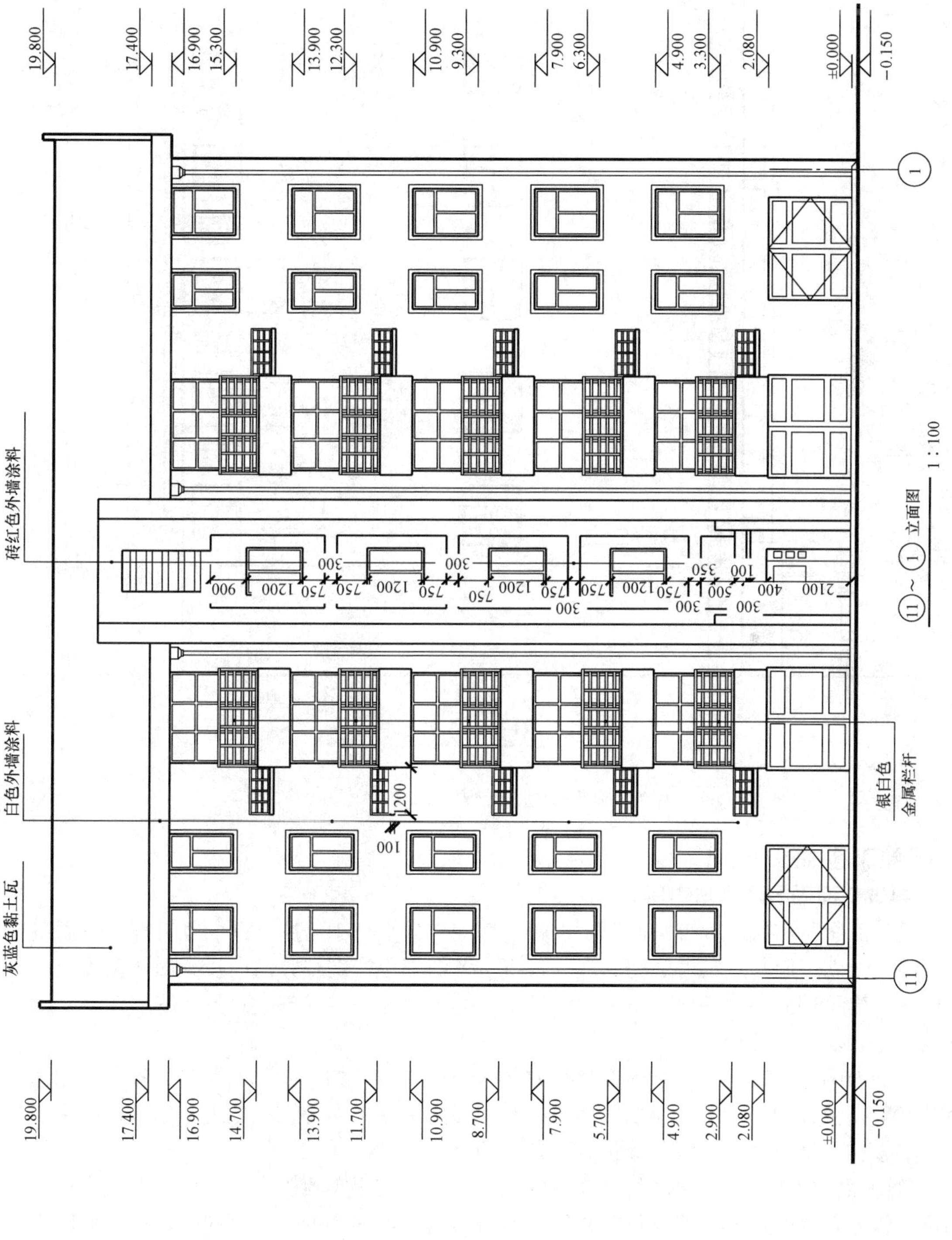
灰蓝色黏土瓦
白色外墙涂料
砖红色外墙涂料
银白色金属栏杆
⑪～①立面图 1:100
19.800
17.400
16.900
15.300
14.700
13.900
12.300
11.700
10.900
9.300
8.700
7.900
6.300
5.700
4.900
3.300
2.900
2.080
±0.000
−0.150

图 8-15 ⑪～①立面图

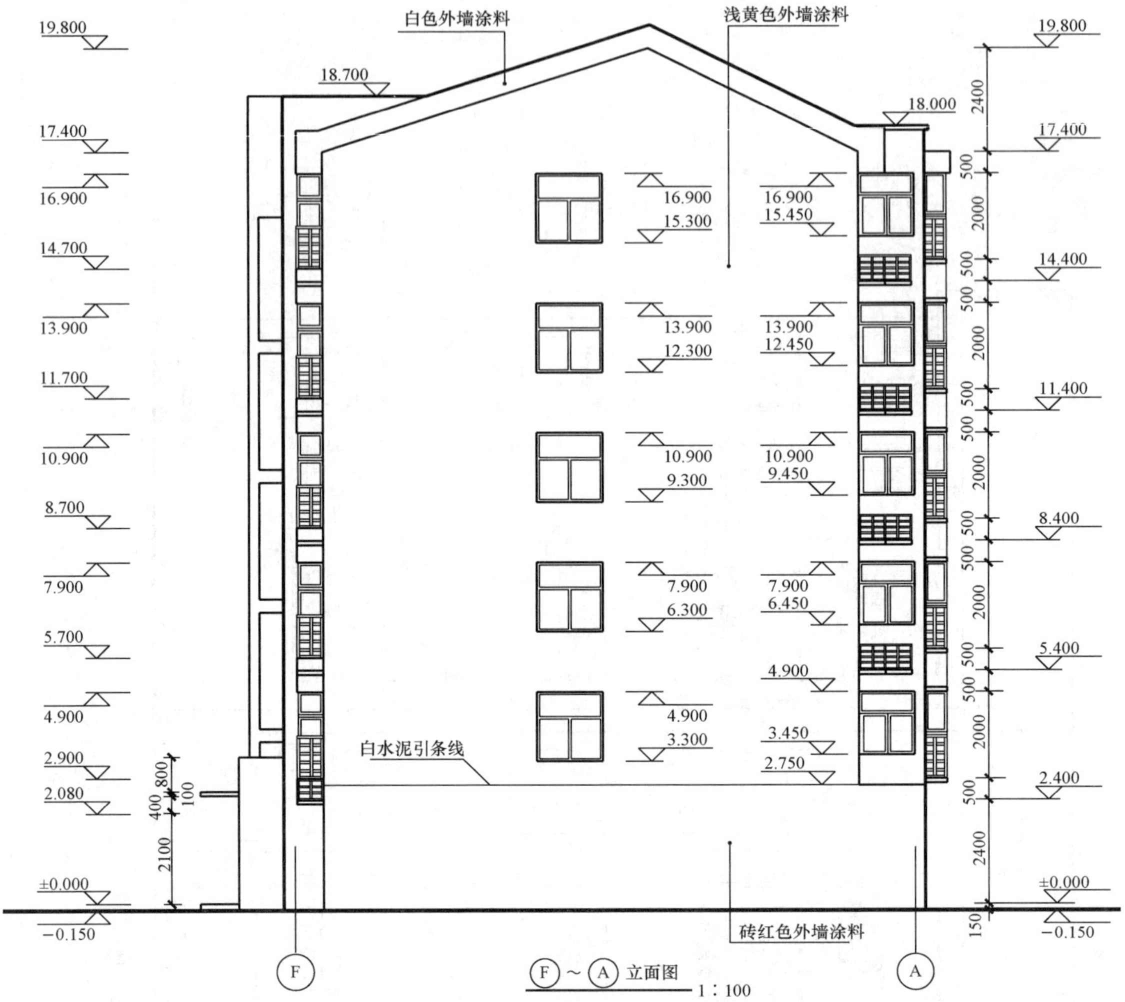

图 8-16　Ⓕ～Ⓐ立面图

8.2.5　建筑剖面图

1. 建筑剖面图的形成与作用

建筑剖面图是房屋的垂直剖面图，也就是用假想的平行于房屋立面的竖直剖切平面剖开房屋，移去剖切平面与观察者之间的部分，将留下的部分按剖视方向向投影面作正投影所得到的图样。建筑剖面图也是建筑施工图中最基本的图样之一，它与建筑平面图、建筑立面图相互配合，表示房屋的全局。

建筑剖面图用于表示建筑物内部竖直方向的结构构造，如竖向分层情况、各层楼地面与墙体的联系、楼梯间的构造、屋顶的构造以及相关的尺寸标高等，在施工中是进行分层、砌筑墙体和楼梯、铺设楼板、编制概预算和备料的重要依据。

建筑剖面图的数量应按房屋的复杂程度和施工中的实际需要确定。剖切的位置应选在房屋内部结构比较复杂或典型的部位，并经常通过门窗洞和楼梯的位置剖切。建筑剖面图以剖切符号的编号命名，剖切符号绘注在底层平面图中。

2. 建筑剖面图的内容与表达方法

现以前述住宅的 1—1 剖面图为例，如图 8 - 17 所示，说明建筑剖面图所表达的内容和图示方法。

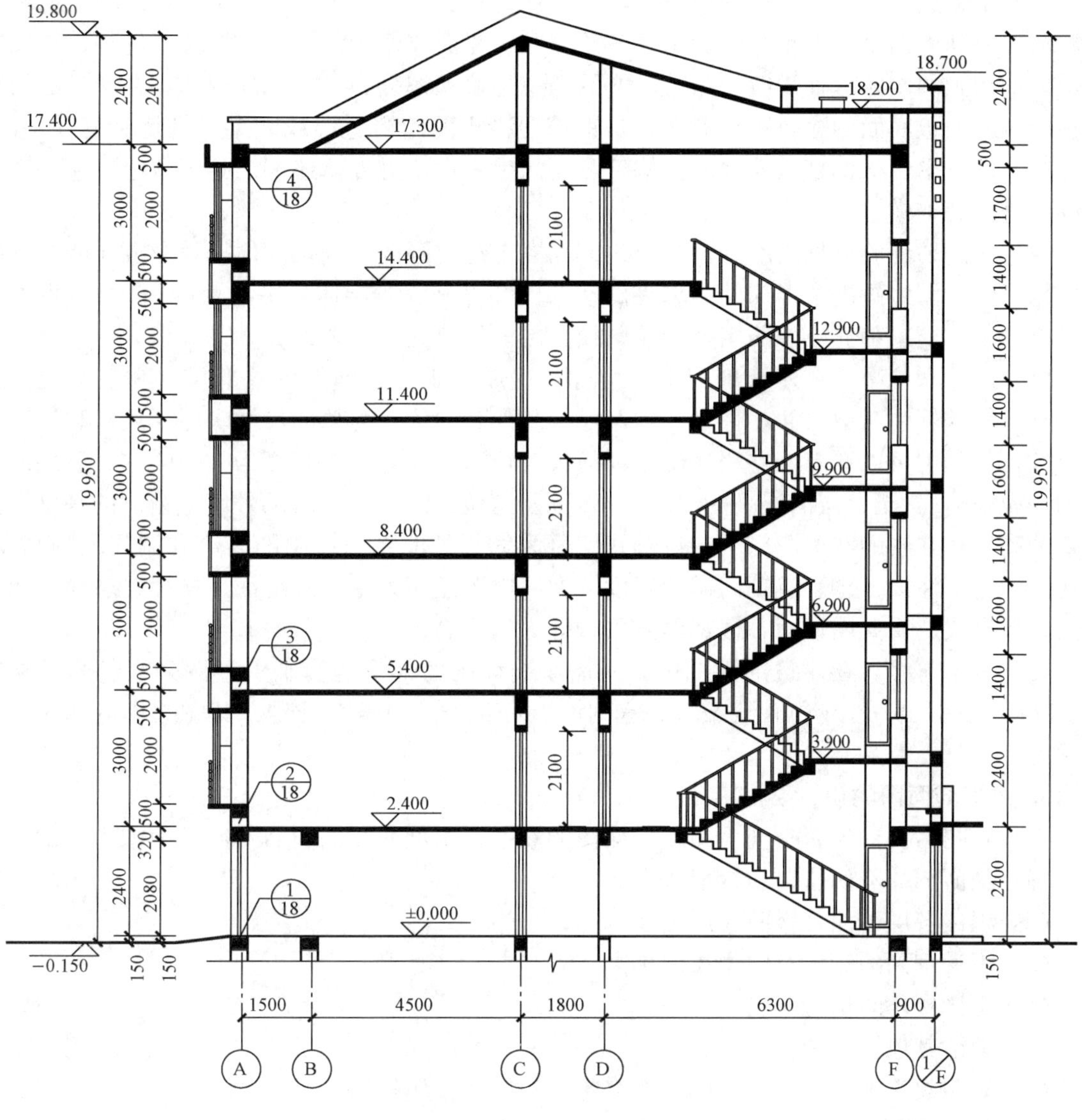

1—1剖面图　1∶100

图 8 - 17　1—1 剖面图

（1）图名、比例和定位轴线。图名是 1—1 剖面图，由此编号可在这幢住宅的底层平面图（图 8 - 9）中找到对应的编号为 1 的剖切符号，可知 1—1 剖面图为阶梯剖面图，剖切位置通过楼梯间门洞，在走廊处转折后再通过定位轴线⑥、⑧之间储藏间的门洞，投射方向向左。对照这幢住宅的其他层平面图可以看出，通过楼梯间的剖切平面都是剖切各层东侧的楼梯段，另一个剖切平面都是剖切东边住户的主卧室，并通过该房间的门和窗。

1—1 剖面图的比例是 1∶100。在建筑剖面图中，凡是被剖切到的墙、柱都要画出定位轴线并标注定位轴线间的距离，以便与建筑平面图对照阅读。

（2）剖切到的建筑构配件。在建筑剖面图中，应画出房屋基础以上被剖切到的建筑构配件，从而了解这些建筑构配件的位置、断面形状、材料和相互关系。从图中可以看到，被剖切到的室内外地面用一条粗实线表示，各层楼面、屋面及檐沟都是钢筋混凝土构件，均涂黑表示。剖切到的墙体有轴线编号为Ⓐ、Ⓕ的两道外墙和编号为Ⓒ、Ⓓ的内墙，在墙身的门窗洞顶面、屋面板底面的涂黑矩形断面，是钢筋混凝土的门窗过梁或圈梁。剖切到的楼梯段、楼梯梁、休息平台板都是钢筋混凝土构件，均涂黑表示。另外，还剖切到了这幢住宅入口上方的雨篷和装饰横梁。

（3）未剖切到的可见构配件。在建筑剖面图中还应画出未剖切到但按投影方向能看到的建筑构配件。图中画出了楼梯间内可见的楼梯段和栏杆、各层休息平台处的门 M4、室外入口上方的装饰横梁和立柱、西山墙顶轮廓线、屋面检修孔等。

（4）尺寸和标高。在建筑剖面图中应标注房屋沿垂直方向的内外部尺寸和各部位的标高。外部通常标注三道尺寸，称为外部尺寸，从外到内依次为总高尺寸、层高尺寸和外墙细部尺寸。从图中可以看出，左边注出了三道尺寸，这幢住宅的总高度为 19.950m，底层的层高为 2.400m，二至六层的层高为 3.000m，以及定位轴线编号为Ⓐ的外墙上窗洞的高度和洞间墙的高度。在图的右边注出了定位轴线编号为Ⓕ的外墙上门窗洞的高度和洞间墙的高度。在房屋的内部注出了Ⓒ、Ⓓ轴门洞的高度。在图中还注明了室内外地面、楼面、屋面、檐沟顶面、屋脊线、女儿墙顶面、楼梯休息平台等处的标高。

（5）索引符号。在建筑剖面图中，凡需绘制详图的部位均应画上详图索引符号。从图 8-17 中可以看出，在定位轴线编号为Ⓐ的墙上有四个详图索引符号，其详细构造和作法将在图 8-18 中表达。

3. 建筑剖面图的识读要点

（1）看图名。首先明确剖面图与平面图的联系，由剖面图的图名对照平面图中的剖切符号，确定剖面图的剖切位置和投射方向。

（2）识读各层地面、楼面、屋面及标高。

（3）识读剖到的墙体及门窗尺寸标高。

（4）识读楼梯间构造及尺寸标高。

（5）识读其他构造和符号。

（6）对照建筑平面图、立面图，综合想象建筑物整体构造。

8.2.6 建筑详图

虽然建筑平面图、建筑立面图和建筑剖面图共同配合表达了房屋的全貌，但由于所用的比例比较小，许多细部难以表达清楚，因此在建筑施工图中，常用较大的比例将细部的形状、大小、材料和作法详细地表达出来，以便施工，这种图样称为建筑详图，又称为大样图或节点图。详图的特点是比例大，尺寸标注齐全，文字说明详尽。

建筑详图的数量视房屋的复杂程度和平、立、剖面图的比例确定，一般有门窗详图、外墙剖面详图、楼梯详图、阳台详图等。建筑详图通常采用详图符号作为图名，与被索引的图样上的索引符号相对应，并在详图符号的右下侧注写绘图比例。若详图采用标准图，只需注明所选用图集的名称、标准图的图名和图号或页次，不必再画详图。

下面以前述住宅的部分建筑详图为例，说明建筑详图的内容、图示方法和读图要点。

1. 门窗详图

门窗通常都是由工厂制作，然后运往工地安装，因此，只需要在建筑平、立面图中表示门窗的外形尺寸和开启方向，其他细部构造（截面形状、用料尺寸、安装位置、门窗扇与框的连接关系等）则可查阅标准图集，而不必再画门窗详图。有关门窗的型号、尺寸、数量、选用的图集等均应在门窗表中注明，表 8 - 3 为该住宅的部分门窗表。

表 8 - 3　　6 号住宅楼的部分门窗表

设计编号		洞口尺寸/(mm×mm)	数量						合计	图集名称	选用型号
			一层	二层	三层	四层	五层	六层			
窗	C1	1800×2000	0	2	2	2	2	2	10	05J4-1	S80KF-2TC-1820
	C2	2100×2200	0	0	2	2	2	2	8		S80KF-2TC-2122
	C2A	2100×2000	0	2	0	0	0	0	2		S80KF-2TC-2120
	C3	1800×1600	0	2	2	2	2	2	10		S80KF-2TC-1816
	C4	1500×1600	0	2	2	2	2	2	10		S80KF-2TC-1516

2. 外墙剖面详图

外墙剖面详图实际上是墙身的局部放大图，主要表达墙身从防潮层到屋顶各主要节点的构造和作法。画图时，常将各节点剖面图连在一起，中间用折断线断开。当多层房屋的中间各节点构造相同时，可只画出底层、顶层和一个中间层。如图 8 - 18 所示，是从 1—1 剖面图（图 8 - 17）中索引过来的四个节点详图，从图中可以看出，它们是定位轴线为Ⓐ的外墙墙身节点详图。

识读外墙详图宜按照从下到上的顺序，依次识读墙脚节点、窗台节点、窗顶节点、檐口节点等处的构造。

详图 1 为底层节点详图，表明防潮层、坡道、底层地面等的构造和作法。从图中可以看到在墙体内距室内地面 60mm 处设置基础圈梁，圈梁兼作防潮层，以防止地下水对墙身的侵蚀。坡道、底层地面为多层构造，除了画出各层的材料图例外，还要采用分层说明的方法表示，具体方法是用引出线指向被说明的位置，引出线的一端通过被引出的各构造层，另一端画若干条与其垂直的横线，将文字说明注写在水平线的上方或端部，文字说明的次序应与构造的层次一致，如层次为横向排序，则由上至下的说明顺序应与由左至右的层次相互一致，如图 8 - 18 中 2 号详图中所示的外墙面做法。

详图 2 为窗台节点详图，表达凸窗窗台以及门顶、楼面、踢脚板、底层顶棚、外墙面等的做法。从图中可以看出凸窗窗台的作法是外窗台顶面和底面都用抹灰层作成一定的排水坡度，内窗台是在水平面上加白色水磨石面板。凸窗外为不锈钢管护栏。底层门洞顶部为钢筋混凝土圈梁，与钢筋混凝土楼板整体浇筑。

详图 3 为窗顶节点详图，表达窗顶及安放空调的百叶窗、内墙面、楼板板底粉刷等作法。通过标高标注可知三至六层的窗台、窗顶构造相同。

详图 4 为屋顶节点详图，它表明檐口、屋顶、顶层窗顶等的构造和作法。从图中可知屋

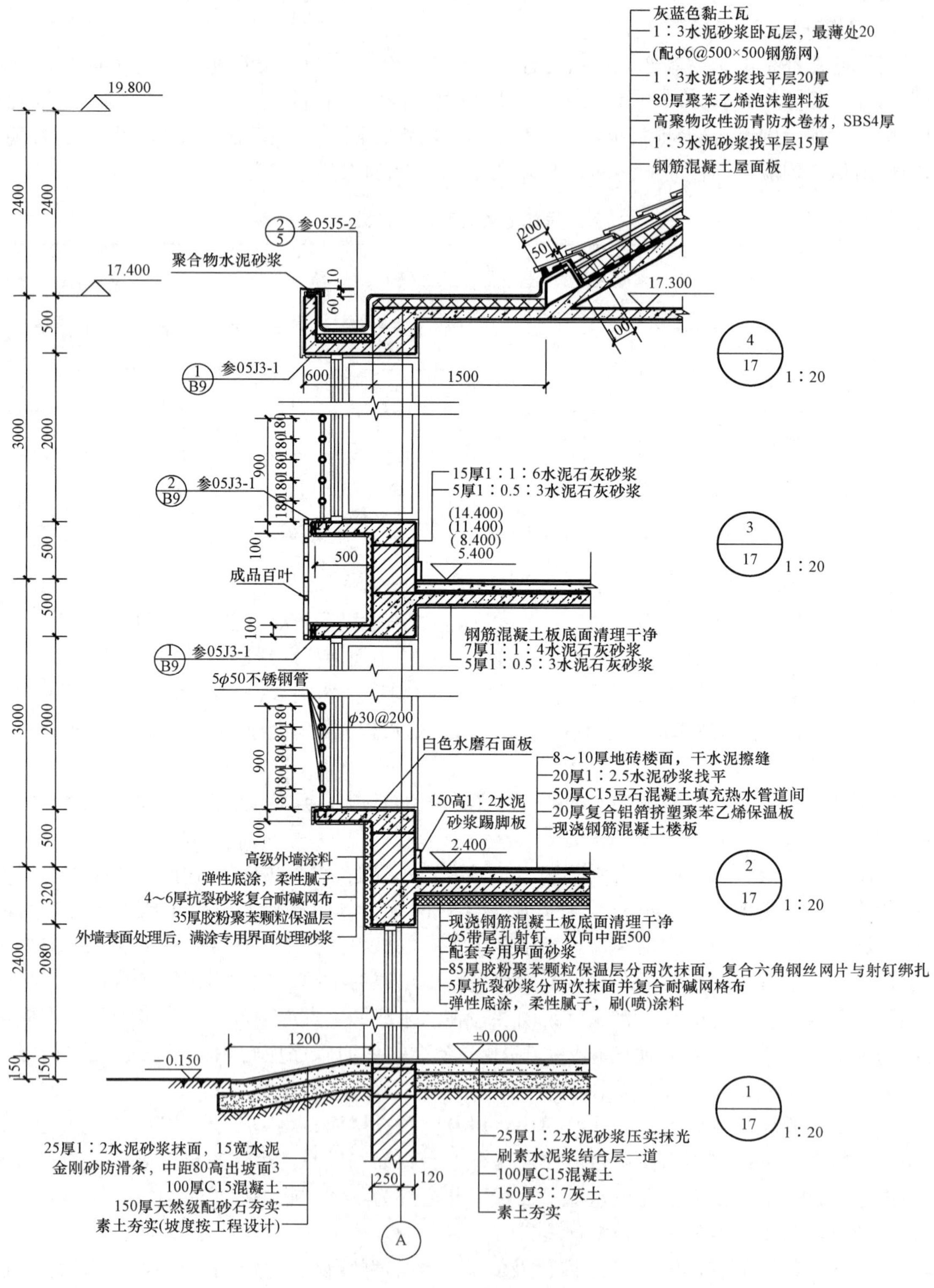

灰蓝色黏土瓦
1：3水泥砂浆卧瓦层，最薄处20
(配Φ6@500×500钢筋网)
1：3水泥砂浆找平层20厚
80厚聚苯乙烯泡沫塑料板
高聚物改性沥青防水卷材，SBS4厚
1：3水泥砂浆找平层15厚
钢筋混凝土屋面板
19.800
17.400
17.300
参05J5-2
聚合物水泥砂浆
参05J3-1
600
1500
1：20
15厚1：1：6水泥石灰砂浆
5厚1：0.5：3水泥石灰砂浆
(14.400)
(11.400)
(8.400)
5.400
成品百叶
500
钢筋混凝土板底面清理干净
7厚1：1：4水泥石灰砂浆
5厚1：0.5：3水泥石灰砂浆
5φ50不锈钢管
φ30@200
白色水磨石面板
8～10厚地砖楼面，干水泥擦缝
20厚1：2.5水泥砂浆找平
50厚C15豆石混凝土填充热水管道间
20厚复合铝箔挤塑聚苯乙烯保温板
现浇钢筋混凝土楼板
150高1：2水泥砂浆踢脚板
2.400
高级外墙涂料
弹性底涂，柔性腻子
4～6厚抗裂砂浆复合耐碱网布
35厚胶粉聚苯颗粒保温层
外墙表面处理后，满涂专用界面处理砂浆
现浇钢筋混凝土板底面清理干净
φ5带尾孔射钉，双向中距500
配套专用界面砂浆
85厚胶粉聚苯颗粒保温层分两次抹面，复合六角钢丝网片与射钉绑扎
5厚抗裂砂浆分两次抹面并复合耐碱网格布
弹性底涂，柔性腻子，刷(喷)涂料
1200
−0.150
±0.000
25厚1：2水泥砂浆抹面，15宽水泥金刚砂防滑条，中距80高出坡面3
100厚C15混凝土
150厚天然级配砂石夯实
素土夯实(坡度按工程设计)
25厚1：2水泥砂浆压实抹光
刷素水泥浆结合层一道
100厚C15混凝土
150厚3：7灰土
素土夯实
250
120
A

图 8-18　外墙剖面详图

面为坡屋面，各构造层次作法如图所示。图中还表明了檐沟板、窗顶的圈梁都是钢筋混凝土构件，并与屋面板整体浇筑。

详图3和详图4上都有索引符号，表明索引部位的构造作法选自标准图集。

3. 楼梯详图

楼梯是多层建筑上下交通的主要设施，一般由楼梯段、楼梯平台和栏杆等组成。楼梯段简称梯段，由梯段板或梯梁和踏步构成。踏步的水平面称为踏面，垂直面称为踢面，楼梯平台包括平台板和平台梁。在房屋建筑中应用最多的是预制或现浇钢筋混凝土楼梯。

楼梯详图主要表示楼梯的类型、结构形式、各部位的尺寸及装修作法等。楼梯详图一般包括楼梯平面图、楼梯剖面图和踏步、栏杆等节点详图。楼梯平面图、楼梯剖面图比例应一致，一般为1：50，踏步、栏杆等节点详图比例更大些，可采用1：5、1：10、1：20等。

下面以前述住宅的楼梯为例说明楼梯详图的内容及其图示方法。

（1）楼梯平面图。楼梯平面图是楼梯间的水平剖面图，剖切位置位于各层上行第一梯段上，其画法与建筑平面图相同。一般应画出每一层的楼梯平面图。多层房屋若中间各层楼梯的形式、构造完全相同时，可以只画底层、一个中间层（标准层）和顶层三个平面图。

图8-19是前述住宅的楼梯平面图。在底层平面图中，画出了到折断线为止的上行第一梯段，箭头和数字表示上15级可由一层到达二层；在二层平面图中，有折断线的一边是该层的上行第一梯段，表示由二层上到三层共18级，而折断线的另一边是未剖切到的该层的下行梯段，表示由二层下到一层共15级；三～五层的楼梯位置以及楼梯段数、级数和大小完全相同，共用一个平面图表示；在顶层平面图中，表达的是从顶层下行到五层的两个完整的楼梯段和楼梯段间的楼梯平台。

在楼梯平面图中，除注出楼梯间的定位轴线和定位轴线间的尺寸以及楼面、地面和楼梯平台的标高外，还要注出梯段的宽度和水平投影长度、楼梯井等各细部尺寸，标注时梯段的水平投影长度＝踏面数×踏面宽，如底层平面图中的14×280＝3920。值得注意的是梯段的踏面数＝踢面数－1。在底层平面图中，还需标注楼梯剖面图的剖切符号。

（2）楼梯剖面图。楼梯剖面图是楼梯间的垂直剖面图。即假想用一个铅垂的剖切平面，通过各层的一个楼梯段，将楼梯间剖开，向没有被剖到的楼梯段方向投射所得的图样，其剖切符号画在楼梯底层平面图中。

图8-20是前述住宅的楼梯剖面图。由1—1剖切符号可知，底层的单跑梯段未剖切到，二至五层每层的上行第一梯段被剖切到。习惯上，若楼梯间的屋面无特殊之处，一般可折断不画。从图中可以看出，只有一层为一个梯段，其余各层每层有两个梯段，梯段是现浇钢筋混凝土楼梯，与楼面、楼梯平台的钢筋混凝土现浇板浇筑成一个整体。

在楼梯剖面图中，应注明地面、楼面、楼梯平台等的标高。标注时梯段的高度尺寸＝踢面数×踢面高，如图中底层上行梯段处的15×160＝2400。图中还详细表示了楼梯间外墙上窗洞及窗间墙的尺寸。从图中的索引符号可知，楼梯栏杆、扶手、踏步等节点构造另有详图。

（3）楼梯节点详图。图8-21是前述住宅的楼梯节点详图。编号为1的节点详图是从1—1楼梯剖面图（图8-20）索引过来的。它表明了踏步、栏杆等的细部尺寸、构造和作

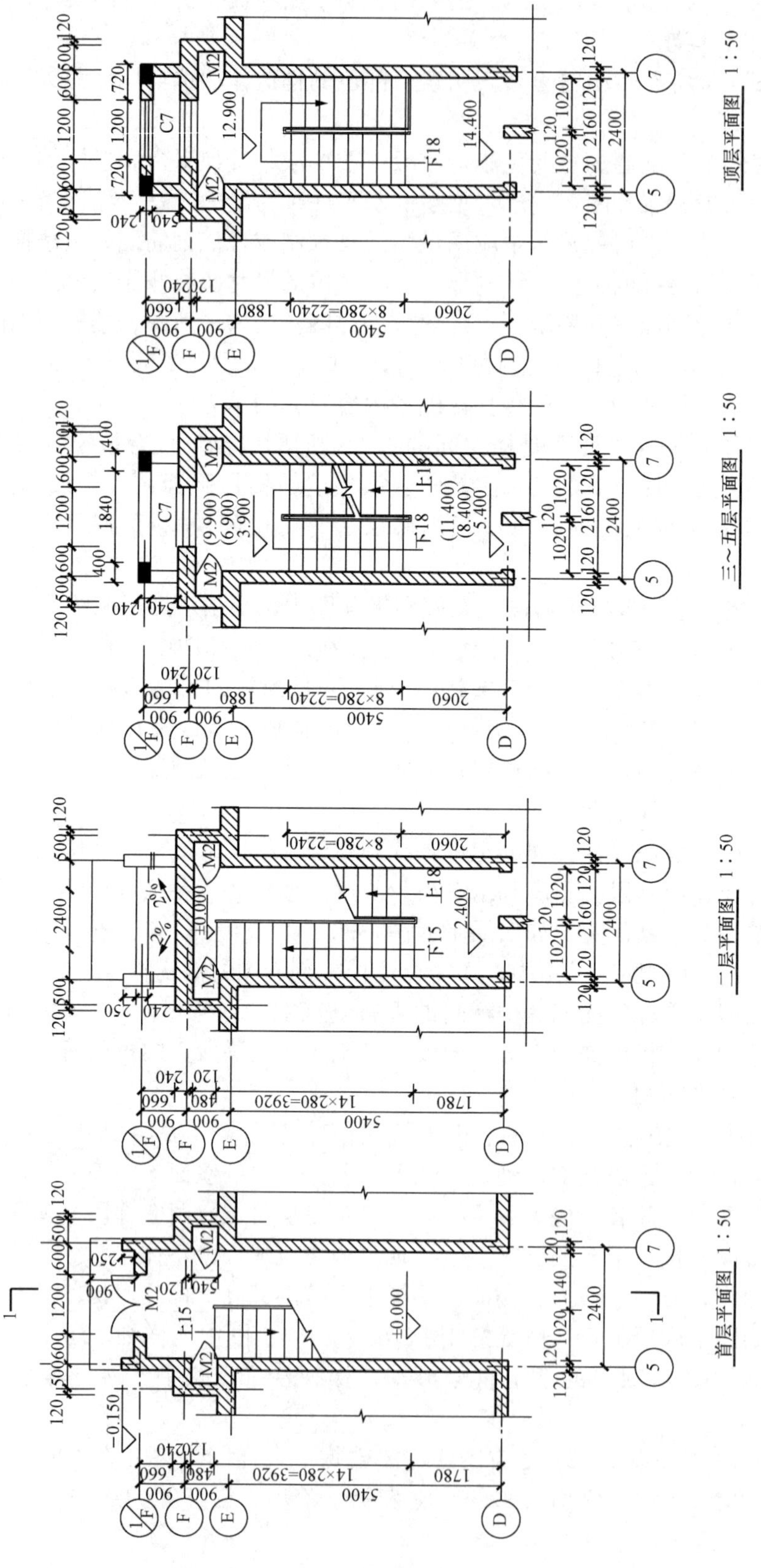

图 8-19 楼梯平面图

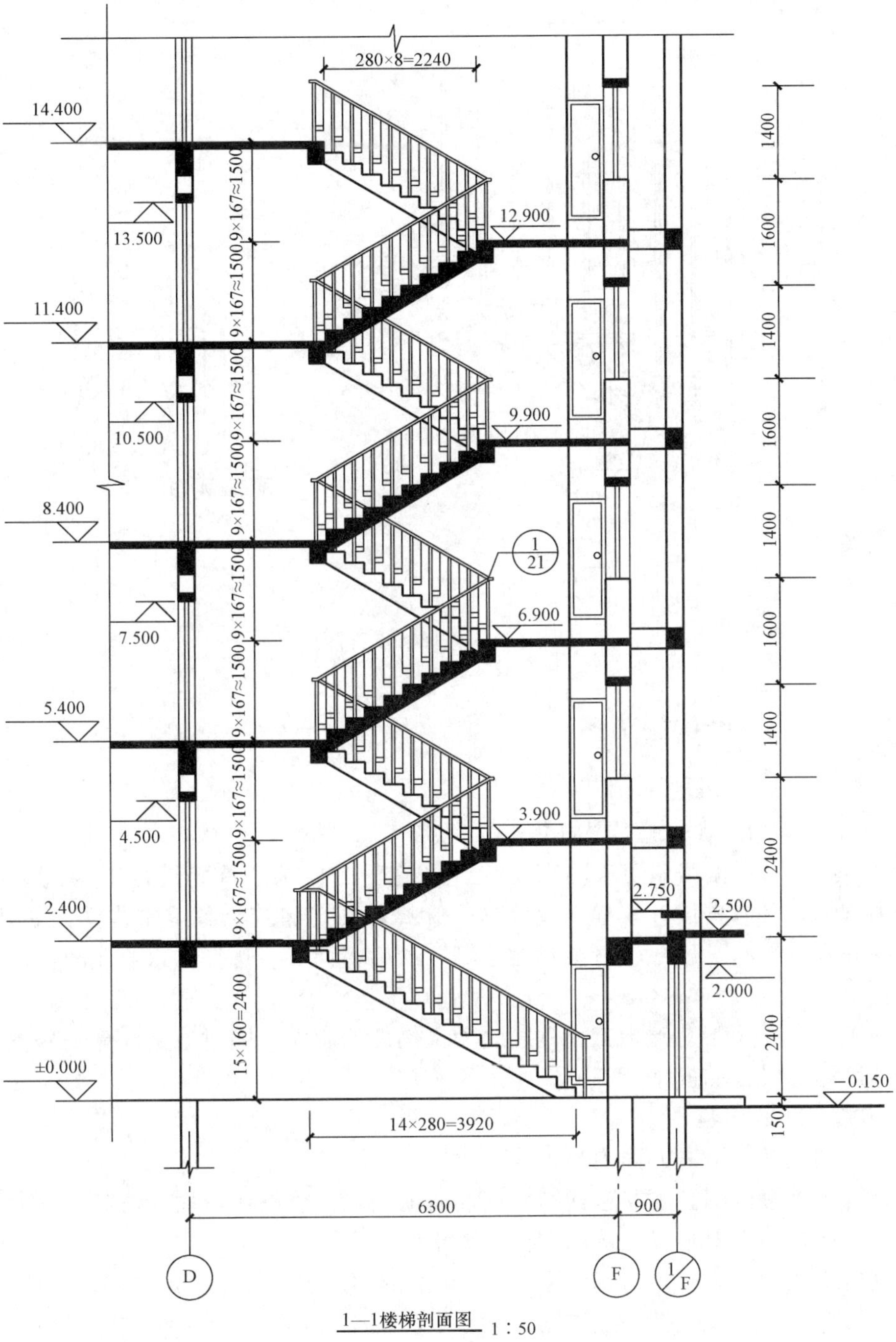

图 8 - 20　楼梯剖面图

法。在这个详图的扶手处有一编号为 2 的索引符号，表明在本张图纸上有编号为 2 的扶手断面详图。从 2 号详图中，可以看出扶手的断面形状、尺寸、材料以及与栏杆的连接情况。

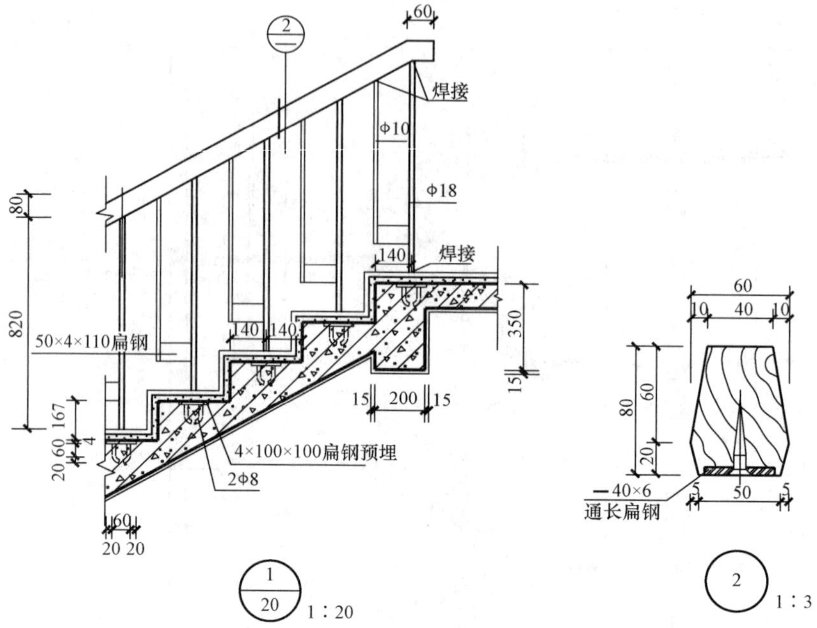

图 8-21　楼梯节点详图

8.3　结构施工图

8.3　结构施工图

8.3.1　概述

1. 结构施工图简介

根据房屋建筑的安全与经济施工的要求，首先进行结构选型和构件布置，依据力学原理和有关设计规程、规范进行计算，确定建筑物各承重构件（如基础、墙、梁、板、柱等）的形状、尺寸、材料及构造等，最后将计算、选择结果绘成图样，即为结构施工图。

结构施工图主要用于基础施工、钢筋混凝土构件的制作，同时也是计算工程量、编制预算和进行施工组织设计的依据。

2. 结构施工图的内容

结构施工图包括以下三方面内容：

（1）结构设计总说明。主要包括结构设计的依据，抗震设计，地基情况，各承重构件的材料、强度等级，施工要求以及选用的标准图集等。

（2）结构平面图。主要包括基础平面图、楼层结构平面图、屋面结构平面图等。

（3）构件详图。主要包括基础详图，梁、板、柱构件详图，楼梯结构详图和屋架结构详图等。

绘制结构施工图，除应遵守《房屋建筑制图统一标准》（GB/T 50001—2017）、《建筑制图标准》（GB/T 50104—2010）外，还应遵守《建筑结构制图标准》（GB/T 50105—2010）。

3. 常用构件代号

在结构施工图中常用代号来表示构件的名称。构件代号采用该构件名称汉语拼音中的第一个字母表示。代号后应用阿拉伯数字标注该构件的型号或编号，也可为构件的顺序号。根据《建筑结构制图标准》（GB/T 50105—2010）规定，部分常用构件代号见表 8-4。当采用标准图或通用图集中的构件时，应标注相应图集中的构件代号或型号。

表 8-4　常用构件代号

名称	代号	名称	代号	名称	代号
板	B	过梁	GL	构造柱	GZ
屋面板	WB	连系梁	LL	基础	J
空心板	KB	基础梁	JL	设备基础	SJ
槽形板	CB	楼梯梁	TL	桩	ZH
折板	ZB	框架梁	KL	柱间支撑	ZC
密肋板	MB	框支梁	KZL	垂直支撑	CC
楼梯板	TB	屋面框架梁	WKL	水平支撑	SC
盖板或沟盖板	GB	檩条	LT	梯	T
挡雨板或檐口板	YB	屋架	WJ	雨篷	YP
吊车安全走道板	DB	托架	TJ	阳台	YT
墙板	QB	天窗架	CJ	梁垫	LD
天沟板	TGB	框架	KJ	预埋件	M
梁	L	刚架	GJ	天窗端壁	TD
屋面梁	WL	支架	ZJ	钢筋网	W
吊车梁	DL	柱	Z	钢筋骨架	G
圈梁	QL	框架柱	KZ	暗柱	AZ

注：1. 预制混凝土构件、现浇混凝土构件、钢构件和木构件，一般可采用本附录中的构件代号。在绘图中，除混凝土构件可以不注明材料代号外，其他材料的构件可在构件代号前加注材料符号，并在图纸中加以说明。

2. 预应力混凝土构件的代号，应在构件代号前加注“Y”，如 YKB 表示预应力混凝土空心板。

4. 平法简介

建筑结构施工图平面整体设计方法（简称平法），是目前设计框架、剪力墙等混凝土结构施工图的通用图示方法，它对我国传统混凝土结构施工图的设计方法作了重大改革，自 1996 年经建设部批准，作为国家建筑标准设计图集在全国推广使用。平法不适用砌体结构。

目前现行最新的平法系列图集共三册，分别为 16G101-1《混凝土结构施工图平面整体表示方法制图规则和构造详图（现浇混凝土框架、剪力墙、梁、板）》、16G101-2《混凝土结构施工图平面整体表示方法制图规则和构造详图（现浇混凝土板式楼梯）》和 16G101-3《混凝土结构施工图平面整体表示方法制图规则和构造详图（独立基础、条形基础、筏形基础、桩基础）》。

平法的表达形式是把结构构件的尺寸和配筋等按照平面整体表示方法的制图规则，整体直接表达在各类构件的结构平面布置图上，再与标准构造详图相配合，构成一套完整的结构设计施工图纸。平法改变了传统的将构件从结构平面布置图中索引出来，再逐个绘制配筋详图的烦琐方法。

对于混凝土结构施工图，本章把平法之前的表示方法称为传统表示法。考虑实际应用和教学需要，本章同时介绍传统表示法和平法，平法内容详见 8.3.4 混凝土结构平法施工图。

8.3.2 钢筋混凝土构件详图

1. 钢筋混凝土构件

钢筋混凝土构件是由钢筋和混凝土两种材料组成的共同受力构件。钢筋混凝土构件有现浇和预制两种。现浇是指在施工现场通过支模板、绑扎钢筋、浇筑混凝土、养护等工序制作成型；预制是指在其他地方预先浇筑好，然后运到现场进行吊装。

（1）混凝土的基本知识。混凝土是由水泥、砂、石子和水按一定比例拌和，经一定时间硬化而成的一种人工石材，俗称“砼”。混凝土抗压强度高，但混凝土的抗拉强度低，一般仅为抗压强度的 1/10～1/20，受拉时容易开裂。

混凝土强度等级应按立方体抗压强度标准值确定。立方体抗压强度标准值系指按标准方法制作养护的边长为 150mm 的立方体试件，在 28d 或设计规定龄期以标准试验方法测得的具有 95%保证率的抗压强度值。混凝土的强度等级按《混凝土结构设计规范》（GB 50010—2010，2015 年版）规定分为 C15、C20、C25、C30、C35、C40、C45、C50、C55、C60、C65、C70、C75、C80 等 14 个等级，数字越大，抗压强度越高。

钢筋具有良好的抗压、抗拉强度，而且与混凝土有良好的黏结力，其热膨胀系数与混凝土相近，两者结合在一起，可得到具有良好使用性能的钢筋混凝土构件。如图 8-22 所示，支承在两端砖墙上的钢筋混凝土简支梁，在均布荷载的作用下产生弯曲变形，上部为受压区，主要由混凝土承受压力，下部为受拉区，主要由钢筋承受拉力。

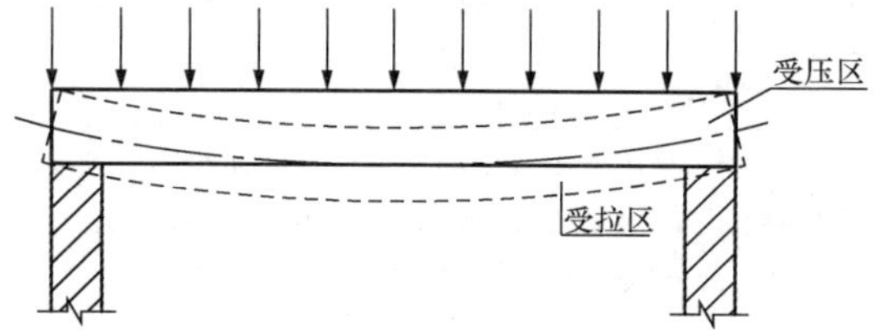

图 8-22　钢筋混凝土简支梁受力情况示意图

（2）钢筋的基本知识。

1）钢筋的作用及分类。配置在钢筋混凝土构件中的钢筋，按其所起的作用可分为：

①受力筋。承受拉力、压力或剪力的钢筋。在梁、板、柱等各种钢筋混凝土构件中都有配置。如图 8-23（a）所示的梁下部的三根钢筋，图 8-23（b）所示板下部的受力筋。

②架立筋。一般只在梁中使用，与受力筋、箍筋一起形成钢筋骨架，用以固定箍筋位置。如图 8-23（a）中所示梁上部的两根钢筋。

③箍筋。一般用于梁、柱内，用以固定受力筋的位置，并承受一定的斜拉应力。

④分布筋。一般用于板内，与受力筋垂直，用以固定受力筋的位置，与受力筋一起构成钢筋网片，使作用力均匀分布给受力筋。

⑤构造筋。因构件在构造上的要求或根据施工安装的需要而配置的钢筋。如图 8-23（b）中板支座顶部的钢筋为构造筋。

2）钢筋的种类及符号。普通热轧钢筋是建筑工程中用量最大的钢筋，按其外形有光圆钢筋和带肋钢筋之分。热轧光圆钢筋的牌号为 HPB300；常用热轧带肋钢筋的牌号有 HRB335、HRB400 和 HRB500 几种，HRBF 是细晶粒热轧带肋钢筋，RRB 是余热处理带肋钢筋。钢筋经冷拉或冷拔后，也能提高强度，对于预应力构件中常用的钢绞线、钢丝等可查阅有关的资料。

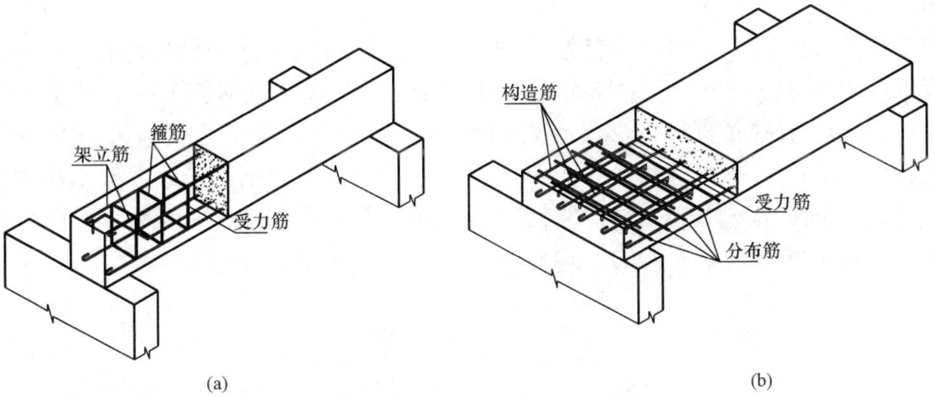

图 8-23 钢筋的分类

（a）钢筋混凝土梁；（b）钢筋混凝土板

《混凝土结构设计规范》（GB 50010—2010，2015 年版）中规定了各种钢筋的符号，以便标注和识别，常用的钢筋见表 8-5。

表 8-5 **普通钢筋的牌号及符号**

牌号	符号	公称直径 d/mm	强度级别/MPa	说明
HPB300	Φ	6～14	300	热轧光圆钢筋
HRB335	Φ	6～14	335	普通热轧带肋钢筋
HRB400 HRBF400 RRB400	Φ $Φ^{F}$ $Φ^{R}$	6～50	400	普通热轧带肋钢筋 细晶粒热轧带肋钢筋 余热处理带肋钢筋
HRB500 HRBF500	Φ $Φ^{F}$	6～50	500	普通热轧带肋钢筋 细晶粒热轧带肋钢筋

注：表中钢筋牌号的数字是钢筋的强度级别，可分别称为 HPB300 级钢筋、HRB335 级钢筋、HRB400 级钢筋、RRB400 级钢筋等。

3）钢筋的保护层。构件中钢筋外边缘至构件表面范围用于保护钢筋的混凝土称为混凝土保护层厚度，简称保护层。钢筋混凝土构件的钢筋不能外露，为了防锈、防火、防腐蚀，钢筋的外边缘到构件表面之间应留有一定厚度的保护层。保护层的厚度与结构的使用年限、环境类别、构件及钢筋种类等因素有关。

《混凝土结构设计规范》（GB 50010—2010，2015 年版）规定，设计使用年限为 50 年的混凝土结构，在室内干燥环境下，梁和柱中混凝土保护层的最小厚度为 20mm，板和墙中混凝土保护层的最小厚度为 15mm。

4）钢筋的锚固和弯钩。锚固是为防止钢筋滑移或者被拔出，钢筋混凝土结构中钢筋能够受力，主要是依靠钢筋和混凝土之间的黏结锚固作用，因此锚固是混凝土结构受力的基础，如果钢筋的锚固失效，则结构可能丧失承载能力并由此引发结构破坏。钢筋的锚固长度是指受力钢筋依靠其表面与混凝土的黏结作用或端部构造的挤压作用而达到设计承受应力所需的长度，一般指梁、板、柱等构件的受力钢筋伸入支座或基础中的长度，可以直线锚固和弯折锚固，锚固长度用 l_a 表示。

为了使钢筋和混凝土之间具有良好的黏结力，钢筋的端部常需做出弯钩。《混凝土结构设计规范》（GB 50010—2010，2015 年版）中规定，HPB300 级钢筋末端应做 180°弯钩，其弯弧内直径不应小于钢筋直径的 2.5 倍，弯钩的弯后平直部分长度不应小于钢筋直径的 3 倍，但做受压钢筋时可不做弯钩，如图 8 - 24（a）所示；带肋钢筋端部一般不需做弯钩，当纵向受拉普通钢筋末端采用弯钩时，弯钩的形式和技术要求如图 8 - 24（b）、（c）所示；箍筋在交接处常做出斜弯钩，弯钩的形式如图 8 - 24（d）所示。

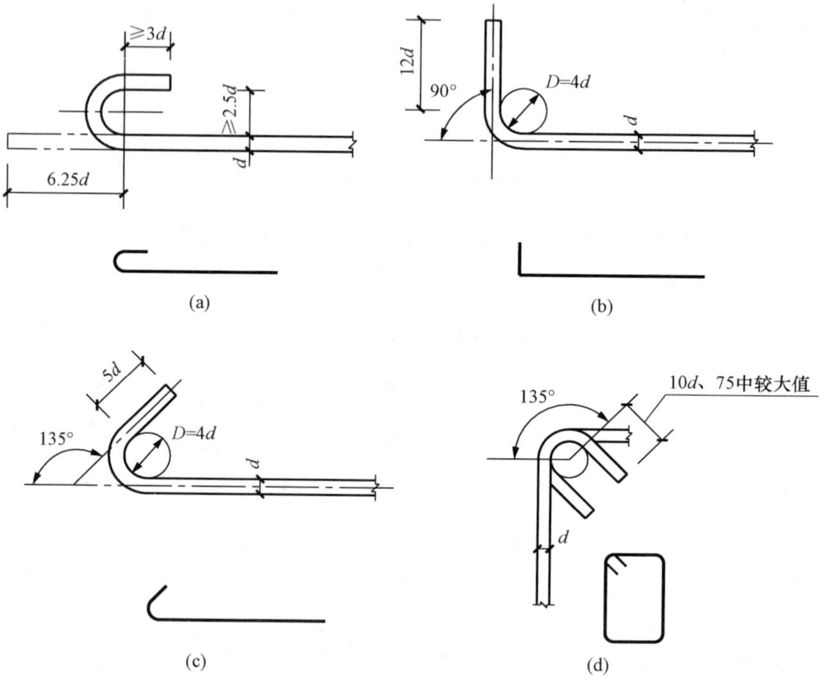

图 8 - 24　钢筋弯钩的常见形式和简化画法

（a）HPB300 级钢筋的 180°弯钩；（b）末端带 90°弯钩；（c）末端带 135°弯钩；（d）封闭箍筋的弯钩

5）钢筋的弯起。根据构件受力需要，常需在构件中设置弯起钢筋，即将构件下部的纵向受力钢筋在靠近支座附近弯起，弯起钢筋的弯起角一般为 45°或 60°。如图 8 - 23（a）所示，梁底部中间有一根钢筋在端部向上弯起。

2. 钢筋混凝土构件的图示方法与标注

用来表示钢筋混凝土构件的形状尺寸和构件中的钢筋配置情况的图样称为钢筋混凝土构件详图，又称为配筋图，其图示重点是钢筋及其配置。

（1）图示方法。假想混凝土是透明体，构件内的钢筋是可见的。构件外形轮廓线采用细实线，钢筋用粗实线画出。断面图中被截断的钢筋用黑圆点画出，断面图上不画混凝土的材料图例。

配筋图上各类钢筋的交叉重叠很多，为了清楚地表示出有无弯钩及它们相互搭接情况，《建筑结构制图标准》（GB/T 50105—2010，2015 年版）中规定普通钢筋的一般表示方法见表 8 - 6。

表 8 - 6　　**普通钢筋的表示方法**

名　称	图　例	说　明
钢筋横断面	●	
无弯钩的钢筋端部		下图表示长、短钢筋投影重叠时，短钢筋的端部用 45°斜短线表示
带半圆形弯钩的钢筋端部		
带直钩的钢筋端部		
带丝扣的钢筋端部		
无弯钩的钢筋搭接		
带半圆弯钩的钢筋搭接		
带直钩的钢筋搭接		

（2）钢筋的标注。构件中的各种钢筋应进行标注，标注内容包括钢筋的编号、数量、强度等级、直径和间距等。

构件中对不同形状、不同规格的钢筋应进行编号。其中规格、直径、形状、尺寸完全相同的钢筋，编同一个号；上述各项中有一项不同则需分别编号。构件中的所有钢筋宜按先主后次的顺序逐一编号，编号应采用阿拉伯数字，写在直径为 5～6mm 的细实线圆圈内。对于简单构件，钢筋可不编号。钢筋标注一般采用以下两种形式：

1）标注钢筋的数量、强度等级和直径，如梁、柱内的纵筋。

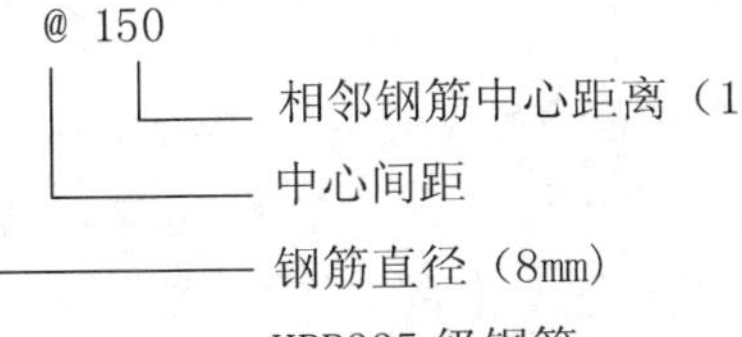

2）标注钢筋的强度等级、直径和相邻钢筋的中心间距，如梁、柱内箍筋和板内钢筋。

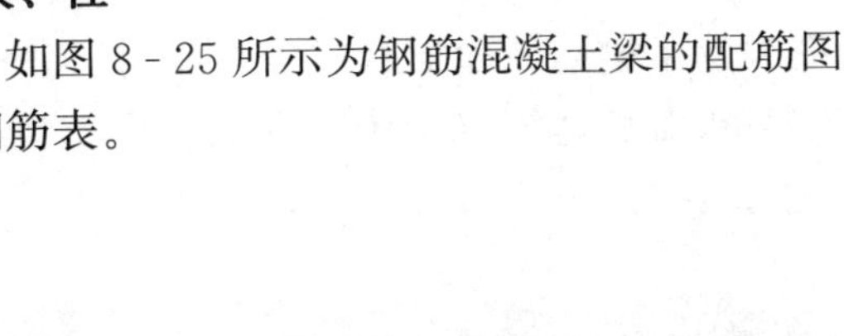

3. 钢筋混凝土梁、板、柱

（1）钢筋混凝土梁。如图 8 - 25 所示为钢筋混凝土梁的配筋图，包括配筋立面图、配筋断面图、钢筋大样图和钢筋表。

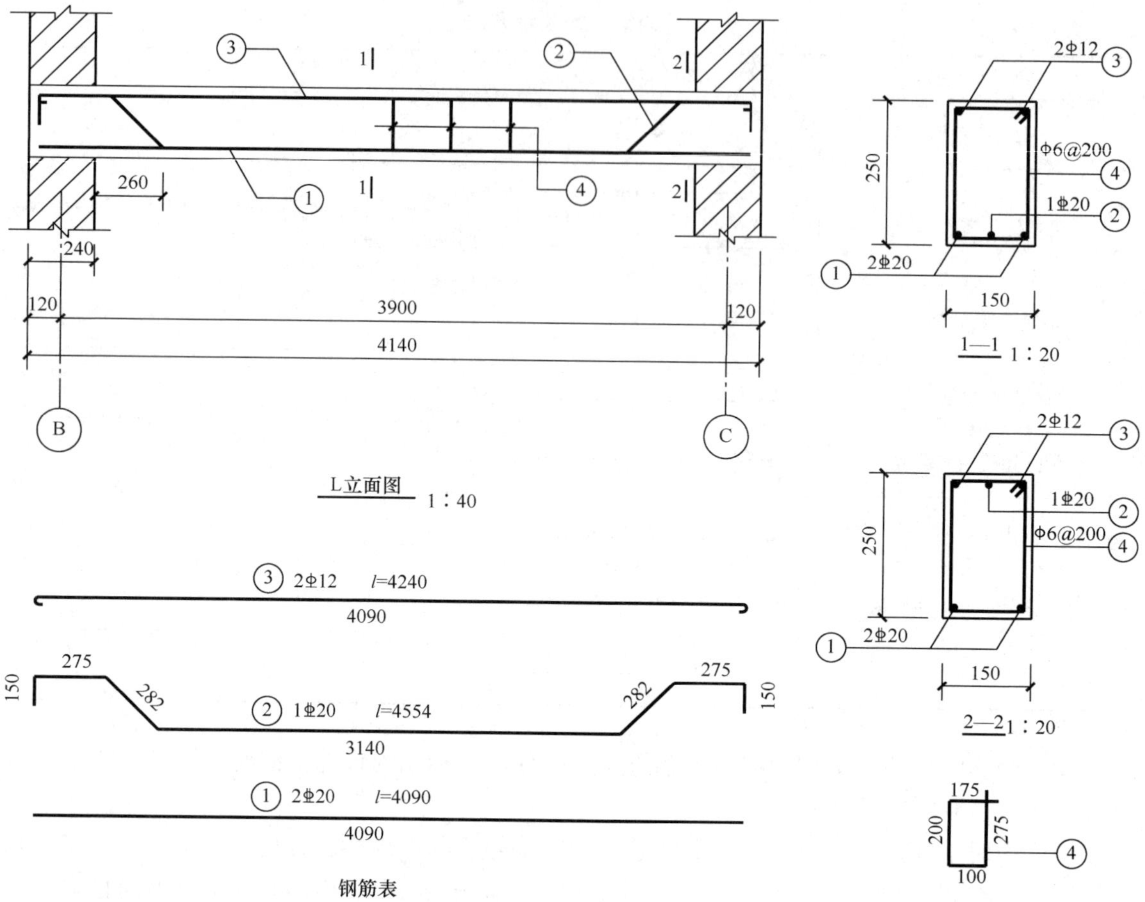

钢筋表

编号	简图	直径	长度	根数	备注
①		Φ20	4090	2	
②		Φ20	4554	1	
③		Φ12	4240	2	
④		Φ6	750	20	

图 8 - 25　钢筋混凝土梁构件详图

1）配筋立面图。由立面图可知梁的外形尺寸，梁的两端搁置在砖墙上，该梁共配置四种钢筋：①、②号钢筋为受力筋，位于梁下部，通长配置，其中②号钢筋为弯起钢筋，其中间段位于梁下部，在两端支座处弯起到梁上部，图中注出了弯起点的位置；③号钢筋为架立筋，位于梁上部，通长配置；④号钢筋为箍筋，沿梁全长均匀布置，在立面图中箍筋采用了简化画法，在适当位置画出三至四根即可。

2）配筋断面图。断面图表达了梁的断面形状尺寸，注明了各种钢筋的编号、根数、强度等级、直径、间距等。1—1 断面表达了梁跨中的配筋情况，该处梁下部有三根受力筋，直径 20mm，均为 HRB400 级钢筋，两根①号钢筋在外侧，中间一根为②号弯起钢筋；梁上部是两根③号架立筋，直径 12mm，为 HRB335 级钢筋；箍筋为 HPB300 级钢筋，直径 6mm，中心间距为 200mm。2—2 断面表达了梁两端支座处的配筋情况，可以看出，梁下部只有两根①号钢筋，②号钢筋弯起到梁上部，其他钢筋没有变化。

3）钢筋大样图。钢筋大样图画在与立面图相对应的位置，比例与立面图一致。每个编号只画出一根钢筋，标注编号、根数、强度等级、直径和钢筋上各段长度及单根长度。计算各段长度时，箍筋尺寸为内皮尺寸，弯起钢筋的高度尺寸为外皮尺寸。

4）钢筋表。为了便于钢筋用量的统计、下料和加工，要列出钢筋表，钢筋表的内容如图 8-25 所示。简单构件可不画钢筋大样图和钢筋表。

（2）钢筋混凝土柱。钢筋混凝土柱的图示方法基本上和梁相同。其配筋图一般包括配筋立面图、配筋断面图、钢筋大样图和钢筋表。对于形状复杂的构件，还要画出其模板图，表达其具体的形状、尺寸标高以及预埋铁件和预留孔洞的位置等，以便施工时进行支模。

图 8-26 所示为某钢筋混凝土柱的配筋图，包括立面图和断面图。由图中可知柱的截面尺寸为 370mm×370mm：①号钢筋为受力筋，HRB400 级钢筋，共 8 根，直径 18mm；②号钢筋为箍筋，HPB300 级钢筋，直径 8mm，中心间距 200mm；③号钢筋为按构造要求加设的拉筋，为 HPB300 级钢筋，直径 8mm，间距 200mm。

（3）钢筋混凝土板。钢筋混凝土现浇板的配筋一般用平面图表达。图 8-27 所示为现浇板 B-1 的配筋图。按《建筑结构制图标准》（GB/T 50105—2010）规定：底层钢筋弯钩应向上或向左，顶层钢筋弯钩应向下或向右。由图 8-27 可知，该板中共配置了三种钢筋，均为 HRB335 级钢筋，①号钢筋直径 10mm，中心间距 150mm，②号钢筋直径 8mm，中心间距 150mm，均配置在板底层；③号钢筋直径 6mm，中心间距 200mm，配置在板顶层。由图中还可看出板的形状尺寸。

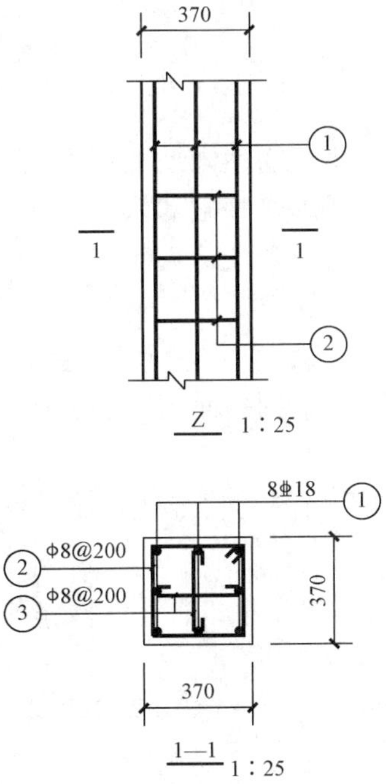

图 8-26 柱配筋图

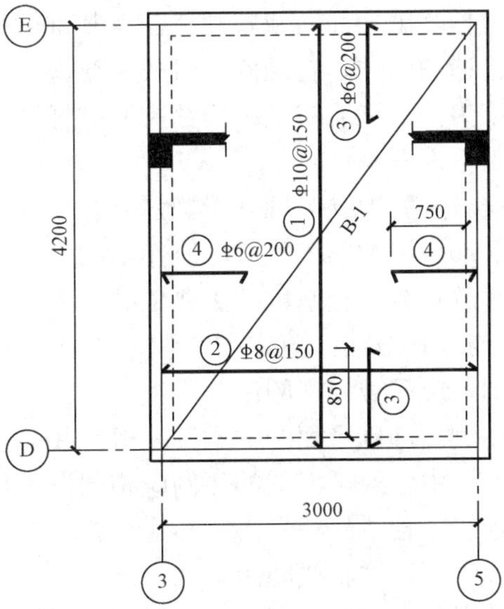

图 8-27 现浇板配筋图

4. 钢筋混凝土构件详图的识读要点

（1）识读构件的代号和编号，明确构件在整个结构中的位置。

（2）识读构件的形状和各部位的尺寸、标高。

（3）识读构件的配筋。重点识读构件中不同位置配置钢筋的形状、数量、强度等级、直径、长度等。

8.3.3 结构平面布置图

1. 基础图

基础是位于建筑物室内地面以下的承重构件，它把房屋的各种荷载传递给地基，起到了承上启下的作用。常用的形式有条形基础和独立基础。图 8-28（a）所示为条形基础，条形基础一般为砖墙的基础；图 8-28（b）所示为条形基础的构造组成：地基是基础下面的土层，承受由基础传递的建筑物的全部荷载；垫层位于基础与地基之间，将基础传来的荷载均匀地传递给地基；基础底部一阶一阶扩大的部分称为大放脚，大放脚可以增加基础底部与垫层的接触面积，减少垫层上单位面积的压力；为了防止墙身受潮，通常在室内地面以下设置防潮层。图 8-29 所示为独立基础，柱下常采用独立基础，独立基础通常有阶梯形和坡形（锥形）两种形式，如图 8-29（a）、（b）所示。

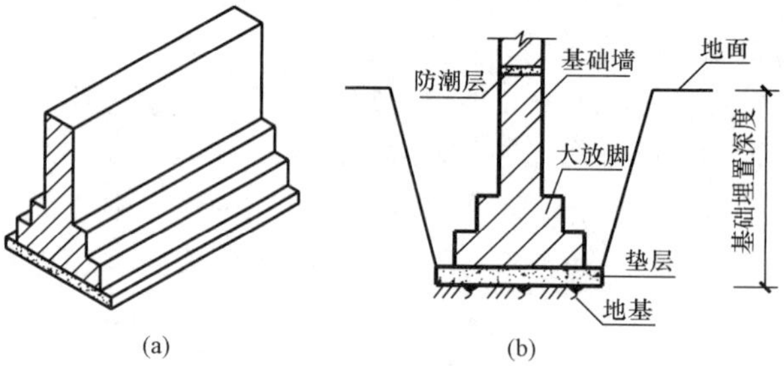

图 8-28 条形基础及构造组成

（a）条形基础；（b）构造组成

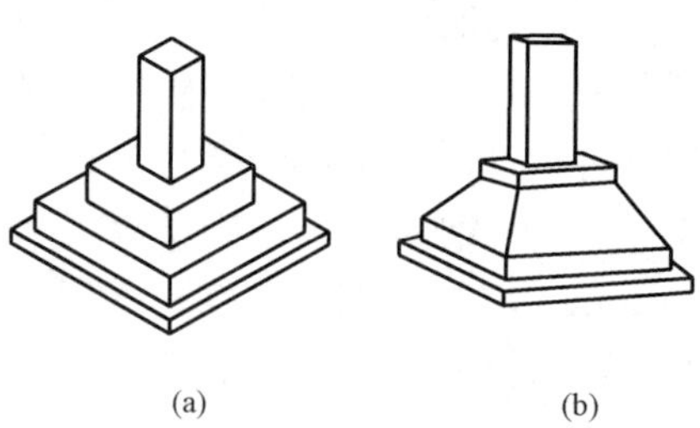

图 8-29 独立基础

（a）阶梯形独立基础；（b）坡形独立基础

基础图包括基础平面图和基础详图。基础图是表示建筑物室内地面以下基础部分的平面布置和详细构造的图样，它是施工时放灰线、开挖基坑和砌筑基础的依据。下面以前述住宅楼的条形基础为例，说明基础平面图和基础详图的图示内容和表达方法。

（1）基础平面图。

1）形成与作用。基础平面图是假想用一个水平剖切平面在房屋底层地面以下适当位置剖切，移去上部房屋和回填土后，所作出的水平投影图。基础平面图主要表达基础的平面布置，是施工时放灰线、挖基坑的主要依据。

2）内容与表达方法。图 8-30 是前述住宅的基础平面图，它与建筑施工图中的底层平面图关系密切，应配合起来阅读。

①绘图比例。基础平面图的比例一般采用 1∶100 或 1∶50、1∶200，基础平面图的比例与建筑施工图中建筑平面图的比例应相同，本例采用 1∶100。

②定位轴线。轴线的编号必须和建筑施工图中平面图的轴线编号完全一致，它是放线的依据。图中标注了定位轴线间距。

③基础的平面布置。从图 8-30 中可以看出，该房屋基础为条形基础。轴线两侧中粗实

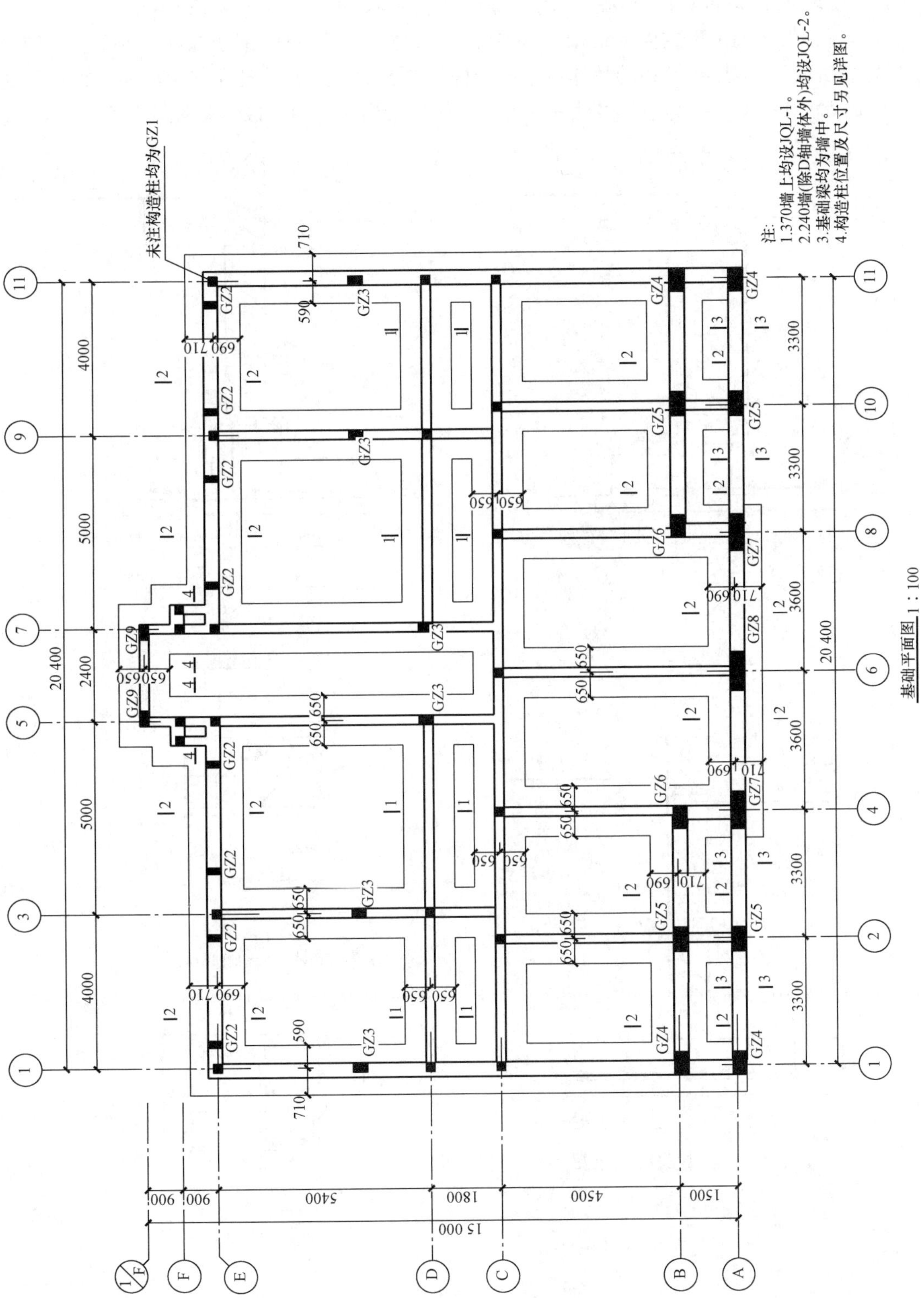

图 8-30　条形基础平面图

线表示基础墙，细实线表示基础底边线，图中标注了基础宽度。以①轴线为例，墙厚 370mm，基础底面宽度尺寸 1300mm，基底左右边线到轴线的定位尺寸为 710mm 和 590mm。

④构造柱。由砖墙承重的混合结构，常在砖墙内设置一定数量的钢筋混凝土构造柱，使其和砖墙紧固在一起以增加建筑物的整体性。构造柱涂黑表示，其编号已在图中注明。构造柱的定形、定位尺寸及配筋情况另有详图表示。图 8 - 31 中给出了 GZ1、GZ2 的配筋断面图。

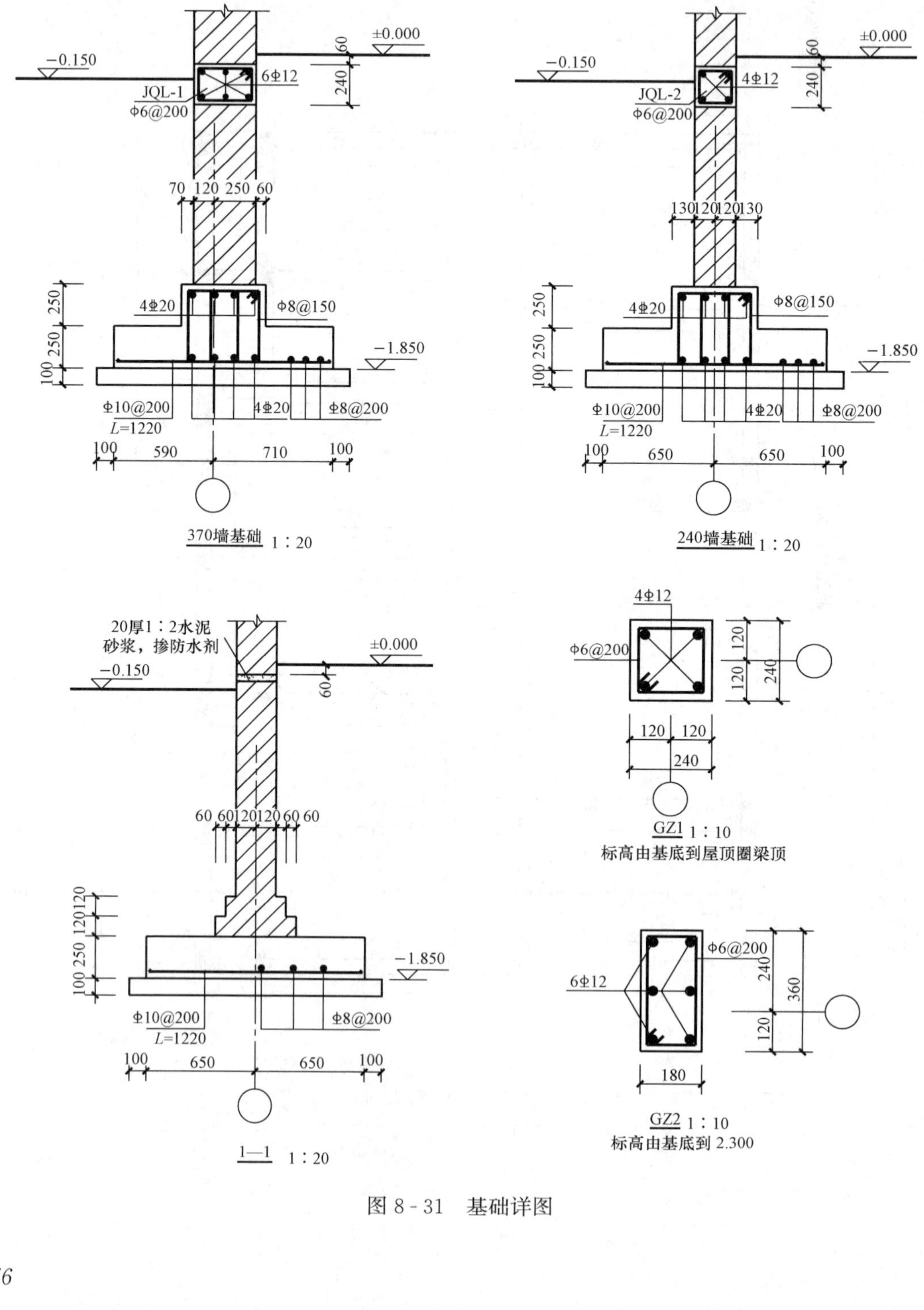

图 8 - 31　基础详图

⑤剖切符号。凡构造、尺寸、配筋不同的基础，都要画出它的断面图，即基础详图，并在基础平面图上用剖切符号表示断面图的剖切位置，如1—1、2—2断面等。

(2) 基础详图。基础详图是垂直剖切的断面图。基础断面图表达了基础的形状、大小、构造、材料及埋置深度，并以此作为砌筑基础的依据。常用较大比例画出。图8-31给出了三个基础断面图，分别是370墙基础、240墙基础和1—1断面图。由于篇幅限制，其他基础断面图未给出。

现以370墙断面图为例，识读基础详图。该图比例为1：20，因为它是通用详图，所以在定位轴线圆圈符号内未注编号。该条形基础上部是砖砌的基础墙，在底层地面以下60mm处设有基础圈梁JQL-1，其断面尺寸为370mm×240mm，配置6根直径为12mm的HRB335级纵向钢筋和箍筋φ6@200。下面的基础采用钢筋混凝土结构，基础中基础梁配置8根直径为20mm的HRB400级纵向钢筋和箍筋φ8@150，基础板底配筋分别是直径10mm的HRB335级钢筋，间距200mm；直径8mm的HRB335级钢筋，间距200mm。基础下面设置100mm厚的混凝土垫层，使基础与地基的接触良好，传力均匀。图中还标注了室内、室外地面和基础底面的标高以及其他一些细部尺寸。

由1—1断面图可见，该处基础墙内设有防潮层，基础墙的下端为两级大放脚，每一层大放脚高为120mm（两皮砖的厚度），向两边各放出60mm（1/4砖的宽度），基础内未设基础梁。其他断面图请读者自行分析。

2. 楼层结构平面图

(1) 形成与作用。楼层结构平面图也称为楼层结构平面布置图，是假想用一个紧贴楼面的水平面剖切后，所得的水平剖面图。表示楼面板及其下面的墙、梁、柱等承重构件的平面布置以及它们之间的结构关系。它主要为现场安装构件或制作构件提供施工依据。

对多层建筑，一般应分层绘制。但如果多层构件的类型、大小、数量布置均相同时，可共用一个楼层结构平面布置图，但应注明合用各层的层数。

(2) 内容与表达方法。图8-32是前述住宅楼的二层结构平面图。现以此图为例，说明楼层结构平面图的内容及表达方法。

1) 绘图比例。楼层结构平面图的常用比例是1：200、1：100或1：50，与基础平面图的比例相同。本例采用1：100。

2) 定位轴线。轴线编号必须和建筑施工图中平面图的轴线编号完全一致，图中标注了定位轴线间距。

3) 现浇楼板。楼板轮廓线用细实线绘制，不同尺寸和配筋的楼板要进行编号，即在楼板的总范围内用细实线画一条对角线并在其上标注编号，如图8-32所示。现浇楼板的钢筋配置采用将钢筋直接画在平面图中的表示方法，如④～⑥轴之间的楼板B-8，板厚为110mm；板底配置双向受力钢筋，HRB335级，直径8mm，间距150mm；四周支座顶部配置有直径8mm、间距200mm和直径12mm、间距200mm的HRB335级钢筋。

每一种编号的楼板，钢筋布置只需详细地画出一处，其他相同的楼板可简化表示，仅标注编号即可。从图8-32中可看出，该层结构平面布置左右对称，因此，左半部分楼板表达详尽，右半部分只标注了每块楼板相应的编号。

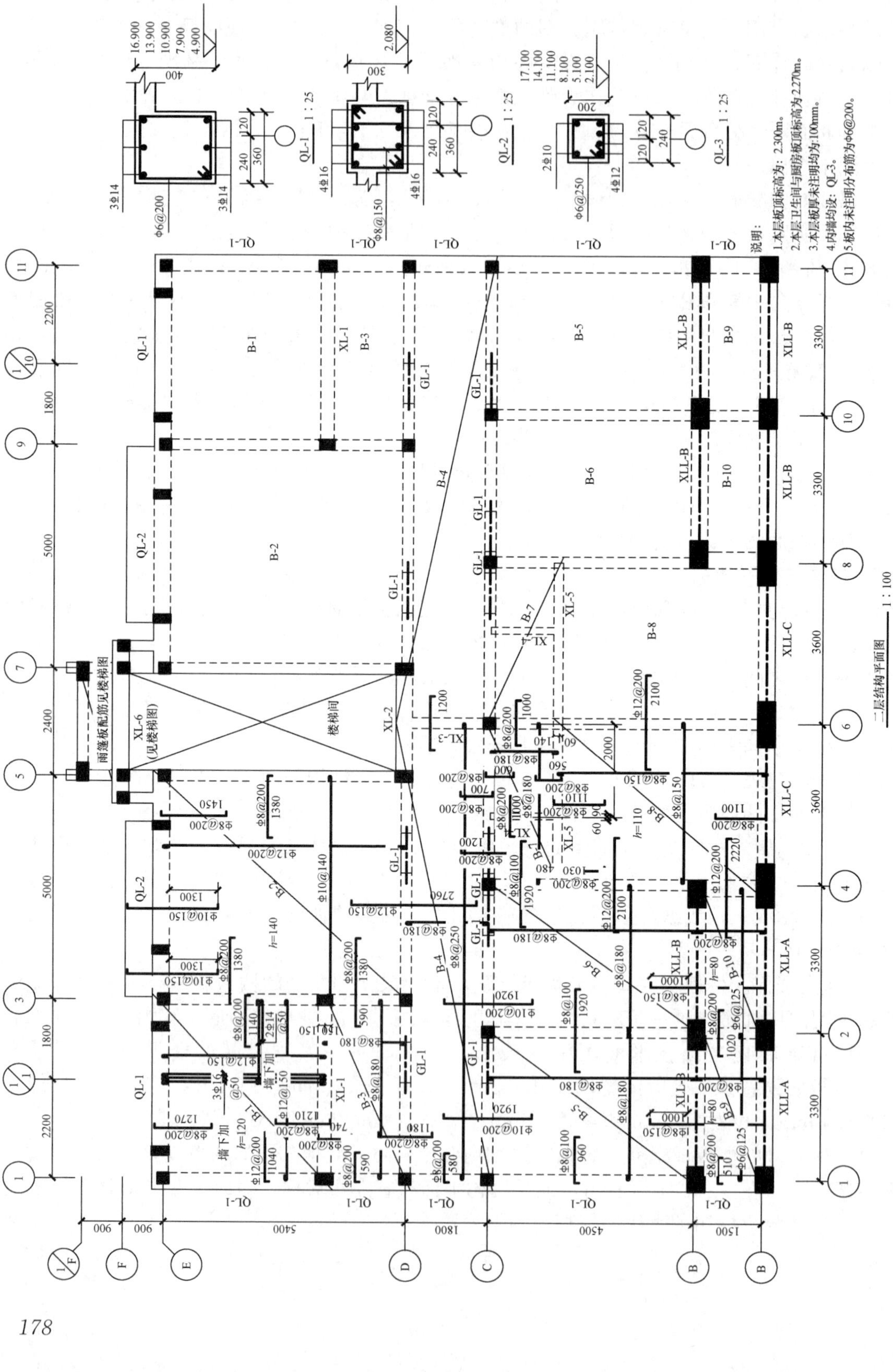

图 8 - 32　楼层结构平面图

4）梁。图中标注了圈梁（QL）、过梁（GL）、现浇梁（XL）、现浇连梁（XLL）的位置及编号。为了图面清晰，只有过梁用粗点画线画出其中心位置。各种梁的断面大小和配筋情况由详图来表明，对于圈梁常需另外画出圈梁布置简图，本例中给出了 QL-1、QL-2、QL-3 的断面图，可知其尺寸、配筋、梁底标高等。

5）墙体。剖切到墙身轮廓线用中实线表示，楼板下面不可见的墙身轮廓线用中虚线表示。

6）柱。图中涂黑的小方块为剖切到的构造柱。

7）楼梯间的结构布置另有详图表示，本书从略。

8.3.4 混凝土结构平法施工图

平法的每册图集都包括构件的平法制图规则和标准构造详图两大部分。实际设计时，只用平法绘制结构平面图，不必抄绘图集中的标准构造详图。限于篇幅限制，本节仅介绍钢筋混凝土柱、梁、板平法施工图的制图规则。

1. 识读柱平法施工图

柱平法施工图的表示方法有两种：列表注写方式和截面注写方式。

在柱平法施工图中，应当用表格注明包括地下和地上各层的结构层楼（地）面标高、结构层高及相应的结构层号，如图 8 - 33 和图 8 - 34 所示。

（1）列表注写方式。列表注写方式是在柱平面布置图上，分别在同一编号的柱中选择一个（有时需选择几个）截面标注几何参数代号；然后绘制柱表，在柱表中注写柱编号、柱段起止标高、几何尺寸（含柱截面对轴线的偏心情况）与配筋的具体数值，并配以各种柱截面形状及其箍筋类型图。

柱表中注写内容规定如下：

1）注写柱编号。柱编号由类型代号和序号组成，如 KZ1 是编号为 1 的框架柱，LZ1 是编号为 1 的梁上柱等。

2）注写各段柱的起止标高。自柱根部往上以变截面位置或截面未变但配筋改变处为界分段注写。框架柱的根部标高为基础顶面标高。

3）注写柱截面尺寸。对于矩形柱，注写 $b\times h$ 及与轴线关系的几何参数代号 b_1、b_2 和 h_1、h_2 的具体数值，需对应于各段柱分别注写，其中 $b=b_1+b_2$，$h=h_1+h_2$。当截面的某一边收缩变化与轴线重合或偏到轴线的另一侧时，b_1、b_2、h_1、h_2 可为零或负值；对于圆柱，$b\times h$ 改用直径数值前加 d 表示，圆柱截面与轴线的关系也用 b_1、b_2 和 h_1、h_2 表示，并使 $d=b_1+b_2=h_1+h_2$。

4）注写柱纵筋。当柱纵筋直径相同，各边根数也相同时，将纵筋注写在“全部纵筋”一栏中；大多数情况下，柱纵筋分角筋、截面 b 边中部筋和 h 边中部筋三项分别注写，对于采用对称配筋的矩形截面柱，可仅注写一侧中部筋，对称边省略不注；如采用非对称配筋，必须每侧均注写中部筋。

5）注写箍筋类型号及箍筋肢数。在箍筋类型栏中注写箍筋类型号与肢数，同时在表的上部或图中的适当位置绘出柱截面形状及各种箍筋类型图，并在其上标注与表中相对应的 b、h 和类型号，各种箍筋类型可查阅标准。

6）注写柱箍筋，包括钢筋级别、直径与间距。“/”用来区分柱端箍筋加密区与柱身非

层号	标高/m	层高/m
屋面2	65.670	
塔层2	62.370	3.30
屋面1 (塔层1)	59.070	3.30
16	55.470	3.60
15	51.870	3.60
14	48.270	3.60
13	44.670	3.60
12	41.070	3.60
11	37.470	3.60
10	33.870	3.60
9	30.270	3.60
8	26.670	3.60
7	23.070	3.60
6	19.470	3.60
5	15.870	3.60
4	12.270	3.60
3	8.670	3.60
2	4.470	4.20
1	−0.030	4.50
−1	−4.530	4.50
−2	−9.030	4.50

结构层楼面标高
结构层高

上部结构嵌固部位：−4.530

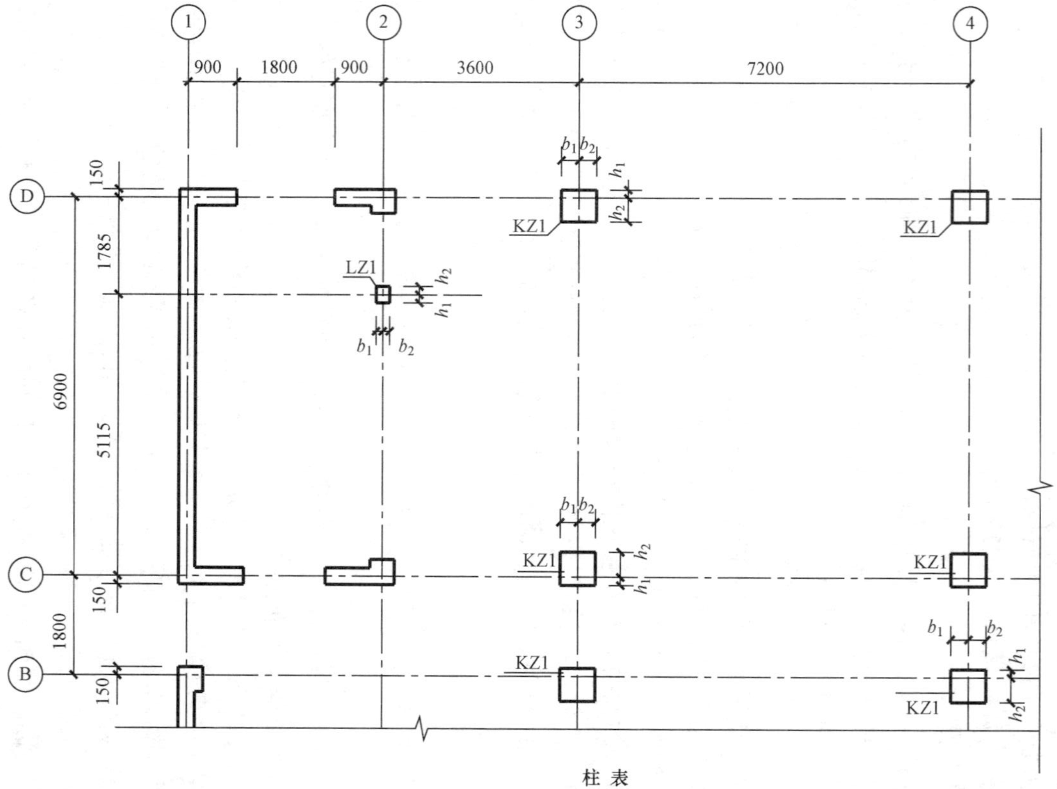

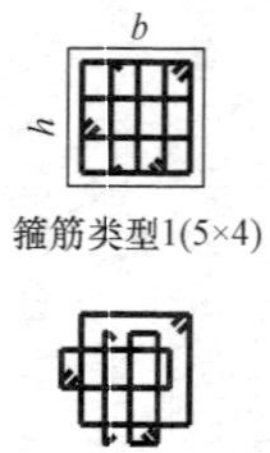

柱表

柱号	标高	$b\times h$ (圆柱直径D)	b_1	b_2	h_1	h_2	全部纵筋	角筋	b边一侧中部筋	h边一侧中部筋	箍筋类型号	箍筋	备注
KZ1	−4.530～0.030	750×700	375	375	150	550	28⌀25				1(6×6)	⌀10@100/200	
	−0.030～19.470	750×700	375	375	150	550	24⌀25				1(5×4)	⌀10@100/200	
	19.470～37.470	650×600	325	325	150	450		4⌀22	5⌀22	4⌀20	1(4×4)	⌀10@100/200	
	37.470～59.070	550×500	275	275	150	350		4⌀22	5⌀22	4⌀20	1(5×4)	⌀8@100/200	

−4.530～59.070柱平法施工图(局部)

图 8-33　柱列表注写方式实例

层号	标高/m	层高/m
屋面2	65.670	
塔层2	62.370	3.30
屋面1 (塔层1)	59.070	3.30
16	55.470	3.60
15	51.870	3.60
14	48.270	3.60
13	44.670	3.60
12	41.070	3.60
11	37.470	3.60
10	33.870	3.60
9	30.270	3.60
8	26.670	3.60
7	23.070	3.60
6	19.470	3.60
5	15.870	3.60
4	12.270	3.60
3	8.670	3.60
2	4.470	4.20
1	−0.030	4.50
−1	−4.530	4.50
−2	−9.030	4.50

结构层楼面标高
结 构 层 高
上部结构嵌固部位：−4.530

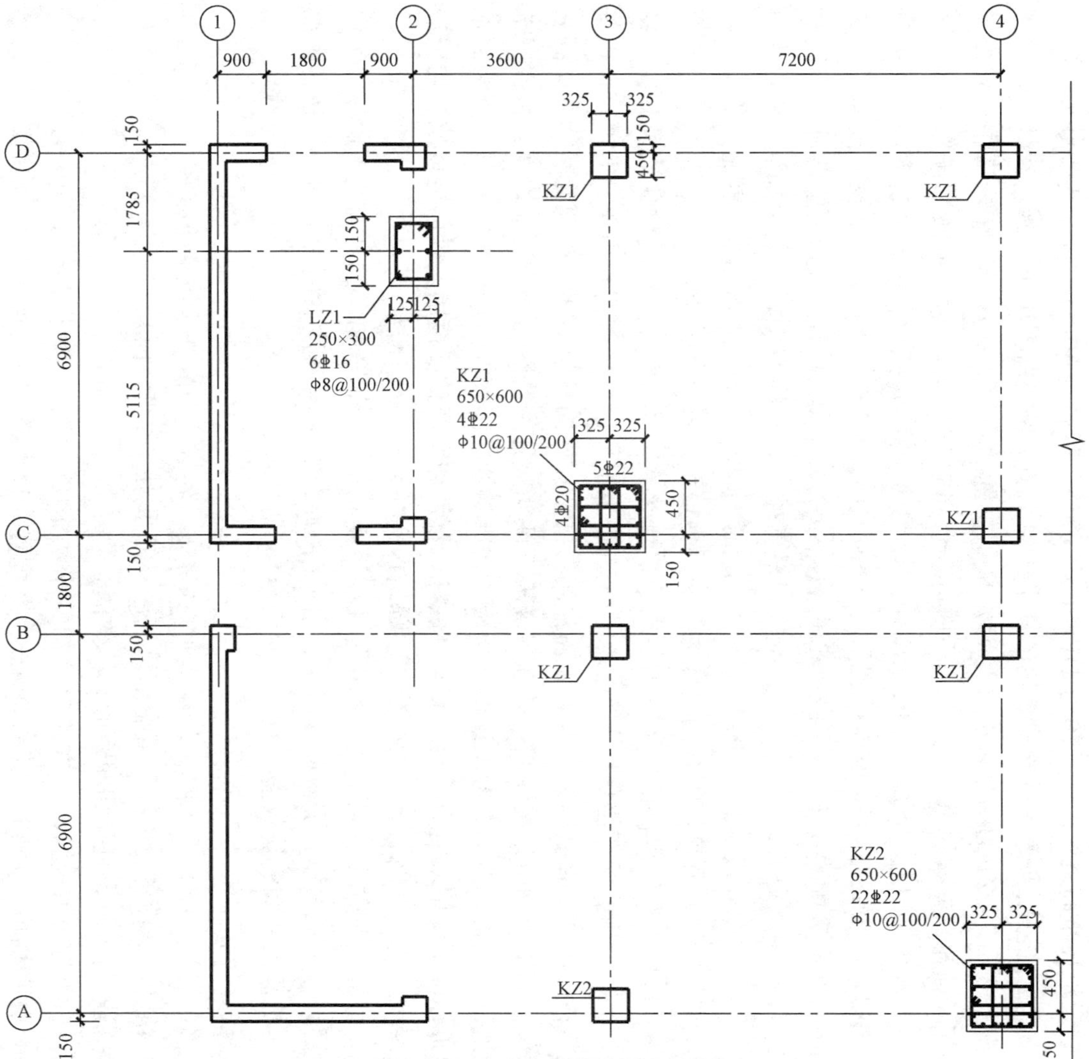

19.470～37.470柱平法施工图(局部)

图 8 - 34　柱截面注写方式实例

加密区长度范围内箍筋的不同间距。加密区范围按标准构造详图取值。例如“ϕ 10@100/250”，表示柱中箍筋为HPB300级钢筋，直径为10mm，加密区间距为100mm，非加密区间距为250mm。当箍筋沿柱全高均匀等间距配置时，则不使用“/”线，例如“ϕ 10@100”，表示沿柱全高范围内箍筋均为HPB300级钢筋，直径为10mm，间距为100mm。

图8-33为应用列表注写方式表达的柱平法施工图实例。由图中可看到，在柱平面布置图中给出了KZ1、LZ1的编号，标注了确定柱子位置的几何参数代号。在柱表中，列出了KZ1的相关信息。框架柱KZ1分四段，在标高－4.530～－0.030段，截面尺寸为750mm×700mm，共配置28根直径25mm的HRB400级钢筋，箍筋为直径10mm的HPB300级钢筋，加密区间距100mm，非加密区间距200mm；在标高19.470～37.470段，截面尺寸为650mm×600mm，配置4根直径22mm的HRB400级角部钢筋，b边每边配制5根直径22mm的HRB400级中部筋，h边每边配制4根直径20mm的HRB400级中部筋，箍筋为直径10mm的HPB300级钢筋，加密区间距100mm，非加密区间距200mm；表上方给出了箍筋类型1型（5×4）及箍筋复合的具体方式。其他段请读者自行分析。

图8-33中左侧用表格给出了有关各层的结构层楼（地）面标高、结构层高及相应的结构层号。上部结构嵌固部位是指上部结构在基础中生根部位，常取基础顶面、地下室顶板等处，框架柱嵌固部位在基础顶面时，无需注明；框架柱嵌固部位不在基础顶面时，在层高表嵌固部位标高下使用双细线注明，并在层高表下注明上部结构嵌固部位标高；框架柱嵌固部位不在地下室顶板，但仍需考虑地下室顶板对上部结构实际存在嵌固作用时，可在层高表地下室顶板标高下使用双虚线注明，此时首层柱端箍筋加密区长度范围及纵筋链接位置均按嵌固部位要求设置。本例取地下二层结构顶部结构标高为－4.530处。

（2）截面注写方式。截面注写方式是在柱平面布置图上，从相同编号的柱中选择一个截面（不同编号中各选择一个截面），按另一种比例原位放大绘制柱截面配筋图，并在各配筋图上注写截面尺寸和配筋数值。具体注写内容如下：

1）柱编号。

2）截面尺寸$b \times h$（矩形）及其与轴线关系b_1、b_2、h_1、h_2的具体数值。

3）角筋、截面各边中部筋或全部纵筋（纵筋采用一种直径时）。

4）箍筋的等级、直径和间距的具体数值。

图8-34为采用截面注写方式表达的柱平法施工图实例，为标高19.470～37.470段。其中柱LZ1截面尺寸为250mm×300mm，共配置6根直径16mm的HRB400级纵筋，箍筋采用HPB300级钢筋，直径为8mm，加密区间距100mm，非加密区间距200mm。柱KZ1截面尺寸650mm×600mm，角筋为4根直径22mm的HRB400级钢筋，b边每侧中部筋为5根直径22mm的HRB400级钢筋，h边每侧中部筋为4根直径20mm的HRB400级钢筋，b、h边另一侧中部筋均对称配置，箍筋为HPB300级钢筋，直径为10mm，加密区间距为100mm，非加密区间距为200mm。柱KZ2截面尺寸650mm×600mm，共配置22根直径22mm的HRB400级纵筋，箍筋为HPB300级钢筋，直径为10mm，加密区间距为100mm，非加密区间距为200mm。

2. 识读梁平法施工图

梁平法施工图的表示方法有两种：平面注写方式和截面注写方式。在梁平法施工图中，应当用表格注明包括地下和地上各层的结构层楼（地）面标高、结构层高及相应的结构层号，如图8-36所示。

(1) 梁编号。采用平法表示梁的施工图时，需要对梁进行分类与编号，其编号由梁类型代号、序号、跨数及有无悬挑代号几项组成，部分梁编号见表8-7。

表8-7　　梁编号

梁类型	代号	序号	跨数及是否带有悬挑
楼层框架梁	KL	××	(××)、(××A) 或 (××B)
屋面框架梁	WKL	××	(××)、(××A) 或 (××B)
非框架梁	L	××	(××)、(××A) 或 (××B)
悬挑梁	XL	××	

注：(××A) 为一端有悬挑，(××B) 为两端有悬挑，悬挑不计入跨数。如KL7 (5A) 表示7号框架梁，5跨，一端有悬挑；L9 (7B) 表示第9号非框架梁，7跨，两端有悬挑。

(2) 平面注写方式。平面注写方式，就是在梁的平面布置图上，分别在不同编号的梁中各选一根，直接在其上注写截面尺寸和配筋具体数值。

平面注写方式包括集中标注与原位标注两部分。集中标注表达梁的通用数值，原位标注表达梁的特殊数值。当集中标注中的某项数值不适用于梁的某部位时，则将该项数值进行原位标注，施工时，原位标注取值优先。

图8-35为梁平面注写方式示例，图样下面的四个梁的配筋断面图系采用传统表示方法绘制，用于对比按平面注写方式表达的同样内容。实际采用平面注写方式表达时，不需绘制梁断面配筋图和表示断面剖切位置的相应截面号。下面以该图为例讲述平面注写方式的图示方法。

1) 集中标注。集中标注的形式与内容如下：

KL2 (2A) 300×650——梁编号 (跨数、有无悬挑) 截面宽×高

ф 8@100/200 (2) ——箍筋直径、加密区间距/非加密区间距 (箍筋肢数)

2 ⌀ 25 ——通长筋根数、钢筋级别、直径

G4 ф 10 ——梁侧面纵向构造钢筋根数、直径

(−0.100) ——梁顶标高与结构层楼面标高的差值，负号表示低于结构层标高

集中标注可以从梁的任意一跨引出，其标注的内容有五项必注值和一项选注值，具体规定如下：

①梁编号。该项为必注值。如KL2 (2A) 表示2号框架梁，2跨，一端有悬挑。

②梁截面尺寸。该项为必注值。当为等截面梁时，用 $b\times h$ 表示。

③梁箍筋。该项为必注值。包括钢筋级别、直径、加密区与非加密区间距及肢数 (箍筋肢数应注写在括号内)。箍筋加密区与非加密区的不同间距及肢数需用斜线 "/" 分隔；当梁箍筋为同一种间距及肢数时，则不需斜线；当加密区与非加密区的箍筋肢数相同时，则将肢数注写一次。

例如 "ф 8@100/200 (2)"，表示箍筋为HPB300级钢筋，直径为8mm，加密区间距为100mm，非加密区间距为200mm，均为两肢箍。再例如 "ф 10@100 (4) /150 (2)"，表示箍筋为HPB300级钢筋，直径为10mm，加密区间距为100mm，四肢箍；非加密区间距为150mm，两肢箍。

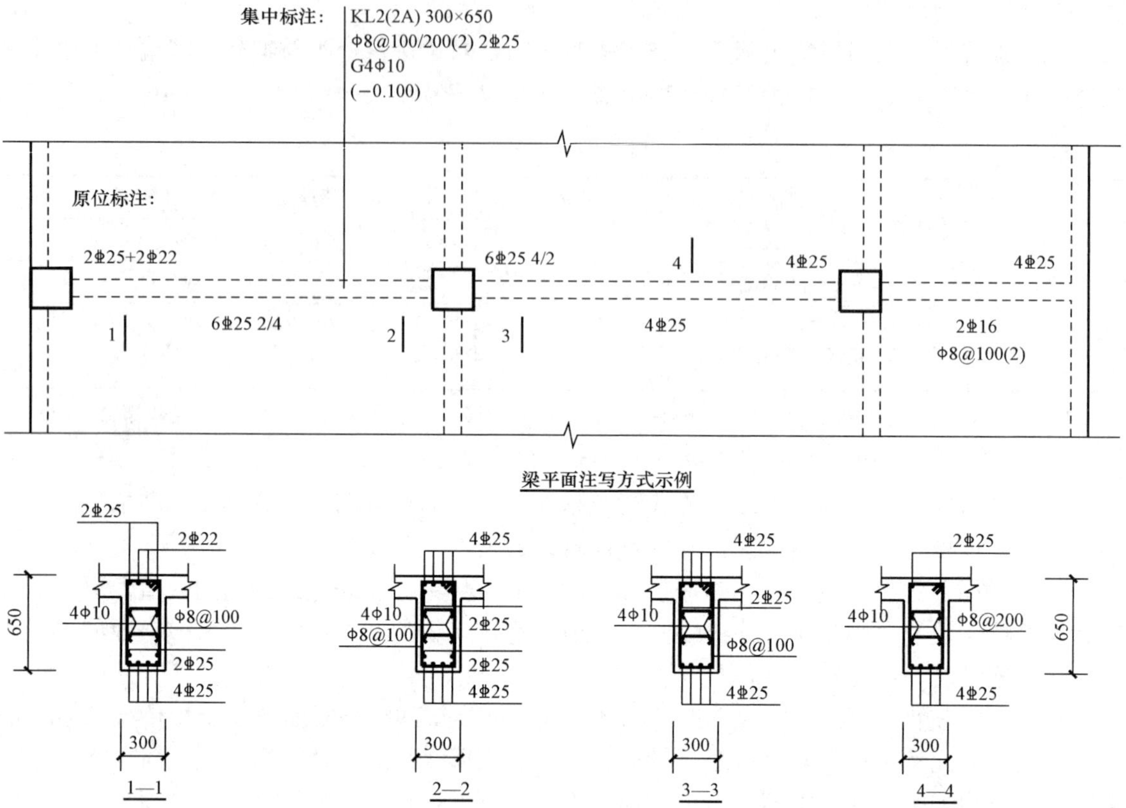

图 8 - 35　梁平面注写方式

④梁上部通长筋或架立筋配置。该项为必注值。当梁上部同排纵筋中既有通长筋又有架立筋时，应用加号“＋”相联标注，注写时将角部纵筋写在“＋”号前面，架立筋写在“＋”号后面并加括号。当全部采用架立筋时，则将其写入括号内。例如“2 Φ 25”表示上部通长筋共 2 根，位于角部；“2 Φ 22＋（2 ф 12）”表示上部通长筋共 4 根，其中 2 Φ 22 为角部纵筋，2 ф 12 为架立筋。

当梁的上部纵向钢筋和下部纵向钢筋均为全跨相同，且多数跨配筋相同时，此项可加注下部纵筋的配筋值，用分号“；”将上、下部纵筋的配筋值隔开。少数跨不同者，进行原位标注。例如“2 Φ 22；2 Φ 25”表示梁上部配置 2 Φ 22 通长筋，梁下部配置 2 Φ 25 通长筋。

⑤梁侧面纵向构造钢筋或受扭钢筋配置，该项为必注值。

当梁的腹板高度 $h_w \geqslant 450$mm 时，需配置梁侧面纵向构造钢筋，所注规格与根数应符合规范规定，此项注写时以大写字母 G 打头，例如“G4 ф 10”，表示在梁的两侧共配置 4 ф 10 的纵向构造钢筋，每侧各配 2 ф 10。

当梁侧面需要配置纵向受扭钢筋时，此项注写值以大写字母 N 打头，接着标注梁两侧的总配筋值，且对称配置。例如 N6 Φ 620，表示梁的两侧各配置 3 Φ 20 的纵向受扭钢筋。

⑥梁顶面标高高差，该项为选注值。梁顶面标高高差是指梁顶与相应的结构层楼面标高的高差值。有高差时，将高差值标入括号内；无高差时不注。例如“（−0.100）”表示梁顶低于结构层 0.1m；若为“（0.050）”表示梁顶高于结构层 0.05m。

2）原位标注。梁原位标注的内容规定如下：

①梁支座上部纵筋，该部位含通长筋在内的所有纵筋：当梁上部纵筋多于一排时，用斜线“/”将各排纵筋自上而下分开。如图8-35中梁支座上部纵筋注写为“6 ⌀ 25 4/2”，表示梁支座上部纵筋共6根（包括集中标注中的通长筋），上一排纵筋为4 ⌀ 25，下一排纵筋为2 ⌀ 25。

当同排纵筋有两种直径时，用加号“+”将两种直径的纵筋相联，并将角部纵筋写在“+”号前面。如图8-35中注写在梁支座上部的“2 ⌀ 25+2 ⌀ 22”，表示梁支座上部纵筋共4根（包括集中标注中的通长筋），2 ⌀ 25放在角部，2 ⌀ 22放在中部。

当梁中间支座两边的上部纵筋不同时，须在支座两边分别标注；当梁中间支座两边的上部纵筋相同时，可仅在支座一边标注，另一边可省略标注，如图8-35所示。

②梁下部纵筋。当梁下部纵筋多于一排时，用斜线“/”将各排纵筋自上而下分开。如图8-35中梁下部纵筋注写为“6 ⌀ 25 2/4”，表示梁下部纵向钢筋共6根，为两排，上排为2 ⌀ 25，下排为4 ⌀ 25，钢筋全部伸入支座。

③附加箍筋或吊筋。附加箍筋或吊筋直接画在平面图中的主梁上，用引线引注总配筋值（附加箍筋的肢数注在括号内），如图8-36所示，8 φ 10（2）为附加箍筋，2 ⌀ 18为吊筋。

（3）截面注写方式。梁的截面注写方式是在分层绘制的梁平面布置图上，分别在不同编号的梁中各选择一根梁用剖面号引出配筋图，并在其上注写截面尺寸和配筋具体数值的方式来表达梁的平法施工图。截面注写方式多适用于表达异形截面梁的尺寸与配筋或平面图上局部区域梁布置过密的情况。截面注写方式既可以单独使用，也可与平面注写方式结合使用。

截面注写方式与传统表达方法相似，注写内容规定如下：

1）在梁的平面布置图上对梁进行编号，从相同编号的梁中选择一根梁，将“单边截面号”画在该梁上，然后将截面配筋详图画在本图或其他图上。

2）在截面配筋详图上注写截面尺寸 $b \times h$、上部纵筋、下纵部筋、侧面构造筋或受扭筋以及箍筋的具体数值，表达形式与平面注写方式相同。

3）当梁的顶面标高与结构层的楼面标高不同时，尚应在梁编号后注写梁顶面标高高差，注写规定与平面注写方式相同。

图8-36为梁截面注写方式实例，下面以L3为例进行识读。L3为平面注写方式和截面注写方式结合使用，L3的集中标注显示，该梁为非框架梁，1跨，梁顶标高比结构层楼面标高低0.1m。该梁有1—1、2—2两个断面，1—1为梁端支座处断面，2—2为跨中断面。由1—1可知，梁截面尺寸为300mm×550mm，该梁两端支座处配置上部纵筋4 ⌀ 16；下部纵筋6 ⌀ 22，分上下两排，上排为2根，下排为4根；侧面受扭纵筋2 ⌀ 16，每侧1根；箍筋φ 8@200，双肢箍。由断面2—2可知，该梁跨中配置上部纵筋2 ⌀ 16，其他与两端支座处相同。由1—1、2—2共同分析可知，L3上部通长筋为2 ⌀ 16。图中各类钢筋的锚固长度和搭接长度，查阅图集16G101—1中的标准构造详图确定。

3. 识读有梁楼盖板平法施工图

有梁楼盖板是指以梁为支座的楼面与屋面板。有梁楼盖板平法施工图，是在楼面板和屋面板平面布置图上，采用平面注写的表达方式。板平面注写主要包括板块集中标注和板支座原位标注。

（1）板块集中标注。板块集中标注的内容为板块编号，板厚，贯通纵筋，以及当板面标高不同时的标高高差。

屋面2	65.670	
塔层2	62.370	3.30
屋面1 (塔层1)	59.070	3.30
16	55.470	3.60
15	51.870	3.60
14	48.270	3.60
13	44.670	3.60
12	41.070	3.60
11	37.470	3.60
10	33.870	3.60
9	30.270	3.60
8	26.670	3.60
7	23.070	3.60
6	19.470	3.60
5	15.870	3.60
4	12.270	3.60
3	8.670	3.60
2	4.470	4.20
1	−0.030	4.50
−1	−4.530	4.50
−2	−9.030	4.50
层号	标高/m	层高/m

结构层楼面标高
结构层高

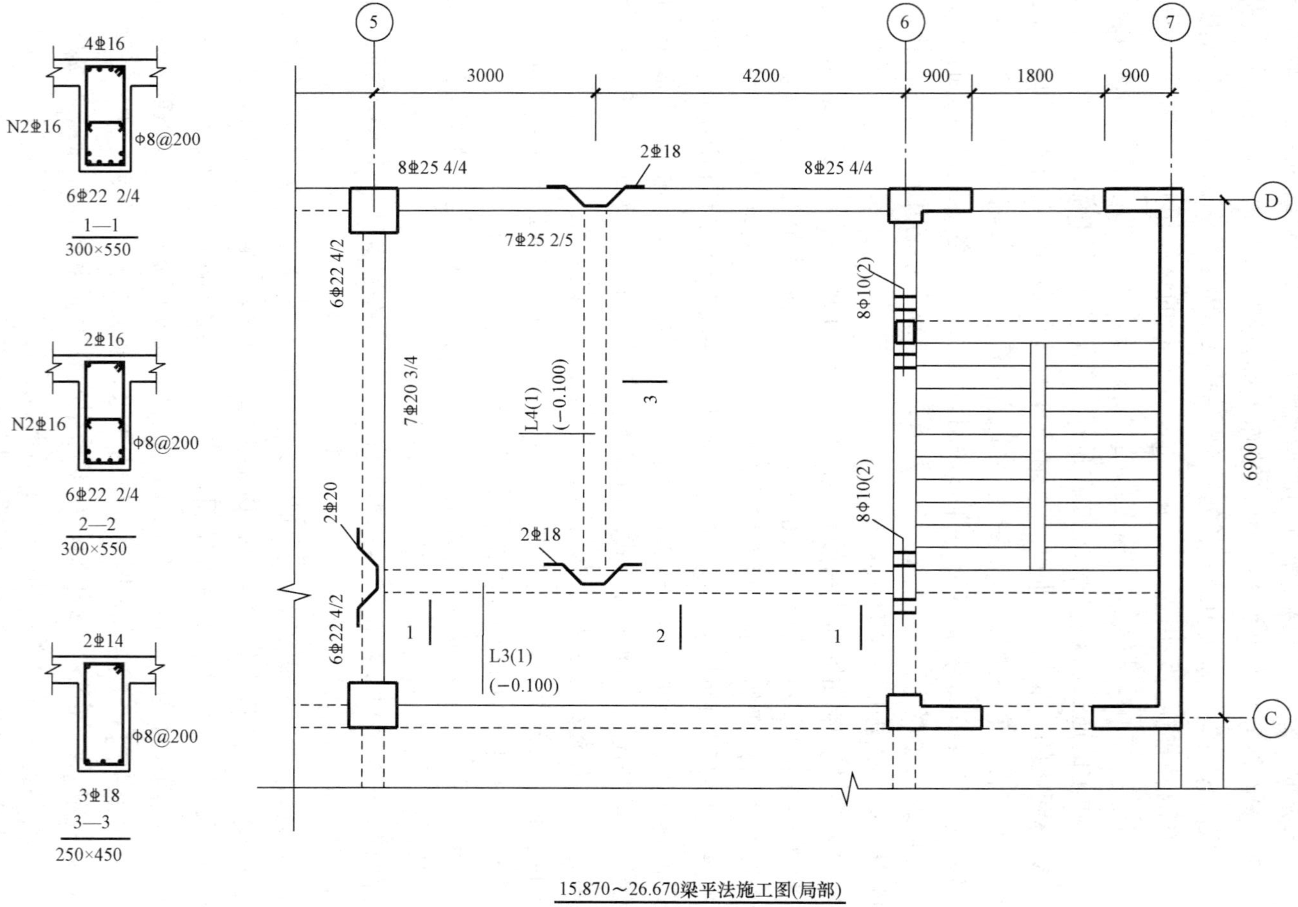

图8-36　梁截面注写方式实例

1）板块编号。对于普通楼面，两向均以一跨为一板块。所有板块都应编号，同一编号板块的类型、板厚和贯通纵筋均应相同，但板面标高、跨度、平面形状以及板支座上部非贯通纵筋可以不同。

相同编号的板块可选择一块进行集中标注，其他仅标注编号（置于圆圈内）及标高高差即可。板块编号应符合表8-8的规定。

表8-8　板块编号

板类型	代号	序号
楼面板	LB	××
屋面板	WB	××
悬挑板	XB	××

2）板厚。板厚注写为 h=×××（为垂直于板面的厚度）。当设计已在图中统一注明板厚时，此项可不注。

3）贯通纵筋。为方便设计表达和施工识图，规定结构平面的坐标方向为：当两向轴网正交布置时，图面从左至右为X向，从下至上为Y向。

贯通纵筋按板块的下部和上部分别注写（当板块上部不设贯通纵筋时则不注），并以B代表下部，以T代表上部，B&T代表下部与上部；X向贯通纵筋以X打头，Y向贯通纵筋以Y打头，两向贯通纵筋配置相同时则以X&Y打头。

当贯通纵筋采用两种规格钢筋“隔一布一”方式时，表达为Φ xx/yy@xxx，表示直径为xx的钢筋和直径为yy的钢筋二者之间间距为xxx，直径xx的钢筋的间距为xxx的2倍，直径yy的钢筋的间距为xxx的2倍。

当为单向板时，另一向贯通的分布筋可不标注，而在图中统一注明。当在某些板内配置有构造筋时，则X向以 X_C，Y向以 Y_C 打头注写。

例如某楼面板块注写为“LB5 h=110 B：X⌀10/12@100；Y⌀10@110”，表示5号楼面板，板厚110mm，板下部配置贯通纵筋，X向为⌀10、⌀12隔一布一，⌀10与⌀12之间间距为100，Y向为⌀10@110，板上部未配置贯通纵筋。

4）板面标高高差。板面标高高差是相对于结构层楼面标高的高差，应将其注写在括号内，有高差则注，无高差不注。

（2）板支座原位标注。板支座上部非贯通纵筋需进行原位标注。标注时，应在配置相同跨的第一跨表达。在配置相同跨的第一跨，垂直于板支座（梁或墙）绘制一段长度适当的中粗实线，以该线段代表支座上部非贯通纵筋，并在线段上方注写钢筋编号（如①、②等），配筋值，横向连续布置的跨数（注写在括号内，当为一跨时可不注）。

板支座上部非贯通筋自支座中线向跨内的伸出长度，注写在线段的下方位置。当中间支座上部非贯通纵筋向支座两侧对称伸出时，可仅在支座一侧线段下方标注伸出长度，另一侧不注；当向支座两侧非对称伸出时，应分别在支座两侧线段下方注写伸出长度。

在板平面布置图中，不同部位的板支座上部非贯通纵筋，可仅在一个部位注写，对其他相同者仅需在代表钢筋的线段上注写编号及横向连续布置的跨数即可。

此外，与板支座上部非贯通纵筋垂直且绑扎在一起的构造钢筋或分布钢筋，应在图中注明。

（3）实例识读。图8-37为板平法施工图实例。下面分别以LB1、LB2、LB3为例进行识读。

层号	标高/m	层高/m
屋面2	65.670	
塔层2	62.370	3.30
屋面1（塔层1）	59.070	3.30
16	55.470	3.60
15	51.870	3.60
14	48.270	3.60
13	44.670	3.60
12	41.070	3.60
11	37.470	3.60
10	33.870	3.60
9	30.270	3.60
8	26.670	3.60
7	23.070	3.60
6	19.470	3.60
5	15.870	3.60
4	12.270	3.60
3	8.670	3.60
2	4.470	4.20
1	−0.030	4.50
−1	−4.530	4.50
−2	−9.030	4.50

结构层楼面标高
结构层高

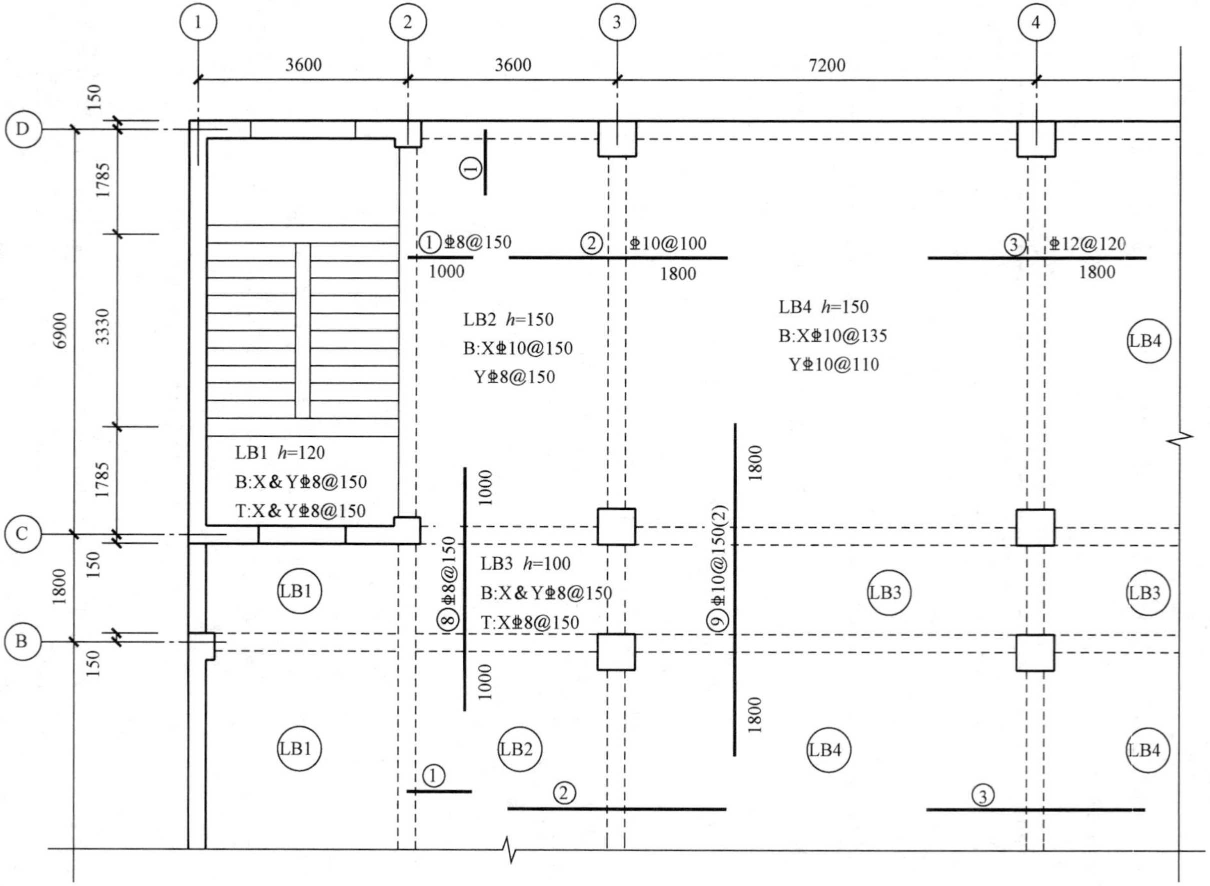

15.870～26.670板平法施工图(局部)

(未注明分布筋为Φ8@250)

图 8-37　板平法施工图实例

1）识读 LB1。由 LB1 的板块集中标注可知，该楼面板编号为 1，板厚 120mm，板上、下部均配置了⏀ 8@150 的双向贯通纵筋。该板块未配置支座上部非贯通纵筋，且该板块相对于结构层楼面无高差。

2）识读 LB2。由 LB2 的板块集中标注可知，该楼面板编号为 2，板厚 150mm，板下部配置的贯通纵筋 X 向为⏀ 10@150，Y 向为⏀ 8@150，板上部未配置贯通纵筋。该楼面板相对于结构层楼面无高差。

由 LB2 的板支座原位标注可知，板 LB2 内支座上部配置非贯通筋，①号筋为⏀ 8@150，自支座中线向一侧跨内伸出长度为 1000mm；②号筋为⏀ 10@100，自支座向两侧跨内对称伸出，长度均为 1800mm。另一块相同的板 LB2 仅标注了板编号和在代表板支座上部非贯通筋的中粗线段上标注钢筋编号。

3）识读 LB3。由板 LB3 的板块集中标注可知，该板块厚度为 100mm，板下部配置的贯通纵筋 X、Y 向均为⏀ 8@150，板上部 X 向配置贯通纵筋⏀ 8@150。

由板 LB3 的原位标注可知，板 LB3 在第一跨，支座上部配置⑧号纵筋，为⏀ 8@150，向两侧跨内伸出长度为 1000mm，自第二跨开始，支座上部配置⑨号纵筋，为⏀ 10@150，向两侧跨内伸出长度为 1800mm，横向连续布置两跨。标准中规定，当板的上部已配置有贯通纵筋，但需增配板支座上部非贯通纵筋时，应结合已配置的同向贯通纵筋的直径与间距采取“隔一布一”方式配置。“隔一布一”方式，为非贯通纵筋的标注间距与贯通纵筋相同，两者结合后的实际间距为各自标注间距的 1/2。例如，板上部已配置贯通纵筋⏀ 8@150，该跨同向配置的上部支座非贯通纵筋为⏀ 10@150，表示该跨实际设置的上部纵筋为⏀ 8 和⏀ 10间隔布置，二者之间间距为 75mm。

其他编号的楼面板请读者自行分析。

思考题

8.1　房屋工程图分为哪几类？它们各包括哪些内容？

8.2　建筑总平面图是如何形成的？其内容包括哪些？

8.3　定位轴线的作用是什么？位置和编号顺序有哪些规定？

8.4　建筑平面图上应注哪些尺寸和标高？

8.5　建筑平面图和建筑剖面图在表达内容和表达方法上各有什么相同和不同之处？

8.6　建筑立面图的内容和作用是什么？

8.7　为什么要画建筑详图，它与平面图、立面图、剖面图有何关联？

8.8　结构施工图包含哪些内容？

8.9　分别说明钢筋混凝土梁、柱、板内钢筋的组成、作用及其构件详图的图示方法。

8.10　条形基础的图示特点和图示内容及阅读方法是什么？

8.11　楼层结构平面图表示哪些内容？

8.12　柱、梁、板平法施工图的表达方式有几种？具体规则如何？

第9章　路 桥 工 程 图

道路是一种供车辆行驶和行人步行的带状结构物。按其所在位置、交通性质和功能特点，道路可分为公路和城市道路两大类。位于城市郊区和城市以外的道路称为公路，位于城市范围以内的道路称为城市道路。

道路主要由路基和路面组成，同时还有相当数量的桥梁、涵洞、隧道等工程实体。因此道路工程图是由表达路线整体状况的路线工程图和表达各工程实体构造的桥梁、涵洞及隧道等工程图组合而成。这类工程图均符合现行的国家标准《道路工程制图标准》(GB 50162—1992)。

本章主要介绍道路路线工程图和桥梁工程图的内容、图示方法和图示特点。

9.1　公路路线工程图

9.1　公路路线工程图

道路路线是指道路沿长度方向的中心线。受地形、地物、地质等自然界条件的限制，在平面上有转折，纵面上有起伏。为了满足车辆行驶的要求，必须设计曲线连接，因此，路线在平面和纵面上都是由直线和曲线组合而成。平面上的曲线称为平曲线，纵面上的曲线称为竖曲线。道路路线是一条空间曲线。

道路工程具有长、宽、高三向尺寸相差大的特点，因此，道路工程图的图示方法与一般工程图不同。它是以地形图作为平面图，以纵向展开断面图作为立面图，以横断面图作为侧面图，利用这三种图样来表达道路的空间位置、形状和尺寸。

按照交通量和使用性质，公路分为五级：高速公路、一级公路、二级公路、三级公路和四级公路。

公路路线工程图包括路线平面图、路线平面总体设计图、路线纵断面图和路基横断面图。

9.1.1　路线平面图

1. 路线平面图的形成及作用

路线平面图是从上向下投影所得到的水平投影图，也就是用标高投影法所绘制的道路沿线周围地区的地形图。

路线平面图的作用是表达路线的长度、位置、走向、平面线型（直线和左、右弯道）、道路上各构造物的位置和规格以及沿线两侧一定范围内的地形、地物等情况。

2. 路线平面图的内容与图示方法

路线平面图的内容包括地形和路线两部分。图 9-1 为某公路 K63＋400 至 K64＋100 路段的路线平面图。

(1) 地形部分。

1) 比例。公路路线平面图所用比例一般较小，根据地形起伏情况的不同，地形图采用不同的比例。道路平面图所用比例一般较小，通常在城镇区为 1∶500 或 1∶1000，山岭区为 1∶2000，丘陵区和平原区为 1∶5000 或 1∶10000。本图比例为 1∶2000。

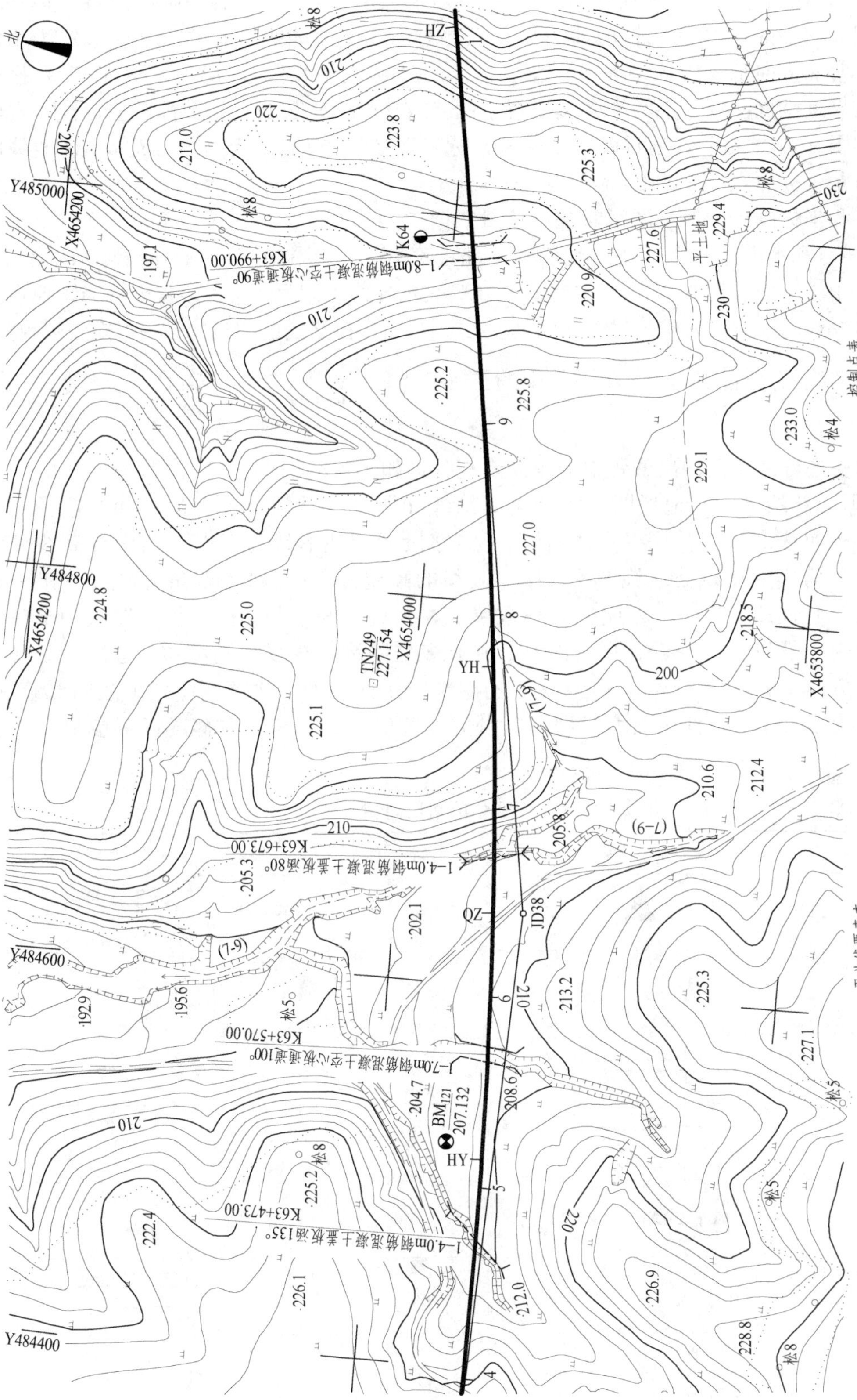

平曲线要素表

NO	α	R	T	Ls	L	E	交角点桩号
JD_{38}	Z 15°41′43″ Y	3000	581.095	335	1156.543	28.817	K63+645.250

控制点表

导线点	北坐标 (X)	东坐标 (Y)	高程
TN249	4654009.646	484787.073	227.154

比例 1：2000

图 9-1　路线平面图

2）方位和走向。为了表示地区的方位和路线的走向，地形图上需要画出测量坐标网或指北针。图 9 - 1 中右上角指北针的箭头指示正北方向。图中细线绘制的十字交叉线表示测量坐标网，南北方向轴线代号为 X（X 表示北），东西方向轴线代号为 Y（Y 表示东），坐标值的标注应靠近被标注点，书写方向应平行于网格或在网格延长线上，数值前应标注坐标轴线代号。如图 9 - 1 中指北针附近的十字交叉，标有 X4654200 和 Y485000，表示两垂直线的交点坐标为距坐标原点北 4654200m、东 485000m。

指北针和坐标网也为拼接图纸时提供核对依据。

3）导线点和水准点。为了测量地面和道路的高程，地形图上标出了导线点和水准点。导线点主要用于平面控制，图 9 - 1 中“TN249”表示导线点编号为 249，其坐标为距原点北 4654009.646m，东 484787.073m，其高程为 227.154m。在路线的附近每隔一定距离设有水准点，用于路线的高程测量，如图 9 - 1 中的符号“ $\frac{BM_{121}}{207.132}$”表示第 121 号水准点，其高程为 207.132m。

地形图中还标注了已测出的各地面控制点高程，如 • 213.2、 • 225.1 等。

4）地形。路线周围的地形图一般是用等高线和图例表示的。表示地物和构造物常用的平面图图例见表 9 - 1。从图 9 - 1 中看出，该路段周围地形较为复杂，图中等高线密集处地势较陡，等高线稀疏处地势平缓。两等高线的高差是 2m，每隔四条等高线画出一条粗的计曲线，计曲线上标注了相应的高程数字，高程数字的字头朝向上坡。路线中 K63＋500～K63＋700 段和 K64 附近有多条山谷，并有多处冲沟。按照图例可知，道路沿线多为旱地，东北方向山坡上为草地，山上多处种有松树，平面图的植物图例应朝上或向北绘制。图中还表示出了大车道、低压电力线和高压电力线等的位置。其他内容读者可参阅表 9 - 1 识读。

表 9 - 1　　路线平面图中的常用图例

名称	图例	名称	图例
机场		林地	
学校		导线点	
土堤	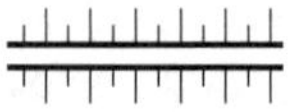	水准点	
河流		港口	
铁路		交电室	
小路		水渠	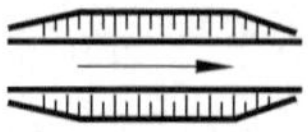
果园		冲沟	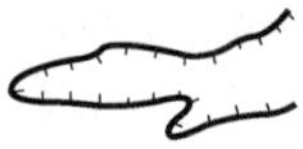

续表

名　称	图　　例	名　称	图　　例
公　路		烟　囱	
低压电力线 高压电力线	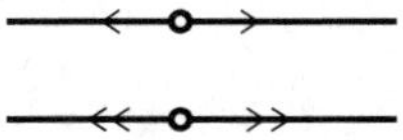	人工开挖	
旱　地	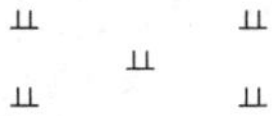	大车道	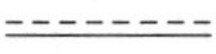
水　田		电信线	
三角点		草　地	
切线交点		菜　地	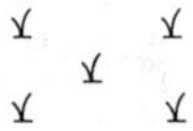
井	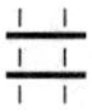	图根点	
房　屋	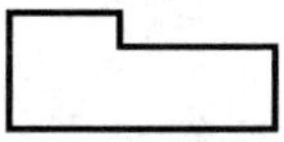	指北针	

（2）路线部分。

1）设计路线。在路线平面图中，通常沿着道路中心线画出一条粗实线来表示道路。

2）里程桩。《道路工程制图标准》（GB 50162—1992）规定，路线的长度用里程表示。里程桩号应从路线的起点至终点依顺序编号，并规定里程由左向右递增。里程桩分公里桩和百米桩两种。公里桩画在路线前进方向的左侧，用符号“”标记，公里数注写在符号的上方，图 9-1 中“K64”为公里桩标记，“64”为整公里数，表示离起点 64 公里。百米桩宜标注在路线前进方向的右侧，用垂直于路线的细短线“｜”标记，数字写在短细线端部，字头朝向上方。如图 9-1 所示，该路段为 K63＋400 至 K64＋100，例如在 K64 公里桩后方的“9”，表示桩号为 K63＋900，说明该点距离路线起点为 63900m。

3）平曲线。路线的平面线型有直线和曲线，在路线的转折处应设平曲线，平曲线包括圆曲线和缓和曲线。对于曲线型路线在平面图中用交角点编号和“平曲线要素表”来表示。其基本的几何要素如图 9-2 所示，JD 为交角点，是路线的两直线段的理论交点；α 为偏角，是路线沿前进方向向左（Z）或向右（Y）偏转的角度；R 为圆曲线半径；T 为切线长，是切点与交角点之间的长度；E 为外矢距，是曲线中点到交角点的距离；L 为曲线长，是圆曲线两切点之间的弧长；L_S 为缓和曲线长。

在公路转弯处注写的交角点要依次编号，如 JD1 表示第 1 个交角点。还要在曲线内侧标出曲线的起点 ZY（直圆）、中点 QZ（曲中）、终点 YZ（圆直）的位置，如图 9-2 左侧所示。如果设置了缓和曲线，则将缓和曲线与前、后段直线的切点分别记为 ZH（直缓）和 HZ（缓直）；将圆曲线与前、后缓和曲线的切点分别记为 HY（缓圆）和 YH（圆缓），如图 9-2 右侧所示。

图 9-1 中表示了交角点 38 的位置，标出了 HY 点、QZ 点、YH 点、HZ 点，ZH 点在

前一张图纸中，并给出了平曲线要素表，可知QZ点的桩号为K63＋645.250。

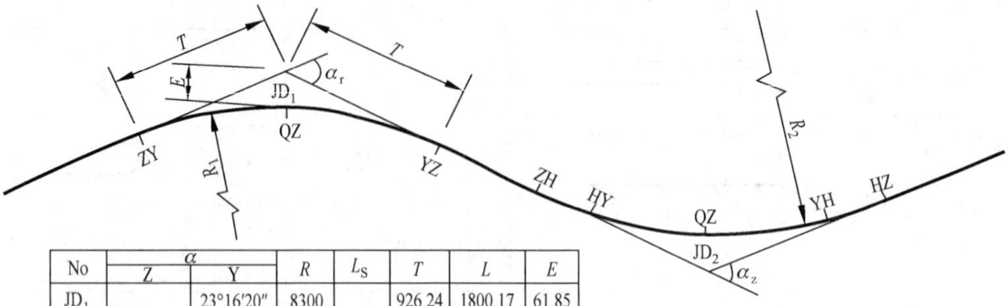

No	α		R	L_S	T	L	E
	Z	Y					
JD_1		23°16′20″	8300		926.24	1800.17	61.85
JD_2	12°31′16″		5500	600.15	602.50	1200.35	32.91

图9-2　平曲线几何要素

4）其他构造物。在图9-1中还表示了该段里程中有两座盖板涵和两座通道，并分别标明了它们的中心里程和规格。K63＋473.00处有一座钢筋混凝土盖板涵，与路线纵方向成135°；K63＋673.00处也有一座钢筋混凝土盖板涵，与路线纵方向成80°。在K63＋570.00处有一座钢筋混凝土空心板通道，与路线纵方向成100°；在K63＋990.00处也有一座钢筋混凝土空心板通道，与路线纵方向成90°。

3. 平面图的拼接

一般情况下由于路线较长，无法把整条路线画在一张图纸内，这就需要把路线分段画在各张图纸上。使用时再将各张图拼接起来。平面图中路线的分段宜在整桩号处断开，断开的两端均应画出垂直于路线的点画线作为接图线，相邻图纸拼接时，路线中心对齐，接图线重合，并以正北方向为准，如图9-3所示。

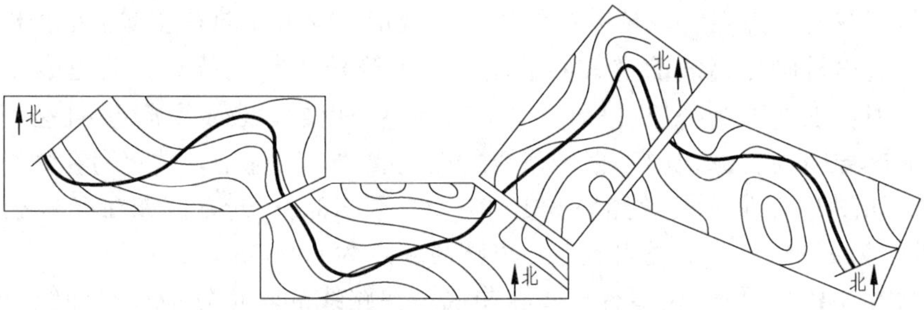

图9-3　路线平面图拼接示意图

9.1.2　路线平面总体设计图

平面总体设计图主要用于表达路基外的排水系统的平面总体设计。它与路线平面图的不同之处仅在于道路的水平宽度也是按地形图的比例进行绘制的。

如图9-4所示，点画线表示道路中心线，中心线两侧的细实线表示中央分隔带，粗实线表示路基边缘线。图中在路基两侧用示坡线表示路基的填方或挖方。在K63＋420～K63＋730之间、K63＋950～K64＋020之间是填方；在K63＋730～K63＋950之间、K64＋020～K64＋060之间是挖方；该路段右端还有一小段半填半挖路基，并连接一座桥梁。图中路基两侧箭头表示排水设施和水流方向。

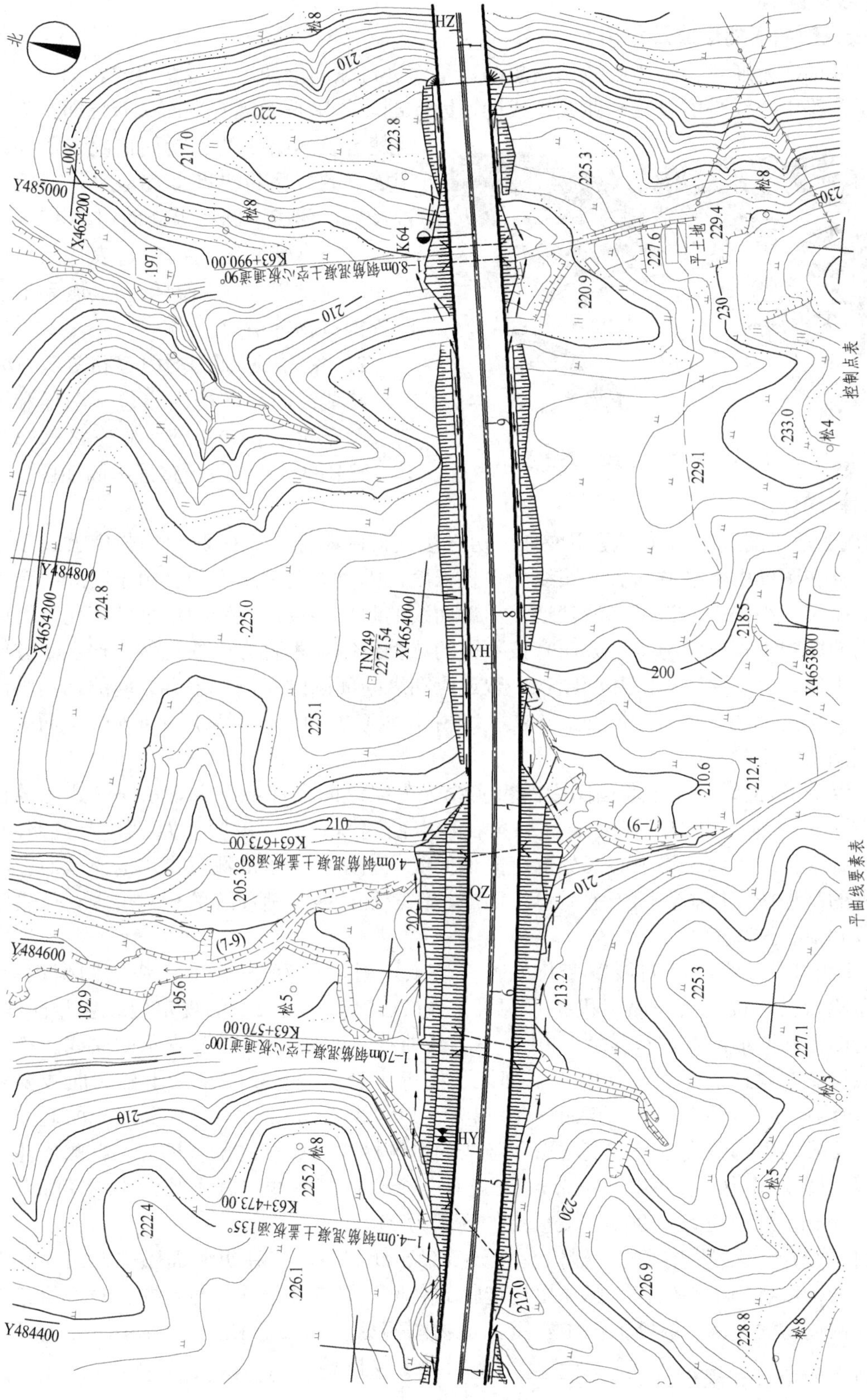

平曲线要素表

NO	α Z	α Y	R	T	Ls	L	E
JD_{38}	15°41′43″		3000	581.095	335	1156.543	28.817

控制点表

导线点	北坐标(X)	东坐标(Y)	高程
TN249	4654009.646	484787.073	227.154

图9-4 路线平面总体设计图

9.1.3 路线纵断面图

1. 路线纵断面图的形成及作用

路线纵断面图是通过公路中心线用假想的铅垂面进行纵向剖切展平后获得的，如图9-5所示。由于公路中心线是由直线和曲线构成的，因此剖切的铅垂面既有平面又有柱面。为了清楚地表达路线的纵断面情况，需要采用展开的方法将纵断面图展平，然后进行投影，形成了路线纵断面图。

图9-5 路线纵断面图形成示意图

路线纵断面图的作用是表达路线中心纵向线型以及地面起伏、地质和沿线设置构造物等情况。

2. 路线纵断面图的内容和图示方法

路线纵断面图的内容包括图样和资料表两部分。图9-6为某公路K63+400至K64+100段的路线纵断面图。

（1）图样部分。

1）比例。由于路线纵断面图是用展开剖切方法获得的断面图，因此它的长度就表示了路线的长度。在图样中水平方向表示路线的里程长度，垂直方向表示高程。由于路线的高差比路线的长度尺寸小得多，为了能清楚地显示地面线的起伏和设计线纵向坡度的变化，制图标准规定断面图中垂直方向与水平方向宜按不同的比例绘制，垂直方向的比例应比水平方向的比例放大十倍。为了便于画图和读图，一般还应在纵断面图的左侧按垂直方向的比例画出高程的标尺。比例标注在竖向标尺处。在图9-6中，水平方向的比例采用1∶2000，而垂直方向的比例则采用1∶200。

2）设计线和地面线。在纵断面图中的粗实线为公路纵向设计线，它表示路基边缘的设计高程。在图9-6中可看出，粗实线自左向右是由低逐渐升高，说明此路段是上坡路段。图中不规则的细折线表示道路中心线处的纵向地面线，它是根据水准测量得出的原地面上一系列中心桩的高程按比例画在图纸上后连接而成。比较设计线与地面线的相对位置，可决定填、挖地段和填、挖高度。

3）竖曲线。设计线的纵向坡度变化处称变坡点，用直径为2mm的中粗线圆圈表示。为了便于车辆行驶，按照《公路工程技术标准》（JTG B01—2014）的规定应设置竖曲线。竖曲线分为凸形和凹形两种，符号“┌┬┐”表示凸曲线，符号“└┴┘”表示凹曲线。该符号用细实线绘制在设计线上方，其中水平细线长度等于竖曲线长，在细线上标注曲线要素（半径R、切线长T、外矢距E）的数值；两端竖直细实线长3mm，并对准竖曲线的起点和终点桩号；符号的中部竖线应对准变坡点，竖线的左侧标注变坡点的里程桩号，右侧标注变坡点的高程。图9-6中，在K63+640.00处设有一个凸形竖曲线，其半径为100000m，切线长为245.54m，外矢距为0.30m，变坡点的高程为218.00m。

4）工程构造物。公路沿线的工程构造物如桥梁、涵洞等，应在纵断面图中标出。竖直引出线应对准构造物的中心位置，标注出构造物的名称、规格和里程桩号，并在对应位置下方画出相应构造物的图例，纵断面图中常用构造物图例见表9-2。在图9-6中，分别标出了涵洞、通道的位置和规格。如$\frac{\text{1－4.0m 钢筋混凝土盖板涵}}{\text{K63＋473.00}}$表示在里程桩号K63+473.00

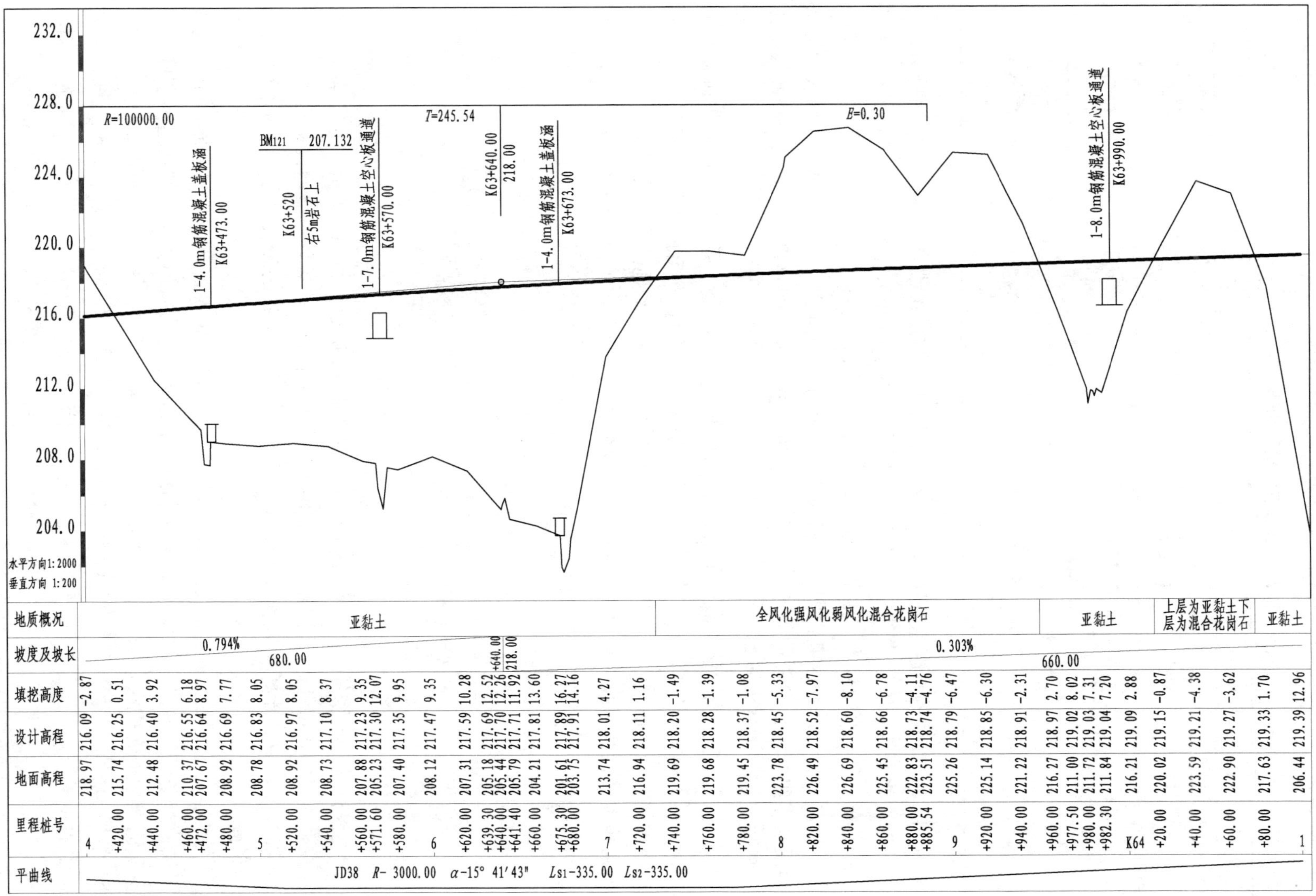
232.0
228.0
224.0
220.0
216.0
212.0
208.0
204.0
水平方向1:2000
垂直方向 1:200
R=100000.00
T=245.54
E=0.30
1-4.0m钢筋混凝土盖板涵 K63+473.00
BM121 207.132
K63+520 右5m岩石上
1-7.0m钢筋混凝土空心板通道 K63+570.00
K63+640.00 218.00
1-4.0m钢筋混凝土盖板涵 K63+673.00
1-8.0m钢筋混凝土空心板通道 K63+990.00
地质概况 亚黏土 全风化强风化弱风化混合花岗石 亚黏土 上层为亚黏土下层为混合花岗石 亚黏土
坡度及坡长 0.794% 680.00 +640.00 218.00 0.303% 660.00
填挖高度 -2.87 0.51 3.92 6.18 8.97 7.77 8.05 8.05 8.37 9.35 12.07 9.95 9.35 10.28 12.52 12.26 11.92 13.60 16.27 14.16 4.27 1.16 -1.49 -1.39 -1.08 -5.33 -7.97 -8.10 -6.78 -4.11 -4.76 -6.47 -6.30 -2.31 2.70 8.02 7.31 7.20 2.88 -0.87 -4.38 -3.62 1.70 12.96
设计高程 216.09 216.25 216.40 216.55 216.64 216.69 216.83 216.97 217.10 217.23 217.30 217.35 217.47 217.59 217.69 217.70 217.71 217.81 217.89 217.91 218.01 218.11 218.20 218.28 218.37 218.45 218.52 218.60 218.66 218.73 218.74 218.79 218.85 218.91 218.97 219.02 219.03 219.04 219.09 219.15 219.21 219.27 219.33 219.39
地面高程 218.97 215.74 212.48 210.37 207.67 208.92 208.78 208.92 208.73 207.88 205.23 207.40 208.12 207.31 205.18 205.44 205.79 204.21 201.61 203.75 213.74 216.94 219.69 219.68 219.45 223.78 226.49 226.69 225.45 222.83 223.51 225.26 225.14 221.22 216.27 211.00 211.72 211.84 216.21 220.02 223.59 222.90 217.63 206.44
里程桩号 4 +420.00 +440.00 +460.00 +472.00 +480.00 5 +520.00 +540.00 +560.00 +571.60 +580.00 6 +620.00 +639.30 +640.00 +641.40 +660.00 +675.30 +680.00 7 +720.00 +740.00 +760.00 +780.00 8 +820.00 +840.00 +860.00 +880.00 +885.54 9 +920.00 +940.00 +960.00 +977.50 +980.00 +982.30 K64 +20.00 +40.00 +60.00 +80.00 1
平曲线 JD38 R- 3000.00 α-15° 41′43″ Ls1-335.00 Ls2-335.00

图 9 - 6　路线纵断面图

处设有一座涵洞，该涵洞为钢筋混凝土盖板涵，共一孔，宽 4.0m。

表 9-2　　道路纵断面图中常用构造物图例

序　号	名　称	图　例	序　号	名　称	图　例
1	箱　涵	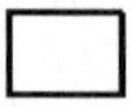	4	桥　梁	
2	盖 板 涵	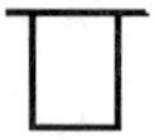	5	箱形通道	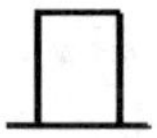
3	拱　涵		6	管　涵	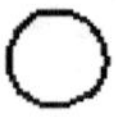

5）水准点。沿线的水准点也应标出，竖直引出线对准水准点，左侧标注里程桩号，右侧写明位置，水平线上方注出编号和高程。在图 9-6 中，在里程 K63＋520.00 处右侧距离为 5m 的岩石上有一个编号为 121 的水准点，其高程为 207.132m。

（2）资料部分。路线纵断面图的资料表与图样上下对应布置，便于阅读。这种表示方法较好地反映了纵向设计在各桩号处的高程、填方量、挖方量、纵坡度、平曲线与竖曲线的配合、地质概况等。资料表主要包括以下内容：

1）平曲线。为了表示该路段的平面线形，便于平、纵配合，通常在资料表中画出平曲线示意图。道路左、右转弯应分别用凹、凸折线表示。当不设缓和曲线段时，按图 9-7（a）标注；当设缓和曲线段时，按图 9-7（b）标注。在曲线的一侧标注交角点编号、圆曲线半径、偏角角度和缓和曲线的长度等。平、竖曲线结合，可想象出该路段的空间情况。

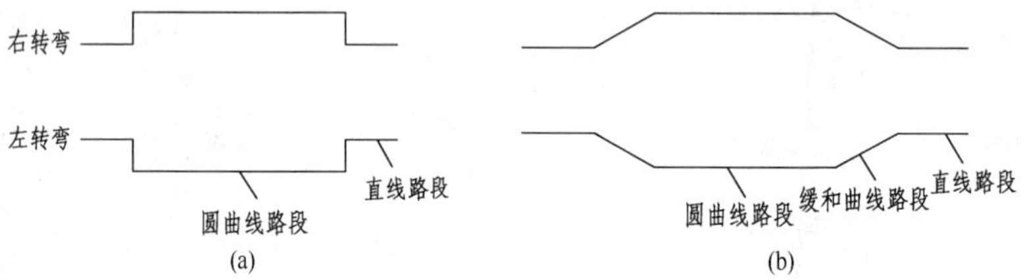

图 9-7　平曲线的标注

2）里程桩号。沿线各点的桩号是按测量的里程数值填入的，单位是 m，桩号从左向右排列。在平曲线的各特征点、水准点、桥涵中心点和地形突变点等处还需增设桩号。

3）高程。表中设计高程和地面高程与图样相互对应，分别表示设计线和地面线上各点桩号的高程。

4）填挖高度。设计线在地面线下方时需要挖土，设计线在地面上方时需要填土。填或挖的高度值是各点桩号对应的设计高程与地面高程的差值。当差值为正时其数值为填高，当差值为负时其数值为挖深，如图 9-6 所示。

5）坡度和坡长。标注设计线各段的纵向坡度和坡长。表中对角线表示坡度方向，从左下至右上表示上坡，左上至右下表示下坡，坡度和距离分别标注在对角线的上下两侧。如图 9-6 所示，在 K63＋400～K63＋640.00 路段为上坡，坡长为 680m，坡度为 0.794%，在 K63＋640.00～K64＋100 路段也为上坡，坡长为 660m，坡度为 0.303%。在 K63＋640.00

处虽然前后路段都为上坡，但因为坡度数值不同（由大坡转为小坡）且坡度差超过了技术标准的规定，因此设置了一个凸形竖曲线。

6）地质情况。根据实际测设资料，在表中标出沿线各段的地质情况。

9.1.4　路基横断面图

1. 路基横断面图的形成及作用

路基横断面图是在路线中心桩处，用假想的垂直于路线中心线的铅垂面横向剖切得到的断面图形。

路基横断面图的作用是表达各中心桩处路基横断面的形状、尺寸和地面横向的起伏情况。工程上要求在每一个中心桩处，根据测量资料和设计要求顺次画出每一个路基横断面图，作为路基施工放样和计算土石方数量的依据。

2. 路基横断面图的内容和图示方法

（1）路基横断面图的基本形式有三种：填方路基、挖方路基和半填半挖路基，如图 9-8 所示。

1）填方路基。填方路基叫路堤，整个路基全部为填土区，填土高度等于设计高程减去地面高程，填方边坡的坡度视土质而定。在图下标注有该断面的里程桩号、中心线处的填方高度 H_T(m) 以及该断面的填方面积 $A_T(m^2)$，如图 9-8（a）所示。

2）挖方路基。挖方路基叫路堑，整个路基全部为挖土区，挖土深度等于地面高程减去设计高程，挖方边坡的坡度视土质而定。在图下标注有该断面的里程桩号、中心线处的挖方深度 H_W(m) 以及该断面的挖方面积 $A_W(m^2)$，如图 9-8（b）所示。

3）半填半挖路基。这种断面是前两种断面的综合，路基断面一部分为填土区，一部分为挖土区。在图下标有该断面的里程桩号、中心线处的填（或挖）方高度以及该断面的填（或挖）方面积，如图 9-8（c）所示。

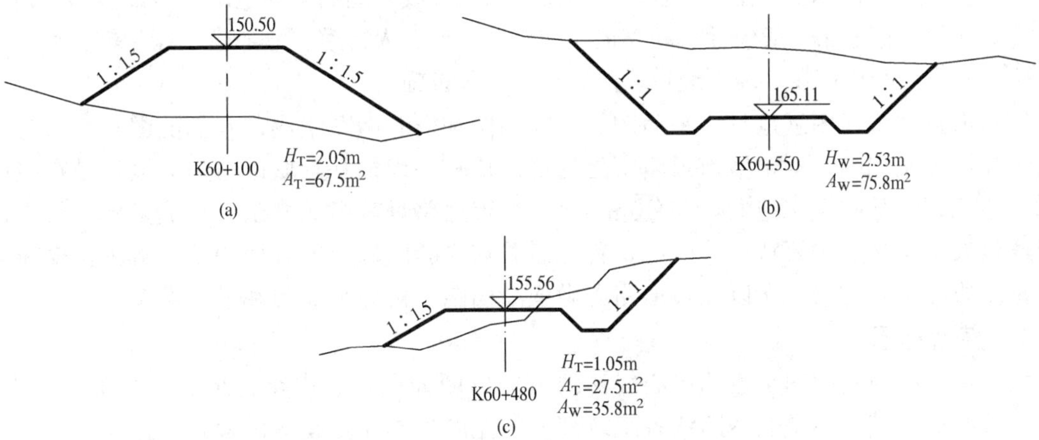

图 9-8　路基横断面图的基本形式

（a）填方路基；（b）挖方路基；（c）半填半挖路基

（2）路基横断面图的图示方法。在路基横断面图中，路基轮廓线用粗实线表示，原地面线用细实线表示，路中心线用细点画线表示。路基横断面图的比例，一般为 1∶200、1∶100 或 1∶50。

在同一张图纸上，路基横断面图按照桩号的顺序，从图纸的左下方开始，先从下向上，再从左向右排列。每个路基横断面图的下方应注有该断面的里程桩号、中心线处的填（或挖）方高度以及该断面的填（或挖）方面积等。在每张路基横断面图的右上角的角标中注明图纸序号和总张数，如图 9 - 9 所示。

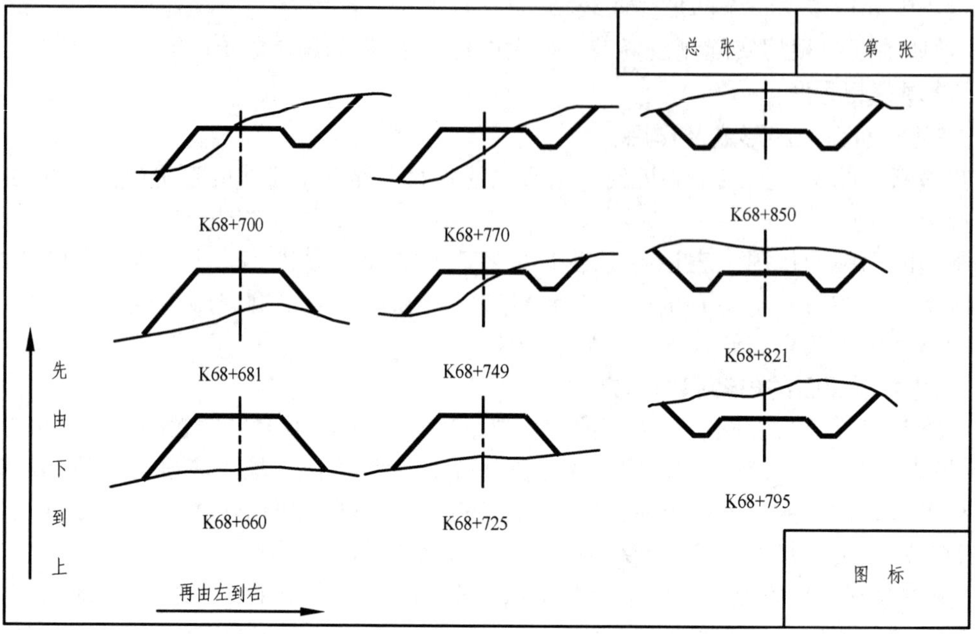

图 9 - 9　路基横断面图

9.2　城市道路路线工程图

9.2　城市道路路线工程图

按照所在位置和交通功能等，城市道路分为四类：快速路、主干路、次干路和支路。在城市里，沿街两侧建筑红线之间的空间范围为城市道路用地。城市道路一般包括机动车道、非机动车道、人行道、分隔带、绿化带、交叉口和交通广场、地下通道、高架桥等各种设施。

城市道路的工程图纸也是由平面图、纵断面图和横断面图组成，它们的图示方法与公路路线工程图完全相同。由于城市道路所处的地形比较平坦，并且城市道路的设计是在城市规划和交通规划的基础上实施的，与公路相比，城市道路具有组成复杂、功能多样、行人、车辆交通量大、交叉点多等特点，因此，首先需要在横断面的布置设计中综合解决。横断面图设计是矛盾的主要方面，所以城市道路先做横断面图，再做平面图和纵断面图。

9.2.1　横断面图

城市道路的横断面图是道路中心线法线方向的断面图。它由车行道、人行道、分隔带、绿化带等组成。其作用是表达路线各组成部分的宽度、相互之间的位置和高差。

1. 城市道路横断面布置的基本形式

根据机动车道和非机动车道不同的布置形式，道路横断面的布置有以下四种基本形式：

（1）“一块板”断面。把所有车辆都组织在同一车行道上行驶，规定机动车在中间，非机动车在两侧，以路面画线组织交通，如图 9 - 10（a）所示。

（2）“二块板”断面。用一条分隔带从道路中央分开，使往返交通分离，分向行驶，但同向交通仍在一起混合行驶，如图 9 - 10（b）所示。

（3）“三块板”断面。用两条分隔带把机动车和非机动车分离，把车行道分为三块：中间为双向行驶的机动车道，两侧为单向行驶的非机动车道，如图 9-10（c）所示。

（4）“四块板”断面。在“三块板”断面的基础上，将机动车道中间再增设一条分隔带，使机动车也分向行驶，如图 9-10（d）所示。

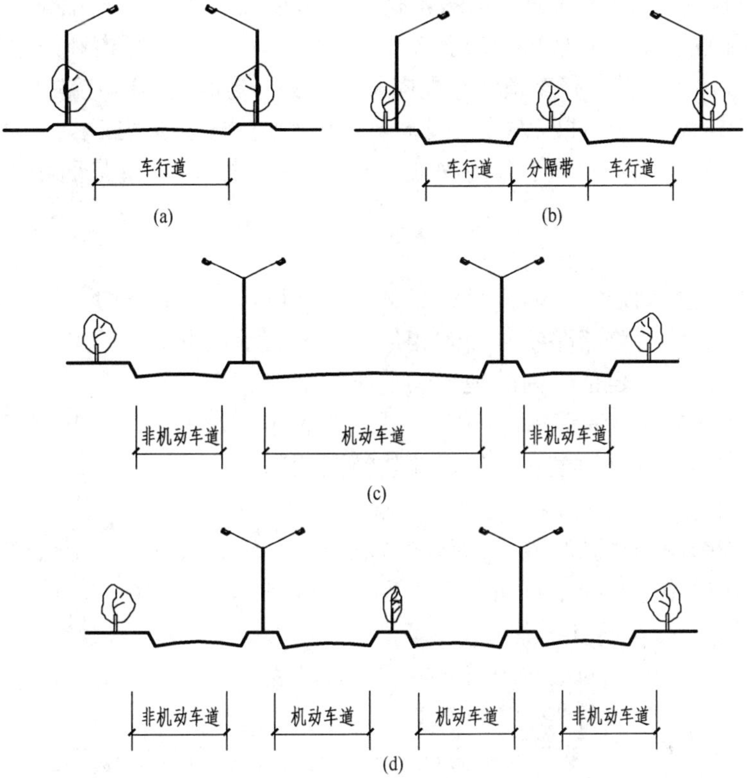

图 9-10　城市道路横断面布置的基本形式

（a）“一块板”断面；（b）“两块板”断面；（c）“三块板”断面；（d）“四块板”断面

2. 横断面图的内容

横断面设计的最后结果用标准横断面图表示。表示道路全线（或某一路段）一般情况的横断面图称为标准横断面图。图中要表示出横断面的形式、各组成部分的尺寸及其相互关系。图 9-11 为某城市道路清河街的标准横断面图，该路段采用了“一块板”断面形式，道

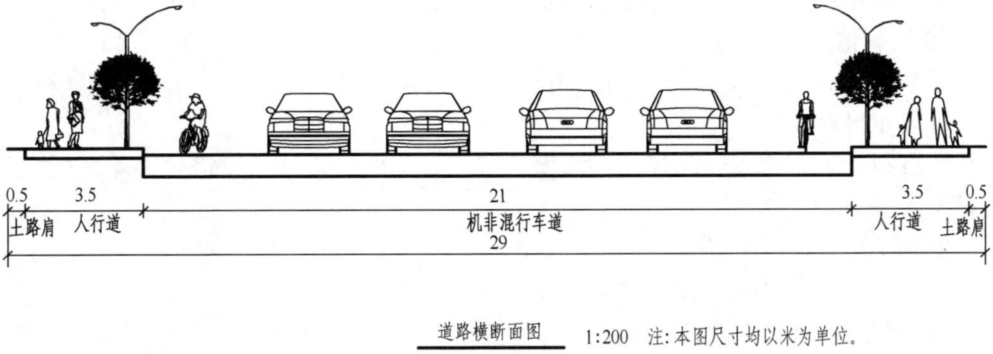

图 9-11　道路标准横断面图

路总宽为29m，机动车和非机动车混合行驶的路面宽度为21m，两侧人行道的宽度为3.5m，最外两侧还有0.5m宽的土路肩。路肩是指道路两侧由路面边缘到路基边缘的部分，分土路肩和硬路肩，硬路肩是进行了铺装的路肩。

图9-12为该路的标准横断面结构图，路面排水坡度为1.5%，两侧人行道路面排水坡度为2%，路基两侧边坡坡度为1∶1.5。图中表示了车行道、人行道和路边石的具体做法。

为了利于排水保护路基，行车道的路面向外侧倾斜一定坡度，称为路拱。该路路拱为抛物线形，图9-12中绘制了路拱曲线大样，规定垂直和水平方向上应按不同比例绘制，本例中垂直方向比例为1∶10，水平方向比例为1∶100，由大样图可知路面中线到边缘的高差为15.75cm。

9.2.2 平面图

在道路中心线位置确定、横断面各组成部分宽度设计基本完成时，再来绘制平面图。

城市道路的平面图与公路路线平面图相似，主要表示城市道路的走向、平面线形和车行道布置以及沿路线两侧一定范围内的地形、地物等情况。

图9-13为某城市道路清河街的平面图，主要表示了清河街及其与开发路的交叉情况。城市道路平面图的内容可分为道路、地形地物情况两部分。

1. 道路情况

（1）道路中心线用细点画线表示，路面宽度及路面断面布置形式用粗实线表示。为了表示道路的长度，在道路中心线上标有里程。图9-13表示的是K0＋500～K0＋799.98路段的平面图，K0＋799.98处为工程终点。

（2）道路的走向。道路的走向用指北针或坐标网表示。图中画出了指北针，同时清河街与开发路交叉口中心点坐标为$X=17661.376$，$Y=17194.588$；工程终点坐标为$X=17700.239$，$Y=17175.861$。从指北针方向可知，道路的走向是北偏西走向。

（3）城市道路平面图所采用的比例较公路路线平面图大，本图比例是1∶1000。因此车行道、人行道的分布和宽度可按比例画出。由图9-13中看出：机动车、非机动车混合车道宽21m，人行道宽3.5m，无分隔，为“一块板”断面布置形式。

（4）图中与清河街交叉的开发路是计划扩建的道路，用中粗的虚线表示，可看出也是“一块板”断面布置形式，路口处设置圆曲线，以保证车辆平顺地改变行车方向。

（5）在与开发路交叉的路口还设置了平曲线，图9-13中表示了交角点1的位置，标出了ZY点、QZ点、YZ点，并给出了平曲线要素。

（6）平面图中还画出了用于排水的雨水井的位置。

2. 地形地物情况

（1）通常用等高线表示地形的起伏变化。本例中城市道路所在的地势比较平坦，只用了一些地形点表示高程。

（2）本段道路是某市新区新建的一段城市道路，沿线许多建筑物需要拆除。图中的其他图例可以查阅表9-1。

9.2.3 纵断面图

城市道路的纵断面图也是沿道路中心线的展开断面图，作用与公路路线纵断面图相同，主要表达路线线型、地面起伏、地质情况等。其内容也是由图样和资料表两部分组成，如图9-14所示。

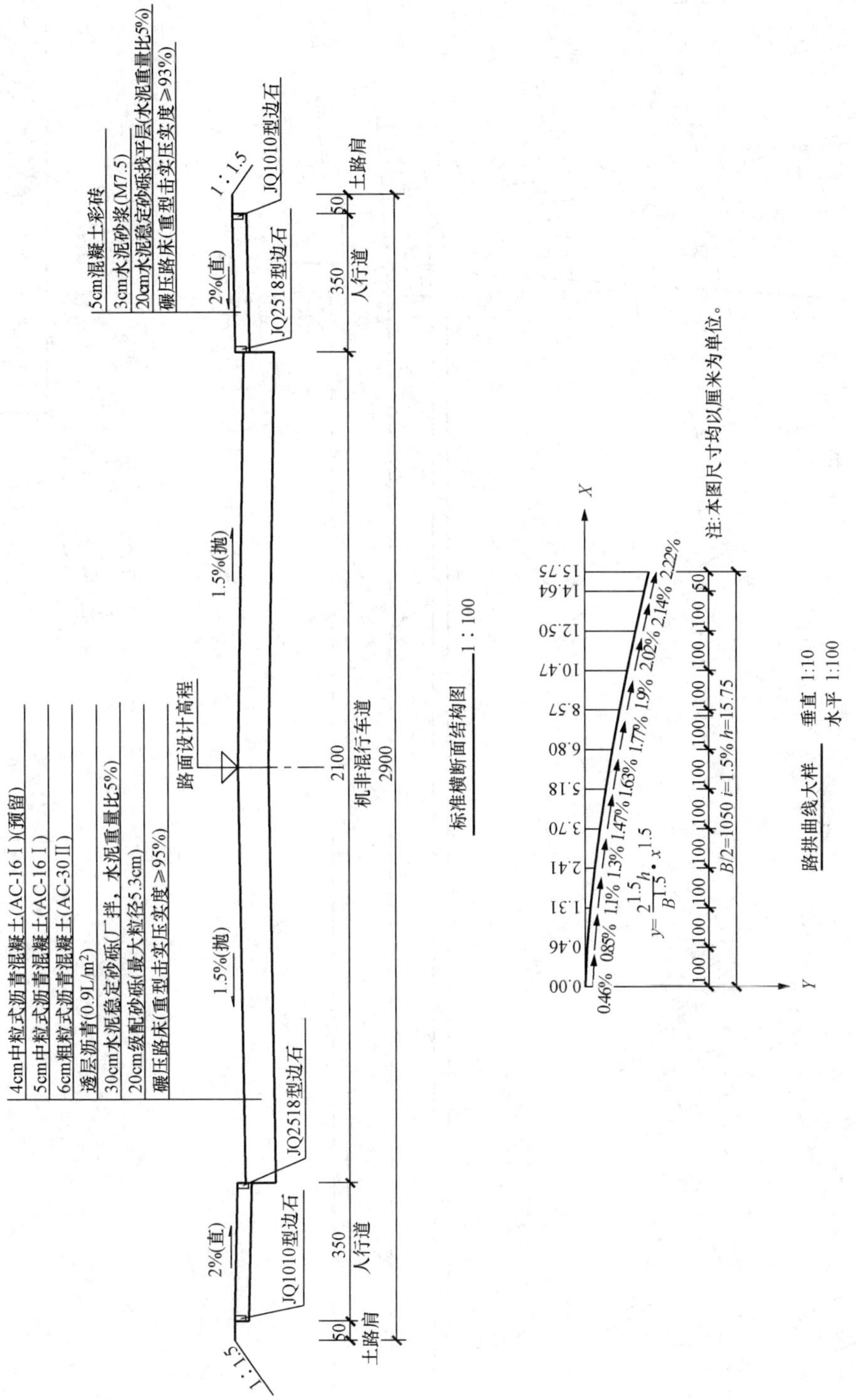

图 9-12 标准横断面结构图

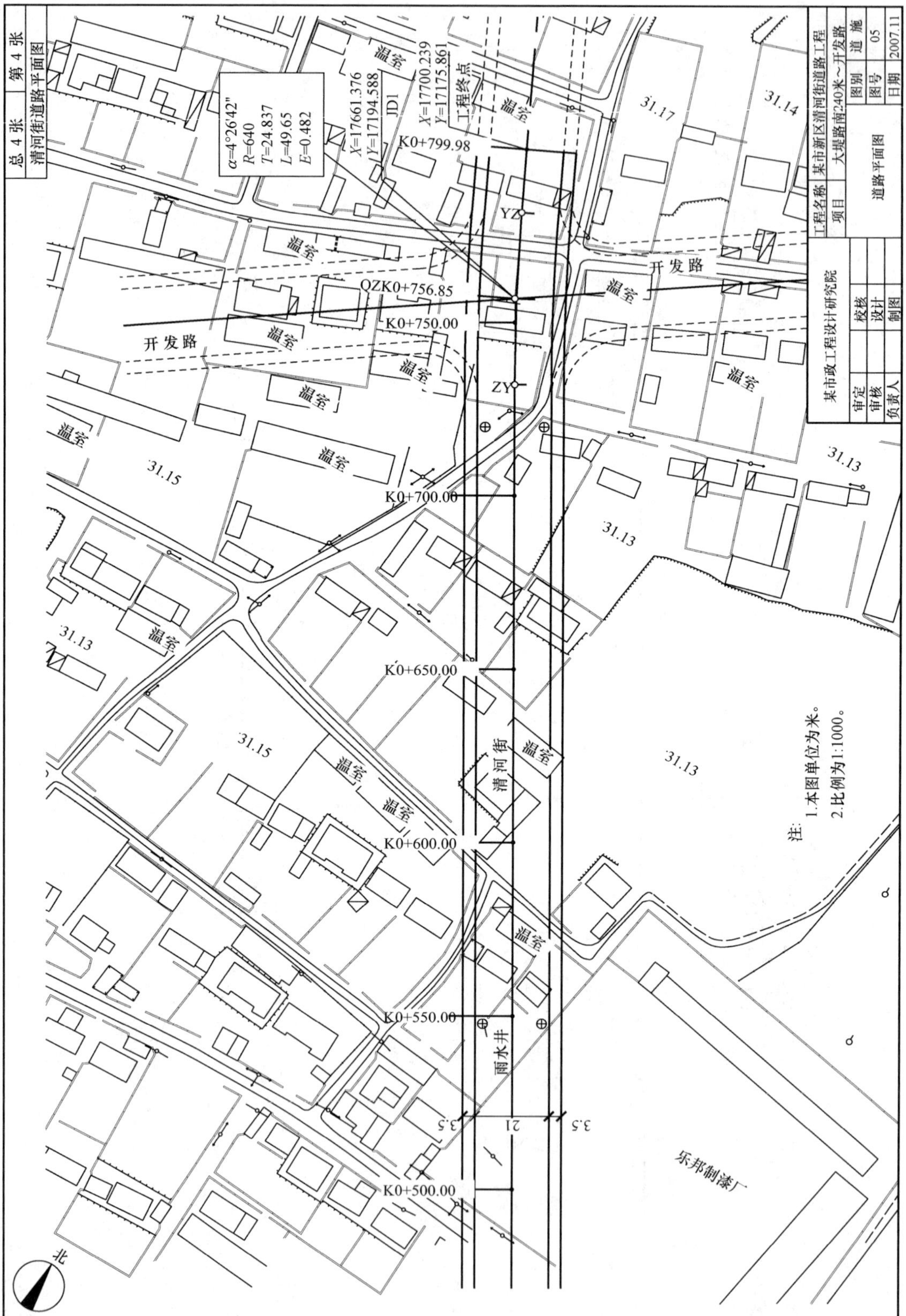
总 4 张
第 4 张
清河街道路平面图
α=4°26′42″
R=640
T=24.837
L=49.65
E=0.482
X=17661.376
Y=17194.588
JD1
X=17700.239
Y=17175.861
工程终点
K0+799.98
YZ
开发路
QZK0+756.85
K0+750.00
ZY
K0+700.00
K0+650.00
清河街
K0+600.00
K0+550.00
雨水井
K0+500.00
3.5
21
3.5
温室
31.17
31.14
31.15
31.13
乐邦制漆厂
北
注：
1.本图单位为米。
2.比例为1:1000。
某市政工程设计研究院
审定
审核
负责人
校核
设计
制图
工程名称
某市新区清河街道路工程
项目
大堤路南240米～开发路
道路平面图
图别
道 施
图号
05
日期
2007.11

图 9 - 13 道路平面图

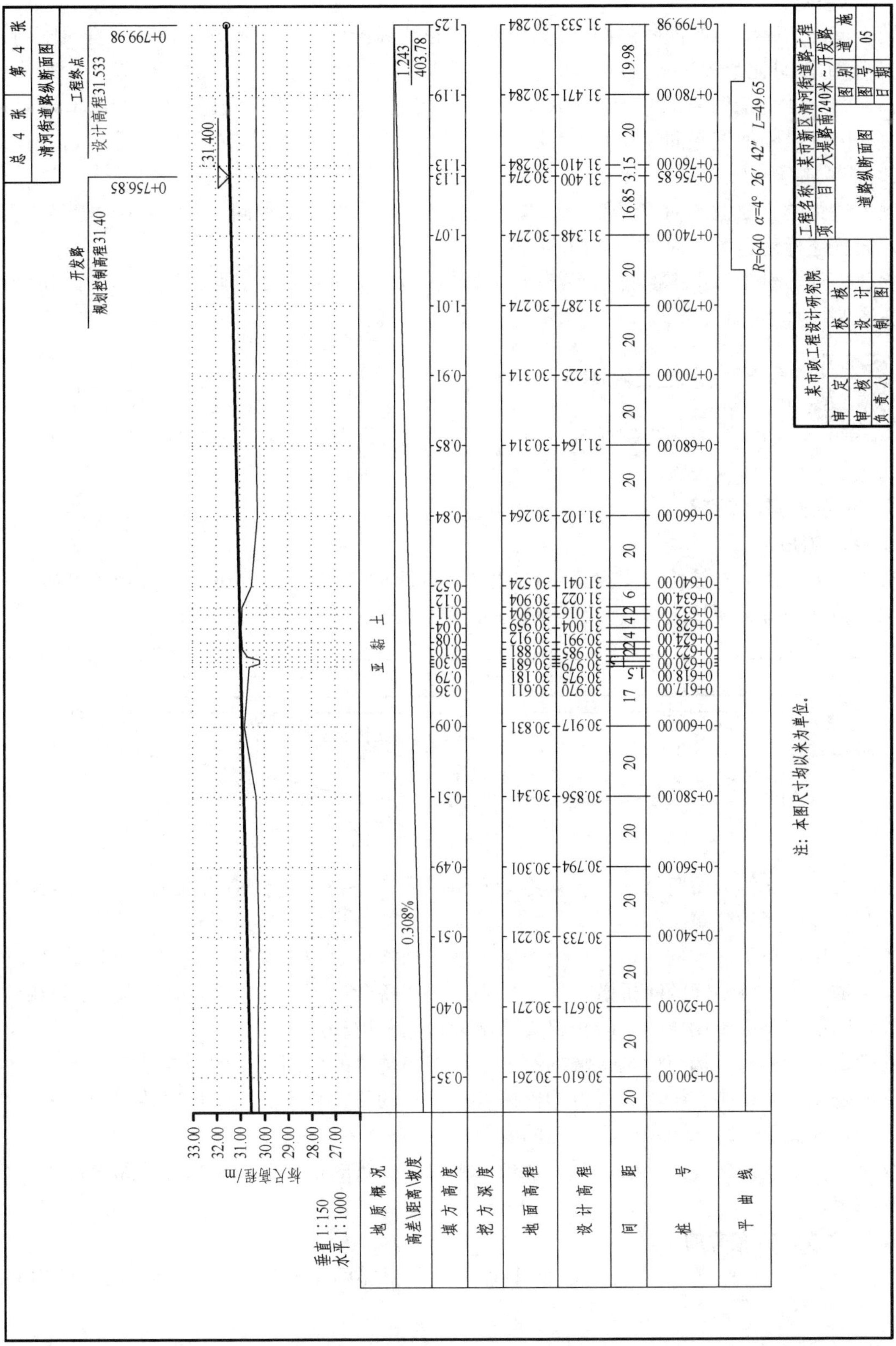
总 4 张
第 4 张
清河街道路纵断面图
开发路
规划控制高程31.40
工程终点
设计高程31.533
31.400
0.308%
亚 黏 土
垂直 1:150
水平 1:1000
标尺高程/m
地质概况
高差\距离\坡度
填方高度
挖方深度
地面高程
设计高程
间 距
桩 号
平 曲 线
R=640 α=4° 26′ 42″ L=49.65
注：本图尺寸均以米为单位。
某市政工程设计研究院
工程名称 某市新区清河街道路工程
项 目 大晃路南240米～开发路
道路纵断面图
图 别 道 施
图 号 05
日 期
审 定
审 核
负责人
校 核
设 计
制 图

图9-14 道路纵断面图

1. 图样部分

城市道路的路线纵断面图的图样部分与公路路线纵断面图的图示方法相同。绘图比例一般也是竖直方向比水平方向放大 10 倍，本图水平方向采用 1∶1000，竖直方向则采用 1∶150。图9-14 为清河街 K0＋500～K0＋799.98 路段的纵断面图。由于该路所占地形面相对平缓，因此纵断面图竖向变化甚小。

2. 资料部分

城市道路的纵断面图的资料部分基本上与公路路线纵断面图相同，不仅与图样部分上下对应，而且还标注有关方面的设计内容。

除此之外，对于城市道路排水系统的设计，还应作出排水系统纵断面图、雨水口和检查井构造图等，本书从略。

9.3 桥梁工程图

9.3 桥梁工程图

当道路跨越河流、山川或低洼地带以及其他路线（公路或铁路）时，需要修筑桥梁。

9.3.1 桥梁的基本组成

1. 基本组成

桥梁主要是由上部结构（主梁或主拱圈和桥面系）、下部结构（桥墩、桥台和基础）及附属构造物（护岸、栏杆、灯柱等）组成，如图 9-15 所示。

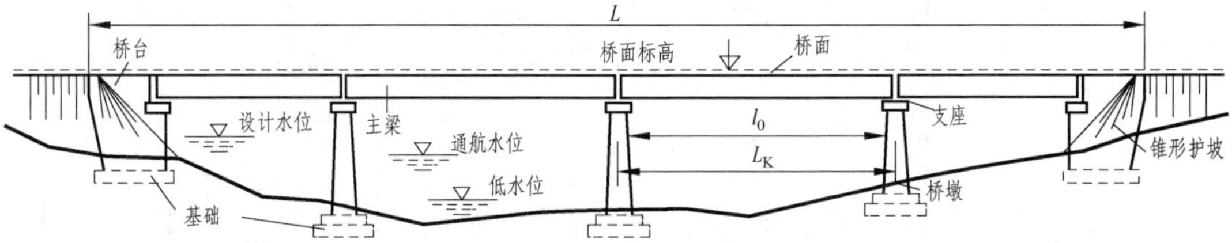

图 9-15　桥梁的基本组成

上部结构，又称为桥跨结构，包括主梁和桥面系，是路线遇到障碍（如河流、山谷等）而中断时跨越障碍的建筑物。作用是承受车辆荷载，并通过支座传给墩台。

桥墩和桥台是下部结构，是支撑上部结构并将结构重力和车辆等荷载作用传到地基土层中的建筑物。位于桥中间的叫桥墩，位于桥两端的叫桥台。桥台除了上述作用外，还与路堤相衔接，以抵御路堤土侧压力，防止路堤填土的滑坡和坍塌。

基础是桥梁下部结构与地基接触的部分，起支撑桥梁的作用，一般埋在地面以下。

支座是在桥跨结构与桥墩或桥台的支撑处所设置的传力装置。它不仅要传递很大的作用效应，并且要保证桥跨结构能产生一定的变位。

在路堤与桥台衔接处，一般还要在桥台两侧设置砌筑的锥形护坡，来保证路堤迎水部分边坡的稳定。

2. 与桥梁结构有关的术语

（1）净跨径（l_0）。对于梁式桥是设计洪水位上相邻两个桥墩（或桥台）之间的净距，如图 9-15 所示。

（2）标准跨径（L_K）。相邻两桥墩中心线之间的距离或桥墩中心线与桥台台背前缘线之间的长度，如图 9-15 所示。

（3）总跨径（$\sum l_0$）。多孔桥梁中各孔净跨径的总和，反映了桥下宣泄洪水的能力。

（4）桥梁全长（L）。简称桥长，它是划分大、中、小桥梁的重要指标之一，是桥梁两端两个桥台的侧墙或八字墙后端点之间的距离，如图 9-15 所示。

（5）桥梁高度。简称桥高，是指桥面与低水位之间的高差，或为桥面与桥下线路路面之间的距离。

（6）桥下净空高度（H）。是指设计水位或通航水位至桥跨结构最下缘之间的距离。

（7）设计水位。桥梁设计中按规定的设计洪水频率计算所得的高水位称为设计水位。

（8）通航水位。是指在各级航道中，能保持船舶（队）正常航行时的最高和最低水位，并据以确定桥梁的桥下净空高度。

（9）低水位和高水位。在枯水季节的最低水位称为低水位。洪峰季节河流中的最高水位称为高水位。

3. 桥梁的分类

桥梁的形式有很多种，常见的分类形式有：

（1）按结构形式分为梁式桥、拱桥、悬索桥、刚架桥、斜拉桥和组合体系桥等。

（2）按主要承重结构所用的材料分为木桥、圬工桥（包括砖、石、混凝土桥）、钢筋混凝土桥、预应力混凝土桥和钢桥等。

（3）按跨越障碍物的性质分为跨河桥、跨谷桥、跨线桥和高架线路桥等。

（4）按桥长和跨径不同分为特大桥、大桥、中桥、小桥和涵洞。《公路工程技术标准》（JTG B01—2014）规定的划分标准见表 9-3。

表 9-3　　桥 梁 涵 洞 分 类

桥涵分类	多孔跨径总长 L/m	单孔跨径 L_K/m	桥涵分类	多孔跨径总长 L/m	单孔跨径 L_K/m
特大桥	$L>1000$	$L_K>150$	小　桥	$8\leqslant L\leqslant 30$	$5\leqslant L_K<20$
大　桥	$100\leqslant L\leqslant 1000$	$40\leqslant L_K\leqslant 150$	涵　洞	—	$L_K<5$
中　桥	$30<L<100$	$20\leqslant L_K<40$			

本节着重介绍钢筋混凝土梁桥工程图的图示内容和图示方法。

9.3.2　钢筋混凝土梁桥工程图的识读

桥梁的结构形式和建筑材料不同，但图示方法基本上是相同的。表示桥梁工程的图样一般可分为桥位平面图、桥位地质断面图、桥梁总体布置图、构件图等。

1. 桥位平面图

桥位平面图主要是表示桥梁的平面位置，与路线的连接情况，以及周围地形、地物等情况。桥位平面图常用的比例有 1∶500、1∶1000 或 1∶2000 等。通过地形测量绘出桥位处的道路、河流、水准点、钻孔及附近的地形和地物，作为设计桥梁、施工定位的依据。

如图 9-16 所示，为××大桥桥位平面图，该桥梁与本章第一节中所述某公路 K63＋400 至 K64＋100 路段相连接。可以看出，桥位平面图与路线工程图中的“平面总体设计图”基本相同，不同的是突出了桥梁，把桥墩和桥台的位置明确地表示了出来。

该图比例为 1∶2000，表示了桥位与路线的连接情况，桥位周围的地形和地物等情况。桥位平面图中有关地形部分的植被、水准符号、测点高程及地物等均应朝正北方向标注，而

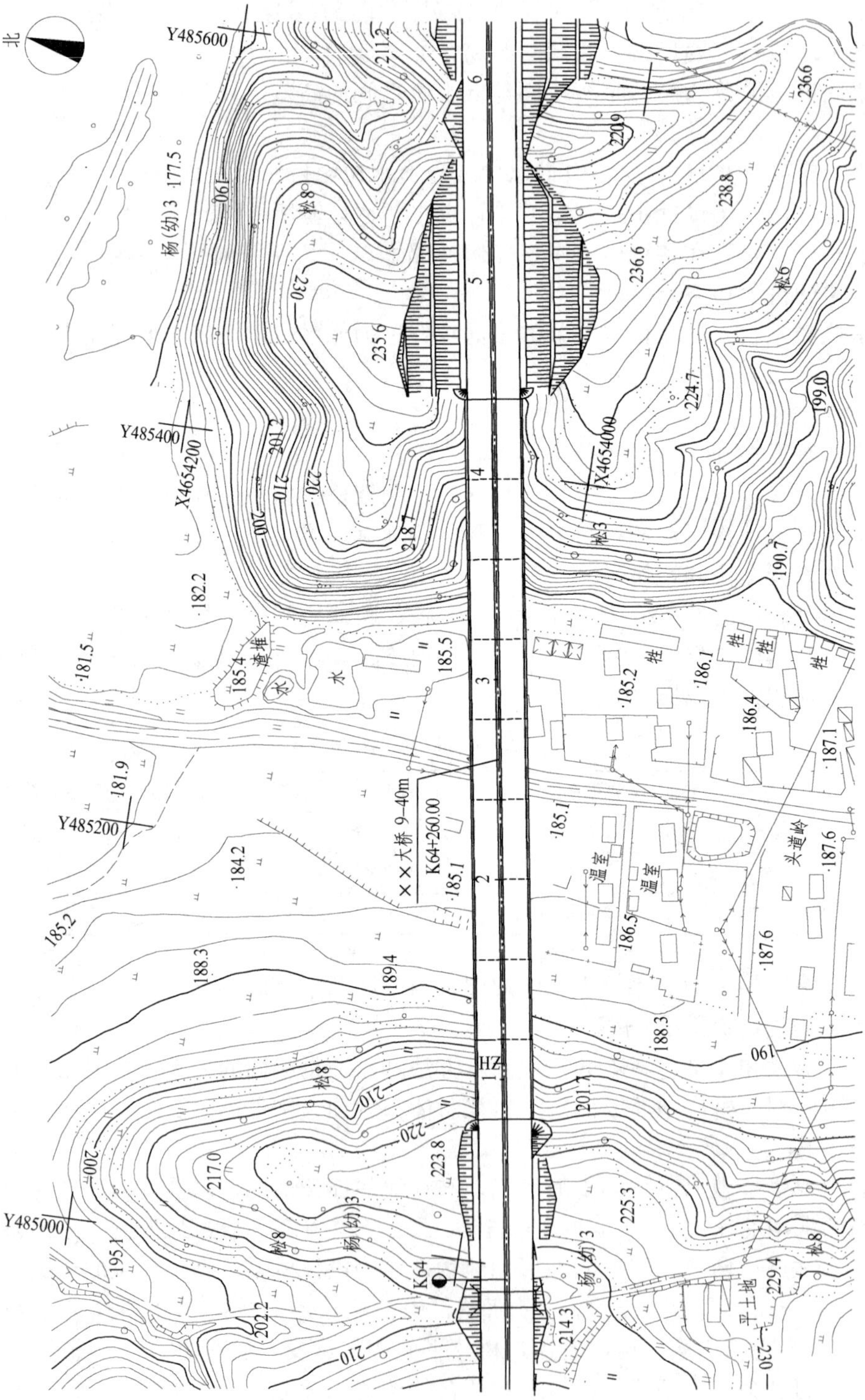

××大桥桥位平面图 1∶2000

图 9-16 桥位平面图

路线、桥位文字方向则可按路线要求以及总图标方向来决定。桥梁中心里程桩号为 K64+260.000，为9孔 40m 预应力混凝土梁桥。

2. 桥梁总体布置图

桥梁总体布置图是指导桥梁施工的主要图样，它表明了桥梁的形式、跨径、孔数、总体尺寸、桥梁标高、各主要构件的相互位置关系、材料数量以及总的技术说明等，是施工时确定墩台位置、安装构件和控制高程的依据。桥梁总体布置图包括立面图、平面图、资料表和横剖面图等。

图 9-17 和图 9-18 为××大桥桥梁总体布置图，为 9 孔 40m 预应力混凝土简支变连续 T 梁桥。由于本座桥较大，桥梁总体布置图在一张图样中无法表达，因此由两张图纸构成。立面图、平面图和资料表对应布置在同一张图样中，比例为 1∶1000，如图 9-17 所示。为了清晰表达上、下部结构的形状和尺寸，横剖面图的比例较立面图、平面图更大，为 1∶100，布置在另一张图样上，如图 9-18 所示。

（1）立面图。如图 9-17 所示，立面图比例为 1∶1000，可以看出桥梁的特征和桥型。桥梁全长 367.04m，中心里程桩号为 K64+260.000，起点桩号 K64+076.480，终点桩号 K64+443.520。全桥共有九孔，分为（2×40+40.01)m+(40.01+40+40.01)m+(40.01+2×40)m 三联。

上部结构采用 40m 预应力混凝土简支变连续 T 形梁。下部结构桥墩采用柱式桥墩，桩基础；两端桥台采用重力式桥台和埋置式桥台，扩大基础。图 9-17 中 0 号～9 号为桥梁墩台的编号，0 号和 9 号为桥台，其余为桥墩编号。

立面图中梁底至桥面之间画了三条线，表示梁高和桥中心线处的桥面厚度。桥墩直径为 1.8m，其基础圆桩直径为 2.0m。图中标注了各桩基顶面和底面的高程，由此可知每根圆桩的长度。图中还标注了两端桥台基础的埋置深度。

在工程图中，人们习惯假设没有填土或填土为透明体，因此埋在土里的基础和桥台部分仍用实线表示。

（2）平面图。如图 9-17 所示，平面图比例为 1∶1000。

左半部分为平面图，主要表达与路基的连接情况、锥形护坡、车行道、安全栏和中央分隔带的布置等。从图中尺寸标注看出：路基宽 26m，桥梁全宽 25.5m，两侧车行道各宽 11.25m，中央分隔带宽 2.0m，两侧安全栏各宽 0.5m。

右半部分是假想把上部结构移去，表达了 5 号、6 号、7 号、8 号桥墩及 9 号桥台的平面形状和位置。图中画出了墩帽和圆柱墩的投影，并给出了双柱式墩之间的中心距离及墩帽的尺寸。画右端桥台平面图时，通常将桥台背后的路堤填土掀开，两边的锥形护坡也省略不画，目的使桥台平面图更为清晰。按施工时挖基坑的需要，只标出桥台基础的平面尺寸。

顺便指出，根据《道路工程制图标准》的规定，尺寸标注中的尺寸起止符号宜采用箭头，如图 9-17 所示。尺寸起止符号也可画成 45°短斜线。

（3）资料表。在平面图的下方对应有资料表，资料表的内容包括：

1）地面线桩号：桩距 20m 一个桩，表示出各个桩及其加桩。

2）中线地面高程：是指桥面中心线处对应桩号的地面高程。

3）坡度和坡长：桥上设有一个变坡点，在桩号 K64+300 处，是凸形竖曲线。

注：本图说明见桥梁总体布置图（二）

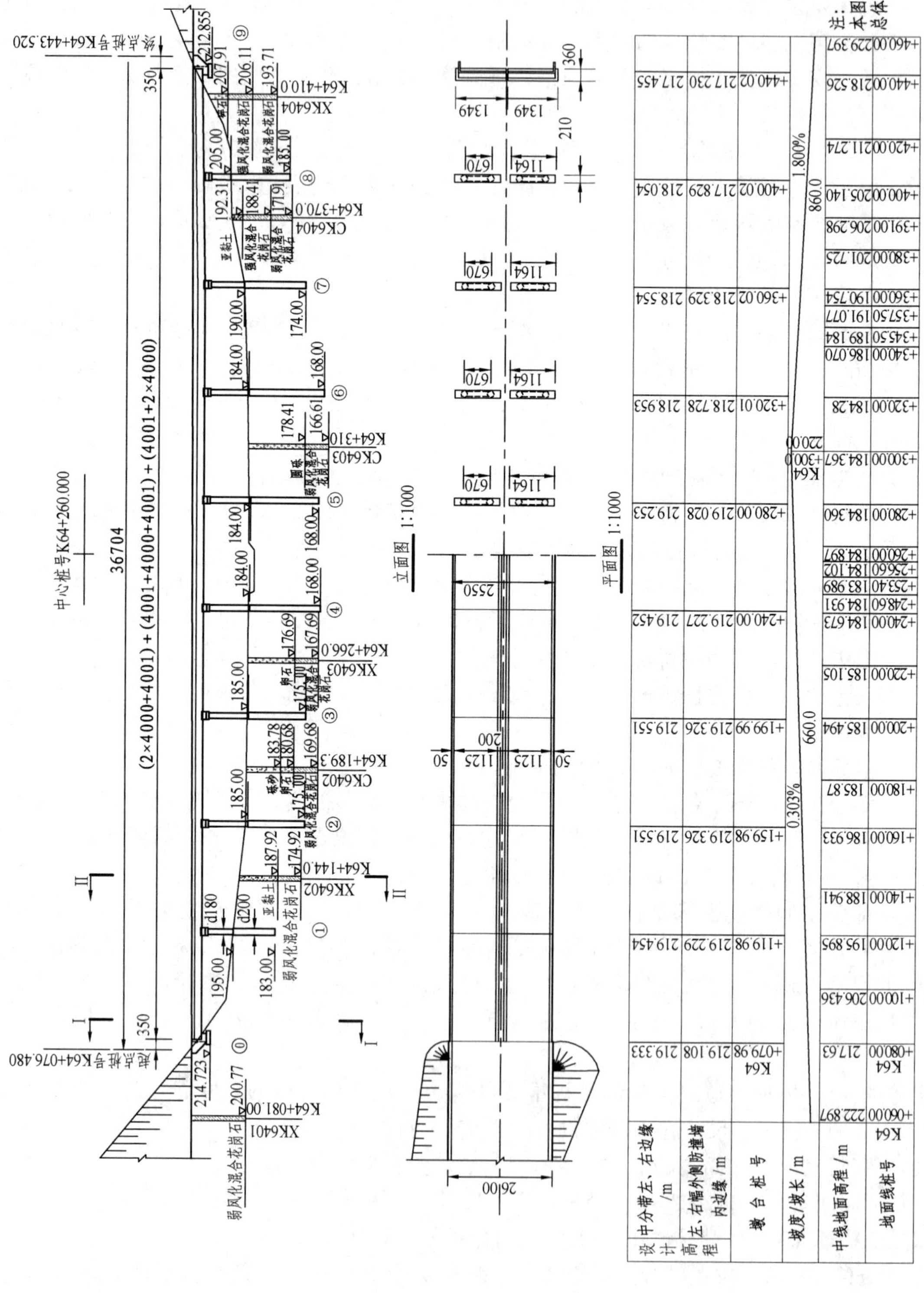

图 9-17　桥梁总体布置图（一）

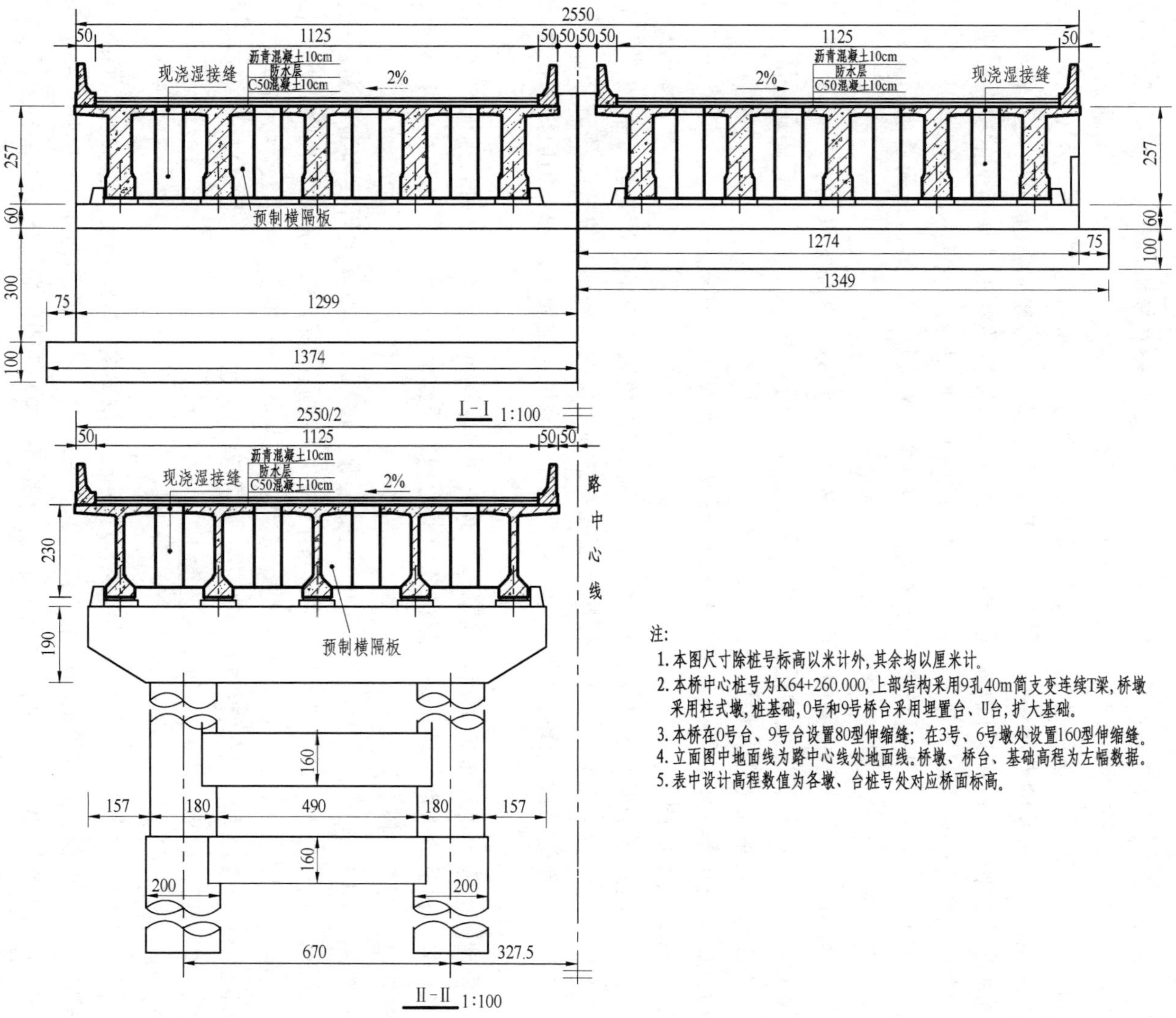

注：
1. 本图尺寸除桩号标高以米计外，其余均以厘米计。
2. 本桥中心桩号为K64+260.000，上部结构采用9孔40m简支变连续T梁，桥墩采用柱式墩，桩基础，0号和9号桥台采用埋置台、U台，扩大基础。
3. 本桥在0号台、9号台设置80型伸缩缝；在3号、6号墩处设置160型伸缩缝。
4. 立面图中地面线为路中心线处地面线。桥墩、桥台、基础高程为左幅数据。
5. 表中设计高程数值为各墩、台桩号处对应桥面标高。

图9-18 桥梁总体布置图（二）

4）墩台桩号：表示 0 号～9 号各墩、台的里程。

5）设计高程：桥梁两侧设有防撞墙，中间设有中央分隔带。对应着每一个桥墩、桥台，表中给出左幅（位于前进方向左侧的是左幅，右侧的是右幅）外侧防撞墙内边缘高程、右幅外侧防撞墙内边缘高程，中央分隔带左、右边缘高程。

（4）横剖面图。图 9－18 所示为横剖面图，该图包括Ⅰ—Ⅰ和Ⅱ—Ⅱ两个图样，比例 1∶100。根据立面图中标注的剖切位置可以看出，Ⅰ—Ⅰ是在 0 号桥台和 1 号桥墩之间的跨端进行剖切；Ⅱ—Ⅱ是在 1、2 号桥墩之间的跨中进行剖切。

Ⅰ—Ⅰ剖面图主要表达桥梁的上部结构和桥台，因为 0 号桥台的左、右幅不对称，所以用全剖面图表示。桥梁的上部结构共由 10 片 T 型梁组成，0 号桥台左幅采用埋置式桥台，右幅采用重力式桥台，图中只画出了桥台的可见部分，具体构造和尺寸如后面的桥台构造图所示。图中清晰反映出桥面各部分的宽度尺寸、桥面的横向坡度和桥面铺装的材料及厚度。图中还画出了 T 形梁翼板和预制横隔板之间的湿接缝，湿接缝是在梁、板间通过钢筋、钢板连接后再浇筑混凝土而使梁板成为一体共同受力。

Ⅱ—Ⅱ剖面图主要表达桥梁的上部结构和桥墩，因为对称，剖面图只画了左半边。由于是在跨中剖切，可看出 T 形梁的截面尺寸与Ⅰ—Ⅰ剖面图中不同。桥墩为双柱式桥墩，由盖梁、立柱和柱间系梁组成，桥墩下面为桩基础。

结合立面图和平面图，可以知道桥梁各部分的构造及其布置情况。

3. 桥位地质断面图

桥位地质断面图是根据水文调查和地质钻探所探得的资料绘制的河床地质断面图，表示桥梁所在位置的地质水文情况，包括河床断面线、最高水位线、各钻井位置以及钻探的地质情况和高程等，作为桥梁设计的依据。小型桥梁可不绘制桥位地质断面图，但应该写出地质情况说明。

桥位地质断面图可以单独画出，为了显示地质和河床深度变化情况，可将地形高度的比例较水平方向比例放大数倍画出。实际设计中，常把地质断面图按竖直方向和水平方向同样比例直接画入桥梁总体布置图中。

在图 9－17 中，立面图上反映了河床的地质情况。该图中的不规则折线为河床断面线。该桥共有七个钻孔，表示了河床不同部位、不同深度的地质情况，分别用地质图例表示并标明它们的高程。图中“CK”表示初步勘探，“XK”表示详细勘探，其后数字为编号。如“XK6402”表示编号为 6402 的详细勘探钻孔，在高程 174.92～187.92m 之间为 13m 厚的弱风化混合花岗石，高程 187.92m 以上为亚黏土。

4. 构件图

在桥梁总体布置图中，由于比例的关系，不可能将桥梁各构件详细、完整地表达出来。为了给施工提供依据，还需要根据桥梁总体布置图采用较大的比例，把构件的形状、大小和钢筋的布置情况表达出来，这种图称为构件结构图，简称构件图，如桥墩图、桥台图、主梁图和桩基图等。构件图常用的比例为 1∶10～1∶50。

构件图主要表明构件的外部形状及内部构造（如配筋情况等），所以又包括构造图和结构图两种。只画构件形状、不表示内部钢筋布置的称为构造图，当外形简单时该图可省略。主要表示钢筋布置情况的称为结构图，结构图一般应包括钢筋布置情况、钢筋编号及尺寸、钢筋详图（即钢筋成型图）、钢筋表等内容，其图示方法与第 8 章 8.3.2 中所述钢筋混凝土构件详图的画法完全相同。

（1）桥墩图。桥墩是桥梁的下部结构，支撑着桥梁上部结构所传来的作用效应，并将作用效应传递给基础。桥墩的类型较多，按其构造可分为实体墩、空心墩、柱式墩、排架墩等类型。其中柱式墩是目前公路桥梁中广泛采用的桥墩形式，它主要由盖梁（墩帽）、柱式墩身和桩基础组成。一般可分为单柱、双柱和多柱等形式。

图 9-19 为××大桥钻孔灌注桩双柱式桥墩的一般构造图，由立面图、平面图和侧面图表达。从图中看出，桥墩采用双圆柱式桥墩、钻孔灌注桩基础，柱与桩直接相连，桥墩墩柱直径为 180cm，桩基础直径为 200cm。盖梁采用钢筋混凝土盖梁，长度为 1164cm，高度 190cm，宽度 210cm。柱间系梁高度 160cm，宽度 140cm。为了架梁的需要，盖梁上设有支座垫石，盖梁两侧设有防震挡块，其目的是防止主梁在横桥向发生落梁现象。

（2）桥台图。桥台和桥墩一样同属于桥梁的下部结构，位于桥梁的两端，它起着支撑上部结构和连接两岸道路的作用，同时还承受桥头路基填土的压力。桥台通常按其形式分为重力式桥台、埋置式桥台、轻型桥台、框架式桥台和组合式桥台等。

重力式桥台主要由砌石、片石混凝土或混凝土等圬工材料就地砌筑或浇筑而成，圬工体积大，自重大，一般在填土高度不大时采用；当路堤填土高度超过 6～8m 时可采用埋置式桥台。

图 9-17 所示大桥的 0 号桥台分别采用埋置式桥台（左幅）和重力式桥台（右幅），扩大基础；9 号桥台采用埋置式桥台，扩大基础。现以 0 号桥台为例，介绍这两种桥台的构造图。

1）重力式桥台。图 9-20 为 0 号桥台右幅重力式桥台一般构造图。该桥台由台身、台帽和基础组成，其平面形状呈 U 字形，所以常称为 U 形桥台。台身包括前墙和侧墙，前墙顶部设置台帽，以便放置支座来支承上部结构；侧墙是用来连接路堤并抵挡路堤填土向两侧的压力。

桥台构造图用立面图、平面图、侧面图和Ⅰ—Ⅰ断面图表示，比例均为 1∶100。立面图采用半幅桥台的台前来表示，主要表达桥台正立面的形状和尺寸。台前是指观察者站在桥下沿着路线纵向观看桥台前面所得到的投影图，台后是指观察者站在堤岸一侧观看桥台背后所得到的投影图。平面图主要表达桥台各部分的平面形状和尺寸。侧面图主要表达桥台侧面的形状和尺寸。Ⅰ—Ⅰ断面图表达了侧墙及基础的断面形状和尺寸。

由该桥台一般构造图可知，桥台基础采用扩大基础，基础厚度为 100cm。桥台前墙顶部设置台帽，台帽上设有五块支座垫石，两侧设有防震挡块，前墙背面设有牛腿，用于放置桥头搭板，使桥梁与路面衔接平顺，以防桥头跳车。桥台顶面位于中分带处的防撞搭板采用 C30 混凝土，与台帽一起现场浇注。桥台两侧设有锥形护坡，该侧锥坡的坡度为 1∶1。另外，图中标注了多处高程，如基础外侧边缘点前趾 A 点的高程等。

图中用更大比例绘制了侧墙顶的钢筋图，内容包括配筋立面图、Ⅱ—Ⅱ配筋断面图和①、②号钢筋的钢筋详图。

图中还列出了该桥台的工程数量表。可知基础、前墙和侧墙墙身均采用 C20 片石混凝土，侧墙顶采用 C25 混凝土，桥台前墙、侧墙等外露部分均采用块石镶面。

2）埋置式桥台。图 9-21 所示为 0 号桥台的左幅埋置式桥台一般构造图，用立面图、平面图和侧面图表示，比例均为 1∶100。该桥台台身顶部设置台帽，以便放置支座来支承上部结构，台顶部分用防护墙将台帽与填土隔开；台身不需另设侧墙，仅附有短小的钢筋混凝土耳墙，它与路堤衔接。

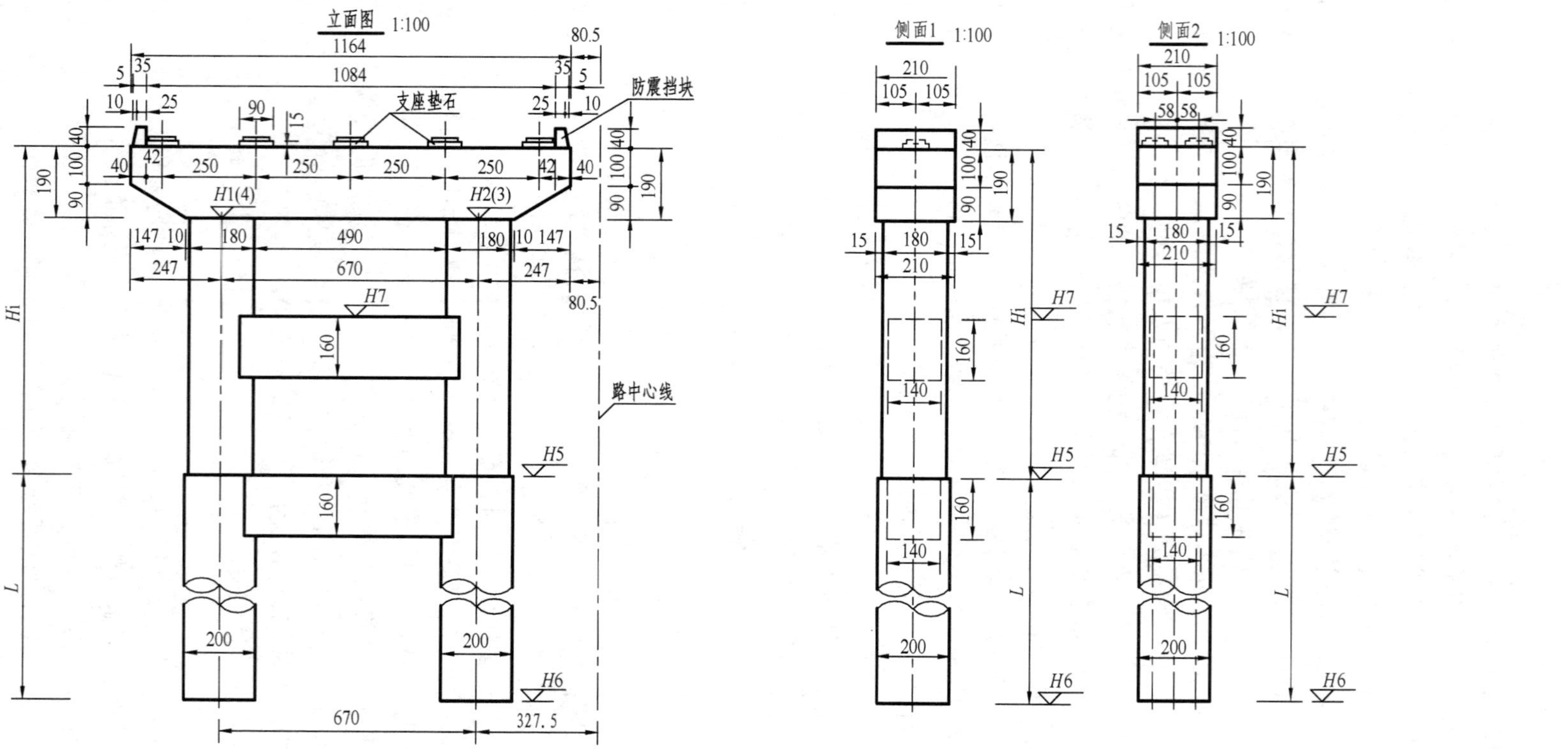

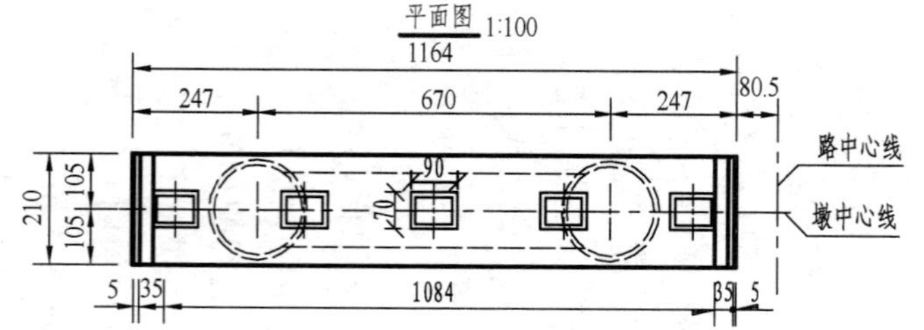

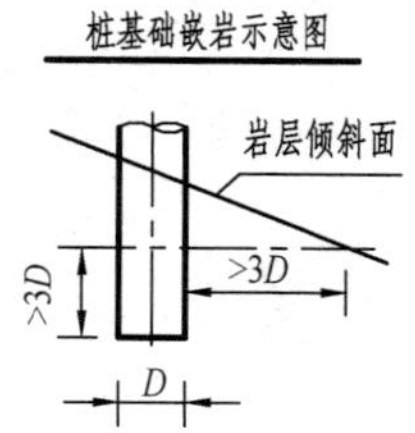

注：
1. 本图尺寸均以厘米计。
2. 桥墩墩柱采用C30混凝土。墩柱编号按照路线前进方向从左到右排列。
3. 支座垫石尺寸70×90×15，其中15为垫石中心高度，垫石顶面保证水平。
4. 图中具体数值以及柱间系梁设置情况见《标高尺寸表》。
5. “侧面1”适用于中间桥墩，“侧面2”适用于伸缩缝边墩，“平面图”仅示出中间桥墩。
6. 桥墩桩基础应满足图中嵌岩示意图的具体要求，图中岩石倾斜表面至少应从弱风化岩层表面算起，图中“D”为桩基础成孔直径。

图 9-19 双柱式桥墩一般构造图

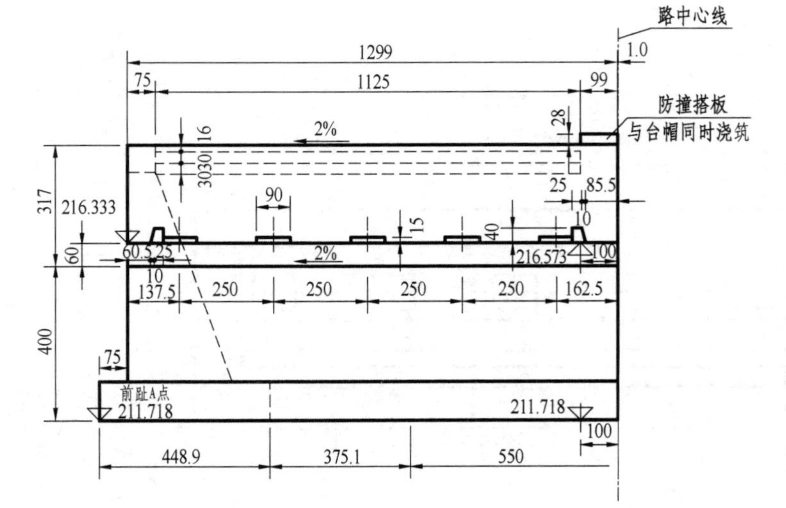

立面 1:100

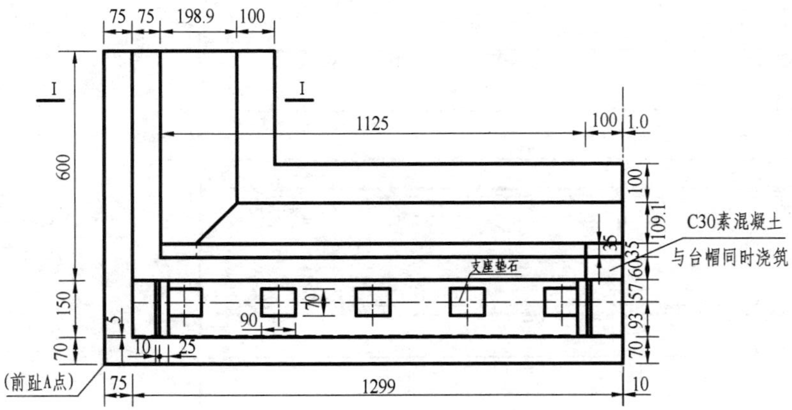

平面 1:100

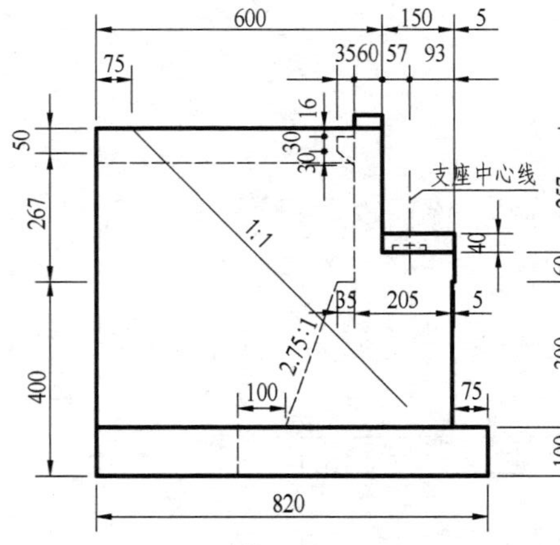

侧面 1:100

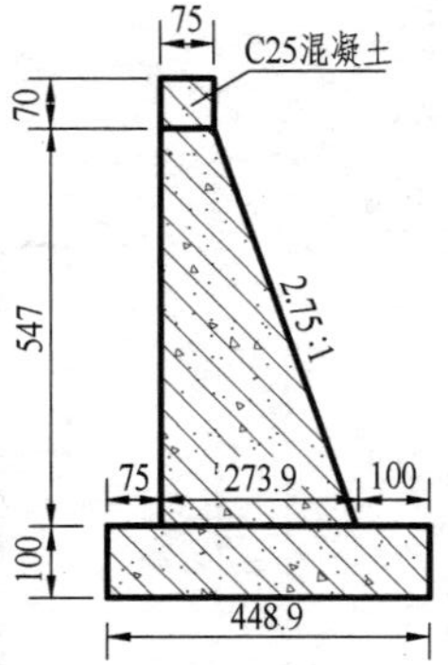

I—I 1:100

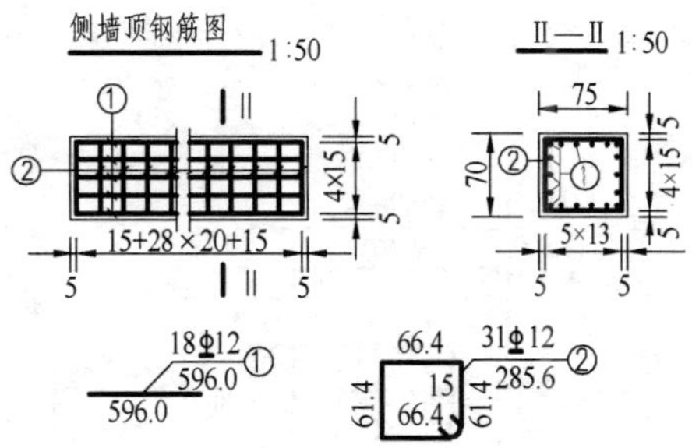

侧墙顶钢筋图 1:50

II—II 1:50

工程数量表

项目 / 台号	C20片石混凝土/m³				C25混凝土/m³	挖石方	镶面块石	Φ12
	台身	台身基础	侧墙墙身	侧墙基础	侧墙顶	/m³	/m³	/kg
0号台右幅	89.0	69.0	45.8	23.5	2.9	264	19.5	173.9

注：本图尺寸除钢筋直径以毫米计外，其余均以厘米为单位。

图9-20 重力式桥台一般构造图

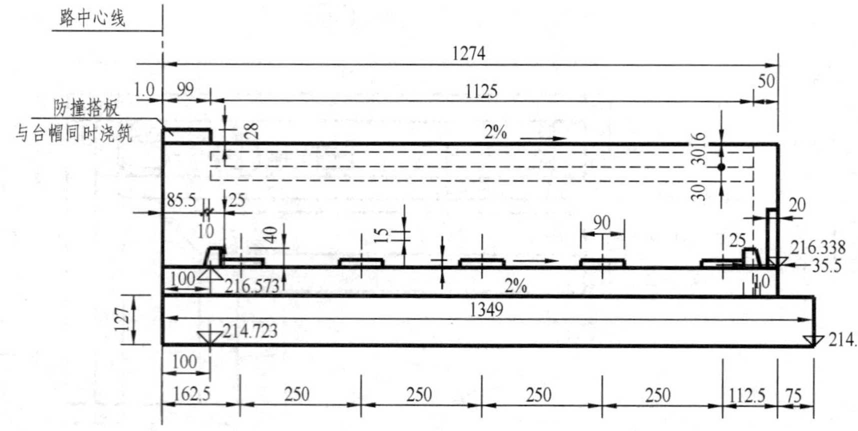

立面 1:100

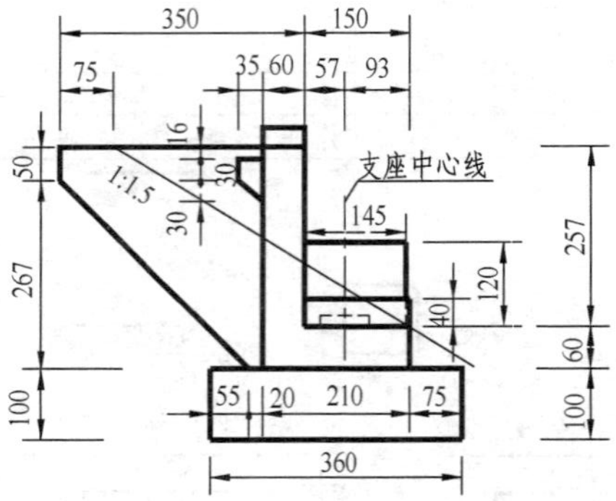

侧面 1:100

基础工程数量表

台号 \ 项目	C20片石混凝土 /m³	挖石方 /m³
0号台左幅	55.2	170

注：
1. 本图尺寸均以厘米为单位。
2. 支座垫石顶面保证水平。
3. 桥台台帽顶底面设置半径3cm倒圆角。
4. 桥台基础底面直接座于强、弱风化岩质地基上或埋入原地面下不小于150cm，施工时可根据实际地形适当调整基础底面高程。施工基础前地面表层应清除一切松软浮渣。

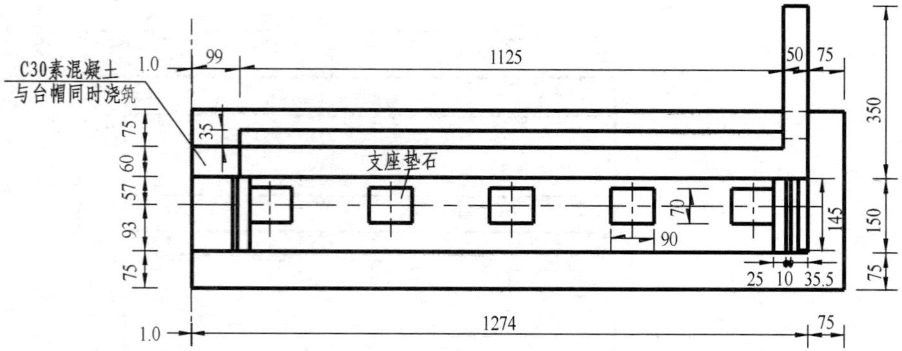

平面 1:100

图 9-21　埋置式桥台一般构造图

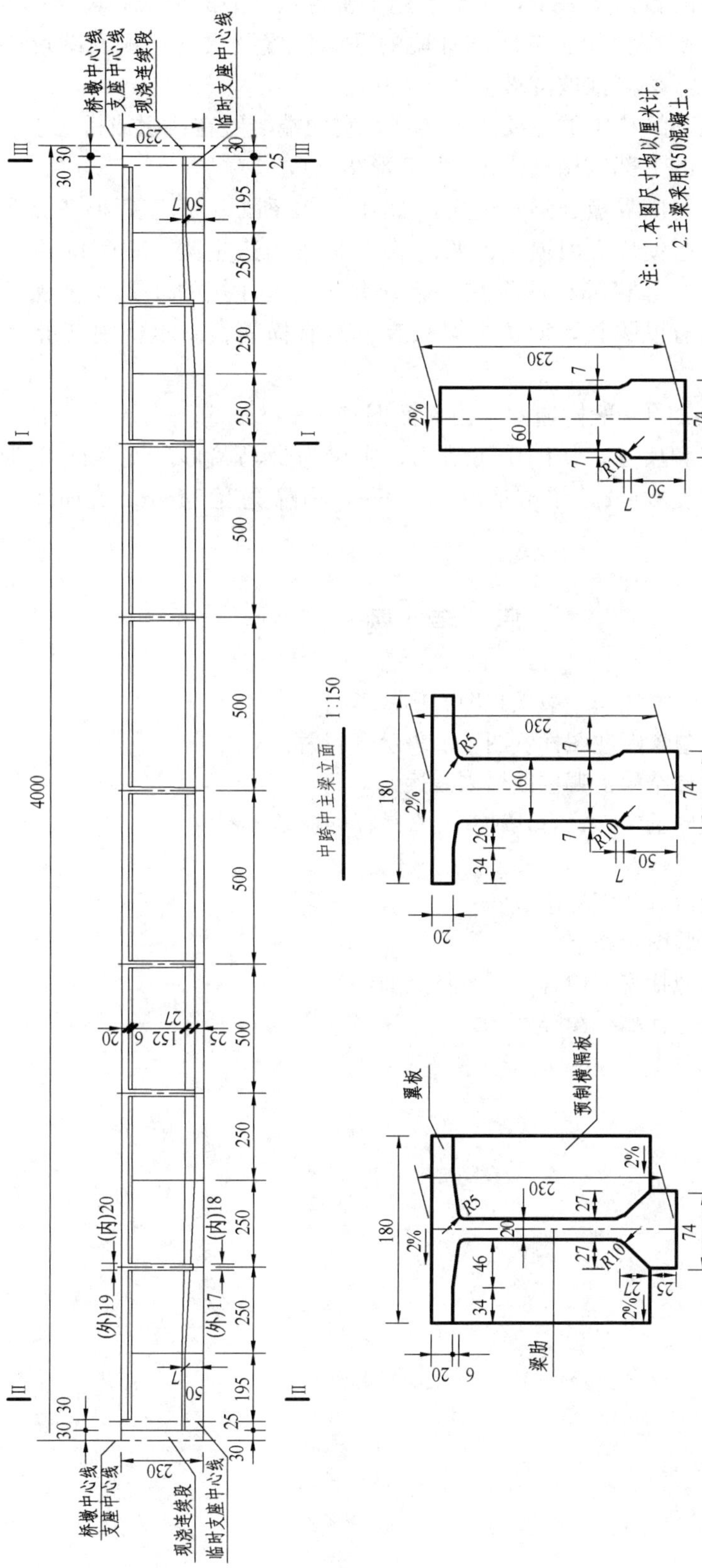

图 9-22　主梁一般构造图

立面图采用半幅桥台的台前来表示，主要表达了桥台正立面的形状和尺寸；平面图清楚地表达了台身、防护墙、防震挡块、支座和耳墙的平面位置及尺寸。侧面图反映台帽、耳墙、牛腿等的形状和尺寸，该侧锥坡的坡度为1：1.5。

（3）主梁图。梁是上部结构中的主要受力构件，它两端搁置在桥墩或桥台上。由桥梁总体布置图可知本例中桥梁的上部结构共由10片T形梁组成。

T形梁由梁肋、翼板和横隔板（梁）组成，如图9-22所示。由于每根T形梁的宽度较小，所以常常几片并在一起使用，习惯上称两侧的T形梁为边主梁，中间位置的T形梁为中主梁。T形梁之间主要是靠横隔板联系在一起，有横隔板连接的T形梁能保证主梁的整体稳定性，中主梁两侧均有横隔板，而边主梁只有一侧有横隔板。本例中T形梁翼板、横隔板采用现浇连接。

图9-22是中跨中主梁的一般构造图，由立面图和Ⅰ—Ⅰ、Ⅱ—Ⅱ、Ⅲ—Ⅲ三个断面图构成，主要表达梁的形状和尺寸。从图中可看出，主梁为带马蹄形的变截面T形梁，中心梁高230cm，跨中梁肋厚度20cm，梁端加厚到60cm，马蹄宽度74cm。立面图中还表示了横隔板的位置。

思 考 题

9.1　路线工程图的图示方法与一般工程图有哪些不同？

9.2　公路路线工程图包含哪些图样？图中都表示哪些内容？

9.3　城市道路线形设计结果由哪些图样来表达？

9.4　城市道路横断面的基本形式有几种？什么是标准横断面图？

9.5　桥梁由哪些部分组成？

9.6　桥梁工程图一般由哪些图样组成？

9.7　桥位平面图有哪些图示特点？

9.8　桥梁总体布置图包括哪些内容？图示特点如何？

9.9　桥梁构件图一般包括哪些图样？

第10章 水利工程图

一个水利工程往往由若干个水工建筑物所组成，这些水工建筑群体称为水利枢纽。用来表达水工建筑物设计、施工和管理的图样称为水利工程图，简称水工图。本章将着重介绍水工图的图示方法、尺寸注法以及读图方法与步骤，为工程技术人员识读水工图打下基础。

10.1 概述

10.1 概述

10.1.1 水工建筑中的常见曲面

为了使水流平顺，改善建筑物的受力条件，水工建筑物的某些表面往往做成规则曲面，如溢流坝坝面、水闸闸墩前后端面、水闸两岸翼墙等。下面介绍两种水工建筑中常见曲面的形成和表示方法。

1. 柱面

一直母线沿着一曲导线并平行于一直导线运动而形成的曲面，称为柱面。柱面的特征是所有素线互相平行。如图 10-1（a）所示，水利工程中的溢流坝坝面为柱面，由直母线 AB 沿着曲导线 T 并始终平行于直导线 L 运动而形成。图 10-1（b）为其投影图，必要时可画出若干条疏密不等的素线表示曲面。

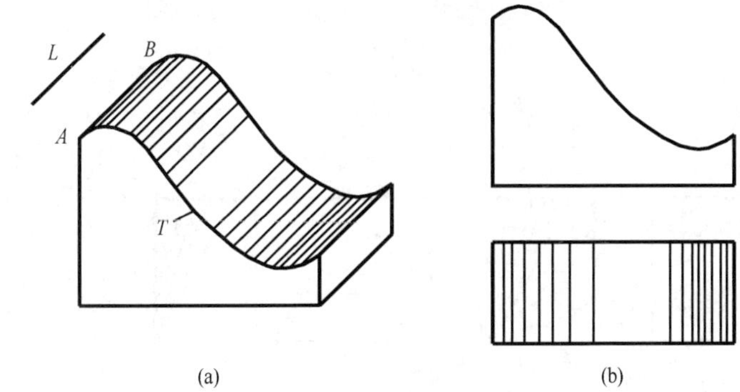

(a) (b)

图 10-1 柱面

垂直于柱面素线的截面称正截面。当正截面为圆时，称圆柱面；当正截面为椭圆时，称椭圆柱面。圆柱面与椭圆柱面都有轴线，当轴线为投影面垂直线时，称正圆（或正椭圆）柱面；否则称斜圆（或斜椭圆）柱面。

图 10-2（a）所示是斜椭圆柱面的投影图。若用垂直于该柱面素线的平面截切，则所得截交线为椭圆。从图中可看出，正平位置的柱面轴线为直导线，水平圆为曲导线，斜椭圆柱面的素线都是正平线。画图时，应画出形成曲面的各个元素（如直导线、曲导线等）的投影，以及各投影图的外形轮廓线。图 10-2（b）所示为斜椭圆柱面在工程中的应用实例，闸墩的左端面为斜椭圆柱面。

2. 扭平面

一直母线沿着两条交叉的直导线并始终平行于一导平面运动而形成的曲面，称为双曲抛物面，在水利水电工程中称为扭平面。图 10-3（a）所示为一河岸边坡，侧垂面 Q 与正平面 P 之间用一个扭平面过渡。

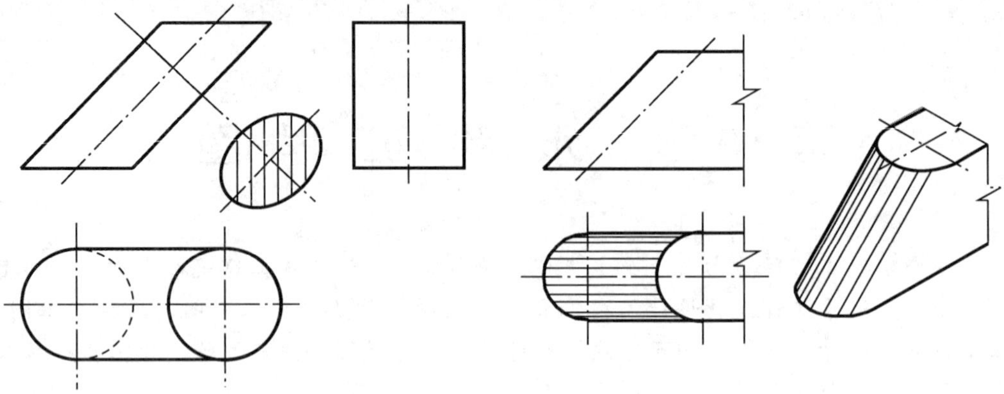

(a)　　　　(b)

图 10-2　斜椭圆柱面和工程实例

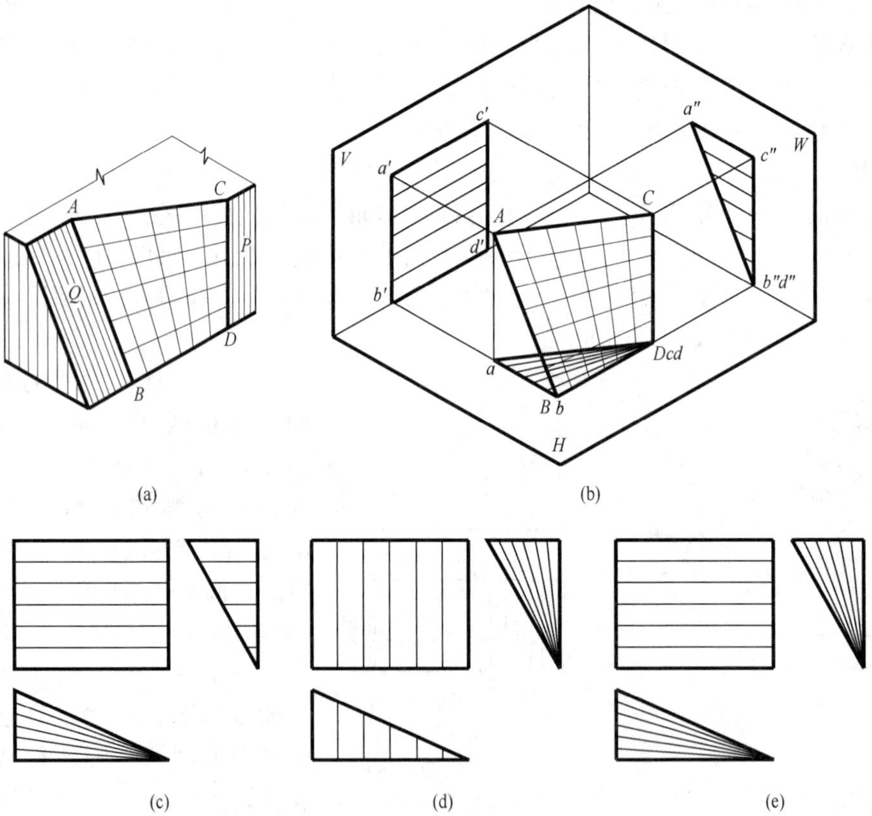

图 10-3　扭平面的形成及画法

现将扭平面 $ABDC$ 拿出来放在三投影面体系中，如图 10-3（b）所示，该面可看成直母线 AC 沿着交叉两直导线 AB、CD 运动，运动中始终平行于水平面，这时扭平面上的素线都是水平线。该面还可看成直母线 AB 沿着交叉两直导线 AC、BD 运动，运动中始终平行于侧平面，这时扭平面上的素线都是侧平线。即扭平面可由两组素线形成。施工时就是根据这个特点立模放样的。

画扭平面投影时，除了画出扭平面的四条外形轮廓线（两条直导线和两条边界素线）的投影，还要画上直素线的投影。图 10-3（c）为素线是一组水平线时的三面投影图，图 10-3（d）为素线是一组侧平线时的三面投影图。

按《水利水电工程制图标准》规定，在工程图上，常在扭平面的 V、H 面投影上画出水平素线的投影，而在 W 面投影上画出侧平素线的投影，即 H、W 面投影都画成放射线束，规定画法如图 10-3（e）所示。

10.1.2　水工建筑物中的常见结构及其作用

水利工程中的建筑物称为水利工程建筑物，简称水工建筑物。按照建筑物的用途，可分为一般建筑物（如挡水、泄水、输水等）和专用建筑物（如发电、水运、灌溉等）。常见的建筑物有各种堤坝、水闸、渠道等。下面简单介绍这些建筑物中常见的结构及作用。

1. 大坝中的常见结构及其作用

（1）廊道及排水结构。廊道是在混凝土坝内，为了灌浆、排水、输水、观测、检查及交通等要求而设置的结构，廊道断面形式多为城门洞形。坝体排水一般是在上游防渗层之后，沿坝轴线方向布置竖向排水管。大部分渗水通过排水管汇集于设在廊道内的排水沟（管），再经横向排水沟（管）排出坝体。

（2）分缝及止水结构。对于较长的或较大体积的混凝土建筑物，为防止因温度变化或地基不均匀沉陷而引起的断裂现象，要人为地设置结构分缝（伸缩缝或沉陷缝）。为防止水流的渗漏，在水工建筑物的分缝中应设置止水结构，其材料一般为金属止水片、油毛毡、沥青、麻丝等。图 10-4 中可见坝体上的伸缩缝及止水做法。

（3）其他结构。坝基和两岸的防渗措施，主要是设置灌浆帷幕。防渗灌浆帷幕一般沿坝轴线设置，由数排灌浆孔组成。在坝顶常设置防浪墙用于挡水、防浪。

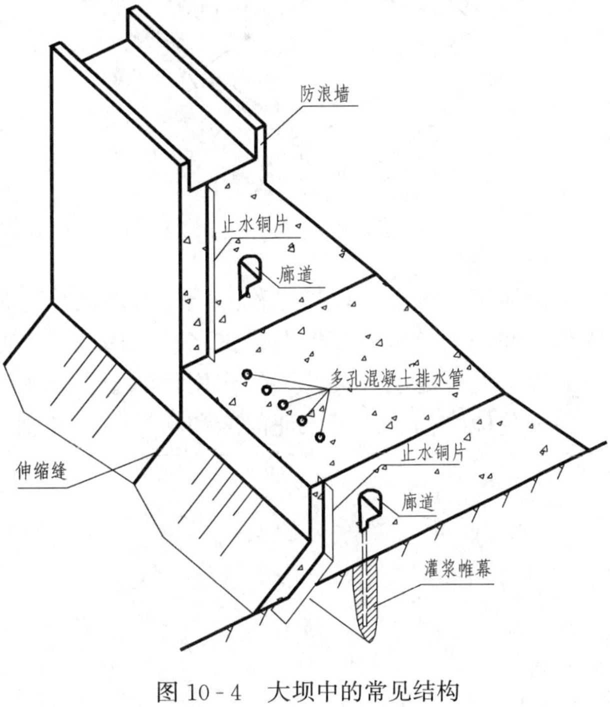

图 10-4　大坝中的常见结构

2. 水闸中的常见结构及其作用

（1）上、下游翼墙。上游翼墙的作用是引导水流平顺地进入闸室；下游翼墙的作用是将出闸水流均匀地扩散，使水流平稳，减少冲刷。常见的有八字形翼墙（见图 10-5 中的上游翼墙）、扭平面翼墙（见图 10-5 中的下游翼墙）及圆柱面翼墙等。

（2）铺盖。铺盖是铺设在上游河床之上的一层保护层，紧靠闸室。其作用是减少渗透，保护上游河床，提高闸室的稳定性。

（3）消力池及海漫。经闸室流下的水具有很大的冲击力，为防止下游河床受冲刷，在紧接闸室的下游部分常用钢筋混凝土做成消力池，水流到池中产生翻滚，消耗大量能量。在消

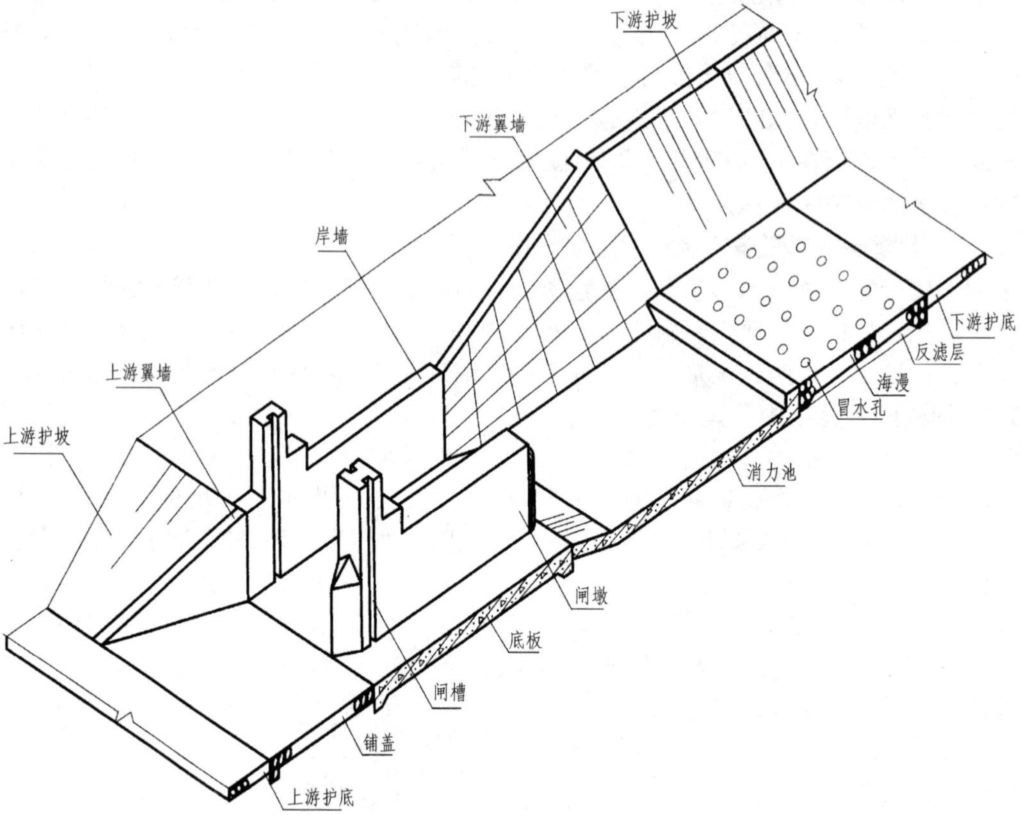

图 10-5　水闸轴测图

力池后的河床上铺设一段护底称海漫，海漫的作用是继续消除余能，使水流均匀扩散，保护河床免受冲刷。通常在海漫上设排水孔，用以排出闸基的渗透水，降低底板所承受的渗透压力。海漫下设反滤层，反滤层的作用是滤土、排水。

（4）其他结构。为了保证河床和河岸不受冲刷，还需作上、下游护底和护坡，常用块石作护面。

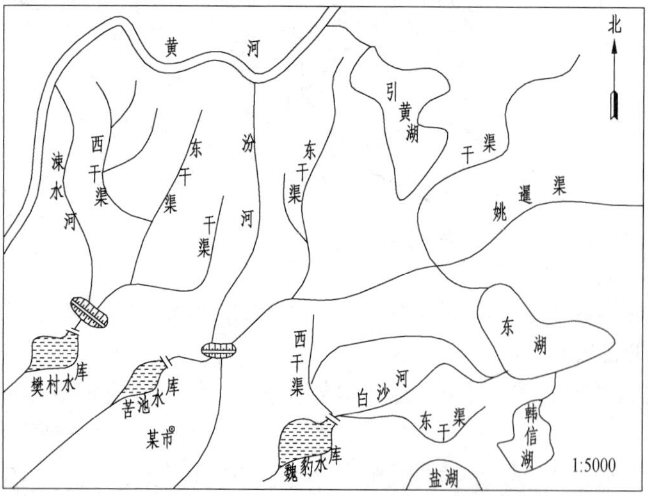

图 10-6　某灌区规划图

10.1.3　水工图的分类

水利工程的兴建一般需要经过勘测、规划、设计、施工和验收等五个阶段。各个阶段都要绘制相应的图样，不同阶段对图样有不同的要求。下面介绍几种主要的水工图样。

1. 规划图

规划图是表达对水资源综合开发中计划兴建各类建筑物及位置的示意性图样。如流域规划图、灌区规划图等，图 10-6 所示为某灌区规划图。

从图 10-6 中可看出，该灌区有 3 座水库作为取水渠首，总干渠和分干渠总长为 50 多千米，灌溉面积 100 多万亩，灌区内水库、总干渠及分干渠的位置均以图例进行示意性表达。

规划图的主要特点如下：

(1) 规划图表达的地域较大，仅反映整个工程的概貌，因此画图需采用小比例尺，一般采用 1∶5000～1∶10000，甚至更小。

(2) 规划图为平面图，通常绘制在地形图上，采用制图标准规定的“水工建筑物平面图例”绘制，无需表达建筑物的结构形状。常用的水工建筑物平面图例见表 10-1。

表 10-1　　常用的水工建筑物平面图例

序　号	名　称		图　例
1	水库	大　型	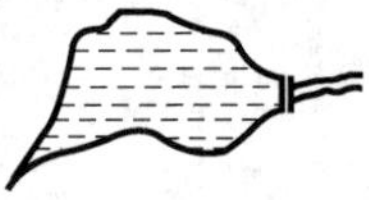
1	水库	小　型	
2	混凝土坝		
3	土 石 坝		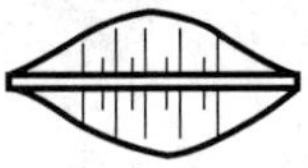
4	溢 洪 道		
5	水　闸		
6	水电站	大比例尺	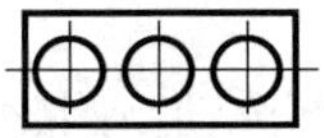
6	水电站	小比例尺	
7	船　闸		
8	泵　站		
9	水 文 站		
10	水 位 站		
11	隧　洞		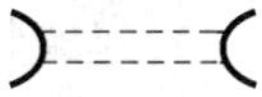
12	渡　槽		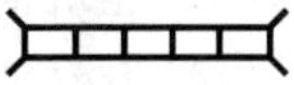
13	虹　吸		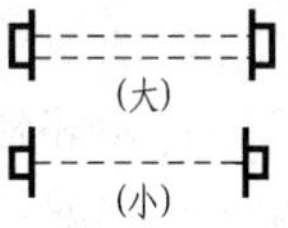
14	涵洞(管)		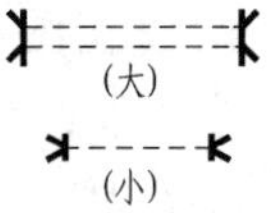
15	跌　水		
16	斗　门		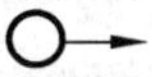
17	灌　区		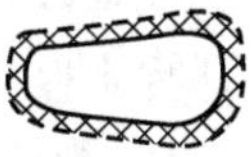
18	分(蓄)洪区		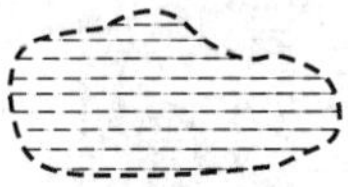
19	护　岸		
20	堤		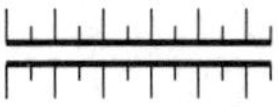
21	渠		

2. 枢纽布置图

在水利工程中，由几个水工建筑物有机组合的综合体称为水利枢纽。常见的水利枢纽如水库枢纽（包括挡水坝、输水涵洞、溢洪道等）、泵站枢纽（包括泵站、进水闸等）。

将水利枢纽中各主要建筑物的平面形状和位置画在地形图上，这样的工程图样称为枢纽布置图。枢纽布置图是枢纽中各建筑物定位、施工放线、土石方施工及绘制施工总平面图的依据。枢纽布置图所用比例一般为1∶500～1∶2000。

枢纽布置图一般包括以下主要内容：

（1）枢纽所在地区的地形、河流名称及流向、地理方位等。

（2）枢纽中各建筑物的平面形状及其相互位置关系。

（3）建筑物与地面相交情况及填挖方坡边线。

（4）建筑物的主要高程、主要尺寸和填挖方坡度。

有关枢纽布置图的识图详见后面10.4.2节中的例10-1。

3. 建筑物结构图

用来表达水利枢纽中某一建筑物的工程图样称为建筑物结构图。结构图要详细地表达该建筑物的整体和各组成部分的形状、大小、构造和材料，所以选用较大比例绘制，一般为1∶50～1∶200，某些细部构造可采用更大比例表达。

建筑物结构图一般包括下列主要内容：

（1）建筑物的结构、形状、尺寸及材料。

（2）建筑物的细部构造。

（3）工程地质情况及建筑物与地基的连接方式。

（4）建筑物的工作条件，如上、下游设计水位、水面曲线等。

（5）相邻建筑物之间的连接方式。

（6）附属设备的位置。

4. 施工图

按照设计要求绘制的指导施工的图样称为施工图，它主要表达施工程序、施工组织和施工方法等内容。常见施工图如施工场地布置图、基础开挖图、施工导流图、混凝土分期分块浇筑图、钢筋图等。

5. 竣工图

工程施工过程中，难免对建筑物的结构作局部改动。因此，应按竣工后建筑物的实际结构绘制竣工图，供存档和工程管理用。

10.2　水工图的表达方法

10.2　水工图的表达方法

前面第5章和第7章分别介绍了有关工程物体的表达方法、《技术制图》等国家标准中的基本规定，在此基础上，本节将结合水工建筑物的结构特点和现行的《水利水电工程制图标准》（SL 73.1—2013～SL 73.5—2013）来进一步阐述水工图的图示方法和特点。

10.2.1　常用符号及图例

1. 水工图中的常用符号

（1）图样中表示水流方向的箭头符号，根据需要可按图10-7所示的样式选用。图10-7（a）为标准样式，图10-7（b）、（c）为简化样式。

（2）平面图中指北针有图10-8（a）、（b）、（c）三种式样供选用，其位置一般在图的左上角，必要时也可放在其他适当位置。

此外，水利水电工程制图标准中，还规定了原型观测中常用的仪器设备图形符号和文字代号，需要应用时可查阅《水利水电工程制图标准　水工建筑图》（SL 73.2—2013）。

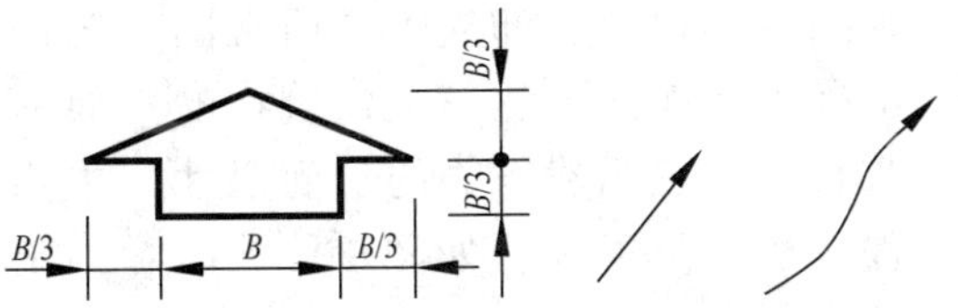

图 10-7 水流方向符号

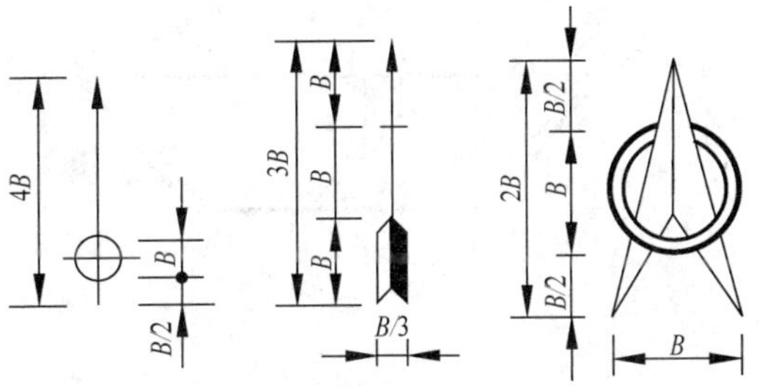

图 10-8 指北针

2. 水工图中的常用图例

水工建筑物的平面图例主要用于规划图、施工总平面布置图，枢纽总布置图中非主要建筑物也可用图例表示，见表 10-1。

图样中的建筑材料也用图例表示，表 10-2 为水工图中部分常用的建筑材料图例。土木建筑图中的建筑材料图例，水工图也采用，可参见第 7 章表 7-4。特别值得提及的是，水工图中金属和砖的材料图例相同，均使用平行等间距的 45°细斜线。其他可查阅《水利水电工程制图标准 水工建筑图》(SL 73.2—2013)。

表 10-2 水工图中部分常用的建筑材料图例

序号	名称	图 例	序号	名称	图 例	序号	名称	图 例
1	岩石	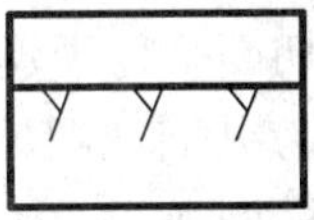	6	干砌条石	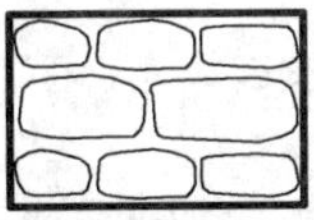	11	回填土	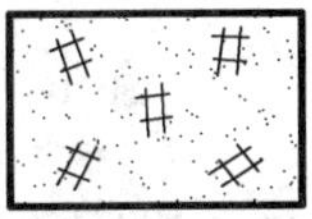
2	碎石	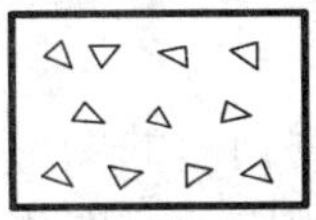	7	浆砌条石	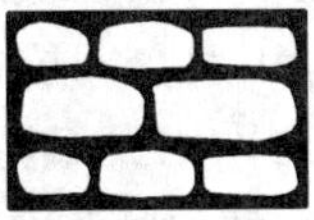	12	黏土	
3	卵石	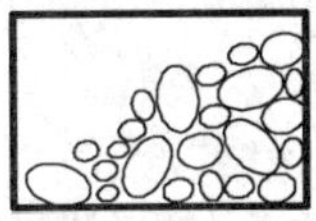	8	干砌块石	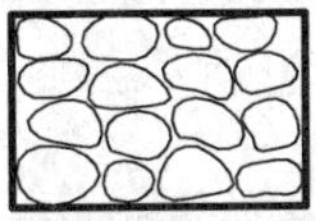	13	二期混凝土	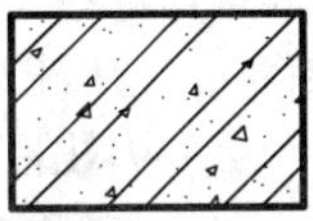
4	砂卵石	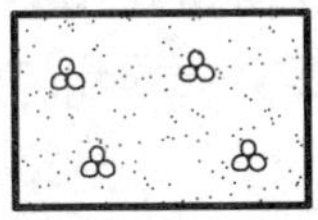	9	浆砌块石	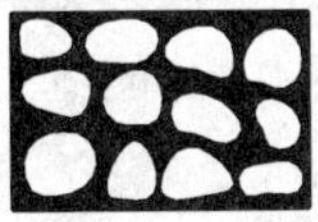	14	沥青混凝土	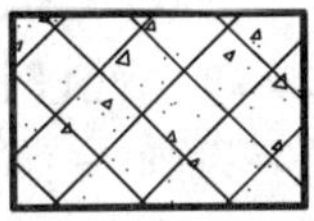
5	水、液体	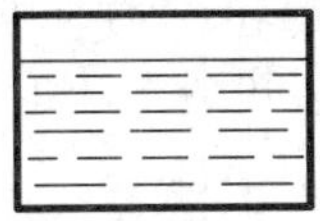	10	灌浆帷幕		15	埋石混凝土	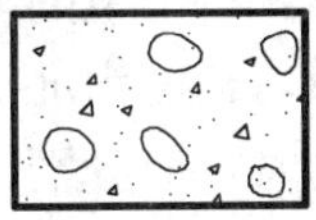

10.2.2 基本表达方法

1. 视图的名称及作用

水利水电工程图中规定：河流以挡水建筑物为界，逆水流方向在挡水建筑物上方的河流段称为上游，在挡水建筑物下方的河流段称为下游；并规定视向顺水流方向时，左边为左岸，右边为右岸。布置视图时，习惯将河流的流向布置成自上而下或自左而右，并画水流方向符号，以便区分河流的左右岸，如图 10-9 中平面图所示。

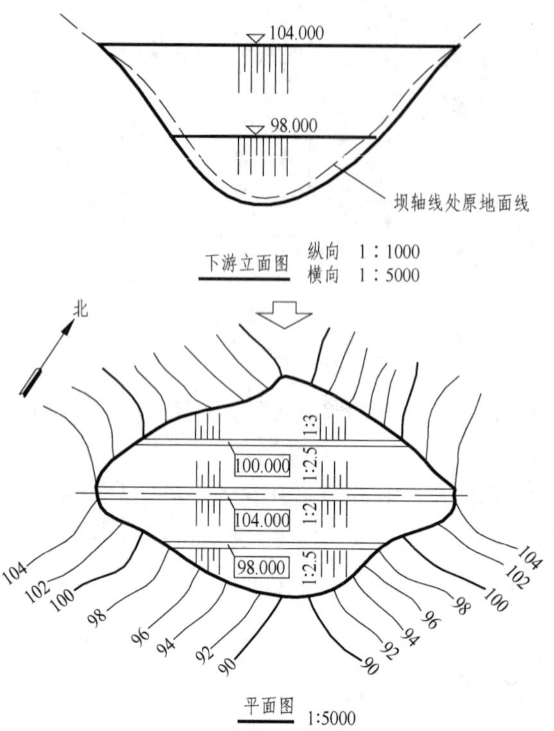

图10-9 土坝的平面图和下游立面图

（1）平面图。水利工程图中，六个基本视图的名称规定为主视图、俯视图、左视图、右视图、仰视图和后视图。俯视图也称为平面图。它表达建筑物的平面形状及布置，表明建筑物的平面尺寸、主要高程、相对位置等。如图10-9所示，土坝的平面图表达了土坝的平面布置、坝顶和马道的位置及顶面高程、上、下游坡面的坡度及坡脚线等。

（2）立面图。六个基本视图中的主视图、左视图、右视图、后视图可称为立面图（或立视图）。当视图与水流方向有关时，视向顺水流方向所得立面图，称为上游立面图（或立视图）；视向逆水流方向时，称为下游立面图（或立视图）。图10-9所示为土坝的下游立面图，主要表达土坝的立面外形。

（3）剖视图。在水工图中，剖面图称为剖视图。当剖切面平行于建筑物轴线或顺河流流向时，称为纵剖视图，图10-2所示为纵向剖切水闸；当剖切面垂直于建筑物轴线或河流流向时，称为横剖视图。剖视图表达建筑物的内部结构形状、主要尺寸和高程以及竖向位置关系。

（4）详图。将建筑物的部分结构用大于原图形所采用的比例画出的图形称为详图。其标注形式为：在被放大部分处用细实线画小圆圈，并标注字母。相应的详图用相同的字母标注其图名，并注写比例。如图10-10所示。

2. 视图的配置及标注

为便于读图，各视图应尽可能按投影关系配置。但由于建筑物的规模不同，为了合理利用图纸，允许将某些视图配置在图内其他适当地方。对大型且较复杂的建筑物，往往一张图纸上只画一个视图。

每个视图均应标注图名，将图名注写在视图的上方，并在图名下方画一粗横线，长度以图名长度为准。绘图比例注写在图名后面。当一个视图中的铅垂和水平两个方向采用不同比例时，应分别标注纵、横向比例，如图10-9下游立面图所示。

10.2.3 规定画法和习惯画法

1. 展开画法

当构件或建筑物的轴线（或中心线）为曲线时，可将曲线展开成直线后，绘制成视图、剖视图和断面图。这时，应在图名后注写“展开”二字。如图10-11所示的灌溉渠道，其A—A剖视图是采用与渠道中心线重合的柱状剖切面剖切后展开而得的。展开的方法是：剖切面上的断面部分直接展开，剖切面以外的剩余部分按法线方向投射到剖切面上后再展开。在图10-11中，点A、F位于剖切面上，直接展开得a'、f'；支渠闸墩中心线上的点B，投

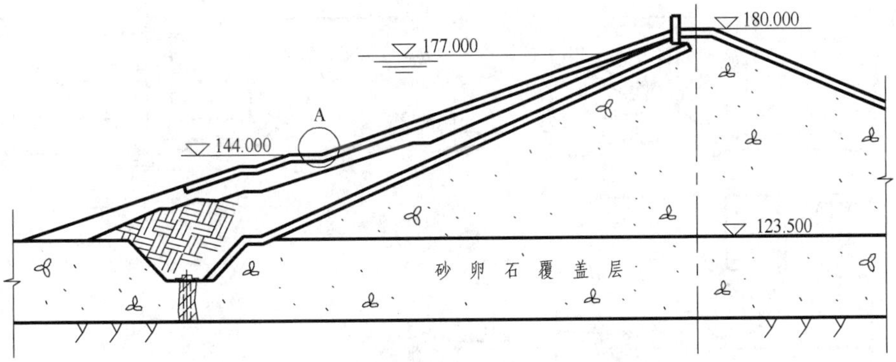

土坝横断面图 1:1000

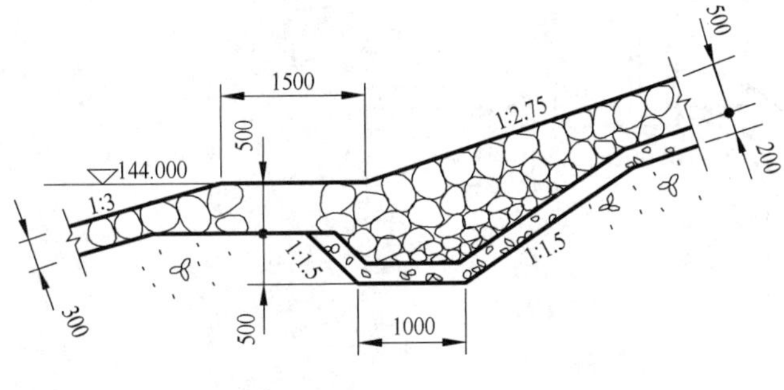

详图A 1:50

图 10-10 详图的画法

射到剖切面上 b_1 位置后展开得 b'，同理得岸墙上的点 C、D、E 的投影 c'、d'、e'。为了方便读图和画图，支渠闸墩和闸孔的宽度按实际尺寸画出。

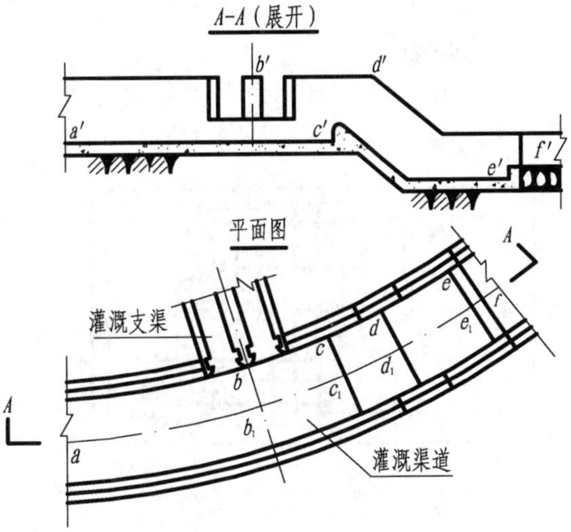

图 10-11 灌溉渠道展开画法

2. 合成视图

对称或基本对称的图形，可将两个视向相反的视图或剖视图、断面图各画一半，并以对称线为界，合成一个图形，称为合成视图。图 10-12 中水闸的左视图为合成剖视图，B—B 由上游方向投射，C—C 由下游方向投射。

3. 拆卸画法

当视图、剖视图中所要表达的结构被另外的结构或填土遮挡时，可假想将其拆掉或掀掉，然后再进行投影。这种画法在水工图中较常用。图 10-12 所示平面图中，对称线上半部的一部分桥面板及胸墙被假想拆卸，填土被假想掀掉。

4. 分层画法

当结构有层次时，可按其构造层次分层绘制，相邻层用波浪线分界，并可用文字注写各

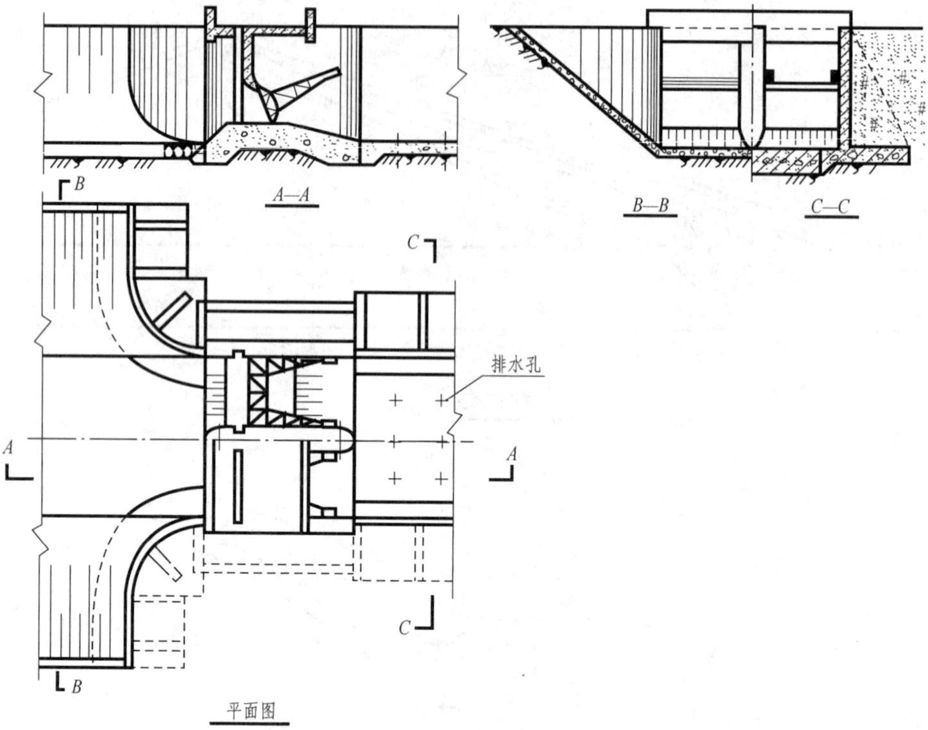

图 10 - 12　水闸结构图

层结构的名称。图 10 - 13 为混凝土坝施工中常用的真空模板，采用了分层画法。分层画法即是第 5 章中所述的分层局部剖切的局部剖视图。

5. 连接画法

当图形较长又需画出全长时，允许将其分成两部分绘制，用连接符号表示相连，并用大写拉丁字母编号，这种画法称为连接画法。图 10 - 14 所示为土坝立面图的连接画法。

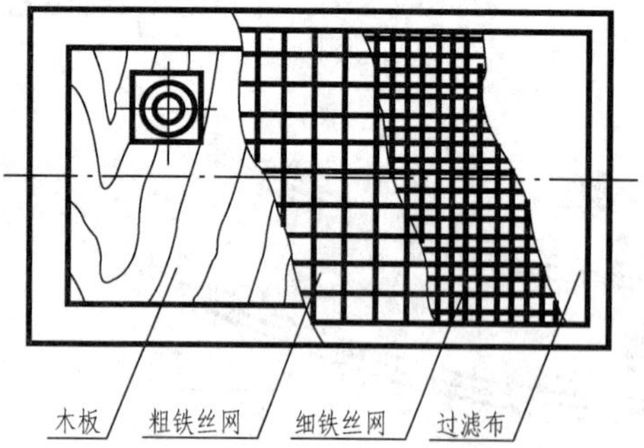

图 10 - 13　混凝土真空模板的分层画法

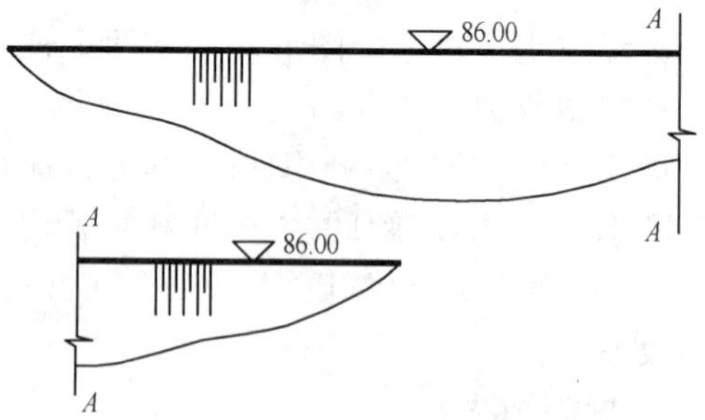

图 10 - 14　土坝立面图的连接画法

6. 断开画法

对于较长的构件或建筑物，当沿长度方向的形状不变或按一定的规律变化时，可以断开绘制，这种画法称为断开画法。图 10 - 15 所示为渠道断开画法。

注意： 对原来倾斜的直线当采用断开画法后仍要相互平行，且按全长标注尺寸。

7. 结构分缝的画法

在绘制水工图时，为了清晰地表达建筑物中的各种缝线，如伸缩缝、沉陷缝、施工缝和材料分界线等，无论缝的两边是否在同一平面内，这些缝线都要用粗实线绘制，如图10-16所示。

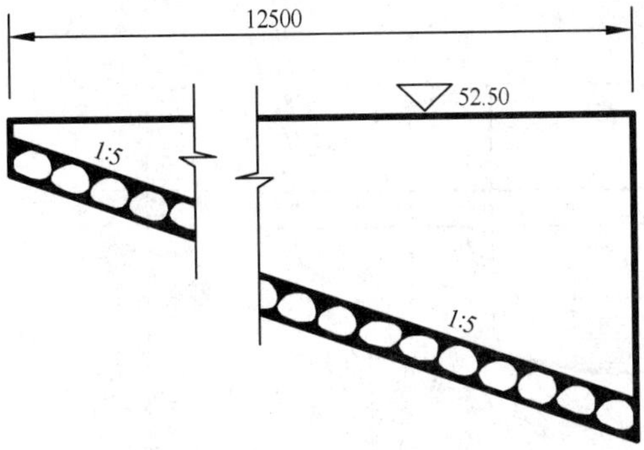

图10-15　渠道断开画法

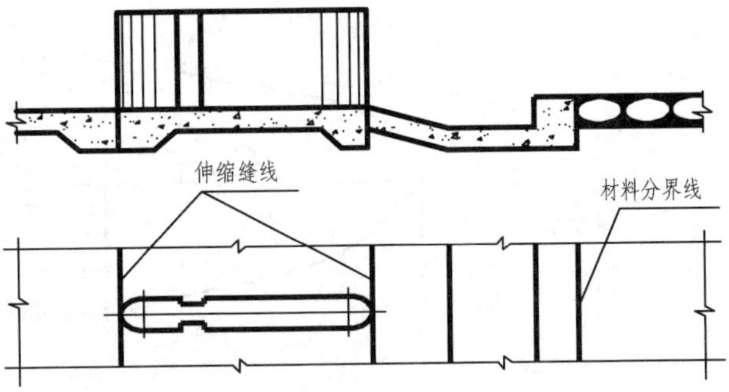

图10-16　缝线的画法

10.3　水工图的尺寸注法

根据水工图的特点及施工测量的要求，本节在前面有关章节介绍的尺寸标注的基础上，进一步介绍水工图尺寸标注的特点与方法。

10.3　水工图的尺寸注法

10.3.1　一般规定

(1) 水工图中标注尺寸的单位，除高程、桩号、总布置图以米为单位，规划图以千米为单位外，其余尺寸以毫米为单位，且图中不必标注。若采用其他尺寸单位(如厘米)时，则必须在图纸中加以说明。

(2) 水工图中尺寸起止符号采用箭头表示，也可以使用45°短斜线。

10.3.2　平面尺寸的注法

这里重点讨论平面尺寸的基准问题。水工建筑物在地面上的位置通常根据测量坐标系来确定，是以选定的基准点或基准线进行放样定位。基准点的平面位置由测量坐标确定，两个基准点相连即确定了基准线的平面位置。图10-17所示为枢纽平面图，*A*、*B*两基准点的坐标已知，坝轴线的位置就是*A*、*B*两个基准点的连线，坝轴线是枢纽的基准线。

当建筑物在长度或宽度方向对称时，应以对称轴线为基准。当建筑物的某一方向无对称轴线时，则以建筑物主要结构的端面为基准。

10.3.3　里程桩号的标注

对于坝、渠道及隧洞等较长的水工建筑物，沿轴线的长度尺寸通常采用里程桩号的注写方法。

(1) 桩号的标注形式。标注形式为K±M，K为公里数，M为米数，起点桩号注成0+000，起点桩号之前注成K−M，起点桩号之后注成K+M。如图10-17中“0+060.0”表示该桩号距起点桩号为60m，“0+210.0”表示该桩号距起点桩号为210m，两桩号之间相距150m。

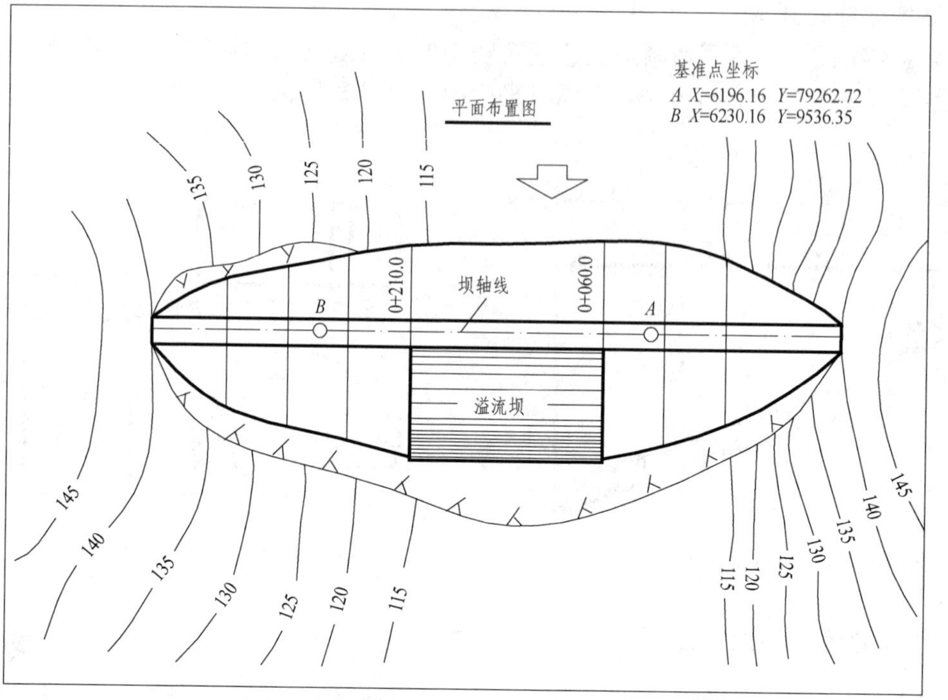

图 10-17　平面尺寸的注法

（2）桩号的数字注写。桩号数字一般垂直于轴线注写，且标注在同一侧，如图 10-18 所示。当建筑物的轴线为曲线时，桩号沿径向设置，桩号的距离数字应按弧长计算。当同一图中多种建筑物均采用“桩号”标注时，可在桩号数字前加注文字以示区别。图 10-18 中的“支 0+018.320”表示支线上该桩号距支线起点桩号为 18.32m，且为弯曲轴线的弧长；“支 0+028.320”，表示支线上该桩号距起点桩号为 28.32m（包含弧长）。

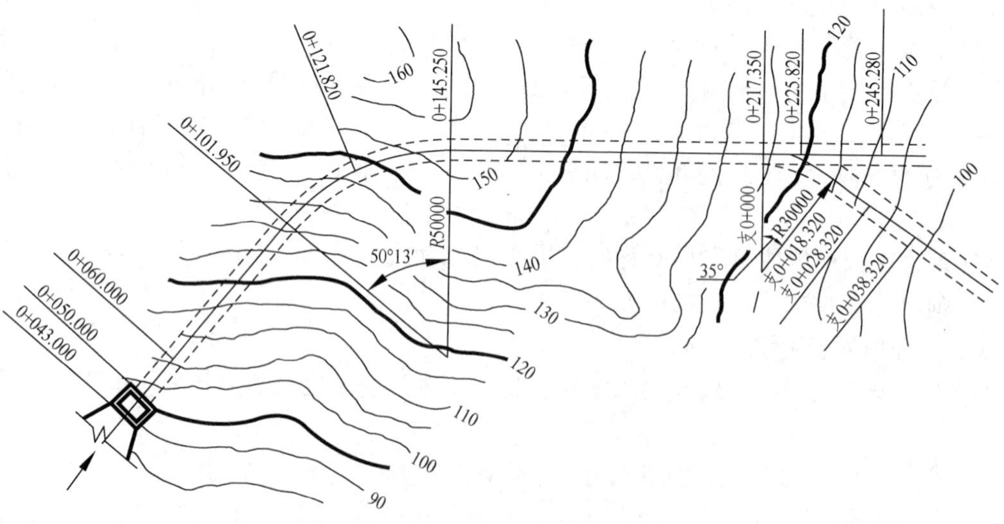

图 10-18　桩号的标注

10.3.4　高度尺寸的注法

由于水工建筑物的高度尺寸与水位、地面高程密切相关，多采用水准仪测量，因此，常以高程来标注其主要尺寸。高程由高程符号和高程数字两部分组成，如图10-19所示。

（1）高程符号。高程符号一般采用等腰直角三角形，用细实线绘制，高度h约为数字高度的2/3，如图10-19（a）所示。高程符号的尖端可向下指，也可向上指，但尖端必须指在被标注高度的轮廓线或引出线上。

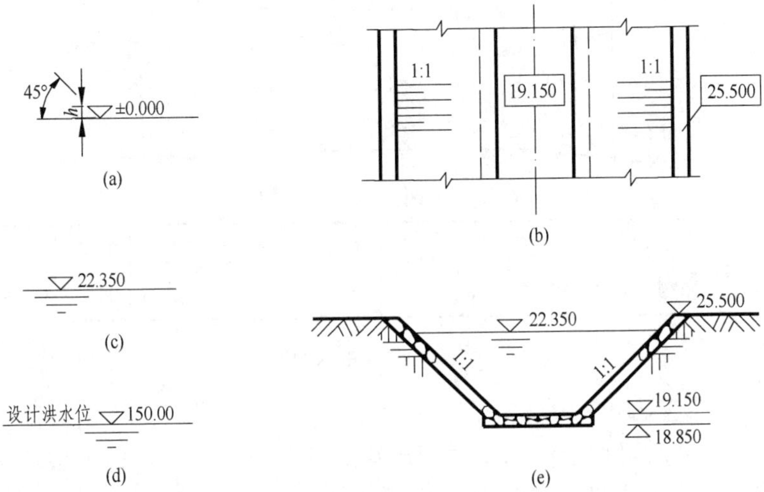

图10-19　高程的注法

在平面图中，高程符号采用细实线绘制的矩形线框，矩形线框的长、宽比约为2∶1，高程数字注写在其中。当图形较小时，可将符号引出绘制，如图10-19（b）所示。

水面高程（简称水位）的注法如图10-19（c）所示，需在水面线以下绘三条渐短的细实线。特征水位应在标注水位的基础上加注特征水位名称，如图10-19（d）中的“设计洪水位”。

（2）高程数字。水工图中的高程通常选取我国青岛附近的黄海平均海平面作为基准。高程数字以米为单位，注写到小数点以后第三位，在总布置图中，可注写到小数点以后第二位。零点高程注成±0.000，如图10-19（a）所示；正数高程数字前一律不加“+”号，如图10-19（e）中的22.350、25.500等；负数高程数字前必须加注“－”号，如－5.980等。高程数字一律注写在高程符号的右边。

10.3.5　曲线的尺寸注法

（1）连接圆弧的尺寸注法。连接圆弧需标出圆心、半径、圆心角，根据施工放样的需要，对于圆心、切点、端点还应注上高程和长度方向的尺寸。在图10-20中溢流坝右端圆弧曲线上的圆心O、切点T、S和端点A都注出了高程和里程桩号。

（2）非圆曲线的尺寸注法。非圆曲线的标注方法是：在视图上列出曲线的数学表达式，标出其坐标系；在视图旁边列表标注曲线上若干控制点的坐标值，如图10-20所示溢流坝坝面非圆曲线部分的标注。

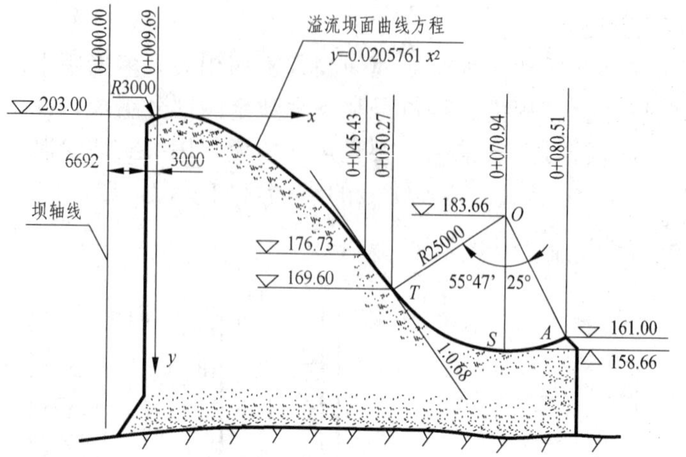

溢流坝面曲线坐标（$y=0.0205761x^2$）（单位：m）

x	0.00	1.00	2.00	3.00	5.00	10.00	15.00	20.00	25.00	30.00	35.00	40.00
y	0.000	0.021	0.082	0.185	0.514	2.058	4.629	8.230	12.860	18.518	25.206	32.922

图 10-20　曲线的尺寸注法

10.3.6　多层构造的注法

注多层结构的尺寸时可用引线引出，引出线必须垂直通过被引的各层，文字说明和尺寸数字应按结构的层次依次注写，如图 10-21 所示。

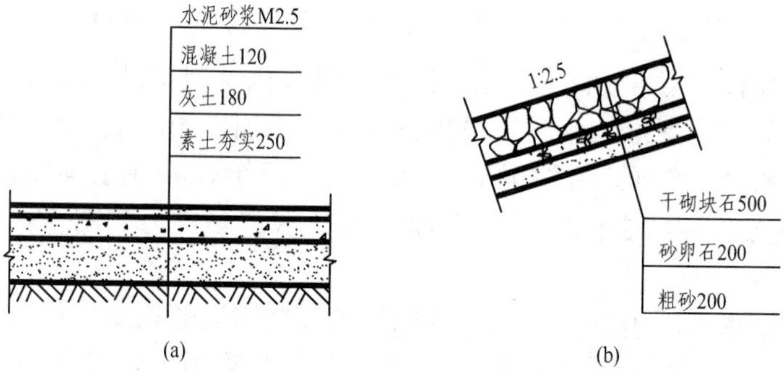

图 10-21　多层构造的注法

10.3.7　简化注法

均匀分布的相同构件或构造，其尺寸可简化标注。如图 10-25 所示，平面图中尺寸“7×800”，表示排水孔横向间距有 7 个，间距值均为 800mm。

10.4　水工图的识读

10.4　水工图的识读

10.4.1　读图的方法和步骤

表达一个水利工程的图样往往数量很多，视图一般也比较分散，因此熟练掌握读图的方法与步骤是迅速识图，减少盲目性的关键。识读水工图一般是由枢纽布置图到建筑物结构图；由主要结构到次要结构；由整体结构到局部构造，应是“总体→局部→总体”的反复循环过程。具体步骤如下：

（1）概括了解。通过图纸目录、说明和标题栏，对图样进行粗略阅读，了解水利枢纽各组成部分的名称及其作用，了解表达各水工建筑物都有哪些图纸。

（2）深入读图。首先分析视图，明确各视图之间的关系。从视图表达方法入手，分析采用了哪些视图、剖视图、断面图和详图，明确剖视图、断面图的剖切位置及投射方向，明确详图表达的部位。

然后分析形体，用形体分析法和线面分析法读图。读图时经常将建筑物分解为几个主要部分来逐一识读。分解时应考虑建筑物的结构特点，有些建筑物可沿水流方向分段（如涵洞、水闸、水坝等），有些可沿高度分层（如水电站），读图时须灵活运用。

读图过程中应注意将相关图纸联系起来同时阅读。

（3）综合整理。最后，在清楚各个建筑物的结构形状、尺寸高程和施工做法后，根据枢纽布置将各个建筑物联系起来，想象出枢纽的整体概貌。

10.4.2　读图实例

【例 10-1】 阅读水库枢纽设计图，该设计图包括水库枢纽布置图和土坝结构图两部分，如图 10-22～图 10-24 所示。

（1）水库枢纽布置图。

1）概括了解。如图 10-22 所示，该水库枢纽工程包括三个基本组成部分，即挡水坝、输水涵洞、溢洪道等建筑物。其中，土坝是挡水建筑物，其作用是拦断水流，抬高水位以形成水库；涵洞是引水建筑物，它的作用是根据下游需水情况引水库水供灌溉、发电及其他目的之用；溢洪道是泄水建筑物，当上游来水过多时，它可以防止洪水从坝顶漫溢而引起溃坝事故。

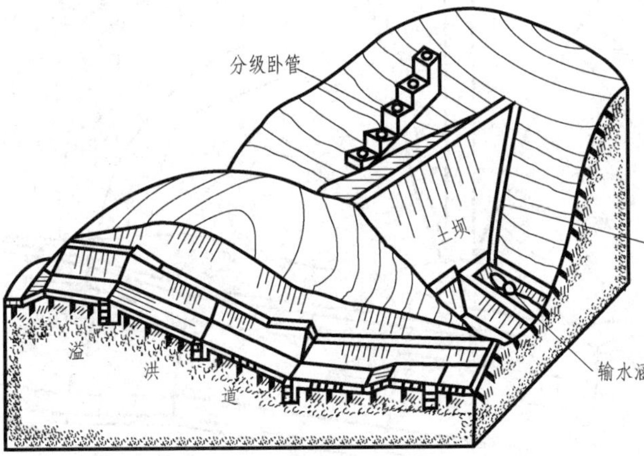

图 10-22　水库枢纽立体示意图

2）深入读图。图 10-23 所示水库枢纽布置图是将组成水库枢纽的土坝、溢洪道和输水涵洞等几个主要建筑物画在地形图上，以表示其平面形状、位置及相互关系。比例为 1∶1000。

从枢纽布置图上可以看出枢纽所在地区的地形、水流方向及地理方位等。在河道的两边有两座小山，土坝就布置在两座小山之间。输水涵洞在河道的左岸穿过土坝的坝体并与坝轴

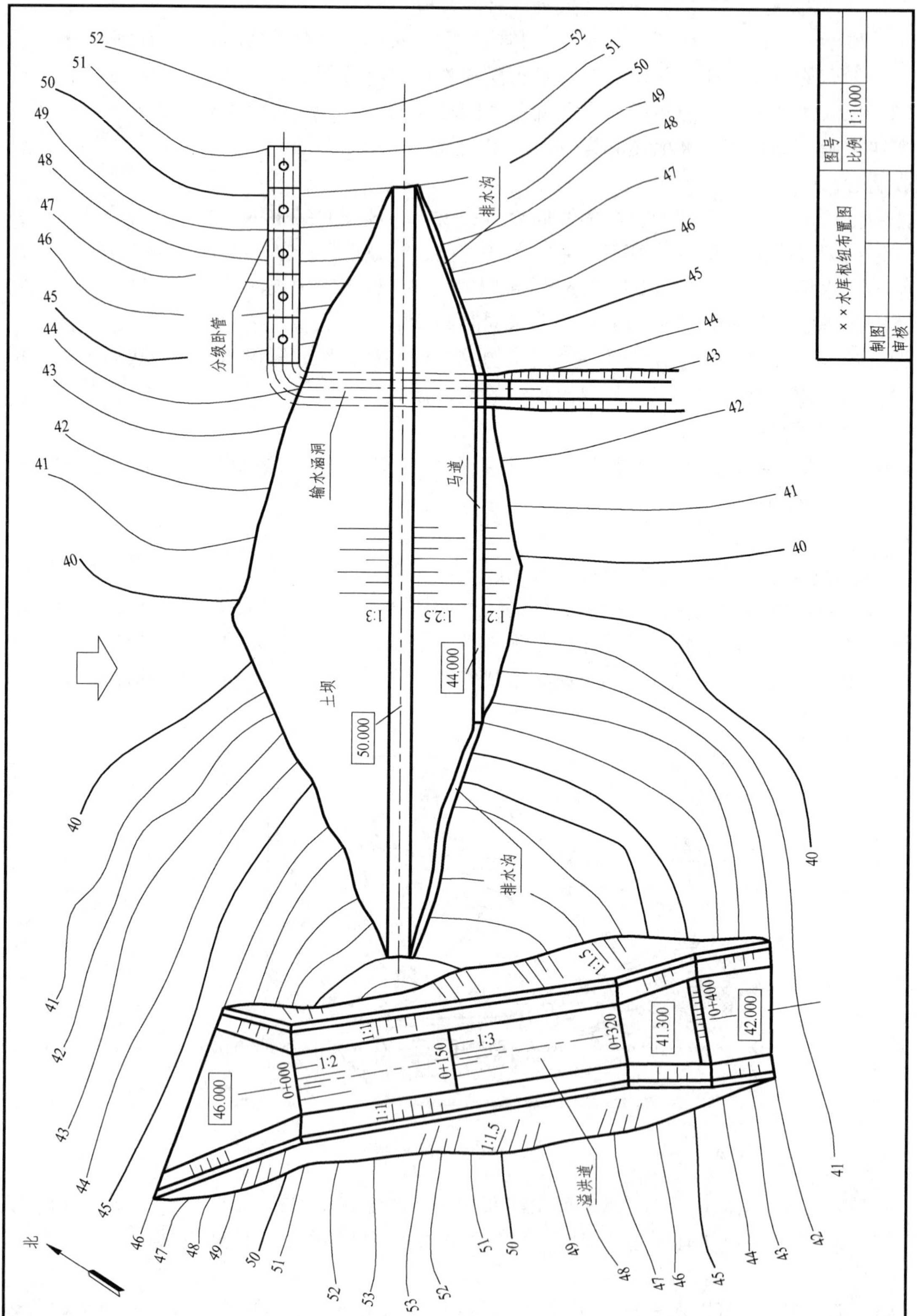

图 10-23 水库枢纽布置图

线垂直通向下游；在上游左岸山坡上筑有分级卧管，它是涵洞的进口建筑物，其下端与输水涵洞相连。分级卧管是一种简易的取水建筑物，在卧管上面的不同高程处设置了一系列的小进水孔，取水时总是开启靠近水面的进水孔，具有取用水库表层清水的优点。在河道右岸山坡上筑有溢洪道，溢洪道的各段底板上都注有高程，两侧坡面上都画有示坡线并注有坡度。

(2) 土坝结构图。

1) 概括了解。如图 10-24 所示，土坝由坝身、截水槽、排水体和护坡四部分组成，主要用于挡水。土坝结构图中包括土坝最大横断面图和上游坝脚详图 A。土坝最大横断面图是在河床底部垂直于坝轴线剖切而得的。

2) 深入读图。土坝最大横断面图的比例为 1∶500。由土坝最大横断面图可知，坝身为梯形断面，最大横断面宽度为 70m，土坝坝体全部采用壤土堆筑而成，是均质土坝。坝顶高程为 50.00m，坝顶宽为 4m。上游边坡为 1∶3，用干砌块石护坡，下游边坡为 1∶2.5，用草皮护坡。下游边坡在高程 44m 处设有 2m 宽的马道，并筑有堆石棱体排水。从图中还可以看出上、下游的最高水位和坝体底部清基后挖出截水槽的断面形状。

上游坝脚详图 A 是将该部分结构用放大的比例 1∶100 画出，详尽地表达了坝脚的构造、尺寸和上游边坡的做法。上游边坡的做法是，先在其底层铺 200mm 厚的粗砂，再铺 200mm 厚的卵石，表层再砌 400mm 厚的干砌块石。

【例 10-2】 阅读进水闸结构图，如图 10-25 所示。

(1) 概括了解。该水闸立体示意图如图 10-25 所示。读图时通常将水闸分为上游连接段、闸室、下游连接段三部分。各部分的结构及作用如下：

1) 上游连接段。闸室以左的部分为上游连接段。上游连接段由护底、护坡、铺盖和上游翼墙等组成。它的作用主要是引导水流平顺进入闸室，防止水流冲刷河床，并降低渗透水流在闸底和两侧对水闸的影响。

2) 闸室。闸室是水闸的主体，起控制水位、调节流量的作用。它由闸底板、闸墩、边墩（或称岸墙）、闸门、交通桥及工作桥等组成。底板是闸室的基础，闸室上部的全部重量通过底板传给地基。闸墩起支撑作用，边墩还有护岸挡土的作用。交通桥供行人和车辆通行，工作桥供安置闸门的启闭设备及人员操作之用。

3) 下游连接段。闸室以右的部分称为下游连接段。这一段由消力池、海漫、扭平面翼墙及护底、护坡等组成。下游连接段的主要作用是消除出闸水流的能量，防止其对下游渠底（或河床）的冲刷，即防冲消能。为了降低渗透水压力，在海漫部分留有冒水孔，下设反滤层，反滤层一般由 2～3 层不同粒径的砂石料组成。

如图 10-25 所示，阅读标题栏，可知建筑物名称为“进水闸”，是渠道建筑物，作用是调节进入渠道的灌溉水流量。水闸一般由平面图、纵剖视图、上、下游立面图和若干断面图表达。本例选用了平面图、纵剖视图、上、下游立面图和 *A*—*A*、*B*—*B*、*C*—*C* 三个断面图。

(2) 深入读图。首先分析视图：

1) 平面图。水闸各组成部分的平面布置情况在图中反映得比较清楚，如翼墙的布置形式、闸墩的数量和形状等。闸室段采用了拆卸画法，冒水孔的分布情况采用了简化画法。图中注出了 *A*—*A*、*B*—*B*、*C*—*C* 断面图的剖切符号。平面图中的虚线为埋入土里的下部结构轮廓线。

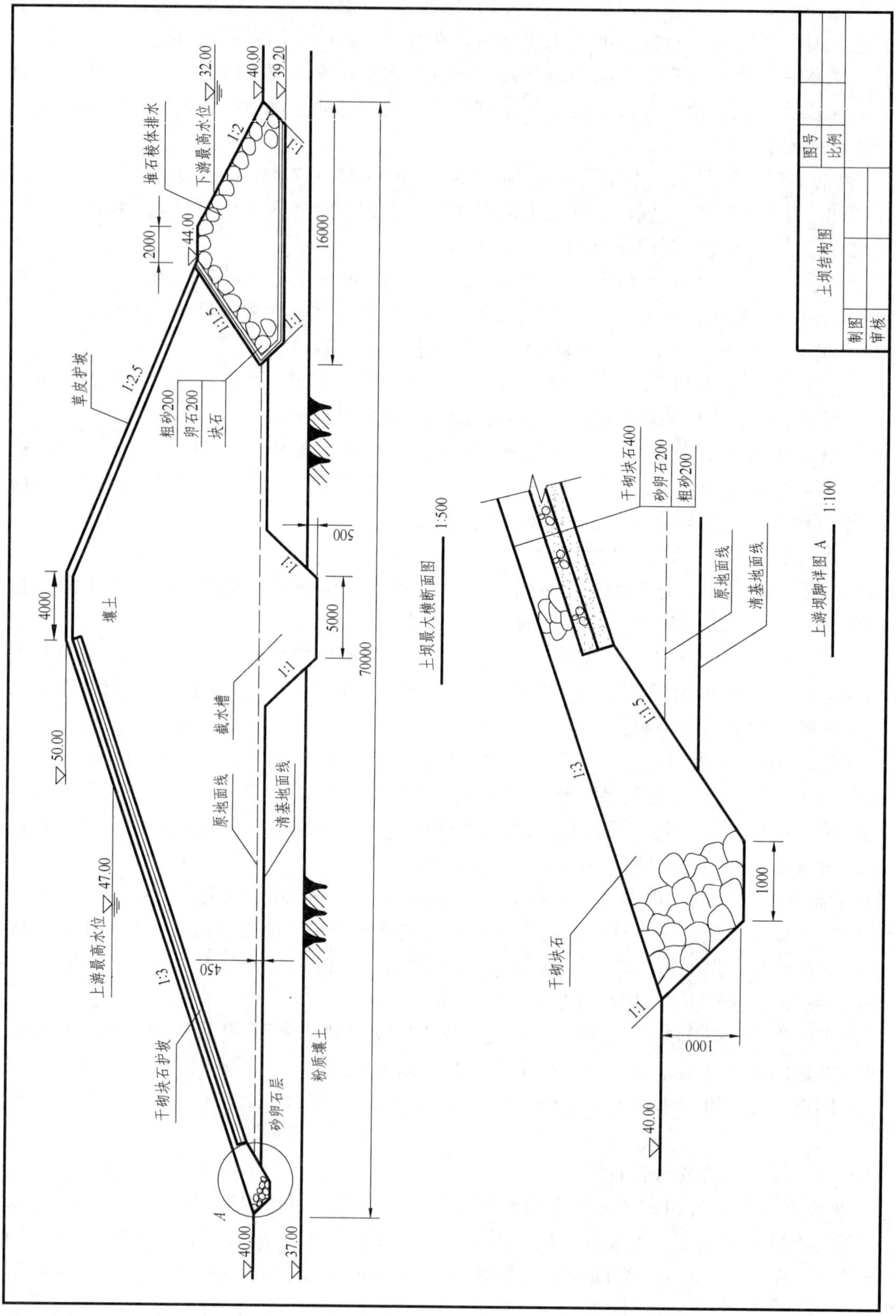

下游最高水位
32.00
40.00
39.20
堆石棱体排水
44.00
2000
16000
1:2
1:1
1:1.5
1:1
草皮护坡
1:2.5
粗砂200
卵石200
块石
500
1:1
4000
壤土
5000
1:1
70000
截水槽
50.00
原地面线
清基地面线
上游最高水位
47.00
1:3
450
干砌块石护坡
砂卵石层
粉质壤土
A
40.00
37.00
土坝最大横断面图 1:500
干砌块石400
砂卵石200
粗砂200
原地面线
清基地面线
1:1.5
1:3
干砌块石
1000
1:1
1000
40.00
上游坝脚详图 A 1:100
图号
比例
土坝结构图
制图
审核

图 10-24 土坝结构图

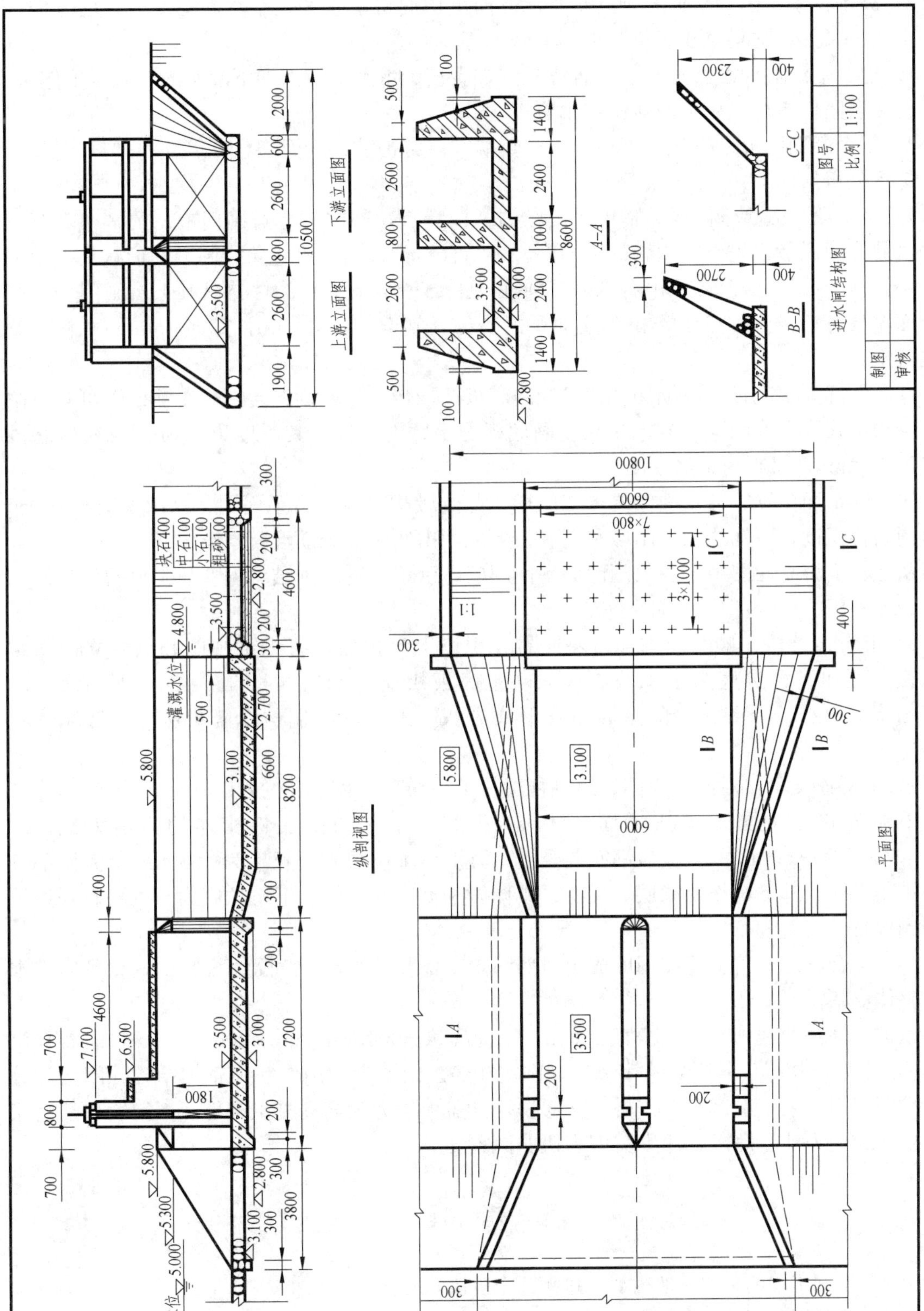

图 10-25　进水闸结构图

2）纵剖视图。剖切平面经闸孔顺水流方向剖切而得，它表达了水闸高度与长度方向的结构形状、尺寸、材料及建筑物与地面的联系等。

3）上、下游立面图。这是一个合成视图，表达了水闸上游面和下游面的外貌。工作桥、交通桥和启闭机等均采用了简化画法示意表达。

4）三个断面图分别表达了闸墩、下游翼墙、下游护坡的断面形状、尺寸和材料。

然后分析形体：

1）闸室段：先看懂闸墩。借助于闸墩的结构特点，即闸墩上有闸门槽、闸墩两端有利于分水的柱面形状，先确定闸墩的平面图，再结合纵剖视图，可想象出闸墩的形状是上游端为三棱柱（上部为三棱锥），下游端为半圆柱（上部为半圆锥）的柱体，其上有闸门槽，闸墩顶面左高右低，分别是工作桥和交通桥的支撑，闸墩长7200mm，宽800mm，材料为钢筋混凝土。

闸墩下部为闸底板，由纵剖视图可知闸底板两端带有齿墙。结合 $A—A$ 断面图可知，闸底板结构型式为带有闸墩基础的底板。闸底板与闸墩同长度，其厚度为500mm，闸墩基础厚度为700mm，材料为钢筋混凝土。

边墩的平面位置、迎水面结构（如门槽）与闸墩相对应。将平面图、纵剖视图和 $A—A$ 断面图结合识读，可知边墩、闸墩和闸底板形成“山”字形钢筋混凝土整体结构。

从上、下游立面图中可看出闸门为平面闸门，由于“进水闸结构图”只是该闸设计图的一部分，闸门、桥等部分另有图纸表达。

2）上游连接段：顺水流方向自左向右先识读上游护底。将纵剖视图和上游立面图结合识读，可知上游护底为浆砌块石。与闸室底板相连的铺盖，长3800mm，厚400mm，材料为浆砌块石；上游翼墙的平面布置形式为八字形，最高端与岸墙相连，最低端落在铺盖上。

3）下游连接段：对照平面图、纵剖视图、上下游立面图和 $B—B$、$C—C$ 两个断面图可知，下游连接段的翼墙为扭平面，材料为浆砌块石。与闸底板相连的为消力池，长8200mm，深为400mm，材料为钢筋混凝土。海漫为干砌块石，长度为4600mm，海漫部分设四排排水孔，其下铺设反滤层，反滤层具体做法见纵剖视图。下游护底为干砌块石，护坡为浆砌块石。

（3）综合整理。将上述读图的成果对照图10-2水闸立体示意图综合归纳，想象出进水闸的整体形状。

该进水闸为两孔闸，每孔净宽2600mm，总宽度6000mm，设计水位5.00m，灌溉水位4.80m。上游连接段以斜降式八字翼墙与闸室相连。闸室为“山”字形整体结构，闸门为升降式平面闸门，闸室上部有工作桥、交通桥，其盖板均为钢筋混凝土构件。下游段与闸室相连的依次为消力池、海漫，两岸翼墙为扭曲面翼墙。

思 考 题

10.1　水利工程的兴建一般需要经过哪几个阶段？

10.2　水工图分哪几类？它们分别在哪个阶段使用？主要内容是什么？

10.3　在视图的配置中，对水流方向的要求是什么？

10.4　水闸一半画上游立面图，一半画下游立面图的视图是什么视图?

10.5　连接画法和断开画法有什么区别? 分别在什么情况下使用?

10.6　高程的注法有哪些要求?

10.7　桩号的标注应注意哪些问题?

10.8　简述水工图的识读步骤和方法。

10.9　表达大坝的工程图样通常有哪些? 如何识读?

10.10　表达水闸的工程图样通常有哪些? 如何识读?

参 考 文 献

［1］ 朱育万，卢传贤．画法几何及土木工程制图［M］．3版．北京：高等教育出版社，2005.

［2］ 何铭新，郎宝敏，陈星铭．建筑工程制图［M］．3版．北京：高等教育出版社，2004.

［3］ 丁宇明，黄水生．土建工程制图［M］．北京：高等教育出版社，2004.

［4］ 李国生，黄水生．土建工程制图［M］．广州：华南理工大学出版社，2005.

［5］ 郑国权．道路工程制图［M］．3版．北京：人民交通出版社，2004.

［6］ 殷佩生，吕秋灵．画法几何与水利工程制图［M］．6版．北京：高等教育出版社，2015.

［7］ 胡伍生，潘庆林．土木工程测量［M］．3版．南京：东南大学出版社，2007.

［8］ 中国建筑标准设计研究院．16G101—1国家建筑标准设计图集［S］．北京：中国计划出版社，2016.